Cengage

Fundamentals of Logic Design, **Seventh Edition**

Charles H. Roth, Jr.
Larry L. Kinney

ISBN-13: 978-89-6218-394-8

Cengage Learning Korea Ltd.
14F YTN Newsquare 76 Sangamsan-ro
Mapo-gu Seoul 03926 Korea

Cengage is a leading provider of customized learning solutions with employees residing in nearly 40 different countries and sales in more than 125 countries around the world. Find your local representative at: **www.cengage.com**

To learn more about Cengage Solutions, visit **www.cengageasia.com**

Printed in Korea
Print Number: 06 Print Year: 2026

7TH EDITION

논리설계기초

FUNDAMENTALS of LOGIC DESIGN

CHARLES H. ROTH, JR.
LARRY L. KINNEY

7TH EDITION

논리설계기초

강진구 · 곽성우 · 구치완 · 김종태 · 김형식 · 우홍체 · 이성창 · 최호용 옮김

Cengage

Australia • Brazil • Canada • Mexico • Singapore • United Kingdom • United States

옮긴이 소개(가나다순)

강진구
인하대학교 IT공과대학 전자공학과 교수

곽성우
계명대학교 공과대학 전자전기공학부 교수

구치완
국립한밭대학교 정보기술대학 전자·제어공학과 교수

김종태
성균관대학교 정보통신대학 전자전기공학부 교수

김형식
충남대학교 공과대학 컴퓨터공학과 교수

우홍체
대구대학교 정보통신대학 정보통신공학부 교수

이성창
한국항공대학교 공과대학 항공전자정보공학부 교수

최호용
충북대학교 전자정보대학 전자공학부 교수

논리설계기초 -제7판-

Fundamentals of LOGIC DESIGN, 7th Edition

제7판 1쇄 발행 | 2017년 2월 7일
제7판 6쇄 발행 | 2026년 2월 13일

지은이 | Charles H. Roth, Jr., Larry L. Kinney
옮긴이 | 강진구, 곽성우, 구치완, 김종태, 김형식, 우홍체, 이성창, 최호용
발행인 | 탄록민, 마이클조셉케이힐
발행처 | 센게이지러닝코리아㈜
등록번호 | 제313-2007-000074호(2007.3.19.)
이메일 | asia.infokorea@cengage.com
홈페이지 | www.cengage.co.kr

ISBN-13: 978-89-6218-394-8

공급처 | 도서출판 북스힐
주 소 | 서울시 강북구 한천로 153길 17
도서안내 및 주문 | TEL 02) 994-0071 FAX 02) 994-0073
이메일 | bookshill@bookshill.com

정 가 | 38,000원

저자 서문

교재의 집필 목적

이 교재는 디지털시스템의 논리 설계를 처음 배우는 과목에 적합하도록 집필되었다. 처음 배우는 과목일수록 학생들이 기초 개념에 대하여 확실하게 이해하고 배워야 한다는 전제에 맞춰서 작성되었다. 부울대수를 활용하여 논리회로의 신호와 연결 관계를 기술하기, 체계적인 기술을 활용하여 논리회로를 간소화하기, 단순 소자들을 연결하여 복잡한 논리 함수를 구현하기, 타이밍차트 혹은 상태그래프 관점에서 순서논리회로를 분석하기, 제어회로를 활용하여 디지털시스템의 이벤트 순서를 제어하기 등이 앞에서 서술한 기초 개념의 예들이다.

이 교재는 이론과 응용을 균형 있게 다룬다. 그런 이유로 이 교재는 스위칭 이론의 수학을 지나치게 강조하는 대신 논리 설계의 기초 개념을 이해하는 데 필요한 이론만 제시한다. 학생들이 이 교재를 마치면, 다음 단계의 고급 디지털 시스템 설계 과정을 통하여 디지털 프로세스에 적합한 알고리듬 개발, 디지털 시스템을 부시스템으로 분할하기, 디지털 시스템을 현재 활용되는 하드웨어로 구현하기 등과 같은 통합적인 개념을 중점적으로 더 배울 수 있다. 그 대신에 학생들은 스위칭 이론에 대한 고급 과정을 통하여 이 교재에서 소개된 이론적인 개념을 깊이 있게 더 배울 수도 있다.

교재의 내용

학생들은 이 교재를 학습하면 스위칭 이론을 논리 설계 문제에 적용할 수 있다. 스위칭 회로의 기본 이론과 그 이론을 적용하는 방법을 모두 학습할 것이다. 수 체계에 대하여 간략한 소개를 살펴보고 스위칭 대수를 부울 대수의 특별한 경우로 공부하게 되는데, 스위칭 대수는 스위칭 회로의 중요한 사례들을 분석하거나 합성하는 데 필요한 기본적인 수학적인 도구이다. 문제에 대한 설명부터 시작해서, 입력과 출력 신호 사이의 특정 관계를 구현하는 논리 게이트들을 이용하여 회로를 설계하는 방법을 배운다. 그 다음에 순서 스위칭 회로에서 저장 장치로 활용되는 플립플롭의 논리적 성질에 대하여 학습한다. 플립플롭을 논리 게이트 회로와 결합하여 카운터, 덧셈기, 순서열 검출기, 그리고 이와 비슷한 회로를 설계하는 방법을 배운다. 학생들은 또한 VHDL 하드웨어 기술 언어와 이를 조합 논리, 순서 논리, 단순한 디지털 시스템에 응용하는 방법을 배운다.

집적회로 기술이 계속 발전하여 한 개의 칩에 더 많은 소자들이 들어가게 되면서, 디지털 시스템의 복잡도도 증가하고 있다. 이렇게 복잡한 시스템을 설계하려면 VHDL과 같은 하드웨어 기술 언어의 사용이 불가피하다. 이 교재에서는 논리 설계에서 VHDL을 사용하는 방법을 소개하고 VHDL 문장과 이에 대응되는 디지털 하드웨어의 관계를 강조하였다. VHDL을 사용하면 디지털 하드웨어를 논리소자로 구현하기 전에 상위 수준에서 기술하고 시뮬레이션할 수 있다. 합성을 위한 컴퓨터 프로그램을 사용하면 디지털 시스템에 대한 VHDL 기술을 이에 해당되는 논리 소자들의 집합과 논리 소자들의 연결로 변환할 수 있다. 이런 컴퓨터 이용 설계 도구를 사용하면 논리 설계 과정을 자동화할 수 있지만, VHDL 코드를 작성하기 전에 회로에 들어가는 논리 소자와 타이밍을 이해하는 것이 중요하다고 저자들은 믿는다. 디지털 논리를 먼저 손으로 구현해보면, VHDL의 강점과 한계를 완전하게 이해할 수 있게 된다.

이 교재의 1판이 출판된 이래로 디지털 시스템을 구현하는데 사용되는 기술이 많이 바뀌었지만, 논리 설계의 기본 원칙은 변하지 않았다. 논리 회로의 동작 방식을 기술하기 위하여 여전히 진리표와 상태표를 사용하고, 부울 대수는 아직도 논리 설계의 기본적인 수학적 도구이다. 개별 소자나 플립플롭 대신 프로그래머블 논리소자(PLD)를 사용하더라도 작은 PLD에 맞도록 논리식을 간소화하는 것이 여전히 바람직하다. 상태 할당을 잘 하는 것이 여전히 바람직한데, 이는 상태 할당이 잘 되지 않으면 논리식을 구현하는데 더 큰 PLD가 필요하기 때문이다.

교재의 강점

스위칭 이론과 논리 설계 분야에는 많은 교재들이 있지만, 이 교재는 통상적인 강의 과정이나 자습 과정에 모두 활용될 수 있도록 개발되었다. 통상적으로 제공되는 본문과 문제에 추가하여 학습가이드와 자습을 위한 도움들을 교재에 포함하였다. 교재의 내용을 20개의 주제로 나눠서 장으로 구성했다. 각 장이 논리적인 순서를 이뤄서 대부분 한 개의 장을 마치면 다음 장을 이해하는 기초를 갖추도록 구성했다. 각 장은 네 영역으로 구성된다. 첫 영역에서는 목표들의 목록들을 통하여 그 장을 공부함으로써 익혀야 할 것들이 구체적으로 서술되어 있다. 그 다음에 제시되는 학습가이드에는 읽기 과제와 학습 문제들이 제시되어 있다. 각 장을 공부할 때, 이러한 학습 문제들을 반드시 풀어야 한다. 다음에 제시되는 본문과 문제들은 다른 교재들과 유사하다. 각 장을 마치면, 반드시 앞에서의 목표를 다시 확인하면서 제시된 것을 만족하는지 확인해야 한다. 자기 전도에 맞춰서 공부하는 환경에서 각 장 단위로 충분한 시험 과정을 거쳤고, 학생들의 피드백을 기반으로 개정하였다.

각 장들은 크게 세 개의 그룹으로 구분될 수 있다. 앞 부분의 9장까지는 부울 대수와 조합 논리 회로의 설계에 대하여 다룬다. 11장부터 16장, 18장부터 19장은 주로 클럭형 순서회로의 분석과 설계에 관한 것이며, 산술 연산 회로도 포함한다. 10장과 17장, 20장은 VHDL 하드웨어 기술 언어와 논리 설계에 응용하는 방법을 소개한다.

이 교재는 컴퓨터과학을 전공하거나 컴퓨터공학을 전공하는 학생들에게 모두 적합하다. 논리 게이트의 회로 측면에 대한 자료들은 부록 A에 수록되어 있으므로, 전기회로에 대한 기초 지식이 없는 컴퓨터과학이나 다른 전공 학생들은 생략해도 무방하다. 교재의 6장에 제시된 퀸-맥클러스키 방법은 다른 장들과의 연속성을 잃지 않고 임의로 생략할 수 있다. VHDL에 대한 3개 장에 대해서는 다른 장과 같이 순서대로 보거나, 다른 장들을 모두 살펴본 후에 모아서 보아도 좋고 혹은 전체를 생략해도 무방하다.

학습보조자료

이 교재에는 강사들을 위한 보조자료가 같이 제공된다. 교재를 위해서 준비된 웹 사이트를 통하여 보조자료를 받을 수 있다. 보조자료를 얻으려면, www.centgagebrain.com을 방문하고, 웹 사이트의 상단에 위치한 검색 상자를 활용하여 (이 교재의 영문판권에 수록된) ISBN 번호를 검색하면 된다. 제품 페이지로 연결이 되면, 그곳에서 보조자료를 찾을 수 있다.

별도로 제공되는 강사용 지침서에는 강의실에서 교재를 사용하거나 자기 진도에 맞춰서 공부하는 경우에 대한 제안들, 각 장에 대한 퀴즈 문제들, 실습 장비와 방법에 대한 제안들이 수록되어 있다. 강사용 지침서에는 또한 연습문제들, 퀴즈 문제들, 실습 문제들에 대한 모범답안도 수록되어 있다.

강사용 지침서는 출력본과 디지털 포맷으로 제공된다. 디지털 버전은 출판사 웹 사이트에 등록된 강사들에게 제공된다. 웹 사이트에는 교재에 수록된 그래픽 이미지와 표가 모두 포함된 파워포인트 슬라이드가 있으며, 수식과 예제들을 활용하기 위한 파워포인트 슬라이드도 제공된다.

컴퓨터가 논리 설계 과정에서 중요한 역할을 하기 때문에 논리 설계 과정을 처음 이수할 때 컴퓨터를 같이 활용하는 것이 매우 중요하다. LogicAid와 같은 컴퓨터 이용 설계 프로그램이 이 교재와 같이 제공되는 CD에 포함되어 있다. LogicAid를 활용하면 학생들이 최소항, 진리표, 상태표로부터 쉽게 간략화된 논리식을 유도할 수 있다. 이 도구를 활용하면 학생들이 번거롭게 계산할 필요가 없고 복잡한 설계 문제의 답도 짧은 시간 안에 구할 수 있다. LogicAid는 카르노 맵이나 상태 그래프 유도와 같은 문제에 대한 튜토리얼도 제공한다.

여러 장에서 시뮬레이션이나 실습 문제가 포함되어 있다. 이러한 문제들은 논리 회로를 설계하고 제대로 동작하는지 시험하기 위한 것들이다. SimUaid 논리 시뮬레이터도 교재와 같이 제공되는 CD에 포함되어 있는데 이 도구를 활용하면 논리 설계를 검증할 수 있다. 시험에 필요한 실습 장비로는 빵판과 IC 형태의 논리 게이트와 플립플롭을 같이 사용하거나, 회로 보드와 프로그래머블 논리소자를 같이 사용할 수 있다. 만약 그런 장비들이 없으면 SimUaid로 실습 문제들을 모의 실험하거나 실습 문제를 설계 문제로 대체해도 무방하다. 특히 8, 16, 20장의 실습 문제가 중요한데, 이것은 이 장들에서의 종합적인 설계 문제가 그 전 장들에서 배운 내용들을 종합하고 복습하는데 도움이 되기 때문이다.

CD에 포함된 DirectVHDL 소프트웨어는 하드웨어에 대한 VHDL 기술을 빠르게 검사하고 시뮬레이션하기 위한 것이다. 이 소프트웨어로 입력된 VHDL 코드의 문법을 검사하면 대부분의 문법적 오류들이 시뮬레이션 단계 이전에 수정될 수 있다.

이전 판에서 바뀐 것들

이전 5판부터 교재가 대폭 개정되었다. 프로그래머블 논리와 VHDL 하드웨어 기술 언어가 추가되었고, 논리 회로에 대한 시뮬레이션과 컴퓨터 이용 설계의 역할에 중점을 두었다. VHDL, 해저드, 래치, one-hot 상태 할당에 대한 설명 부분이 확대되었다. 많은 문제들이 추가되었다. 이번 7판에서도 새로 바뀐 것들이 더 있다. 1의 보수에 대한 수 체계를 쉽게 생략할 수 있도록 수 체계에 대한 설명을 재구성하였다. 부울 대수에 대한 장에서는 스위칭 네트워크와 진리표를 활용하여 스위칭 대수에서의 법칙들을 먼저 유도하고 이것을 부울 대수를 정의하는 데 활용한 다음에, 부울 대수에서의 복잡한 정리들을 유도하여 스위칭 대수식을 단순화하는데 유용함을 보였다. 덧셈기에 대한 설명을 확대하여 자리올림 미리보기 덧셈기를 포함하였다. 멀티플렉서에 대한 대체 구현 방법을 포함하였고, 고레벨활성과 저레벨활성 신호에 대해서도 다뤘다. 다른 종류의 래치에 대해서도 설명하였고 비동기 순서회로에 대한 소개도 포함하였다. 비완전 명세 상태표와 함께 어떻게 생기는지 설명하였고, 비완전 명세 상태표를 간략화하는 방법도 간단하게 다뤘다. 교재 전체에 걸쳐서 연습문제를 보강하였고 전형적인 사례들보다는 더욱 도전적인 문제들에 중점을 두었다. 이에 덧붙혀서 교재와 함께 제공되는 논리 설계와 시뮬레이션 소프트웨어들도 갱신되고 개선되었다.

감사의 글

자습에 적합한 효과적인 교재를 쓰는 것은 단순한 일이 아니다. 목적에 부합하도록 여러 번 시험하고 개정하여야 한다. 저자들은 이러한 과정에 참여한 여러 교수들과 조교, 학생들에게 심심한 사의를 표한다. 자습 과정에 대한 교육을 도와주고, 또한 5판을 개선하는데 도움이 된 제안을 많이 제시한 Davis Brown 박사에게 특별한 감사를 표한다. 대학원 조교인 Mark Story에게도 특별한 감사를 전한다. 그는 5판에 제시된 새로운 문제들과 모범답안을 개발했고, 교재의 내용을 일관성 있고 명료하게 전달할 수 있도록 많은 제안을 제시했다.

최근 교재를 검토했던 분들에게도 특히 감사드린다. 명단은 다음과 같다.

Clark Guest (University of California, San Diego)
Jayantha Herath (St Cloud State University)
Nagarajan Kandasamy (Drexel University)
Avinash Karanth Kodi (Ohio University)
Jacob Savir (Newark College of Engineering)
Melissa C. Smith (Clemson University)
Larry M. Stephens (University of South Carolina)

독자로부터의 피드백은 비판적인 것과 감사하는 것을 모두 환영한다. 의견, 관심, 제안이 있으면 globalengineering@cengage.com으로 보내주길 부탁드린다.

Charles H. Roth, Jr., Larry L. Kinney

역자 서문

최근 알파고를 비롯한 인공지능 기술에 전 세계인의 이목이 집중된 적이 있다. 알파고는 우리가 지금까지 목격한 컴퓨터 기술의 혁신적인 발전 추세를 보여주는 대표적인 사례 중의 하나이다. 이러한 소프트웨어 기술의 괄목할 만한 성장 뒤에는 디지털 기술의 외연 확대가 자리잡고 있다. 컴퓨터 시스템은 수치 데이터, 텍스트 데이터, 음성 및 영상 데이터 등의 디지털 데이터를, 프로그램으로 표현된 논리적인 방법에 따라 처리하는 장치이다. 이제 온갖 종류의 데이터를 디지털 방식으로 매우 정교하게 표현하는 것은 더 이상 새로울 것이 없다. 알파고에서 우리가 놀란 것은 전문가만이 갖고 있는 방대한 지식을 디지털 방식으로 표현하고 적용할 수 있을 뿐만 아니라, 이 방식이 이 세상에 존재했던 어떤 다른 장치보다 효과적으로 동작한다는 점이다.

컴퓨터를 구성하는 하드웨어가 디지털 시스템에서 비롯된다는 점에서, 최근의 컴퓨터 기술을 이해하기 위해서는 디지털 시스템에 대한 이해가 반드시 필요하다. 고성능 프로세서를 통해서 다량의 계산을 고속으로 수행하고, 대규모 메모리에 '빅 데이터'로 표현되는 다량의 데이터를 저장하며, 초고속 통신망을 이용하여 온갖 종류의 멀티미디어 데이터까지 다량으로 전송하는 것은 모두 디지털 시스템의 토대 위에서 이루어진다.

이 교재는 이러한 디지털 시스템을 분석하고 설계하는 기술을 체계적인 방법으로 학습하기 위한 것이다. 이론적인 시각에서 디지털 시스템을 표현하고 분석하는 방법을 포괄적으로 제시하고 있으며, 조합회로부터 순서회로까지 디지털 회로를 설계하고 응용하기 위한 지식들을 망라하고 있다. 이 교재의 몇 가지 특징을 나열하면 다음과 같다.

논리설계를 이해하는 데 필요한 이론과 응용을 균형 있게 다룬다. 저자들의 강의 경험을 토대로 적당한 만큼의 스위칭 이론을 소개하고 논리회로에 응용하는 방법과 유기적으로 연결되도록 고려하였다.

학습가이드를 각 장의 앞부분에 두고 학습목표를 달성하기 위하여 필요한 것들을 문제 중심으로 구체적으로 제시하였다. 본문을 학습하기 전에 살펴보고, 각 장을 마친 후에 복습 목적으로 활용하면 바람직할 것으로 보인다.

VHDL 하드웨어 기술 언어를 사용하여 조합회로와 순서회로를 기술하고 시험하는 방법을 별도의 장으로 분리하여 다루고, 마지막 장에서는 VHDL을 활용하여 복합적인 과제를 해결하는 응용 과정을 설명하였다.

충분한 분량의 연습문제가 각 장마다 제공되고, 일부 장에는 별도의 설계 문제가 제시되어 있다. 또한 일부 장에는 프로그램화된 예제를 본문 중간에 포함시킴으로써 기본 개념을 단계적으로 학습하는 데 도움이 되도록 구성하였다.

이 교재는 컴퓨터 및 전자공학 관련 분야를 전공하는 학생들이 논리설계 혹은 디지털 시스템 과목을 학습하는 데 활용하기 위한 것이다. 저자들이 언급한 것처럼 논리설계나 디지털 시스템에 대한 다양한 교재들이 있지만, 이 교재는 이미 7판까지 거듭하면서 다른 교재들보다 완성도가 높은 편이다.

한 학기에 다루기에 교재의 분량이 다소 많지만 각 주제별로 포괄적인 내용을 다루기 위해서는 불가피한 측면이 있다. 또한 자습 혹은 참고 목적으로도 활용할 수 있도록 충분한 예제와 자료를 수록하였기 때문이기도 하다. 이 교재를 한 학기에 마치려면, 한 주에 한 장을 다루고 6장 등 일부 주제를 생략하는 것을 권장한다. 교과과정에 따라 VHDL을 다루는 10장, 17장, 20장도 생략할 수 있다.

역자들은 이 교재가 학생들이 논리설계 혹은 디지털 시스템에 대한 분석과 설계를 체계적으로 이해하고, 나아가 컴퓨터 및 전자공학 관련 전공 지식을 갖추는 데 일조하길 기대한다. 이 교재가 나올 수 있도록 도와준 출판 관계자 여러분께도 감사를 드린다.

역자들 일동

자습에 대한 지침

이 교재에 수록된 자료들을 배워서 숙달하려면 다음에 제시된 순서대로 각 장을 공부할 것을 권장한다.

1. 우선 각 장의 '목표'를 읽는다. 각 장에 대한 학습을 마쳤을 때 할 수 있는 것에 대하여 간단한 요약을 볼 수 있다.

2. '학습가이드'를 살펴본다. 교재의 각 절을 읽고 나서 해당되는 학습 가이드 문제들을 푼다. 학습 가이드 문제의 빈칸을 대부분 직접 채울 수 있을 것이다. 이렇게 답을 채우면, 나중에 복습할 때 편리하게 활용할 수 있다. 학습 가이드 문제들은 일반적으로 각 절에서 배우는 중요한 개념들 중에서 일부를 강조하거나 어려운 개념들 중에서 일부를 쉽게 이해할 수 있도록 고안된 것들이다. 만약 답하기 어려운 학습 가이드 문제가 있다면, 이는 교재에서 해당 절을 더 공부한 후에 다음으로 넘어가야 함을 가리킨다. 학습 가이드 문제 중에서 일부를 선정하여 교재의 뒷부분에 답을 제시하였다. 나머지 문제에 대한 답들은 대부분 교재의 본문에서 찾을 수 있다.

3. 몇 개의 장(3, 5, 6, 11, 13, 14, 18장)에는 하나 이상의 '프로그램화된 예제'들이 제시되어 있다. 프로그램화된 예제들은 교재에서 접할 수 있는 어려운 문제들을 단계적으로 해결하기 위한 방안을 학습하기 위한 것이다. 프로그램화된 예제들을 풀 때는 각 부분에 대한 답을 교재에 직접 작성하여 답과 맞춰 보고 난 후에 다음 문제를 계속하는 것이 바람직하다.

4. 각 장의 마지막에 제시된 '연습문제'를 푼다. 교재 마지막에 제시된 답과 맞춰 보고 틀린 문제들을 다시 푼다.

5. 각 장의 '목표'를 다시 읽고 제시된 것들을 모두 만족시켰는지 확인한다. 명확하지 않은 것이 있으면 해당되는 절을 다시 공부한다.

6. 자신의 진도에 맞춰 이 교재를 공부하고 있다면, 다음 장으로 넘어가기 전에 별도로 제공되는 그 장에 대한 성취도 테스트를 통과할 필요가 있다. 성취도 테스트의

목적은 다음 장으로 넘어가기 전에 각 장의 목표를 만족하는지 확인하기 위함이다. 테스트 문제들은 각 장의 목표와 직접적으로 관련된 것들이므로, 학습 가이드에 맞춰서 공부하고 학습 가이드 문제에 제시된 질문과 문제들을 모두 답할 수 있었다면 큰 어려움 없이 테스트를 통과할 수 있어야 한다.

저자 소개

Charles H. Roth, Jr.는 University of Texas, Austin의 전기컴퓨터공학과 석좌교수이다. 1961년부터 근무하고 있다. 그는 University of Minnesota에서 학사 학위를, MIT에서 석사 학위를, 그리고 Stanford University에서 박사 학위를 취득하였다. 그는 논리 설계, 디지털시스템 설계, 스위칭 이론, 멀티프로세서 시스템, 컴퓨터이용설계 분야를 가르치고 연구하였다. 그는 자신의 진도에 맞춰 논리 설계를 공부할 수 있도록 교육과정을 개발했고, 이것이 이 교재, 논리회로 기초의 바탕이 되었다. 그는 VHDL을 활용한 디지털시스템 설계 외 2권의 교재와 다수의 소프트웨어 패키지의 저자이기도 하다. 그는 50여편의 논문과 보고서를 단독 혹은 공동으로 집필했다. 그는 6명의 박사와 80명의 석사를 배출하였다. 그는 다수의 교육 부문 상을 수상하였는데, 1974년에 수상한 우수공학교육 업적에 대한 General Dynamic Award가 대표적이다.

Larry L. Kinney는 University of Minnesota, Twin Cities의 전기컴퓨터공학과 석좌교수이다. 그는 University of Iowa에서 학사, 석사, 박사 학위를 각각 1964년, 1965년 1968년에 취득하고, 1968년에 University of Minnesota에서 근무하기 시작하였다. 그는 논리 설계, 마이크로프로세서/마이크로컴퓨터 시스템, 컴퓨터 설계, 스위칭 이론, 통신 시스템과 오류정정 코드 등 다양한 과목을 가르쳤다. 그의 연구 주제는 주로 디지털시스템 시험, 내장 자체 검사, 컴퓨터 설계, 마이크로프로세서 기반 시스템, 오류정정 코드 등이다.

차례

저자 서문 v
감사의 글 ix
역자 서문 xi
자습에 대한 지침 xiii
저자 소개 xv

UNIT 1 서론 수 체계와 변환 1

목표 1
학습가이드 2
1.1 디지털시스템과 스위칭회로 6
1.2 수 체계와 변환 8
1.3 2진 산술연산 12
1.4 음수의 표현 16
1.5 2진 코드 21
연습문제 24

UNIT 2 부울 대수 29

목표 29
학습가이드 30
2.1 서론 36
2.2 기본 연산 36
2.3 부울식과 진리표 39
2.4 기본 정리 41
2.5 교환, 결합, 분배, 드모르간 법칙 42
2.6 간략화 정리 46
2.7 곱셈 전개와 인수화 48
2.8 부울식 보수화 51
연습문제 52

UNIT 3 부울 대수(계속) 59

목표 59
학습가이드 60
3.1 곱셈 전개와 인수화 식 65
3.2 배타적 OR과 등가 연산 67
3.3 합의 정리 69
3.4 스위칭 식의 대수적 간략화 71
3.5 등식의 유효성 증명 73
프로그램화된 예제 76
연습문제 81

UNIT 4 부울 대수 응용-최소항과 최대항 전개 87

목표 87
학습가이드 88
4.1 문제 서술문의 부울식 변환 94
4.2 진리표를 사용하는 조합논리설계 96
4.3 최소항과 최대항 전개 97
4.4 일반적 최소항과 최대항 전개 100
4.5 비완전 명세함수 103
4.6 진리표 작성 예 104
4.7 2진수 덧셈기와 뺄셈기 설계 108
연습문제 114

UNIT 5 카노맵 123

목표 123
학습가이드 124
5.1 스위칭 함수의 최소 형식 134
5.2 2변수와 3변수 카노맵 136
5.3 4변수 카노맵 141
5.4 필수주항을 사용한 최소식의 결정 144
5.5 5변수 카노맵 149
5.6 카노맵의 다른 사용법 152
5.7 다른 형태의 카노맵 153
프로그램화된 예제 154
연습문제 159

UNIT 6 퀸-맥클러스키 방법 167

목표 167
학습가이드 168
6.1 주항의 결정 173
6.2 주항 차트 176
6.3 패트릭 방법 179
6.4 비완전 명세함수의 간략화 181
6.5 변수가 있는 맵을 사용한 간략화 182
6.6 결론 184
프로그램화된 예제 185
연습문제 189

UNIT 7 다단 게이트 회로, NAND, NOR 게이트 193

목표 193
학습가이드 194
7.1 다단 게이트 회로 199
7.2 NAND와 NOR 게이트 204
7.3 NAND와 NOR 게이트를 사용하는 2단 회로의 설계 206
7.4 다단 NAND와 NOR 게이트 회로 설계 209
7.5 다른 형태의 게이트 심벌을 사용한 회로 변환 210
7.6 2단, 다중 출력회로 설계 214
7.7 다중 출력 NAND와 NOR 회로 217
연습문제 218

UNIT 8 조합회로설계와 시뮬레이션 225

목표 225
학습가이드 226
8.1 조합회로설계 복습 229
8.2 한정된 게이트 팬-인(Fan-In)을 갖는 회로의 설계 230
8.3 게이트 지연과 타이밍도 232
8.4 조합 논리회로에서의 해저드 234
8.5 논리회로의 시뮬레이션과 시험 240
연습문제 243
설계문제 247

UNIT 9 멀티플렉서, 디코더, 프로그래머블 논리소자 253

목표 253
학습가이드 254
9.1 서론 261
9.2 멀티플렉서 262
9.3 3-상태 버퍼 266
9.4 디코더와 인코더 269
9.5 읽기전용 메모리 272
9.6 프로그래머블 논리소자 276
9.7 복합 프로그래머블 논리소자 281
9.8 필드 프로그래머블 게이트어레이 283
연습문제 287

UNIT 10 VHDL 소개 295

목표 295
학습가이드 296
10.1 조합회로의 VHDL 표현 300
10.2 멀티플렉서를 위한 VHDL 모델 305
10.3 VHDL 모듈 307
10.4 신호와 상수 312
10.5 배열 314
10.6 VHDL 연산자 317
10.7 패키지와 라이브러리 319
10.8 IEEE 표준 논리 321
10.9 VHDL의 컴파일과 시뮬레이션 324
연습문제 326
설계문제 331

UNIT 11 래치와 플립플롭 337

목표 337
학습가이드 338
11.1 서론 342
11.2 셋-리셋 래치 344
11.3 게이트형 D 래치 348
11.4 에지트리거 D 플립플롭 352
11.5 S-R 플립플롭 355
11.6 J-K 플립플롭 356
11.7 T 플립플롭 357

11.8 부가적인 입력을 가지는 플립플롭 358
11.9 비동기 순서회로 360
11.10 요약 363
연습문제 365
프로그램화된 예제 374

UNIT 12 레지스터와 카운터 377

목표 377
학습가이드 378
12.1 레지스터와 레지스터 전송 383
12.2 쉬프트 레지스터 387
12.3 2진 카운터의 설계 392
12.4 임의 순서 카운터 397
12.5 S-R 및 J-K 플립플롭을 사용한 카운터 설계 403
12.6 플립플롭 입력식 유도-요약 406
연습문제 409

UNIT 13 클럭형 순서회로의 분석 421

목표 421
학습가이드 422
13.1 순서 패리티검사기 428
13.2 타이밍도와 신호 추적을 통한 분석 430
13.3 상태표와 그래프 434
13.4 순서회로의 일반화 모델 441
프로그램화된 예제 445
연습문제 450

UNIT 14 상태그래프와 상태표 463

목표 463
학습가이드 464
14.1 순서열 검출기의 설계 468
14.2 복잡한 설계 문제 473
14.3 상태그래프의 작성을 위한 가이드라인 477
14.4 직렬 데이터 코드 변환 483
14.5 영숫자 상태그래프 표기 487
14.6 비완전 명세 상태표 488
연습문제 497
프로그램화된 예제 490

UNIT 15 상태표 간략화, 상태할당

UNIT 15 상태표 간략화, 상태할당 509
목표 509
학습가이드 510
15.1 중복상태의 제거 517
15.2 등가상태 519
15.3 관련항 차트 521
15.4 등가순서회로 524
15.5 불완전 명세된 상태표의 간략화 527
15.6 플립플롭 입력식의 유도 529
15.7 등가상태할당 532
15.8 상태할당 가이드라인 536
15.9 One-hot 상태할당 사용 540
연습문제 544

UNIT 16 순서회로설계

UNIT 16 순서회로설계 559
목표 559
학습가이드 560
16.1 순서회로설계 과정의 요약 562
16.2 설계 예제-코드 변환기 563
16.3 반복회로의 설계 567
16.4 ROM과 PLA를 이용한 순서회로설계 570
16.5 CPLD를 사용한 순서회로설계 573
16.6 FPGA를 이용한 순서회로설계 577
16.7 순서회로의 시뮬레이션과 검사 579
16.8 컴퓨터 이용설계(CAD)의 개요 584
연습문제 586
추가 문제 592

UNIT 17 순서논리의 VHDL

UNIT 17 순서논리의 VHDL 599
목표 599
학습가이드 600
17.1 VHDL 프로세스를 이용한 플립플롭 모델화 604
17.2 VHDL 프로세스를 이용한 레지스터와 카운터 모델화 608
17.3 VHDL 프로세스를 이용한 조합논리 모델화 614
17.4 순서머쉰의 모델화 616
17.5 VHDL 코드의 합성 622
17.6 프로세스와 순서문에 대한 더 많은 것 625
연습문제 628
시뮬레이션 문제 639

UNIT 18 산술연산회로 643

	목표	643
	학습가이드	644
18.1	어큐뮬레이터를 가진 직렬덧셈기	646
18.2	2진 곱셈기의 설계	650
18.3	2진 나눗셈기의 설계	654
	프로그램화된 예제	662
	연습문제	666

UNIT 19 SM 차트와 상태머쉰 설계 679

	목표	679
	학습가이드	680
19.1	상태머쉰 차트	681
19.2	SM 차트의 유도	686
19.3	SM 차트의 구현	691
	연습문제	696

UNIT 20 디지털 시스템 설계와 VHDL 703

	목표	703
	학습가이드	704
20.1	직렬덧셈기용 VHDL 코드	707
20.2	2진 곱셈기용 VHDL 코드	709
20.3	2진 나눗셈기용 VHDL 코드	719
20.4	주사위 게임 시뮬레이터용 VHDL 코드	721
20.5	맺음말	724
	연습문제	726
	실험실 설계 문제	729

APPENDICES

A	MOS와 CMOS 로직	733
B	VHDL 언어 요약	739
C	합성 가능한 VHDL 코드 작성요령	744
D	정리(定理)의 증명	747
E	학습가이드 · 질문 및 연습문제	749
	참고문헌	807
	찾아보기	809

UNIT 1

서론 수 체계와 변환

***Introduction** Number Systems and Conversion*

목표

1. 서론

   본 장의 첫 부분에서는 후에 학습할 내용에 대해 살펴보기로 한다. 과정 첫 부분에서는 교재의 개요를 이해할 뿐만 아니라, 다음 내용을 설명할 수 있어야 한다.

   a. 아날로그 시스템과 디지털 시스템의 차이점 및 디지털시스템이 더 높은 정확도를 가질 수 있는 이유

   b. 조합회로와 순서회로의 다른 점

   c. 디지털시스템에서 일반적으로 2개 값을 갖는(two-valued) 신호와 2진수를 사용하는 이유

2. 수 체계와 변환

   이 장을 마치고 나면 다음 유형의 문제를 풀 수 있어야 한다.

   a. 어떤 기저(base, 2에서 16 사이)로 주어진 양의 정수, 소수, 혹은 혼합된 수에 대해서도 다른 기저의 수로 변환하라. 그 수에 대해 거듭제곱 급수(power series) 전개를 사용하여 적용된 과정이 타당함을 보여라.

   b. 양의 2진수를 더하고, 빼고, 곱하고, 나누어라. 자리올림과 자리내림 관점으로 덧셈, 뺄셈 과정을 설명하라.

   c. 음의 2진수를 부호와 크기, 1의 보수, 2의 보수 형태로 표현하라. 1의 보수와 2의 보수 연산을 이용하여 부호화 2진수들에 대하여 덧셈을 하라. 적용된 방법들을 정당화하라. 언제 오버플로가 발생하는지 설명하라.

   d. 10진수를 2진 부호화 10진수(BCD), 6-3-1-1 코드, 초과-3 코드 등으로 나타내어라. 가중치 집합이 주어졌을 때, 가중코드를 구성하라.

학습가이드

1. 1.1절 *디지털시스템과 스위칭회로*를 학습하고 다음 물음에 답하라:

(a) 아날로그시스템과 디지털시스템의 기본적인 차이는 무엇인가?

(b) 왜 디지털시스템이 아날로그시스템보다 더 높은 정확도를 갖는가?

(c) 조합 스위칭회로와 순서 스위칭회로의 차이점을 설명하라.

(d) 디지털시스템에서 사용하는 대부분의 스위칭소자가 가지는 일반적인 특성은 무엇인가?

(e) 디지털시스템에서는 왜 2진수를 사용하는가?

2. 1.2절 *수 체계와 변환*을 학습하고, 진행해 가면서 다음 물음에 답하라:

(a) 나눗셈법을 이용하여 기저변환을 할 때, 제일 처음에 얻어진 나머지는 최대유효자릿수(most significant digit)인가 아니면, 최소유효자릿수(least significant digit)인가?

(b) 교재에서 다룬 모든 예제들을 철저히 학습하고, 모든 단계를 확실히 이해하도록 하라.

(c) 식 (1-1)에는 쉽게 2진과 16진 간 변환하는 방법이 나타나 있다. 왜 4비트 그룹화를 수의 좌측 끝이 아니라 2진 소수점에서부터 시작하여야 하나?

(d) 10진수는 16진에서 한 것처럼 자릿수 대 자릿수 대응으로 2진수로 변환할 수 없는 이유는?

(e) 다음 변환표를 완성하라.

2진 (기저 2)	8진 (기저 8)	10진 (기저 10)	16진 (기저 16)
0	0	0	0
1			
10			
11			
100			
101			
110			
111			
1000			
1001			
1010			
1011			
1100			
1101			
1110			
1111			
10000	20	16	10

(f) 연습문제 1.1, 1.2, 1.3, 1.4를 풀어라.

3. 1.3절 2진 *산술연산(binary arithmetic)*을 학습하라.

(a) 특별히 뺄셈 과정에서 자리내림의 전파에 주의하면서 모든 예제들을 확실히 이해하라.

(b) 자리내림 과정을 확실히 이해하기 위해서, 다음 예제에 대해 2의 거듭제곱을 고려하여 자세히 분석하라.

$$\begin{array}{r} 1100 \\ -\ 101 \\ \hline 111 \end{array}$$

4. 연습문제 1.5, 1.6과 1.17(a)를 풀어라.

5. 1.4절 *음수의 표현*을 학습하라.

(a) 디지털시스템에서는 음수를 표현할 때 왜 부호와크기 표시법 대신에 1의 보수나 2의 보수를 사용하는가?

(b) n비트 2진수에 대하여 1의 보수를 구하는 2가지 방법을 설명하라.

(c) n비트 2진수에 대하여 2의 보수를 구하는 3가지 방법을 설명하라.

(d) 워드(word)의 길이가 $n = 4$비트(부호 비트 포함)인 경우에, 부호와크기 표시법으로 1000_2는 10진수로 얼마인가?

2의 보수로는?

1의 보수로는?

(e) 2의 보수로 표시된 음수의 경우, 어떻게 크기를 구하나?

1의 보수로 표시된 음수의 경우, 어떻게 크기를 구하나?

(f) 워드의 길이가 6비트(부호 비트 포함)인 경우에, 부호와크기 표시법으로 100000_2는 10진수로 얼마인가?

2의 보수로는?

1의 보수로는?

(g) 오버플로는 무슨 의미를 가지나? 1의 보수 혹은 2의 보수 덧셈을 할 때 오버플로가 발생했다는 것을 어떻게 알 수 있는가?

마지막 비트에서의 자리올림 발생은 오버플로가 발생했다는 것을 뜻하는가?

(h) 양수와 음수들의 여러 조합에 대해, 1의 보수 덧셈과 2의 보수 덧셈 예제들을 풀어라.

(i) 1의 보수 덧셈에서 끝단돌림(end-around) 자리올림을 사용하는 이유는 무엇인가?

(j) 2의 보수를 사용할 때 가장 곤란을 겪는 것은 1 다음에 모두 0들이 오는 (1000...000) 음수의 경우이다. 만약 이 수가 n비트 길이를 가진다면 이 수는 얼마를 나타내며, 그 이유는 무엇인가? (이 수는 음수 0이 아니다.)

(k) 연습문제 1.7, 1.8을 풀어라.

6. 1.5절 *2진 코드*를 학습하라.

(a) 187을 BCD 코드, 초과-3 코드, 6-3-1-1 코드, 2-out-of-5 코드로 표현하라.

(b) 6-3-1-1 코드는 하나의 가중치 코드임을 검증하라. 하나의 10진 숫자에 대해, 두 개의 다른 코드의 조합들이 사용될 수 있음에 유의하라. 예를 들어 0101이나 0110은 4를 표현할 수 있다. 각 경우에 있어서 더 작은 2진 값의 조합이 사용되고 있다.

(c) 초과-3 코드는 어떻게 하여 얻어지나?

(d) 10진수 숫자들에 대한 ASCII 코드는 어떻게 하여 얻어지나? 대문자에 대한 ASCII 코드와 소문자에 대한 ASCII 코드와의 관계는 어떻게 되나?

(e) 연습문제 1.9을 풀어라.

7. 만일 스스로 본 과정을 밟고 있다면, 다음 장으로 넘어가기 전에 별도로 제공되는 성취도 테스트를 통과하여야 할 필요가 있다. 예비 테스트의 목적은 본 장에 있는 모든 내용들을 완전히 이해하였는지를 알아보는 것이고, 또한 다음 장으로 가기 위한 준비인 것이다. 성취도 테스트를 하기 전에:

(a) 본 책의 끝에 제공된 문제의 답과 여러분들의 답을 체크해 보라. 만일 어떠한 문제라도 틀린 경우가 있다면, 왜 여러분의 답이 틀렸는지 이해하고, 답을 수정하도록 하라.

(b) 본 장 시작에 제시된 목표를 충족하였는지 확인하라.

서론 수 체계와 변환

Introduction Number Systems and Conversion

1.1 디지털시스템과 스위칭회로

디지털시스템은 계산 및 데이터 처리, 제어 시스템, 통신, 측정 등에 광범위하게 사용된다. 디지털시스템은 아날로그시스템에 비해 더 높은 정확도와 신뢰도를 가질 수 있기 때문에, 종전에 아날로그시스템으로 수행되던 많은 작업들이 현재는 디지털 형태로 실행되고 있다.

아날로그시스템에서는 물리적 양이나 신호가 특정된 범위 안에 걸쳐서 연속적으로 변화하지만, 디지털시스템에서는 물리적 양이나 신호가 이산적(discrete) 값으로만 가정된다. 예를 들어 아날로그시스템의 출력전압은 −10[V]에서 +10[V]까지의 범위 중 어느 값이든 취할 수 있지만, 디지털시스템의 출력전압은 0[V], 5[V]와 같은 2개의 값만을 취하는 것으로 한정될 수 있다.

디지털시스템은 이산적 양들을 취급하기 때문에, 대부분의 경우 주어진 입력에 대해 정확한 출력을 얻을 수 있도록 설계될 수 있다. 예를 들어 디지털 곱셈기를 이용하여 2개의 5-자리 수를 곱한다면, 10-자리 곱셈 결과 값은 10자리 모두 정확한 값이 된다. 한편, 아날로그 곱셈기의 출력은 곱셈기의 구성에 사용한 부품들의 정확도에 따라, 1퍼센트 이하에서 수 퍼센트까지의 에러 범위를 가질지 모른다. 더욱이 10자리가 아닌 20자리까지 정확한 곱셈 결과를 원한다면, 더 많은 자릿수를 취급하여, 더 많은 입력 자릿수를 더할 수 있는 디지털 곱셈기를 재설계할 수 있다. 아날로그 곱셈기의 정확도를 그 정도로 개선하기에는 부품 정확도의 한계성 때문에 거의 불가능하다.

디지털시스템의 설계는 대략 세 부분, 즉 시스템설계(system design), 논리설계(logic design), 회로설계(circuit design)로 나누어진다. 시스템설계에서는 전체 시스템을 서브 시스템(subsystem)으로 나누고, 각 서브 시스템의 특성들을 명시한다. 예를 들면, 디지털 컴퓨터의 시스템설계 과정에는 메모리 장치, 산술연산 장치, 입출력 장치들의 수와 유형, 또한 이들의 서브 시스템들과의 연결 및 제어 방법을 명시하고 있다. 논리설계에서는 특정 기능을 수행하기 위해 기본 논리 빌딩블록(building block)들을 어떻게 상호 연결할 것인가를 정한다. 논리설계의 한 예로는 2진 덧셈을 실행하는 데 필요한 논리게이트나 플립플롭들의 상호 연결 형태를 결정하는 것이다. 회로설계에서는 한 게이트나 플립플롭, 혹은 다른 논리블록을 구성하기 위해 저항, 다이오드 및 트랜지스터와 같은 특정 부품들의 내부결선을 명시한다. 대부분의 현대 회로설계는 적절한 CAD (computer-aided design) 툴을 사용하여 실리콘 칩(chip)상에서 소자들을 레이아웃(layout)하고 상호연결하는 집적회로의 형태로 수행된다. 본 책에서는 논리설계에 관한 학습과 그 논리설계 과정을 이해하는 데 필요한 이론을 주로 다루도록 한다. 18장과 20장에서는 시스템설계에 대한 여러 측면들을 다루고, 논리게이트의 회로설계에 대해서는 부록 A에서 간략히 언급하기로 한다.

많은 디지털시스템의 서브 시스템들은 스위칭(switching)회로의 형태를 취하고 있다(그림 1-1). 스위칭회로는 이산값들을 가진 한 개 이상의 입력과 한 개 이상의 출력을 가지고 있다. 본 교재에서는, 스위칭회로의 두 형태인 조합회로(combinaional circuits)와 순서회로(sequential circuits)에 관해 학습하기로 한다. 조합회로에서는 출력값들이 오직 현재 입력값에만 의존하고, 과거 입력값에는 무관하다. 순서회로에서는 출력이 현재와 과거의 입력값 모두에 의존한다. 즉 순서회로의 출력을 결정하기 위해서는 입력값의 열(sequence)이 명기되어야 한다. 조합회로는 메모리를 가지지 않는 반면, 순서회로는 과거의 입력열에 관한 정보를 "기억(remember)"해야만 하기 때문에 메모리를 가져야 한다. 보통 순서회로는 조합회로에 메모리 요소가 덧붙여져 구성된다. 조합회로는 순서회로보다 설계하기가 쉬워 먼저 학습하기로 한다.

그림 1-1
스위칭회로

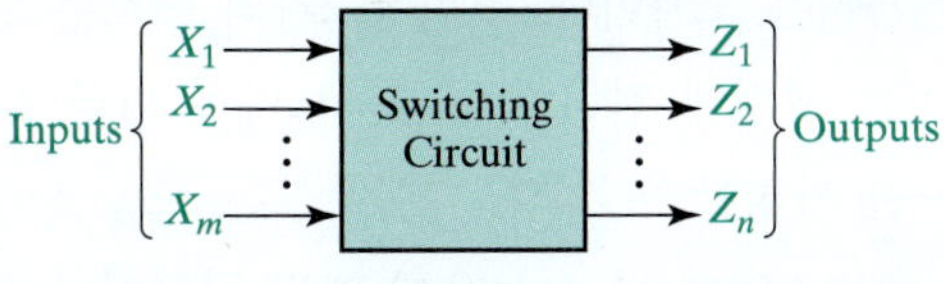

조합회로를 구성하는 데 사용되는 기본적인 빌딩블록들은 논리게이트들이다. 논리설계자는 회로의 입력신호를 원하는 출력신호로 변환하기 위해 이들 게이트를 어떻게 연결할지를 결정해야 한다. 입력과 출력 신호 사이의 관계는 부울 대수(Boolean algebra)를 적용하여 수학적으로 기술될 수 있다. 본 교재의 2장과 3장에서는 부울 대수의 기본법칙과 이론을 소개하고, 이것들을 적용해서 어떻게 논리게이트에 대한 회로 동작을 기술할 것인가를 제시한다.

주어진 문제 기술로부터 시작하여, 조합논리회로를 설계하는 첫 단계에서는 회로출력을 회로입력의 함수로 나타내 주는 표나 대수 논리식을 유도한다(4장). 이들 출력함수를 구현하는 회로를 경제적으로 설계하려면, 일반적으로 회로출력을 기술한 논리식을 간략화해야 한다. 3장에서는 이러한 간략화를 위한 대수 방법을 설명하고, 5장과 6장에서는 다른 간략화법(카노맵과 퀸–맥클러스키 방법)을 소개한다. 7장에서는 여러 형태의 게이트를 사용하여 간략화된 논리식을 구현하는 방법을 기술하고, 9장에서는 프로그래머블 논리 소자(programmable logic device)를 사용한 설계법을 다루도록 한다. .

순서회로설계에 사용되는 기본 메모리 요소를 플립플롭(flip-flop)이라 한다(11장). 이들 플립플롭은 게이트들과 연결하여 카운터와 레지스터를 구성할 수 있다(12장). 타이밍도, 상태표와 그래프를 사용하여, 보다 일반적인 순차회로를 분석하는 방법을 13장에 제시하도록 한다. 순서 스위칭회로를 설계하는 첫 단계에서는 입력과 출력열 사이의 관계를 설명하는 상태표나 상태그래프를 구성한다(14장). 15장에서는 상태표와 그래프를 게이트와 플립플롭으로 구현하는 과정을 설명하고, 16장에서는 프로그래머블 논리소자를 사용하여 순서회로를 구현하는 방법을 다루도록 한다. 18장에서는, 조합회로와 순서회로설계법을 사용하여 2진 덧셈, 뺄셈, 곱셈, 나눗셈을 실행하는 시스템을 구현하도록 한다. 본 교재에서 설계된 순서회로를 동기 순서회로라고 하는데, 그 이유는 순서회로들이 클럭(clock)이라고 하는 공통 타이밍 신호를 통해 메모리 요소들을 동기화하여 동작시키기 때문이다.

10장, 17장, 20장에서는 하드웨어 기술 언어의 하나인 VHDL을 사용하여 조합논리, 순서논리 및 디지털시스템설계에 대해 소개한다. VHDL을 사용하여 디지털 하드웨어를 기술하고, 시뮬레이션 및 합성한다. VHDL 코드를 작성한 후에, 설계자는 CAD 소프트웨어를 사용하여 하드웨어 기술을 컴파일하고 디지털 논리설계를 완성할 수 있다. 이것을 이용하면, 게이트와 플립플롭을 이용하여 수동으로 상세 회로를 설계하지 않고도 복잡한 설계를 완성시킬 수 있다.

디지털시스템에 사용되는 스위칭소자들은 일반적으로 2상태 소자, 즉 출력이 단지 서로 다른 두 개의 이산값만 가지는 소자이다. 스위칭소자의 예로는 릴레이, 다이오드, 트랜지스터들이 있다. 릴레이는 코일에 전원이 공급되느냐에 따라 2개의 상태—닫힘(closed) 혹은 열림(open)—를 가정할 수 있다. 다이오드는 도통 상태와 불통 상태에 있을 수 있다. 트랜지스터는 출력전압의 낮고 높음에 따라 차단이나 포화 상태에 있을 수 있다. 물론 트랜지스터들은 연속된 출력전압의 범위를 갖는 선형증폭기로도 동작될 수 있지만, 트랜지스터를 2상태의 소자로 동작시켜 더 큰 신뢰도를 가지는 디지털 응용회로에 이용될 수 있다. 대부분의 스위칭소자들의 출력은 2개의 다른 값만을 고려하기 때문에, 디지털시스템에서는 내부적으로 2진수를 사용하는 것이 자연스럽다. 이런 이유로 스위칭회로의 설계를 진행하기 전에 먼저 2진수와 수의 체계를 다루기로 한다.

1.2 수 체계와 변환

10진(기저(base) 10) 수를 표현할 때, 위치표기법(positional notation)을 사용한다. 즉 각 자릿수는 위치에 따라 적절한 10의 거듭제곱으로 곱해진다. 예를 들면,

$$953.78_{10} = 9 \times 10^2 + 5 \times 10^1 + 3 \times 10^0 + 7 \times 10^{-1} + 8 \times 10^{-2}$$

마찬가지로, 2진(기저 2) 수에 대해서도, 각 2진 자릿수는 적절한 2의 거듭제곱값이 곱해진다.

$$\begin{aligned}1011.11_2 &= 1 \times 2^3 + 0 \times 2^2 + 1 \times 2^1 + 1 \times 2^0 + 1 \times 2^{-1} + 1 \times 2^{-2} \\ &= 8 + 0 + 2 + 1 + \tfrac{1}{2} + \tfrac{1}{4} = 11\tfrac{3}{4} = 11.75_{10}\end{aligned}$$

10진수에 있어서 10진 소수점에 의해 10의 양과 음 거듭제곱값이 분리되듯이, 2진 소수점에 의해 2의 양과 음 거듭제곱값이 분리됨에 유의하자.

어떠한 양의 정수 R ($R > 1$)도 수 체계의 기저(*radix* 혹은 *base*)로 사용될 수 있다. 기저가 R이면 R개의 숫자들(0, 1, . . . , $R - 1$)이 사용된다. 예를 들어 $R = 8$이면, 필요한 숫자들은 0, 1, 2, 3, 4, 5, 6과 7이다. 위치표기법에 따라 쓰여진 수는 R의 거듭제곱 급수로 전개될 수 있다. 예를 들면,

$$\begin{aligned}N &= (a_4a_3a_2a_1a_0.a_{-1}a_{-2}a_{-3})_R \\ &= a_4 \times R^4 + a_3 \times R^3 + a_2 \times R^2 + a_1 \times R^1 + a_0 \times R^0 \\ &\qquad + a_{-1} \times R^{-1} + a_{-2} \times R^{-2} + a_{-3} \times R^{-3}\end{aligned}$$

이고, 여기서 a_i는 R^i의 계수이고, $0 \le a_i \le R - 1$이다. 산술연산이 거듭제곱 급수 전개로 표현하여 기저 10으로 수행된다면, 그 결과는 N의 등가적인 10진수가 된다. 예를 들면,

$$\begin{aligned}147.3_8 &= 1 \times 8^2 + 4 \times 8^1 + 7 \times 8^0 + 3 \times 8^{-1} = 64 + 32 + 7 + \tfrac{3}{8} \\ &= 103.375_{10}\end{aligned}$$

거듭제곱 급수 전개를 사용하면 어떠한 기저로도 변환 가능하다. 예를 들면 147_{10}을 기저 3으로 변환하면

$$147_{10} = 1 \times (101)^2 + (11) \times (101)^1 + (21) \times (101)^0$$

이 되고, 여기서 오른쪽에 있는 모든 수는 기저 3의 수이다(주: 기저 3에서는 10은 101이고, 7은 21, 등등). 변환을 끝내기 위해 기저 3의 산술연산이 사용된다. 물론 산술연산이 수작업으로 행하여진다면 이것은 아주 편리하지는 않다. 마찬가지로 147_{10}를 이진수로 변환하면 다음과 같이 계산된다.

$$147_{10} = 1 \times (1010)^2 + (100) \times (1010)^1 + (111) \times (1010)^0$$

이것 또한 수작업에서는 편리하지는 않지만, 2진으로 연산되는 컴퓨터에서는 쉽게 계산될 수 있다. 수작업으로 어떤 기저에서 *기저 10*으로 변환할 때에는 거듭제곱 급수 전개를 사용하라.

10보다 더 큰 기저에 대해서는, 숫자들을 표현하는 데 10개 이상의 기호가 필요하다. 이 경우에, 9보다 더 큰 숫자를 나타내기 위해 보통은 문자가 사용된다. 예를 들어 16진(hexadecimal, 기저 16)에서 10_{10}은 A, 11_{10}은 B, 12_{10}는 C, 13_{10}은 D, 14_{10}는 E, 그리고 15_{10}는 F로 표현한다. 따라서,

$$A2F_{16} = 10 \times 16^2 + 2 \times 16^1 + 15 \times 16^0 = 2560 + 32 + 15 = 2607_{10}$$

다음으로 나눗셈 방법(division method)을 적용하여 10진 *정수*(*integer*)를 R진수로 변환하자. 10진 정수 N과 등가인 기저 R은 다음과 같이 표현될 수 있다.

$$N = (a_n a_{n-1} \cdots a_2 a_1 a_0)_R = a_n R^n + a_{n-1} R^{n-1} + \cdots + a_2 R^2 + a_1 R^1 + a_0$$

N을 R로 나누면, 나머지(remainder)는 a_0이다:

$$\frac{N}{R} = a_n R^{n-1} + a_{n-1} R^{n-2} + \cdots + a_2 R^1 + a_1 = Q_1, \text{ remainder } a_0$$

그 다음 몫 Q_1을 R로 나눈다:

$$\frac{Q_1}{R} = a_n R^{n-2} + a_{n-1} R^{n-3} + \cdots + a_3 R^1 + a_2 = Q_2, \text{ remainder } a_1$$

다음에 Q_2를 R로 나눈다:

$$\frac{Q_2}{R} = a_n R^{n-3} + a_{n-1} R^{n-4} + \cdots + a_3 = Q_3, \text{ remainder } a_2$$

최종 a_n를 구할 때까지 이 과정을 계속한다. 각 나눗셈 단계에서 얻어진 나머지가 구하고자 하는 한 자릿수의 숫자가 되며, 최소유효자릿수(least significant digit)가 먼저 얻어진다.

예제

53_{10}을 2진수로 변환하라.

$$\begin{array}{rll}
2\,\underline{/53} & & \\
2\,\underline{/26} & \text{rem.} = 1 = a_0 & \\
2\,\underline{/13} & \text{rem.} = 0 = a_1 & \\
2\,\underline{/6} & \text{rem.} = 1 = a_2 & 53_{10} = 110101_2 \\
2\,\underline{/3} & \text{rem.} = 0 = a_3 & \\
2\,\underline{/1} & \text{rem.} = 1 = a_4 & \\
0 & \text{rem.} = 1 = a_5 &
\end{array}$$

10진 *소수*(*fraction*)를 기저 R로 변환하려면 계속 R을 *곱*(*multiplication*)함으로써 이루어진다. 10진 소수 F는 다음과 같이 나타낼 수 있다.

$$F = (.a_{-1} a_{-2} a_{-3} \cdots a_{-m})_R = a_{-1} R^{-1} + a_{-2} R^{-2} + a_{-3} R^{-3} + \cdots + a_{-m} R^{-m}$$

R을 곱하면

$$FR = a_{-1} + a_{-2} R^{-1} + a_{-3} R^{-2} + \cdots + a_{-m} R^{-m+1} = a_{-1} + F_1$$

이 되고, 여기서 F_1은 결과값의 소수 부분을 나타내며, a_{-1}은 정수부이다. F_1에 R을 다

시 곱하면,

$$F_1R = a_{-2} + a_{-3}R^{-1} + \cdots + a_{-m}R^{-m+2} = a_{-2} + F_2$$

가 된다. 다시 F_2에 R을 곱하면 다음과 같다:

$$F_2R = a_{-3} + \cdots + a_{-m}R^{-m+3} = a_{-3} + F_3$$

충분한 자릿수의 숫자를 얻을 때까지 이 과정을 계속한다. 각 단계에서 얻어진 정수 부분은 구하고자 하는 한 자리의 숫자가 되며, 최대유효자릿수(most significant digit)가 먼저 얻어진다.

예제

0.625_{10}를 2진수로 변환하라.

$$\begin{array}{r} F = .625 \\ \times\ 2 \\ \hline 1.250 \\ (a_{-1} = 1) \end{array} \qquad \begin{array}{r} F_1 = .250 \\ \times\ 2 \\ \hline 0.500 \\ (a_{-2} = 0) \end{array} \qquad \begin{array}{r} F_2 = .500 \\ \times\ 2 \\ \hline 1.000 \\ (a_{-3} = 1) \end{array} \qquad .625_{10} = .101_2$$

이 과정은 항상 종료되지 않을 수도 있는데, 만약 종료되지 않는다면 소수 부분이 반복되는 결과값을 가진다.

예제

0.7_{10}을 2진수로 변환하라.

$$\begin{array}{r} .7 \\ 2 \\ \hline (1).4 \\ 2 \\ \hline (0).8 \\ 2 \\ \hline (1).6 \\ 2 \\ \hline (1).2 \\ 2 \\ \hline (0).4 \\ 2 \\ \hline (0).8 \end{array}$$

$\longleftarrow$ 0.4가 이전에 얻어졌기 때문에 여기서 반복 과정이 시작한다.

$$0.7_{10} = 0.1\underline{0110}\ \underline{0110}\ \underline{0110} \ \ldots_2$$

10진수가 아닌 두 기저 사이의 변환을 제시된 과정을 이용하여 직접적으로 구할 수 있지만, 10이 아닌 기저를 사용하여 산술연산을 해야 한다. 일반적으로 먼저 십진으로 변환하고, 다음에 십진수를 새 기저로 변환하는 것이 쉽다.

예제 231.3_4을 기저 7로 변환하라.

$$231.3_4 = 2 \times 16 + 3 \times 4 + 1 + \tfrac{3}{4} = 45.75_{10}$$

$$\begin{array}{lll} 7\,\underline{/45} & & \\ 7\,\underline{/\ 6} & \text{rem. } 3 & \\ \quad 0 & \text{rem. } 6 & \end{array} \qquad \begin{array}{r} .75 \\ \underline{7} \\ (5).25 \\ \underline{7} \\ (1).75 \\ \underline{7} \\ (5).25 \\ \underline{7} \\ (1).75 \end{array} \qquad 45.75_{10} = 63.5151\ldots_7$$

2진에서 16진으로 변환(혹은 역으로)하는 것은, 각 16진 자릿수가 4개의 2진 자릿수(bit)와 정확히 대응되기 때문에 직접 보면서 수행할 수 있다. 2진 소수점에서부터 시작하여, 비트들을 4개씩 그룹 지어 분리하고, 각 그룹을 16진 자릿수로 대체한다:

$$1001101.010111_2 = \underbrace{0100}_{4}\ \underbrace{1101}_{D}\ .\ \underbrace{0101}_{5}\ \underbrace{1100}_{C} = 4D.5C_{16} \tag{1-1}$$

식 (1-1)에서 나타낸 것처럼, 4비트 그룹으로 채우기 위해 필요하다면 비트열의 각 끝에 여분의 0들을 덧붙인다.

1.3 2진 산술연산

2진 산술연산을 실행하는 논리회로설계가 10진보다 훨씬 용이하기 때문에, 디지털시스템에서는 보통 2진으로 산술연산을 한다. 2진 산술연산은 10진 연산과 같은 방법으로 수행하지만, 덧셈표 및 곱셈표는 훨씬 간단하다.

2진수에 대한 덧셈표는 다음과 같다.

$$0 + 0 = 0$$
$$0 + 1 = 1$$
$$1 + 0 = 1$$
$$1 + 1 = 0 \quad \text{과 다음 열로 1 자리올림(carry)}$$

다음 열로 1을 자리올림하는 것은 그 열에 1을 더하는 것과 같다.

예제 13_{10}과 11_{10}을 2진 덧셈하라.

$$
\begin{array}{rl}
 & 1111 \longleftarrow \text{carries} \\
13_{10} = & 1101 \\
11_{10} = & \underline{1011} \\
 & 11000 = 24_{10}
\end{array}
$$

2진수에 대한 뺄셈표는 다음과 같다.

$0 - 0 = 0$

$0 - 1 = 1$ 과 다음 열에 1 자리내림(borrow)

$1 - 0 = 1$

$1 - 1 = 0$

한 열에서 1을 자리내림하는 것은 그 열에서 1을 빼는 것과 같다.

2진 뺄셈의 예제

(a)
$$
\begin{array}{r}
1\longleftarrow \\
11101 \\
\underline{-\ 10011} \\
1010
\end{array}
$$
(세 번째 열에서 하나 자리내림을 나타낸다)

(b)
$$
\begin{array}{r}
1111\longleftarrow \text{자리내림} \\
10000 \\
\underline{-\quad\ \ 11} \\
1101
\end{array}
$$

(c)
$$
\begin{array}{r}
111\longleftarrow \text{자리내림} \\
111001 \\
\underline{-\quad 1011} \\
101110
\end{array}
$$

두 번째 예에서 자리내림이 열에서 열로 어떻게 전달되는지 주목하자. 두 번째 열로부터 1을 자리내림하기 위해서는, 세 번째 열로부터 자리내림이 있어야 하고, 등등 계속하여 자리내림이 있어야 한다. 2진 뺄셈을 위한 다른 방법으로는 1.4절에서 논의할 2의 보수를 사용하는 산술연산이 있다.

2진 뺄셈에서는 때때로 혼돈이 일어날 수 있는데, 이는 10진 뺄셈에 익숙하여 자리내림 과정의 중요성을 잊어버리기 때문이다. 2진 뺄셈을 자세히 분석하기 전에, 10진 뺄셈에 대한 자리내림 과정을 다시 보도록 하자.

10진 정수의 열(자릿수)을 우측부터 좌측으로 번호를 매기고(0부터 시작), n열에서 1을 자리내림하면, 이것이 의미하는 것은 n열에서 1을 빼고, $n - 1$열에 10을 더하는 것이 된다. $1 \times 10^n = 10 \times 10^{n-1}$이기 때문에, 10진수의 값은 바뀌지 않으면서 뺄셈을 처리할 수 있게 된다. 예를 들어 다음의 10진 뺄셈문제를 생각해 보자:

column 2 ↘ ↙ column 1

$$
\begin{array}{r}
205 \\
\underline{-\ \ 18} \\
187
\end{array}
$$

이 예에서 자리내림 과정은 우선 1열에서 1 자리내림을 하고, 다음에 2열에서 1 자리내

림을 하는데, 자세한 분석은 다음과 같다:

$$\begin{aligned} 205 - 18 &= [2 \times 10^2 + 0 \times 10^1 + 5 \times 10^0] \\ &\quad - [\qquad\qquad 1 \times 10^1 + 8 \times 10^0] \end{aligned}$$

note borrow from column 1

$$\begin{aligned} &= [2 \times 10^2 + (0 - 1) \times 10^1 + (10 + 5) \times 10^0] \\ &\quad - [\qquad\qquad 1 \times 10^1 + \qquad 8 \times 10^0] \end{aligned}$$

note borrow from column 2

$$\begin{aligned} &= [(2 - 1) \times 10^2 + (10 + 0 - 1) \times 10^1 + 15 \times 10^0] \\ &\quad - [\qquad\qquad\qquad 1 \times 10^1 + 8 \times 10^0] \\ &= [1 \times 10^2 \quad + \quad 8 \times 10^1 \qquad + 7 \times 10^0] = 187 \end{aligned}$$

2진 뺄셈에 대한 자리내림을 분석하면 10의 거듭제곱 대신에 2의 거듭제곱으로 수행하는 것 이외에는 동일하다. 2진수에 대해 n열에서 1을 자리내림 하는 것은 n열에서 1을 빼어 $n - 1$열에 $2(10_2)$를 더하는 것과 같다. 2진수의 값은 $1 \times 2^n = 2 \times 2^{n-1}$이기 때문에 변하지 않는다.

2진수 뺄셈의 예제(c)에 대해 자세히 분석하면 다음과 같다. 최우측 열부터 시작하면 $1 - 1 = 0$이다. 두 번째 열의 뺄셈을 하기 위해서는 세 번째 열에서 자리내림을 해야만 한다. 곧바로 자리내림을 하지 않고, 자리내림이 필요하다는 것을 나타내기 위해 세 번째 열 위에 1을 써놓고, 세 번째 열을 처리하게 될 때 자리내림을 실제로 하도록 한다(이것은 컴퓨터에서 자리내림 신호가 전파되는 방법과 비슷하다). 1을 빌려왔기 때문에, 두 번째 열은 10이 되어 $10 - 1 = 1$이 된다. 세 번째 열에서 1을 빌려오기 위해서는, 네 번째 열에서 1을 빌려와야 한다(4번째 열 위에 1을 써놓는 것으로 표시). 3열은 10이 되고, 자리내림한 부분을 빼주면 1이 되어, $1 - 0 = 1$이 된다. 이제 4열에서는 자리내림을 빼버리면 0으로 된다. 5열에서 자리내림이 있어야 하고, 이것은 4열에 10을 주어 $10 - 1 = 1$로 하여 뺄셈을 마친다.

2진수의 곱셈표는 다음과 같다:

$$\begin{aligned} 0 \times 0 &= 0 \\ 0 \times 1 &= 0 \\ 1 \times 0 &= 0 \\ 1 \times 1 &= 1 \end{aligned}$$

다음 예는 13_{10}과 11_{10}의 2진 곱셈을 보여준다:

```
      1101
      1011
  --------
      1101
     1101
    0000
   1101
  --------
  10001111 = 143₁₀
```

각 부분곱(partial product)은 해당하는 자릿수만큼 쉬프트(shift)된 피승수(multiplicand) (1101)로 되거나 0이 된다는 점에 주목하자.

긴 열을 가진 2진수들을 더할 때, 단일 열 비트들의 합이 11_2을 초과할 수 있어 다음 열로의 자리올림이 1보다 더 클 수 있다. 예를 들어 만약 단일 열 비트가 5개의 1들로 이루어졌다면, 1들을 모두 더하면 101_2이 되는데, 이것은 해당 열의 합 비트가 1이 되고, 다음 열로의 자리올림은 10_2이 된다. 2진 곱셈을 할 때, 1보다 큰 자리올림을 피하는 방법은 다음 예에서처럼 한 번에 하나씩 부분곱들을 더하는 것이다:

```
       1111   피승수
       1101   승수(곱하는 수, multiplicr)
       ----
       1111   첫 번째 부분곱
      0000    두 번째 부분곱
      -----
    (01111)   첫 2개의 부분곱들의 합
     1111     세 번째 부분곱
  ---------
  (1001011)   세 번째 부분곱을 더한 후의 합
    1111      네 번째 부분곱
   --------
   11000011   최종 곱(네 번째 부분곱을 더한 후의 합)
```

다음 예는 145_{10}을 11_{10}을 2진으로 나눗셈하는 것을 보여준다.

```
          1101
     ---------
1011 | 10010001
       1011
       ----
        1110
        1011
        ----
         1101   몫은 1101이고 나머지는 10이다.
         1011
         ----
           10
```

2진 나눗셈은 10진 나눗셈과 유사하지만 몫이 가질 수 있는 값이 0과 1, 즉 2개이기 때문에 훨씬 연산이 쉽다. 위 예에서, 먼저 피제수(나누어지는 수, dividend)(1001)의 상위 4비트와 제수(나누는 수, divisor)(1011)를 비교하여 보면, 음의 결과값이 되어 뺄셈을 할 수 없다는 것을 알 수 있고, 그래서 제수를 우측으로 한 자리 움직여 다시 계산하도록 한다. 이번에는 10010에서 1011을 뺀 결과, 111이 되어, 10010 위에 첫 번째 몫 비트를 1로 써놓는다. 그 다음 피제수의 다음 비트(0)를 내려 1110으로 하고, 그리고 제수를 우측으로 쉬프트한다. 그 다음 1110에서 1011을 빼면 11이 되고, 2번째 몫은 1이 된다. 피제수의 다음 비트를 내리면 110이 되고, 쉬프트된 제수를 뺄 수 없어, 3번째 몫 비트는 0이 된다. 그 다음 마지막 피제수 비트를 내리고 1101에서 1011을 빼면, 최종 나머지는 10이 되고 마지막 몫 비트는 1이 된다.

1.4 음수의 표현

지금까지는 무부호(unsigned) 양수를 다루어왔다. 양수와 음수를 함께 표현하는 가장 일반적인 방법에는 부호와 크기(sign and magnitude), 1의 보수(1's complement), 2의 보수(2's complement) 방법이 있다. 각 방법에서는 수의 최좌측 비트가 양수에 대해서는 0을, 음수에 대해서는 1을 가진다. 아래에서 논의하겠지만, 수를 표현하기 위해 n 비트가 사용된다면, 부호와크기 방법과 1의 보수 방법에서는 수의 표현 범위는 $-(2^{(n-1)}-1)$부터 $(2^{(n-1)}-1)$가 되고, 0에 대해서는 둘 다 양의 0과 음의 0의 두 표현 형태를 가진다. 2의 보수 방법에서 수의 표현 범위는 $-2^{(n-1)}$부터 $(2^{(n-1)}-1)$이 되고, 오직 양의 0 표현 형태만 가진다. 두 수에 대해 덧셈, 뺄셈과 같은 연산 후 결과값이 표현 범위를 넘어서면 *오버플로(overflow)*가 발생했다고 말한다.

부호와크기 수

$n-1$ 비트의 부호와 크기 체계에서는 부호 비트는 양수에 대해서는 0을, 음수에 대해서는 1로 나타내고 이어지는 $n-1$ 비트는 수의 크기를 나타낸다. $n-1$ 비트의 경우 크기는 0에서부터 $2^{(n-1)}-1$이 된다. 부호 비트를 가지면 수의 범위는 $-(2^{(n-1)}-1)$부터 $(2^{(n-1)}-1)$이고, 이는 양의 0과 음의 0을 포함한다. 표 1-1은 $n=4$에 대해 나타낸다. 예를 들어 0011은 +3을 표현하고 1011은 −3을 표현한다. 1000은 −0을 표현함에 유의하자.

부호와 크기로 표시한 2진수 상에서 산술연산하는 논리회로를 설계하는 것은 매우 어렵다. 한 방법으로 2의 보수나 1의 보수로 변환하여 산술연산을 수행한 다음, 결과를 다시 부호와크기의 수로 변환시키면 된다.

표 1-1
부호화 2진 정수 (워드 길이: n = 4)

			음의 정수		
$+N$	양의 정수 모든 체계	$-N$	부호와크기	2의 보수 N^*	1의 보수 $\overline{N}$
+0	0000	−0	1000	——	1111
+1	0001	−1	1001	1111	1110
+2	0010	−2	1010	1110	1101
+3	0011	−3	1011	1101	1100
+4	0100	−4	1100	1100	1011
+5	0101	−5	1101	1011	1010
+6	0110	−6	1110	1010	1001
+7	0111	−7	1111	1001	1000
		−8	——	1000	——

2의 보수

2의 보수 체계에서는 양수 N은 부호와 크기 체계와 같이 0 뒤에 크기를 붙여 표시한다. 그러나, 음수 $-N$은 2의 보수 N^*으로 표시된다. 만일 워드의 길이가 n비트이면, 양의 정수 N에 대한 2의 보수는 n비트의 워드 길이에 대하여 다음과 같이 정의된다.

$$N^* = 2^n - N \qquad (1\text{-}2)$$

(이 식에서 모든 수 N, 2^n, N^*은 무부호 양수로 취급됨을 주의하라. 만약 이것들을 2진으로 표현한다면 2^n을 표현하는 데에는 $n+1$ 비트가 필요하다.)

표 1-1은 $n = 4$에 대한 결과를 보여준다. 표 1-1에서 음수 −1에서 −7까지의 2의 보수 표현은 양수 1부터 7까지에 대해 2의 보수를 취함으로써 얻어질 수 있다(즉, 16에서 빼줌으로써). 예를 들면, 5의 2의 보수는 16 − 5 = 11, 즉 2진수를 사용하면 (10000) − (0101) = (1011)이다. 뺄셈을 끝낸 후에 보면 수 −7, ⋯ , −1, 0, 1, ⋯, 7의 표현에 4비트들의 모든 조합들이 사용되었다; 오직 사용되지 않은 조합은 1000이다. 1000의 최좌측 비트는 1로 그것은 음수이어야 한다. 크기를 정하기 위해 음수의 크기는 그 수의 2의 보수를 취함으로써 얻어질 수 있다. 즉, 식 (1-2)로부터

$$N = 2^n - N^* \qquad (1\text{-}3)$$

식 (1−3)을 1000에 적용하면, (10000) − (1000) = (1000)이 된다. 즉 10진으로는 16 − 8 = 8이 된다. 여기서 1000은 −8을 나타낸다. 일반적으로 n비트 2의 보수 체계에서는 1 다음에 모두 0들로 된 수는 $-2^{(n-1)}$을 나타낸다.

2진수에서 식 (1-2)를 직접 이용하면 $n+1$비트 수의 뺄셈을 필요로 한다. 식 (1-2)는 다음과 같이 쓸 수 있어 이것을 피할 수 있다.

$$N^* = (2^n - 1 - N) + 1$$

2진에서는 $2^n - 1$은 n개의 1로 구성된다. 모든 1에서 어느 수를 빼는 것은 어떤 자리내림도 발생하지 않고 그 뺄셈은 0은 1로, 1은 0으로 대체함으로써 행해질 수 있다(즉, 단순히 N을 비트별(bit-by-bit) 보수를 취한다). 예를 들어 $n = 7$이고 $N = 0101100$이면,

$$\begin{array}{rr} 2^n - 1 = & 1111111 \\ - & \underline{0101100} \\ & 1010011 \\ + & \underline{0000001} \\ N^* = & 1010100 \end{array}$$

N^*는 N을 비트별 보수를 취해 1을 더함으로써 얻어진다. N의 2의 보수를 만드는 또 다른 방법은 우측으로부터 시작하여 우측 끝에 있는 0들은 그대로, 그리고 첫 번째 1은 변하지 않고 첫 1의 좌측에 있는 모든 비트에 대해서는 보수를 취한다.

이전 예에서, N의 우측 끝에 있는 100은 그대로이지만 반면에 좌측에 있는 0101은 비트별로 보수를 취한다.

2의 보수 덧셈

n비트의 부호화 2진수(signed binary number)에 대한 덧셈은 2의 보수 체계를 이용하여 쉽게 구할 수 있다. 모든 수를 양수인 것처럼 덧셈을 하고, 부호 비트에서 발생하는

자리올림은 무시하면 된다. 이것은 *오버플로(overflow)*가 발생한 경우를 제외하고는 항상 옳은 결과를 준다. 워드 길이가 n비트일 때, 합(부호를 포함)이 올바르게 표현되기 위해서 n비트 이상이 필요하면 오버플로가 발생되었다고 말한다. 다음은 $n = 4$인 경우에 대하여 발생할 수 있는 여러 경우를 나타낸다.

1. 두 양수의 덧셈, 합 $< 2^{n-1}$

+3	0011	
+4	0100	
+7	0111	(옳은 답)

2. 두 양수의 덧셈, 합 $\geq 2^{n-1}$

+5	0101	
+6	0110	
	1011	⟵ 오버플로로 인해 틀린 답 (+11은 부호를 포함하여 5비트가 필요함)

3. 양수와 음수의 덧셈(음수의 크기가 더 큼)

+5	0101	
−6	1010	
−1	1111	(옳은 답)

4. 양수의 크기가 더 큰 것을 제외하고는 3과 동일

−5	1011	
+6	0110	
+1	(1)0001	⟵ 부호 비트에서 발생한 자리올림을 무시하면 옳은 답(이것은 오버플로가 *아님*)

5. 두 음수의 덧셈, $|\text{sum}| < 2^{n-1}$

−3	1101	
−4	1100	
−7	(1)1001	⟵ 마지막 자리올림을 무시하면 옳은 답 (이것은 오버플로가 *아님*)

6. 두 음수의 덧셈, $|\text{sum}| \geq 2^{n-1}$

−5	1011	
−6	1010	
	(1)0101	⟵ 오버플로로 인해 틀린 답 (−11은 부호를 포함하여 5비트가 필요함)

경우 2에서는 두 양수의 덧셈 결과가 음수가 되고, 경우 6에서는 두 음수의 덧셈 결과가 양수가 되므로(4비트에 대하여), 오버플로 조건(경우 2와 6)이 용이하게 검출됨을 유의하라.

경우 4와 5에 대해서는, 부호 비트에서 발생하는 자리올림을 무시하면 항상 옳은 답이라는 것에 대한 증명:

경우 4: $-A + B$ (where $B > A$)

$$A^* + B = (2^n - A) + B = 2^n + (B - A) > 2^n$$

마지막 자리올림을 버리는 것은 2^n을 빼는 것과 같다. 따라서 결과는 $(B - A)$이고, 이는 옳은 답이 된다.

경우 5: $-A - B$ (where $A + B \leq 2^{n-1}$)

$$A^* + B^* = (2^n - A) + (2^n - B) = 2^n + 2^n - (A + B)$$

마지막 자리올림을 무시하면 $2^n - (A + B) = (A + B)^*$이 되고, 이것은 $-(A + B)$의 옳은 답이 된다.

1의 보수

1의 보수 체계에서는, 음수 $-N$은 N의 1의 보수로 표시하고 다음과 같이 정의된다.

$$\overline{N} = (2^n - 1) - N \tag{1-3}$$

위에서 설명하였듯이 $(2^n - 1)$은 모두 1로 구성되고, 1에서 어느 비트를 빼면 그 비트를 보수하는 것과 같다. 여기서 N의 1의 보수는 N을 비트별로 보수를 취해 얻어진다. 표 1-1은 $n = 4$에 대해 1의 보수를 나타낸다. 0000의 1의 보수는 1111이고, 이것은 음의 0을 나타낸다. 1의 보수는 부호와크기에서처럼 0에 대해 두 개의 표현을 가진다.

1의 보수 덧셈

1의 보수의 덧셈은 2의 보수의 경우와 유사하나, 다만 마지막 자리올림은 버리지 않고 그 값을 가장 우측 자리로 하여 n비트 합으로 더한다. 이것을 *끝단돌림*(*end-around*) 자리올림이라 한다. 양수의 덧셈에 대해서는 2의 보수 덧셈의 경우 1과 2에 대한 설명과 같다. 나머지 경우는 아래에 설명한다($n = 4$).

3. 양수와 음수의 덧셈(음수가 더 큰 크기를 가짐)

```
 +5     0101
 -6     1001
 ---    ----
 -1     1110   (옳은 답)
```

4. 양수가 더 큰 크기를 가지는 것을 제외하고는 3과 동일

```
 -5     1010
 +6     0110
 ---    ----
    (1) 0000
     └─────→1   (끝단돌림 자리올림)
        ----
        0001   (옳은 답, 오버플로 없음).
```

5. 두 음수의 덧셈, $|\text{sum}| < 2^{n-1}$

```
-3        1100
-4        1011
      (1) 0111
       └────→1   (끝단돌림 자리올림)
          1000   (옳은 답, 오버플로 없음)
```

6. 두 음수의 덧셈, $|\text{sum}| \geq 2^{n-1}$

```
-5        1010
-6        1001
      (1) 0111
       └────→1   (끝단돌림 자리올림)
          0100   (오버플로로 인해 틀린 답)
```

다시, 경우 6에서의 오버플로는 두 음수의 합이 양수가 되므로, 쉽게 검출됨을 알 수 있다.

경우 4와 5에 대해, 끝단돌림 자리올림 방법이 옳은 답을 준다는 것을 다음과 같이 증명할 수 있다.

경우 4: $-A + B$ (where $B > A$)

$$\overline{A} + B = (2^n - 1 - A) + B = 2^n + (B - A) - 1$$

끝단돌림 자리올림은 2^n을 뺀 후에 1을 더한 것과 같아, 결과는 $(B - A)$가 되고, 이것은 옳은 답이 된다.

경우 5: $-A - B$ $(A + B < 2^{n-1})$

$$\overline{A} + \overline{B} = (2^n - 1 - A) + (2^n - 1 - B) = 2^n + [2^n - 1 - (A + B)] - 1$$

끝단돌림 자리올림 후에, 결과는 $2^n - 1 - (A + B) = \overline{(A + B)}$가 되고, 이는 $-(A + B)$에 대한 옳은 표현이다.

다음 예는 워드 길이 $n = 8$에 대한 1의 보수와 2의 보수 덧셈을 나타낸다.

1. 1의 보수로 −11과 −20을 더하라.

+ 11 = 00001011   +20 = 00010100

비트별로 보수를 취하면 −11은 11110100이고, −20은 11101011이다.

```
    11110100      (-11)
    11101011    +(-20)
(1) 11011111
 └─────────→ 1    (end-around carry)
    11100000 = -31
```

2. 2의 보수로 −8과 +19를 더하라.

+8 = 00001000

첫 번째 1의 왼쪽에 있는 모든 비트에 대해 보수를 취하면 −8은 11111000이 된다.

```
    11111000     (−8)
    00010011     +19
 (1)00001011  =  +11
  ↑___ (discard last carry)
```

양쪽 경우를 보면, 덧셈의 과정에서 최좌측 비트에서 자리올림이 발생하여도, 8비트(부호 포함)로 덧셈의 결과를 정확히 표현할 수 있으므로 오버플로가 아님을 주목하자. 2개의 n비트 부호화 2진수를 더해 n비트 합을 얻게 될 때, 오버플로를 검출하는 일반적인 규칙은 다음과 같다:

오버플로는 두 양수의 합이 음수가 되거나 두 음수의 합이 양수가 되면 발생한다.

2의 보수 덧셈에서 오버플로우를 검출하는 또 다른 방법은 다음과 같다. 부호 자리에서 발생한 자리올림과 부호 자리로 발생한 자리올림이 같지 않으면 오버플로우가 발생한다.

1.5 2진 코드

대부분의 대형 컴퓨터들은 내부적으로는 2진수로 동작되지만, 입출력 장치들은 보통 10진수를 사용한다. 대부분의 논리회로들은 단지 2개 값을 갖는 신호만을 허용하기 때문에, 10진수도 2진 신호의 형태로 부호화되어야만 한다. 2진 부호화의 가장 간단한 형태로는, 각각의 10진 숫자를 등가적인 2진수로 대체시키는 것이다. 예를 들어 937.25는 다음과 같이 표현된다:

```
          9    3    7  .  2    5
       1001 0011 0111  . 0010 0101
```

이 표현을 2진 부호화 10진수(binary-coded-decimal: BCD), 더 정확하게는 8-4-2-1 BCD라 부른다. 이 결과가 전체를 2진으로 변환한 것과는 매우 다르다는 점에 주목하자. 오직 10개의 10진 숫자가 있기 때문에, BCD 코드로 1011에서 1111은 유효하지 않다.

표 1-2 10진 숫자에 대한 2진 코드

Decimal Digit	8-4-2-1 Code (BCD)	6-3-1-1 Code	Excess-3 Code	2-out-of-5 Code	Gray Code
0	0000	0000	0011	00011	0000
1	0001	0001	0100	00101	0001
2	0010	0011	0101	00110	0011
3	0011	0100	0110	01001	0010
4	0100	0101	0111	01010	0110
5	0101	0111	1000	01100	1110
6	0110	1000	1001	10001	1010
7	0111	1001	1010	10010	1011
8	1000	1011	1011	10100	1001
9	1001	1100	1100	11000	1000

표 1-2는 10개의 10진 숫자들에 대한 몇 가지 가능한 2진 코드의 집합을 보여준다. 유효 코드가 되기 위한 유일한 요구 조건은 각 10진 숫자가 서로 다른 2진 숫자들의 조합으로 표현되는 것이기 때문에, 많은 다른 가능성이 있을 수 있다. 10진수를 코드된 형으로 변환하기 위해서는, 각 10진 숫자를 그에 해당하는 코드로 대체시키면 된다. 그러므로 초과-3 코드(excess-3 code)로 표현된 937은 1100 0110 1010이다. 8-4-2-1(BCD) 코드와 6-3-1-1 코드는 가중치 코드(weighted code)들의 예이다. 4비트 가중치 코드는 가중치가 w_3, w_2, w_1, w_0일 때, 코드 $a_3a_2a_1a_0$는 10진수 N이

$$N = w_3a_3 + w_2a_2 + w_1a_1 + w_0a_0$$

로 나타내는 특성을 가지고 있다. 예를 들면, 6-3-1-1 코드의 가중치는 $w_3 = 6$, $w_2 = 3$, $w_1 = 1$, 그리고 $w_0 = 1$이다. 따라서 2진 코드 1011은 10진 숫자

$$N = 6 \cdot 1 + 3 \cdot 0 + 1 \cdot 1 + 1 \cdot 1 = 8$$

로 된다. 초과-3 (excess-3) 코드는 8-4-2-1 코드의 각 값에 3(0011)을 더하여 얻은 것이다. 2-out-of-5 코드는 모든 유효한 코드 조합에 대해서 정확히 5비트 중 2비트만 1을 가지는 특성이 있다. 논리회로의 오동작으로 코드 조합을 이루고 있는 비트들 중에 변화가 발생하였다면, 1인 비트의 개수가 더 이상 정확히 2개가 아니기 때문에, 이 코드는 유용한 에러 검출 특성을 가지고 있다. 표에는 그레이(Gray) 코드의 한 예가 나타나 있다. 그레이 코드는 연속된 10진 숫자에 대한 코드 구성이 한 비트씩만 차이가 나는 특성을 가지고 있다. 예를 들어 6과 7에 대한 코드는 4번째 비트에서만 다르고, 9와 0에 대한 코드는 첫 번째 비트에서만 다르다. 그레이 코드는 샤프트(shaft) 위치와 같은 아날로그 양을 디지털 형태로 변환할 때 종종 사용된다. 이 경우에 아날로그 양의 미소한 변화는 그레이 코드에서는 1비트만 변화하게 하여, 한 번에 2비트 이상 변화하게 하는 것보다 더 신뢰성 있게 동작한다. 그레이 코드와 2-out-of-5 코드는 가중치 코드가 *아니다*. 일반적으로 가중화가 안 된 코드를 사용할 때에는, 코드 숫자의 10진 값은 간단한 식으로 계산될 수 *없다*.

대부분 컴퓨터 응용에서는 숫자, 문자 및 구두점 표시와 같은 여러 기호들이 포함

된 데이터 처리를 요구한다. 영숫자(alphanumeric) 데이터를 컴퓨터에서 또는 컴퓨터로 전송하거나 또는 컴퓨터의 내부에 저장하려면, 각 기호는 2진 코드로 나타내어야만 한다. 범용의 영숫자 코드로는 ASCII (American Standard Code for Information Interchange) 코드가 있다. 이것은 7비트 코드로, 문자, 숫자, 그리고 여러 기호들을 표현하는 데 2^7(128)개의 다른 코드 조합이 가능하다. 표 1-3에는 ASCII 코드의 일부분을 나타내었으며, 표에 실려지지 않은 코드 조합은 "페이지 넘김(form feed)"이나 "전송 종료(end of transmission)"와 같은 특별한 제어함수로 사용된다. "*Start*" 단어에 대한 ASCII 코드는 다음과 같이 표현된다:

1010011	1110100	1100001	1110010	1110100
S	t	a	r	t

표 1-3 ASCII 코드

	ASCII Code								ASCII Code								ASCII Code						
Character	A_6	A_5	A_4	A_3	A_2	A_1	A_0	Character	A_6	A_5	A_4	A_3	A_2	A_1	A_0	Character	A_6	A_5	A_4	A_3	A_2	A_1	A_0
space	0	1	0	0	0	0	0	@	1	0	0	0	0	0	0	′	1	1	0	0	0	0	0
!	0	1	0	0	0	0	1	A	1	0	0	0	0	0	1	a	1	1	0	0	0	0	1
"	0	1	0	0	0	1	0	B	1	0	0	0	0	1	0	b	1	1	0	0	0	1	0
#	0	1	0	0	0	1	1	C	1	0	0	0	0	1	1	c	1	1	0	0	0	1	1
$	0	1	0	0	1	0	0	D	1	0	0	0	1	0	0	d	1	1	0	0	1	0	0
%	0	1	0	0	1	0	1	E	1	0	0	0	1	0	1	e	1	1	0	0	1	0	1
&	0	1	0	0	1	1	0	F	1	0	0	0	1	1	0	f	1	1	0	0	1	1	0
′	0	1	0	0	1	1	1	G	1	0	0	0	1	1	1	g	1	1	0	0	1	1	1
(	0	1	0	1	0	0	0	H	1	0	0	1	0	0	0	h	1	1	0	1	0	0	0
)	0	1	0	1	0	0	1	I	1	0	0	1	0	0	1	i	1	1	0	1	0	0	1
*	0	1	0	1	0	1	0	J	1	0	0	1	0	1	0	j	1	1	0	1	0	1	0
+	0	1	0	1	0	1	1	K	1	0	0	1	0	1	1	k	1	1	0	1	0	1	1
,	0	1	0	1	1	0	0	L	1	0	0	1	1	0	0	l	1	1	0	1	1	0	0
–	0	1	0	1	1	0	1	M	1	0	0	1	1	0	1	m	1	1	0	1	1	0	1
.	0	1	0	1	1	1	0	N	1	0	0	1	1	1	0	n	1	1	0	1	1	1	0
/	0	1	0	1	1	1	1	O	1	0	0	1	1	1	1	o	1	1	0	1	1	1	1
0	0	1	1	0	0	0	0	P	1	0	1	0	0	0	0	p	1	1	1	0	0	0	0
1	0	1	1	0	0	0	1	Q	1	0	1	0	0	0	1	q	1	1	1	0	0	0	1
2	0	1	1	0	0	1	0	R	1	0	1	0	0	1	0	r	1	1	1	0	0	1	0
3	0	1	1	0	0	1	1	S	1	0	1	0	0	1	1	s	1	1	1	0	0	1	1
4	0	1	1	0	1	0	0	T	1	0	1	0	1	0	0	t	1	1	1	0	1	0	0
5	0	1	1	0	1	0	1	U	1	0	1	0	1	0	1	u	1	1	1	0	1	0	1
6	0	1	1	0	1	1	0	V	1	0	1	0	1	1	0	v	1	1	1	0	1	1	0
7	0	1	1	0	1	1	1	W	1	0	1	0	1	1	1	w	1	1	1	0	1	1	1
8	0	1	1	1	0	0	0	X	1	0	1	1	0	0	0	x	1	1	1	1	0	0	0
9	0	1	1	1	0	0	1	Y	1	0	1	1	0	0	1	y	1	1	1	1	0	0	1
:	0	1	1	1	0	1	0	Z	1	0	1	1	0	1	0	z	1	1	1	1	0	1	0
;	0	1	1	1	0	1	1	[	1	0	1	1	0	1	1	{	1	1	1	1	0	1	1
<	0	1	1	1	1	0	0	\	1	0	1	1	1	0	0	|	1	1	1	1	1	0	0
=	0	1	1	1	1	0	1	]	1	0	1	1	1	0	1	}	1	1	1	1	1	0	1
>	0	1	1	1	1	1	0	^	1	0	1	1	1	1	0	~	1	1	1	1	1	1	0
?	0	1	1	1	1	1	1	—	1	0	1	1	1	1	1	delete	1	1	1	1	1	1	1

연습문제

1.1 16진으로 변환하고 다음에 2진으로 변환하라.

(a) 757.25_{10} (b) 123.17_{10} (c) 356.89_{10} (d) 1063.5_{10}

1.2 8진, 16진으로 변환하고 다시 양쪽 답을 10진으로 변환하여, 양쪽 값이 동일한지 확인하라.

(a) 11010110001.011_2 (b) 10110011101.11_2

1.3 (a) 기저 6으로 변환하라: $3BA.25_{14}$ (모든 연산을 10진으로 할 것)

1.4 (a) 16진으로 변환하라: 1457.11_{10}. 반올림하여 16진 소수점 둘째 자리까지 나타내어라.

(b) 답을 2진으로 변환하고 8진으로 변환하라.

(c) 16진을 직접 기저 4로 변환하는 법을 생각해 보고, 답을 기저 4로 변환하라.

(d) 10진으로 변환하라: $DEC.A_{16}$

1.5 2진으로 덧셈, 뺄셈 및 곱셈을 하라.

(a) 1111과 1010 (b) 110110과 11101 (c) 100100과 10110

1.6 2진으로 뺄셈을 하라. 자리내림이 필요한 각 열 위에 1을 써넣어라.

(a) 11110100 − 1000111 (b) 1110110 − 111101 (c) 10110010 − 111101

1.7 음수를 2의 보수로 표현하여 다음 수들을 2진으로 덧셈하여라. 6비트(부호를 포함)의 워드 길이를 사용하고 오버플로가 발생하는지 표시하라.

(a) 21 + 11 (b) (−14) + (−32) (c) (−25) + 18

(d) (−12) + 13 (e) (−11) + (−21)

음수를 1의 보수로 표현하여 (a), (c), (d)와 (e)를 반복하라.

1.8 어떤 컴퓨터가 8비트(부호를 포함)의 워드 길이를 갖고 있다. 만약 음수를 나타내기 위해 2의 보수를 사용하였다면, 컴퓨터에 저장할 수 있는 정수의 범위는 얼마나 되나? 만약 1의 보수가 사용된다면 정수의 범위는? (답은 10진으로 표시하라.)

1.9 7-3-2-1 가중치 코드의 표를 작성하고, 이 코드를 이용하여 3659를 나타내라.

1.10 16진으로 변환한 후 그 다음에 2진으로 변환하라.

(a) 1305.375_{10} (b) 111.33_{10} (c) 301.12_{10} (d) 1644.875_{10}

1.11 8진, 16진으로 변환하고, 양쪽 답을 10진으로 변환하여 두 값이 동일한지 확인하라.

(a) 101111010100.101_2 (b) 100001101111.01_2

1.12 (a) 기저 3으로 변환하라: 375.54_8 (10진으로 모든 연산을 할 것)
(b) 기저 4로 변환하라: 384.74_{10}
(c) 기저 9로 변환하라: $A52.A4_{11}$ (10진으로 모든 연산을 할 것)

1.13 16진으로 변환하고 다음에 2진으로 변환하라: 544.1_9

1.14 10진수 97.7_{10}을 다음 기저로 표현하여 정확하게 같은 값을 갖는 수로 변환하라. 정확한 값을 표현하는 데에는 수의 소수 부분에 무한 반복하는 부분을 필요로 한다. 유도 단계를 보여라.
(a) 2진 (b) 8진 (c) 16진 (d) 기저 3 (e) 기저 5

1.15 기저 3인 수를 직접 기저 9인 수로 변환하는 방법을 생각해 보라. 그 방법을 이용하여 다음 수를 기저 9로 변환하라: 1110212.20211_3

1.16 다음 10진수를 8진으로 변환하고 다시 2진으로 변환하라.
(a) $2983^{63}/_{64}$ (b) 93.70 (c) $2983^{31}/_{32}$ (d) 109.30

1.17 2진으로 뺄셈, 덧셈 및 곱셈을 하라.
(a) 1111과 1001 (b) 1101001과 110110 (c) 110010과 11101

1.18 2진으로 뺄셈을 하라. 자리내림이 필요한 각 열 위에 1을 써넣어라.
(a) 10100100 − 01110011 (b) 10010011 − 01011001
(c) 11110011 − 10011110

1.19 2진으로 나눗셈을 하라.
(a) 11101001 ÷ 101 (b) 110000001 ÷ 1110 (c) 1110010 ÷ 1001
2진으로 곱셈을 하고 나머지를 더해 구한 답을 확인하라.

1.20 2진으로 나눗셈을 하라.
(a) 10001101 ÷ 110 (b) 110000011 ÷ 1011 (c) 1110100 ÷ 1010

1.21 양의 정수를 표현하는 데 3자리가 필요하다고 가정하고, 또한 다음 연산이 옳다고 가정하라. 수의 기저를 정하라. 어느 덧셈이 오버플로가 발생되는가?
(a) 654 + 013 = 000
(b) 024 + 043 + 013 + 033 = 223
(c) 024 + 043 + 013 + 033 = 201

1.22 10진수 0.6117_{10}과 근사값을 가진 2진수를 표현할 때, 2진수가 같거나 더 정확한 정도를 가지기 위해 필요한 가장 작은 비트수(자릿수)는 얼마인가?

1.23 $0.363636\ldots_{10}$을 정확히 등가인 기저 8인 수로 변환하라.

1.24 (a) 기저 b인 수를 소수점에서 시작하여 왼쪽과 오른쪽으로 연속한 세 자리 그룹으로 나누어 각 그룹을 기저 b^3의 수로 변환함으로써, 기저 b인 수가 기저 b^3으로 변환될 수 있음을 밝혀라(*힌트*: 기저 b인 수를 거듭제곱 급수 전개를 사용하여 나타내어라).

(b) 기저 b^3인 수의 각 자릿수를 소수점에서 시작하여 왼쪽과 오른쪽으로 연속한 세 자릿수로 전개함으로써 기저 b^3인 수가 기저 b로 변환될 수 있음을 밝혀라.

1.25 (a) 수 $(5 - 1)$, $(5^2 - 1)$, $(5^3 - 1)$가 기저 5인 수로 어떻게 표현되는지를 보여라.

(b) (a)에 대한 답을 일반화시켜, $b^n - 1$이 어떻게 기저 b인 수로 표현되는지를 보여라. 여기서 b는 1보다 더 큰 수이고, n은 0보다 더 큰 정수이다. 결과를 수학적으로 유도하여라.

1.26 (a) 수 121_b가 완전제곱임을 보여라(즉 그것이 어떤 수의 제곱이다). 여기서 b는 2보다 큰 임의의 기저이다.

(b) 수 12321_b에 대해 (a)를 반복하라. 여기서 $b > 3$이다.

(c) 수 14641_b에 대해 (a)를 반복하라. 여기서 $b > 6$이다.

(b) 수 1234321_b에 대해 (a)를 반복하라. 여기서 $b > 4$이다.

1.27 (a) $(0.12)_3$을 기저 6인 소수로 변환하라.

(b) $(0.375)_{10}$을 기저 8인 소수로 변환하라.

(c) $N = (0.a_{-1}a_{-2} \cdots a_{-m})_R$은 기껏해야 0이 아닌 m개의 자릿수를 가진 *임의의* 기저 R인 소수라 하자. N이 0이 아닌 유한 수 자릿수를 가진 기저 S인 소수로 표현 가능하기 위한 필요충분 조건을 결정하라: 즉 $N = (0.b_{-1}b_{-2} \cdots b_{-m})_S$. [힌트: (a)는 한 예를 준다.

$$(a_{-1}R^{-1} + a_{-2}R^{-2} + \cdots a_{-m}R^{-m})S^n$$

이 정수임을 유의하라.]

(d) (a)를 일반화하여 모든 기저는 아니나 *특정* 기저 R인 소수 $N = (0.a_{-1}a_{-2} \cdots a_{-m})_R$이 0이 아닌 유한 수 자릿수를 가진 기저 S인 소수로 표현 가능하기 위한 필요충분 조건을 결정하라:

1.28 4-3-2-1 가중치 코드 표를 작성한 다음, 이 코드를 사용하여 9154를 나타내라.

1.29 5-3-1-1 가중치 코드 구성이 가능한가? 6-4-1-1 가중치 코드는? 답이 타당함을 보여라.

1.30 5-4-1-1 가중치 코드 구성이 가능한가? 6-3-2-1 가중치 코드는? 답이 타당함을 보여라.

1.31 10진 숫자에 대한 6-2-2-1 가중치 코드를 작성하라. 이 코드에서 1100 0011은 어느 수를 나타내나?

1.32 10진 숫자에 대한 5-2-2-1 가중치 코드를 작성하라. 이 코드에서 1110 0110은 어느 수를 나타내나?

1.33 기저 12 숫자에 대한 7-3-2-1 코드를 구성하라. 이 코드를 사용하여 B4A9를 나타내라.

1.34 (a) 10진 숫자에 대하여 가중치 코드에 음의 가중치를 갖는 것이 가능하다. 예로 8, 4, −2와 −1이 사용될 수 있다. 이 가중치 코드표를 작성하라.

(b) d가 이 코드로 된 10진 숫자라면, $9 - d$에 대한 코드는 어떻게 얻어질 수 있나?

1.35 16진수로 변환하고 그 값을 ASCII 코드로 나타내라(16진 소수점에 대한 코드도 포함할 것).

(a) 222.22_{10} (b) 183.81_{10}

1.36 다음의 수들에 대해 문제 1.7을 반복하라.

(a) (−10) + (−11) (b) (−10) + (−6) (c) (−8) + (−11)
(d) 11 + 9 (e) (−11) + (−4)

1.37 $A - B = A + (-B)$이므로, 부호수들에 대한 뺄셈이 보수를 더함으로써 수행될 수 있다. 다음 5비트로 된 2진수의 각 쌍에 대해, 피감수에 보수를 취한 감수를 더해 뺄셈을 하라. 오버플로가 발생하면 표시하라. 음수는 1의 보수로 표현된다고 가정하라. 그 다음 2의 보수를 사용하여 반복하라.

(a)	(b)	(c)	(d)	(e)
01001	11010	10110	11011	11100
−11010	−11001	−01101	−00111	−10101

1.38 다음 수의 쌍들에 대해 문제 1.37을 반복하라.

(a)	(b)	(c)	(d)
11010	01011	10001	10101
−10100	−11000	−01010	−11010

1.39 (a) $A = 101010$과 $B = 011101$은 1의 보수로 된 수이다. 다음 연산을 수행하고 오버플로가 발생하는지를 나타내라.

(i) $A + B$ (ii) $A - B$

(b) (a)의 수들이 2의 보수로 된 수라 가정하고 (a)를 반복하라.

1.40 (a) 아래 정수들을 1의 보수 정수라 가정하라. 각 수에 대해 1의 보수를 구하고, 원래의 수와 그 보수의 십진 값을 구하라.

(i) 0000000 (ii) 1111111 (iii) 00110011 (iv) 1000000

(b) (a)를 반복하되 수들은 2의 보수라 가정하고 그 수들의 2의 보수를 구하여라.

1.41 기저가 20인 정수 $d_{n-1}d_{n-2} \cdots d_1d_0$를 기저 10인 정수로 변환하는 알고리즘은 다음과 같다: d_i를 2^i로 곱하고 우측에는 i개의 0을 부가한 다음 모든 결과값들을 더한다.

(a) 이 알고리즘을 사용하여 $GA7_{20}$을 기저 10으로 변환하라. (G_{20}은 16_{10}이다.)

(b) 이 알고리즘이 유효함을 증명하라.

(c) 기저 20인 소수 $0.d_{-1}d_{-2} \cdots d_{-n+1}d_{-n}$을 기저 10인 소수로 변환하는 것을 생각하라. 위의 것과 유사한 변환 알고리즘을 기술하라.

(d) (c)에서 작성한 알고리즘을 $0.FA7_{20}$에 적용하라.

1.42 A, B는 양의 정수이고, n비트의 2의 보수체계로 A와 B의 덧셈을 하자.

(a) A와 B의 덧셈에서는 (($A + B$)의 크기) $< 2^{n-1} - 1$이면 합이 올바르게 표현되나, (($A + B$)의 크기) $> 2^{n-1} - 1$이면 음수로 크기가 $2^n - (A + B)$로 표현됨을 보여라.

(b) A와 $(-B)$의 덧셈에서는 항상 합이 올바로 표현됨을 보여라. $A \geq B$의 경우와 $A < B$의 모든 경우에 대해 생각하라.

(c) $(2^n - A) + (2^n - B)$ 덧셈에서는 $A + B$의 크기가 2^{n-1} 이하면 $-(A + B)$의 2의 보수가 올바로 표현됨을 보여라. 단 부호 자릿수의 자리올림은 무시하라. 또한 (($A + B$)의 크기) $> 2^{n-1}$이면 양수 $2^n - (A + B)$가 잘못된 합을 나타냄을 보여라.

1.43 A, B는 정수이고, n비트의 1의 보수체계로 A와 B의 덧셈을 하자. 끝단돌림을 이용한 A와 B의 덧셈에서는 오버플로우가 발생하지 않는다면 합의 결과가 올바르다는 것을 증명하라. 4가지 경우를 고려하라: A와 B 모두 양수인 경우, A는 양수이고 B는 음수이나 A의 크기가 B의 크기보다 큰 경우, A는 양수이고 B는 음수이나 A의 크기가 B의 크기 이하인 경우, A와 B 모두 음수의 경우

1.44 2의 보수체계에서 부호 자리에서 발생한 자리올림이 부호 자리로 발생된 자리올림과 같지 않으면 덧셈에서 오버플로우가 발생함을 증명하라. 3가지 경우에 대해 고려하라: 2개의 양수 덧셈, 2개의 음수 덧셈, 그리고 반대 부호를 가진 수의 덧셈.

1.45 문제 1.44의 오버플로우를 검출하는 방법을 1의 보수에 적용하여 재서술하라.

1.46 $B = b_{n-1}\,b_{n-2} \cdots b_1b_0$가 n비트 2의 보수 정수라 하자. B의 십진수 값이 $-b_{n-1}2^{n-1} + b_{n-2}2^{n-2} + b_{n-3}\,2^{n-3} + \cdots + b_12 + b_0$로 됨을 보여라. (힌트: 양수($b_{n-1} = 0$)와 음수($b_{n-1} = 1$)를 각각 고려하고 음수의 크기가 1에서 각 비트를 빼고(즉 각 비트에 대해 보수를 취함) 결과값에 1을 더함으로써 얻어진다는 점에 주목하라.)

UNIT 2

부울 대수

Boolean Algebra

목표

부울 대수(Boolean algebra)의 특별한 경우인 스위칭 대수 법칙들 중 일부가 표 2-3에 나열되어 있다. 부울 대수의 추가 정리는 표 2-4에 주어져 있다. 여러분이 이 장을 마무리할 때, 부울 대수 법칙과 정리에 익숙하고, 자유롭게 이용할 수 있어야 한다.

1. 부울 대수의 기본 연산들과 법칙들을 이해한다.

2. 연산과 법칙을 AND 게이트, OR 게이트, 인버터로 구성된 회로에 연관시킨다. 또한 스위치로 구성된 회로에 연관시킨다.

3. 스위칭 대수의 법칙들을 진리표를 이용하여 증명한다.

4. 다음과 같이 대수 식들을 다룰 때, 부울 대수 법칙을 적용한다.

  a. 곱의합(SOP)을 구하기 위해 식을 곱셈 전개

  b. 합의곱(POS)을 구하기 위해 식을 인수화

  c. 하나의 법칙을 적용하여 식을 간략화

  d. 식의 보수화

학습가이드

1. 이 장에서는 디지털 시스템 논리 설계에 필요한 기본 수학, 부울 대수를 공부할 것이다. 처음 일반 대수를 배웠을 때와 같이, 부울 대수를 효과적으로 사용할 수 있기까지는 많은 연습이 필요할 것이다. 그러나 이 장이 끝날 무렵에는 일반 대수를 편히 느끼는 것과 같이 부울 대수에 대해서도 충분히 적응되어 있을 것이다. 다행히도 많은 부울 대수의 법칙들이 일반 대수의 법칙들과 같다. 그러나 부울 대수에만 적용되는 몇 가지 특별한 법칙들에 주의하라!

2. 2.1절과 2.2절 *서론과 기본 연산*을 학습하라.

(a) 이 장에서 사용되는 기호 0과 기호 1은 1장에서 사용되었던 0, 1과 어떻게 다른가?

(b) A의 반전(inverse), 혹은 보수(complement)에 대한 일반적인 표기 방법 두 가지는 $\overline{A}$와 A'이다. 후자의 표기 방법이, 타이피스트들이 타자를 할 때 그리고 프린터나 컴퓨터에 사용될 때 더 편리하다(컴퓨터를 이용하여 문자 위에 줄을 그어 본 적 있는가?). 이 책에서는 A의 보수를 A'라고 표시할 것이다. 독자들은 두 표기법 중에서 어느 것을 사용해도 상관없으나 같은 식 안에서 두 표기법을 혼용하지 않아야 한다. 대부분의 공학자들은 OR 연산자에 대해 + 기호를 사용하고 AND는 • (또는 기호 생략) 기호를 사용하는데 이 책에서도 이 방법을 따를 것이다. 수학자들이 종종 사용하는 또 다른 방법의 표기법은, OR은 ∨로 AND는 ∧로 표기하는 것이다.

(c) AND, OR, 그리고 INVERTER 논리블록들을 표현하는 기호들이 많지만 이 책에서는 아래 기호들을 사용한다.

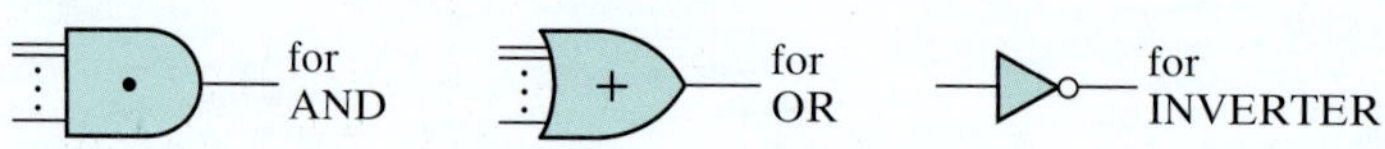

이들 기호 모양들은 산업현장에서 보편적으로 많이 사용되고 있는 기호들이며, 이 책에서는 기호의 의미를 확실하게 하기 위해 + 와 • 을 삽입하였다. 또한 이들 기호들은 신호의 흐름을 알 수 있도록 구성되어 있다. 이 기호들은 다른 교재에서 사용하고 있는 사각형이나 원형 기호들보다 회로도 읽기에 편하다.

(d) 다음 게이트들의 출력을 결정하라.

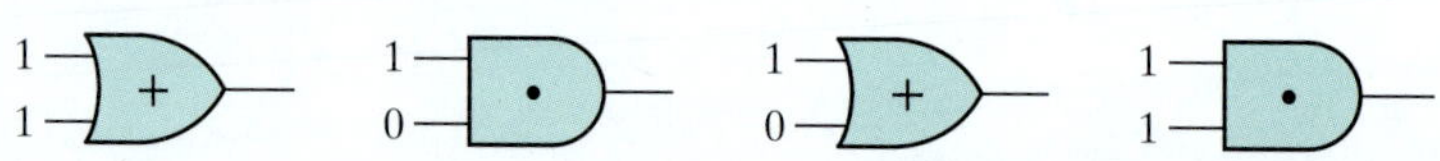

(e) 다음 게이트들의 출력이 그림과 같을 때 표시되지 않은 입력값을 결정하라.

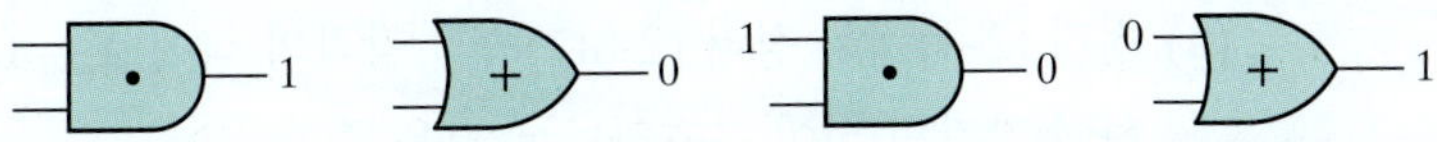

3. 2.3절 *부울식과 진리표*를 학습하라.

(a) 다음 식에는 얼마나 많은 변수(variable)들이 있는가? 문자수(literal)는 얼마인가?

$$A'BC'D + AB + B'CD + D'$$

(b) 다음 회로에서 $A = B = 0$이고, $C = D = E = 1$이면, 각 게이트의 출력(0 또는 1)을 회로도상에 표시하라.

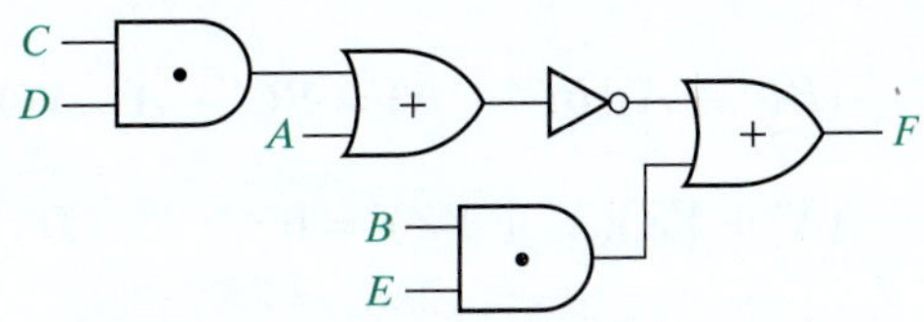

(c) 위 회로의 출력에 대한 부울식을 유도하라. 그리고 유도된 식에 $A = B = 0$, $C = D = E = 1$을 대입하여 얻어진 F값과 (b) 회로도에 표시한 F값을 비교하여, 서로 같은지를 검증하라.

(d) 다음 회로의 출력에 대한 식을 쓰고, 진리표를 완성하라.

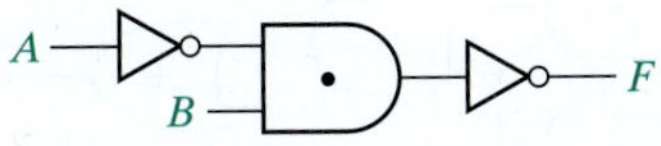

$F =$ ________

A B	A′	A′B	(A′B)′

(e) 진리표의 왼쪽 열에 변수들의 조합값을 넣을 때, 2 진수 0과 1의 조합을 항상 나열한다. 예를 들어 3-변수 진리표는 첫 번째 행에 000, 그 다음 행에 001, 그리고 다음에 010, 011, 100, 101, 110, 111이 될 것이다. 다음 회로의 출력에 대한 식을 쓰고 진리표를 완성하라.

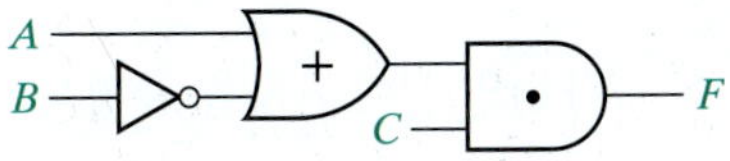

$F =$ ________

A B C	B′	A + B′	C(A + B′)

(f) 다음의 출력을 가지는 게이트 회로를 그려라.

$$Z = [BC' + F(E + AD')]'$$

(힌트: 소괄호 속의 식부터 시작하여 AD'에 대한 회로를 먼저 그린다.)

4. 2.4절 *기본 정리*를 학습하라.

(a) 정리 (2-4)에서 정리 (2-8D)까지 각각의 식에 $X = 0$과 $X = 1$의 두 값을 대입하여 각각의 식이 유효하다는 것을 증명하라.

(b) 다음 게이트들의 출력을 결정하라.

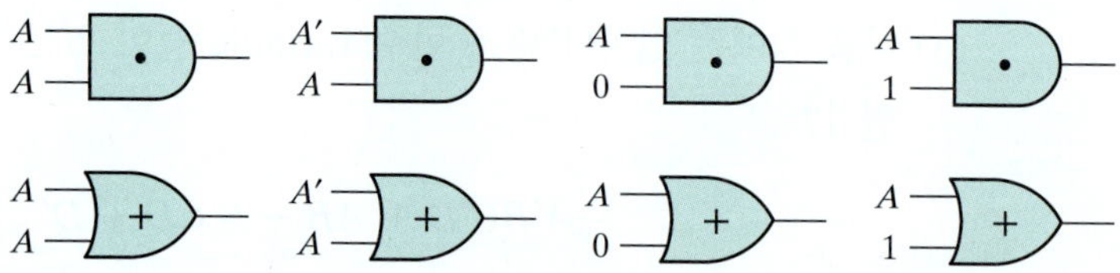

(c) 다음 식들을 간략화하기 위해 어떤 기본 정리가 사용되었는지 답하라

$(AB' + C) \cdot 0 = 0$ $\qquad A(B + C') + 1 = 1$

$(BC' + A)(BC' + A) = BC' + A$ $\qquad X(Y' + Z) + [X(Y' + Z)]' = 1$

$(X' + YZ)(X' + YZ)' = 0$ $\qquad D'(E' + F) + D'(E' + F) = D'(E' + F)$

5. 2.5절 *교환, 결합, 분배, 드모르간 법칙*을 학습하라.

(a) OR에 대한 결합법칙을 설명하라.

(b) AND에 대한 교환법칙을 설명하라.

(c) 결합법칙을 사용하여 다음 회로를 간략화하라. 답은 두 개의 게이트만 이용될 것이다.

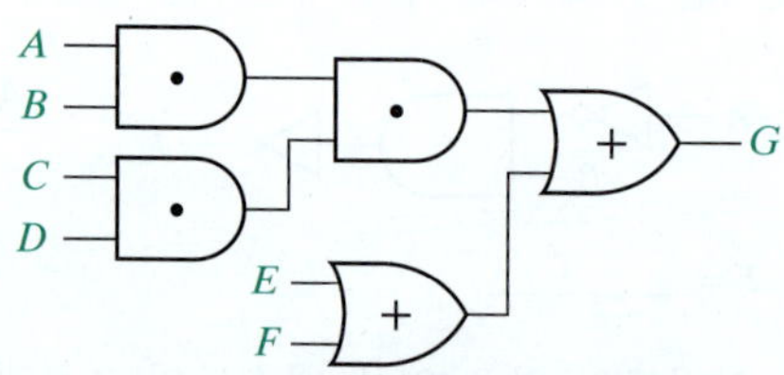

(d) 각 게이트들의 표시되지 않은 입력 값을 결정하라.

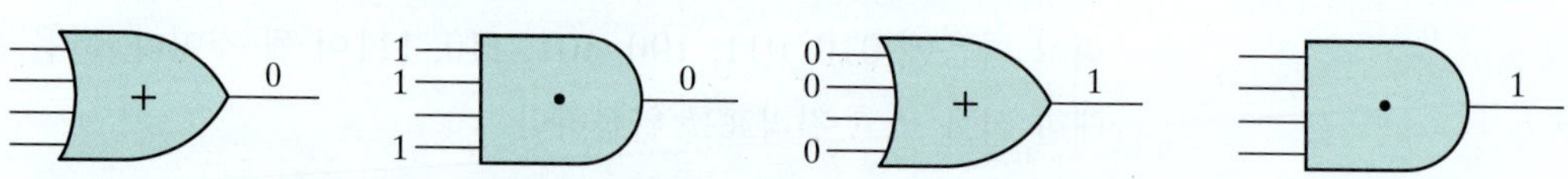

(e) 진리표를 이용하여 식 (2-11)의 분배법칙을 증명하라.

(f) AND와 OR 게이트를 이용하여 식 (2-11)과 식 (2-11D)의 분배법칙을 설명하라.

(g) 제2 분배법칙을 이용해서 식 (2-3)을 증명하라.

(h) $RS + T'$를 인수화하기 위해서 제2 분배법칙이 어떻게 사용되는지 보여라.

6. 2.6 절 *간략화 정리*를 학습하라.

(a) 아래 진리표를 완성하여, $XY' + Y = X + Y$를 증명하라.

X Y	XY'	XY' + Y	X + Y
0 0			
0 1			
1 0			
1 1			

(b) 다음 식들을 간략화할 때, 표 2-4의 정리들 중에서 어떤 정리가 적용되는가? 각 경우에서 X와 Y를 나타내라.

$(A + B)(DE)' + DE = A + B + DE$

$AB' + AB'C'D = AB'$

$(A' + B)(CD + E') + (A' + B)(CD + E')' = A' + B$

$(A + BC' + D'E)(A + D'E) = A + D'E$

(c) 다음 회로를 하나의 게이트로 간략화하라.

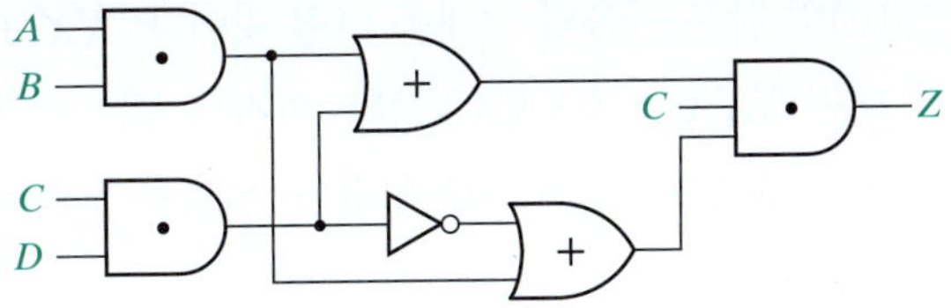

(d) 문제 2.1, 2.2, 2.3, 2.4를 풀어라.

7. 2.7 절 *곱셈 전개와 인수화*를 학습하라.

(a) 다음 식들이 합의곱(product of sum) 형식인지, 곱의합(sum of product) 형식인지 또는 어느 것에도 해당하지 않는지를 나타내라.

$$AB' + D'EF' + G$$
$$(A + B'C')(A' + BC)$$
$$AB'(C' + D + E')(F' + G)$$
$$X'Y + WX(X' + Z) + A'B'C'$$

답은 합의곱이 하나, 곱의합이 하나, 어느 것에도 해당하지 않는 것이 두 개이다.

(b) 어떤 식을 곱셈 전개할 때, 가능하다면 왜 일반 분배법칙보다 제2 분배법칙이 먼저 적용되는가?

(c) 일반 분배 법칙을 사용하여 가능한 많이 인수화하라.

$$AD + B'CD + B'DE$$

합의곱을 얻기 위해 제2 분배법칙을 사용하여 인수화하라.

(d) 문제 2.5, 2.6, 2.7을 풀어라.

8. 아마도 이 장에서 가장 어려운 부분은 어떤 식을 인수화하거나 곱셈 전개를 하기 위해 제2 분배법칙을 이용하는 것이다. 문제 2.5 또는 2.6에 어려움을 느끼거나 *빨리* 풀 수 없다면, 2.7 절의 예제들을 공부하고 다음의 문제들을 풀어라.

곱셈 전개:

(a) $(B' + D + E)(B' + D + A)(AE + C')$

(b) $(A + C')(B' + D)(C' + D')(C + D)E$

일반적으로 곱셈 전개를 이야기 할 때는 강제적으로 곱셈 전개를 하라는 의미가 아니라, 요구되는 계산량을 줄일 수 있다면 제2 분배법칙을 사용하라는 의미이다.

(a)의 답은 다음의 형태를 가질 것이다: $XX + XX + XX$. 그리고 (b)의 답의 형태는 $XXX + XXXXX$이다. 여기서 X는 단일 변수이거나 그것의 보수이다.

이제 원래의 식으로 되돌아갈 수 있음을 보이기 위해 (a)의 답을 인수분해하라.

9. 2.8절 *부울식 보수화*를 학습하라.

10. 다음의 식들의 보수를 구하라. 보수 연산은 단일 변수에만 적용되어야 한다.

(a) $(ab'c')' =$

(b) $(a' + b + c + d')' =$

(c) $(a' + bc)' =$

(d) $(a'b' + cd)' =$

(e) $[a(b' + c'd)]' =$

11. $(X')' = X$이므로, 10번의 각 답들에 보수를 취하면 원래의 식으로 되돌아가게 된다. 이것이 사실임을 증명하라.

(a)

(b)

(c)

(d)

(e)

12. $F = a'b + b'c$일 때, F'는?

다음 진리표를 완성하고 답이 맞는지를 확인하라.

$a\ b\ c$	$a'b$	$b'c$	$a'b + b'c$	$(a + b')$	$(b + c')$	F'
0 0 0						
0 0 1						
0 1 0						
0 1 1						
1 0 0						
1 0 1						
1 1 0						
1 1 1						

13. 완전히 간략화된 식은 개개의 변수를 제외하고 보수화되지 않는다. 예를 들면, $F = (X + Y)'(W + Z)$는 최소 합의곱(minimum product of sum)형식이 *아니다*. F의 최소 합의곱 형식을 구하라.

14. 문제 2.8과 2.9를 풀어라.

15. $(M + N')P'$의 쌍대를 구하라.

16. 표 2-3의 법칙과 표 2-4의 처음 세 가지 정리를 복습하라. 식에서 변수가 바뀌어도 언제나 법칙과 정리를 적용할 수 있어야 한다.

17. 이 장의 목표를 다시 읽어라. 이 목표를 달성했다면 별도로 제공되는 성취도 테스트에 응시한다. (주: 평가할 때, 표 2-3과 2-4의 사본을 가지고 하라. 그러나 3장의 공부가 끝날 때에는 모든 법칙과 정리를 기억해야 한다.)

부울 대수

Boolean Algebra

2.1 서론

디지털 시스템의 논리 설계를 학습하기 위해 필요한 기본 수학은 부울 대수(Boolean algebra)이다. George Boole이 1847년에 부울 대수를 개발하였다. 부울 대수는 집합 이론(set theory)과 수학적 논리(mathematical logic)를 포함하는 많은 다른 곳에 응용되고 있으나 우리는 그 응용범위를 주로 스위칭 회로로 한정한다. 우리가 사용할 모든 스위칭 장치들은 기본적으로 2-상태 장치(예를 들어, 열려 있거나 닫혀 있는 스위치, 높거나 낮은 출력 전압을 가진 트랜지스터)이다. 따라서 우리는 모든 변수가 두 값 중 하나만을 가지는 부울 대수의 특별한 경우를 강조할 것이다. 이렇게 두 값을 갖는 부울 대수는 종종 *스위칭 대수*라고 불린다. Claude Shannon은 1939년에 처음으로 부울 대수를 스위칭 회로 디자인에 적용하였다.

우리는 스위칭 회로의 입력 또는 출력을 나타내기 위해, X나 Y와 같은 부울 변수를 사용할 것이다. 또한 각각의 변수들은 단지 두 개의 다른 값을 가진다고 가정할 것이다. 심볼 "0" 과 "1"은 이 두 개의 값을 표현하기 위해 사용된다. 따라서 X가 부울(스위칭) 변수라면, $X = 0$이거나 $X = 1$이다.

부울 대수에서 사용되는 심볼 "0"과 "1"은 수치적인 값을 가지지 않는다. 대신 논리회로에서 두 개의 다른 상태를 표현하고, 스위칭 변수의 두 값을 나타낸다. 논리 게이트 회로에서, 0은 (일반적으로) 낮은 전압대를 표현하고, 1은 높은 전압대를 표현한다. 스위칭 회로에서, 0은 (일반적으로) 열린 회로를 의미하고, 1은 닫힌 회로를 의미한다. 일반적으로 0과 1은 2진수 시스템에서의 두 가지 상태를 표현하기 위해 사용될 수 있다.

2.2 기본 연산

부울(스위칭) 대수의 기본 연산은 AND, OR과 보수(혹은 반전)이다. 스위치 회로의 경우 이러한 연산들은 다른 스위칭 배열에 부합한다. 스위칭 대수를 스위치 회로에 적용하기 위해 각각의 스위칭 접촉을 변수로 나타낸다. 스위치 접촉 X가 열려 있다면, 변수 X가 0으로 정의된다. 접촉 X가 닫혀 있다면, 변수 X는 1로 정의된다.

$X = 0 \rightarrow$ 스위치 열림
$X = 1 \rightarrow$ 스위치 닫힘

스위치 접촉은 일반적으로 열려 있거나(normally open, NO), 닫혀 있게(normally close, NC) 된다. 스위치 위치가 바뀌게 된다면 NO 접촉은 닫히고, NC 접촉은 열리므로, NO와 NC 접촉은 항상 서로 반대 상태를 가진다. X가 NO 접촉에 할당된 변수라면, NC 접촉에 할당된 변수는 X의 보수이고, X'라 표현된다. 여기서 ′ (프라임)은 보수를 의미한다.

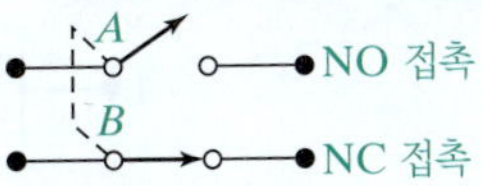

0의 보수는 1이고 1의 보수는 0이다. 상징적으로는 다음과 같이 표현한다.

$$0' = 1 \qquad \text{그리고} \qquad 1' = 0$$

만약 X가 스위칭 변수라면,

$$X = 0\text{일 때 } X' = 1 \qquad \text{그리고} \qquad X = 1\text{일 때 } X' = 0$$

이다.

보수화의 또 다른 이름은 반전(inversion)이다. X의 반전을 구성하는 전자회로는 인버터(inverter)이다. 인버터는 상징적으로 다음 기호로 표시하는데,

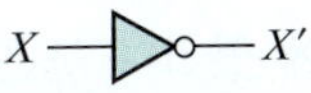

출력 쪽의 작은 원은 반전을 표시한다. 인버터의 낮은 입력 전압은 높은 출력 전압을 만들고 그 반대로도 성립한다.

어떤 일반적인 스위치 회로가 있을 때, 단자(terminal) 사이가 연결되지 않았으면(열린 회로, open circuit) 값 0이 할당되고, 단자가 연결되면(닫힌 회로, closed circuit) 값 1이 할당된다. 이 스위칭 회로가 스위치 2개로만 구성되어 있다면 스위치는 직렬로 연결되거나 병렬로 연결된다. 스위치 접점 A, B가 직렬로 연결되었을 때, A와 B 중 하나만 열리거나 둘 다 열리게 된다면(0), 이는 열린 회로가 된다. A와 B 모두 연결이 되면(1), 이는 닫힌 회로가 된다.

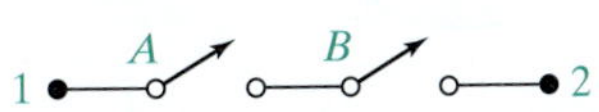

$C = 0 \rightarrow$ 단자 1과 2 사이는 열린 회로
$C = 1 \rightarrow$ 단자 1과 2 사이는 닫힌 회로

이에 대한 요약은 다음 진리표로 나타냈다.

A B	$C = A \cdot B$
0 0	0
0 1	0
1 0	0
1 1	1

이 표에 정의된 연산은 AND이고, 대수적으로 $C = A \cdot B$라 표기된다. “ · ” 심볼은 부울식에서 종종 생략되므로 우리는 $A \cdot B$ 대신에 AB라고 표기할 것이다. AND 연산은 종종 논리(또는 부울) 곱셈으로 불린다.

스위치 A, B가 병렬로 연결되었을 때, A와 B 중 하나만 닫혀 있다면(1), 이는 닫힌 회로가 되고, A와 B 모두 열려 있다면(0) 이는 열린 회로가 된다.

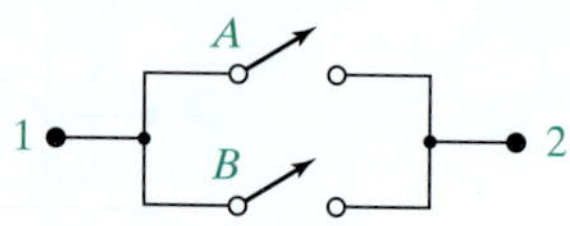

이에 대한 요약은 다음 진리표로 나타냈다.

A B	$C = A + B$
0 0	0
0 1	1
1 0	1
1 1	1

이 표에 정의된 연산은 OR이고, 대수적으로 $C = A + B$라 표기된다. OR 연산은 종종 내포적(inclusive) OR이라고 하며 이는 배타적(exclusive) OR과 대조적이다. 배타적 OR은 나중에 다룰 것이다. OR연산은 종종 논리(또는 부울) 합으로 불린다.

논리 게이트가 동작할 때 게이트의 입력 및 출력 전압은, 신호가 바뀔 때를 제외하고는, 낮은 전압 범위에 있거나 높은 전압 범위에 있다. 두 가지 전압 범위에 0과 1을 할당한다면, 스위칭 대수학을 논리 게이트에 적용할 수 있다. 보통 0을 낮은 전압 범위에, 1을 높은 전압 범위에 할당한다.

AND 연산을 하는 논리 게이트는 다음과 같이 표시한다.

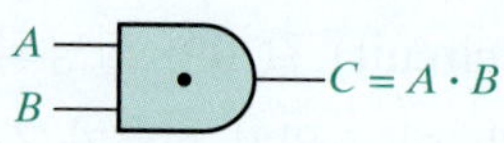

입력 A , B 모두 1일 때만 출력 C는 1이 된다.

OR 연산을 하는 논리 게이트는 다음과 같이 표시한다.

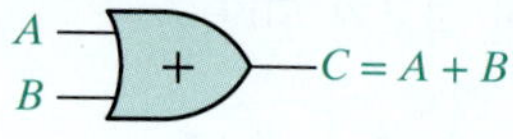

입력 A 또는 B가 1이거나 A, B 모두 1일 때, 출력 C는 1이 된다. 인버터, AND, OR 게이트 기능을 하는 전자회로는 Appendix A에 설명되어 있다.

2.3 부울식과 진리표

부울식은 기본 연산들을 하나 또는 여러 개의 변수나 상수에 적용하여 만들어진다. 가장 간단한 식은 0이나 X 또는 Y'와 같은 단일 상수나 변수로 구성된다. 더 복잡한 식은 AND나 OR을 이용한 둘 또는 그 이상의 식을 조합하거나 다른 식을 보수화하여 구성된다. 그러한 식들에 대한 예는 다음과 같다.

$$AB' + C \quad (2\text{-}1)$$
$$[A(C + D)]' + BE \quad (2\text{-}2)$$

연산을 수행할 때 순서가 지정될 필요가 있으면 괄호를 사용한다. 괄호가 없으면 보수화(′)가 제일 먼저 수행되고, 다음에 AND가, 그 다음에 OR이 수행된다. 따라서 식 (2-1)에서는 B'가 가장 먼저 수행되고, 다음으로 AB', 그리고 마지막으로 $AB' + C$가 수행된다.

각 식은 논리 게이트의 회로로 직접 표현할 수 있다. 그림 2-1은 식 (2-1)과 식 (2-2)를 나타낸다.

그림 2-1
식 (2-1)과 식 (2-2)을 표현한 논리 회로들

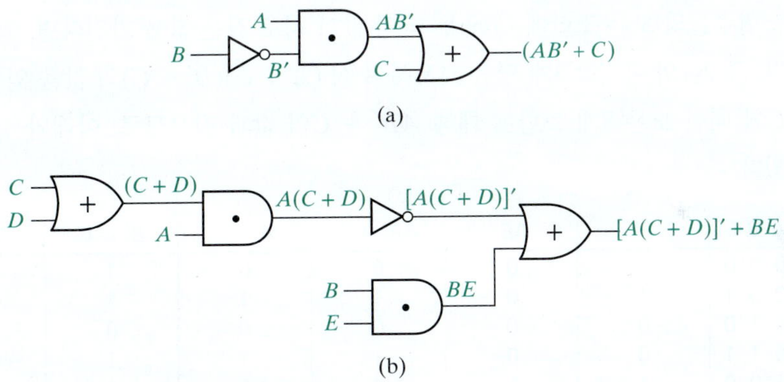

각 변수에 0이나 1을 대입하여 식을 평가한다. 만약 $A = B = C = 1$이고 $D = E = 0$일 때 식 (2-2)의 값은 다음과 같다.

$$[A(C + D)]' + BE = [1(1 + 0)]' + 1 \cdot 0 = [1(1)]' + 0 = 0 + 0 = 0$$

식에서 변수나 그 보수를 *리터럴(literal)*이라고 한다. 따라서 3개의 변수를 가진 다음 식은 10개의 리터럴을 가지고 있다.

$$ab'c + a'b + a'bc' + b'c'$$

식이 논리 게이트를 사용하여 표현될 때, 식에 있는 각각의 리터럴은 게이트의 입력에 상응한다.

진리표(truth table)(또는 조합표라고 불린다)는 식에 있는 변수값들의 모든 조합을 표현하는 부울식의 값을 나타낸다. 진리표라는 이름은 부호 논리학에서 사용되는, 모든

조건들 아래서 명제의 참과 거짓을 나타내는 표로부터 유래되었다. 입력 변수 값에 대한 논리 게이트 회로의 출력 값을 명시하기 위하여 진리표를 사용할 수 있다. 그림 2-2(a) 회로의 출력은 $F = A' + B$이다. 그림 2-2(b)는 입력 A와 B의 값의 모든 조합에 대한 회로의 출력을 나타내는 진리표를 보여준다. 처음의 두 열은 A와 B의 4개 조합을 나타내고 다음 열은 A' 값을 나타낸다. 마지막 열은 각 행에 있는 A'와 B값의 OR연산을 해준 식, $A' + B$의 값을 나타낸다.

그림 2-2 두 개의 입력을 갖는 논리회로와 진리표

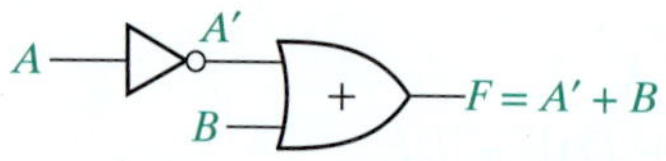

(a)

A B	A′	F = A′ + B
0 0	1	1
0 1	1	1
1 0	0	0
1 1	0	1

(b)

다음으로 변수 A, B, C의 가능한 모든 조합에 대한 식 (2-1)의 값을 명시하기 위해 진리표를 사용할 것이다. 표 2-1의 왼쪽에 변수 A, B, C의 값을 나열하였다. 각각의 세 개의 변수는 값 0이나 1을 가질 것이므로, 변수의 값 조합은 모두 $2 \times 2 \times 2 = 8$개이다. 이 조합들은 2진수 000, 001, ⋯, 111을 나열하여 쉽게 얻을 수 있다. 진리표의 다음 3개 열에서는 B', AB', $AB' + C$의 값을 각각 계산하였다.

변수들의 모든 조합에 대해 두 식의 값이 서로 같은 값을 가진다면, 그 두 식은 동등하다. 표 2-1의 마지막 3개 열을 사용하여 식 $(A + C)(B' + C)$의 값을 얻었다. 변수 A, B, C에 대한 모든 8개 조합에 대해 $AB' + C$의 값과 같으므로, 아래와 같이 결론내릴 수 있다.

표 2-1

A B C	B′	AB′	AB′ + C	A + C	B′ + C	(A + C)(B′ + C)
0 0 0	1	0	0	0	1	0
0 0 1	1	0	1	1	1	1
0 1 0	0	0	0	0	0	0
0 1 1	0	0	1	1	1	1
1 0 0	1	1	1	1	1	1
1 0 1	1	1	1	1	1	1
1 1 0	0	0	0	1	0	0
1 1 1	0	0	1	1	1	1

$$AB' + C = (A + C)(B' + C) \tag{2-3}$$

n개 변수를 가진 식에서 각 변수가 값 0이나 1을 가지면, 그 변수들의 서로 다른 조합의 갯수는 다음과 같다.

$$\underbrace{2 \times 2 \times 2 \times \ldots}_{n \text{ times}} = 2^n$$

따라서 n-변수 식의 진리표는 2^n개 행을 가진다.

2.4 기본 정리

다음 부울 대수의 기본 법칙 및 정리는 오로지 하나의 변수만을 가진다.

0과 1을 이용한 연산:

$X + 0 = X$ (2-4) $X \cdot 1 = X$ (2-4D)

$X + 1 = 1$ (2-5) $X \cdot 0 = 0$ (2-5D)

멱등(idempotent) 법칙:

$X + X = X$ (2-6) $X \cdot X = X$ (2-6D)

대합(involution) 법칙:

$(X')' = X$ (2-7)

보수(complementarity) 법칙:

$X + X' = 1$ (2-8) $X \cdot X' = 0$ (2-8D)

각각의 정리들은 X의 가능한 두 가지 값들(0 또는 1)에 대해, 정리가 유효한지를 보여줌으로써 쉽게 증명된다. 예를 들어 $X + X' = 1$을 증명하기 위해, $X = 0$이거나 $X = 1$일 때 다음과 같이 됨을 볼 수 있다.

$X = 0$ 일 때, $0 + 0' = 0 + 1 = 1$, 그리고 $X = 1$일 때, $1 + 1' = 1 + 0 = 1$

위 정리들의 변수 X 대신에 어떤 식이라도 대체하여 표현할 수 있다. 따라서 정리 (2-5)는 다음과 같이 될 수 있고,

$$(AB' + D)E + 1 = 1$$

정리 (2-8D)는 다음과 같이 될 수 있다.

$$(AB' + D)(AB' + D)' = 0$$

스위치 회로를 사용하여 몇 가지 기본 정리들을 보여줄 수 있다. 앞에서와 같이 0은 열린 회로 또는 열린 스위치를 나타내고, 1은 닫힌 회로 또는 닫힌 스위치를 나타낸다. 두 개의 스위치에 변수 A라고 이름 붙인다면, $A = 0$일 때 두 스위치 모두 열려 있고, $A = 1$일 때는 두 스위치 모두 닫혀 있다. 따라서 아래 스위치회로는

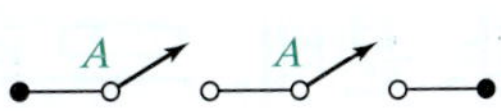

다음과 같이 하나의 스위치로 대체될 수 있다.

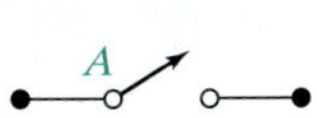

이것은 정리 $A \cdot A = A$를 예시한다. 비슷하게 아래 회로는

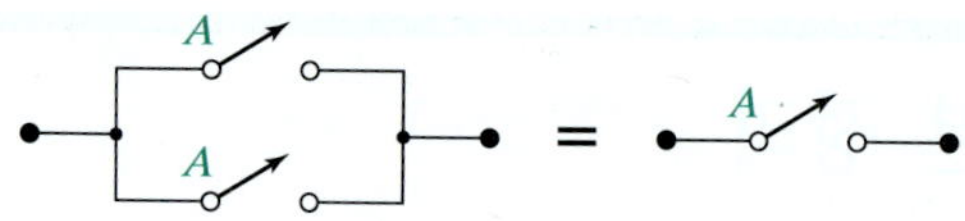

정리 $A + A = A$를 예시한다. 열린 회로와 병렬로 연결된 스위치는 스위치 하나만 있는 것과 동등하고,

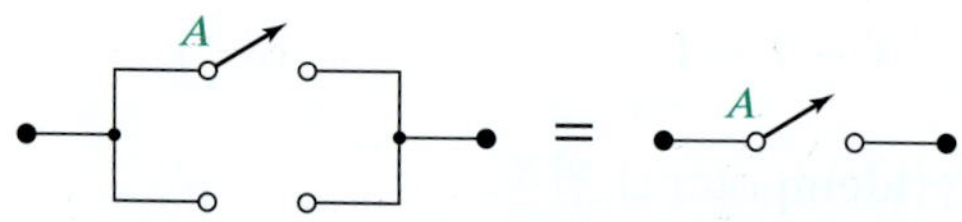

$(A + 0 = A)$

반면에 닫힌 회로와 병렬로 연결된 스위치는 닫힌 회로와 동등하다.

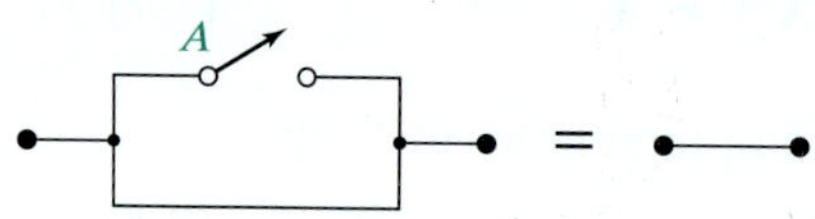

$(A + 1 = 1)$

스위치가 A'로 표시된다면, A가 닫혀 있을 때는 스위치는 열리고, 반대로 A가 열려 있을 때는 스위치는 닫혀 있다. 따라서 A'가 A에 병렬로 연결되어 있으면, 이는 닫힌 회로로 대체할 수 있다. 왜냐하면 두 스위치 중 하나는 닫히기 때문이다.

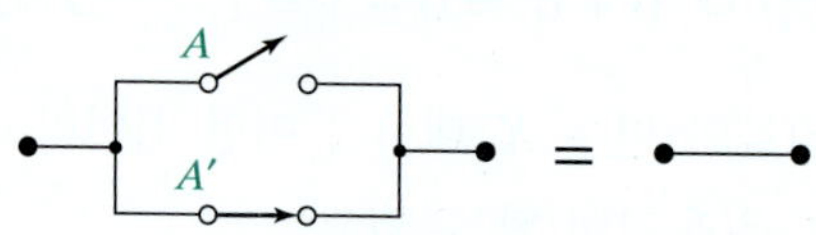

$(A + A' = 1)$

유사하게, A'가 A에 직렬로 연결되어 있으면, 이는 열린 회로로 대체할 수 있다(왜 그런가?).

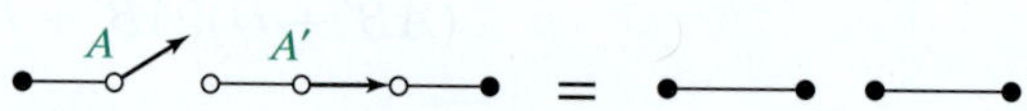

$(A \cdot A' = 0)$

2.5 교환, 결합, 분배, 드모르간 법칙

교환 법칙이나 결합 법칙과 같은 일반 대수학의 많은 법칙들은 부울 대수에도 적용된다. AND와 OR 연산의 정의를 그대로 따르는 AND, OR 교환법칙은 다음과 같다.

$$XY = YX \quad (2\text{-}9) \qquad\qquad X + Y = Y + X \quad (2\text{-}9D)$$

이는 변수들의 순서가 AND나 OR 연산 결과에 영향을 끼치지 않는다는 것을 의미한다.

결합법칙 역시 AND와 OR에 적용한다:

$$(XY)Z = X(YZ) = XYZ \tag{2-10}$$

$$(X + Y) + Z = X + (Y + Z) = X + Y + Z \tag{2-10D}$$

변수 세 개로 구성한 AND(또는 OR) 연산은 어떤 변수들을 먼저 결합하든지 관계없이 그 결과는 같다. 따라서 식 (2-10)과 식 (2-10D)에서 괄호는 생략될 수 있다.

앞서 보여진 법칙들을 스위칭 회로를 이용하여 설명할 때, 스위치 접점의 순서는 스위치 회로의 논리 연산을 바꾸지 않는다는 것을 간단히 보여준다.

진리표(표 2-2)를 이용하여 AND에 관한 결합법칙을 증명하자. 표 왼쪽에 변수 X, Y, Z의 모든 값의 조합을 나열하였다. 진리표의 다음 두 열에는 변수 X, Y, Z값의 조합인 XY와 YZ를 나열하였다. 마지막으로 $(XY)Z$와 $X(YZ)$를 나열하였는데, 변수 값들의 모든 조합에서 $(XY)Z$와 $X(YZ)$가 서로 같기 때문이며, 식 (2-10)은 유효하다고 판단된다.

표 2-2 AND에 대한 결합법칙의 증명

X Y Z	XY	YZ	(XY)Z	X(YZ)
0 0 0	0	0	0	0
0 0 1	0	0	0	0
0 1 0	0	0	0	0
0 1 1	0	1	0	0
1 0 0	0	0	0	0
1 0 1	0	0	0	0
1 1 0	1	0	0	0
1 1 1	1	1	1	1

그림 2-3은 AND, OR 게이트를 이용한 결합법칙을 보여준다. 그림 2-3(a)에서 두 개의 2-입력 AND 게이트가 한 개의 3-입력 AND 게이트로 대체되었다. 비슷하게, 그림 2-3(b)에서 두 개의 2-입력 OR 게이트가 한 개의 3-입력 OR 게이트로 대체되었다.

그림 2-3 OR에 대한 결합법칙

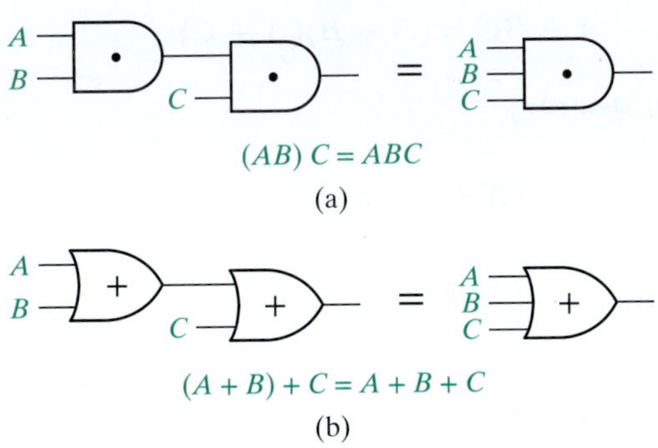

두 개 또는 그 이상의 변수들이 AND 연산일 때, 모든 변수의 값이 1이면 결과값은 1이 된다. 변수들 중에서 하나라도 값 0을 가지면, AND 연산의 결과는 0이다. 예를 들면,

$X = Y = Z = 1$은 $XYZ = 1$이기 위한 필요충분조건

이다.

두 개 또는 그 이상의 변수들이 OR 연산일 때, 어느 한 변수의 값이 1이면 결과값은 1이 된다. 모든 변수들이 값 0을 가지면, OR 연산의 결과는 0이다. 예를 들면,

$$X = Y = Z = 0\text{은 } X + Y + Z = 0\text{이기 위한 필요충분조건}$$

이다.

진리표를 사용하여 분배법칙이 유효함을 증명하는 것은 쉽다.

$$X(Y + Z) = XY + XZ \tag{2-11}$$

일반 분배법칙뿐 아니라, 제2 분배법칙은 부울 대수에 유효하다. 제2 분배법칙은 일반 대수에는 유효하지 않다.

$$X + YZ = (X + Y)(X + Z) \tag{2-11D}$$

제2 분배법칙의 증명은 다음과 같다.

$$(X + Y)(X + Z) = X(X + Z) + Y(X + Z) = XX + XZ + YX + YZ$$
(식 (2-11)에 의해)

$$= X + XZ + XY + YZ = X \cdot 1 + XZ + XY + YZ$$
(식 (2-6D)과 (2-4D)에 의해)

$$= X(1 + Z + Y) + YZ = X \cdot 1 + YZ = X + YZ$$
(식 (2-11), (2-5), (2-4D)에 의해)

일반 분배 법칙은 AND 연산이 OR 연산보다 우선이지만, 제2 분배법칙은 OR 연산이 AND 연산보다 우선이다. 이 제2 분배법칙은 부울식을 다루는 데 매우 유용하다. 특히 $A + BC$와 같은 식은 일반 대수에서는 인수분해 할 수 없지만, 다음과 같이 제2 분배법칙을 사용하여 쉽게 분해할 수 있다:

$$A + BC = (A + B)(A + C)$$

다음 법칙은 드모르간의 법칙이다.

$$(X + Y)' = X'Y' \tag{2-12}$$

$$(XY)' = X' + Y' \tag{2-13}$$

진리표를 사용하여 이 법칙을 증명하자:

X Y	X' Y'	$X + Y$	$(X + Y)'$	$X'Y'$	XY	$(XY)'$	$X' + Y'$
0 0	1 1	0	1	1	0	1	1
0 1	1 0	1	0	0	0	1	1
1 0	0 1	1	0	0	0	1	1
1 1	0 0	1	0	0	1	0	0

스위칭 대수와 관련해서 유도된 법칙들은 표 2-3에 요약되어 있다. 부울 대수의 정의는 표 2-3의 법칙들을 만족하는 요소로 정의되는 AND, OR, 그리고 보수 연산들과 적어도 두 개 이상의 개별요소들을 포함하는 집합으로 정의된다. 이 정의는 최소가 아니다(예를 들어, 어떤 법칙들은 다른 법칙으로부터 유도할 수 있기 때문에, 법칙들은 독립적이지 않다). 편의를 위해 선택되었으므로 다른 부울 대수 정리는 쉽게 유도할 수 있다. 헌팅턴의 공준(Huntington's postulates)에 관련된 법칙들의 최소 집합은 0과 1의 연산, 교환 법칙, 분배 법칙, 보수 법칙으로 이루어진다. 다른 법칙들은 이 최소 집합으로부터 대수학적으로 유도할 수 있다.

표 2-3 부울 대수의 법칙

0과 1의 연산(operations with 0 and 1):

1. $X + 0 = X$	1D. $X \cdot 1 = X$
2. $X + 1 = 1$	2D. $X \cdot 0 = 0$

멱등 법칙(idempotent laws):

3. $X + X = X$	3D. $X \cdot X = X$

대합 법칙(involution law):

4. $(X')' = X$

보수 법칙(laws of complementarity):

5. $X + X' = 1$	5D. $X \cdot X' = 0$

교환 법칙(commutative laws):

6. $X + Y = Y + X$	6D. $XY = YX$

결합 법칙(associative laws):

7. $(X + Y) + Z = X + (Y + Z) = X + Y + Z$	7D. $(XY)Z = X(YZ) = XYZ$

분배 법칙(distributive laws):

8. $X(Y + Z) = XY + XZ$	8D. $X + YZ = (X + Y)(X + Z)$

드모르간의 법칙(DeMorgan's laws):

9. $(X + Y)' = X'Y'$	9D. $(XY)' = X' + Y'$

부울 대수 법칙은 쌍대(duality)를 만족하는 대수를 보여주기 위해 둘씩 짝을 지어 보여진다. 부울 대수식이 주어지면, 상수 0과 1을 서로 바꾸고, AND와 OR 연산을 서로 바꾸어서 그 식의 쌍대를 구한다. 변수와 보수는 바꾸지 않고 놔둔다. 표 2-3에 나열된 법칙들은, 어떤 부울 대수 항등식이 주어지면 항등식의 좌우변을 쌍대로 취하여 또 다른 항등식을 구할 수 있음을 보여준다. AND의 쌍대는 OR이고, OR의 쌍대는 AND이다:

$$(XYZ...)^D = X + Y + Z + \cdots \qquad (X + Y + Z + \cdots)^D = XYZ... \qquad (2\text{-}14)$$

2.6 간략화 정리

다음 정리들은 부울식들을 간략화하는 데 유용하다:

연합(uniting):

$$XY + XY' = X \quad (2\text{-}15) \qquad (X + Y)(X + Y') = X \quad (2\text{-}15D)$$

흡수(absorption):

$$X + XY = X \quad (2\text{-}16) \qquad X(X + Y) = X \quad (2\text{-}16D)$$

소거(elimination):

$$X + X'Y = X + Y \quad (2\text{-}17) \qquad X(X' + Y) = XY \quad (2\text{-}17D)$$

합의(consensus):

$$XY + X'Z + YZ = XY + X'Z \quad (2\text{-}18)$$
$$(X + Y)(X' + Z)(Y + Z) = (X + Y)(X' + Z) \quad (2\text{-}18D)$$

위의 경우에서, 하나의 식은 더 간단한 식으로 대체될 수 있다. 각각의 식들은 논리게이트 회로로 바꿀 수 있으므로, 식을 간략화하는 것은 식에 해당하는 논리회로를 간략화하게 한다.

스위칭 대수에서 위의 정리들은 진리표를 사용하여 증명될 수 있다. 일반 부울 대수에서는 기본 정리들을 이용하여 대수학적으로도 증명될 수 있다.

식 (2-15)의 증명: $XY + XY' = X(Y + Y') = X(1) = X$

식 (2-16)의 증명: $X + XY = X \cdot 1 + XY = X(1 + Y) = X \cdot 1 = X$

식 (2-17)의 증명: $X + X'Y = (X + X')(X + Y) = 1(X + Y) = X + Y$

식 (2-18)의 증명: $XY + X'Z + YZ = XY + X'Z + (1)YZ =$
$XY + X'Z + (X + X')YZ = XY + XYZ + X'Z + X'YZ =$
$XY + X'Z$ (흡수정리를 두 번 이용)

한 쌍의 정리들 중 하나의 정리를 증명하면, 나머지 정리는 부울 대수의 쌍대 법칙을 사용하여 증명된다. 다른 방법으로, 하나의 정리를 증명하기 위해 사용한 쌍대 단계를 사용하여 나머지 정리를 증명할 수 있다. 예를 들어, 식 (2-16D)는 식 (2-16)의 증명의 쌍대 단계를 이용하여 증명할 수 있다.

식 (2-16D)의 증명: $X(X + Y) = (X + 0)(X + Y) = X + (0 \cdot Y) = X + 0 = X$

스위치를 이용한 소거 정리 (2-17)를 설명하기 위해, 다음 회로를 생각해 보자.

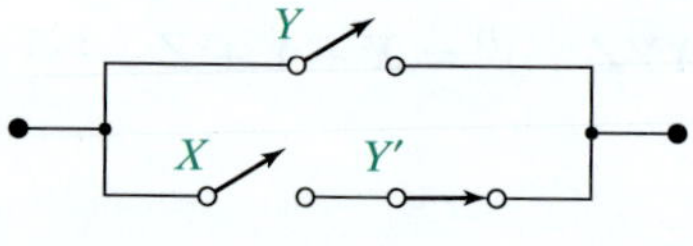

이 회로의 전송은 $T = Y + XY'$가 된다. 왜냐하면 스위치 Y가 닫혀 있거나, 스위치 X가 닫혀 있으면서 스위치 Y'가 닫혀 있다면, 두 단자 사이의 회로는 닫힌 회로가 되기 때문이다. 아래 그림 회로는 위의 회로와 등가이다. 두 회로에서 Y가 닫히면($Y = 1$), 두 회로 모두 전송값 1을 가지게 되고 만약 Y가 열리면($Y' = 1$), 전송값 X를 가지기 때문이다.

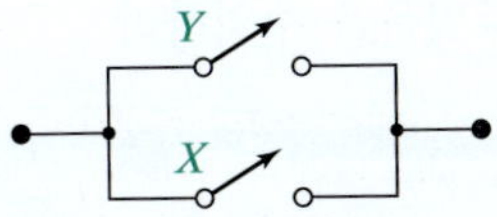

다음 예제는 정리들 중 하나를 이용하여 논리 게이트 회로의 간략화를 설명해준다. 그림 2-4에서 회로(a)의 출력은

$$F = A(A' + B)$$

이다. 소거 정리를 사용하면 F를 AB로 간략화된다. 따라서 회로(a)는 등가회로인 회로(b)로 대체될 수 있다.

그림 2-4 등가 게이트 회로

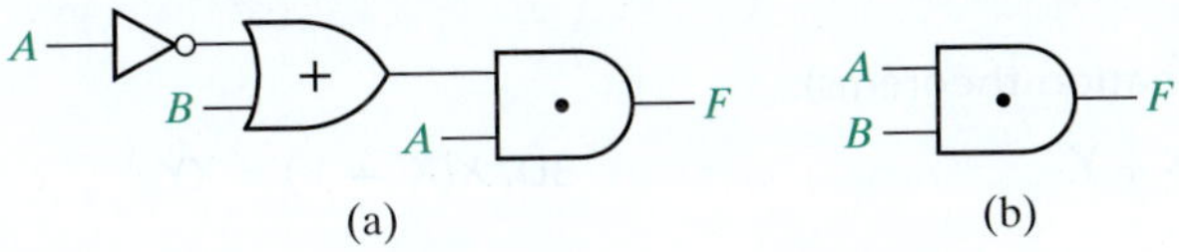

정리에 있는 X나 Y대신 다른 어떤 문자로도 식을 표현할 수 있다.

예제 1 $Z = A'BC + A'$를 간략화하라.

만약 $X = A'$, $Y = BC$로 바꾼다면, 이 식은 흡수 정리 (2-16)과 같은 형식이 된다. 따라서 이 식은 $Z = X + XY = X = A'$ 로 간략화된다.

예제 2 $Z = [A + B'C + D + EF]\,[A + B'C + (D + EF)']$를 간략화하라.

$Z = [\underbrace{A + B'C}_{X} + \underbrace{D + EF}_{Y}]\,[\underbrace{A + B'C}_{X} + \underbrace{(D + EF)'}_{Y'}]$로 대체하면, 연합 정리 (2-15D)에 의해 다음과 같이 줄일 수 있다.

$$Z = X = A + B'C$$

예제 3 $Z = \underbrace{(AB + C)}_{X'}\underbrace{(B'D + C'E')}_{Y} + \underbrace{(AB + C)'}_{X}$를 간략화하라.

$Z = X' \; Y + X$ 로 대체하면, 소거 정리 (2-17)에 의해 다음 식을 얻을 수 있다:

$$Z = X + Y = B'D + C'E' + (AB + C)'$$

이 예제에서는 소거 정리 (2-17)의 형식에 맞추기 위해, $X = (AB + C)$ 대신에 $X = (AB + C)'$로 두었음을 주의하라.

부울 대수의 정리는 표 2-4에 요약되어 있다. 곱셈 전개와 인수화 정리는 3장에서 다룰 것이다.

표 2-4 부울 대수의 정리들

연합 정리(uniting theorems):

1. $XY + XY' = X$ 1D. $(X + Y)(X + Y') = X$

흡수 정리(absorption theorems):

2. $X + XY = X$ 2D. $X(X + Y) = X$

소거 정리(elimination theorems):

3. $X + X'Y = X + Y$ 3D. $X(X' + Y) = XY$

쌍대(duality):

4. $(X + Y + Z + \cdots)^D = XYZ\ldots$ 4D. $(XYZ\ldots)^D = X + Y + Z + \cdots$

곱셈전개와 인수화 정리(theorems for multiplying out and factoring):

5. $(X + Y)(X' + Z) = XZ + X'Y$ 5D. $XY + X'Z = (X + Z)(X' + Y)$

합의 정리(consensus theorems):

6. $XY + YZ + X'Z = XY + X'Z$ 6D. $(X + Y)(Y + Z)(X' + Z) = (X + Y)(X' + Z)$

2.7 곱셈 전개와 인수화

곱의합(sum-of-products, SOP)을 얻기 위한 곱셈 전개를 하기 위해 두 개의 분배법칙이 사용된다. 모든 곱들이 단일 변수들의 곱으로 이루어져 있을 때 이 식을 *곱의합* 형식이라고 한다. 이 형식은 식이 완전히 곱셈 전개 되었을 때의 최종 결과이기도 하다. 곱의합 식은 곱셈 항들의 합 형태로 구성되어 있으므로 곱의합 식을 인식하는 것은 보통 쉬운 편이다:

$$AB' + CD'E + AC'E' \tag{2-19}$$

그러나, 축퇴 형태로, 하나 또는 그 이상의 곱셈 항들이 단일 변수로 이루어질 수도 있

다. 예를 들어,

$$ABC' + DEFG + H \tag{2-20}$$

와

$$A + B' + C + D'E \tag{2-21}$$

가 여전히 곱의합 형식이다. 아래 식

$$(A + B)CD + EF$$

은 곱의합 형식이 아닌데, 곱셈항에 속해 있는 $A + B$ 항이 단일 변수가 아니기 때문이다.

식을 곱셈 전개할 때 가능하다면 제2 분배법칙을 먼저 적용해야 한다. 예를 들어 $(A + BC)(A + D + E)$의 곱셈 전개는,

$$X = A, \qquad Y = BC, \qquad Z = D + E$$

라 둘 때,

$$(X + Y)(X + Z) = X + YZ = A + BC(D + E) = A + BCD + BCE$$

가 된다. 물론 원래의 식을 곱셈 전개하고 중복항을 없애 줌으로써 어렵게 같은 결과를 얻을 수도 있다:

$$\begin{aligned}(A + BC)(A + D + E) &= A + AD + AE + ABC + BCD + BCE \\ &= A(1 + D + E + BC) + BCD + BCE \\ &= A + BCD + BCE\end{aligned}$$

어려운 방법으로 문제를 푸는 대신에 제2 분배법칙을 적용하는 방법을 배웠다면 많은 시간을 절약하게 될 것이다.

합의곱(product-of-sums) 형식을 얻기 위해 식을 인수화하는 데, 두 가지 분배법칙 모두 사용될 수 있다. 모든 합들이 단일 변수들의 합일 때 이 식을 *합의곱*(*product-of-sums*, POS) 형식이라고 한다. 합의곱 식은 더하기 항들의 곱셈 형태로 구성되어 있으므로, 합의곱 식을 인식하는 것이 보통은 쉬운 편이다:

$$(A + B')(C + D' + E)(A + C' + E') \tag{2-22}$$

그러나, 축퇴 형태로, 하나 또는 그 이상의 더하기 항들이 단일 변수로 이루어질 수도 있다. 예를 들어,

$$(A + B)(C + D + E)F \tag{2-23}$$

와

$$AB'C(D' + E) \tag{2-24}$$

가 여전히 합의곱 형식이다. 그러나 $(A + B)(C + D) + EF$는 합의곱 형식이 아니다. 어떤 식이 합의곱 형식으로 되어있다면 그 식은 완전히 인수화된 것이고, 합의곱 형식이 아니라면, 그 식은 더 인수화될 수 있다.

다음 예제들은 어떻게 제2 분배법칙을 사용하여 인수화를 하는지를 보여주고 있다.

예제 1

$A + B'CD$를 인수화하라. $X = A$, $Y = B'$, $Z = CD$이면 $X + YZ$형식이므로,

$$A + B'CD = (X + Y)(X + Z) = (A + B')(A + CD)$$

이고, $A + CD$는 제2 분배법칙을 이용하여 인수화가 될 수 있으므로, 다음 식이 된다.

$$A + B'CD = (A + B')(A + C)(A + D)$$

예제 2

$AB' + C'D$를 인수화하라.

$AB' + C'D = (AB' + C')(AB' + D)$ ← 어떻게 $X + YZ = (X + Y)(X + Z)$가 적용되었지 유의하시오.

$= (A + C')(B' + C')(A + D)(B' + D)$ ← 각 항에 제2 분배법칙이 적용

예제 3

$C'D + C'E' + G'H$를 인수화하라.

$C'D + C'E' + G'H = C'(D + E') + G'H$ ← 일반 분배법칙 적용 $XY + XZ = X(Y + Z)$

$= (C' + G'H)((D + E') + G'H)$ ← 제2 분배법칙 적용

$= (C' + G')(C' + H)(D + E' + G')(D + E' + H)$ ← 각 식에 X, Y, Z를 대응시킨 후 인수화를 마무리

예제 3에서와 같이 식을 인수화할 때, 제2 분배법칙을 적용하기 전에 일반 분배법칙을 먼저 적용한다.

곱의합 식은 회로 출력단의 단일 OR 게이트의 입력 측에 하나 또는 그 이상의 AND 게이트를 연결하는 방법으로 항상 구현될 수 있다. 그림 2-5는 식 (2-19)와 식 (2-21)에 대한 회로를 보여준다. 보수화된 변수를 만들기 위한 인버터는 생략되어 있다.

합의곱 식은 회로 출력단의 단일 AND 게이트의 입력 측에 하나 또는 그 이상의 OR 게이트를 연결하는 방법으로 항상 구현될 수 있다. 그림 2-6는 식 (2-22)와 식 (2-24)에 대한 회로를 보여준다. 보수화된 변수를 만들기 위한 인버터는 생략되어 있다.

그림 2-5와 2-6에 보여진 회로들은 2단 회로라고 종종 불린다. 왜냐하면 회로의 입력과 출력 사이에 최대 2개의 게이트들이 직렬로 연결되어 있기 때문이다.

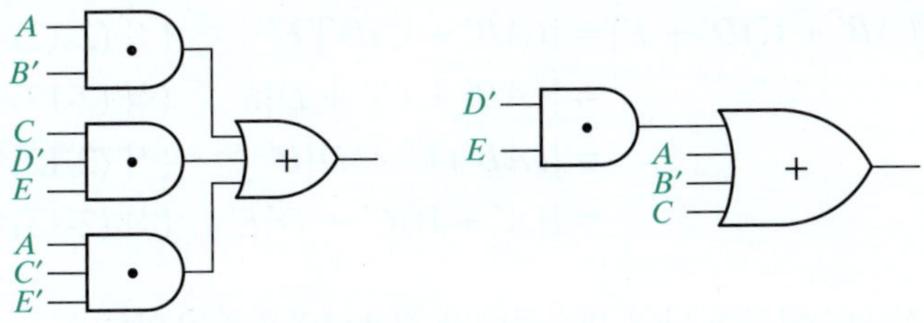

그림 2-5 식 (2-19)와 (2-21)를 표현하는 회로들

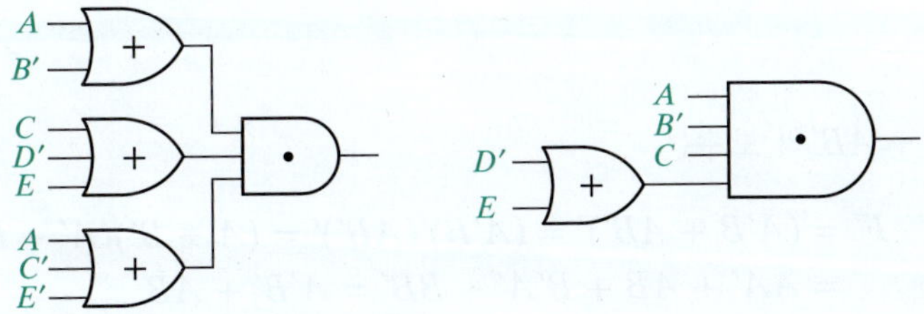

그림 2-6 식 (2-22)와 (2-24)를 표현하는 회로들

2.8 부울식 보수화

어떤 부울식의 반전 및 보수는 드모르간의 법칙을 적용함으로써 쉽게 구할 수 있다.

드모르간의 법칙은 다음과 같이 n 변수들로 쉽게 일반화할 수 있다:

$$(X_1 + X_2 + X_3 + \cdots + X_n)' = X_1{}'X_2{}'X_3{}' \ldots X_n{}' \tag{2-25}$$

$$(X_1X_2X_3 \ldots X_n)' = X_1{}' + X_2{}' + X_3{}' + \cdots + X_n{}' \tag{2-26}$$

예를 들어 $n = 3$일 때,

$$(X_1 + X_2 + X_3)' = (X_1 + X_2)'X'_3 = X'_1X'_2X'_3$$

이다.

논리합으로서의 OR 연산과 논리곱으로서의 AND 연산을 고려하면 드모르간의 법칙은 다음과 같이 말할 수 있다.

곱의 보수는 보수들의 합이다.
합의 보수는 보수들의 곱이다.

OR과 AND 연산 모두 가지고 있는 식을 보수화하기 위해 드모르간의 법칙을 이용한다.

예제 1

$(A' + B)C'$의 보수화를 하기 위해 식 (2-13)과 식 (2-12)를 적용한다.

$$[(A' + B)C']' = (A' + B)' + (C')' = AB' + C$$

예제 2

$$\begin{aligned}[(AB' + C)D' + E]' &= [(AB' + C)D']'E' && \text{(식 (2-12)에 의해)}\\ &= [(AB' + C)' + D]E' && \text{(식 (2-13)에 의해)}\\ &= [(AB')'C' + D]E' && \text{(식 (2-12)에 의해)}\\ &= [(A' + B)C' + D]E' && \text{(식 (2-13)에 의해)} \quad (2\text{-}27)\end{aligned}$$

마지막 식에서 보수연산은 단일 변수들에만 적용되었음을 유의하라.

$F = A'B + AB'$의 보수는

$$\begin{aligned}F' &= (A'B + AB')' = (A'B)'(AB')' = (A + B')(A' + B)\\ &= AA' + AB + B'A' + BB' = A'B' + AB\end{aligned}$$

이다. F와 F'에 대한 진리표를 만들어서 위 결과가 맞는지 확인해보자:

A B	A'B	AB'	F = A'B + AB'	A'B'	AB	F' = A'B' + AB
0 0	0	0	0	1	0	1
0 1	1	0	1	0	0	0
1 0	0	1	1	0	0	0
1 1	0	0	0	0	1	1

표에서 $F = 0$, $F' = 1$에 대한 A, B의 값의 모든 조합과 $F = 1$, $F' = 0$에 대한 모든 조합을 주목하라.

어떤 식의 쌍대는 전체 식을 보수화한 이후에 각각의 개개 변수를 보수화하여 구한다. 예를 들어 $AB' + C$의 쌍대를 구하면,

$(AB' + C)' = (AB')'C' = (A' + B)'C'$이고, 따라서 $(AB' + C)^D = (A + B')C$가 된다.

연습문제

2.1 다음 정리들을 대수적으로 증명하라:

(a) $X(X' + Y) = XY$ (b) $X + XY = X$

(c) $XY + XY' = X$ (d) $(A + B)(A + B') = A$

2.2 스위치 회로를 이용하여 다음 정리가 성립됨을 보여라:

(a) $X + XY = X$ (b) $X + YZ = (X + Y)(X + Z)$

각각의 경우 왜 회로가 등가인지를 설명하라.

2.3 여러 정리들 중 하나만을 적용하여 다음 식들을 간략화하라. 사용된 정리를 명시하라.

(a) $X'Y'Z + (X'Y'Z)'$ (b) $(AB' + CD)(B'E + CD)$

(c) $ACF + AC'F$

(d) $A(C + D'B) + A'$

(e) $(A'B + C + D)(A'B + D)$

(f) $(A + BC) + (DE + F)(A + BC)'$

2.4 다음 각 회로들의 출력을 구하고, 같은 출력을 가진 보다 간단한 회로로 설계하라(*힌트*: 먼저 각 게이트의 출력을 왼쪽에서 오른쪽으로 가면서 구하고, 이를 간략화하여 회로의 최종 출력을 구하라).

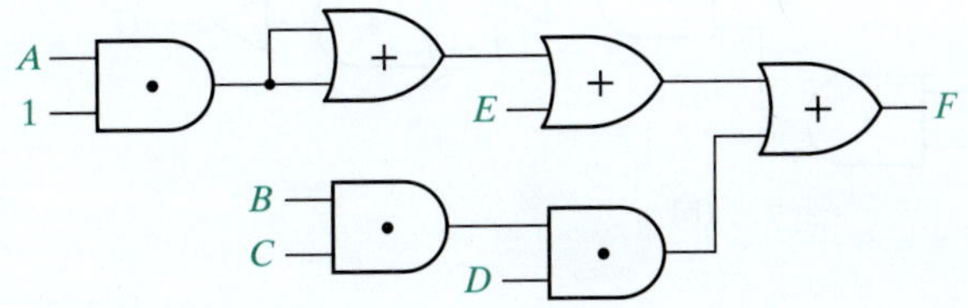

(a)

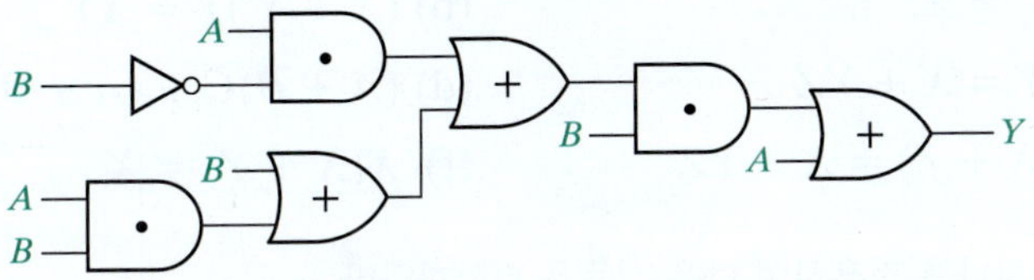

(b)

2.5 곱의합을 구하기 위해 곱셈 전개를 하고 간략화하라.

(a) $(A + B)(C + B)(D' + B)(ACD' + E)$

(b) $(A' + B + C')(A' + C' + D)(B' + D')$

2.6 다음의 식들을 합의곱을 구하기 위해 인수화하라.

(a) $AB + C'D'$

(b) $WX + WY'X + ZYX$

(c) $A'BC + EF + DEF'$

(d) $XYZ + W'Z + XQ'Z$

(e) $ACD' + C'D' + A'C$

(f) $A + BC + DE$

((f)의 답은 4개의 항의곱으로 구성되고, 각 항은 3개 변수들의 합으로 되어 있다.)

2.7 하나의 AND 게이트와 OR 게이트를 이용하여 다음 함수들에 해당하는 회로를 그려라.

(a) $(A + B + C + D)(A + B + C + E)(A + B + C + F)$

(b) $WXYZ + VXYZ + UXYZ$

2.8 다음 식들을 최소화된 곱의합으로 간략화하라.

(a) $[(AB)' + C'D]'$

(b) $[A + B(C' + D)]'$

(c) $((A + B')\mathrm{C})'(A + B)(C + A)'$

2.9 F와 G를 구하고 이를 간략화하라.

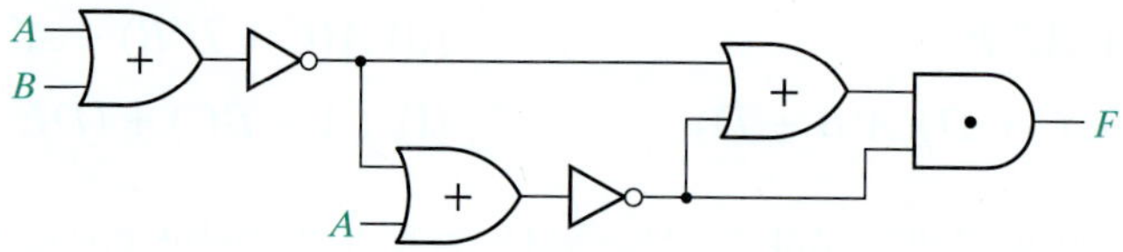

(a)

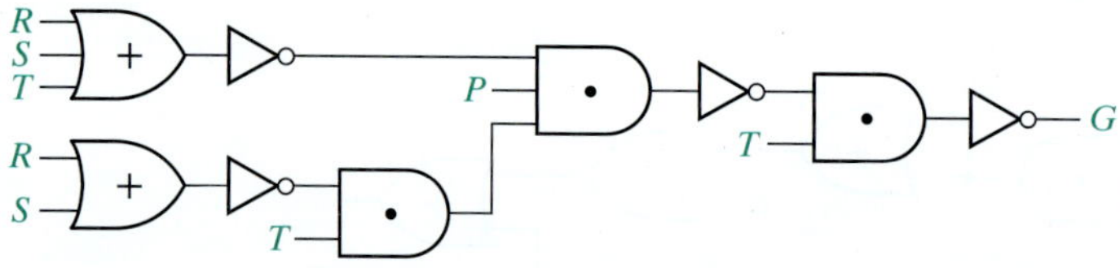

(b)

2.10 스위치 회로로 다음 수식들을 설명하라.

(a) $XY + XY' = X$
(b) $(X + Y')Y = XY$
(c) $X + X'ZY = X + YZ$
(d) $(A + B)C + (A + B)C' = A + B$
(e) $(X + Y)(X + Z) = X + YZ$
(f) $X(X + Y) = X$

2.11 여러 정리들 중 하나를 적용하여 다음 식들을 간략화하라.

(a) $(A' + B' + C)(A' + B' + C)'$
(b) $AB(C' + D) + B(C' + D)$
(c) $AB + (C' + D)(AB)'$
(d) $(A'BF + CD')(A'BF + CEG)$
(e) $[AB' + (C + D)' + E'F](C + D)$
(f) $A'(B + C)(D'E + F)' + (D'E + F)$

2.12 여러 정리들 중 하나를 적용하여 다음 식들을 간략화하라. 사용한 정리를 명시하라.

(a) $(X + Y'Z) + (X + Y'Z)'$
(b) $[W + X'(Y + Z)][W' + X'(Y + Z)]$
(c) $(V'W + UX)'(UX + Y + Z + V'W)$
(d) $(UV' + W'X)(UV' + W'X + Y'Z)$
(e) $(W' + X)(Y + Z') + (W' + X)'(Y + Z')$
(f) $(V' + U + W)[(W + X) + Y + UZ'] + [(W + X) + UZ' + Y]$

2.13 다음 각각의 회로들에 대해 출력을 구하고, 동일한 출력을 갖는, 보다 간단한 회로를 설계하라 (*힌트*: 먼저 각 게이트의 출력을 왼쪽에서 오른쪽으로 가면서 구하고, 이를 간략화하여 회로의 최종 출력을 구하라).

(a) 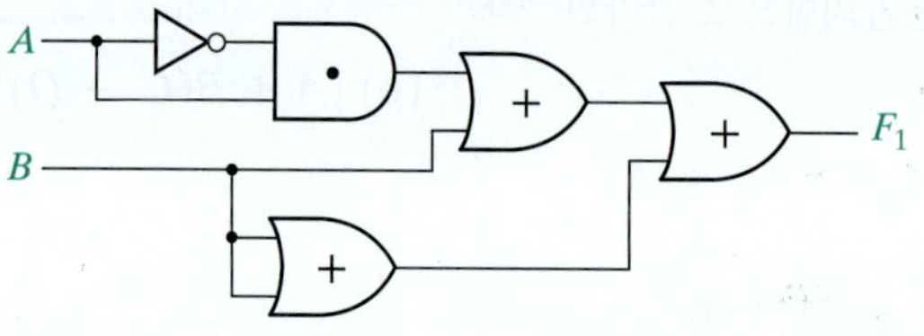

(b)

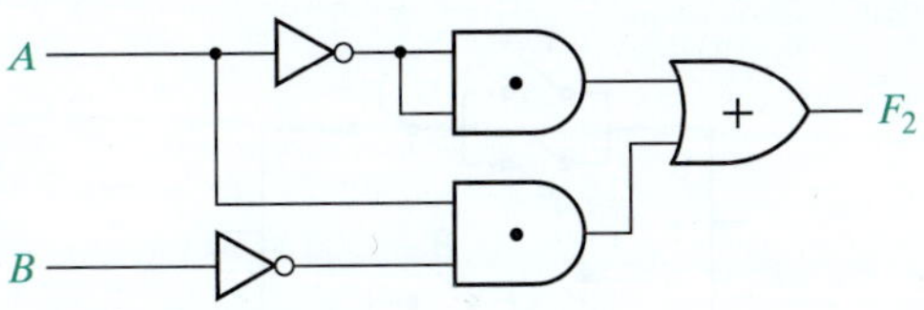

(c)

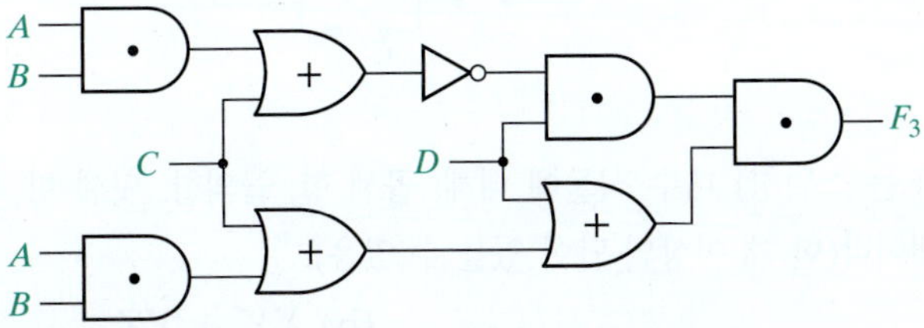

(d)

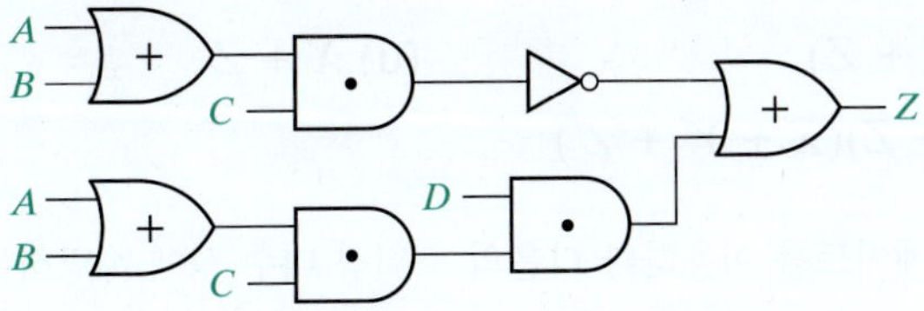

2.14 하나의 AND 게이트와 OR 게이트를 이용하여 다음 함수들에 해당하는 회로를 그려라.

(a) $ABCF + ACEF + ACDF$

(b) $(V + W + Y + Z)(U + W + Y + Z)(W + X + Y + Z)$

2.15 드모르간의 관계식과 대합 법칙만을 이용하여 다음 함수들의 보수를 구하라.

(a) $f(A, B, C, D) = [A + (BCD)'][(AD)' + B(C' + A)]$

(b) $f(A, B, C, D) = AB'C + (A' + B + D)(ABD' + B')$

2.16 부울 대수의 쌍대 정의만을 이용하여 다음 함수들의 쌍대를 구하라.

(a) $f(A, B, C, D) = [A + (BCD)'][(AD)' + B(C' + A)]$

(b) $f(A, B, C, D) = AB'C + (A' + B + D)(ABD' + B')$

2.17 다음 스위칭 회로에 대해 (a), (b), (c)에서 제시된 방법을 이용하여, 회로의 논리 함수식을 구하라. 각 식을 간략화하고 모든 식이 동일함을 보여라.

(a) 단일 스위치 회로를 구할 때까지 주어진 회로를 부회로들(subcircuits)의 직렬 또는 병렬 연결로 분할하라.

(b) AND항을 구성하는 회로의 모든 길을 찾고(종종 *tie sets*이라고 불린다), 모든 AND항을 OR로 연결하라.

(c) 회로의 모든 길을 단절하는 모든 방법(종종 *cut sets*이라고 불린다)을 찾아라. 각각의 cut set에 대해 OR항으로 구성할 수 있는데, 모든 OR항을 AND로 연결하라.

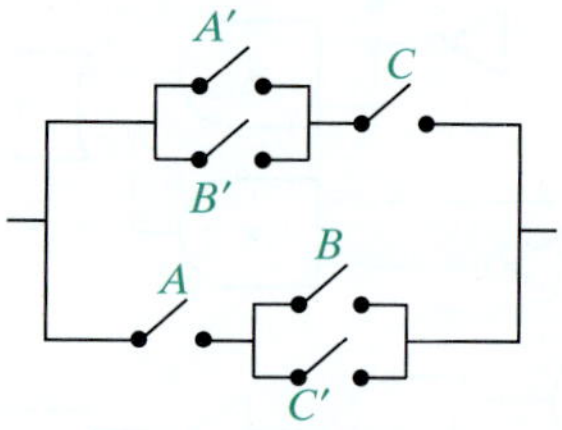

2.18 다음의 부울(또는 스위칭) 대수 식들에 대해, 곱셈 항, 곱의합, 덧셈 항, 합의곱으로 표현된 항을 찾아 나타내어라(한 개 이상의 답이 있을 수 있음).

(a) $X'Y$ (b) $XY' + YZ$

(c) $(X' + Y)(WX + Z)$ (d) $X + Z$

(e) $(X' + Y)(W + Z)(X + Y' + Z')$

2.19 AND, OR, NOT 게이트를 이용하다 다음의 스위칭 대수 식에 해당하는 게이트 회로를 설계하라. 입력은 보수화되지 않는다고 가정한다(주어진 식을 변형하지 마시오).

$$(WX' + Y)[(\mathrm{W} + Z)' + (XYZ')]$$

2.20 다음 스위치 회로에서:

(a) 스위치 회로에 해당하는 스위칭 대수 식을 유도하라.

(b) 직렬로 연결된 스위치 그룹들을 병렬로 연결한 구조를 갖는 등가 스위치 회로를 구하라. (9개의 스위치를 사용하라.)

(c) 병렬로 연결된 스위치 그룹들을 직렬로 연결한 구조를 갖는 등가 스위치 회로를 구하라. (6개의 스위치를 사용하라.)

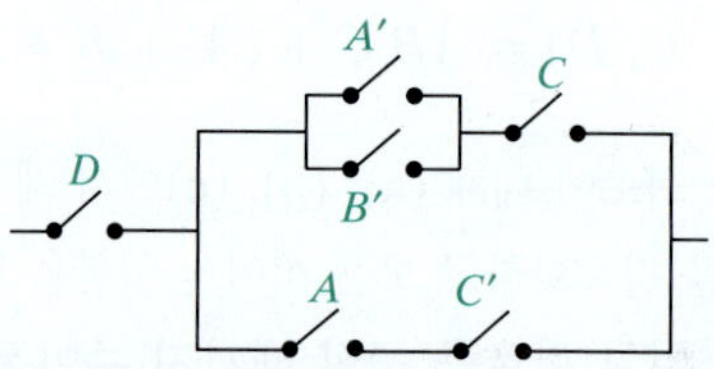

2.21 다음 회로에서, $F = (A' + B)C$이다. H가 아래 진리표에 명시된 값을 가질 수 있도록, G에 대한 진리표를 작성하라. 만약 어떤 입력 조합에 대해서 G가 0도 될 수 있고 1도 될 수 있다면, 그 입력에 대한 G의 값을 비워 놓아라.

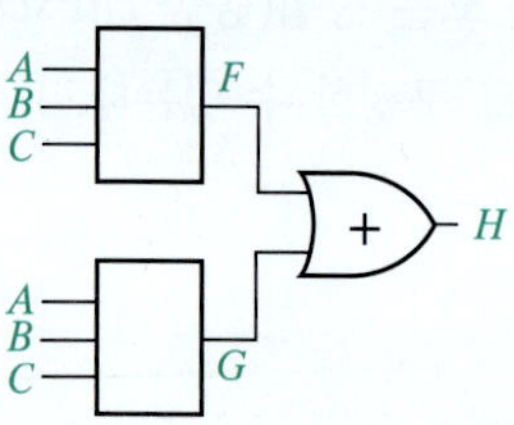

A	B	C	H
0	0	0	0
0	0	1	1
0	1	0	1
0	1	1	1
1	0	0	0
1	0	1	1
1	1	0	0
1	1	1	1

2.22 합의곱을 구하기 위하여 다음의 식들을 인수화하라.

(a) $A'B' + A'CD + A'DE'$ (b) $H'I' + JK$

(c) $A'BC + A'B'C + CD'$ (d) $A'B' + (CD' + E)$

(e) $A'B'C + B'CD' + EF'$ (f) $WX'Y + W'X' + W'Y'$

2.23 합의곱을 구하기 위하여 다음 식들을 인수화하라.

(a) $W + U'YV$ (b) $TW + UY' + V$

(c) $A'B'C + B'CD' + B'E'$ (d) $ABC + ADE' + ABF'$

2.24 다음 식들을 최소화된 곱의합으로 간략화하라. 개개의 변수들만이 보수화될 수 있다.

(a) $[(XY')' + (X' + Y)'Z]$ (b) $(X + (Y'(Z + W)')')'$

(c) $[(A' + B')' + (A'B'C)' + C'D]'$ (d) $(A + B)CD + (A + B)'$

2.25 다음의 함수들에 대해, F'를 곱의합 형식으로 답하라.

(a) $F(P, Q, R, S) = (R' + PQ)S$

(b) $F(W, X, Y, Z) = X + YZ(W + X')$

(c) $F(A, B, C, D) = A' + B' + ACD$

2.26 F, G, H를 구하고 이들을 간략화하라.

(a)

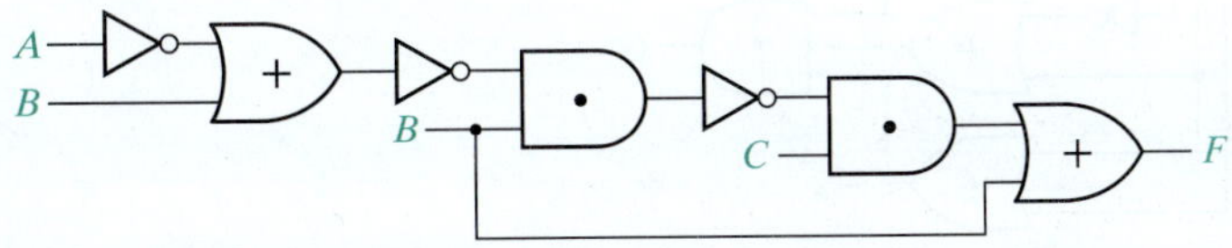

(b)

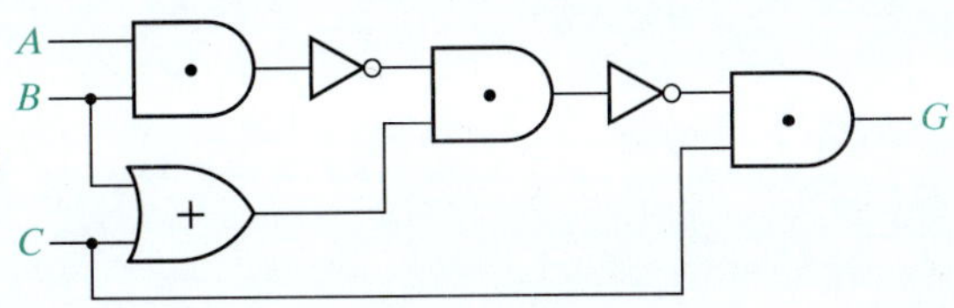

(c)

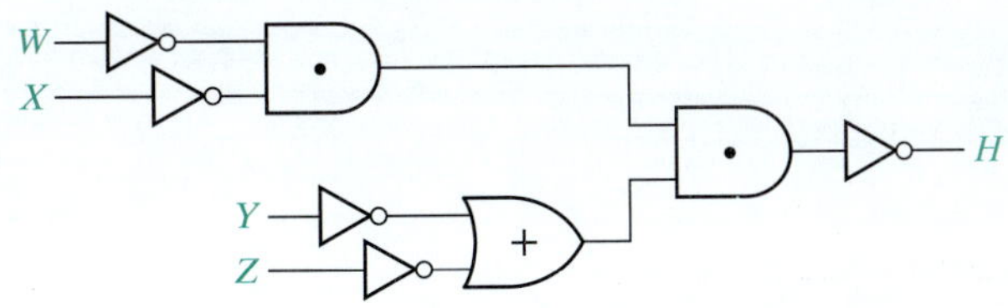

2.27 다음 함수를 구현하는 회로를 두 개의 OR 게이트와 두 개의 AND 게이트를 이용하여 그려라.

$$F = (V + W + X)(V + X + Y)(V + Z)$$

2.28 다음 함수를 구현하는 회로를 그려라.

$$F = ABC + A'BC + AB'C + ABC'$$

(a) 한 개의 OR 게이트와 세 개의 AND 게이트를 사용하라. AND 게이트는 두 개의 입력을 가져야 한다.

(b) 두 개의 OR 게이트와 두 개의 AND 게이트를 사용하라. 모든 게이트는 두 개의 입력을 가져야 한다.

2.29 진리표를 사용하여 다음 식들을 증명하라.

(a) $(X + Y)(X' + Z) = XZ + X'Y$

(b) $(X + Y)(Y + Z)(X' + Z) = (X + Y)(X' + Z)$

(c) $XY + YZ + X'Z = XY + X'Z$

(d) $(A + C)(AB + C') = AB + AC'$

(e) $W'XY + WZ = (W' + Z)(W + XY)$

(주: (a), (b), (c)는 3장에서 소개될 정리이다.)

2.30 다음 두 회로는 같은 함수를 구현함을 보여라.

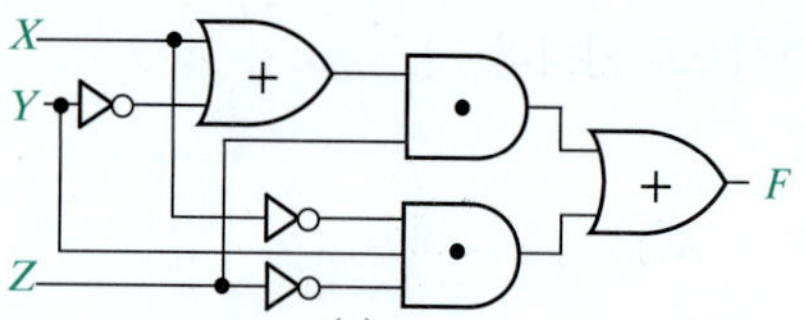

(a)

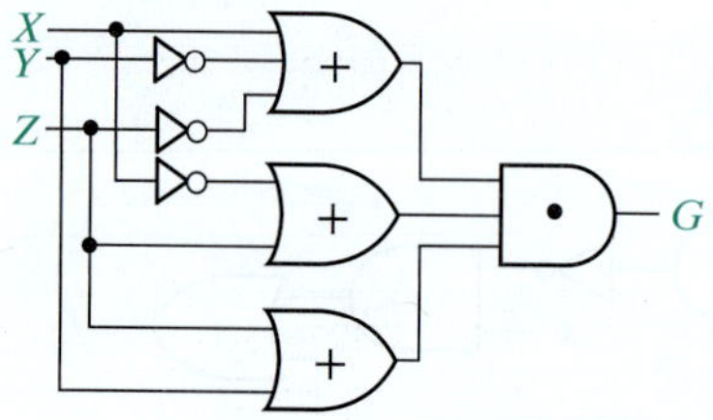

(b)

UNIT 3

부울 대수(계속)

Boolean Algebra

목표

여러분은 이 장을 마무리할 때, 2장에서 소개된 부울 대수의 법칙과 정리들에 대한 기억을 되살려 알아야 하고 사용할 수 있어야 한다. 즉 여러분은 다음 내용들을 이해할 수 있어야 한다.

1. 다음 내용을 포함하는 대수식을 다루기 위한 법칙과 정리들을 적용한다.

   a. 식 간략화

   b. 식의 보수 구하기

   c. 식의 곱셈 전개 및 인수화

2. 진리표를 이용하여 정리들을 증명하거나 대수적인 증명을 한다.

3. 배타적 OR과 등가 연산들을 정의한다. 이 연산들과 관련 있는 기본 정의를 명시하고, 증명하고, 사용한다.

4. 스위칭 대수 식에 항을 더하거나 소거하기 위해 합의 정리(consensus theorem)를 사용한다.

5. 주어진 식이 타당한지 혹은 그렇지 않은지를 대수적으로 증명한다.

학습가이드

1. 3.1절 *곱셈 전개와 인수화 표현*을 학습하라.

(a) 곱셈 전개나 인수화 표현을 할 때 유용한 세 가지 법칙과 정리를 나열하라.

(b) 다음 식을 인수화하기 위해 식 (3-3)을 사용하라.

$ab'c + bd =$

$abc + (ab)'d =$

(c) 다음 예제에서, 식 (3-2)가 두 번 사용될 수 있도록 항들을 그룹화하라.

$$F_1 = (x + y' + z)(w' + x' + y)(w + x + y')(w' + y + z')$$

식 (3-2)와 식 (3-3)을 적용한 후에 식 (3-1)을 사용하여 최종적인 곱셈 전개를 하라.

원래의 F_1에 식 (3-2)와 (3-3)을 사용하지 않고 식 (3-1)만 사용한다면, 아주 많은 항들을 만들어 냈을 것이다.

$$\begin{aligned} F_1 &= (w'x + w'y' + w'z + \cancel{xx'} + x'y' + x'z + xy + \cancel{yy'} + yz) \\ &\qquad (\cancel{ww'} + w'x + w'y' + wy + xy + \cancel{yy'} + wz' + xz' + y'z') \\ &= \underbrace{(w'x + w'xy' + w'xz + \cdots + yzy'z')}_{\text{모두 49개 항}} \end{aligned}$$

이는 분명히, 계속 진행하기에는 *매우 비효율적인 방법*이다. 이 이야기의 교훈은 항들을 그룹화하고 식 (3-2)와 식 (3-3)을 가능한 적용해야 한다는 것이다.

(d) 프로그램화된 예제 3.1를 풀어라. 그리고 연습문제 3.6을 풀어보되, 풀이 과정 중에 불필요한 항들을 전개하지 않도록 하면서 주의 깊게 풀어라.

(e) 2장에서 여러분은 2개의 분배법칙을 사용해서 부울식을 인수화하는 방법을 배웠다. 게다가 이 3장에서는 인수화 과정에서 아래 정리의 사용법을 소개한다.

$$XY + X'Z = (X + Z)(X' + Y)$$

법칙과 정리들의 적용 순서를 주의 깊게 결정해야 인수화에 필요한 작업량을 줄일 수 있다. 인수화할 때, 가장 빈번히 나타나는 변수나 변수들을 X로 바꾸고, 식 (3-1)을 먼저 적용하는 것이 가장 좋은 방법이다. 그리고 상황에 따라 식 (3-2)와 식 (3-3)의 순서를 결정해서 차례로 적용할 수 있다.

(f) 프로그램화된 예제 3.2를 풀어라. 그리고 연습문제 3.7을 풀어라.

2. 여러분의 답을 검사하라:

여러분의 답이 옳은지 부분적으로 검사하는 좋은 방법은 변수들의 일부에 0 또는 1을 대입해 보는 것이다. 예를 들면, 식 (3-5)에서 첫 번째와 마지막 식에서 1을 A에 대입해 보면,

$$1 \cdot C + 0 \cdot BD' + 0 \cdot BE + 0 \cdot C'DE = (1 + B + C')(1 + B + D) \cdot (1 + B + E)(1 + D' + E)(0 + C)$$
$$C = 1 \cdot 1 \cdot 1 \cdot 1 \cdot C \checkmark$$

를 얻게 된다. 비슷한 방법으로 A = 0, B = 0으로 대입하면,

$$0 + 0 + 0 + C'DE = (0 + C')(0 + D)(0 + E)(D' + E)(1 + C)$$
$$= C'DE \checkmark$$

가 된다. $A = 0$, $B = 1$일 때에 결과도 같은지 증명하라.

3. 여러분의 답을 얻기 위해 사용한 *방법*은 이 장에서 매우 중요하다. 세 줄 정도의 작업으로 10분 안에 풀 수 있는 문제를 두 페이지를 사용하고 한 시간이나 걸린다면, 여러분은 이 장의 내용을 배운 것이 아니다! 혹시 정확한 답을 얻더라도, 과도하게 긴 시간이 낭비되는 방법으로 풀었다면 여러분의 해결 방법은 만족스럽지 않을 것이다. 간단한 문제들을 간단한 방법으로 풀어내는 방법을 배우는 것이 중요하다. 그렇지 않으면, 복잡한 문제를 풀도록 요구받았을 때, 난관에 봉착하여 답을 결코 얻을 수 없을 것이다. 문제를 받았을 때 바로 뛰어들지 말고 스스로에게 먼저 질문해라. "이 문제를 풀기 위해 가장 쉬운 방법은 무엇인가?" 예를 들면, 어떤 식을 곱셈 전개해야 할 때, 강제적인 방법으로 항 하나 하나씩 곱셈 전개하려 하지 말아라. 대신에 스스로에게 질문해라. "어떻게 항들을 그룹화할까? 작업량을 줄이기 위해서, 어떤 정리를 먼저 적용해야 할까?" (학습가이드 1 참조하시오) 연습문제 3.6과 3.7을 풀어본 후, 여러분의 답을 이 책의 해답과 비교해 보아라. 여러분의 답이 이 책의 해답보다 많은 양의 작업을 요구한다면, 문제를 다시 풀어라. 더 간단한 방식으로 답을 얻을 수 있도록 노력해라.

4. 3.2절 *배타적 OR과 등가 연산*을 학습하라.

(a) 정리 (3-8)에서 (3-13)까지 증명하라. 이 정리들을 대수적 방법과 진리표를 사용한 방법으로 증명할 수 있어야 한다.

(b) $(xy' + x'y)' = xy + x'y'$임을 보여라. 이 결과를 기억하라.

(c) 정리 (3-15)를 증명하라.

(d) $(x \equiv 0) = x'$, $(x \equiv x) = 1$, $(x \equiv y)' = (x \equiv y')$임을 보여라.

(e) 배타적 OR을 사용하여 $(x \equiv y)'$를 표현하라.

(f) 연습문제 3.8과 3.9를 풀어라.

5. 3.3절 *합의 정리*를 학습하라. 합의 정리는 스위칭 함수들을 간략화하기 위한 중요한 방법이다.

(a) 다음 식들 중에서, 합의항(consensus term)을 찾아 소거하라.

$$abc'd + a'be + bc'de$$
$$(a' + b + c)(a + d)(b + c + d)$$
$$ab'c + a'bd + bcd' + a'bc$$

(b) 합의 정리를 적용하여 다음 식에서 두 개의 항을 소거하라.

$$A'B'C + BC'D' + A'CD + AB'D' + BCD + AC'D'$$

(*힌트*: 먼저 첫번째 항을 나머지 각 항들과 비교하여, 합의항이 존재하는지 찾아보아라. 그러고 나서 두번째 항을 나머지 각 항들과 비교하라.)

(c) 식 (3-22)와 (3-23)에 주어진 예를 주의 깊게 공부하라. 이제 네 개의 항을 가진 식(식 3-22)을 가지고 시작해 보자.

$$A'C'D + A'BD + ABC + ACD'$$

합의 정리를 적용하여 이 식을 3개의 항으로 줄일 수 있는가? 이 식을 줄이기 전에 또 하나의 항을 추가해야 한다. 합의 정리를 적용하기 위해, 어떤 항을 추가할 수 있나?

이 항을 추가하고, 3개의 항을 갖도록 식을 줄여라. 이 과정 후에, 추가된 항을 소거할 수 있나? 안 된다면 왜 그런가?

(d) 쌍대 합의 정리를 이용하여 다음 식으로부터 두 개의 항을 소거하라:

$$(a' + c' + d)(a' + b + c)(a + b + d)(a' + b + d)(b + c' + d)$$

어떻게 합의항 형태로 구성했는지 괄호를 사용하여 보여주시오. (*힌트*: 먼저처음 두 항에 대한 합의항 형태를 찾고, 그것을 소거하라.)

(e) 합의 정리를 이용하여 정리 (3-3)을 유도하라.

(f) 프로그램화된 예제 3.3을 풀어라. 그리고 문제 3.10을 풀어라.

6. 3.4절 *스위칭 식의 대수적 간략화*를 학습하라.

(a) 다음을 위해 어떤 정리들이 사용되는가?

항의 결합:

항의 소거:

문자의 소거:

중복항의 추가:

인수화 또는 곱셈 전개:

(b) 식 (3-27)에서 중복항 *WZ'*를 추가하여 다른 항을 소거하고, 그리고 그 중복항을 소거하였다. 이 예제에서 왜 *WZ'*의 소거가 가능한가?

합의 정리를 이용하여 추가된 항은, 추후에 합의 정리에 의한 소거가 항상 가능한 것은 아니다. 왜 그런가?

(c) 스위칭 식을 간단하게 하는 기술을 발전시키기 위해 많은 연습을 필요로 한다. 프로그램화된 예제 3.4와 3.5를 풀어라.

(d) 연습문제 3.11을 풀어라

(e) 부울 대수를 이용하여 식을 간략화할 때, 빈번하게 묻게 되는 두 가지 의문은

(1) 어디서부터 시작할 것인가?

(2) 어디서 끝낼지 어떻게 알 수 있는가?

이다. 질문 (1)에 대한 답변은 '합의 정리를 이용하거나 중복항을 추가하는 등 복잡한 방법을 시도해 보기 전에, 항의 결합이나 항의 소거와 같은 간단한 시도부터 해보는 것이 일반적으로 가장 좋다'이다. 질문 (2)는 일반적으로 대답하기 어려운 질문인데, 어떤 식들은 중복항을 추가하지 않고서는 간략화를 하기가 불가능할 수도 있기 때문이다. 일반적으로 이 책에서는 최소화된 해답에서 사용된 항의 개수를 알려줄 것이다. 따라서 여러분들이 이미 최소화된 식을 가지고 시간을 낭비하지 않도록 할 것이다. 5장과 6장에서는 최소화된 해답을 찾았는지를 알게 해주는 규칙화된 기술을 배우게 될 것이다.

7. 3.5절 *등식의 유효성 증명*을 학습하라.

(a) 등식이 유효한지를 증명하려고 할 때, 좌우 양변에 같은 식을 더하는 것이 허용되는가? 설명하라.

(b) 연습문제 3.12를 풀어라.

(c) $x = 0$과 $x = 1$일 때, 식 (3-33)과 (3-34)이 맞는지 보여라.

(d) $a'(b + d') = a'(b + e')$에 대해서, 아래의 증명 과정은 $d = e$임을 보여주고 있다:

$$a'(b + d') = a'(b + e')$$
$$a + b'd = a + b'e$$
$$b'd = b'e$$
$$d = e$$

위 증명 과정에서 두 가지 잘못된 점을 기술하라. 위의 결과가 옳지 않다는 것을 보여줄 수 있는 a, b, d, e의 값을 찾아 대입해 보라.

8. 이 장의 목표 부분을 다시 읽어 보시오. 성취도 테스트를 보면, 2장에서 소개된 법칙들과 정리들을 기억할 필요가 있다고 알게 될 것이다. 적절한 곳에서 "좌변에서 우변으로 또는 우변에서 좌변으로" 어느 쪽으로든 식을 변경할 수 있어야 한다. 이것을 할 수 있는지 스스로를 시험해보라. 여러분이 목표들에 만족할 수 있다고 여길 때, 성취도 테스트를 보시오.

부울 대수(계속)

Boolean Algebra

이 장에서는 부울 식을 조작하기 위한 추가 방법들을 공부하기 위해, 부울 대수 학습을 계속할 것이다. 곱의합과 합의곱 식들 사이의 변환을 하는 데 사용되는 곱셈 전개와 인수화에 대한 또 다른 정리를 소개할 것이다. 이들 대수적인 조작은 다양한 형태의 스위칭 함수를 실현할 수 있도록 해준다. 배타적 OR과 등가 연산이 예제들과 함께 소개될 것이다. 합의 정리는 수식을 간략화하는 유용한 방법들을 제시할 것이다. 대수적으로 간략화하는 방법들을 다시 살펴보고, 요약 정리할 것이다. 이 장은 수식의 유효성을 증명하는 방법으로 끝을 맺을 것이다.

3.1 곱셈 전개와 인수화 식

합의곱 형태의 식이나 곱의합 형태의 식은, 다음의 두 분배법칙을 사용하여 곱셈 전개하여 얻을 수 있다:

$$X(Y + Z) = XY + XZ \tag{3-1}$$

$$(X + Y)(X + Z) = X + YZ \tag{3-2}$$

추가로, 다음 정리는 인수화와 곱셈 전개에 매우 유용하다:

$$(X + Y)(X' + Z) = XZ + X'Y \tag{3-3}$$

이 식에서 한 변의 X와 짝을 짓는 변수가 다른 변의 X'와 짝을 짓고 있는 것을 주목하라. 또 반대의 경우도 주목하라. 스위칭 대수에서, 식 (3-3)은 $X = 0$일 때 좌우변이 같다는 것을 보여줌으로써 증명된다. 또한 $X = 1$일 때도 마찬가지이다.

만약 $X = 0$이면, 식 (3-3)은 $Y(1 + Z) = 0 + 1 \cdot Y$ 또는 $Y = Y$로 줄어든다.

만약 $X = 1$이면, 식 (3-3)은 $(1 + Y)Z = Z + 0 \cdot Y$ 또는 $Z = Z$로 줄어든다.

부울 대수학에서 유효한 대수적 증명 방법은

$$\begin{aligned}(X + Y)(X' + Z) &= XX' + XZ + X'Y + YZ \\ &= 0 + XZ + X'Y + YZ = XZ + X'Y \quad \text{(합의 정리 사용)}\end{aligned}$$

이다. 다음 예는 인수화를 위한 정리 (3-3)의 사용을 보여준다:

$$\underbrace{A\overbrace{B + A'}C} = (A + C)(A' + B)$$

한 항은 변수를, 다른 항은 그 변수의 보수 형태를 갖는 두 항을 가질 때 위 정리가 사용될 수 있음을 주목하라.

정리 (3-3)은 식을 곱셈 전개할 때 매우 유용하다. 다음 예에서 한 항은 변수 Q를 가지고, 다른 항은 Q'를 갖기 때문에 정리 (3-3)이 적용될 수 있다.

$$(Q + AB')(C'D + Q') = QC'D + Q'AB'$$

분배 법칙을 사용하여 간단히 곱셈 전개를 할 수 있으면, 2개의 항이 아닌 4개의 항을 가질 수 있다.

$$(Q + AB')(C'D + Q') = QC'D + QQ' + AB'C'D + AB'Q'$$

항 $AB'C'D$를 소거하기 어렵기 때문에, 분배법칙 대신에 식 (3-3)을 이용하는 것이 더 유리하다.

일반적으로 식을 곱셈 전개할 때 식 (3-1)과 (3-2), (3-3)을 사용한다. 곱셈 전개할 때 불필요한 항들의 발생을 막기 위해 식 (3-1)보다 먼저 식 (3-2), (3-3)을 적용하고, 식의 적용을 신속하게 하기 위해 항들을 그룹화해야 한다.

예제

$$(A + B + C')(A + B + D)(A + B + E)(A + D' + E)(A' + C) \quad (3\text{-}4)$$
$$= (A + B + C'D)(A + B + E)[AC + A'(D' + E)]$$
$$= (A + B + C'DE)(AC + A'D' + A'E)$$
$$= AC + ABC + A'BD' + A'BE + A'C'DE$$

ABC를 소거하기 위해 어떤 정리가 사용되었나? (힌트: $X = AC$로 두어라.)

이 예에서, 곱셈 전개를 위해 일반적인 분배법칙 (3-1)이 사용되었다면, 162개의 항들이 발생될 것이고, 그 중 158개의 항을 소거해야 한다.

식을 곱셈 전개할 때 유용한 정리는 인수화할 때에도 유용하다. 식 (3-1), (3-2), (3-3)을 반복 적용함으로써 어떤 식이라도 합의곱 형태로 변환될 수 있다.

인수화의 예제

$$AC + A'BD' + A'BE + A'C'DE$$
$$= \underbrace{AC}_{XZ} + \underbrace{A'}_{X'}(\underbrace{BD' + BE + C'DE}_{Y})$$
$$= (A + BD' + BE + C'DE)(A' + C)$$
$$= [\underbrace{A + C'DE}_{X} + \underbrace{B}_{Y}(\underbrace{D' + E}_{Z})](A' + C)$$

$$= (A + B + C'DE)(A + \cancel{C'DE} + D' + E)(A' + C)$$
$$= (A + B + C')(A + B + D)(A + B + E)(A + D' + E)(A' + C) \qquad (3\text{-}5)$$

이는 식 (3-4)을 전개하는 과정에서의 처음 식과 같다.

3.2 배타적 OR과 등가 연산

배타적 OR (*exclusive-OR*, ⊕) 연산은 다음과 같이 정의된다:

$$0 \oplus 0 = 0 \qquad 0 \oplus 1 = 1$$
$$1 \oplus 0 = 1 \qquad 1 \oplus 1 = 0$$

$X \oplus Y$의 진리표는

X	Y	X ⊕ Y
0	0	0
0	1	1
1	0	1
1	1	0

이 진리표로부터 $X = 1$ 또는 $Y = 1$이고, 둘 다 1이 *아닐* 때 $X \oplus Y = 1$임을 볼 수 있다. 앞서 정의한 바와 같이 일반적 OR 연산은 $X = 1$ 또는 $Y = 1$이거나 둘 다 1일 때 $X + Y = 1$이므로 내포적 OR (inclusive OR)이라고도 불린다.

배타적 OR은 AND와 OR의 항들로 표현될 수 있다. $X = 0$이고 $Y = 1$이거나, $X = 1$이고 $Y = 0$이라면 $X \oplus Y = 1$이므로, 다음과 같이 쓸 수 있다.

$$X \oplus Y = X'Y + XY' \qquad (3\text{-}6)$$

$X = 0$이고 $Y = 1$일 때 식 (3-6)의 우변 첫 번째 항은 1이며, $X = 1$이고 $Y = 0$일 때, 두 번째 항은 1이다. 또는 $X = 1$이거나 $Y = 1$일 때, *그리고* X, Y 모두 1이 아닐 때, $X \oplus Y = 1$이 됨을 이용하여 식 (3-6)을 유도할 수 있다. 따라서,

$$X \oplus Y = (X + Y)(XY)' = (X + Y)(X' + Y') = X'Y + XY' \qquad (3\text{-}7)$$

이다. 식 (3-7)에서 X, Y 모두 1이 아닐 때 $(XY)' = 1$임을 주목하라.

배타적 OR 게이트는 다음과 같은 기호를 사용한다:

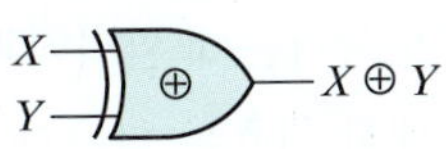

다음 정리들이 배타적 OR에 적용된다.

$$X \oplus 0 = X \tag{3-8}$$
$$X \oplus 1 = X' \tag{3-9}$$
$$X \oplus X = 0 \tag{3-10}$$
$$X \oplus X' = 1 \tag{3-11}$$
$$X \oplus Y = Y \oplus X \text{ (교환법칙)} \tag{3-12}$$
$$(X \oplus Y) \oplus Z = X \oplus (Y \oplus Z) = X \oplus Y \oplus Z \text{ (결합법칙)} \tag{3-13}$$
$$X(Y \oplus Z) = XY \oplus XZ \text{ (분배법칙)} \tag{3-14}$$
$$(X \oplus Y)' = X \oplus Y' = X' \oplus Y = XY + X'Y' \tag{3-15}$$

이러한 정리들은 진리표를 사용하여 증명하거나 식 (3-7)의 $X \oplus Y$를 동등한 표현으로 대신함으로써 증명할 수 있다. 분배법칙을 다음과 같이 증명해보자.

$$\begin{aligned} XY \oplus XZ &= XY(XZ)' + (XY)'XZ = XY(X' + Z') + (X' + Y')XZ \\ &= XYZ' + XY'Z \\ &= X(YZ' + Y'Z) = X(Y \oplus Z) \end{aligned}$$

등가연산(*equivalence* operation, ≡)은 다음과 같이 정의된다.

$$\begin{matrix} (0 \equiv 0) = 1 & (0 \equiv 1) = 0 \\ (1 \equiv 0) = 0 & (1 \equiv 1) = 1 \end{matrix} \tag{3-16}$$

$X \equiv Y$에 대한 진리표는 다음과 같다.

X Y	X ≡ Y
0 0	1
0 1	0
1 0	0
1 1	1

등가의 정의로부터 $X = Y$이면 $(X \equiv Y) = 1$임을 볼 수 있다. $X = Y = 1$이거나 $X = Y = 0$일 때 $(X \equiv Y) = 1$이므로, 다음과 같이 쓸 수 있다.

$$(X \equiv Y) = XY + X'Y' \tag{3-17}$$

등가는 배타적 OR의 보수이다:

$$\begin{aligned} (X \oplus Y)' &= (X'Y + XY')' = (X + Y')(X' + Y) \\ &= XY + X'Y' = (X \equiv Y) \end{aligned} \tag{3-18}$$

배타적 OR과 같이 등가는 교환법칙과 결합법칙이 성립된다.

등가 게이트에 대한 기호는 다음과 같다:

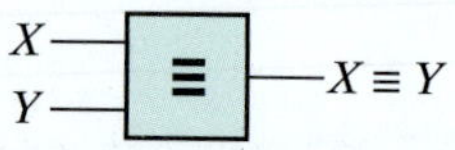

등가는 배타적 OR의 보수이므로 등가 게이트에 대한 또다른 기호는 배타적 OR 기호에 보수를 취한 기호를 사용한다:

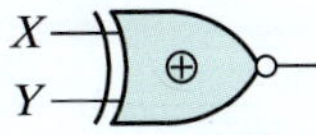

$(X \oplus Y)' = (X \equiv Y)$

등가 게이트는 배타적-NOR 게이트라고도 한다.

배타적 OR이나 등가뿐 아니라 AND와 OR를 포함하는 식을 간략화하기 위해, 식 (3-6)과 (3-17)을 먼저 적용하고 ⊕나 ≡ 연산을 소거한다. 예를 들어 $F = (A'B \equiv C) + (B \oplus AC')$를 간략화해 보자.

식 (3-6)과 (3-17)에 의하여,

$$\begin{aligned} F &= [(A'B)C + (A'B)'C'] + [B'(AC') + B(AC')'] \\ &= A'BC + (A + B')C' + AB'C' + B(A' + C) \\ &= B(A'C + A' + C) + C'(A + B' + AB') = B(A' + C) + C'(A + B') \end{aligned}$$

이다. 여러 개의 배타적 OR이나 등가 연산을 포함하는 식을 조작할 때, 다음 식은 유용하다.

$$(XY' + X'Y)' = XY + X'Y' \tag{3-19}$$

예를 들어,

$$\begin{aligned} A' \oplus B \oplus C &= [A'B' + (A')'B] \oplus C \\ &= (A'B' + AB)C' + (A'B' + AB')C && \text{(식 (3-6)에 의해)} \\ &= (A'B' + AB)C' + (A'B + AB')C && \text{(식 (3-19)에 의해)} \\ &= A'B'C' + ABC' + A'BC + AB'C \end{aligned}$$

이다.

3.3 합의 정리

합의 정리는 부울식을 간략화하는 데 매우 유용하다. $XY + X'Z + YZ$ 형태의 식이 주어졌을 때, YZ항은 중복적이어서 소거될 수 있고, $XY + X'Z$ 형태로 표현될 수 있다.

소거된 항을 *합의항*(*consensus term*)이라고 한다. 한 쪽 항에는 한 변수가, 다른 쪽 항에는 그 변수의 보수가 있는 두 개의 항이 주어졌을 때, 합의항은 그 변수와 그 변수의 보수를 제외한 항을 곱해서 얻을 수 있다. 예를 들면, ab와 $a'c$의 합의항은 bc이고, abd와 $b'de'$의 합의항은 $(ad)(de') = ade'$이다. $ab'd$와 $a'bd'$의 합의항은 0이다.

식 (2-18)에서 주어진 합의 정리는 아래와 같다.

$$XY + X'Z + YZ = XY + X'Z \tag{3-20}$$

합의 정리는 부울식에서 중복항들을 소거하는 데 사용될 수도 있다. 예를 들면, 다음 식에서 $b'c$는 $a'b'$와 ac의 합의항이고 ab는 ac와 bc'의 합의항이다. 따라서 두 합의항은 소거될 수 있다:

$$a'b' + ac + bc' + b'c + ab = a'b' + ac + bc'$$

괄호는 어떻게 합의항 형태로 구성되는지 보여준다.

식 (2-18D)에서 주어진 합의 정리의 쌍대 형식은 아래와 같다.

$$(X + Y)(X' + Z)(Y + Z) = (X + Y)(X' + Z) \tag{3-21}$$

합의항을 찾기 위한 핵심방법은 어떤 변수와 그 변수의 보수로 이루어진 한 쌍의 항을 찾는 것이다. 이 경우, 합의항은 그 선택된 변수와 그 변수의 보수를 소거한 후에 남아있는 항들의 쌍을 서로 더하는 형태가 된다. 다음 식에서 $(a + b + d')$는 합의항이고, 쌍대 합의 정리에 의해 소거될 수 있다:

$$(a + b + c')(a + b + d')(b + c + d') = (a + b + c')(b + c + d')$$

합의 정리 적용에 의해 얻어지는 최종 결과는 항들이 소거되는 순서에 따라 다를 수 있다.

예제

$$A'C'D + A'BD + \cancel{BCD} + ABC + ACD' \tag{3-22}$$

BCD를 먼저 소거한다. (왜 소거할 수 있는가?)

BCD가 소거되어서, 더 이상 BCD항은 그 식에 존재하지 않고, 다른 항을 소거하는 데 사용될 수 없다. 모든 항들의 짝들을 체크해보면, 더 이상 합의 정리에 의해 소거할 수 있는 항이 존재하지 않는다는 것을 알 수 있다.

이제 다시 시작해보자:

$$A'C'D + \cancel{A'BD} + BCD + \cancel{ABC} + ACD' \tag{3-23}$$

이번엔 BCD를 소거하지 않고, 대신에 합의 정리에 의해 다른 두 개의 항을 소거한다. 이렇게 두 개의 항을 소거한 이후에, BCD항이 더 이상 소거될 수 없음을 주시하라. 만약 BCD항을 먼저 소거한다면 식은 4개의 항으로 줄여지지만, BCD를 소거하지 않으면 식은 3개의 항으로 줄일 수 있음을 주목하라.

간단히 항들을 소거하여, 수식이 최소 개의 항을 갖도록 직접 축소하는 것이 때로는 불가능하다. 합의 정리를 이용하여 먼저 어떤 항을 추가하고, 그 추가된 항을 사용하여 다른 항들을 삭제하는 것이 필요할 수도 있다. 예를 들어, 다음 수식을 생각해 보자.

$$F = ABCD + B'CDE + A'B' + BCE'$$

합의항이 형성될 수 있을지 없을지를 알기 위해 항들의 모든 쌍을 비교하면, 합의항은 $ACDE$ ($ABCD$와 $B'CDE$에서)와 $A'CE'$ ($A'B'$와 BCE'에서)만 존재함을 알 수 있다. 이 항들이 원래 수식에서 존재하지 않기 때문에 우리는 합의 정리를 이용하여 다른 항들을 곧장 소거할 수 없다. 그러나 합의항 $ACDE$를 F에 더한다면 다음 식을 얻게 된다.

$$F = ABCD + B'CDE + A'B' + BCE' + ACDE$$

그리고 $ABCD$와 $B'CDE$항을 합의 정리를 사용하여 소거할 수 있고, F는 다음과 같이 축소된다.

$$F = A'B' + BCE' + ACDE$$

$ACDE$항은 더 이상 중복되는 항이 아니고, 마지막 식에서 소거될 수 없다.

3.4 스위칭 식의 대수적 간략화

이 절에서는 부울 대수 법칙과 정리를 사용하여, 스위칭 식을 간략화하기 위한 방법들을 복습하고 요약할 것이다. 식을 간략화하는 것은 식을 게이트를 사용한 회로로 구현할 때의 비용을 줄여주기 때문에 중요하다. 나중에 우리는 스위칭 함수를 간략화하는 도식적인 방법들을 배울 것이나, 여기서는 대수적인 방법을 먼저 배울 것이다. 스위칭 함수들을 간략화하는 방법으로 곱셈 전개와 인수화 방법뿐 아니라 세 가지 기본적인 방법들이 있는데, 항들을 조합하고, 항들을 소거하고, 문자를 소거하는 방법이다.

1. *항들의 조합*. 두 항을 조합하기 위해 정리 $XY + XY' = X$를 이용하라. 예를 들어, 다음과 같은 식이 있다.

$$abc'd' + abcd' = abd' \qquad [X = abd', Y = c] \tag{3-24}$$

이 정리에 의해 항을 조합할 때, 조합되는 두 항은 정확히 같은 변수를 가져야 하고, 여러 변수들 중의 한 변수는 한 항에서 보수로 표현되어야 하고 다른 항에서는 보수가 아니어야 한다. $X + X = X$이기 때문에 주어진 항은 반복될 수 있고 둘 이상의 다른 항과 조합될 수 있다. 예를 들어 다음과 같은 식이 있다.

$$ab'c + abc + a'bc = ab'c + abc + abc + a'bc = ac + bc$$

물론 X와 Y가 더 복잡한 식으로 대치될 때 이 정리가 사용될 수 있다. 예를 들면 다음과 같은 식이 있다.

$$(a + bc)(d + e') + a'(b' + c')(d + e') = d + e'$$
$$[X = d + e', Y = a + bc, Y' = a'(b' + c')]$$

2. *항들의 소거*. 가능하면 중복되는 항을 소거하기 위해 정리 $X + XY = X$를 이용하라. 예를 들어, 다음과 같은 식이 있다.

$$\begin{aligned} a'b + a'bc &= a'b & [X = a'b] \\ a'bc' + bcd + a'bd &= a'bc' + bcd & [X = c, Y = bd,\ Z = a'b] \end{aligned} \qquad (3\text{-}25)$$

3. *문자들 소거*. 중복되는 문자를 소거하기 위해 정리 $X + X'Y = X + Y$를 이용하라. 이 정리를 적용하기 전에 간단한 인수화가 필요할 수 있다.

예제

$$\begin{aligned} A'B + A'B'C'D' + ABCD' &= A'(B + B'C'D') + ABCD' \qquad (3\text{-}26) \\ &= A'(B + C'D') + ABCD' \\ &= B(A' + ACD') + A'C'D' \\ &= B(A' + CD') + A'C'D' \\ &= A'B + BCD' + A'C'D' \end{aligned}$$

위의 단계 1, 2, 3을 적용한 후에 얻는 수식은 반드시 최소수의 항이나 최소수의 문자를 가질 필요가 없다. 만약 단계 1, 2, 3을 적용한 후에 더 이상 간략화를 할 수 없다면, 중복항을 신중히 도입하는 것이 필요할 수도 있다.

4. *중복항 추가*. 중복항은 xx'을 더하거나, $(x + x')$를 곱하거나, yz를 $xy + x'z$에 더하거나, xy를 x에 더하는 방법과 같은 방법으로 도입될 수 있다. 가능하다면 도입된 항들은 다른 항들을 조합하거나 소거하기 위해서 선택되어야 한다.

예제

$$\begin{aligned} & WX + XY + X'Z' + WY'Z' && \text{(합의 정리에 의해 } WZ'\text{를 도입)} \\ &= WX + XY + X'Z' + WY'Z' + WZ' && (WY'Z'\text{를 소거}) \\ &= WX + XY + X'Z' + WZ' && (WZ'\text{를 소거}) \\ &= WX + XY + X'Z' && (3\text{-}27) \end{aligned}$$

다음 종합적인 예제는 위의 네 가지 방법들의 사용법을 보여준다.

예제

$$\underbrace{A'B'C'D' + A'BC'D'}_{①\ A'C'D'} + A'BD + \underbrace{\cancel{A'BC'D}}_{②} + ABCD + ACD' + B'CD'$$

$$= A'C'D' + BD(A' + AC) + ACD' + B'CD'$$
$$③$$

$$= A'C'D' + A'BD + \underbrace{BCD + ACD'}_{+ABC\ ④} + B'CD'$$

$$= A'C'D' + \underbrace{A'BD + \cancel{BCD} + \cancel{ACD'} + \overbrace{B'CD' + ABC}^{\text{합의항 } ACD'}}_{\text{합의항 } BCD} \tag{3-28}$$

$$= A'C'D' + A'BD + B'CD' + ABC$$

단계 1, 2, 3, 4에서 어떤 정리들이 사용되었는가?

간략화된 식이 곱의합 형식 대신에 합의곱 형식으로 남아 있는 경우, 이전 정리들의 쌍대들이 적용되어야 한다.

예제

$$\underbrace{(A' + B' + C')(A' + B' + C)}_{① \ (A' + B')}(B' + C)(A + C)\underbrace{\cancel{(A + B + C)}}_{②} \tag{3-28}$$

$$= (A' + B')\underbrace{\cancel{(B' + C)}}_{③}(A + C) = (A' + B')(A + C)$$

단계 1, 2, 3에서 어떤 정리들이 사용되었는가?

일반적으로, 부울식이 최소수의 항을 갖거나 최소수의 문자를 갖도록 결정하는 것은 쉬운 것이 아니다. 최소 곱의합과 최소 합의곱 식을 찾는 체계적인 방법은 5장과 6장에서 논의될 것이다.

3.5 등식의 유효성 증명

변수값의 모든 조합에 대해 어떤 등식이 유효한지를 아닌지를 결정하는 것이 종종 필요하다. 등식이 유효한지의 여부를 결정하기 위해 여러 방법들이 이용될 수 있다:

1. 진리표를 만들고 변수값의 모든 조합에 대해 등식의 양변을 평가한다. (이 방법은 변수의 수가 많으면 다소 장황해지므로 매우 우아한 방법은 아니다.)
2. 등식의 한 변이 다른 변과 같아질 때까지 다양한 정리들을 적용한다.
3. 등식의 양변 식이 같도록 축약한다.
4. 가역적(reversible) 연산이 되는 등식의 양변에 똑같은 연산을 수행하는 것이 허용된다. 예를 들면, 식의 양변에 보수를 취하는 것은 가능하지만, 양변에 같은 식을 곱하는 것은 허용되지 *않는다*. (나눗셈이 부울 대수에서 정의되지 않으므로 곱셈은 가역적이지 않다.) 유사하게, 뺄셈이 부울 대수에서 정의되지 않으므로 양변에 같은 항을 더하는 것은 허용되지 않는다.

등식이 유효하지 *않다*는 것을 증명하기 위해서는, 등식의 양변이 다른 값을 갖게 되는 변수 값의 조합을 보여주는 것으로 충분하다. 위의 방법 2와 3을 사용하여 등식의 유효함을 증명하려 할 때 유용한 전략은 다음과 같다.

1. 먼저 양변을 곱의합(또는 합의곱) 형태로 축약하라.

2. 등식의 양변이 어떻게 다른지를 비교하라.

3. 그리고 등식의 한 변에 있는 항들을 다른 변에 추가해 보아라.

4. 마지막으로 한 변에는 있지만 다른 변에 없는 항을 소거해 보라.
어떤 방법을 사용하든지 등식의 양변을 자주 비교하고, 다음에 어떤 단계를 사용할지에 대한 정보로서 양변의 차이점이 이용될 수 있도록 하라.

예제 1 다음 등식의 유효성을 증명하라.

$$A'BD' + BCD + ABC' + AB'D = BC'D' + AD + A'BC$$

좌변으로부터 시작해서, 합의항을 추가하여 항들을 조합하고, 마지막으로 합의 정리를 사용하여 항들을 소거한다.

$$A'BD' + BCD + ABC' + AB'D$$
$$= A'BD' + BCD + ABC' + AB'D + BC'D + A'BC + ABD$$

($A'BD'$와 ABC'의 합의항 추가) → $BC'D$
($A'BD'$와 BCD의 합의항 추가) → $A'BC$
(BCD와 ABC'의 합의항 추가) → ABD

$$= AD + A'BD' + BCD + ABC' + BC'D' + A'BC = BC'D' + AD + A'BC$$

($BC'D'$와 AD의 합의항 소거) → ABC'
(AD와 $A'BC$의 합의항 소거) → BCD
($BC'D'$와 $A'BC$의 합의항 소거) → $A'BD'$ (3-30)

예제 2 다음 등식의 유효성을 증명하라:

$$A'BC'D + (A' + BC)(A + C'D') + BC'D + A'BC'$$
$$= ABCD + A'C'D' + ABD + ABCD' + BC'D$$

먼저, 좌변을 축약하려고 한다:

$A'BC'D + (A' + BC)(A + C'D') + BC'D + A'BC'$

(흡수 정리를 사용하여 $A'BC'D$를 소거)

$= (A' + BC)(A + C'D') + BC'D + A'BC'$

(식 (3-3)을 이용하여 곱셈전개)

$= ABC + A'C'D' + BC'D + A'BC'$

(합의 정리에 의해 $A'BC'$를 소거)

$= ABC + A'C'D' + BC'D$

이제 우변을 축약하려고 한다:

$$= ABCD + A'C'D' + ABD + ABCD' + BC'D$$

($ABCD$와 $ABCD'$를 조합)

$$= ABC + A'C'D' + ABD + BC'D$$

(합의 정리에 의해 ABD를 소거)

$$= ABC + A'C'D' + BC'D$$

원래의 등식의 양변이 서로 같은 식으로 축약되었기 때문에, 원래의 등식이 유효하다.

앞에서 관찰한 것처럼, 부울 대수의 몇가지 정리들은 일반 대수학에서 참(true)이 *아니다*. 예를 들어, 다음과 같은 일반 대수학의 소거 법칙을 생각해보자:

$$x + y = x + z\text{이면, } y = z \tag{3-31}$$

소거 법칙은 부울 대수에서 참이 *아니다*. $x + y = x + z$이지만 $y \neq z$인 반대 예제를 들어서 이를 증명해보자. $x = 1$, $y = 0$, $z = 1$인 경우일 때,

$$1 + 0 = 1 + 1\text{이지만 } 0 \neq 1$$

이다.

일반 대수학에서 곱셈에 대한 소거 법칙은 다음과 같다.

$$xy = xz\text{이면, } y = z \tag{3-32}$$

이 법칙은 $x \neq 0$일 때 유효하다.

부울 대수에서 곱셈에 대한 소거 법칙은 $x = 0$일 때 유효하지 *않다*. ($x = 0$, $y = 0$, $z = 1$이면 $0 \cdot 0 = 0 \cdot 1$가 되지만, $0 \neq 1$이다.) 스위칭 대수에서는, 절반의 시간 동안 $x = 0$이므로, 곱셈에 대한 소거 법칙은 사용될 수 없다.

식 (3-31)과 (3-32)는 일반적으로 부울 대수에서 거짓(false)이지만, 그 반대는 참이다.

$$y = z\text{이면 } x + y = x + z \tag{3-33}$$

$$y = z\text{이면 } xy = xz \tag{3-34}$$

따라서 부울식의 양변에 같은 항을 더하는 것은 유효하나, 같은 항을 소거하거나 빼는 것은 일반적으로 유효하지 않다. 비슷하게 부울식의 양변에 같은 항을 곱하는 것은 유효하지만, 그 반대는 유효하지 않다. 등식의 유효성을 증명하려고 할 때, 양변에 같은 식을 더하거나 곱하는 것은 허용되지 *않는다*. 이러한 연산들이 가역적이지 않기 때문이다.

프로그램화된 예제 3.1

이 문제의 해답을 종이로 가리고, 여러분의 답을 확인할 때 그 종이를 조금씩 내리면서 해답을 보아라. 해답을 보기 전에, 여러분의 답을 빈칸에 써라.

다음 식을 곱의합 형태로 곱셈 전개할 것이다:

$$(A + B + C')(A' + B' + D)(A' + C + D')(A + C' + D)$$

먼저, 공통적으로 갖는 두 개의 문자를 가진 한 쌍의 합항(sum term)을 찾고 제2 분배법칙을 적용하라. 또한 다른 쌍의 항에도 같은 법칙을 적용하라.

답 $(A + C' + BD)[A' + (B' + D)(C + D')]$

(주: $(X + Y)(X + Z) = X + YZ$를 사용하여 이 답을 구하였다.)

다음으로, 하나의 변수와 그 변수의 보수를 가진 한 쌍의 합항을 찾아라. 적절한 정리를 사용하여 중복되는 항을 추가하지 않고 합항들을 곱하여라. 같은 정리를 두 번 적용하라.

답 $(A + C' + BD)(A' + B'D' + CD) = A(B'D' + CD) + A'(C' + BD)$ 또는

$A(B' + D)(C + D') + A'(C' + BD) = A(B'D' + CD) + A'(C' + BD)$

(주: $(X + Y)(X' + Z) = XZ + X'Y$를 사용하여 이 답을 구하였다.)

일반 분배법칙을 사용한 곱셈 전개에 의해 문제의 답을 구한다.

최종해답 $AB'D' + ACD + A'C' + A'BD$

프로그램화된 예제 3.2

이 문제의 해답을 종이로 가리고, 여러분의 답을 확인할 때 그 종이를 조금씩 내리면서 해답을 보아라. 해답을 보기 전에, 여러분의 답을 빈칸에 써라.

다음 식은 합의곱 형태로 인수화될 것이다:

$$WXY' + W'X'Z + WY'Z + W'YZ'$$

먼저, 일반 분배 법칙을 사용하여 할 수 있을 만큼 인수화하라.

답

$$WY'(X+Z)+W'(X'Z+YZ')$$

다음으로, 한 변수와 그 변수의 보수가 포함된 정리를 사용하여 좀 더 인수화하라. 이 정리를 두 번 적용해라.

답

$$(W+X'Z+YZ')[W'+Y'(X+Z)]$$
$$=[W+(X'+Z')(Y+Z)][W'+Y'(X+Z)]$$

또는

$$WY'(X+Z)+W'(X'+Z')(Y+Z)$$
$$=[W+(X'+Z')(Y+Z)][W'+Y'(X+Z)]$$

[주: $AB+A'C=(A+C)(A'+B)$를 사용하여 이 답을 구하였다.]

이제, 제2 분배법칙을 이용하여 인수화를 마무리 지어라.

최종해답 $(W+X'+Z')(W+Y+Z)(W'+Y')(W'+X+Z)$

프로그램화된 예제 3.3

이 문제의 해답을 종이로 가리고, 여러분의 답을 확인할 때 그 종이를 조금씩 내리면서 해답을 보아라. 해답을 보기 전에, 여러분의 답을 빈칸에 써라.

다음 식을 합의 정리를 사용하여 간략화할 것이다:

$$AC'+AB'D+A'B'C+A'CD'+B'C'D'$$

먼저, 모든 쌍의 합을 확인하여 모든 합의항을 찾아라.

답 합의항이 표시되어 있다.

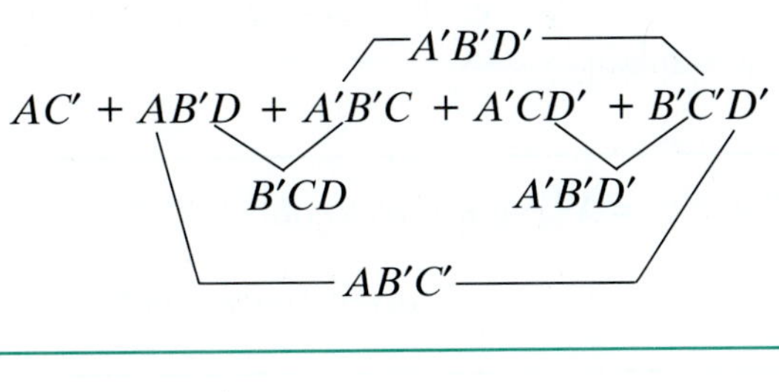

합의 정리를 바로 적용해서 원래의 식을 간략화할 수 있는가?

답 아니다. 원래의 식에는 합의항이 없기 때문이다.

이제 합의항 $B'CD$를 원래의 식에 추가하자. 어떤 합의항이 존재하는지 보기 위해 각각의 원래의 항과 추가된 항을 비교해 보아라. 할 수 있는 한 원래의 항을 많이 소거하라.

답

$$AC' + \overbrace{\cancel{AB'D} + \cancel{A'B'C} + \underbrace{A'CD' + B'C'D' + B'CD}_{(A'B'C)}}^{(AB'D)}$$

이제 두 개의 항을 소거하였으므로, $B'CD$ 역시 소거할 수 있는가? 최종적으로 축약된 식은?

답 아니다. $B'CD$를 만들 때 사용되었던 항들이 사라졌기 때문이다. 최종 답은

$$AC' + A'CD' + B'C'D' + B'CD$$

프로그램화된 예제 3.4

이 문제의 해답을 종이로 가리고, 여러분의 답을 확인할 때 그 종이를 조금씩 내리면서 해답을 보아라.

문제: 다음 식을 간략화할 것이다.

$$ab'cd'e + acd + acf'gh' + abcd'e + acde' + e'h'$$

한 쌍의 항을 조합하는 데 사용할 정리를 명시하고, 그 정리를 위 식의 두 항들을 조합하는 데 적용하라.

답 $XY + XY' = X$를 항 $ab'cd'e$와 $abcd'e$에 적용하라. 다음과 같이 축약된다.

$$acd'e + acd + acf'gh' + acde' + e'h'$$

항들을 소거하는 데 사용되는 정리(합의 정리와는 다른 정리)를 명시하고, 이 식에서 항을 소거하는 것에 그 정리를 적용하여라.

답 $X + XY = X$를 적용하여, 항 $acd'e$를 소거하라. (어떤 항이 X에 대응되는가?) 결과는 다음과 같다.

$$acd'e + acd + acf'gh' + e'h'$$

이제 문자를 소거하는데 사용되는 정리를 명시하고, 이 식을 적용하여 위 식의 여러 항들 중 한 항에서 한 문자를 소거하라. (*힌트*: 정리를 적용하기 전에 한 쌍의 항의 어떤 공통의 변수를 인수화하는 것이 필요할 것이다.)

답 $X + X'Y = X + Y$를 이용하여, 항 $acd'e$에서 한 문자를 소거하라. 이를 위해서 먼저, 첫 두 항에서 ac를 공통 인수로 묶으면: $acd'e + acd = ac(d + d'e)$가 된다. d'를 소거한 후의 결과식은 다음과 같다.

$$ace + acd + acf'gh' + e'h'$$

(a) 합의 정리를 직접 적용하여 이 식에서 소거되는 항이 있을 수 있는가?

(b) 그렇지 않다면, 합의 정리를 사용하여 중복항을 추가하고, 이 중복항을 이용하여 다른 여러 항들 중에서 한 항을 소거하라.

(c) 마지막으로, 식을 세 개의 항으로 축약하라.

답 (a) 없다.

(b) ace와 $e'h'$의 합의항을 추가한다:

$$ace + acd + acf'gh' + e'h' + ach'$$

이제 $acf'gh'$를 소거한다($X + XY = X$에 의해)

$$ace + acd + e'h' + ach'$$

(c) 합의 정리에 의해 ach'를 소거하라. 최종 답은

$$ace + acd + e'h'$$

프로그램화된 예제 3.5

이 문제의 해답을 종이로 가리고, 여러분의 답을 확인할 때 그 종이를 조금씩 내리면서 해답을 보아라.

$$Z = (A + C' + F' + G)(A + C' + F + G)(A + B + C' + D' + G)$$
$$(A + C + E + G)(A' + B + G)(B + C' + F + G)$$

이 식을 다음 식과 같이 간략화할 것이다.

$$(X + X + X)(X + X + X)(X + X + X)$$

여기서 각 X는 하나의 문자를 나타낸다.

Z의 첫 두 항을 조합하는 데 사용되는 정리를 명시하고 그 정리를 적용하라(*힌트*: 두 개의 합항은 하나의 변수만 다르다).

답 $(X + Y)(X + Y') = X$

$$Z = (A + C' + G)(A + B + C' + D' + G)(A + C + E + G)(A' + B + G)$$
$$(B + C' + F + G)$$

이제 합항을 소거하는 데 사용되는 정리(합의 정리와는 다른 정리)를 명시하고, 그 정리를 이 식에 적용하라.

답 $X(X + Y) = X$

$$Z = (A + C' + G)(A + C + E + G)(A' + B + G)(B + C' + F + G)$$

다음으로, 바뀌지 않는 곳은 그대로 두면서, 두 번째 항에서 한 문자를 소거하라(*힌트*: 한 정리를 직접 적용하여 소거할 수 없다. 문자를 소거하기 전에 첫 두 합항들을 부분적으로 곱셈 전개할 필요가 있을 것이다).

답 $(A + C' + G)(A + C + E + G) = A + G + C'(C + E) = A + G + C'E$

따라서, $Z = (A + C' + G)(A + E + G)(A' + B + G)(B + C' + F + G)$

(a) 합의 정리를 바로 적용하여 위 식으로부터 소거할 수 있는 항이 있는가?

(b) 그렇지 않다면, 합의 정리를 사용하여 중복항을 추가하고, 이 중복항을 이용하여 다른 여러 항들 중에서 한 항을 소거하라.

(c) 마지막으로, 식을 세 개의 합항의 곱으로 축약하라.

답 (a) 없다.

(b) $B + C' + G$를 추가하라($A + C' + G$와 $A' + B + G$의 합의항).

$B + C' + F + G$를 소거하기 위해 $X(X + Y) = X$를 사용하라. 여기서 $X = B + C' + G$이다.

(c) 이제 합의 정리에 의해 $B + C' + G$를 소거하라. 최종 답은

$$Z = (A + C' + G)(A + E + G)(A' + B + G)$$

연습문제

3.6 각각의 경우, 곱의합을 얻기 위해 곱셈 전개하라(가능한 간략하게 하라).

(a) $(W + X' + Z')(W' + Y')(W' + X + Z')(W + X')(W + Y + Z)$

(b) $(A + B + C + D)(A' + B' + C + D')(A' + C)(A + D)(B + C + D)$

3.7 합의곱을 얻기 위해 인수화하라(가능한 간략하게 하라).

(a) $BCD + C'D' + B'C'D + CD$

(b) $A'C'D' + ABD' + A'CD + B'D$

3.8 F의 식을 쓰고 간략화하라.

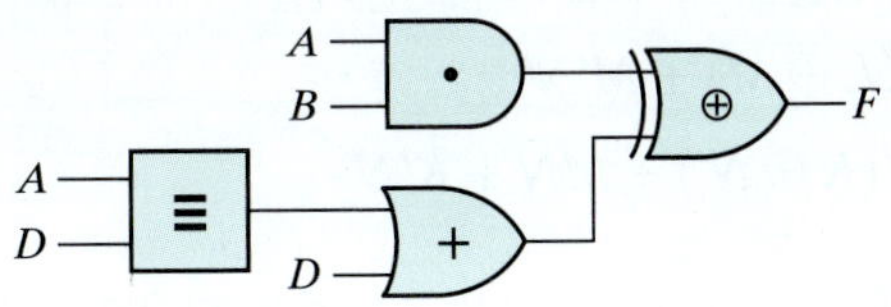

3.9 다음 분배 법칙은 유효한가? 증명하시오.

$A \oplus BC = (A \oplus B)(A \oplus C)$

3.10 (a) 최소 곱의합 형태로 축약하라(세 개의 항).

$(X + W)(Y \oplus Z) + XW'$

(b) 최소 곱의합 형태로 축약하라(네 개의 항).

$(A \oplus BC) + BD + ACD$

(c) 최소 합의곱 형태로 축약하라(세 개의 항).

$(A' + C' + D')(A' + B + C')(A + B + D)(A + C + D)$

3.11 최소 곱의합으로 대수학적으로 간략화하라(다섯 개의 항).

$(A + B' + C + E')(A + B' + D' + E)(B' + C' + D' + E')$

3.12 다음 등식이 유효한지를 대수학적으로 증명하라.

$A'CD'E + A'B'D' + ABCE + ABD = A'B'D' + ABD + BCD'E$

3.13 다음 식들을 간략화하라.

(a) $KLMN' + K'L'MN + MN'$

(b) $KL'M' + MN' + LM'N'$

(c) $(K + L')(K' + L' + N)(L + M + N')$

(d) $(K' + L + M' + N)(K' + M' + N + R)(K' + M' + N + R')KM$

3.14 합의곱 형태로 인수화하라.

(a) $K'L'M + KM'N + KLM + LM'N'$ (네 개의 항)

(b) $KL + K'L' + L'M'N' + LMN'$ (네 개의 항)

(c) $KL + K'L'M + L'M'N + LM'N'$ (네 개의 항)

(d) $K'M'N + KL'N' + K'MN' + LN$ (네 개의 항)

(e) $WXY + WX'Y + WYZ + XYZ'$ (세 개의 항)

3.15 곱의합 형태로 인수화하라.

(a) $(K' + M' + N)(K' + M)(L + M' + N')(K' + L + M)(M + N)$ (세 개의 항)

(b) $(K' + L' + M')(K + M + N')(K + L)(K' + N)(K' + M + N)$

(c) $(K' + L' + M)(K + N')(K' + L + N')(K + L)(K + M + N')$

(d) $(K + L + M)(K' + L' + N')(K' + L' + M')(K + L + N)$

(e) $(K + L + M)(K + M + N)(K' + L' + M')(K' + M' + N')$

3.16 배타적 OR를 소거하고 최소 합의곱 형태로 인수화하라.

(a) $(KL \oplus M) + M'N'$

(b) $M'(K \oplus N') + MN + K'N$

3.17 등가(배타적-NOR) 연산을 포함하는 다음의 항등식을 대수학적으로 증명하라.

(a) $x \equiv 0 = x'$

(b) $x \equiv 1 = x$

(c) $x \equiv x = 1$

(d) $x \equiv x' = 0$

(e) $x \equiv y = y \equiv x$

(f) $(x \equiv y) \equiv z = x \equiv (y \equiv z)$

(g) $(x \equiv y)' = x' \equiv y = x \equiv y'$

3.18 배타적 OR 연산을 포함하는 다음의 항등식을 대수학적으로 증명하라.

(a) $x \oplus 0 = x$

(b) $x \oplus 1 = x'$

(c) $x \oplus x = 0$

(d) $x \oplus x' = 1$

(e) $x \oplus y = y \oplus x$

(f) $(x \oplus y) \oplus z = x \oplus (y \oplus z)$

(g) $(x \oplus y)' = x' \oplus y = x \oplus y'$

3.19 다음 항등식을 대수학적으로 증명하라.

(a) $x + y = x \oplus y \oplus xy$

(b) $x + y = x \equiv y \equiv xy$

3.20 다음 분배 연산이 있는 등식이 참인지 거짓인지를 대수학적으로 증명하라.

(a) $x(y \oplus z) = xy \oplus xz$

(b) $x + (y \oplus z) = (x + y) \oplus (x + z)$

(c) $x(y \equiv z) = xy \equiv xz$

(d) $x + (y \equiv z) = (x + y) \equiv (x + z)$

3.21 합의 정리만을(또는 합의 정리의 쌍대만을) 사용하여 다음 식을 간략화하라.

(a) $BC'D' + ABC' + AC'D + AB'D + A'BD'$ (세 개의 항으로 축약)

(b) $W'Y' + WYZ + XY'Z + WX'Y$ (세 개의 항으로 축약)

(c) $(B + C + D)(A + B + C)(A' + C + D)(B' + C' + D')$

(d) $W'XY + WXZ + WY'Z + W'Z'$

(e) $A'BC' + BC'D' + A'CD + B'CD + A'BD$

(f) $(A + B + C)(B + C' + D)(A + B + D)(A' + B' + D')$

3.22 $Z = ABC + DE + ACF + AD' + AB'E'$를 인수화하고 $(X + X)(X + X)(X + X + X + X)$ (여기서 X는 문자를 나타냄) 형태로 간략화하라. 그리고 다음 식과 같이 최소 곱의합 형태로 Z를 표현하라.

$XX + XX + XX + XX$

3.23 $F = A'B + AC + BC'D' + BEF + BDF$에 대해 문제 3.22를 반복하라.

3.24 $X'Y'Z' + XYZ$를 인수화하여, 네 개의 항의 곱 형태를 구하라. 그리고 합의 정리를 이용하여 세 개의 항으로 축약하라.

3.25 다음 식을 간략화하라.

(a) $xy + x'yz' + yz$

(b) $(xy' + z)(x + y')z$

(c) $xy' + z + (x' + y)z'$

(d) $a'd(b' + c) + a'd'(b + c') + (b' + c)(b + c')$

(e) $w'x' + x'y' + yz + w'z'$

(f) $A'BCD + A'BC'D + B'EF + CDE'G + A'DEF + A'B'EF$

(세 개 항의 합 형태로 축약하라.)

(g) $[(a' + d' + b'c)(b + d + ac')]' + b'c'd' + a'c'd$ (세 개의 항으로 축약하라.)

3.26 세 개 항의 합 형태로 간략화하라.

(a) $A'C'D' + AC' + BCD + A'CD' + A'BC + AB'C'$

(b) $A'B'C + ABD + A'C + A'CD' + AC'D + AB'C'$

3.27 최소 곱의합 형태로 축약하라.

$F = WXY' + (W'Y' \equiv X) + (Y \oplus WZ)$

3.28 다음 등식이 항상 참인지 아닌지를 결정하라(대수학적 증명을 하라).

(a) $a'b + b'c + c'a = ab' + bc' + ca'$

(b) $(a + b)(b + c)(c + a) = (a' + b')(b' + c')(c' + a')$

(c) $abc + ab'c' + b'cd + bc'd + ad = abc + ab'c' + b'cd + bc'd$

(d) $xy' + x'z + yz' = x'y + xz' + y'z$

(e) $(x + y)(y + z)(x + z) = (x' + y')(y' + z')(x' + z')$

(f) $abc' + ab'c + b'c'd + bcd = ab'c + abc' + ad + bcd + b'c'd$

3.29 다음 회로는 두 개의 반덧셈기 회로를 이용하여 구성되었다. 반덧셈기 출력식은 $S = A \oplus B$, $C = AB$이다. 회로 출력 SUM과 C_0에 대한 간략화된 곱의합을 구하라. 출력에 대한 진리표를 작성하라.

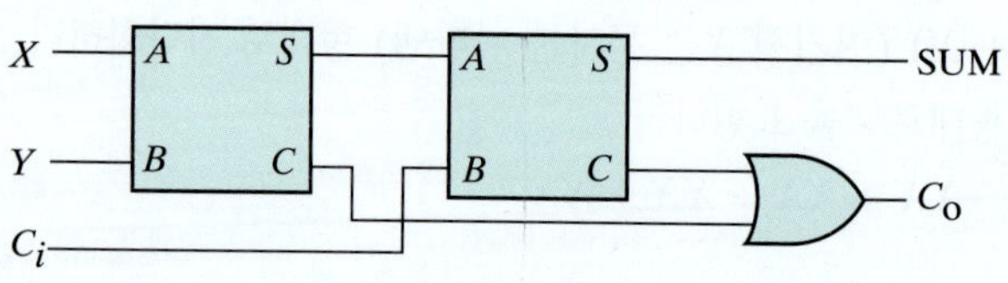

3.30 과반수 회로는 입력의 과반수가 1일 때 출력이 1이고, 그렇지 않은 경우에는 출력이 0이다. 세 개의 입력을 갖는 과반수 회로에 대해 진리표를 작성하고 출력값에 대한 간소화된 곱의 합 식을 구하라.

3.31 대수학적으로 증명하라.

(a) $(X' + Y')(X \equiv Z) + (X + Y)(X \oplus Z) = (X \oplus Y) + Z'$

(b) $(W' + X + Y')(W + X' + Y)(W + Y' + Z) = X'Y' + WX + XYZ + W'YZ$

(c) $ABC + A'C'D' + A'BD' + ACD = (A' + C)(A + D')(B + C' + D)$

3.32 다음 서술 중에서 항상 참인 것은? 답의 타당성을 입증하라.

(a) $A + B = C$이면, $AD' + BD' = CD'$이다.

(b) $A'B + A'C = A'D$이면, $B + C = D$이다.

(c) $A + B = C$이면, $A + B + D = C + D$이다.

(d) $A + B + C = C + D$이면, $A + B = D$이다.

3.33 합의 정리를 사용하여 각 식에 추가될 수 있는 항을 모두 찾아라. 그리고 최소 곱의합 형태로 축약하라.

(a) $A'C' + BC + AB' + A'BD + B'C'D' + ACD'$

(b) $A'C'D' + BC'D + AB'C' + A'BC$

3.34 다음 식을 두 항의 합으로 간략화하고, 이를 합의곱 형태로 인수화하라.

$abd'f' + b'cegh' + abd'f + acd'e + b'ce$

3.35 다음 식을 곱셈 전개하고, 이를 세 항으로 이루어진 곱의합 형태로 간략화하라.

$(a + c)(b' + d)(a + c' + d')(b' + c' + d')$

3.36 다음 식을 네 항으로 이루어진 합의곱 형태로 인수화하고 간략화하라.

$abc' + d'e + ace + b'c'd'$

3.37 (a) $x \oplus y = (x \equiv y)'$ 임을 보여라

(b) 식 $a'b'c' + a'bc + ab'c + abc'$를 두 개의 입력을 갖는 등가 게이트만으로 구현하라.

3.38 부울 대수에서 다음 서술은 참인가? 답을 증명하라.

(a) $x(y + a') = x(y + b')$이면 $a = b$이다.

(b) $a'b + ab' = a'c + ac'$이면 $b = c$이다.

3.39 2장에서 주어진 부울 대수의 정의는 중복적이다(즉, 모든 특성이 독립적이지 않다). 일례를 들어, 부울 대수의 다른 특성을 사용하여 결합 특성 $a + (b + c) = (a + b) + c$를 증명할 수 있음을 보여라(힌트: $[a + (b + c)][(a + b) + c]$를 결합 특성이 아닌 다른 방식으로 전개하는 것을 생각해 보라).

UNIT 4

부울 대수 응용 – 최소항과 최대항 전개

Applications of Boolea Algebra Minterm and Maxterm Expasions

목표

1. 논리회로의 필요한 기능에 대한 설명문이 주어질 때 입력변수의 함수로 회로의 출력식을 작성하라. 이 함수는 필요에 따라 대수식 혹은 진리표로 나타낸다.
2. 진리표가 주어질 때 함수(혹은 함수의 보수)를 최소항 전개(표준 논리곱의 합)와 최대항 전개(표준 논리합의 곱)로 작성하라. 문자와 10진수 기호방식 모두를 사용할 수 있도록 하라.
3. 함수의 대수식이 주어질 때, 최소항 혹은 최대항 형태를 얻을 수 있도록 대수적으로 전개하라.
4. 다음 중 하나가 주어질 때: F의 최소항 전개, F'의 최소항 전개, F의 최대항 전개, 혹은 F'의 최대항 전개, 여기서 다른 세 가지의 형태를 구하라.
5. n 변수 함수의 최소항과 최대항 전개의 일반형을 구하라.
6. 어떤 함수는 왜 무관항을 가지는지 설명하라.
7. 전덧셈기와 전뺄셈기의 동작을 설명하고 이들에 대한 논리식을 구하라. 병렬덧셈기 혹은 뺄셈기에 대한 블록도(block diagram)를 그리고, 블록도에서 신호를 추적하라.

학습가이드

앞장에서 AND 게이트 심벌 내에 "·", OR 게이트 심벌 내에 "+"를, 그리고 배타적 OR 게이트 내에 "⊕"을 두었다. 이제는 게이트 심벌의 모양과 수행되는 논리함수 사이의 관계에 익숙해졌으므로, ·, + 및 ⊕을 생략하고 이 책의 뒷부분에서는 AND, OR 및 배타적 OR에 대한 표준 게이트 심벌을 사용한다.

1. 4.1절 *서술문의 부울식 변환*을 학습하라.

(a) 다음 각 문장에서 구(phrase)를 구분하기 위하여 중괄호를 사용하라.

(1) 테이프 리더(tape reader)는 수동정지 버튼이 눌려지거나, 오작동이 있거나, 혹은 테이프 끝 신호가 있으면 멈추어야 한다.

(2) 일요일이 아니고(not) 냉장고에 달걀이 있으면 그는 아침으로 달걀을 먹는다.

(3) 덧셈 명령이 주어지고 부호가 같을 때, 혹은 뺄셈 명령이 주어지고 부호가 같지 않을(not) 때만 덧셈이 처리되도록 한다.

(b) (a)에 있는 각 문장을 나타내는 부울식을 작성하라. 각 구에 변수를 할당하고 "not"을 포함하는 구를 나타낼 때는 보수 변수를 사용하라.

(답은 $F = S'E$, $F = AB + SB'$ 및 $F = A + B + C$ 형태이지만, 함수 내부의 항 순서는 반드시 이러할 필요는 없다.)

(c) X는"N은 3보다 크다"라는 구를 나타낼 때, "N은 3보다 작거나 혹은 같다"라는 구는 어떻게 나타낼 수 있는가?

(d) 연습문제 4.1과 4.2를 풀어라.

2. 4.2절 *진리표를 사용하는 조합논리설계*를 학습하라. 앞에서 어떻게 함수의 대수식에서 진리표로 바꾸는가를 배웠다. 이 절에서는 어떻게 진리표에서 대수식으로 바꾸는가를 배울 것이다.

(a) $a = 0$, $b = 0$ 및 $c = 1$일 때만 1이 되는 논리곱 항을 작성하라.

(b) $a = 0$, $b = 0$ 및 $c = 1$일 때만 0이 되는 논리합 항을 작성하라.

(c) (a)와 (b)에 대한 답이 서로 보수가 됨을 증명하라.

(d) $a = 1, b = 0, c = 0$ 및 $d = 1$일 때만 1이 되는 논리곱 항을 작성하라.

(e) $a = 0, b = 0, c = 1$ 및 $d = 1$일 때만 0이 되는 논리합 항을 작성하라.

(f) 진리표가 주어질 때, 4개의 1을 갖는 F에 해당되는 4개 논리곱 항의 합으로 F를 작성하라.

(g) 진리표에서 F의 4개 0에 해당되는 4개 논리합 항의 곱으로 F를 작성하라.

(h) (f)와 (g)의 답이 $F = b'c' + a'c$로 간략화됨을 증명하라.

a b c	F
0 0 0	1
0 0 1	1
0 1 0	0
0 1 1	1
1 0 0	1
1 0 1	0
1 1 0	0
1 1 1	0

3. 4.3절 *최소항과 최대항 전개*를 학습하라.

(a) 다음 항을 정의하라:

최소항(n 변수에 대하여)

최대항(n 변수에 대하여)

(b) 표 4-1을 학습하고 A, B 및 C의 값 사이의 관계와 해당 최소항과 최대항을 관찰하라.

$A = 0$이면 A 혹은 A' 중 어느 것이 최소항에 나타나는가?

최대항에서는?

$A = 1$이면 A 혹은 A' 중 어느 것이 최소항에 나타나는가?

최대항에서는?

최소항, m_i와 해당 최대항, M_i 사이의 관계는 무엇인가?

(c) 학습가이드 질문 2(f)에서 주어진 표에 대하여 m-표기와 10진수 표기로 F의 최소항 전개를 작성하라.

같은 표에 대하여 M-표기와 10진수 표기로 F의 최대항 전개를 작성하라.

2(f)의 답을 m-표기로 그리고 2(g)의 답을 M-표기로 바꾸어 지금 답을 확인하라.

(d) 논리곱의 합 식으로 주어질 때 어떻게 표준 논리곱의 합으로 전개할 수 있는가 (최소항 전개)?

(e) 논리합의 곱 식으로 주어질 때 어떻게 표준 논리합의 곱으로 전개할 수 있는가 (최대항 전개)?

(f) 식 (4-11)에서 최대항 전개를 얻기 위해 어떤 정리를 사용하여 f를 인수분해하였는가?

(g) 다음 식은 왜 최대항 전개가 아닌가?

$f(A, B, C, D) = (A + B' + C + D)(A' + B + C')(A' + B + C + D')$

(h) 3개 변수(A, B, C)를 가정하고, 다음 각각을 최소항 전개, 최대항 전개, 혹은 둘 다 아닌 것으로 구분하라.

(1) $AB + B'C'$ (2) $(A' + B + C')(A + B' + C)$

(3) $A + B + C$ (4) $(A' + B)(B' + C)(A' + C)$

(5) $A'BC' + AB'C + ABC$ (6) $AB'C'$

최소항 혹은 최대항 전개는 단지 하나의 항만을 가질 수 있다는 것을 기억하라.

4. (a) 변수들로 된 최소항이 주어질 때 10진수 기호방식으로 변환하는 과정은 다음과 같다.

(1) 각 보수(complemented) 변수를 ________로 대체하고 각 비보수(uncom-plemented) 변수를 _____로 대체한다.

(2) 그 2진수 결과를 10진수로 변환한다.

(b) 최소항 $AB'C'DE$를 10진수로 표기하라.

(c) m_{13}이 변수 A, B, C, D 및 E의 최소항일 때 이 최소항을 이들 변수로 나타내어라.

(d) 변수들로 된 최대항이 주어질 때, 10진수 표기로 변환 과정은 다음과 같다.

(1) 각 보수 변수를 _____로 대체하고 각 비보수 변수를 _______로 대체하라.

(2) 2진수를 얻기 위해 이들 0과 1을 그룹화하고 10진수로 바꾼다.

(e) 최대항 $A' + B + C + D' + E'$를 10진수로 바꾸어라.

(f) M_{13}이 변수 A, B, C, D 및 E의 최대항일 때 이 최대항을 이들 변수로 나타내어라.

(g) $M_i = m_i'$ 관계식으로 (b), (c), (e) 및 (f)의 답을 확인하라.

(h) $f(a, b, c, d, e) = \Pi M(0, 10, 28)$이 주어질 때, a, b, c, d 및 e로 f를 나타내어라. (답은 단지 5개의 보수 변수를 가져야 한다.)

5. 4.4절 *일반적 최소항과 최대항 전개*를 학습하라. 여기서 표기법을 이해하고 모든 식에서 대수학을 따를 수 있도록 한다. 이 절에 어려움이 있으면 성취도 테스트를 보기 전에 도움을 구하라.

(a) 4변수로는 몇 개의 다른 함수가 가능한가?

(b) n 변수로는 어떻게 2^{2^n}개의 함수가 있을 수 있는지 설명하라.

(c) 식 (4-13)의 형태로 그림 4-1의 함수를 작성하고 이 함수가 식 (4-3)으로 간략화됨을 보여라.

(d) 식 (4-19)에서 $n = 2$인 경우에 대하여 설명된 합을 표기하라.

(e) 표 4-3 및표 4-4를 충분히 학습하고 표의 각 입력이 왜 타당한가를 이해하도록 하라. 표 4-4의 입력이 타당한가를 증명하기 위해 f와 f'에 대한 진리표(그림 4-1)를 사용하라. 표 4-3과 f와 f'에 대한 진리표 사이의 관계를 이해한 후 진리표를 기억하지 않고 변환을 할 수 있어야 한다.

(f) $f(A, B, C) = \Sigma m(0, 1, 3, 4, 7)$이 주어질 때,
f에 대한 최대항 전개는 ______________________________이다.
f'에 대한 최소항 전개는 ______________________________이다.
f'에 대한 최대항 전개는 ______________________________이다.

(g) 연습문제 4.3과 4.4를 풀어라.

6. 4.5절 *비완전 명세함수*를 학습하라.

(a) 어떤 함수가 왜 무관항을 가지는지 그 이유를 2가지 보여라.

(b) 다음 진리표가 주어질 때 10진수 표기로 Z에 대한 최소항 전개하라.

A B C	Z
0 0 0	1
0 0 1	X
0 1 0	0
0 1 1	X
1 0 0	X
1 0 1	1
1 1 0	0
1 1 1	0

(c) 10진수 기호방식으로 최대항 전개하라.

(d) 연습문제 4.5와 4.6을 풀어라.

7. 4.6절 *진리표 작성 예*를 학습하라. 문제의 설명문으로부터 진리표를 구하는 것은 스위칭회로 설계 과정에서 가장 어려운 부분일 것이다. 이것을 어떻게 하는지 확실히 이해하도록 하라.

8. 연습문제 4.7에서 4.10까지를 풀어라.

9. 4.7절 *2진수 덧셈기 설계*를 학습하라.

(a) 주어진 병렬덧셈기에서 다음 숫자가 더하여질 때: 11 + 14 = 25, 전덧셈기(FA) 입력과 출력에서 0과 1값을 보여라. $C_4S_3S_2S_1S_0$가 5비트 합으로 다루어질 때 그 결과가 옳은가를 증명하라. 그 합이 4비트로 한정되면 왜 넘침(overflow) 조건이 되는가를 설명하라.

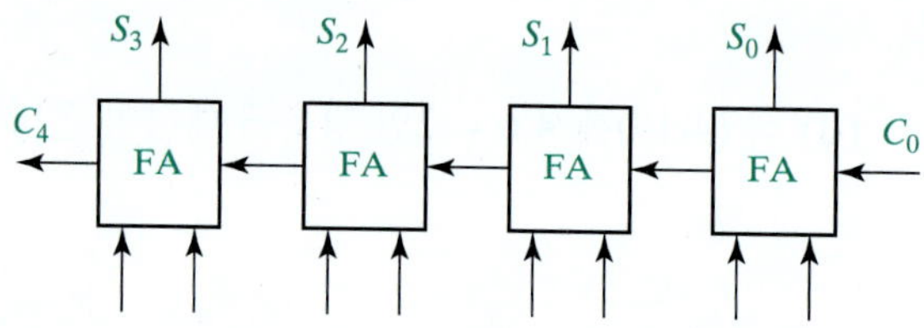

(b) 1.4절 *음수의 표현*을 복습하라. (−5) + (−2)를 더하기 위해 2의 보수 시스템을 사용할 때, FA 입력과 출력이 part (a)에서와 정확히 같다는 것을 증명하라. 하지만 2의 보수에서 그 결과의 해석은 완전히 다르다. C_4를 버린 후 그 결과로 나오는 4비트 합이 옳은지 확인하고 넘침이 일어나지 않는다는 것을 증명하라.

(c) (−5) + (−2)를 더하기 위해 1의 보수 시스템을 사용할 때, 끝단돌림(end-around) 자리올림이 더하여지기 전에 아래 블록도에서 FA 입력과 출력을 보여라. C_0는 초기값으로 0을 가정한다. 그러면 끝단돌림 자리올림(C_4)가 가장 오른쪽 FA에 더하여지고, 새로운 자리올림(C_1)는 다음 단에 더하여지며, 그리고 더 이상의 변화가 없을 때까지 계속된다. 결과 합은 −7의 정확한 1의 보수 표현이 됨을 증명하라.

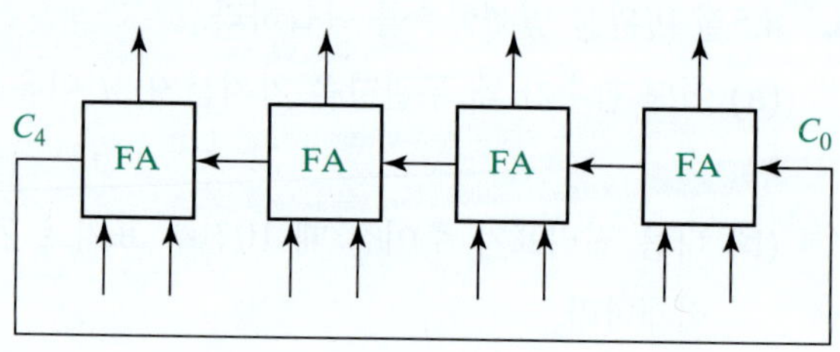

10. (a) 다음 뺄셈 예를 풀어라. 각 열에 뺄셈을 할 때, 앞 열에서 빌려온다면 그 다음 열 위에 1을 쓰고 그렇지 않으면 0을 쓴다. 각 열에서 $x_i - y_i - b_i$를 계산할 때 진리표에서 b_{i+1}과 d_i 해당 값을 채워 넣어라. 정확하게 이렇게 하면 그 결과표는 전뺄

셈기 진리표와 같아야 한다(표 4-6).

x_i	y_i	b_i	b_{i+1}	d_i
0	0	0		
0	0	1		
0	1	0		
0	1	1		
1	0	0		
1	0	1		
1	1	0		
1	1	1		

$$\begin{array}{rl} & \leftarrow \text{borrows} \\ 11000110 & \leftarrow X \\ -01011010 & \leftarrow Y \\ \hline & \leftarrow \text{difference} \end{array}$$

(b) 연습문제 4.11과 4.12를 풀어라.

11. 다음을 읽고 제시된 것에 따라 연습문제 4.13과 4.14를 풀어라:

필요한 게이트 수를 정하기 위해서 식을 조사할 때, 필요한 게이트 수는 식에 나타나는 AND와 OR 연산의 수와 일반적으로 일치하지 *않는다*는 것을 생각하라. 예를 들면,

$$AB + CD + EF(G + H)$$

이 식은 4개의 AND 연산과 3개의 OR 연산을 가지고 있지만, 단지 3개의 AND 게이트와 2개의 OR 게이트를 필요로 한다.

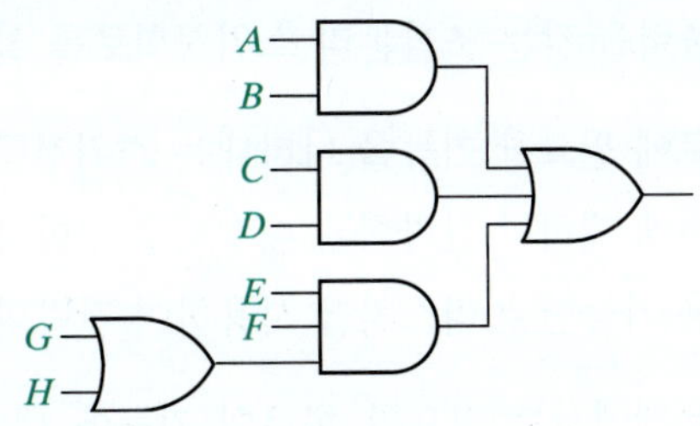

12. 이 장의 목표를 다시 읽어라. 최대항과 최소항을 10진수 기호방식에서 대수 기호방식으로 변환하는 과정에서 차이점을 이해하도록 하라. 목표를 이루었다고 만족할 때 성취도 테스트를 보라. 성취도 테스트를 볼 때, 할당된 시뮬레이션 연습에 대한 답의 복사본을 제출하라.

부울 대수 응용 –최소항과 최대항 전개

Applications of Boolea Algebra Minterm and Maxterm Expasions

이 장에서는 필요한 회로의 기능에 대한 설명 문장으로부터 시작되는 조합논리회로의 설계를 다루고자 한다. 첫 단계에서는 보통 설명 문장을 진리표 혹은 대수 표현식으로 변환하게 된다. 부울함수에 대한 진리표가 주어지면, 표준 논리곱의 합(최소항 전개)과 표준 논리합의 곱(최대항 전개)의 두 가지 함수의 표준 대수식을 얻을 수 있다. 이들 표준식을 간략화하면 AND와 OR 게이트로 된 회로를 구성할 수 있다.

4.1 문제 서술문의 부울식 변환

하나의 출력을 갖는 조합논리 스위칭회로를 설계하는 세 단계는 다음과 같다.

1. 회로에 필요한 기능을 나타내는 스위칭함수를 구한다.
2. 함수에 대하여 간략화된 대수식을 구한다.
3. 활용 가능한 논리소자를 사용하여 간략화된 함수를 실현한다.

단순한 문제에서는 필요한 회로의 기능에 대한 문제 서술문으로부터 바로 출력함수에 대한 대수식으로 바꿀 수도 있다. 다른 경우에는 먼저 진리표를 사용하여 함수를 정의한 후 진리표로부터 대수식을 얻을 수 있다.

논리설계 문제는 종종 한 문장 혹은 여러 문장을 사용하여 서술되기도 한다. 논리회로 설계의 첫 단계는 이들 문장을 부울식으로 변환하는 것이다. 이렇게 하기 위해서는 각 문장을 구로 나누고 각 구를 부울변수와 연관시킨다. 어떤 한 구가 “참(true)” 혹은 “거짓(false)”의 진리값을 가진다면 이 구는 부울변수로 나타낼 수 있다.“그녀는 상점에 간다” 혹은 “오늘은 월요일이다”와 같은 구는 참 혹은 거짓일 수 있다. 하지만 “상점에 가라”는 명령은 진리값을 가지지 않는다. 문장이 여러 구로 되어 있을 때 각 구를 중괄호({})를 사용하여 구분할 수 있다. 다음 문장은 세 구로 되어 있다.

$\underbrace{\text{Mary watches TV}}$ if $\underbrace{\text{it is Monday night}}$ and $\underbrace{\text{she has finished her homework}}$.

어떤 구에도 "if"와 "and"는 포함되지 않는다. 이것들은 구 사이의 연결을 나타낸다.

이제 각 구의 참과 거짓을 나타내기 위해 두 개 값을 갖는 변수를 정의한다.

$F = 1$ if "Mary watches TV" is true; otherwise, $F = 0$.
$A = 1$ if "it is Monday night" is true; otherwise, $A = 0$.
$B = 1$ if "she has finished her homework" is true; otherwise, $B = 0$.

만약 A와 B 모두가 "참"일 때 F가 "참"이므로, 이 문장을 $F = A \cdot B$로 나타낼 수 있다.

다음 예들은 어떤 문제의 서술문에서 필요한 회로의 기능을 표현하는 대수식으로 어떻게 바꿀 수 있는가를 보여준다. 다음과 같이 작동하는 경보회로를 설계하고자 한다.

경보 스위치가 켜져 있고 현관문이 열려 있거나 오후 6시가 지나서 창문이 열려 있으면 경보기가 울린다.

위 문장에 해당되는 대수식을 얻는 첫 단계는 문장의 각 구와 부울변수를 연관시키는 것이다. 이들 변수는 구가 참일 때는 진리값 1을 가지며, 거짓일 때는 진리값 0을 가진다. 이번 예에서는 다음과 같은 변수 할당을 한다.

$$\underbrace{\text{The alarm will ring}}_{Z} \quad \text{iff} \quad \underbrace{\text{the alarm switch is on}}_{A} \quad \text{and}$$
$$\underbrace{\text{the door is not closed}}_{B'} \quad \textit{or} \quad \underbrace{\text{it is after 6 P.M.}}_{C} \quad \text{and}$$
$$\underbrace{\text{the window is not closed.}}_{D'}$$

이번 변수 할당은 $Z = 1$일 때 경보기가 울린다는 것을 뜻한다. 경보 스위치가 켜져 있으면 $A = 1$이며, 그리고 오후 6시가 지났으면 $C = 1$이다. "the door is closed"라는 구를 나타내기 위해 변수 B를 사용하면, B'는 "the door is not closed"를 나타낸다. 그러므로 현관문이 닫혔으면 $B = 1$이고, 현관문이 열렸으면 $B'= 1$ $(B = 0)$이 된다. 마찬가지로 창문이 닫혔으면 $D = 1$이고, 창문이 열렸으면 $D'= 1$이 된다. 변수에 대한 이러한 할당 후에 위 문장은 다음 부울식으로 변환될 수 있다.

$$Z = AB' + CD'$$

이 부울식은 다음 회로에 해당된다.

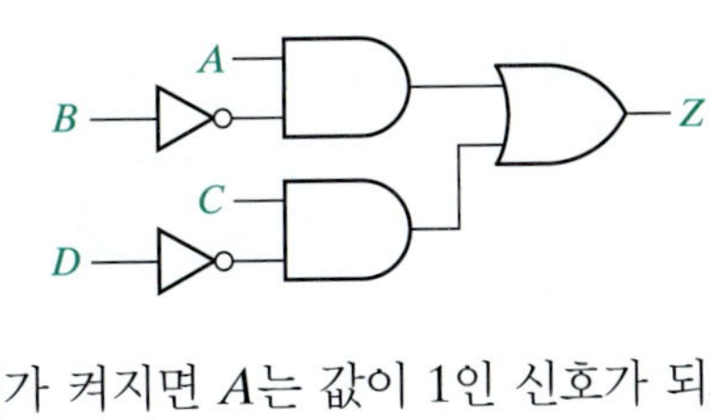

이 회로에서 경보 스위치가 켜지면 A는 값이 1인 신호가 되고, 오후 6시 이후이면 C는 값이 1인 시간 신호이며, 현관문이 닫혔으면 B는 값이 1인 현관문에 달린 스위치로부터

오는 신호이고, 창문이 닫혀 있으면 D는 1이 된다. 출력 Z는 $Z = 1$일 때 벨(bell)에 연결되어 울리게 된다.

4.2 진리표를 사용하는 조합논리설계

다음 예는 진리표를 사용하는 논리설계를 보여준다. 그림 4-1(a)에는 입력이 셋이고 출력이 하나인 스위칭회로가 있다. 입력 A, B, C는 2진수 N의 첫 번째, 두 번째, 세 번째 비트를 각각 나타낸다. 이 회로의 출력은 $N \geq 011_2$이면 $f = 1$이고, $N < 011_2$이면 $f = 0$이다. f에 대한 진리표가 그림 4-1(b)에 있다.

그림 4-1
조합회로 진리표

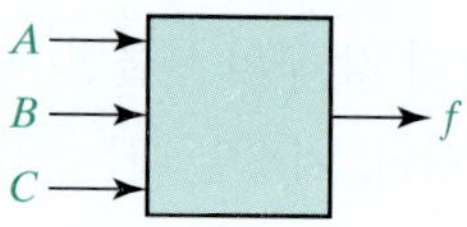

(a)

A B C	f	f′
0 0 0	0	1
0 0 1	0	1
0 1 0	0	1
0 1 1	1	0
1 0 0	1	0
1 0 1	1	0
1 1 0	1	0
1 1 1	1	0

(b)

다음으로 $f = 1$인 경우에 A, B, C의 진리값 조합으로 진리표에서 f의 대수식을 구한다. $A'BC$ 항은 $A = 0$, $B = 1$, $C = 1$일 때만 1이다. 마찬가지로 100 조합일 때만 $AB'C'$ 항은 1이고, $AB'C$ 항은 101일 때 1이며, ABC'는 110일 때 1이고, ABC는 111일 때만 1이다. 이들 항을 모두 OR하면 다음 식을 얻는다.

$$f = A'BC + AB'C' + AB'C + ABC' + ABC \tag{4-1}$$

이 식은 A, B, C 입력이 011, 100, 101, 110, 111 값들 중 어느 하나일 때 1이 된다. 다른 입력 조합일 때는 식의 5개 항 모두가 0이므로 f는 0이 된다.

식 (4-1)은 먼저 항들을 결합하여 간략화하고 그 다음으로 A'을 제거하여 더욱 간략화한다.

$$f = A'BC + AB' + AB = A'BC + A = A + BC \tag{4-2}$$

식 (4-2)는 다음 회로가 된다.

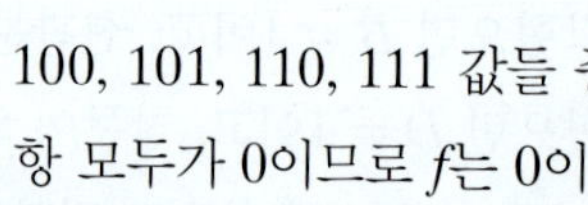

함수를 1에 대하여 구하지 않고, 0에 대하여 구할 수도 있다. 그림 4-1에 정의된 함수는 세 가지 입력 조합에서 0이 된다. $A + B + C$ 항은 $A = B = C = 0$일 때만 0이다. 마찬가지로 $A + B + C'$는 입력 조합이 001일 때 0이고, $A + B' + C$는 010 조합에서 0이다. 이들 항을 AND하므로 다음 식을 얻는다.

$$f = (A + B + C)(A + B + C')(A + B' + C) \tag{4-3}$$

이 식은 A, B, C가 000, 001, 010 조합값 중 하나를 가질 때 0이 된다. 다른 조합값에서는 세 개 항 모두가 1이므로 f는 1이다. 식 (4-3)도 식 (4-1)과 같은 식을 뜻하므로 두 식 모두 같은 식으로 간략화되어야 한다. 항들을 결합하고 제2 분배법칙을 사용하면, 식 (4-3)은 다음과 같이 식 (4-2)로 간략화된다.

$$f = (A + B)(A + B' + C) = A + B(B' + C) = A + BC \tag{4-4}$$

식 (4-3)을 얻는 다른 방법은 먼저 논리곱의 합으로 f'를 구하고 그 결과를 보수화한다. 그림 4-1에서 f'는 입력 조합 ABC = 000, 001, 010일 때 1이므로, 다음 식이 얻어진다.

$$f' = A'B'C' + A'B'C + A'BC'$$

f'를 보수화하면 식 (4-3)이 얻어진다.

4.3 최소항과 최대항 전개

식 (4-1)에서 각 항을 최소항(minterm)이라 한다. 일반적으로 n 변수의 *최소항*은 각 변수가 그대로 혹은 보수 형태로 한 번씩만 나타나는 n개 문자의 곱이다. (문자(*literal*)는 변수 혹은 그것의 보수를 말한다.) 표 4-1은 A, B, C 세 개 변수의 모든 최소항을 나열하고 있다. 각 최소항은 A, B, C 변수의 조합값 한 가지 경우에서만 1이 된다. 그래서 $A = B = C = 0$이면 $A'B'C' = 1$; $A = B = 0$이고, $C = 1$이면 $A'B'C = 1$이다. 나머지 경우도 같은 방식이다. 최소항은 때때로 간단한 형태로 낼 수 있는데, $A'B'C'$는 m_0로 나타내고, $A'B'C$는 m_1로 나타내는 경우 등이다. 보통 진리표의 i번째 행에 해당되는 최소항은 m_i이다(i는 일반적으로 십진수를 사용한다).

표 4-1 세 변수 최소항과 최대항

Row No.	A B C	Minterms	Maxterms
0	0 0 0	$A'B'C' = m_0$	$A + B + C = M_0$
1	0 0 1	$A'B'C = m_1$	$A + B + C' = M_1$
2	0 1 0	$A'BC' = m_2$	$A + B' + C = M_2$
3	0 1 1	$A'BC = m_3$	$A + B' + C' = M_3$
4	1 0 0	$AB'C' = m_4$	$A' + B + C = M_4$
5	1 0 1	$AB'C = m_5$	$A' + B + C' = M_5$
6	1 1 0	$ABC' = m_6$	$A' + B' + C = M_6$
7	1 1 1	$ABC = m_7$	$A' + B' + C' = M_7$

함수 f가 식 (4-1)에서처럼 최소항의 합으로 나타낼 수 있을 때, *최소항 전개*(*minterm expansion*) 혹은 표준 *논리곱의 합*(*standard sum of products*)으로 되었다고 한다.[1] 진리표의 i번째 행에서 $f = 1$이면, $m_i = 1$은 입력변수가 진리표의 i번째 행일 때이므로 m_i는 최소항 전개에 나타나야 한다. f에 있는 최소항은 진리표에서 f가 1인 것과 일대일 대응을 하므로, 함수 f의 최소항 전개는 유일하다. 식 (4-1)은 m 기호로써 나타내면 다음과 같다.

$$f(A, B, C) = m_3 + m_4 + m_5 + m_6 + m_7 \tag{4-5}$$

이 식은 십진수를 나열하는 형식으로 더욱 간단하게 아래와 같이 표현할 수 있다.

$$f(A, B, C) = \Sigma m(3, 4, 5, 6, 7) \tag{4-5a}$$

식 (4-3)의 합 항(혹은 인자) 각각을 *최대항*(*maxterm*)이라 한다. 일반적으로 n 변수의 최대항은 각 변수가 그대로 혹은 보수 형태로 한 번씩만 나타나는 n개 문자의 합이다. 표 4-1은 3변수 A, B, C의 모든 최대항을 열거하고 있다. 각 최대항은 A, B, C 변수의 조합값 한 가지 경우에서만 0이 된다. 그래서 $A = B = C = 0$이면 $A + B + C = 0$; $A = B = 0$이고, $C = 1$이면 $A + B + C' = 0$이다. 나머지 경우도 같은 방식이다. 최대항은 M 기호를 사용하여 간단하게 나타낼 수 있다. 보통 진리표의 i번째 행에 해당되는 최대항이 M_i이다. 각 최대항은 대응하는 최소항의 보수와 같다. 즉 $M_i = m'_i$이다.

함수 f를 식 (4-3)에서처럼 최대항의 곱으로 나타낼 때 이것을 *최대항 전개*(*maxterm expansion*) 혹은 표준 *논리합의 곱*(*standard product of sum*)이라 한다. 진리표의 i번째 행에서 $f = 0$이면, $M_i = 0$은 입력변수가 진리표의 i번째 행일 때이므로 M_i는 최대항 전개에 나타나야 한다. 최대항은 서로 곱하여지므로 항들 중에 하나라도 0이면 f는 0이 된다. 최대항은 진리표에서 f가 0인 것과 일대일 대응하므로, 함수 f의 최대항 전개는 유일하다. 식 (4-3)을 M 기호로써 나타내면 다음과 같다.

$$f(A, B, C) = M_0 M_1 M_2 \tag{4-6}$$

이 식은 십진수를 나열하는 형식으로 더욱 간단하게 아래와 같이 표현할 수 있다. 아래 식에서 Π은 곱을 뜻한다.

$$f(A, B, C) = \Pi\, M(0, 1, 2) \tag{4-6a}$$

$f \neq 1$이면 $f = 0$이 되고, m_i는 f의 최소항 전개에는 없으므로 최대항 전개에서 M_i가 나타나게 된다. 그러므로 10진수 기호방식에서 n 변수 함수 f의 최소항 전개가 주어지면 최대항 전개는 최소항 목록에는 없는 10진 정수($0 \leq i \leq 2^n - 1$)들을 열거함으로 얻을 수 있다. 이러한 방식으로 식 (4-6a)는 식 (4-5a)에서 바로 구할 수 있다.

---

1) 다른 문헌에 나타난 표준논리곱의 합에 대한 다른 이름은 정형 논리곱의 합(canonical sum of products)과 분리성 정상형(disjunctive normal form)이다. 마찬가지로 표준 논리합의 곱은 정형 논리합의 곱(canonical product of sums)과 결합성 정상형(conjunctive normal form)으로 불린다.

f의 최소항 혹은 최대항 전개가 주어지면 f의 보수에 대한 최소항 혹은 최대항 전개는 쉽게 얻을 수 있다. f가 0일때 f'는 1이므로, f'에 대한 최소항 전개는 f에 빠진 최소항들을 포함하면 된다. 그래서 식 (4-5)로부터 f'를 얻을 수 있다.

$$f' = m_0 + m_1 + m_2 = \Sigma\, m(0, 1, 2) \tag{4-7}$$

마찬가지로 f'의 최대항 전개는 f에 없는 최대항을 포함하게 하면 된다. 식 (4-6)에서,

$$f' = \Pi\, M(3, 4, 5, 6, 7) = M_3M_4M_5M_6M_7 \tag{4-8}$$

최소항의 보수는 대응하는 최대항이므로 식 (4-8)은 식 (4-5)를 보수화하여 얻는다.

$$f' = (m_3 + m_4 + m_5 + m_6 + m_7)' = m_3'm_4'm_5'm_6'm_7' = M_3M_4M_5M_6M_7$$

마찬가지로 식 (4-7)은 식 (4-6)을 보수화하여 얻는다.

$$f' = (M_0M_1M_2)' = M_0' + M_1' + M_2' = m_0 + m_1 + m_2$$

일반적 스위칭 표현은 진리표를 사용하거나 대수적으로 최소항 혹은 최대항 전개로 변환될 수 있다. 진리표는 변수의 모든 조합값에 대한 표현으로부터 얻어지므로 최소항과 최대항 전개는 지금까지 설명한 방법으로 진리표에서 얻을 수 있다. 최소항 전개를 얻는 다른 방법은 먼저 논리곱의 합으로 식을 작성하고 $X + X' = 1$ 정리를 적용하여 각 항에서 빠진 변수를 추가하는 것이다.

예제

$f(a, b, c, d) = a'(b' + d) + acd'$에 대한 최소항을 전개하라.

$$\begin{aligned} f &= a'b' + a'd + acd' \\ &= a'b'(c + c')(d + d') + a'd(b + b')(c + c') + acd'(b + b') \\ &= a'b'c'd' + a'b'c'd + a'b'cd' + a'b'cd + \cancel{a'b'c'd} + \cancel{a'b'cd} \\ &\qquad + a'bc'd + a'bcd + abcd' + ab'cd' \end{aligned} \tag{4-9}$$

$X + X = X$이므로, 중복 항들은 하나씩 지운다. 이 식은 10진수 기호방식으로 나타낼 수 있다.

$$f = a'b'c'd' + a'b'c'd + a'b'cd' + a'b'cd + a'bc'd + a'bcd + abcd' + ab'cd'$$

$$\quad 0000 \quad 0001 \quad 0010 \quad 0011 \quad 0101 \quad 0111 \quad 1110 \quad 1010$$

$$f = \Sigma\, m(0, 1, 2, 3, 5, 7, 10, 14) \tag{4-10}$$

f의 최대항 전개는 f의 최소항에 해당되지 않는 십진 정수(0에서 15 범위까지)를 열거하여 구한다.

$$f = \Pi\, M(4, 6, 8, 9, 11, 12, 13, 15)$$

최대항 전개를 구하는 다른 방법은 논리합의 곱을 얻도록 f를 인수분해하고, $XX' = 0$을 적용하여 각 합 항에서 빠진 변수를 추가하여 최대항들을 얻도록 다시 인수분해하는 것이다. 식 (4-9)에 대하여,

$$
\begin{aligned}
f &= a'(b' + d) + acd' \\
&= (a' + cd')(a + b' + d) = (a' + c)(a' + d')(a + b' + d) \\
&= (a' + bb' + c + dd')(a' + bb' + cc' + d')(a + b' + cc' + d) \\
&= (a' + bb' + c + d)(a' + bb' + c + d')\cancel{(a' + bb' + c + d')} \\
&\quad\ (a' + bb' + c' + d')(a + b' + cc' + d) \\
&= \underset{1000}{(a' + b + c + d)}\underset{1100}{(a' + b' + c + d)}\underset{1001}{(a' + b + c + d')}\underset{1101}{(a' + b' + c + d')} \\
&\quad\ \underset{1011}{(a' + b + c' + d')}\underset{1111}{(a' + b' + c' + d')}\underset{0100}{(a + b' + c + d)}\underset{0110}{(a + b' + c' + d)} \\
&= \Pi\, M(4, 6, 8, 9, 11, 12, 13, 15) \qquad (4\text{-}11)
\end{aligned}
$$

최대항을 10진수 기호방식으로 변환할 때, 프라임(prime)된 변수는 1로 되고 프라임되지 않은 변수는 0으로 된다.

함수 F의 최소항 전개에서 항들은 $F = 1$인 진리표의 행들과 일대일 대응하므로 F의 최소항 전개는 유일하다. 그래서 양쪽의 최소항 전개를 통하여 양쪽이 같다는 것을 보여주므로 논리식이 타당하다는 것을 증명할 수 있다.

예제

$a'c + b'c' + ab = a'b' + bc + ac'$가 같음을 보여라.

빠진 변수를 추가한 후 양쪽에서 최소항 전개를 한다. 그러면 왼쪽은,

$$
\begin{aligned}
&a'c(b + b') + b'c'(a + a') + ab(c + c') \\
&\quad = a'bc + a'b'c + ab'c' + a'b'c' + abc + abc' \\
&\quad = m_3 + m_1 + m_4 + m_0 + m_7 + m_6
\end{aligned}
$$

오른쪽은,

$$
\begin{aligned}
&a'b'(c + c') + bc(a + a') + ac'(b + b') \\
&\quad = a'b'c + a'b'c + abc + a'bc + abc' + ab'c' \\
&\quad = m_1 + m_0 + m_7 + m_3 + m_6 + m_4
\end{aligned}
$$

양쪽의 최소항 전개가 같으므로, 양쪽 식이 같다는 것이 증명되었다.

4.4 일반적 최소항과 최대항 전개

표 4-2는 세 변수의 일반 함수에 대한 진리표를 보여준다. 각 a_i는 0 혹은 1 값을 갖는 상수이다. 함수를 완전하게 규정하기 위해서는 모든 a_i에 대해 값을 할당해야 한다. 각

표 4-2 3변수에 대한 일반적 진리표

A B C	F
0 0 0	a_0
0 0 1	a_1
0 1 0	a_2
0 1 1	a_3
1 0 0	a_4
1 0 1	a_5
1 1 0	a_6
1 1 1	a_7

a_i는 두 가지 값 중에서 하나를 가지므로 진리표의 F 열을 채우는 방법에는 2^8가지가 있다. 세 변수인 경우에 256가지의 다른 함수가 있을 수 있다(이것은 F의 모든 값이 0인 경우와 1인 경우처럼 매우 단순한 경우도 포함한다). n 변수의 함수에는 진리표에 2^n개의 행이 있고 각 행에 대해 F가 0 혹은 1이 될 수 있으므로, n 변수에 대해서는 2^{2^n} 가지의 가능한 함수가 있다.

표 4-2로부터 다음과 같이 세 변수의 일반 함수에 대하여 최소항 전개를 할 수 있다.

$$F = a_0m_0 + a_1m_1 + a_2m_2 + \cdots + a_7m_7 = \sum_{i=0}^{7} a_i m_i \tag{4-12}$$

$a_i = 1$이면 최소항 m_i는 전개에 포함되고 $a_i = 0$이면 해당 최소항이 포함되지 않는다. 세 변수의 일반 함수를 최대항으로 전개하면 다음과 같다.

$$F = (a_0 + M_0)(a_1 + M_1)(a_2 + M_2) \cdots (a_7 + M_7) = \prod_{i=0}^{7} (a_i + M_i) \tag{4-13}$$

$a_i = 1$이면 $a_i + M_i = 1$이고 M_i는 전개에서 빠지지만 $a_i = 0$이면 M_i는 들어간다.

식 (4-13)에서 F'을 최소항으로 전개하면 다음과 같다.

$$F' = \left[\prod_{i=0}^{7} (a_i + M_i)\right]' = \sum_{i=0}^{7} a_i' M_i' = \sum_{i=0}^{7} a_i' m_i \tag{4-14}$$

F에 없는 모든 최소항은 F'에 있다.

식 (4-12)에서 F'을 최대항으로 전개하면 다음과 같다.

$$F' = \left[\sum_{i=0}^{7} a_i m_i\right]' = \prod_{i=0}^{7} (a_i' + m_i') = \prod_{i=0}^{7} (a_i' + M_i) \tag{4-15}$$

F에 없는 모든 최대항은 F'에 있게 된다. 식 (4-12), (4-13), (4-14) 그리고 (4-15)를 n 변수로 일반화하면 다음과 같다.

$$F = \sum_{i=0}^{2^n-1} a_i m_i = \prod_{i=0}^{2^n-1} (a_i + M_i) \tag{4-16}$$

$$F' = \sum_{i=0}^{2^n-1} a_i' m_i = \prod_{i=0}^{2^n-1} (a_i' + M_i) \tag{4-17}$$

n 변수에서 서로 다른 두 개 최소항 m_i와 m_j가 있으면 적어도 하나의 변수는 어떤 하나의 최소항에서 그대로 나타나고 다른 최소항에서는 그 변수의 보수로 나타난다. 그러므로 $i \neq j$이면, $m_i m_j = 0$이 된다. 예를 들면, $n = 3$일 때 $m_1 m_3 = (A'B'C)(A'BC) = 0$이다. 두 함수에 대한 최소항 전개가 다음과 같을 때

$$f_1 = \sum_{i=0}^{2^n-1} a_i m_i \quad f_2 = \sum_{j=0}^{2^n-1} b_j m_j \tag{4-18}$$

그 곱은 다음과 같다.

$$\begin{aligned} f_1 f_2 &= \left(\sum_{i=0}^{2^n-1} a_i m_i\right)\left(\sum_{j=0}^{2^n-1} b_j m_j\right) = \sum_{i=0}^{2^n-1} \sum_{j=0}^{2^n-1} a_i b_j m_i m_j \\ &= \sum_{i=0}^{2^n-1} a_i b_i m_i \quad (i = j\text{이지 않으면 } m_i m_j = 0\text{이다}) \end{aligned} \tag{4-19}$$

모든 곱항($i \neq j$)은 탈락되어 $f_1 f_2$는 f_1과 f_2 모두에 포함된 최소항만을 가진다. 예를 들면,

$$f_1 = \Sigma\, m(0, 2, 3, 5, 9, 11) \qquad \text{and} \qquad f_2 = \Sigma\, m(0, 3, 9, 11, 13, 14)$$
$$f_1 f_2 = \Sigma\, m(0, 3, 9, 11)$$

표 4-3은 모든 전개를 십진수 나열 방식으로 할 때, F와 F'의 최소항과 최대항 전개 사이의 변환 과정을 요약하고 있다. 이 표를 사용할 때 n 변수 함수의 진리표는 2^n개의 행을 가지므로 최소항(혹은 최대항)의 번호는 0에서 $2^n - 1$까지가 된다. 표 4-4는 그림 4-1이 주어질 때 세 변수 함수에 대한 표 4-3의 응용 예를 보여준다.

표 4-3
형 변환

GIVEN FORM \ DESIRED FORM	Minterm Expansion of *F*	Maxterm Expansion of *F*	Minterm Expansion of *F′*	Maxterm Expansion of *F′*
Minterm Expansion of *F*	————	maxterm nos. are those nos. not on the minterm list for *F*	list minterms not present in *F*	maxterm nos. are the same as minterm nos. of *F*
Maxterm Expansion of *F*	minterm nos. are those nos. not on the maxterm list for *F*	————	minterm nos. are the same as maxterm nos. of *F*	list maxterms not present in *F*

표 4-4
표 4-3의 응용

GIVEN FORM \ DESIRED FORM	Minterm Expansion of f	Maxterm Expansion of f	Minterm Expansion of f'	Maxterm Expansion of f'
$f = \Sigma\, m(3, 4, 5, 6, 7)$	________	$\Pi\, M(0, 1, 2)$	$\Sigma\, m(0, 1, 2)$	$\Pi\, M(3, 4, 5, 6, 7)$
$f = \Pi\, M(0, 1, 2)$	$\Sigma\, m(3, 4, 5, 6, 7)$	________	$\Sigma\, m(0, 1, 2)$	$\Pi\, M(3, 4, 5, 6, 7)$

4.5 비완전 명세함수

대형 디지털시스템은 일반적으로 여러 개의 하위 회로들로 나누어진다. 회로 N_1의 출력이 회로 N_2의 입력을 구동하는 다음 예를 살펴보자.

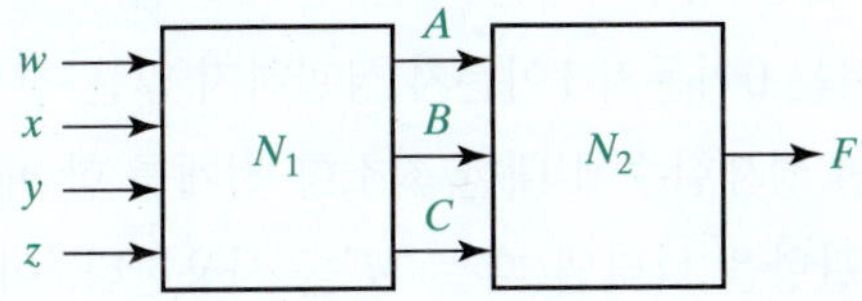

N_1의 출력이 A, B, C에 대한 모든 조합값을 발생시키지 않는다고 가정한다. 특히 A, B, C가 001 혹은 110인 경우의 값을 가지도록 하는 w, x, y 및 z 값의 조합은 없다고 가정한다. 그래서 N_2를 설계할 때 ABC = 001 혹은 110인 경우의 F의 값은 N_2의 입력으로 결코 나타나지 않기 때문에 정할 필요가 없는 것이다. 예를 들면 F는 표 4-5처럼 규정될 수 있다.

표에서 X는 ABC = 001 혹은 110 조합에 대하여 0 혹은 1 값 중에서 어떤 것이라도 F에 할당될 수 있다는 뜻이다. 이 예에서 이들 조합값은 결코 나타나지 않기 때문에 F가 어떤 값을 가지더라도 상관이 없는 것이다. 이때 함수 F는 *비완전 명세화되었다*(*incompletely specified*)고 한다. 최소항 $A'B'C$와 ABC'는 함수에 있든지 없든지 상관없으므로 이들 항을 "무관항(don't care term)"이라 부른다.

표 4-5
무관항을 가진 진리표

A B C	F
0 0 0	1
0 0 1	X
0 1 0	0
0 1 1	1
1 0 0	0
1 0 1	0
1 1 0	X
1 1 1	1

함수를 실현할 때는 무관항에 대하여 값을 결정하게 된다. 함수를 간략화할 수 있도록 값을 정하는 것이 좋다. 두 개 X에 대하여 값 0을 할당하면 다음 식이 얻어진다.

$$F = A'B'C' + A'BC + ABC = A'B'C' + BC$$

처음 X에 1을, 두 번째 X에 대하여 0을 할당하면 식은 다음과 같다.

$$F = A'B'C' + A'B'C + A'BC + ABC = A'B' + BC$$

두 X 모두에 1을 할당하면 식은 다음과 같다.

$$F = A'B'C' + A'B'C + A'BC + ABC' + ABC = A'B' + BC + AB$$

두 번째 선택이 가장 간략한 결과를 가져온다.

비완전 명세함수가 있을 수 있는 하나의 경우만을 살펴보았지만 그러한 경우들이 많이 있을 수 있다. 앞의 예에서는 입력의 어떤 조합은 일어나지 않기 때문에 무관항이 나타났다. 다른 경우에서는 모든 입력 조합이 일어나지만 회로 출력은 어떤 입력 조합에 대하여서는 0이든지 1이든지 상관하지 않는 경우가 있다.

비완전 명세함수에 대한 최소항 전개를 할 때 필요 최소항을 나타날 때는 "m"을 사용하고 무관항을 나타낼 때는 "d"를 사용한다. 이 표식방식에 따라 표 4-5의 최소항 전개를 하면

$$F = \Sigma\, m(0, 3, 7) + \Sigma\, d(1, 6)$$

각 무관 최소항에 대하여 해당되는 무관 최대항이 있다. 예를 들면 입력 조합 001에 대하여 $F = X$(무관)이면, m_1은 무관 최소항이고 M_1은 무관 최대항이다. 무관 최대항을 표현하기 위해서는 "D"를 사용하며, 표 4-5를 최대항 전개한 식은 다음과 같다.

$$F = \Pi\, M(2, 4, 5) \cdot \Pi\, D(1, 6)$$

이 식은 M_2, M_4 및 M_5 최대항이 F에 있으며 M_1과 M_6 최대 무관항이 선택적인 값을 가진다는 것을 뜻한다.

4.6 진리표 작성 예

예제 1

두 개의 1비트 2진수 a와 b를 더하여 2비트 합을 얻는 간단한 2진수 덧셈기를 설계하고자 한다. 덧셈기 입출력에 대한 값은 다음과 같다.

a	b	Sum
0	0	00 (0 + 0 = 0)
0	1	01 (0 + 1 = 1)
1	0	01 (1 + 0 = 1)
1	1	10 (1 + 1 = 2)

덧셈기의 입력은 논리변수 A와 B, 2비트 합은 논리변수 X와 Y로 나타내면 진리표는 다음과 같다.

A B	X Y
0 0	0 0
0 1	0 1
1 0	0 1
1 1	1 0

숫자 값 0은 논리값 0으로, 숫자 값 1은 논리값 1로 나타내면 진리표에서 0과 1은 앞의 표와 정확하게 같다. 진리표에서

$$X = AB \text{ 와 } Y = A'B + AB' = A \oplus B$$

예제 2 두 개의 2비트 2진수를 더하여 3비트 합을 얻는 덧셈기를 설계하고자 한다. 이 회로에 대한 진리표를 구하라. 이 회로는 4개 입력과 3개 출력을 가진다.

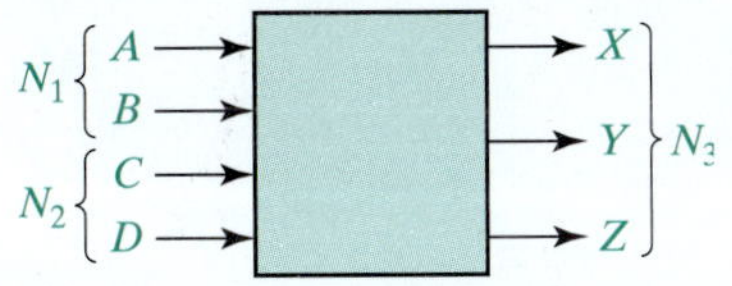

TRUTH TABLE:

N_1 (A B)	N_2 (C D)	N_3 (X Y Z)
0 0	0 0	0 0 0
0 0	0 1	0 0 1
0 0	1 0	0 1 0
0 0	1 1	0 1 1
0 1	0 0	0 0 1
0 1	0 1	0 1 0
0 1	1 0	0 1 1
0 1	1 1	1 0 0
1 0	0 0	0 1 0
1 0	0 1	0 1 1
1 0	1 0	1 0 0
1 0	1 1	1 0 1
1 1	0 0	0 1 1
1 1	0 1	1 0 0
1 1	1 0	1 0 1
1 1	1 1	1 1 0

입력 A와 B는 2진수 N_1을 나타낸다. 입력 C와 D는 2진수 N_2를 나타낸다. 출력 X, Y 및 Z는 $N_3 = N_1 + N_2$인 2진수 N_3를 나타낸다(여기서 +는 일반적인 덧셈을 뜻한다).

이 예에서 수치값과 논리값을 나타내기 위해서 A, B, C 및 D를 사용했다. 비록 수치값과 논리값이 같지만 혼동하지 않도록 해야 한다. 진리표를 작성할 때 변수는 수치값을 갖는 2진수로 다루어져야 한다. 이제 출력 변수에 대한 스위칭함수를 구하자. 이때는 A, B, C, D, X, Y 및 Z를 비수치값 0과 1을 갖는 스위칭변수로 다룬다(이 경우에 0과 1은 낮은 전압과 높은 전압, 열린 스위치와 닫힌 스위치 등을 나타낼 수 있다).

표로부터 다음과 같은 출력함수를 얻을 수 있다.

$$X(A, B, C, D) = \Sigma\, m(7, 10, 11, 13, 14, 15)$$
$$Y(A, B, C, D) = \Sigma\, m(2, 3, 5, 6, 8, 9, 12, 15)$$
$$Z(A, B, C, D) = \Sigma\, m(1, 3, 4, 6, 9, 11, 12, 14)$$

예제 3 6-3-1-1 2진수 부호화 10진수 오류검출기를 설계하라. 출력(F)은 4개 입력(A, B, C, D)이 비정상 부호조합일 때만 1이 된다.

정상적인 6-3-1-1 부호조합은 표 1-2에 나열되어 있다. 다른 조합일 경우는 정상 6-3-1-1 2진수 부호화 10진수가 아니므로 오류가 있다는 것을 나타내기 위해 회로 출력은 $F = 1$이 되게 한다. 따라서 다음 진리표를 얻을 수 있다.

A	*B*	*C*	*D*	*F*
0	0	0	0	0
0	0	0	1	0
0	0	1	0	1
0	0	1	1	0
0	1	0	0	0
0	1	0	1	0
0	1	1	0	1
0	1	1	1	0
1	0	0	0	0
1	0	0	1	0
1	0	1	0	1
1	0	1	1	0
1	1	0	0	0
1	1	0	1	1
1	1	1	0	1
1	1	1	1	1

해당되는 출력함수는 다음과 같다.

$$\begin{aligned} F &= \Sigma\, m(2, 6, 10, 13, 14, 15) \\ &= A'\underbrace{B'CD' + A'B}CD' + AB'\underbrace{CD' + AB}CD' + ABC'\underbrace{D + ABC}D \\ &= \underbrace{A'CD' + A}CD' + ABD = CD' + ABD \end{aligned}$$

AND와 OR 게이트를 사용하여 실현하면 다음과 같다.

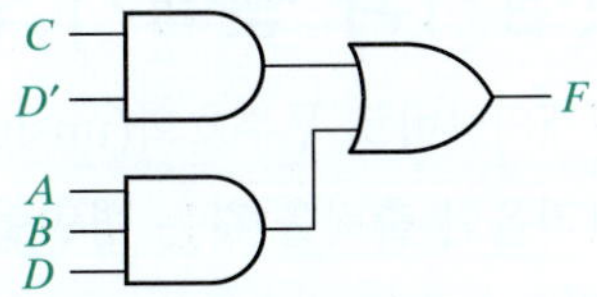

예제 4 회로의 4개 입력(A, B, C, D)은 8-4-2-1 2진수 부호화 10진수(binary-coded-decimal, BCD)를 나타낸다. 입력에 의한 10진수가 3으로 정확히 나누어질 때만 출력(Z)이 1로 되는 회로를 설계하라. 정상 *BCD* 값만 입력으로 나타난다고 가정한다.

0, 3, 6 그리고 9 값은 3으로 정확히 나누어지므로 입력 조합 $ABCD$ = 0000, 0011, 0110 및 1001일 때 Z = 1이다. 입력 조합 1010, 1011, 1100, 1101, 1110 및 1111은 정상 *BCD* 값이 아니므로 이러한 경우는 결코 일어나지 않고 이들 조합에서 Z는 무관하게 된다. 따라서 다음 진리표가 얻어진다.

A	B	C	D	Z
0	0	0	0	1
0	0	0	1	0
0	0	1	0	0
0	0	1	1	1
0	1	0	0	0
0	1	0	1	0
0	1	1	0	1
0	1	1	1	0
1	0	0	0	0
1	0	0	1	1
1	0	1	0	X
1	0	1	1	X
1	1	0	0	X
1	1	0	1	X
1	1	1	0	X
1	1	1	1	X

해당 출력함수는 다음과 같다.

$$Z = \Sigma\, m(0, 3, 6, 9) + \Sigma\, d(10, 11, 12, 13, 14, 15)$$

Z를 실현하는 간단한 회로를 얻기 위해서 무관항(X) 중에서 일부는 0 그리고 나머지는 1로 선택해야 한다. 이렇게 하는 가장 쉬운 방법은 5장에서 설명될 카노맵(Karnaugh map)을 사용하는 것이다.

4.7 2진수 덧셈기와 뺄셈기 설계

이 절에서는 2개의 4비트 무부호화(unsigned) 2진수와 자리올림(carry) 입력을 더하여 4비트 합과 자리올림 출력을 갖는 병렬덧셈기를 설계하고자 한다(그림 4-2를 보라). 하나의 접근 방법은 9개 입력과 5개 출력을 갖는 진리표를 작성한 후 5개 출력 식을 구하고 간략화하는 것이다. 각 식은 간략화하기 전에 9개 입력의 함수이기 때문에 이 방법은 매우 어렵고, 결과 논리회로도 매우 복잡할 수 있다. 더 나은 방법은 2개 비트와 1개 자리올림을 더하는 논리 모듈(module)을 설계하고 그림 4-3처럼 4비트 덧셈기를 구성하기 위해 이들 모듈 4개를 연결하는 것이다. 각 모듈은 *전덧셈기*(*full adder*)라 한다. 첫 번째 전덧셈기의 자리올림 출력은 두 번째 전덧셈기의 자리올림 입력이 되며, 나머지 경우도 마찬가지로 동작한다.

그림 4-2
4-비트 2진수 병렬덧셈기

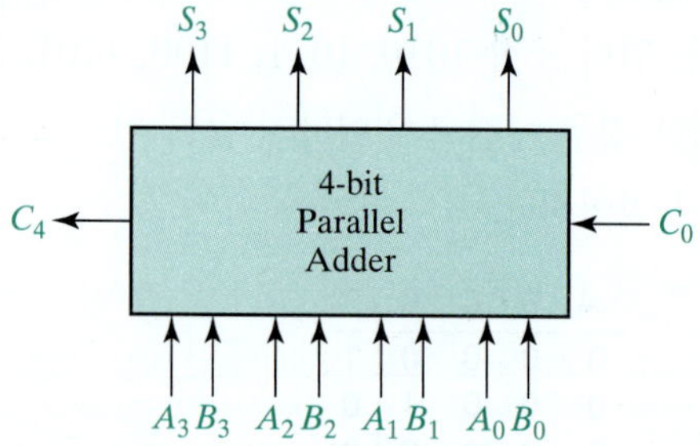

그림 4-3
4개의 전덧셈기로 구성된 병렬덧셈기

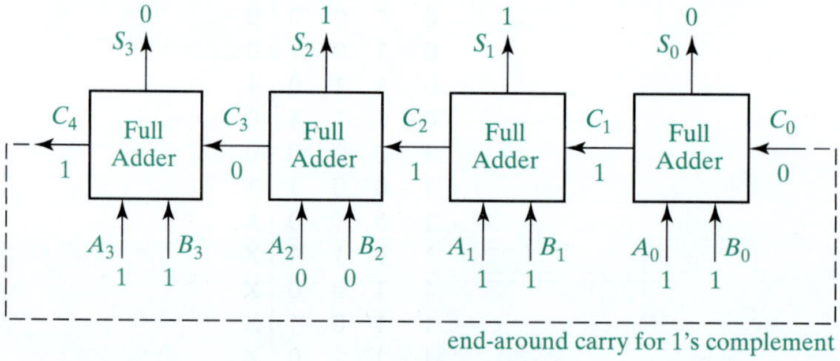

그림 4-3의 예에서는 다음 덧셈이 행하여진다.

$$
\begin{array}{rl}
10110 & \text{(자리올림)} \\
1011 & \\
+\ 1011 & \\
\hline
10110 &
\end{array}
$$

가장 오른쪽 전덧셈기는 $A_0 + B_0 + C_0 = 1 + 1 + 0$의 덧셈을 하여, 합 $S_0 = 0$과 캐리 출력 $C_1 = 1$을 얻어 10_2의 합 결과가 된다. 그 다음 전덧셈기는 $A_1 + B_1 + C_1 = 1 + 1 + 1 = 11_2$ 덧셈을 하여 합 $S_1 = 1$과 자리올림 출력 $C_2 = 1$이 된다. 자리올림은 가장 왼쪽 전덧셈기에서 $C_4 = 1$이 될 때까지 오른쪽에서 왼쪽으로 전파하게 된다.

그림 4-4 전덧셈기의 진리표

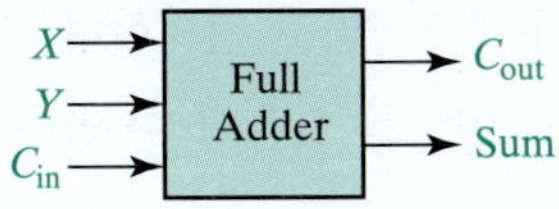

X	Y	C_{in}	C_{out}	Sum
0	0	0	0	0
0	0	1	0	1
0	1	0	0	1
0	1	1	1	0
1	0	0	0	1
1	0	1	1	0
1	1	0	1	0
1	1	1	1	1

그림 4-4는 입력 X, Y 그리고 C_{in}을 갖는 전덧셈기 진리표를 나타낸다. 진리표의 각 행의 출력은 입력 비트($X + Y + C_{in}$)를 더하고 그 결과를 자리올림 출력(C_{i+1})과 결과 비트(S_i)로 나누어서 구한다. 예를 들면 101 행에서는 $1 + 0 + 1 = 10_2$가 되므로 $C_{i+1} = 1$ 그리고 $S_i = 0$이 된다. 그림 4-5는 게이트를 사용하여 전덧셈기를 실현하고 있다. 진리표에서 얻어진 전덧셈기의 논리식은 다음과 같다.

$$\begin{aligned} Sum &= X'Y'C_{in} + X'YC'_{in} + XY'C'_{in} + XYC_{in} \\ &= X'(Y'C_{in} + YC'_{in}) + X(Y'C'_{in} + YC_{in}) \\ &= X'(Y \oplus C_{in}) + X(Y \oplus C_{in})' = X \oplus Y \oplus C_{in} \end{aligned} \tag{4-20}$$

$$\begin{aligned} C_{out} &= X'YC_{in} + XY'C_{in} + XYC'_{in} + XYC_{in} \\ &= (X'YC_{in} + XYC_{in}) + (XY'C_{in} + XYC_{in}) + (XYC'_{in} + XYC_{in}) \\ &= YC_{in} + XC_{in} + XY \end{aligned} \tag{4-21}$$

C_{out}를 간략화할 때 XYC_{in}항은 세 번 사용되었다. 그림 4-5는 식 (4-20)과 (4-21)에 대한 논리 회로이다.

그림 4-5 전덧셈기 실현

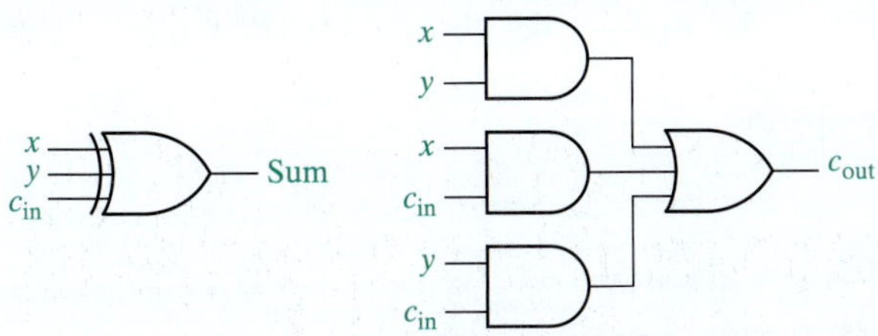

비록 무부호화 2진수에 대해 설계되었지만, 그림 4-3의 전덧셈기는 음수를 보수 형태로 나타내는 부호화 2진수에 대해서도 사용할 수 있다. 2의 보수를 사용하면 최종 자리올림(C_4)는 버려지고 첫 번째 전덧셈기에는 자리올림이 없다. $C_0 = 0$이기 때문에 첫 번째 전덧셈기에 대한 식은 다음과 같이 간략화된다.

$$S_0 = A_0 \oplus B_0 \text{ and } C_1 = A_0 B_0$$

1의 보수를 사용하면 끝단돌림 자리올림(end-around carry)은 그림 4-3에서처럼 점선으로 C_4를 C_0 입력으로 연결한다.

보수 형태로 된 음수를 갖는 부호화 2진수를 더할 때 넘침(overflow)이 있으면 합의 부호 비트는 틀린 값이 된다. 즉 두 양수를 더하여 음수가 될 때나 두 음수를 더하여 양수가 될 때 넘침이 있다. 넘침이 있을 때 신호 V가 1이라고 정의한다. 그림 4-3에서 V의 값을 결정하기 위해 A, B, 그리고 S(합)의 부호 비트를 사용할 수 있다.

$$V = A_3' B_3' S_3 + A_3 B_3 S_3' \tag{4-22}$$

비트 수가 크면, 그림 4-4의 형태의 병렬 2진 덧셈기는 첫 번째 덧셈기에서 발생한 자리올림이 최종 덧셈기까지 쭉 전파해야 되기 때문에 느릴 수 있다. 자리올림 미리보기 덧셈기(carry-look-ahead adder)와 같은 다른 형태의 덧셈기는 자리올림 전파를 빠르게 하기 위해 사용된다.

2진수 뺄셈은 빼지는 수의 보수를 더함으로 된다. $A - B$를 계산할 때 A에 B의 보수를 더한다. $A + (-B) = A - B$이기 때문에 바른 답을 얻는다. 사용하는 덧셈기의 종류에 따라 1 혹은 2의 보수를 사용한다.

그림 4-6의 회로는 음수를 2의 보수 방식으로 나타내고 $A - B$를 처리한다. B에 대한 2의 보수는 1의 보수를 구하고 그 값에 1을 더하면 얻을 수 있다. 1의 보수는 B의 각 비트를 반전하면 얻을 수 있고 1을 더하는 것은 1을 첫 번째 덧셈기의 자리올림 입력으로 하면 효과적으로 처리할 수 있다.

그림 4-6
전덧셈기를 사용한 2진수 전뺄셈기

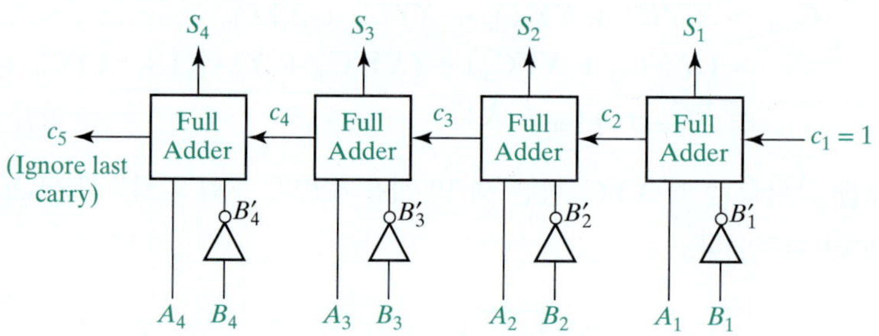

최종 자리올림은 무시한다.

예제

$A = 0110 \quad (+6)$
$B = 0011 \quad (+3)$

덧셈기 출력은 다음과 같다.

$$\begin{array}{rrl} & 0110 & (+6) \\ & +1100 & (\text{1's complement of 3}) \\ & + \quad 1 & (\text{first carry input}) \\ \hline (1) & 0011 & = 3 = 6 - 3 \end{array}$$

다른 방법으로 전뺄셈기를 전덧셈기와 비슷한 방식으로 전뺄셈기로 직접 구성할 수 있다. X에서 Y를 빼는 병렬 뺄셈기의 블록도가 그림 4-7에 있다. 첫 번째 두 비트는 차이 d_1을 얻도록 가장 오른쪽 뺄셈기에서 빼지며 앞 열에서 빌려올 필요가 있을 때 자리

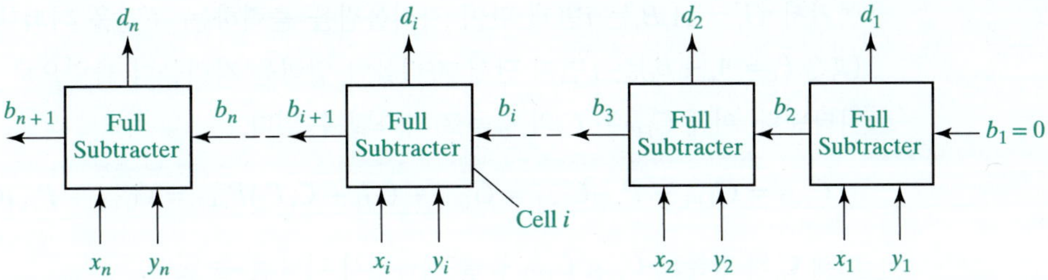

그림 4-7
병렬 뺄셈기

표 4-6
2진수 전뺄셈기의 진리표

x_i y_i b_i	b_{i+1} d_i
0 0 0	0 0
0 0 1	1 1
0 1 0	1 1
0 1 1	1 0
1 0 0	0 1
1 0 1	0 0
1 1 0	0 0
1 1 1	1 1

내림(borrow) 신호($b_2 = 1$)가 발생된다. 전형적인 뺄셈기(뺄셈기 i)는 입력 x_i , y_i 그리고 b_i를 가지며, 출력은 b_{i+1} 그리고 d_i이다. 입력 $b_i = 1$은 뺄셈기 x_i로부터 1을 빌려와야 한다는 것을 나타낸다. x_i로부터 1을 빌린다는 것은 x_i에서 1을 뺀다는 것과 같다. i번째 뺄셈기에서 b_i과 y_i 비트는 x_i로부터 빼서 차이 d_i를 얻고 자리내림 신호($b_{i+1} = 1$)는 앞 열에서 빌려올 필요가 있을 때 발생한다.

표 4-6은 2진수 전뺄셈기의 진리표이다. $x_i = 0$, $y_i = 1$ 그리고 $b_i = 1$인 다음 경우를 생각해 보자.

	Column i Before Borrow	Column i After Borrow	
x_i	0	10	
$-b_i$	−1	−1	
$-y_i$	−1	−1	
d_i		0	($b_{i+1} = 1$)

i 열에서 x_i로부터 y_i와 b_i를 바로 뺄 수는 없다. 따라서 $i + 1$ 열에서 빌려와야 한다. $i + 1$로부터 1을 빌리는 것은 b_{i+1}을 1로 하고 x_i에 10 (2_{10})을 더하는 것과 같다. 그러면 $d_i = 10 - 1 - 1 = 0$이 된다. 표 4-6이 다른 입력 조합에서도 타당하다는 것을 증명하고 2진수 뺄셈기의 몇 가지 예를 살펴보아라.

리플 자리올림(ripple carry) 덧셈기는 최악의 경우에 하나의 자리올림이 덧셈기의 모든 단을 전파해야 하고 각 단은 2개의 게이트 지연이 있으므로 매우 느릴 수 있다. 자리올림 전파시간을 줄일 수 있는 여러 가지 방법들이 있다. 그중 하나가 *자리올림 미리보기*(*carry-lookahead*) 덧셈기이다. 병렬 덧셈기에서 i번째 단에서 나오는 자리올림은 다음 식과 같다.

$$C_{i+1} = A_iB_i + C_i(A_i + B_i) = A_iB_i + C_i(A_i \oplus B_i) = G_i + P_iC_i$$

여기서 $G_i = A_iB_i$는 i번째 단이 자리올림을 출력하는 조건을 나타내며, $P_i = A_i \oplus B_i$ (혹은 $P_i = A_i + B_i$)는 i번째 단이 자리올림 입력을 자리올림 출력으로 전파하는 조건을 나타낸다. 이때 C_{i+2}는 C_i의 항들로 나타낼 수 있다.

$$C_{i+2} = G_{i+1} + P_{i+1}C_{i+1} = G_{i+1} + (G_i + C_iP_i)P_{i+1} = G_{i+1} + P_{i+1}G_i + P_{i+1}P_iC_i$$

이제 C_i의 항들로 C_{i+2}, C_{i+3} 등을 계속해서 나타낼 수 있다.

$$\begin{aligned} C_{i+1} &= G_i + P_iC_i \\ C_{i+2} &= G_{i+1} + P_{i+1}G_i + P_{i+1}P_iC_i \\ C_{i+3} &= G_{i+2} + P_{i+2}G_{i+1} + P_{i+2}P_{i+1}G_i + P_{i+2}P_{i+1}P_iC_i \\ C_{i+4} &= G_{i+3} + P_{i+3}G_{i+2} + P_{i+3}P_{i+2}G_{i+1} + P_{i+3}P_{i+2}P_{i+1}G_i + P_{i+3}P_{i+2}P_{i+1}P_iC_i \end{aligned} \tag{4-23}$$

게이트들의 최대 팬-인이 초과되지 않으면, 이들 각 식은 2단 회로로 구현될 수 있고, C_i의 변화가 $C_j(j = i + 1,\ i + 2,\ \cdots)$로 전파되며, 2개 게이트의 지연이 있게 된다. 식 (4-23)은 자리올림 미리보기 식이다. 예를 들면 4개 회로가 구현되면 4비트 자리올림 미리보기 회로가 된다.

그림 4-8은 4비트 자리올림 미리보기 회로를 사용한 4비트 병렬 덧셈기이다. (합 출력은 나타내지 않았다.) 전덧셈기의 G_i와 P_i 출력이 안정된 후, C_0의 변화는 $C_i(i = 1, 2, 3$ 혹은 $4)$로 전파되며 2개 게이트 지연으로 그렇게 된다. 비슷하게 C_1의 변화는 $C_i(i = 2,$ $3,$ 혹은 $4)$로 전파되며 2개 게이트 지연으로 그렇게 된다. 4비트 리플 자리올림 덧셈기에서 C_4까지 전파되는 C_0의 변화는 8개 게이트 지연을 필요로 한다.

그림 4-8
자리올림 미리보기 4비트 덧셈기

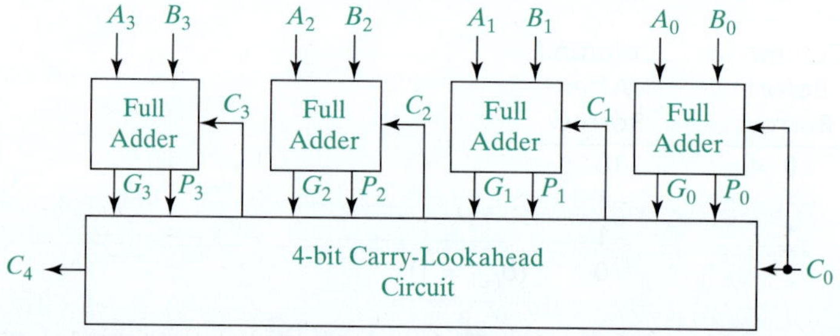

자리올림 미리보기 회로는 더 큰 병렬 덧셈기의 지연을 줄일 수 있도록 크기를 키울 수 있다. 하지만 자리올림 미리보기 회로 크기에 비례하여 게이트 팬-인도 증가한다. 따라서 그 크기는 가용한 최대 팬-인에 제한을 받는다. 큰 덧셈기는 여러 개의 자리올림 미리보기 회로를 차례로 연결할 수도 있다. 예를 들면 16 비트 병렬 덧셈기는 그림 4-9처럼 4개의 4비트 자리올림 미리보기 회로를 사용하여 구현할 수 있다. 그림 4-9에서 C_0에서 C_{16}까지 전파지연은 8개 게이트 지연이 되며, 16 비트 리플 자리올림 덧셈기는 32개 게이트 지연을 가진다.

자리올림 미리보기 회로의 크기를 키우지 않고 덧셈기의 지연을 줄일 때는 자리올림 미리보기 회로의 두 번째 단을 첫 번째 단의 자리올림 미리보기 회로에 연결한다. 그림 4-9의 4개 자리올림 미리보기 회로를 식 (4-23)과 같은 형태로 쓸 수 있다.

그림 4-9
자리올림 미리보기 16비트 덧셈기

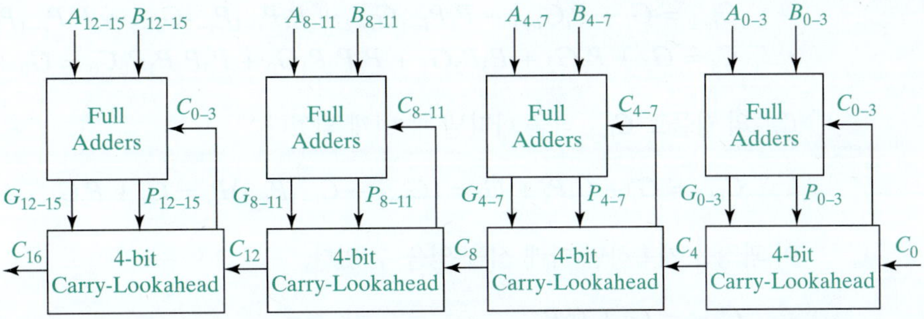

$$C_4 = \boldsymbol{G}_0 + \boldsymbol{P}_0 C_0$$
where $\boldsymbol{G}_0 = G_3 + P_3G_2 + P_3P_2G_1 + P_3P_2P_1G_0$ and $\boldsymbol{P}_0 = P_3P_2P_1P_0$
$$C_8 = \boldsymbol{G}_4 + \boldsymbol{P}_4 C_4$$
where $\boldsymbol{G}_4 = G_7 + P_7G_6 + P_7P_6G_5 + P_7P_6P_5G_4$ and $\boldsymbol{P}_4 = P_7P_6P_5P_4$
$$C_{12} = \boldsymbol{G}_8 + \boldsymbol{P}_8 C_8$$
where $\boldsymbol{G}_8 = G_{11} + P_{11}G_{10} + P_{11}P_{10}G_9 + P_{11}P_{10}P_9G_8$ and $\boldsymbol{P}_8 = P_{11}P_{10}P_9P_8$
$$C_{16} = \boldsymbol{G}_{12} + \boldsymbol{P}_{12} C_{12}$$
where $\boldsymbol{G}_{12} = G_{15} + P_{15}G_{14} + P_{15}P_{14}G_{13} + P_{15}P_{14}P_{13}G_{12}$ and $\boldsymbol{P}_{12} = P_{15}P_{14}P_{13}P_{12}$

이제 C_4, C_8, C_{12}, 그리고 C_{16} 식은 C_0의 항들로 쓸 수 있다.

$$\begin{aligned}
C_4 &= \boldsymbol{G}_0 + \boldsymbol{P}_0 C_0 \\
C_8 &= \boldsymbol{G}_4 + \boldsymbol{P}_4\boldsymbol{G}_0 + \boldsymbol{P}_4\boldsymbol{P}_0 C_0 \\
C_{12} &= \boldsymbol{G}_8 + \boldsymbol{P}_8\boldsymbol{G}_4 + \boldsymbol{P}_8\boldsymbol{P}_4\boldsymbol{G}_0 + \boldsymbol{P}_8\boldsymbol{P}_4\boldsymbol{P}_0 C_0 \\
C_{16} &= \boldsymbol{G}_{12} + \boldsymbol{P}_{12}\boldsymbol{G}_8 + \boldsymbol{P}_{12}\boldsymbol{P}_8\boldsymbol{G}_4 + \boldsymbol{P}_{12}\boldsymbol{P}_8\boldsymbol{P}_4\boldsymbol{G}_0 + \boldsymbol{P}_{12}\boldsymbol{P}_8\boldsymbol{P}_4\boldsymbol{P}_0 C_0
\end{aligned}$$

이들 수식은 4비트 자리올림 미리보기 회로의 식들과 같다. 첫 번째 단의 자리올림 미리보기 회로는 C_i, $i = 0, 4, 8,$ 그리고 12를 대신하여 $\mathbf{G}_i$와 $\mathbf{P}_i$를 얻도록 바꿀 수 있다. 이들은 그림 4-10에서처럼 두 번째 단의 자리올림 미리보기 입력으로 들어간다. 이제 C_0에서 C_i, $i = 4, 8, 12,$ 그리고 16까지 전파지연은 단 2개 게이트 지연일 뿐이다.

그림 4-10
2단 자리올림 미리보기 16비트 덧셈기

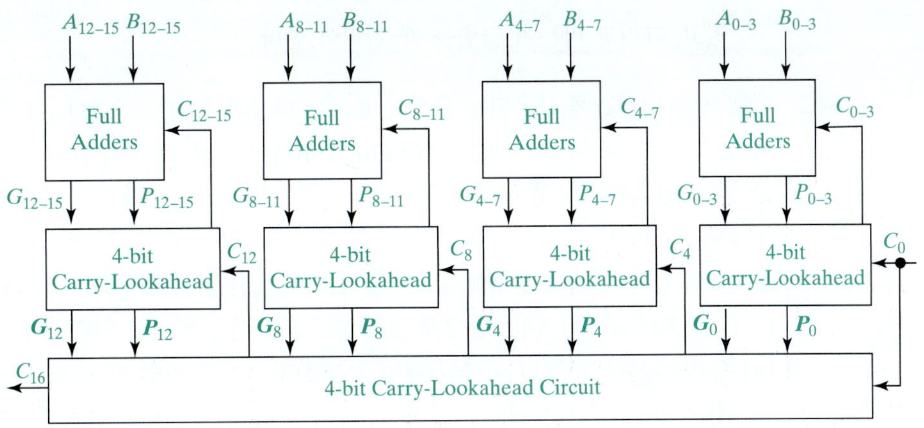

$$C_{i+1} = G_i + P_iG_{i-1} + P_iP_{i-1}G_{i-2} + P_iP_{i-1}P_{i-2}G_{i-3} + P_iP_{i-1}P_{i-2}P_{i-3}C_{i-3}$$
$$C_4 = G_3 + P_3G_2 + P_3P_2G_1 + P_3P_2P_1G_0 + P_3P_2P_1P_0C_0 = \boldsymbol{G}_0 + \boldsymbol{P}_0C_0$$

C_{i-1}의 항들로 C_{i+1} 식을 나타낼 수 있게 되었다.

$$C_{i+1} = G_i + C_iP_i + G_i = (G_{i-1} + C_{i-1}P_{i-1})P_i = G_i + P_iG_{i-1} + P_iP_{i-1}C_{i-1}$$

이 과정을 계속하면 아래 식을 얻을 수 있다.

$$C_{i+1} = G_i + C_iP_i$$
$$C_{i+1} = G_i + P_iG_{i-1} + P_iP_{i-1}C_{i-1}$$
$$C_{i+1} = G_i + P_iG_{i-1} + P_iP_{i-1}G_{i-2} + P_iP_{i-1}P_{i-2}C_{i-2}$$
$$C_{i+1} = G_i + P_iG_{i-1} + P_iP_{i-1}G_{i-2} + P_iP_{i-1}P_{i-2}G_{i-3} + P_iP_{i-1}P_{i-2}P_{i-3}C_{i-3}$$

연습문제

4.1 다음 각 문장을 부울식으로 나타내어라.

(a) 회사 금고는 Mr. Jones 혹은 Mr. Evans가 사무실에 있고, 그리고 영업시간일 때, 그리고 보안요원이 있을 때에만 열려 있을 수 있다.

(b) 너는 비가 많이 올 때 밖에 있고, 그리고 양가죽 새 신을 신을 때, 혹은 어머니가 그렇게 하라고 할 때만 방수용 덧신을 신어야 한다.

(c) 너는 농담이 재미있고, 그리고 분위기가 좋고, 그리고 다른 사람을 공격하는 것이 아닐 때, 혹은 교수님이 수업시간에 농담을 할 때(농담이 재미있거나 좋은 분위기에 상관없이), 그리고 이 농담이 다른 사람을 공격하지 않을 때는 웃어야 한다.

(d) 엘리베이터 문은 엘리베이터가 멈추고, 그리고 그 층과 같은 높이에 있고, 그리고 타이머가 만료되지 않을 때, 혹은 엘리베이터가 멈추고, 그리고 그 층과 같은 높이에 있고, 그리고 버튼이 눌렸을 때 열려야 한다.

4.2 액체 전송 송신관에 사용되는 유속 검출기는 다음과 같이 동작한다. 이 검출기는 5비트 출력을 가지며 유속이 분당 10갤런(gallon) 이하이면 5비트 모두가 0이 된다. 유속이 최소한 분당 10갤런이면 첫 번째 비트가 1이 되고, 유속이 최소한 분당 20갤런이면 첫 번째와 두 번째 비트가 1이 되며, 유속이 최소한 분당 30갤런이면 첫 번째, 두 번째 및 세 번째 비트가 1이 된다. 나머지 경우에서도 검출기는 이와 같은 방식으로 동작한다. 논리변수 A, B, C, D 및 E로 표현된 5비트는 2개 출력 Y와 Z를 갖는 장치의 입력이 된다.

(a) 유속이 분당 30갤런 이하일 때만 Y가 1이 되기를 바랄 때 출력 Y에 대한 식을 작성하라.

(b) 유속이 분당 최소 20갤런이지만 분당 50갤런 이하일 때만 Z가 1이 되는 출력 Z에 대한 식을 작성하라.

4.3 $F_1 = \Sigma\, m(0, 4, 5, 6)$과 $F_2 = \Sigma\, m(0, 3, 6, 7)$이 주어질 때, $F_1 + F_2$에 대한 최소항 전개를 구하라. F_1과 F_2에 대한 최소항 전개가 주어질 때 $F_1 + F_2$에 대한 식을 얻는 일반적 규칙을 구하라. 최소항 전개의 일반형(general form)을 사용하여 구한 규칙이 타당함을 증명하라.

4.4 (a) 두 변수(x와 y)의 스위칭함수는 몇 개가 있을 수 있는가?
(b) 각 함수를 진리표 형태와 간략화된 대수식으로 나타내어라.

4.5 아래 그림처럼 조합회로가 2개의 하위 회로 N_1과 N_2로 나누어져 있다. N_1에 대한 진리표는 주어져 있다. 입력 조합 $ABC = 110$과 $ABC = 010$은 결코 일어나지 않는다. 출력 Z 값을 변경하지 않으면서 D, E 및 F에 가능한 많은 무관항 값을 할당할 수 있도록 바꾸어 보아라.

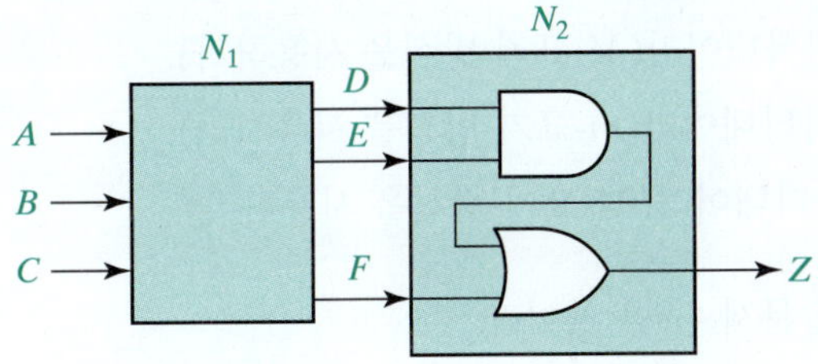

A	B	C	D	E	F
0	0	0	1	1	0
0	0	1	0	0	1
0	1	0	0	1	1
0	1	1	1	1	1
1	0	0	1	0	0
1	0	1	1	0	1
1	1	0	0	1	0
1	1	1	0	0	0

4.6 다음의 진리표를 가지고 (a)와 (b) 문제를 풀어라.

A	B	C	F	G
0	0	0	1	0
0	0	1	X	1
0	1	0	0	X
0	1	1	0	1
1	0	0	0	0
1	0	1	X	1
1	1	0	1	X
1	1	1	1	1

(a) F에 대한 간략화 식을 구하고 간략화 식이 되도록 한 무관항 값을 찾아라.
(b) G에 대하여 (a)를 반복하라.
(*힌트*: 무관항 값을 적절히 선택하면 G를 입력 중의 하나와 같도록 할 수 있는가?)

4.7 동전 3개는 각각 앞면과 뒷면, 즉 두 면을 가지고 있다. 각 동전이 앞면인지 뒷면인지를 논리변수로 나타내어라(첫 번째 동전은 A, 두 번째 동전은 B, 그리고 세 번째 동전은 C). 여기서 앞면에 대해 논리변수는 1, 뒷면은 0으로 한다. 동전들을 던진 후에 동전 중 단지 하나만 앞면일 때 1이 되는 논리함수 $F(A, B, C)$를 작성하라. 함수 F를 아래 조건에 따라 나타내어라.
(a) 최소항 전개
(b) 최대항 전개

4.8 그림에는 4개 입력을 갖는 스위칭회로가 있다. A와 B는 2진수 N_1의 첫 번째와 두 번째 비트를 나타낸다. C와 D는 2진수 N_2의 첫 번째와 두 번째 비트를 나타낸다. 곱 $N_1 \times N_2$가 2보다 같거나 작을 때만 출력이 1이 된다.

(a) F에 대한 최소항 전개를 구하라.

(b) F에 대한 최대항 전개를 구하라.

이때 답을 10진수 표기 방식과 대수 방식의 두 가지로 나타내어라.

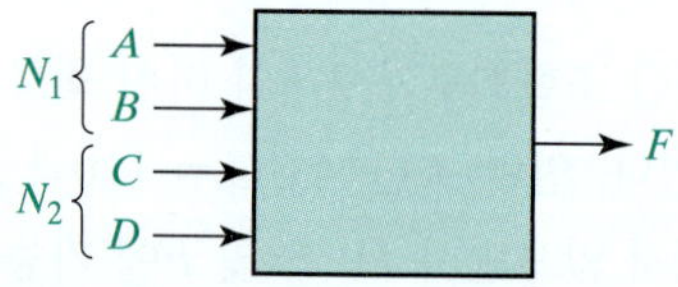

4.9 $F(a, b, c) = abc' + b'$가 주어질 때,

(a) F를 최소항 전개로 나타내어라(m-표기 방식을 사용하라).

(b) F를 최대항 전개로 나타내어라(M-표기 방식을 사용하라).

(c) F'를 최소항 전개로 나타내어라(m-표기 방식을 사용하라).

d) F'를 최대항 전개로 나타내어라(M-표기 방식을 사용하라).

4.10 아래 함수를 사용하여 연습문제 4.9을 풀어라.

$F(a, b, c, d) = (a + b + d)(a' + c)(a' + b' + c')(a + b + c' + d')$

4.11 (a) 최소 게이트 수를 사용하여 전뺄셈기를 실현하라.

(b) 전덧셈기와 전뺄셈기의 논리식을 비교하라. s_i와 d_i 사이의 관계는 무엇인가? c_{i+1}와 b_{i+1} 사이는?

4.12 3개의 4비트 수에 다음 함수를 수행하는 회로를 설계하라.

$$(X_3X_2X_1X_0 + Y_3Y_2Y_1Y_0) - Z_3Z_2Z_1Z_0$$

이 함수는 $S_3S_2S_1S_0$ 결과, 1개 자리올림 및 1개 자리내림을 가진다. 8개의 전덧셈기와 다른 게이트를 사용하라. 음수는 2의 보수로 표현한다.

4.13 조합논리회로는 4개 입력(A, B, C, 그리고 D)과 한 개 출력 Z를 갖는다. 입력이 3개의 연속한 0 혹은 3개 연속한 1일 때만 출력이 1이 된다. 예를 들면, A =1, B = 0, C =0, 그리고 D = 0일 때 Z = 1이다. 하지만 A = 0, B =1, C = 0, 그리고 D = 0이면 Z = 0이다. 한 개의 4 입력 OR 게이트와 4개의 3 입력 AND 게이트를 사용하여 회로를 설계하라.

4.14 하나의 출력 Z와 2진수를 나타내는 4비트 입력 $ABCD$를 갖는 조합논리회로를 설계하라. 입력이 적어도 5이고 11보다는 크지 않을 때 출력이 1이다. 한 개의 OR 게이트(입력 3개)와 세 개의 AND 게이트(각각 입력은 3개보다 적은)를 사용하라.

4.15 함수 f를 실현하는 논리회로는 입력 A, B, C, 그리고 D를 갖는다. 세 개 입력 A, B, 그리고 C는 숫자 0에서 7을 나타내는 2진수 표현이며, A는 최상위 비트이다. 입력 D는 홀수

패리티(parity) 비트이다. 즉 D 값은 A, B, C 그리고 D가 항상 홀수 개의 1을 갖도록 한다(예를 들면, 숫자 1은 $ABC = 001$을 나타내며 이때 $D = 0$이 되고, 숫자 3은 $ABCD = 0111$로 나타낼 수 있다). 함수 f는 입력 숫자가 소수일 때 1이 된다(숫자는 자기 자신과 1로만 나누어질 때 소수라 한다. 1은 소수지만 0은 아니다).

(a) 대수적 형식으로 f에 대한 최소항과 최소항 형태의 무관항을 나타내어라.

(b) 대수적 형식으로 f에 대한 최대항과 최대항 형태의 무관항을 나타내어라.

4.16 우선순위 부호기는 4개 입력 x_3, x_2, x_1, 그리고 x_0를 가진다. 회로는 3개 출력: z, y_1, 그리고 y_0를 가진다. 입력 중 하나가 1일 때 z는 1이며 y_1과 y_0는 2비트 2진수를 나타내며, 그 값은 1 값을 갖는 가장 높은 자리 입력의 인덱스(index)와 같다. 예를 들어 x_2가 1이고 x_3가 0이면 출력 $z = 1$, 그리고 $y_1 = 1$, $y_0 = 0$이다. 모든 입력이 0이면, $z = 0$ 그리고 y_1 및 y_0는 무관항이다.

(a) 10진수 형식으로 각 출력의 최소항과 최소항 형식의 무관항을 나열하라.

(b) 10진수 형식으로 각 출력의 최대항과 최대항 형식의 무관항을 나열하라.

4.17 10진수 d(0에서 9)의 9의 보수는 $9 - d$로 정의한다. 이 논리회로는 입력과 출력 숫자가 BCD 로 표기되며 입력 숫자의 9의 보수를 생산한다. 입력은 A, B, C, 그리고 D이며 출력은 W, X, Y, 그리고 Z이다.

(a) 각 출력에 대하여 최소항과 최소항 형식의 무관항을 결정하라.

(b) 각 출력에 대하여 최대항과 최대항 형식의 무관항을 결정하라.

4.18 입력과 출력 숫자가 4-2-2-1 가중치 코드(weighted code)로 표기되는 경우에 대하여 연습문제 4.17을 반복하라(5보다 작은 10진수 숫자에서 단지 한 개의 2 가중치가 필요하면 가장 오른쪽 2를 선택한다. 또한 $W = A'$, $X = B'$, $Y = C'$, 그리고 $Z = D'$이 되도록 부호를 선택한다. 이러한 제한을 따르면 2개의 가능한 부호가 있을 수 있다).

4.19 다음 각 문장은 AND(그리고) 혹은 OR(혹은) 중에서 어느 것을 먼저 고려하느냐에 따라 두 가지 해석이 가능하다. 각 해석에 따른 식을 작성하라.

(a) 열쇠가 점화 스위치에 꽂혀 있고, 그리고 차문이 열려 있고, 혹은 안전벨트를 착용하지 않았다면 부저(buzzer)가 울린다.

(b) 네가 너무 먹거나, 혹은 충분한 운동을 하지 않거나, 그리고 신진대사가 너무 느리면 몸무게가 늘 수 있다.

(c) 볼륨이 너무 높고, 그리고 음악이 크게 연주되거나, 혹은 스테레오(stereo)가 너무 강력하면 스피커가 망가질 수 있다.

(d) 눈이 오거나, 혹은 비가 내리고, 그리고 길에 기름이 있으면 길은 미끄러울 수 있다.

4.20 은행금고는 각 자물쇠마다 다른 열쇠를 갖는 3개의 자물쇠를 가지고 있다. 각 열쇠는 다른 사람이 가지고 있다. 금고 문을 열기 위해서는 최소한 두 사람이 자기 자물쇠에 맞는 열쇠를 꽂아야 한다. 열쇠가 자물쇠 1, 2 및 3에 각각 꽂힐 때 신호 A, B 및 C가 1이 된다. 금고 문이 열릴 때만 1이 되는 변수 Z의 식을 작성하라.

4.21 다음 그림처럼 컴퓨터 입력 장치로 5행의 구멍을 갖는 종이테이프 읽기 장치(reader)가 있다. 테이프에 뚫린 구멍은 논리값 1을 나타내고 막힌 구멍은 논리값 0을 나타낸다. 각 구멍 패턴(pattern)이 광 검출기 밑을 지나갈 때, 그 패턴은 A, B, C, D 및 E 줄에서 논리 신호로 변환된다. 두 가지 예외를 제외하고는 구멍의 모든 패턴은 타당한 문자를 나타낸다. 뚫어진 구멍 모양이 아닌 패턴은 정상 패턴과 패턴들 사이의 빈 자리와 구별이 되지 않으므로 사용하지 않는다. 테이프에 잘못 뚫린 패턴은 그 위치에 구멍 5개를 모두 뚫는 방식으로 지우게 된다. 따라서 테이프의 정상 모양 패턴은 적어도 하나 이상의 구멍만 있고 구멍 5개 모두는 뚫려 있지 않다.

(a) 정상 문자가 읽혀질 때만 1이 되는 변수 Z의 식을 작성하라.

(b) 읽히는 구멍 패턴이 행 C와 E에서만 뚫린 구멍이 있을 때만 1이 되는 변수 Y의 식을 작성하라.

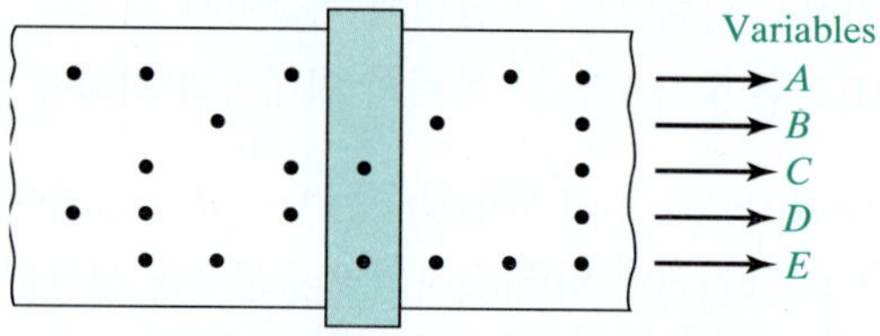

4.22 라인 프린터의 컴퓨터 인터페이스(interface)는 종이와 프린터 헤드의 움직임을 조정하고 어떤 글자를 인쇄할 것인지 결정하기 위한 7개 데이터 선을 가지고 있다. 이 데이터 선을 A, B, C, D, E, F 및 G이라 하고, 각 선은 0 혹은 1의 2진수 값을 가진다. 이 데이터 선들에서 선 A가 MSB (most significant bit)인 7비트 2진수로 해석하면, 데이터 선들은 숫자 0에서 127_{10}까지 나타낼 수 있다. 숫자 13_{10}은 프린터 헤드가 줄의 시작점으로 되돌아가라는 명령이며, 숫자 10_{10}은 종이를 한 줄 전진하도록 하며, 그리고 숫자 32_{10}에서 127_{10}들은 인쇄 글자를 나타낸다.

(a) 데이터 선이 프린터 헤드를 줄의 시작점으로 되돌아가게 하는 명령을 나타낼 때만 1이 되는 변수 X에 대한 식을 작성하라.

(b) 데이터 선에 종이 전진 명령이 있을 때만 1이 되는 변수 Y에 대한 식을 작성하라.

(c) 데이터 선이 인쇄 가능한 글자를 나타낼 때만 1이 되는 변수 Z에 대한 식을 작성하라(*힌트*: 숫자 0~31과 32~127의 2진수 표현을 생각하고 단지 2개 항을 사용하여 Z에 대한 식을 작성하라).

4.23 $F_1 = \Pi\, M(0, 4, 5, 6)$과 $F_2 = \Pi\, M(0, 4, 7)$이 주어질 때, F_1F_2에 대한 최대항 전개를 구하라.

F_1과 F_2의 최대항 전개가 주어질 때 F_1F_2의 최대항 전개를 구하는 일반 규칙을 서술하라. 최대항 전개의 일반형을 사용하여 구한 규칙이 타당함을 증명하라.

4.24 $F_1 = \Pi\, M(0, 4, 5, 6)$ 그리고 $F_2 = \Pi\, M(0, 4, 7)$이 주어질 때, $F_1 + F_2$에 대한 최대항 전개를 구하라.

F_1과 F_2의 최대항 전개가 주어질 때 $F_1 + F_2$의 최대항 전개를 구하는 일반 규칙을 서술

하라.

최대항 전개의 일반형을 사용하여 구한 규칙이 타당함을 증명하라.

4.25 4개의 의자가 한 행으로 놓여 있다.

A	B	C	D

각 의자가 차 있으면 "1", 비어 있으면 "0"이다. 서술된 각 논리함수에 대하여 최소항과 최대항 전개를 구하라.

(a) 인접한 빈 의자가 없을 때만 $F(A, B, C, D)$는 1이다.

(b) 양끝 의자가 모두 비어 있을 때만 $G(A, B, C, D)$는 1이다.

(c) 적어도 3개 의자가 차 있을 때만 $H(A, B, C, D)$는 1이다.

(d) 오른쪽 2개 의자보다는 왼쪽 2개 의자에 있는 사람이 많을 때만 $J(A, B, C, D)$는 1이다.

4.26 의자(A, B, C, 그리고 D) 4개가 원형으로 놓여 있다: A는 B 옆에, B는 C 옆에, C는 D 옆에, 그리고 D는 A 옆에 있다. 각 의자가 차 있으면 "1", 비어 있으면 "0"이다. 다음 각 논리함수에 대하여 최소항과 최대항 전개를 구하라.

(a) 인접한 빈 의자가 없을 때만 $F(A, B, C, D)$는 1이다.

(b) 적어도 3개의 인접한 빈 의자가 있을 때만 $G(A, B, C, D)$는 1이다.

(c) 적어도 3개 의자가 차 있을 때만 $H(A, B, C, D)$는 1이다.

(d) 의자 C와 D보다 의자 A와 B에 더 많은 사람이 앉아 있을 때만 $J(A, B, C, D)$는 1이다.

4.27 $f(a, b, c) = a(b + c')$가 주어질 때,

(a) 최소항 전개로 f를 나타내어라(m-표기 방식을 사용하라.)

(b) 최대항 전개로 f를 나타내어라(M-표기 방식을 사용하라.)

(c) 최소항 전개로 f'를 나타내어라(m-표기 방식을 사용하라.)

(d) 최대항 전개로 f'를 나타내어라(M-표기 방식을 사용하라.)

4.28 $f(a, b, c, d) = acd + bd' + a'c'd + ab'cd + a'b'cd'$를 사용하여 연습문제 4.27를 다시 풀어라.

4.29 대수적 과정을 사용하여 다음 함수에 대한 최소항 전개와 최대항 전개 모두를 구하라.

(a) $f(A, B, C, D) = AB + A'CD$

(b) $f(A, B, C, D) = (A + B + D')(A' + C)(C + D)$

4.30 $F'(A, B, C, D) = \Sigma\, m(0, 1, 2, 6, 7, 13, 15)$이 주어질 때,

(a) F에 대한 최소항 전개를 구하라(10진수와 대수 형식).

(b) F에 대한 최대항 전개를 구하라(10진수와 대수 형식).

4.31 $F'(A, B, C, D) = \Sigma m(1, 2, 5, 6, 10, 15)$에 대해 연습문제 4.30을 다시 풀어라.

4.32 주어진 진리표로 (a)에서 (d)까지 구하라.

A	B	C	F_1	F_2	F_3	F_4
0	0	0	1	1	0	1
0	0	1	X	0	0	0
0	1	0	0	1	X	0
0	1	1	0	0	1	1
1	0	0	0	1	1	1
1	0	1	X	0	1	0
1	1	0	0	X	X	X
1	1	1	1	X	1	X

(a) F_1에 대한 간략화 식을 구하고 이 식을 얻도록 한 무관항 값을 결정하라.

(b) F_2에 대하여서도 반복하라.

(c) F_3에 대하여서도 반복하라.

(d) F_4에 대하여서도 반복하라.

4.33 다음 회로와 진리표를 사용하여 연습문제 4.5을 풀어라. $ABC = 011$과 $ABC = 110$의 입력조합은 결코 일어나지 않는다고 가정한다.

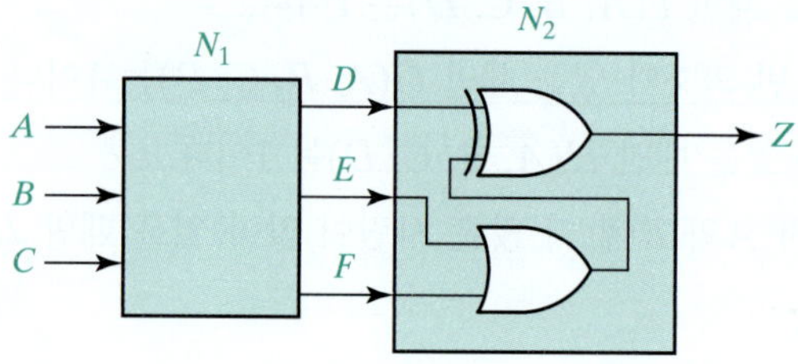

A	B	C	D	E	F
0	0	0	1	1	0
0	0	1	0	1	0
0	1	0	0	0	1
0	1	1	0	0	0
1	0	0	0	1	0
1	0	1	0	0	1
1	1	0	0	0	1
1	1	1	1	0	1

4.34 다음 논리함수에 대하여 연습문제 4.7을 다시 풀어라.

(a) 모든 동전이 같은 면으로(앞면 혹은 뒷면) 놓일 때만 $G_1(A, B, C)$은 1이다.

(b) 두 번째 동전이 첫 번째 동전과 같은 면으로 놓일 때만 $G_2(A, B, C)$는 1이다.

4.35 조합회로는 4개 입력(A, B, C, D)과 3개 출력(X, Y, Z)을 가진다. XYZ는 입력에서 1의 개수와 같은 값의 2진수를 나타낸다. 예를 들어 $ABCD = 1011$이면, $XYZ = 011$이다.

(a) X, Y 및 Z에 대한 최소항 전개를 구하라.

(b) Y와 Z에 대한 최대항 전개를 구하라.

4.36 조합회로는 4개 입력(A, B, C, D)과 4개 출력(W, X, Y, Z)을 가진다. $WXYZ$는 BCD에 3을 더한 것으로 초과-3 코드(excess-3 code) 수를 나타낸다. 예를 들어 $ABCD = 0011$이면, $WXYZ = 0110$이다.

(a) X, Y 및 Z에 대한 최소항 전개를 구하라.

(b) Y와 Z에 대한 최대항 전개를 구하라.

4.37 조합회로는 2진수 부호화 10진수(BCD)를 나타내는 4개 입력(A, B, C, D)을 가진다. 이 회로는 4개 출력의 2개 그룹 S, T, U, V와 W, X, Y, Z를 가지고 있다. 각 그룹은 하나의 BCD 숫자를 나타낸다. 출력 숫자는 입력숫자의 5배인 10진수를 나타낸다. 예를 들어 $ABCD$ = 011이면 출력은 001 001이다. 비정상적인 BCD 숫자는 입력으로 들어오지 않는다고 가정한다.

(a) 진리표를 구성하라.

(b) 진리표를 조사하여 출력에 대한 최소항 논리식을 작성하라.

(*힌트*: 출력 열이 진리표의 입력 열과 짝할 수 있도록 한다.)

4.38 BCD 출력이 입력 숫자의 4배에 1을 더한 10진수를 나타낼 때 연습문제 4.37를 다시 풀어라. 예를 들면, $ABCD$ = 0011이면, 출력은 0001 0011이다.

4.39 4비트 2진수를 5비트 2진수에 더하는 회로를 설계하라. 5개의 전덧셈기를 사용하라. 음수는 2의 보수로 표현한다고 가정한다(*힌트*: 음수를 양수로 혹은 양수를 음수로 만들지 않고 어떻게 4비트 2진수를 5비트 2진수로 만들 수 있는가? −3을 3비트 2의 보수, 4비트 2의 보수 그리고 5비트 2의 보수로 나타내어 보라. 2진수에 대한 2의 보수를 얻는 한 가지 방법은 첫 번째 1의 왼편에 있는 모든 비트를 보수화하는 것이다).

4.40 반덧셈기는 2개 비트를 더하여 하나의 합과 하나의 자리올림을 얻는 회로이다. 반덧셈기의 진리표를 구하고 단지 2개의 게이트를 사용하여 그 회로를 설계하라. 그리고 4비트 2진수에 대한 2의 보수를 구하는 회로를 설계하라. 4개의 반덧셈기와 필요한 게이트를 사용하라(*힌트*: 2진수에 대한 2의 보수를 얻는 하나의 방법은 모든 비트를 보수화한 후 1을 더하면 된다는 것을 기억하라).

4.41 (a) 스위칭함수 $f(x, y)=x + y$를 최소항의 합과 최대항의 곱으로 나타내어라.

(b) 아래의 연산표에 정의된 4개 요소 {0, 1, a, b}의 부울 대수와 a와 b는 부울 대수의 2개 요소일 때 부울함수 $f(x, y) = ax + by$를 생각하라. 최소항의 합 형태로 함수 $f(x, y)$를 작성하라.

(c) 최대항의 곱 형태로 문제 (b)의 부울함수를 작성하라.

(d) 문제 (b)의 부울함수에 대하여 각 조합에 대한 표를 구하라(*주의*: 조합표는 4개가 아닌 16개 행을 가진다).

(e) 조합표의 어떤 4개 행이 문제 (b)의 함수를 완전히 정의하는가? 얻은 답을 증명하라.

	′
0	1
1	0
a	b
b	a

+	0	1	a	b
0	0	1	a	b
1	1	1	1	1
a	a	1	a	1
b	b	1	1	b

·	0	1	a	b
0	0	0	0	0
1	0	1	a	b
a	0	a	a	0
b	0	b	0	b

4.42 (a) m_1과 m_2가 n 변수의 최소항일 때, $m_1 + m_2 = m_1 \oplus m_2$를 증명하라.

(b) 임의의 스위칭함수는 보수화된 문자를 가지지 않는 각 곱항들의 배타적 OR 합으로 나타낼 수 있음을 증명하라(*힌트*: 최소항의 합으로 된 함수로 시작하고 (a) 결과를 활용하라).

4.43 (a) 그림 4-5의 전덧셈기를 2개의 2입력 배타적 OR 게이트와 3개의 2입력 NAND 게이트로 구현할 수 있음을 보여라.(*힌트*: 식 (4-2)를 $X \oplus Y$항으로 작성하라)

(b) 같은 종류의 게이트를 사용할 때, 그림 4-5의 전덧셈기와 (a)의 전덧셈기를 사용하는 경우 그림 4-3의 리플–케리 덧셈기의 최대 덧셈 시간을 비교하라.

4.44 2개의 2입력 배터적 OR 게이트, 1개 인버터, 그리고 3개 2입력 NOR 게이트를 사용하여 전뺄셈기를 구현하여라. (*힌트*: 합의 곱 형태로 자리내림(borrow)에 대한 식을 작성한다)

4.45 그림 4-5의 전덧셈기를 2개의 제어입력, E_1과 E_0를 추가하여 변경하고, 아래 그림처럼 구현하라.

(a) E_1과 E_0의 각 입력조합에 대하여 전덧셈기의 출력에 대한 대수식을 보여라.

(b) 그림 4-3에 현재 변경된 전덧셈기를 적용할 때, E_1과 E_0의 각 입력조합에 대하여 병렬 덧셈기로 구현할 수 있는 함수를 보여라(Add, 배타적 OR, 등).

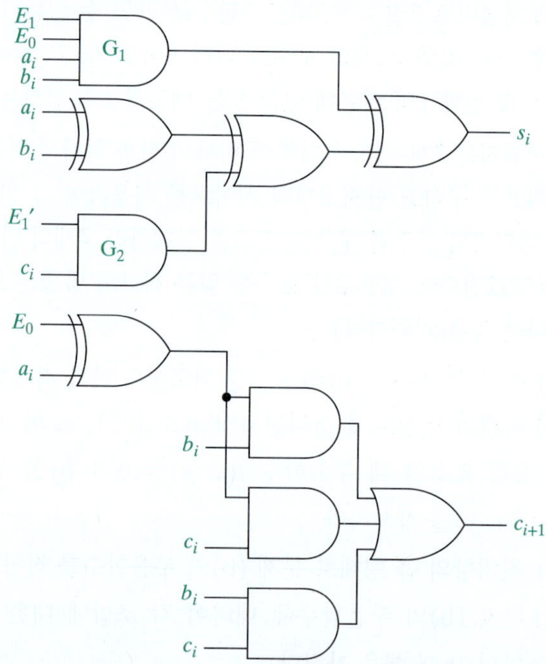

4.46 게이트 G_1과 G_2가 AND 게이트보다는 NAND 게이트일 때, 예제 4.45를 다시 풀라.

4.47 게이트 G_1과 G_2가 AND 게이트보다는 NOR 게이트이고 인버터가 G_2의 c_i 입력에 들어갈 때, 예제 4.45를 다시 풀라.

4.48 게이트 G_1과 G_2가 AND 게이트보다는 OR 게이트이고 인버터가 G_2의 c_i 입력에 들어갈 때, 예제 4.45를 다시 풀라.

UNIT 5

카노맵

Karnaugh Maps

목표

1. 세 개에서 다섯 개의 변수를 갖는 함수(완전하거나 비완전하게 명시된 함수)를 카노맵(Karnaugh map)에 표시한다. 함수는 최소항(minterm), 최대항(maxterm), 또는 대수식의 형식으로 주어진다.
2. 맵으로부터 함수의 필수주항을 구한다.
3. 맵으로부터 함수의 최소 곱의합과 최소 합의곱 형식을 구한다.
4. 맵으로부터 함수의 주항 모두를 구한다.
5. 맵을 이용한 연산과 대수 연산과의 관계를 이해한다.

학습가이드

이 장에서는 카노맵(Karnaugh map)을 배울 것이다. 만약 변수의 수가 적다면, 맵을 사용하여 이제껏 해왔던 어떠한 형태의 대수적 조작도 쉽게 가능하다.

1. 5.1절 *스위칭 함수의 최소 형식*을 학습하라.

(a) 최소 곱의합(minimum sum of products)을 정의하라.

(b) 최소 합의곱(minimum product of sums)을 정의하라.

2. 5.2절 *2변수와 3변수 카노맵*을 학습하라.

(a) 주어진 진리표를 카노맵에 표시하라. 그리고 맵에서 연속된 1의 쌍에 묶음(루프, loop)을 그리고 *F*를 간략화된 형식으로 써라.

PQ	*F*
0 0	1
0 1	1
1 0	0
1 1	1

Q \ *P*	0	1
0		
1		

F

F = ____________

이제 대수적으로 *F*를 간략화하고, 여러분이 얻은 답이 맞는지 검증하라.

(b) 아래와 같이 *F*(*a*, *b*, *c*)가 맵에 작성되었다. *F*에 대한 진리표를 작성하라

bc \ *a*	0	1
00	**0**	**1**
01	**1**	**1**
11	**0**	**1**
10	**1**	**0**

F

a b c	*F*
0 0 0	
0 0 1	
0 1 0	
0 1 1	
1 0 0	
1 0 1	
1 1 0	
1 1 1	

(c) 다음 함수를 주어진 카노맵에 표시하라.

$$F_1(R, S, T) = \Sigma m(0, 1, 5, 6) \; F_2(R, S, T) = \Pi M(2, 3, 4, 7)$$

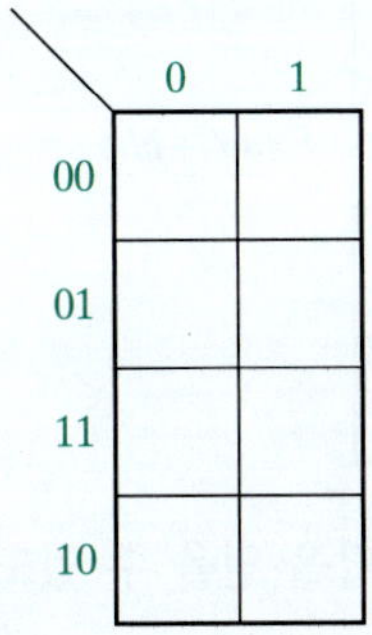

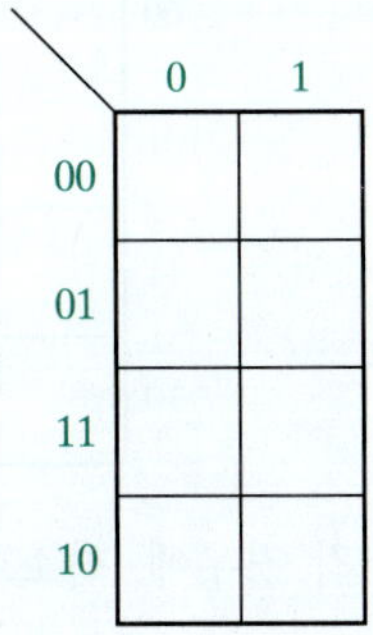

왜 두 맵이 같은가?

(d) 다음 함수를 주어진 카노맵에 표시하라.

$$f(x, y, z) = z' + x'z + yz$$

최소항으로 전개하거나 진리표를 작성하지 *말아라*.

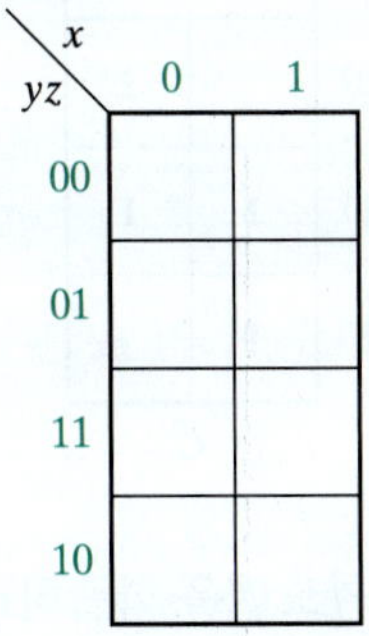

(e) 3변수 맵에서 어느 칸이 사각형 2에 "근접"한가?

____

(f) 인접한 칸에서 두 항을 결합할 때 사용되는 정리는 무엇인가?

(g) 맵상에서 주어진 1에 둘 이상의 묶음을 만드는 것에 정당성을 부여하는 것은 어떤 부울 대수 법칙인가?

(h) 다음의 해답은 최소화되지 않았다.

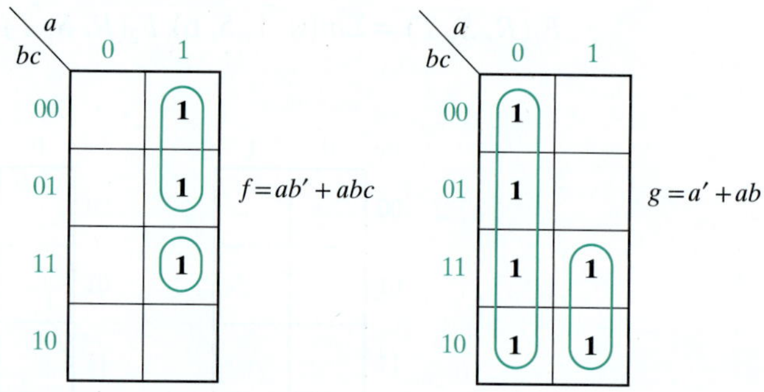

각 경우에, 최소화된 답을 얻을 수 있도록 맵에서의 묶음을 바꾸어라.

(i) 연습문제 5.3을 풀어라.

(j) 아래 그려진 맵에서 함수 G에 대해 두 개의 서로 다른 최소 곱의합 식을 찾아라.

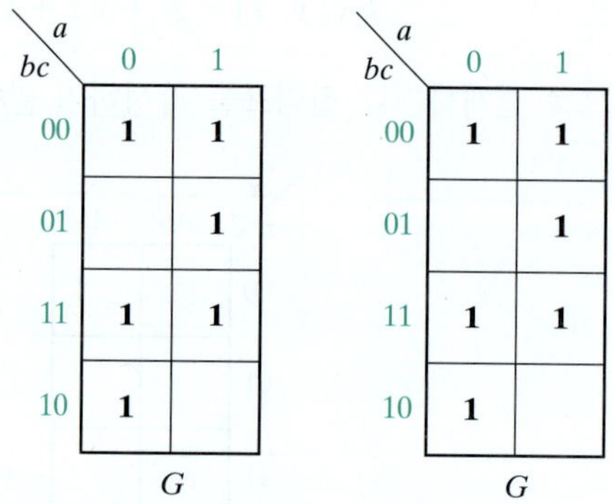

$G =$ __________

$G =$ __________

3. 5.3절 *4변수 카노맵*을 학습하라.

(a) 3변수와 4변수 카노맵(그림 5-3(b)와 5-10)에서 최소항의 위치를 주목하라. 카노맵을 작성할 때 많은 시간을 줄일 것이다.
이 순서는 주어진 변수들의 순서에 대해서만 유효하다. 아래와 같이 카노맵을 표시한다면, 최소항의 위치를 제 위치에 적어보아라.

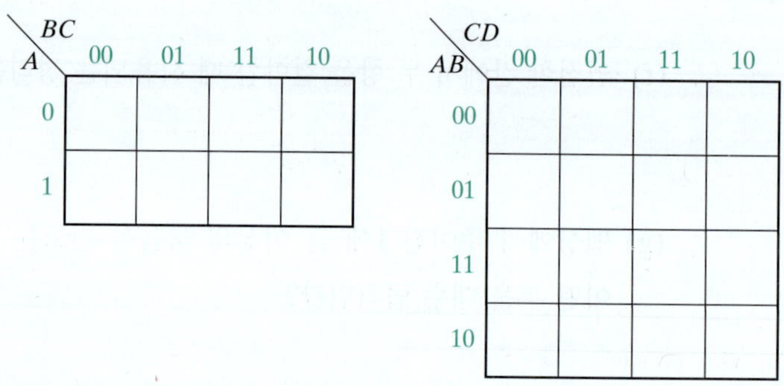

(b) 다음 맵으로부터, 10진 형식의 F에 대해 최소항과 최대항 전개식을 찾아 적어라.

$cd \backslash ab$	00	01	11	10
00			**1**	**1**
01	**1**	**1**		**1**
11		**1**	**1**	
10			**1**	

$F =$ ________________

$F =$ ________________

(c) 다음 함수를 주어진 맵에 표시하라.

(1) $f(w, x, y, z) = \Sigma\, m(0, 1, 2, 5, 7, 8, 9, 10, 13, 14)$

(2) $f(w, x, y, z) = x'z' + y'z + w'xz + wyz'$

$yz \backslash wx$	00	01	11	10
00				
01				
11				
10				

$yz \backslash wx$	00	01	11	10
00				
01				
11				
10				

(1)과 (2)에 대한 답은 같아야 한다.

(d) 4변수 맵에서 어느 칸이 14번 칸에 인접한가? ____________

8번 칸에 인접한 칸은? __________

(e) 두 개의 인접한 1을 결합할 때 다른 두 항의 변수를 소거하기 위해 정리 $xy' + xy = x$를 적용하는 방법이다. 다음 맵에서 보여준 것과 같이 두 개의 1을 묶는 것은 대수적으로 최소항을 결합하는 것과 같다.

$cd \backslash ab$	00	01	11	10
00			**1**	
01	**1**			**1**
11	**1**	**1**		
10			**1**	

$a'b'c'd + ab'c'd = b'c'd$

[항 $b'c'd$는 맵에서 직접 읽을 수 있다. 왜냐하면 첫 번째 열과 마지막 열(b')에 걸쳐져 있으면서, 두 번째 행($c'd$)에 위치해 있기 때문이다.]

이 맵에서, 인접한 1을 결합하는 묶음을 2개 더 찾고, 이 묶음과 등가인 대수식을 구하라. 이제 맵에서 묶음을 직접 읽고, 여러분의 대수적 답과 비교해보라.

(f) 맵에서 네 개의 인접한 1을 결합할 때(직선상의 4개 혹은 네모 형태의 4개), 이는 $xy + xy' = x$를 세 번 적용한 것과 같다.

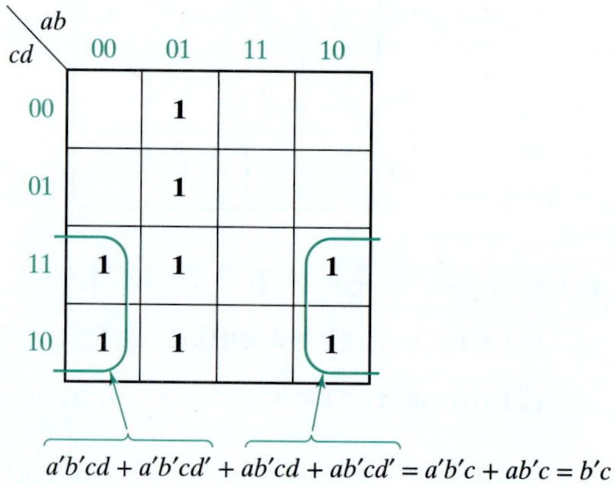

맵에서 다른 네 개의 1을 묶고, 대수적으로 등가인 식을 구하라.

(g) 다음 맵에서 모든 1을 포함하게 하여, 최소 수의 루프로 묶어라.

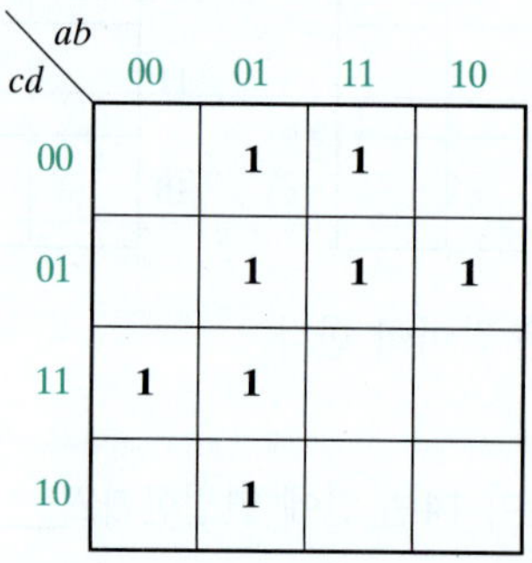

f_1

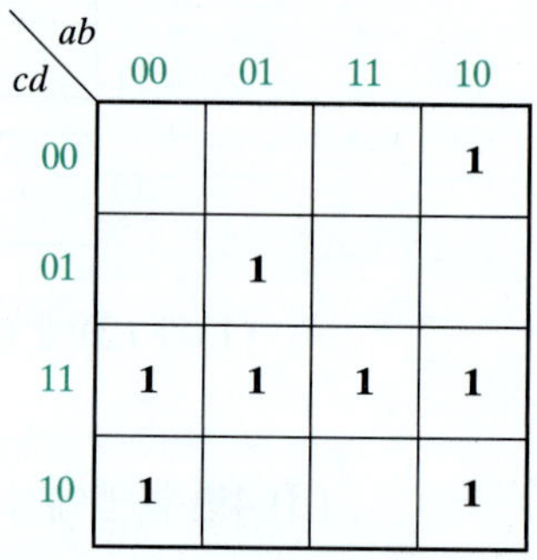

f_2

(각 맵에서 4개의 1의 두 그룹과 2개의 1의 두 그룹을 구해야 할 것이다.)

이 맵으로부터 f_1과 f_2의 최소 곱의합 식을 써라.

f_1 = ____________________

f_2 = ____________________

(h) 2개, 4개, 8개 등으로 결합하지 않고 3개나 6개의 최소항을 결합하는 것이 불가능한 이유는?

(i) 맵으로부터 최소 *합의곱*을 구하는 과정을 주목하라. 먼저 곱의합 형식으로 f를 적은 후에 그것을 보수화한다면(그림 5-14의 예제와 같이), 아마도 실수를 줄일 수 있다.

(j) 연습문제 5.4와 5.5를 풀어라.

4. 5.4절 *필수주항을 사용한 최소식의 결정*을 학습하라.

(a) 그림 5-15의 맵에서, 표시된 것 이외의 F의 세 개 항을 나열해라.

이 맵에서 $ac'd'$는 F의 주항인가? 왜 그런지 설명하라.

(b) 다음 맵에서 어떤 것들이 주항인가? 왜 그런지 설명하라.

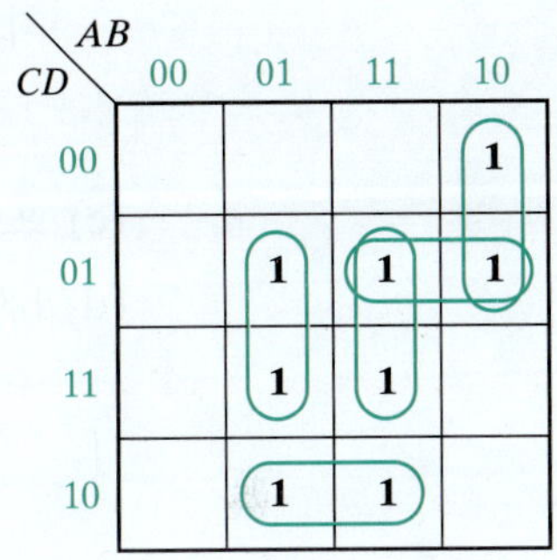

5. 그림 5-18을 주의 깊게 학습하고, 다음에 주어진 맵에 대한 질문에 답하라.

CD \ AB	00	01	11	10
00	1_{0}	1_{4}		1_{8}
01	1_{1}			1_{9}
11	1_{3}	1_{7}		
10	1_{2}	1_{6}		1_{10}

(a) m_0에 인접한 1은 몇 개인가?

(b) 위의 1들은 하나의 주항에 모두 묶일 수 있나?

(c) (b)의 답으로부터, $B'C'$가 필수주항인지 또는 아닌지 결정할 수 있는가?

(d) m_9에 인접한 1은 몇 개인가?

(e) 위의 1들은 하나의 주항에 모두 묶일 수 있나?

(f) (e)의 답으로부터, $B'C'$가 필수주항인지 또는 아닌지 결정할 수 있는가?

(g) m_7에 인접한 1은 몇 개인가?

(h) 왜 $A'C$가 필수주항인가?

(i) 두 개의 다른 필수주항을 찾고 어느 최소항이 이들을 필수주항으로 만드는지를 설명하라.

6. (a) 카노맵을 사용하여 어떤 주항이 필수주항인지 아닌지 어떻게 알 수 있는가?

(b) 다음 맵에서 왜 $A'B'$는 필수주항이 *아닌가*?

왜 BD'는 필수주항인가?

$A'D'$는 필수주항인가? 왜 그런가?

BC'는 필수주항인가? 왜 그런가?

$B'CD$는 필수주항인가? 왜 그런가?

최소 곱의합 식을 찾아라.

CD \ AB	00	01	11	10
00	**1**	**1**	**1**	
01	**1**	**1**	**1**	
11	**1**			**1**
10	**1**	**1**	**1**	

(c) 프로그램화된 예제 5.1을 풀어라

(d) 1_0에 인접한 모든 1과 X를 나열하라.

CD \ AB	00	01	11	10
00	$\mathbf{1}_0$	$\mathbf{1}_4$	$\mathbf{1}_{12}$	8
01	$\mathbf{X}_1$	$\mathbf{1}_5$	$\mathbf{X}_{13}$	9
11	3	$\mathbf{X}_7$	$\mathbf{1}_{15}$	$\mathbf{1}_{11}$
10	2	6	$\mathbf{X}_{14}$	10

왜 $A'C'$는 필수주항인가?

1_{15}에 인접한 모든 1과 X를 나열하라.

위의 나열에서 왜 1_{15}를 포함하는 필수주항을 찾을 수 없는가?

위의 결과는 1_{15}를 포함하는 필수주항이 없다는 것을 의미하는가?

1_{11}을 포함하는 필수주항은?

1_{12}을 포함하는 필수주항을 찾을 수 있는가? 설명하라.

1_{12}을 포함하는 필수주항 2개를 찾아라.

F에 대한 최소식(minimum expression) 2개를 적어라.

(e) 연습문제 5.6을 풀어라.

(f) *LogicAid* 프로그램을 가지고 있다면, 카노맵 튜토리얼 모드를 사용하여, 카노맵의 최소화 식을 얻는 방법을 익히는 데 도움을 얻을 수 있다. 이 프로그램은 정확한 순서로 항들을 묶는 과정을 단계별로 모두 체크해 준다. 카노맵 튜터를 이용하여 연습문제 5.7을 풀어라.

7. (a) 107쪽의 예제 4에서 다음과 같은 식을 유도했다.

$$Z = \Sigma\, m(0, 3, 6, 9) + \Sigma\, d(10, 11, 12, 13, 14, 15)$$

무관항(don't-care terms)을 의미하는 X를 사용하여 주어진 맵에 Z를 표시하라.

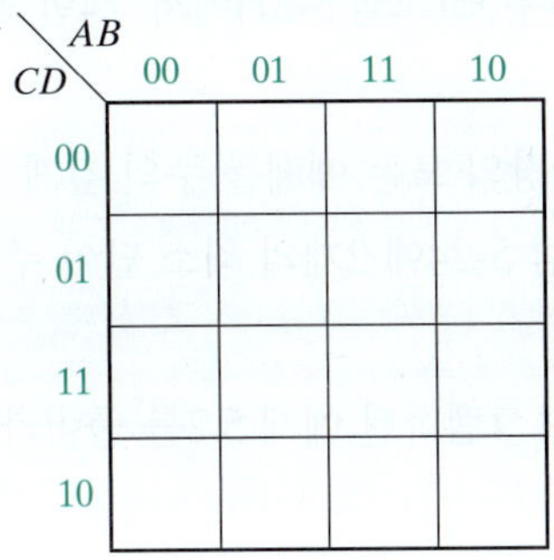

Z

(b) 최소 곱의합이 다음과 같음을 보여라.

$$Z = A'B'C'D' + B'CD + AD + BCD'$$

답을 구할 때, 값 1로 할당할 4개의 무관항은 어떤 것들인가?

(c) Z에 대해 최소 합의곱 형식이 다음과 같음을 보여라.

$$Z = (B' + C)(B' + D')(A' + D)(A + C + D')(B + C' + D)$$

답을 구할 때, 값 1로 할당할 Z의 무관항은 어떤 것인가?

(d) 연습문제 5.8을 풀어라.

8. 5.5절 *5변수 카노맵*을 학습하라

(a) 아래 그림은 3차원 5변수 맵을 보여준다. 해당하는 2차원 맵에 1을 채우고 루프로 묶음을 만들어, 함수의 최소 곱의합을 구하라.

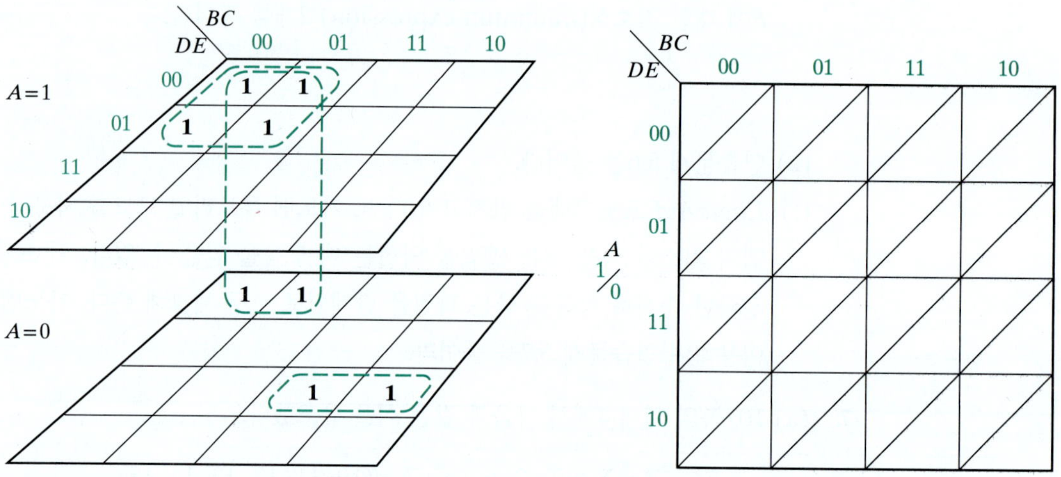

$F =$ ____________________

(b) 5변수 맵(그림 5-21)에서, 24번 최소항에 근접한 5개의 최소항은 어떤 것들인가?

(c) 이 장의 모든 예제를 주의 깊게 풀고 모든 단계를 확실히 이해하라.

(d) 그림 5-24에 2개의 최소 답이 주어졌다. 세 번째 최소 곱의합은 무엇인가?

(e) 프로그램화된 예제 5.2를 풀어라.

(f)

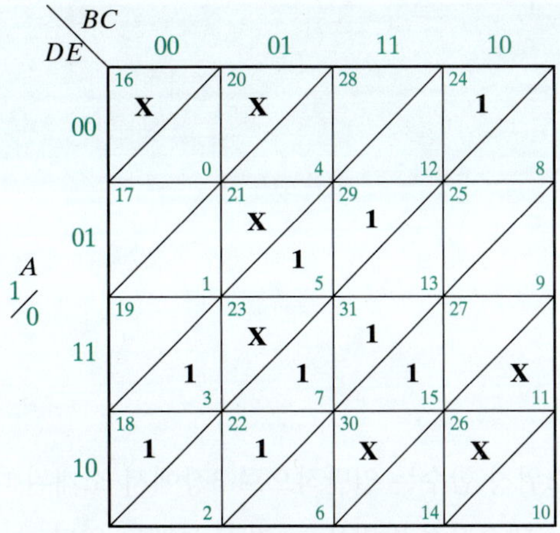

1_{18}에 인접한 3개의 1과 X를 찾아라. 이들 모든 것이 하나의 루프로 묶일 수 있는가?

1_{24}에 인접한 1과 X를 찾아라. 1_{24}를 포함하는 필수주항을 루프로 묶어라.

1_3에 인접한 1과 X를 찾아라. 1_3를 포함하는 필수주항을 루프로 묶어라.

1_{22}를 포함하는 필수주항을 찾을 수 있는가? 설명하라.

2개 이상의 필수주항을 찾아 루프로 묶어라.

맵에서 남아 있는 1을 묶는 3가지 방법을 찾고, 해당하는 최소식을 나타내라.

(g) *LogicAid* 프로그램을 가지고 있다면, 카노맵 튜터를 이용하여 연습문제 5.9을 풀어라.

9. 5.6절 *카노맵의 다른 사용법*을 학습하라. 그림 5-8을 참고하고, 이웃하지만 겹치지 않는 두 개의 주항이 있다면 합의항이 있음을 주목하라. 이것이 어떻게 그림 5-26에 적용되는지 관찰하라.

10. 연습문제 5.10, 5.11, 5.12, 5.13을 풀어라. 맵에서 최소식을 유도할 때, 항상 *필수주항*을 먼저 적어라. 그렇지 않으면 최소식을 구하지 못할 가능성이 꽤 있다. 추가로, 맵에서 *모든* 주항을 찾을 수 있음을 확인하라(연습문제 5.10(b) 참조).

11. 이 장의 목표를 다시 복습하라.

카노맵

Karnaugh Maps

스위칭 함수는 일반적으로 3장에서 소개된 대수학적인 방법으로 간략화될 수 있다. 그러나 대수학적 방법은 두 가지 문제가 있다:

1. 체계적인 방법으로 적용하기 어렵다.

2. 최소 해답(minimum solution)을 얻었는지 확인하기 어렵다.

이 장에서 학습할 카노맵(Karnaugh map) 방법과 6장에서 학습할 퀸–맥클러스키(Quine-McCluskey) 방법은 스위칭 함수를 체계적인 방법으로 간략화시킬 수 있으므로 위의 문제점을 해결할 수 있다. 카노맵은 3변수 또는 4변수로 이루어진 스위칭 함수를 간략화하고 조작하는 데 특별히 유용한 방법이며, 5변수 이상의 함수도 적용이 가능하다. 일반적으로 다른 간략화 방법보다 카노맵 방법이 쉽고 빠른 방법임을 알게 될 것이다.

5.1 스위칭 함수의 최소 형식

어떤 함수를 AND와 OR 게이트를 사용하여 구현할 때, 그 구현 비용은 게이트의 개수 및 게이트 입력의 개수와 직접 연관되어 있다. 이 장의 카노맵 기술은 AND와 OR게이트로 이루어진 2단(two-level) 회로를 최소의 비용으로 구현할 수 있게 한다. 곱의합 항으로 구성된 식은 한 그룹의 AND 게이트의 출력이 한 개의 OR 게이트의 입력으로 연결되어 있는 2단 회로(그림 2-5 참조)와 일치한다. 비슷하게 합의곱 식은 한 그룹의 OR 게이트의 출력이 한 개의 AND 게이트의 입력으로 연결되어 있는 2단 회로(그림 2-6 참조)와 일치한다. 그러므로 최소비용의 2단 AND-OR 게이트 회로를 찾기 위해, 곱의합이나 합의곱 형식의 최소식(minimum expression)을 찾아야 한다.

어떤 함수에 대한 *최소 곱의합*(*minimum sum of products*) 식은 (a) 최소 개수의 항을 가지며, (b) 각 항은 최소 개수의 문자를 가지는 곱의합 형식으로 정의된다. 최소 곱의합은 (a) 최소 개수의 게이트를 가지며, (b) 최소 개수의 게이트 입력을 가지는 최소 2단 게이트 회로와 일치한다. 함수에 대한 최소항(minterm) 전개식과는 다르게, 최소 곱의합은 반드시 유일무이한 것이 아니다. 즉 주어진 함수는 같은 수의 항과 같은 수의 문자를 가지는 두 개의 최소 곱의합 식을 가질 수 있다. 최소항 전개식이 주어졌을 때, 최소 곱의합 식은 보통 다음의 과정을 통해 얻을 수 있다:

1. 결합 정리 $XY' + XY = X$를 이용하여 항들을 결합한다. 가능한 많은 문자를 소거하기 위해 반복해서 수행한다. $X + X = X$이므로 주어진 항은 한 번 이상 사용될 수 있다.
2. 합의 정리 또는 다른 정리를 이용하여 중복항을 소거한다.

   유감스럽게도 위 과정의 결과는, 항이 결합되고 소거될 때의 순서에 의존하므로 마지막 결과 식이 반드시 최소식이라고 할 수 없다.

예제 다음 식의 최소 곱의합 식을 찾아라.

$$F(a, b, c) = \Sigma\, m\,(0, 1, 2, 5, 6, 7)$$

$$\begin{aligned} F &= a'b'c' + a'b'c + a'bc' + ab'c + abc' + abc \\ &= a'b' + b'c + bc' + ab \end{aligned} \tag{5-1}$$

위 식에서 어떤 항도 합의 정리에 의해 소거될 수 없다. 그러나 다른 방법으로 항들을 결합하면 최소 곱의 항 식으로 곧바로 유도할 수 있다.

$$\begin{aligned} F &= a'b'c' + a'b'c + a'bc' + ab'c + abc' + abc \\ &= a'b' + bc' + ac \end{aligned} \tag{5-2}$$

결합 정리가 모든 최소항 쌍에 적용되면, 여섯 개의 2문자 곱을 얻을 수 있다: $a'b'$, $a'c'$, $b'c$, bc', ac, ab. 그러면, 2차 최소식을 얻을 수 있도록 합의 정리를 적용할 수 있다.

$$a'c' + b'c + ab \tag{5-3}$$

어떤 함수에 대한 *최소 합의곱*(*minimum product-of-sums*) 식은 (a) 최소 개수의 항을 가지며, (b) 각 인수는 최소 개수의 문자를 가지는 합의곱 형식으로 정의된다. 최대항(maxterm) 전개식과 달리, 함수의 최소 합의곱 식은 반드시 하나인 것은 아니다. 최대항 전개식이 주어졌을 때, 최소 합의곱 식은 보통 최소 곱의합 식을 구할 때 사용된 과정과 유사한 절차를 통해 구할 수 있다. 다만, 항들을 결합하기 위해 사용되는 결합 정리 $(X + Y)(X + Y') = X$는 제외한다.

예제

$$(A + B' + C + D')(A + B' + C' + D')(A + B' + C' + D)(A' + B' + C' + D)(A + B + C' + D)(A' + B + C' + D)$$
$$= (A + B' + D') \quad (A + B' + C') \quad (B' + C' + D) \quad (B + C' + D)$$
$$= (A + B' + D') \quad \underbrace{(A + B' + C')} \quad (C' + D)$$
$$= (A + B' + D')(C' + D) \qquad \leftarrow \text{합의 정리에 의해 소거} \qquad (5\text{-}4)$$

합의 정리 $XY' + XY = X$는 최소항 및 곱항(products)이 대수학적 표기나 2진 표기로 되어 있으면 적용 가능하다. 아래 첫 번째 예제는 4변수 최소항에 대한 것을 보여주고 두 번째 예제는 문자 3개로 이루어진 곱항에 대한 것을 보여준다. 대시(dash, -)는 빠진 변수를 의미한다.

$$ab'cd' + ab'cd = ab'c$$
$$1010 + 1011 = 101-$$

$$ab'c + abc = ac$$
$$101- + 111- = 1-1-$$

최소항은 한 개의 변수가 다를 때만 결합을 하고, 곱항은 대시가 같은 위치에 있고(빠진 변수의 위치가 같고) 한 개의 변수가 다를 때만 결합을 한다. 다음 예제는 결합하지 못하는 경우를 보여준다.

$ab'cd' + ab'c'd$ (결합하지 못함)
$1010 + 1001$

$ab'c + abd$ (결합하지 못함)
$101- + 11-1$

다음에 소개될 카노맵은 함수의 최소항을 정리해서 보여준다. 따라서 간략화 정리가 2개의 최소항, 한 개의 빠진 변수를 가진 2개의 곱항, 두 개의 빠진 변수를 가진 2개의 곱항 등 여러 경우에 적용될 때 카노맵에서 이것을 쉽게 시각적으로 볼 수 있다.

5.2 2변수와 3변수 카노맵

진리표와 마찬가지로, 어떤 함수의 카노맵은 독립적인 변수들의 모든 조합의 값을 표시할 수 있다. 아래에 2변수 카노맵을 보여주었다. 한 변수의 값이 맵의 윗 부분에 가로 방향으로 나열되어 있고 다른 변수는 맵의 왼쪽 측면에 나열되어 있다. 맵의 각 사각형은 A와 B에 대한 두 값을 표시한다.

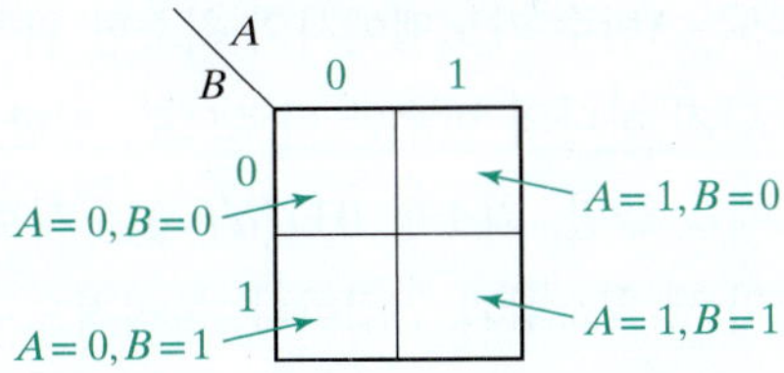

그림 5-1은 함수 F에 대한 진리표와 그에 해당하는 카노맵을 보여준다. $A = B = 0$일 때 F의 값이 왼쪽 위 사각형에 채워졌고, 비슷한 방법으로 맵의 다른 곳들도 채워진 맵이 그림 5-1(b)에 있다. 맵에서 각각의 1은 F의 최소항과 같다. 진리표에서 최소항을 읽을 수 있는 것처럼 맵으로부터 최소항을 읽을 수 있다. 그림 5-1(c)에서 보여진 것처럼, 00칸의 1은 함수의 최소항인 $A'B'$를 의미한다. 비슷하게 01칸의 1은 최소항 $A'B$를 의미한다. 맵의 인접한 최소항들은 하나의 변수만 다르므로 서로 결합될 수 있다. 따라서 $A'B'$와 $A'B$는 결합되어 A'가 된다. 그림 5-1(d)에서 보여진 것처럼, 해당하는 1을 하나의 루프(loop)로 묶는다.

그림 5-1

A B	F
0 0	1
0 1	1
1 0	0
1 1	0

(a)

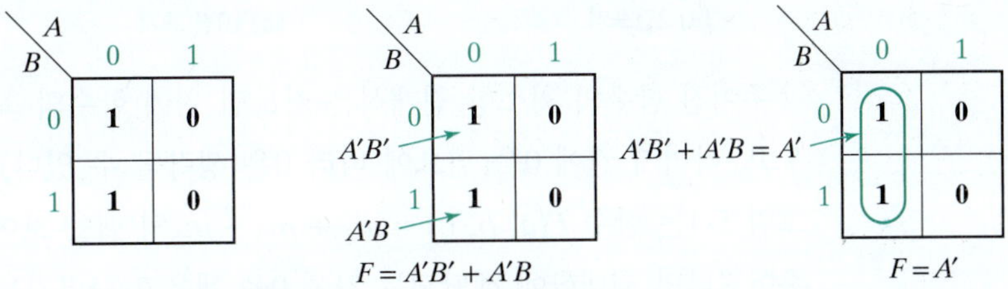

(b) (c) (d)

그림 5-2는 3변수 진리표와 그에 해당하는 카노맵을 보여준다(그림 5-27은 맵을 표시하는 다른 방법을 보여준다). 한 변수(A)의 값이 맵의 위 부분에 가로로 나열되고 다른 두 변수(B, C)의 값은 맵의 측면을 따라서 나열된다. 각 열들은 00, 01, 11, 10의 순서로 표기되므로, 인접한 열들의 값은 서로 오직 한 개의 변수값만 다르게 된다. 각각의 변수값 조합에 대한 F의 값을 진리표로부터 읽고 적절한 칸에 기입한다. 예를 들면, 입력 조합 $ABC = 001$에 대한 F의 값은 0인데, 이것을 $A = 0$, $BC = 01$인 칸에 기입한다. 조합 $ABC = 110$에 대한 F값 1은 $A = 1$, $BC = 10$인 칸에 기입한다.

그림 5-2
3변수 함수에 대한 진리표와 카노맵

A B C	F
0 0 0	0
0 0 1	0
0 1 0	1
0 1 1	1
1 0 0	1
1 0 1	0
1 1 0	1
1 1 1	0

(a)

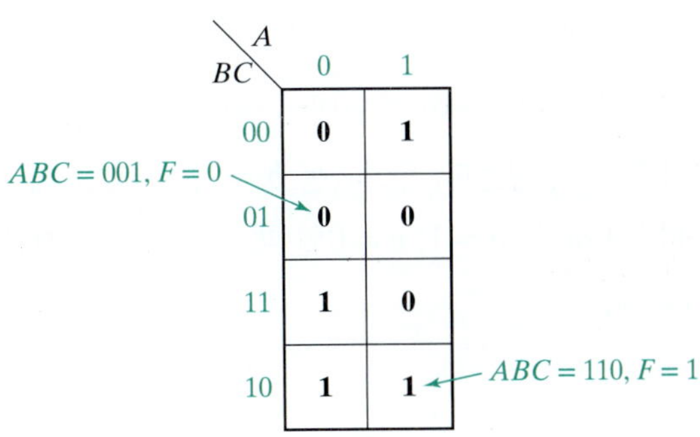

(b)

그림 5-3는 3변수 카노맵에서의 최소항 위치를 보여준다. 맵에서 인접한 칸에 있는 최소항들은 단지 하나의 변수만 다르므로, 결합 정리 $XY' + XY = X$를 이용하여 결합할 수 있다. 예를 들면, 최소항 011($a'bc$)는 서로 결합할 수 있는 001($a'b'c$), 010($a'bc'$), 111(abc)의 세 최소항과 인접한다. 물리적으로 인접한 칸뿐만 아니라, 가장 윗열과 가장 아랫열도 서로 인접한 것으로 본다. 왜냐하면 이 열에 대응하는 최소항들이 한 변수만 서로 다르기 때문이다. 따라서 000과 010은 인접하고 100과 110도 인접하다.

그림 5-3
3변수 카노맵에서의 최소항 위치

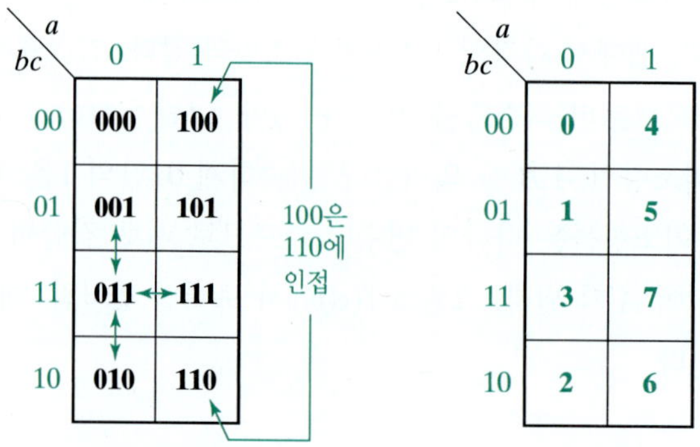

(a) 2진표기 (b) 10진 표기

주어진 함수의 최소항 전개식은 카노맵 위에 함수의 최소항에 해당되는 칸에 1을 채우고, 나머지 칸에 0을(필요에 따라 0은 생략될 수 있다) 채워 넣어서 표시할 수 있다. 그림 5-4는 함수 $F(a, b, c) = m_1 + m_3 + m_5$의 맵을 보여준다. F가 최대항 전개식으로 주어진다면 최대항에 해당되는 칸에 0을 채우고 나머지는 1로 채워 맵을 그릴 수 있다. 따라서 $F(a, b, c) = M_0M_2M_4M_6M_7$에 해당하는 맵은 그림 5-4의 맵과 같다.

그림 5-4
$F(a, b, c) = \Sigma m(1, 3, 5) = \Pi M(0, 2, 4, 6, 7)$의 카노맵

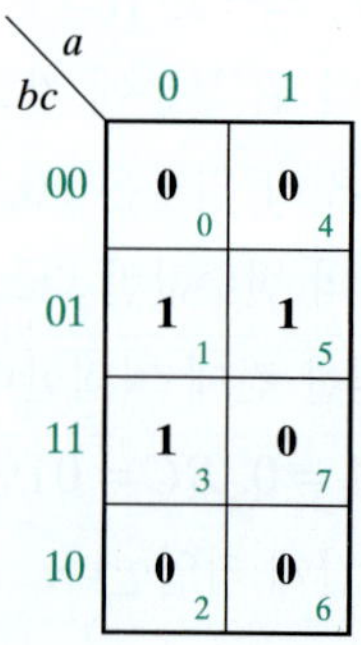

그림 5-5는 곱항들이 카노맵에 어떻게 표시될 수 있는지 보여준다. 항 b는 $b = 1$인 네 칸에 1을 채워 넣는다. 항 bc'는 $b = 1$, $c = 0$일 때 1이므로 $bc = 10$인 열의 두 칸에 1을 넣는다. 항 ac'는 $a = 1$, $c = 0$일 때 1이므로 $c = 0$인 행과 $a = 1$인 열이 교차하는 곳에 1을 넣는다.

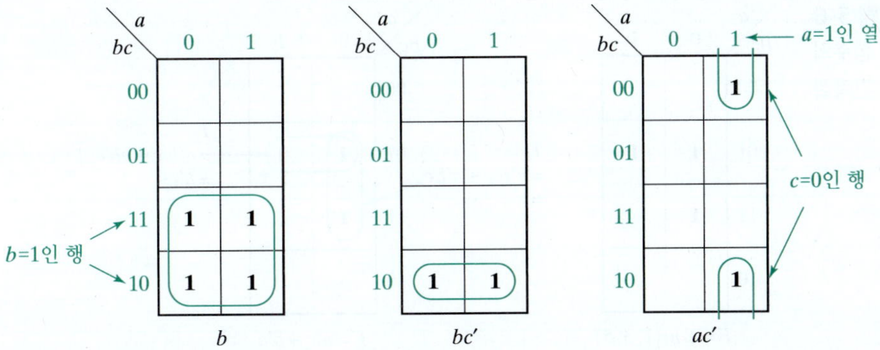

그림 5-5 곱항들의 카노맵

함수가 대수 형식으로 주어지면, 맵에 그리기 전에 최소항 형식으로 전개하는 것은 불필요하다. 만약 대수식이 곱의합 형식으로 전환되면, 각 곱항들은 1의 그룹으로 맵에 그려질 수 있다. 예를 들어, 다음 함수

$$f(a, b, c) = abc' + b'c + a'$$

에 대해, 다음과 같이 맵을 작성할 수 있다:

1. 항 abc'는 $a = 1$, $bc = 10$일 때 1이다. 따라서 $a = 1$인 열과 $bc = 10$인 행이 교차하는 칸에 1을 넣는다.
2. 항 $b'c$는 $bc = 01$일 때 1이다. 따라서 $bc = 01$인 행에 해당하는 두 칸에 1을 넣는다.
3. 항 a'는 $a = 0$일 때 1이다. 따라서 $a = 0$인 열에 해당하는 모든 칸에 1을 넣는다($abc = 001$인 칸에는 이미 1이 있으므로 $x + x = x$에 의해 중복으로 1을 넣을 필요가 없음을 주목하라).

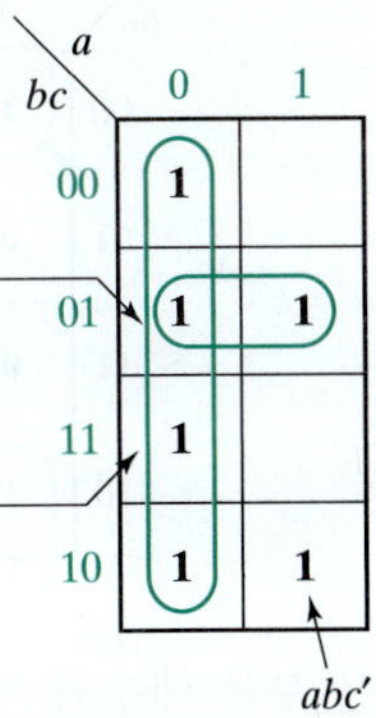

그림 5-6은 카노맵을 사용하여 어떤 함수의 간략화된 식을 유도할 수 있음을 보여준다. 간략화할 함수를 카노맵에 먼저 그린다(그림 5-6(a)). 맵에서 인접한 칸에 있는 항들은 오직 한 변수만 다르므로, 결합 정리 $XY' + XY = X$에 의해서 결합될 수 있다. 따라서 $a'b'c$와 $a'bc$는 결합되어 항 $a'c$가 되고, $a'b'c$와 $ab'c$는 결합되어 항 $b'c$가 될 수 있다(그림 5-6(b)). 최소항 그룹을 묶은 루프는 이들 항들이 결합된 것을 나타낸다. 루프로 묶인 항들은 맵에서 바로 읽을 수 있다. 그림 5-6(b)에서 항 T_1은 $a = 0$ (a') 열에 있고 $c = 1$인 행에 걸쳐져 있으므로 $T_1 = a'c$가 된다. T_1의 두 최소항은 변수 b에서만 다르므로 b가 소거되었음을 유의하라. 비슷하게, 항 T_2는 $bc = 01$ 행에 있으므로 $T_2 = b'c$이고, T_2는 $a = 0$과 $a = 1$인 열에 걸쳐져 있으므로 a가 소거되었다. 따라서 F의 최소 곱의합 형식은 $a'c + b'c$이다.

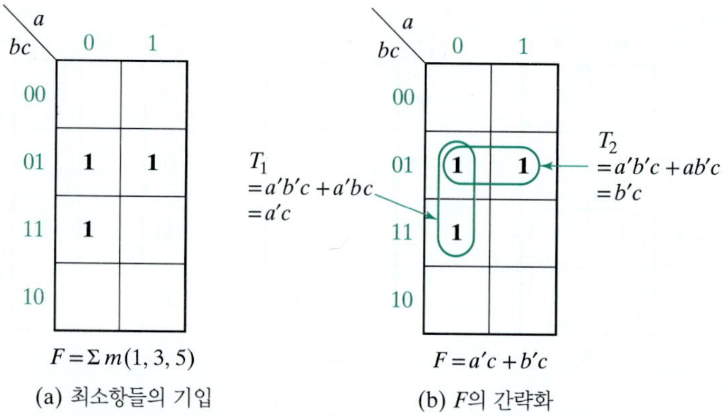

그림 5-6 3변수 함수의 간략화

F의 보수화에 대한 맵(그림 5-7)은 F의 맵에서 0은 1로, 1은 0으로 대체하여 얻을 수 있다. F'를 간략화하기 위해, 맨 위의 행에 있는 항들은 $b'c'$로 결합되고 맨 아래의 행에 있는 항들은 bc'로 결합된다. $b'c'$와 bc'는 한 변수만 다르므로, 맨 위 행과 맨 아래 행은 네 개의 1인 그룹으로 결합될 수 있다. 두 변수가 소거되고 남는 것은 $T_1 = c'$이다. 나머지 1들은, 그림과 같이, 결합되어 $T_2 = ab$가 된다. 따라서 F'의 최소 곱의합은 $c' + ab$이다.

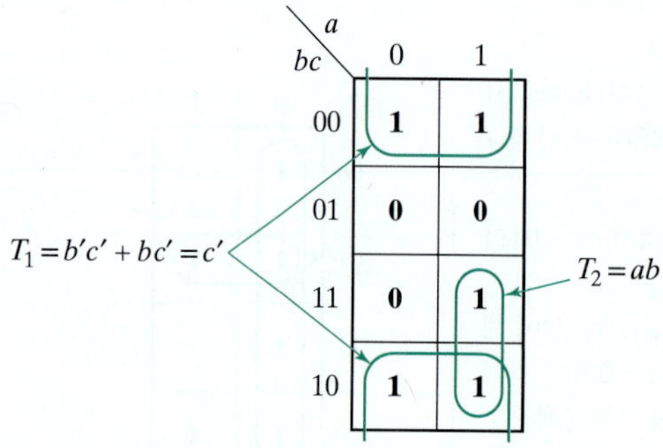

그림 5-7 그림 5-6(a)의 맵의 보수화

카노맵은 부울 대수의 기본 정리들을 보여주기도 한다. 그림 5-8은 합의 정리, $XY + X'Z + YZ = XY + X'Z$를 보여준다. 합의항 YZ에 대한 1들이 다른 두 항에 의해 덮어지므로, 합의항 YZ가 중복항임을 유의하라.

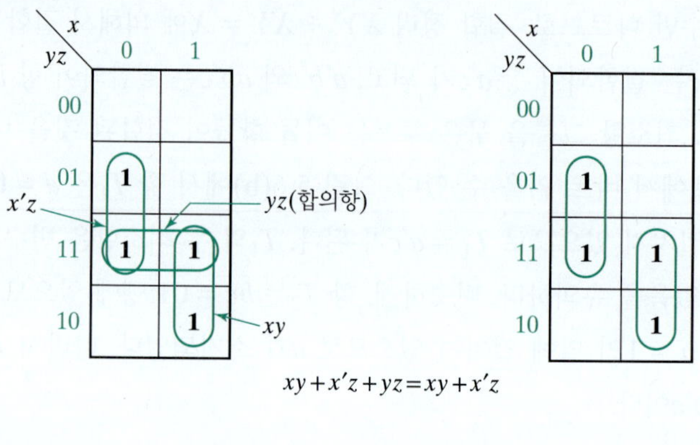

그림 5-8 합의 정리를 보여주는 카노맵

만약 함수가 둘 이상의 최소 곱의합 형식을 가진다면, 이 식들은 맵으로부터 구할 수 있다. 그림 5-9는 $F = \Sigma\, m(0, 1, 2, 5, 6, 7)$에 대한 두 개의 최소 해(minimum solutions)를 보여준다.

그림 5-9 두 개의 최소 해를 갖는 함수

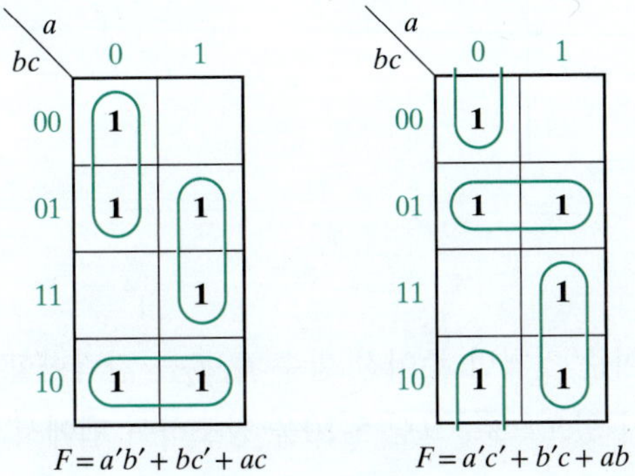

5.3 4변수 카노맵

그림 5-10은 4변수 맵에서의 최소항의 위치를 보여준다. 각 최소항은 결합될 수 있는 네 항들과 인접하고 있다. 예를 들면, $m_5(0101)$은 다른 최소항들과는 한 변수만이 다르기 때문에 $m_1(0001)$, $m_4(0100)$, $m_7(0111)$, $m_{13}(1101)$과 결합될 수 있다. 인접한 칸에 대한 정의는 3변수 맵에서와 같이 맨 위 행과 맨 아래 행이 서로 인접한다는 것뿐만 아니라, 맨 왼쪽과 맨 오른쪽인 열도 서로 인접하다는 것으로도 확장되어야 한다. 열에 매겨지는 숫자의 순서가 00, 01, 11, 10이 되어야 하고 따라서 최소항 0과 8, 1과 9 등이 서로 인접한다.

그림 5-10 4변수 카노맵에서의 최소항 위치

CD \ AB	00	01	11	10
00	**0**	**4**	**12**	**8**
01	**1**	**5**	**13**	**9**
11	**3**	**7**	**15**	**11**
10	**2**	**6**	**14**	**10**

이제 카노맵에 다음 4변수 식을 그릴 것이다(그림 5-11):

$$f(a,b,c,d) = acd + a'b + d'$$

첫 번째 항은 $a = c = d = 1$일 때 1이므로, $a = 1$ 열과 $cd = 11$ 행이 겹쳐지는 두 칸에 1을 넣는다. 항 $a'b$는 $ab = 01$일 때 1이므로 $ab = 01$ 열에 네 개의 1을 넣는다. 마지막으로 d'는 $d = 0$일 때 1이므로, $d = 0$인 두 행에 여덟 개의 1을 넣는다. ($1 + 1 = 1$이므로 중복된 1은 기입하지 않는다.)

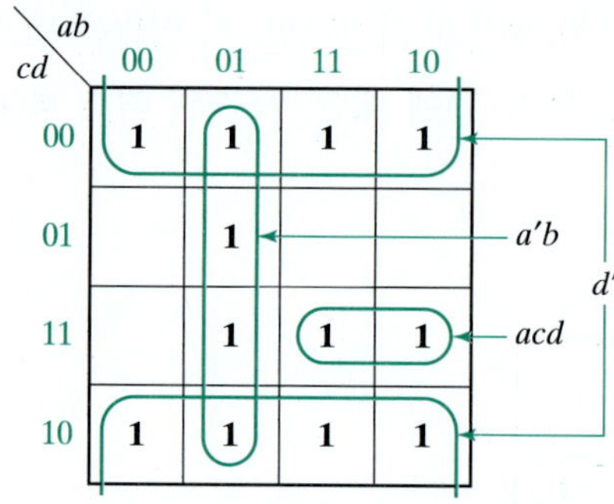

그림 5-11 $acd + a'b + d'$ 가 표시된 카노맵

다음으로 그림 5-12에 보여준 것처럼 주어진 함수 f_1, f_2를 간략화할 것이다. 이 함수는 최소항 형식으로 표현되어 있으므로, 그림 5-10을 참조하여 맵에서 1의 위치를 결정할 수 있다. 맵을 그린 후에 인접한 1의 그룹을 서로 결합할 수 있다. 최소항은 2, 4, 8개의 그룹으로 결합될 수 있고, 각각의 경우 1개, 2개, 3개의 변수들을 소거할 수 있게 된다. 그림 5-12(a)에서 $ab = 00$ 열과 $d = 1$ 행에 있는 두 개의 1은 $a'b'd$를 의미한다. $b = 1$ 열과 $c = 0$ 행에 있는 네 개의 1은 bc'를 의미한다.

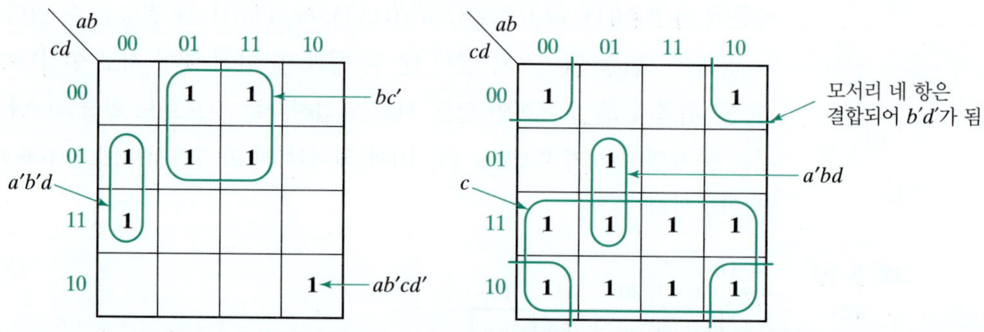

$f_1 = \Sigma m(1, 3, 4, 5, 10, 12, 13)$
$= bc' + a'b'd + ab'cd'$

(a)

$f_2 = \Sigma m(0, 2, 3, 5, 6, 7, 8, 10, 11, 14, 15)$
$= c + b'd' + a'bd$

(b)

그림 5-12 4변수 함수의 간략화

그림 5-12(b)에서 $b = 0$ 열과 $d = 0$ 행이 겹쳐지는 모서리 네 곳의 1은 결합되어 $b'd'$가 된다. $c = 1$인 두 행을 채우는 여덟 개의 1은 항 c를 나타낸다. 맵에서 루프로 묶여진 두 개의 1은 $ab = 01$ 열과 $d = 1$ 행에 있으므로 항 $a'bd$를 나타낸다.

카노맵 방법은 무관항(don't-care terms)을 포함하는 함수에도 쉽게 적용할 수 있다. 최소항들은 맵에서 1로 표시되고 무관항은 X로 표시된다. 최소 곱의합 식을 구하기 위해 항들을 선택할 때 모든 1들은 사용되어야 하지만, 그러나 X는 결과식을 간략화하는 데 필요할 때만 사용된다. 그림 5-13에서는 식을 간략화하는 데 사용되는 무관항은 오직 13번밖에 없다.

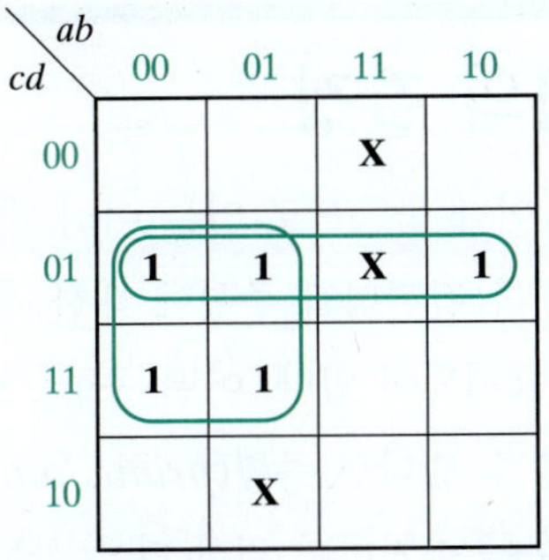

그림 5-13 불완전 정의의 함수(무관항이 포함된 함수)의 간략화

$f = \Sigma\, m(1, 3, 5, 7, 9) + \Sigma\, d(6, 12, 13)$
$= a'd + c'd$

어떤 함수에 대한 최소 곱의합 식을 찾기 위한 카노맵의 사용이 그림 5-1, 5-6, 5-12에 나타나 있다. 최소 합의곱은 맵으로부터 구할 수 있다. 함수 f의 0은 함수 f'의 1이므로, 함수 f'에 대한 최소 곱의합은 맵에서 0을 루프로 묶어서 구할 수 있다. 함수 f'에 대한 최소 곱의합의 보수는 함수 f에 대한 최소 합의곱이다. 다음 예제는 이 과정을 보여준다.

$$f = x'z' + wyz + w'y'z + x'y$$

먼저 함수 f의 1들을 그림 5-14와 같이 그린다. 그러면 0들로부터,

$$f' = y'z + wxz' + w'xy$$

이고 함수 f에 대한 최소 합의곱은 다음과 같다.

$$f = (y + z')(w' + x' + z)(w + x' + y')$$

그림 5-14

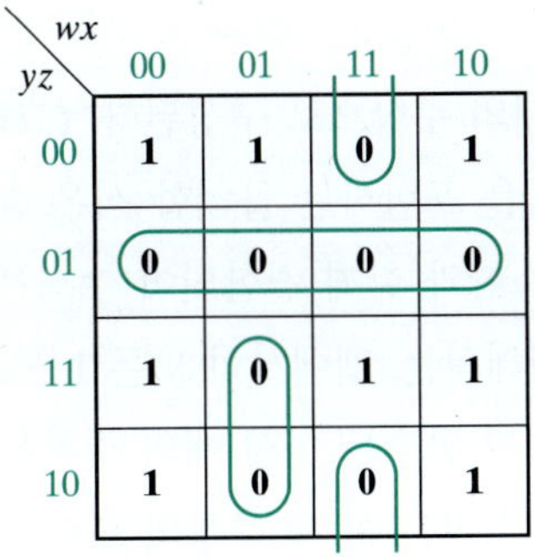

5.4 필수주항을 사용한 최소식의 결정

함수 F의 맵에서 서로 묶일 수 있는 단일 1이나 묶음으로 있는 여러 개의 1은 F의 *관련항*(*implicant*)이라고 불리는 곱항을 나타낸다(관련항과 주항에 대한 정의는 6.1절을 참고). 여러 개의 F의 관련항은 그림 5-15에 표시되어 있다. 어떤 곱항으로 표시된 관련항이, 변수를 소거하기 위한 다른 항과 결합할 수 없다면 *주항*(*prime implicant*)이라고 부른다. 그림 5-15에서 $a'b'c$, $a'cd'$, ac'는 변수를 소거하기 위한 다른 항들과 결합할 수 없으므로 주항이다. 반대로 $a'b'c'd'$는 $a'b'cd'$나 $ab'c'd'$와 결합될 수 있으므로 주항이 아니다. abc'와 $ab'c'$도 결합되어 ac'가 될 수 없으므로 주항이 아니다.

그림 5-15

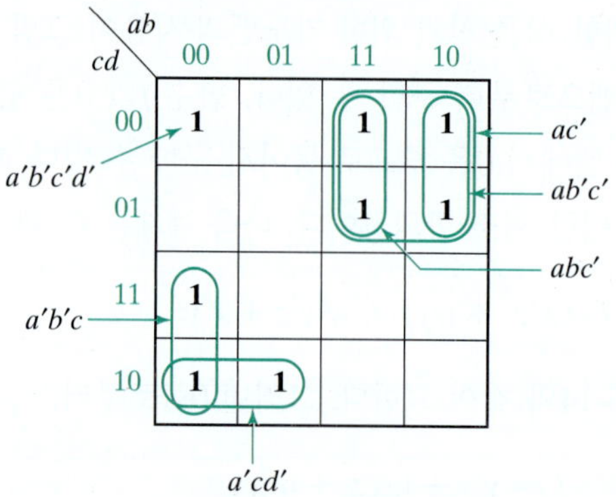

함수의 모든 주항은 카노맵으로부터 구할 수 있다. 맵에서 단일 1은 다른 1들과 인접하지 않다면 주항이 된다. 맵에서 두 개의 인접한 1은 네 개의 1로 이루어진 그룹에 포함되지 않는다면 주항이 된다. 네 개의 인접한 1은 여덟 개의 1로 이루어진 그룹에 포함되지 않는다면 주항이다.

어떤 함수에 대한 최소 곱의합 식은 몇 개의 주항으로 구성된다. (그러나 반드시 그런 것은 아니다.) 다른 말로는, 주항이 아닌 항을 포함하는 곱의합 식은 최소식이 될 수 없다. 주항이 아닌 항이 있다면 추가적인 최소항과 함께 결합되어 수식을 간략화할 수 있기 때문이다. 맵에서 최소 곱의합을 찾기 위해서는, 맵에서의 모든 1을 포함하는 최소 개수의 주항을 찾아야 한다. 그림 5-16에 그려진 함수는 여섯 개의 주항을 가지고 있다. 이 중 세 개는 맵의 모든 1을 포함하고 있고 최소식은 이 세 주항의 합이 된다. 음영으로 표시된 루프는 최소식의 일부분이 아닌 주항을 나타낸다.

그림 5-16 모든 주항의 결정

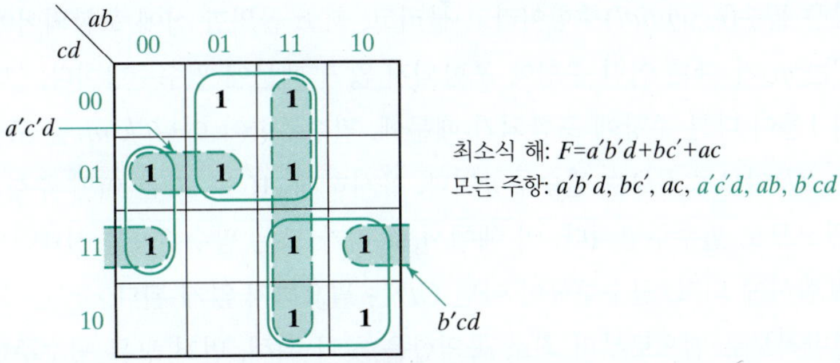

맵에 모든 주항을 나열해 적을 때, 최소 곱의합에 포함되지 않은 주항이 자주 있음을 유의하라. 어느 항의 모든 1들이 주항들에 의해 포함되더라도, 그 항이 어느 한 그룹에 포함되지 않을 경우 여전히 주항이 될 수 있다. 예를 들면, 그림 5-16에서, $a'c'd$는 다른 변수를 소거하기 위해 다른 1들과 결합할 수 없으므로 주항이 된다. 그러나, abd는 다른 두 개의 1과 결합하여 ab가 될 수 있으므로 주항이 아니다. 항 $b'cd$는 그 항의 두 개의 1 모두 다른 주항에 포함되어 있지만 주항이다. 주항을 찾는 과정에서 무관항은 1처럼 취급한다. 그러나, 무관항으로만 구성된 주항은 결코 최소식의 한 부분이 될 수 없다.

함수의 모든 주항이 일반적으로 최소 곱의합을 구할 때 필요한 것이 아니기 때문에, 주항을 선택하는 체계적인 과정이 필요하다. 잘못된 순서로 맵에서 주항을 선택하면, 최소식이 아닌 결과를 얻게 된다. 예를 들면, 그림 5-17에서, CD가 먼저 선택되었을 때, BD, $B'C$, AC가 남아 있는 1을 포함하기 위해 필요하므로, 결과식은 네 항을 갖게 된다. 그러나 그림 5-17(b)처럼, 주항이 선택된다면, 모든 1은 포함되고 CD는 필요하지 않게 된다.

그림 5-17

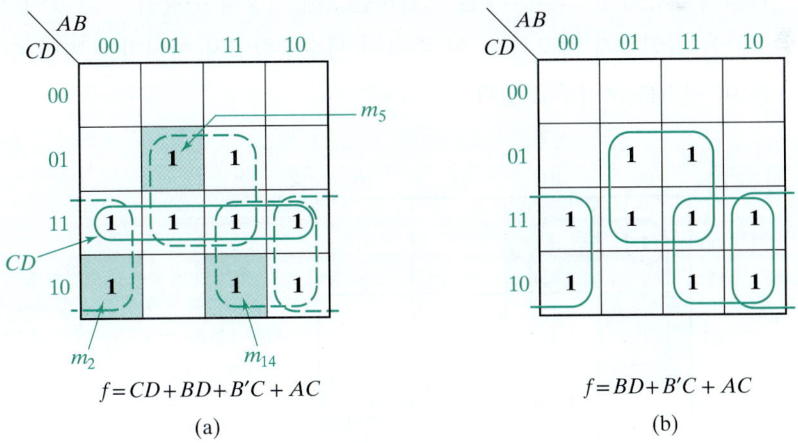

6.2절에서, 주항 차트(chart)가 정의되어 있다. 이 차트는 (모든) 최소식 결과를 찾기 위해 체계적으로 사용될 수 있다. 아래에 설명되어 있는 과정은 매우 복잡하지 않으면서 함수의 최소식 결과를 찾는 데 사용될 수 있는 과정이다.

그림 5-17(a)의 맵에서 몇 개의 최소항은 단일 주항에 의해서만 포함이되지만, 다른 최소항들은 2개의 다른 주항에 포함된다는 것을 주목하라. 예를 들면, m_2는 $B'C$에만 포함되지만, m_3은 $B'C$와 CD 모두에 포함된다. 최소항이 단 하나의 주항에 포함된다면 그

주항은 *필수*(*essential*)주항이라고 불리고, 최소 곱의합 식에 포함되어야 한다. 그러므로 $B'C$는 m_2가 다른 어떤 주항에 포함되지 않기 때문에 필수주항이다. 그러나 CD는, CD 안의 1들이 다른 주항에 포함되기 때문에, 필수주항이 *아니다*. m_5를 포함하는 유일한 주항은 BD이므로 BD는 필수주항이다. 유사하게 AC는, 다른 어떤 주항도 m_{14}를 포함하지 않으므로 필수주항이다. 이 예에서, 우리가 모든 필수주항을 선택하면 맵의 모든 1들을 포함하게 되고, 필수주항이 아닌 CD는 필요하지 않게 된다.

일반적으로 맵으로부터 최소 곱의합을 찾기 위해, 먼저 모든 필수주항을 루프로 묶어야 한다. 맵에서 필수주항을 찾는 한 가지 방법은 단순히 맵에서 아직 포함되지 않은 각각의 1들을 살펴보고, 그 1을 포함하는 주항이 몇 개가 되는지를 확인하는 것이다. 만약 1을 포함하는 주항이 오직 하나만 있다면 그 주항은 필수주항이다. 1을 포함하는 주항이 2개 이상이 있다면, 다른 최소항을 확인하지 않고서는 그 주항이 필수주항인지 아닌지를 말할 수 없다. 간단한 문제로 맵에서 각각의 1을 검사하는 방식으로 필수주항의 위치를 확인할 수 있다. 예를 들면, 그림 5-16에서, m_4는 단지 주항 bc'에만 포함되고 m_{10}은 단지 주항 ac에만 포함된다. 맵에서 다른 1들은 두 개의 주항에 포함된다. 따라서 필수주항은 오직 bc'와 ac만이 된다.

더 복잡한 맵, 특별히 5변수 이상의 맵에서는, 필수주항을 찾기 위해 더욱 체계적인 접근법이 필요하다. 어떤 최소항이 하나의 주항에만 포함되는지를 살펴볼 때, 그 최소항 주변의 모든 칸을 살펴보아야 한다. 주어진 최소항과 그 인접한 1들이 어느 단일 항에 포함된다면, 그 항은 *필수주항*이 된다.[1] 주어진 최소항에 인접한 모든 1이 단일 항에 포함되지 않는다면 그 최소항을 포함하는 2개 이상의 주항이 있을 것이다. 그리고 다른 최소항을 확인하지 않고서는, 이 주항이 필수주항인지 아닌지를 말할 수 없다. 그림 5-18은 이 원리를 보여주고 있다.

그림 5-18

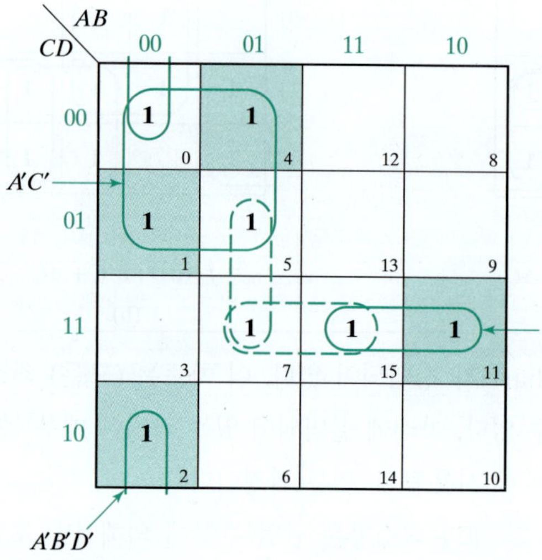

주: 파란색 음영으로 처리된 칸의 1들은 오직 한 주항에만 포함되어 있다. 다른 1들은 적어도 두 개의 주항에 포함되어 있다.

[1]부록 D에 증명되어 있다.

최소항 m_0 (1_0)에 인접한 1들은 1_1, 1_2, 1_4이다. 이들 네 개의 1들을 포함하는 단일 항은 없기 때문에, 아직 필수주항이 나타나 보이지 않는다. 1_1에 인접한 1들은 1_0, 1_5이므로 이 세 개의 1들($A'C'$)을 포함하는 항은 필수주항이다. 1_2에 인접한 1들은 오직 1_0이므로, $A'B'D'$ 역시 필수주항이다. 1_7 (1_5와 1_{15})에 인접한 1들은 단일 항에 포함되지 않으므로, 여기서 $A'BD$나 BCD는 필수주항이 아니다. 그러나 1_{11}에 인접한 1은 오직 1_{15}이기 때문에, ACD는 필수주항이다. 최소식 결과를 얻기 위해, 필수주항이 아닌 주항이 한 개 필요하다. $A'BD$나 BCD 중에서 하나를 선택할 수 있다. 최종 결과는 다음과 같다.

$$A'C' + A'B'D' + ACD + \left\{\begin{matrix} A'BD \\ \text{or} \\ BCD \end{matrix}\right\}$$

무관항이 맵에 있다면, 하나 이상의 주항에 포함되는지 확인할 필요는 없다. 그러나, 주항을 형성하는 과정에서 무관항을 1과 결합하기도 하므로, 1과 인접한 1을 확인할 때, 무관항을 1처럼 취급한다. 다음의 과정은 카노맵으로부터 최소 곱의합을 구하기 위해 사용할 수 있다:

1. 아직 포함되지 않는 최소항(하나의 1)을 선택한다.
2. 그 최소항에 인접한 모든 1과 X를 찾는다. (n-변수 맵에서는 n개의 인접 사각형을 확인하라.)
3. 단일항이 이 최소항과 인접한 1과 X를 포함한다면, 그 항은 필수주항이므로 선택한다. (무관항이 과정 2와 3에서 1처럼 취급되지만, 과정 1에서는 그렇지 않음을 유의하라.)
4. 모든 필수주항이 선택될 때까지 과정 1, 2, 3을 반복한다.
5. 맵에서 나머지 1을 포함하는 주항의 최소 집합을 찾는다. (하나 이상의 집합이 있을 때에는 문자수가 최소인 집합을 선택한다.)

그림 5-19는 이 과정의 순서도를 보여주고 있다. 다음 예제(그림 5-20)은 그 과정을 보여준다. 1_4로 시작할 때 인접한 1들과 X(X_0, 1_5, 1_6)가 단일 항에 포함되지 *않으므로*, 필수주항이 분명히 없다고 알게 된다. 그러나 1_6과 인접하는 1과 X(1_4, X_7)는 $A'B$에 포함되므로, $A'B$는 필수주항이다. 다음으로 1_{13}을 살펴보면, 인접한 1들과 X(1_5, 1_9, X_{15})는 단일 항에 포함되지 않으므로, 필수주항이 분명히 없다고 알게 된다. 비슷하게 1_8과 1_9에 인접한 항들을 살펴보면 필수주항이 나타나지 않는다. 그러나 1_{10}은 1_8에만 인접하고, $AB'D'$는 1_{10}과 1_8을 포함하므로 $AB'D'$는 필수주항이다. 먼저 필수주항을 선택하고 나서, 맵에서 나머지 1을 포함하는 $AC'D$를 선택한다.

최소항의 순서를 선택하는(과정 1) 순서를 신중히 선정하면, 이 과정을 적용하는 데 필요한 작업의 양을 줄일 수 있다. 다음 절에서 볼 수 있듯이, 이 과정은 5개와 6개의 변수를 갖는 문제에 대한 최소식을 구할 때 특히 도움이 된다.

그림 5-19 카노맵을 사용한 최소 곱의합을 구하기 위한 순서도

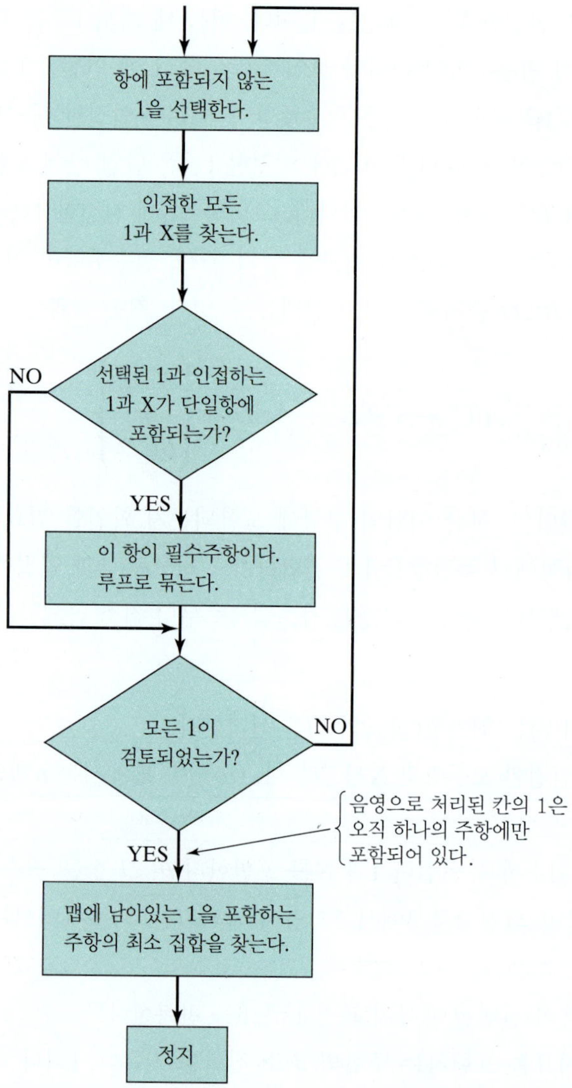

그림 5-20

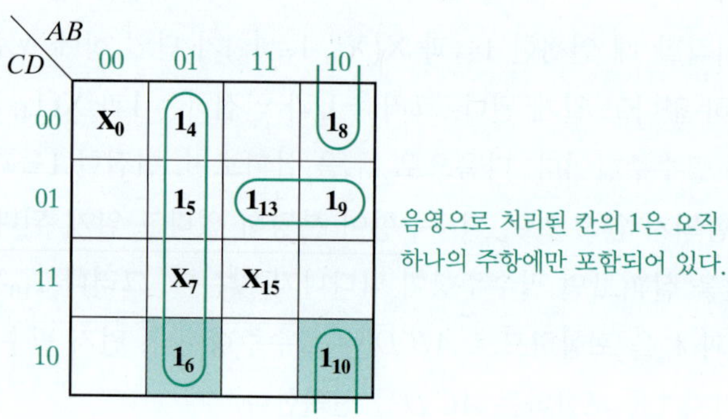

함수 f의 최소 합의곱을 구하는 두 가지 동등한 방법이 있다. 위에서 언급된 것처럼, 한 방법은 함수 f'에 대한 최소 곱의합 식을 구하고 난 뒤, f'를 보수화하여 f에 대한 최소 합의곱 식을 구하는 것이다. 다른 방식으로, 최소 곱의합을 구하기 위한 단계를 쌍대로 바꾸는 것이다. S를 합항(sum term)이라고 하자. $S = 0$인 모든 입력에 대해 f값 역시 0이면, S는 함수 F에 대한 합의곱 형식의 한 항이 될 수 있다. 이 합항을 f의 *연관항*(*implicate*)이라고 부른다. 연관항 S는 S의 문자를 소거하기 위한 다른 연관항과 결합될 수 없다면 *주연관항*(*prime implicate*)이다. f에 대한 최소 합의곱 형식으로 표시된 모든 연관항은 주연관항이다. f에 대한 주연관항은 f에 대한 카노맵에서 인접한 0들의 그룹을 루프로 묶어서 찾을 수 있다. 주연관항이 f의 최대항(0)을 포함하는 유일한 주연관항이라면 그 항은 *필수*(*essential*)주연관항이 되며, f에 대한 최소 합의곱 형식에 포함되어야 한다.

5.5 5변수 카노맵

5변수 맵은 4변수 맵 위에 하나를 더 올려서 3차원으로 만들 수 있다. 하층의 항은 0에서 15가지, 상층의 항은 16에서 31까지 숫자를 매길 수 있으며 하층의 항은 A'를 포함하고 상층의 항은 A를 포함한다. 2차원으로 맵을 표현하기 위해, 4변수 맵의 각각의 칸을 대각선으로 나누고, 대각선 아래에 하층의 항을 넣고 대각선 위에 상층의 항을 둔다(그림 5-21). 상층 또는 하층의 항들은 4변수에 있는 항처럼 결합될 수 있다. 그리고 같은 칸에 있지만 대각선으로 나눠진 두 항들은 한 변만 다르므로 서로 결합될 수 있다. 그러나 물리적으로 인접해 보이는 항은 인접한 것이 아니다. 예를 들어 항 0과 항 20은 다른 열과 다른 층에 있기 때문에 인접한 것이 아니다. 각 항들은 정확하게 다섯 개의 다른 항

그림 5-21
5변수 카노맵

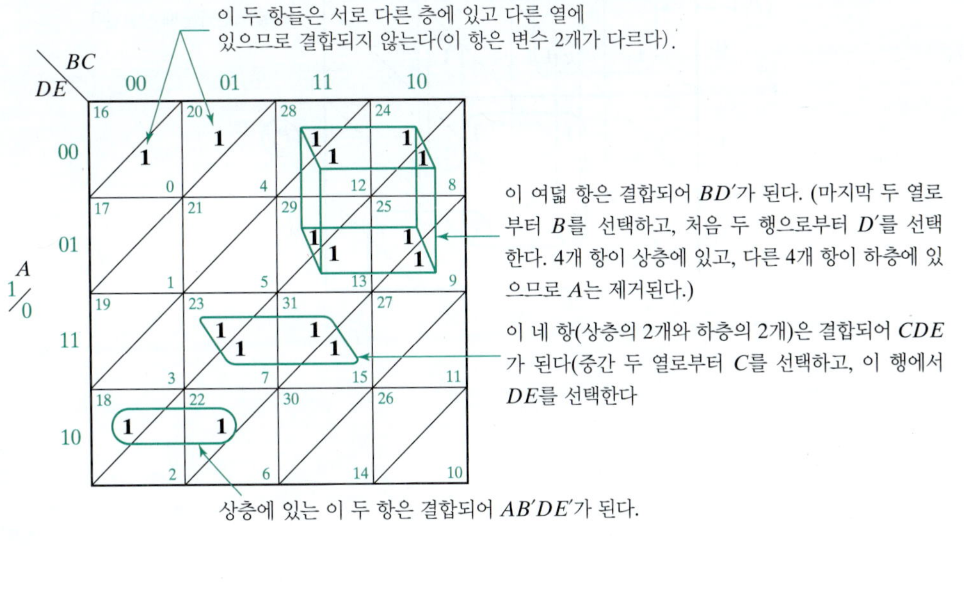

(같은 층에 4개, 다른 층에 1개)에 인접한다(그림 5-22). 5변수 맵의 또다른 표현법은 그림 5-28처럼, 두 층을 나란히 그리는 것이다. 그러나 이런 형식을 사용할 때 인접한 항들을 찾는 데 많은 어려움을 겪을 것이다.

인접한 항을 검사할 때, 각 항은 다섯 개의 인접 칸과 함께 검사해야 한다. (일반적으로 인접 칸의 갯수는 변수의 수와 같다.) 맵을 이용한 5변수 간략화에 대한 두 가지 예가 다음에 있다. 그림 5-23은 다음 함수의 맵이다.

$$F(A, B, C, D, E) = \Sigma\, m(0, 1, 4, 5, 13, 15, 20, 21, 22, 23, 24, 26, 28, 30, 31)$$

그림 5-22

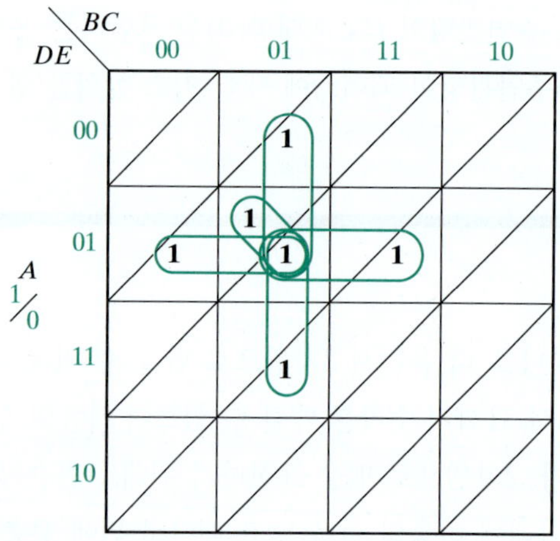

그림 5-23

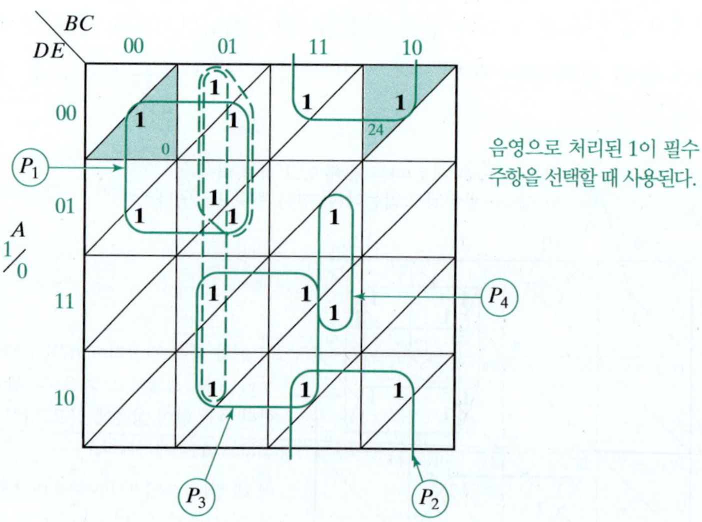

최소항 0에 인접한 모든 1이 P_1에 포함되므로 주항 P_1이 선택된다. 최소항 24에 인접한 모든 1이 P_2에 포함되므로 주항 P_2가 선택된다. 맵에 남아 있는 모든 1은 적어도 두 개의 주항에 포함되므로 시행착오를 거쳐 결과를 얻어야 한다. 몇 번의 시도 이후에, 남아있는 1들은 세 개의 주항에 포함될 수 있음이 명확해진다. 다음에 주항 P_3, P_4를 선택하면 남아 있는 두 개의 1은 4개의 그룹 중에 두 그룹에 포함될 수 있다. 최소식 결과는 다음과 같다.

$$F = \underset{P_1}{A'B'D'} + \underset{P_2}{ABE'} + \underset{P_3}{ACD} + \underset{P_4}{A'BCE} + \begin{Bmatrix} AB'C \\ \text{or} \\ B'CD' \end{Bmatrix}$$

그림 5-24는 다음 함수의 맵이다.

$$F(A,B,C,D,E) = \Sigma\, m(0, 1, 3, 8, 9, 14, 15, 16, 17, 19, 25, 27, 31)$$

m_{16}에 인접한 모든 1은 P_1에 포함되므로, P_1을 먼저 선택한다. m_3에 인접한 모든 1은 P_2에 포함되므로 P_2를 선택한다. m_8에 인접한 모든 1은 P_3에 포함되므로 P_3이 선택된다. m_{14}는 m_{15}에만 인접하므로 P_4 또한 필수주항이 된다. 더이상 필수주항이 없고 나머지 1들은 두 항(P_5와 (1-9-17-25) 또는 (17-19-25-27))에 포함될 수 있다. 마지막 결과는 다음과 같다.

$$F = \underset{P_1}{B'C'D'} + \underset{P_2}{B'C'E} + \underset{P_3}{A'C'D'} + \underset{P_4}{A'BCD} + \underset{P_5}{ABDE} + \begin{Bmatrix} C'D'E \\ \text{or} \\ AC'E \end{Bmatrix}$$

그림 5-24

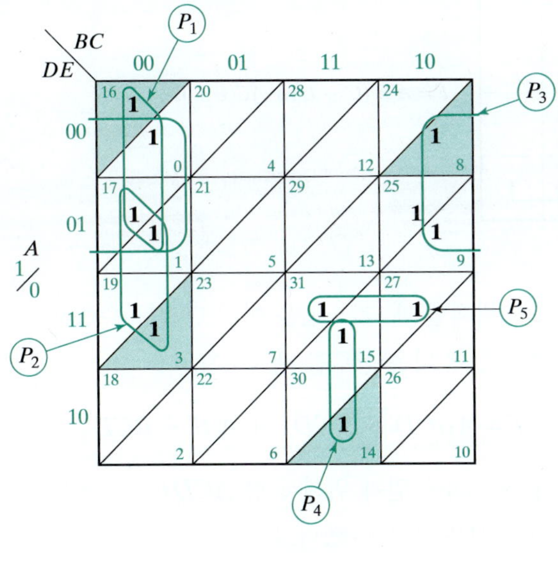

5.6 카노맵의 다른 사용법

진리표를 이용하거나 대수학적으로 수행된 많은 연산들은 카노맵을 사용하여 수행할 수 있다. 맵은 진리표와 다른 형식이나 같은 정보를 전달하고 있다. F에 대한 식을 맵에 작성하면, f의 최소항 전개식과 최대항 전개식을 읽어낼 수 있다. 그림 5-14의 맵으로부터 f의 최소항 전개식은 다음과 같다.

$$f = \Sigma\, m(0, 2, 3, 4, 8, 10, 11, 15)$$

그리고 각 0은 최대항에 대응하므로 f의 최대항 전개식은 다음과 같다.

$$f = \Pi\, M(1, 5, 6, 7, 9, 12, 13, 14)$$

위 두 식을 두 맵에 작성한 후, 서로 같은 카노맵을 갖게 된다는 것을 보여주면 두 함수가 등가임을 증명할 수 있다. 두 맵에서 두 함수의 각각 대응하는 위치에 있는 1과 0을 AND(또는 OR) 하여 두 함수의 AND 연산(또는 OR 연산)을 할 수도 있다. 이 과정은 함수들의 진리표에 대해 같은 연산을 하는 것과 동등하므로 유효하다.

카노맵은 식을 쉽게 인수화할 수 있다. 맵을 검사하면, 하나 이상의 변수를 공통으로 가지는 항을 찾을 수 있다. 그림 5-25의 맵에서 첫 행의 두 항은 $A'B'$를 공통으로 가진다. 오른쪽 아래 구석에 있는 두 항은 AC를 공통으로 가진다.

그림 5-25

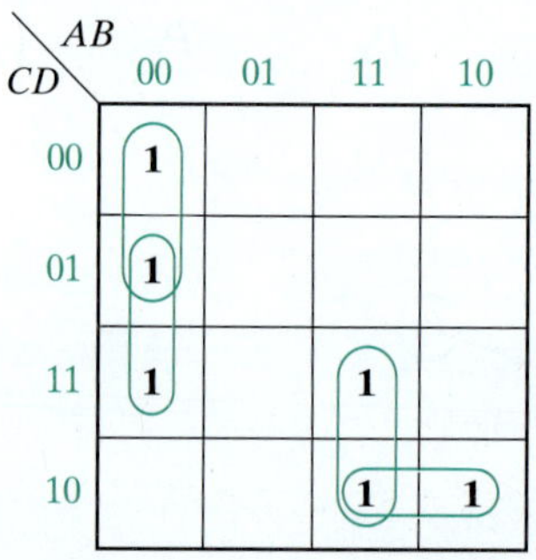

$$F = A'B'(C' + D) + AC(B + D')$$

함수를 대수학적으로 간략화할 때, 카노맵은 어떤 단계를 수행할지 결정하는 데 가이드로 사용할 수 있다. 예를 들어 다음 함수를 생각하자.

$$F = ABCD + B'CDE + A'B' + BCE'$$

맵(그림 5-26)으로부터, 최소식을 얻기 위해서 항 $ACDE$를 추가해야 함을 볼 수 있다. 합의 정리를 이용하여 최소식을 구할 수 있다.

$$F = ABCD + B'CDE + A'B' + BCE' + ACDE$$

맵에서 볼 수 있는 것과 같이, 이 식은 두 개의 중복항, $ABCD$와 $B'CDE$를 포함하고 있다. 이 항들은 합의 정리를 이용하여 소거될 수 있고, 최소 해답은 다음과 같다.

$$F = A'B + BCE' + ACDE$$

그림 5-26

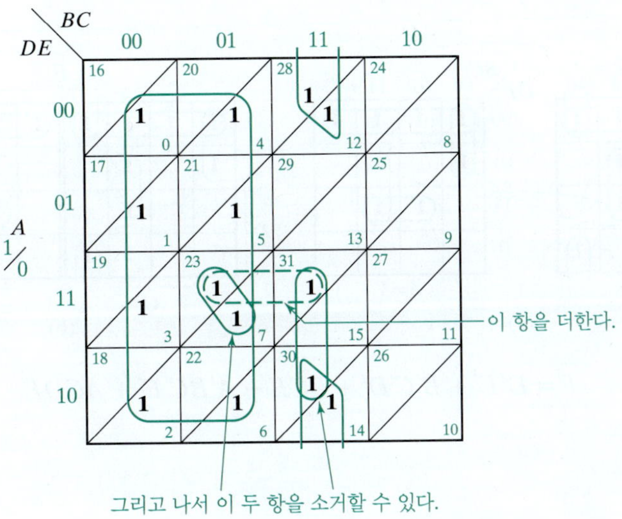

5.7 다른 형태의 카노맵

카노맵의 측면에 0과 1을 표시하는 대신, 그림 5-27과 같이 표시하는 것을 선호하는 사람들도 있다. A로 표시된 맵의 절반은 $A = 1$이고, 나머지 절반은 $A = 0$이다. 다른 변수들도 비슷하게 해석된다. 이 방식으로 표시된 맵을 바이치 다이어그램(Veitch diagram)이라고 부른다. 이것은 최소항이나 최대항 형식보다 대수학적 형식으로 주어진 함수를 작성할 때 특히 유용하다. 그러나 순차회로 문제(12장에서 16장)를 풀기 위해 카노맵을 이용할 때, 맵을 0과 1로 표시하는 것이 더 편리하다.

그림 5-27 바이치 다이어그램

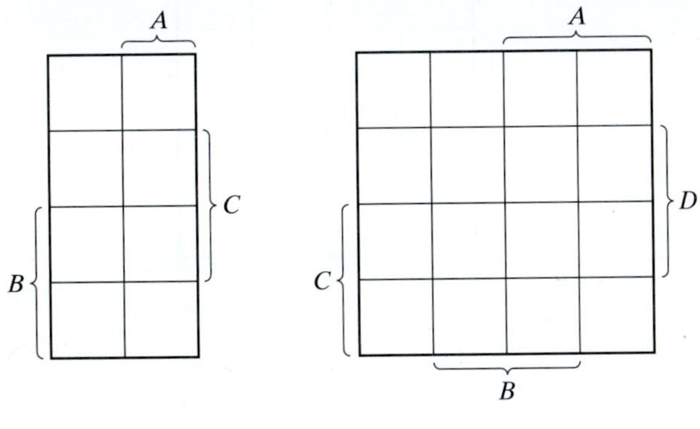

5변수 맵에 대해서 두 개의 다른 형식이 사용된다. 한 가지 형식은 그림 5-28(a)와 같이 2개의 4변수 맵을 나란히 놓는 것이다. 이의 변형은 그림 5-28(b)와 같이 *미러 이미지(mirror image)* 맵을 이용하는 것이다. 이 맵에서 1행과 8행, 2행과 7행, 3행과 6행, 4행과 5행이 "인접해" 있다. 같은 함수가 이 두 맵 모두에 그려져 있다.

그림 5-28
5변수 카노맵의 다른 형식

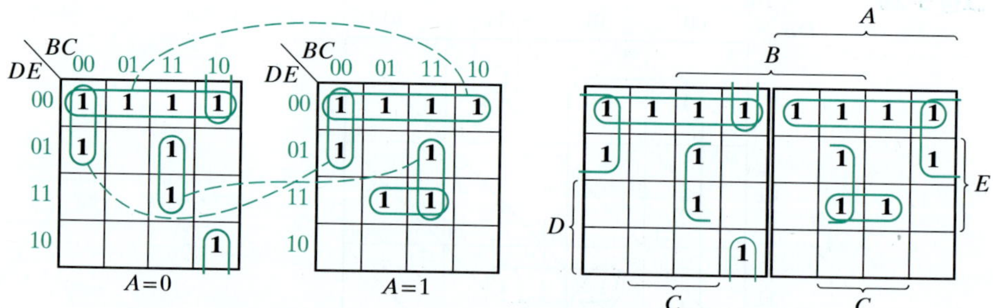

(a) (b)

$$F = D'E' + B'C'D' + BCE + A'BC'E' + ACDE$$

프로그램화된 예제 5.1

이 문제의 해답을 종이로 가리고, 여러분의 답을 확인할 때 그 종이를 조금씩 내리면서 해답을 보아라. 해답을 보기 전에, 여러분의 답을 빈칸에 써라.

문제: 다음 함수에 대한 최소 곱의합과 최소 합의곱을 구하여라.

$$f = b'c'd' + bcd + acd' + a'b'c + a'bc'd$$

먼저 f에 대한 맵을 작성하라.

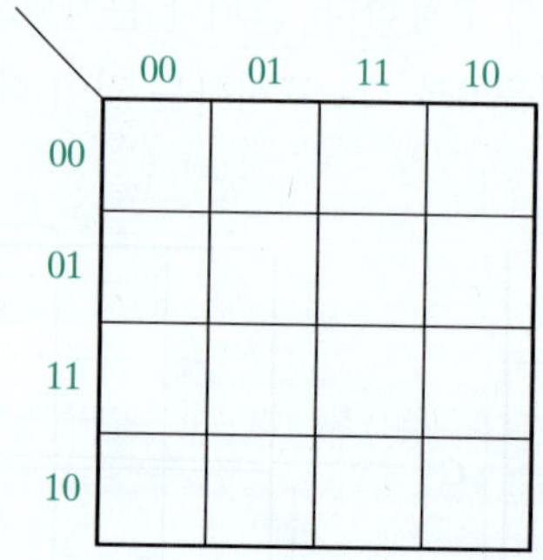

답

cd \ ab	00	01	11	10
00	1			1
01		1		
11	1	1	1	
10	1		1	1

(a) 위 맵에서 m_0에 인접한 최소항은 _____와 _____이다.

(b) m_0를 포함하는 필수주항을 찾고, 맵에 루프로 표시하라.

(c) m_3에 인접한 최소항은 _____와 _____이다.

(d) m_3을 포함하는 필수주항이 있는가?

(e) 나머지 필수주항을 찾고, 루프로 묶어라.

답

(a) m_2와 m_8　　(b)

(c) m_2와 m_7　　(e)

(d) 없음

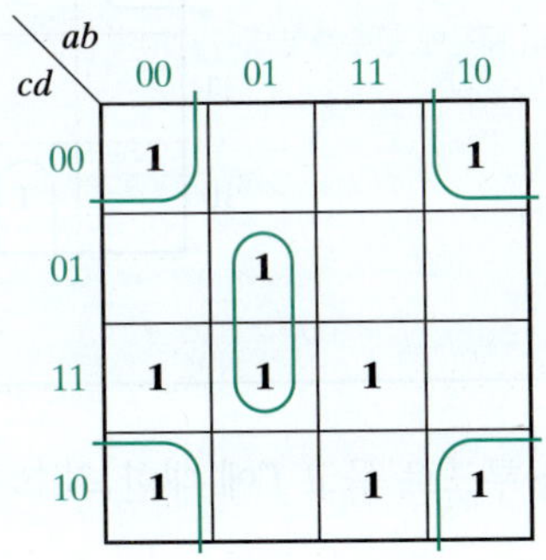

최소의 루프를 사용하여 남아 있는 1을 루프로 묶어라.

f에 대한 두 개의 최소 곱의합은

$f =$ ________________와

$f =$ ________________이다.

답

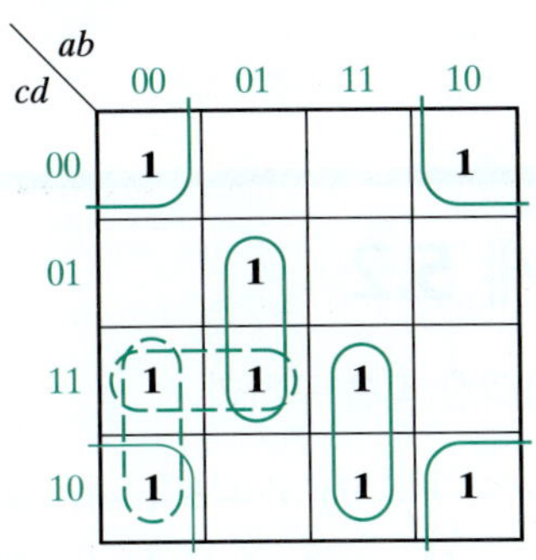

$$f = b'd' + a'bd + abc + \left\{ \begin{matrix} a'cd \\ or \\ a'b'c \end{matrix} \right\}$$

다음으로, f에 대한 최소 합의곱을 찾을 것이다. f'에 대한 맵을 그리는 것으로 시작하자. f'의 모든 필수주항을 루프로 묶고 어떤 최소항이 필수주항을 만드는지 표시하라

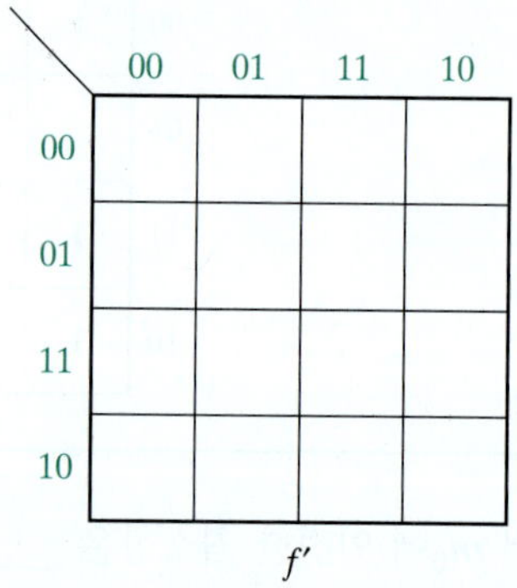

답

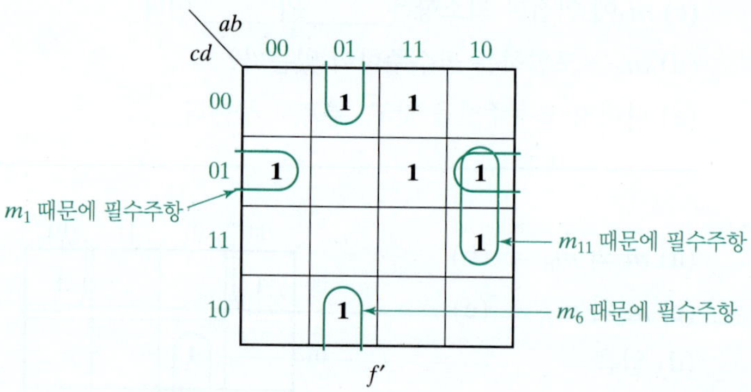

남아 있는 1을 루프로 묶고 f'에 대한 최소 곱의합을 써라.

f' = ________________

그러므로 f에 대한 최소 합의곱은

f = __________________이다.

최종해답 $f' = b'c'd + a'bd' + ab'd + abc'$

$f = (b + c + d')(a + b' + d)(a' + b + d')(a' + b' + c)$

프로그램화된 예제 5.2

문제: 다음 식에 대한 최소 곱의합 식을 구하라.

$$f(a, b, c, d, e) = (a' + c + d)(a' + b + e)(a + c' + e')(c + d + e')(b + c + d' + e)(a' + b' + c + e')$$

답을 구하기 위한 첫 단계는 f에 대한 맵을 작성하는 것이다. f가 합의곱 형식으로 주어졌기 때문에 f'에 대한 맵을 우선 작성하고 보수를 취해주는 것이 쉽다. f를 곱의합 형식으로 써라:

f' = ____________________

이제 f'에 대한 맵을 작성하라. (상층에 세 개의 항, 하층에 한 개의 항, 그리고 두 층에 걸쳐 두 개의 항이 있음을 유의하라.)

다음에 f'에 대한 맵을 f에 대한 맵으로 변환하라.

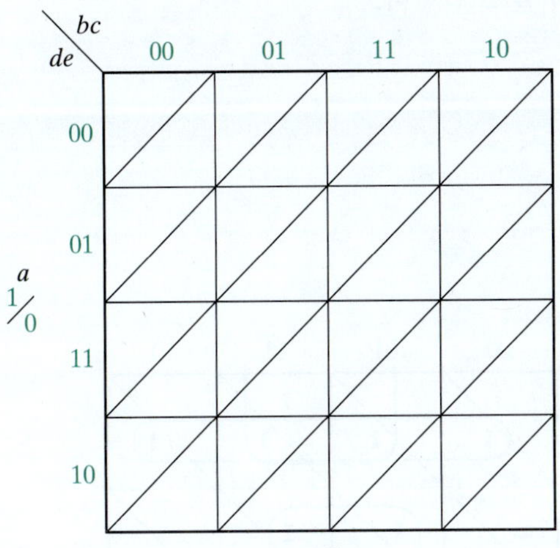

f'

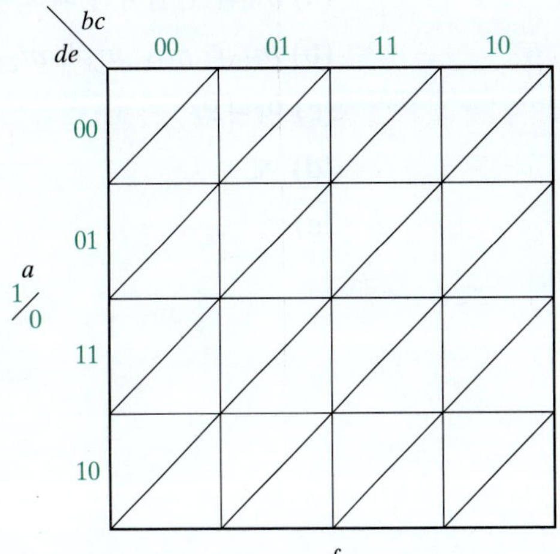

f

답

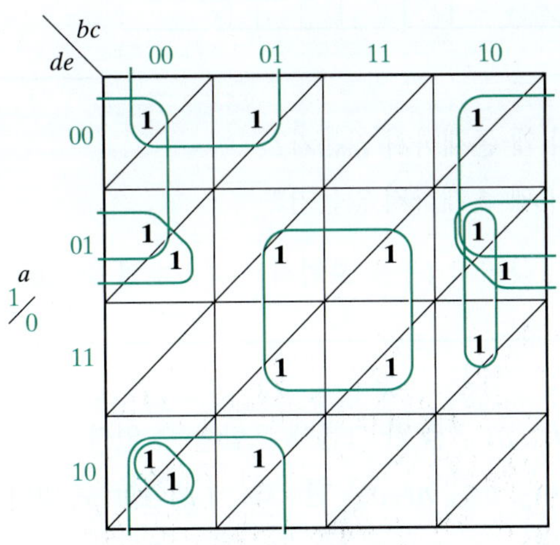

f'

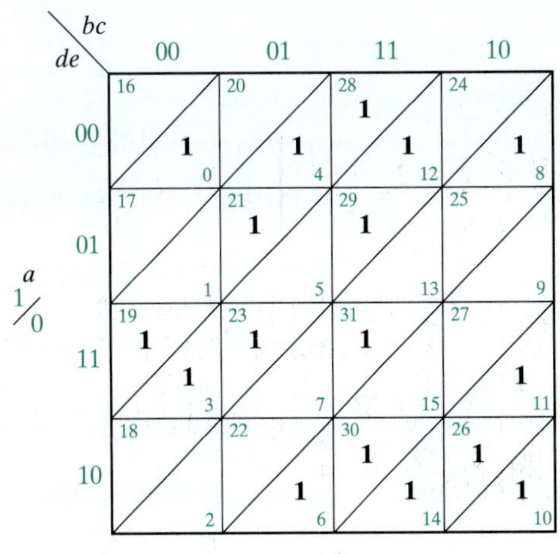

f

다음 단계는 f의 필수주항을 구하는 것이다.

(a) 왜 $a'd'e'$가 필수주항인가?

(b) 어떤 최소항이 m_3에 인접해 있는가? ______ m_{19}에 인접한 최소항은?_______

(c) m_3과 m_{19}를 포함하는 필수주항이 있는가?

(d) m_{21}을 포함하는 필수주항이 있는가?

(e) 찾은 필수주항을 루프로 묶고, 두 개의 필수주항을 더 찾아 루프로 묶어라.

답

(a) m_0와 인접하는 최소항 모두를 포함한다.

(b) m_{19}과 m_{11}, m_3과 m_{23}

(c) 아니오

(d) 예

(e)

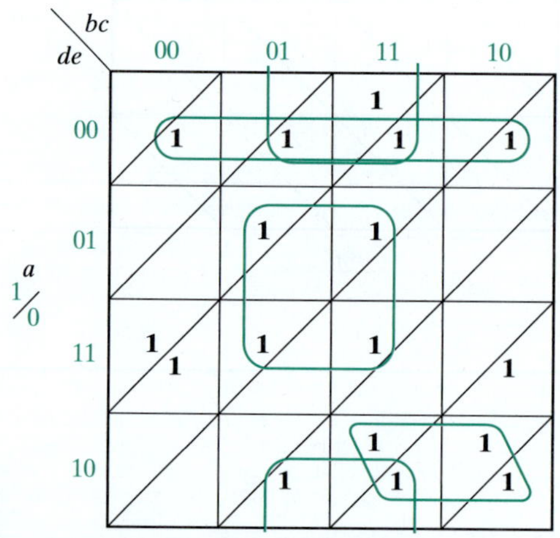

(a) m_{11}를 포함하는 필수주항이 왜 존재하지 않는가?

(b) m_{28}를 포함하는 필수주항이 왜 존재하지 않는가?

더 이상의 필수주항이 없으므로, 나머지 1들을 포함하는 최소수의 항으로 묶어라.

답

(a) m_{11}에 인접하는 모든 1들(m_3, m_{10})을 한 그룹에 포함할 수 없다.

(b) m_{28}에 인접하는 모든 1들(m_{12}, m_{30}, m_{29})을 한 그룹에 포함할 수 없다.

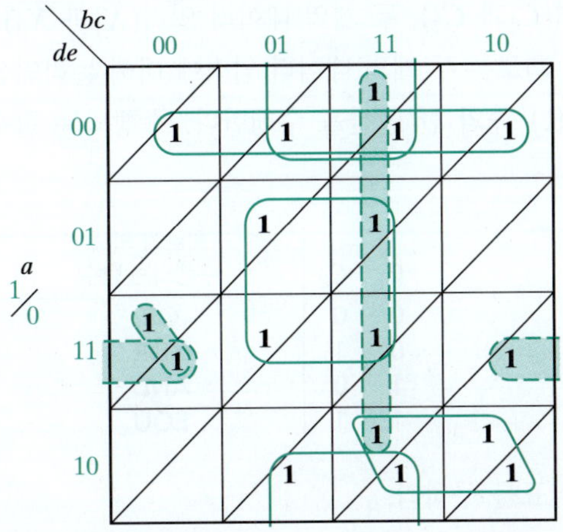

주: 4개의 나머지 1들을 묶는 다섯 가지의 방법이 있다.

---

f에 대한 2개의 최소 곱의합을 적어라.

$f =$ ____________________________

$f =$ ____________________________

답

$$f = a'd'e' + ace + a'ce' + bde' + \begin{Bmatrix} abc \\ \text{or} \\ bce' \end{Bmatrix} + \begin{Bmatrix} b'c'de + a'c'de \\ b'c'de + a'bc'd \\ ab'de + a'c'de \end{Bmatrix}$$

연습문제

5.3 카노맵을 이용하여 다음 함수에 대한 최소 곱의합을 구하라

(a) $f_1(a, b, c) = m_0 + m_2 + m_5 + m_6$ (b) $f_2(d, e, f) = \Sigma m(0, 1, 2, 4)$

(c) $f_3(r, s, t) = rt' + r's' + r's$ (d) $f_4(x, y, z) = M_0 \cdot M_5$

5.4 (a) 다음 함수를 카노맵에 작성하라. (맵에 작성하기 전에 최소항 형식으로 전개하지 말아라.)

$$F(A, B, C, D) = BD' + B'CD + ABC + ABC'D + B'D'$$

(b) 최소 곱의합을 구하라.

(c) 최소 합의곱을 구하라.

5.5 두 개의 제어 입력(C_1과 C_2), 두 개의 데이터 입력(X_1과 X_2), 하나의 출력(Z)를 가진 스위칭 회로가 있다. 회로는 두 개의 데이터 입력에 대해 논리연산 AND, OR, EQU(등가), XOR(배타적 OR) 중의 한 연산을 수행한다. 수행되는 함수는 제어 입력에 따라 결정된다.

C_1	C_2	회로에 의해 수행되는 함수
0	0	OR
0	1	XOR
1	0	AND
1	1	EQU

(a) Z에 대한 진리표를 구하라.

(b) Z를 얻기 위한 최소화 AND-OR 게이트 회로를 얻기 위해 카노맵을 이용하라.

5.6 각 함수의 최소 곱의합 식을 구하라. 답에서 필수주항에 밑줄을 긋고 어떤 최소항이 필수주항을 만드는지 말하라.

(a) $f(a, b, c, d) = \Sigma\, m(0, 1, 3, 5, 6, 7, 11, 12, 14)$

(b) $f(a, b, c, d) = \Pi\, M(1, 9, 11, 12, 14)$

(c) $f(a, b, c, d) = \Pi\, M(5, 7, 13, 14, 15) \cdot \Pi\, D(1, 2, 3, 9)$

5.7 각 함수의 최소 곱의합 식을 구하라.

(a) $f(a, b, c, d) = \Sigma\, m(0, 2, 3, 4, 7, 8, 14)$

(b) $f(a, b, c, d) = \Sigma\, m(1, 2, 4, 15) + \Sigma\, d(0, 3, 14)$

(c) $f(a, b, c, d) = \Pi\, M(1, 2, 3, 4, 9, 15)$

(d) $f(a, b, c, d) = \Pi\, M(0, 2, 4, 6, 8) \cdot \Pi\, D(1, 12, 9, 15)$

5.8 각 함수의 최소 곱의합과 최소 합의곱을 구하라.

(a) $f(a, b, c, d) = \Pi\, M(0, 1, 6, 8, 11, 12) \cdot \Pi\, D(3, 7, 14, 15)$

(b) $f(a, b, c, d) = \Sigma\, m(1, 3, 4, 11) + \Sigma\, d(2, 7, 8, 12, 14, 15)$

5.9 각 함수의 최소 곱의합과 최소 합의곱을 구하라.

(a) $F(A, B, C, D, E) = \Sigma\, m(0, 1, 2, 6, 7, 9, 10, 15, 16, 18, 20, 21, 27, 30)$
$+ \Sigma\, d(3, 4, 11, 12, 19)$

(b) $F(A, B, C, D, E) = \Pi\, M(0, 3, 6, 9, 11, 19, 20, 24, 25, 26, 27, 28, 29, 30)$
$\cdot \Pi\, D(1, 2, 12, 13)$

5.10 $f(a, b, c, d, e) = \Sigma\, m(0, 3, 4, 5, 6, 7, 8, 12, 13, 14, 16, 21, 23, 24, 29, 31)$

(a) 카노맵을 이용하여 필수주항을 구하고, 왜 선택한 주항이 필수인지를 나타내라(네 개의 필수주항이 있다).

(b) 카노맵을 이용하여 모든 주항을 구하라(모두 9개의 주항이 있다).

5.11 f에 대한 최소 합의곱 식을 구하라. 필수주항에 밑줄을 그어라.

$$f(a, b, c, d, e) = \Sigma\, m(2, 4, 5, 6, 7, 8, 10, 12, 14, 16, 19, 27, 28, 29, 31) + \Sigma\, d(1, 30)$$

5.12 $F = AB'D' + A'B + A'C + CD$

(a) 카노맵을 이용하여 F에 대한 최대항 전개식을 구하라. (10진법과 영문자 모두로 답을 표기하라.)

(b) 카노맵을 이용하여 F'에 대한 최소 곱의합을 구하라.

(c) F에 대한 최소 합의곱을 구하라.

5.13 주어진 식에 대한 최소 곱의합을 구하라. 그리고 최소항 5를 무관항으로 만들고 최소 곱의합 식이 바뀌지 않음을 증명하라. 이제 원래 식을 가지고 다시 시작해서, 어떤 최소항이 무관항으로 바뀌어도 최소 곱의합이 바뀌지 않는지 찾아라.

$$F(A, B, C, D) = A'C' + B'C + ACD' + BC'D$$

5.14 각 함수의 최소 곱의합 식을 구하라.

(a) $f_1(A, B, C) = m_1 + m_2 + m_5 + m_7$ (b) $f_2(d, e, f) = \Sigma\, m(1, 5, 6, 7)$

(c) $f_3(r, s, t) = rs' + r's' + st'$ (d) $f_4(a, b, c) = m_0 + m_2 + m_3 + m_7$

(e) $f_5(n, p, q) = \Sigma\, m(1, 3, 4, 5)$ (f) $f_6(x, y, z) = M_1 M_7$

5.15 연습문제 5.14에서의 각 함수에 대한 최소 합의곱 식을 구하라

5.16 다음 함수에 대한 최소 곱의합을 구하라

(a) $f_1(A, B, C) = m_1 + m_3 + m_4 + m_6$ (b) $f_2(d, e, f) = \Sigma\, m(1, 4, 5, 7)$

(c) $f_3(r, s, t) = r't' + rs' + rs$ (d) $f_1(a, b, c) = m_3 + m_4 + m_6 + m_7$

(e) $f_2(n, p, q) = \Sigma\, m(2, 3, 5, 7)$ (f) $f_4(x, y, z) = M_3 M_6$

5.17 (a) 다음 함수를 카노맵에 작성하라. (맵에 작성하기 전에 최소항의 형식으로 확장하지 말아라)

$$F(A, B, C, D) = A'B' + CD' + ABC + A'B'CD' + ABCD'$$

(b) 최소 곱의합을 찾아라

(c) 최소 합의곱을 찾아라.

5.18 다음 함수에 대해 연습문제 5.17을 반복하라

$$f(A, B, C, D) = A'B' + A'B'C' + A'BD' + AC'D + A'BD + AB'CD'$$

5.19 두 개의 제어 입력(C_1과 C_2), 두 개의 데이터 입력(X_1과 X_2), 하나의 출력(Z)를 가진 스위칭 회로가 있다. 회로는 두 개의 데이터 입력에 대해 다음 표와 같이 논리 연산을 수행한다.

C_1	C_2	회로에 의해 수행되는 함수
0	0	X_1X_2
0	1	$X_1 \oplus X_2$
1	0	$X_1' + X_2$
1	1	$X_1 \equiv X_2$

(a) Z에 대한 진리표를 구하라.

(b) Z를 얻기위한 최소 OR-AND 게이트 회로를 구하기 위해 카노맵을 이용하라.

5.20 카노맵을 이용하여 다음 함수에 대한 모든 최소 곱의항 전개식을 구하라.

(a) $F(a, b, c) = \Pi M(3, 4)$

(b) $g(d, e, f) = \Sigma m(1, 4, 6) + \Sigma d(0, 2, 7)$

(c) $F(p, q, r) = (p + q' + r)(p' + q + r')$

(d) $F(s, t, u) = \Sigma m(1, 2, 3) + \Sigma d(0, 5, 7)$

(e) $f(a, b, c) = \Pi M(2, 3, 4)$

(f) $G(D, E, F) = \Sigma m(1, 6) + \Sigma d(0, 3, 5)$

5.21 다음의 식을 먼저 맵을 이용하여 간략화하고, 다음으로 부울대수를 이용하여 간략화하라. 맵은 대수적 간략화에서 어떤 항에 어떤 정리를 적용할지를 결정하는 데 가이드로 사용하라.

$$F = a'b'c' + a'c'd + bcd + abc + ab'$$

5.22 다음 각각의 함수에 대한 모든 주항과 모든 최소 곱의합 식을 찾아라.

(a) $f(A, B, C, D) = \Sigma m(4, 11, 12, 13, 14) + \Sigma d(5, 6, 7, 8, 9, 10)$

(b) $f(A, B, C, D) = \Sigma m(3, 11, 12, 13, 14) + \Sigma d(5, 6, 7, 8, 9, 10)$

(c) $f(A, B, C, D) = \Sigma m(1, 2, 4, 13, 14) + \Sigma d(5, 6, 7, 8, 9, 10)$

(d) $f(A, B, C, D) = \Sigma m(4, 15) + \Sigma d(5, 6, 7, 8, 9, 10)$

(e) $f(A, B, C, D) = \Sigma m(3, 4, 11, 15) + \Sigma d(5, 6, 7, 8, 9, 10)$

(f) $f(A, B, C, D) = \Sigma m(4) + \Sigma d(5, 6, 7, 8, 9, 10, 11, 12, 13, 14)$

(g) $f(A, B, C, D) = \Sigma m(4, 15) + \Sigma d(0, 1, 2, 5, 6, 7, 8, 9, 10)$

5.23 연습문제 5.22의 각 함수에 대해 모든 최소 합의곱 식을 찾아라.

5.24 다음 함수에 대한 최소 곱의합 식을 찾아라

(a) $\Sigma m(0, 2, 3, 5, 6, 7, 11, 12, 13)$

(b) $\Sigma m(2, 4, 8) + \Sigma d(0, 3, 7)$

(c) $\Sigma m(1, 5, 6, 7, 13) + \Sigma d(4, 8)$

(d) $f(w, x, y, z) = \Sigma m(0, 3, 5, 7, 8, 9, 10, 12, 13) + \Sigma d(1, 6, 11, 14)$

(e) $\Pi M(0, 1, 2, 5, 7, 9, 11) \cdot \Pi D(4, 10, 13)$

5.25 다음 함수에 대해 연습문제 5.24를 반복하라

(a) $f(a, b, c, d) = \Sigma\, m(1, 3, 4, 5, 7, 9, 13, 15)$
(b) $f(a, b, c, d) = \Pi\, M(0, 3, 5, 8, 11)$
(c) $f(a, b, c, d) = \Sigma\, m(0, 2, 6, 9, 13, 14) + \Sigma\, d(3, 8, 10)$
(d) $f(a, b, c, d) = \Pi\, M(0, 2, 6, 7, 9, 12, 13) \cdot \Pi\, D(1, 3, 5)$

5.26 다음에 대한 최소합의곱을 찾아라. 필수주항에 밑줄을 그어라.

(a) $\Pi\, M(0, 2, 4, 5, 6, 9, 14) \cdot \Pi\, D(10, 11)$
(b) $\Sigma\, m(1, 3, 8, 9, 15) + \Sigma\, d(6, 7, 12)$

5.27 각각의 함수에 대해 최소 곱의합과 최소 합의곱 식을 찾아라

(a) $f(A, B, C, D) = \Pi\, M(0, 2, 10, 11, 12, 14, 15) \cdot \Pi\, D(5, 7)$
(b) $f(w, x, y, z) = \Sigma\, m(0, 3, 5, 7, 8, 9, 10, 12, 13) + \Sigma\, d(1, 6, 11, 14)$

5.28 함수 $F(a, b, c, d) = a'b' + a'cd + ac'd + ab'd'$를 구현하는 논리회로가 있다. $b = d = 1$일 때 $a = c$일 수 없다고 가정하고 F의 간략화 식을 구하라.

5.29 $F = AB'D' + A'B + A'C + CD$

(a) F에 대한 최대항 전개식을 구하기 위해 카노맵을 이용하라. (10진법과 영문자 모두 사용하여 표기하라.)
(b) F'에 대한 최소 곱의합 식을 구하기 위해 카노맵을 이용하라
(c) F에 대한 최소 합의곱을 찾아라.

5.30 입력 $ABCD = 0101$, $BCD = 1001$, $ABCD = 1011$은 결코 발생할 수 없다고 가정하고 다음 함수에 대한 간략화된 식을 구하라.

$$F = A'BC'D + A'B'D + A'CD + ABD + ABC$$

5.31 157쪽에 있는 각 함수에 대한 모든 주항을 찾아라.

5.32 다음에 그려진 각 함수의 모든 주항을 구하라.

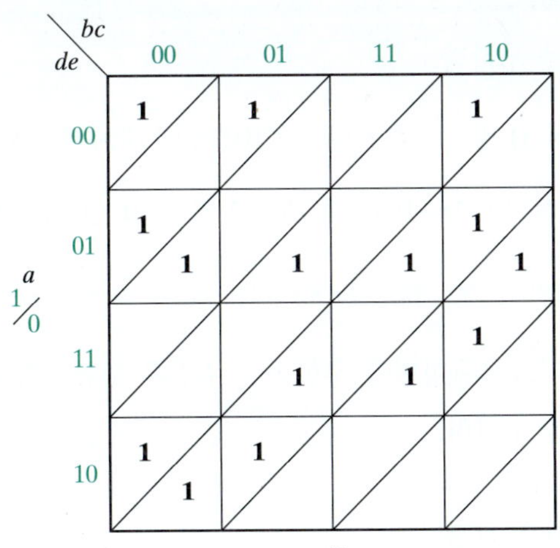

F

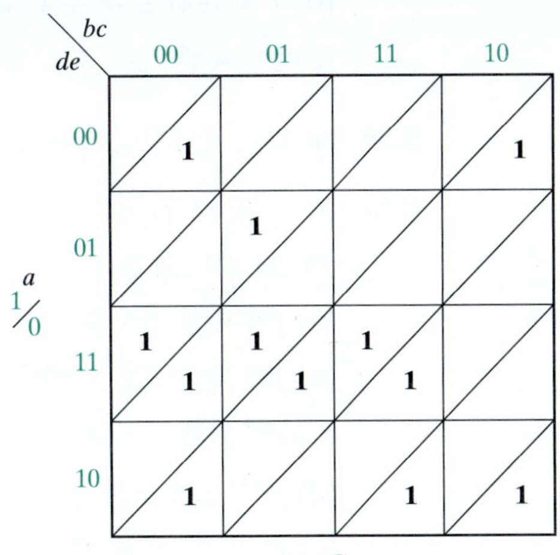

G

5.33 주어진 함수 $f(a, b, c, d, e) = \Sigma m(6, 7, 9, 11, 12, 13, 16, 17, 18, 20, 21, 23, 25, 28)$에서 카노맵을 이용하여,

(a) 필수주항을 찾아라(3개).

(b) 최소 곱의합을 구하라(7항).

(c) 모든 주항을 찾아라(12개).

5.34 네 개의 입력 a, b, c, d를 갖는 함수 f를 구현하는 논리회로가 있다. 세 입력 a, b, c는 숫자 0에서 7까지를 2진법으로 표현한다. a는 최상위 비트(most significant bit, MSB)이다. 입력 d는 홀수 패리티 비트이다. 이는 d 값이 a, b, c, d가 항상 홀수 개의 1을 갖도록 정해진다. (예를 들어 숫자 1에 해당하는 a, b, c의 값은 $abc = 001$이고 $d = 0$이 된다. 숫자 3에 해당하는 a, b, c, d의 값은 $abcd = 0111$이다.) 함수 f의 값은 입력되는 숫자가 소수일 때만 1이 된다. (소수는 어떤 수가 자신과 1로만 나누어지는 수를 의미한다. 단 1은 소수로 간주하지만 0은 아니다.)

(a) f에 대한 카노맵을 그려라

(b) f에 대한 모든 주항을 찾아라.

(c) f에 대한 모든 최소 곱의합을 구하라.

(d) f'에 대한 모든 주항을 구하라.

(e) f에 대한 모든 최소 합의곱을 구하라.

5.35 10진수 0에서부터 9까지의 숫자를 다섯 개의 비트 A, B, C, D, E를 사용하여 표현할 수 있다. 비트 A, B, C, D는 10진수 숫자를 BCD 방식으로 표현하며, 비트 E는 다섯 개의 비트가 홀수 패리티(parity)를 갖게 하는 패리티 비트이다. 함수 $F(A, B, C, D, E)$는 A, B, C, D, E로 표시된 10진수가 3이나 4로 나누어질 때만 출력으로 1을 내보낸다. (0은 3과 4로 나누어진다.)

(a) f에 대한 카노맵을 그려라

(b) f에 대한 모든 주항을 찾아라. (무관항만을 포함하는 주항은 포함시킬 필요 없다.)

(c) f에 대한 모든 최소 곱의합을 구하라.

(d) f'에 대한 모든 주항을 구하라.

(e) f에 대한 모든 최소 합의곱을 구하라.

5.36 BCD 방식이 아닌 초과-3(excess-3) 방식으로 표현되는 10진수에 대해 문제 5.35를 반복하라.

5.37 $F(A, B, C, D, E) = \Sigma m(1, 7, 8, 13, 16, 19) + \Sigma d(0, 3, 5, 6, 9, 10, 12, 15, 17, 18, 20, 23, 24, 27, 29, 30)$

(a) f에 대한 카노맵을 작성하라.

(b) f에 대한 모든 주항을 찾아라. (무관항만을 포함하는 주항은 포함시킬 필요 없다.)

(c) f에 대한 모든 최소 곱의합을 구하라.

(d) f'에 대한 모든 주항을 구하라.

(e) f에 대한 모든 최소 합의곱을 구하라.

5.38 $F(a, b, c, d, e) = \Sigma\, m(0, 1, 4, 5, 9, 10, 11, 12, 14, 18, 20, 21, 22, 25, 26, 28)$

(a) 카노맵을 이용하여 필수주항을 찾고, 왜 필수주항인지를 설명하라. (네 개의 필수주항이 있다.)

(b) 카노맵을 이용하여 모든 주항을 찾아라. (모두 13개가 있다.)

5.39 F에 대한 최소 곱의합을 찾아라. 필수주항에 밑줄을 그어라.

(a) $f(a, b, c, d, e) = \Sigma\, m(0, 1, 3, 4, 6, 7, 8, 10, 11, 15, 16, 18, 19, 24, 25, 28, 29, 31) + \Sigma\, d(5, 9, 30)$

(b) $f(a, b, c, d, e) = \Sigma\, m(1, 3, 5, 8, 9, 15, 16, 20, 21, 23, 27, 28, 31)$

5.40 다음 식에 대해 문제 5.39를 반복하라

$$F(A, B, C, D, E) = \Pi\, M(2, 3, 4, 8, 9, 10, 14, 15, 16, 18, 19, 20, 23, 24, 30, 31)$$

5.41 F에 대한 최소 곱의합을 찾아라. 필수주항에 밑줄을 그어라.

$$F(A, B, C, D, E) = \Sigma\, m(0, 2, 3, 5, 8, 11, 13, 20, 25, 26, 30) + \Sigma\, d(6, 7, 9, 24)$$

5.42 $F(V, W, X, Y, Z) = \Pi M(0, 3, 5, 6, 7, 8, 11, 13, 14, 15, 18, 20, 22, 24) \cdot \Pi D(1, 2, 16, 17)$

(a) F에 대한 최소 곱의합을 찾아라. 필수주항에 밑줄을 그어라.

(b) F에 대한 최소 합의곱을 찾아라. 필수주항에 밑줄을 그어라.

5.43 다음 함수에 대한 최소 합의곱을 찾아라.

(a) $F(a, b, c, d, e) = \Sigma\, m(1, 2, 3, 4, 5, 6, 25, 26, 27, 28, 29, 30, 31)$

(b) $F(a, b, c, d, e) = \Sigma\, m(1, 5, 12, 13, 14, 16, 17, 21, 23, 24, 30, 31) + \Sigma\, d(0, 2, 3, 4)$

5.44 다음 함수에 대한 최소 합의곱을 찾아라.

(a) $F(v, w, x, y, z) = \Sigma\, m(4, 5, 8, 9, 12, 13, 18, 20, 21, 22, 25, 28, 30, 31)$

(b) $F(a, b, c, d, e) = \Pi\, M(2, 4, 5, 6, 8, 10, 12, 13, 16, 17, 18, 22, 23, 24) \cdot \Pi\, D(0, 11, 30, 31)$

5.45 다음 함수에 대한 최소 곱의합을 찾아라. 그리고 아래에 명시된 최소항을 무관항으로 바꾸고 최소 곱의합이 바뀌지 않음을 증명하라. 이제 원래 식을 가지고 다시 시작해서, 어떤 최소항이 무관항으로 바뀌어도 최소 곱의합이 바뀌지 않는지 찾아라.

(a) $F(A, B, C, D) = A'C' + A'B' + ACD' + BC'D$, minterm 2

(b) $F(A, B, C, D) = A'BD + AC'D + AB' + BCD + A'C'D$, minterm 7

5.46 $F(V,W,X,Y,Z) = \Pi M(0,3,6,9,11,19,20,24,25,26,27,28,29,30) \cdot \Pi D(1,2,12,13)$

(a) F에 대한 두 개의 최소 곱의합을 찾아라.

(b) 필수주항에 밑줄을 긋고 왜 필수주항이 되는지 설명하라.

5.47 완전 정의 함수(무관항이 없는 함수) $f(a, b, c, d)$의 4개의 최소항은 m_0, m_1, m_4, m_5이다.

(a) f가 2개의 문자를 갖는 여덟 개의 주항만을 갖도록 f에 대한 추가적인 최소항을 구하라.

(b) 각 주항에 대해 대수적으로 표현하고, 그 주항이 필수주항인지 아닌지를 명시하라.

(c) f에 대해 모든 곱의합 식을 구하라.

5.48 완전 정의 함수 $f(a, b, c, d)$의 4개의 최소항은 m_0, m_1, m_4, m_5이다.

(a) f가 1개의 문자를 갖는 한 개의 주항과 2개의 문자를 갖는 여섯 개의 주항만을 갖도록 f에 대한 추가적인 최소항을 구하라.

(b) 각 주항에 대해 대수적으로 표현하고, 그 주항이 필수주항인지 아닌지를 명시하라.

(c) f에 대해 모든 곱의합 식을 구하라.

5.49 완전 정의 함수 $f(a, b, c, d)$의 4개의 최소항은 m_0, m_1, m_4, m_5이다.

(a) f가 1개의 문자를 갖는 두 개의 주항과 2개의 문자를 갖는 두 개의 주항만을 갖도록 f에 대한 추가적인 최소항을 구하라.

(b) 각 주항에 대해 대수적으로 표현하고, 그 주항이 필수주항인지 아닌지를 명시하라.

(c) f에 대해 모든 곱의합 식을 구하라.

5.50 완전 정의 함수 $f(a, b, c, d)$의 4개의 최소항은 m_0, m_1, m_4, m_5이다.

(a) f가 2개의 문자를 갖는 다섯 개의 주항만을 갖도록 f에 대한 추가적인 최소항과 무관항을 구하라. 또한, f가 1개의 문자를 갖는 한 개의 주항과 2개의 문자를 갖는 두 개의 주항만을 갖도록 f에 대한 추가적인 최소항과 무관항을 구하라.

(b) 각 주항에 대해 대수적으로 표현하고, 그 주항이 필수주항인지 아닌지를 명시하라.

(c) f에 대해 모든 곱의합 식을 구하라.

(d) (a)에서의 두번째 문제에 대해, 각 주항에 대해 대수적으로 표현하고, 그 주항이 필수주항인지 아닌지를 명시하라.

(e) (a)에서의 두번째 문제에 대해, f에 대한 모든 곱의합 식을 구하라.

UNIT 6

퀸–맥클러스키 방법

Quine-McCluskkey Metod

목표

1. 퀸–맥클러스키 방법으로 함수의 주항을 찾는다. 사용한 과정에 대한 타당성을 설명한다.
2. *주항*(*prime implicant*)과 *필수주항*(*essential prime implicant*)을 정의한다.
3. 주항이 주어지면 주항 차트와 패트릭(Petrick) 방법으로 필수주항과 함수의 최소 논리곱의 합식을 찾는다.
4. 퀸–맥클러스키 방법으로 비완전 규정 함수를 최소화한다.
5. 변수맵 방법으로 함수의 최소 논리곱의 합을 찾는다.

학습가이드

1. 5.1절 *스위칭함수의 최소 형식(Minimum Form)*을 복습하라.

2. 이 장에 대한 소개를 읽고 6.1절 *주항의 결정(Determination of Prime Implicants)*을 학습하라.

(a) 변수 *A, B, C, D* 및 *E*를 사용하여 아래 식에 대한 대수적 등식을 구하라.

10110 + 10010 = 10–10
10–10 + 10–11 = 10–1–

(b) 왜 아래의 항들 쌍은 결합될 수 없는가?

01101 + 00111
10–10 + 001–0

(c) 주항을 구하기 위하여 퀸–맥클러스키 방법을 사용할 때, 왜 단지 이웃한 그룹으로부터 온 항들만 비교할 필요가 있는가?

(d) 이웃한 그룹의 두 항을 그들의 10진수 표현을 조사함으로써 결합될 수 있는지를 어떻게 결정할 수 있는가?

(e) 항들을 결합할 때, 이미 체크된 항을 재사용하도록 왜 허용할 수 있는가?

(f) 표 6-1의 열 II를 만들 때, 항 10과 14는 이미 체크 표시가 되었지만 10, 14항을 만들기 위하여 결합된다. 이렇게 되지 않았다면 열 II에서 어떤 항이 제거될 수 (체크 표시) 없는가?

(g) 표 6-1의 열(column) III을 구할 때, 최소항 0, 1, 8 및 9는 –00–이 되게 두 가지 방법으로 결합될 수 있다. 이것은 아래에서처럼 카노맵의 최소항을 두 가지 다른 방식으로 묶을 수 있는 것과 같다.

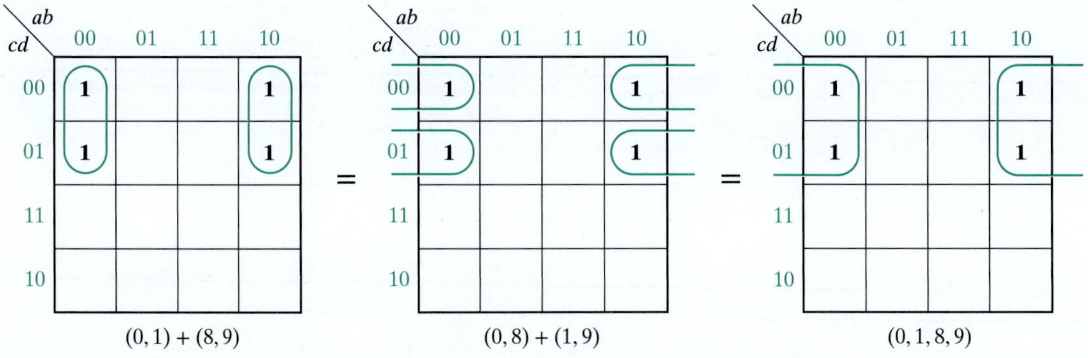

(h) 아래 맵을 사용하여 식 (6-2)에 대한 모든 주항을 구하고 그 답을 식 (6-3)과 비교하라.

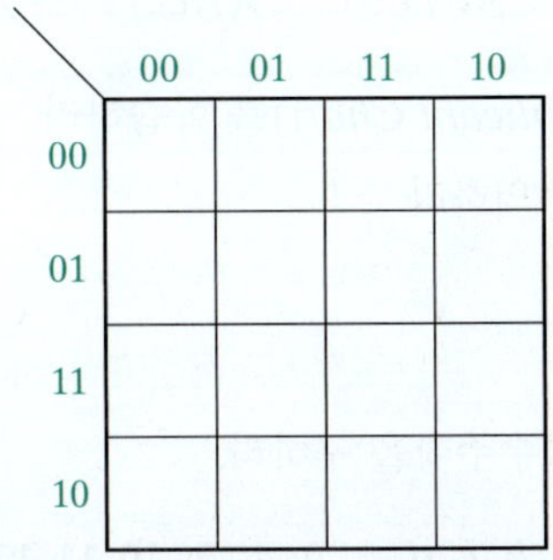

(i) $f(a, b, c, d) = \Sigma\, m(4, 5, 6, 7, 12, 13, 14, 15)$의 주항은 퀸–맥클러스키 방법으로 구할 수 있다. 열 III이 주어질 때, 열 IV를 구하고 열 III의 해당되는 항은 체크하라.

	Column III	Column IV
(4, 5, 6, 7)	01 --	
(4, 5, 12, 13)	–10–	
(4, 6, 12, 14)	–1–0	
(5, 7, 13, 15)	–1–1	
(6, 7, 14, 15)	–11–	
(12, 13, 14, 15)	11 --	

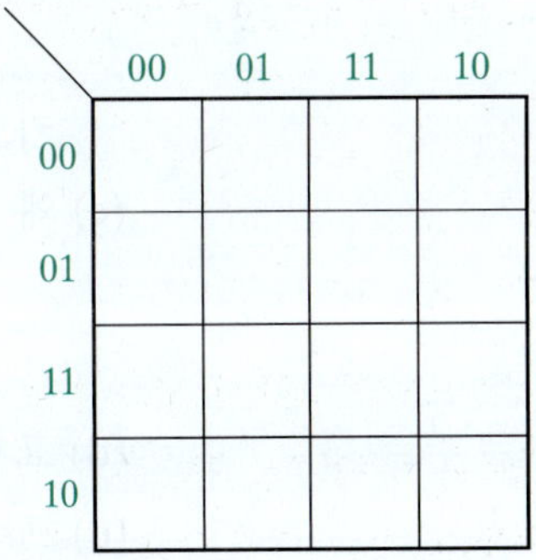

카노맵으로 답을 확인하라.

3. (a) $F(a, b, c) = \Sigma\, m(0, 1, 5, 7)$의 7개 논리곱 항 모두를 나열하라.

이중 어떤 것이 주항인가?

왜 $a'c$는 주항이 아닌가?

(b) 주항을 정의하라.

(c) 왜 최소 논리곱의 합 식의 모든 항은 주항이 되어야 하는가?

(d) $F(A, B, C, D) = \Sigma\, m(0, 1, 4, 5, 7, 10, 15)$이 주어질 때, 다음 항 중 어떤 것이 주항이 아니며, 왜 그런가?

$A'B'C'$ $A'C'$ BCD ABC $AB'CD'$

4. 6.2절 *주항 차트* (*Prime Implicant Chart*)를 학습하라.

(a) *필수*(*essential*)주항을 정의하라.

(b) 다음 차트로부터 모든 필수주항을 구하라.

	a b c d	0	4	5	10	11	12	13	15
(0, 4)	0 – 0 0	×	×						
(4, 5, 12, 13)	– 1 0 –		×	×			×	×	
(13, 15)	1 1 – 1							×	×
(11, 15)	1 – 1 1					×			×
(10, 11)	1 0 1 –				×	×			

카노맵으로 답을 확인하라.

(c) 왜 함수의 모든 필수주항은 최소 논리곱의 합에 포함되어야 하는가?

(d) 표 6-5의 해답을 완료하라.

(e) 프로그램화된 예제 6.1을 풀어라.

(f) 연습문제 6.2와 6.3을 풀어라.

5. 6.3절 *패트릭 방법*을 학습하라(선택).

(a) 함수 F에 대한 다음의 축소된 주항 차트를 보라.

		m_4	m_5	m_7	m_{13}
P_1	bd		×	×	×
P_2	bc'	×	×		×
P_3	$a'b$	×	×	×	
P_4	$c'd$		×		×

패트릭 방법으로 모든 최소 해답을 구한다. $P_i = 1$은 행 P_i의 주항이 해답에 포함되었다는 뜻이다.

$(P_1 + P_3) = 1$이면 어떤 최소항들이 포함되는가? ______________

m_4가 포함될 때만 1이 되는 논리합 항을 찾아라. ______________

모든 m_4, m_5, m_7 및 m_{13}이 포함될 때만 1이 되는 논리합의 곱을 구하라.

P = ____

(b) P를 최소 논리곱의 합으로 간략화하라(답은 4개 항을 가지며, 각 항은 P_iP_j 꼴을 한다).

P = ____

$P_1P_2 = 1$이면 어떤 주항이 해답에 포함되는가? ____________________

몇 개의 최소 해답이 있는가? __________

a, b, c 및 d를 사용하여 각 해답을 적어라.

(1) $F =$ (2) $F =$

(3) $F =$ (4) $F =$

6. 6.4절, *비완전 명세함수의 간략화*를 학습하라.

(a) 주항을 구할 때 무관항이 왜 필요 최소항처럼 다루어지는가?

(b) 최소 해답을 구할 때 무관항은 왜 주항 차트의 위쪽 줄에 나열되지 않는가?

(c) 연습문제 6.4를 풀어라.

(d) 연습문제 6.5을 풀고 카노맵으로 해답을 확인하라.

7. *LogicAid* 혹은 다른 유사 컴퓨터 프로그램이 있으면 이 장의 연습문제 중 일부의 해답을 확인할 수 있도록 사용하라. *LogicAid*는 논리식, 최소항 혹은 최대항, 그리고 진리표 형태로 부울식을 입력으로 받아들일 수 있다. *LogicAid*는 퀸–맥클러스키의 개선형 혹은 Espresso-II를 사용하여 함수에 대한 간략화된 논리곱의 합과 논리합의 곱 식을 구한다. 패트릭 방법을 사용하여 하나 혹은 모든 최소 해답을 구할 수 있다.

8. 6.5절 *변수가 있는 맵을 사용한 간략화*를 학습하라.

(a) 다음 맵에 대하여 MS_0, MS_1 및 F를 구하라. F에 대한 해답이 4 변수 맵을 사용하여 최소라는 것을 증명하라.

BC \ A	0	1
00	**D**	**1**
01		
11	**1**	**D**
10	**1**	**X**

(b) 다음 맵으로부터 F에 대한 식을 구하기 위해 변수가 있는 맵 방법을 사용하라. C와 C'을 마치 독립변수인 것처럼 다루어라. 그 결과는 F에 대한 옳은 표현인가? 그 결과는 최소인가?

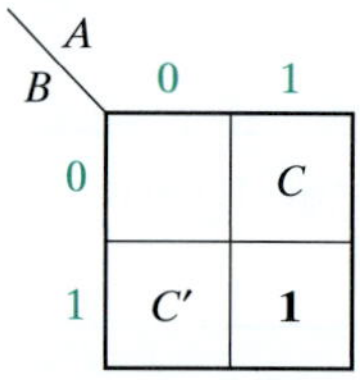

(c) 연습문제 6.6을 풀어라.

9. 이 장에서 스위칭함수에 대한 최소 논리곱의 합 형을 구하는 기초 형태 과정("turn-the-crank" type procedure)을 배웠다. 어떻게 시작하는지 그리고 최소 해답을 어떻게 얻는지를 배운 것 외에 이 장에서 다른 매우 중요한 개념들도 배웠다. 특히, 다음 내용을 잘 알고 있어야 한다.

(a) 주항이 무엇인지
(b) 필수주항이 무엇인지
(c) 왜 최소 논리곱의 합 형이 주항의 합으로 되는지
(d) 퀸–맥클러스키 방법과 주항 차트를 사용할 때 무관항이 어떻게 다루어지는지

10. 이 장의 목표를 다시 읽어 보라. 목표를 충족할 수 있다고 생각하면, 성취도 테스트를 해보아라.

퀸–맥클러스키 방법

Quine-McCluskey Method

제5장에서 설명한 카노맵 방법은 변수의 개수가 적을 때 스위칭함수를 간략화하는 효과적인 방법이다. 변수의 수가 많거나 여러 함수를 간략화할 때는 디지털 컴퓨터를 사용하는 것이 바람직하다. 이 장에서 소개된 퀸–맥클러스키 방법은 디지털 컴퓨터에서 손쉽게 프로그램될 수 있는 체계적인 간략화 과정을 가지고 있다.

퀸–맥클러스키 방법은 최소 논리곱의 합을 얻기 위하여 함수의 최소 전개(표준 논리곱의 합)를 간략화하게 된다. 그 과정은 두 개의 주요 단계로 되어 있다.

1. 체계적으로 $XY + XY' = X$ 정리를 적용하여 각 항으로부터 가능한 많은 리터럴(literal)을 소거한다. 그 결과 항을 주항이라 부른다.
2. 이 주항들이 함께 OR될 때 간략화되는 함수와 같으면서, 또한 최소 리터럴의 개수를 갖는 주항들의 최소 집합을 선택하기 위하여 주항 차트를 사용한다.

6.1 주항의 결정

함수에 대한 최소 논리곱의 합 식을 결정할 때 퀸–맥클러스키 방법을 적용하기 위해서는 함수는 최소항의 합으로 되어 있어야 한다(함수가 최소항 형태로 되어 있지 않으면 5.3절의 기술을 사용하여 최소항 전개를 얻을 수 있다). 퀸–맥클러스키 방법의 첫 부분에서 함수의 모든 주항들은 최소항을 결합하므로 체계적으로 만들어진다. 최소항은 2진수 기호방식으로 나타내며 다음 식을 사용하여 결합된다.

$$XY + XY' = X \tag{6-1}$$

X는 리터럴의 곱을 나타내며 Y는 하나의 변수이다 . 두 최소항은 한 변수에서만 다를 때 결합될 수 있다.

모든 주항을 구하기 위해서는 가능한 한 최소항의 모든 가능한 쌍이 비교되고 결합되어야 한다. 비교 횟수를 줄이기 위해서 각 항에서 1의 개수에 따라 2진수 최소항들을 그룹으로 분류한다.

$$f(a, b, c, d) = \Sigma\, m(0, 1, 2, 5, 6, 7, 8, 9, 10, 14) \tag{6-2}$$

위의 식은 다음 최소항들의 그룹으로 분류된다.

group	minterm	binary
group 0	0	0000
group 1	1	0001
	2	0010
	8	1000
group 2	5	0101
	6	0110
	9	1001
	10	1010
group 3	7	0111
	14	1110

이 항들을 열거하는데 그룹 0은 1의 개수가 0이고, 그룹 1의 항들은 한 개의 1, 그룹 2의 항들은 두 개의 1, 그리고 그룹 3의 항들은 세 개의 1을 가진다.

2개의 항이 정확히 한 변수가 다를 때만 결합될 수 있다. 이웃하지 않은 그룹에서 항들 비교는 필요하지 않다. 왜냐하면 그러한 항들은 최소한 2개 변수에서 다르며 $XY + XY' = X$를 사용하여 결합될 수 없기 때문이다. 마찬가지로 같은 그룹 내에 있는 항들의 비교도 필요하지 않다. 왜냐하면 같은 1개의 개수를 갖는 항들은 최소한 2개 변수에서 다르기 때문이다. 그래서 이웃한 그룹의 항들만 비교된다.

첫 번째로 그룹 0의 한 항을 그룹 1의 모든 항들과 비교한다. 항 0000과 0001은 4번째 변수가 탈락되도록 결합될 수 있으며 이때 000－을 얻는다. 마찬가지로 0과 2항도 00－0 ($a'b'd'$)가 되도록 결합되며, 0과 8항은 －000 ($b'c'd'$)가 되도록 결합된다. 이들 결과 항들은 표 6-1의 열 II에 나열되어 있다.

2개 항이 결합될 때, 이것들의 10진수는 2의 지수(1, 2, 4, 8 등)로 차이가 난다. 그 이유는 2진수로 된 항들이 단지 하나의 열에서만 차이가 있고, 이들 2진수 중에서 하나에서 다른 하나를 빼면 차이가 있는 열에서만 1을 얻기 때문이다. 단지 하나의 열에서 1인 2진수는 2의 지수이다.

표 6-1
주항 결정

	Column I	Column II	Column III
group 0	0 0000 ✓	0, 1 000– ✓	0, 1, 8, 9 –00–
group 1	1 0001 ✓	0, 2 00–0 ✓	0, 2, 8, 10 –0–0
	2 0010 ✓	0, 8 –000 ✓	~~0, 8, 1, 9 –00–~~
	8 1000 ✓	1, 5 0–01	~~0, 8, 2, 10 –0–0~~
group 2	5 0101 ✓	1, 9 –001 ✓	2, 6, 10, 14 --10
	6 0110 ✓	2, 6 0–10 ✓	~~2, 10, 6, 14 --10~~
	9 1001 ✓	2, 10 –010 ✓	
	10 1010 ✓	8, 9 100– ✓	
group 3	7 0111 ✓	8, 10 10–0 ✓	
	14 1110 ✓	5, 7 01–1	
		6, 7 011–	
		6, 14 –110 ✓	
		10, 14 1–10 ✓	

그룹 0과 그룹 2 및 3을 비교할 필요는 없기 때문에 그룹 1과 2의 항들을 다음으로 비교한다. 그룹 1의 항 1과 그룹 2의 모든 항을 비교할 때 항 1은 항 5 · 9와 결합되지만 항 6과 10으로는 결합되지 않는다. 마찬가지로 항 2는 단지 항 6과 10으로 결합되고, 항 8은 항 9와 10으로 결합된다. 결과 항들이 열 II에 나열되어 있다. 하나의 항이 다른 항과 결합될 때마다 체크 표시를 한다. $X + X = X$이기 때문에 어떤 항은 한 번 이상 사용될 수 있다. 어떤 2개 항이 이미 다른 항과 결합되었더라도 가능하다면 비교되고 결합되어야 한다. 결과 항은 최소 논리합 해답을 얻어야 하기 때문이 이렇게 할 필요가 있다. 현 단계에서는 여분의 항들이 있을 수 있지만 이들 여분 항은 나중에 제거될 것이다. 그

룹 2와 3의 항을 비교함으로써 열 I에 대한 비교를 끝낸다. 새로운 항은 항 5와 7, 항 6과 7, 항 6과 14, 그리고 항 10과 14를 결합하여 얻는다.

열 II의 항들도 각 항의 1의 개수에 따라 그룹으로 나누어진다. 열 II에서 한 쌍의 항을 결합하기 위하여 다시 $XY + XY' = X$를 적용한다. 2개 항을 결합하기 위해서는 항들이 같은 변수를 가져야 하고, 단지 하나의 변수에서 차이가 있어야 한다. 따라서 해당되는 자리에 대쉬(탈락된 변수)를 갖는 항들만 비교할 필요가 있고 이들은 1의 개수에서 하나의 차이만 있다.

열 II의 첫 그룹의 항은 같은 자리에 대쉬를 갖는 두 번째 그룹의 항들만 비교할 필요가 있다. 항 000–(0, 1)은 –00– 얻기 위하여 항 100–(8, 9)과 결합된다. 이는 대수적으로 $a'b'c + ab'c' = b'c'$와 같다. 결과 항은 최소항 0, 1, 8, 그리고 9를 결합하여 얻었다는 것을 나타내기 위해 명칭 0, 1, 8, 9와 함께 열 III에 나열되어 있다. 항 (0, 2)는 항 (8, 10)과 결합되며 항 (0, 8)은 항 (1, 9) 및 (2, 10)과 결합된다. 여기서 결합된 항은 체크 표시를 한다. 열 II에서 두 번째와 세 번째 그룹의 항들을 비교하면 항 (2, 6)은 항 (10, 14)와 결합되며 항 (2, 10)은 항 (6, 14)와 결합된다.

열 III에는 세 쌍의 중복 항이 있다. 이들 중복 항은 각기 다른 순서로 4개 최소항 동일 집합을 결합하여 얻었다. 중복 항을 제거한 후 열 III에서 두 그룹의 항들을 비교한다. 더 이상 결합이 가능하지 않기 때문에 이 과정을 끝낸다. 일반적으로 더 이상 결합이 되지 않을 때까지 항의 비교와 항들의 새 그룹과 새로운 열 형성이 계속된다.

다른 항들과 결합되지 않았기 때문에 체크 표시를 받지 않았던 항들을 주항이라 부른다. 모든 최소항은 최소한 주항들 중 하나에는 포함되기 때문에 함수는 주항의 논리합과 같다. 다음 예를 보라.

$$\begin{array}{llllll} f = a'c'd\ + & a'bd\ + & a'bc\ + & b'c'\ + & b'd'\ + & cd' \\ \quad (1, 5) & (5, 7) & (6, 7) & (0, 1, 8, 9) & (0, 2, 8, 10) & (2, 6, 10, 14) \end{array} \tag{6-3}$$

이 식에서 각 항은 최소 리터럴의 개수를 가지지만 항의 개수는 최소가 아니다. 여분 항을 제거하기 위해 합의정리(consensus theorem)를 사용하면, f에 대한 최소 논리곱의 합인 다음 식을 얻는다.

$$f = a'bd + b'c' + cd' \tag{6-4}$$

6.2절은 주항 차트를 이용하여 여분의 주항을 제거하는 더 나은 방법을 다룬다.

이제 관련항과 주항을 정의하고 이들 항들을 퀸–맥클러스키 방법에 사용한다.

정의 n 변수의 함수 F가 주어지면, 곱항 P는 n 변수의 모든 조합값에서 $P = 1$이 될 때, F도 역시 1인 항을 *관련항(implicant)*이라 한다.

다른 말로 하면, 변수값의 어떤 조합에 대하여 $P = 1$ 그리고 $F = 0$이면 P는 F의 관련항이 아니다. 예를 들어 다음 함수를 보라.

$$F(a, b, c) = a'b'c' + ab'c' + ab'c + abc = b'c' + ac \tag{6-5}$$

$a'b'c' = 1$이면 $F = 1$; $ac = 1$이면 $F = 1$ 등이다. 그러므로 $a'b'c'$, ac 등은 F의 관련항이다. 이 예에서 $a = 0$ 그리고 $b = c = 1$일 때 $bc = 1$이고 $F = 0$이기 때문에 bc는 F의 관련항이 아니다. 일반적으로 F가 논리곱의 합 형태일 때 모든 논리곱 항은 관련항이다. F의 모든 최소항은 F의 관련항이고 두 개 혹은 그 이상의 최소항을 결합하여 얻어진 항도 관련항이다. 예를 들면 표 6-1에서 각 열에 나열된 모든 항은 식 (6-2) 함수의 관련항이다.

정의 함수 F의 *주항(prime implicant)*은 어떤 리터럴을 주항에서 뺐을 때, 더 이상 관련항이 되지 않는 곱의 관련항이다.

식 (6-5)에서 $a'b'c'$에서 a'를 탈락할 때 그 결과항 ($b'c'$)는 F의 관련항이므로 $a'b'c'$는주항이 *아니다.* 관련항 $b'c'$와 ac는 *주항*이다. 그 이유는 각 항에서 하나의 리터럴이 탈락하면 그 항은 더 이상 F의 관련항이 아니기 때문이다. 함수의 각 주항은 다른 항과 결합하여 현재 항에서 더 이상 리터럴을 탈락할 수 없기 때문에 최소 리터럴의 개수를 가지고 있다.

이미 설명된 퀸–맥클러스키 방법은 함수의 모든 논리곱 관련항을 찾을 수 있다. 주항이 아닌 관련항은 항의 결합 과정에서 체크 표시가 되어 탈락되고, 남은 항은 주항이 된다.

함수의 최소 논리곱의 합 식은 몇몇 주항의 합(반드시 모든 주항일 필요는 없다)으로 되어 있다. 다시 말하면 주항이 아닌 항을 포함하는 논리곱의 합 식은 최소가 될 수 없다. 주항 아닌 항은 최소 리터럴의 개수를 가지지 않기 때문에 더 적은 리터럴 개수를 갖는 주항이 되도록 다른 최소항과 결합될 수 있다. 논리곱의 합 식에서 주항이 아닌 항은 문자의 개수를 줄일 수 있고 식을 더 간략화할 수 있는 주항으로 바뀔 수 있다.

6.2 주항 차트

퀸–맥클러스키 방법의 두 번째 부분은 주항의 최소 집합을 얻기 위해 주항 차트를 사용한다. 함수의 최소항들은 차트의 윗부분에 가로로 나열되며 주항은 왼편에 세로로 나열된다. 주항은 최소항들의 집합과 동일하며 주항은 이들 최소항을 포함한다. 주항이 주어진 해당 최소항을 포함하면 해당되는 행과 열의 교차점에 X 표시를 한다. 표 6-2는 표 6-1에서 얻어진 주항 차트를 보여 준다. 모든 주항(표 6-1에서 탈락되지 않은 항)은 왼편에 나열되어 있다.

첫 번째 열에서는 주항 $b'c'$가 최소항 0, 1, 8, 그리고 9의 집합으로부터 얻어졌기 때문에 열 0, 1, 8, 그리고 9에 X 표시를 한다. 마찬가지로 X 표시를 주항 $b'd'$의 맞은 편의 열 0, 2, 8, 10에 한다. 나머지 경우도 같다.

표 6-2
주항 차트

		0	1	2	5	6	7	8	9	10	14
(0, 1, 8, 9)	$b'c'$	×	×					×	⊗		
(0, 2, 8, 10)	$b'd'$	×		×				×		×	
(2, 6, 10, 14)	cd'			×		×				×	⊗
(1, 5)	$a'c'd$		×		×						
(5, 7)	$a'bd$				×		×				
(6, 7)	$a'bc$					×	×				

어떤 최소항이 단지 하나의 주항에 의해 포함될 때 이 주항을 *필수주항(essential prime implicant)*이라 부르며, 이 주항은 최소 논리곱의 합에 반드시 포함되어야 한다. 필수주항은 주항 차트에서 쉽게 찾을 수 있다. 어떤 열이 단지 하나의 X만 가질 때 그에 해당되는 행은 필수주항이 된다. 표 6-2에서 열 9와 14는 각각 하나의 X만 가지므로 주항 $b'c'$와 cd'는 필수주항이 된다.

어떤 주항이 최소합 식에 포함될 때마다 해당 행은 삭제된다. 이렇게 한 후 그 주항이 포함하는 모든 최소항에 해당되는 열들도 같이 삭제된다. 표 6-3은 표 6-2의 필수주항과 해당 행 및 열이 삭제될 때 그 결과 차트를 보여준다. 주항의 최소 집합은 남은 열들을 포함할 수 있도록 선택되어야 한다. 이 예에서 $a'bd$가 남은 두 열을 포함할 수 있으므로 선택된다. 최종 결과인 최소 논리곱의 합은 식 (6-4)와 동일한 다음과 같다.

$$f = b'c' + cd' + a'bd$$

$a'bd$ 항이 최소 논리곱의 합에 포함되지만 $a'bd$는 필수주항은 아니다. 이 항은 최소항 m_5와 m_7의 집합이며; m_5는 또한 $a'c'd$에 포함되고 m_7 또한 $a'bc$에서 같이 포함된다.

표 6-3

		0	1	2	5	6	7	8	9	10	14
(0, 1, 8, 9)	$b'c'$	×	×					×	×		
(0, 2, 8, 10)	$b'd'$	×		×				×		×	
(2, 6, 10, 14)	cd'			×		×				×	×
(1, 5)	$a'c'd$		×		×						
(5, 7)	$a'bd$				×		×				
(6, 7)	$a'bc$					×	×				

주항 차트를 만들 때 어떤 최소항은 단지 하나의 주항에 포함되지만 다른 최소항은 두 개 혹은 그 이상의 주항에 의해 포함된다. 주항이 f의 다른 어떤 주항에 의해서도 포함되지 않는 최소항 하나를 포함할 때만 함수 f의 필수(혹은 필요)주항이라 한다. 모든 필수 주항은 모든 최소합 식에 포함되어야 하기 때문에 필수주항은 먼저 선택된다. 필수주항이 선택된 후 필수주항이 포함하는 최소항들은 해당 열을 삭제하므로 주항 차트에서 제거된다. 필수주항이 모든 최소항을 포함하지 못하면 추가로 비필수주항이 필요하다. 최소 해답을 얻기 위해 필요한 비필수주항처럼 간단한 경우에는 시행착오를 거쳐 선택될 수 있다. 더 큰 주항 차트에서는 추가적인 차트 축소 과정이 활용될 수 있다.[1] (또한 연습문제 6.21를 참고하라.) 어떤 함수는 두 개 혹은 그 이상의 최소 논리곱의 합 식을 가지지만 각 식은 같은 개수의 항과 리터럴을 가진다. 다음 예는 그러한 함수를 보여준다.

예제

모든 열에서 두 개 혹은 그 이상의 X를 가진 주항 차트는 *순환(cyclic)* 주항 차트라 부른다.
다음 함수는 그러한 차트를 가진다:

$$F = \Sigma\, m(0, 1, 2, 5, 6, 7) \tag{6-6}$$

주항 획득:

0	000	✓	0, 1	00–
1	001	✓	0, 2	0–0
2	010	✓	1, 5	–01
5	101	✓	2, 6	–10
6	110	✓	5, 7	1–1
7	111	✓	6, 7	11–

표 6-4는 결과 주항 차트를 보여준다. 모든 열은 두 개의 X를 가지며 시행착오 방식으로 처리한다. (0, 1)와 (0, 2) 항은 열 0을 포함하므로 일단 (0, 1) 항을 선택한다. 행 (0, 1)과 열 0 및 1을 제거한 후 (0, 2)와 (2, 6)에 의해 포함되는 열 2를 조사한다. (2, 6)은 남은 열 중의 두 개를 포함하지만 (0, 2)는 남은 열 중의 단지 한 개를 포함하기 때문에 최선의 선택은 (2, 6)이다. 행 (2, 6)과 열 2 및 6을 제거한 후 (5, 7)이 남은 열을 모두 포함하므로 최종 해답이 얻어진다. 따라서 하나의 해답은 $F = a'b' + bc' + ac$이다.

표 6-4

			0	1	2	5	6	7
① →	(0, 1)	$a'b'$	X	X				
	(0, 2)	$a'c'$	X		X			
	(1, 5)	$b'c$		X		X		
② →	(2, 6)	bc'			X		X	
③ →	(5, 7)	ac				X		X
	(6, 7)	ab					X	X

1) 그러한 과정의 논의를 위해서는, E. J. McCluskey, *Logic Design Principles.* (*Prentice-Hall, 1986*)를 참조하라.

하지만 이 해답이 최소라는 보장은 없다. 다시 돌아가서 열 0을 포함하는 다른 주항에서 문제를 다시 해결하여 보자. 그 결과 표(표 6-5)는 다음과 같다.

표6-5

			0	1	2	5	6	7
P_1	(0, 1)	$a'b'$	×	×				
P_2	(0, 2)	$a'c'$	×		×			
P_3	(1, 5)	$b'c$		×		×		
P_4	(2, 6)	bc'			×		×	
P_5	(5, 7)	ac				×		×
P_6	(6, 7)	ab					×	×

답을 얻으면 최종 함수는 $F = a'c' + b'c + ab$이다. 이 함수는 표 6-4에서 얻은 F 함수와 같은 항의 개수와 같은 리터럴의 개수를 가지고 있기 때문에 이 문제는 두 개의 최소 곱의 합 해답을 가지고 있다. 식 (6-6)에 대한 지금의 두 개 최소 해답을 카노맵을 사용하여 얻어진 그림 5-9의 해답과 비교해 보라. 카노맵에서 각 최소항은 두 가지 다른 그룹으로 묶여졌다. 비슷하게도 주항 차트(표 6-4)의 각 열은, 각 최소항은 두 개의 다른 주항에 포함될 수 있다는 것을 뜻하는 두 개의 X를 가지고 있다.

6.3 패트릭 방법

패트릭(Petrick) 방법은 주항 차트에서 모든 최소 논리곱의 합의 해답을 얻는 기술이다. 표 6-4와 6-5의 본 예는 두 개의 최소 해답을 가진다. 변수의 개수가 커질수록 주항의 개수와 주항 차트의 복잡성이 크게 증가할 수 있다. 그러한 경우에 최소 해답을 찾는 데 필요한 시행착오의 횟수가 매우 많아진다. 패트릭 방법은 앞에서 사용한 방법보다 주항 차트로부터 모든 최소 해답을 찾을 수 있는 체계적인 방식이다. 패트릭 방법을 적용하기 전에 모든 필수주항과 그 필수주항이 포함하는 최소항을 차트에서 제거한다.

표 6-5로부터 패트릭 방법을 설명한다. 첫 번째로 표의 각 행을 P_1, P_2, P_3 등으로 이름을 붙인다. 차트의 모든 최소항이 포함될 때 참이 되는 논리함수 P를 생각한다. P_1은 행 P_1의 주항이 해답에 포함될 때 참이 되는 논리변수이고, P_2는 행 P_2의 주항이 해답에 포함될 때 참이 되는 논리변수이며, 나머지 경우도 마찬가지이다. 열 0은 행 P_1과 P_2에 X를 가지고 있으므로 최소항 0을 포함하기 위해서는 행 P_1 혹은 P_2를 선택해야 한다. 따라서 식 $(P_1 + P_2)$는 참이 된다. 최소항 1을 포함하기 위해서는 행 P_1 혹은 P_3을 선택해야 한다. 따라서 식 $(P_1 + P_3)$은 참이 된다. 최소항 2를 포함하기 위해서는 식 $(P_2 + P_4)$가 참이 된다. 마찬가지로 최소항 5, 6, 그리고 7을 포함하기 위해서는 식 $(P_3 + P_5)$,

$(P_4 + P_6)$ 및 $(P_5 + P_6)$가 참이 된다. 이제 모든 최소항이 포함되었기 때문에 다음 식은 참이 된다.

$$P = (P_1 + P_2)(P_1 + P_3)(P_2 + P_4)(P_3 + P_5)(P_4 + P_6)(P_5 + P_6) = 1$$

사실 P 식은 행 (P_1 혹은 P_2) 그리고 행 (P_1 혹은 P_3) 그리고 행 (P_2 혹은 P_4) 등으로 선택해야 한다는 뜻이다.

다음 단계는 P를 최소 논리곱의 합으로 축소하는 것이다. P에는 보수가 없기 때문에 문제가 쉬워진다. 첫 번째로 $(X + Y)(X + Z) = X + YZ$와 일반 분배법칙을 사용하여 곱을 한다.

$$\begin{aligned} P &= (P_1 + P_2P_3)(P_4 + P_2P_6)(P_5 + P_3P_6) \\ &= (P_1P_4 + P_1P_2P_6 + P_2P_3P_4 + P_2P_3P_6)(P_5 + P_3P_6) \\ &= P_1P_4P_5 + P_1P_2P_5P_6 + P_2P_3P_4P_5 + P_2P_3P_5P_6 + P_1P_3P_4P_6 \\ &\quad + P_1P_2P_3P_6 + P_2P_3P_4P_6 + P_2P_3P_6 \end{aligned}$$

다음으로 P로부터 여분 항을 제거하기 위해 $X + XY = X$를 적용하면 다음 식이 된다.

$$P = P_1P_4P_5 + P_1P_2P_5P_6 + P_2P_3P_4P_5 + P_1P_3P_4P_6 + P_2P_3P_6$$

모든 최소항을 포함하기 위해서 P는 참이 되어야($P = 1$) 하기 때문에 식을 다음과 같은 문장으로 바꿀 수 있다. 모든 최소항을 포함하기 위해서는 행(P_1 그리고 P_4 그리고 P_5) 혹은 행(P_1 그리고 P_2 그리고 P_5 그리고 P_6) 혹은 . . . , 혹은 행(P_2 그리고 P_3 그리고 P_6)을 선택해야 한다. 다섯 개의 가능한 해답이 있지만 이들 중 두 개만 최소 행 개수를 가진다. 최소 개수의 주항을 갖는 두 개 해답은 행 (P_1, P_4 그리고 P_5) 혹은 행 (P_2, P_3 그리고 P_6)을 선택하여 얻는다. 첫 번째 선택은 $F = a'b' + bc' + ac$가 되고 두 번째 선택은 $F = a'c' + b'c + ab$가 된다. 이것들은 6.2절에서 얻은 바로 두 개 최소 해답이다.

요약하면, 패트릭 방법은 다음과 같다.

1. 필수주항 행과 그 해당되는 열을 제거하므로 주항 차트를 축소한다.
2. 축소된 주항 차트의 행을 P_1, P_2, P_3 등으로 이름 붙인다.
3. 모든 열이 포함될 때 참이 되는 논리함수 P를 만든다. P는 논리합의 곱으로 구성되며 각 논리합 항은 $(P_{i0} + P_{i1} + \ldots)$ 형태이고, $P_{i0}, P_{i1} \ldots$ 는 열 i를 포함하는 행을 나타낸다.
4. P는 곱을 하고 $X + XY = X$를 적용하므로 최소 논리곱의 합으로 축소된다.
5. 결과로 각 항은 하나의 해답을 나타내는데, 즉 표에 있는 모든 최소항을 포함하는 행 집합이 된다. 최소 해답을 결정하기 위해서 (5.1절에 정의된 것처럼) 최소 개수의 변수를 갖는 항들을 찾는다. 이들 각 항은 최소 개수의 주항을 갖는 해답이 된다.
6. 단계 5에서 찾은 각 항에 대해 각 주항에 있는 리터럴 개수를 세고 전체 리터럴 개

수를 구한다. 최소 전체 리터럴 개수에 해당되는 항 혹은 항들을 선택하고 해당되는 주항의 합을 적는다.

패트릭 방법은 큰 차트에 적용하면 지루하지만 컴퓨터에서 실현하기는 쉽다.

6.4 비완전 명세함수의 간략화

비완전 명세함수가 주어질 때 무관항에 적절한 값 할당은 함수의 최소형을 얻기 위하여 필요하다. 이 절에서는 무관항이 있을 때 최소 해답을 얻기 위해 어떻게 퀸–맥클러스키 방법을 바꿀 수 있는지 보여준다. 주항을 찾는 과정에서 무관항을 마치 필요 최소항처럼 다룬다. 이러한 방식으로 가능한 많은 리터럴을 제거하기 위해 무관항은 다른 최소항들과 결합하게 된다. 무관항 때문에 여분의 주항이 만들어진다면 다음 단계에서 여분의 주항은 제거될 것이므로 문제되지 않는다. 주항 차트를 만들 때 무관항은 차트의 상단에 나열하지 *않는다*. 무관항은 주항 차트를 사용하여 선택할 때 필요한 최소항 모두가 포함된 주항 중 어느 하나에 의해 포함될 것이다. 하지만, 무관항이 선택된 주항이 만들어지는 과정에 사용되지 않는다면 최종 해답에 포함되지 않는다. 비완전 명세함수에 대한 다음 예는 이 과정을 분명하게 보여준다.

$$F(A, B, C, D) = \Sigma\, m(2, 3, 7, 9, 11, 13) + \Sigma\, d(1, 10, 15)$$

(d 다음의 항은 무관항이다)

주항을 찾을 때 무관항은 마치 필요 최소항처럼 다루어진다.

1	0001	✓
2	0010	✓
3	0011	✓
9	1001	✓
10	1010	✓
7	0111	✓
11	1011	✓
13	1101	✓
5	1111	✓

(1, 3)	00–1	✓
(1, 9)	–001	✓
(2, 3)	001–	✓
(2, 10)	–010	✓
(3, 7)	0–11	✓
(3, 11)	–011	✓
(9, 11)	10–1	✓
(9, 13)	1–01	✓
(10, 11)	101–	✓
(7, 15)	–111	✓
(11, 15)	1–11	✓
(13, 15)	11–1	✓

(1, 3, 9, 11)	–0–1
(2, 3, 10, 11)	–01–
(3, 7, 11, 15)	--11
(9, 11, 13, 15)	1--1

주항 차트를 만들 때 무관항은 빠진다.

	2	3	7	9	11	13
(1, 3, 9, 11)		X		X	X	
*(2, 3, 10, 11)	X	X			X	
*(3, 7, 11, 15)		X	X		X	
*(9, 11, 13, 15)				X	X	X

* 필수주항을 나타낸다.

$$F = B'C + CD + AD$$

최초 함수는 비완전하게 규정되었더라도 F의 최종 간략화 식은 A, B, C 및 D의 값의 모든 조합에 대하여 정의되고, 따라서 완전하게 규정된다. 간략화 과정에서 F의 최초 진리표에 있는 무관항에는 자동적으로 값이 할당되었다. F의 최종 식에 있는 각 항을 해당 최소항의 합으로 대체한다면 그 결과는 다음과 같다.

$$F = (m_2 + m_3 + m_{10} + m_{11}) + (m_3 + m_7 + m_{11} + m_{15}) + (m_9 + m_{11} + m_{13} + m_{15})$$

m_{10}과 m_{15}는 이 식에 있고 m_1은 없으므로 F의 최초 진리표의 무관항은 다음과 같이 할당되었다.

$ABCD = 0001$에 대해서는, $F = 0$; 1010에 대해서는, $F = 1$; 1111에 대해서는, $F = 1$

6.5 변수가 있는 맵을 사용한 간략화

퀸-맥클러스키 방법은 변수의 개수가 꽤 많은 경우에 사용되지만 상대적으로 적은 개수의 항을 갖는 함수에 대하여서는 효율적이지 못하다. 이러한 함수들 중 일부는 카노 맵의 변형 방식으로 간략화될 수 있다. 변수가 있는 맵(map-entered variable)을 사용하여 카노맵 기술은 4개 혹은 5개 이상의 변수를 갖는 함수를 간략화하도록 확장될 수 있다. 그림 6-1(a)은 맵에 두 개의 변수가 들어 있는 4-변수 맵을 보여주고 있다. 변수 E가 맵에 있으면 이것은 $E = 1$일 때 해당 최소항은 함수 G에 포함되고

그림6-1 변수가 있는 맵의 활용

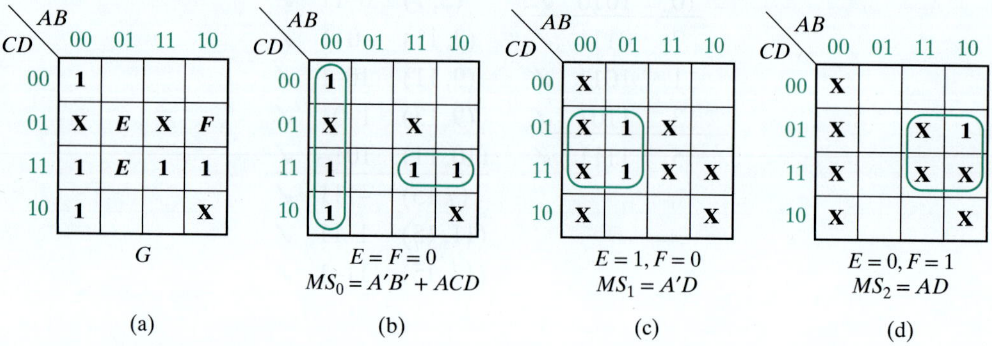

$E = 0$일 때 해당 최소항은 포함되지 않는다는 뜻이다. 그래서 이 맵은 6-변수 함수를 나타낸다.

$$G(A, B, C, D, E, F) = m_0 + m_2 + m_3 + Em_5 + Em_7 + Fm_9 + m_{11} + m_{15}$$
$$(+\text{don't-care terms})$$

여기서 최소항은 변수 A, B, C 및 D의 최소항이다. m_9은 $F = 1$일 때만 G에 포함된다.

다음 함수를 간략화하기 위해 3-변수 맵을 사용한다.

$$F(A, B, C, D) = A'B'C + A'BC + A'BC'D + ABCD + (AB'C)$$

이 식에서 $AB'C$는 무관항이다. D는 단지 두 개 항에만 있기 때문에 이 변수를 그림 6-2(a)에 필요한 변수로 선택한다. 먼저 $D = 0$으로 하고 F를 간략화한 다음 $D = 1$로 하고 F를 간략화한다. 맵에서 $D = 0$으로 하면 F는 $A'C$로 축소된다. $D = 1$로 하면 그림 6-2(b)의 맵이 된다. 최초 맵에서 두 개 1은 항 $A'C$에 의해 이미 포함되었기 때문에 이들이 다시 다른 항에 의해 포함되는지의 여부와 상관이 없으므로 이들 두 개 1은 X로 바뀐다. 그림 6-2(b)는 $D = 1$이다. 따라서 다음 함수는 $D = 0$과 $D = 1$인 경우 모두에 대해 F의 정확한 값을 준다.

$$F = A'C + D(C + A'B) = A'C + CD + A'BD$$

이 식은 F에 대한 최소식이며, 이것은 4-변수 맵에 원래 함수를 표시하여 증명할 수 있다. 그림 6-2(c)를 보라.

다음으로 변수가 있는 맵으로 함수 간략화의 일반적 방법을 설명하고자 한다. 일반적으로 변수 P_i가 함수 F의 m_j 자리에 놓여 있으면, 이것은 $P_i = 1$일때 $F = 1$이며 변수들은 $m_j = 1$이 되도록 선택된다는 뜻이다. 맵의 사각 상자들에 변수 $P_1, P_2, \ldots$가 있으면 F의 최소 논리곱의 합은 다음과 같이 찾을 수 있다.

다음 형식으로 된 F에 대한 논리곱의 합 식을 찾아라.

$$F = MS_0 + P_1MS_1 + P_2MS_2 + \cdots$$

여기서,

MS_0는 $P_1 = P_2 = \ldots = 0$으로 하여 얻어진 최소합(minimum sum)이다.

그림 6-2 변수가 있는 맵을 사용한 간략화

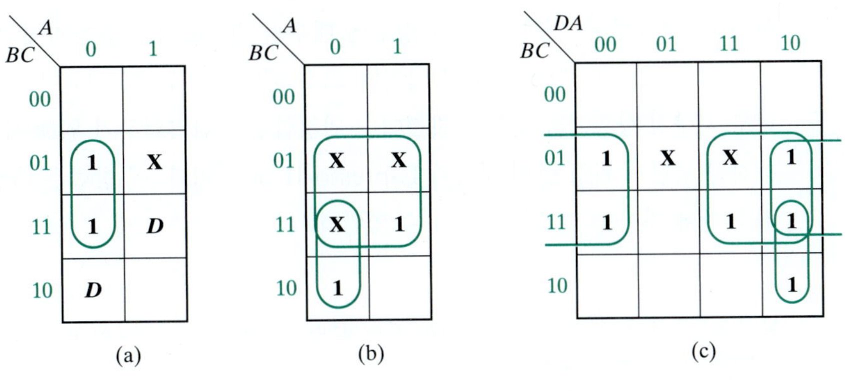

MS_1은 $P_1 = 1$, $P_j = 0$ $(j \neq 1)$로 하고, 또한 맵의 모든 1을 무관항으로 대체하여 얻어진 최소합이다.

MS_2은 $P_2 = 1$, $P_j = 0$ $(j \neq 2)$로 하고, 또한 맵의 모든 1을 무관항으로 대체하여 얻어진 최소합이다.

(남은 P_i 변수에 대하여서도 비슷한 방식으로 해당 최소합을 얻을 수 있다.)

F의 결과 식은 항상 F에 대한 정확한 표현이 될 것이다. 이 결과 식은 변수가 있는 맵의 변수 값이 독립적으로 할당된다면 최소가 된다. 반면에 변수가 독립이 아니면(예를 들어 $P_1 = P'_2$이라면) 이 식은 일반적으로 최소가 아닐 수 있다.

그림 6-1(a)의 예에서 MS_0, MS_1 그리고 MS_2를 찾기 위한 맵이 그림 6-1(b), (c) 그리고 (d)에 있고, E는 P_1에 해당되고 F는 P_2에 해당된다. 그 결과 식은 G에 대한 최소 논리곱의 합이 된다.

$$G = A'B' + ACD + EA'D + FAD$$

몇 번의 연습 후에는 최소합 각각에 대한 개별 맵을 그리지 않고도 최소 맵에서 바로 최소식을 얻을 수 있다.

6.6 결론

스위칭 식을 최소 논리곱의 합 혹은 최소 논리합의 곱 형태로 간략화하는 4가지 방법, 즉 대수적 간략화, 카노맵, 퀸–맥클러스키 방법 및 패트릭 방법을 지금까지 설명하였다. 간략화에 대한 다른 많은 방법이 문헌에 소개되고 있지만 이들 방법의 대부분은 카노맵 혹은 퀸–맥클러스키 기술의 변형 혹은 확장에 기초하고 있다. 카노맵은 3에서 5변수를 갖는 함수에 가장 유용하다. 퀸–맥클러스키 기술은 15 혹은 그 이상의 변수를 갖는 함수를 간략화하기 위하여 고성능 디지털 컴퓨터에 적용할 수 있다. 이러한 컴퓨터 프로그램은 간략화 식을 얻고 그것을 실현하는 데 도움이 되는 CAD (computer-aided design) 패키지(package)의 한 부분으로 사용될 때 가장 큰 가치가 있다. 대수적 간략화도 많은 경우에 유용하며, 특히 여러 형태의 식이 요구될 때 그러하다. 변수의 개수는 많고 항의 개수는 적은 문제에서는 카노맵을 사용하는 것이 불가능할 수 있고 퀸–맥클러스키 방법이 매우 성가실 수 있다. 그러한 경우에 대수적 간략화가 사용하기에 가장 쉬운 방법일 수 있다. 최소 해답이 요구되지 않거나 최소 해답을 얻는 데 필요한 실제적인 계산량이 너무 지나친 상황에는 경험적 과정이 스위칭함수를 간략화하기 위해 사용될 수 있다. 대중적인 경험적 과정 중의 하나가 Espresso-II 방법[2]이다. 이 방법은 대형 문제에 대하여 최소 해에 가까운 결과를 생산할 수 있다.

1) 이 방법은 R. K. Brayton et al., *Logic Minimization Algorithms for VLSI Synthesis* (Kluwer Academic Publishers, 1984)에 설명되어 있다.

구한 최소 논리곱의 합 식과 최소 논리합의 곱 식은 최소 개수의 AND와 OR 게이트를 사용하고 최소 개수의 게이트 입력을 갖는 2단 회로로 바로 변환될 수 있다. 7장에서 설명되겠지만 이들 회로는 쉽게 NAND 혹은 NOR 게이트 회로로 변환될 수 있다. 이들 최소 식은 9장에서 언급될 어레이(array) 논리회로 형태처럼 설계할 때 유용할 수 있다. 하지만 최소 식이 최고의 설계가 되지 않는 많은 상황들이 있다. 실제 설계에는 다음과 같은 다른 많은 요인들을 생각해야 한다.

게이트의 최대 입력 개수는 얼마인가?

게이트가 구동할 수 있는 최대 출력 개수는 얼마인가? 신호가 회로를 통해 전파되는 속도는 충분히 빠른가? 회로에서 교차점의 개수를 어떻게 줄일 수 있는가?

설계가 인쇄회로기판(printed circuit board) 혹은 실리콘 칩(silicon chip)에 만족될 회로로 되었는가?

지금까지는 한 번에 단지 하나의 스위칭회로를 실현하는 것을 생각하였다. 7장에서는 설계기술을, 9장에서는 여러 개의 함수가 하나의 회로에서 실현될 때 사용될 부품에 대하여 설명할 것이다.

프로그램화된 예제 6.1

한 장의 종이로 이 예제의 답을 가린 후 아래로 내리면서 자기 답과 비교하라.

다음 식에 대한 최소 논리곱의 합 식을 구하라.

$$f(A, B, C, D, E) = \Sigma\, m(0, 2, 3, 5, 7, 9, 11, 13, 14, 16, 18, 24, 26, 28, 30)$$

각 10진수 최소항을 2진수로 바꾼후 2진수 항을 각 항의 1의 개수에 따라 그룹으로 분류하라.

답

0	00000	✓	0,2	000-0
2	00010	✓		
16	10000			
3	00011			
5	00101			
9	01001			
18	10010			
24	11000			
7	00111			
11	01011			
13	01101			
14	01110			
26	11010			
28	11100			
30	11110			

이웃한 그룹에서 한 쌍의 항을 비교하고 가능하다면 항을 결합하라(결합된 항은 체크 표시를 한다).

답

0	00000	✓	0, 2	000–0	✓	0, 2, 16, 18	–00–0
2	00010	✓	0, 16	–0000			
16	10000	✓	2, 3	0001–			
3	00011	✓	2, 18	–0010			
5	00101	✓	16, 18	100–0	✓		
9	01001	✓	16, 24	1–000			
18	10010	✓	3, 7	00–11			
24	11000	✓	3, 11	0–011			
7	00111	✓	5, 7	001–1			
11	01101	✓	5, 13	0–101			
13	01101	✓	9, 11	010–1			
14	01110	✓	9, 13	01–01			
26	11010	✓	18, 26	1–010			
28	11100	✓	24, 26	110–0			
30	11110	✓	24, 28	11–00			
			14, 30	–1110			
			26, 30	11–10			
			28, 30	111–0			

이제 두 번째 열에서 이웃한 그룹의 한 쌍의 항을 비교하고 가능하다면 항을 결합하라(결합된 항은 체크 표시를 한다). 새로운 항이 두 가지 방식으로 만들어질 수 있는지 확인하라(중복 항은 하나를 삭제한다).

답

(세 번째 열)

0, 2, 16, 18	–00–0	((0, 2), (16, 18), (0, 16) 및 (2, 18)에 체크 표시)
16, 18, 24, 26	1–0–0	((16, 18), (24, 26), (16, 24) 및 (18, 26)에 체크 표시)
24, 26, 28, 30	11--0	((24, 26), (28, 30), (24, 28) 및 (26, 30)에 체크 표시)

세 번째 열에서 어떤 한 쌍의 항이 결합될 수 있는가?

주어진 주항 차트를 완성하라.

	0	2
(0, 2, 16, 18)		

답 세 번째 열에서는 어떤 한 쌍의 항도 결합되지 않는다.

	0	2	3	5	7	9	11	13	14	16	18	24	26	28	30
(0, 2, 16, 18)	×	×								×	×				
(16, 18, 24, 26)										×	×	×	×		
(24, 26, 28, 30)												×	×	×	×
(2, 3)		×	×												
(3, 7)			×		×										
(3, 11)			×				×								
(5, 7)				×	×										
(5, 13)				×				×							
(9, 11)						×	×								
(9, 13)						×		×							
(14, 30)									×						×

필수주항을 결정하고 해당 행과 열을 제거하라.

답

	0	2	3	5	7	9	11	13	14	16	18	24	26	28	30
*(0, 2, 16, 18)	⊗	×								×	×				
(16, 18, 24, 26)										×	×	×	×		
*(24, 26, 28, 30)												×	×	⊗	×
(2, 3)		×	×												
(3, 7)			×		×										
(3, 11)			×				×								
(5, 7)				×	×										
(5, 13)				×				×							
(9, 11)						×	×								
(9, 13)						×		×							
*(14, 30)									⊗						×

* 필수주항을 나타낸다.

남은 모든 열은 2개 혹은 그 이상의 X를 가지고 있다. 2개 X를 갖는 첫 번째 열을 선택한 후 이 열에서 첫 번째 X를 포함하는 주항을 선택한다. 그리고 차트에서 남은 열을 포함할 최소 개수의 주항을 선택한다.

답

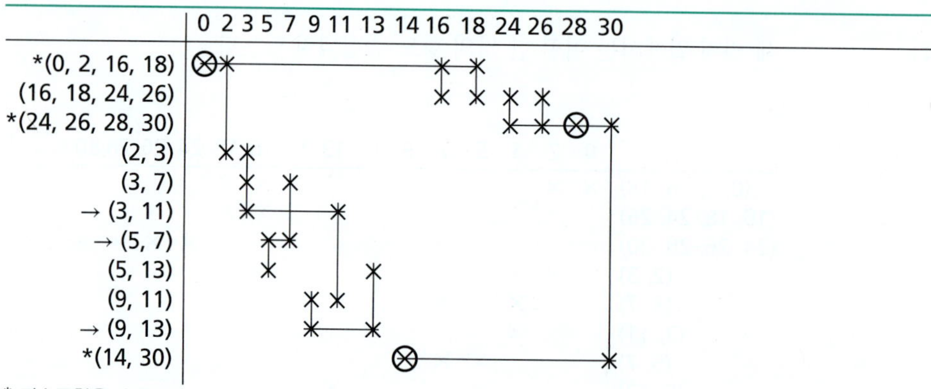

* 필수주항을 나타낸다.

이 차트에서 0, 1, 그리고 기호로 선택된 주항을 작성한다.
그리고 대수적 형태인 최소 논리곱의 합을 작성한다.

답

–00–0, 11--0, 0–011, 001–1, 01–01, and –1110

$f = B'C'E' + ABE' + A'C'DE + A'B'CE + A'BD'E + BCDE'$

제거된 필수주항을 갖는 주항 차트가 여기서 다시 반복된다.
두 번째 최소 논리곱의 합 해답을 찾는다.

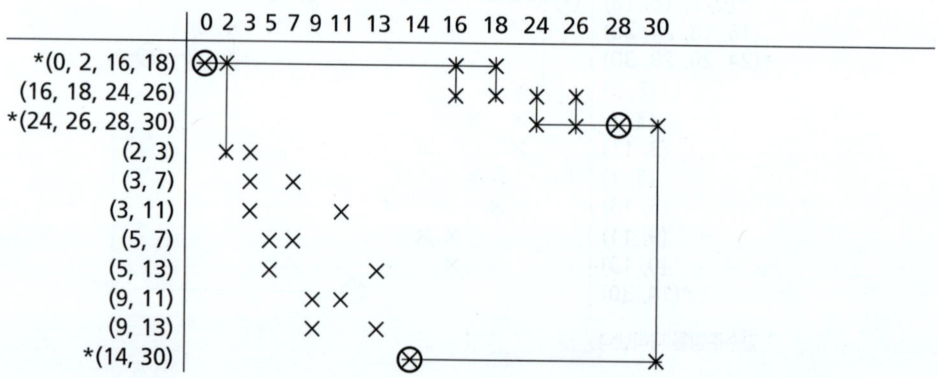

* 필수주항을 나타낸다.

답

주항 (5, 13)을 선택하면서 시작한다.

$$f = BCDE' + B'C'E' + ABE' + A'B'DE + A'CD'E + A'BC'E$$

연습문제

6.2 다음 각 함수에 대하여 퀸-맥클러스키 방법으로 모든 주항을 찾아라.

(a) $f(a, b, c, d) = \Sigma\, m(1, 5, 7, 9, 11, 12, 14, 15)$

(b) $f(a, b, c, d) = \Sigma\, m(0, 1, 3, 5, 6, 7, 8, 10, 14, 15)$

6.3 주항 차트를 사용하여 연습문제 6.2의 각 함수에 대하여 모든 최소 논리곱의 합 해답을 구하라.

6.4 다음 함수에 대하여 퀸-맥클러스키 방법으로 최소 논리곱의 합을 찾아라.

$$f(a, b, c, d) = \Sigma\, m(1, 3, 4, 5, 6, 7, 10, 12, 13) + \Sigma\, d(2, 9, 15)$$

6.5 다음 함수의 모든 주항을 찾고 패트릭 방법으로 모든 최소 해답을 찾아라.

$$F(A, B, C, D) = \Sigma\, m(9, 12, 13, 15) + \Sigma\, d(1, 4, 5, 7, 8, 11, 14)$$

6.6 변수가 있는 맵 방법으로 다음 식에 대하여 최소 논리곱의 합을 찾기 위해 4-변수 맵을 사용하라.

(a) $F(A, B, C, D, E) = \Sigma\, m(0, 4, 5, 7, 9) + \Sigma\, d(6, 11) + E(m_1 + m_{15})$, 여기서 m은 변수 A, B, C 및 D의 최소항을 나타낸다.

(b) $Z(A, B, C, D, E, F, G) = \Sigma\, m(0, 3, 13, 15) + \Sigma\, d(1, 2, 7, 9, 14) + E(m_6 + m_8) + Fm_{12} + Gm_5$

6.7 다음각 함수에 대하여 퀸-맥클러스키 방법으로 모든 주항을 찾아라.

(a) $f(a, b, c, d) = \Sigma\, m(0, 3, 4, 5, 7, 9, 11, 13)$

(b) $f(a, b, c, d) = \Sigma\, m(2, 4, 5, 6, 9, 10, 11, 12, 13, 15)$

6.8 항차트를 사용하여 연습문제 6.7 각 함수에 대하여 모든 최소 논리곱의 합 해답을 구하라.

6.9 함수에 대하여 퀸-맥클러스키 방법으로 최소 논리곱의 합 식을 찾아라.

(a) $f(a, b, c, d) = \Sigma\, m(2, 3, 4, 7, 9, 11, 12, 13, 14) + \Sigma\, d(1, 10, 15)$

(b) $f(a, b, c, d) = \Sigma\, m(0, 1, 5, 6, 8, 9, 11, 13) + \Sigma\, d(7, 10, 12)$

(c) $f(a, b, c, d) = \Sigma\, m(3, 4, 6, 7, 8, 9, 11, 13, 14) + \Sigma\, d(2, 5, 15)$

6.10 퀸-맥클러스키 방법으로 연습문제 5.24a)를 다시 풀어라.

6.11 퀸-맥클러스키 방법으로 F에 대한 최소 논리곱의 합 식을 찾고 모든 필수주항에 밑줄을 그어라.

$$F(A, B, C, D, E) = \Sigma\, m(0, 2, 6, 7, 8, 10, 11, 12, 13, 14, 16, 18, 19, 29, 30) + \Sigma\, d(4, 9, 21)$$

6.12 퀸–맥클러스키 방법으로 다음 식에 대한 모든 최소 논리곱의 합 식을 찾아라.

(a) $f(A, B, C, D, E) = \Sigma\, m(0, 1, 2, 3, 4, 8, 9, 10, 11, 19, 21, 22, 23, 27, 28, 29, 30)$

(b) $f(A, B, C, D, E) = \Sigma\, m(0, 1, 2, 4, 8, 11, 13, 14, 15, 17, 18, 20, 21, 26, 27, 30, 31)$

6.13 퀸–맥클러스키 방법으로 연습문제 6.12 함수에 대한 모든 논리합의 곱 식을 찾아라.

6.14 (a) 퀸–맥클러스키 방법로 $f(A, B, C, D) = \Sigma\, m(1, 3, 5, 6, 8, 9, 12, 14, 15) + \Sigma\, d(4, 10, 13)$의 모든 주항을 찾아라. 모든 필수주항을 파악한 후 모든 최소 논리곱의 합 식을 구하라.

(b) f'에 대하여 문제 (a)를 반복하라.

6.15 (a) 퀸–맥클러스키 방법으로 $f(a, b, c, d, e) = \Sigma\, m(1, 2, 4, 5, 6, 7, 9, 12, 13, 15, 17, 20, 22, 25, 28, 30)$의 모든 주항을 찾아라. 모든 필수주항을 파악한 후 모든 최소 논리곱의 합 식을 구하라.

(b) f'에 대하여 문제 (a)를 반복하라.

6.16 $G(A, B, C, D, E, F) = \Sigma\, m(1, 2, 3, 16, 17, 18, 19, 26, 32, 39, 48, 63)$
$+ \Sigma\, d(15, 28, 29, 30)$

(a) G에 대한 모든 최소 논리곱의 합을 찾아라.

(b) 답에서 필수주항에는 동그라미를 하여라.

(c) 최초 함수에 무관항이 없다면 (a)에 대한 답은 어떻게 달라지는가?
(주항 차트를 조사함으로써 이것을 풀어라. 문제를 다시 풀지는 *말아라*.)

6.17 (a) 퀸–맥클러스키 방법으로 $G(A, B, C, D, E, F) = \Sigma\, m(1, 7, 11, 12, 15, 33, 35, 43, 47, 59, 60) + \Sigma\, d(30, 50, 54, 58)$의 모든 주항을 찾아라. 모든 필수주항을 파악한 후 모든 최소 논리곱의 합 식을 구하라.

(b) G'에 대하여 문제 (a)를 반복하라.

6.18 다음 주항차트는 4변수 함수 $f(A, B, C, D)$에 대한 것이다. (a) 각 주항에 대하여 십진수 표현을 하라.

(b) f에 대한 최대항을 나열하라.

(c) 있다면 f에 대한 무관항을 나열하라.

(d) 각 필수주항에 대한 대수적 표현을 하라.

	2	3	7	9	11	13
–0–1		×		×	×	
–01–	×	×			×	
--11		×	×		×	
1--1				×	×	×

6.19 소포가 창고에 도착한 후 조교가 카트(cart)로 사무실과 실험실에 배달한다. 카트와 소포는 다양한 크기와 모양을 하고 있다. 조교는 사용한 카트에 따라 돈을 받는다. 다섯 개 카트 종류가 있고 카트에 따른 지불 내용은 다음과 같다.

카트 C1: $2

카트 C2: $1

카트 C3: $4

카트 C4: $2

카트 C5: $2

어느날 소포 7개가 도착했다. 소포는 다음과 같이 5개 카트를 사용하여 전달될 수 있다.

C1은 소포 P1, P3, 그리고 P4 전달에 사용할 수 있다.

C2는 소포 P2, P5, 그리고 P6 전달에 사용할 수 있다.

C3은 소포 P1, P2, P5, P6 그리고 P7 전달에 사용할 수 있다.

C4는 소포 P3, P6, 그리고 P7 전달에 사용할 수 있다.

C5는 소포 P2 그리고 P4 전달에 사용할 수 있다.

창고 관리자는 최소 비용으로 소포를 전달하고자 한다. 이 장에서 설명한 최소화 방법을 사용하여 최소 비용 해결책을 얻는 체계적인 과정을 제시하라.

6.20 함수 $h(A, B, C, D, E, F, G) = \Sigma\, m(24, 28, 39, 47, 70, 86, 88, 92, 102, 105, 118)$에 대한 모든 주항을 찾기 위하여 퀸–맥클러스키 방법을 사용하라. 대수적으로 주항을 표현하라.

6.21 완전 명세화된 4변수 조합논리함수 $r(w, x, y, z)$에 대한 주항 차트가 아래에 있다.

(a) 최대항의 곱으로 함수 r을 대수적으로 나타내어라.

(b) 표에서 주항으로 표시된 A, C, 그리고 D에 대한 대수식을 구하라.

(c) 함수 r에 대한 모든 최소곱의 합 식을 구하라. 대수식을 나타낼 필요는 없고, 합 식에 필요한 모든 주항(A, B, C 등)을 나열하라.

	0	4	5	6	7	8	9	10	11	13	14	15
A	×	×										
B			×		×					×		×
C				×	×						×	×
D						×	×	×	×			
E								×	×		×	×
F							×		×	×		×
G	×					×						
H		×	×	×	×							

6.22 (a) 연습문제 6.21의 주항 차트에서 열 7은 열 6이 가진 모든 X행을 가지고 있기 때문에 열 7은 열 6을 *포함*한다고 할 수 있다. 비슷하게 열 11은 열 10을 포함하고, 열 15는 열 14를 포함한다. 열 6, 10, 14는 원래와 같은 해답을 갖지만 더 간단한 차트가 되도록 제거될 수 있다. 왜 이렇게 할 수 있는지 설명하라.

(b) 표 6-5에서(행 P_2와 열 0과 2를 제거한 후), 행 P_3는 행 P_1을 포함한다. 행(주항) P_1은 제거될 수 있으며, 결과 차트는 원래 표의 최소 해답을 가진다. 왜 이렇게 할 수 있는지 설명하라. 포함되는 주항이 제거될 수 있도록 할 때, 2개 주항에 대한 어떤 제약은 있는가?

(c) 표 6-5에서 행 P_1을 제거한 후에는 행 P_3는 차트의 최소 해답에 반드시 포함되어야 한다. 왜 그러한가?

6.23 다음 함수에 대하여 모든 주항을 찾은 후 패트릭 방법으로 모든 최소 해답을 구하라.

$$F(A, B, C, D) = \Sigma\, m(7, 12, 14, 15) + \Sigma\, d(1, 3, 5, 8, 10, 11, 13)$$

6.24 변수가 있는 맵 방법으로 다음 식에 대한 최소 논리곱의 합 식을 찾기 위해 4변수 맵을 사용하라.

(a) $F(A, B, C, D, E) = \Sigma\, m(0, 4, 6, 13, 14) + \Sigma\, d(2, 9) + E(m_1 + m_{12})$

(b) $Z(A, B, C, D, E, F, G) = \Sigma\, m(2, 5, 6, 9) + \Sigma\, d(1, 3, 4, 13, 14) + E(m_{11} + m_{12}) + F(m_{10}) + G(m_0)$

6.25 (a) 5-변수 맵으로 연습문제 6.6(a)을 다시 풀어라.

(b) 퀸–맥클러스키 방법으로 연습문제 6.6(a)을 다시 풀어라. 5-변수 모두로 된 최소항으로 F를 나타내야 한다. 최초 4-변수 최소항은 사용될 수 없다.

6.26 변수가 있는 맵 방법으로 다음 식에 대한 최소 논리곱의 합 식을 찾아라.

$$G = C'E'F + DEF + AD'E'F' + BDE'F + AD'EF'$$

UNIT 7

다단 게이트 회로, NAND, NOR 게이트

Mulit-Level Gate Circuits NAND and NOR Gates

목표

1. 주어진 함수를 실현하기 위해 AND 혹은 OR 게이트의 최소 2단 혹은 다단회로를 설계하라 (출력이 OR 게이트인 회로와 출력이 AND 게이트인 회로를 *같이* 생각하라).
2. 8개 기본 형태(AND-OR, NAND-NAND, OR-NAND, NOR-OR, OR-AND, NOR-NOR, AND-NOR 및 NAND-AND) 중의 하나로 2단 게이트 회로를 설계하거나 해석하라.
3. 다단 NAND게이트 혹은 NOR 게이트 회로를 설계 및 해석하라.
4. 반전 버블(bubble)을 추가하거나 삭제하여 AND와 OR 게이트 회로를 NAND 게이트 및 NOR 게이트 회로로 변환하거나 그 역으로 변환하라.
5. 카노맵으로 최소 2단, 다중 출력 AND-OR, OR-AND, NAND-NAND 및 NOR-NOR 회로를 설계하라.

학습가이드

1. 7.1절 *다단 게이트 회로(Multi-Level Gate Circuits)*를 학습하라.

(a) 게이트 회로에서 단의 수를 바꾸는 두 가지 방법은 무엇인가?

(b) 나무 도해(tree diagram)로 다음식 Z_1과 Z_2에 필요한 게이트 수, 게이트 입력 및 게이트 단의 수를 결정하라.

$$Z_1 = [(A + B)C + DE(F + G)]H \qquad Z_2 = A + B[C + DE(F + G)]$$

해당 게이트 회로를 그려서 답을 확인하라.

(c) 최소 2단 해답을 찾고자 할 때 왜 함수에 대한 논리곱의 합 형태와 논리합의 곱 형태가 같이 필요한가?

(d) $Z = ABC(D + E) + FG$에 대한 한 가지 실현은 다음과 같다.

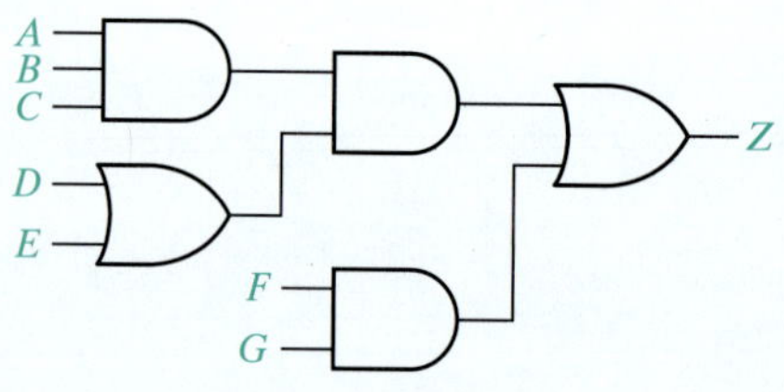

게이트를 하나 적게 사용할 수 있도록 AND 게이트의 출력이 다른 AND 게이트의 입력으로 바로 가지 않는 회로를 다시 그려라.

(e) 연습문제 7.1과 7.2를 풀어라. 따로 규정되지 않았으면 변수와 그 변수의 보수를 같이 회로 입력으로 활용할 수 있다고 가정한다.

2. 7.2절 *NAND와 NOR 게이트*를 학습하라.

(a) 각 게이트에 대해 빠진 입력값을 찾아라.

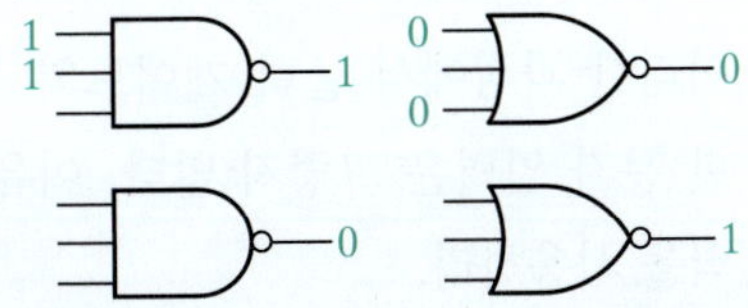

(b) 함수적으로 완전한 논리게이트 집합(functionally complete set of logic gates)은 무슨 의미인가?

(c) 논리게이트 집합이 함수적으로 완전함을 어떻게 보여줄 수 있는가?

(d) NOR 게이트만으로 함수적으로 완전함을 보여라.

(e) NAND 게이트로 $F = (A'(BC)')'$의 회로를 그려라.

(f) NOR 게이트로 $F = ((X + Y)' + (X' + Z)')'$의 회로를 그려라.

3. 7.3절 *NAND와 NOR 게이트를 사용하는 2단 회로의 설계*를 학습하라.

(a) 식 (7-17)에 해당되는 회로를 그려라.

(b) 식 (7-18)을 구하라.

(c) 식 (7-13)에서 식 (7-21)까지의 관계와 그림 7-11의 도해를 이해하도록 하라.

(d) NOR-NAND 형태는 왜 축퇴(degenerate)되는가?

(e) 2단 NAND-NAND와 NOR-NOR 회로 설계 과정이 사용될 때 활용 가능한 입력의 형태에 대해 어떤 가정을 하는가?

(f) 이러한 과정에서 출력 게이트의 문자 입력은 보수화되지만 다른 게이트에 대한 문자 입력은 그렇지 않다. 이유를 설명하라. 설명할 때 보기가 되는 하나의 식을 사용하라.

(g) 일반적인 OR-AND 회로는 아래와 같다. 이 회로를 NOR-NOR 회로로 변환하고 변환이 타당하다는 것을 증명하라.

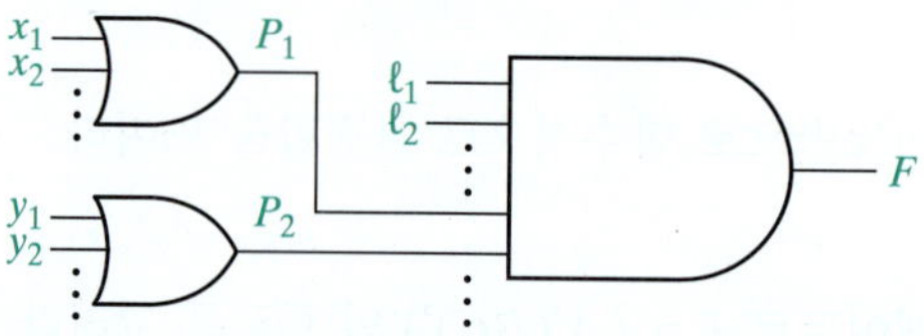

(h) 연습문제 7.3을 풀어라.

4. 7.4절 *다단 NAND와 NOR 게이트 회로 설계*를 학습하라.

(a) 그림 7-13의 NAND 회로가 옳다는 것을 해당 AND와 OR 게이트의 회로를 2단 서브회로로 나눈 후 각 서브회로를 변환함으로써 증명하라.

(b) OR 게이트만을 사용하여 2단 회로를 설계한다면 최소 논리곱의 합 혹은 최소 논리합의 곱 중 어느 것으로 시작해야 하는가?

(c) AND와 OR 게이트 회로를 NAND 게이트 회로로, 직접 변환은 출력에서 OR 게이트로 시작할 필요가 있지만, NOR 게이트로 직접 변환은 출력에서 AND 게이트로 시작하여야 한다. NAND는 입력이 반전된 OR과 등가이기 때문에 쉽게 기억할 수 있다.

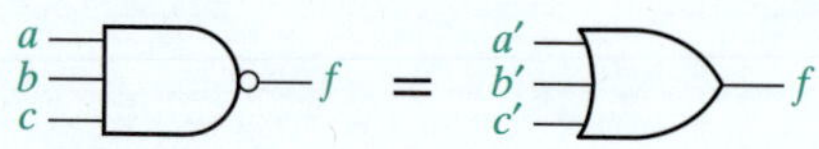

NOR는 입력이 반전된 AND와 등가이다.

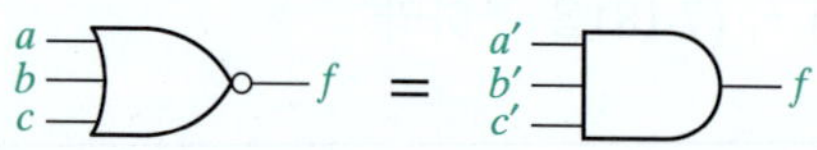

(d) 그림 7-1(b) 회로를 모두 NAND 게이트인 회로로 변환하라.

(e) 연습문제 7.4, 7.5, 7.6, 그리고 7.7을 풀어라.

5. 7.5절 *다른 형태의 게이트 심벌을 사용한 회로 변환*을 학습하라.

(a) 다음 각 회로로 실현된 논리 함수를 결정하라.

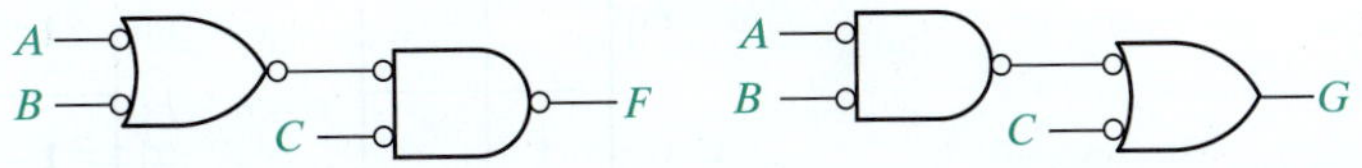

$F =$ ________ $G =$ __________

(b) 필요할 때 버블을 추가하고 입력을 보수화하여 그림 7-13(a)를 NAND 게이트 회로로 변환하라(12개 버블을 사용한다. NAND 게이트들 중 일부가 다른 형태의 심벌을 사용한다는 것 외에는 그 결과는 그림 7-13(b)와 비슷하여야 한다).

(c) 다음 식에 대한 AND와 OR 게이트 회로를 그려라.

$$Z = A[BC + D + E(F + GH)]$$

필요할 때 버블을 추가하고 입력을 보수화하여 NOR 게이트 회로로 변환하라(10개 버블을 추가하여야 하며 6개 입력 변수를 보수화한다).

(d) 연습문제 7.8을 풀어라.

6. 7.6절 *2단 다중 출력회로 설계*를 학습하라.

(a) 다음 중 어느 경우에 항 xy'를 $xy'z + xy'z'$로 대체하여야 하는가?

(1) $xy'z$ 혹은 $xy'z'$ 어느 것도 다른 하나의 함수에서 사용되지 않는다.

(2) $xy'z$와 $xy'z'$ 모두 다른 함수에서 사용된다.

(3) 항 $xy'z$는 다른 하나의 함수에서 사용되지만 $xy'z'$는 그렇지 않다.

(b) 두 번째 예(그림 7-23)의 f_2에서 c는 bc와 $b'c$가 f_1과 f_3로부터 "자유롭게" 활용할 수 있기 때문에 $bc + b'c$로 대체될 수 있었다. 그런데 왜 이 대체를 하지 않는가?

(c) 다음 예에서 f_1과 f_2 각각을 실현하는 비용을 계산하라. 두 개 함수에서 공통인 항 $a'b'c$를 사용하여 비용을 계산하라. 두 경우 모두에 2단 AND-OR 회로를 사용하라.

bc \ a	0	1
00		
01	1	
11	1	1
10		

f_1

bc \ a	0	1
00	1	1
01	1	
11		
10	1	1

f_2

(d) F_1, F_2 및 F_3의 2단, 최소 다중 출력, AND-OR 실현에 해당되는 식을 찾아라. 항 cd는 왜 F_1에 포함되지 않아야 하는가?

cd \ ab	00	01	11	10
00				1
01				1
11	1	1	1	1
10				

F_1

cd \ ab	00	01	11	10
00		1		
01		1		
11	1	1	1	
10			1	1

F_2

cd \ ab	00	01	11	10
00				
01	1	1		
11		1	1	1
10				

F_3

$F_1 =$

$F_2 =$

$F_3 =$

(e) 연습문제 7.9, 7.10 그리고 7.11을 풀어라.

(f) 연습문제 7.12를 풀어라(*힌트*: 맵에서 0 관련항으로 풀이를 하되 f_1', f_2', 그리고 f_3'에 대한 최소 해답을 찾아라).

7. 7.7절 *다중 출력 NAND와 NOR 회로*를 학습하라.

(a) 각 게이트 출력에 대한 식을 찾음으로써 그림 7-26(b)의 NOR 회로의 F_1과 F_2 출력에 대한 식을 얻고, 이 식이 F_1과 F_2에 대한 원래 식으로 간략화됨을 보여라.

(b) 버블 방법으로 그림 7-26(a)를 7-26(b)로 변환하라.

(c) 연습문제 7.13을 풀어라.

다단 게이트 회로, NAND, NOR 게이트

Mulit-Level Gate Circuits NAND and NOR Gates

이 장의 첫 부분에서는 AND와 OR 게이트로 된 2단 이상의 회로를 설계하는 방법을 다룬다. 두 번째 부분에서는 NAND와 NOR 게이트로 설계하는 기술을 배운다. 이들 기술은 일반적으로 먼저 AND와 OR 게이트 회로를 설계하고 그 다음으로 설계된 회로를 원하는 형태의 게이트 회로로 바꾸도록 한다. 이들 기술은 적당한 형태의 회로로 시작하면 *적용*하기도 쉽다.

7.1 다단 게이트 회로

회로 입력과 출력 사이에서 직렬로 연결된 게이트의 최대 수를 게이트의 단 수(number of levels of gate)라 한다(전압 레벨과 혼동하지 말아야 한다). 그래서 논리곱의 합 형태 혹은 논리합의 곱 형태로 된 함수는 2단 게이트 회로에 바로 해당된다. 게이트가 플립플롭(flipflop) 출력으로 구동되는 디지털 회로의 일반적인 경우에서처럼(11장에서 설명되는 것처럼), 모든 변수와 그 변수의 보수가 회로 입력으로 활용 가능하다고 가정한다. 이러한 이유로 회로의 단 수를 결정할 때 입력에 직접 연결되는 인버터는 일반적으로 세지 않는다. 이 장에서는 아래의 용어를 사용하기로 한다.

1. *AND-OR 회로*는 출력에 OR 게이트가 오고 그 앞에 AND 게이트의 단으로 된 2단 회로이다.
2. *OR-AND 회로*는 출력에 AND 게이트가 오고 그 앞에 OR 게이트의 단으로 된 2단 회로이다.
3. *OR-AND-OR* 회로는 출력에 OR 게이트가 오고 그 앞에 AND 게이트 단이 있고 또 그 앞에 OR 게이트 단으로 된 3단 회로이다.
4. AND와 OR 게이트 회로는 게이트 단의 특정한 순서는 없고 출력 게이트는 AND 혹은 OR일 수 있다.

AND-OR 회로에서 단 수는 논리곱의 합 식을 인수분해하면 보통 증가할 수 있으며, 이때 AND-OR 회로가 얻어진다. 마찬가지로 OR-AND 회로에서 단 수는 논리합의 곱 식에서 몇몇 항을 곱하면 보통 증가할 수 있으며, 이때 OR-AND 회로가 얻어진다. 논리회로 설계자는 여러 가지 이유로 회로의 단 수에 관심이 있다. 때때로 게이트의 단 수를 증가하기 위한 인수분해(혹은 항 곱하기)는 필요한 게이트 수와 게이트 입력을 줄일 수 있게 되어 그에 따라서 회로 제작비용을 줄일 수 있다. 그러나 어떤 경우에는 단 수 증가가 비용을 증가하게 할 수 있다. 많은 응용에서 직렬로 연결되는 게이트 수는 게이트 지연 때문에 제한된다. 어떤 게이트의 입력이 스위칭할 때, 출력이 따라 변하기 전까지 일정 시간이 있기 마련이다. 여러 게이트가 직렬로 연결될 때 입력 변화와 회로 출력에서 그에 따른 변화 사이의 시간이 과다하게 되면 디지털 시스템의 작동이 느려질 수 있다.

그림 7-1
Z의 4단 실현

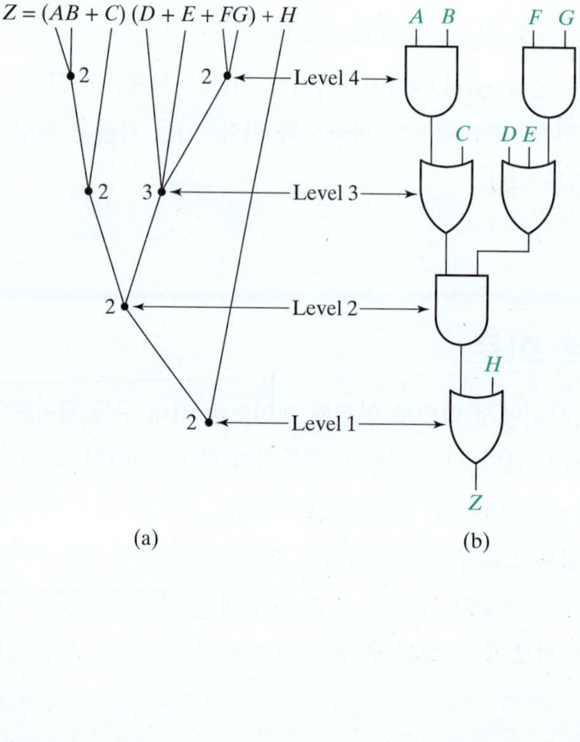

그림 7-2
*Z*의 3단 실현

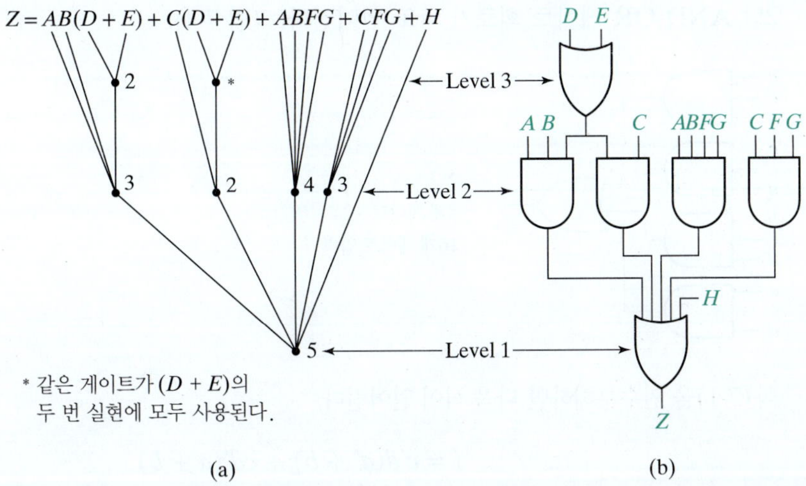

회로에서 게이트 수, 게이트 입력 및 단 수는 해당 식을 조사하여 결정한다. 그림 7-1(a)의 예에서 식 Z 아래에 그려진 나무 도해는 해당 회로가 그림 7-1(b)에서 확인된 것처럼 4단, 6개 게이트, 13개 게이트 입력을 가지고 있다는 것을 나타낸다. 나무 도해의 각 마디(node)는 하나의 게이트를 나타내고 게이트의 입력 수는 각 마디 옆에 기록되어 있다.

Z의 식을 부분적으로 곱하여 이 식을 3단으로 바꿀 수 있다.

$$\begin{aligned} Z &= (AB + C)[(D + E) + FG] + H \\ &= AB(D + E) + C(D + E) + ABFG + CFG + H \end{aligned}$$

그림 7-2에서 보는 바와 같이 결과 회로는 3단, 6개 게이트 및 19개 게이트 입력이 필요하다.

AND와 OR 게이트를 사용한 다단 설계 예제

문제: 다음 함수를 실현하기 위한 AND와 OR 회로를 구하라.

$$f(a, b, c, d) = \Sigma\, m(1, 5, 6, 10, 13, 14)$$

2단 게이트와 3단 게이트로 된 해답을 생각해 보라. 게이트의 수와 게이트 입력의 전체 개수를 최소화하라. 모든 변수와 그 변수의 보수가 입력으로 활용 가능하다고 가정한다.

풀이: 먼저 카노맵으로 f를 간략화하라(그림 7-3).

그림 7-3

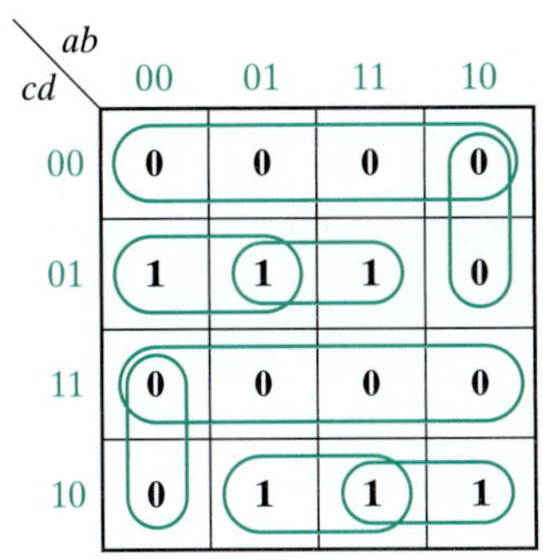

$$f = a'c'd + bc'd + bcd' + acd' \tag{7-1}$$

그림 7-4 2단 AND-OR 게이트 회로가 바로 얻어진다(그림 7-4).

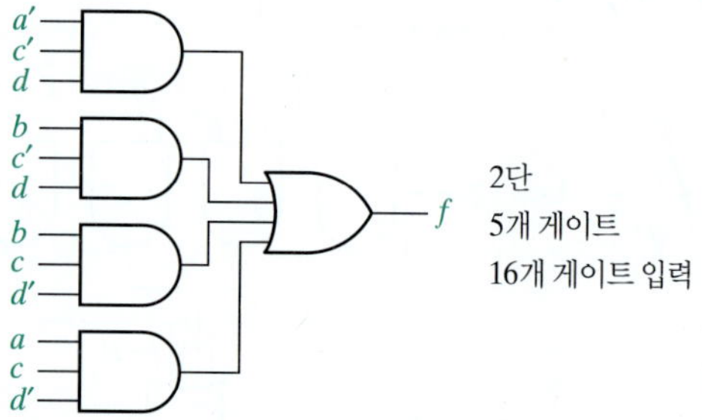

식 (7-1)을 인수분해하면 다음 식이 얻어진다.

$$f = c'd(a' + b) + cd'(a + b) \tag{7-2}$$

이 식은 아래의 3단 OR-AND-OR 게이트 회로로 된다(그림 7-5).

그림 7-5

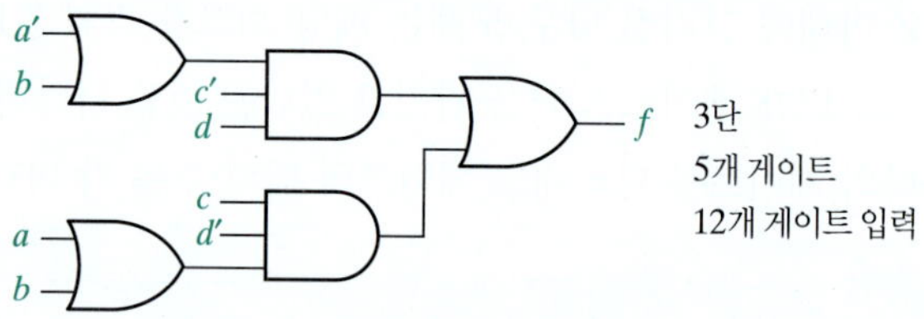

이들 두 개 해답은 출력에 OR 게이트를 가지고 있다. 출력에 AND 게이트를 갖는 해답은 더 적은 게이트 혹은 게이트 입력을 가질 수 있다. 2단 OR-AND 회로는 함수에 대한 논리합의 곱 식에 해당된다. 이 식은 다음과 같이 카노맵에서 0값의 항으로부터 얻는다.

$$f' = c'd' + ab'c' + cd' + a'b'c \tag{7-3}$$

$$f = (c + d)(a' + b + c)(c' + d')(a + b + c') \tag{7-4}$$

식 (7-4)는 2단 OR-AND 회로로 바로 바뀔 수 있다(그림 7-6).

그림 7-6

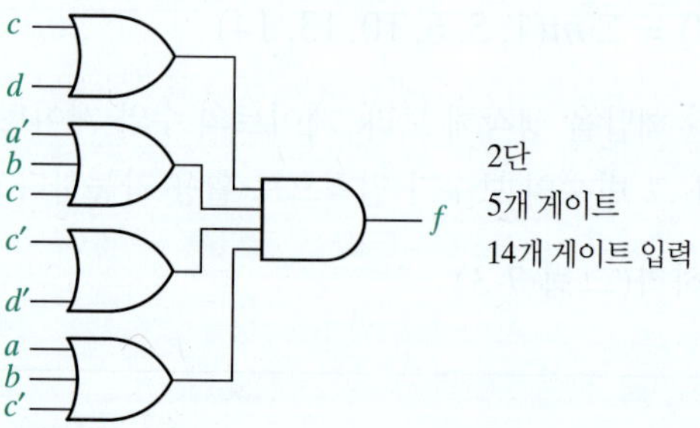

AND 게이트 출력을 갖는 3단 회로를 얻기 위해서 $(X + Y)(X + Z) = X + YZ$를 적용해서 식 (7-4)를 부분적으로 곱한다.

$$f = [c + d(a' + b)][c' + d'(a + b)] \tag{7-5}$$

식 7-5를 실현하기 위해 4단 게이트가 필요하지만 $d'(a + b)$와 $d(a' + b)$를 곱하면 다음 식이 얻어진다.

$$f = (c + a'd + bd)(c' + ad' + bd') \tag{7-6}$$

이 식은 바로 3단 AND-OR-AND 회로로 바뀔 수 있다(그림 7-7).

그림 7-7

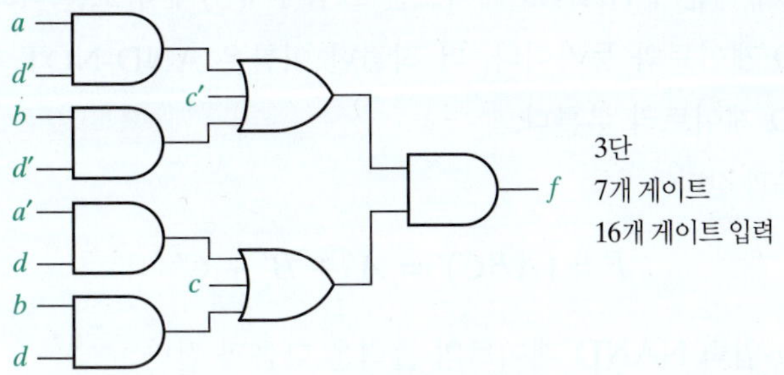

이 특별한 예에서 최고의 2단 해답은 출력에 AND 게이트를 가지고 있으며(그림 7-6), 가장 좋은 3단 해답은 출력에 OR 게이트를 가지고 있다(그림 7-5). 일반적으로 최소 해답이 되도록 하기 위해서는 AND 게이트 출력회로와 OR 게이트 출력회로를 모두 구하여야 한다.

f'에 대한 식이 n-단을 가지면 이 식의 보수는 f에 대한 n-단 식이 된다. 따라서 AND 게이트 출력을 갖는 n-단 회로로 f를 실현하기 위한 한 과정은 먼저 출력 단에 OR 연산을 갖는 f'에 대한 n-단 식을 찾고 다음으로 f'에 대한 식을 보수화한다. 앞의 예에서 식 (7-3)을 인수분해하면 f'에 대한 3단 식을 얻는다.

$$\begin{aligned} f' &= c'(d' + ab') + c(d + a'b') \\ &= c'(d' + a)(d' + b') + c(d + a')(d + b') \end{aligned} \tag{7-7}$$

식 (7-7)의 보수화는 그림 7-7의 3단 AND-OR-AND 회로에 해당되는 식 (7-6)이 된다.

7.2 NAND와 NOR 게이트

지금까지 AND 게이트, OR 게이트 및 인버터를 사용하여 논리회로를 설계하였다. 배타적 OR과 등가 게이트는 3장에서 소개되었다. 이 절에서는 NAND와 NOR 게이트를 정의할 것이다. 논리설계자는 NAND와 NOR 게이트를 자주 사용하는데 AND 혹은 OR 게이트보다는 일반적으로 더 빠르고 더 적은 부품을 사용하기 때문이다. 조금 뒤에서 보겠지만 어떤 논리 함수는 NAND 게이트 혹은 NOR 게이트만으로 실현할 수 있다.

그림 7-8(a)는 3 입력 NAND 게이트를 보여준다. 게이트 출력의 작은 원(혹은 버블)은 반전을 나타내기 때문에 NAND 게이트는 그림 7-8(b)에서 보는 바와 같이 인버터가 뒤따라오는 AND 게이트와 등가이다. 더 적절한 이름은 AND-NOT 게이트이지만 관례에 따라 NAND 게이트라 부른다.
게이트 출력은 다음과 같다.

$$F = (ABC)' = A' + B' + C'$$

그림 7-8(c)에서 n-입력 NAND 게이트의 출력은 다음과 같다.

$$F = (X_1X_2 \ldots X_n)' = X_1' + X_2' + \cdots + X_n' \qquad (7\text{-}8)$$

이 게이트의 출력은 입력들 중에서 하나 혹은 그 이상이 0일 때만 1이 된다.

그림 **7-8** NAND 게이트

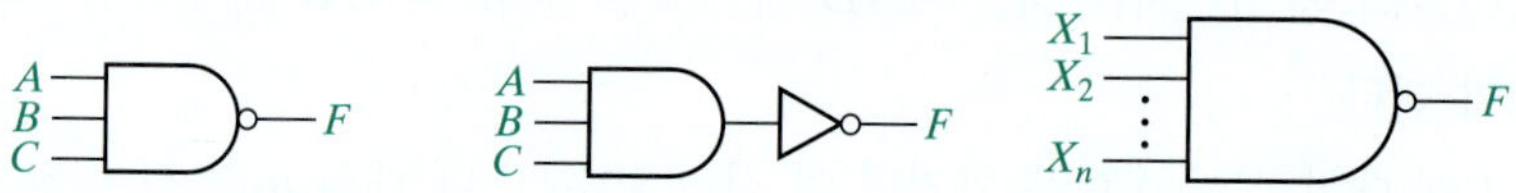

(a) 3-입력 NAND 게이트 (b) NAND 게이트 등가 (c) n-입력 NAND 게이트

그림 7-9(a)는 3-입력 NOR 게이트를 보여준다. 게이트 출력의 작은 원은 반전을 나타내므로 NOR 게이트는 인버터가 뒤따라오는 OR 게이트와 등가이다. 더 적절한 이름은 OR-NOT 게이트이지만, 관례에 따라 NOR 게이트라 부른다. 이 게이트의 출력은 다음과 같다.

$$F = (A + B + C)' = A'B'C'$$

그림 7-9 NOR 게이트

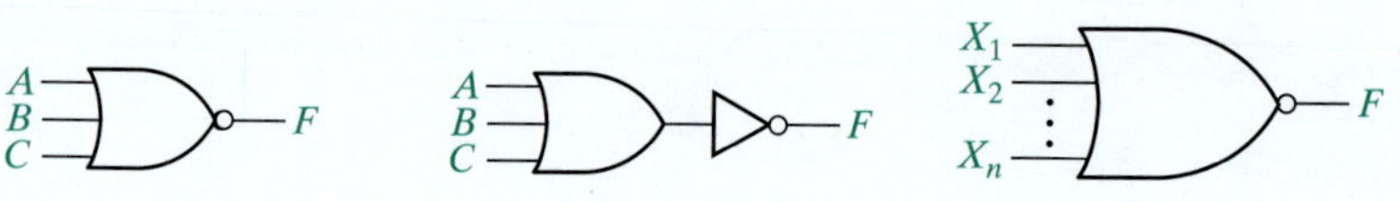

(a) 3-입력 NOR 게이트 (b) NOR 게이트 등가 (c) n-입력 NOR 게이트

그림 7-9(c)에 있는 n-입력 NOR 게이트의 출력은 다음과 같다.

$$F = (X_1 + X_2 + \cdots + X_n)' = X_1'X_2' \ldots X_n' \qquad (7\text{-}9)$$

어떤 부울함수라도 하나의 논리연산 집합으로 나타낼 수 있으면 이 연산 집합은 *함수적으로 완전하다*(*functionally complete*)고 말한다. 집합 AND, OR 및 NOT은 어떤 함수라도 논리곱의 합 형태로 나타낼 수 있고 논리곱의 합 식도 단지 AND, OR 및 NOT 연산을 사용하기 때문에 분명히 함수적으로 완전하다. 마찬가지로 모든 스위칭 함수가 어떤 논리게이트의 집합으로 실현될 수 있다면 함수적으로 완전하다. 연산 AND, OR 및 NOT의 집합은 함수적으로 완전하기 때문에 AND, OR 및 NOT을 실현할 수 있는 논리게이트의 어떤 집합도 역시 함수적으로 완전하다. AND와 NOT은 OR가 AND와 NOT으로 실현될 수 있기 때문에 게이트의 함수적으로 완전한 집합이 된다.

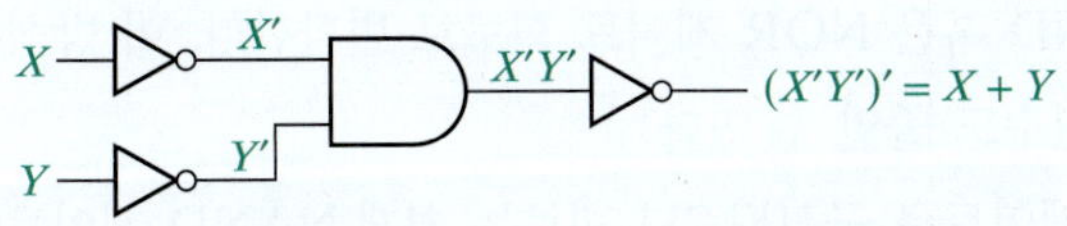

하나의 게이트 형태가 그 자체로 함수적으로 완전한 집합이 된다면 어떤 스위칭 함수도 이 형태의 게이트만을 사용하여 실현될 수 있다. NAND 게이트가 그러한 게이트의 한 예이다. NAND 게이트는 반전이 뒤따라오는 AND 연산을 하기 때문에 NOT, AND 및 OR은 그림 7-10에서처럼 단지 NAND 게이트만을 사용하여 실현될 수 있다. AND-OR 회로를 NAND 회로로 변환하는 쉬운 방법이 다음 절에서 설명된다. 마찬가지로 어떤 함수도 단지 NOR 게이트만으로 실현될 수 있다.

그림 7-10 NOT, AND, 그리고 OR의 NAND 게이트 실현

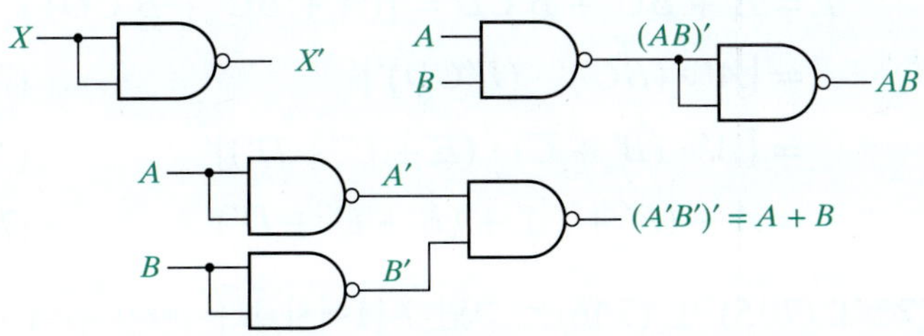

다음 과정은 주어진 게이트의 집합이 함수적으로 완전한지를 결정하기 위해 사용한다. 첫째로 각 게이트로 실현될 함수에 대한 최소 논리곱의 합 식을 얻는다. 이들 식에서 보수 변수가 없으면 NOT은 실현될 수 없고 이 집합은 함수적으로 완전하지 않다. 보수 변수가 어떤 식 중에 있으면 NOT은 그 해당 게이트의 입력을 적절하게 선택하여 실현한다(0과 1은 게이트 입력으로 활용될 수 있다고 항상 가정한다). 다음으로 NOT은 이제 활용할 수 있다고 생각하고 AND 혹은 OR를 실현하여 보라. AND 혹은 OR가 실현되면, 다른 게이트는 더 이상의 직접적인 방법이 없다면 드모르간의 법칙(DeMorgan's law)을 사용하여 항상 실현될 수 있다. 예를 들어 OR와 NOT을 활용할 수 있다면 AND는 다음과 같이 실현될 수 있다.

$$XY = (X' + Y')' \tag{7-10}$$

7.3 NAND와 NOR 게이트를 사용하는 2단 회로의 설계

이 절에서 NAND, NOR, AND, 그리고 OR 게이트의 여러 가지 조합으로 함수 F를 실현하는 2단 회로는 F의 스위칭 대수식을 구하는 게이트 회로의 형태로 변환함으로써 얻을 수 있다. F 식의 일부분들을 반복적으로 보수화해야 하기 때문에 이러한 접근방식을 다단회로로 확장하는 것은 어렵다. 7.4와 7.5절에서는 AND와 OR를 사용하여 F를 구하는 회로의 형태로 먼저 실현하는 다른 접근방식이 개발되었다. AND와 OR 회로는 각 AND와 OR 게이트를 NAND 혹은 NOR 게이트로 바꾸도록 쌍으로 인버터를 삽입하므로 NAND 혹은 NOR 게이트 회로로 변환한다. 이 방식은 F의 대수식 조작을 피할 수 있으며 실수도 줄일 수 있다.

AND와 OR 게이트로 구성된 2단 회로는 쉽게 NAND 게이트 혹은 NOR 게이트로 구성된 회로로 바뀐다. 이 변환은 $F=(F')'$를 적용하고 또한 아래의 드모르간의 법칙을 적용하여 얻게 된다.

$$(X_1 + X_2 + \cdots + X_n)' = X_1'X_2' \ldots X_n' \tag{7-11}$$

$$(X_1X_2 \ldots X_n)' = X_1' + X_2' + \cdots + X_n' \tag{7-12}$$

다음 예는 최소 논리곱의 합 형태를 다른 여러 가지 2단 형태로 변환하고 있다.

$$F = A + BC' + B'CD = [(A + BC' + B'CD)']' \quad (7\text{-}13)$$

$$= [A' \cdot (BC')' \cdot (B'CD)']' \quad (7\text{-}11 \text{ 적용}) \ (7\text{-}14)$$

$$= [A' \cdot (B' + C) \cdot (B + C' + D')]' \quad (7\text{-}12 \text{ 적용}) \ (7\text{-}15)$$

$$= A + (B' + C)' + (B + C' + D')' \quad (7\text{-}12 \text{ 적용}) \ (7\text{-}16)$$

식 (7-13), (7-14), (7-15) 및 (7-16)은 그림 7-11에서 보는 바와 같이 각각 AND-OR, NAND-NAND, OR-NAND 및 NOR-OR 형태를 나타낸다.

식 (7-16)을 아래 형식으로 다시 쓰면 3단 NOR-NOR-INVERT 회로가 된다.

$$F = \{[A + (B' + C)' + (B + C' + D')']'\}' \tag{7-17}$$

하지만 NOR 게이트만의 2단 회로가 필요하면 최소 논리곱의 합 대신에 F에 대한 최소 논리합의 곱으로 시작하여야 한다. 카노맵에서 최소 논리합의 곱을 얻은 후 F는 아래의 2단 형태로 될 수 있다:

$$\begin{aligned} F &= (A + B + C)(A + B' + C')(A + C' + D) \\ &= \{[(A + B + C)(A + B' + C')(A + C' + D)]'\}' \end{aligned} \quad (7\text{-}18)$$

$$= [(A + B + C)' + (A + B' + C')' + (A + C' + D)']' \quad (7\text{-}12 \text{ 적용}) \ (7\text{-}19)$$

$$= (A'B'C' + A'BC + A'CD')' \quad (7\text{-}11 \text{ 적용}) \ (7\text{-}20)$$

$$= (A'B'C')' \cdot (A'BC)' \cdot (A'CD')' \quad (7\text{-}11 \text{ 적용}) \ (7\text{-}21)$$

그림 7-11
2단 회로의
8가지 기본 형태

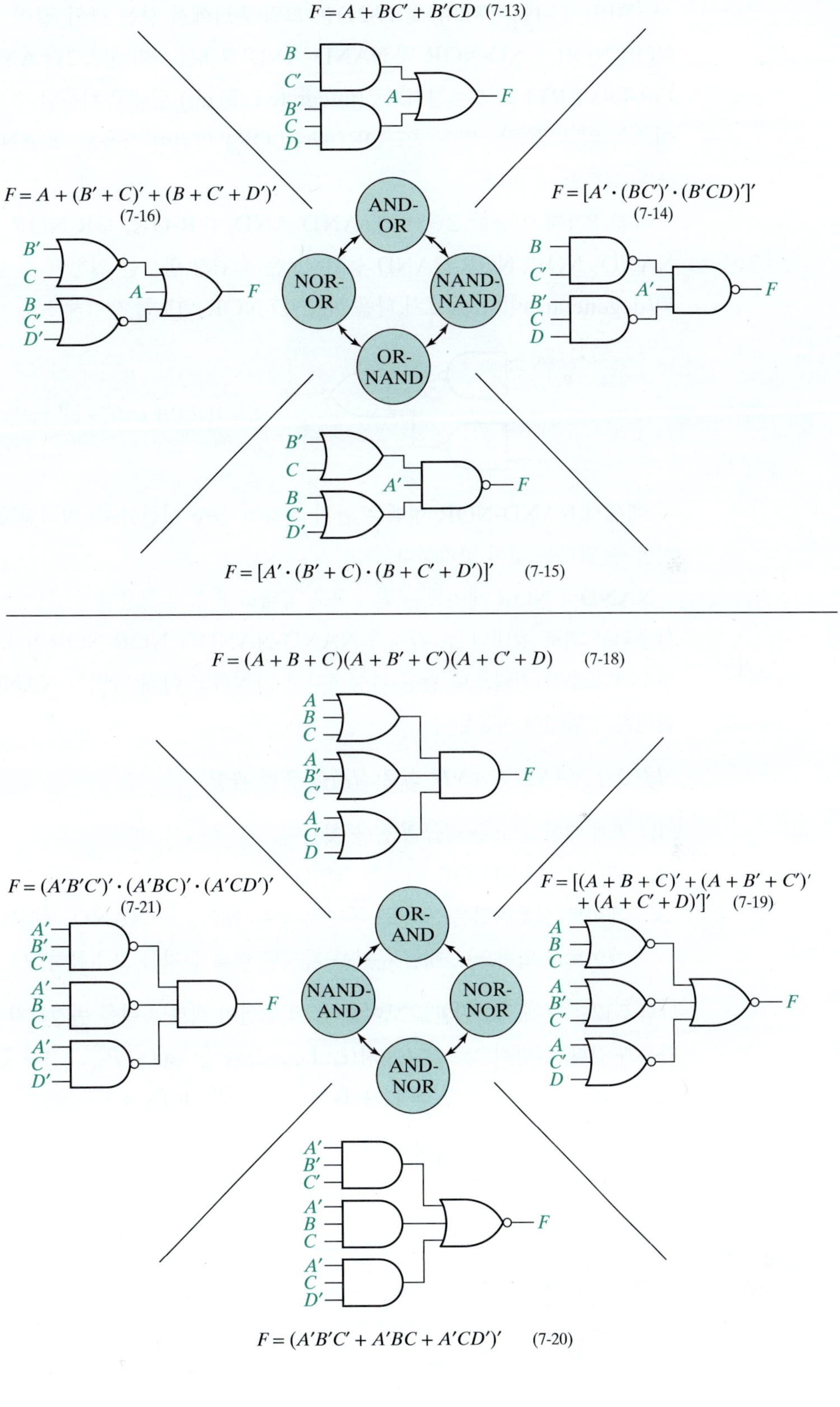

식 (7-18), (7-19), (7-20) 및 (7-21)은 그림 7-11에서 보는 바와 같이 각각 OR-AND, NOR-NOR, AND-NOR 및 NAND-AND 형태를 나타낸다. 2단 AND-NOR(AND-OR-INVERT) 회로는 집적회로(integrated circuit) 형태로 사용할 수 있다. NAND 게이트의 일부 종류는 *와이어드* OR(*wired* OR) 연결이 사용될 때 AND-NOR 회로를 또한 실현할 수 있다.

다른 8가지 가능한 2단 형태(AND-AND, OR-OR, OR-NOR, AND-NAND, NAND- NOR, NOR-NAND 등)는 모든 스위칭 함수를 실현할 수 없다는 의미로 축퇴(degenerate)이다. 예로서 다음 NAND-NOR 회로를 생각해 보라.

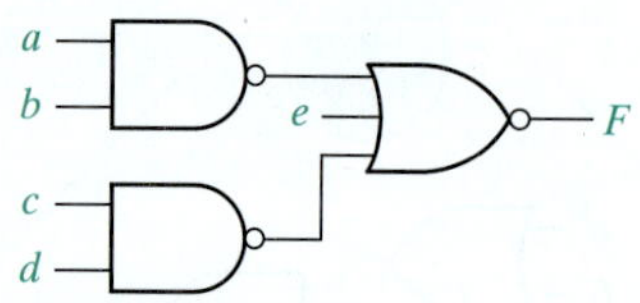

$$F = [(ab)' + (cd)' + e]' = abcde'$$

이 예에서 NAND-NOR 형태는 단지 문자의 곱을 실현할 수 있지만 논리곱의 합은 실현할 수 없다는 것이 명확하다.

NAND와 NOR 게이트는 집적회로 형태로 손쉽게 활용할 수 있기 때문에 가장 흔히 사용되는 회로 형태의 두 가지가 NAND-NAND와 NOR-NOR이다. 모든 변수와 그 변수의 보수가 입력으로 활용 가능하다고 가정하고 아래 방법이 NAND 게이트로 F를 실현하기 위해서 사용된다.

최소 2단 NAND-NAND 회로 설계를 위한 과정

1. F에 대한 최소 *논리곱의 합*을 찾는다.
2. 해당 2단 AND-OR 회로를 그린다.
3. 게이트 상호연결은 그대로 두면서 모든 게이트를 NAND 게이트로 바꾼다. 출력 게이트가 입력으로 개별 문자를 가지면 이들 문자를 보수화하라.

그림 7-12는 단계 3의 변환을 보여준다. 이 변환이 회로 출력을 변경하지 않는다는 증명은 다음과 같다. 일반적으로 F는 문자($\ell_1, \ell_2, \ldots$)와 곱 항($P_1, P_2, \ldots$)의 합으로 되어 있다.

$$F = \ell_1 + \ell_2 + \cdots + P_1 + P_2 + \cdots$$

드모르간의 법칙을 적용하면,

$$F = (\ell_1'\ell_2' \ldots P_1'P_2' \ldots)'$$

그림 7-12 AND-OR를 NAND-NAND로 변환

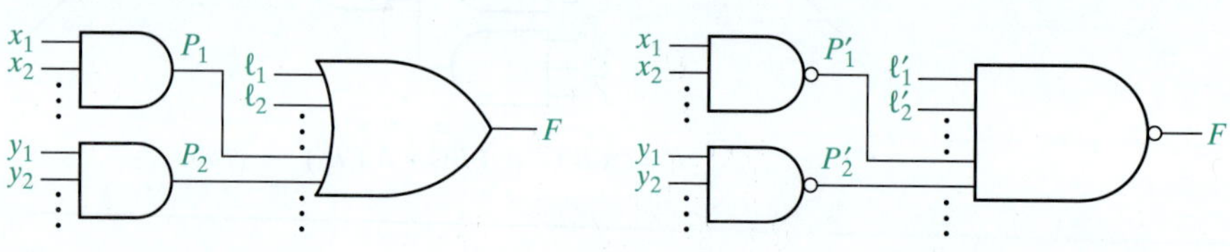

(a) 변환 전　　(b) 변환 후

그래서 출력 OR 게이트는 입력 $\ell'_1, \ell'_2, \ldots, P'_1, P'_2, \ldots$ 인 NAND 게이트로 바꿀 수 있다. 곱항 $P_1, P_2, \ldots$ 는 각각 하나의 AND 게이트로 실현될 수 있기 때문에, $P'_1, P'_2, \ldots$ 는 변환된 회로에서 각각 하나의 NAND 게이트로 실현된다.

모든 변수와 그 변수의 보수는 입력으로 활용할 수 있다고 가정하면 다음 방법이 NOR 게이트로 된 F를 실현하기 위해 사용될 수 있다.

최소2단 NOR-NOR 회로 설계를 위한 과정

1. F에 대한 최소 *논리합의 곱*을 찾아라.
2. 해당 2단 OR-AND 회로를 그려라.
3. 게이트 상호연결은 그대로 두면서 모든 게이트를 NOR 게이트로 바꾼다. 출력 게이트가 입력으로 개별 문자를 가지면 이들 문자를 보수화하라.

이 과정은 NAND-NAND 회로 설계에 사용된 과정과 유사하다. 하지만 NOR-NOR 회로에서는 시작점이 논리곱의 합보다는 최소 *논리합의 곱*인 것을 생각하라.

7.4 다단 NAND와 NOR 게이트 회로 설계

다음 과정은 다단 NAND 게이트 회로를 설계하기 위한 것이다.

1. 실현할 스위칭함수를 간략화하라.
2. AND와 OR 게이트로 된 다단회로를 설계하라. 출력 게이트는 OR이어야 한다. AND 게이트 출력은 AND 게이트 입력으로 사용될 수 없다. OR 게이트 출력은 OR 게이트 입력으로 사용될 수 없다.
3. 출력 게이트를 1단으로 시작하여 각 단에 숫자 이름을 주어라. 각 게이트 사이의 모든 상호 연결을 그대로 두고 모든 게이트를 NAND 게이트로 바꾸어라. 2, 4, 6 단의 입력은 그대로 둔다. 1, 3, 5단의 입력인 문자는 반전한다.

이 과정의 타당성은 다단회로를 2단 하위 회로로 나누고 2단 회로에 대한 이전 결과를 각 2단 하위 회로에 적용하면 쉽게 증명할 수 있다. 그림 7-13의 예는 이 과정을 설명하고 있다. 두 번째 과정이 바르게 처리되면 회로의 각 단은 단지 AND 게이트 혹은 OR 게이트만을 가지고 있다는 것을 기억하라.

다단 NOR 게이트 회로 설계 과정은 NAND 게이트 회로와 똑같지만, AND-OR 게이트 회로의 출력 게이트는 AND 게이트이어야 하고, 모든 게이트는 NOR 게이트로 바뀐다는 것만 다르다.

예제 $F_1 = a'[b' + c(d + e') + f'g'] + hi'j + k$

그림 7-13은 F_1에 대한 AND-OR 회로가 해당 NAND 회로로 어떻게 바뀌는지를 보여준다.

그림 7-13 다단회로의 NAND 게이트 변환

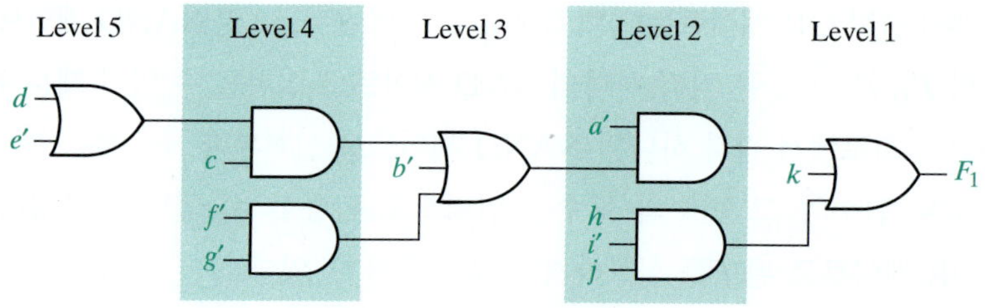

(a) AND-OR 회로망

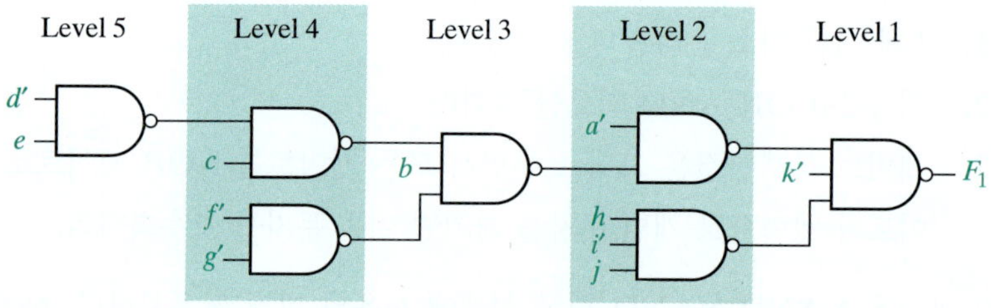

(b) NAND 회로망

7.5 다른 형태의 게이트 심벌을 사용한 회로 변환

복잡한 디지털 시스템을 설계하는 논리설계자는 종종 주어진 종류의 게이트에 대하여 하나 이상의 표현으로 바꾸어 사용하는 것이 편리하다. 예를 들면 인버터는 다음처럼 나타낼 수 있다.

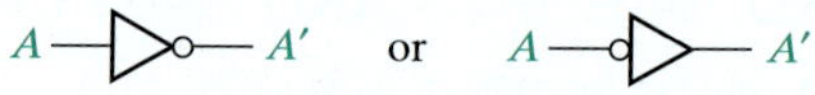

두 번째 경우로 반전 버블이 출력 대신 입력에 있을 수 있다. 그림 7-14는 AND, OR, NAND 및 NOR 게이트에 대한 몇 가지 다른 형태의 표현을 보여준다. 이들 등가 게이트 심벌은 드모르간의 법칙에 기초하고 있다.

그림 7-14 다른 형태의 게이트 심벌

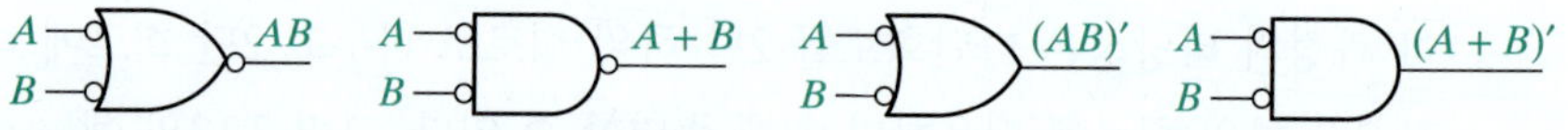

$AB = (A' + B')'$ (a) AND　$A + B = (A'B')'$ (b) OR　$(AB)' = A' + B'$ (c) NAND　$(A + B)' = A'B'$ (d) NOR

이들 다른 형태의 심벌은 NAND와 NOR 게이트 회로의 해석 및 설계를 위해 사용될 수 있다. 그림 7-15(a)는 간단한 NAND 게이트 회로를 보여준다. 이 회로를 해석하기 위해 첫 단과 세 번째 단의 NAND 게이트를 다른 형태의 NAND 게이트 심벌로 바꿀 수 있다. 이렇게 하면 회로 출력에서 반전 버블이 제거된다. 결과 회로(그림 7-15(b))에서, 반전된 출력(버블을 가진 것)은 항상 반전된 입력에 연결되고 비반전(noninverted) 출력은 비반전 입력에 연결된다. 하나의 행에서 반전 두 개는 서로 상쇄되기 때문에 드모르간의 법칙을 대수적으로 적용하지 않고 회로를 쉽게 해석할 수 있다. 예를 들면 게이트

그림 7-15
NAND 게이트
회로 변환

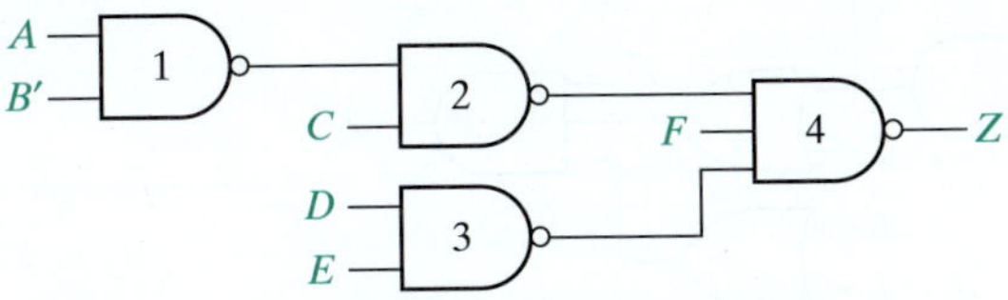

(a) NAND 게이트 회로망

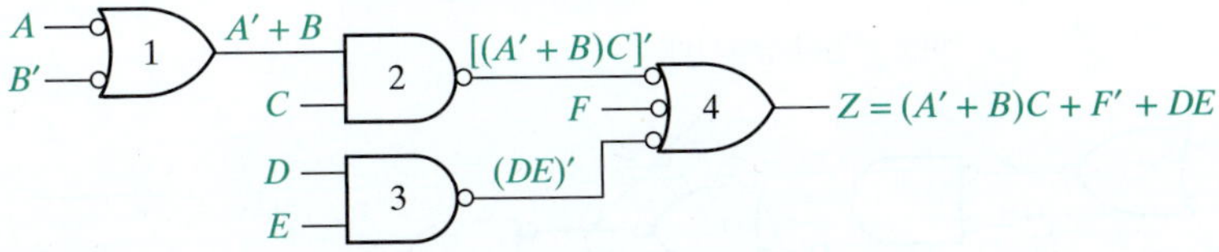

(b) NAND 게이트 회로망에 대한 다른 형태

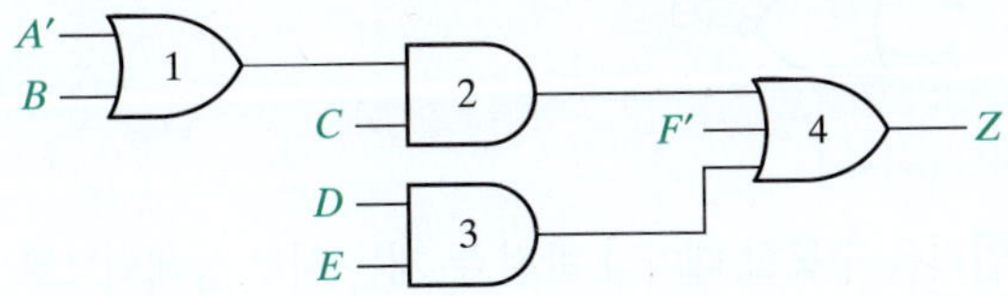

(c) 등가 AND-OR 회로망

2의 출력은 $[(A' + B)C]'$이지만 항 $(A' + B)C$는 출력함수에 나타난다는 것을 생각하라. 단순히 이중 반전을 제거하여 이 회로를 AND-OR 회로로 변환할 수 있다(그림 7-15(c)를 보라). 1개 입력 변수가 반전 입력에 연결될 때 이 변수를 보수화하여 게이트 입력에서 반전을 제거한다. 예를 들면, 그림 7-15(b)에서 A는 그림 7-15(c)에서 A'가 된다.

그림 7-16(a)에 나타난 AND와 OR 게이트 회로는 쉽게 NOR 게이트 회로로 바뀔 수 있다. 그 이유는 출력 게이트가 AND 게이트이고 AND와 OR 게이트가 회로에서 번갈아 나타나기 때문이다. 즉, AND 게이트 출력은 OR 게이트 입력에만 연결되고 OR 게이트 출력은 AND 게이트 입력에만 연결된다. NOR 게이트로 변환을 하기 위해서는 그림 7-16(b)에서 보는 바와 같이 먼저 모든 OR와 AND 게이트를 NOR 게이트로 바꾼다. 반전된 게이트 출력 각각은 반전된 게이트 입력을 구동하기 때문에 한 쌍의 반전은 상쇄된다. 하지만 입력 변수가 반전된 입력을 구동할 때는 하나의 반전을 추가하여 그 변수를 보수화하여 보상이 되게 한다. 따라서 C와 G를 보수화하였다. 결과 NOR 게이트 회로는 최초 AND-OR 회로와 등가이다.

AND와 OR 게이트가 번갈아 나타나지 않을지라도 AND-OR 회로를 NAND 혹은 NOR 회로로 변환할 수 있지만 여분의 인버터를 추가하여 추가된 반전 각각은 다른 반전으로 상쇄되도록 한다. 다음 과정은 NAND(혹은 NOR) 회로로 변환하기 위해 사용된다.

1. 모든 AND 게이트의 출력에 반전 버블을 추가하여 NAND 게이트로 바꾸어라. 모든 OR 게이트의 입력에 반전 버블을 추가하여 NAND 게이트로 바꾸어라(NOR로 바꾸기 위해서 모든 OR 게이트 출력과 모든 AND 게이트 입력에 반전 버블을 추가하라).

그림 7-16
NOR 게이트로 변환

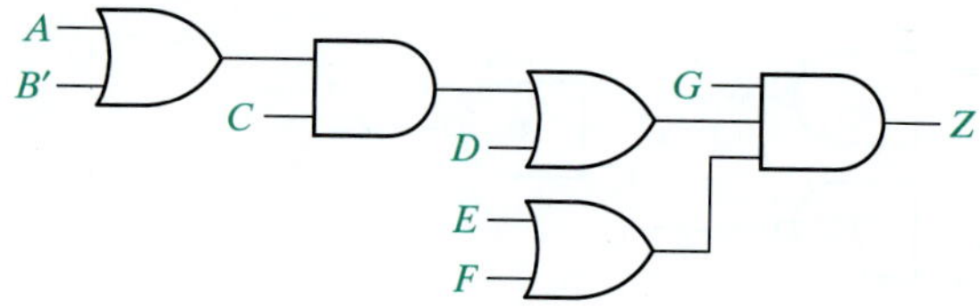

(a) OR와 AND 게이트 회로

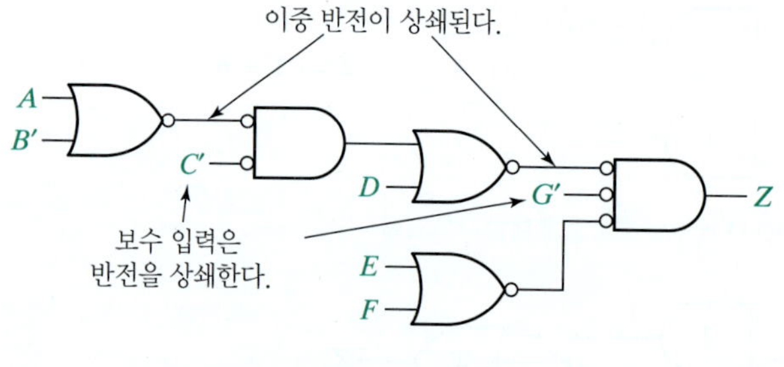

(b) NOR 게이트 등가회로

2. 반전 출력이 반전 입력을 구동할 때마다 반전 두 개는 서로 상쇄되므로 더 이상의 조치는 필요 없다.
3. 비반전 게이트 출력이 반전 게이트 입력을 구동할 때 혹은 그 반대의 경우일 때마다 버블이 상쇄될 수 있도록 인버터 하나를 삽입하라(필요에 따라 입력 혹은 출력에 버블을 갖는 인버터를 선택하라).
4. 변수가 반전된 입력을 구동할 때마다 입력에서 반전을 상쇄할 수 있도록 그 변수를 보수화하라(혹은 인버터를 하나 추가하라).

그림 7-17
AND-OR 회로를 NAND 게이트로 변환

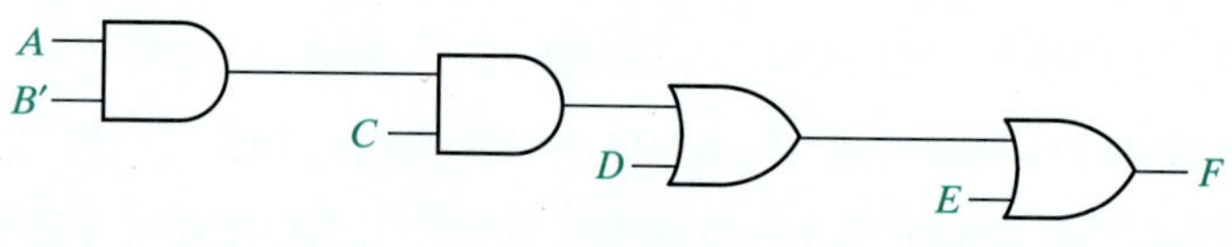

(a) AND-OR 회로망

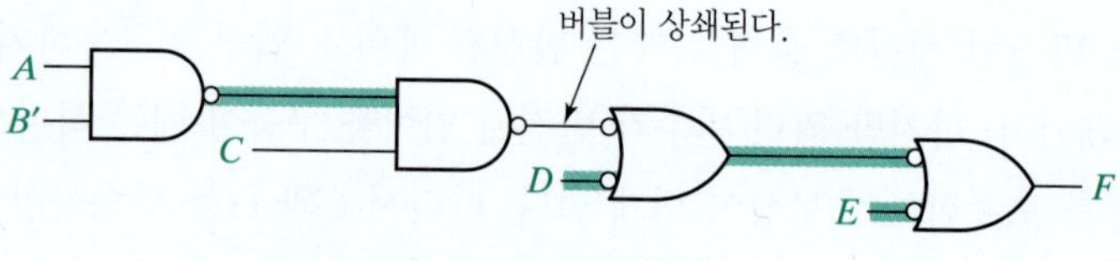

(b) NAND 변환의 첫 단계

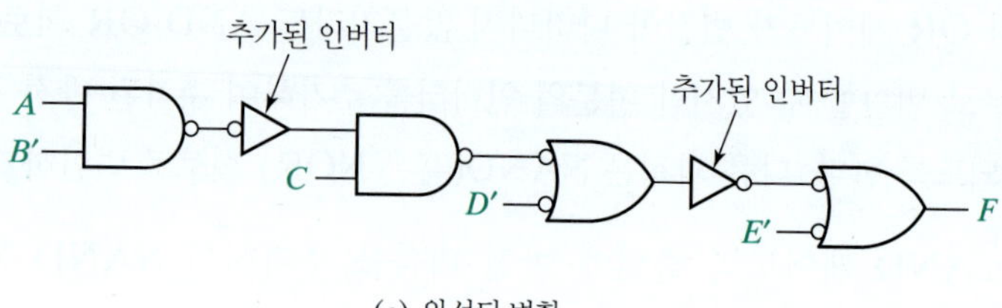

(c) 완성된 변환

다른 말로 하면, 항상 한 쌍으로 버블(혹은 반전)을 추가한다면 회로에서 실현되는 함수는 달라지지 않는다. 이 과정을 설명하기 위해 그림 7-17(a)를 NAND로 변환한다. 첫째로 모든 게이트를 NAND 게이트로 바꾸기 위해 버블을 추가한다(그림 7-17(b)). 네 곳에(푸르게 강조된) 반전이 하나씩 추가되었다. 이 회로는 두 개 인버터를 추가하고 두 개 변수를 보수화하므로 그림 7-17(c)로 수정되었다.

인버터가 변환 과정에서 두 게이트 사이에 추가되므로 회로의 단수는 1 증가한다. 회로의 각 경로가 AND와 OR를 지나간다면 이것을 피할 수 있다. 비슷하게 AND와 OR를 포함한 회로가 출력 OR (AND) 게이트를 가진다면 NOR (NAND) 게이트 회로로 변환될 수 있으며 출력에 인버터를 추가할 필요가 있다. 이때는 단수가 1 증가한다. 그래서 NAND (NOR) 게이트 회로를 구할 때, 출력이 OR (AND)인 AND와 OR 게이트로 시작하는 것이 최선이다.

다단 회로의 장점은 게이트 팬-인을 줄일 수 있다는 것이다. 예로 다음 식을 생각하라.

$$F = D'E + BCE + AB' + AC' \tag{7-22}$$

F를 실현하는 2단 AND-OR는 1개 4-입력 OR, 1개 3-입력 AND, 그리고 3개 2-입력 AND이 필요하다. 팬-인을 줄이기 위해서 F를 인수분해할 수 있다.

$$F = A(B' + C') + E(D' + BC) \tag{7-23}$$

그림 7-18은 AND와 OR 게이트를 사용한 4단 회로이다.

그림 7-18
제한된 팬-인 회로

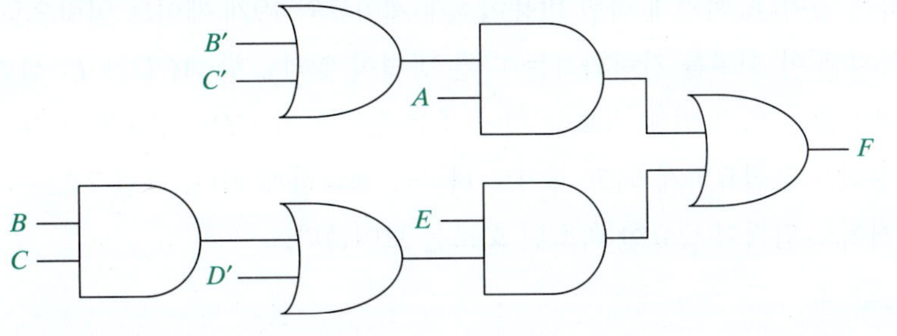

그림 7-19
그림 7-18의 NAND 게이트 등가회로

출력 게이트가 OR이기 때문에, 단수를 증가하지 않고 회로는 NAND 게이트 회로 변환될 수 있다. 그림 7-19는 그 결과이다. 입력 B'와 C'를 갖는 3단 OR과 입력 B와 C를 갖는 4단 AND는 입력 B와 C를 갖는 NAND로 변환될 수 있다. 그래서 둘 다 하나의 게이트로 대체될 수 있다.

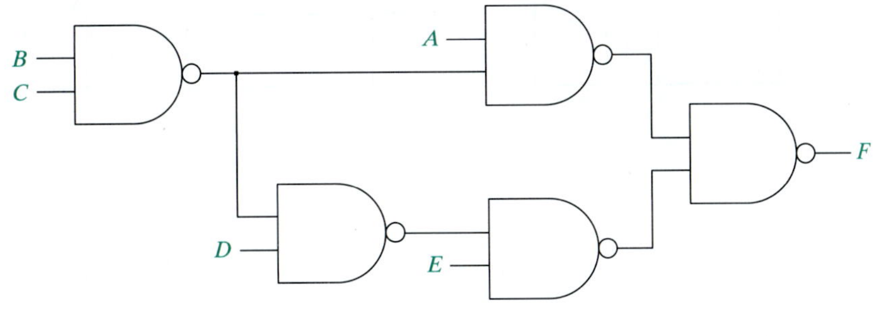

일부 함수의 팬−인을 줄일 때 인버터를 추가할 필요가 있다. $F = ABC + D$의 팬−인은 F를 $F = (AB)C + D$로 인수분해하여 2로 줄일 수 있다. 이 함수를 2 입력 NAND 게이트로 실현할 때 인버터가 필요하게 되어 그 결과 회로는 4단이 된다.

7.6 2단, 다중 출력회로 설계

디지털 설계 문제에서 종종 같은 변수로 된 여러 함수의 실현을 요구하기도 한다. 각 함수가 따로 실현될 수도 있지만 두 개 혹은 그 이상 함수 사이에서 여러 게이트를 공통으로 사용하면 때때로 더욱 경제적인 실현이 될 수 있다. 다음 예를 통하여 이것을 설명하기로 한다.

4개 입력과 3개 출력을 갖는 다음 식들을 실현하라.

$$\begin{aligned} F_1(A, B, C, D) &= \Sigma\, m(11, 12, 13, 14, 15) \\ F_2(A, B, C, D) &= \Sigma\, m(3, 7, 11, 12, 13, 15) \\ F_3(A, B, C, D) &= \Sigma\, m(3, 7, 12, 13, 14, 15) \end{aligned} \tag{7-24}$$

첫째로 각 함수를 개별적으로 실현한다. 카노맵, 함수 및 결과 회로가 그림 7-20과 7-21에 주어져 있다. 이 회로의 비용은 9개 게이트와 21개 게이트 입력이다.

이 회로를 간략화하는 명확한 방법은 F_1과 F_3 모두에서 AB 항으로 같은 게이트를 사용하는 것이다. 이렇게 하면 비용이 8개 게이트와 19개 게이트 입력으로 줄어든다(덜 명확하지만 이 회로를 간략화하는 다른 방법이 있다). 항 ACD는 F_1 실현을 위해 필요하고 $A'CD$는 F_3를 위해 필요한 것에 주목하여 F_2의 CD를 $A'CD + ACD$로 바꾸면 CD의 실현은 불필요하게 되고 게이트 하나를 절약하게 된다. 그림 7-22는 7개 게이트와 18개 게이트 입력이 필요한 축소된 회로를 보여준다.

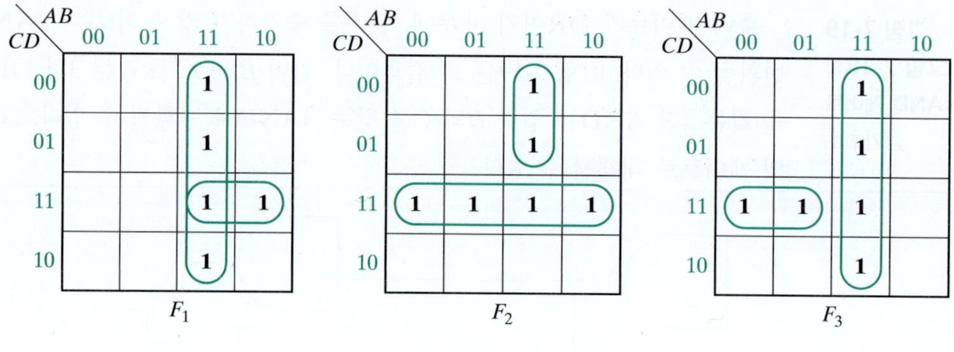

그림 7-20 식 (7-24)에 대한 카노맵

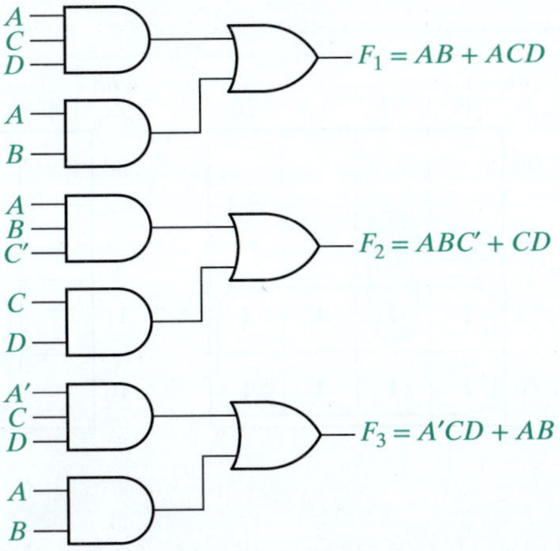

그림 7-21 식 (7-24)의 실현

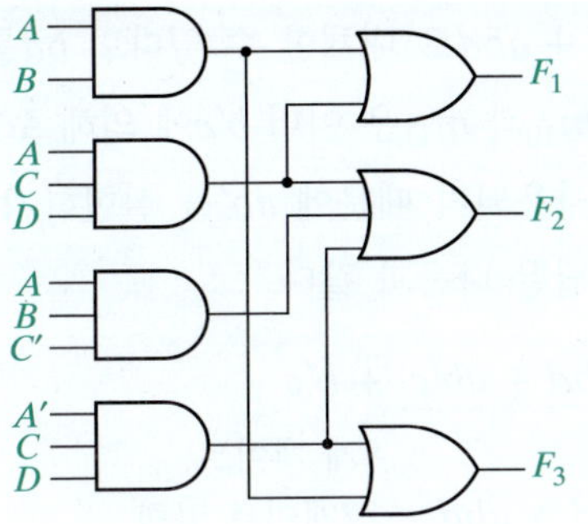

그림 7-22 식 (7-24)의 다중 출력 실현

F_2는 최소 논리곱의 합이 아닌 식 $ABC + A'CD + ACD$로 실현되고 항 두 개는 F_2의 주항이 아니라는 것에 주의하라. 따라서 다중 출력회로를 실현할 때 각 함수에 대한 최소 주항의 합을 사용하는 것은 전체적으로 회로에 대한 최소 비용 해답이 될 수 없는 경우도 있다.

다중 출력회로를 설계할 때 필요한 게이트의 전체 개수를 최소화하도록 노력해야 한다. 여러 개 해답이 같은 수의 게이트를 필요로 한다면 게이트 입력이 최소 개수인 해답을 선택해야 한다. 다음 예는 게이트를 줄이기 위한 공통항 사용을 설명하고 있다. 4 입력, 3 출력회로가 다음 식을 실현하기 위해 설계되었다.

$$\begin{aligned} f_1 &= \Sigma\, m(2, 3, 5, 7, 8, 9, 10, 11, 13, 15) \\ f_2 &= \Sigma\, m(2, 3, 5, 6, 7, 10, 11, 14, 15) \\ f_3 &= \Sigma\, m(6, 7, 8, 9, 13, 14, 15) \end{aligned} \tag{7-25}$$

첫째로 f_1, f_2, 그리고 f_3에 대한 맵을 그린다(그림 7-23). 각 함수를 개별적으로 최소화한다면, 결과는 다음과 같다.

$$\begin{aligned} f_1 &= bd + b'c + ab' \\ f_2 &= c + a'bd \\ f_3 &= bc + ab'c' + \begin{Bmatrix} abd \\ \text{or} \\ ac'd \end{Bmatrix} \begin{matrix} \text{10 게이트,} \\ \text{25 게이트 입력} \end{matrix} \end{aligned} \tag{7-23(a)}$$

그림 7-23

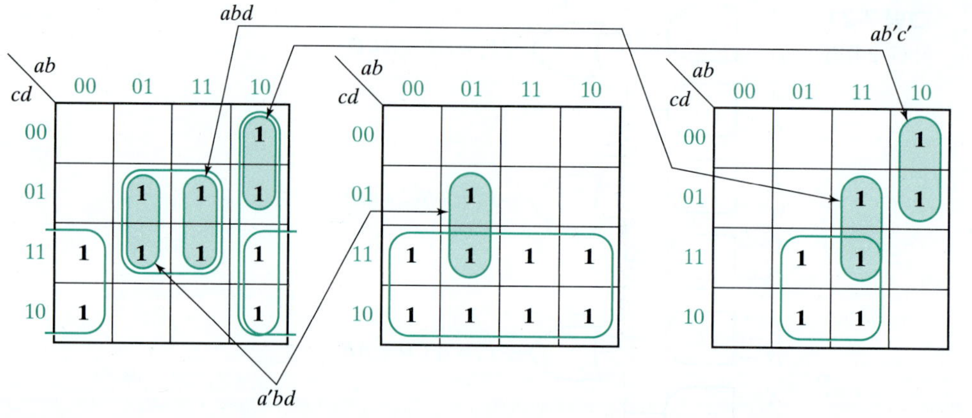

맵을 조사하면 항 $a'bd$ (f_2로부터), abd (f_3로부터) 및 $ab'c$ (f_3로부터)가 f_1에서 사용될 수 있음을 알 수 있다. 만약 bd를 $a'bd + abd$로 대체할 수 있다면 bd를 실현하기 위해 필요한 게이트를 제거할 수 있다. f_1의 m_{10}과 m_{11}은 이미 $b'c$에 의해 포함되고, $ab'c'$ (f_3로부터)는 m_8과 m_9을 포함하기 위해 사용되기 때문에 ab'를 실현하기 위해 필요한 게이트를 제거할 수 있다. 따라서 최소 해답은 다음과 같다.

$$\begin{aligned} f_1 &= \underline{a'bd} + \underline{abd} + \underline{ab'c'} + b'c \\ f_2 &= c + \underline{a'bd} \qquad \text{8개 게이트,} \\ f_3 &= bc + \underline{ab'c'} + \underline{abd} \qquad \text{22게이트 입력} \end{aligned} \tag{7-23(b)}$$

(두 함수에서 공통으로 사용된 항은 밑줄이 그어져 있다.)

다중 출력회로를 설계할 때 그림 7-24의 예에서 설명한 바와 같이 1과 그 이웃한 1을 묶은 것이 때로는 최선이 아닐 수 있다.

그림 7-25의 예에서 설명한 바와 같이 최대 개수의 공통항을 갖는 해답도 반드시 최선이 아닐 수 있다.

다중 출력 실현에 대한 필수주항의 결정

최소 2단, 다중 출력 실현을 결정하는 첫 단계로서 필수주항을 결정하는 것이 때때로 바람직하다. 하지만 개별 함수에 필수적인 어떤 주항들은 다중 출력 실현에는 필수적이지 않을 수 있다는 것에 주의하라. 예를 들면 그림 7-23에서 bd는 f_1의 필수주항이지만(m_5를 담당하는 유일한 주항) 다중 출력 실현에는 필수적이지 않다. bd가 필수적이지 않은 이유는 m_5가 f_2 맵에 역시 나타나 있어서 f_1과 f_2에 공통인 하나의 항으로 담당될 수 있기 때문이다.

한 개 출력의 경우에 사용된 과정을 변형하여 함수들 중의 하나 및 다중 출력 실현에 필수적인 주항을 찾을 수 있다. 특히 맵상의 각 1이 단지 하나의 주항에 의해 담당되는지를 알기 위해서 이들 각 1을 조사할 때 다른 함수 맵에 나타나지 않는 1을 조사한다. 그래서 그림 7-24에서 $c'd$는 다중 출력 실현을 위한 f_1에 필수적이지만(m_1 때문에),

그림 7-24

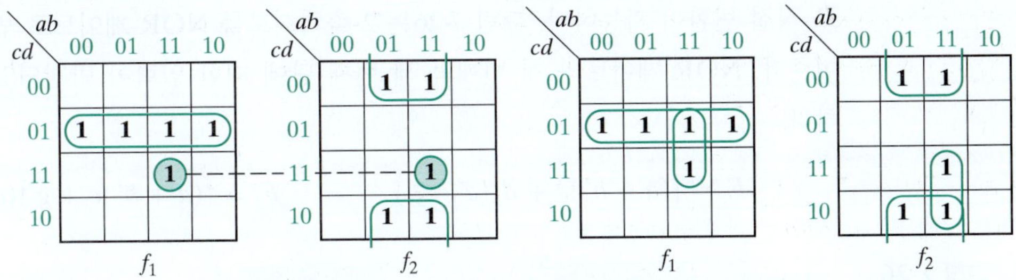

(a) 최선의 해답

(b) 해답은 여분의 게이트를 필요로 한다.

그림 7-25

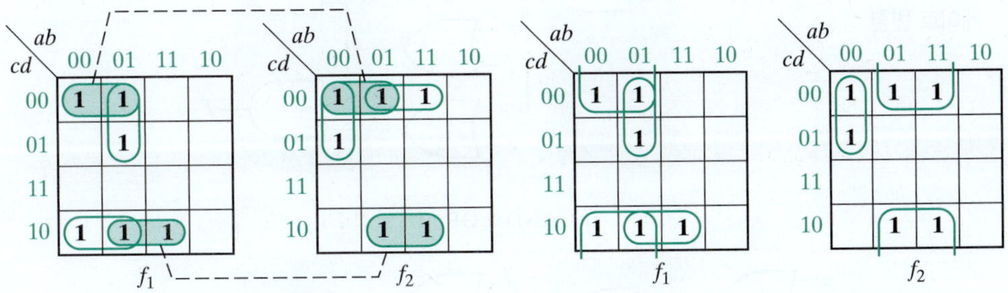

(a) 최대 개수의 공통항을 갖는 해답은 8개 게이트, 26개 입력을 필요로 한다.

(b) 최선의 해답은 7개 게이트, 18개 입력을 필요로 하지만, 공통항은 없다.

m_{15}는 f_2 맵에 역시 나타나기 때문에 abd는 필수적이지 않다는 것을 알 수 있다. 그림 7-25에서 f_2 맵에 나타나지 않는 f_1의 최소항은 m_2와 m_5뿐이다. m_2가 담당하는 주항은 $a'd'$뿐이다. 따라서 $a'd'$는 다중 출력 실현에 있어서 f_1에 필수적이다. 비슷하게 m_5가 담당하는 주항은 $a'bc'$뿐이며, $a'bc'$는 필수적이다. f_2 맵에서 bd'는 필수적이다. 왜 그럴까?

f_1과 f_2에 대한 필수주항이 좁혀진 후 최소 해답을 얻기 위한 나머지 항의 선택은 이 예에서는 명확하다. 위에서 언급된 필수주항을 찾는 기술은 f_1에 대한 모든 최소항이 f_2 혹은 f_3 맵에도 나타나는 그림 7-23과 같은 문제에는 적용할 수 없다.

최소 다중출력 AND-OR 회로를 찾는 일반적인 과정은 각 함수의 주항을 찾아야 하고 또한 모든 함수의 곱에 대한 주항도 찾아야 한다. 3개 함수 f_1, f_2, 그리고 f_3를 실현할 때, f_1, f_2, f_3, f_1f_2, f_1f_3, f_2f_3, 그리고 $f_1f_2f_3$의 주항이 필요하다. 최적 해답은 f_1, f_2, 그리고 f_3를 실현하기 위해서 이들 주항에서 최소 주항을 선택하여 얻을 수 있다. 이러한 문제는 이 책에서 다룰 범위를 넘는다.

7.7 다중 출력 NAND와 NOR 회로

하나의 출력, 다단 NAND와 NOR 게이트 회로 설계를 위한 7.4절에서 주어진 과정은 다중 출력회로에 역시 적용될 수 있다. 출력 게이트 모두가 OR 게이트이면 NAND 게이트 회로로 직접 변환이 가능하다. 출력 게이트 모두가 AND이면 NOR 게이트 회로로 직접 변환이 가능하다. 그림 7-26는 2-출력회로를 NOR 게이트로 변환하는 예를 보여준다. NOR 게이트의 첫 번째와 세 번째 단에 대한 입력이 반전되었다는 것을 주의하라.

$$F_1 = [(a + b')c + d](e' + f) \qquad F_2 = [(a + b')c + g'](e' + f)h$$

그림 7-26 다단회로의 NOR 게이트 변환

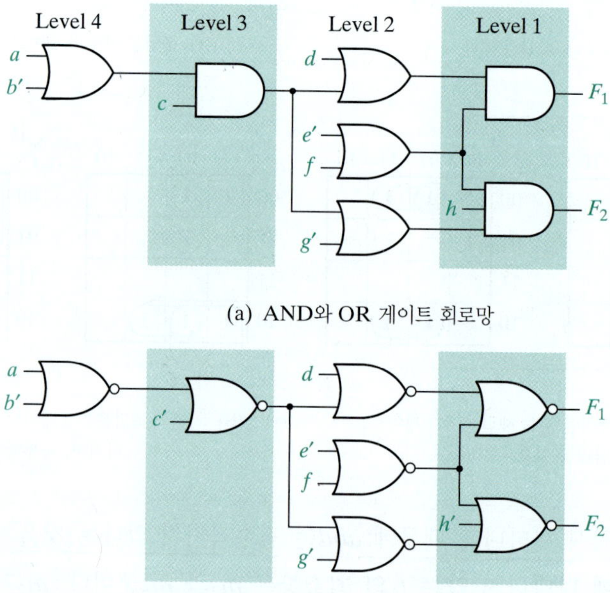

(a) AND와 OR 게이트 회로망

(b) NOR 회로망

연습문제

7.1 AND와 OR 게이트를 사용하여 다음 식을 실현하기 위한 최소 회로를 찾아라.

$$f(a, b, c, d) = m_4 + m_6 + m_7 + m_8 + m_9 + m_{10}$$

(a) 2단 논리를 사용하여

(b) 3단 논리를 사용하여(12개 게이트 입력 최소)

7.2 AND와 OR 게이트를 사용하여 다음 함수를 실현하라. 직렬로 연결되는 게이트 수에는 제한이 없다고 가정하고 게이트 입력의 개수를 최소화하라.

(a) $AC'D + ADE' + BE' + BC' + A'D'E'$

(b) $AE + BDE + BCE + BCFG + BDFG + AFG$

7.3 다음 식을 실현하기 위한 8가지 다른 간략화된 2단 게이트 회로를 찾아라.

$$F(a, b, c, d) = a'bd + ac'd$$

7.4 다음 식을 실현하기 위한 최소 3단 NAND 게이트 회로를 찾아라.

$$F(A, B, C, D) = \Sigma\, m(5, 10, 11, 12, 13) \text{ (4개 게이트)}$$

7.5 4개의 NOR 게이트를 사용하여 $Z = A'D + A'C + AB'C'D'$를 실현하라.

7.6 2 입력 NAND 게이트만을 사용하여 $Z = ABC + AD + C'D'$를 실현하라. 가능한 최소 게이트를 사용하라.

7.7 2 입력 NOR 게이트만을 사용하여 $Z = AE + BDE + BCEF$를 실현하라. 가능한 최소 게이트를 사용하라.

7.8 (a) 필요한 곳에 버블과 인버터를 추가하여 다음 회로를 모두 NAND 게이트로 바꾸어라. (b) 모두 NOR 게이트로 바꾸어라(출력에 인버터는 허용된다).

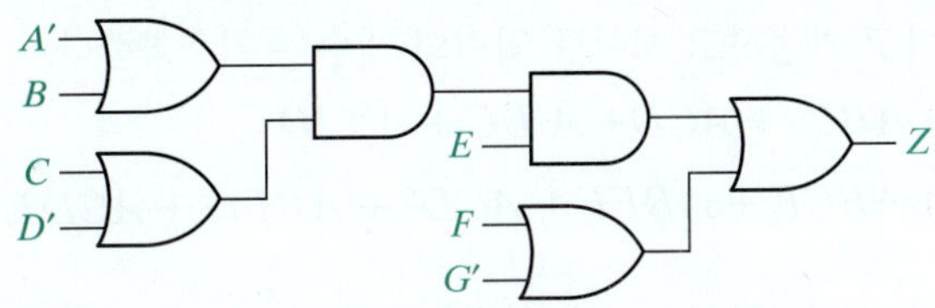

7.9 다음 함수를 실현하기 위해 2단, 다중출력 AND-OR 게이트 회로를 찾아라. 필요한 게이트의 개수를 최소화하라(6개 게이트 최소).

$$f_1 = ac + ad + b'd \quad \text{and} \quad f_2 = a'b' + a'd' + cd'$$

7.10 다음 함수들을 실현하기 위해 최소 2단, 다중출력 AND-OR 게이트를 찾아라.

$$f_1(a, b, c, d) = \Sigma\, m(3, 4, 6, 9, 11)$$
$$f_2(a, b, c, d) = \Sigma\, m(2, 4, 8, 10, 11, 12)$$
$$f_3(a, b, c, d) = \Sigma\, m(3, 6, 7, 10, 11) \qquad \text{(11개 게이트 최소)}$$

7.11 다음 식을 동시에 실현하기 위한 최소 2단 OR-AND 회로를 찾아라.

$$F_1(a, b, c, d) = \Sigma\, m(2, 3, 8, 9, 14, 15)$$
$$F_2(a, b, c, d) = \Sigma\, m(0, 1, 5, 8, 9, 14, 15)$$

(최소 해답은 8개 게이트를 가진다)

7.12 식 (7-25)에 주어진 함수를 실현하기 위한 최소 2단 OR-AND 회로를 찾아라(9개 게이트 최소).

7.13 (a) 식 (7-25)에 주어진 함수를 실현하기 위한 최소 2단 NAND-NAND 회로를 찾아라. (b) 식 (7-25)에 주어진 함수를 실현하기 위한 최소 2단 NOR-NOR 회로를 찾아라.

7.14 AND와 OR 게이트를 사용하여 다음 식을 실현하기 위한 최소 회로를 찾아라.

$$f(a, b, c, d) = M_0 M_1 M_3 M_{13} M_{14} M_{15}$$

(a) 2단 논리를 사용하여

(b) 3단 논리를 사용하여(12개 게이트 입력 최소)

7.15 AND와 OR 게이트를 사용하여 다음 식을 실현할 최소 2단 회로를 찾아라.

(a) $F = a'c + bc'd + ac'd$

(b) $F = (b' + c)(a + b' + d)(a + b + c' + d)$

(c) $F = a'cd' + a'bc + ad$

(d) $F = a'b + ac + bc + bd'$

7.16 AND와 OR 게이트로 다음 함수를 실현하라. 연속으로 연결되는 게이트 수에는 제한이 없다고 가정하고 게이트 입력의 개수는 최소화한다.

(a) $ABC' + ACD + A'BC + A'C'D$

(b) $ABCE + ABEF + ACD' + ABEG + ACDE$

7.17 조합 스위칭회로가 4개 입력(A, B, C, D)과 1개 출력(F)을 가진다. 입력 중에서 3개 혹은 4개가 0일 때만 $F = 0$이다.

(a) F에 대한 최대항 전개를 작성하라.

(b) AND와 OR 게이트를 사용하여 F를 실현하기 위한 최소 3단 회로를 찾아라(5개 게이트, 12개 입력).

7.18 다음 식을 실현하기 위해 8가지 다른 간략화된 2단 게이트 회로를 찾아라.

(a) $F(w, x, y, z) = (x + y' + z)(x' + y + z)w$

(b) $F(a, b, c, d) = \Sigma\, m(4, 5, 8, 9, 13)$

7.19 최소 게이트 수를 사용하여 $f(x, y, z) = \Sigma\, m(0, 1, 3, 4, 7)$를 2단 게이트 회로로 실현하라.

(a) AND 게이트와 NAND 게이트를 사용하라.

(b) NAND 게이트만을 사용하라.

7.20 최소 게이트 수를 사용하여 $f(a, b, c, d) = \Sigma\, m(3, 4, 5, 6, 7, 11, 15)$ 함수를 2단 게이트 회로로 실현하라.

(a) OR 게이트와 NOR 게이트를 사용하라.

(b) NOR 게이트만 사용하라.

7.21 최소 2단 NAND 게이트 회로와 최소 2단 NOR 게이트 회로를 사용하여 아래의 각 함수를 실현하라.

(a) $F(A,B,C,D) = BD' + B'CD + A'BC + A'BC'D + B'D'$

(b) $f(a, b, c, d) = \Pi\, M(0, 1, 7, 9, 10, 13) \cdot \Pi\, D(2, 6, 14, 15)$

(c) $f(a, b, c, d) = \Sigma\, m(0, 2, 5, 10) + \Sigma\, d(3, 6, 9, 13, 14, 15)$

(d) $F(A, B, C, D, E) = \Sigma\, m(0, 2, 4, 5, 11, 14, 16, 17, 18, 22, 23, 25, 26, 31) + \Sigma\, d(3, 19, 20, 27, 28)$

(e) $F(A, B, C, D, E) = \Pi\, M(3, 4, 8, 9, 10, 11, 12, 13, 14, 16, 19, 22, 25, 27) \cdot \Pi\, D(17, 18, 28, 29)$

(f) $f(a, b, c, d) = \Pi\, M(1, 3, 10, 11, 13, 14, 15) \cdot \Pi\, D(4, 6)$

(g) $f(w, x, y, z) = \Sigma\, m(1, 2, 4, 6, 8, 9, 11, 12, 13) + \Sigma\, d(0, 7, 10, 15)$

7.22 아래의 조합논리 스위칭회로는 4개 입력과 한 개의 출력을 가지고 있다. 입력 중 3개 혹은 4개가 1일 때 출력은 0이다.

(a) F에 대한 최대항 전개를 구하라.

(b) AND와 OR 게이트를 사용하여 F를 실현하기 위한 최소 3단 회로를 구하라(5개 게이트, 12개 입력)

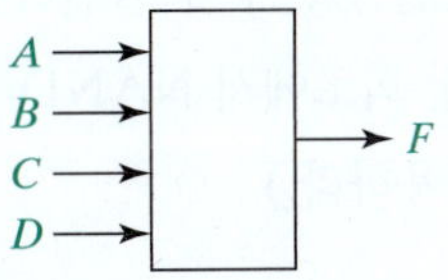

7.23 최소 개수의 게이트를 사용하여 $f(a, b, c, d) = \Sigma\, m(3, 4, 5, 6, 7, 11, 15)$를 2단 게이트로 구성하라.

(a) AND와 NAND 게이트를 사용하라.

(b) OR와 NAND 게이트를 사용하라.

(c) NAND 게이트만을 사용하라.

7.24 (a) 회로를 NAND 게이트와 최소의 인버터를 가지는 4단 회로로 바꾸기 위하여 등가 게이트를 사용하라(입력은 비보수 형태로만 가능하다고 가정한다).

(b) f에 대한 최소 SOP 식을 구하라.

(c) f에 대한 식을 조작하여 5개 NAND 게이트와 인버터만을 갖는 3단 회로를 얻어라.

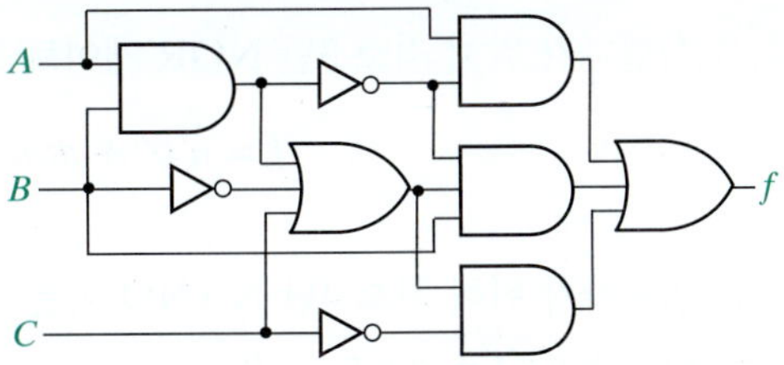

7.25 (a) 연습문제 7.24의 회로를 NOR 게이트와 최소 개수의 인버터만을 갖는 5단 회로로 바꾸기 위하여 등가 게이트를 사용하라.(단 입력은 비보수 형태로 되어 있다고 가정한다)

(b) f에 대한 최소 POS 식을 구하라.

(c) f에 대한 식을 조작하여 6개 NOR 게이트와 인버터만을 갖는 4단 회로를 얻어라.

7.26 이 회로에서 각 NOR 게이트를 AND와 OR 게이트로 바꾸어 가능하다면 결과 회로가 적은 개수의 인버터를 갖도록 하라. 입력의 보수 형태도 가능하다고 가정한다. 배타적 OR 게이트는 바꾸지 *말라*.

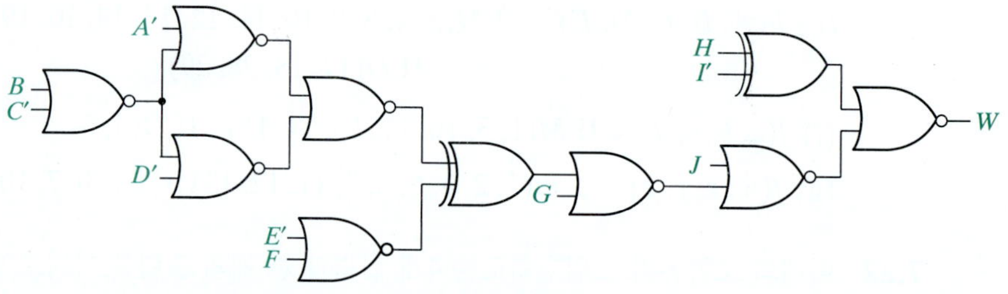

7.27 (a) 다음 회로를 AND와 OR 게이트 그리고 최소 개수의 인버터를 갖는 4단 회로로 변환하라.

(b) f에 대한 논리곱의 합 식을 얻어라.

(c) NOR 게이트만 있는 f를 실현하는 회로를 구하라(내부 인버터는 사용하지 않는다). (*힌트*: 주어진 회로에서 NAND 게이트를 NOR 게이트로 바꾸기 위하여 게이트 변환 방법을 사용하라.)

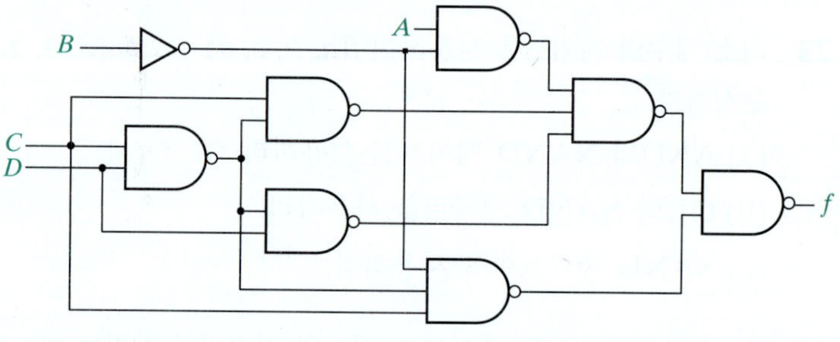

7.28 $f(a, b, c, d, e) = \Sigma m(2, 3, 6, 12, 13, 16, 17, 18, 19, 22, 24, 25, 27, 28, 29, 31)$

(a) 함수 f를 실현하기 위한 최소 2단 NOR 게이트 회로를 구하라.

(b) 함수 f를 실현하기 위한 최소 3단 NOR 게이트 회로를 구하라.

7.29 다음 식을 실현하기 위해 최소 3단 NOR 게이트 회로를 설계하라.

$$f = a'b' + abd + acd$$

7.30 다음 식을 실현하기 위해 최소 4단 NAND 혹은 NOR 게이트 회로를 찾아라.

(a) $Z = abe'f + c'e'f + d'e'f + gh$

(b) $Z = (a' + b' + e + f)(c' + a' + b)(d' + a' + b)(g + h)$

7.31 4개 NOR 게이트를 사용하여 $abde' + a'b' + c$를 실현하라.

7.32 3단 NAND 게이트 회로를 사용하여 $x'yz + xvy'w + xvy'z'$를 실현하라.

7.33 4비트 2진수를 1개 입력과 1개 출력으로 갖는 논리회로를 설계하라. 입력이 소수(1보다 크다) 혹은 0일 때만 출력이 1이다.

(a) 2단 NAND 게이트 회로를 사용하라.

(b) 2단 NOR 게이트 회로를 사용하라.

(c) 2 입력 NAND 게이트만을 사용하라.

7.34 입력이 3으로 균일하게 나누어질 때만 출력 1을 갖는 회로에 대하여 연습문제 7.33을 다시 풀어라(0은 3으로 나누어진다).

7.35 2 입력 NAND 게이트를 사용하여 다음 함수를 실현하라. 2 입력 NOR 게이트만을 사용하여 다시 풀어라.

(a) $F = A'BC' + BD + AC + B'CD'$

(b) $F = A'CD + AB'C'D + ABD' + BC$

7.36 (a) 다음 식을 실현하기 위해 2 입력 AND와 2 입력 OR 게이트의 최소 회로를 찾아라.

$F(A, B, C, D) = \Sigma m(0, 1, 2, 3, 4, 5, 7, 9, 11, 13, 14, 15)$

(b) 구한 회로를 2 입력 NAND 게이트로 바꾸어라. 필요한 곳에는 인버터를 추가하라.

(c) 2 입력 NOR 게이트로 바꾸는 것 외에는 그대로 문제 (b)를 다시 풀어라.

7.37 NOR 게이트를 사용하여 $Z = A[BC' + D + E(F' + GH)]$를 실현하라. 필요한 곳에는 인버터를 추가하라.

7.38 식 (7-22) 함수는 4개 2 입력 NOR 게이트와 1개 3 입력 NOR 게이트로 실현될 수 있음을 보여라. 입력은 보수와 비보수 형태로 모두 활용 가능하다고 가정한다. (인버터는 사용하지 않는다.)

7.39 A, B 그리고 C 입력 중 단지 2개만 1일 때 함수 $F(A, B, C)$는 1이다.

(a) F에 대한 최소 2단 OR-AND 회로를 구하라.

(b) 6개 2입력 NOR 게이트를 사용하여 F에 대한 4단 회로를 구하라.

(c) F에 대한 최소 2단 AND-OR 회로를 구하라.

(d) 3개 2 입력 NAND 게이트와 2개 2 입력 XOR 게이트를 갖는 F의 3단 회로를 구하라.

7.40 (a) 아래 회로를 게이트 변환으로 NAND와 XOR 게이트를 포함하는 회로로 변환하라.

(b) F의 최소 2단 OR-AND 회로를 구하라.

(c) 5개 2 입력 NAND 게이트를 갖는 F의 3단 회로를 구하라.

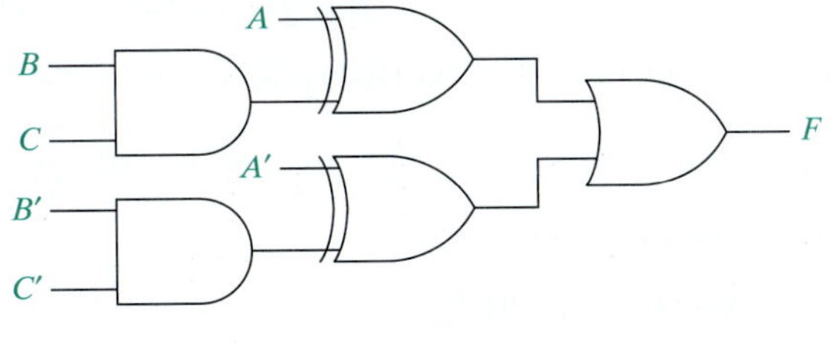

7.41 다음 2단 회로 형태 중에서 어떤 것이 임의의 스위칭함수를 실현할 수 있는가? 답을 증명하라. (입력은 비보수와 보수 모두의 형태로 가능하다고 가정한다.)

(a) NOR-AND

(b) NOR-OR

(c) NOR-NAND

(d) NOR-XOR

(e) NAND-AND

(f) NAND-OR

(g) NAND-NOR

(h) NAND-XOR

7.42 다음 함수들을 실현하기 위해 2단, 다중 AND-OR 게이트 회로를 찾아라 (8개 게이트 최소).

$$f_1(a, b, c, d) = \Sigma\, m(10, 11, 12, 15) + \Sigma\, d(4, 8, 14)$$
$$f_2(a, b, c, d) = \Sigma\, m(0, 4, 8, 9) + \Sigma\, d(1, 10, 12)$$
$$f_3(a, b, c, d) = \Sigma\, m(4, 11, 13, 14, 15) + \Sigma\, d(5, 9, 12)$$

7.43 다음 함수에 대하여 연습문제 7.42를 다시 풀어라(6개 게이트).

$$f_1(a, b, c, d) = \Sigma\, m(2, 3, 5, 6, 7, 8, 10)$$
$$f_2(a, b, c, d) = \Sigma\, m(0, 1, 2, 3, 5, 7, 8, 10)$$

7.44 다음 함수에 대하여 연습문제 7.42를 다시 풀어라(8개 게이트).

$$f_1(x, y, z) = \Sigma\, m(2, 3, 4, 5)$$
$$f_2(x, y, z) = \Sigma\, m(1, 3, 5, 6)$$
$$f_3(x, y, z) = \Sigma\, m(1, 2, 4, 5, 6)$$

7.45 (a) 다음 식을 실현하기 위해 최소 2단, 다중출력 OR-AND 회로를 찾아라.

$f_1 = b'd + a'b' + c'd$ and $f_2 = a'd' + bc' + bd'$

(b) 같은 함수를 최소 2단 NAND-NAND 회로로 실현하라.

7.46 $f_1 = ac' + b'd' + c'd$와 $f_2 = b'c + a'd + cd'$에 대하여 연습문제 7.45를 다시 풀어라.

7.47 (a) 다음 식을 실현하기 위한 최소 2단 다중출력 NAND-NAND 회로를 찾아라.

$f_1 = \Sigma\, m(3, 6, 7, 11, 13, 14, 15)$, $f_2 = \Sigma\, m(3, 4, 6, 11, 12, 13, 14)$.

(b) 최소 2단, 다중출력 NOR-NOR 회로에 대하여 다시 풀어라.

7.48 (a) 다음 식을 실현하기 위한 최소 2단 다중출력 NAND-NAND 회로를 찾아라.

(b) 최소 2단 다중 출력 NOR-NOR 회로에 대하여 다시 풀어라.

7.49 아래에 주어진 게이트로 그림 7-26(a)에 등가인 다단, 다중 출력회로를 그려라.

(a) NAND와 AND 게이트

(b) NAND 게이트만(직접적인 변환은 가능하지 않다)

UNIT

8

조합회로설계와 시뮬레이션

Combinational Circuit Design and Simulation Using Gates

목표

1. 게이트 지연이 있는 조합회로를 위한 타이밍도를 작성한다.
2. 정적 0-과 1-해저드와 동적 해저드를 정의한다. 주어진 조합회로에서 모든 정적 0-과 1-해저드를 찾는다. 각각의 해저드에 대해, 해저드가 실제로 잘못된 출력을 일으키기 위해 게이트 출력이 바뀌어야 되는 순서를 명시한다.
3. 스위칭함수(switching function)가 주어졌을 때, (하나의 입력 변수의 변화에 대해) 정적 및 동적 해저드가 없는 2단 회로를 이용하여 구현한다.
4. 제한된 팬–인(fan-in)을 갖는 게이트를 이용하여 다출력 NAND와 NOR 회로를 설계한다.
5. 4치 논리를 이용하는 논리 시뮬레이터의 동작을 설명한다.
6. 시뮬레이터를 이용하여 설계된 논리회로를 시험하고 디버깅한다.

학습가이드

1. 담당 교수로부터 설계문제 과제를 받는다.

2. 8.1절 *조합회로설계 복습* 부분을 학습하라.

3. 일반적으로, 종속 접속된 두 개의 AND 게이트 또는 OR 게이트를 갖는 회로를 AND와 OR 게이트가 교대로 나타나도록 재설계하는 것이 가능하다. 만약 이것이 실행 가능하지 않으면, 7.4절의 방법에 의한 NAND 또는 NOR 회로로의 변환은 두 AND (OR) 게이트 사이에 더미 1-입력 OR (AND) 게이트를 삽입함으로써 여전히 가능하다. 변환되었을 때, 더미 게이트는 인버터(inverter)가 된다. 이 방법을 시도하여 다음 회로를 모두 NAND 게이트로 변환하라. 대안으로, 회로 변환을 위해 7.5절에 주어진 과정을 이용할 수도 있다.

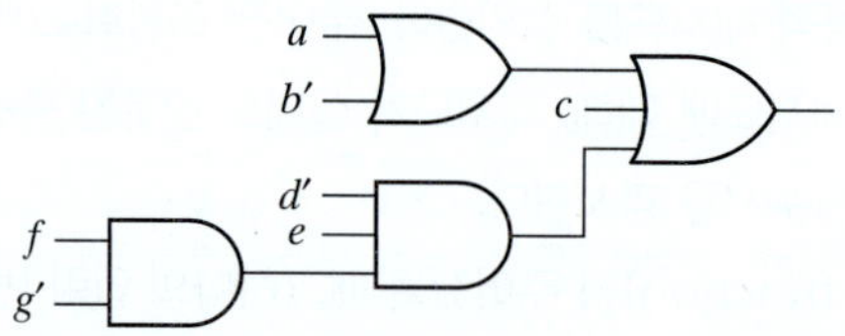

4. 8.2절 *한정된 게이트 팬-인(limited gate fan-in)을 갖는 회로의 설계*를 학습하라.

   (a) 만약 스위칭(switching) 식의 구현이 하나 또는 여러 개의 게이트에 너무 많은 입력을 요구한다면, 어떻게 해야 하는가?

   (b) 모든 변수와 그 보수를 입력으로 이용할 수 있고 AND와 OR 게이트를 이용할 수 있다고 가정하면, 논리식의 보수를 구현하는 것은 원래 식을 구현하는 것과 같은 게이트 수와 게이트 입력이 필요한가?

   (c) 한정된 게이트 팬-인을 갖는 다출력 회로를 설계할 때, 왜 7.6절의 과정이 도움이 되지 않는가?

5. (a) 8.3절 *게이트 지연과 타이밍도*를 학습하라. 주어진 회로에 대해 타이밍도를 완성하라. AND 게이트는 30 ns, 인버터는 20 ns의 전파지연을 갖는다고 가정하라.

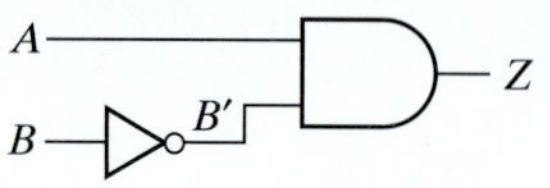

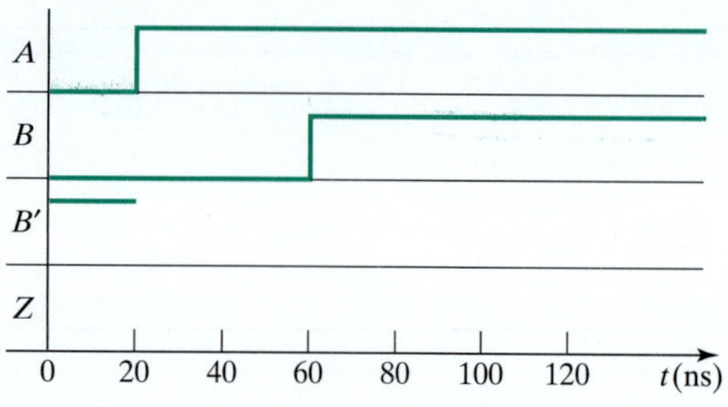

(b) 문제 8.1을 풀어라.

6. 8.4절 *조합논리에서 해저드*를 학습하라.

(a) 비록 회로 내 모든 게이트가 같은 타입일지라도, 각각의 게이트는 다른 전파지연을 가질 수 있다. 예를 들면, 제조사는 한 타입의 TTL NAND 게이트에 대해 5 ns의 최소 전파지연과 30 ns의 최대 전파지연을 명시한다. 아래의 게이트 지연을 가정하고, x 입력이 1에서 0으로 변화할 때 다음 회로에 대한 게이트 출력을 그려라.

(a) 게이트 1~5 ns (b) 게이트 2~20 ns (c) 게이트 3~10 ns

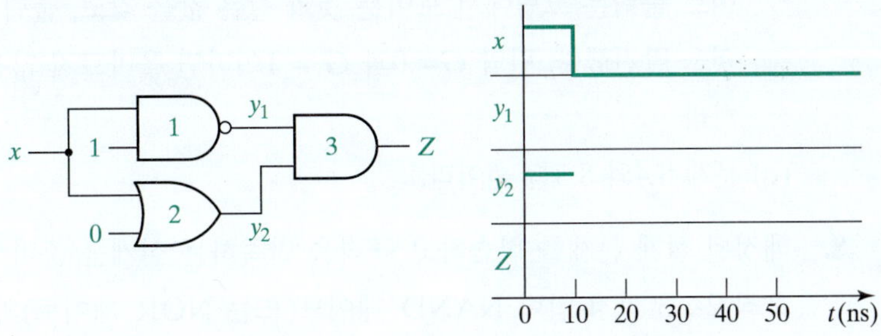

(b) 정적 0-해저드, 정적 1-해저드와 동적 해저드를 정의하라.

(c) 카노맵을 이용해, $F = a'b + ac$가 입력이 abc = 011에서 111으로 변화할 때는 1-해저드를 가지지만, 011에서 010으로 변화할 때는 가지지 않는 이유를 설명하라. 그 후, 카노맵을 이용하지 않고 이것을 설명하라.

(d) $F = (a' + b')(b + c)$가 입력이 abc = 100에서 110으로 변화할 때 0-해저드를 가지지만, 100에서 000으로 변화할 때는 가지지 않는 이유를 설명하라.

(e) 논리곱의 합 형식은 어떤 조건에서 해저드 없는 2단 AND-OR 회로를 나타내는가?

(f) 논리합의 곱 형식은 어떤 조건에서 해저드 없는 2단 OR-AND 회로를 나타내는가?

(g) 만약 7장에서 주어진 과정을 이용해 해저드 없는 AND와 OR 게이트의 회로가 NAND 또는 NOR 게이트로 변환된다면, 왜 그 결과는 해저드가 없게 되는가 ?

(h) 문제 8.2와 8.3을 풀어라.

7. 8.5절 *논리회로의 시뮬레이션과 시험*을 학습하라.

(a) 표 8.1이 올바르다는 것을 증명하라. 미지수 값, X가 0과 1인 경우 모두를 고려하라.

(b) 다음 회로는 아래 함수를 구현하기 위해 설계되었다.

$$F = [A' + B + C'D][A + B' + (C' + D')(C + D)]$$

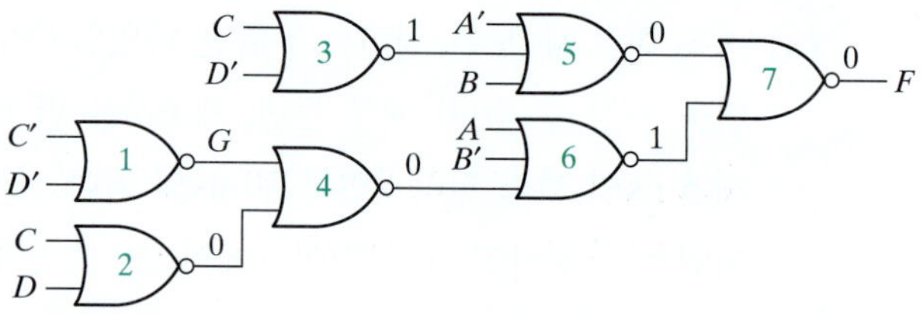

학생이 실험실에서 이 회로를 만들 때, $A = C = 0$이고 $B = D = 1$일 때, 게이트 출력은 그림에서 보이는 것과 같은 값을 갖고, 출력 F가 잘못된 값이라는 것을 발견했다. 만약 $G= 0$과 $G = 1$이라면 올바르지 않은 출력의 원인을 결정하라.

(c) 문제 8.4와 8.5를 풀어라.

8. 배정된 설계 문제를 학습하고 규격을 만족하는 설계를 준비하라. 이 프로젝트에서 오직 2-, 3-과 4-입력 NAND 게이트(또는 NOR 게이트)와 인버터만 이용될 수 있음을 유의하라. 따라서 식들 중의 일부는 인수분해가 필요할 것이다. 공통항을 이용하여 경제적인 설계를 만들도록 노력하라. 하지만 가장 최소 해결책을 얻기 위해 시간을 낭비하지 마라. 게이트를 셀 때, NAND(또는 NOR) 게이트와 인버터는 모두 세지만, 입력 변수를 위해 필요한 인버터는 세지 않아도 된다.

9. 시뮬레이션하기 전에 주의 깊게 당신의 설계를 확인하라. 몇 개의 0과 1 입력 조합을 적용하고 출력이 올바른지를 확인할 수 있도록 신호를 추적함으로써 *종이상에서* 시험하라. 만약 *LogicAid*와 같은 이용할 수 있는 CAD 프로그램을 갖고 있다면, 컴퓨터에 당신의 설계를 위한 진리표를 입력하고, 최소 2단 식을 유도하여 그것들을 당신의 풀이와 비교하라.

10. 이 장의 설계 문제에서 이용된 다단, 다중 출력 타입의 회로설계에서, 최소 해결책을 찾는 것은 매우 어렵고 많은 시간이 소비된다. 당신이 이 문제에 대한 최적의 가능한 풀이를 찾는 것을 기대하지 않는다. 이러한 모든 해결책들은 약간의 "비결"을 포함하고 있으며, 당신의 식을 인수분해하기 위해 많은 다른 방법들을 시도해보지 않고는 찾을 것 같지 않다. 따라서, 만약 이미 받아들일 수 있는 해결책을 갖고 있다면, 최소 해결책을 찾기 위해 시간을 낭비하지 마라. 집적회로 게이트는 아주 저렴하기 때문에, 같은 타입의 장치가 대량으로 제작되지 않는다면 절대적인 최소 해결책을 찾기 위해 많은 시간을 소모하는 것은 좋은 공학적인 자세가 아니다.

11. 담당 교수로부터 8장의 보충 문제를 받고, 설계 시뮬레이션 및 시험 관련 지시를 따르기 바란다.

조합회로설계와 시뮬레이션

Combinational Circuit Design and Simulation Using Gates

8.1 조합회로설계 복습

조합스위칭회로설계의 첫 번째 단계는 일반적으로 입력 변수들의 함수로써 출력값을 기술한 진리표를 구성하는 것이다. n개의 입력 변수는 이 표에서 2^n개의 행을 갖는다. 만약 회로 입력에서 몇몇 입력 변수들의 주어진 조합이 결코 일어날 수 없다면, 상응하는 출력값은 무관값(don't care)이 된다. 다음 단계는 카노맵, 퀸-맥클러스키 방법 또는 유사한 절차를 이용하여 출력 함수를 위한 간략화된 대수적 표현식을 이끌어 낸다. 몇몇 경우에는, 특히 변수의 수가 많고 항의 수가 적다면, 진리표를 작성하지 않고 문제 설명으로부터 대수적 식을 직접 표현하는 것이 바람직할 수 있다. 그 다음, 결과 식은 대수적으로 간략화될 수 있다. 간략화된 대수식은 회로를 구현하는 데 이용되는 게이트의 유형에 따라 적절한 형태로 조정된다.

게이트 회로 내의 단 수는 신호가 입력과 출력 단 사이를 진행할 때 지나야 하는 게이트의 최대 수와 동일하다. 최소 논리곱의 합(또는 논리합의 곱) 식은 최소 2단 게이트 회로가 된다. 하지만, 몇 가지 응용에서, 게이트의 수 또는 게이트 입력 수의 감소를 이끌어내기 때문에 인수화(또는 곱)에 의해 단 수를 증가시키기는 것이 바람직하다.

회로가 둘 또는 그 이상의 출력을 가질 때, 출력 함수에서 공통항들은 게이트 또는 게이트 입력의 전체 수를 줄이기 위해 자주 사용된다. 만약 각 함수가 개별적으로 최소화될 때 이것은 항상 최소 다중 출력 회로가 된다고 볼 수 없다. 2단 회로를 위해 출력 함수의 카노맵(Karnaugh maps)은 공통항을 찾기 위해 이용될 수 있다. 최소 다중 출력 회로에서 모든 항은 필수적으로 개별 함수의 주항(prime implicant)이 될 필요는 없다. 셋 또는 그 이상의 단을 가진 회로를 설계할 때, 카노맵에서 공통항을 찾는 것은 거의 가치가 없을 수도 있다. 이 경우, 설계자는 함수를 개별적으로 최소화하고, 그 다음 공통항을 만들 수 있도록 창의성을 발휘하여 식을 인수화한다.

최소 2단 AND-OR, NAND-NAND, OR-NAND와 NOR-OR 회로는 시작점으로 최소 논리곱의 합을 이용하여 구현될 수 있다. 최소 2단 OR-AND, NOR-NOR,

AND-NOR와 NAND-AND 회로는 시작점으로 최소 논리합의 곱을 이용하여 구현될 수 있다. 다단, 다중 출력의 NAND-게이트 회로의 설계는 먼저 AND와 OR 게이트로 구성된 회로를 설계함으로써 가장 쉽게 구현된다. 일반적으로, 최상의 시작점은 출력 함수를 위한 최소 논리곱의 합 표현식이다. 그 다음, 표현식은 요구되는 형태의 경제적인 회로가 구해질 때까지 다양한 방법으로 인수분해된다.

만약 이 회로가 각 출력에 OR 게이트를 가지고, AND 게이트(또는 OR 게이트) 출력은 결코 같은 형의 게이트에 연결되지 않도록 정렬된다면, NAND 게이트 회로로의 직접 변환이 가능하다. 변환은 모든 AND와 OR 게이트를 NAND 게이트로 교체하고, 그 다음 첫 번째, 세 번째, 다섯 번째, . . . 단으로 입력되는 문자들을 보수화함으로써 이루어진다(출력 게이트가 첫 번째 단이다).

만약 AND-OR 회로가 같은 유형의 게이트에 연결된 AND 게이트(또는 OR 게이트) 출력을 가진다면, 변환 과정에 여분의 인버터가 필요하게 된다(7.5절 *다른 형태의 게이트 심벌을 사용한 회로 변환*을 살펴보라).

유사하게, 다단, 다중 출력 NOR 게이트 회로의 설계는 먼저 AND와 OR 게이트 회로를 설계함으로써 가장 쉽게 구현된다. 이런 경우, 최상의 시작점은 일반적으로 출력 함수의 보수(complements)에 대한 최소 논리곱의 합 표현식이다. 원하는 형식으로 표현식을 인수화한 후, 출력 함수식을 얻기 위해 보수화하고, 이에 대응되는 AND와 OR 게이트 회로를 그린다. 만약 이 회로가 각 출력에서 AND 게이트를 가지고, AND 게이트(또는 OR 게이트) 출력이 결코 같은 유형의 게이트에 연결되지 않는다면, NOR 게이트 회로로의 직접 변환이 가능하다. 아니면, 여분의 인버터가 변환 과정에서 추가되어야 한다.

8.2 한정된 게이트 팬-인(Fan-In)을 갖는 회로의 설계

실제 논리설계의 문제에서, 각 게이트의 최대 입력 수(또는 팬-인(Fan-in))는 한정된다. 사용된 게이트 유형에 따라, 이 한계는 2, 3, 4, 8, 또는 다른 숫자가 될 수 있다. 만약 회로를 2단 구현했을 때 허용된 것보다 더 많은 게이트 입력 갯수가 요구되면, 다단 구현을 얻기 위한 논리식의 인수화가 필요하다.

예제 3 입력 NOR 게이트를 이용해 $f(a, b, c, d) = \Sigma\, m(0, 3, 4, 5, 8, 9, 10, 14, 15)$을 구현하라.

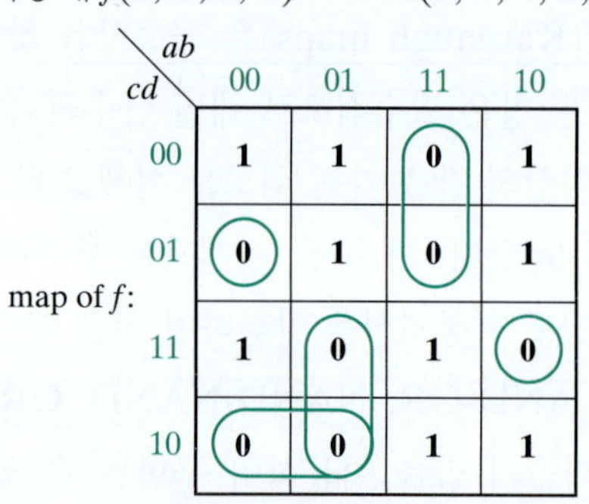

$f' = a'b'c'd + ab'cd + abc' + a'bc + a'cd'$

앞선 식을 보면 알 수 있듯이, 2단 구현은 두 개의 4 입력 게이트와 한 개의 5 입력 게이트가 요구된다. f로 표현된 식은 최대 게이트 입력 수를 3으로 줄이기 위해 인수화되고, 그 다음 보수화 된다.

$$f' = b'd(a'c' + ac) + a'c(b + d') + abc'$$
$$f = [b + d' + (a + c)(a' + c')][a + c' + b'd][a' + b' + c]$$

결과 NOR-게이트 회로는 그림 8-1에 나타내었다.

그림 8-1

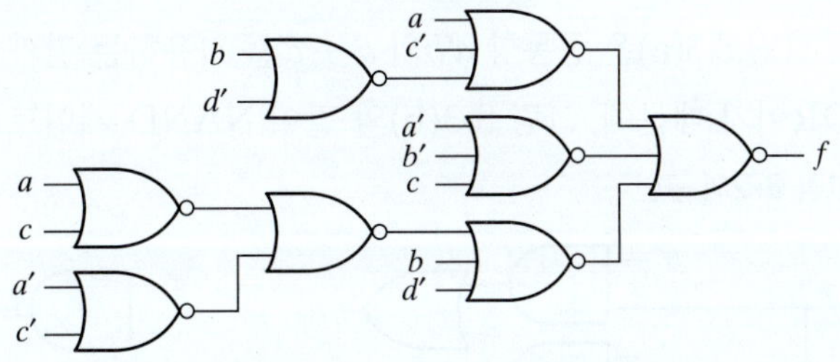

7.6절에서 다루어진 2단, 다중 출력회로설계 기법은 2단 이상의 다중 출력회로설계에는 효과적이지 않다. 비록 2단 식들이 공통항을 가지더라도, 그 공통항의 대부분은 식이 인수화될 때 잃게 된다. 그러므로 2단 이상을 포함한 다중 출력회로의 설계 시에는, 일반적으로 각 함수를 각각 최소화하는 것이 가장 좋다. 그 다음, 결과 2단 식은 단의 수를 증가시키기 위해 인수화한다. 이 인수화는 가능하면 공통항을 이끌어 낼 수 있는 방식으로 행해져야 한다.

예제

오직 2 입력 NAND 게이트와 인버터만을 이용하여 그림 8-2에 주어진 함수를 구현하라. 만약 각 함수를 따로 최소화하면, 그 결과는 다음과 같다.

$$f_1 = b'c' + ab' + a'b$$
$$f_2 = b'c' + bc + a'b$$
$$f_3 = a'b'c + ab + bc'$$

각 함수는 3 입력 OR 게이트를 요구하기 때문에, 게이트 입력 수를 줄이기 위해 인수화한다.

그림 8-2

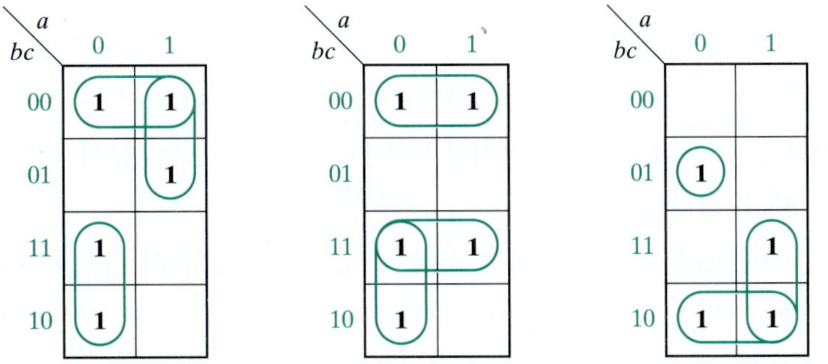

$f_1 = \Sigma\, m(0, 2, 3, 4, 5)$ $f_2 = \Sigma\, m(0, 2, 3, 4, 7)$ $f_3 = \Sigma\, m(1, 2, 6, 7)$

$$f_1 = b'(\underline{a + c'}) + \underline{a'b}$$
$$f_2 = b(a' + c) + b'c' \qquad \text{or} \qquad f_2 = (b' + c)(b + c') + \underline{a'b}$$
$$f_3 = a'b'c + b(\underline{a + c'})$$

f_2를 위한 두 번째 식은 f_1과 공통항을 갖기 때문에, 두 번째 식을 선택한다. 아래 식과 같이 f_3에 남은 3 입력 게이트를 제거할 수 있다.

$$a'b'c = a'(b'c) = a'(b + c')'$$

그림 8-3(a)은 공통항 $a'b$와 $a + c'$를 사용하는 결과 회로를 보여준다. 각 출력 게이트가 OR이기 때문에, 그림 8-3(b)와 같이 NAND 게이트로의 변환이 수월하다.

그림 8-3 그림 **8-2**의 구현

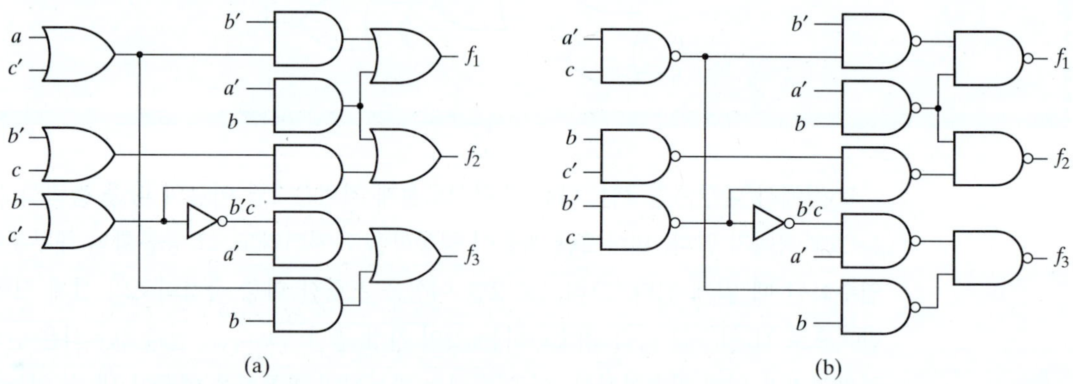

8.3 게이트 지연과 타이밍도

논리게이트의 입력이 변할 때, 출력은 순간적으로 변하지 않는다. 게이트 내의 트랜지스터 또는 다른 스위칭 소자는 입력의 변화에 반응하는 데 유한한 시간이 걸리며, 따라서 게이트 출력에서의 변화는 입력 변화에 대해 지연된다. 그림 8-4는 인버터에 대한 가능한 입출력 파형을 보여준다. 만약 출력에서의 변화가 입력에 대해 시간 ε만큼 지연되면, 이 게이트는 ε의 전파지연을 가진다고 말한다. 실제로, 0에서 1로의 출력 변화에 대한 전파지연은 1에서 0으로의 변화에 대한 지연과 다를 수 있다. 집적회로 게이트들의 전파지연은 수 나노초만큼이나 짧으며(1나노초(nanosecond) = 10^{-9}초), 많은 경우에서 이 지연은 무시될 수 있다. 하지만 어떤 종류의 순서 회로 분석에서는 비록 짧은 지연도 중요할 수 있다.

타이밍도는 순서회로의 분석에서 자주 이용된다. 이 다이어그램은 회로 내의 다양한 신호를 시간의 함수로써 보여준다. 몇 개의 변수들은 서로에 대한 변화를 쉽게 관찰할 수 있도록 일반적으로 같은 시간 스케일로 그려진다.

그림 8-4
인버터 내에서의 전파지연

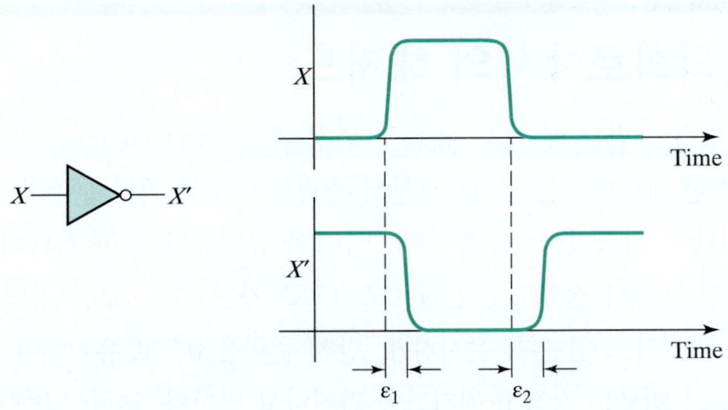

그림 8-5는 두 게이트를 갖는 회로를 위한 타이밍도를 보여준다. 각 게이트는 20 ns (nanosecond)의 전파지연을 갖는 것으로 가정한다. 이 타이밍도는 B와 C 입력 게이트가 각각 상수 값 1과 0으로 유지되고 입력 A는 t = 40 ns에서 1로 변화하고 그 후 t = 100 ns에서 0으로 다시 돌아올 때 어떤 일이 일어나는지를 나타낸다. G_1 게이트의 출력은 A가 바뀐 다음 20 ns가 지나 변화하고, G_2 게이트의 출력은 G_1의 변화 후 20 ns가 지나 변화한다.

그림 8-5
AND-NOR 회로에 대한 타이밍도

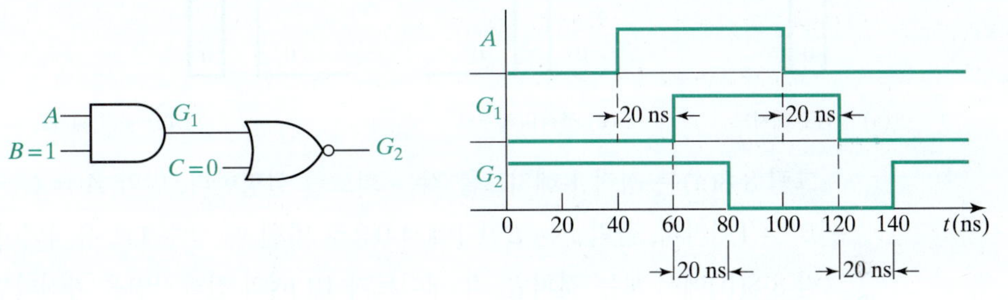

그림 8-6은 지연 요소가 더해진 회로를 위한 타이밍도를 보여준다. 입력 X는 두 펄스로 구성되고, 그중 첫 번째는 폭이 2 μs(2×10^{-6}초)이고 두 번째는 폭이 3 μs이다. 지연 요소는 1 μs 지연된 것을 제외하고는 입력과 같은 출력 Y를 가진다. 즉, Y는 X 펄스의 상승 에지 1 μs 후에 1로 변화하고, X 펄스의 하강 에지의 1 μs 후에 0으로 돌아온다. AND 게이트의 출력(Z)은 X와 Y 모두가 1인 시간 간격 동안 1이어야 한다. 만약 AND 게이트에 작은 전파지연(ε)을 가정하면, Z는 그림 8-6에서 보이는 것처럼 될 것이다.

그림 8-6
지연을 갖는 회로에 대한 타이밍도

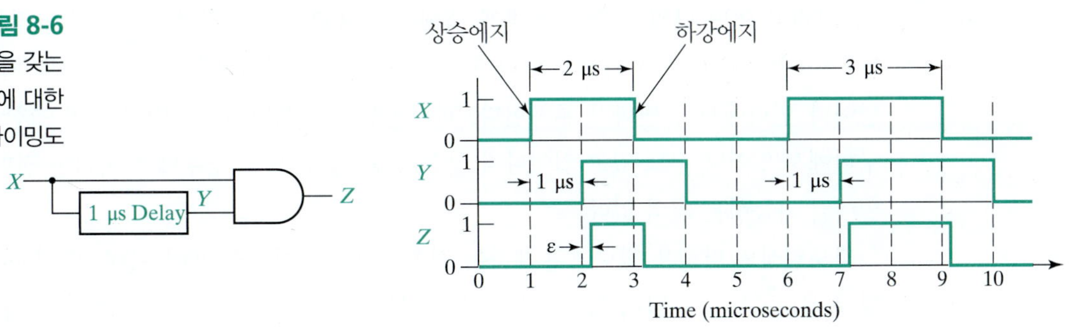

8.4 조합 논리회로에서의 해저드

조합회로의 입력이 변할 때, 원치 않는 스위칭 과도현상(transient)이 출력에서 나타날 수 있다. 그러한 과도현상은 입력으로부터 출력까지의 각 경로에 따라 다른 전파지연을 가질 때 일어난다. 만약 한 회로 출력이 상수 1을 유지해야 할 때 하나의 입력 변화와 몇 개의 전파지연 조합의 결과로 순간적으로 0으로 가면, 그 회로는 정적 1-해저드(static 1-hazard)를 가진다고 말한다. 유사하게, 만약 출력을 0으로 유지해야 할 때, 순간적으로 1로 가면, 그 회로는 정적 0-해저드를 가진다고 말한다. 출력이 0에서 1(또는 1에서 0)로 변하기로 되어 있을 때, 만약 출력이 세 번 또는 그 이상 변화한다면 그 회로는 동적 해저드(dynamic hazard)를 가진다고 말한다. 그림 8-7은 해저드가 있는 회로로부터 가능한 출력을 보여준다. 각각의 경우, 회로의 안정 상태 출력은 옳지만, 입력이 변할 때 스위칭 과도현상이 회로 출력에 나타난다.

그림 8-7 해저드의 유형

(a) 정적 1-해저드 (b) 정적 0-해저드 (c) 동적 해저드

그림 8-8(a)는 정적 1-해저드를 갖는 회로를 설명한다. 만약 $A = C = 1$일 때, $F = B + B' = 1$이라서, 출력 F는 B가 1에서 0으로 바뀔 때 상수 1로 유지되어야 한다. 하지만 그림 8-8(b)에서 보는 것처럼, 각 게이트가 10 ns의 전파지연을 가진다면, E는 D가 1로 가기 전에 0으로 가며, 결과적으로 출력 F에 순간적인 0(1-해저드에 의해 일어나는 글리치(glitch))이 나타나게 된다. B가 0으로 바뀐 직후에는 전파지연이 경과될 때까지 인버터 입력(B)과 출력(B')이 모두 0이 되는 것을 주목하자. 그 기간 동안 등식 F의 두 항들은 모두 0이어서, F는 순간적으로 0으로 간다.

해저드는 회로의 속성이며 회로에 존재하는 전파지연들과는 독립적임을 명심하자. 만약 회로에 해저드가 없다면 회로에 존재할 수 있는 전파지연들의 어떤 조합에 대해서도, 그리고 어떤 단일 입력의 변화에 대해서도 출력은 과도현상을 포함하지 않는다. 반면, 회로가 해저드를 포함하고 있다면, 회로 출력에 과도현상을 야기하는 전파지연의 조합이나 입력에서의 변화가 존재한다. 과도현상을 발생시키는 전파지연의 조합은 회로 구현에서 일어날 수도 있고 일어나지 않을 수도 있다. 몇몇 경우에는 이러한 전파지연이 일어날 가능성은 거의 없다.

과도현상의 발생은 회로에 존재하는 전파지연뿐만 아니라 게이트들이 입력 변화에 어떻게 응답하는지에 달려 있다. 어떤 경우에는, 짧은 시간 주기 내에 게이트에 다중 입력 변화가 일어나면, 게이트는 입력 변화에 응답하지 않을 수도 있다. 예를 들어 그림 8-8에

그림 8-8
해저드의 탐지

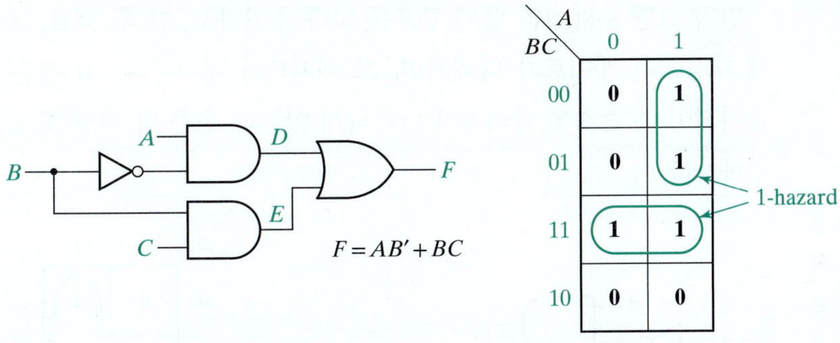

(a) 정적 1-해저드가 있는 회로

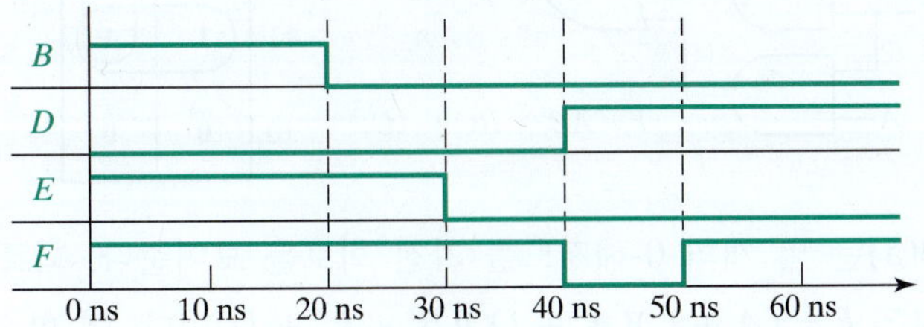

(b) 타이밍도

서 인버터가 10 ns가 아니라 2 ns의 전파지연을 갖는다고 가정하자. 그러면 출력 OR 게이트에 도달하는 D와 E의 변화는 2 ns의 간격이며, 이 경우에는 OR 게이트는 0 글리치를 발생시키지 않을 수 있다. 이러한 행동을 보이는 게이트를, *관성* 지연(*inertial* delay)을 가지고 있다고 말한다. 흔히 이러한 관성 지연 값은 게이트의 전파지연 값과 동일한 것으로 가정한다. 만약 이런 경우라면, 그림 8-8의 회로는 오직 10 ns보다 큰 인버터에서의 지연에 대해서만 0 글리치를 발생시킬 것이다. 반대로, 입력 변화가 아무리 가깝게 일어나더라도 만약 게이트가 항상 (전파지연을 가지면서) 입력 변화에 대하여 반응한다면, 이 게이트는 *이상적*(*ideal*) 또는 *운송*(*transport*) 지연을 가지고 있다고 말한다. 만약 그림 8-8의 OR 게이트가 이상적 지연을 가지고 있다면, 0이 아닌 어떤 인버터 지연값에 대하여도 0 글리치를 발생시킬 것이다(관성 지연과 이상적 지연 모델에 대하여는 10장에서 더 많이 다룰 것이다). 다른 언급이 없다면 이 장의 예제와 문제에서는 게이트들이 이상적 지연을 가진다고 가정한다.

해저드는 카노맵을 이용해 탐지할 수 있다(그림 8-8(a)). 맵에서 보는 것처럼, 최소항 ABC와 $AB'C$ 모두를 감싸는 루프는 없다. 따라서 만약 $A = C = 1$이고 B가 변하면, 두 항들은 순간적으로 0으로 갈 수 있고, 결과적으로 F에 글리치를 야기한다. 다음의 과정을 이용해, 2단 AND-OR 회로에서 해저드를 탐지할 수 있다:

1. 회로를 위한 논리곱의 합 식을 적는다.
2. 맵에 각 항을 기입하고 루프화한다.
3. 만약 두 인접한 1이 같은 루프에 의해 포함되지 않는다면, 1-해저드는 두 1 사이를 천이(transition)할 때 발생한다. n 변수 맵에 대해서, 이 천이는 하나의 변수가 변화하고 다른 $n-1$개의 변수가 일정하게 고정될 때 일어난다.

만약 그림 8-8(a)의 맵에 루프를 하나 추가하고, 그 후 회로(그림 8-9)에 추가된 루프에 대응되는 게이트가 더해지면, 그 해저드가 제거된다. AC항은 B가 변하는 동안 1로 유지되어서, 출력에 글리치가 나타나지 않는다. F가 더 이상 최소 논리곱의 합이 아님을 주목하라.

그림 8-9
해저드가 제거된 회로

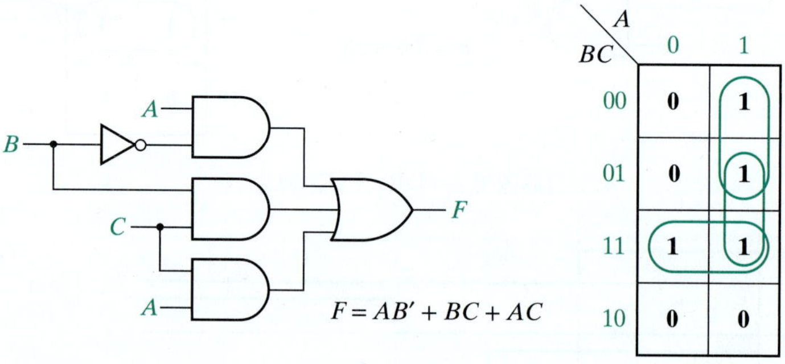

그림 8-10(a)는 몇 개의 0-해저드를 가진 회로를 보여준다. 회로 출력을 위한 논리합의 곱 표현은 $F = (A + C)(A' + D')(B' + C' + D)$이다. 이 함수를 위한 카노맵(그림 8-10(b))은 화살표에 나타난 것처럼 공통 루프(common loop)에 의해 포함되지 않은 4쌍의 인접한 0들을 보여준다. 각 쌍들은 0-해저드에 대응된다. 예를 들면, $A = 0$, $B = 1$, $D = 0$이고 C가 0에서 1로 변화할 때, Z 출력에서는 게이트 지연들의 조합 때문에 스파이크(spike)가 나타날 수 있다. 그림 8-10(c)의 타이밍도는 각 인버터에 대해서는 3 ns, 각 AND 게이트와 OR 게이트를 위해서는 5 ns의 게이트 지연을 가정하여 이것을 설명한다.

그림 8-10
정적 0-해저드의 탐지

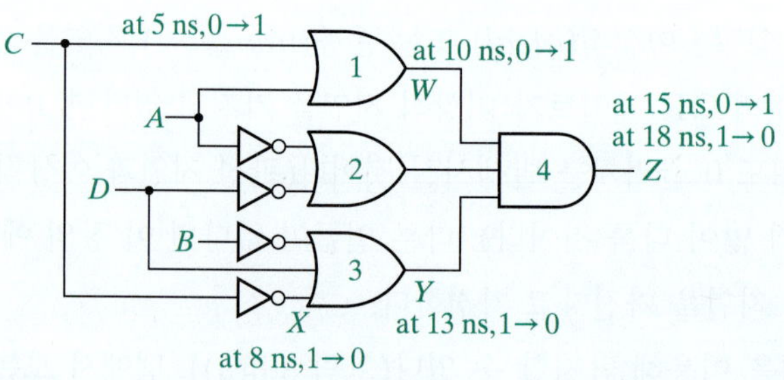

(a) 정적 0-해저드 회로

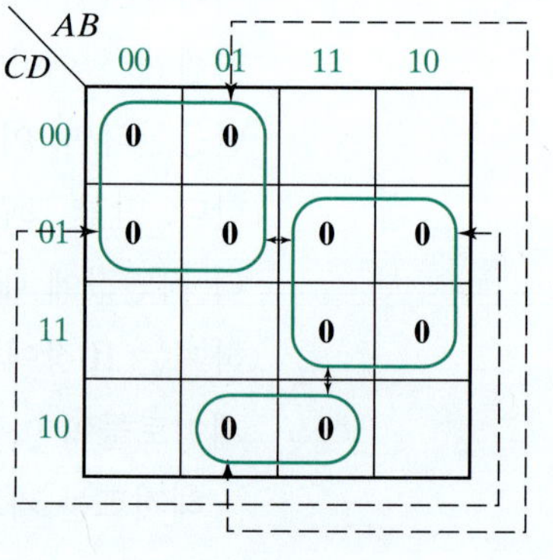

(b) 회로에 대한 카노맵

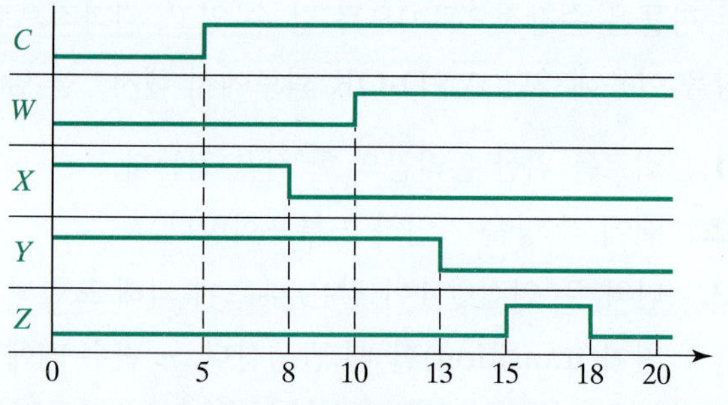

(c) 0-해저드를 나타내는 타이밍도

아직 공통 루프에 둘러싸이지 않은 인접한 0의 값을 포함하는 부가적인 주항들을 루프화함으로써 0-해저드를 제거할 수 있다. 이것은 그림 8-11에서 보이는 것처럼 세 개의 부가적인 루프가 요구된다. 결과 식은

$$F = (A + C)(A' + D')(B' + C' + D)(C + D')(A + B' + D)(A' + B' + C')$$

이고, 결과 회로는 인버터에 더하여 일곱 개의 게이트가 요구된다.

그림 8-11 그림 8-10의 해저드를 제거하는 카노맵

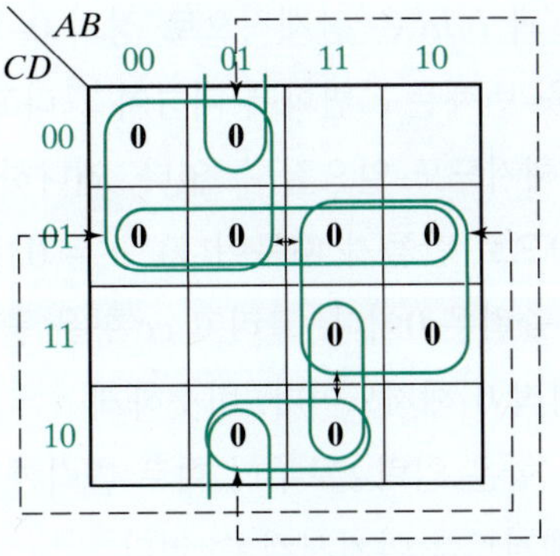

2단 이상 회로에서의 해저드는 원래 회로와 똑같은 해저드를 포함하는 2단 회로를 나타내는 회로에 대한 SOP 또는 POS 표현식을 유도함으로써 결정할 수 있다. SOP 또는 POS 표현은 보수 법칙(complementation law)을 사용하지 않는다는 것을 제외하고는 일반적인 방식으로 유도된다. 즉 $xx' = 0$과 $x + x' = 1$은 사용되지 않는다. 그러므로 결과로 나타내는 SOP (POS) 표현은 $xx'\alpha(x + x' + \beta)$ 형태의 곱(합)들을 포함한다(α는 문자(literal)의 곱이거나 또는 널(null) 값이다. β는 문자의 합이거나 널 값이다). 입력 변화로부터 야기되는 회로의 동작을 분석하고 있으므로 보수 법칙은 사용되지 않는다. 입력 변화는 회로를 통하여 전파되므로 주어진 시점에서 x값으로 향해 가는 선(line)은 x'의 값으로 향해 가는 선의 보수값과 다를 수 있다. SOP 표현에서 $xx'\alpha$ 형태의 곱은 $\alpha = 1$이면 x가 변함에 따라 일시적으로 출력값 1을 가지는 의사(pseudo) 게이트를 나타낸다.

SOP 표현식이 주어지면 2단 AND-OR 회로에서와 똑같이 정적 1-해저드에 대하여 분석할 수 있다. 즉 곱의 항들은 카노맵에 그려지고 만약 맵상에서 두 개의 1이 인접하면서 하나의 곱 항에 포함되지 않으면 이것은 정적 1-해저드에 대응된다. SOP 표현식이 xx' 형태의 항을 포함하고 있을 때에만 회로는 정적 0-해저드 또는 동적 해저드를 가질 수 있다. $\alpha = 1$이고 두 입력 조합이 x값만 다른 두 개의 인접한 0이 카노맵상에서 존재하면 정적 0-해저드가 존재한다. $xx'\alpha$ 형태의 항이 존재하고 다음의 두 조건이 만족된다면 동적 해저드가 존재한다. (1) $\alpha = 1$이고 서로 반대의 함수 값을 가지면서 x값에 있어서만 다른 카노맵 상의 인접한 입력 조합들이 존재한다. (2) 이러한 입력 조합들에 대하여 x의 변화가 적어도 3개의 경로로 회로를 통하여 전파된다.

예를 들어 그림 7-7의 회로를 생각하자. 회로 출력에 대한 표현식은

$$\begin{aligned} f &= (c' + ad' + bd')(c + a'd + bd) \\ &= cc' + acd' + bcd' + a'c'd + aa'dd' + a'bdd' + bc'd + abdd' + bdd' \\ &= cc' + acd' + bcd' + a'c'd + aa'dd' + bc'd + bdd' \end{aligned}$$

이 함수에 대한 카노맵은 그림 7-3에서 원으로 묶여진 1로 표시된다. 이 식은 어떤 변수와 그것의 보수를 포함하는 곱의 항에는 관심을 기울이지 않고 전형적인 방식으로 유도되었다. 각 인접한 1의 쌍은 곱의 항들 중 하나에 의해서 포함되므로 회로는 어떤 정적 1-해저드도 포함하지 않는다. 항 cc'과 bdd'은 잠재적으로 정적 0-해저드 또는 동적 해저드 또는 둘 다를 일으킬 수 있다. 첫 번째는 c 변화에 대하여 그리고 두 번째는 d 변화에 대하여 그렇다(항 $aa'dd'$은 어떤 해저드도 일으킬 수 없다. 왜냐하면, 예를 들어 만약 a가 변하면 dd' 부분은 곱의 항을 0으로 만들기 때문이다). $a = 0$, $b = 0$, $d = 0$ 및 c가 변할 때, c의 변화 전과 후에 회로 출력은 0이다. 그리고 cc'항은 출력을 일시적으로 1로 만들 수 있기 때문에, 이 천이는 정적 0-해저드이다. 비슷하게 $a = 1$, $b = 0$, $d = 1$일때 c의 변화는 정적 0-해저드이다. cc'항은 입력 c로부터 회로 출력까지 오직 2개의 물리적인 경로만 존재하기 때문에 동적 해저드를 야기시킬 수 없다.

bdd'항은 오직 $b = 1$이면 정적 0-해저드 또는 동적 해저드를 만들 수 있다. 카노맵으로부터 $b = 1$이고 d가 변할 때 어떤 a와 c의 조합에 대해서도 회로 출력이 변하는 것을 볼 수 있다. 따라서 유일한 가능성은 동적 해저드이다. d로부터 회로 출력까지 4개의 물리적인 경로가 존재하므로, 만약 이들 경로 중 적어도 3개에 걸쳐 d의 변화가 전파될 수 있다면 동적 해저드가 존재한다. 하지만 이것은 일어날 수 없다. 왜냐하면 $c = 0$일 때 위쪽 두 경로를 통한 전파는 $c' = 1$이 OR 게이트 출력을 1로 만들므로 위쪽 OR 게이트에 의해 차단된다. $c = 1$일 때는 아래쪽 두 경로를 통한 전파는 아래쪽 OR 게이트에 의해서 차단된다. 이 회로는 동적 해저드를 포함하지 않는다.

해저드를 탐색하기 위한 다른 접근법은 다음과 같다. 보수 법칙(complementation law)을 사용하지 않고 원래 식을 회로 출력에 대하여 인수 분해한다.

$$f = (c' + a + b)(c' + d')(c + a' + b + (c + d)$$

이 표현식으로부터 카노맵에 f의 0들을 그려 넣으면, $a = b = d = 0$이고 c가 변할 때, 그리고 $b = 0$, $a = d = 1$ 및 c가 변할 때 0-해저드가 있음을 보여준다. f의 합 항에 $x + x'$ 형태의 표현이 나타나지 않는 것은 1-해저드 또는 동적 해저드가 없다는 것을 나타낸다.

SOP 표현식으로부터 정적 해저드와 동적 해저드를 찾는 다른 예제로서 그림 8-12(a)의 회로를 생각하자. f에 대한 SOP 표현식은 다음과 같다.

$$f = (A'C' + B'C)(C + D) = A'CC' + A'C'D + B'C$$

f에 대한 그림 8-12(b)의 카노맵은 입력 조합 $(A, B, C, D) = (0, 0, 0, 1)$과 $(0, 0, 1, 1)$일 때 $f = 1$임을 보여준다. 그리고 이 두 최소항을 포함하는 f의 곱이 없다. 따라서 이

그림 8-12
해저드 예제

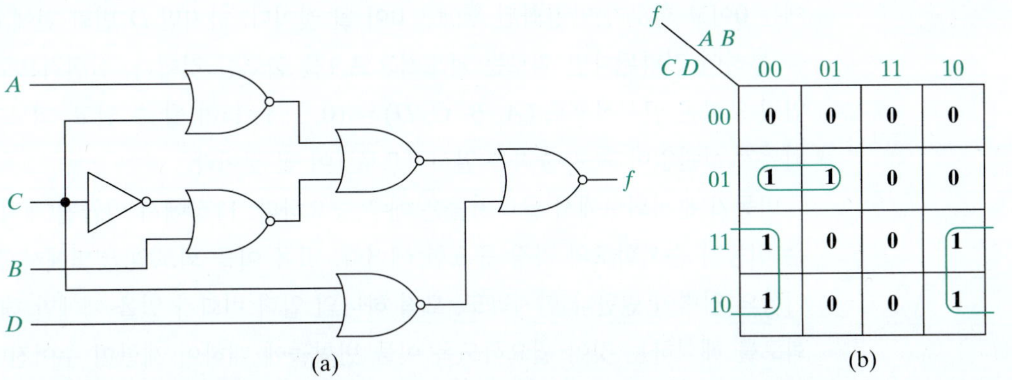

들 두 입력 조합은 C가 변할 때 정적 1-해저드를 의미한다. f에 있는 $A'CC'$ 곱은 $A = 0$이고 C가 변할 때 정적 0-해저드와 동적 해저드의 존재 가능성을 나타낸다. 카노맵은 $f = 0$일 때 두 입력 조합 (0, 1, 0, 0)과 (0, 1, 1, 0)은 이러한 조건들을 만족함을 보여준다. 따라서 이들은 정적 0-해저드를 의미한다. 카노맵에서 $A = 0$이고 C가 변할 때 f가 변하는 두 개의 입력 조합 쌍을 볼 수 있다. 즉 (0, 0, 0, 0), (0, 0, 1, 0) 그리고 (0, 1, 0, 1), (0, 1, 1, 1)이다. 이것들이 동적 해저드를 일으키기 위해서는 C 변화가 3개 또는 그 이상의 경로로 출력에 전파되어야만 한다. 3개 경로로 전파되기 위해서는 $A = 0$뿐 아니라 $B = 0$, $D = 0$가 요구된다. 따라서 동적 해저드는 (0, 0, 0, 0)과 (0, 0, 1, 0)에 대해서만 발생한다. (0, 1, 0, 1)과 (0, 1, 1, 1)에 대해서는 C의 변화가 하나의 경로로만 전파되므로 f는 오직 한 번만 변한다.

정적 및 동적인 해저드가 없는 회로를 설계하기 위해 다음 과정이 이용될 수 있다:

1. 모든 인접한 1 값들의 쌍이 하나의 1-항(1-term)에 의해 포함되도록 출력에 대한 논리곱의 합 형식(F^t)을 구한다(모든 주항의 합은 항상 이 조건을 만족한다). 이 F^t를 기반으로 한 2단 AND-OR 회로는 1-해저드, 0-해저드 및 동적 해저드가 없다.
2. 만약 다른 형식의 회로가 요구되면 간단한 인수화, 드모건의 법칙(DeMorgan's laws) 등을 이용하여 F^t를 원하는 형식으로 조작한다. 해저드의 도입을 막기 위해 각각의 x_i와 x_i'를 독립 변수로 다룬다.

그렇지 않으면, 인접한 0 값의 모든 쌍이 하나의 0-항(0-term)에 의해 포함되는 논리합의 곱 식으로 시작하고, 해저드가 없는 2단 OR-AND 회로를 설계하기 위한 쌍대 과정(dual procedure)을 따르면 된다.

이 장에서의 해저드에 대한 설명과 그 결과로 일어나는 글리치의 가능성은 한 번에 오직 하나의 입력이 변하고 다른 입력들은 회로가 안정화될 때까지 변하지 않는다고 가정하고 있다는 것을 강조하고자 한다. 만약 하나 이상의 입력이 한 번에 변할 수 있다면 거의 모든 회로들은 해저드를 가지게 되며, 그들은 회로 구현을 수정하여 제거될 수 없다. 그림 8-11의 카노맵에 대응하는 회로는 이것을 설명한다. C와 D가 둘 다 변하는 $(A, B, C, D) = (0, 1, 0, 1)$에서 $(0, 1, 1, 0)$으로의 입력 변화를 생각하자. 출력은 이 변화 전에는 0이고 회로가 안정화된 후에는 0이 될 것이다. 하지만 D 변화 전에 C 변화가 회로를 통하여 전파된다면 회로는 과도적으로 1을 출력할 것이다. 실질적으로, 회로에 대한 입력 조합은 일시적으로 $(A, B, C, D) = (0, 1, 1, 1)$이 될 수 있고, 회로가 어떻게 구현되든지 상관없이 회로 출력은 일시적으로 1이 될 것이다.

비동기 순서회로에서 글리치들은 매우 중요하다. 11장에서 언급될 래치와 플립플롭들은 비동기 순서회로의 가장 중요한 예이다. 비록 이들 회로의 몇몇에서 같은 시간에 둘 이상의 입력이 변한다 할지라도, 오직 하나의 입력 변화가 있을 때에만 해저드에 대하여 회로를 해석하는 것이 필요하도록 이들 변화들에 대하여 제한이 주어진다. 결과적으로 이 장에서의 설명은 회로의 이러한 중요한 부류와 관계된 것이다.

8.5 논리회로의 시뮬레이션과 시험

논리설계 과정의 중요한 부분은 최종 설계가 올바르다는 것을 입증하고 필요하다면 설계의 결함을 찾아 고치는 것이다. 논리회로는 실제 그것을 만들거나 컴퓨터상에서 시뮬레이션을 통해 시험될 수 있다. 시뮬레이션이 일반적으로 쉽고, 빠르며, 더 경제적이다. 논리회로가 더욱 더 복잡해질수록, 그것을 실제로 만들기 전에 설계를 시뮬레이션하는 것이 매우 중요하다. 회로설계가 집적회로 형식으로 만들어질 때는 특히 그렇다. 왜냐하면 집적회로를 제작하는 것은 긴 시간이 걸리고 오류를 정정하는 비용이 매우 비싸기 때문이다. 시뮬레이션은 몇 가지 이유 때문에 행해지는데, (1) 설계가 논리적으로 올바른지의 입증, (2) 논리 신호의 타이밍이 올바른지의 입증, (3) 회로의 검사 방법을 찾는 도구로서 회로 내 결함 소자의 모사(simulation) 등이 포함된다.

논리회로 시뮬레이션을 위해 컴퓨터 프로그램을 사용하기 위해서는, 먼저 회로 소자와 연결을 명시해야 한다. 그 후 회로의 입력을 명시한다. 그리고 마지막으로, 회로 출력을 관찰한다. 회로에 대한 기술은 회로 내 게이트와 다른 논리요소 사이의 연결리스트의 형식으로 시뮬레이터에 입력이 되거나, 컴퓨터 화면에 그려진 논리 다이어그램의 형식이 될 수도 있다. 대부분 최신식 논리 시뮬레이터는 후자의 접근 방법을 이용한다. 개인용 컴퓨터에서 실행되는 전형적인 시뮬레이터는 입력을 명시화하기 위해 스위치나 입력상자를 사용하고 논리 출력을 읽기 위해 프로브(probe)를 사용한다. 다른 방식으로, 입출력은 0과 1의 순서(sequence)나 타이밍도의 형태로 명시될 수 있다.

조합논리를 위한 간단한 시뮬레이터는 다음과 같이 동작한다.

1. 회로 입력은 회로 내 첫 번째 게이트의 집합에 적용되고, 그 게이트들의 출력이 계산된다.
2. 전 단계에서 변화된 게이트의 출력은 다음 단계의 게이트 입력으로 들어간다. 만약 어떤 게이트의 입력이 변화되면, 그 게이트의 출력이 계산된다.

3. 게이트 입력에서 더 이상 변화가 없을 때까지 단계 2를 반복한다. 그 뒤 회로는 정상 상태 조건에 있고, 출력을 읽는다.
4. 회로 입력이 변할 때마다 단계 1에서 3까지 반복한다.

두 논리값, 0과 1은 논리회로를 시뮬레이션하기에 충분하지 않다. 때때로, 게이트 입력 또는 출력의 값을 알 수 없으며, 이와 같이 알지 못하는 값을 X로 나타낸다. 또 다른 경우에는, 입력이 어떤 출력에도 연결되지 않은 개방회로의 경우처럼 입력이 어떠한 논리 신호도 갖지 못할 수도 있다. 개방 회로, 즉 높은 *임피던스*(*high impedance*, (hi-Z)) 연결을 표현하기 위해 논리값 Z를 이용한다. 앞으로 논의에서는 논리값 0, 1, X(모르는 값), Z(hi-Z)를 갖는 4단계 값 논리 시뮬레이터를 이용하는 것을 가정한다.

그림 8-13(a)는 개인용 컴퓨터에서의 전형적인 시뮬레이션 화면을 보여준다. 스위치는 각 입력에서 0 또는 1로 설정된다. 프로브는 각 게이트의 출력값을 나타낸다. 그림 8-13(b)에서, 한 개의 게이트는 그 입력 중 하나가 연결되어 있지 않다. 그 게이트가 1 입력과 hi-Z 입력을 가지기 때문에, 하드웨어가 어떻게 동작할지 모르며, 게이트 출력을 알 수 없다. 이것을 프로브에서 X로 나타낸다.

그림 8-13

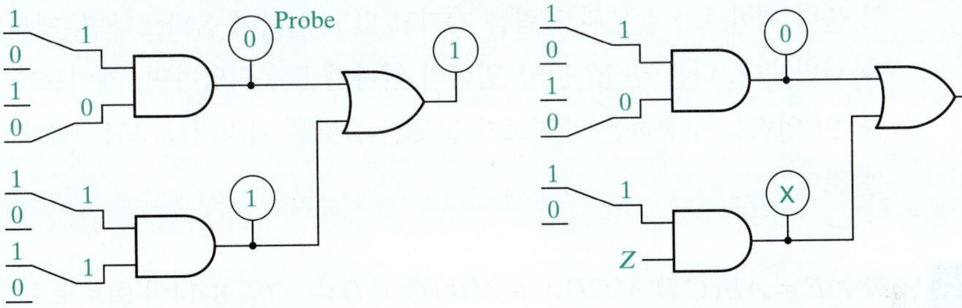

(a) 스위치를 사용한 시뮬레이션 화면 (b) 게이트 입력이 없는 시뮬레이션 화면

표 8-1은 4가지 값을 갖는 로직 시뮬레이션을 위한 AND와 OR 함수를 보여준다. 이러한 함수는 실제 게이트의 동작 방법과 유사한 방식으로 정의된다. AND 게이트에서는, 만약 입력 중 하나가 0이면, 출력은 다른 입력에 상관없이 항상 0이다. 만약 한 입력이 1이고 다른 입력이 X(다른 입력을 알지 못함)이면, 출력은 X(출력도 알지 못함)가 된다. 만약 한 입력이 1이고 다른 입력이 Z(논리신호가 없음)이면, 출력은 X(하드웨어가 어떻게 동작할지 모름)이다. OR 게이트에서는, 입력 중 하나가 1이면, 출력은 다른 입력에 상관없이 항상 1이다. 만약 한 입력이 0이고 다른 입력이 X 또는 Z라면, 출력은 알 수 없다. 두 개 이상의 입력을 갖는 게이트에 대해서는, 논리연산이 여러 번 적용된다.

표 8-1 4개 값을 갖는 시뮬레이션을 위한 AND와 OR 함수

·	0	1	X	Z
0	0	0	0	0
1	0	1	X	X
X	0	X	X	X
Z	0	X	X	X

+	0	1	X	Z
0	0	1	X	X
1	1	1	1	1
X	X	1	X	X
Z	X	1	X	X

입력 수가 적은 조합논리회로는 시뮬레이터를 이용하거나 실험실에서 모든 가능한 입력값의 조합에 대해 회로 출력을 체크함으로써 쉽게 시험할 수 있다. 입력 수가 많을 때는, 일반적으로 회로 내 모든 가능한 결함 게이트를 검사할 수 있는 상대적으로 적은 입력 시험 패턴 집합을 찾는 것이 가능하다.[1]

약 회로 출력이 어떤 입력값 집합에 대해 틀렸다면, 이는 다음과 같은 몇 개의 원인 때문일 수 있다.

1. 부정확한 설계
2. 잘못 연결된 게이트
3. 잘못된 회로 입력 신호

만약 회로가 실험실에서 만들어졌다면, 다른 가능한 원인은 다음과 같다.

4. 결함 있는 게이트
5. 결함 있는 연결선

만약 조합논리회로의 출력이 틀리다면 출력에서 시작하여 그 문제를 찾아낼 때까지 역으로 작업함으로써, 다행히도 문제를 체계적으로 쉽게 찾아낼 수 있다. 예를 들어 만약 출력 게이트가 잘못된 출력을 가지고 있고 입력이 올바르다면, 게이트는 결함이 있음을 나타낸다. 다른 한편, 만약 입력의 하나가 잘못되었다면, 게이트가 잘못 연결되었거나, 이 입력을 구동하는 게이트가 잘못된 출력을 가지거나, 또는 입력 연결에 결함이 있는 것이다.

예제

함수 $F = AB(C'D + CD') + A'B'(C + D)$는 그림 8-14의 회로로 구현되었다.

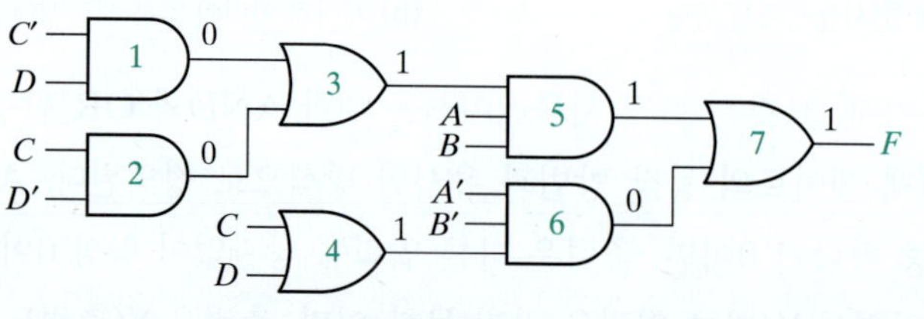

그림 8-14 틀린 출력을 가진 로직 회로

한 학생이 실험실에서 회로를 만들고, $A = B = C = D = 1$일 때 출력 F가 잘못된 값을 갖고 있으며 게이트 출력들은 그림 8-14에 나타난 것과 같다는 것을 알았다. 올바르지 않은 F의 값에 대한 원인은 아래처럼 결정될 수 있다:

1. 게이트 7(F)의 출력은 잘못됐다. 그러나 이 잘못된 출력은 게이트 7의 입력과는 모순이 없다. 즉 $1 + 0 = 1$이다. 그러므로 게이트 7의 입력 중 하나가 잘못되었다.
2. 게이트 7이 올바른 출력($F = 0$)을 갖기 위해서는 두 입력이 모두 0이어야 한다. 따라서 게이트 5의 출력이 틀렸다. 그러나 $1 \cdot 1 \cdot 1 = 1$이기 때문에 게이트 5의 출력

1) 테스트 패턴 발생법은 다음 서적에 소개되었다. Alexander Miczo, *Digital Logic Testing and Simulation*, 2nd ed (John Wiley & Sons, 2003).

은 그것의 입력과 모순이 없다. 그러므로 게이트 5의 입력 중 하나가 잘못되었다.

3. 게이트 3의 출력이 잘못되거나 게이트 5의 A 또는 B 입력이 잘못되었다. $C'D + CD' = 0$이기 때문에 게이트 3의 출력이 잘못되었다.
4. $0 + 0 \neq 1$이기 때문에 게이트 3의 출력은 게이트 1과 2의 출력과 모순된다. 그러므로 게이트 3의 입력 중 하나가 잘못 연결되거나, 게이트 3이 결함을 가지거나, 또는 게이트 3의 입력 연결 중 하나가 결함이다.

이 예제는 논리회로의 출력 게이트에서 시작해서 잘못된 연결 또는 결함 있는 게이트를 찾을 때까지 역으로 작업함으로써 어떻게 논리회로의 오류를 정정하는지를 설명한다.

연습문제

8.1 주어진 회로를 위한 타이밍도를 완성하라. 두 게이트는 모두 5 ns의 전파지연을 가진다고 가정한다.

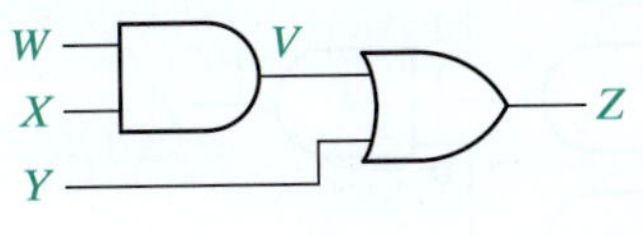

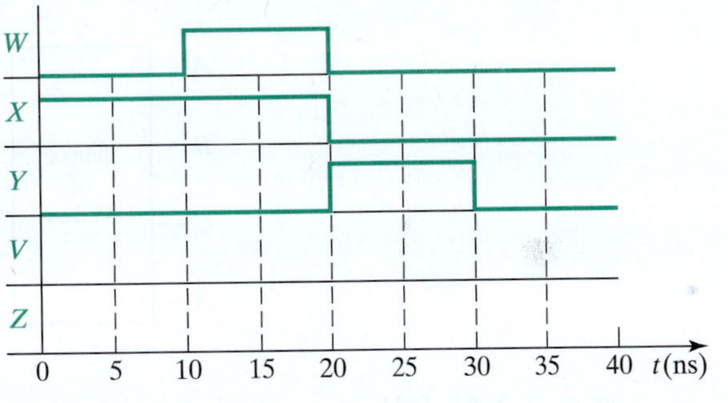

8.2 다음 논리함수를 고려하라.

$$F(A, B, C, D) = \Sigma m(0, 4, 5, 10, 11, 13, 14, 15)$$

(a) AND와 OR 게이트를 이용하여 F를 구현하는 두 개의 서로 다른 최소 회로를 구하라. 각 회로 내에 두 개의 해저드를 확인하라.

(b) 해저드가 없는 F에 대한 AND-OR 회로를 구하라.

(c) 해저드가 없는 F에 대한 OR-AND 회로를 구하라.

8.3 다음 회로에 대해:

(a) 인버터는 1 ns의 지연을 가지고 다른 게이트는 2 ns의 지연을 가진다고 가정하라. 초기에 $A = 0$, $B = C = D = 1$이고, C는 시간 = 2 ns에서 0으로 변한다. 타이밍도를 작성하고, 발생하는 해저드를 규명하라.

(b) 해저드를 제거하기 위해 회로를 수정하라.

8.4 4개 값을 갖는 논리를 이용하여, A, B, C, D, E, F, G, H를 구하라.

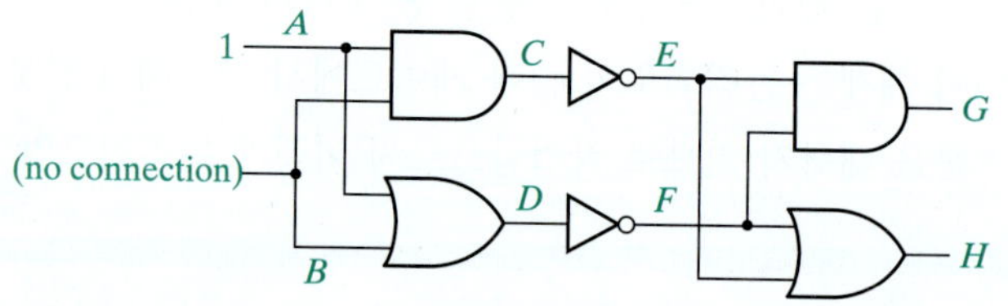

8.5 아래 회로는 $F = AB'D + BC'D' + BCD$ 논리식을 구현하기 위해 설계되었지만, 정확하게 동작하지 않는다. 게이트 1, 2, 3의 입력 선이 너무 조밀하게 연결되어 있어서, 입력이 올바른지 보기 위해서 모두 역으로 추적하는 데는 시간이 걸릴 것이다. 올바르게 연결되지 않은 선만 추적하는 것이 더 나을 것이다. $A = B = 0$이고 $C = D = 1$일 때, 게이트 4의 입력과 출력은 그림에서와 같다. 게이트 4는 정확하게 동작하는가? 만약 그렇다면, 다른 게이트들 중 어느 것이 부정확하게 연결되거나 기능 불량인가?

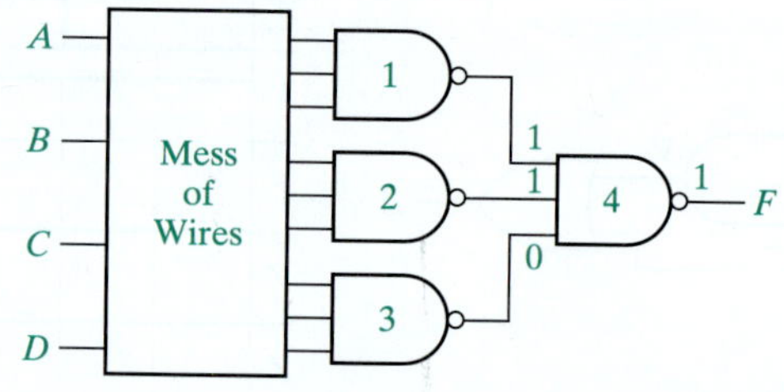

8.6 (a) 인버터는 1 ns의 전파지연을 가지고 있고 다른 게이트는 2 ns의 전파지연을 가지고 있다고 가정한다. 초기에 $A = B = C = 0$이고 $D = 1$이다. C는 2 ns 시간에 1로 변한다. 해저드에 해당하는 글리치를 보여주는 타이밍도를 그려라.

(b) 해저드가 발생하지 않도록 회로를 수정하라(2단, OR-AND 회로로 하라).

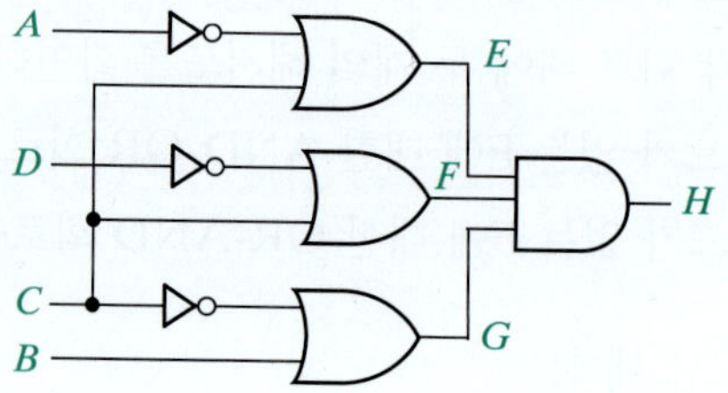

8.7 2단 NOR-NOR 회로가 다음의 함수를 구현한다.

$$f(a, b, c, d) = (a + d')(b' + c + d)(a' + c' + d')(b' + c' + d)$$

(a) 이 회로에서 모든 해저드를 찾아라.

(b) 최소 수의 게이트를 사용하고 모든 해저드가 제거된 2단 NOR-NOR 회로로 재설계하라.

8.8 $F(A, B, C, D) = \Sigma\, m(0, 2, 3, 5, 6, 7, 8, 9, 13, 15)$

(a) F를 구현하는 서로 다른 3개의 최소 AND-OR 회로를 구하라. 각 회로에서 2개의 해저드를 확인하라. 그리고 해저드가 없는 F에 대한 AND-OR 회로를 구하라.

(b) F에 대하여 최소 OR-AND 회로가 2개 존재한다. 각각은 하나의 해저드를 가지고 있다. 각 회로에서 해저드를 확인하고, 해저드가 없는 F에 대한 OR-AND 회로를 구하라.

8.9 다음의 3단 NOR 회로를 생각하자.

(a) 이 회로에서 모든 해저드를 찾아라.

(b) 해저드가 없는 3단 NOR 회로로 이 회로를 재설계하라.

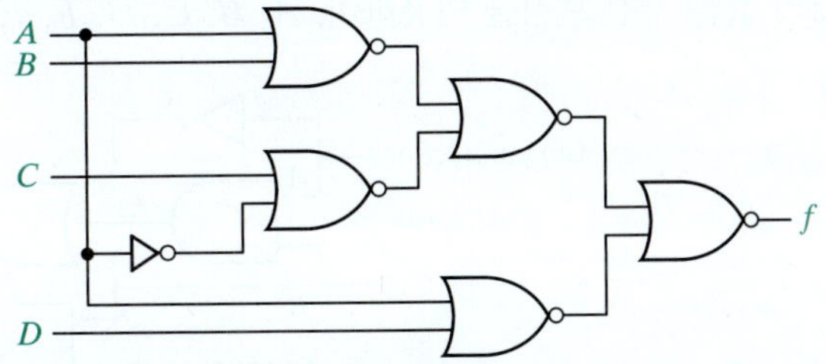

8.10 다음 회로의 V와 Z에 대한 타이밍도를 그려라. AND 게이트는 10 ns의 지연을 가지고 OR 게이트는 5 ns의 지연을 가진다고 가정하라.

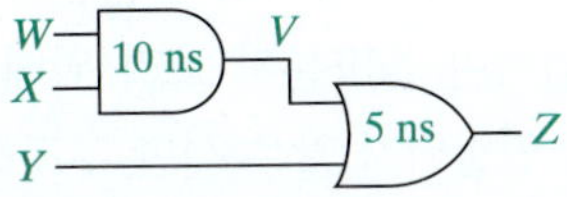

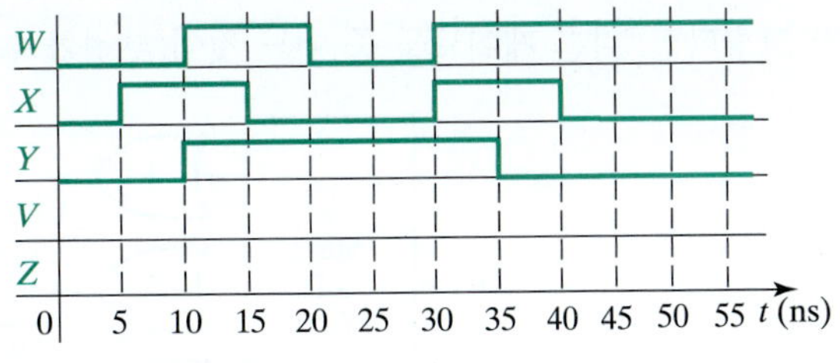

8.11 식 $f(A, B, C, D) = (A + B)(B'C' + BD')$에 대응되는 3단 회로를 생각하자.

(a) 이 회로에서 해저드를 모두 찾아라.

(b) 해저드가 없는 3단 NOR 회로로 이 회로를 재설계하라.

8.12 주어진 회로에 대하여 타이밍도를 완성하라. 두 게이트는 5 ns의 전파지연을 갖는다고 가정하라.

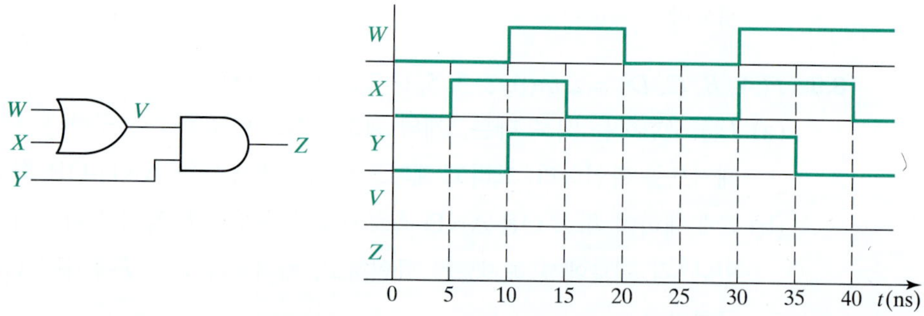

8.13 그림 8.10(b)의 논리함수를 최소 논리곱의 합으로 구현하라. 정적 해저드를 찾고 어떤 최소항 사이에 그들이 있는지 설명하라. 똑같은 논리 함수를 해저드 없는 논리곱의 합으로 구현하라.

8.14 4개의 값을 가진 로직을 이용하여, A, B, C, D, E, F, G, H를 구하라.

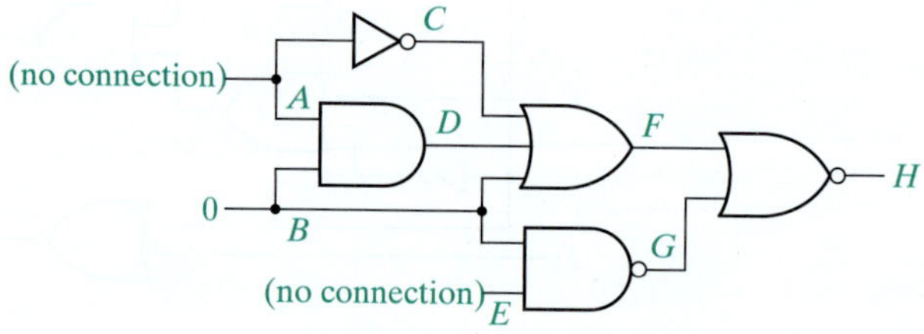

8.15 아래 회로는 논리식 $F = (A + B' + C')(A' + B + C')(A' + B' + C)$를 구현하기 위해 설계되었지만, 정확하게 동작하지 않는다. 게이트 1, 2, 3의 입력 선이 너무 조밀하게 연결되어 있어서, 입력이 올바른지 보기 위해 모두 역으로 추적하기 위해서는 시간이 걸릴 것이다. 올바르게 연결되지 않은 선만 추적하는 것이 더 나을 것이다. $A = B = C = 1$일 때, 게이트 4의 입력과 출력은 그림에서 보이는 것과 같다. 게이트 4는 정확하게 동작하는가? 만약 그렇다면, 다른 게이트들 중 어느 것이 부정확하게 연결되거나 기능불량인가?

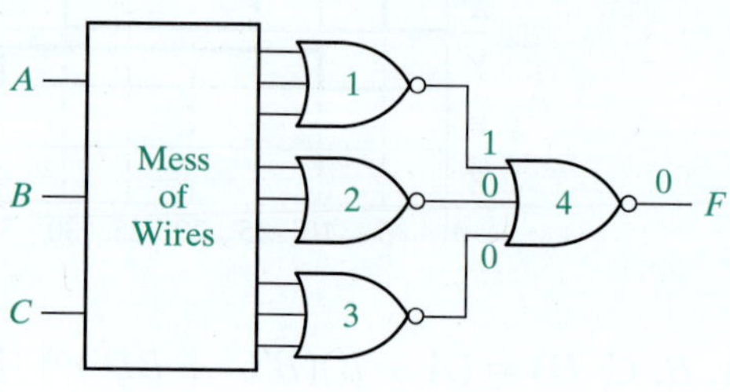

8.16 아래 논리 함수를 고려하라.

$$F(A, B, C, D) = \Sigma\, m(0, 2, 5, 6, 7, 8, 9, 12, 13, 15)$$

(a) F를 구현하는 두 개의 다른 최소 AND-OR 회로를 구하라. 각 회로 내에서 두 해저드를 확인하라. 그 다음, 해저드가 없는 F에 대한 AND-OR 회로를 구하라.

(b) F를 실현하는 최소 OR-AND 회로는 하나의 해저드를 가진다. 그것을 확인하고, 해저드가 없는 F에 대한 OR-AND 회로를 구하라.

설계문제

7-세그먼트 표시기(Seven-Segment Indicator)

여러 문제에서 7-세그먼트 표시기를 구동시키기 위한 회로의 설계 과정을 포함하고 있다(그림 8-15를 보라). 7-세그먼트 표시기는 10진수 수 0에서 9까지 중 어느 하나를 표시하기 위해 이용된다. 예를 들면, "1"은 세그먼트 2와 3에 불이 켜짐에 의해, "2"는 세그먼트 1, 2, 7, 5, 4가 불이 켜짐에 의해, "8"은 모든 일곱 세그먼트에 불이 켜짐으로써 표시된다. 하나의 세그먼트는 디스플레이(display) 모듈에서 세그먼트에 대응되는 입력에 논리 1이 인가 될 때 불이 켜진다.

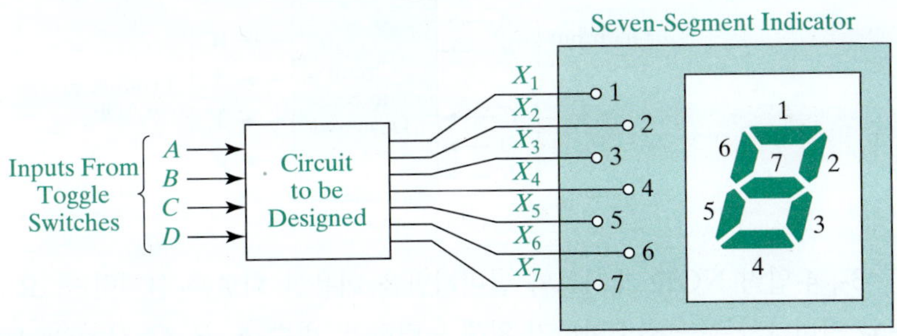

그림 8-15 7-세그먼트 모듈을 구동하는 회로

8.A 7-세그먼트 표시기를 구동하기 위한 8-4-2-1 BCD 코드 변환기(code converter)를 설계하라. 변환기 회로의 4개 입력(그림 8-15의 A, B, C, D)은 8-4-2-1 BCD로 표현되는 이진수를 나타낸다. 0에서 9까지의 수를 나타내는 입력 조합만 입력으로 발생한다고 가정하자. 따라서 1010에서 1111까지의 조합은 무관항(don't care term)이다. 2-, 3-, 4-입력 NAND 게이트와 인버터만을 사용하여 회로를 설계하라. 요구되는 게이트의 수를 최소화하기 위한 노력을 하라. 변수 A, B, C, D는 토글 스위치를 이용하여 얻을 수 있다.

Use  (not ) for 6. Use  (not ) for 9.

18개 또는 더 적은 수의 게이트와 인버터를 이용한 해결 방법을 구하라(입력을 위한 4개의 인버터는 계산하지 않음).

8.B 7-세그먼트 표시기를 구동하기 위해 초과-3(excess-3) 코드 변환기를 설계하라. 변환기 회로의 4개의 입력(그림 8-15의 A, B, C, D)은 초과-3 코드로 부호화된 10진수 수를 나타낸다. 0에서 9까지의 수만 나타내는 입력 조합이 입력으로 발생한다고 가정하자. 따라서 6개의 사용되지 않는 조합은 무관항이다. 2-, 3-, 4-입력 NAND 게이트와 인버터만을 이용해 회로를 설계하라. 요구되는 게이트의 수를 최소화하기 위해 노력하라. 변수 A, B, C, D는 토글 스위치를 이용하여 얻을 수 있다.

Use  (not ) for 6. Use  (not ) for 9.

16개 또는 더 적은 수의 게이트와 인버터를 이용한 해결 방법을 구하라(입력을 위한 4개의 인버터는 계산하지 않음).

8.C 두 개의 2진수 n_2와 m_2의 곱을 발생시키는 회로를 설계하라. 여기서 $00_2 \le n_2 \le 11_2$이고 $000_2 \le m_2 \le 101_2$이다. 예를 들면, 만약 $n_2 = 10_2$, $m_2 = 001_2$이면, 곱은 $n_2 \times m_2 = 10_2 \times 001_2 = 0010_2$이다. 변수 A와 B가 각각 n_2의 첫 번째와 두 번째 자릿수를 나타낸다고 하자(즉 이 예제에서, $A = 1$이고 $B = 0$). 변수 C, D, E는 각각 n_2의 첫 번째, 두 번째, 세 번째 자릿수를 나타낸다고 하자(이 예제에서 $C = 0$, $D = 0$, $E = 1$). 또한 W, X, Y, Z는 곱의 첫 번째, 두 번째, 세 번째, 네 번째 자릿수를 나타낸다고 하자(이 예제에서 $W = 0$, $X = 0$, $Y = 1$, $Z = 0$). $m_2 > 101_2$는 회로 입력으로 절대 일어나지 않는다고 가정한다.

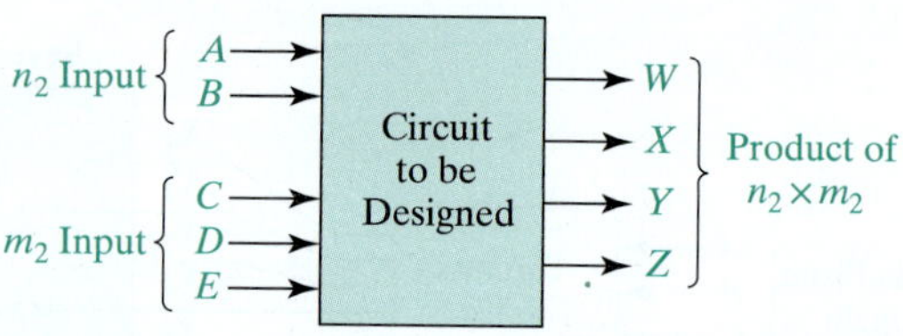

2-, 3-, 4-입력 NOR 게이트와 인버터만을 이용한 회로를 설계하라. 요구되는 전체 게이트와 인버터의 수를 최소화하기 위해 노력하라. 변수 A, B, C, D, E는 토글 스위치로부터 얻어진다. 15개 또는 더 적은 수의 게이트와 인버터를 이용한 해결 방법을 구하라(입력을 위한 5개의 인버터는 계산하지 않음).

8.D NOR 게이트와 인버터를 대신해서 2-, 3-, 4-입력 NAND 게이트와 인버터를 이용해 설계 문제 8.C를 풀어라. 14개 또는 더 적은 수의 게이트와 인버터를 이용한 해결 방법을 구하라(입력을 위한 4개의 인버터는 계산하지 않음).

8.E 두 개의 2-비트 2진수를 곱하고 7-세그먼트 표시기에 10진수로 해답을 표시하는 회로를 설계하라. 그림 8-15에서, A와 B는 2진수 N_1의 두 비트이고, C와 D는 2진수 N_2의 두 비트이다. 곱 ($N_1 \times N_2$)은 7-세그먼트 표시기의 적절한 세그먼트에 불이 켜지게 함으로써 10진수로 표시된다. 예를 들어 $A = 1$, $B = 0$ 그리고 $C = 1$, $D = 0$이면, 숫자 "4"가 세그먼트 2, 3, 6, 7을 밝힘으로써 표시된다.

Use 6 (not 6) for 6. Use 9 (not 9) for 9.

2-, 3-, 4-입력 NAND게이트와 인버터만을 이용한 회로를 설계하라. 요구되는 게이트의 수를 최소화하기 위해 노력하라. 변수 A, B, C, D는 토글 스위치로부터 얻을 수 있다. 18개 또는 더 적은 게이트와 인버터를 이용한 해결 방법을 구하라(입력을 위한 4개의 인버터는 계산하지 않음).

8.F 7-세그먼트 표시기를 구동하기 위한 그레이 코드 변환기(Gray code converter)를 설계하라. 변환기 회로의 4개의 입력(그림 8-15의 A, B, C, D)은 표 1-2의 그레이 코드를 이용해 부호화된 10진수 수를 나타낸다. 0에서 9까지의 수만 나타내는 입력 조합이 입력으로 발생한다고 가정하면, 6개의 사용되지 않는 조합은 무관항이다. 2-, 3-, 4-입력 NAND 게이트와 인버터만을 이용한 회로를 설계하라. 요구되는 게이트와 인버터의 수를 최소화하기 위해 노력하라. 변수 A, B, C, D는 토글 스위치로부터 얻을 수 있다.

Use 6 (not 6) for 6. Use 9 (not 9) for 9.

20개 또는 더 적은 수의 게이트와 인버터를 이용한 해결 방법을 구하라(입력을 위한 4개의 인버터는 계산하지 않음).

8.G 4-비트 2진수 N에 1 또는 2를 더하는 회로를 설계하라. 입력 N_3, N_2, N_1, N_0은 N을 나타낸다고 하자. 입력 K는 제어 신호이다. 회로는 4-비트 2진수 M을 나타내는 출력 M_3, M_2, M_1, M_0을 가져야 한다. $K = 0$이면 $M = N + 1$이다. $K = 1$일 때, $M = N + 2$이다. $M > 1111_2$인 입력은 결코 일어나지 않는다고 가정하라.

2-, 3-, 4-입력 NAND 게이트와 인버터만을 이용한 회로를 설계하라. 요구되는 게이트와 인버터의 수를 최소화하기 위해 노력하라. 입력 변수 K, N_3, N_2, N_1, N_0는 토글 스위치로부터 얻을 수 있다. 13개 또는 더 적은 수의 게이트와 인버터를 이용한 해결 방법을 구하라(입력을 위한 5개의 인버터는 계산하지 않음).

8.H 8-4-2-1 코드를 대신해서 4-2-1-8 코드를 사용하여 문제 8.A를 풀어라. 예를 들면, 4-2-1-8 코드에서 9는 0011로 나타낸다. 또한 숫자 6과 9의 표현은 문제 8.A과는 정반대의 형식으로 변경하라. 20개 또는 더 적은 수의 게이트와 인버터를 이용한 해결 방법을 구하라(입력을 위한 4개의 인버터는 계산하지 않음).

8.I 초과-3 코드 대신 초과-2 코드를 사용하여 문제 8.B를 풀어라(초과-2 코드에서 0은 0010, 1은 0011, 2는 0100 등등으로 표시된다.). 17개 또는 더 적은 수의 게이트와 인버터를 사용한 해결 방법을 구하라(입력을 위한 4개의 인버터는 계산하지 않음).

8.J 2-비트 코드 AB의 값(00, 01 또는 10)에 따라, 3-비트 2진수 CDE에 2, 3, 또는 5를 곱하여 4-비트 결과 $WXYZ$를 산출하는 회로를 설계하라. 결과가 15 이상의 값을 가진다면, $WXYZ$는 오버플로를 나타내기 위해 1111이 된다. 코드 AB = 11은 결코 발생하지 않는다고 가정하라. 2-, 3-, 4-입력 NOR 게이트와 인버터만을 사용하여 회로를 설계하라. 요구되는 게이트의 수를 최소화하기 위해 노력하라. 입력 A, B, C, D, E는 토글 스위치로부터 얻을 수 있다. 19개 또는 더 적은 수의 게이트와 인버터를 이용한 해결 방법을 구하라(입력을 위한 5개의 인버터는 계산하지 않음).

8.K 4-비트 2진수 몫을 만들기 위해 5-비트 2진수를 3으로 나누는 회로를 설계하라. 입력값은 0에서 27의 범위 내에 있고 28에서 31 사이의 수는 결코 입력되지 않는다고 가정하라. 2-, 3-, 4-입력 NAND 게이트와 인버터만을 이용하여 회로를 설계하라. 요구되는 게이트의 수를 최소화하기 위해 노력하라. 변수 A, B, C, D, E는 토글 스위치로부터 얻을 수 있다. 22개 또는 더 적은 수의 게이트와 인버터를 이용한 해결 방법을 구하라(입력을 위한 5개의 인버터는 계산하지 않음).

8.L 7-세그먼트 표시기를 구동하기 위해 초과-3 코드 변환기를 설계하라. 변환기 회로의 4개 입력(A, B, C, D)은 초과-3 코드이다. 0에서 9까지의 수만 나타내는 입력 조합만 십진수로 표시되어야 한다. 입력 조합 0000, 0001, 0010은 에러로 해석되고, "E"로 표시되어야 한다. 입력 조합 1101, 1110, 1111은 결코 일어나지 않는다고 가정하라. 2-, 3-, 4-입력 NOR 게이트와 인버터만을 이용해 회로를 설계하라. 18개 또는 더 적은 수의 게이트와 인버터를 이용한 해결 방법을 구하라(입력을 위한 4개의 인버터는 계산하지 않음).

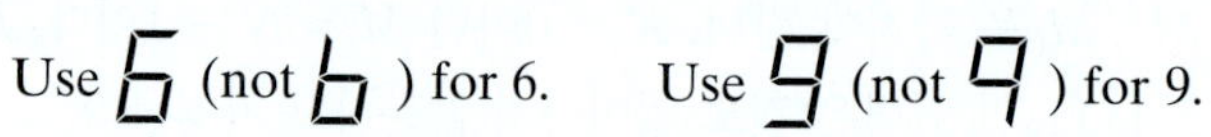

8.M 7-세그먼트 표시기에 글자 A에서 J까지를 표시하는 회로를 설계하라. 회로는 표시되는 글자에 대한 ASCII 코드의 마지막 4비트를 나타내는 4개의 입력 W, X, Y, Z를 가진다. 예를 들어 $WXYZ$ = 0001이면, "A"가 표시된다. 글자는 다음 형태로 표시되어야 한다.

2-, 3-, 4-입력 NOR 게이트와 인버터만을 사용해 회로를 설계하라. 22개 또는 더 적은 수의 게이트와 인버터를 이용한 해결 방법을 구하라(입력을 위한 4개의 인버터는 계산하지 않음).

8.N 카드 리더기와 키패드로 구성된 두 개의 문(door)을 위한 간단한 보안 시스템이다.

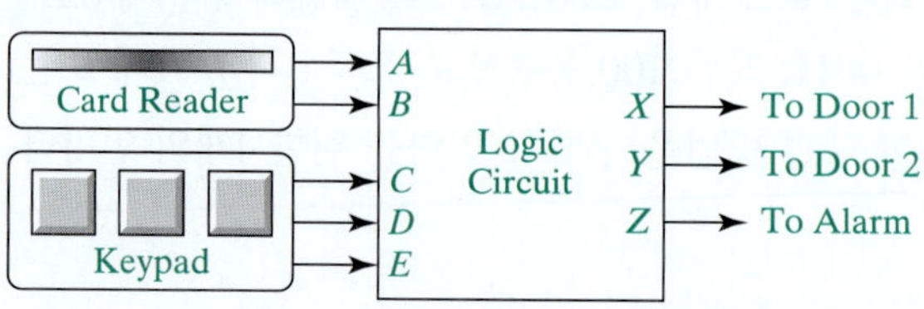

만약 대응되는 코드를 포함한 카드를 가지고 있고 그 카드에 대해 공인된 키패드 코드를 입력하면 그 사람은 특정한 문을 열 수 있다. 카드 리더기로부터의 출력은 다음과 같다.

	A	*B*
No card inserted	0	0
Valid code for door 1	0	1
Valid code for door 2	1	1
Invalid card code	1	0

문을 열기 위해서는 키패드에서 적절한 키를 눌러야 하고, 그 다음 리더기에 카드를 넣는다. 문 1을 위한 공인된 키패드 코드는 101과 110이고, 문 2를 위한 공인된 키패드 코드는 101과 011이다. 만약 카드가 유효하지 않은 코드를 가지고 있거나 잘못된 키패드 코드가 입력되었다면, 카드를 넣을 때 알람이 울릴 것이다. 만약 올바른 키패드 코드를 입력하면, 대응되는 문은 카드를 넣을 때 열릴 것이다.

이 간단한 보안 시스템을 위한 회로를 설계하라. 회로 입력은 카드 코드 AB와 키패드 코드 CDE로 구성될 것이다. 회로는 세 출력 XYZ를 가질 것이다(만약 X 또는 $Y = 1$이면, 문 1 또는 2가 열릴 것이다. 만약 $Z = 1$이면, 알람이 울릴 것이다). 2-, 3-, 4-입력 NOR 게이트와 인버터만을 이용해 회로를 설계하라. 19개 또는 더 적은 수의 게이트와 인버터를 이용한 해결 방법을 구하라(입력을 위한 5개의 인버터는 계산하지 않음). 회로를 시험할 때, 입력 A, B, C, D, E를 위해 토글 스위치를 이용하라.

8.O NAND 게이트와 인버터 대신에 2-, 3-, 4-입력 NOR 게이트와 인버터를 이용해 설계 문제 8.A를 수행하라. 19개 또는 더 적은 수의 게이트와 인버터를 이용한 해결 방법을 구하라(입력을 위한 4개의 인버터는 계산하지 않음).

8.P NAND 게이트와 인버터 대신에 2-, 3-, 4-입력 NOR 게이트와 인버터를 이용해 설계 문제 8.F를 수행하라. 21개 또는 더 적은 수의 게이트와 인버터를 이용한 해결 방법을 구하라(입력을 위한 4개의 인버터는 계산하지 않음).

8.Q NAND 게이트와 인버터 대신에 2-, 3-, 4-입력 NOR 게이트와 인버터를 이용해 설계 문제 8.H를 수행하라. 17개 또는 더 적은 수의 게이트와 인버터를 이용한 해결 방법을 구하라(입력을 위한 4개의 인버터는 계산하지 않음).

8.R NAND 게이트와 인버터 대신에 2-, 3-, 4-입력 NOR 게이트와 인버터를 이용해 설계 문제 8.I를 수행하라. 16개 또는 더 적은 수의 게이트와 인버터를 이용한 해결 방법을 구하라(입력을 위한 4개의 인버터는 계산하지 않음).

8.S CD 플레이어를 위한 "디스크 회전" 애니메이션 회로를 설계하라. 회로 입력은 또 다른 회로에서 제공되는 3-비트 2진수 $A_1A_2A_3$가 될 것이다. 이것은 2진수로 0부터 7까지를 셈하고, 다시 반복할 것이다(12장에서 카운터를 설계하는 것을 배울 것이다). 애니메이션은 그림 8-15의 LED 화면의 위쪽 4개 세그먼트, 즉, 시계방향으로 X_1, X_2, X_7, X_6에 나타나게

될 것이다. 애니메이션은 X_1부터 시작해서 한 번씩 회전하는 디스크상의 한 개 공백 칸으로 구성한다. 그 다음 전체 디스크가 켜지고(on) 꺼지는(off) 것을 두 번 한다. 패턴은 아래와 같다.

$A_1 A_2 A_3 =$ 000 001 010 011 100 101 110 111

2-, 3-, 4-입력 NOR 게이트와 인버터만을 이용해 회로를 설계하라. 요구되는 게이트의 수가 최소화되도록 노력하라. 11개 또는 더 적은 수의 게이트와 인버터를 이용한 해결 방법을 구하라(입력을 위 4개의 인버터는 계산하지 않음).

UNIT 9

멀티플렉서, 디코더, 프로그래머블 논리소자

Multiplexers, Decoders, and Programmable Logic

목표

1. 멀티플렉서의 기능을 설명하라. 게이트를 사용하여 멀티플렉서를 구현하라.
2. 3-상태 버퍼의 동작을 설명하라. 3-상태 버퍼의 출력선들이 서로 연결되어 있을 때 출력 값을 결정하라. 버스에 실리는 신호를 다중화하기 위하여 3-상태 버퍼를 이용하라.
3. 디코더와 인코더의 동작을 설명하라. 디코더와 부가 게이트를 사용하여 논리함수를 구현하라. 논리게이트를 사용하여 디코더와 우선순위(priority) 인코더를 설계하라.
4. 읽기전용 메모리(ROM)의 동작을 설명하라. ROM을 이용하여 다양한 논리함수를 구현하라.
5. 프로그래머블 로직어레이(PLA)의 동작을 설명하라. PLA를 사용하여 다양한 논리함수를 구현하라. PLA 표 또는 내부 연결도가 주어졌을 때 구현된 논리함수를 결정하라.
6. 프로그래머블 어레이로직(PAL)의 동작을 설명하라. 다양한 논리함수의 구현을 위해 필요한 PAL의 프로그래밍 패턴을 결정하라.
7. 복합 프로그래머블 논리소자(CPLD)와 필드 프로그래머블 게이트어레이(FPGA)의 동작을 설명하라.
8. 섀넌의 전개정리를 이용하여 스위칭함수를 전개하라.

학습가이드

1. 9.1절 *서론*을 읽어라.

2. 9.2절 *멀티플렉서*를 학습하라.

   (a) 논리게이트를 이용하여 2-to-1 멀티플렉서의 논리회로를 그려라.

   (b) 제어 입력 A와 C를 갖는 4-to-1 멀티플렉서의 논리식을 써라.

   $Z =$ ______________________________

   (c) 그림 9-3의 신호를 추적하여 $A = 1$, $B = 0$이고 C가 0에서 1로 변할 때 Z의 값을 구하라.

   (d) 3개의 2입력 멀티플렉서를 이용하여 제어 입력 A와 B를 갖는 4입력 멀티플렉서를 설계하고 회로도를 그려라(*힌트*: 한 멀티플렉서는 I_0와 I_1의 입력을 갖고 다른 멀티플렉서는 I_2와 I_3 입력을 갖는다).

   (e) $A = 0$이면, $A \oplus B = B$이고 $A = 1$이면 $A \oplus B = B'$의 관계를 주목하라. 이 관계를 이용하여 하나의 2입력 멀티플렉서와 하나의 인버터를 가지고 배타적 OR 게이트를 구성하라.

   (f) 문제 9.1과 9.2를 풀어라.

   (g) 이 절에서는 버스 표기법에 대해 소개한다. 버스 심볼 A —/— (4)는 4개의 선의 그룹을 의미한다.

   A_3 ______________________

   A_2 ______________________

   A_1 ______________________

   A_0 ______________________

다음을 표현하는 버스 심볼을 그려라.

B_2 ______________________

B_1 ______________________

B_0 ______________________

(h) 2개의 버스 입력과 하나의 버스 출력, 캐리 입력 C_0와 캐리 출력 C_4 단자를 가지는 하나의 4 비트 덧셈기를 이용하여 그림 4-3의 회로를 표현하라. C_3, C_2, C_1 캐리들은 4비트 덧셈기의 내부 신호들이기 때문에 회로도에 나타나지 않는다.

3. 9.3절 *3-상태 버퍼*를 학습하라.

(a) 각 3-상태 버퍼의 출력값을 결정하라.

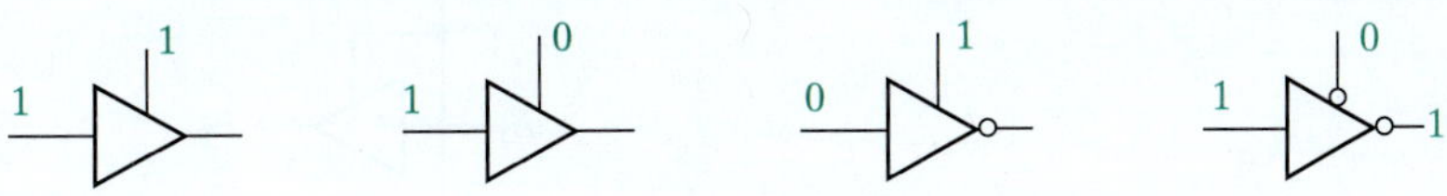

(b) 각 3-상태 버퍼의 입력값을 결정하라(입력이 무관값이면 X를 사용하라).

(c) 각 회로의 출력값을 결정하라. 알 수 없는 출력값인 경우에는 X로 표현하라.

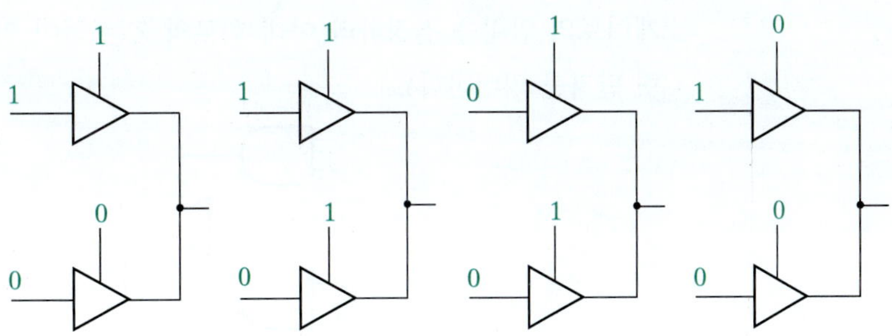

(d) 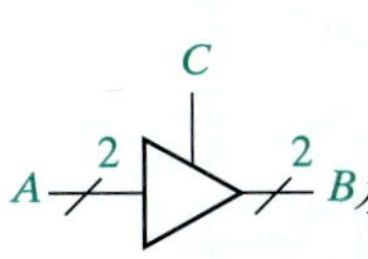 심볼은 공통 제어 입력을 가진 2개의 3-상태 버퍼를 표현한다.

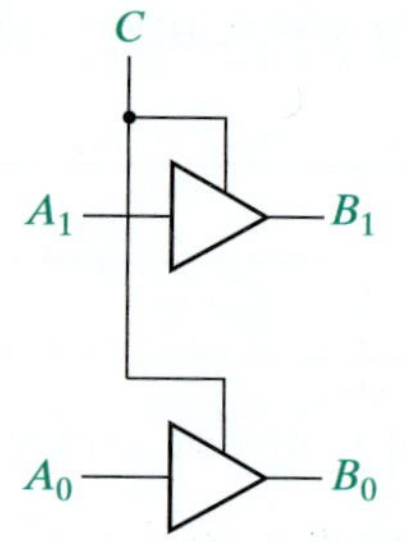

버스 표기법을 이용하여 아래의 등가회로를 그려라.

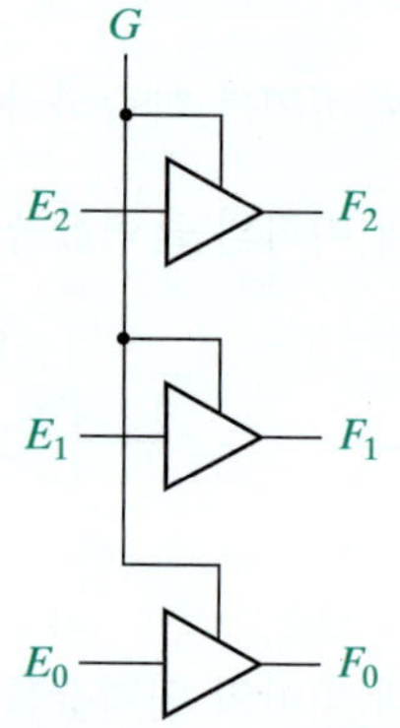

(e) 다음 회로에서 $M = 0$일 때 4비트 출력 (P)의 값을 구하라.
$M = 1$일 때 값을 구하라.

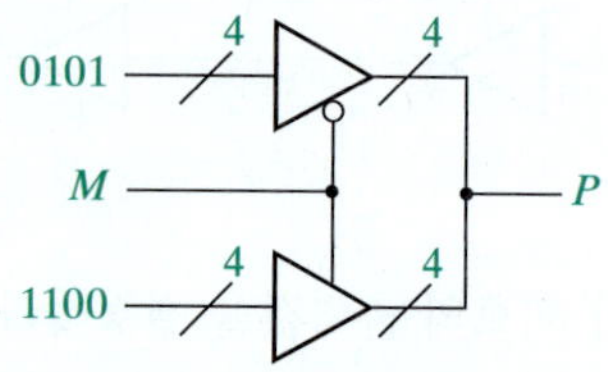

(f) 그림 9-2의 4-to-1 멀티플렉서의 등가회로를 구성하기 위하여 필요한 AND 게이트의 입력을 결정하라(아래 회로의 Z는 하이 임피던스 상태가 아니라 출력 단자를 의미한다).

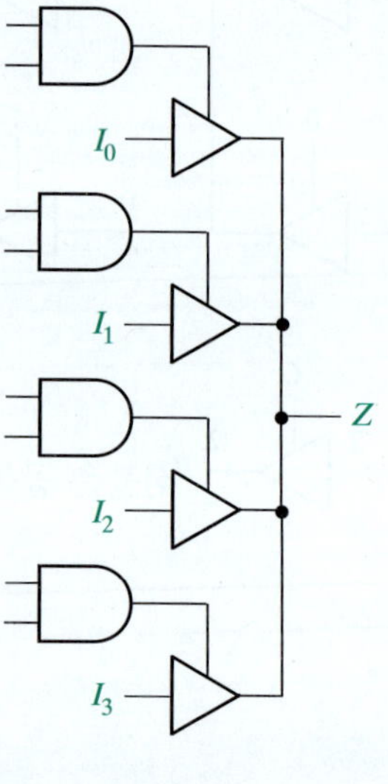

(g) 문제 9.3을 풀어라.

4. 9.4절 *디코더와 인코더*를 학습하라.

(a) 7442 4-to-10 라인 디코더(그림 9-18)은 3-to-8 라인 디코더로 이용될 수 있다. 그렇다면 4개의 입력 라인 중 어느 3개의 라인을 입력으로 사용해야 하는가? 사용하지 않은 나머지 하나의 입력 라인의 값은 __________으로 설정한다.

(b) 아래의 4-to-2 우선순위 인코더의 표를 완성하라.

y_0	y_1	y_2	y_3	a	b	c

$y_0\,y_1\,y_2\,y_3$의 값이 0101이라면 a, b, c의 값은 무엇인가?

(c) 문제 9.4, 9.5, 9.6을 풀어라.

5. 9.5절 *읽기전용 메모리(ROM)*를 학습하라.

(a) 다음 그림은 8개의 워드로 구성된 ROM의 0과 1의 패턴이다. 각 워드는 4개의 비트로 구성된다. 입력 $A = 0$, $B = C = 1$일때 F_1, F_2, F_3, F_4의 값은 무엇인가? F_1과 F_2의 최소항 전개를 보여라.

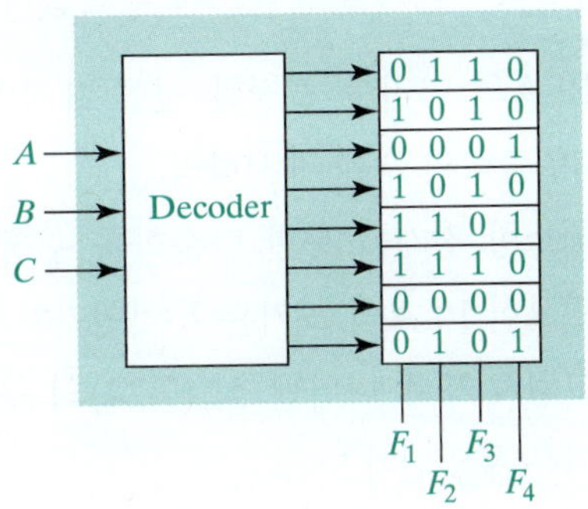

$F_1 =$

$F_2 =$

(b) ROM의 크기를 결정하라는 요청을 받았을 때 각 워드당 비트의 수와 워드의 수를 제시하라.

5개의 변수를 가진 4개의 함수를 구현하기 위해 필요한 ROM의 크기는 무엇인가?

10개의 변수를 가진 8개의 함수를 구현하기 위해 필요한 ROM의 크기는 무엇인가?

(c) ROM의 크기를 결정할 때 2^n개의 워드를 가진 표준 크기를 가진다고 가정하라. 8-4-2-1 2진 부호화 10진수(*BCD*) 코드를 2-out-of-5 코드로 변환시키기 위해 필요한 ROM의 크기는 무엇인가? (표 1-2를 참조하라.)
그림 9-18의 디코더를 구현하기 위해 필요한 ROM의 크기는 무엇인가?

(d) 그림 7-22의 회로와 같은 기능을 수행하는 ROM의 내부연결도를 그려라(워드라인과 출력라인의 교차부분에 존재하는 스위칭 소자는 점을 이용하여 표시하라).

(e) 마스크(mask) PROM과 EEPROM의 차이를 설명하라. 오류 수정을 거치지 않은 새로운 설계를 위해서 어느 것을 사용할 것인가?

(f) 문제 9.7을 풀어라.

6. 9.6절 *프로그래머블 논리소자*를 학습하라.

(a) PLA의 크기를 결정할 것을 요청받았을 때 입력의 수, 곱항(product term)의 수, 출력의 수를 제시하라.
최소항 전개를 통한 단순화를 수행하지 않았을 때 식 (7-24)를 구현하기 위해 필요한 PLA의 크기는 무엇인가?

(b) 그림 7-22에 나타난 식 (7-24)의 구현을 PLA로 변환할 때 필요한 PLA의 크기는 무엇인가?

(c) 문항 (b)의 PLA의 내용을 표로 표현하라. 표는 4개의 행을 가져야 한다(표의 오른편에는 단지 7개의 1이 필요하다. 만일 8개의 1로 구성된다면 필요한 것보다 더 많은 일을 한 것이 된다).

(d) 문항 (b)의 PLA를 위한 내부 연결도를 그려라(AND와 OR 어레이의 스위칭 소자의 존재를 표시하기 위하여 X를 사용하라).

(e) 다음의 PLA 표로부터 Z_1, Z_2, Z_3의 맵을 그려라.

A	B	C	Z_1	Z_2	Z_3
–	0	0	1	1	0
0	1	–	1	1	0
1	0	–	1	0	0
1	1	1	0	1	1
0	–	1	1	0	1
0	0	0	0	0	1

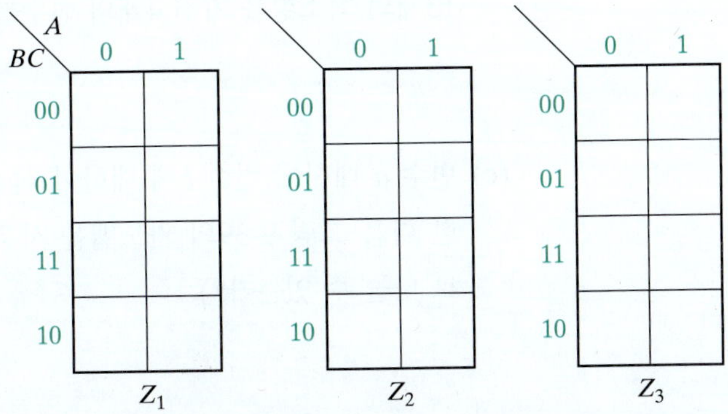

(Z_1 맵은 6개의 1을 가지고 Z_2 맵은 5개의 1을 가지며 Z_3 맵은 4개의 1을 가져야 한다.)

(f) 진리표에서 입력값의 각 조합은 정확히 하나의 행을 선택한다. 이와 같은 사실이 PLA에도 그대로 적용되는가?

입력조합에 대해 PLA의 출력값은 PLA 표를 검사하여 결정할 수 있다. 3개의 입력과 4개의 출력을 가진 PLA를 표현한 표 9-1을 고려하라. 입력 ABC의 값이 110이면 표에서 어느 3개의 행이 선택되는가?

주어진 출력 열에서 선택된 행의 일부가 1이고 또 일부가 0이면 출력은 무엇인가? (선택된 열들의 출력 비트들이 모두 OR됨을 기억하라.)

ABC = 110이면 PLA의 출력 $F_0F_1F_2F3$의 값은 무엇인가?

ABC = 010이면 어느 행이 선택되고 PLA의 출력 $F_0F_1F_2F_3$의 값은 무엇인가?

(g) 그림 9-32(b)의 기능을 구현하기 위해 그림 9-32(a)의 어느 연결점들을 연결해야만 하는가?

(h) 그림 9-3의 8-to-1 멀티플렉서를 실현하기 위해서 필요한 PAL의 크기는 무엇인가? 그림 9-7의 4중 멀티플렉서는? 입력의 수와 OR 게이트의 수, 그리고 OR 게이트의 최대 입력 수를 제시하라.

(i) 문제 9.8, 9.9, 9.10을 풀어라.

7. 9.7절 *복합 프로그래머블 논리소자(CPLD)*를 학습하라. 문제 9.11을 풀어라.

8. 9.8절 *필드 프로그래머블 게이트어레이(FPGA)*를 학습하라.

(a) 그림 9-37의 CLB를 위해 F, G, H_1항을 써서 H의 논리식을 구하라.

(b) 4-입력 OR 게이트를 구현하기 위해 몇 개의 4-변수 함수발생기가 필요한가? 13개의 최소항을 가진 4개의 변수를 가진 함수인가?

(c) 변수 a 대신에 변수 c에 대하여 식 (9-9)의 함수를 전개하라. 대수적으로 전개한 다음 그림 9-39의 카노맵을 사용하여 전개하라(*힌트* : 맵을 어떻게 절반으로 나눌 수 있는가?).

(d) 식 (9-12)를 4개의 함수발생기와 하나의 4-to-1 멀티플렉서를 이용하여 어떻게 구현하는가를 보이는 도표를 그려라.

(e) 최악의 경우 7개의 변수를 가지는 함수를 구현하기 위해 4개의 변수를 가지는 함수발생기가 몇 개 필요한가? 멀티플렉서는 필요한 만큼 사용할 수 있다고 가정한다.

(f) 4개의 변수를 가지는 함수발생기 2개만을 사용하여 $K = abcdefg$ 함수를 어떻게 구현하는지를 보여라(*힌트* : 하나의 함수발생기의 출력을 다른 하나의 입력으로 사용하라).

(g) 문제 9.12와 9.13을 풀어라.

9. 모든 목표를 만족시켰다고 생각될 때 성취도 테스트를 수행하라.

멀티플렉서, 디코더, 프로그래머블 논리소자

Multiplexers, Decoders, and Programmable Logic

9.1 서론

지금까지는 주로 논리설계의 기본 원리에 관심을 가졌다. 이러한 원리들은 구조 블록으로 게이트를 이용하여 설명되었다. 이 절에서는 논리설계에 좀 더 복잡한 집적회로를 사용하는 방법을 소개한다. 패키지 내의 집적된 게이트의 수와 기능의 종류에 따라 집적회로는 소규모(small-scale)집적회로, 중규모(medium-scale)집적회로, 대규모(large-scale)집적회로, 초대규모(very-large-scale)집적회로로 분류할 수 있다. 소규모집적회로의 함수는 NAND, NOR, AND, OR 게이트와 인버터를 포함한다. 소규모집적회로 패키지는 일반적으로 1개에서 4개의 게이트나 6개의 인버터, 하나 또는 2개의 플립플롭을 포함하고 있다. 덧셈기, 멀티플렉서, 디코더, 레지스터, 카운터와 같은 중규모집적회로는 좀 더 복잡한 기능을 수행한다. 이러한 집적회로는 전형적으로 12~100개 정도의 게이트를 가지고 있다. 메모리와 마이크로프로세서와 같은 더 복잡한 기능을 수행하면 대규모 또는 초대규모집적회로로 분류된다. 대규모집적회로는 패키지당 일반적으로 100~수천 개의 게이트를 포함하고 있고, 초대규모집적회로는 수천 개 이상의 게이트를 가진다.

일반적으로 소규모와 중규모집적회로만을 이용하여 디지털시스템을 설계하는 것은 비경제적이다. 대규모와 초대규모 기능을 사용함으로써 필요한 집적회로 패키지의 수는 크게 줄어든다. 디지털시스템을 설계하고 유지 보수하는 비용뿐 아니라 집적회로들을 연결하고 탑재하는 비용도 대규모, 초대규모 기능을 이용하면 크게 낮출 수 있다.

이 장에서는 논리설계에서 멀티플렉서, 디코더, 인코더와 3-상태 버퍼 사용법을 소개한다. ROM을 기술하고 이것을 다중출력 조합논리회로를 구현하는 데 이용할 수 있다. 마지막으로 프로그래머블 로직어레이(PLA)나 프로그래머블 어레이로직소자(PAL), 복합 프로그래머블 논리소자(CPLD), 그리고 필드 프로그래머블 게이트어레이(FPGA)와 같은 프로그래머블 논리소자(PLD)를 소개하고 조합 논리회로 설계에 이용한다.

9.2 멀티플렉서

멀티플렉서(또는 데이터선택기, MUX)는 데이터입력들과 제어 입력들을 가지고 있다. 제어 입력은 데이터입력 중 하나를 선택하여 출력단과 연결하는 데 사용된다. 그림 9-1은 2-to-1 멀티플렉서와 등가 스위치를 나타낸다. 제어 입력 A가 0일 때 스위치는 상단에 위치하고 멀티플렉서의 출력 Z는 I_0가 된다. 제어 입력 A가 1일 때 스위치는 하단에 위치하고 멀티플렉서의 출력 Z는 I_1이 된다. 다시 말하면 멀티플렉서는 데이터 입력들 (I_0나 I_1) 중 하나를 선택하고 출력에 연결시키는 스위치와 같은 역할을 한다. 그러므로 2-to-1 멀티플렉서의 논리식은

$$Z = A'I_0 + AI_1$$

이다.

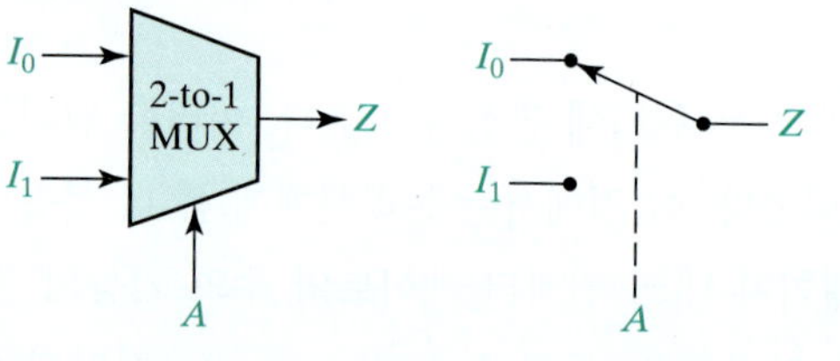

그림 9-1 2-to-1 멀티플렉서와 등가 스위치

그림 9-2는 4-to-1 멀티플렉서와 8-to-1 멀티플렉서, 2^n-to-1 멀티플렉서의 도표를 나타낸다. 4-to-1 멀티플렉서는 4개의 입력 중 하나를 출력으로 전송하는 4-위치 스위치와 같은 역할을 한다. 2개의 제어 입력(A와 B)은 4개의 입력 중 하나를 선택하는 데 필요하다. 제어 입력 AB가 00이면 출력은 I_0이고 비슷하게 제어 입력이 01, 10, 11일때 I_1, I_2, I_3가 출력된다. 4-to-1 멀티플렉서는 다음과 같은 식으로 표현된다.

$$Z = A'B'I_0 + A'BI_1 + AB'I_2 + ABI_3 \tag{9-1}$$

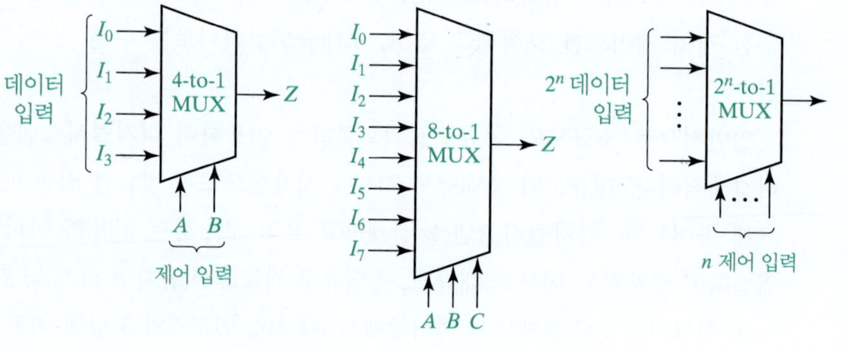

그림 9-2 멀티플렉서

유사하게 8-to-1 멀티플렉서는 3개의 제어 입력을 사용하여 8개의 데이터 입력 중 하나를 선택한다. 논리식은 다음과 같다.

$$\begin{aligned} Z = {} & A'B'C'I_0 + A'B'CI_1 + A'BC'I_2 + A'BCI_3 \\ & + AB'C'I_4 + AB'CI_5 + ABC'I_6 + ABCI_7 \end{aligned} \tag{9-2}$$

제어 입력 ABC가 011이면 출력은 I_3가 되고 비슷한 방법으로 다른 출력이 선택된다. 그림 9-3은 8-to-1 멀티플렉서의 내부 논리도표를 나타낸다. 일반적으로 n개의 제어 입력을 가진 멀티플 렉서는 2^n개의 데이터 입력 중 어느 하나를 선택하는 데 사용할 수 있다. n개의 제어 입력과 2^n개의 데이터 입력을 가진 멀티플렉서의 출력식은 다음과 같다.

$$Z = \sum_{k=0}^{2^n-1} m_k I_k$$

여기서 m_k는 n개의 제어변수의 최소항이고 I_k는 대응되는 데이터 입력이다.

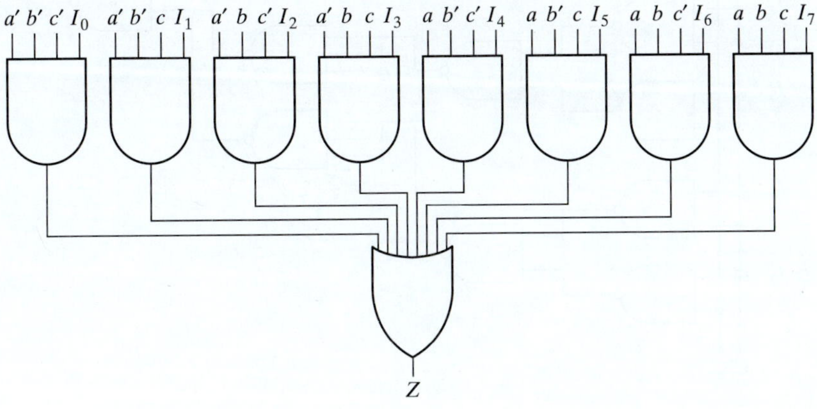

그림 9-3 8-to-1 멀티플렉서의 논리도표

8-to-1 멀티플렉서를 구현하는 여러가지 다른 방법이 있다. NAND 게이트로 구현하려면 그림 9-3의 각 게이트들은 NAND 게이트로 대체될 수 있다. NOR 게이트로 구현하려면 Z의 식은 논리합의 곱으로 기술할 수 있다:

$$\begin{aligned} Z = &(A + B + C + I_0)(A + B + C' + I_1)(A + B' + C + I_2) \\ &(A + B' + C' + I_3)(A' + B + C + I_4)(A' + B + C' + I_5) \\ &(A' + B' + C + I_6)(A' + B' + C' + I_7) \end{aligned} \tag{9-3}$$

다단게이트회로는 Z의 식을 인수분해하여 구현할 수 있다. 예를 들어 다단NAND 게이트 회로로 구현하려면 식 9-2를 인수분해한다. 한 인수분해는 아래와 같다.

$$\begin{aligned} Z = &A'B'(C'I_0 + CI_1) + A'B(C'I_2 + CI_3) + AB'(C'I_4 + CI_5) \\ &+ AB(C'I_6 + CI_7) \end{aligned} \tag{9-4}$$

해당 NAND 게이트 회로는 그림 9-4와 같다. 선택신호 C와 함께 데이터 입력들이 4개의 2-to-1 멀티플렉서에 연결되고 선택신호 A와 B와 함께 2-to-1 멀티플렉서의 출력이 4-to-1 멀티플렉서의 입력에 연결됨을 주목하라. 그림 9-5는 이것의 블록도를 보여준다.

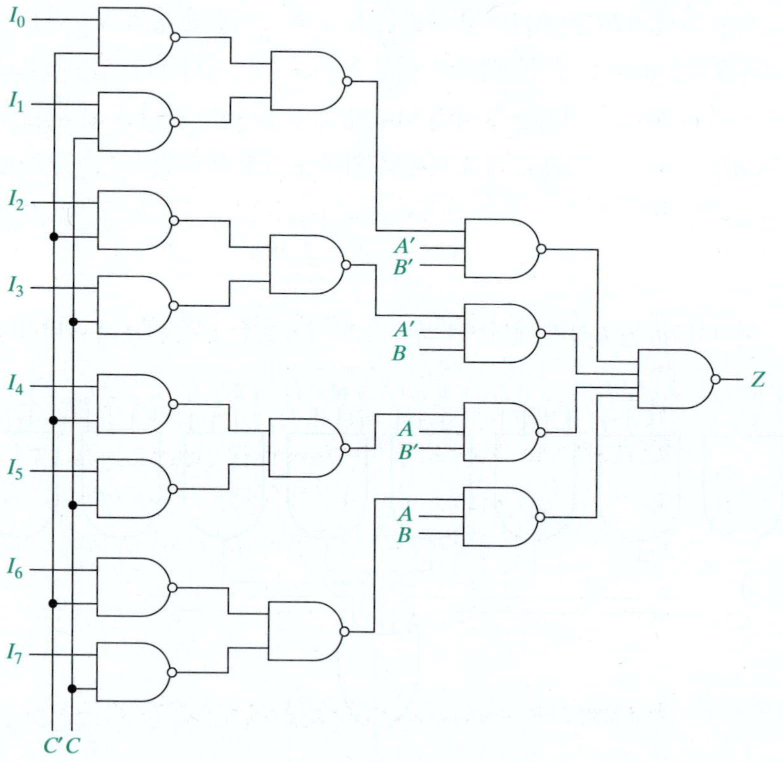

그림 9-4 8-to-1 멀티플렉서의 다단 구현

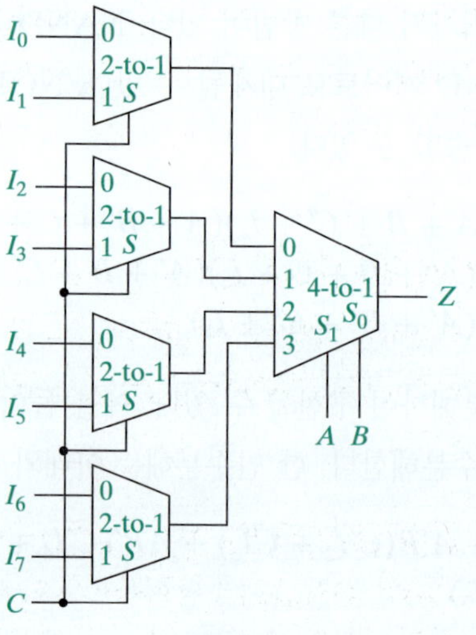

그림 9-5 그림 9-4의 요소 멀티플렉서

멀티플렉서는 처리되거나 저장되는 데이터를 선택하기 위해 디지털시스템에서 자주 사용된다. 그림 9-6은 4개의 2-to-1 멀티플렉서가 2개의 4-비트 데이터 워드 중 하나를 어떻게 선택하는가를 나타낸다. 제어 입력 A가 0이면 x_0, x_1, x_2, x_3의 값이 z_0, z_1, z_2, z_3 출력에 나타나고, A가 1이면 y_0, y_1, y_2, y_3이 출력에 전달된다.

그림 9-6
데이터 선택을 위한 4중 멀티플렉서

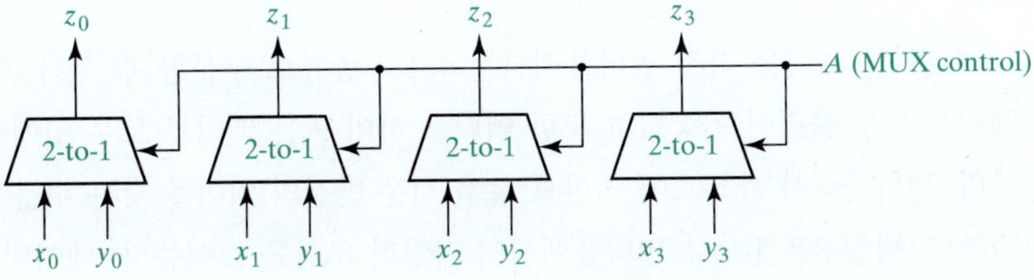

공통된 기능을 수행하는 여러 개의 논리신호가 버스를 형성하기 위해 함께 그룹화된다. 예를 들어 4-비트 2진 덧셈기의 합 출력은 4-비트 버스를 구성하기 위하여 그룹이 될 수 있다. 버스를 구성하는 선들을 그리는 대신에 버스를 하나의 굵은 선으로 표현한다. 버스입력 X와 Y 그리고 버스출력 Z를 사용하여 그림 9-6의 4개의 멀티플렉서를 그림 9-7에 다시 그렸다. X버스는 x_0, x_1, x_2, x_3의 4개 신호를 나타내고 유사하게 Y버스와 Z 버스도 각각 4개의 신호를 나타낸다. $A = 0$이면 X버스의 신호들이 Z버스에 전달되고 이외의 경우는 Y버스의 신호가 전달된다. 숫자와 함께 버스 선에 그어진 사선(diagonal slash)은 버스의 비트 수를 나타낸다.

그림 9-7
버스의 입력과 출력을 위한 4중 멀티플렉서

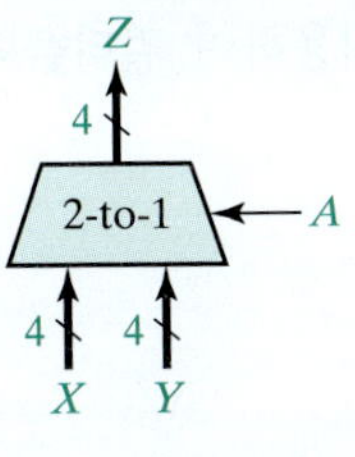

위의 멀티플렉서는 입력값이 출력으로 진행될 때 역의 값으로 반전되지 않는다. 어떤 멀티플렉서는 입력값이 출력에 반전되어 전달된다. 예를 들어 그림 9-3의 OR 게이트를 NOR 게이트로 대체하면 8-to-1 멀티플렉서의 선택된 입력값을 반전시켜 출력한다. 이와 같은 두 종류의 멀티플렉서를 구별하기 위하여 반전이 없는 출력을 가진 멀티플렉서는 동적 하이 상태 출력을 가진다고 하고 출력이 반전되는 멀티플렉서는 동적 로우 상태 출력을 가진다고 할 것이다.

또 다른 종류의 멀티플렉서는 인에이블(enable)이라 불리는 다른 입력을 하나 더 가진다. 그림 9-3의 8-to-1 멀티플렉서는 AND 게이트를 5개 입력 게이트로 변경하면 인에이블 입력을 포함하는 것으로 수정할 수 있다. 인에이블 신호 E는 각 AND 게이트의 5번째 입력에 연결한다. 그러면 $E = 0$일 때 게이트의 입력 I_i, 제어 입력 a, b, c들의 값과 무관하게 $Z = 0$이 된다. 하지만 $E = 1$이면 8-to-1 멀티플렉서로 동작한다. 멀티플렉서 출력에서 사용된 액티브 하이, 액티브 로우 용어는 인에이블 입력의 경우에도 그대로 적용할 수 있다. 위에서 설명한 인에이블은 액티브 하이이다. 즉 멀티플렉서로 동작하기 위해서는 E는 1의 값을 가져야 한다. 인버터가 E와 AND 게이트 사이에 삽입되면 멀티플렉서로 동작하기 위해서 E는 0의 값을 가져야 하며 인에이블은 액티브 로우로 동작한다.

인에이블 입력을 가진 멀티플렉서는 4가지 종류로 구분할 수 있다. 액티브 하이 또는 액티브 로우 출력이 가능하고 또한 액티브 하이 또는 액티브 로우 인에이블 입력도 가능하다. 멀티플렉서 블록도에 액티브 로우 선은 반전의 의미를 갖는 버블을 삽입하여 표현한다. 그림 9-8은 4-to-1 멀티플렉서의 다양한 조합을 보여준다. 데이터선택기로서 역할 이외에 멀티플렉서는 일반적인 논리식을 구현할 수 있다.

그림 9-8
액티브 하이, 액티브 로우 인에이블 입력과 출력 조합

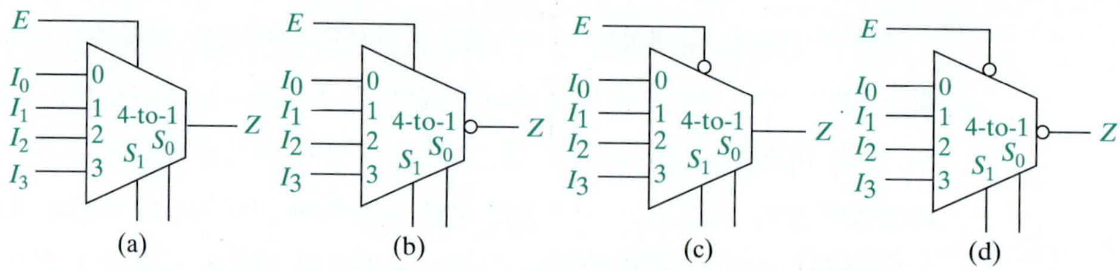

그림 9-9에서 4-to-1 멀티플렉서가 다음 식을 구현하는 데 사용된다.

$$
\begin{aligned}
Z &= C'D'(A' + B') + C'D(A') + CD'(AB' + A'B) + CD'(0) \\
&= A'C' + A'BD' + AB'D'
\end{aligned}
$$

스위칭 함수가 주어지면 그 함수의 섀넌의 전개를 이용하여 멀티플렉서로 구현할 수 있다. (9.8절의 *스위칭 함수의 분할* 세부항목을 보라.)

그림 9-9
4-to-1 멀티플렉서 이용 4변수 함수 구현

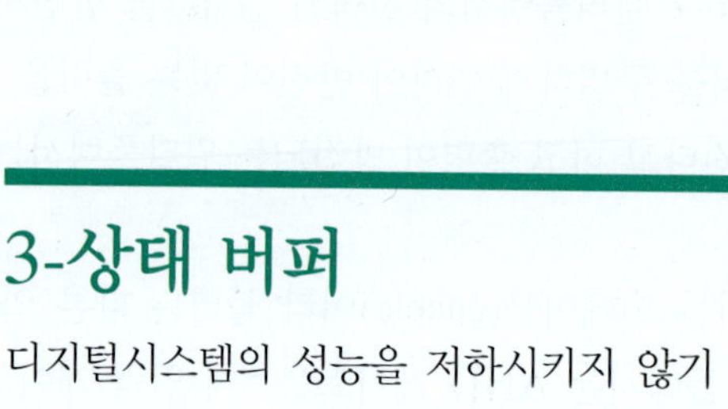

9.3 3-상태 버퍼

디지털시스템의 성능을 저하시키지 않기 위해서는 게이트의 출력을 제한된 수의 다른 소자 입력에만 연결할 수 있다. 단순 버퍼는 게이트 출력의 구동능력을 향상시키기 위해 사용될 수 있다. 그림 9-10은 하나의 게이트 출력과 다수의 게이트 입력들을 연결시키는 버퍼를 나타낸다. 버퍼의 출력에 버블이 없기 때문에 이것은 비반전 버퍼이며 버퍼 입력 논리값과 출력 논리값은 동일하다. 즉 $F = C$이다.

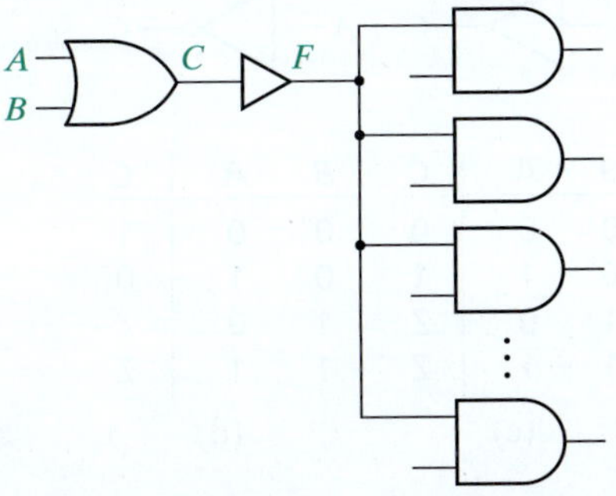

그림 9-10
버퍼를 추가한 게이트회로

2개 이상의 게이트 또는 다른 소자들의 출력들이 서로 직접 연결된다면 정상상태에서 논리회로는 올바르게 동작하지 않는다. 예를 들어 하나의 게이트 출력값이 0이고 또 다른 게이트 출력 값이 1(높은 전압)일 때 이 두 출력이 서로 연결되었다면 결과 출력전압은 0이나 1로 뚜렷이 구분되지 않는 중간 값을 갖게 된다. 출력들이 서로 연결된다면 어떤 경우에는 게이트가 손상을 입게 된다.

3-상태 버퍼의 사용은 2개 이상의 게이트나 다른 논리소자들의 출력을 서로 연결시킬 수 있게 한다. 그림 9-11은 3-상태 버퍼와 논리적 등가 모델을 나타낸다. 인에이블(enable)입력 B가 1일 때 출력 C는 A와 같고 B가 0일 때 출력 C는 개방회로의 역할을 한다. 다시 말하면 B가 0이면 출력 C는 버퍼 출력으로부터 분리되어서 더 이상 전류가 흐르지 않게 된다. 이 회로는 높은 저항과 임피던스로 인하여 전류의 흐름을 막기 때문에 이것을 높은 임피던스상태라고 부른다. 3-상태 버퍼는 영어로 three-state buffer 또는 tri-state buffer로 불린다.

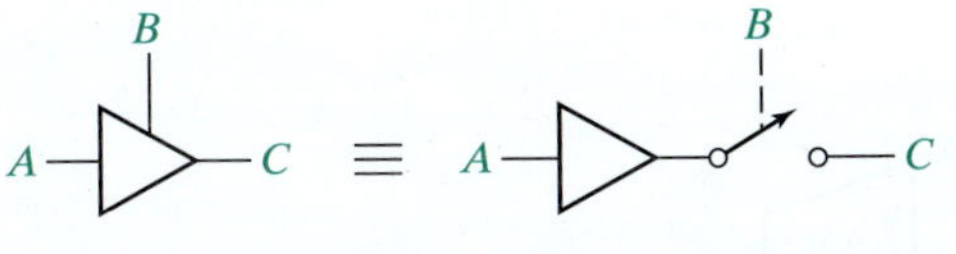

그림 9-11
3-상태 버퍼

그림 9-12는 3-상태 버퍼의 4가지 종류를 나타낸다. 그림 9-12(a)와 (b)에서 동작가능 입력 B는 반전되지 않아서 $B = 1$이면 버퍼 출력은 동작가능 상태가 되고 $B = 0$일 때 디스에이블(disable) 상태가 된다. 즉 $B = 1$일 때 버퍼는 정상적으로 동작하고 $B = 0$일 때 버퍼는 개방회로가 된다. 심볼 Z는 높은 임피던스상태를 나타낸다. 그림 9-12(b)에서는 버퍼 입력이 반전되어서 버퍼가 동작 가능 상태가 되면 $C = A'$의 관계가 된다. 그림 9-12(c)와 (d)의 버퍼들은 동작가능 입력이 반전된 것을 빼고는 (a)와 (b)의 버퍼들과 동일하게 동작한다. $B = 0$일 때 버퍼가 동작가능 상태가 된다.

그림 9-12
4가지 종류의
3-상태 버퍼

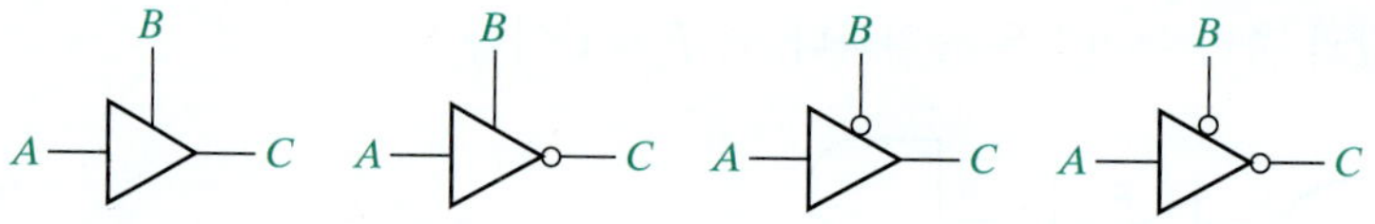

(a)

B	A	C
0	0	Z
0	1	Z
1	0	0
1	1	1

(b)

B	A	C
0	0	Z
0	1	Z
1	0	1
1	1	0

(c)

B	A	C
0	0	0
0	1	1
1	0	Z
1	1	Z

(d)

B	A	C
0	0	1
0	1	0
1	0	Z
1	1	Z

그림 9-13에서는 2개의 3-상태 버퍼의 출력들이 서로 연결되어 있다. $B = 0$일 때 위의 버퍼가 동작가능 상태가 되어서 $D = A$이다. $B = 1$일 때 아래 버퍼가 동작가능 상태가 되고 $D = C$와 같다. 그러므로 $D = B'A + BC$가 된다. 이것은 $B = 0$일 때 A 입력이 선택되고 $B = 1$일 때 C 입력이 선택되는 2-to-1 멀티플렉서와 논리적으로 동등하다.

그림 9-14에 나타난 것과 같이 2개의 3-상태 버퍼 출력들을 서로 연결할 때 하나의 버퍼가 동작불가능 상태(출력 = Z)이면 출력 F는 또 다른 하나의 버퍼의 출력과 같다. 두 버퍼 모두 동작불가능 상태이면 출력은 Z이다. 두 버퍼 모두 동작가능 상태이면 충돌이 일어난다. $A = 0$이고 $C = 1$이면 하드웨어가 어떻게 동작할지 모르게 되므로 출력 F는 불분명하게 된다. 하나의 입력이 불분명하면 출력 F 또한 불분명하다. 그림 9-14의 표에는 회로의 동작이 요약되어 있다. S_1과 S_2에는 두 개의 버퍼가 서로 연결되어 있지 않을 때 두 버퍼가 가질 수 있는 출력들을 나타낸다. 버스가 3-상태 버퍼에 의해서 구동될 때 3-상태 버스라고 한다. 버스 신호는 0, 1, Z, X의 값을 가질 수 있다.

그림 9-13
3-상태 버퍼를
이용한 데이터
선택

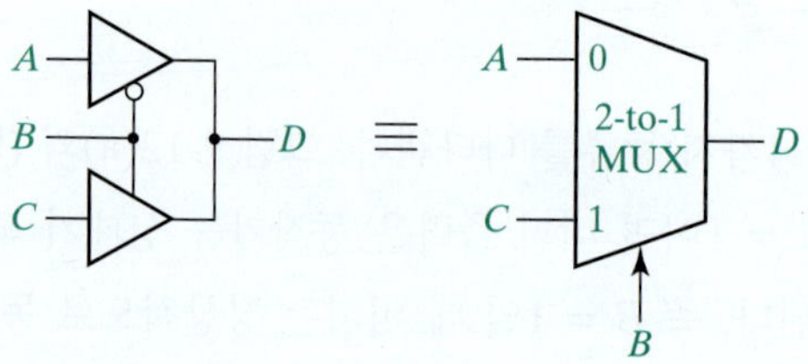

그림 9-14
2개의
3-상태 버퍼를
연결한 회로

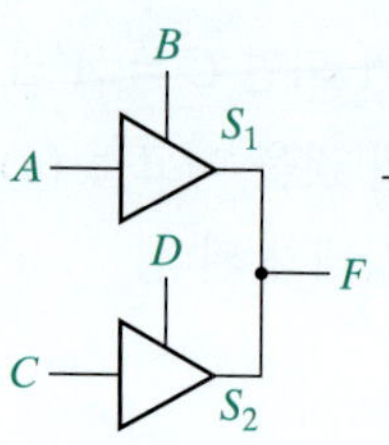

S_1 \ S_2	X	0	1	Z
X	X	X	X	X
0	X	0	X	0
1	X	X	1	1
Z	X	0	1	Z

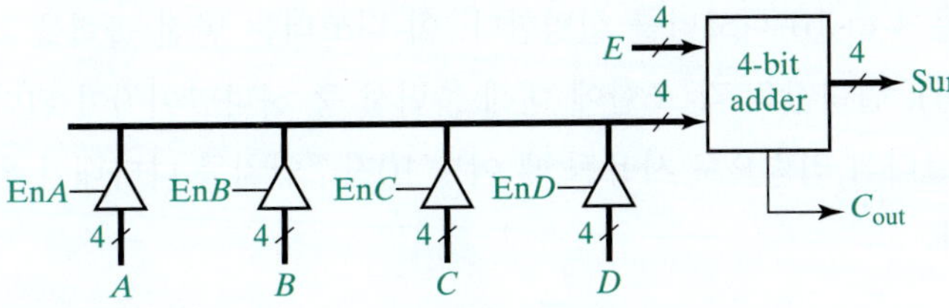

그림 9-15 4개의 발생원으로부터 오는 오퍼랜드를 갖는 4-비트 덧셈기

멀티플렉서는 소자의 입력을 구동하기 위해 여러 부분에서 오는 신호 중 하나를 선택하기 위해 사용된다. 예를 들면 덧셈기의 입력이 4개의 다른 발생원으로부터 와야 한다면 4-to-1 멀티플렉서가 4개의 신호 중 하나를 선택하기 위해 3-상태 버퍼를 사용하여 3-상태 버스를 구성할 수 있다(그림 9-15, 참조). 이 회로에서 각 버퍼의 심볼은 공통으로 동작가능 신호를 가지는 4개의 3-상태 버퍼를 나타낸다.

집적회로는 대체로 입력과 출력을 위해 양방향 핀을 가지도록 설계된다. 양방향은 동일한 핀이 동시에 입출력으로 사용될 수는 없지만 입력 핀으로 사용되거나 출력 핀으로 사용될 수 있음을 의미한다. 이렇게 하기 위해 회로의 출력이 그림 9-16과 같이 3-상태 버퍼를 통해서 핀에 연결된다. 버퍼가 동작가능 상태가 될 때 핀은 출력 신호로 구동되고 버퍼가 동작불가능 상태가 될 때 외부 신호가 입력 핀을 구동한다.

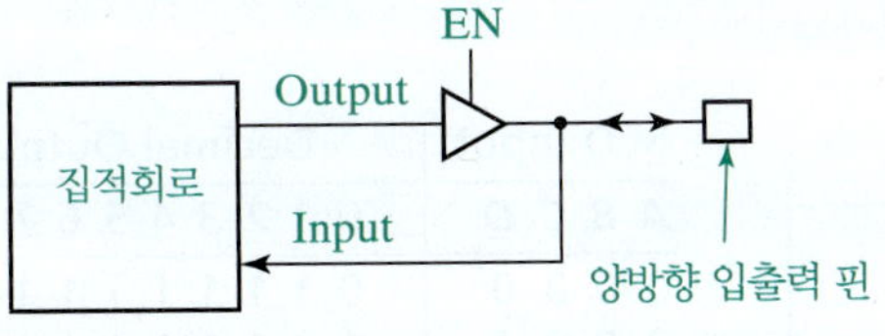

그림 9-16 양방향 입출력핀을 가진 집적회로

9.4 디코더와 인코더

디코더는 보편적으로 이용되는 또 다른 집적회로이다. 그림 9-17은 3-to-8라인 디코더의 블록도와 진리표를 나타낸다. 이 디코더는 3개의 입력변수를 가진 함수의 모든 최소항을 생성한다. 입력변수값의 각 조합에 대해 정확하게 출력선 중 하나만이 1이 된다.

그림 9-17 3-to-8 라인 디코더

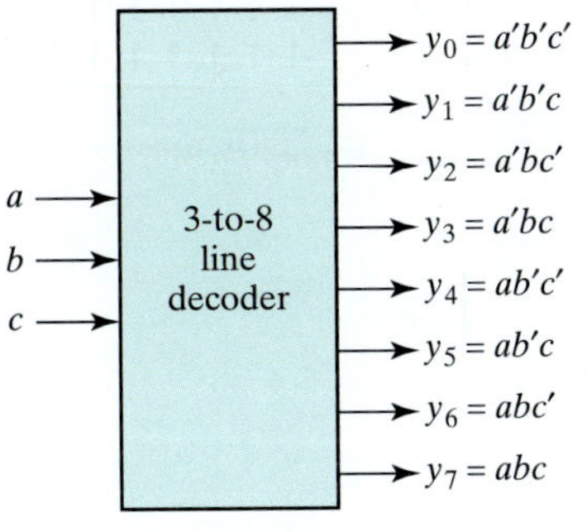

a b c	y_0	y_1	y_2	y_3	y_4	y_5	y_6	y_7
0 0 0	1	0	0	0	0	0	0	0
0 0 1	0	1	0	0	0	0	0	0
0 1 0	0	0	1	0	0	0	0	0
0 1 1	0	0	0	1	0	0	0	0
1 0 0	0	0	0	0	1	0	0	0
1 0 1	0	0	0	0	0	1	0	0
1 1 0	0	0	0	0	0	0	1	0
1 1 1	0	0	0	0	0	0	0	1

그림 9-18은 4-to-10 디코더를 설명한다. 이 디코더는 반전 출력을 가지고 있다(작은 원으로 표현됨). 입력값의 각 조합에 대해 출력선 중 하나만이 0이 된다. 2진 부호화 10진수가 이 디코더의 입력으로 사용될 때 어느 10진수인지를 나타내기 위해 출력선 중 하나가 0이 된다.

그림 9-18
4-to-10
라인 디코더

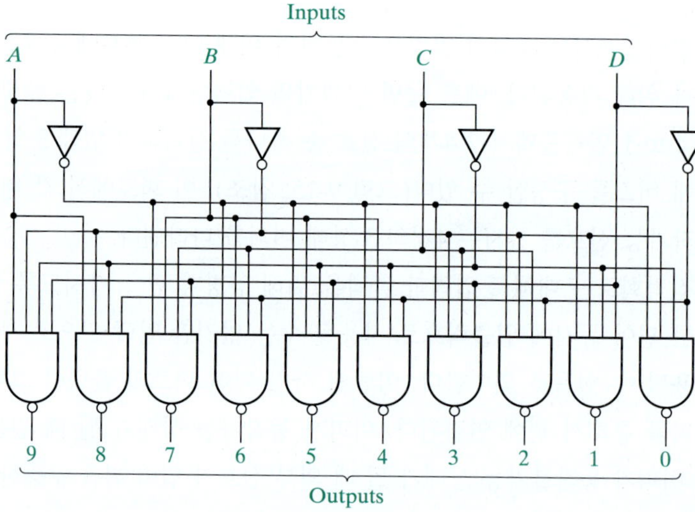

(a) 논리도

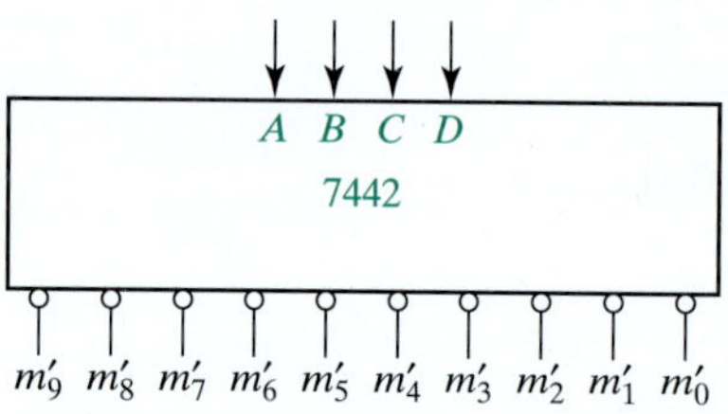

(b) 블록도

BCD Input	Decimal Output
A B C D	0 1 2 3 4 5 6 7 8 9
0 0 0 0	0 1 1 1 1 1 1 1 1 1
0 0 0 1	1 0 1 1 1 1 1 1 1 1
0 0 1 0	1 1 0 1 1 1 1 1 1 1
0 0 1 1	1 1 1 0 1 1 1 1 1 1
0 1 0 0	1 1 1 1 0 1 1 1 1 1
0 1 0 1	1 1 1 1 1 0 1 1 1 1
0 1 1 0	1 1 1 1 1 1 0 1 1 1
0 1 1 1	1 1 1 1 1 1 1 0 1 1
1 0 0 0	1 1 1 1 1 1 1 1 0 1
1 0 0 1	1 1 1 1 1 1 1 1 1 0
1 0 1 0	1 1 1 1 1 1 1 1 1 1
1 0 1 1	1 1 1 1 1 1 1 1 1 1
1 1 0 0	1 1 1 1 1 1 1 1 1 1
1 1 0 1	1 1 1 1 1 1 1 1 1 1
1 1 1 0	1 1 1 1 1 1 1 1 1 1
1 1 1 1	1 1 1 1 1 1 1 1 1 1

(c) 진리표

일반적으로 n-to-2^n 라인 디코더는 n개의 입력변수를 가지는 2^n개의 최소항을 생성한다.

$$y_i = m_i = M_i', \qquad i = 0 \text{ to } 2^n - 1 \qquad (\text{비반전 출력}) \tag{9-5}$$

또는

$$y_i = m_i' = M_i, \qquad i = 0 \text{ to } 2^n - 1 \qquad (\text{반전 출력}) \tag{9-6}$$

여기서 m_i는 n개의 입력변수의 최소항이고 M_i는 최대항이다.

n입력 디코더는 n개의 변수들의 모든 최소항을 생성하기 때문에 n-변수함수는 디코더로부터 제공되는 선택된 최소항 출력들을 OR함으로써 구현될 수 있다. 디코더 출력이 반전되면 다음 예제에 설명된 것과 같이 함수를 생성하기 위해 NAND 게이트를 사용할 수 있다. 그림 9-18의 디코더를 사용하여 $f_1(a, b, c, d) = m_1 + m_2 + m_4$와 $f_2(a, b, c, d) = m_4 + m_7 + m_9$를 구현하라. NAND 게이트는 반전신호들을 OR한 것과 같으므로 그림 9-19에 보이는 것처럼 f_1과 f_2는 NAND 게이트를 사용하여 생성될 수 있다.

인코더는 디코더의 역함수(inverse function)이다. 그림 9-20은 입력 y_0부터 y_7을 갖는 8- to-3 우선순위 인코더를 나타낸다. 입력 y_i가 1이고 다른 입력들이 0이면 출력 abc는 i의 2진값을 나타낸다. 예를 들어 $y_3 = 1$이면 $abc = 011$이다. 동시에 하나 이상의 입력이 1이면 출력은 우선순위 계획에 의해 결정된다. 그림 9-20의 진리표에는 하나 이상의 입력이 1이면 상위 입력이 출력을 결정하는 방법을 사용한다. 동시에 하나 이상의

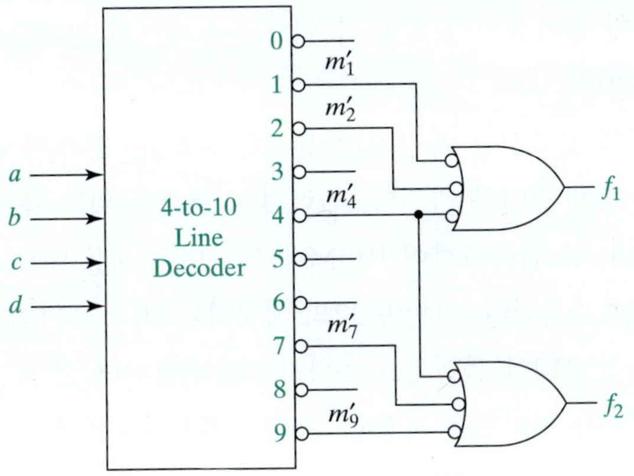

그림 9-19 디코더를 사용한 다중 출력회로의 구현

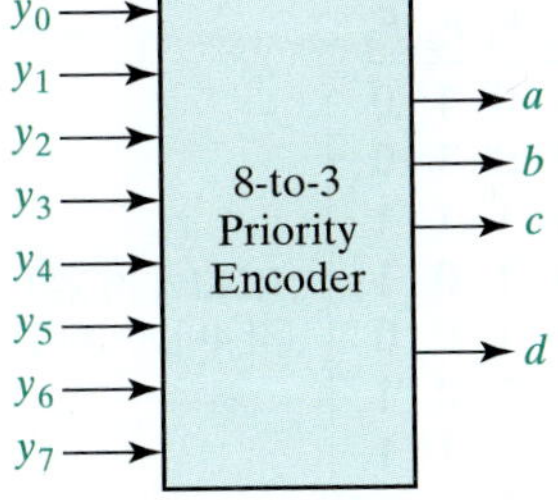

그림 9-20 8-to-3 우선 순위 인코더

y_0	y_1	y_2	y_3	y_4	y_5	y_6	y_7	a	b	c	d
0	0	0	0	0	0	0	0	0	0	0	0
1	0	0	0	0	0	0	0	0	0	0	1
X	1	0	0	0	0	0	0	0	0	1	1
X	X	1	0	0	0	0	0	0	1	0	1
X	X	X	1	0	0	0	0	0	1	1	1
X	X	X	X	1	0	0	0	1	0	0	1
X	X	X	X	X	1	0	0	1	0	1	1
X	X	X	X	X	X	1	0	1	1	0	1
X	X	X	X	X	X	X	1	1	1	1	1

입력이 1이면 최상위 자리의 입력에 의해서 출력이 결정된다. 예를 들면 입력 y_1, y_4, y_5가 1이면 출력 abc = 101이다. 표에 있는 X 마크는 무관(don't care)의 의미이다. 예를 들어 y_5가 1이면 y_0부터 y_4까지는 고려하지 않는다. 어느 입력이라도 1이면 출력 d는 1이고 다른 경우에는 d는 0이다. 이 신호는 모든 입력이 0인 경우와 y_0만이 1인 경우를 구별하기 위해 필요하다.

9.5 읽기전용 메모리

읽기전용 메모리(ROM)는 2진 데이터 배열을 저장하기 위해 상호 연결된 반도체 소자의 배열로 구성된다. 일단 2진 데이터가 ROM에 저장되면 필요할 때 읽을 수는 있지만 정상동작 조건하에서는 저장된 데이터를 변경할 수 없다. 그림 9-21(a)는 3개의 입력선과 4개의 출력선을 가진 ROM을 나타낸다. 그림 9-21(b) ROM의 입력과 출력의 관계를 표현하는 전형적인 진리표를 보인다. 3개의 입력값의 각 조합에 대하여 0과 1의 패턴이 ROM의 출력선에 나타난다. 예를 들어 조합 ABC = 010이 입력선에 적용되면 $F_0F_1F_2F_3$ = 0111 패턴이 출력선에 나타난다. ROM에 저장되는 각각의 출력 패턴을 *워드*(*word*)라고 부른다. ROM이 3개의 입력선을 가지고 있기 때문에 2^3 = 8가지의 다른 조합을 가진다. 각 입력조합은 메모리에 저장된 8개의 워드 중 하나를 선택하기 위한 주소의 역할을 한다. 4개의 출력선이 있으면 각 워드는 4-비트의 길이를 가지며 ROM의 크기는 8워드 × 4비트이다.

n개의 입력선과 m개의 출력선을 가진 ROM(그림 9-22)는 2^n개의 워드의 배열로 구성되며 각 워드는 m비트의 길이를 가진다. 입력선은 2^n개의 워드 중 하나를 선택하기 위한 주소의 역할을 한다. 한 입력조합이 ROM에 인가되면 해당 메모리 워드에 저장된 0과 1의 패턴이 출력선에 나타난다. 그림 9-22의 예에서는 00 . . . 11이 ROM의 입력선에 인가되면 워드 110 . . . 010이 선택되고 출력선으로 전달된다. $2^n \times m$ ROM은 2^n개의 행과 m개의 열을 가지는 진리표를 저장할 수 있기 때문에 n개의 변수를 가지는 m개의 함수를 구현할 수 있다. 상용 ROM의 대표적인 용량은 32워드 × 4비트로부터 512K 워드 × 8비트 또는 그 이상의 범위를 가진다

그림 9-21
8-워드×4비트

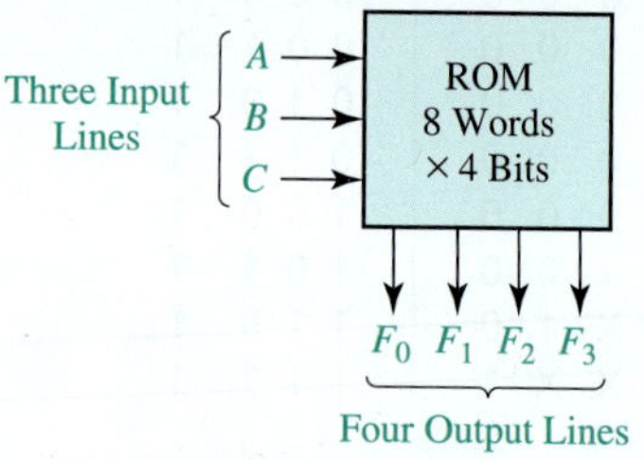

(a) 블록도

A B C	F_0 F_1 F_2 F_3
0 0 0	1 0 1 0
0 0 1	1 0 1 0
0 1 0	0 1 1 1
0 1 1	0 1 0 1
1 0 0	1 1 0 0
1 0 1	0 0 0 1
1 1 0	1 1 1 1
1 1 1	0 1 0 1

ROM에 저장된 데이터 (각 4비트이며 2^3 워드)

(b) ROM 진리표

그림 9-22
n개의 입력과
m개의 출력을
가진 ROM

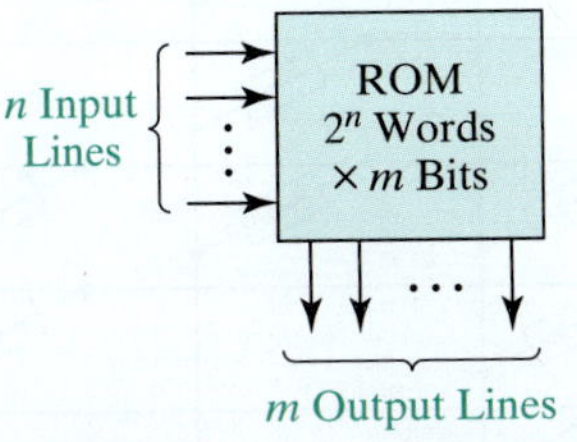

n Input Variables	m Output Variables
00 ··· 00	100 ··· 110
00 ··· 01	010 ··· 111
00 ··· 10	101 ··· 101
00 ··· 11	110 ··· 010
⋮	⋮
11 ··· 00	001 ··· 011
11 ··· 01	110 ··· 110
11 ··· 10	011 ··· 000
11 ··· 11	111 ··· 101

ROM에 저장된 데이터 (각 m 비트이고 2^n 워드)

ROM은 그림 9-23와 같이 디코더와 메모리 배열로 구성된다. n개의 0과 1의 패턴이 디코더 입력에 인가되면 2^n 디코더 출력 중 하나가 1이 된다. 이 디코더 출력선은 메모리 배열의 하나인 워드를 선택하고 이 워드에 저장되어 있는 비트 패턴이 메모리 출력선으로 전송된다.

그림 9-24는 그림 9-21의 8워드 4비트 ROM의 내부구조 중 하나를 나타낸다. 디코더는 3개의 입력변수와 8개의 최소항을 생성한다. 메모리 배열은 선택되는 최소항들을 함께 OR함으로써 4개의 출력 함수를 구성한다. 스위칭 소자는 해당 최소항이 출력 함수에 포함되면 *워드선*과 *출력선*의 교차점에 놓이고 그 외의 경우에는 생략된다(또는 연결되지 않음). 스위칭 소자가 출력선을 값이 1인 워드선에 연결하면 출력선은 1이 된다. 그렇지 않으면 그림 9-24의 상단에 있는 풀-다운 스위치의 저항에 의해 출력선이 0이 된다. 그러므로 메모리 배열에서 이런 방법으로 연결되는 스위칭 소자는 각 출력 함수를 위해 효과적으로 OR 게이트를 형성한다. 예를 들면 m_0, m_1, m_4, m_6은 F_0을 생성하기 위해 함께 OR하게 된다. 그림 9-25는 등가 OR 게이트를 나타낸다.

일반적으로 스위치 소자에 의해 출력선 F에 연결되는 최소항들은 서로 OR되어 출력 F_i를 생성한다. 그러므로 그림 9-24의 ROM은 다음 함수를 생성한다.

$$
\begin{aligned}
F_0 &= \Sigma\, m(0, 1, 4, 6) = A'B' + AC' \\
F_1 &= \Sigma\, m(2, 3, 4, 6, 7) = B + AC' \\
F_2 &= \Sigma\, m(0, 1, 2, 6) = A'B' + BC' \\
F_3 &= \Sigma\, m(2, 3, 5, 6, 7) = AC + B
\end{aligned}
\qquad (9\text{-}7)
$$

그림 9-23
ROM의 구조

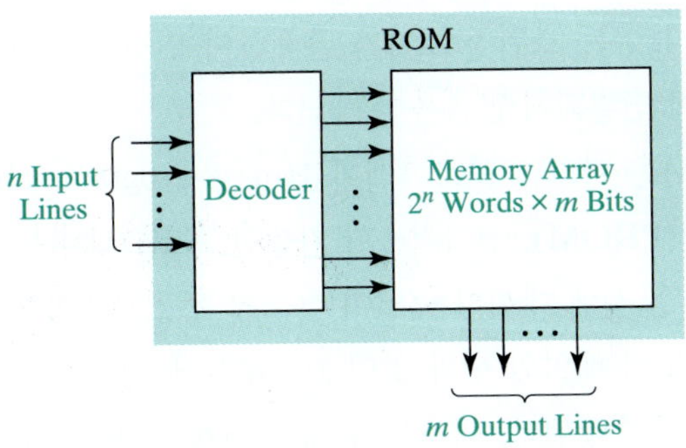

그림 9-24
8-워드×4비트 ROM

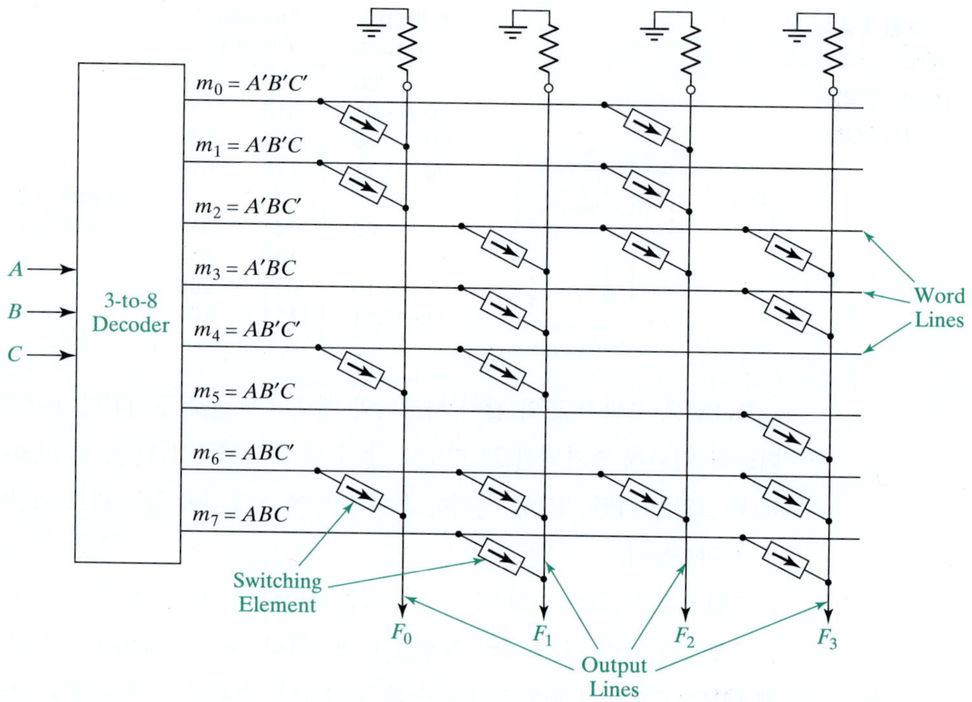

그림 9-25
F_0의 등가 OR 게이트

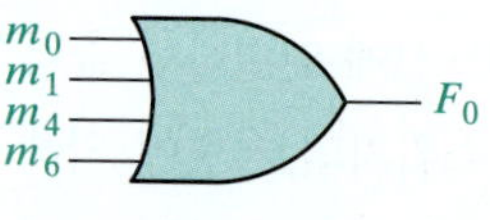

ROM의 내용은 보통 진리표로부터 정해진다. 그림 9-21(b)의 진리표는 그림 9-24의 ROM을 표현한다. 진리표 출력부의 0과 1은 ROM의 메모리 배열에 스위칭 소자가 존재하느냐, 생략되느냐에 대응됨을 주목하라.

다중출력조합회로는 ROM을 이용하여 쉽게 구현할 수 있다. 예로써 4-비트 2진수를 16비트로 변환하고 7-비트 *ASCII* 코드를 출력하는 코드 변환기를 설계한다. 그림 9-26은 변환기의 진리표와 논리회로를 나타낸다. A_5와 A_4가 같고 A_6와 A_4가 같기 때문에 ROM은 5개의 출력만이 필요하다. 4개의 주소선이 있으므로 ROM의 용량은 16비트 × 5비트의 크기를 갖는다. 진리표의 $A_4A_3A_2A_1A_0$열이 ROM에 저장된다. 그림 9-27은 ROM의 내부 도표를 나타낸다. 메모리 배열의 행과 열의 교차 부분에 X를 표시함으로써 스위칭 소자를 나타낸다. X는 스위칭 소자가 존재하여 연결됨을 가리키고 X가 없는 것은 해당 소자가 생략되어 연결되지 않음을 나타낸다.

세 가지 보편적인 ROM은 마스크 프로그래머블(mask-programmable) ROM, 프로그래머블 읽기전용 메모리(PROM), 전기적소거 가능한 프로그래머블 읽기전용 메모리(EEPROM)이다. 생산공정 시에 데이터 배열이 마스크 프로그래머블 ROM에 영구적으로 저장된다. 이것은 메모리 배열의 행과 열의 교차부분에 선택적으로 스위칭 소자를 포함시키거나 제거함으로써 수행된다. 이것을 위해 집적회로 공정 시 사용되는 특별한

그림 9-26 16진수-ASCII 부호변환기

Input W	X	Y	Z	Hex Digit	ASCII Code for Hex Digit A_6	A_5	A_4	A_3	A_2	A_1	A_0
0	0	0	0	0	0	1	1	0	0	0	0
0	0	0	1	1	0	1	1	0	0	0	1
0	0	1	0	2	0	1	1	0	0	1	0
0	0	1	1	3	0	1	1	0	0	1	1
0	1	0	0	4	0	1	1	0	1	0	0
0	1	0	1	5	0	1	1	0	1	0	1
0	1	1	0	6	0	1	1	0	1	1	0
0	1	1	1	7	0	1	1	0	1	1	1
1	0	0	0	8	0	1	1	1	0	0	0
1	0	0	1	9	0	1	1	1	0	0	1
1	0	1	0	A	1	0	0	0	0	0	1
1	0	1	1	B	1	0	0	0	0	1	0
1	1	0	0	C	1	0	0	0	0	1	1
1	1	0	1	D	1	0	0	0	1	0	0
1	1	1	0	E	1	0	0	0	1	0	1
1	1	1	1	F	1	0	0	0	1	1	0

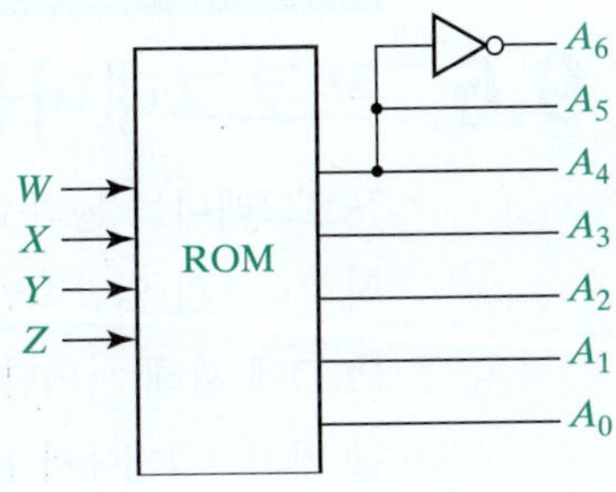

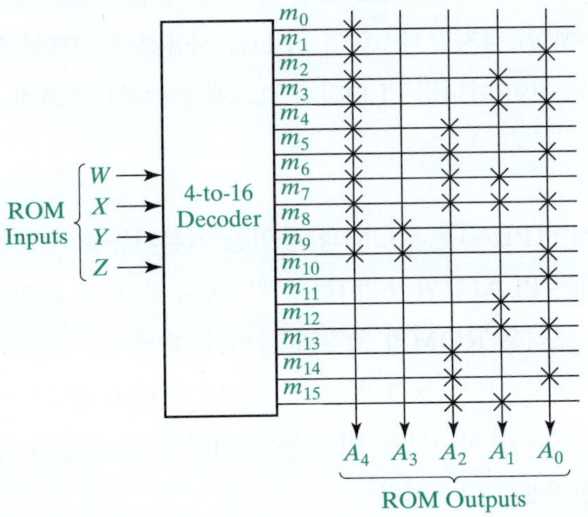

그림 9-27 ROM으로 구현한 부호변환기

*마스크*의 준비가 필요하다. 마스크를 준비하는 것은 비용이 많이 들기 때문에 수천 개 이상의 다량으로 같은 데이터 배열이 필요한 경우에는 마스크 프로그래머블 ROM의 사용이 경제적으로 적합하다. 주어진 데이터 배열에 대해 소량의 ROM이 필요한 경우에는 EEPROM이 사용된다.

디지털시스템의 개발 과정 중 ROM에 저장된 데이터를 수정하는 것이 필요하기 때문에 마스크 프로그래머블 ROM을 사용하는 대신에 EEPROM을 이용한다. EEPROM은 메모리배열의 스위칭 소자를 동작가능 상태가 되게 하거나 동작불가능 상태가 되게 하기 위해 특별한 전하 저장 장치를 사용한다. 메모리 배열의 해당 부분에 전하를 저장시키기 위한 적합한 전압 펄스를 제공하기 위해 PROM을 사용한다. 이런 방법으로 저장된 데이터는 삭제하기 전까지 영구적으로 보존된다. 삭제 후 새로운 데이터 세트가 EEPROM에 저장될 수 있다. EEPROM은 대략 100~1,000번 정도의 제한된 수만큼 삭제 및 재프로그램이 가능하다. 플래시 메모리는 다른 전하 저장 장치를 사용한다는 것을 빼고는 EEPROM과 유사하다. 플래시 메모리는 프로그래밍 및 소거 기능을 내장하고 있어서 분리된 프로그램 장치가 없어도 회로에 설치된 상태에서 데이터를 저장할 수 있다.

9.6 프로그래머블 논리소자

프로그래머블 논리소자는 다양한 논리 함수를 제공하도록 프로그램이 가능한 디지털 집적회로들의 일반적인 이름이다. 이 절에서는 여러 종류의 PLD를 논의하고 차후에 순서 PLD에 관해 논의할 것이다. 단순조합 PLD는 하나의 집적회로에 4개에서 16개의 변수를 가지는 2개에서 10개의 함수를 실현할 수 있다. 더 복잡한 PLD는 수천 개의 게이트와 플립플롭을 포함한다. 이와 같이 하나의 PLD는 많은 수의 집적회로 칩을 대체할 수 있어서 저비용 설계가 가능하다. 디지털시스템이 PLD를 사용하여 설계될 때 설계변경은 시스템의 배선을 변경하는 것이 아니라 PLD의 프로그램을 수정함으로써 쉽게 이루어진다.

프로그래머블 로직어레이

프로그래머블 로직어레이(PLA)는 ROM과 동일한 기본기능을 수행한다. n개의 입력과 m개의 출력을 가지는 PLA(그림 9-28)는 n개의 변수를 가진 m개의 함수를 구현할 수 있다. PLA의 내부 조직은 ROM의 조직과 다르다. 디코더는 입력변수의 선택된 곱항(product term)을 실현시키는 AND 배열로 대체된다. OR 배열은 출력함수를 형성하는 데 필요한 곱항들을 OR시키므로 PLA는 논리곱의 합 표현을 구현한다. 반면에 ROM은 직접적으로 진리표를 구현한다.

그림 9-28
프로그래머블 로직어레이 구조

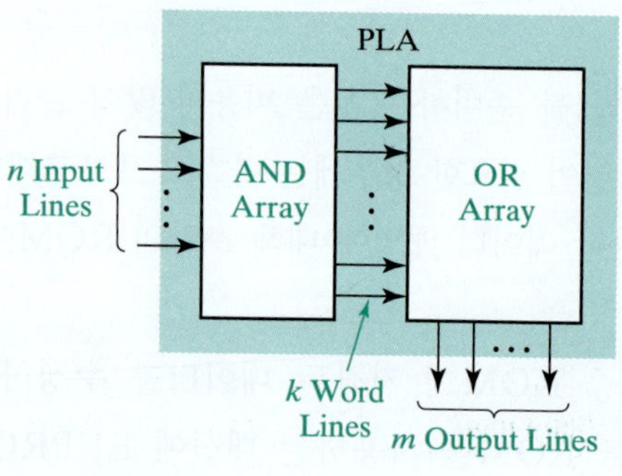

그림 9-29는 그림 9-24의 ROM과 같은 기능을 실현한 PLA를 나타낸다. 곱항은 배열의 적절한 점에 있는 스위칭 소자를 연결함으로써 AND 배열을 형성한다. 예를 들면 $A'B'$를 만들기 위해 A'와 B'선을 첫 번째 워드선과 연결할 때 스위칭 소자를 사용한다. 출력 함수를 위해 필요한 곱항을 선택하기 위해 OR배열의 스위칭 소자를 연결한다. 예를 들면 $F_0 = A'B' + AC'$라면 $A'B'$와 AC'선을 F_0선과 연결하기 위해서 스위칭

그림 9-29
3개의 입력, 5개의 곱항, 4개의 출력을 갖는 PLA

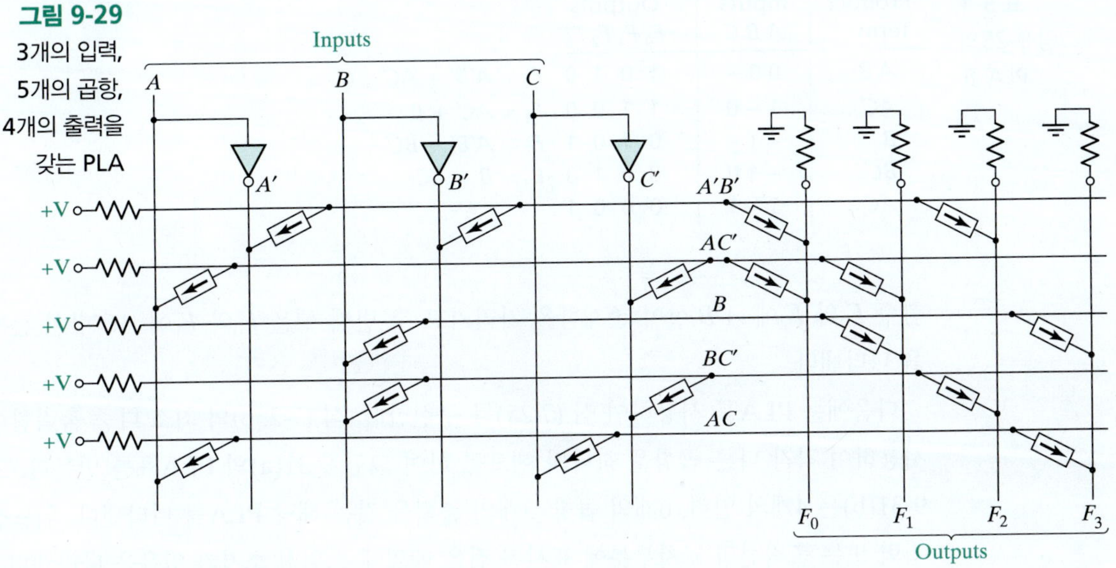

소자를 사용한다. 이 PLA의 AND와 OR배열의 연결은 그림 9-30의 AND-OR 배열과 동등하게 한다.

PLA의 내용은 PLA 표로 나타낼 수 있다. 표 9-1은 그림 9-29의 PLA를 나타낸다. 표의 입력 측은 곱항을 열거한다. 심볼 0은 해당 곱항을 이루는 변수의 보수를 나타내고 1은 비보수, –는 해당 곱항이 배열에 존재하지 않음을 가리킨다. 표의 출력 측은 어느 곱항이 각 출력 함수에 나타 나는지 표현한다. 1과 0은 대응하는 출력 함수에 해당 곱항이 존재하는지와 존재하지 않는지 여부를 나타낸다. 그러므로 표 9-1의 첫 번째 행은 출력

그림 9-30
그림 9-29와 등가인 AND-OR 배열

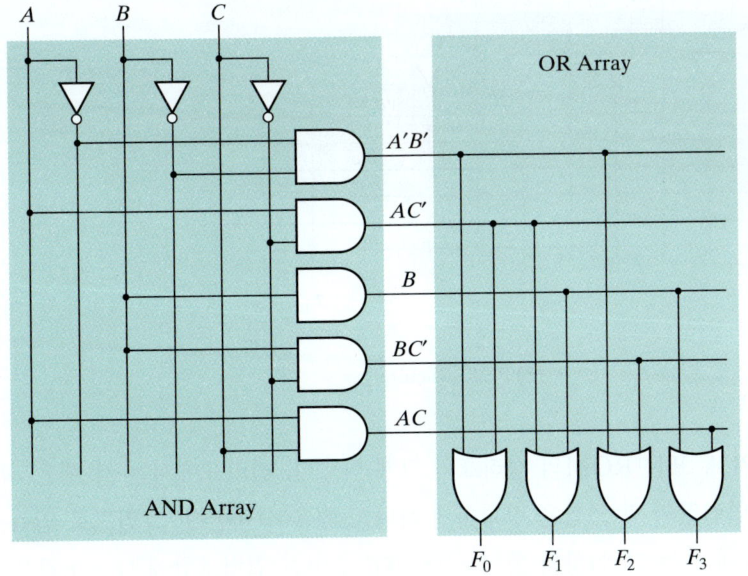

표 9-1 그림 9-25의 PLA 표

Product Term	Inputs $A\ B\ C$	Outputs $F_0\ F_1\ F_2\ F_3$	
$A'B'$	0 0 –	1 0 1 0	$F_0 = A'B' + AC'$
AC'	1 – 0	1 1 0 0	$F_1 = AC' + B$
B	– 1 –	0 1 0 1	$F_2 = A'B' + BC'$
BC'	– 1 0	0 0 1 0	$F_3 = B + AC$
AC	1 – 1	0 0 0 1	

함수 F_0와 F_2에 $A'B'$항이 존재함을 가리키고 두 번째 행은 F_0와 F_1에 AC'항이 존재함을 나타낸다.

다음에는 PLA를 사용하여 식 (7-25)를 구현한다. 식 (7-25b)의 최소 다중 출력함수를 사용하여 각각 다른 곱항을 하나의 행으로 하여 그림 9-31(a)의 PLA표를 만든다. 그림 9-31(b)는 4개의 입력, 6개의 곱항, 3개의 출력을 갖는 해당 PLA를 나타낸다. 워드선과 입력 또는 출력선의 교차부분에 표시된 점은 배열에 스위칭 소자가 있음을 나타낸다.

그림 9-31 식 (7-23b)의 PLA 구현

$a\ b\ c\ d$	$f_1\ f_2\ f_3$
0 1 – 1	1 1 0
1 1 – 1	1 0 1
1 0 0 –	1 0 1
– 0 1 –	1 0 0
– – 1 –	0 1 0
– 1 1 –	0 0 1

(a) PLA table

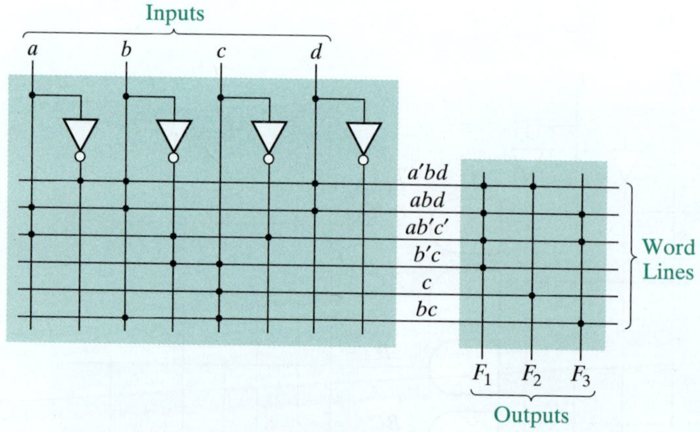

(b) PLA structure

PLA 표는 ROM의 진리표와 크게 다르다. 진리표에서는 각 행은 최소항을 나타내므로 입력값의 각 조합은 정확하게 하나의 행을 선택한다. 그러므로 입력값의 조합에 따라 0, 1개 또는 그 이상의 행이 선택된다. 주어진 입력조합에 대한 f_i값을 결정하기 위해서 PLA 표의 선택된 행의 f_i값을 OR시켜야 한다. 다음 예에서는 9-31(a)의 PLA 표를 인용한다. $abcd$ = 0001이면 어느 행도 선택하지 않고 모든 f가 0이다. $abcd$ = 1001이면 셋째 행만이 선택되고 $f_1 f_2 f_3$ = 101이다. $abcd$ = 0111이면 첫째, 다섯째, 여섯째 행이 선택된다. 그러므로 $f_1 = 1 + 0 + 0 = 1$, $f_2 = 1 + 1 + 0 = 1$, $f_3 = 0 + 0 + 1 = 1$이다.

마스크 프로그래머블과 필드 프로그래머블 PLA 모두 이용 가능하다. 마스크 프로그래머블 형은 마스크 프로그래머블 ROM과 유사한 방식으로 제조 과정에서 프로그램을 한다. 필드 프로그래머블 로직어레이(FPLA)는 AND와 OR 배열의 패턴을 저장하기 위해 전하를 이용하는 프로그램이 가능한 연결점을 가지고 있다. 16개의 입력, 48개의 곱항, 8개 출력을 가진 FPLA는 16개 변수를 가지는 함수 8개를 구현할 수 있고 총 48개 이내의 곱항을 제공한다.

입력변수의 수가 적다면 PLA보다 PROM을 사용하는 것이 더 경제적이다. 하지만 입력변수의 수가 많다면 ROM보다 PLA를 사용하는 것이 더 경제적이다. 예를 들면 24변수를 가질 수 있는 8개의 함수를 구현하기 위해서 1,600만 개의 8비트 워드보다 큰 용량의 PROM이 필요하다. 이런 용량의 PROM은 구할 수 없기 때문에 이 함수는 여러 개의 적은 용량의 PROM을 사용하여 구현하기 위해서 분해되어야 한다. 필요한 곱항의 총 수가 적다면 똑같은 24변수를 가질 수 있는 8개의 함수를 하나의 PLA를 사용하여 구현할 수 있다. 더 많은 곱항이 요구된다면 여러 개의 PLA를 서로 OR시켜 사용할수 있다.

프로그래머블 어레이로직

프로그래머블 어레이로직(PAL)은 AND 배열은 프로그램이 가능하지만 OR 배열은 고정되어 있는, 특별한 형태의 PLA다. 그림 9-28에 나타낸 것처럼 PAL의 기본구조는 PLA와 같다. AND 배열만 프로그램이 가능하기 때문에 PAL은 더 일반적인 PLA보다 비용이 적게 들고 프로그램도 용이하다. 이런 이유 때문에 논리설계자들은 여러 논리함수를 구현할 때 필요한 논리게이트를 대체하기 위하여 PAL을 자주 사용한다.

그림 9-32(a)는 프로그램을 하지 않은 상태의 PAL의 일부분을 나타낸다. 심볼은

아래 그림과 논리적으로 동등한 입력버퍼를 나타낸다.

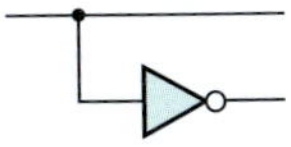

PAL은 입력이 많은 AND 게이트를 구동시켜야 하기 때문에 버퍼를 사용한다. PAL이 프로그램될 때 AND 게이트 입력들과 필요한 연결을 만들기 위해 일부 연결점들이 프로그램된다. PAL의 AND 배열의 연결은 X로 표시한다.

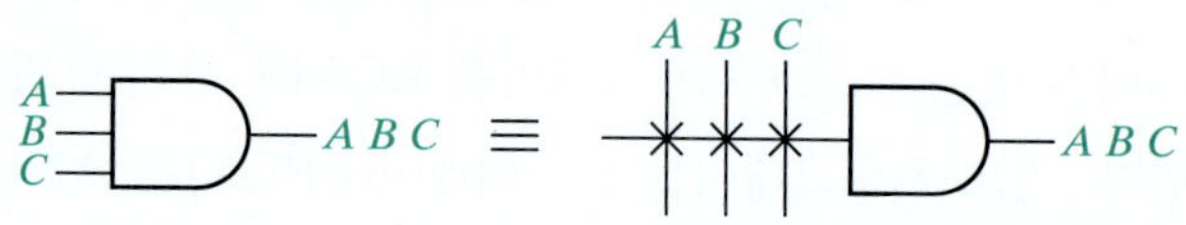

예제로서 $I_1I'_2 + I'_1I_2$ 함수를 구현하기 위해 그림 9-32(a)의 PAL의 일부분을 사용한다. 그림 9-32(b)의 X는 I_1과 I'_2선이 첫째 AND 게이트와 연결되고 I'_1과 I_2선은 다른 AND 게이트와 연결됨을 나타낸다.

PAL과 함께 설계할 때는 논리식을 간략화하고 이용 가능한 PAL에 맞도록 조정한다. 일반적인 PLAs과 달리 AND항은 2개 이상의 OR 게이트들 사이에서 공유될 수 없다. 그래서 구현되는 각 함수는 공통항 여부에 관계없이 간략화시킬 수 있다. 주어진 PAL 종류에 따라 OR 게이트와 연결된 AND항의 수는 고정되고 제한된다. 간략화된 함수의 AND항의 수가 너무 크면 더 많은 게이트 입력과 더 적은 출력을 갖는 PAL을 선택해야 한다.

그림 9-32
PAL의 일부분

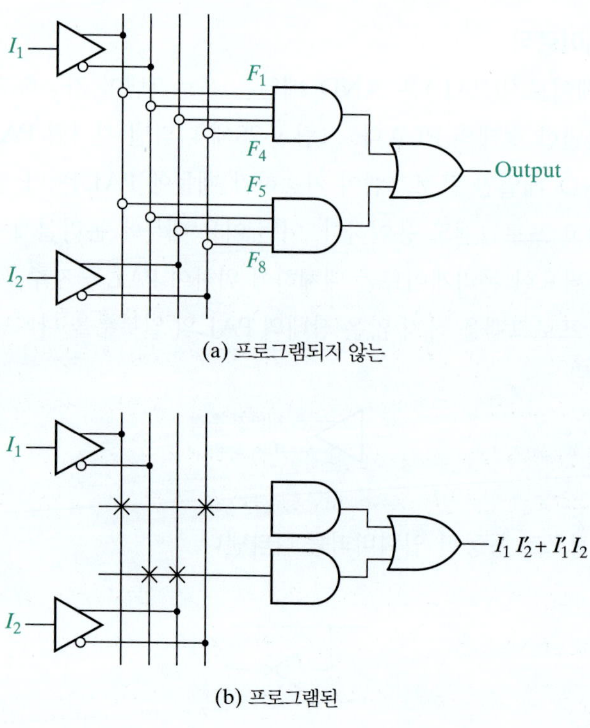

그림 9-33은 4개의 AND 게이트가 OR 게이트들을 구동시키는 PAL의 한 부분을 나타낸다.

PAL을 프로그램하는 예제로 전덧셈기를 설계한다. 전덧셈기의 논리식이다.

$$Sum = X'Y'C_{in} + X'YC'_{in} + XY'C'_{in} + XYC_{in}$$
$$C_{out} = XC_{in} + YC_{in} + XY$$

도표의 X는 전덧셈기 식을 PAL에 구현하기 위해 프로그램한 연결을 나타낸다. 예를 들면 첫째 행의 X는 곱항 $X'Y'C_{in}$를 구현한다.

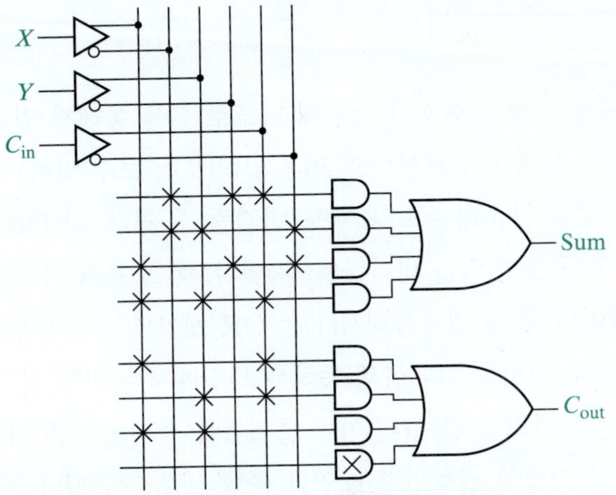

그림 9-33 PAL을 이용한 전덧셈기의 구현

9.7 복합 프로그래머블 논리소자

집적회로 기술이 계속적으로 향상됨에 따라 더 많은 게이트들이 하나의 칩 안에 집적된다. 이러한 경향이 복합 프로그래머블 논리소자(CPLD)의 개발을 가능하게 했다. 하나의 PAL 또는 PLA가 하나의 칩 안에 각각 집적되는 대신에 여러 개의 PAL 또는 PLA가 하나의 CPLD 안에 집적될 수 있고 내부에서 상호 연결된다. 플립플롭과 같은 기억소자가 같은 집적회로 내에 포함된다면 작은 디지털시스템은 하나의 CPLD 칩 안에 구현될수 있다.

그림 9-34는 Xilinx사의 XCR3046XL CPLD의 기본 구조를 나타낸다. 이것은 4개의 기능 블록을 가지고 있고 각 기능블록은 16개의 연합된 마크로 셀(MC1, MC2, . . .)로 구성된다. 각 기능블록은 PLA와 같은 배열방식인 프로그래머블 AND-OR 배열이다. 각 마크로 셀은 플립 플롭과 기능블록으로부터 입출력(I/O)블록 또는 상호연결 배열(IA)로 신호를 보내기 위한 멀티플렉서를 가진다. 배열은 마크로 셀 출력이나 입출력 블록으로부터 신호를 선택하여 기능블록의 입력으로 연결한다. 이와 같이 하나의 기능블록에서 생성된 신호는 다른 기능블록의 입력으로 사용될 수 있다. 입출력 블록은 양방향 입출력 핀과 CPLD 내부 사이의 인터페이스를 제공한다.

그림 9-34 Xilinx XCR3064XL CPLD의 구조(Figure based on figures and text owned by Xilinx, Inc., Courtesy of Xilinx, Inc. ©© Xilinx, Inc. 1999 – 2003. All rights reserved.)

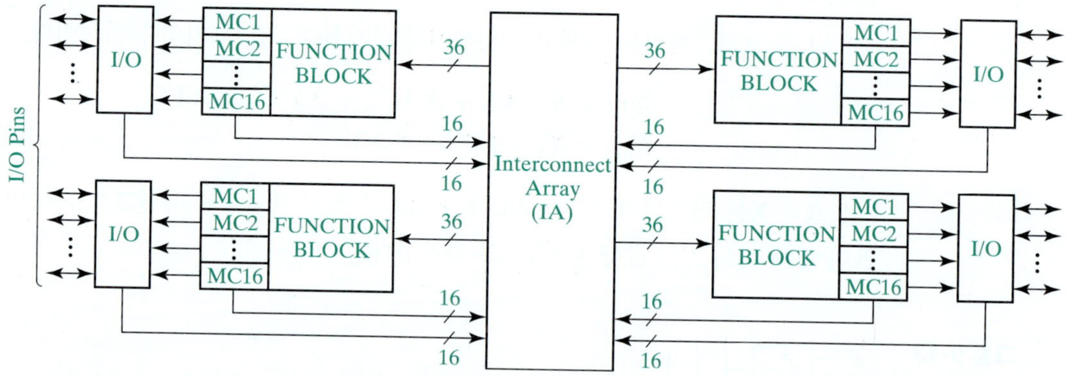

그림 9-35는 PLA에서 생성된 신호가 어떻게 마크로 셀을 통해서 입출력 핀으로 전송되는가를 나타낸다. 상호 연결 배열로부터의 36개 입력(또는 보수 입력) 가운데 어느 것도 48개의 AND 게이트 입력 가운데 어느 것과도 연결될 수 있다. 각 OR 게이트는 AND 배열로부터 48개까지의 곱항 입력을 받아들일 수 있다. 이 도표의 마크로셀 로직은 실제 로직의 간략화된 형태이다. 첫째 멀티플렉서(1)는 OR 게이트 출력과 반전출력을 선택하도록 프로그램할 수 있다. 플립플롭의 상세 동작은 11장에서 논의할 것이다. 마크로셀 출력 쪽 멀티플렉서(2)는 조합회로 출력(G)이나 플립플롭 출력(Q) 중 하나를 선택하도록 프로그램할 수 있다. 이 출력이 상호연결 배열과 출력 셀로 전달된다. 출력 셀은 입출력 핀을 구동하기 위해 3-상태 버퍼를 가진다. 버퍼 인에이블 입력은 다양한 방법으로 프로그램할 수 있다. 입출력 핀이 입력으로 사용될 때 버퍼는 디스에이블하게 되어야 한다.

논리회로를 PLD에 맞추기 위한 일과 PLD 내부의 상호연결을 프로그램하기 위해서 개발된 복잡한 컴퓨터 이용설계 소프트웨어가 사용 가능하다. 이 소프트웨어의 입력으로는 논리회로도, 논리식, 하드웨어 기술언어로 표현된 코드와 같은 다양한 형태가 가능하다. 10장에서 하드웨어 기술언어의 사용에 대해 논의할 것이다. 컴퓨터 이용설계 소프트웨어는 입력을 처리하고 구현될 논리식을 결정하고 이 식들은 PLD에 맞춘다. 또한, PLD 내의 필요한 상호연결을 결정하고 PLD를 프로그램하기 위한 비트 패턴을 생성한다.

그림 9-35 CPLD 기능 블록과 마크로 셀 (A Simplified Version of XCR3064XL)

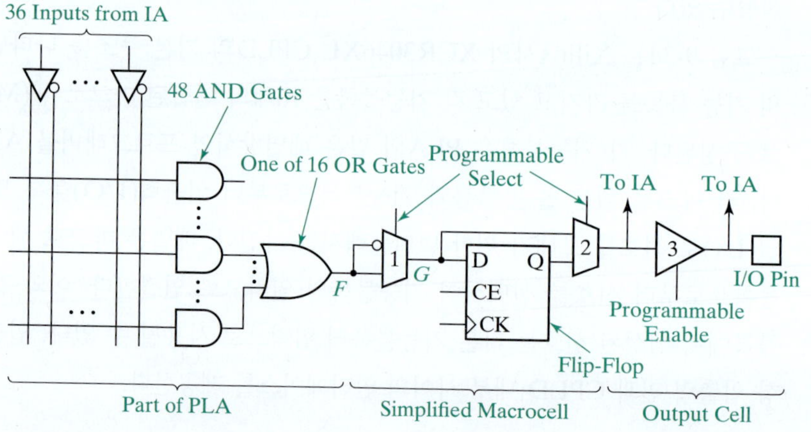

9.8 필드 프로그래머블 게이트어레이

이 절에서는 필드 프로그래머블 게이트어레이(FPGA)를 조합 논리회로 설계에 적용하는 법을 소개한다. FPGA는 프로그램이 가능한 연결선들과 함께 동일한 기능을 가지는 논리 셀들의 배열을 가지는 집적회로이다. 사용자는 논리 셀과 셀들 간의 연결선들을 이용하여 함수를 프로그램할 수 있다. 그림 9-36은 전형적인 FPGA의 부분적인 레이아웃을 나타낸다. FPGA의 내부는 배치가능 논리 블록(Configurable Logic Block, CLB)이라 불리는 로직 셀의 배열로 구성 된다. CLB 배열은 입출력 인터페이스 블록으로 둘러싸여 있다. 입출력 블록은 CLB의 신호와 집적회로의 핀을 연결한다. CLB들 사이의 공간은 CLB의 출력들과 입력들 사이를 연결하는 부분으로 사용된다.

그림 9-37은 CLB의 간략한 개요도를 나타낸다. CLB는 2개의 함수 발생기와 2개의 플립플 롭 그리고 CLB 내부의 연결선들을 위한 다양한 멀티플렉서를 가진다. 각 함수 발생기는 4개의 입력을 가지고 4개까지의 변수를 갖는 함수를 구현할 수 있다. 함수 발생기는 표찾기(lookup table)에 의해 구현된다. 4-입력 표찾기는 기본적으로 16개의 1-비트 워드를 가지는 재프로그램이 가능한 ROM이다. 이 ROM은 생성하고자 하는 함수의 진리표를 저장한다. *H* 멀티플렉서는 H_1의 값에 따라 *F* 또는 *G* 중에 하나를 선택

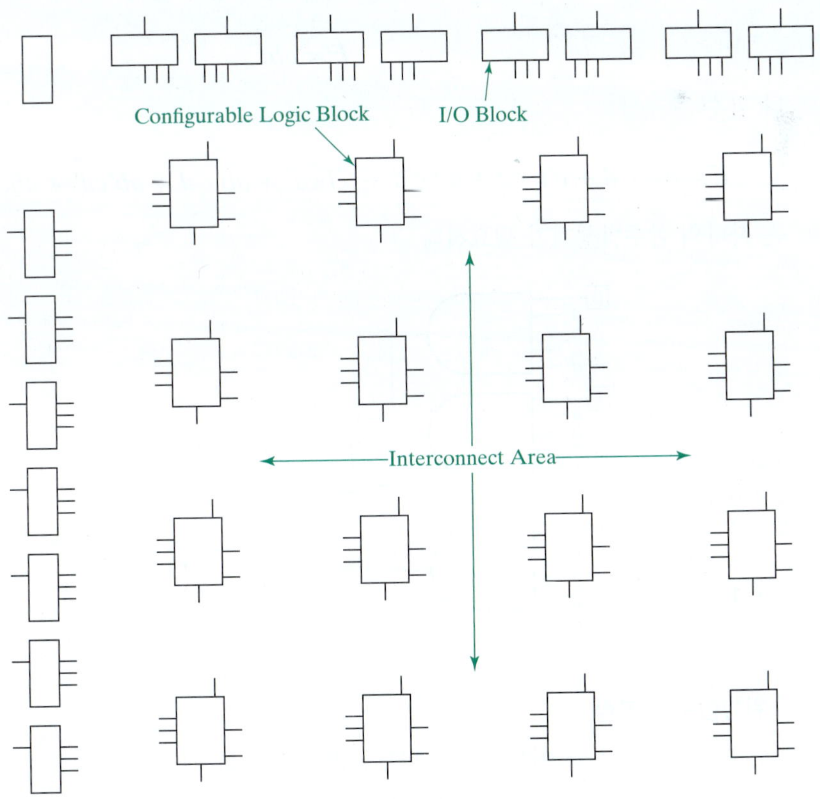

그림 9-36 전형적인 FPGA의 레이아웃

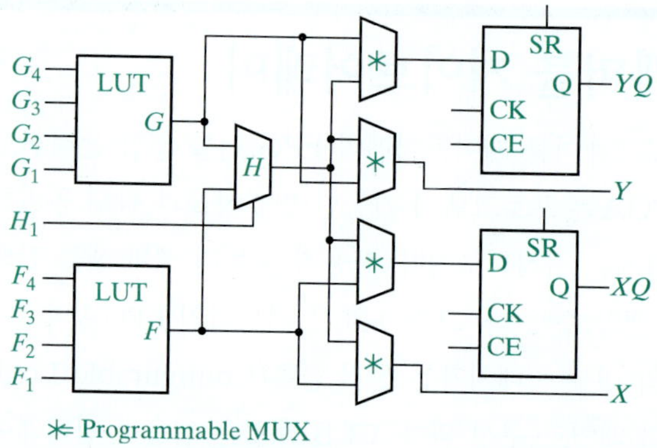

그림 9-37 배치가능 논리블록

한다. CLB는 2개의 조합회로 출력(X와 Y)과 2개의 플립플롭 출력(XQ와 YQ)을 가진다. X와 Y 출력과 플립플롭 입력은 프로그램이 가능한 멀티플렉서에 의해 선택된다. 이 멀티플렉서의 선택입력은 FPGA가 구성될 때 프로그램된다. 예를 들면 X 출력은 F함수 발생기로부터 나오고 Y 출력은 H 멀티플렉서로부터 나올 수 있다. CLB 플립플롭의 동작은 11장에서 기술할 것이다.

그림 9-38은 a, b, c, d 입력을 갖는 함수 발생기를 구현하는 하나의 방법을 나타낸다. 사각형 내의 수는 표찾기 안에 저장된 비트를 나타낸다. 이 비트가 특정 최소항을 동작 가능하게 한다. 구현되는 함수가 진리표로 저장되기 때문에 단지 하나의 최소항을 갖는 함수나 15개까지의 최소항 을 갖는 함수나 하나의 함수 발행기가 필요하다. 함수

$$F = abc$$

나 함수

$$F = a'b'c'd + a'b'cd + a'bc'd + a'bcd' + ab'c'd + ab'cd' + abc'd' + abcd$$

는 하나의 함수발생기가 필요하다.

a b c d	F
0 0 0 0	0
0 0 0 1	1
⋮	⋮
1 1 1 1	1

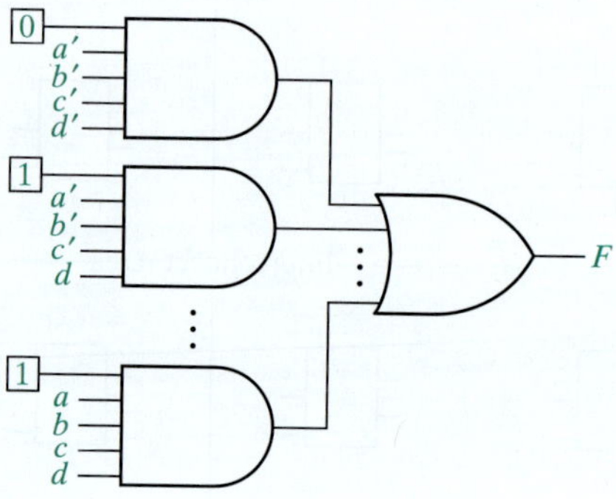

그림 9-38 색인표(lookup table) 구현

스위칭함수의 분할

4-변수 함수발생기를 이용하여 4개보다 많은 변수를 가진 스위칭함수를 구현하기 위해서는 함수를 4-변수를 가지는 서브함수(subfunction)로 분할해야 한다. 분할의 한 방법

은 섀넌의 전개 정리를 기반으로 한 것이다. 변수 a, b, c, d의 함수를 변수 a에 대해 전개함으로써 이 정리를 설명할 것이다.

$$f(a, b, c, d) = a' f(0, b, c, d) + a f(1, b, c, d) = a' f_0 + a f_1 \qquad (9\text{-}8)$$

3-변수 함수 $f_0 = f(0, b, c, d)$는 함수 $f(a, b, c, d)$에서 a를 0으로 대체하여 구하고 $f_1 = f(1, b, c, d)$는 a를 1로 대체하여 구한다. 식 (9-8)의 정확성을 증명하기 위해서 먼저 양변의 a를 0으로 놓은 다음 양변의 a를 1로 바꾼다. 식 (9-8)을 적용한 예제는 다음과 같다.

$$\begin{aligned} f(a, b, c, d) &= c'd' + a'b'c + bcd + ac' \\ &= a'(c'd' + b'c + bcd) + a(c'd' + bcd + c') \qquad (9\text{-}9) \\ &= a'(c'd' + b'c + cd) + a(c' + bd) = a'f_0 + a f_1 \end{aligned}$$

간략화하기 전에 $c'd'$항과 bcd항은 둘 다 a'와 a를 포함하지 않기 때문에 f_0과 f_1을 형성하는 것에 주목하라.

전개는 진리표나 카노맵을 사용하여 수행할 수 있다. 그림 9-39는 식 (9-9)의 맵을 나타낸다. $a = 0$인 맵의 왼쪽 절반은 $f_0(b, c, d)$를 위한 3-변수 맵이다. 왼쪽 절반의 항들을 묶음으로써 $f_0 = c'd' + b'c + cd$를 얻는데 이것은 이전에 구한 결과와 같다. 유사하게 $a = 1$인 오른쪽 절반은 $f_1(b, c, d)$를 위한 3-변수 맵이다. 오른쪽 절반의 항들을 묶음으로써 $f_1 = c' + bd$를 구한다. 맵으로부터 구한 f_0와 f_1의 표현은 식 (9-9)에서 대수적 방법으로 얻은 결과와 같다.

변수 x_i에 대하여 n-변수 함수를 전개하기 위한 섀넌의 전개정리의 일반 형태는 식 (9-10)과 같다.

$$\begin{aligned} &f(x_1, x_2, \ldots, x_{i-1}, x_i, x_{i+1}, \ldots, x_n) \\ &\quad = x_i' f(x_1, x_2, \ldots, x_{i-1}, 0, x_{i+1}, \ldots, x_n) + x_i f(x_1, x_2, \ldots, x_{i-1}, 1, x_{i+1}, \ldots, x_n) \\ &\quad = x_i' f_0 + x_i f_1 \end{aligned} \qquad (9\text{-}10)$$

그림 9-39
카노맵을 이용한 함수 전개

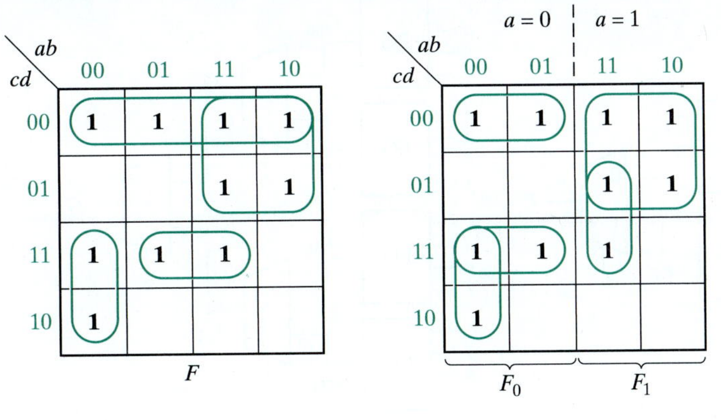

여기서 f_0는 원래 함수에서 x_i를 0으로 하여 얻은 $(n - 1)$개의 변수를 갖는 함수이고 f_1은 원래 함수에서 x_i를 1로 하여 얻은 $(n - 1)$개의 변수를 갖는 함수이다. 이 정리는 식 (9-10)의 x_i를 0으로 한 다음 x_i를 1로 대치함으로써 쉽게 증명된다. 식의 양변이 $x_i = 0$과 $x_i = 1$일 때 동일하기 때문에 이 정리는 만족한다. 전개이론을 5개의 변수를 갖는 함수에 적용하면 식 (9-11)을 얻는다.

$$f(a, b, c, d, e) = a' f(0, b, c, d, e) + a f(1, b, c, d, e) = a' f_0 + a f_1 \qquad (9\text{-}11)$$

이것은 5개 변수를 갖는 어느 함수도 2개의 4-변수 함수발생기와 하나의 2-to-1 멀티플렉서(그림 9-40(a))를 가지고 구현할 수 있음을 나타낸다. 이것은 어느 5-변수 함수도 그림 9-37에나 타낸 종류의 CLB를 이용해서 구현할 수 있음을 의미한다.
6-변수 함수를 4-변수 함수발생기를 이용하여 구현하기 위해서는 전개이론을 2번 적용한다.

$$G(a, b, c, d, e, f) = a'G(0, b, c, d, e, f) + a\,G(1, b, c, d, e, f) = a'G_0 + a\,G_1$$
$$G_0 = b'G(0, 0, c, d, e, f) + b\,G(0, 1, c, d, e, f) = b'G_{00} + b\,G_{01}$$
$$G_1 = b'G(1, 0, c, d, e, f) + b\,G(1, 1, c, d, e, f) = b'G_{10} + bG_{11}$$

G_{00}, G_{01}, G_{10}, G_{11}은 모두 4-변수 함수이기 때문에 그림 9-40(b)에 나타낸 것과 같이 4개의 4- 변수 함수발생기와 3개의 2-to-1 멀티플렉서를 사용하여 구현할 수 있다. 그러므로 6-변수 함수는 그림 9-35의 CLB 2개를 사용하여 구현할 수 있다. 다른 방법으로 식 (9-12)와 같이 전개할 수도 있다.

$$G(a, b, c, d, e, f) = a'b'G_{00} + a'b\,G_{01} + ab'G_{10} + ab\,G_{11} \qquad (9\text{-}12)$$

함수 G를 4개의 함수발생기와 하나의 4-to-1 멀티플렉서를 사용하여 구현할 수 있다. 일반적으로 n-변수 함수 $(n > 4)$는 2^{n-4}개의 4-변수 함수발생기와 하나의 2^{n-4}-to-1 멀티플렉서를 이용하여 구현할 수 있다. 여러 다른 n-변수 함수는 더 적은 수의 함수발생기로 구현할 수 있기 때문에 이것은 최악의 경우에 해당된다.

그림 9-40 함수발생기를 이용한 5-변수와 6-변수 함수의 구현

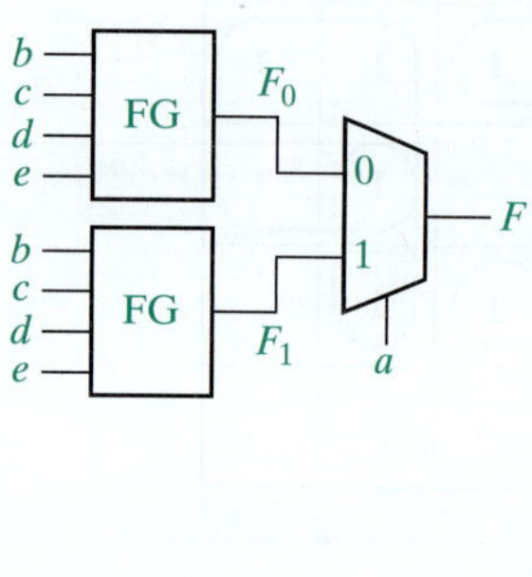

(a) 5-변수 함수

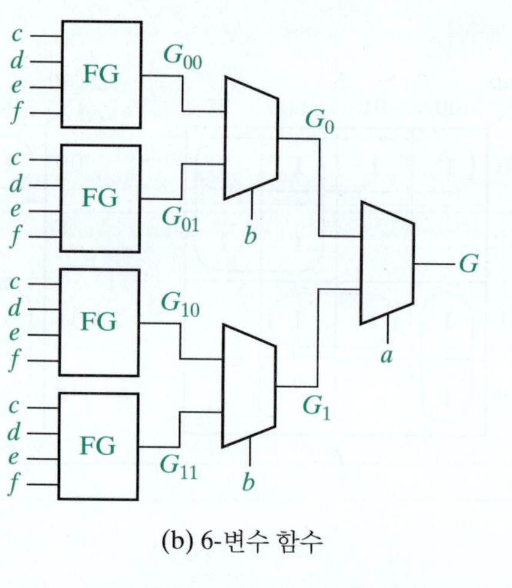

(b) 6-변수 함수

연습문제

9.1 (a) 3-to-1 멀티플렉서를 구현하기 위해서 2-to-1 멀티플렉서가 어떻게 연결되어야 하는지를 도시하라(추가 게이트는 사용하지 않는다). 입력 선택은 다음과 같다.

$AB = 00$일 때 I_0 선택

$AB = 01$일 때 I_1 선택

$AB = 1-$(B는 무관조건)일 때 I_2 선택

(b) 3개의 제어 입력을 가지는 8-to-1 멀티플렉서를 구현하기 위해서 2개의 4-to-1 멀티플렉서 와 1개의 2-to-1 멀티플렉서가 어떻게 연결되어야 하는지 도시하라.

(c) 3개의 제어 입력을 가지고 있는 8-to-1 멀티플렉서를 구현하기 위해서 1개의 4-to-1 멀티플렉서와 4개의 2-to-1 멀티플렉서가 어떻게 연결되어야 하는지 도시하라.

9.2 A의 값에 따라서 X에서 Y를 빼거나 또는 Y에서 X를 빼는 연산을 하는 회로를 설계하라. A =1일 때 출력값은 $X - Y$이고, $A = 0$일 때 출력값은 $Y - X$이다. 1개의 4비트 뺄셈기와 2개의 4비트 2-to-1 멀티플렉서를 사용한다(버스 입력과 버스 출력은 그림 9-7을 참고하라).

9.3 1개의 4비트 뺄셈기와 4개의 4비트 3-상태 버퍼, 1개의 인버터를 사용하여 9.2의 회로를 설계하라(버스 입력과 버스 출력을 사용한다).

9.4 3-to-8 라인 디코더(그림 9-17)을 사용하여 전덧셈기를 설계하라. 다음의 게이트를 추가 사용한다.

(a) 2개의 OR 게이트

(b) 2개의 NOR 게이트

9.5 4-to-2 우선순위 인코더의 논리 방정식을 도출하라. 학습가이드의 4(b)를 참고하라.

9.6 4-to-1 멀티플렉서를 사용하여 그림 9-15의 등가회로를 설계하라(버스 입력과 버스 출력은 그림 9-7을 참고하라). 동작가능 신호를 만들기 위해서 4-to-2 우선순위 인코더를 사용한다.

9.7 그레이부호화 십진수(gray-coded-decimal digits)(표 1-2 참조)의 덧셈기를 ROM을 이용하여 구현한다. 덧셈기는 2개의 그레이 코드 숫자를 더해서 그 합과 자리올림을 출력한다. 예를 들면 1011 + 1010은 0010과 자리올림 1을 갖는다(7 + 6 = 13). 필요한 ROM의 입력과 출력을 나타내는 블록 다이어그램을 도시하라. 필요한 ROM의 크기는 얼마인가? ROM의 진리표를 작성하라.

9.8 다음의 식을 만족하는 PLA를 설계한다.

$$X = AB'D + A'C' + BC + C'D'$$
$$Y = A'C' + AC + C'D'$$
$$Z = CD + A'C' + AB'D$$

(a) 위 식들을 PLA로 구현할 때 필요한 연결들을 나타내라.

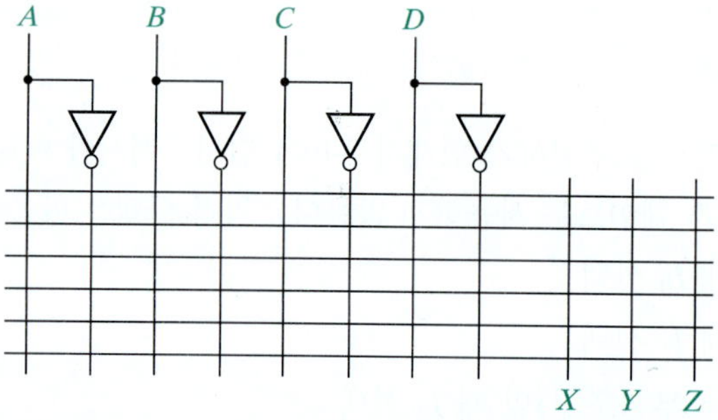

(b) 위의 식들을 나타내기 위한 ROM의 진리표를 나타내라.

9.9 PAL을 이용하여 전뺄셈기를 구현하라(그림 9-33 참조).

9.10 (a) 그림 9-26의 16진수-ASCII 코드 변환기에서 ROM을 PAL로 대체하고자 할 때 내부 연결도를 도시하라.

(b) (a)와 같은 ROM을 PLA로 대체할 때 PLA 표를 작성하라.

9.11 (a) 그림 9-35에 나와 있는 것과 같은 프로그래머블 멀티플렉서는 AND 게이트의 수를 줄이는 데 도움을 준다. 식 $F = c'd' + bc' + a'c$를 구현할 때, 프로그래머블 멀티플렉서가 F를 반전하지 않도록 정해져 있을 때(예: $G = F$) 몇 개의 AND 게이트가 필요한가? 프로그래머블 멀티플렉서가 F를 반전하도록 정해져 있을 때(예: $G = F'$) 몇 개의 AND 게이트가 필요한가?

(b) (a)를식 $F = a'b' + c'd'$을 적용하여 반복하라.

9.12 (a) 입력 a, b, c와 1(입력 인버터를 사용하여 0을 얻을 수 있음)을 가지고 있는 PAL을 사용하여 3-변수 함수발생기를 구현하라. 내부 연결도를 도시하라. 0과 1의 연결은 연결되지 않은 상태로 두어서, 어떤 3-변수 함수든지 0과 1에 연결함으로써 구현될 수 있도록 한다.

(b) 똑같은 문제를 0과 1을 연결하여서 함수발생기가 전덧셈기의 동작을 하도록 구현하라(그림 9-38을 참고하라).

9.13 다음의 식을 변수 b에 대해서 전개하라.

$$F = ab'cde' + bc'd'e + a'cd'e + ac'de'$$

9.14 (a) 2-to-1 멀티플렉서만을 이용하여 다음 식을 구현하라:

$$R = ab'h' + bch' + eg'h + fgh.$$

(b) 3-상태 버퍼만을 이용하여 위의 식을 구현하라.

9.15 8-to-1 멀티플렉서를 사용하여 4-to-1 멀티플렉서를 구현하라.

9.16 2개의 16-to-1 멀티플렉서와 1개의 2-to-1 멀티플렉서를 사용하여 2가지 방법으로 32-to-1 멀티플렉서를 구현하라. (a) 최상위 제어 입력선을 2-to-1 멀티플렉서에 연결한다. (b) 최하위 제어 입력선을 2-to-1 멀티플렉서에 연결한다.

9.17 액티브 하이 출력과 액티브 하이 인에이블 입력을 가진 2-to-1 멀티플렉서를 사용하여 다음의 것들을 구현한다.

(a) 2개의 2-to-1 멀티플렉서와 최소 개의 게이트를 추가로 사용하여 인에이블 입력은 없고 액티브 하이 출력을 갖는 4-to-1 멀티플렉서를 구현할 수 있음을 보여라.

(b) 액티브 로우 출력을 가진 4-to-1 멀티플렉서에 대해서 (a)를 반복하라.

(c) 인에이블 값이 0일때 2-to-1 멀티플렉서의 출력이 1로 가정하고 (b)를 반복하라.

9.18 액티브로우 출력을 가진 4-to-10 디코더와 최소 개의 게이트를 사용하여 *BCD* 코드를 초과-3 코드로 변환하는 변환기를 구현하라.

9.19 4-to-1 멀티플렉서 1개와 최소 개의 외부 게이트를 사용하여 $F(w, x, y, z) = \Sigma\ m(3, 4, 5, 7, 10, 14) + \Sigma\ d(1, 6, 15)$식을 구현하라. 반전되지 않은 입력만을 사용할 수 있다.

9.20 b, c, d, e 제어 입력을 가진 16-to-1 멀티플렉서 1개를 사용하여 $f(a, b, c, d, e) = \Sigma\ m(6, 7, 9, 11, 12, 13, 16, 17, 18, 20, 21, 23, 25, 28)$식을 구현하라. 각 입력값은 $0, 1, a, a'$ 만을 사용할 수 있다(*힌트*: F식의 최소항 전개를 하고 a와 a'를 제거할 수 있는 최소항들을 결합하라.)

9.21 전덧셈기를 구현하라.

(a) 2개의 8-to-1 멀티플렉서를 사용한다. X, Y, C_{in}을 제어 입력에 연결하고, 각각의 데이터 입력에는 1과 0을 연결한다.

(b) 2개의 4-to-1 멀티플렉서와 1개의 인버터를 사용한다. 멀티플렉서의 제어 입력에 X, Y를 연결하고, $1, 0, C_{in}, C'_{in}$를 각각의 데이터 입력에 연결한다.

(c) 2개의 4-to-1 멀티플렉서를 사용한다. C_{in}과 Y를 멀티플렉서의 제어 입력에 연결하고 $1, 0, X, X'$를 각각의 데이터 입력에 연결한다. N-변수 논리 함수는 $2^{(N-1)}$-to-1 멀티플렉서를 사용하여 구현이 가능하다는 것을 알 수 있다.

9.22 전뺄셈기를 위해 9.21을 반복하라. C_{in} 대신에 B_{in}을 사용한다.

9.23 4비트 2진수 숫자의 절대값을 구하는 회로를 작성하라. 4개의 전덧셈기, 3개의 멀티플렉서, 4개의 인버터를 사용한다. 음수는 2의 보수를 사용한다고 가정한다. 2의 보수를 만드는 법은 모든 비트를 반전시키고 1을 더하는 것이다.

9.24 4개의 3-상태 버퍼와 디코더를 사용하여 4-to-1 멀티플렉서를 설계하라.

9.25 2개의 4-to-1 멀티플렉서와 2개의 3-상태 버퍼, 1개의 인버터를 사용하여 8-to-1 멀티플렉서를 설계하라.

9.26 3-to-8 디코더와 반전 출력 그리고 다음의 게이트를 사용하여 전뺄셈기를 구현하라.

(a) 2개의 NAND 게이트

(b) 2개의 AND 게이트

9.27 2개의 4-to-2 우선순위 인코더와 추가 게이트를 사용하여 그림 9-20의 8-to-3 우선순위 인코더를 구현하라.

9.28 초과-3 10진수(excess-3 decimal digits)(표 1-2 참조) 덧셈기를 ROM을 사용하여 구현하라. 두 개의 초과-3 숫자를 입력받아 더하고 초과-3 합과 자리올림을 출력한다. 예를 들면, 1010 과 1001의 합은 0110이고 자리올림은 1이다(7 + 6 = 13). ROM의 입력과 출력을 연결하는 블록도를 그려라. 필요한 ROM의 크기는 얼마인가? 대표적인 열의 일부를 제시하여 ROM의 진리표를 표현하라.

9.29 4개의 입력 *RSTU*와 4개의 출력 *VWYZ*를 가지는 회로가 있다. *RSTU*는 2진 부호화 10진수 입력을 나타내고, *VW*는 몫을 나타내며 *YZ*는 *RSTU*를 3으로 나누었을 때의 나머지를 나타낸다(*VW*와 *YZ*는 2진 숫자를 나타낸다). 불가능한 입력은 발생하지 않는다. 다음의 부품을 사용하여 구현하라.

(a) 하나의 ROM

(b) 최소화된 2단 NAND 게이트회로

(c) 하나의 PLA(PLA 표를 나타내라)

9.30 입력 *RSTU*가 그레이 부호일 때(표 1-2 참조), 9.29를 반복하라.

9.31 (a) F_1과 F_2를 구현하기 위해 필요한 최소화된 2단 NOR 게이트회로를 구현하라. 가능한 한 많은 공통 게이트를 사용한다.

$$F_1(a, b, c, d) = \Sigma\, m(1, 2, 4, 5, 6, 8, 10, 12, 14)$$
$$F_2(a, b, c, d) = \Sigma\, m(2, 4, 6, 8, 10, 11, 12, 14, 15)$$

(b) PLA를 사용하여 F_1과 F_2를 구현하라. PLA 표와 내부 연결 다이어그램을 도시하라.

9.32 Braille은 튀어나온 점의 감촉을 느낌으로 해서 시각장애인들이 글씨를 읽을 수 있도록 하는 시스템이다. 2진 부호화 10진수를 Braille로 변환하는 회로를 구현하라. 다음 표는 2진 부호화 10 진수와 Braille의 관계를 나타낸다.

(a) 다중 출력 NAND 게이트회로를 사용하라.

A	*B*	*C*	*D*
0	0	0	0
0	0	0	1
0	0	1	0
0	0	1	1
0	1	0	0
0	1	0	1
0	1	1	0
0	1	1	1
1	0	0	0
1	0	0	1

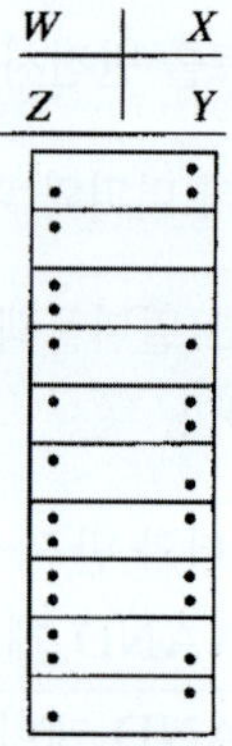

(b) PLA를 사용한다. PLA 표를 나타내어라.

(c) PLA의 연결도를 나타내고 OR 게이트의 입력에 필요한 최대 AND항의 숫자를 나타내라.

9.33 (a) PLA를 사용하여 문제 7.10의 해답을 구현하라. PLA 표를 만들고 내부 연결도를 도시하라.

(b) 문제 7.44에 대해서 (a)를 반복하라.

(c) 문제 7.47에 대해서 (a)를 반복하라.

9.34 PAL을 사용하여 8-to-1 멀티플렉서를 만드는 방법을 도시하라. PAL은 14개의 입력과 6개의 출력을 가지고 있고 각각의 출력에 대해 OR 게이트는 최대 4개의 AND항을 입력으로 가진다(그림 9-33). (*힌트*: PAL의 출력 중 몇 개를 PAL의 외부 입력에 연결한다. PAL은 이런 식으로 입력 숫자를 줄인다.)

9.35 멀티플렉서를 그림 9-20의 8-to-3 우선순위 인코더로 대체하여 문제 9.34를 반복하라.

9.36 함수 $F = CD'E + CDE + A'D'E + A'B'DE' + BCD$를 3-변수 색인표(lookup table)을 이용한 FPGA를 사용하여 구현한다.

(a) F를 A와 B에 대해서 전개하라.

(b) F를 B와 C에 대해서 전개하라.

(c) F를 A와C에 대해서 전개하라.

(d) 5-변수 함수는 4개의 3-변수 색인표와 4-to-1 멀티플렉서를 써서 구현이 가능하다. 하지만 이 문제에서는 3개의 3-변수 색인표와 4-to-1 멀티플렉서만으로 F를 구현하라. 찾기표의 진리표를 작성하라.

9.37 9.36을 함수 $F = B'D'E' + AB'C + C'DE' + A'BC'D$에 대해 반복하라.

9.38 4-to-1 멀티플렉서를 그림 9-37의 CLB를 사용하여 구현하라. 각 함수발생기가 구현하는 함수를 기술하라.

9.39 $f(A, B, C, D) = A'C' + A'B'D' + ACD + A'BD$ 식을 구현하라.

(a) 액티브 로우 인에이블 입력과 액티브 하이 출력을 가진 8-to-1 멀티플렉서 1개를 사용하라.

A, C, D를 제어 입력으로 사용하되 A는 최상위 제어 입력으로 D는 최하위 제어 입력으로 한다.

(b) 멀티플렉서의 인에이블은 액티브 하이, 출력은 액티브 로우로 가정하고 (a)를 반복하라.

(c) 액티브로우 인에이블 입력과 액티브 하이 출력을 가진 4-to-1 멀티플렉서 1개와 최소개의 추가 게이트를 사용하라. 대수적 방법과 카노맵 방법으로 식을 전개하라.

9.40 다음 식에 대해서 문제 9.39를 반복하라.

$f(A, B, C, D, E) = A'C'E' + A'B'D'E' + ACDE' + A'BDE'$

9.41 $F(a, b, c, d) = a' + ac'd' + b'cd' + ad$

(a) 섀넌 전개이론을 이용하여 식을 변수 d에 대해서 전개하라.

(b) 2개의 4변수 찾기표와 2-to-1 멀티플렉서 1개를 사용하여 식을 구현할 때 (a)에서 구한 전 개식을 이용하라.

(c) 각 찾기표의 진리표를 제시하라.

9.42 $F(a, b, c, d) = cd' + ad' + a'b'cd + bc'$ 식에 대해서 문제 9.41을 반복하라.

9.43 $F(a, b, c, d) = bd + bc' + ac'd + a'd'$ 식에 대해서 문제 9.41을 반복하라.

9.44 아래의 모듈 M은 디멀티플렉서이다. (즉 입력 w를 선택선 s와 t의 값에 따라 4개의 출력 중 하나로 연결한다. 이와 같이 s와 t의 값에 의해서 출력이 0 또는 입력 w와 같게 된다.) 모듈 M의 출력은 입력 함수를 실현하기 위해 OR될 수 있다.

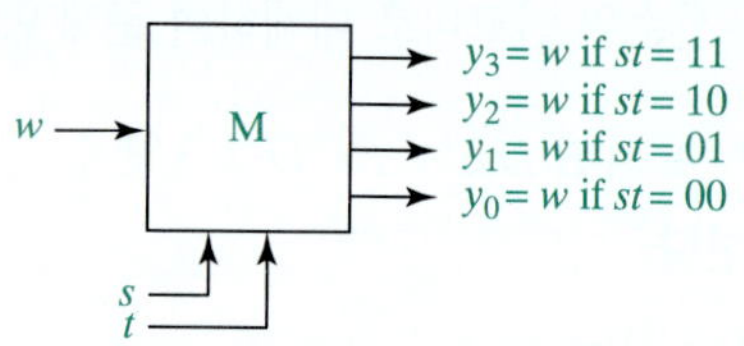

(a) 한 개의 모듈 M과 한 개의 OR 게이트를 사용하여 함수 $f(a, b, c) = ab' + b'c'$ 를 구현하라. (입력은 비보수와 보수 형태 모두 가능하다고 가정한다.)

(b) 한 개의 모듈 M과 한 개의 OR 게이트를 사용한다면 임의의 3개 변수 함수를 구현하는 것이 가능한가? 당신의 답을 정당화하라.

(c) (a)의 함수를 한 개의 모듈 M과 한 개의 NOR게 이트로 구현하는 것이 가능한가? 당신의 답을 증명하라.

(d) 모듈 M이 액티브 로우 출력을 가진다면 함수를 실현하기 위해 어떤 종류의 게이트가 출력에 연결되어야 하는가? (선택되지 않은 출력은 로직 1의 값을 가지고 선택된 출력은 w'의 값을 가진다.)

9.45 아래 그림은 4-입력 우선순위 인코더가 인에이블신호를 가진 2-to-4 디코더와 연결된 회로이다. 우선순위 인코터의 진리표는 아래와 같다. (I_3 입력이 가장 높은 우선순위이다.) 모든 신호는 액티브하이이다. Z_3, Z_2, Z_1, Z_0는 입력변수 A, B, C, D의 어떤 함수인가?

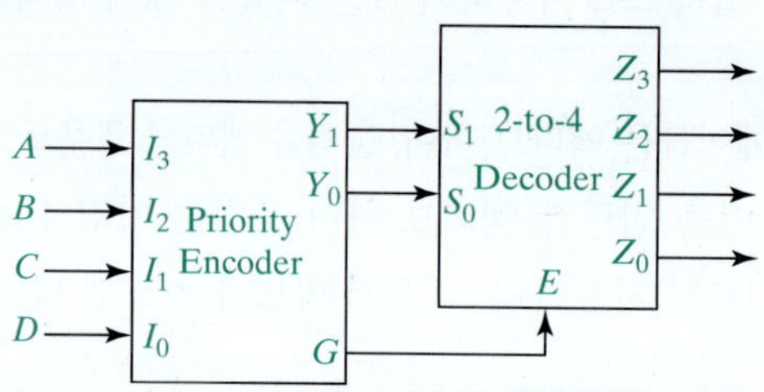

(a)

I_3	I_2	I_1	I_0	G	Y_1	Y_0
0	0	0	0	0	0	0
0	0	0	1	1	0	0
0	0	1	–	1	0	1
0	1	–	–	1	1	0
1	–	–	–	1	1	1

(b)

9.46 아래 그림은 액티브 하이 출력을 가진 2-to-4 디코더가 액티브 로우 출력을 가진 4-to-1 멀티플렉서와 연결된 회로이다.

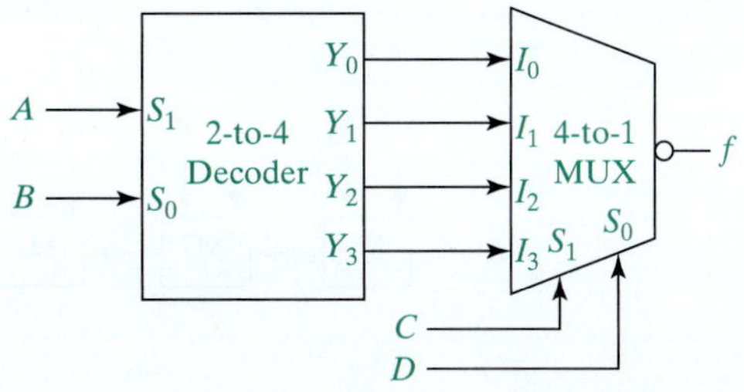

(a) 출력 $f(A, B, C, D)$의 최대 SOP 또는 최소 POS 표현식을 유도하라.

(b) 디코더 출력이 액티브 로우라고 가정하고 (a)를 반복하라.

9.47 아래 Max 선택기는 부호 없는 2개의 4비트 입력 A와 B를 가진다. $A \geq B$이면 출력 Z는 A와 같고 $A < B$이면 출력 Z는 B와 같다.

(a) 아래 그림과 같은 형태의 Max 선택기를 설계하라. M_i는 동일하고 신호가 오른쪽에서 왼쪽으로 하나의 선을 통해 M_i 사이에 전달된다. $c_0 = 0$으로 가정하고 또 $c_0 = 1$로 가정하고 각각 설계하라.

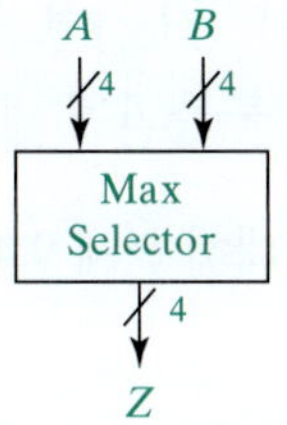

(b) (a)의 설계와 덧셈기 또는 뺄셈기회로 사이의 연관성은 무엇인가?

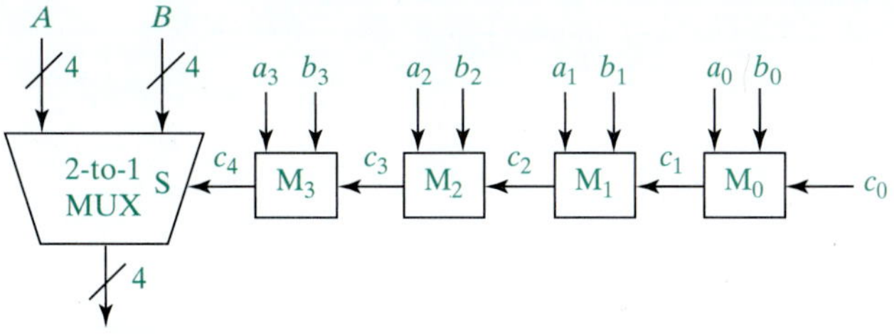

(c) 아래와 같이 신호가 왼쪽에서 오른쪽으로 전달되는 Max 선택기의 대체 설계를 고려하라. Max 선택기를 이와 같은 형태로 설계하는 것이 가능한가? 네라면 설계를 완성하라.

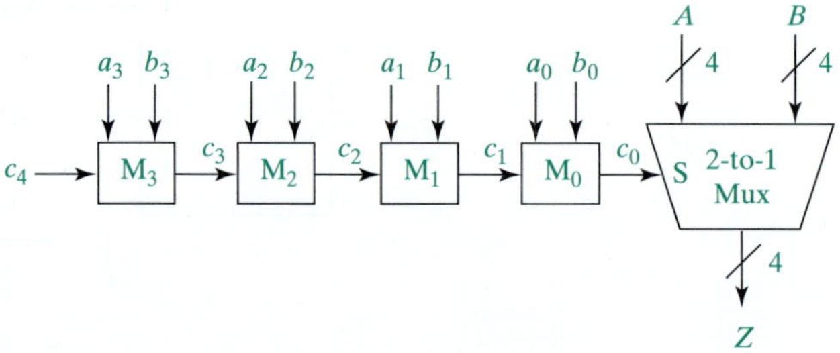

아니라면 그 이유를 설명하고 또한 요구되는 변화가 무엇인지 설명하라(모듈 사이의 신호는 왼쪽에서 오른쪽으로 전달).

9.48 (a) 그림 4-5의 전가산기가 2개의 2-입력 exclusive-OR 게이트와 한 개의 2-to-1 멀티플렉서로 구현될 수 있음을 보여라. (*힌트*: 식 (4-21)을 $X \oplus Y$ 형태로 다시 써라.

(b) 그림 4-3의 리플캐리 가산기와 (a)의 전가산기가 CMOS 로직으로 구현되었다고 가정하라. 어떤 가산기가 가장 작은 최대가산 시간을 가지는가? 설명하라. (이 문제를 답하기 위해서는 부록 *A*의 내용을 이해하는 것이 필요하다.)

9.49 표 4-6의 전감산기에 대해 문제 9.48을 반복하라.

UNIT 10

VHDL 소개

Introduction to VHDL

목표

1. VHDL의 동시문을 사용하여 게이트와 조합논리를 표현하라.
2. 주어진 VHDL의 동시문을 보고 해당되는 조합논리회로를 그려라.
3. 조합회로에 대한 VHDL 모듈을 작성하라.
a. 동시문을 이용하여 논리식을 표현한다.
b. VHDL 요소들을 서로 연결한다.
4. VHDL 모듈을 컴파일하고 시뮬레이션하라.
5. 기본적인 VHDL 연산자들을 사용하고 그들의 우선 순위를 이해하라.
6. bit, bit_vector, Boolean과 integer와 같은 VHDL의 데이터 형식을 사용하라. 또한 배열 형식을 정의하고 사용하라.
7. IEEE 표준 논리표현을 사용하라. std_logic_vector와 과부하된(overloaded) 연산자들을 사용하여 산술연산을 수행하라.

학습가이드

1. 10.1절 *조합회로의 VHDL 표현*을 학습하라.

(a) 다음의 VHDL 구문과 동일한 회로를 그려라.

```
C <= not A;          D <= C and B;
```

(b) 다음의 동시문에서 A가 5 ns일 때 변화한다면, 각각의 구문이 실행되는 때는 언제인가? 또한 C와 D의 값이 갱신될 때는 언제인가?

```
C <= A;
D <= A;
```

(c) 다음의 회로와 동일하게 동작하는 VHDL 구문을 기술하라. 반전기는 5 ns의 지연시간을 가진다. 또한 M이 초기값으로 0을 가진다고 가정할 때, M의 파형을 그려라.

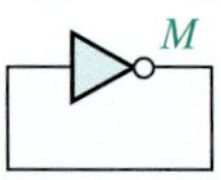

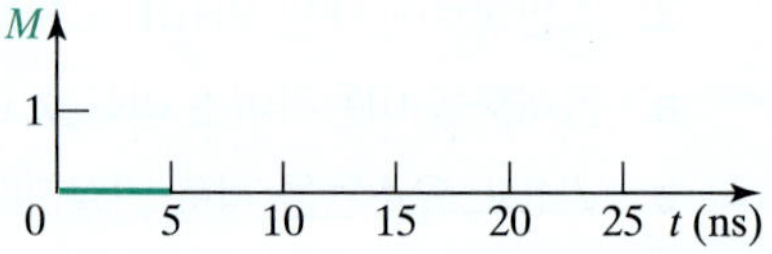

(d) VHDL을 이용하여 논리식 $A = B \oplus C$를 xor나 xnor 연산자를 사용하지 않고 구현하라. 단, 게이트 지연은 포함하지 않는다.

(e) 문제 10.1과 10.2를 풀어라.

2. 10.2절 *멀티플렉서를 위한 VHDL* 모델을 학습하라.

(a) 2-to-1 멀티플렉서 모델을 이용하여 다음의 조건부 할당문을 구현하라.

```
F <= A when C = '1' else B;
```

(b) 그림 9-2의 4-to-1 멀티플렉서를 VHDL의 조건부 할당문을 사용하여 기술하라. 단, $I_0 = 1$, $I_1 = 0$, $I_2 = I_3 = C$라고 가정한다.

(c) 문제 (b)와 동일한 회로에 대하여 VHDL 선택 신호 할당문으로 표현하라.

3. 10.3절 *VHDL 모듈*과 10.4절 *신호와 상수*를 학습하라.

(a) 다음의 MOD1 모듈에 대한 엔터티(entity) 선언문을 기술하라. 포트 A, B, C, D, E는 모두 비트 형식이다.

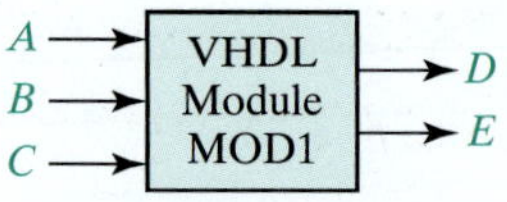

(b) $D = ABC$, $E = D'$의 논리를 가질 때에 MOD1에 대한 VHDL의 구조(architecture)를 기술하라.

(c) 그림 10-12의 코드에서 5비트의 덧셈기를 구현하고자 할 때에 어떤 부분이 수정되어야 하는가?

(d) 다음의 VHDL 동시문을 보고 답하라.

```
R <= A after 5 ns; -- statement 1
S <= R after 10 ns; -- statement 2
```

만약 A의 값이 3 ns의 시점에서 변한다고 하면, 구문 1이 실행되는 때는 언제인가?

R이 갱신되는 시점은 언제인가?

구문 2는 언제 실행되는가?

S가 갱신되는 때는 언제인가?

정답 : 3 ns, 8 ns, 8 ns, 18 ns

(e) 10101011의 값을 갖는 bit_vector형 상수 C1의 선언을 VHDL로 표현하라.

(f) 그림 8-5의 회로는 게이트 지연 없이 다음과 같이 구현될 수 있다(그림에서 B는 1로, C는 0으로 고정되어 있으나 여기에서는 입력으로 간주한다).

```
entity fig8_5 is
    port (A, B, C: in bit; G2: out bit);
end fig8_5;
architecture circuit of fig8_5 is
begin
    G2 <= not(C or (A and B));
end circuit;
```

그림 8-5의 각 게이트는 20 ns의 지연 시간을 가진다. 위의 VHDL 구문을 게이트 지연 시간이 포함되도록 수정하라(*힌트*: G1을 내부 **신호**로서 사용하기 위해서는 그 신호를 선언하여 주어야 한다).

(g) 문제 10.3과 10.4를 풀어라.

4. 10.5절 *배열*을 학습하라.

(a) 8 bit의 워드가 16개 포함되는 ROM을 VHDL로 구현하라. 단, ROM에 저장된 값들은 지정하지 않는다.

(b) 문제 10.5를 풀어라.

5. 10.6절 *VHDL 연산자*를 학습하라.

(a) 다음의 각 구문에 대하여 원래의 연산 우선순위를 바꾸지 않고 한 쌍의 괄호를 제거하라.

```
(i) not ((A & B) xor "10")
(ii) (not (A & B) xor "10")
```

(b) A(0 **to** 7) = "1011011"일 때 다음의 동시문의 실행 결과를 구하라.

```
B <= A(6 to 7)&A(0 to 5);
```

다음의 구문이 실행될 때에 예상되는 문제점은 무엇인가?

```
A <= A(6 to 7)&A(0 to 5);
```

(*힌트*: 동시문은 할당문의 오른쪽이 바뀔 때마다 실행된다.)

(c) 문제 10.6(a)를 풀어라.

6. 10.7절 *패키지와 라이브러리*를 학습하라.

2 ns의 연산 지연 시간을 가지는 3-입력 AND 게이트에 해당하는 VHDL 엔터티와 구조를 기술하라. 단, 모든 신호들은 비트 형식이다.

7. 10.8절 *IEEE 표준논리*를 학습하라.

(a) 다음의 A, B, C, D, E, F는 모두 std_logic 형식이다. 동시문들이 수행되고 난 후 A, B, C, D, E, F는 어떤 값을 가지는가?

```
A <= '1'; A <= 'Z';
B <= '0'; B <= A;
C <= '0';
D <= A when C = '0' else 'Z';
D <= C when C = '1' else 'Z';
E <= '0' when A = '1' else C;
E <= A when C = '0' else '1';
F <= '1' when A = '1' and C = '1' else 'Z';
F <= '0' when A = '0' and C = '0' else 'Z';
```

(b) 다음의 동시문에서

```
F <= '0';
F <= '1' after 2 ns;
```

만약 F가 비트형이라면 어떤 일이 발생하는가? 또한 F가 std_logic 형식일 때는 어떠 한가?

(c) 그림 10-19에서 A가 1011, B가 0111, Cin이 1이라고 가정하자. Addout, Sum, Cout의 결과를 보여라.

(d) A가 6-비트의 std_logic_vector 형식을 가지고 B가 4-비트의 std_logic_vector 형식을 가질 때에, A와 B를 더한 결과가 6-비트의 합과 캐리를 가지도록 VHDL의 동시문으로 기술하라.

(e) 다음의 VHDL 코드를 회로로 그려라.

```
signal A, B, C, D: std_logic_vector(1 to 3);
signal E, F, G: std_logic;
---------------------------------------------------
D <= A when E = '1' else "ZZZ";
D <= B when F = '1' else "ZZZ";
D <= C when G = '1' else "ZZZ";
```

(f) 문제 10.6(b), 10.7, 10.8을 풀어라.

8. 10장에 들어가기에 앞서 주어진 실습 과제들을 풀어라. VHDL 코드와 시뮬레이션 결과를 제출하라.

VHDL 소개

Introduction to VHDL

디지털시스템은 집적회로 기술이 발전함에 따라 하나의 칩 안에 더욱 많은 요소들이 집적되어 그 복잡성이 날로 증가되어 왔다. 디지털시스템이 복잡해질수록, 게이트 레벨과 플립플롭 레벨에서의 세세한 설계는 지루하고 시간이 많이 소요된다. 이러한 이유로 인해 디지털시스템 설계에서는 하드웨어 기술 언어들의 사용이 매우 중요해졌다. 하드웨어 기술 언어는 디지털시스템이 게이트와 플립플롭 레벨로 구현되기 전에 상위 레벨에서 설계되고 오류를 정정하는 것을 가능하게 한다. 현재는 컴퓨터이용 설계(CAD)도구들이 하드웨어 기술 언어로부터 하위 레벨로 변환하는 과정을 지원하는 데 널리 사용되고 있다. 이것은 마치 소프트웨어 프로그램을 C와 같은 상위 레벨 언어로 구성한 뒤, 컴파일러를 통해 기계 언어로 변환하는 것과 유사하다. 대표적인 하드웨어 기술 언어로는 VHDL과 Verilog가 있다.

VHDL은 하드웨어 기술 언어로서 디지털시스템의 구조와 동작을 표현한다. VHDL은 VHSIC Hardware Description Language의 약자이며, 여기에서 VHSIC는 Very High Speed Integrated Circuit을 줄여서 말한 것이다. 그러나 VHDL은 범용의 하드웨어 기술 언어이며 수 개의 게이트를 가지는 시스템에서 매우 복잡한 시스템까지, 다양한 복잡성을 가지는 시스템의 연산을 기술하고 시뮬레이션할 수 있다. VHDL은 원래 디지털시스템 설계를 위한 단일 방법만을 허용하도록 만들어졌지만, 1987년 IEEE 표준으로 지정되면서 산업 분야에서 널리 쓰이게 되었다. IEEE는 1993년에 발전된 VHDL 표준을 발표하였으며, 이 책의 예제들은 이를 준수하고 있다.

VHDL은 디지털시스템을 동작 레벨, 구조 레벨, 데이터 흐름 레벨과 같은 다양한 레벨들로 표현할 수 있다. 예를 들어 2진 덧셈기는 동작 레벨에서 두 2진수들의 합에 대한 함수로 표현될 수 있으며 세세한 하드웨어 구현 정보는 필요하지 않다. 또한 데이터 흐름 레벨에서는 똑같은 덧셈기를 논리식으로 표현할 수 있다. 마지막으로 덧셈기를 구성하는 게이트를 연결함으로써 구조 레벨에서의 설계도 가능하다.

VHDL은 시스템이 처음에 상위 레벨로 표현되고 시뮬레이터를 사용하여 테스트하는 top- down 방식의 설계를 가능하게 한다. 시스템이 이 레벨에서 오류를 정정한다면, 설계는 점차 개량될 수 있고 결국에는 실제로 하드웨어가 구현되는 것과 근접한 구조적인 설계가 이루어진다. VHDL은 공정에 독립적으로 표현되므로 같은 VHDL 설계를 미래의 공정에도 쉽게 사용할 수 있다.

본 장에서는 VHDL을 소개하고 이를 사용하여 조합회로를 표현하는 방법을 서술할 것이다. 순서회로와 좀 더 복잡한 디지털시스템에 관한 설계는 다른 장에서 설명할 것이다. 17장은 VHDL 설계를 가지고 컴퓨터이용 설계 소프트웨어를 이용하여 하위 레벨의 설계를 자동 합성하는 방법을 설명할 것이다. 이러한 합성 도구들을 사용하여 VHDL 코드로부터 실제의 하드웨어 설계를 얻을 수 있다.

10.1 조합회로의 VHDL 표현

간단한 게이트회로를 VHDL로 표현하는 것으로부터 시작해보자. VHDL 신호는 물리적인 시스템상의 신호를 표현하기 위해서 사용한다(10.4절은 신호, 상수, 데이터 형식의 요약을 담고 있다. 또한 VHDL 언어는 프로그래밍 언어에서 사용하는 변수와 유사한 변수를 사용한다. 하지만 하드웨어로 합성가능한 코드를 얻기 위해서는 하드웨어 신호를 표현하는 신호 형식을 사용해야 한다. 이 교재에서는 VHDL 변수는 다루지 않는다). 그림 10-1의 게이트회로는 A, B, C, D, E의 5개 신호를 가진다. 기호 "<="는 신호의 할당 연산자로 오른쪽의 논리식이 계산되어 기호의 왼쪽에 위치하는 신호에 할당된다는 의미이다. 그림 10-1의 동작레벨 표현은 다음과 같다.

그림 10-1
게이트회로

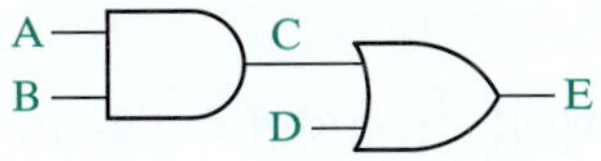


```
C <= A and B after 5 ns;
E <= C or D after 5 ns;
```

```
E <= D or (A and B);
```

괄호는 연산자의 실행 우선 순위를 지정하기 위해 사용한다.

그림 10-1의 2개의 구문은 각 게이트가 5 ns의 전달 지연을 가진다고 했을 때 회로를 *데이터 흐름* 레벨 방식으로 표현한 것이다. 그림 10-1의 구문들이 시뮬레이션된다면 첫 번째 구문은 A나 B의 값이 바뀔 때마다 수행될 것이다. 또한 두 번째 문장은 C나 D가 바뀔 때마다 수행될 것이다. 만약 초기에 A = 1이고 B = C = D = E = 0이라고 가정하고, B가 0 ns일 때 1로 바뀐다면, C는 5 ns일 때 1로 변할 것이다. 그 후에 E는 10 ns일 때 1로 바뀔 것이다.

그림 10-1의 회로는 또한 *구조적* VHDL 코드로 표현할 수 있다. 2개의 입력 AND 게이트 1개와 2개의 입력 OR 게이트 1개를 요소로 선언하고 정의하여 기술한다. 요소들은 라이브러리 또는 VHDL 코드의 구조 부분에 선언하고 정의할 수 있다(VHDL 구조는 10.3절에서 설명할 것이며 10.7절에서는 패키지와 라이브러리에 대해서 기술한다). 인스턴스 구문은 요소들이 어떻게 연결되어 있는가를 표현할 때 이용한다. 다른 요소들과의 연결과 입력 포트 및 출력 포트들과 어떻게 연결되어 있는가를 기술하기 위해서 요소의 각 복사본은 분리된 인스턴스를 필요로 한다. 인스턴스 구문은 자체 포트맵의 입력신호 중 하나 이상이 변하는 즉시 실행되는 동시문이다. 그림 10-1은 AND 게이트와 OR 게이트를 객체화하여 다음과 같이 표현한다.

```
Gate1: AND2 port map (A, B, C);
Gate2: OR2 port map (C, D, E);
```

Gate1의 포트맵은 A와 B를 AND 게이트의 입력에 연결하고 D를 AND 게이트의 출력에 연결한다. 인스턴스 구문이 동시문이므로 A 또는 B가 변할 때마다 Gate1의 입력에 변화를 주어 요소는 D의 새로운 값을 계산한다. 마찬가지로 2번째 구문에서도 C 또는 D의 변화가 Gate2의 입력에 전달되면 요소는 E의 새로운 값을 계산한다. 이것은 하드웨어가 동작하는 방법과 똑같다(인스턴스 구문의 순서는 의미가 없다). 요소를 객체화하는 것은 컴퓨터 프로그램에서 함수를 부르는 것과는 다르다. 함수는 호출될 때마다 새로운 값을 반환하지만 객체화된 요소는 입력 신호가 변할 때만 새로운 출력값을 계산한다.

그림 10-1의 예와 같은 VHDL의 신호할당 구문들은 동시문의 한 예이다. VHDL 시뮬레이터는 각 동시문의 오른쪽을 살펴보다가 신호가 바뀌면 오른쪽의 표현식을 즉시 재평가한다. 지정된 지연 시간이 지난 후, 새로운 값이 할당문의 왼쪽에 할당된다. 이것은 하드웨어가 동작하는 것과 정확히 일치한다. 그것은 하드웨어에서 게이트의 입력이 바뀔 때마다 해당 논리에 의하여 출력값이 결정되고 전파지연시간이 지난 후에 실제 출

력이 바뀌기 때문이다.

우리가 회로를 처음에 VHDL로 기술할 때에는 전파지연시간을 고려할 필요는 없다. 다음의 두 구문에서는

```
C <= A and B;
E <= C or D;
```

전파지연은 0 ns이라는 의미이다. 이 경우, 시뮬레이터는 매우 적은 지연 시간이 있다고 가정하며, 이를 Δ(delta)라고 부른다. 초기에 A = 1이고 B = C = D = E = 0이라고 가정하자. B가 1 ns일 때 1로 바뀐다면, C는 1 + Δ에 값이 바뀌고, E는 1 + 2Δ에 바뀔 것이다.

순차적인 프로그램과는 달리, 위의 두 동시문의 순서는 중요하지 않다. 만약에 우리가 다음과 같이 코드를 고쳐 쓴다면

```
E <= C or D;
C <= A and B;
```

시뮬레이터는 이전의 예와 동일한 결과를 보일 것이다.

일반적으로 신호 할당문은 다음과 같은 형식을 갖는다.

signal_name <= expression [**after** delay];

표현식은 이 구문이 실행될 때마다 평가되며, 왼쪽의 신호는 지연 시간 후에 바뀌도록 스케줄된다. 대괄호는 'after delay'가 꼭 필요하지는 않다는 의미이다. 만약 'after delay'가 생략되면, 신호는 델타 지연 시간 후에 갱신될 것이다. 여기서 구문이 실행되는 시점과 실제 신호가 갱신되는 시점이 다르다는 것에 주목할 필요가 있다.

VHDL에서는 실제로 설계자가 직접 명시해주는 프로그램의 루프는 없지만, 위의 예와 같은 동시문들이 마치 루프 안에 있는 것처럼 계속 반복 수행된다. 그림 10-2는 출력이 입력에 연결된 인버터를 나타낸다. 만약 출력이 '0'이라면 '0'은 피드백되어서 입력이 되고, 인버터의 출력은 지연 시간 10 ns 후에 '1'이 된다. 그 다음에 출력 '1'은 다시 입력으로 피드백되고 출력은 지연 시간 후에 '0'으로 바뀌게 된다. CLK 신호는 파형에서 볼 수 있듯이 '0'과 '1'을 계속 반복하게 된다. 그림에 나타나 있는 동시문은 이러한 동작을 수행하며 CLK가 초기에 '0'의 값을 가지고 있다면, 10 ns 후에 값이 '1'로 바뀌게 된다. CLK가 바뀌었기 때문에 동시문이 다시 수 행되며, CLK 신호는 다음의 10 ns 후에 '0'으로 돌아오게 된다. 이러한 과정이 무한적으로 반복된다.

그림 10-2 피드백으로 연결된 인버터

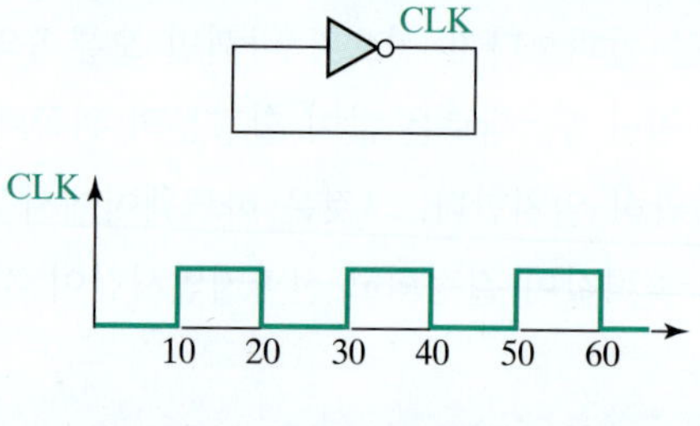


```
CLK <= not CLK after 10 ns;
```

결국 그림 10-2의 구문은 반주기가 10 ns인 클록 파형을 생성하게 된다. 반면에 다음의 구문은

CLK <= **not** CLK;

시뮬레이터에서 오류를 발생시킨다. 이것은 0의 지연이 있으므로 CLK의 값이 0 + Δ, 0 + 2Δ, 0 + 3Δ, . . .일 때에 바뀌게 되는데, 결국 Δ는 극히 작은 시간이므로 시뮬레이션 시점이 1 ns에 미치지 못하게 된다.

일반적으로 VHDL은 대소문자의 구분이 없다. 그것은 대문자와 소문자가 컴파일러나 시뮬 레이터에서 똑같이 취급되기 때문이다. 따라서 다음의 구문들은

Clk <= **NOT** clk **After** 10 NS;
CLK <= **not** CLK **after** 10 ns;

같은 구문으로 간주된다. 신호 이름과 다른 VHDL 식별자들은 문자나 숫자 그리고 '_ '와 같은 기호를 가질 수 있다. 식별자는 반드시 문자로 시작되어야 하며 '_ '로 끝낼수 없다. 따라서 C123과 ab_23은 문법적으로 맞는 식별자이지만 1ABC와 ABC_는 틀린 표현이다. 모든 VHDL의 구문들은 반드시 세미콜론으로 끝나야 한다. 공백이나 탭, 캐리지 리턴은 모두 같은 것으로 취급된다. 이것은 하나의 VHDL 구문이 여러 줄에 걸쳐서 작성될 수 있고 여러 구문들이 한 줄에서 작성될 수 있다는 의미이다. 또한 VHDL 코드의 한 줄에서 '--'의 의미는 '--' 다음의 문장이 주석임을 나타낸다. **and** 혹은 **or**, **after**와 같은 예약어(혹은 키워드)들은 VHDL 컴파일러에게 특별한 의미를 가진다. 이 책에서는 모든 예약어들을 굵은 폰트로 표기하였다.

그림 10-3에는 A 신호를 공통 입력으로 가지는 3개의 게이트와 이에 대한 VHDL 코드를 나타내었다. 3개의 동시문들은 3개의 게이트에서 입력 신호가 바뀔 때마다 동시에 처리되는 것처럼 A가 바뀔 때마다 특정 시점에서 동시에 실행된다. 그러나 각 게이트들이 다른 지연 시간을 가지고 있다면 게이트 출력의 변화는 각기 다른 시점에서 이루어진다. 만약 게이트의 전파지연이 각각 2 ns, 1 ns, 3 ns를 가지고 A가 5 ns의 시점에서 변화한다면, 게이트 출력 D, E, F는 각 각 시점 7 ns, 6 ns, 8 ns에서 갱신된다. 하지만 구문에서 지연 시간이 명시되어 있지 않다면 D, E, F는 전부 5 + Δ 시점에서 갱신된다.

이 예제에서 모든 신호는 비트 형식을 가지고 있으며, 단지 '0'이나 '1'의 값을 가진다(VHDL에서 비트값은 정수값과 구별하기 위하여 작은 따옴표로 둘러싸여 있다). 우리는 디지털 설계에서 신호의 집합을 대상으로 종종 같은 연산을 수행할 필요가 있다. 비트 신호들을 하나의 1차원 배열로 만드는 것을 비트 벡터(bit-vector)라고 부른다. 만약 B가

그림 10-3 공통 입력과 서로 다른 지연을 가지는 3개의 게이트회로

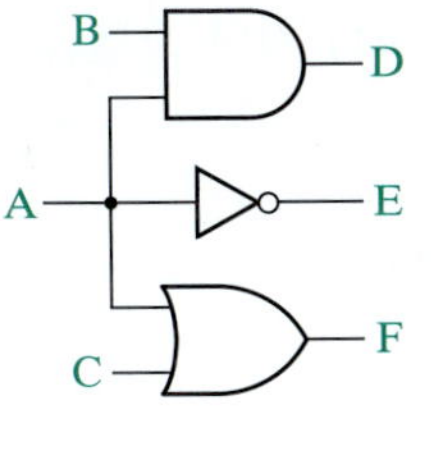


```
-- when A changes, these concurrent
-- statements all execute at the same time
D <= A and B after 2 ns;
E <= not A after 1 ns;
F <= A or C after 3 ns;
```

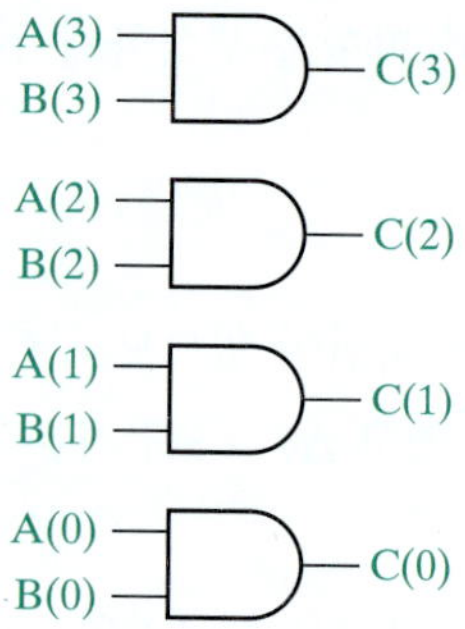


```
-- the hard way
C(3) <= A(3) and B(3);
C(2) <= A(2) and B(2);
C(1) <= A(1) and B(1);
C(0) <= A(0) and B(0);
```

```
-- the easy way
C <= A and B;
```

그림 10-4
AND 게이트의 배열

4비트의 벡터를 가지고 그것의 인덱스가 0에서 3까지 변화한다면, 비트 벡터의 4개의 요소들은 각각 B(0), B(1), B(2), B(3)가 된다. 구문 **B <= "0110"**을 B(0)로 할당하고, '1'을 B(1)로, '1'을 B(2)로, '0'을 B(3)로 할당한다.

그림 10-4는 4개의 AND 게이트들의 배열을 보여준다. 입력들은 A와 B라는 비트 벡터로 표현되었으며, 출력은 C라는 비트 벡터이다. 물론 우리는 4개의 VHDL 구문으로 4개의 게이트를 표현할 수 있지만, 비트 벡터와 **and** 연산을 이용하여 단지 하나의 VHDL 구문으로써 효율적으로 기술할 수 있다. 비트 벡터를 적용하였을 때에 **and** 연산자는 해당되는 요소들의 쌍을 전부 **and** 연산한다고 간주된다.

"**after delay**"를 포함하는 이전의 신호할당문은 **관성**지연(**inertial** delay) 모델을 생성한다. D 시간단위의 관성 지연을 갖는 소자를 고려해 보자. 소자의 입력이 변한다면 출력이 변하게 될것이며 출력값은 D만큼의 시간 단위가 지난 후에 변한다. 하지만 소자의 입력이 D만큼의 시간주기 동안두번 변하고 두 번 모두 출력이 바뀌는 경우는 사정이 다르다. 이 경우는 두 번의 입력에 변화에도 불구하고 소자의 출력에 어떤 변화도 없게 된다. 예로 다음의 신호문을 고려해 보자.

```
C <= A and B after 10 ns;
```

A와 B는 초기값으로 1을 갖고 A가 15 ns에 0으로 변하고 30 ns에 1로 변한 후 35 ns에 0으로 변한다고 가정한다. 그러면 C는 10 ns에 1로, 25 ns에 0의 값을 가지며 30 ns과 35 ns의 A의 변화에 C의 값은 전혀 변하지 않는다. 그 이유는 두 입력값의 변화가 10 ns보다 작은 범위에서 일어났기 때문이다. D 시간 단위의 관성지연을 갖는 소자는 입력의 변화가 D 시간 단위와 같거나 적은 시간 내에 일어나면 출력의 변화를 걸러낸다.

VHDL에서는 **이상적(전파)** 지연 시간을 이용하여 소자를 모델링할 수 있다. D 시간 단위의 이상적(전파) 지연 특성을 갖는 소자에서의 입력의 변화는 D 시간 단위 후에 출력의 변화로 나타나고 또 다른 입력의 변화가 D 시간 단위 내에 다시 일어난다 해도 출력의 변화로 그대로 나타난다. 이상적(전파, transport) 지연 모델을 사용하는 VHDL 신호할당문은 다음과 같다.

```
signal_name <= transport expression after delay
```

예제로서 다음 신호할당문을 보자.

C <= **transport** A **and** B **after** 10 ns;

A와 B의 초기값이 1이고 A가 15 ns에 0으로, 30 ns에 1로, 35 ns에 0으로 변한다고 가정한다. 그러면 C는 10 ns에 1로, 25 ns에 0으로, 40 ns에 0의 값을 갖는다. 마지막 2번의 변화가 5 ns 간격으로 일어남을 주목하라.

10.2 멀티플렉서를 위한 VHDL 모델

그림 10-5는 2-to-1, 즉 두 개의 데이터 입력과 한 개의 제어 입력을 가지는 멀티플렉서를 보여준다. 멀티플렉서의 출력은 F = A′ · I0 + A · I1이다. 이에 해당되는 VHDL 구문은 다음과 같다.

F <= (**not** A **and** I0) **or** (A **and** I1);

다른 방법으로 우리는 멀티플렉서를 그림 10-5와 같이 조건부 신호 할당문으로써 구현할 수 있다. 이 문장은 A, I0, I1이 바뀔 때마다 실행된다. 멀티플렉서의 출력은 A가 '0'일 때에 I0이고 그렇지 않은 경우 I1이 된다. 조건부 문장에서 I0, I1, F는 비트 혹은 비트 벡터가 될 수 있다.

그림 10-5
2-to-1
멀티플렉서

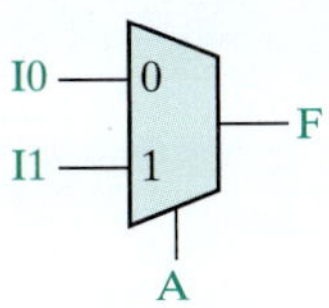


```
-- conditional signal assignment statement
F <= I0 when A = '0' else I1;
```

일반적인 조건부 신호할당문의 형식은 다음과 같다.

```
signal_name <= expression1 when condition1
               else expression2 when condition2
               [else expressionN];
```

이 동시문은 표현식에 사용된 신호나 조건들이 바뀔 때마다 수행된다. 만약 조건 1이 참이라면 signal_name에는 표현식 1의 값이 할당된다. 그렇지 않고 조건 2가 참이라면 signal_name에 표현식 2가 할당되는 구조를 가지고 있다. 대괄호로 지칭된 부분은 when이 없고 else만 존재하는 부분이 없어도 된다는 의미이다. 그림 10-6은 두 개의 멀티플렉서가 직렬로 연결된 회로이며 조건부 신호 할당문을 이용하여 어떻게 표현하는지를 나타내고 있다. 그림에서 첫 번째 멀티플렉서는 D가 '1'일 때 출력으로 B를 선택하고 '1'일때 C를 출력한다. 두 번째 멀티플렉서는 E가 '1'일 때 A를 출력으로 선택하고, 그렇지 않은 경우 첫 번째 멀티플렉서의 출력을 선택하게 된다.

그림 10-6
직렬로 연결된 2개의 2-to-1 멀티플렉서

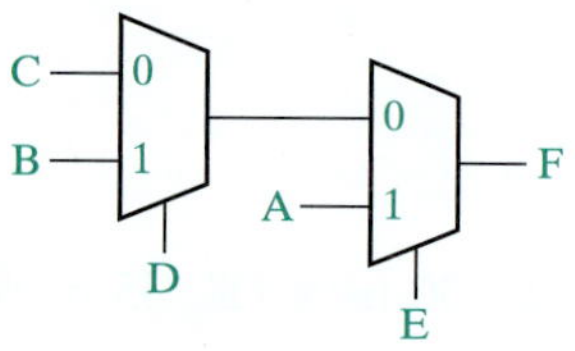


```
F <= A when E = '1'
     else B when D = '1'
     else C;
```

그림 10-7
4-to-1 멀티플렉서

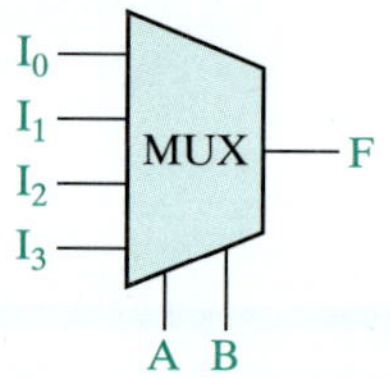


```
sel <= A&B;
-- selected signal assignment statement
with sel select
  F <= I0 when "00",
       I1 when "01",
       I2 when "10",
       I3 when "11";
```

그림 10-7은 4-to-1, 즉 4개의 데이터 입력과 2개의 제어 신호 A, B를 가지는 멀티플렉서를 나타내고 있다. 제어 입력은 4개의 데이터 입력 중에서 하나의 출력을 선택하는데 쓰인다. 4-to-1 멀티플렉서의 논리식은 다음과 같다.

$$F = A'B'I_0 + A'BI_1 + AB'I_2 + ABI_3$$

따라서 VHDL 구문을 이용하여 멀티플렉서를 구현하는 한 방법은 위의 논리식을 직접 이용하 는 것이다.

```
F <= (not A and not B and I0) or (not A and B and I1) or
          (A and not B and I2) or (A and B and I3);
```

다른 방법으로는 조건부 할당문을 사용하여 4-to-1 멀티플렉서를 구현하는 것이다.

```
F <= I0 when A&B = "00"
else I1 when A&B = "01"
else I2 when A&B = "10"
else I3;
```

여기에서, A&B 표현식은 A와 B를 연접하여 연결한다는 의미이다. 즉 A와 B가 합쳐져서 두 비트의 크기를 가지는 비트 벡터의 형식을 이루게 된다. 이 비트 벡터는 조건에 일치되는지 비교되고, 해당되는 멀티플렉서의 입력이 선택될 것이다. 예를 들어 A가 '1', B가 '0', A&B는 '10'이 되고 데이터 입력 I2가 선택된다. 만약 연결 연산자를 사용하지 않는다면 다음과 같이 좀 더 복잡한 조건문을 갖게 된다.

```
F <= I0 when A = '0' and B = '0'
  else I1 when A = '0' and B = '1'
  else I2 when A = '1' and B = '0'
  else I3;
```

세 번째 방법은 그림 10-7과 같이 선택신호 할당문을 이용하는 방법이다. A&B와 같은 연접 형태는 이러한 구문에서 사용할 수 없기 때문에, 먼저 Sel이라는 신호에 연접한 결과를 저장해 둔다. 그 다음에 Sel의 값은 F로 할당되는 멀티플렉서의 입력을 선택하게 된다.

선택신호 할당문의 일반적인 형태는 다음과 같다.

```
with expression_s select
    signal_s <= expression1 [after delay-time] when choice1,
                expression2 [after delay-time] when choice2,
                . . .
                [expression_n [after delay-time] when others];
```

이 동시문은 구문 내의 어떤 표현식이든지 그 값이 변하게 되면 실행된다. 첫 번째로 조건 신호 혹은 표현식이 평가되고 만약 그 값이 선택 1과 일치하게 되면, 목표 신호에는 표현식 1의 평가 값이 할당되며, 선택 2와 일치하면 표현식 2의 값이 할당된다. 만약에 조건 신호나 표현식이 가지는 모든 가능한 경우가 기술되어 있다면 'when others'로 끝나는 마지막 줄은 존재하지 않아도 무방하다. 물론 그렇지 않은 경우에는 마지막 줄은 항상 존재해야만 한다. 마지막 줄이 존재하는 경우에 조건 신호와 표현식이 열거된 선택들에 하나도 일치하지 않는다면 목표 신호는 표현식 n의 값을 가지게 된다. 목표 신호는 델타 지연 시간 후에 갱신되거나 **after**로 지정된 지연 시간만큼 기다린 후 갱신된다.

10.3 VHDL 모듈

완전한 VHDL 모듈을 기술하기 위해서는 모든 입력 신호와 출력신호를 **엔터티(entity)** 선언 안에 작성해야만 한다. 그 다음 **구조(architecture)** 선언 안에 모듈의 내부적인 연산을 설계해 야 한다. 예를 들어 그림 10-8에서 엔터티 선언에는 모듈의 이름을 "two_gates"라고 명시되었다. 포트 선언에 이 모듈의 입력과 출력 핀들을 작성하였다. A, B, D는 비트 형식의 입력 신호이고, E는 비트 형식의 출력 신호이다. 이 모듈의 구조 이름은 "gates"이며 구조 선언문 안에 내부적인 신호인 C가 선언되었다. **begin**과 **end** 사이에 두 개의 동시문으로 이 모듈에 사용되는 게이트들이 위치하게 된다.

그림 10-8 2개의 게이트로 이루어진 VHDL 모듈

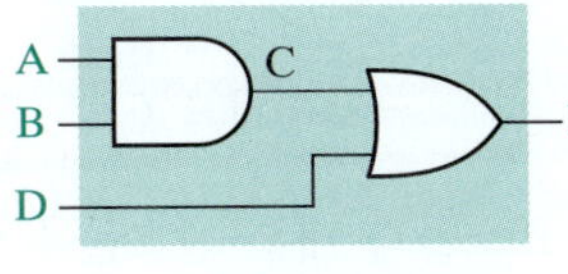


```
entity two_gates is
    port (A,B,D: in bit; E: out bit);
end two_gates;
architecture gates of two_gates is
    signal C: bit;
begin
    C <= A and B; -- concurrent
    E <= C or D; -- statements
end gates;
```

시스템을 VHDL로 기술할 때 가장 상위 블록의 엔터티와 구조를 선언해야 하고 각 내부 요소 모듈에 대한 엔터티와 구조 또한 명시해야만 한다(그림 10-9 참조). 각 엔터티 선언은 인터페이스 신호들을 포함하고 있고 이들은 다른 모듈과 연결을 제공하게 된다. 엔터티 선언은 다음과 같은 형태로 이루어진다.

```
entity entity-name is
    [port(interface-signal-declaration);]
end [entity] [entity-name];
```

대괄호로 묶여진 부분들은 꼭 필요한 부분은 아니라는 의미이다. 여기에서 인터페이스 신호 선언은 대개 다음의 형식을 따른다.

```
list-of-interface-signals: mode type [: = initial-value]
{; list-of-interface-signals: mode type [: = initial-value]};
```

그림 10-9 VHDL의 프로그램 구조

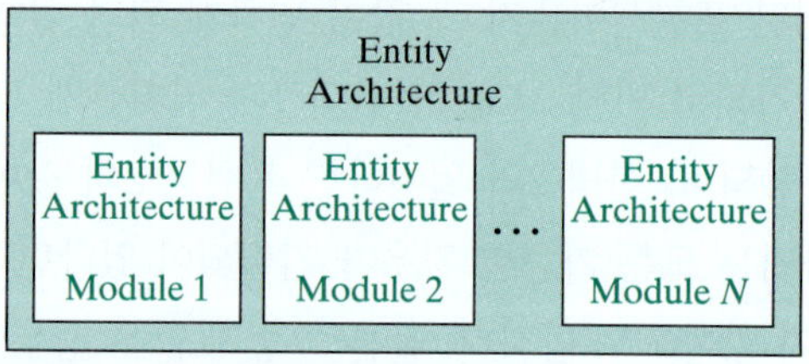

중괄호로 묶여진 부분은 없을 수도 있거나 반복되는 부분을 뜻한다. 입력 신호들은 입출력 모드를 **in**으로 나타내고, 출력 신호들은 **out**으로 양방향 신호들은 **inout**으로 표기한다(그림 9-16 참조).

지금까지 우리는 비트와 비트 벡터 형식만을 사용했다. 다른 데이터형은 10.4절에서 학습할 것이다. 초기값은 지정하지 않아도 무방한데 이것은 해당 신호 리스트를 초기화 시켜주는 역할을 한다. 만약 지정하지 않는다면 해당 데이터 형식에서 사용되는 기본 초기값이 지정될 것이다. 예를 들어 포트 선언이 다음과 같다면

```
port(A, B: in integer : = 2; C, D: out bit);
```

A와 B는 초기값으로 2를 가지는 정수 형식의 입력 신호이지만, 초기값을 지정하지 않은 C와 D의 경우, 비트 형식의 기본 초기값인 '0'으로 초기화된다.

하나의 엔터티 선언과 연결되는 구조 선언은 하나 이상이 될 수 있다. 다음에 구조 선언의 일반적인 형태를 나타내었다.

```
architecture architecture-name of entity-name is
     [declarations]
begin
     architecture body
end [architecture] [architecture-name];
```

선언부를 살펴보면 구조 선언 안에서 사용할 요소들과 내부 신호들을 이곳에서 선언할 수 있다. 구조 몸체는 이 모듈의 연산을 지정할 여러 구문들로 채워질 것이다.

다음에 전덧셈기 모듈에 대한 엔터티와 구조 선언을 살펴보자(전덧셈기에 대한 설명은 4.7절에 나타나 있다). 엔터티는 그림 10-10에서 나타나듯이, 덧셈기 모듈의 입력과 출력을 지정한다. 포트 선언부에는 입력 신호로 비트 형식의 X, Y, Cin이 나타나 있고, Cout과 Sum은 비트형식의 출력 포트를 나타낸다.

그림 10-10 전덧셈기 모듈에 대한 엔터티 선언

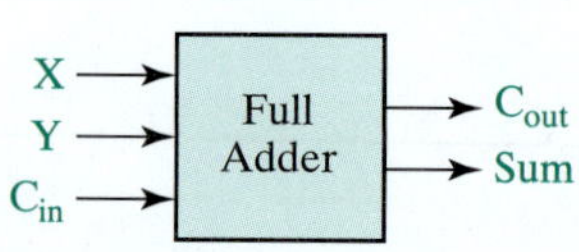


```
entity FullAdder is
   port (X,Y,Cin: in bit;            -- Inputs
         Cout, Sum: out bit);  -- Outputs
end FullAdder;
```

구조 선언부에 전덧셈기의 연산을 지정하면 다음과 같이 나타낼 수 있다.

```
architecture Equations of FullAdder is
begin            -- concurrent assignment statements
    Sum <= X xor Y xor Cin after 10 ns;
    Cout <= (X and Y) or (X and Cin) or (Y and Cin) after 10 ns;
end Equations;
```

위 예에서, 구조 이름인 Equations은 어떤 이름을 사용해도 무방하지만, 엔터티 이름인 FullAdder는 반드시 연결되는 엔터티 선언에서 사용되는 이름과 정확히 동일한 것이어야 한다. Sum과 Cout에 대한 VHDL 할당 구문은 전덧셈기에 대한 논리식을 표현한 것이다. 이러한 구조 선언은 진리표나 게이트의 연결 구조로도 표현할 수 있다. Cout의 동시문에서 (X **and** Y)에서 사용된 괄호는 꼭 필요한 것이며, 이것은 VHDL이 논리 연산자에 대한 자체적인 우선 순위를 가지고 있지 않기 때문이다.

4비트의 전덧셈기

다음에 우리는 하나의 시스템에서 이미 기술된 전덧셈기 모듈을 어떤 방식으로 사용할 것인지 에 대해 학습한다. 이 시스템은 4개의 전덧셈기로 이루어지며 결국 4비트의 전덧셈기가 된다(그림 10-11). 먼저 4비트의 덧셈기에 대한 엔터티를 선언해 보자(그림 10-12). 입력과 Sum 출력이 4비트의 크기를 가지기 때문에, 이 포트들에 대해서 "3 **downto** 0"의 형태인 4비트의 벡터 형식을 사용한다("1 to 4"와 같은 형태도 사용할 수 있다).

그림 10-11
4비트 전덧셈기

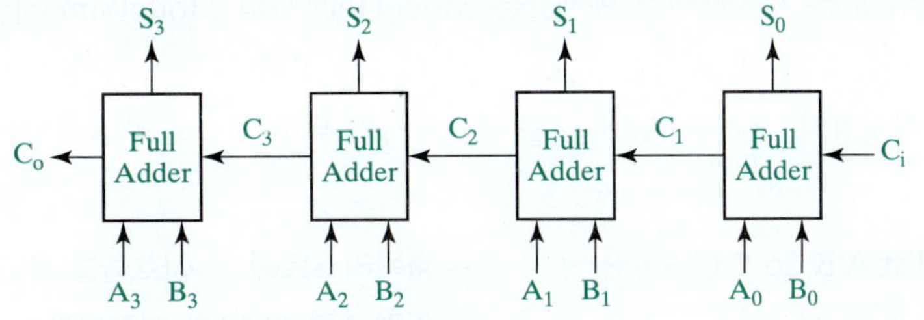

그 다음으로, 그림 10-12에서와 같이 Adder4에 대한 구조 선언부 안에 FullAdder를 요소선언문을 이용하여 등록한다. FullAdder에 대한 요소 선언문은 전덧셈기의 엔터티 선언과 매우 유사하고 입력과 출력포트의 신호들은 전덧셈기의 엔터티 선언에 사용되었던 포트들과 정확히 동일하다. 요소 선언문 다음에는 내부 자리올림 신호인 C를 3비트의 벡터로 선언하였다.

구조 본체 안에는 FullAdder 요소에 대한 여러 개의 인스턴스를 생성하였다(컴퓨터 이용 설계분야에서 이것을 FullAdder에 대한 4개의 복사본을 *객체화*하였다고 말한다). FullAdder에 대한 각 복사본은 FA0과 같이 자신의 이름을 가지고 있고 port map이 사용된다. port map 구문 다음에 열거되는 신호 이름들은 요소 선언에서 사용되었던 포트 이름과 일대일로 대응한다. 따라서 A(0), B(0), Ci는 입력 X, Y, Cin과 순서대로 매

핑된다. C(1)과 S(0)는 출력 Cout과 Sum과 일치한다. port map 선언 안에 열거된 신호들의 순서는 요소 선언부에서 기술되었던 포트 리스트의 순서와 동일해야 한다.

시뮬레이션을 하기 위해서 FullAdder에 대한 엔터티와 구조 그리고 Adder4에 대한 엔터티와 구조를 하나의 파일 안에 넣고 컴파일할 수 있다. 또 다른 방법으로 FullAdder와 Adder4를 각기 다른 파일에 저장해 두고, 먼저 FullAdder를 컴파일하여 그 결과물을 특정 라이브러리에 위치시킨 뒤 Adder4를 컴파일할 때 링크될 수 있도록 사용할 수도 있다.

그림 10-12 4비트 덧셈기의 구조적 기술

```
entity Adder4 is
    port (A, B: in bit_vector(3 downto 0); Ci: in bit;   -- Inputs
        S: out bit_vector(3 downto 0); Co: out bit);    -- Outputs
end Adder4;
architecture Structure of Adder4 is
component FullAdder
    port (X, Y, Cin: in bit;    -- Inputs
        Cout, Sum: out bit);    -- Outputs
end component;
signal C: bit_vector(3 downto 1);
begin    -- instantiate four copies of the FullAdder
    FA0: FullAdder port map (A(0), B(0), Ci, C(1), S(0));
    FA1: FullAdder port map (A(1), B(1), C(1), C(2), S(1));
    FA2: FullAdder port map (A(2), B(2), C(2), C(3), S(2));
    FA3: FullAdder port map (A(3), B(3), C(3), Co, S(3));
end Structure;
```

이 책의 모든 시뮬레이션 예제들은 ModelTech사의 ModelSim 시뮬레이터를 사용하였다. 다른 VHDL 시뮬레이터들 역시 비슷한 명령 체계를 가지고 비슷한 형태의 출력물을 생성한다. 우리는 Adder4를 테스트하기 위해 다음의 시뮬레이터 명령을 사용할 것이다.

```
add list A B Co C Ci S      -- 출력리스트에 이 신호들을 올린다.
force A 1111                -- 입력 A를 1111로 지정한다.
force B 0001                -- 입력 B를 0001로 지정한다.
force Ci 1                  -- 입력 Ci를 1로 지정한다.
run 50 ns                   -- 50 ns동안 시뮬레이터를 동작시킨다.
force Ci 0
force A 0101
force B 1110
run 50 ns
```

우리는 자리올림이 모든 전덧셈기를 따라 전파될 수 있도록 시뮬레이션을 50 ns의 충분한 시간 동안 수행하였다. 시뮬레이션 결과는 다음과 같다.

ns	delta	a	b	co	c	ci	s
0	+0	0000	0000	0	000	0	0000
0	+1	1111	0001	0	000	1	0000
10	+0	1111	0001	0	001	1	1111
20	+0	1111	0001	0	011	1	1101
30	+0	1111	0001	0	111	1	1001
40	+0	1111	0001	1	111	1	0001
50	+0	0101	1110	1	111	0	0001
60	+0	0101	1110	1	110	0	0101
70	+0	0101	1110	1	100	0	0111
80	+0	0101	1110	1	100	0	0011

출력된 결과는 자리올림이 매 10 ns 동안 한 위치에서 다른 위치로 전파되어가는 것을 보여 준다. 전덧셈기 입력은 = Δ 시점에서 이루어진다.

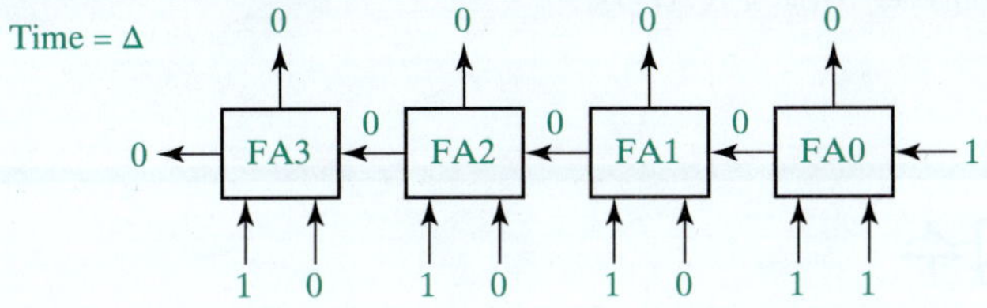

합과 자리올림은 각 전덧셈기에서 계산되며 전덧셈기의 출력은 10 ns 후에 이루어진다.

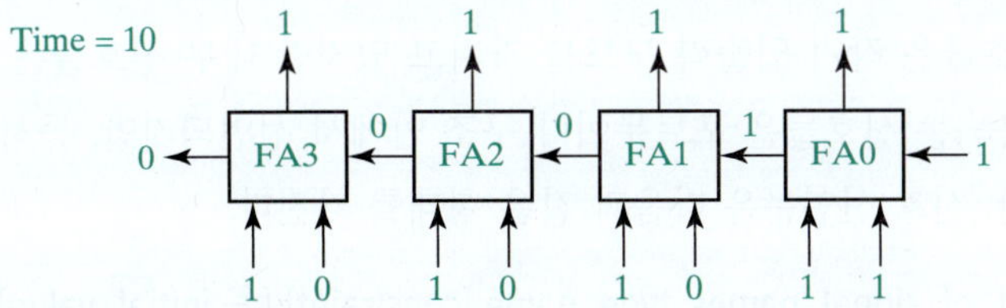

FA1의 입력이 변화되었기 때문에 출력은 다시 10 ns 후에 바뀐다.

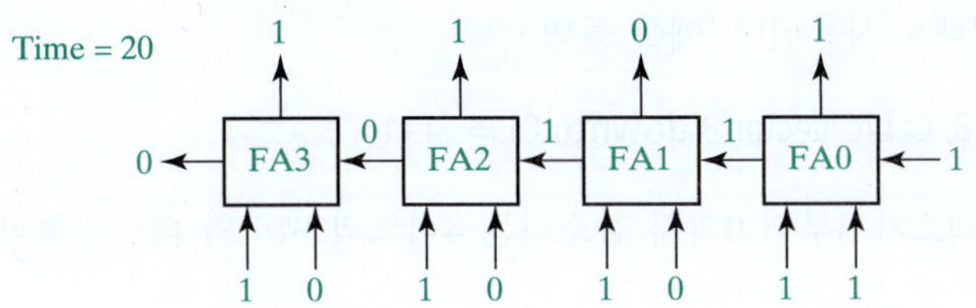

최종 시뮬레이션 결과는 다음과 같다.

40 ns일 때 : 1111 + 0001 + 1 = 0001, 캐리 1

80 ns일 때 : 0101 + 1110 + 0 = 0011, 캐리 1

시뮬레이션은 더 이상 신호들의 변화가 발생되지 않은 시점인 80 ns에서 멈춘다. 시뮬레이터가 델타 지연을 다루는 방법은 10.9절에서 자세히 소개할 것이다.

이 절에서 엔티티 선언과 구조 선언을 이용하여 VHDL 모듈을 선언하는 방법을 학습했다. 4비트의 덧셈기 모듈은 내부 요소 모듈을 사용하여 어떻게 구조적으로 VHDL

설계를 할 수있는지를 잘 나타낸다. 구조 선언 안에 사용한 요소들은 요소 선언부를 이용하여 구조 선언부의 처음에 선언되었다.

```
component component-name
    port (list-of-interface-signals-and-their-types);
end component;
```

포트문은 엔터티 선언에서 사용되었던 포트문과 동일한 형태이다. 회로에서 사용된 각 요소들을 연결하기 위해서는 다음과 같은 port map문을 사용한다.

```
label: component-name port map (list-of-actual-signals);
```

내부 신호 리스트는 반드시 요소 선언문에서 사용하였던 포트의 리스트와 일대일 매핑되어야 한다는 사실을 명심해야 한다.

10.4 신호와 상수

모듈에 대한 입력과 출력 신호들은 모두 포트문 안에서 선언된다. 반면 모듈 안의 내부 신호들은 구조 선언문의 **begin** 전에서 선언되며 오직 선언된 구조 안에서만 사용할 수 있다. 포트 신호들은 각기 입출력 모드를 가지고 있지만 내부 신호들은 그렇지 않다. 구조 안에서 사용되는 신호들은 포트문이나 구조 안에서 선언되지만, 동시에 두 곳에서 선언될 수는 없다. 신호 선언문은 다음과 같은 형태를 가진다.

```
signal list_of_signal_names: type_name [constraint] [:= initial_value];
```

제한영역은 신호의 값의 구간을 결정하는 부분으로 (0 to 5)와 (4 downto 1), range 0 to 7과 같은 형태로 사용된다. 예를 들면

```
signal A, B, C: bit_vector(3 downto 0):= "1111";
```

A, B, C는 인덱스가 3부터 0까지 감소하는 4비트의 벡터의 데이터형이고 1111로 초기화되어 있다.

```
signal E, F: integer range 0 to 15;
```

E와 F는 0부터 15까지의 범위를 가지는 정수형의 신호이며 기본 초기값인 0을 가진다. 만약 지 정된 범위 밖의 값을 할당하려고 하면 컴파일러나 시뮬레이터는 오류 메시지를 내보낼 것이다.

상수는 구조 선언의 처음 부분에 선언되고 구조 안의 어느 위치에서도 사용할 수 있다. 상수를 선언하는 방법은 신호 선언문과 매우 유사하다.

```
constant constant_name: type_name [constraint] [:= constant_value];
```

정수값 17을 가지는 limit 상수는 다음과 같이 정의할 수 있다.

```
constant limit : integer := 17;
```

delay1이라는 이름을 가지고 5 ns의 시간값을 가지고 있는 상수는 다음과 같이 선언된다.

```
constant delay1 : time := 5 ns;
```

이 상수는 할당문에서 다음과 같이 사용할 수 있다.

```
A <= B after delay1;
```

상수의 경우 한 번 선언되면 신호와 같이 다시 다른 값을 할당할 수 없다.

신호와 상수는 VHDL에서 미리 지정된 데이터 형식을 사용하거나 프로그래머가 지정한 데이터 형식을 사용할 수도 있다. 미리 지정된 데이터 형식의 예는 다음과 같다.

정의

bit	'0' 이거나 '1'
boolean	거짓이거나 참
integer	$-(2^{31}-1)$에서 $+(2^{31}-1)$ 사이의 값을 갖는 정수 (몇몇 컴파일러나 시뮬레이터에서는 더 큰 범위의 정수를 지원한다.)
positive	1에서 $2^{31}-1$ 사이의 값을 갖는 정수(양의 정수)
natural	0에서 $2^{31}-1$ 사이의 값을 갖는 정수(0을 포함한 양의 정수)
real	−1.0E38에서 + 1.0E38 사이의 값을 갖는 부동 소수점 숫자
character	대문자와 소문자를 포함한 문자, 숫자, 그리고 특수 문자와 같은 VHDL이 허용하는 글자들을 의미한다. 각 글자는 작은 따옴표로 둘러 싸여 있어야 한다. 예를 들면 'd', '7' ,'+'와 같은 형태이다.
time	fs, ps, ns, us, ms, sec, min, hr과 같은 단위를 갖는 정수

보통 32비트 2의 보수 정수 표현이 -2^{31}에서 $+(2^{31}-1)$의 범위를 갖지만, VHDL의 정수범위는 대칭적이라는 사실에 주목하라.

프로그래머가 지정하는 데이터 형식은 모든 데이터값이 열거되어 있는 열거형식이다. 예를 들어 다음의 선언을 보면,

```
type state_type is (S0, S1, S2, S3, S4, S5);
signal state : state_type := S1;
```

state라는 신호는 S0, S1, S2, S3, S4, S5 중 하나의 값을 가질 수 있는데, 이 예에서 초기값으로 S1을 가진다. 만약 초기값을 지정하지 않으면 기본 초기값으로 열거형 선언 부분의 맨 왼쪽 값이 지정된다(이 예에서는 S0가 된다). 만약 state를 위의 예와 같이 선언하면 다음의 신호 할당문은 state를 S3로 할당하게 한다.

```
state <= S3;
```

VHDL은 데이터 형식을 잘 지켜야 하는 언어이며 같은 할당문 내에서 서로 다른 데이터 형식을 가지는 신호를 섞어서 사용할 수 없다. 또한 자동 형변환과 같은 메커니즘이 존재하지 않는다. 따라서, A <= B or C와 같은 구문은 A, B, C가 모두 같은 데이터 형식이거나 매우 밀접한 데이터 형식이어야만 한다.

10.5 배열

VHDL에서 배열을 사용하기 위해서는 배열형을 선언해야 하고 선언된 배열 형식을 이용하여 배열 객체를 생성해야 한다. 예를 들어 다음의 선언문은 하나의 1차원 배열 타입 SHORT_WORD를 선언한다.

```
type SHORT_WORD is array (15 downto 0) of bit;
```

이 형식은 인덱스가 15에서 0으로 감소하는 형태이고 개개의 데이터가 비트 형식인 1차원 배열을 선언한 것이다.

다음에 우리는 SHORT_WORD 형식을 갖는 배열 객체를 선언한다.

```
signal DATA_WORD: SHORT_WORD;
signal ALT_WORD: SHORT_WORD := "0101010101010101";
constant ONE_WORD: SHORT_WORD := (others => '1');
```

DATA_WORD는 16비트를 가지는 1차원 배열이며, 모든 비트들이 '0'으로 초기화되어 있다. ALT_WORD는 "0101010101010101"로 초기화되어 있는 16비트의 1차원 배열이다. 또한 ONE_WORD는 모든 값이 '1'인 16비트의 1차원 배열 형식의 상수이다. 이 예에서 개개의 모든 비트들은 독립적으로 할당되어 있지 않기 때문에[1] **others** 문으로 모든 비트를 지칭할 수 있다.

우리는 인덱스 값을 이용하여 배열에서 개개의 원소들을 직접 액세스할 수 있다. 예를 들면, ALT_WORD(0)는 ALT_WORD에서 가장 오른쪽에 위치한 비트를 의미한다. 또한 인덱스의 범위를 지정하여 배열의 일부분을 액세스할 수 있다. ALT_WORD(5 **downto** 0)는 ALT_WORD에서 오른쪽의 6비트, 010101을 액세스한다는 의미이다.

배열 형식과 배열 객체의 선언은 다음과 같이 일반적인 형식을 갖는다.

```
type array_type_name is array index_range of element_type;
signal array_name: array_type_name [ := initial_values ];
```

이 선언에서 **signal**이 **constant**로 바뀔 수도 있다.

1) 각 비트의 값을 지정하기 위한 방법은 참고문헌 1의 86쪽을 참고하라.

VHDL에서는 다차원 배열 형식 또한 선언할 수 있다. 다음의 예는 4행과 3열을 갖는 2차원 배열 신호를 선언하고 있다.

```
type matrix4x3 is array (1 to 4, 1 to 3) of integer;
signal matrixA: matrix4x3 := ((1,2,3),(4,5,6),(7,8,9),(10,11,12));
```

이 예제에서 matrixA 신호는 다음과 같이 초기화되어 있다.

$$\begin{bmatrix} 1 & 2 & 3 \\ 4 & 5 & 6 \\ 7 & 8 & 9 \\ 10 & 11 & 12 \end{bmatrix}$$

matrixA(3, 2)의 원소는 행렬에서 3번째 행, 2번째 열에 위치한 원소 8을 액세스한다. 구문 B <= matrixA (2,3)은 B에 6을 할당한다.

배열 형식이 선언될 때, 배열의 차원을 지정하지 않아도 된다. 이것은 한정되지 않은 배열 형식이라고도 부른다. 예를 들어,

```
type intvec is array (natural range <>) of integer;
```

에서 1차원 배열 intvec을 선언하지만 그것의 인덱스는 정해지지 않은 자연수로 표현할 수 있다. 배열의 인덱스는 기본적으로 정수를 갖지만 다른 형식도 가능하다. 배열의 크기가 정해지지 않은 경우, 그 배열의 객체가 선언될 때 비로소 크기를 지정해야 한다. 다음의 예에서,

```
signal intvec5: intvec(1 to 5) := (3,2,6,8,1);
```

은 intvec5라는 신호의 인덱스가 1에서 5까지 증가되고, 각 인덱스의 원소는 3, 2, 6, 8, 1로초 기화됨을알수 있다. 다음은 2차원 배열 형식에서 행과 열의 크기가 모두 정해지지 않은 것을 작성한 예이다.

```
type matrix is array (natural range <>, natural range <>) of integer;
```

VHDL에서 크기가 정해지지 않은 내장 배열 형식은 bit_vector, string과 같은 형식이며, 다음과 같이 정의된다.

```
type bit_vector is array (natural range <>) of bit;
type string is array (positive range <>) of character;
```

문자열은 큰 따옴표 안에 표기되어야 한다. 예를 들어 "This is a string"은 문자열 형식이다.

다음의 예는 상수 string1을 문자열 형식으로 선언한 것이다.

```
constant string1: string(1 to 29) := "This string is 29 characters."
```

bit_vector 는 ' , '를 사용하여 비트를 나열하거나, 문자열 형식을 사용하여 표기할 수 있다. 예를 들어 ('1', '0', '1', '1', '0')과 "10110"은 같은 값을 나타낸다. 다음은 인덱스의 범위가 0에서 5까지 변화하는 bit_vector 형식의 상수 A를 선언한 것이다.

```
constant A : bit_vector(0 to 5) := "101011";
```

진리표는 ROM을 사용하여 그림 9-21과 같이 구현할 수 있다. 만약 ROM의 출력이 bit_vector인 F(0 **to** 3)의 형식이라면, 우리는 bit_vector들이 배열 안에 저장되어 있는 ROM형식의 진리표를 작성할 수 있다. 이 ROM에 대한 VHDL 코드는 그림 10-13에 나타나 있다. 포트 선언(2번째 줄)에서 ROM의 입력과 출력을 정의하고 5번째 줄에서 행수가 8이고각 행은 4비트를 갖는 배열형을 정의하였다. 6번째 줄은 다시 이 배열형에 대한 배열 객체를 선언하고 7번째 줄에서 배열 객체의 인덱스를 지정할 정수형 신호를 선언하고 있다. 이 인덱스는 ROM1 배열 객체의 8행들 중에서 하나를 지칭하게 될 것이다. 9번째 줄에서 인덱스 신호가 세 개의 입력 비트와 연접하여 저장되는 것을 볼 수 있다(연결된 벡터는 함수를 통해 정수형으로 변환된다). 실제 데이터는 11번째 줄에서 볼 수 있듯이 ROM1 배열에서 읽어옴을 알 수 있 다. 예를 들어 A가 '1', B가 '0', C가 '1'이고 인덱스가 5라면, "0001"이 ROM으로부터 읽어질 것이다.

그림 10-13 ROM에 대한 VHDL 기술

```
1   library BITLIB;
2   use BITLIB.bit_pack.all;
3   entity ROM9_17 is
4       port (A, B, C: in bit; F: out bit_vector(0 to 3));
5   end entity;
6   architecture ROM of ROM9_17 is
7   type ROM8X4 is array (0 to 7) of bit_vector(0 to 3);
8   constant ROM1: ROM8X4 := ("1010", "1010", "0111", "0101", "1100", "0001", "1111", "0101");
9   signal index: Integer range 0 to 7;
10  begin
11      index <= vec2int(A&B&C);     -- A&B&C Is a 3-bit vector
12          -- vec2int 는벡터를 정수로 변환하는 함수이다.
13      F <= ROM1 (index);
14          -- 이 구분은 ROM으로 출력을 읽어오게 한다.
15  end ROM;
```

10.6 VHDL 연산자

미리 지정된 VHDL 연산자들은 다음과 같이 7가지 클래스로 나뉜다.

1. 2진 논리 연산자 : **and or nand nor xor xnor**
2. 관계 연산자 : = /= < <= > >=
3. 쉬프트 연산자 : **sll srl sla sra rol ror**
4. 덧셈 연산자 : + − & (연결 연산자)
5. 단항 부호 연산자 : + −
6. 곱셈 연산자 : * / **mod rem**
7. 기타 연산자 : **not abs** **

괄호가 사용되지 않는다면 클래스 7의 연산자들이 가장 높은 우선 순위를 가지게 되고 그 다음으로 클래스 6, 그 다음에는 클래스 5 순으로 우선 순위를 가지며, 클래스 1 연산자들은 가장 낮은 우선 순위를 가진다. 같은 클래스의 연산자들끼리는 같은 우선 순위를 가지므로 프로그래머가 기술한 순서대로 왼쪽에서 오른쪽 순으로 우선 순위가 할당된다. 또한 우선 순위는 괄호에 의하여 바뀔 수 있다. 다음 표현식에서 A, B, C, D는 비트 벡터이다.

not A **or** B **and not** C & D

이 예에서 **not**이 처음으로 적용되고 그 다음에는 **&**(연결 연산자), 그 다음에는 **or**, 마지막으로 **and** 순으로 우선 순위가 적용된다. 괄호에 의하여 등가 표현식을 구하면 다음과 같다.

((**not** A) **or** B) **and** ((**not** C) &D)

not과 2진 논리 연산자(클래스 1)는 비트, 부울, 비트 벡터, 부울 벡터와 같은 데이터 형식에 적용할 수 있다. 클래스 1 연산자들은 같은 데이터 형식과 크기를 갖는 2개의 오퍼랜드를 필요로 하며, 결과물 역시 같은 데이터형과 크기를 갖는다.

관계 연산자(클래스 2)는 2개의 표현식을 비교하여 참과 거짓의 결과를 내보낸다. 2개의 표 현식은 역시 같은 데이터 형식과 크기를 가지고 있어야 한다. 등가 연산자(=)와 비등가 연산자 (/=)는 어떠한 데이터형에도 적용할 수 있으나, 그 외의 연산자들은 적용되는 데이터 형식이 좀 더 제한적이다. 여기에서 "="는 항상 관계 연산자로 사용되지만 "<=" 할당 연산자로도 사용될 수도 있다. 예를 들어 A가 5, B가 4, C가 3인 경우에 다음의 표현식

(A >= B) **and** (B <= C)는 거짓이라고 판별된다.

그림 10-14는 한정된 범위를 갖는 두 정수를 비교하는 경우를 나타내고 있다. C는 부울 형식이며, 이것은 A <= B가 참 혹은 거짓으로 판별되기 때문이다. 만약 이 비교기를 하드웨어로 구현한다면 각 정수가 0에서 15의 범위를 갖기 때문에 4비트의 신호로 표현된다. C, D, E는 참 혹은 거짓으로 표현되므로 1비트를 갖게 된다(참은 '1', 거짓은 '0').

그림 10-14
정수 비교기

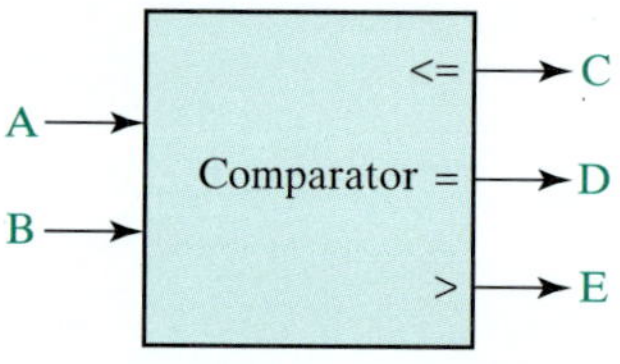


```
signal A,B: integer range 0 to 15;
signal C, D, E: Boolean;
--------------------------------
C <= A <= B;
D <= A = B;
E <= A > B;
```

쉬프트 연산자들은 비트 벡터를 쉬프트하거나 순환할 때 사용된다. 다음의 예에서 A는 "10010101"을 갖는 8비트의 벡터임을 가정한다.

A **sll** 2는 "01010100"(왼쪽으로 논리 쉬프트, '0'으로 채운다)
A **srl** 3는 "00010010"(오른쪽으로 논리 쉬프트, '0'으로 채운다)
A **sla** 3는 "10101111"(왼쪽으로 산술 쉬프트, 가장 오른쪽 비트로 채운다)
A **sra** 2는 "11100101"(오른쪽으로 산술 쉬프트, 가장 왼쪽 비트로 채운다)
A **rol** 3는 "10101100"(왼쪽으로 순환)
A **ror** 5는 "10101100"(오른쪽으로 순환)

보통 이러한 쉬프트 연산자들을 사용하지 않는데, 그 이유는 몇몇 하드웨어 합성 소프트웨어에서 다른 형태의 쉬프트 연산자들을 제공하기 때문이다. 대신에 연결 연산자들을 이용하여 쉬프트 연산을 구현할 수도 있다. 예를 들어 위에서 A의 인덱스가 7에서 0으로 변화한다면, 다음과 같이 구성하여 오른쪽으로 두 번 산술 쉬프트 연산을 수행할 수 있다.

A(7)&A(7)&A(7 **downto** 2) = '1'&'1'&"100101" = "11100101"

이것은 A의 부호 비트를 두 번 복사하고, 부호 비트 외의 나머지는 오른쪽으로 순환하게 되어 결국 A **sra** 2의 결과와 동일하게 된다.

+와 − 연산자들은 정수와 실수 오퍼랜드에 대하여 적용할 수 있다. & 연산자들은 2개의 벡터나 단일 원소와 벡터, 2개의 단일 원소를 연결하는 데 사용할 수 있다. 예를 들어 "010" & '1'은 "0101"을 의미하고 "ABC" & "DEF"는 "ABCDEF"를 나타내게 된다.

*와 / 연산자들은 각각 정수와 부동 소수점 숫자들에 대해 곱셈과 나눗셈 연산을 수행하게 하며, **rem**과 **mod**는 정수 오퍼랜드에 대하여 나머지를 구하고 모듈러스(modulus) 연산을 수행하게 한다(하지만 우리는 보통 rem과 mod를 사용하지 않는다. 그 이유가 참고문헌 [1]에 나타나 있다). ** 연산자는 정수와 실수 오퍼랜드의 거듭 제곱을 구하는 데에 사용되며 **abs**는 오퍼랜드의 절대값을 구한다.

10.7 패키지와 라이브러리

패키지와 라이브러리는 빈번히 사용되는 함수와 요소들을 쉽게 재사용할 수 있도록 도와 준다. 하나의 패키지는 패키지 선언문과 부가적인 패키지 본체부로 나뉜다. 패키지 선언부에는 여러 설계 유니트들 사이에서 공유되는 형식들을 정의한다. 예를 들어 이곳에는 데이터형이나 신호, 요소, 함수, 프로시져와 같은 선언이 포함된다. 패키지 본체는 보통 요소에 대한 연산 기술과 함수와 프로시져의 기술이 작성된다. 패키지와 그것에 연결할 VHDL 요소 모델들은 하나의 라이브러리에 존재해야 하며, 다른 VHDL 설계에서 쉽게 접근할 수 있도록 구성된다. 패키지 선언부는 다음과 같은 형태를 갖는다.

```
package package-name is
    package declarations
end [package][package-name];
```

본체는 다음과 같은 형식을 갖는다.

```
A package body has the form
package body package-name is
    package body declarations
end [package body][package name];
```

이 책의 많은 예제들에서 사용되는 bit_pack이라는 패키지를 작성하였다. 이 패키지에는 비트 와 비트 벡터 형식의 신호를 사용하는 요소들과 함수를 가지고 있다. bit_pack 패키지와 요소들의 코드는 이 책에 첨부되어 있는 CD-ROM에 수록되어 있다. 이 패키지의 대부분의 요소들은 기본적으로 10 ns의 전파지연 시간을 가지고 있지만 사용자들이 generic문을 수정함으로써 다른 지연 시간을 배당할 수도 있다. generic문의 설명은 기재된 VHDL 참고문헌들에서 찾아보기 바란다. bit_pack 패키지와 요소들을 컴파일하여 BITLIB이라는 라이브러리에 저장해 두었다.

라이브러리의 한 요소로서 Nor2라는 2-입력 NOR 게이트를 살펴보자. 이 요소의 전파지연은 10 ns이며, bit_pack의 패키지 선언부에 다음의 요소 선언문이 포함되어 있다.

```
component Nor2
    port (A1, A2: in bit; Z: out bit);
end component;
```

NOR 게이트는 동시문을 사용하여 모델링하였다. 이 요소의 엔터티-구조 쌍은 다음과 같다.

```
-- two-input NOR gate
entity Nor2 is
    port (A1, A2: in bit; Z: out bit);
end Nor2;

architecture concur of Nor2 is
begin
    Z <= not(A1 or A2) after 10 ns;
end concur;
```

패키지 내에 선언되어 있는 요소와 함수들을 접근하기 위해서는 **library** 구문과 **use** 구문을 사용해야 한다.

```
library BITLIB;
```

이 구문은 사용자가 BITLIB에 접근할 수 있게 한다. 다음의 형식은

```
use BITLIB.bit_pack.all;
```

bit_pack에 내장되어 있는 모든 함수와 요소들을 사용할 수 있게 하며, 다음의 형식을 사용하는 경우,

```
use BITLIB.bit_pack.Nor2;
```

특정 요소나 함수만을 접근할 수 있게 한다(이 경우 Nor2를 참조하게 된다).

라이브러리 패키지로부터 요소를 사용하고자 할 때에는 요소 선언문이 필요 없다. 그림 10-15는 NOR-NOR만으로 이루어지는 회로와 이에 해당하는 VHDL 코드를 나타낸다. 이 코드는 Nor2 게이트의 세 복사본을 bit_pack 패키지로부터 생성해내고 각각의 입출력을 연결하고 있다.

그림 10-15 라이브러리 요소를 이용한 VHDL의 구조적 표현

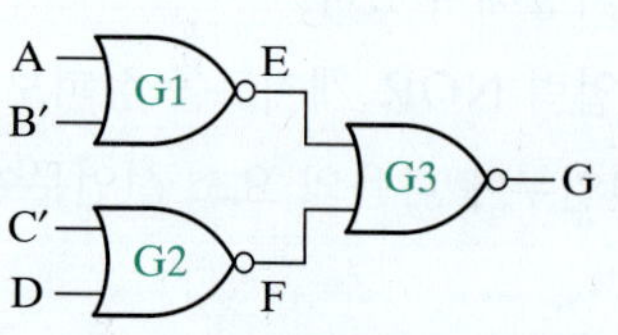


```
library BITLIB;
use BITLIB.bit_pack.all;
entity nor_nor is
    port (A,B,C,D: in bit; G: out bit);
end nor_nor;
architecture structural of nor_nor is
signal E,F,BN,CN: bit; -- internal signals
begin
    BN <= not B; CN <= not C;
    G1: Nor2 port map (A, BN, E);
    G2: Nor2 port map (CN, D, F);
    G3: Nor2 port map (E, F, G);
end structural;
```

10.8 IEEE 표준 논리

일반적으로 2개의 값을 갖는 논리(비트나 비트 벡터)는 디지털시스템을 시뮬레이션하는 데에 적절하지 못하다. '0'과 '1'이외에 'Z'(하이임피던스 혹은 비연결을 뜻함)와 'X'(값을 알 수 없는 경우에 사용됨)를 디지털시스템을 시뮬레이션할 때 빈번히 사용한다. IEEE 표준 1164에서는 std_logic 형식을 정의하고 이것의 9가지 값들 ('U', 'X', '0', '1', 'Z', 'W', 'L', 'H', '–')을 소개한다. 이 책에서는 처음의 5가지 값들만을 사용할 것이다. 'U'는 초기화되어 있지 않음을 뜻한다. 논리회로가 처음 전원이 들어오고 리세트되기 직전이라면 신호는 초기화되어 있지 않은 상태에 있을 것이다. 만약 이 신호들이 std_logc 형식으로 표현한다면 리세트되기 전까 지는 초기값으로 'U'를 갖게 될 것이다. 또한 비트 형식이 그룹을 이루어 비트 벡터가 되는 것처럼, std_logic이 모여 std_logic_vector를 표현한다.

그림 10-16은 동시문을 사용하여 3-상태 버퍼를 모델링한 예를 나타낸다. 버퍼가 동작가능 상태에 있을 때(B = '1'), 출력은 A이고, 그렇지 않은 경우 'Z'(하이임피던스) 상태에 있게 될 것이다. A와 C는 std_logic 대신에 std_logic_vector 형식을 가질 수도 있다.

그림 10-16
3-상태 버퍼

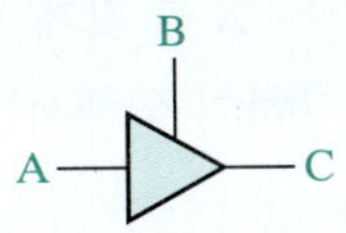


```
signal A,B,C: std_logic;
--------------------------------
C <= A when B = '1' else 'Z';
```

그림 10-17은 3-상태 버스를 이용하여 2개의 3-상태 버퍼를 연결하는 모습을 나타낸다. 만약 버퍼 1이 '1'을 출력하면 버퍼 2는 'Z' 출력을 내보내고, 버스값은 '1'을 가지게 될 것이다. 2개의 버퍼가 모두 동작가능하게 된다면 버퍼 1은 버스에 '0'을, 버퍼 2는 '1'을 내보내게 될 것이며, 이것은 비스가 충돌함을 의미힌다. 이 경우, 버스값을 정의할 수 없으므로 'X'로 표현한다.

그림 10-17
3-상태 버퍼를 사용한 버스 구동

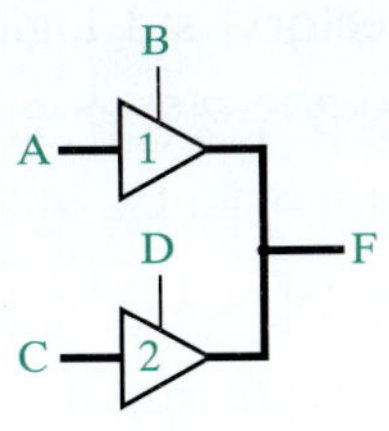


```
signal A,C,F: std_logic_vector(3 downto 0);
signal B,D: std_logic;
--------------------------------------------
-- concurrent statements
F <= A when B = '1' else "ZZZZ";
F <= C when D = '1' else "ZZZZ";
```

VHDL 코드에서 A, C, F는 std_logic_vector 형식이고 F는 3-상태 버스를 나타낸다. F 신호는 다른 2개의 발생원으로부터 생성된다. 두 동시문에서 서로 다른 값을 F로 할당하게 되면 VHDL은 자동적으로 *결정(resolution)함수*를 호출하여 결과값을 산출해낸다. 이것은 실제 하드웨어가 동작하는 것과 매우 유사한데, 두 버퍼가 다른 값을 출력하면 하드웨어는 두 값을 절충하여 적당한 출력값을 버스에 전송하게 된다. VHDL은 그림 10-18의 표를 사용하여 서로 다른 std_logic 신호들 S1, S2가 충돌할 경우에 버스

값을 결정하게 된다(이 경우 단지 'U', 'X', '0', '1', 'Z' 신호만이 고려된다). 이 표는 'U'에 대한 행과 열을 제외하면, 4개의 값을 이용한 논리 시뮬레이션 방법을 나타냈던 그림 9-14와 유사하다. VHDL은 초기화되지 않은 신호가 다른 신호와 경합하면 그 결과도 초기화되어 있지 않다고 판별한다.

그림 10-18
두 신호에 대한 결정(resolution)함수

S1 \ S2	U	X	0	1	Z
U	U	U	U	U	U
X	U	X	X	X	X
0	U	X	0	X	0
1	U	X	X	1	1
Z	U	X	0	1	Z

만약 A, B, F가 비트 벡터이고 다음의 동시문을 고려해 보면,

```
F <= A;   F <= not B;
```

컴파일러는 비트 벡터 형식에 대해 결정(resolution)함수가 존재하지 않기 때문에 오류를 내보낼 것이다. 만약 A, B, F가 std_logic이나 std_logic_vector 형식이라면, 컴파일러는 결정함수를 호출하여 결과값을 산출한 후, 어떠한 오류 메시지도 내보내지 않을 것이다. 시뮬레이션 동안에 F가 완전히 충돌되어 있다면, F는 'X'를 갖게 될 것이다.

VHDL 모듈에서 std_logic과 std_logic_vector를 사용하기 위해서는 다음의 선언문이 엔터티 선언문 전에 작성되어야 한다.

```
library ieee;
use ieee.std_logic_1164.all;
```

IEEE std_logic_1164 패키지에는 std_logic과 이와 관련된 데이터 형식, 논리 연산자, 함수들이 저장되어 있다.

VHDL에 대한 IEEE 표준은 본질적으로 bit_vector나 std_logic_vector에 대한 산술연산들을 정의하지 않는다. 이 표준에 의하면 bit_vector나 std_logic_vector를 형변환하지 않고 덧셈, 뺄셈, 곱셈, 나눗셈과 같은 산술 연산을 수행할 수 없다. 예를 들어 A와 B가 비트 벡터라면 A + B와 같은 표현식은 허용되지 않는다는 것이다. 그러나 std_logic_vector에 대한 특정 VHDL 라이브러리와 패키지에는 산술 연산과 비교 연산을 정의하고 있다. 이 패키지에서 정의되고 있는 이 연산자들은 *과부하된* 연산자들이라고 말한다. 이것의 의미는 컴파일러가 이 연산자들이 사용되고 있는 구문의 문맥에 의하여 적당한 연산을 자동적으로 지정한다는 것이다. 예를 들어 A + B 표현식이 표현될 때, 만약 A와 B가 정수형이라면, 컴파일러는 정수에 대한 산술 연산 함수를 호출하여 덧셈을 수행할 것이다. 반면에 만약 A와 B가 std_logic_vector 형식이라면 컴파일러는 표준 std_logic 벡터에 대한 덧셈 연산 루틴을 호출하게 될 것이다. 하지만 과부하된 연산자들을 사용하기 위해서 VHDL 코드에 적절한 라이브러리와 use 구문을 선언해야만

컴파일러가 이 연산자들에 대한 정의를 이용할 수 있다.

본 교재에서는 Synopsys에서 처음으로 개발하여 현재 널리 사용되고 있는 std_logic_unsigned 패키지를 사용한다. 이 패키지는 std_logic_vector를 부호 없는 숫자로 간주하여 처리한다. std_logic_unsigned 패키지는 std_logic_vector에 대한 (+, –, *)와 같은 산술 연산자와 (<, <=, =, /=, >, >=)와 같은 비교 연산자들을 정의하고 있다. 만약 +, –, 그리고 비교 연산을 수행할 때 두 오퍼랜드의 크기가 서로 다르다면, 짧은 오퍼랜드의 왼쪽을 0으로 채워서 연산을 수행한다.

이 연산들은 왼쪽 오퍼랜드가 std_logic_vector이고 오른쪽 오퍼랜드가 정수일 때에도 적용 할수 있다. 이 때에 산술 연산들은 결과값으로 std_logic_vector 형식을 반환하고, 비교 연산들은 부울형을 반환하게 된다. 예를 들어 A가“10011”이라면 A + 7은 “11010”이 되고, A >= 5의 표현식은 참의 결과를 나타낸다. 이 예에서 +와 >=는 과부하된 연산자이고 컴파일러는 적당한 연산을 호출하여 std_logic_vector에 정수값을 더하거나 정수와 std_logic_vector를 비교한다.

만약 A와 B가 4비트의 std_logic_vector라면, A + B는 4비트의 벡터 형태이며, 자리올림은 무시된다. 만약 자리올림이 필요하다면 덧셈 연산 전에, A를 확장시켜서 5비트로 만들어야 한다. 이것은 4비트의 A 앞에 '0'를 연결하면 해결할 수 있다. 그 다음에 '0' & A + B는 1비트의 자리올림과 4비트의 합이 합쳐진 5비트의 출력을 생성할 수 있다.

그림 10-19는 std_logic_unsigned 패키지를 사용하여 2진 덧셈기와 해당 VHDL 표현을 나타내었다. 덧셈 결과는 5비트이며 자리올림과 합으로 나뉠 수 있다. 예를 들어 A가 “1011”이고 B가 “1001”이고, Cin이 '1'이라면, 결과값은 “10101”이며 합은 “0101”, 자리올림은 '1'이다.

그림 10-20은 IEEE 표준 논리를 사용하여 양방향 입출력 핀과 그림 9-16의 3-상태 버퍼를 구현한 예이다. 포트문에서 선언된 입출력 핀은 inout 모드로 동작한다. 구조 안의 동시문은 3-상태 버퍼를 통하여 집적회로 출력을 핀과 연결하고 집적회로의 입력과도 연결한다.

그림 10-19
2진 덧셈기의 VHDL 코드

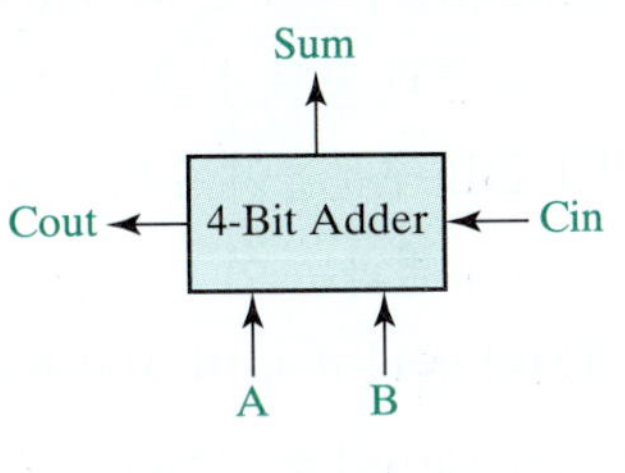


```
library IEEE;
use IEEE.std_logic_1164.all;
use IEEE.std_logic_unsigned.all;
------------------------------------------
signal A,B,Sum: std_logic_vector(3 downto 0);
signal Addout: std_logic_vector(4 downto 0);
signal Cin,Cout: std_logic;
------------------------------------
Addout <= '0'&A + B + Cin;
Sum <= Addout(3 downto 0);
Cout <= Addout(4);
```

```
entity IC_pin is
    port(IO_pin: inout std_logic);
end entity;
architecture bi_dir of IC_pin is
    component IC
        port(input: in std_logic; output: out std_logic);
    end component;
    signal input, output, en: std_logic;
begin              -- connections to bi-directional I/O pin
    IO_pin <= output when en = '1' else 'Z';
    input <= IO_pin;
    IC1: IC port map (input, output);
end bi_dir;
```

그림 10-20 양방향 입출력 핀에 대한 VHDL 표현

10.9 VHDL의 컴파일과 시뮬레이션

VHDL을 이용하여 디지털시스템을 설계한 후, 설계된 VHDL 코드를 시뮬레이션하게 되는데 이것은 두 가지 이유로 인해 중요하다. 하나는 VHDL 코드가 설계자가 원하는 기능으로 구현되었는지 판별해야 하고 두 번째는 디지털시스템의 사양에 맞게 설계되었는지 검증해야 하기 때문이다. 설계된 VHDL은 시뮬레이션되기 전에 컴파일하게 된다(그림 10-21). VHDL 컴파일러는 해석기라고 부르는데 먼저 VHDL 코드가 VHDL의 문법에 맞게 작성되었는지 체크하게 된다. 만약 세미콜론을 빼먹거나 데이터 형식이 다른 두 가지의 신호를 덧셈하는 등의 잘못된 문장 형식을 사용하여 문법적인 오류가 발생하게 되면, 컴파일러는 오류 메시지를 내보낼 것이다. 만약 설계된 VHDL 코드가 모든 문법을 만족하게 되면 컴파일러는 시뮬레이터나 합성기에서 사용되는 중간 단계의 코드로 변환시키게 된다.

시뮬레이션을 준비하기 위해서 VHDL의 중간 코드는 시뮬레이터에서 사용되는 형식에 맞게 변환된다. 이 과정을 *구현화(elaboration)*라고 부른다. 구현화 과정에서는 각 요소의 객체들의 포트가 생성이 되며 필요한 신호들과 포트 신호들 간의 연결에 대해 메모리 공간이 할당되고 적절한 과정을 통해 VHDL 구문들이 수행될 수 있도록 특정 메커니즘을 실행하게 된다. 파생되는 데이터 구조의 결과는 이 디지털시스템이 시뮬레이션이 될 수 있도록 조정된 것이다. 초기화 과정이 끝나고 나면 시뮬레이터는 실행 단계로 넘어간다. 시뮬레이터는 디지털시스템의 시뮬 레이션을 제어하고 원하는 시뮬레이션 결과를 산출할 수 있도록 명령어들을 제공하게 된다.

VHDL 시뮬레이션 결과를 해석하기 위해서는 델타 지연 시간의 기능을 이해하고 있어야 한다. 비록 시뮬레이션의 결과 파형에 델타 지연이 나타나지는 않지만, 출력 리스

트에는 존재한다. 시뮬레이터는 신호들이 적절한 순서로 처리되도록 델타 지연을 사용한다. 기본적으로 시뮬레이터는 다음과 같은 과정으로 동작한다. 요소의 입력이 변할 때마다, 그것의 출력이 변하는 시점은 지정된 지연 시간이 지난 후나 지연 시간이 지정되지 않은 경우 델타 지연 시간 뒤에 나타날 것이다. 모든 입력의 변화가 처리되고 나면, 시뮬레이션 시간은 출력이 변하는 다음 시점으로 증가된다. 예를 들어 시뮬레이션 시간이 1 ns와 같은 일정 시간만큼 증가되면, 시뮬레이터의 델타 카운터는 리세트되고, 다시 시뮬레이션이 수행된다. 실제 시뮬레이션 시간은 현재 시뮬레이션 시간에 관련된 모든 델타 지연 시간이 지나기 전까지는 증가되지 않는다.

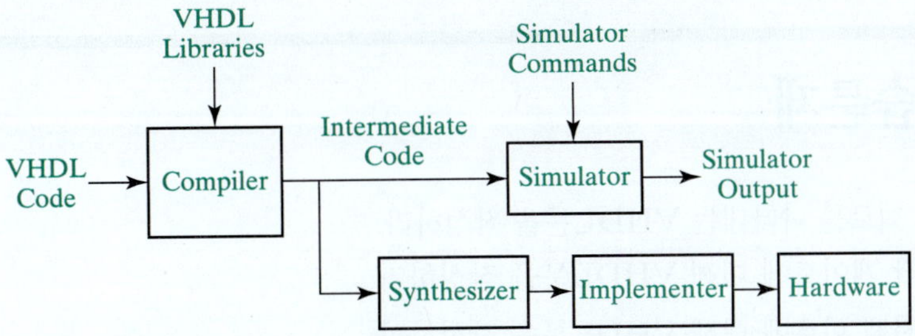

그림 10-21 VHDL 코드의 컴파일, 시뮬레이션, 합성 과정

다음의 예는 그림 10-22의 회로가 시뮬레이터에서 어떻게 동작하는지를 보여주고 있다. A가 3 ns에서 변한다고 가정하자. 구문 1이 수행되고 B는 3 + Δ에서 변하도록 스케줄된다. 시간이 3 + Δ까지 증가되면 구문 2가 수행된다. 다시 C가 3 + 2Δ에서 변하도록 스케줄되고 시뮬레이션 시간이 3 + 2Δ까지 증가하면 구문 3이 실행된다. 그러면 Δ는 8 ns 때 변하도록 스케줄된다. D가 (3 + 2Δ + 5) ns일 때 변한다고 생각할 수도 있지만, 시뮬레이션이 일정한 시간만큼(이와 달리 Δ는 일정한 시간을 의미하지 않고, 상징적으로 극소의 시간이다) 증가하면, 델타 지연 카운터가 리세트된다. 이러한 이유로 일정한 시간 후에 이벤트가 일어나도록 스케줄되면, 델타 지연은 무시된다고 할 수 있다. 왜냐하면 8 ns 후에는 어떠한 변화도 나타나지 않기 때문에, 시뮬레이터가 또 다른 입력 변화를 기다리며 휴지 상태로 들어가기 때문이다. 그림 10-22에는 델타 지연이 표기되어 있는 시뮬레이션 결과 리스트가 나타나 있다.

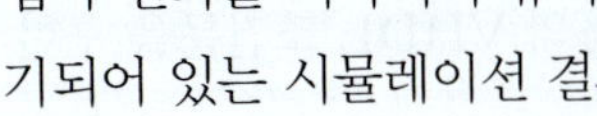


```
1   B <= not A;
2   C <= not B;
3   D <= not C after 5 ns;
```

ns	delta	A	B	C	D
0	+0	0	1	0	1
3	+0	1	1	0	1
3	+1	1	0	0	1
3	+2	1	0	1	1
8	+0	1	0	1	0

그림10-22 VHDL 코드의 시뮬레이션 결과

디지털시스템에 대한 VHDL 코드가 시뮬레이션되고 동작이 검증되면, 필요한 하드웨어의 요소와 연결을 생성해내도록 합성 과정을 수행할 수 있다. 합성의 결과물은 설계된 디지털시스템을 CPLD나 FPGA와 같은 특정한 하드웨어로 구현할 수 있도록 사용된다. 구현에 사용된 CAD 소프트웨어는 CPLD나 FPGA 장치를 프로그램할 수 있도

록 도와 준다. VHDL 코드로부터 디지털 논리회로를 합성하고 구현하는 방법은 17장에서 좀 더 자세히 소개할 것이다.

본 장에서는 VHDL의 기본적인 부분을 다루었다. 우리는 조합회로를 VHDL로 모델링하고 엔터티–구조 쌍을 어떻게 만들어야하는가를 학습했다. VHDL은 하드웨어 기술 언어이므로, 여러 측면에서 기존의 프로그래밍 언어들과는 다르다. 대표적인 차이점은 여러 요소들이 동시에 실행되는 실제 하드웨어를 모델링하기 때문에 VHDL 구문들이 동시적으로 실행되는 것이다.

연습문제

10.1 다음 회로를 나타내는 VHDL문을 작성하라.

(a) 각 게이트에 대해 VHDL문을 작성하라.

(b) 전체 회로에 대해 VHDL문을 작성하라.

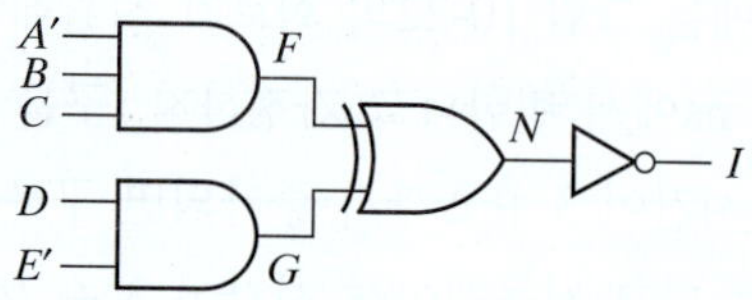

10.2 다음 VHDL문에 나와 있는 회로를 도시하라.

```
F <= E and I;
I <= G or H;
G <= A and B;
H <= not C and D;
```

10.3 (a) 2개의 2-to-1 멀티플렉서를 사용하여 다음의 VHDL 조건문을 구현하라.

```
F <= A when D = '1' else B when E = '1' else C;
```

(b) 게이트를 사용하여 (a)를 반복하라.

10.4 조건부 신호 할당문을 사용하여 그림 9-6을 구현하라. X, Y, Z에 대해 bit_vector를 사용하라.

10.5 진리표를 나타내기 위해 bit_vector 배열을 사용하는 전덧셈기를 구현하는 VHDL모듈을 작 성하라.

10.6 (a) A ="00101101", B ="10011"일 때 다음 표현을 만족하는 F를 구하라.

```
F <= not B & "0111" or A & '1' and '1'& A;
```

(b) A ="11000", B ="10011", C ="0111"일 때 다음 표현의 결과를 구하라.

```
not A + C * 2 > B / 4 & "00"
```

10.7 std_logic_vector로 표현된 4개의 부호가 없는 16비트 숫자의 평균을 구하는 VHDL모듈을 구현하라. 4로 나누는 연산을 구현할 때 가장 좋은 방법은 쉬프트를 쓰는 것이다. 답은 가장 가까운 정수로 나타내어라.

10.8 그림 9-15의 시스템을 VHDL 코드로 작성하라. 3-상태 버스의 신호를 계산하기 위해 4개의 동시문을 사용하라.

10.9 (a) 다음 VHDL문을 회로로 도시하라.

```
T1 <= not A and not B and I0;
T2 <= not A and B and I1;
T3 <= A and not B and I2;
T4 <= A and B and I3;
F <= T1 or T2 or T3 or T4;
```

(b) F를 구현하기 위한 멀티플렉서를 도시하라. 그런 다음 멀티플렉서를 묘사하는 선택 신호 할당문을 작성하라.

10.10 다음 VHDL문들이 동시문이라고 가정한다.

(a) L <= P **nand** Q **after** 10 ns;

(b) M <= L **nor** N **after** 5 ns;

(c) R <= **not** M;

t = 0 ns일 때, P = 1, Q = 1, N = 0으로 초기화되고 t = 4 ns일 때, Q = 0이 된다.

(1) (a)문이 실행되는 것은 언제인가?

(2) L이 갱신되는 것은 언제인가?

(3) (c)문이 실행되는 것은 언제인가?

(4) R이 갱신되는 것은 언제인가?

10.11 (a) 다음 회로를 하나의 VHDL 동시문으로 작성하라. VHDL문에서 괄호는 사용하지 않는다.

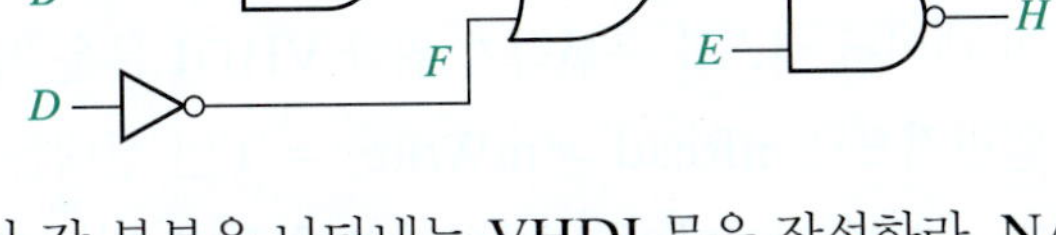

(b) (a)의 회로에서 각 부분을 나타내는 VHDL문을 작성하라. NAND 게이트의 지연시간은 10 ns, NOR 게이트의 지연시간은 15 ns, 인버터의 지연시간은 5 ns이다.

10.12 다음 VHDL 코드를 구현하는 회로를 도시하라.

```
V <= T and U;
U <= not R or S and P or not Q or S;
T <= not P or Q or R;
```

10.13 L, M, N이 std_logic 형이라고 가정하자. 다음의 동시문에서 L, M, N의 값은 어떻게 바뀌는가? 그림 10-18의 결정(resolution)함수를 사용할수 있다.

```
L <= '1';   L <= '0';
M <= '1' when L = '0' else 'Z' when L = '1' else '0';
N <= M when L = '0' else not M;
N <= 'Z';
```

10.14 (a) D = "011001", E = "110"일 때, F의 값은 무엇인가?

```
F <= not E & "011" or "000100" and not D;
```

(b) A = "101", B = "011" 다음의 결과는 무엇인가?

```
not (A & B) < (not B & A and not A & A)
```

10.15 3비트 크기 워드 16개를 가진 ROM을 사용하여 다음의 논리함수를 VHDL 코드로 작성하라.

$$W = A'B'C + C'D + ACD'$$
$$X = A'C' + B'D$$
$$Y = BD' + B'C'D$$

10.16 다음 그림은 마이크로프로세서와 메모리간에 데이터 전송을 위한 8비트 폭 데이터 버스이다. 이 버스상의 데이터는 제어 신호 mRead와 mWrite에 의해 결정된다. mRead = '1' 일때 메모리의 내부 버스인 'membus'의 데이터가 데이터 버스로 출력된다. mWrite = '1' 일때 프로세서의 내부 버스인 'probus'의 데이터가 데이터 버스로 출력된다. 제어신호가 모두 '0'일 때 데이터 버스는 하이 임피던스 상태가 된다.

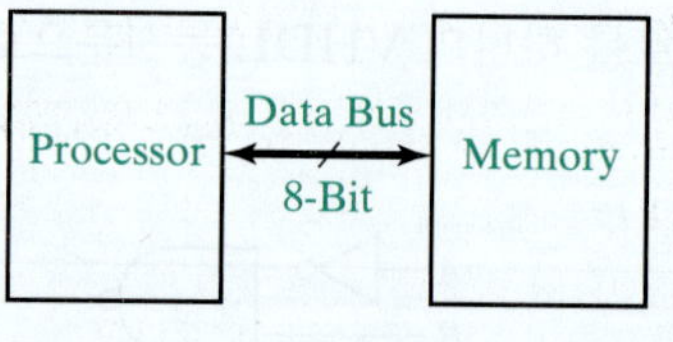

(a) 이 데이터 버스를 구현하기 위한 VHDL문을 작성하라.

(b) 일반적으로 mRead = mWrite = '1'인 상태는 일어나지 않는다. 만약 이러한 상태가 된다면 데이터 버스는 어떤 값을 갖게 되는가?

10.17 (a) 아래와 같은 4-to-1 멀티플렉서를 구현하기 위한 선택 신호 할당문을 작성하라. 멀티플렉서에는 입력이 들어온 다음 15 ns 후에 출력이 나오는 내부 지연이 있다.

(b) 조건부 신호 할당문을 사용하여 (a)를 반복하라.

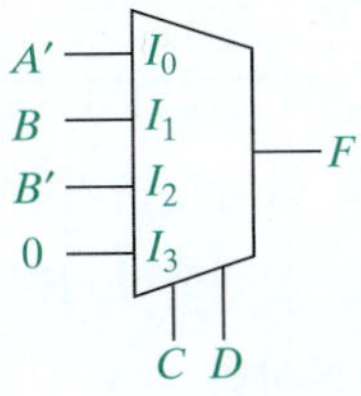

10.18 (a) 4 ns 지연시간을 가진 2 입력 NAND 게이트의 VHDL 모듈을 작성하라.

(b) (a)의 NAND 게이트 모듈을 부품으로 사용하여 다음 회로의 VHDL 모듈을 작성하라.

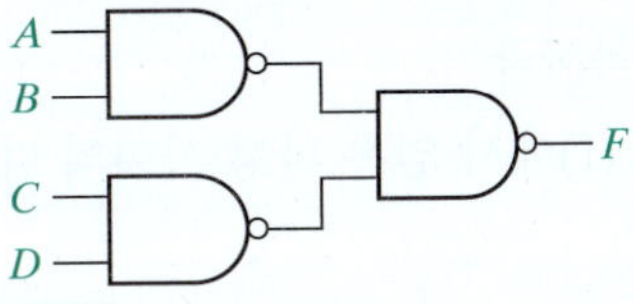

10.19 다음 회로에서 인버터를 포함한 모든 게이트는 10 ns의 관성 지연시간을 갖는다.

(a) 회로를 데이터 흐름 방식으로 기술한 VHDL 코드를 작성하라. 모든 지연에 관성 지연을 사용한다.

(b) Direct VHDL 시뮬레이터를 사용하여 회로를 시뮬레이션하라(결과 보기 시간 간격은 100 ns으로 하라). 초기값은 A = 1, B = 1, C = 1로 하고 40 ns 동안 시뮬레이터를 실행하라. B를 0으로 바꾸고 다시 40 ns 동안 시뮬레이터를 실행하라. 파형을 기록하라.

(c) 인버터의 지연시간이 5 ns이 되도록 (a)의 VHDL 코드를 수정하라. (d) (b)를 반복하라.

(e) 출력 쪽 OR 게이트의 지연 모델이 관성 지연이 아닌 전파 지연이 되도록 (c)의 VHDL 코드를 수정하라.

(f) (b)를 반복하라.

(g) (b), (d), (f)에서 얻은 파형 사이의 다른 점에 대해 설명하라.

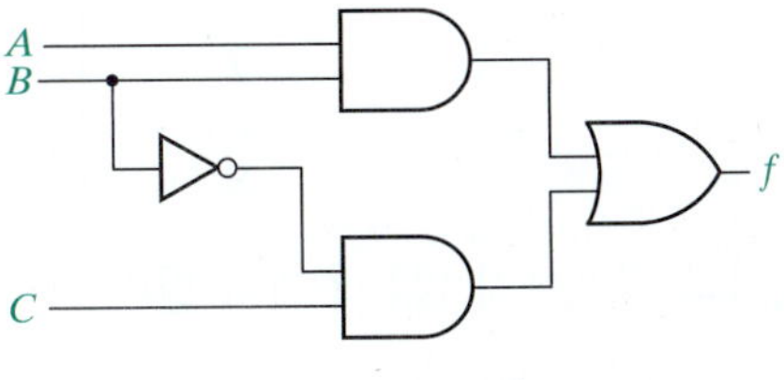

10.20 다음 회로에서 인버터를 포함한 모든 게이트는 10 ns의 관성 지연시간을 갖는다. 다만 3번 게이트는 40 ns의 지연시간을 갖는다.

(a) 회로를 데이터 흐름 방식으로 기술한 VHDL 코드를 작성하라. 모든 지연에 관성 지연을 사용한다.

(b) Direct VHDL 시뮬레이터를 사용하여 회로를 시뮬레이션하라(결과 보기 시간 간격은 150 ns으로 하라). 초기값은 A = 1, B = 1, C = 1, D = 0으로 하고 60 ns 동안 시뮬레이터를 실행하라. B를 0으로 바꾸고 다시 60 ns 동안 시뮬레이터를 실행하라. 파형을 기록하라.

(c) 인버터의 지연시간이 5 ns이 되도록 (a)의 VHDL 코드를 수정하라.

(d) (b)를 반복하라.

(e) 4번과 5번 게이트의 지연 모델이 관성 지연이 아닌 전파 지연이 되도록 (c)의 VHDL 코드 를 수정하라.

(f) (b)를 반복하라.

(g) (b), (d), (f)에서 얻은 파형 사이의 다른 점에 대해 설명하라.

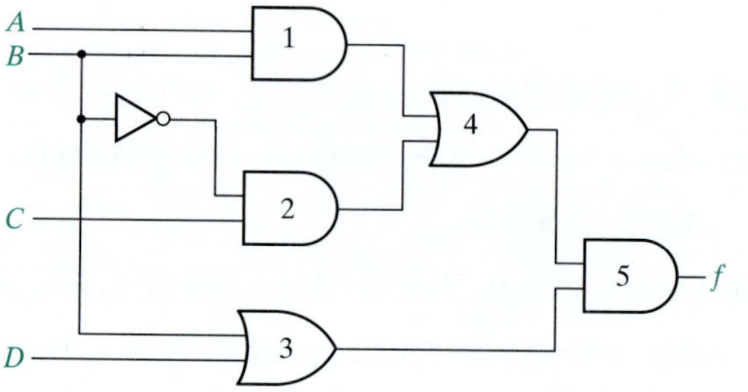

10.21 BCD로 표현한 10진수를 다음과 같은 2-4-2-1 가중 코드로 변환하는 회로를 동작적 방식으로 기술한 VHDL 코드를 작성하라.

Digit	2421 code
0	0000
1	0001
2	0010
3	0011
4	0100
5	1011
6	1100
7	1101
8	1110
9	1111

BCD 숫자로 사용하지 않는 6개의 입력 조합에 대한 출력값은 “XXXX”가 되어야 한다. 입력과 출력에는 std_logic 형식을 사용하라.

(a) **when** else 할당문을 사용하여 코드를 작성하라.

(b) (a)의 코드를 검증하기 위해 VHDL 시뮬레이터를 사용하라. 입력값으로 x = 0011, 0100, 1001, 1010을 사용하라.

(c) **with select when** 할당문을 사용하여 코드를 작성하라.

(d) (c)의 코드를 검증하기 위해 VHDL 시뮬레이터를 사용하라. 입력값으로 x = 0100, 0101, 1001, 1010을 사용하라.

10.22 8, 4, −2, −1 가중코드로 표현한 10진수를 초과-3 코드로 변환하는 회로를 동작적 방식으로 기술한 VHDL 코드를 작성하라.

(a) **when else** 할당문을 사용하여 코드를 작성하라.

(b) (a)의 코드를 검증하기 위해 VHDL 시뮬레이터를 사용하라. 입력값으로 x = 0011, 0100, 1001, 1010을 사용하라.

(c) **with select when** 할당문을 사용하여 코드를 작성하라.

(d) (c)의 코드를 검증하기 위해 VHDL 시뮬레이터를 사용하라. 입력값으로 x = 0100, 0101, 1001, 1010을 사용하라.

설계문제

10.A (a) 3개의 2-to-1 멀티플렉서만을 사용하여 4-to-1 멀티플렉서를 설계하라. 2-to-1 멀티플렉서를 구현하기 위해서 엔터티-구조 쌍을 작성하라. 그런 다음 먼저 작성한 2-to-1 멀티플렉서의 인스턴스 3개를 이용하여 4-to-1 멀티플렉서의 엔터티-구조 쌍을 작성하라.

(힌트: 4-to-1 멀티플렉서의 수식은 다음과 같다.

$$F = A'(I_0B' + I_1B) + A(I_2B' + I_3B).)$$

포트 선언은 다음과 같다.

2-to-1 멀티플렉서

```
port (i0, i1: in bit; sel: in bit; z: out bit);
```

4-to-1 멀티플렉서

```
port (i0, i1, i2, i3: in bit; a, b: in bit; f: out bit);
```

(b) 다음 입력값을 사용하여 코드를 시뮬레이션하고 시험하라.

I0 = I2 = 1, I1 = I3 = 0, AB = 00, 01, 11, 10

10.B (a) 16워드 × 4비트 ROM을 이용하여 BCD-그레이부호변환기를 설계하라. 그런 다음 ROM을 사용한 변환기의 엔터티-구조 쌍을 작성하라. 작성한 VHDL 코드가 제대로 동작하기 위해 프로그램의 맨 처음 부분에 다음 두 줄이 필요하다.

```
library BITLIB;
use BITLIB.bit_pack.all;
```

아래 정의된 ROM의 포트 선언을 사용하라.

```
port (bcd: in bit_vector (3 downto 0);
   gray: out bit_vector (3 downto 0));
```

(b) 다음 입력값을 사용하여 코드를 시뮬레이션하고 시험하라.

BCD = 0010, 0101, 1001

10.C (a) 반덧셈기는 두 개의 비트를 더해서 한번에 합과 자리올림을 출력하는 회로이다. 2개의 게이트만을 사용하여 반덧셈기를 설계하라. 반덧셈기를 구현하기 위해 엔터티-구조 쌍을 작성하라. 반덧셈기 인스턴스 2개와 1개의 OR 게이트를 사용하여 전덧셈기의 엔터티-구조 쌍을 작성하라. 포트 선언은 다음과 같다.

반덧셈기: **port** (a, b: **in bit;** s, c: **out bit**);

반덧셈기: **port** (a, b, cin: **in bit;** sum, cout: **out bit**);

(b) 다음 입력값을 사용하여 코드를 시뮬레이션하고 시험하라.

a b cin = 0 0 1, 0 1 1, 1 1 1, 1 1 0, 1 0 0

10.D (a) 1개의 3-to-8 디코더와 2개의 4입력 OR 게이트를 가지고 3개의 입력과 2비트 출력을 가지는 회로를 설계하라. 이 회로의 출력은 입력에 몇 개의 1이 있는지를 2진수로 나타내는 것이다. 예를 들면, 입력 ABC가 101일 때 출력 Count는 10이다. 3-to-8 디코더를 나타내기 위한 엔터티-구조 쌍을 작성하라. 그런 다음 디코더를 부품으로 사용하여 전체 회로에 대한 엔터티-구조 쌍을 작성하라. 포트 선언은 다음과 같다.

3-to-8 디코더:

```
port (a, b, c: in bit;
      y0, y1, y2, y3, y4, y5, y6, y7: out bit);
```

전체 회로: **port** (a, b, c: in bit; count: out bit_vector (1 downto 0));

(b) 다음 입력값을 사용하여 코드를 시뮬레이션하고 시험하라.

a b c = 0 0 0, 0 1 0, 1 1 0, 1 1 1, 0 1 1

10.E (a) 16 워드 × 7 비트 ROM을 이용하여 BCD 코드를 7-segment LED 코드로 변환하는 회로를 설계하라. ROM을 사용하여 구현한 컨버터를 위한 엔터티-구조 쌍을 작성하라. 이 문제를 위해 BITLIB의 vec2int 함수를 이용하라. ROM의 포트 선언은 다음과 같다.

```
port (bcd: in bit_vector (3 downto 0);
    seven: out bit_vector (6 downto 0));
```

(b) 다음 입력값을 사용하여 코드를 시뮬레이션하고 시험하라.

BCD = 0000, 0001, 1000, 1001

10.F (a) 1개의 3-to-8 디코더, 2개의 3입력 OR 게이트, 1개의 2입력 OR 게이트를 이용하여, 3개의 입력과 1비트 출력을 가지는 회로를 설계하라. 입력이 3보다 작을 때나 4보다 클 때 출력이 1이다. 3-to-8 디코더의 엔터디–구조 쌍을 작성하라. 디코더를 부품으로 사용하여 회로의 엔터티–구조 쌍을 작성하라. 포트 선언은 다음과 같다.

3-to-8 디코더:
```
port (a, b, c: in bit;
    y0, y1, y2, y3, y4, y5, y6, y7: out bit);
```

전체회로 : **port** (a, b, c: **in bit**; output : **out bit**);

(b) 다음 입력값을 사용하여 코드를 시뮬레이션하고 시험하라.

a b c = 0 0 0, 1 0 0, 1 0 1, 0 0 1, 0 1 1

10.G (a) 논리식을 이용하여 전빼셈기의 VHDL 코드를 작성하라. 전빼셈기의 지연시간은 5 ns 이라고 가정한다.

(b) (a)에서 설계한 회로를 이용하여 4비트 전빼셈기의 VHDL 코드를 작성하라.

(c) 설계한 코드를 다음 데이터를 사용하여 검증하라.

1100 – 0101, 0110 – 1011

10.H (a) 다음 그림은 입력을 왼쪽으로 1비트씩 쉬프트하는 8-bit 쉬프터이다. 이 쉬프터의 VHDL 모듈을 작성하라.

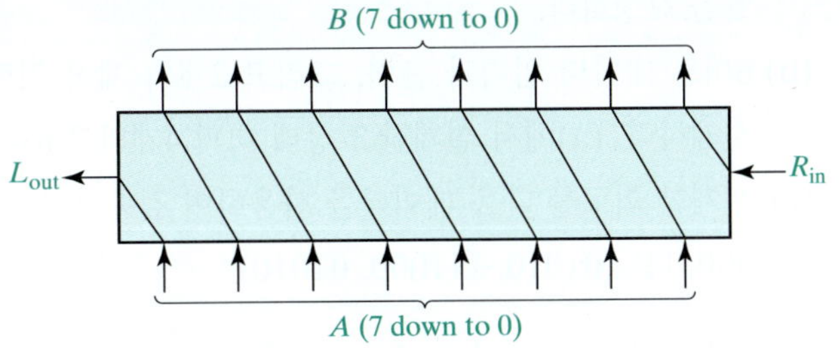

(b) 8비트 입력(C)과 101_2을 곱해서 11비트 출력(D)이 나오는 VHDL 모듈을 작성하라. 이것은 C를 2번 쉬프트한 결과를 C에 다시 더함으로써 구현할 수 있다. (a)에서 작성한 모듈 2개를 부품으로 사용하고 덧셈을 위해 과부하된 연산자를 사용하라.

(c) 구현한 코드를 다음 데이터를 사용하여 검증하라.

10100101 11111111

10.I (a) 게이트를 사용하여 4-to-2 우선순위 인코더를 설계하라(9장의 학습가이드 4(b) 참조). 인코더의 VHDL 모듈을 작성하라. 포트 선언은 다음과 같다.

```
Port (y : in std_logic_vector(0 to 3);
      a1,b1,c1: out std_logic);
```

(b) 설계한 4-to-2 우선순위 인코더의 인스턴스를 2번 사용하고, 2개의 2-to-1 멀티플렉서와 1개의 OR 게이트를 사용하여 8-to-3 우선순위 인코더(그림 9-20)을 설계하라. 8-to-3 우선순위 인코더 의 VHDL 모듈을 작성하라. 포트 선언은 다음과 같다.

```
Port (y : in std_logic_vector(0 to 7);
      a,b,c,d : out std_logic);
```

(힌트: 1개의 4-to-2 인코더는 4개의 최상위 비트를 위해 사용하고 나머지는 4개의 최하위 비트에 사용한다. 8-to-3 인코더의 출력 b와 c는 멀티플렉서로부터 나온다.)

(c) 다음 입력들을 사용하여 작성된 코드를 검증한다.

00000000, 10000000, 11000000, ---, 11111111

10.J (a) 과부하된 덧셈 연산자와 std_logic_vector의 입출력을 사용하여 자리올림 입력과 자리올림 출력을 갖는 4비트 덧셈기의 VHDL 모듈을 작성하라.

(b) (a)에서 설계한 4비트 덧셈기와 그 외 필요한 게이트 및 인버터를 사용하여 자리내림 출력(borrow-out)을 갖는 8비트 뺄셈기를 설계하라. 이 뺄셈기의 VHDL 모듈을 작성하라.

(c) 설계한 코드를 다음 데이터를 사용하여 검증하라.

11011011 – 01110110, 011101101 – 11011011

10.K (a) 6비트 데이터 입력과 출력 그리고 1개의 제어 입력을 갖는 3-상태 버퍼의 VHDL 모듈을 작성하라.

(b) 6비트 데이터 입력과 출력, 그리고 2개의 제어 입력을 가지는 4-to-1 멀티플렉서를 설계하라. (a)에서 설계한 3-상태 버퍼 4개와 2-to-4 디코더를 사용하라.

(c) 설계한 회로를 다음 데이터를 사용하여 검증하라.

000111, 101010, 111000, 010101

10.L (a) 4개의 입력과 3개의 출력을 가지는 ROM의 VHDL 모듈을 작성하라. 3비트 출력은 ROM의 입력의 1의 개수를 나타낸다.

(b) 12비트 수의 1의 개수를 세는 회로의 VHDL 모듈을 작성하라. (a)의 모듈을 3개 사용하고 과부하된 덧셈 연산자를 사용하라.

(c) 설계한 회로를 다음 데이터를 사용하여 검증하라.
111111111111, 010110101101, 100001011100

10.M (a) 진리표를 구현하기 위한 ROM을 사용하여 전뺄셈기의 VHDL 모듈을 작성하라.
(b) (a)에서 정의한 ROM을 사용하여 3비트 뺄셈기의 VHDL 모듈을 작성하라. 뺄셈기 모듈은 자리내림 입력(borrow-in)과 자리내림 출력(borrow-out)을 포함해야 한다.
(c) 설계한 회로를 다음 데이터를 사용하여 검증하라.
110 − 010 자리내림 입력 1
011 − 101 자리내림 입력 0

10.N (a) 게이트를 사용하여 동작가능 상태 입력을 가진 4-to-2 우선순위 인코더를 설계하라(9장의 학습가이드 4(b) 참조). 동작가능 상태 입력이 0일 때 모든 출력은 0이다. 인코더의 VHDL 모듈을 작성하라. 포트 선언은 다음과 같다.

```
Port (y : in std_logic_vector(0 to 3);
    enable : in std_logic; a1,b1,c1 : out std_logic);
```

(b) (a)에서 설계한 2개의 4-to-2 우선순위 인코더와 3개의 OR 게이트, 1개의 AND 게이트와 1개의 인버터를 사용하여 동작가능 상태 입력을 가진 8-to-3 우선순위 인코더를 설계하라(그림 9-20). 인코더의 VHDL 모듈을 작성하라. 포트 선언은 다음과 같다.

```
Port (y : in std_logic_vector(0 to 7);
    main_enable : in std_logic; a,b,c,d : out std_logic);
```

(*힌트*: 1개의 4-to-2 인코더는 4개의 최상위 비트에 적용하고 나머지 인코더는 4개의 최하 위 비트에 적용한다. 또한 8-to-3 인코더의 출력 b와 c는 OR 게이트로부터 나온다. 최하위 4비트의 동작가능 상태 입력은 main_enable 신호와 최상위 4비트에는 인코더의 c1 출력에 의존한다.)
(c) 설계한 회로를 다음 데이터를 사용하여 검증하라.
00000000, 10000000, 11000000, ---, 11111111

UNIT 11

래치와 플립플롭

Latches and Flip-Flops

목표

이 장에서는 순서회로에서 사용되는 기본적인 구성 블록의 하나인 플립플롭을 학습한다. 또한 순서회로에서 사용되는 몇 가지 기본적인 분석기법도 소개된다. 특히 회로의 각 신호들이 시간 의 함수로서 어떻게 변화되는지를 보여주는 타이밍도(timing diagram)를 어떻게 작성하는지 배우게 될 것이다. 구체적 목표는 다음과 같다.

1. S-R 및 게이트형 D 래치의 동작을 설명한다.
2. D, D-CE, S-R, J-K 및 T 플립플롭의 동작을 설명한다.
3. 테이블을 만들어 래치들과 플립플롭들의 특성식을 유도한다. 입력신호에 대한 필요한 제한사항들을 기술한다.
4. 래치와 플립플롭들의 입력 및 출력에 관한 타이밍도를 그린다.
5. 게이트들을 사용하여 래치와 플립플롭들이 어떻게 구성되는가를 보인다. 게이트와 래치들로 구성된 플립플롭의 동작을 분석한다.

학습가이드

1. 8.3절 *게이트 지연과 타이밍도*를 복습하라. 그리고 11.1절 *서론*을 학습하라.

(a) 아래의 회로에서, 어떤 순간에 두 인버터의 입력이 모두 0이라고 가정하자. 이 것은 이 회로의 안정 조건인가?

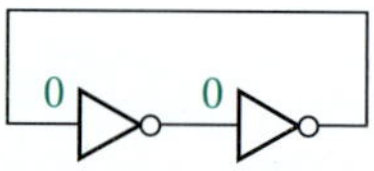

오른쪽 인버터의 출력이 변하기 전에 왼쪽 인버터의 출력이 변한다고 가정하면, 이 회로는 어떤 안정 상태에 이르게 되는가? (인버터 입력과 출력들에 0, 1 들을 표시하라.)

(b) 문제 11.1을 풀어라.

2. 11.2절 *셋–리셋 래치*를 학습하라.

(a) 그림 11-3과 같이 NOR 게이트를 사용하여 *SimUaid*에서 S-R 래치를 구성하라. 입력들에 스위치를 달고 출력들을 검사해보라. 그리고 이 S-R 래치의 동작을 기술해 보라.

(b) 그림 11-4(b)에서, 만약 $S = R = 1$이라면 P와 Q의 값은 어떻게 되겠는가?

(c) S-R 래치의 두 출력이 서로 보수가 되려면 어떤 제약사항이 필요하겠는가?

(d) 식 $Q^+ = S + R'Q$의 의미를 글로 기술해보라.

(e) 그림 11-10(a)에서 $Q = 0, \overline{S} = \overline{R} = 1$로 시작해서, $\overline{S}$를 0으로 바꾸고 안정상태에 이를 때까지 래치 내를 신호 추적을 해보라. 그리고 $\overline{S} = 1, \overline{R} = 0$으로 바꾸어 다시 추적을 해보라.

(f) 문제 11.2와 11.3을 풀어라.

3. 11.3절 *게이트형 D 래치*를 학습하라.

(a) *SimUaid*에서 게이트형 D 래치를 구성하라(그림 11-14). (S-R 래치는 학습가이드2(a)에서와 같이 구성하라.) 입력에 스위치를 달고 출력들을 검사해보라. 구성된 게이트형 D 래치의 동작을 글로 기술해보라.

(b) 식 $Q^+ = G'Q + GD$의 의미를 글로 기술해보라.

(c) 주어진 게이트형 D 래치와 아래에 주어진 입력에 대해서, Q의 파형을 그려보라.

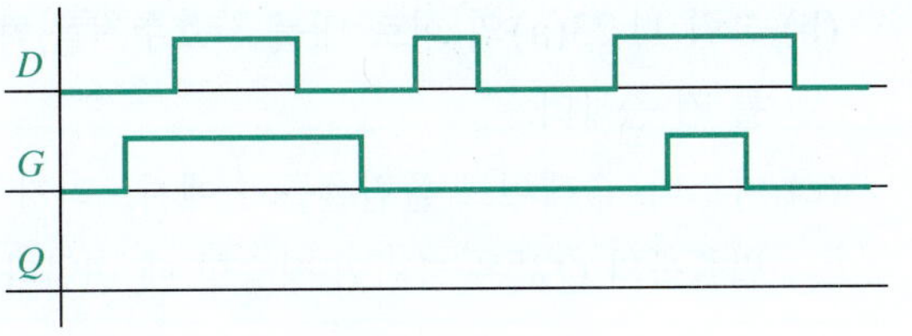

(d) 문제 11.4를 풀어라.

4. 11.4절 *에지트리거 D 플립플롭*을 학습하라.

(a) *SimUaid*에서 D 플립플롭을 실험해보라. 부품 메뉴에 있는 D 플립플롭을 사용하라. 입력들에 스위치를 달고 출력들을 시험해보라. D 플립플롭의 동작을 글로 정리해보라.

(b) 상승에지트리거 D 플립플롭과 아래에 주어진 입력에 대해, *Q*의 파형을 그려라.

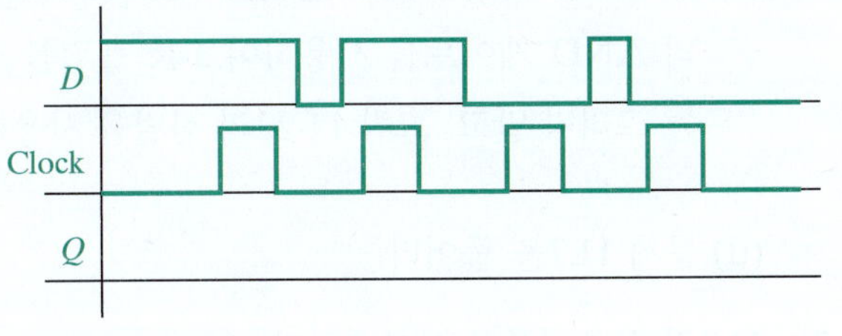

(c) 프로그램화된 예제 11.35를 풀어라.

(d) 하강에지트리거 D 플립플롭이 오동작을 하고 있다. 이것의 셋업타임은 2 ns이고 홀드 타임도 2 ns이다. 아래의 그림은 전형적인 클럭 주기에 대한 입력을 보여주고 있다. 왜 이 플립플롭이 오동작할 수가 있는가?

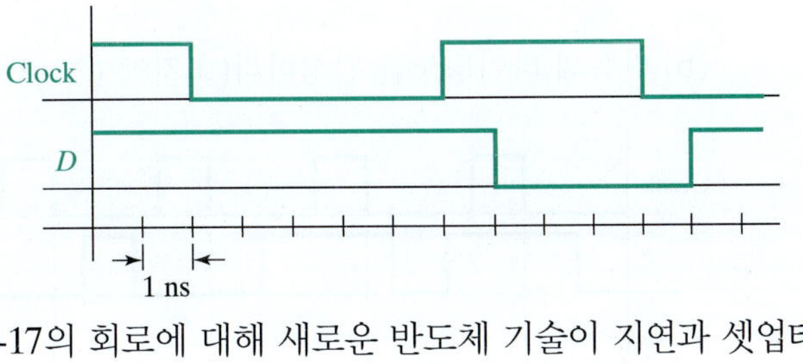

(e) 그림 11-17의 회로에 대해 새로운 반도체 기술이 지연과 셋업타임을 개선할 수 있게 했다고 가정하자. 새로운 인버터의 전파지연은 1.5 ns이고, 새 플립플롭의 전파지연과 셋업타임은 각각 3.5 ns와 2 ns이다. 그림 11-21(a)의 회로에 대한, 타이밍 제약조건을 위배하지 않는 최단 클럭 주기는 얼마인가?

(f) 문제 11.5를 풀어라.

5. 11.5절 *S-R 플립플롭*을 학습하라.

(a) S-R 플립플롭의 동작을 글로 정리해보라.

(b) 그림 11-23(a)의 회로 내를 신호추적을 해봄으로써 그림 11-23(b)의 타이밍도를 검 증하라.

(c) 마스터–슬레이브 플립플롭과 에지트리거 플롭플롭의 차이는 무엇인가? (두 필립플롭의 Q값은 클럭이 상승할 때 변한다고 가정한다.)

(d) 문제 11.6을 풀어라.

6. 11.6절 *J-K 플립플롭*을 학습하라.

(a) *SimUaid*에서 J-K 플립플롭을 시험해보라. 부품 메뉴의 J-K 플립플롭을 사용하라. 입력들에 스위치를 달고 출력들을 시험해보라. J-K 플립플롭의 동작을 글로 정리해보라.

(b) J-K 플립플롭의 차기상태식을 유도하라.

(c) 그림 11-19(a)와 11-21을 검토해보라. 마스터–슬레이브 S-R 플립플롭과 두 개의 AND 게이트를 사용하여 J-K 플립플롭을 구성하라(S-R 플립플롭의 내부는 그리지 말고, 그림 11-22의 심벌을 사용하라).

(d) 문제 11.7을 풀어라.

7. 11.7절 *T 플립플롭*을 학습하라.

(a) *SimUaid*에서, 그림 11-28(b)의 D 플립플롭으로부터 T 플립플롭을 구성하라. 입력 들에 스위치를 달고 출력들을 시험하라. T 플립플롭의 동작을 글로 정리해보라.

(b) 다음의 타이밍도를 완성하라(초기에 $Q = 0$이라고 가정한다).

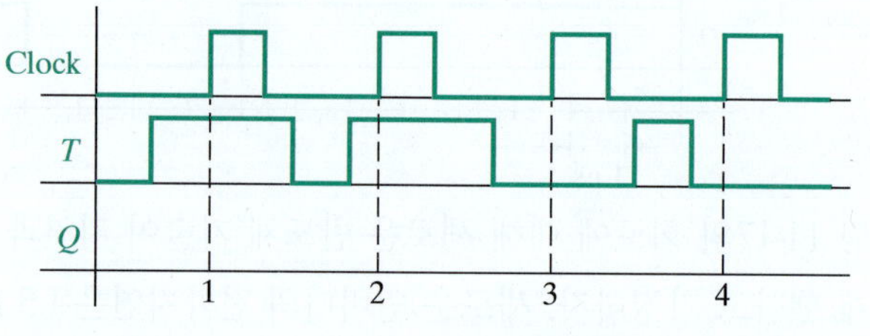

8. 11.8절 *부가적인 입력을 가지는 플립플롭*을 학습하라.

(a) 그림 11-29의 플립플롭을 클럭을 사용하지 않고 $Q = 1$로 셋하기 위해서, ClrN 입력은 ______________로 셋되어야 하고, PreN 입력은 ______________로 셋되어야 한다. 클럭을 사용하지 않고 이 플립플롭을 $Q = 0$으로 리셋하기 위

해서는, ____________입력은

이 되어야 하고 _______입력은 _______이 되어야 한다.

(b) ClrN과 PreN을 가지는 상승에지트리거 D 플립플롭에 대해서 아래의 타이밍 도를 완 성하라. Q는 0부터 시작한다고 가정한다.

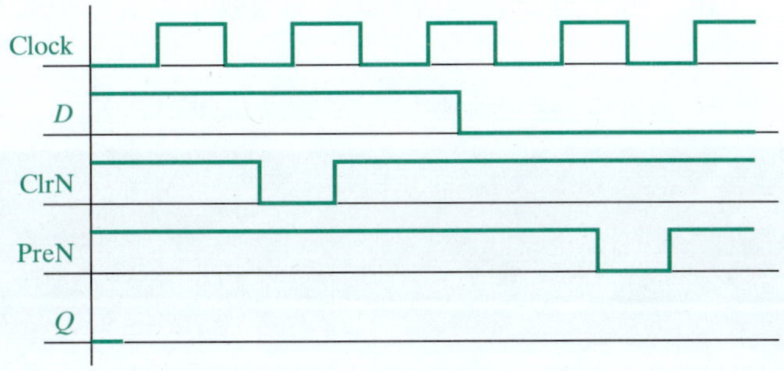

(c) 그림 11-31(a)에서, CLK = 1인 동안에 En이 1에서 0으로 바뀌면 어떤 일이 일어나겠는가? CLK = 0일 때 En이 바뀌었다면 어떻게 되었겠는가?

Q가 클럭과 동기되어 변하게 하기 위해서, En이 변할 수 있는 시각에 어떤 제약사항이 있어야 하는가?

이 제약사항이 그림 11-31(b)와 (c)에는 왜 적용이 안 되는가?

(d) 하강에지 클럭 입력, 클럭인에이블 입력, 그리고 비동기 저레벨활성 클리어 입력(ClrN)이 있고, 프리셋 입력은 없는 D 플립플롭의 동작을 기술하는, 그림 11-29(b)와 유사한 표를 작성하라.

(e) 문제 11.8과 11.9를 풀어라.

9. 11.10절 *요약*을 학습하라.

(a) 이 장에서 배운 어떤 플립플롭 혹은 유사한 플립플롭에 대해서, 플립플롭의 차기상태를 현재상태와 입력의 항으로 나타내는 특성식을 유도할 수 있어야 한다. 11.10절에 주어진 각 특성식들의 의미를 이해해야 한다.

(b) S-R 플립플롭은 S와 R 입력에 추가의 게이트들을 사용하여 T 플립플롭으로 변환할 수 있다. S와 R 입력은, T = 1이고 클럭이 들어올 때마다, 플립플롭이 상태를 바꿀 수 있도록 정해져야 한다. S와 R 입력을 결정하기 위해, 다음의 질문을 스스로 던져보라. "어떤 조건에서 플립플롭이 1로 셋되어야 하는가, 또 어떤 조건에서 플립플롭이 리셋되어야 하는가?" 플립플롭은 Q = 0이고 T =

1이면 1로 셋되어야 한다.

그러므로 $S =$ ________. 마찬가지 방법으로, R에 대한 식을 결정하고 S-R 플립 플롭을 T 플립플롭으로 변환하는 회로를 그려라.

(c) 문제 11.10을 풀어라.

10. 이 장의 모든 학습목표를 달성했다고 생각되면, 성취도 테스트를 풀어보라.

래치와 플립플롭

Latches and Flip-Flops

11.1 서론

순서 스위칭회로(sequential switching circuit)는 출력들이 현재의 입력뿐 아니라 입력들의 과거 값들의 순서에도 의존하는 속성을 가지고 있다. 따라서 이 회로들은 현재의 출력을 발생시키기 위해서는 입력의 과거 이력에 대한 뭔가를 "기억"할 수 있어야 한다. 래치와 플립플롭들이 기억 소자로서 순서회로에 보편적으로 사용되고 있다. 기본적으로 래치와 플립플롭들은 두 개의 안정된 출력 상태 중에서 하나의 상태를 가질 수 있고, 그 출력을 바꿀 수 있게 하는 하나 혹은 그 이상의 입력을 가지는 기억 소자이다. 이 장에서는 몇 개의 보편적인 형태의 래치와 플립플롭들을 기술한다.

12장에서 16장까지에서는, 동기 디지털시스템의 설계와 분석을 논의한다. 그러한 시스템에 서는 모든 플립플롭들의 동작을 하나의 공통 클럭 혹은 펄스 발생기에 의해 동기화시키는 것이 전형적 사용형태이다. 각각의 플립플롭은 하나의 클럭 입력을 가지며, 플립플롭들은 클럭 펄스가 들어올 때만 상태를 바꿀 수 있다. 플립플롭들의 동작을 동기화시키기 위한 클럭의 사용에 대해서는 12장과 13장에 기술하고 있다. 클럭 입력을 가지지 않는 기억 소자를 래치라고 부르며, 이 책에서도 이러한 관행을 따르기로 한다. 그리고 플롭플롭은 데이터 입력에 반응해서가 아니라 클럽 입력에 반응해서 출력의 상태를 바꾸는 메모리 소자를 지칭하는 것으로 한다.

지금까지 학습한 스위칭회로들은 피드백(feedback) 연결들을 가지고 있지 않았다. 피드백이라 함은 게이트들의 어떤 출력이 이 회로 내의 다른 게이트의 입력측에 연결이 됨으로써 폐루프(closed loop)를 형성하는 것을 말한다. 래치나 플립플롭 등의 메모리를 가지는 스위칭회로를 구성하기 위해서는 회로에 피드백을 도입하여야 한다. 예를 들어 그림 11-3(a)의 NOR 게이트 회로에서 두 번째 NOR 게이트의 출력은 첫 번째 NOR 게이트의 입력으로 피드백되고 있다. 순서회로는 반드시 피드백을 포함하지만, 피드백을 포함하는 모든 회로가 순서회로는 아니다. 피드백을 가지면서도 조합회로인 회로들도 있다.

그림 11-1

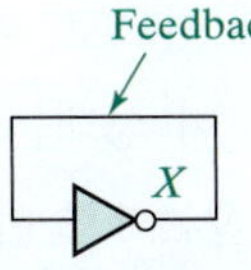

(a) 피드백이 있는 인버터

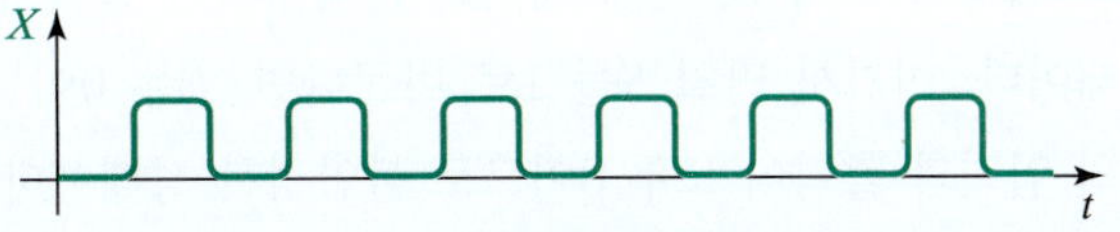

(b) 인버터 출력의 발진

간단한 경우에는, 회로의 신호들을 추적함으로써 피드백을 가지는 회로를 분석할 수 있다. 예를 들어 그림 11-1(a)의 회로를 생각해보자. 어떤 순간에 인버터의 입력이 0이라면, 이 0은 인버 터를 통해 전파되어 인버터의 지연시간 후에는 출력이 1이 되게할 것이다. 이 1은 다시 입력으로 피드백되고, 그래서 전파지연 후에는 인버터의 출력이 다시 0이 될 것이다. 이 0이 다시 입력으로 피드백되면, 출력은 다시 1이 될 것이고, 이 과정이 계속된다. 인버터의 출력은 그림 11-1(b)와 같이 계속적으로 진동을 하게 될 것이며, 영원히 안정된 상태에 이르지 못하게 된다. 오실레이터(oscillator)는 홀수개의 인버터를 사용하여 구성될 수 있다. 오실레이터의 파형은 high 시간과 low 시간을 반복하는데, 이것은 인버터들의 전파시간의 합에 해당된다. 예를 들면, n개의 인버터가 같은 지연을 가진다면, 오실레이터의 파형에서 high 시간은 인버터의 high-to-low 전파지연의 $(n + 1)/2$ 배와 low-to-high 전파지연의 $(n - 1)/2$ 배의 합이 된다.

그림 11-2

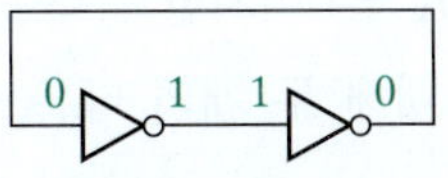

(a)

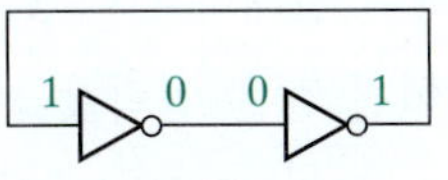

(b)

다음은 그림 11-2(a)에 보인 바와 같이 두 개의 인버터를 가지는 피드백 루프를 생각해보자. 이 경우에, 이 회로는 안정상태(stable state)라고 불리는 두 개의 안정된 상태를 가지게 된다. 만약 첫 번째 인버터의 입력이 0이라면, 그 출력은 1이 된다. 그러면, 두 번째 인버터의 입력은 1이 될 것이고, 그 출력은 0이 될 것이다. 이 0은 첫 번째 인버터의 입력으로 피드백되지만, 그 입력이 이미 0이므로 더 이상의 변화는 일어나지 않는다. 그러면 이 회로는 안정상태에 있게 된다. 그림 11-2(b)에 보인 바와 같이 두 번째의 안정상태는 첫 번째 인버터의 입력이 1이고, 두 번째 인버터의 입력이 0일 때 생긴다. 이 간단한 두 인버터의 루프(loop)는 안정된 상태들 중 어느 하나로 초기화 할 수 있는 수단이 없다. 다음 섹션의 셋-리셋(set-reset) 래치는 이 초기화를 위한 입력들을 가진다.

11.2 셋-리셋 래치

간단한 래치는, 그림 11-3(a)에 보인 바와 같이 NOR 게이트 회로에 피드백을 도입함으로써 구성할 수 있다. 표시된 바와 같이 입력 $S = R = 0$이라면, 이 회로는 $Q = 0$, $P = 1$로 안정된 상태를 가진다. $P = 1$이 두 번째 게이트에 입력되면 그 출력이 $Q = 0$이 되고 이것이 다시 첫 번째 게이트에 입력되어 출력이 1이 되게 하므로, 이것은 안정된 상태이다. 여기서 만일 S를 1로 바꾼다면, P는 0이될 것이다. 이 상태는 두 번째 게이트의 입력과 출력이 모두 0이므로 불안정한 상태이다 그래서, Q는 1로 바뀌게 되고, 그림 11-3(b)와 같은 안정된 상태로 가게 된다.

그림 11-3

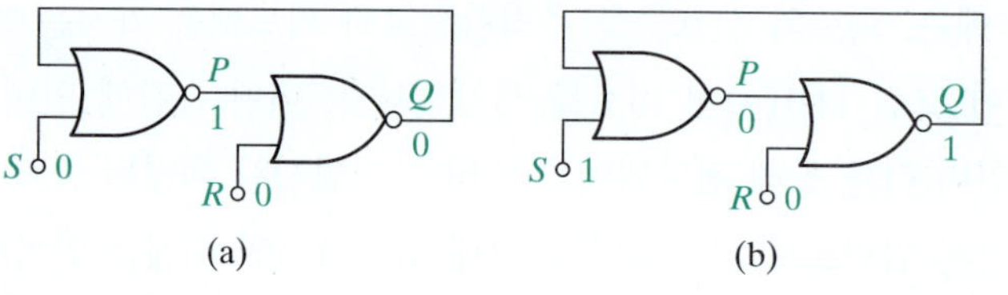

그림 11-4

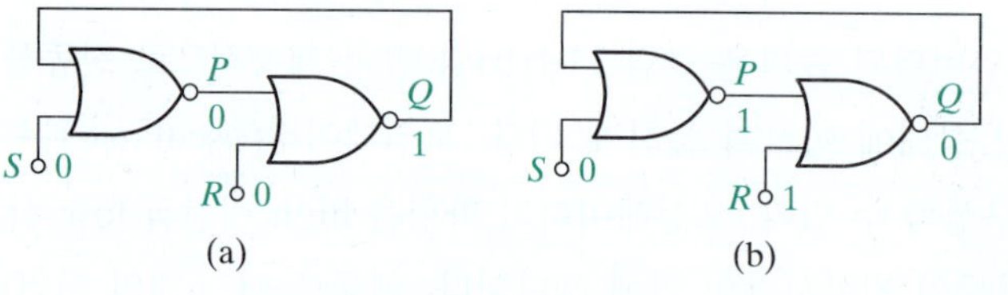

만약 S가 다시 0이 된다면, 이 회로는 상태를 바꾸지 않을 것이다. 왜냐하면 $Q = 1$이 첫 번째 게이트로 피드백되고, 그림 11-4(a)와 같이 P는 그대로 0으로 유지될 것이기 때문이다. 입력들은 처음 시작했던 상태와 같이 $S = R = 0$이지만 출력들은 다른 값을 가짐에 주목하라. 그리하여 주어진 같은 입력값들에 대해 두 개의 다른 안정상태를 가진다. 여기서 R을 1로 바꾼다면, 그림 11-4(b)에서와 같이, Q는 0이 될 것이고 P는 다시 1로 바뀔 것이다. 여기서 다시 R을 0으로 되돌리면, 이 회로는 이 상태에서 머물게 되고, 다시 처음 시작한 상태로 돌아온 것이 된다.

이 회로는 출력이 현재의 입력뿐 아니라 과거 일련의 입력에도 의존하므로, 메모리를 가진다고 말할 수 있다. 만일 $R = S = 1$의 상태가 허용되지 않게 제한한다면, P와 Q의 안정상태는 항상 $P = Q'$로서 서로 반대가 된다. 두 게이트의 대칭적인 동작을 돋보이게 하기 위해서, 이 회로는 *교차된 짝*의 형태로 나타낸다(그림 11-5(a) 참조). 그림 11-3(b)와 11-4(b)에 보인 대로, 입력 $S = 1$은 출력을 $Q = 1$로 셋(set)하고, 입력 $R = 1$은 출력을 $Q = 0$으로 리셋(reset)한다. R과 S가 동시에 1이 될 수 없다는 제한되어 사용될 때, 이 회로는 보통 셋-리셋(S-R) 래치로 불리며, 심벌은 그림 11-5(b)와 같이 나타낸다. Q가 R 입력을 가지는 NOR 게이트로부터 나오지만, 표준 S-R 래치의 심벌에서는 Q가 S 입력이 있는 쪽에서 나온다는 것에 주의해야 한다.

만약 $S = R = 1$이면, 그림 11-6에 보인 바와 같이 제대로 동작하지 않는다. $1 \rightarrow 0$이라는 표기는 입력이 원래 1이었다가 0으로 바뀐다는 것이다. S와 R이 같이 1이면, P와 Q가 같이 0이라는 것에 주목하라. 즉 P는 Q'가 되지 않고, 이것은 래치의 출력들이 서로 보수가 되어야 한다는 래치 동작의 기본 규칙에 위배된다. 더구나 S와 R이 동시에 0이 된다면, P와 Q는 함께 1로 바뀌게 된다. $S = R = 0$이고 $P = Q = 1$이면 이 1이 게이트들로 되돌아 입력되어 P와 Q는 다시 0이 되고, 게이트들의 지연이 같다면 이 래치의 출력은 계속 0, 1, 0, 1로 진동하게 될 것이다.

그림 11-5
S-R 래치

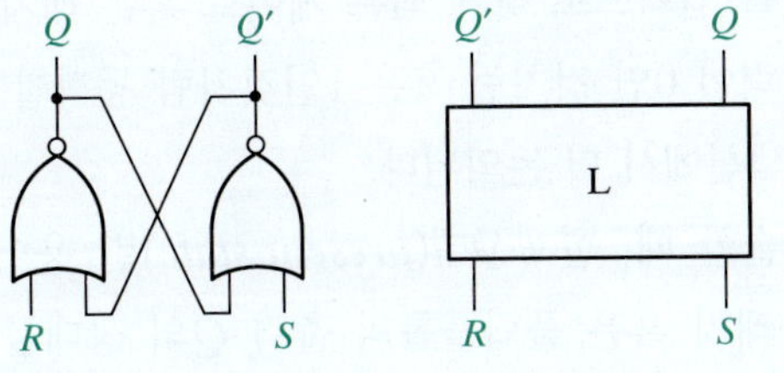

그림 11-6
S-R 래치의 비정상적인 동작

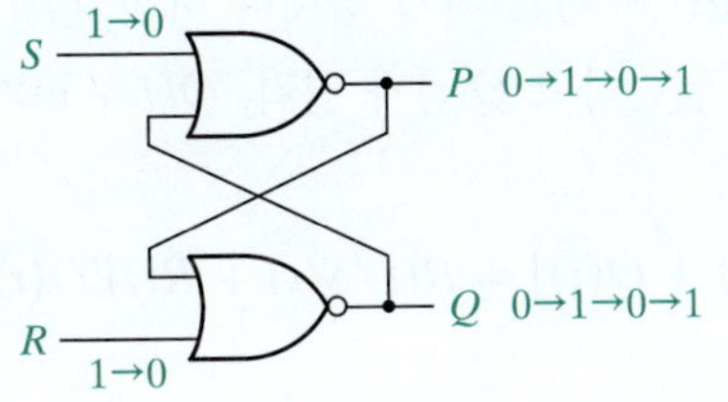

그림 11-5
S-R 래치의 타이밍도

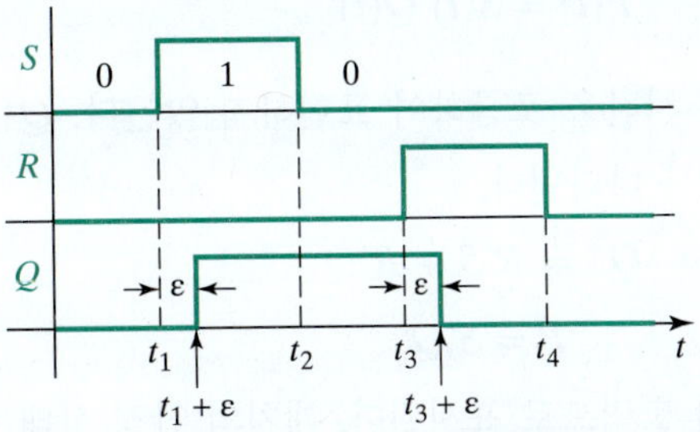

그림 11-7에 S-R 래치의 타이밍도를 보였다. 시각 t_1에서 S가 1로 바뀔 때, 짧은 시간 (ε) 후에 Q가 1로 바뀜에 주목하라(ε는 래치의 지연 혹은 반응 시간을 나타낸다). 시각 t_2에서 S가 다시 0으로 바뀔 때, Q는 변하지 않는다. t_3에서 R이 1로 바뀌면 ε 시간 후에 Q는 0으로 다시 바뀐다. Q 상태의 변화가 일어나게 하기 위해서는 S(혹은 R)의 지속 시간은 정상적으로 적어도 ε보다는 커야 한다. 만약 $S = 1$의 기간이 ε보다 작을 때에는 게이트 출력은 변하지 않고, 따라서 래치 상태의 변화는 일어나지 않는다.

이론적으로, 그림 11-2와 그림 11-3 셋–리셋의 두 회로는 또 다른 세 번째의 상태에 있을 수 있다. 이것은 이 두 회로의 출력 전압 레벨이 로직 0과 로직 1의 전압 레벨의 대략 중간쯤 값을 가지는 상태이다. 이 상태를 준안정(metastable) 상태라고 한다. 이것을 준안정(metastable)이라고 하는 것은 회로의 어떤 잡음(noise)도 이 회로를 올바른 안정된 상태 중 하나로 바뀌게 할 것이기 때문이다. 하지만, 특정 상황에서는 래치가 짧은 시간 동안 준안정상태로 들어갈 수 있다. 셋–리셋 래치에서 S와 R이 동시에 1에서 0으로 바뀌면 래치가 준안정상태로 들어갈 수 있다. 또한, $Q = 0$로 시작하여 S에, 펄스(pulse)의 길이가 Q를 안정적으로 변화시키기에는 너무 짧거나, 혹은 Q를 가까스로 변화시킬 만큼만 긴 문턱치에 가까운 길이의 펄스를 가했을 때, 회로가 준안정 상태로 들어가게 될 수 있다.

준안정 상태의 회로는 안정상태로 신속히 변화되겠지만, 회로가 준안정 상태로 들어가는 상황은 회피해야 한다. 첫째, 준안정 상태 다음에 어느 안정 상태로 이행될 지 예측할 수 없다. 둘째, 준안정 상태를 입력으로 갖게 되는 게이트 혹은 래치는 예측할 수 없이 반응한다; 즉, 그 회로는 입력이 0인 것처럼 혹은 1인것처럼 동작할 수 있다. 준안정 상태 동작에 대해서는 차후의 섹션에서 더 논의된다.

래치와 플립플롭에 대해 기술할 때, *현재상태(present state)*란 용어는 입력 신호가 가해진 (혹은 바뀐) 시각에서 래치 혹은 플립플롭의 출력 Q의 상태를 말하고, *차기상태(next state)*란 이 입력 신호에 래치 혹은 플립플롭이 반응한 후의 결과 상태의 출력 Q를 말한다. $Q(t)$가 현재 상태이고 $Q(t + \varepsilon)$를 차기 상태라 하면, $Q(t + \varepsilon)$에 관한 식은 개념적으로 Q에서 피드백 루프를 절단하고 $Q(t)$가 입력, $Q(t + \varepsilon)$가 출력이라는 것을 고려하여 회로로부터 얻을 수 있다.

$$Q(t + \varepsilon) = R(t)'[S(t) + Q(t)] = R(t\,'S(t) + R(t)'Q(t) \qquad (11\text{-}1)$$

그리고 출력 P의 식은

$$P(t) = S(t)'Q(t)' \qquad (11\text{-}2)$$

이다. 일반적으로 차기상태식은 시간을 포함하여 표현하지 않는다. Q는 래치의 현재상태를 나 타내고, Q^+는 차기상태를 나타낸다.

$$Q^+ = R'S + R'Q \qquad (11\text{-}3)$$

$$P = S'Q' \qquad (11\text{-}4)$$

이 식들은 표 11-1의 차기상태와 출력으로 표시된다. 래치의 안정 상태는 동그라미로 표시된다. $S = R = 1$인 경우를 제외하고는 모두 안정된 상태임을 유의한다. ($P = Q'$) 앞에서 논의 한 바와 같이, 이것이 $S = R = 1$이 S-R 래치에서 입력값으로 허용되지 못하는 이유 중 하나 이다. 그림 11-8(a)에서와 같이, $S = R = 1$일 때 무관항으로 표현함으로써 차기상태식을 간 단히 할수 있다. 식 (11-3)에서 두 항을 무관항으로 바꾸면 차기상태식은 아래와 같이 간단화 된다.

$$Q^+ = S + R'Q \qquad (SR = 0) \qquad (11\text{-}5)$$

표 11-1 S-R 래치의 동작 상태

현재 상태	차기 상태 Q^+				현재 출력 P			
Q	SR 00	SR 01	SR 11	SR 10	SR 00	SR 01	SR 11	SR 10
0	⓪	⓪	⓪	1	1	1	0	0
1	①	0	0	①	0	0	0	0

그림 11-8
S-R 래치에 대한 Q^+의 유도

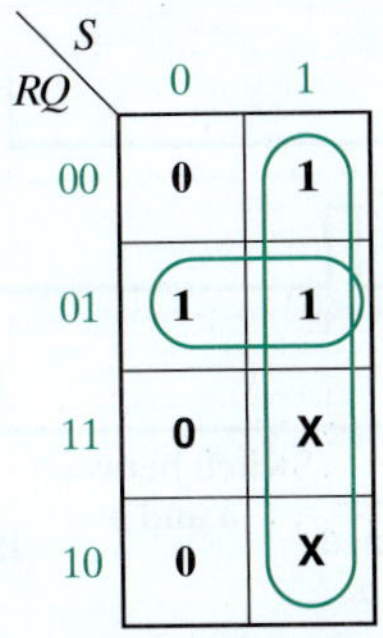

(a) Q^+ 맵

S	R	Q	Q^+	
0	0	0	0	
0	0	1	1	
0	1	0	0	
0	1	1	0	
1	0	0	1	
1	0	1	1	
1	1	0	–	허용되지
1	1	1	–	않는 입력

(b) 진리표

즉, 래치의 차기상태가 1이 되는 것은, 입력 $S = 1$이거나 혹은 현재상태가 1이면서 래치가 리셋이 되지 않을 때라는 것이다. 조건식 $SR = 0$의 의미는 S와 R이 동시에 1이 될 수 없다는 것이다. 래치의 차기상태를 그 입력들과 현재상태의 관계로 나타낸 식을 *차기상태식*(*next-state equation*) 혹은 *특성식*(*characteristic equation*)이라고 부른다.

특성식이 회로로부터 유도되는 차기상태식과 반드시 같지는 않다는 점에 유의하기 바란다. 두 가지 모두 래치의 기능적 동작을 나타낸다. 그러나, 특성식은 어떤 허용되지 않는 입력의 조합도 모두 감안하는 최소의 표현식이다. 그에 비해, 회로로부터 유도되는 차기상태식은 반드시 최소이지도 않고 허용되지 않는 입력 조합을 감안하지 않는다. 식 (11-3)과 식 (11-5)를 비교해 보라.

S-R 래치에 대한 특성식을 이끌어 내는 또 다른 접근방법은 Q의 차기상태에 대한 진리표를 작성하는 것이다. 우리는 앞서 게이트에 의한 연관 신호를 통하여 래치 동작을 논의하였고, 그림 11-8(b)의 진리표는 이것을 근거로 나타내었다. 카노맵에 표시된 Q^+는 그림 11-8(a)와 같은 결과를 보여준다.

S-R 래치는 종종 보다 복잡한 래치나 플립플롭의 구성요소로서, 그리고 비동기시스템에서 사용된다. 또 다른 S-R 래치의 유용한 응용으로는 되튀김이 제거된 스위치(debouncing switch)가 있다. 기계적인 스위치는 열리거나 닫히는 순간에, 열림과 닫힘을 반복하는 미세한 진동이 서서히 가라앉으며 최종적으로 정지된 스위치의 접촉상태에 이르게 된다. 이 바람직하지 못한 과도기의 잡음은 논리회로의 정상적 동작에 지장을 초래할 수 있다. 그림 11-9의 스위치의 입력은 논리 1(+V)에 연결되어 있다. 접점 a와 b에 연결된 풀다운(pull-down) 저항들은 스위치가 a와 b 사이에 떠 있는 동안에 S와 R이 모두 0이 되게 하고, 따라서 이 상태에서 래치의 출력은 상 태를 변하지 않는다. 타이밍도에 스위치가 a에서 b로 탁 넘어갈 때의 상황을 보였다. 스위치가 a를 떠날때 R 입력에 되튀김이 발생한다. 스위치가 b에 도착하면 입력 S에 되튀김이 발생한다.

스위치가 b에 이르면, 첫 번째 접촉에서 S는 1이 되고 짧은 지연 후에 래치는 $Q = 1$ 상태로 바뀐 후에 그대로 머물게 된다. 따라서 스위치의 되튀김에도 불구하고 Q는 되튀김하지 않는다. 이 되튀김 제거 방식은 두 접점 사이를 스위치하는 *두 접점* 스위치를 필요로 하며, 한 접점과 개방 사이에서 동작하는 *단접점* 스위치로는 구성할 수 없다.

그림 11-9
S-R 래치를 이용한 스위치의 되튀김 제거

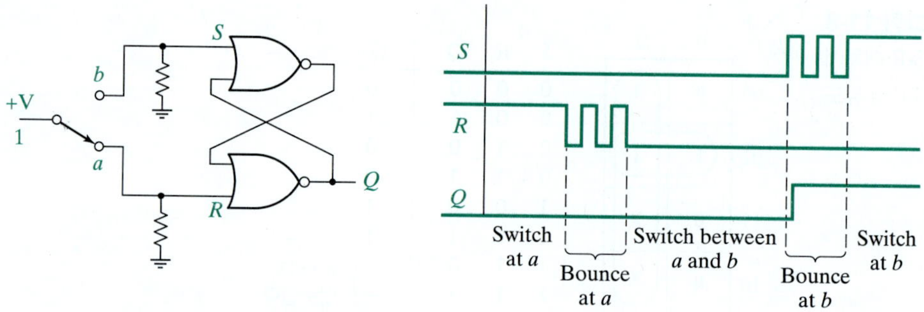

S-R 래치를 구성하는 다른 형태는 그림 11-10과 같이 NAND 게이트들을 사용하는 것이다. 이 회로는 $\overline{S}$-$\overline{R}$ 래치로 부르기로 하며, 표에 그 동작을 기술하였다. 이 래치의 입력은 $\overline{S}$와 $\overline{R}$로 표기를 하였는데, 이것은 $\overline{S} = 0$ Q를 1로 셋하며 $\overline{R} = 0$이 Q를 0으로 리셋하기 때문이다. 만약 $\overline{S}$ 와 $\overline{R}$이 동시에 0이 되면, 출력 Q와 Q'는 함께 1이 된다. 따라서 이 래치의 정상적인 동작을 위해서는 $\overline{S} = \overline{R} = 0$은 허용되지 않는다.

그림 11-10
$\overline{S}$-$\overline{R}$ 래치

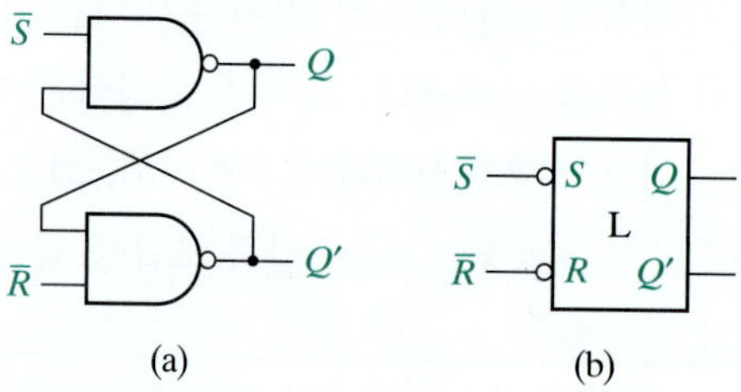

$\overline{S}$	$\overline{R}$	Q	Q^+
1	1	0	0
1	1	1	1
1	0	0	0
1	0	1	0
0	1	0	1
0	1	1	1
0	0	0	– } 허용되지
0	0	1	– } 않는 입력

(c)

11.3 게이트형 D 래치

게이트형 래치는 게이트(gate) 혹은 인에이블(enable)이라고 불리는 추가의 입력을 가지고 있다. 게이트 입력이 비활성(inactive)일 때는(그 값은 high 혹은 low일 수 있음) 래치의 상태는 변화하지 않는다. 게이트 입력이 활성(active)일 때는 래치는 다른 입력들에 의해 제어되며 앞의 섹션에서 기술된 것과 같이 동작한다. NAND-게이트 버전의 게이트형 S-R 래치를 그림 11-11에 보였다.

그림 11-11
NAND-게이트 버전 게이트형 S-R 래치

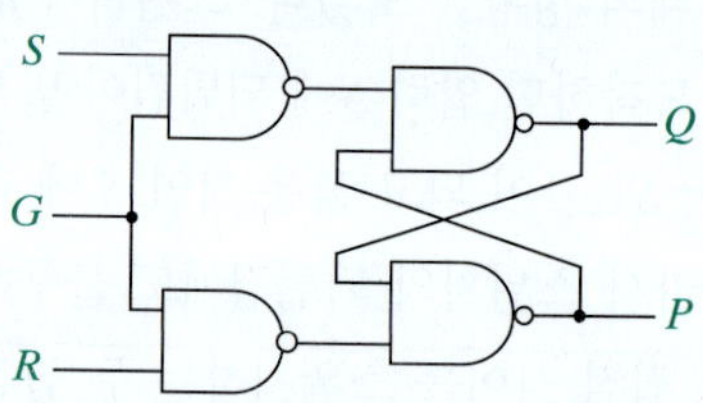

차기상태식은

$$Q^+ = SG + Q(R' + G')$$

그리고, P 출력에 대한 식은

$$P = Q' + RG$$

차기상태 및 출력 테이블을 표 11-2에 보였다. $G = 0$일 때, 회로는 항상 안정상태에 있고; $G = 1$일 때에는, $S = 1$은 래치를 셋(set)하고 $R = 1$은 래치를 리셋(reset)한다. 래치가 안정상태에 있을 때에는 입력의 조합이 $G = S = R = 1$일 경우를 제외하고는 $P = Q'$임을 주목하라; 결과적으로, $S = R = 1$의 입력조합은 허용되지 않는다.

표 11-2 게이트형 S-R 래치의 차기상태 및 출력

Next State Q^+

Present State	G = 0				G = 1			
Q	SR 00	SR 01	SR 11	SR 10	SR 00	SR 01	SR 11	SR 10
0	⓪	⓪	⓪	⓪	⓪	⓪	1	1
1	①	①	①	①	①	0	①	①

Present Output P

Present State	G = 0				G = 1			
Q	SR 00	SR 01	SR 11	SR 10	SR 00	SR 01	SR 11	SR 10
0	1	1	1	1	1	1	1	1
1	0	0	0	0	0	1	1	0

$S = R = 1$ 입력조합이 불허되는 다른 이유를 $S = R = 1$일 때 G가 1에서 0으로 바뀌는 경우를 들어 설명한다. G가 바뀔 때에, 그림 11-12에 보인 바와 같이 후단 기본 S-R 래치의 입력이 함께 0에서 1로 변화된다. 이것은 다시 기본 래치의 양 게이트의 출력을 동시에 1에서 0으로 바꾸게 될 것이며; 계속 꼬리를 물고 값이 바뀌게 되는 레이스(race) 상태가 발생되며 게이트들의 전파지연 차에 의해 이 래치가 $Q = 0$ 혹은 $Q = 1$ 중의 하나로 안정되게 될 것이다. 이것은 그림 11-6에 간단한 NOR-게이트 래치로 설명되어 있다.

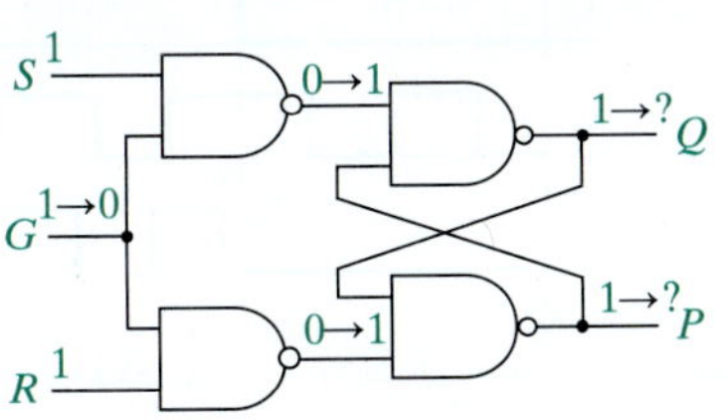

그림 11-12 게이트형 S-R 래치에서의 레이스 상태

이 문제를 다른 관점으로 검토해보는 것도 유익할 것이다. 카노맵(그림 11-13)에서 Q^+의 식을 그린다면, $G = 1$, $S = 1$, $R = 1$, $Q = 1$과 $G = 0$, $S = 1$, $R = 1$, $Q = 1$ 입력조합에 대해서 Q^+는 정적 1-해저드(static 1-hazard)를 가지는 것이 자명하다. 결과적으로, G가 이 두 입력조합간에서 1에서 0으로 변할 때, Q가 1에서 0으로 변하고, 피드백

에 의해 Q 값이 $Q = 0$으로 남아 있을 수 있다. 이것은 위에 기술한 레이스 상태의 다른 해석일 뿐이다. 물론, G가 0에서 1로 변할 때 정적 1-해저드도 존재하며, Q는 0으로 변할 수 있지만, 이 경우에는 $S = R = 1$의 입력에 의해 Q는 1로 다시 돌아가게 된다.

그림 11-13 Q^+에 대한 카노맵

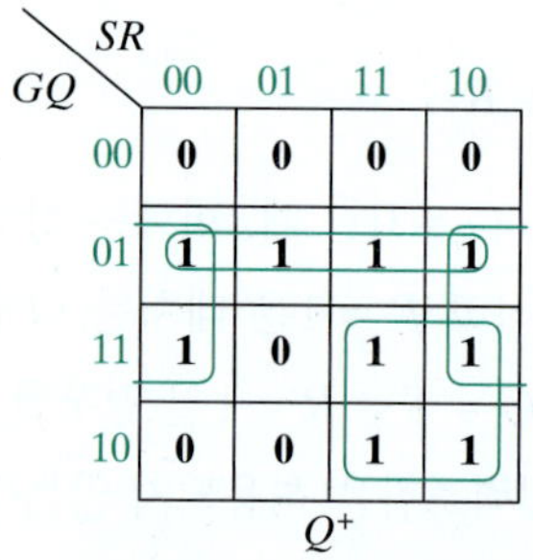

게이트형 S-R 래치에 대한 다른 제약도 있다. S와 R입력은 $G = 1$인 동안에 변화하거나 글리치(glitch)를 포함하지 않아야 한다. 예로서, $S = 0$, $R = 0$이고 G가 0에서 1로 변할 때 $Q = 0$이었다면, Q는 0으로 남아 있을 것이다. 그러나, 만약 회로의 정적 0-해저드에 의해 S가 1 글리치를 포함한다면, Q는 1로 변하게 될 것이고 이 값은 G가 0이 된 후에도 그대로 남을 것이다. 이것을 원스캐칭(1's catching) 문제라고 부른다. NOR-게이트 버전의 게이트형 S-R 래치는 제로스캐칭(0's catching)문제를 가진다.

또 다른 게이트형 래치로서 게이트형 D 래치가 있다. 이것은 게이트형 S-R 래치에서 S를 D에 그리고 R을 D'에 연결함으로써 구현된다. 그림 11-14(a)는 기본 S-R 래치, 두 개의 AND 게이트 그리고 인버터를 사용한 이 구현을 보여준다; 그림 11-11의 NAND 게이트, 게이트형 S-R 래치는 인버터 하나를 추가함으로써 게이트형 D 래치로 변환될 수 있다. 그림 11-4(b)에 나타낸 것과 같이, G가 비활성(이 경우에서는 $G = 0$)인 동안 게이트형 D 래치의 Q는 불변이며, G가 활성이 되고 난 얼마간의 지연 후에 Q는 D값이 된다. 이 지연은 게이트들의 전파지연에 기인한다. 이 래치는, G가 활성인 동안 Q가 D와 같아지므로, *투명래치*(*transparent latch*)라고 부른다. 그림 11-15에 게이트형 D 래치의 상태표와 특성식을 보였다.

그림 11-14 게이트형 D 래치

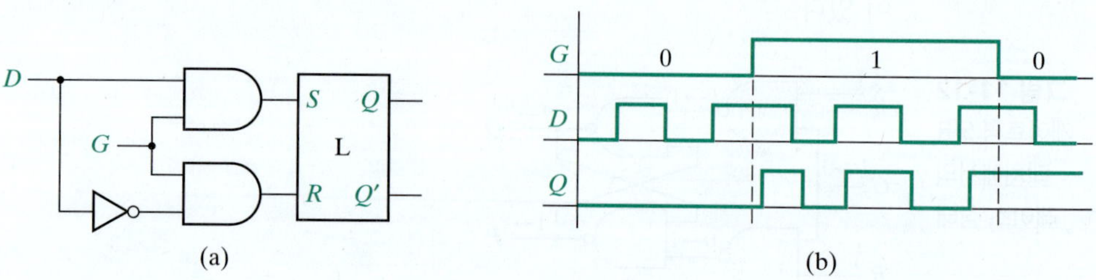

대부분의 디지털시스템들은, 시스템 내 플립플롭들의 출력변화를 클럭신호의 에지에—클럭의 상승(positive)(0에서 1) 혹은 하강(negative)(1에서 0)에지—동기화하기 위해서 클럭 신호(clock signal)를 사용한다. 래치들의 게이트 입력에 클럭 신호를 연결하면 게이트형 래치들이 사용될 수 있을 거라 생각하기 쉽다. 하지만 실제에서는 그렇지 않다.

그림 11-15 게이트형 래치의 심볼과 진리표

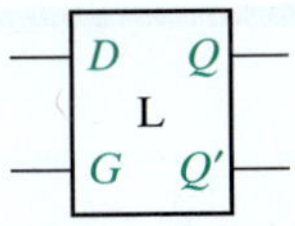

G	D	Q	Q^+
0	0	0	0
0	0	1	1
0	1	0	0
0	1	1	1
1	0	0	0
1	0	1	0
1	1	0	1
1	1	1	1

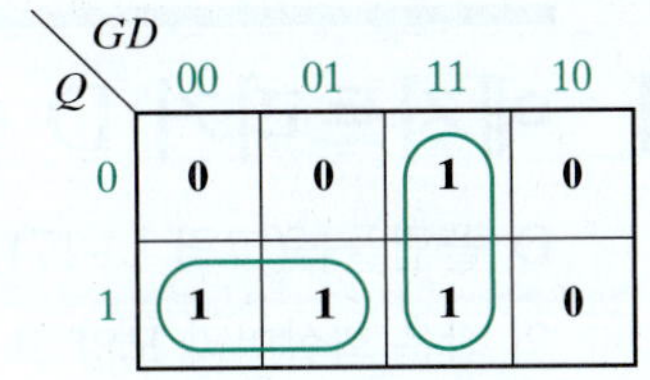

$Q^+ = G'Q + GD$

다음의 예로 그것이 곤란함을 설명한다. 그림 11-16의 회로에서, Clk가 1이라면 Q의 다음 값은, 입력 $x = 1$이라면 Q'가, 입력 $x = 0$이라면 Q가 될 듯 보인다. 하지만, Clk = 1, $x = 1$, $D = Q'$이면 Q값을 바꾸게 되겠지만, 만약 Clk가 1로 유지된다면, Q 값의 변화가 다시 피드백되어 Q 값을 또다시 바꾸게 된다. 만약 Clk가 1로 유지된다면, Q는 high와 low 사이를 진동(oscillate)하게 될 것이다. 결과적으로, Clk가 짧은 시간 동안만 1이어야 이 회로는 의도한 대로 동작할 것이다; 그 시간은 Q가 변할 수 있도록 충분히 길어야 하지만, 피드백에 의해 두 번째 변화를 발생시킬 길이보다는 짧아야 한다. 하나의 래치라면 의도한 대로 동작하도록 클럭의 high 시간을 제어할 수 있을지 모르지만, 시스템 내에 여러 개의 래치가 있을 경우, 게이트들의 지연 차이들이 있으므로, 모든 래치에 올바른 클럭 폭을 제공하는 것이 불가능할 수 있다.

그림 11-16 동작을 신뢰할 수 없는 게이트형 D 래치 회로

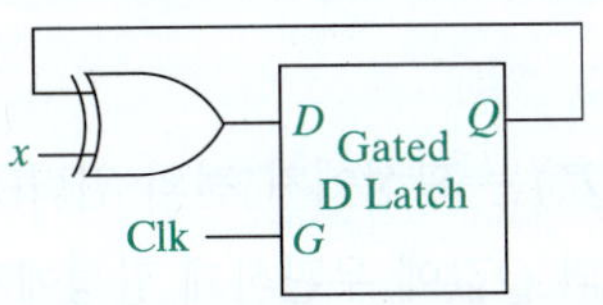

이러한 타이밍 문제를 회피하기 위해, 보다 복잡한 플립플롭들에서는 출력이 클럭의 에지에서만 변화하도록 제한하며, 아무리 입력이 변화하더라도 다른 시간에서는 출력이 변할 수 없다. 플립플롭의 입력이 단지 클럭 에지 주변의 짧은 시간 동안만 안정되어 있기만 하면 되는 플립플롭을 *에지트리거형*(에지촉발형; *edge-triggered형*)이라 부른다(다음 섹션의 셋업타임 및 홀드타임에 대한 논의를 참조하기 바람). *마스터–슬레이브*(*master-slave*) 플립플롭은 플립플롭의 출력이 클럭의 에지에서만 변화하도록 2개의 게이트형 래치들을 사용한 특정의 구현을 일컫는다. 하지만, 마스터–슬레이브 플립플롭들이 반드시 에지트리거형 플립플롭은 아니다. 왜냐하면, 이 플립플롭들이 클럭의 에지주변뿐만 아니라 클럭의 주기 동안 플립플롭의 입력들이 안정되어 있도록 제한하는 요구가 있기도 하기 때문이다. 이후 섹션에서 소개되는 S-R, J-K 그리고 T 마스터–슬레이브 플립플롭이 그 예들이다. 다음 섹션의 마스터–슬레이브 D 플립플롭은 예외인데, 이것은 마스터–슬레이브형 구현이면서 또한 에지트리거형이다.

11.4 에지트리거 D 플립플롭

D 플립플롭(그림 11-17)은 D(데이터), Ck(클럭)의 두 입력을 가진다. 플립플롭 심벌의 작은 화살머리 모양 표시가 클럭 입력임을 나타낸다. D 래치와는 달리, 플립플롭의 출력은, D 입력의 변화에 따라서가 아니라 클럭에 반응하여 변화한다. 만일 출력이 클럭 입력의 0에서 1로의 전환에 촉발되어 변화한다면, 플립플롭은 클럭의 *상승에지(rising edge)*에서 트리거(trigger)된다고 말한다. 만일 출력이 클럭 입력의 1에서 0로의 전환에 촉발되어 변화한다면, 플립플롭은 클럭의 하강에지(falling edge)에서 트리거된다고 말한다. 클럭 입력에 있는 반전 표시 방울은 *하강에지트리거임*을 나타내며(그림 11-17(b)), 방울이 없는 것은 *상승에지트리거임*을 나타낸다(그림 11-17(a)). *활성에지(active edge)*라는 용어는 플립플롭의 상태의 변화를 촉발하는 클럭에지(상승 혹은 하강)를 지칭한다.

그림 11-17
D 플립플롭들

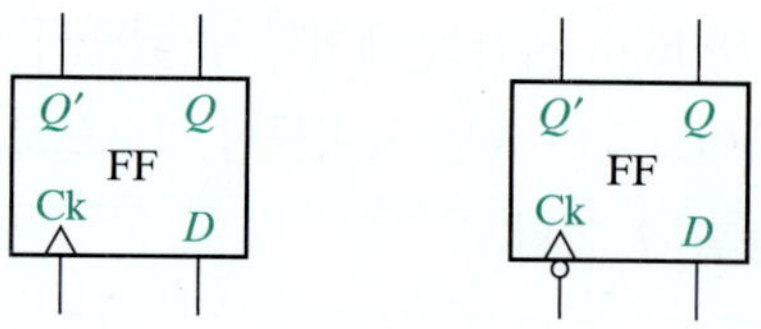

D Q	Q^+
0 0	0
0 1	0
1 0	1
1 1	1

$Q^+ = D$

활성클럭에지 후의 D 플립플롭의 상태(Q^+)는 활성에지 전의 입력(D)와 같다. 예를 들어 클 럭펄스 전에 $D = 1$이라면, 그 이전의 Q값에 무관하게 활성에지 후에는 $Q = 1$이 된다. 그러므로 특성식은 $Q^+ = D$가 된다. 만일 D가 각 클럭펄스 다음에 기껏해야 1번 이하 변화한다면, 플립플롭의 출력은 D 입력과 같아진다. 하지만 그림 11-18에 보인 바와 같이 그 출력의 변화는 활성에지가 들어와야 그것에 이어 일어난다.

그림 11-18
D 플립플롭의 타이밍(하강에지트리거)

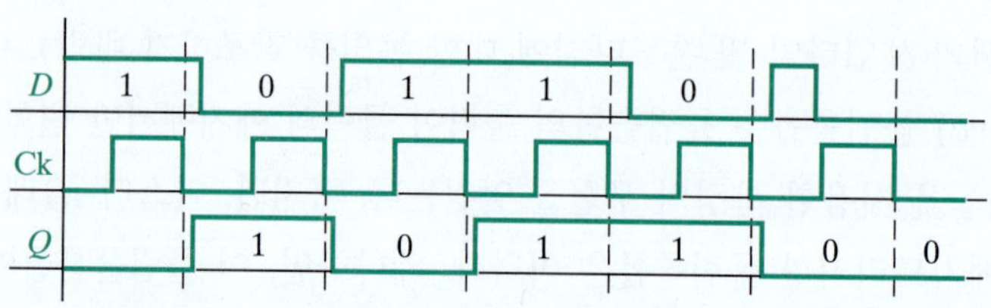

상승에지 트리거 D 플립플롭은, 그림 11-19(a)에 보인 바와 같이, 두 개의 게이트형 D 래치와 한 개의 인버터로 구성될 수 있다. 그 타이밍도는 11-19(b)에 보였다. CLK = 0, $G_1 = 1$이면, 첫 번째 래치는 *투명(transparent)*하게 되어 P 출력은 D 입력을 따른다. 이때 $G_2 = 0$이므로, 두 번째 래치는 현재의 Q 출력을 유지한다. CLK가 1로 바뀌면 G_1은

그림 11-19
D 플립플롭
(상승에지
트리거)

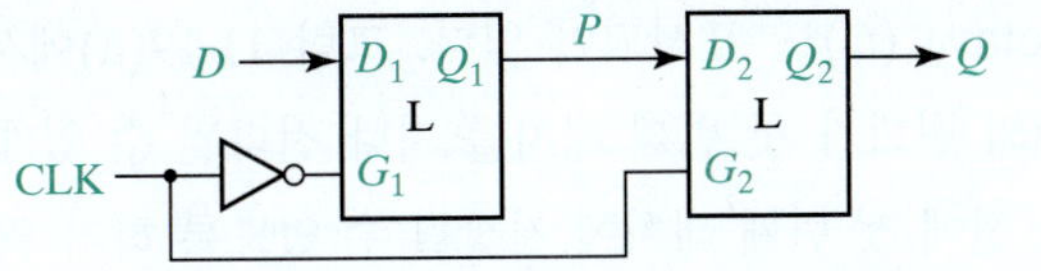

(a)) 2개 게이트형 *D* 래치 사용하에 구성

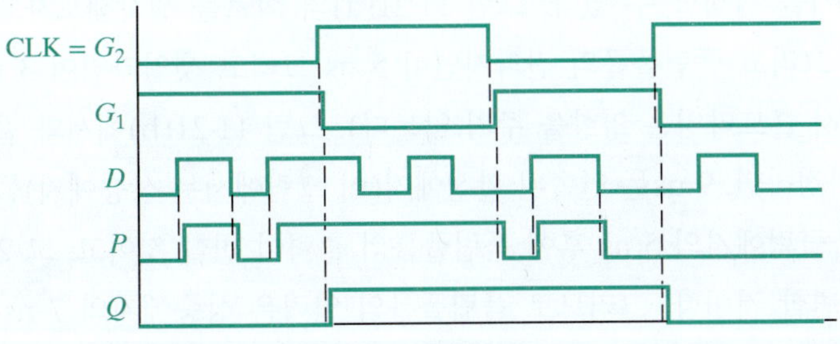

(b) 사고분석

0으로 바뀌고, D의 현재 값이 첫 번째 래치에 저장된다. $G_2 = 1$이므로 P의 값은 두 번째 래치를 통과해 Q로 흘러간다. CLK가 다시 0이 되면, 두 번째 래치는 P의 값을 받아 유지하고, 첫 번째 래치는 다시 D 입력을 받아 통과시킨다. 만일 두 번째 래치가 P값을 받아들이기 전에 첫 번째 래치가 D 입력을 받아들인다면 플립플롭은 정상적인 동작을 하지 않게 된다. 따라서 회로의 설계자는 에지트리거 플립플롭을 설계함에 있어서 타이밍 문제에 주의를 기울여야 한다. 이 회로에서 출력 상태의 변화는 단지 클럭의 상승에지에 이어서만 일어난다. 클럭의 상승에지 때의 D 입력이 Q의 값을 결정하게 되면, 상승에지 사이에 일어나는 D값의 다른 변화는 Q에 영향을 주지 못한다.

플립플롭은 단지 활성에지에서만 상태를 변화시키므로, 플립플롭의 전파지연은 활성에지와 출력에서의 결과 변화 사이의 시간이 된다. 하지만 D 입력과 관련해서도 타이밍 논점이 있다. 정상적 동작을 위해서는, 에지트리거 플립플롭의 D 입력은 클럭의 활성에지를 전후해서 일정 기간 동안 그 값을 변함없이 유지해 주어야 한다. 만약 D가 활성에지와 동시에 변화한다면, 그 동작을 예측할 수 없게 된다. 활성에지 직전에 D의 값을 불변으로 유지하여야 하는 최소 시간의 길이를 셋업타임(setup time) (t_{su}), 그리고 활성에지 이후에 D값을 불변으로 유지해야 하는 최소 시간의 길이를 홀드타임(hold time) (t_h)이라고 한다. 그림 11-20의 타이밍도에서 클럭 주기 동안에 D가 바뀔 수 있는 시간들이 짙게 표시되어 있다. 또한 클럭이 바뀐 순간부터 Q 출력이 바뀔 때까지의 전파지

그림 11-20
에거트리거
D 플립플롭을
위한 셋업 및
홀드타임

그림 11-1

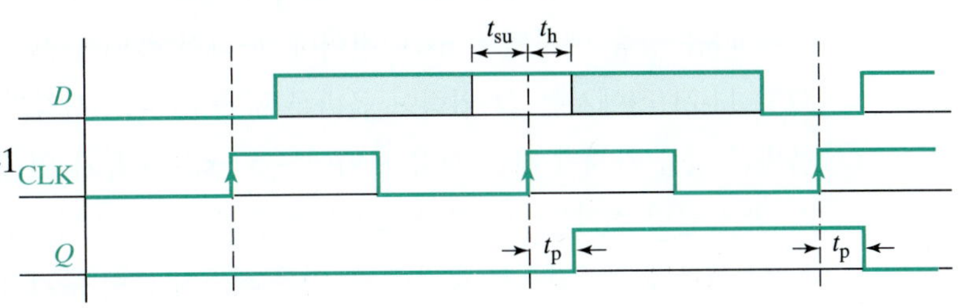

연(propagation delay) (t_p)도 표시되어 있다. 그림 11-19(a)에서, 셋업타임은 클럭의 상향에지 이전에 D의 변화가 첫 번째 래치를 지나 전파될 수 있게 하기 위함이다. 홀드타임은 D가 변하기 전에 첫 번째 래치에 저장될 수 있도록 하기 위해 필요하다.

이러한 타이밍 요소들을 사용하여, 회로가 타이밍 제약사항들을 위반하지 않도록 최소 클럭 주기를 결정할 수 있다. 그림 11-21(a)의 회로를 생각해보자. 인버터의 전파지연이 2 ns, 그리고 플립플롭의 전파지연이 5 ns 그리고 셋업타임이 3 ns라고 가정하자(이 계산에서 홀드타임은 영향을 주지 않는다). 그림 11-21(b)에서와 같이, 클럭 주기가 9 ns라고 가정하면, 9 ns는 연속된 활성에지(이 그림에서는 상승에지)들 간의 시간이 된다. 그러면, 클럭에지의 5 ns 후에 플립플롭의 출력이 변할 것이고, 그 2 ns 후에 인버터의 출력이 변할 것이다. 그러므로 플립플롭의 입력은 상승에지의 7 ns 후에 바뀌게 되고, 이것은 다음 상승에지의 2 ns 이전이다. 그러나 플립플롭의 셋업타임은 입력이 상승에지 3 ns 이전에는 이미 안정되어 있기를 요구하므로, 이 경우 플립플롭이 올바른 값을 받아들이지 못할 수 있다.

그림 11-21
최소 클럭 주기의 결정

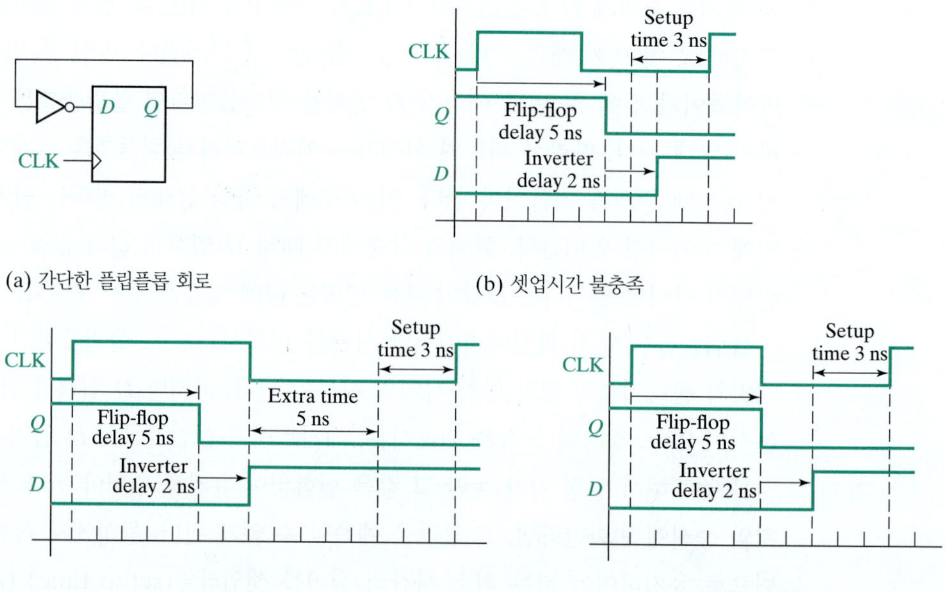

(a) 간단한 플립플롭 회로
(b) 셋업시간 불충족
(c) 셋업시간 충족
(d) 최소 클럭주기

이와는 달리, 그림 11-21(c)와 같이, 클럭 주기가 15 ns이라고 가정해보자. 마찬가지로 상승에지 7 ns 후에 플립플롭의 입력이 변할 것이다. 그러나 클럭이 더 느리므로, 이것은 다음 상승 에지의 8 ns 이전이다. 따라서 플립플롭은 정상적으로 동작할 것이다. 그림 11-21(c)에서는 D 입력이 올바른 값을 가지는 시각과 셋업타임을 만족하기 위해 올바른 값을 가져야 하는 시각 사이에는 5 ns의 여유가 있음을 알 수 있다. 그러므로 보다 짧은 클럭 주기를 사용하면 그만큼 여유시간이 적거나, 혹은 없게 된다. 그림 11-21(d)는 이 회로가 정상적으로 동작할 수 있는 최소의 클럭 주기가 10 ns임을 보여 주고 있다.

11.5 S-R 플립플롭

S-R 플립플롭(그림 11-22)은, $S = 1$이면 Q 출력이 1로 셋되고 $R = 1$은 Q 출력을 0으로 리셋한다는 점에서 S-R 래치와 유사하다. 근본적인 차이점은 플립플롭은 클럭 입력을 가지고, Q 출력은 활성클럭에지 후에만 바뀐다는 것이다. 플립플롭의 진리표나 특성식은 래치와 마찬가지이지만, Q^+의 해석은 달라진다. 래치의 경우에 Q^+는 래치를 통과하는 전파지연 후의 Q의 값이지만, 플립플롭의 경우에는 Q^+는 활성클럭에지 후의 Q의 값으로 간주된다.

그림 11-22
S-R 플립플롭

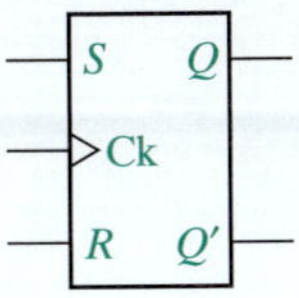

Operation summary:

$S = R = 0$	No state change
$S = 1, R = 0$	Set Q to 1 (after active Ck edge)
$S = 0, R = 1$	Reset Q to 0 (after active Ck edge)
$S = R = 1$	Not allowed

그림 11-23
S-R 플립플롭의 구현과 타이밍

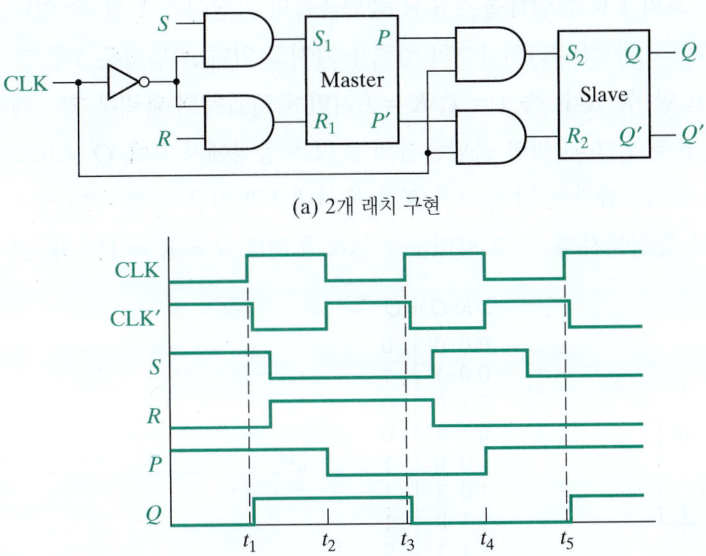

(a) 2개 래치 구현

(b) 시간 분석

그림 11-23(a)는 두 개의 S-R 래치들과 게이트들로 구성된 S-R 플립플롭을 보여주고 있다. 이 플립플롭은 클럭의 상승에지 후에 상태가 변화한다. 이 회로는 종종 마스터–슬레이브 플립플롭(master-slave flip-flop)이라 불린다. CLK = 0일 때, S와 R 입력이 마스터 래치의 출력 값을 셋하고, 이 때 슬레이브 래치는 그 전의 Q 값을 유지하고 있다. 클럭이 0에서 1로 바뀌면, P의 값이 마스터 래치에 획득되고, 이 값이 슬레이브 래치에 전파된다. CLK = 1인 동안에 마스터 래치는 P값을 유지하고, 따라서 Q값은 변하지 않는다. 클럭이 1에서 0으로 바뀔 때, Q의 값은 슬레이브에서 잠긴 상태로 유지되고, 마스터는 새로운 입력을 받아들일 수 있게 된다. 그림 11-23(b)에 이 타이밍도를 보여 주고 있다. 초기에 t_1에서 $S = 1$이고 Q는 1로 바뀐다. 그리고 t_3에서 $R = 1$이고 Q는 0으로 바뀐다.

얼핏 보면 이 플립플롭은 에지트리거 플립플롭과 마찬가지로 동작하는 것처럼 보이지만, 미 묘한 차이가 있다. 상승에지트리거 플립플롭에서 입력의 값은 클럭의 상승에지에서만 감지, 획득이 되며, 입력은 클럭이 0의 상태에서 값을 바꿀 수 있다. 마스터–슬레이브 플립플롭의 경우에는, 클럭이 0인 상태에서 입력들이 변화하면 플립플롭의 출력이 옳지 않게 될 수 있다. 예를 들어 그림 11-23(b)의 t4에서 $S = 1$, $R = 0$이고 따라서 P는 1이 된다. 그리고 S가 t_5 전에 다시 0으로 돌아오지만 P 값은 바뀌지 않고, t_5에서 클럭의 상승에지 후에 Q는 1로 바뀌게 된다. 하지만 t_5에서 $S = R = 0$이고, Q 값은 변하지 않았어야 했다. 이러한 문제는 S와 R 입력이 클럭이 1일 때에만 변화할 수 있도록 함으로써 해결할 수 있다.

11.6 J-K 플립플롭

그림 11-24의 J-K 플립플롭은 S-R 플립플롭의 확장이라고 할 수 있다. J-K 플립플롭은 J, K, 그리고 클럭(CK)의 3개의 입력을 가지고 있다. J 입력은 S에, 그리고 K는 R에 비유된다고 할 수 있다. 즉 $J = 1$, $K = 0$이면 플립플롭의 출력은 활성에지 후에 $Q = 1$로 셋되고, $K = 1$, $J = 0$이면 플립플롭의 출력은 활성에지 후에 $Q = 0$으로 리셋된다. 하지만 S-R 플립플롭과는 달리, J와 K가 동시에 1의 값을 가질 수도 있으며, 이 경우에 플립플롭은 활성에지 후에 그 상태를 반전하게 된다. $J = K = 1$일 때, 활성에지는 Q의 값을 0에서 1 혹은 1에서 0으로 변화하게 한다. J-K 플립플롭의 차기상태표와 특성식이 그림 11-24(b)에 주어져 있다.

그림 11-24
J-K 플립플롭 (상승에지에서 Q 변화)

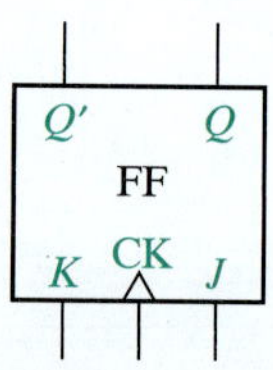

(a) J-K 플립플롭

J K Q	Q^+
0 0 0	0
0 0 1	1
0 1 0	0
0 1 1	0
1 0 0	1
1 0 1	1
1 1 0	1
1 1 1	0

$$Q^+ = JQ' + K'Q$$

(b) 진리표, 특성식

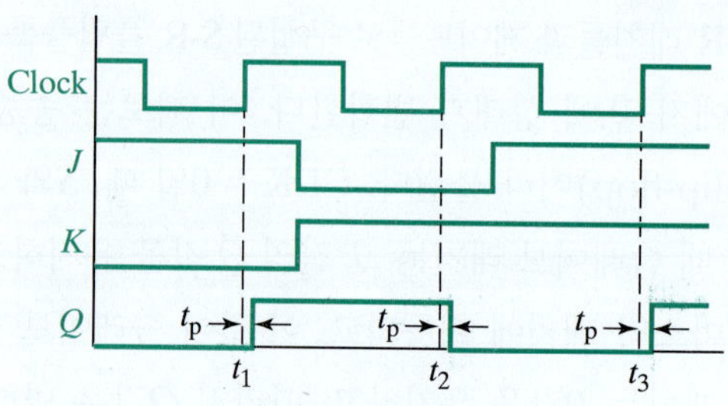

(c) 플립플롭 시간도

그림 11-24(c)는 J-K 플립플롭의 타이밍을 보여주고 있다. J와 K의 값이 적절히 주어졌을 때, 이 플립플롭은 클럭 펄스의 상승에지 후 짧은 시간(t_p) 후에 상태를 바꾸게 된다. 만약 Clock = 0이고, $J = 1$, $K = 0$이면, 상승에지에 이어 Q는 1로 셋될 것이다. 또 Clock = 0일 때, $K = 1$, $J = 0$ 이라면, 상승에지 후에 Q는 0으로 될 것이다. 같은 방법으로 $J = K = 1$이면 Q는 상승에지 후에 값을 바꾸게 된다. 그림 11-24(c)에서 첫 번째 상승에지 전에 $Q = 0$, $J = 1$, $K = 0$이므로, t_1에서 Q는 1로 바뀐다. 두 번째 상승에지 전에는 $Q = 1$, $J = 0$, $K = 1$이므로, t_2에서 Q는 0으로 바뀐다. 세 번째 상승에지 전에는 $Q = 0$, $J = 1$, $K = 1$이므로, t_3에서 Q는 1로 바뀐다.

J-K 플립플롭을 구성하는 한 가지 방법은 그림 11-25에 보인 바와 같이두 개의 S-R 래치를 마스터–슬레이브로 연결하는 것이다. 이것은 S와 R이 J와 K로 바뀌고, Q와 Q'의 출력이 입력 게이트들로 피드백되는 것을 제외하면 S-R 마스터–슬레이브와 같은 회로이다. $S = J \cdot Q' \cdot \mathrm{CLK}'$이고 $R = K \cdot Q \cdot \mathrm{CLK}'$이므로, 어떤 시각에서도 첫 번째 래치의 S 및 R 입력 중에서 하나만이 1이 될 수 있다. 만일 $Q = 0$이고 $J = 1$이면, K의 값에 상관없이 $S = 1$, $R = 0$이 된다. 또 $Q = 1$이고 $K = 1$이면, J의 값에 상관없이 $S = 0$, $R = 1$이 된다.

그림 11-25 마스터–슬레이브 J-K 플립플롭(상승에지에 Q 변화)

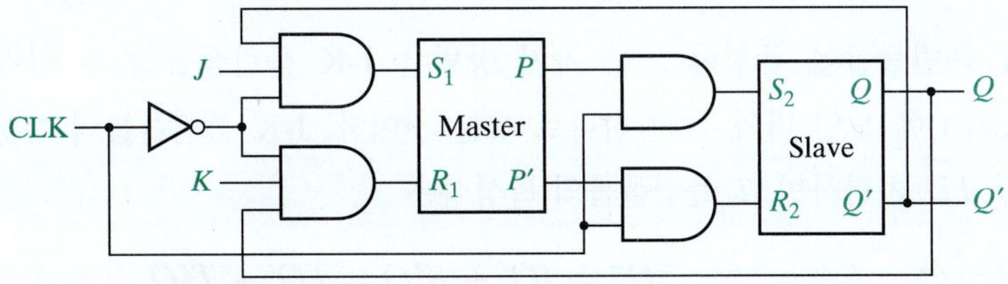

11.7 T 플립플롭

토글(toggle) 플립플롭이라고도 불리는 T 플립플롭은 카운터(counter)를 구성하는 데에 자주 활용된다. 대부분의 CPLD나 FPGA들은 T 플립플롭을 구현할 수 있도록 되어 있다. 그림 11-26(a)의 T 플립플롭은 T 입력과 클럽 입력을 가지고 있다. $T = 1$이면 클럭의 활성에지 후에 플립플롭은 상태를 반전시킨다. $T = 0$이면 상태의 변화가 일어나지 않는다. 그림 11-26(b)에 T 플립플롭의 차기상태표와 특성식이 주어져 있다. 특성식을 살펴보면, 플립플롭의 차기상태(Q^+)는 현재상태(Q)가 1이고 $T = 0$이거나, 현재상태가 0이고 $T = 1$이면 1이 된다는 것을 의미한다.

그림 11-26 T 플립플롭

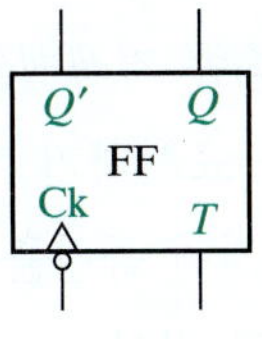

(a)

T Q	Q^+
0 0	0
0 1	1
1 0	1
1 1	0

$$Q^+ = T'Q + TQ' = T \oplus Q$$

(b)

그림 11-27에 T 플립플롭의 타이밍도가 주어져 있다. 시각 t_2와 t_4에서 T 입력의 값은 1이고, 클럭펄스의 하강에지 직후(t_p)에 플립플롭의 상태(Q)가 바뀐다. 시각 t_1과 t_3에서는 $T = 0$이므로, 클럭에지가 들어와도 상태의 변화는 일어나지 않는다.

그림 11-27
T 플립플롭의 타이밍도(하강 에지트리거)

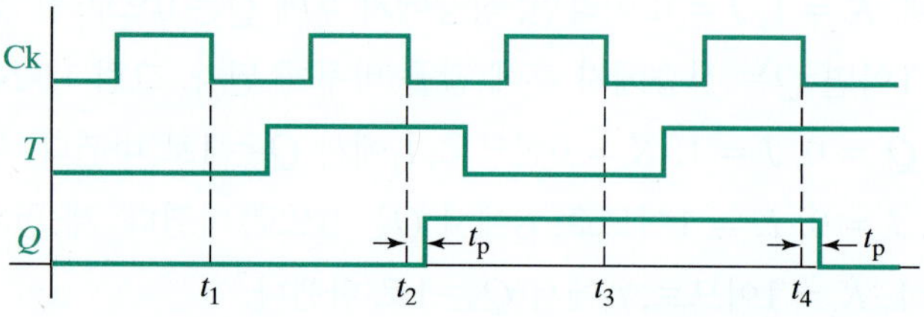

그림 11-28
T 플립플롭의 구현

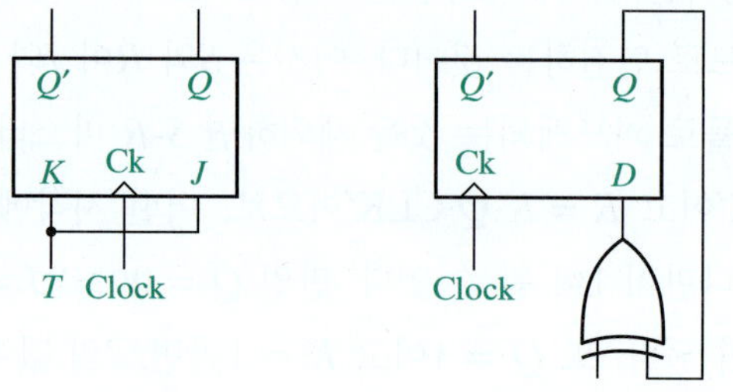

(a) Conversion o J-K to T (b) Conversion of D to T

T 플립플롭을 구성하는 한 가지 방법은 J-K 플립플롭의 두 입력 J와 K를, 그림 11-28(a)에 보인 바와 같이 하나로 묶는 것이다. J-K 플립플롭의 특성식에서 J와 K를 모두 T로 치환하면, T 플립플롭의 특성식은

$$Q^+ = JQ' + K'Q = TQ' + T'Q$$

가 된다. T 플립플롭을 구성하는 다른 방법으로는 D 플립플롭과 XOR 게이트를 사용할 수 있다(그림 11-28(b)). D 입력이 $Q \oplus T$이므로, $Q^+ = Q \oplus T = TQ' + T'Q$가 되고, 이것은 바로 T 플립플롭의 특성식임을 알 수 있다.

11.8 부가적인 입력을 가지는 플립플롭

플립플롭들은 종종 클럭과는 독립적으로 플립플롭을 어떤 초기 상태로 셋하기 위해 부가적인 입력을 가지기도 한다. 그림 11-29는 클리어(clear)와 프리셋(preset) 입력을 가지는 D 플립플롭을 보여 준다. 이 입력들에 붙어 있는 작은 방울(반전 표시)은 이 플립플롭을 클리어 혹은 셋하기 위해 0(1이 아닌)이 입력되어야 함을 나타낸다. 이런 형태의 입력은 논리 0이 클리어 혹은 프리셋을 작동시키므로, 종종 *저레벨활성*(*active-low*)이라고 불린다. 앞으로 저레벨활성 클리어 혹은 프리셋을 표시하기 위해 ClrN 혹은 PreN이라는 기호를 쓰기로 한다. 그래서 ClrN에 0이 가해지면 플립플롭은 0으로 리셋될 것이고, PreN에 0이 가해지면 $Q = 1$로 플립플롭이 셋될 것이다. 이 입력들은 클럭

그림 11-29
클리어와 Preset을 가진 D 플립플롭

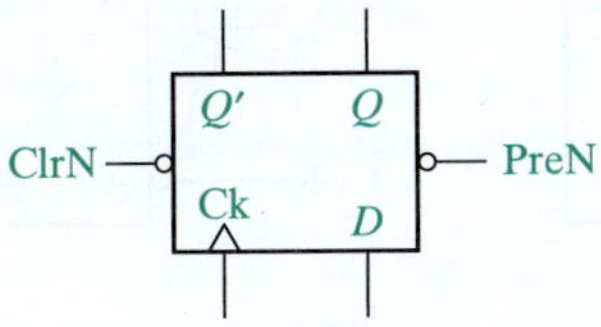

(a)

Ck	D	PreN	ClrN	Q^+
x	x	0	0	(not allowed)
x	x	0	1	1
x	x	1	0	0
↑	0	1	1	0
↑	1	1	1	1
0,1,↓	x	1	1	Q (no change)

(b)

이나 D 입력에 우선한다. 즉 ClrN에 0이 가해지면 클럭이나 D 입력에 상관없이 플립플롭은 리셋이 된다. 정상적인 동작 상황이라면 ClrN과 PreN에 동시에 0이 가해지면 안 된다. ClrN과 PreN이 1에 묶여 있을 경우에는 D와 클럭 입력은 정상적으로 동작 한다. ClrN과 PreN은 그 동작이 클럭에 무관하기 때문에 종종 *비동기* 클리어 및 프리셋이라고 불린다. 그림 11-29(b)에 플립플롭의 동작을 요약하였다. 표에서 c는 상승에지를, 그리고 X는 무관항을 나타낸다. 표에서 마지막 열은 Ck가 0 혹은 1에 있거나 하강에지일 때에는 Q 값은 변하지 않는다는 것을 나타낸다. Clear 및 preset 입력들이 동기식(synchronous)일 수도 있다. 즉, clear와 set 동작이 클럭의 활성 에지에서 일어날 수 있다. 종종 동기식 clear나 preset이 다른 동기 입력들보다 우선하는데, 예로서, 동기식 clear 입력을 가지는 D 플립플롭에서 clear 입력이 활성상태이라면 D 입력값에 상관없이 클럭의 활성 에지에서 clear가 동작하게 된다.

그림 11-30
비동기 클리어와 Preset을 가진 D 플립플롭의 타이밍도

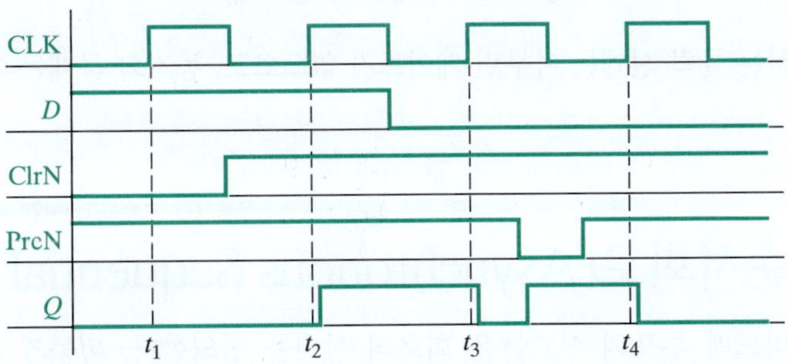

그림 11-30은 클리어와 프리셋 입력의 동작을 설명하고 있다. t_1에서 ClrN = 0에 의해 Q 출력은 0에 고정되어 있고, 그래서 상승에지가 들어와도 무시된다. t_2와 t_3에서는 ClrN과 PreN이 모두 1에 고정되어 있으므로 정상적인 상태 변화가 이루어진다. 그리고 Q는 PreN = 0에 의해 1로 셋되지만, t_4에서 D = 0 상태에서 상승에지가 들어옴에 따라 다시 Q는 0이 된다.

동기식 디지털 시스템에서는, 같은 클럭 에지에서 모든 상태들의 변화가 동시에 일어날 수 있도록, 보통 플립플롭들은 하나의 공통 클럭에 의해 구동된다. 이런 시스템을 설계할 때, 어떤 상황에서 어떤 플립플롭들은 그 플립플롭의 입력이 변하더라도 이전의 데이터를 그대로 유지하게 하고자 하는 상황이 있을 수 있다. 이런 경우에 사용할 수 있는 한 방법으로서 클럭을 게이트화 하는 방법을 그림 11-31(a)에 보였다. En = 0일 경우우에는 플립플롭의 클럭 입력은 0이 되고, 따라서 Q는 변하지 않는다. 이 방식은 두 가

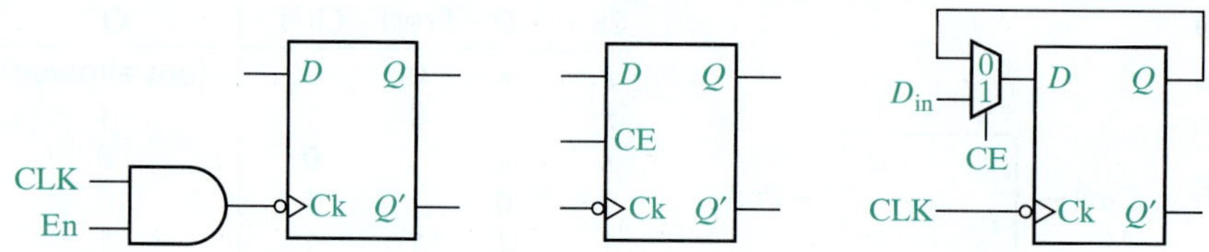

그림 11-31 럭인에이블(clock enable)을 가지는 D 플립플롭

지의 문제점을 가지고 있다. 첫째, 게이트들의 지연에 의해 어떤 플립플롭에는 다른 플립플롭들과는 다른 시각에 클럭이 도달될 수 있어, 동기화의 실패를 가져올 수 있다. 두 번째로, En이 좋지 않은 순간에 변할 때 클럭의 입력에 의해서가 아니라, En의 변화가 플립플롭을 작동시켜 변화를 야기할 수 있다는 것이다. 클럭을 여닫는 방법 보다 나은 방법으로, 클럭인에이블(clock enable, CE)을 사용하는 방법이 있다. 이러한 플립 플롭들은 CPLD나 FPGA에서 보편적으로 사용된다.

그림 11-31(b)는 클럭인에이블을 가지는 D 플립플롭을 보여 주고 있으며, 이것을 D-CE 플립플롭으로 부르기로 한다. CE = 0일 때에는 클럭은 무력화(disable)되어 상태의 변화는 일어나지 않고, 따라서, $Q^+ = Q$가 된다. CE = 1일 때에는 플립플롭은 정상적인 D 플립플롭과 같이 동작하여 $Q^+ = D$가 된다. 그러므로, 특성식은, $Q^+ = Q{\cdot}CE' + D{\cdot}CE$가 된다. D-CE 플립플롭은 D 플립플롭과 멀티플렉서(multiplexer)로 쉽게 구성할 수 있다(그림 11-31(c)). 이 회로에서 MUX의 출력은

$$Q^+ = D = Q{\cdot}CE' + D_{in}{\cdot}CE$$

이 구성에서는 클럭 선에는 아무런 게이트가 없으므로, 동기화 문제는 야기되지 않는다.

11.9 비동기 순서회로(Asynchronous Sequential Circuit)

순서회로의 피드백 루프의 신호들은 회로의 상태를 정의한다. *비동기* 순서회로에서 회로의 상태는 어느 입력이라도 변화하면 변할 수 있다. 이 장에서 다룬 래치들은 비동기 순서회로이다. 또한, 마스터-슬레이브 혹은 에지트리거 플립플롭의 출력이 클럭 입력의 에지에서만 변한다고 하더라도, 플립플롭의 내부 회로는 비동기 회로이다. 비동기 회로들이 잘 정의된 방식으로 동작하기 위해서는 몇 가지 제한들을 만족해야 한다. 이 교재[1]에서 비동기 회로는 상세히 다루지는 않지만, 이 섹션에서 올바른 비동기 회로의 동작을 위해 필요한 이러한 제한들을 기술한다.

1) 보다 자세한 내용은 M. Morris and Ciletti, Michael D., Digital Design(4th Ed) (Pearson Prentice Hall, 2007)을 참조

그림 11-32(a)의 그림을 생각해보자. 이 회로는 2개의 피드백 루프를 가지며, 따라서 4개의 상태를 가진다. 회로를 분석하기 위해 게이트 4와 5의 출력의 피드백 루프를 끊는다. 게이트의 출력을 P^+와 Q^+로 표시한다. 차기상태식은

$$P^+ = x'P + xQ$$
$$Q^+ = x'P' + xQ$$

두 식 모두 정적 1-해저드를 가짐에 주목하라. P^+는 $xPQ = 111 \leftrightarrow 011$에 대해 정적 1-해저드를 가진다.

그림 11-32
비동기 회로

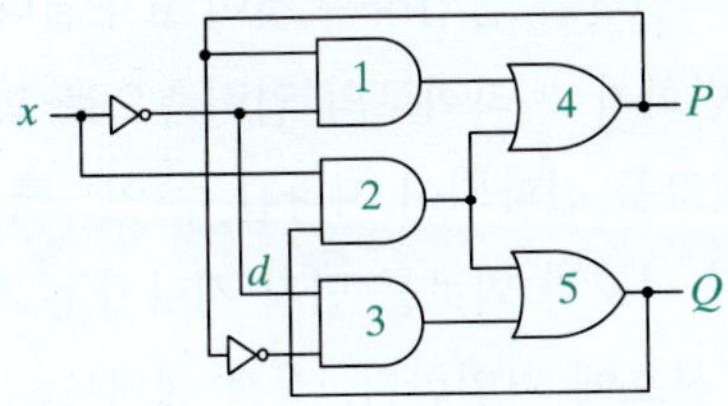

(a)

PQ	x = 0	x = 1
00	01	00
01	01	11
11	10	11
10	10	00

(b)

그림 11-32(b)는 안정상태들을 원으로 표시한 회로의 차기 상태표를 보여준다. 안정상태 $xPQ = 111$에 있는 회로에서 x가 0으로 바뀌는 상황을 생각해보자. 테이블은 차기상태가 $PQ = 10$임을 나타낸다(즉, P는 변하지 않으며 Q는 0으로 바뀐다). 그러나, x에 붙은 인버터의 지연이 게이트들의 지연에 비해 크다고 가정해보자. 그러면, x가 0으로 변할 때, 게이트 2의 출력이 0이 되며 이는 게이트 4와 5의 출력이 0이 되게 만든다. X에 붙은 인버터의 출력이 1로 바뀔 때, $P = 0$이 게이트 1의 출력이 1로 바뀔 수 없게 막아버리고 P는 0으로 남게 된다; 반면, 게이트 3은 1로 바뀌며 따라서 Q는 1이 된다. 이 회로는 $PQ = 01$로 안정된다. 이 올바르지 못한 상태천이는 P^+의 정적 1-해저드에 기인하며, 이것은 x의 지연이 클 때 P에 0 글리치를 야기하고, 피드백에 의해 P가 1로 돌아갈 수 없게 된다. 이 문제는 회로를 해저드에서 자유롭도록 설계함으로써 제거될 수 있다.

회로가 해저드로부터 자유롭다고 하더라도, 회로의 특정 부분에서의 지연은 올바르지 않은 상태천이를 야기할 수가 있다. 안정된 상태 $xPQ = 010$에서 시작하여 x가 1로 바뀌는 그림 11-32(a)의 회로를 생각해보자; 차기 상태표는 차기 상태가 $PQ = 00$이 되어야 함을 나타내고 있다. 그러나, d로 표기된 선에 큰 지연이 있다면 회로는 상태 $PQ = 11$로 천이하게 된다. X 인버터를 지나 전파되는 1에서 0으로의 변화, 게이트 1 그리고 게이트 4는 P를 0으로 변화시킨다. P가 0으로 변하면, 아래쪽 인버터의 출력은 1로 변화되고, 만약 게이트 3에 입력되는 d가 아직 1이라면, 게이트 3과 게이트 5는 1로 변한다. $Q = 1$이면, 게이트 2가 1로 변하며 이것은 게이트 4를 다시 1로 바꾼다. 이러한 잘못된 동작은 P의 값 변화가 Q를 위한 논리회로 부분에 되돌아올 때까지도 x의 변화가 Q를 위한 논리회로 부분 도달하지 못하기 때문이다. 이러한 옳지 않은 동작의 잠재성은, 차기 상태표를 검사하여 한 입력의 변화 후의 차기 상태가 그 입력을 세 번 바꾼 후의 차기 상태와 다른지를 밝혀봄으로써 검출할 수 있다. 앞의 예에서, 안정상태 $xPQ = 010$

에서 시작하여 x가 1이 되면 차기 상태는 $PQ = 00$이 된다. 다시 x를 0으로 바꾸면 차기 상태는 $PQ = 01$이 된다. 마지막으로, x를 세 번째로 변화시켜 1로 만들면 차기 상태는 $PQ = 11$이 된다. 그러므로, 테이블에 의해 상태 $xPQ = 010$는 *이센셜해저드(essential hazard)*가 있다고 할 수 있다.

이센셜해저드는 차기상태표의 속성이다; 이것은 회로의 논리를 변경하여 제거할 수 없다. 이센셜해저드에 기인한 잘못된 동작을 방지하기 위해서는 회로 내의 지연들을 제어할 필요가 있다. 일반적으로, 회로의 피드백 루프에 지연들을 삽입하는 것이 필요하다. 위의 예에서는 게이트 4와 5의 출력에 지연들을 삽입하는 것이 요구된다. 피드백 루프에 지연을 삽입하는 것은, 상태변수들의 변화가 논리회로의 입력측으로 피드백 되어 오기 전에, 입력의 변화들이 차기상태 논리회로를 전파되어 지나갈 수 있도록 보장해준다.

위에서 언급한 두 가지 문제들은 어떤 신호가 회로를 먼저 지나가는 지에 의존하는 회로의 반응에 따라 변하는 하나 이상의 신호에 기인한다. 정적 해저드는 한 입력이 회로의 어떤 경로를 전파되어 지나가는 것이 그 신호가 다른 경로를 전파되어 지나가는 것보다 더 빠를 때 글리치를 유발한다. 이센셜 해저드 문제의 경우에는 변하는 두 신호는 외부 입력과 상태 변수가 된다. 두 경우 모두에서 어느 신호가 경주(race)에서 이기느냐에 의존된 회로 동작에 따른 두 신호 간의 "경주(race)"가 있다. 비동기 회로의 입력들이 동시에 변할 수 있다면 유사한 문제가 있을 수 있다. 그림 11-33의 차기상태표에서 상태 $xyPQ = 1011$에서 시작하여 x와 y가 동시에 0으로 바뀌는 경우를 생각해보자. 테이블은 차기 상태가 $PQ = 11$이 된다고 나타내고 있다. 만약, y가 회로를 먼저 전파하여 지나간다면, 이 회로는 $xyPQ = 1011$로 들어가게 된다. 그리고 x 변화가 회로를 전파하고 난 다음에 상태는 $xyPQ = 0011$이 된다. 그러나, 만약 x의 변화가 먼저 회로를 지나간다면 상태는 $xyPQ = 0100$이 된다. 그리고, y 변화가 회로를 전파하고 나면 상태는 $xyPQ = 0000$이 된다. 최종 상태는 어느 신호의 변화가 더 빨리 전파되어 지나가는냐에 의존하게 되어, 최종 상태는 차기상태표에 표시된 것과 같은 $PQ = 11$이 아닐 수 있다.

그림 11-33 복수의 입력 변화 예

	xy			
PQ	00	01	11	10
00	(00)	(00)	01	(00)
01	11	00	(01)	11
11	(11)	10	(11)	(11)
10	00	(10)	11	00

유사한 레이스 문제는 하나 이상의 상태 변수가 (대략적으로)동시에 변화해도 생길 수 있다. 그림 11-34의 차기상태표를 생각해보자. 상태 $xPQR = 0000$은 x가 0으로 변할 때 차기상태 $PQR = 011$을 가진다. 만약 Q가 먼저 변하면 회로는 상태 $PQR = 010$으로 천이하고 그 다음에 $PQR = 011$이 된다. 하지만, R이 먼저 변하면, 회로는 상태 $PQR = 001$로 천이하고, 거기에서 안정될 수가 있다. 어느 신호가 먼저 변하느냐에 따

라 회로는 두 개의 다른 상태로 들어갈 수 있어서, Q와 R 사이의 레이스가 존재하고, 이 레이스는 *크리티칼 레이스*(*critical race*)라고 부른다.

그림 11-34
복수의 상태 변수 변화 예

PQR	x = 0	x = 1
000	(000)	011
001	101	(001)
011	101	(011)
010	000	011
110	000	(110)
111	101	(111)
101	(101)	110
100	(100)	110

상태 $xPQR = 1011$에서 시작하여 x가 0으로 변할 때 P와 Q 신호 간에 레이스가 있다. 이 경우에, 어느 상태변수가 먼저 변하느냐에 상관없이 회로는 $PQR = 101$로 들어가게 되면, 따라서 이것은 크리티칼 레이스가 아니다.

일반적으로, 상태변수들간의 레이스로 인간 문제들은 회로에 지연들을 삽입함으로써 해결할 수는 없다. 올바른 동작을 위해서 비동기 회로는 크리티칼 레이스를 포함하지 않아야만 한다.

11.10 요약

이 장에서 우리는 여러 가지 형태의 래치와 플립플롭들을 학습하였다. 플립플롭들은 클럭 입력을 가지며, 출력의 변화는 오직 클럭의 상승 혹은 하강에지에 반응해서만 변화한다. 이 모든 소자들은 $Q = 0$와 $Q = 1$의 두 가지 출력 상태를 가진다. S-R 래치에서는 $S = 1$이면 Q는 1로 셋되고, $R = 1$은 Q를 0으로 리셋한다. $S = R = 1$은 허용되지 않는다. S-R 플립플롭은 Q가 클럭의 활성에지에서만 바뀐다는 것 외에는 유사하다. 게이트형 D 래치는 $G = 1$일 때에만 D 를 Q 출력으로 전파한다. G가 1에서 0으로 바뀌면 이때의 D가 래치에 저장되고, Q는 더 이상 바뀌지 않는다. D 플립플롭에서는 활성에지 후에 Q는 D 값으로 셋된다. *D-CE* 플립플롭은 CE = 1일 때에만 클럭이 인에이블된다는 것 외에는 동일하게 동작한다. $J = 1$일 때 활성에지 가 Q를 1로 셋하고, $K = 1$일 때 활성에지는 Q를 0으로 리셋한다는 점에서 J-K 플립플롭은 S-R 플립플롭과 유사한다. $J = K = 1$이면, 활성에지는 Q의 상태를 반전하게 한다. T 플립플롭은 $T = 1$이고, 활성클럭에지가 들어오면 상태를 바꾸며, 그렇지 않으면 Q는 상태를 바꾸지 않는다. 플립플롭들은 클럭과는 무관하게 Q의 값을 0으로 지워버리거나 혹은 1로 설정하는 비동기 클리어 혹은 프리셋 입력을 가질 수도 있다.

플립플롭들은 피드백을 가지는 게이트 회로들로 구성될 수 있다. 이러한 회로들의 동작은 게이트를 통과하는 신호들을 추적함으로써 분석할 수 있다. 분석은 또한 흐름표나 비동기 순서회로 이론을 사용하여서도 분석할 수 있으나, 이 책의 취급 범위를 벗어난다. 타이밍도는 래치나 플립플롭의 입력 및 출력 신호들 간의 관계를 이해하는 데에 도움이 된다. 일반적으로 입력들은 활성 클럭에지가 가해지기 전 지정된 시간(셋업타임) 이전에 가해져야 하며, 활성에지 이후에도 지정된 시간(홀드타임) 이후까지 고정으로 유지되어야 한다. 활성클럭에지로부터 Q가 값을 바꿀 때까지의 시간을 전파지연이라고 한다.

플립플롭의 (차기상태) 특성식은 다음과 같이 유도될 수 있다. 첫째, 차기상태(Q^+)를 현재상태(Q)와 입력들의 함수로 나타내는 진리표를 작성한다. 적합하지 않은 입력들은 무관항으로 취급된다. 그리고 Q^+에 대한 맵을 그리고 그것으로부터 특성식을 유도한다.

이 장에서 취급한 래치와 플립플롭들의 특성식들은 다음과 같다.

$$Q^+ = S + R'Q \ (SR = 0) \quad \text{(S-R latch or flip-flop)} \tag{11-6}$$

$$Q^+ = GD + G'Q \quad \text{(gated D latch)} \tag{11-7}$$

$$Q^+ = D \quad \text{(D flip-flop)} \tag{11-8}$$

$$Q^+ = D\cdot CE + Q\cdot CE' \quad \text{(D-CE flip-flop)} \tag{11-9}$$

$$Q^+ = JQ' + K'Q \quad \text{(J   flip-flop)} \tag{11-10}$$

$$Q^+ = T \oplus Q = TQ' + T'Q \quad \text{(T flip-flop)} \tag{11-11}$$

각 식에서 Q는 플립플롭의 초기 혹은 현재상태를, 그리고 Q^+는 최종 혹은 차기상태를 나타낸다. 이 특성식들은 입력에 대한 제한조건들이 지켜졌을 때만 유효하다. S-R 플립플롭에 대해서 $S = R = 1$은 금지되어 있다. 마스터–슬레이브 S-R 플립플롭에 대해서는, S와 활성에지 전의 클럭의 반 주기 동안에는 S와 R이 바뀌어서는 안 된다. 또한 셋업타임과 홀드타임의 제한조건은 항상 만족되어야 한다.

위에 주어진 특성식들은 래치와 플립플롭들에 공통으로 적용되지만, 두 경우에 해석은 달라진다. 예를 들어 게이트형 D 래치의 경우에, Q^+는 입력들 중에서 하나가 바뀐 짧은 시간 후의 상태를 나타낸다. 하지만 D 플립플롭에서 Q^+는 활성에지 후 짧은 시간 뒤의 플립플롭의 상태를 나타낸다.

한 형태의 플립플롭을 다른 형태의 플립플롭으로 변환하는 것은 외적으로 추가의 게이트들을 사용함으로써 가능하다.

연습문제

11.1 주어진 회로에서 인버터의 전파지연은 5 ns, 그리고 AND 게이트의 전파지연은 10 ns라고 가정하자. X, Y, 그리고 Z를 보여주는 회로의 타이밍도를 그려라. X는 초기에 0, Y는 초기에 1, X는 80 ns간 1이 되고, 그 이후에 0이 된다고 가정하라.

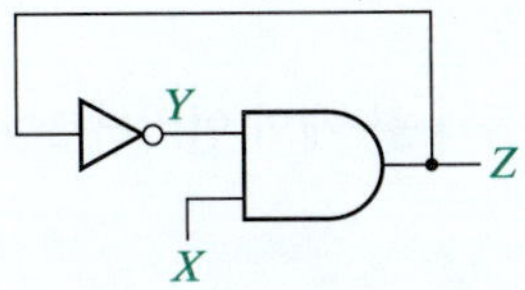

11.2 래치는 OR 게이트, AND 게이트, 그리고 인버터 각 1개씩으로 다음과 같이 구성될 수 있다.

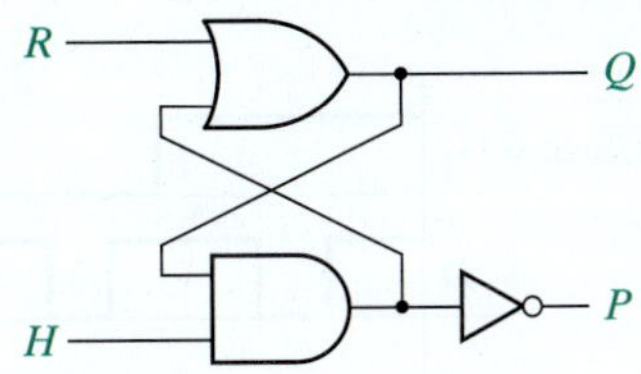

(a) P가 항상 Q가 되도록 R과 H에 어떤 제한이 있어야 하는가(안정 상태 조건에서)?

(b) 이 래치를 위한 차기상태표와 (차기상태) 특성식을 유도하라.

(c) 이 래치에 대한 다음의 타이밍도를 완성하라.

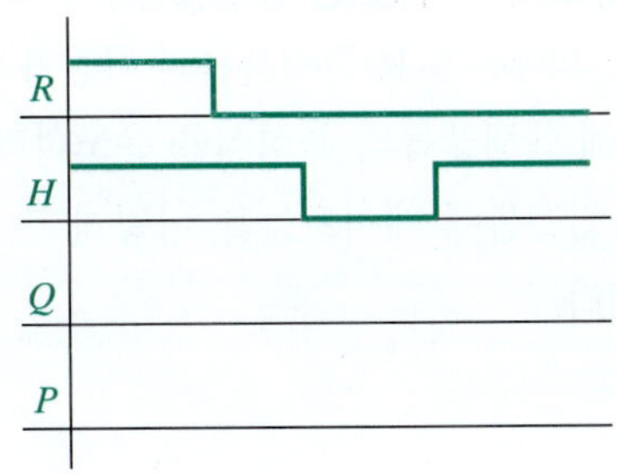

11.3 이 문제는 S-R 래치의 두 입력이 모두 1이었다가 0으로 돌아갈 때 일어날 수 있는 비정상적 동 작을 설명한다. 그림 11-6에 대해서, 각 게이트가 정확히 10 ns의 전파지연을 가진다고 가정하고, 다음의 타이밍도를 완성하라. 초기에 $P = 1$, $Q = 0$라고 가정한다. $t =$ 100 ns에서 S와 R이 함께 0으로 바뀐다. 그러면 10 ns 후에 P와 Q는 함께 1이 될 것이다. 이 1들은 다시 게이트 입력들로 피드백될 것이므로, 다음 10 ns 이후에는 어떤 일이 일어나는가?

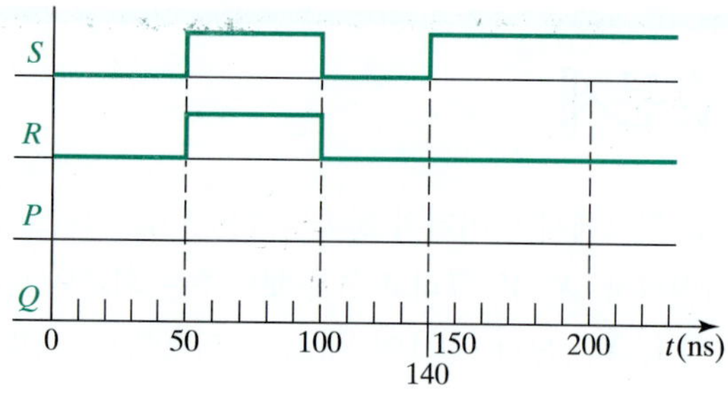

11.4 NAND 게이트들과 한 개의 인버터로 게이트형(gated) D 래치를 설계하라.

11.5 그림 11-19(a)를 하강에지트리거 D 플립플롭으로 만들기 위해서 무엇을 바꾸어야 하는가? 수정된 플립플롭에 대하여 다음의 타이밍도를 완성하라.

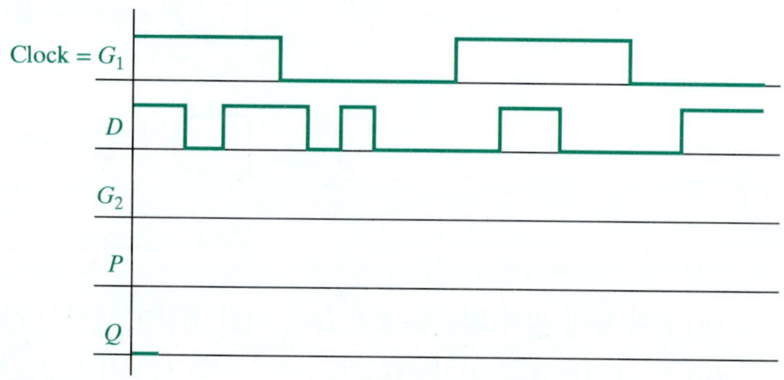

11.6 리셋우세(reset-dominant) 플립플롭은 $S = R = 1$이 허용되고, 이 때에는 플립플롭이 리셋된다는 것 외에는 S-R 플립플롭과 마찬가지로 동작한다.

(a) 리셋우세 플립플롭의 특성식을 유도하라.

(b) S-R 플립플롭에 게이트들을 어떻게 추가하여 리셋우세 플립플롭을 구성할 수 있는지 보여라.

11.7 그림 11-24(a)의 플립플롭에 대해서 다음의 타이밍도를 완성하라.

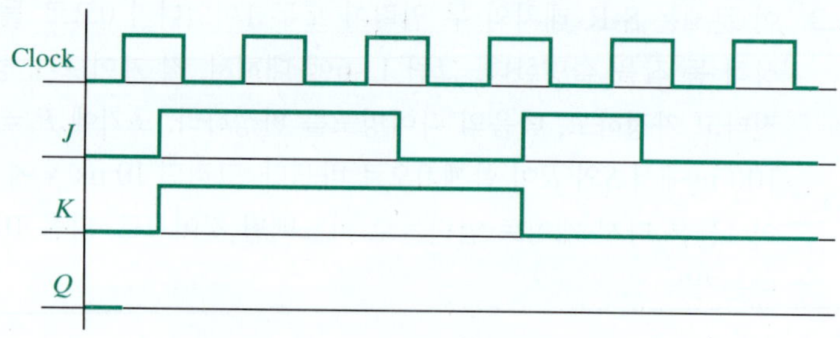

11.8 그림 11-31(c)의 하강에지트리거 D-CE 플립플롭에 대한 다음의 타이밍도를 완성하라. Q는 1에서 시작한다고 가정하라.

(a) 먼저 클럭인에이블을 가진 D 플립플롭의 동작방식에 의거하여 Q를 그려라.

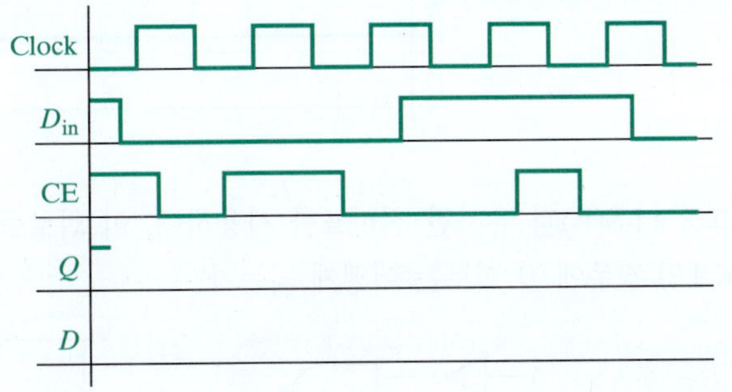

(b) 이제 그림 11-31(c)에서 내부 신호 D를 그리고, 이것에 의한 Q의 결과가 (a)의 것과 일치하는지 비교하라.

11.9 (a) 비동기 ClrN과 PreN 입력을 가지는 하강에지트리거 J-K 플립플롭에 대해서 다음의 타이밍도를 완성하라.

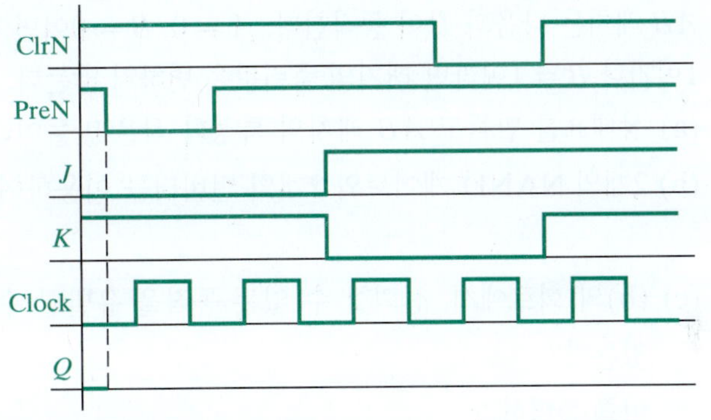

(b) 다음의 회로에 대해서 타이밍도를 완성하라. 두 플립플롭의 Ck 입력이 다른 것에 유의하라.

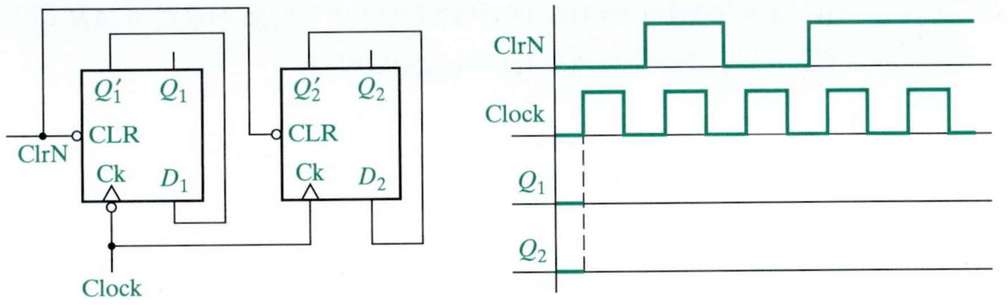

11.10 추가적으로 외부 게이트를 사용하여 변환하라.

(a) D 플립플롭을 J-K 플립플롭으로

(b) T 플립플롭을 D 플립플롭으로

(c) T 플립플롭을 클럭인에이블을 가지는 D 플립플롭으로

11.11 S-R 래치에 대해서 다음의 타이밍도를 완성하라. Q는 1에서 시작한다고 가정하라.

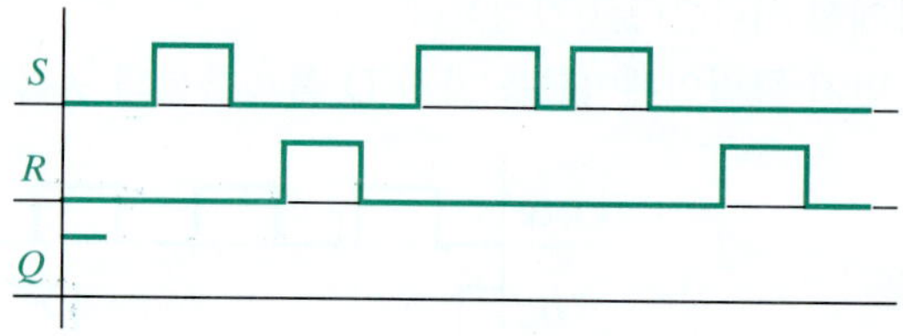

11.12 그림 11-8(b)과 유사한 진리표를 사용하여, 이 회로들이 S-R 래치임을 확인하라. $S = R = 1$인 경우에 각 회로는 어떻게 되는가?

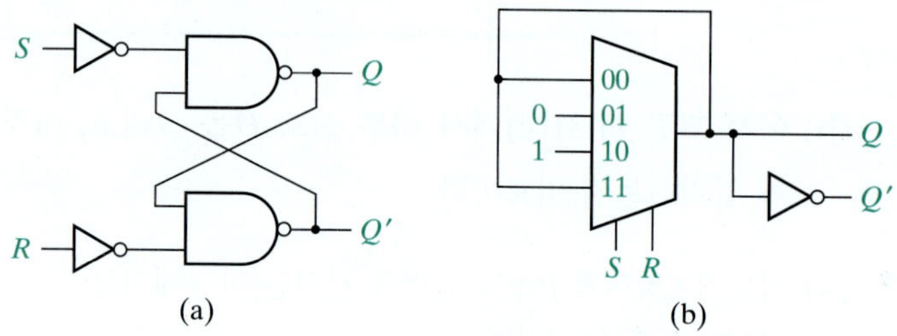

11.13 AB 래치는 다음과 같이 동작한다. $A = 0$, $B = 0$이면 래치의 상태 $Q = 0$이다. 만일 $A = 1$이거나 $B = 1$이라면 래치의 출력값은 변하지 않는다. A와 B가 모두 1이면 $Q = 1$이다.

(a) 상태표를 만들고 AB 래치의 특성화 식을 만들어라.

(b) 2개의 NAND 게이트와 2개의 인버터를 이용하여 AB 래치의 회로도를 그려라.

(c) (b)의 회로에서, 신뢰할 수 없는 동작을 유발할 수 있는 입력 조합들 사이의 변화가 있는가?
이를 증명하라.

(d) (b)의 회로에서, 게이트 출력이 신호 Q'을 제공하는 게이트 출력이 있는가? 이를 증명하라.

(e) 4개의 2입력 NOR 게이트와 2개의 인버터를 사용하여 AB 래치회로를 만들어라.

(f) (e)의 회로에 대해서 (c)와 (d)를 답하라.

11.14 (a) 이 회로의 상태표를 만들고 회로의 안정성을 확인하라.

(b) Q, A, B에 관한 출력 Q의 차기값을 부울대수 식으로 표현하라.

(c) 회로의 상태를 해석하라. 이 회로는 유용한 회로인가? 그렇지 않다면 이유를 설명하라. 그렇다면 이유를 설명하라.

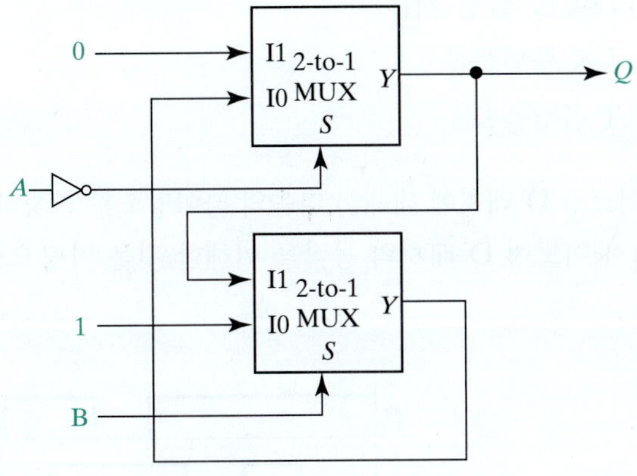

11.15 다음의 회로는 신호 G가 게이트인 래치회로이다.

(a) 상태변수인 Q와 출력 P를 이용하여 이 회로의 차기상태식을 만들어라.

(b) 이 회로의 상태표와 출력표를 만들어라. 회로의 안정 상태에 원으로 표시하라.

(c) 입력 조합 M과 N이 허용되는 제한이 있는가? 설명하시오.

(d) 출력값 P가 Q의 보수로서 유용한가? 설명하시오.

(e) 게이트 1의 전파지연이 30 ns이고 게이트 2, 3, 4의 전파지연은 10 ns이다. 회로의 타이밍도를 작성하시오: $M = N = Q = 0$이고 G는 1에서 0으로 변한다.

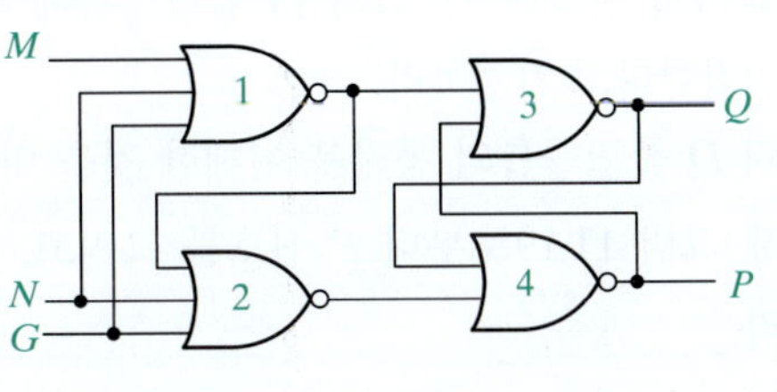

11.16 아래의 래치회로를 분석하시오.

(a) 상태변수인 Q와 출력 P를 이용하여 이 회로의 차기상태식을 만들어라.

(b) 이 회로의 상태표와 출력표를 만들어라.

(c) 입력값 A와 B가 허용되는 제한이 있는가? 설명하시오.

(d) 출력값 P가 Q의 보수로서 유용한가? 설명하시오.

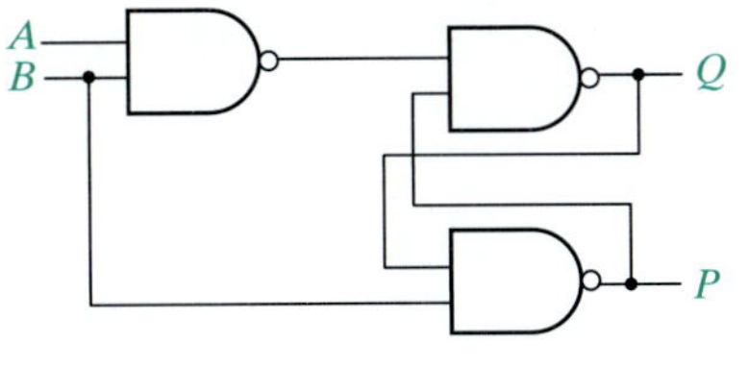

11.17 아래의 래치와 플립플롭의 특성식을 합의 곱 형태로 만드시오.

(a) S-R 래치 또는 플립플롭

(b) 게이트 D 래치

(c) D 플립플롭

(d) D-CE 플립플롭

(e) J-K 플립플롭

(f) T 플립플롭

11.18 게이트형 D 래치에 대해서 다음의 타이밍도를 완성하라. Q는 0에서 시작한다고 가정하라.

(a) 게이트형 D 래치의 동작을 이해한 것을 바탕으로 Q를 먼저 그려보라.

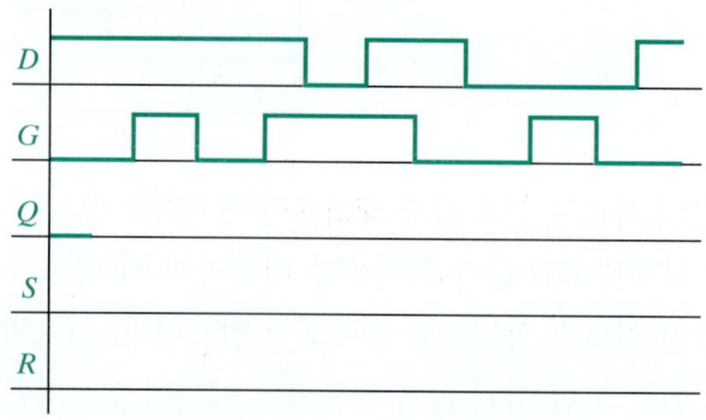

(b) 이제 그림 11-14에서 내부 신호 S와 R을 그리고, S와 R이 (a)에서의 Q와 같은 값인지 확인하라.

11.19 그림 11-19의 상승에지트리거 D 플립플롭에 대해서 다음의 타이밍도를 완성하라. Q는 1에서 시작한다고 가정하라.

(a) 먼저 D 플립플롭의 동작을 이해한 것을 바탕으로 Q를 그려보라.

(b) 이제 그림 11-19로부터 P 신호를 그리고, 이 P가 (a)에서의 Q와 같은 값인지 확인하라.

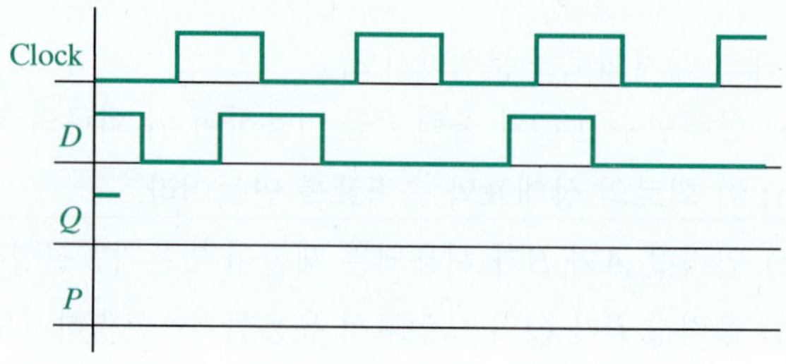

11.20 셋–우세(set-dominant) 플립플롭은, 입력 $S = R = 1$이 플립플롭을 셋한다는 것 외에는 문제 11.6의 리셋우세 플립플롭과 유사하다. 문제 11.6을 셋–우세 플립플롭에 대해서 반복하라.

11.21 하강에지트리거 S-R 플립플롭에 대해서 아래의 타이밍도를 완성하라. Q는 0에서 시작한다고 가정하라.

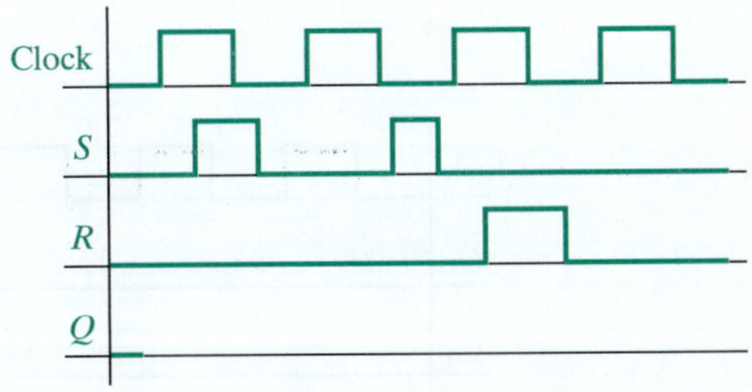

11.22 하강에지트리거 J-K 플립플롭에 대해서 아래의 타이밍도를 완성하라.

(a) Q는 0에서 시작한다고 가정하라.

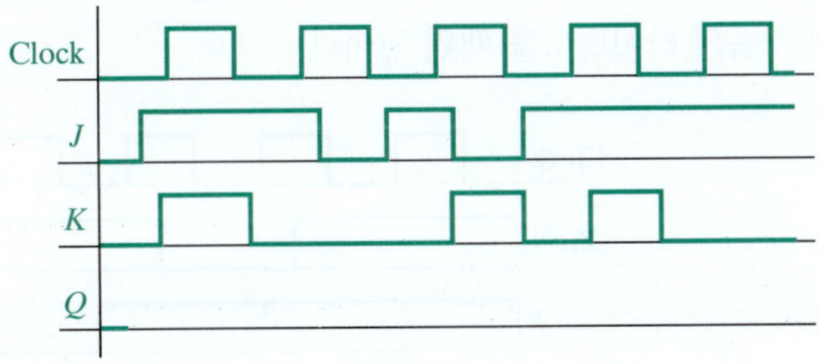

(b) Q가 1에서 시작한다고 가정하라. 클럭 및 J, K는 같다.

11.23 (a) 상승에지트리거 D 플립플롭에서 아래에 보인 출력 Q를 발생할 입력을 구하라. 타이밍도를 완성하라.

(b) 상승에지트리거 T 플립플롭에 대해서 반복하라.

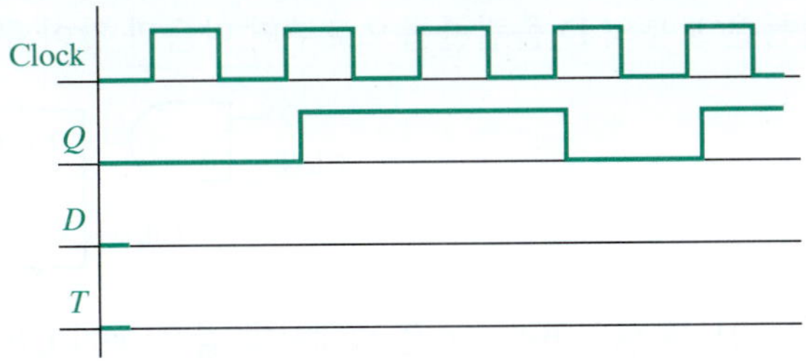

11.24 3-비트 리플카운터의 그림이 주어져 있다. $t = 0$에서 $Q_0 = Q_1 = Q_2 = 0$이라고 가정하고, 각 플립플롭은 클럭의 입력에서부터 출력 Q까지의 지연이 1 ns이다. 타이밍도에 Q_0, Q_1 및 Q_2를 그려넣어라. 플립플롭 Q_1은 Q_0가 0에서 1로 바뀔 때 트리거된다.

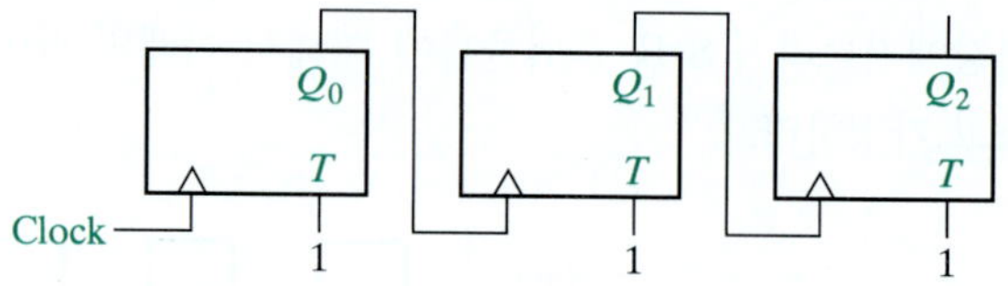

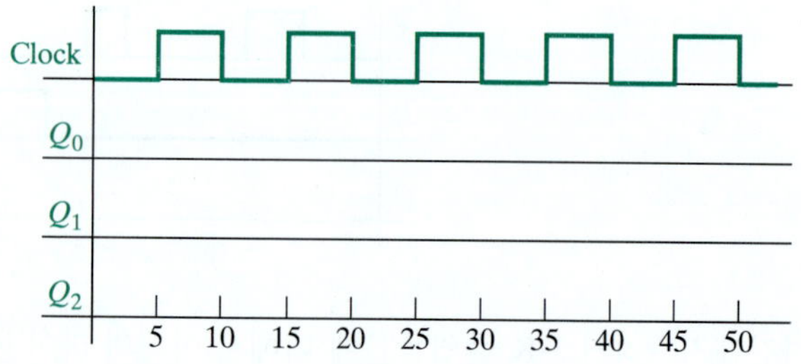

11.25 비동기 저레벨활성(active-low) PreN 입력을 가지는 상승에지트리거 T 플립플롭에 대해서 다음의 타이밍도를 채워 넣어라.

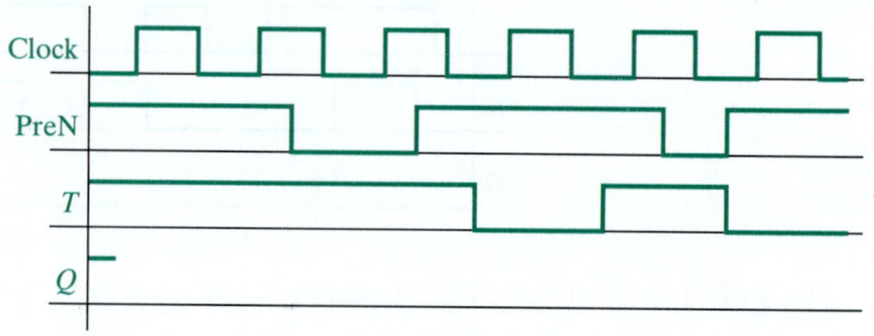

11.26 11.8절에 소개된 ClrN과 PreN 입력은, 이들이 클럭과 상관없이 동작하기 때문에, 비동기라고 불린다(즉 이들은 클럭에 동기되지 않는다). 또 동기 프리셋 혹은 클리어 입력을 가지는 플립플롭도 만들 수 있다. 저레벨 활성 동기 ClrN 입력을 가지는 D 플립플롭은 보통의 D 플립플롭으로부터 다음과 같이 구성할 수 있다.

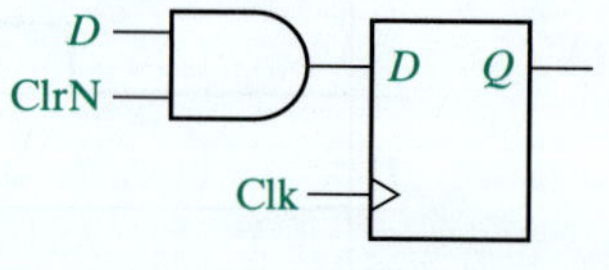

타이밍도를 완성하라. Q_1은 위에서와 같은 동기 ClrN을 가정하고, Q_2에 대해서는 11.8절의 비동기 ClrN을 가정하라. 시작할 때 $Q_1 = Q_2 = 0$이라고 가정하라.

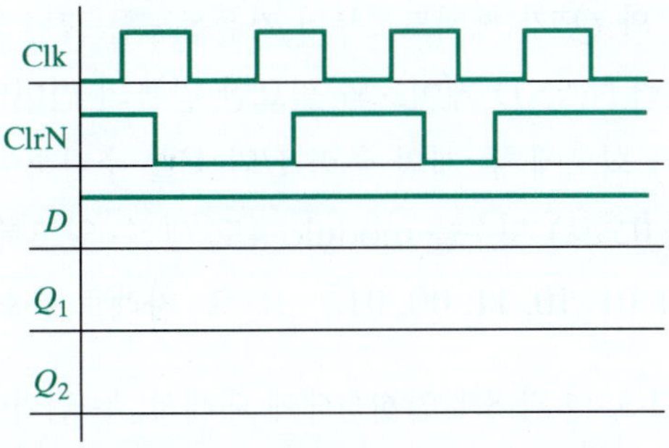

11.27 (a) 한 개의 인버터와 한 개의 S-R 플립플롭을 사용하여 D 플립플롭을 구성하라.

(b) (a)에서의 S-R 플립플롭의 전파지연과 셋업타임이 각각 2.5 ns와 1.5 ns이고, 인버터의 전파지연이 1 ns라면, (a)에서의 D 플립플롭의 전파지연과 셋업타임은 얼마인가?

11.28 그림 11-10의 $\overline{S}$−$\overline{R}$ 래치를 사용하여 그림 11-9의 되튀김제거 회로(debouncing circuit)를 다시 설계하라.

11.29 (a) 게이트형 D 래치를 위한 2단, NAND 게이트 회로를 구성하기 위해 게이트형 D 래치의 특성식을 사용하라.

(b) (a)의 회로에서 $Q+$에 대해 어떤 해저드가 존재하는가?

(c) Q^+에 대해 해저드로부터 자유로운 2단, *NAND* 게이트 회로를 얻기 위해 (a)의 회로를 수정하라.

(d) 회로가 안정상태에 있을 때 항상 $P = Q'$가 되도록 (a)의 회로에 다른 출력 P를 추가하라.

11.30 그림 11-11의 게이트형 S-R 래치에 인버터 하나를 추가하고 $S = D$ 그리고 $R = D'$로 만듦으로써 게이트형 D 래치로 변환하라.

(a) 회로로부터 Q^+를 위한 차기상태식을 유도하라.

(b) (a)의 식은 해저드를 포함하는가? 그 답을 입증하라.

(c) (a)의 식이 게이트형 D 래치의 특성식으로 간단화 될 수 있음을 보여라.

11.31 (a) 그림 11-11와 유사한 NOR 게이트 버전의 게이트형 S-R 래치를 NOR 게이트를 NAND 게이트로 대체함으로써 유도하라. 테이블 11-2가 이 회로의 차기상태표가 되도록 입력들에 이름을 다시 붙여라; 이 입력들이 active high인지 active low인지 유의하여 표시하라.

(b) (a)의 회로에서 Q^+의 차기상태식을 유도하라.

(c) (b)의 차기상태식에 혹시 해저드가 있는지 밝혀라. (*힌트*: 식을 곱의 합보다는 합의 곱 형태로 나타내는 것이 가장 쉬울 수 있다.)

(d) 이 회로에 $S = 1$과 $R = 1$을 허용하면 무엇이 난점이겠는가? 어떤 레이스 상황이 P 출력에 미칠 영향과 Q^+식에서의 해저드의 영향을 고려해보라.

11.32 (a) P^+와 Q^+가 해저드로부터 자유롭도록 그림 11-32의 회로를 다시 설계하라. 6개의 2-입력 NAND 게이트와 필요한 만큼의 인버터를 사용하라.

(b) (a) 회로에 두 개의 출력 U와 V를 추가하여, U와 V가 x가 변화한(0에서 1로, 1에서 0으로) 횟수를 modulo 4로 셀 수 있도록 하라. (U와 V는 x가 변화함에 따라 값 00, 01, 10, 11, 00, 01, . . . 로 차례로 순회한다.) 초기에 $x = 0$임을 가정하라.

11.33 그림 11-33의 각 8개 안정상태에 대해서, 두 입력이 변할 때,

(a) 올바른 다음 상태를 결정하라.

(b) x가 먼저 변할 때, 일어나는 변화의 순서

(c) y가 먼저 변할 때, 일어나는 변화의 순서

(b)와 (c)에 대해서, 최종 상태가 올바른지와 P와 Q에 글리치가 있을 수 있는지 밝혀라.

11.34 그림 11-34에서 상태들을 $a = 000$에서 $h = 100$까지 레이블을 붙인다. 각 안정 상태로부터의 천이가 레이스로부터 자유롭도록 혹은 크리티칼 레이스가 아니도록 P, Q 및 R 값들에 a부터 h까지의 상태를 배정하라. (000은 a로 배정한다.) noncritical 레이스들을 찾아라.

프로그램화된 예제 11.35

아래에 주어진 해답부분을 종이로 가리고 조금씩 내려가면서 본인의 답과 비교해 보라.

아래에 하강에지트리거 D 플립플롭의 내부 논리도를 보였다. 이 플립플롭은 2개의 기본 S-R 래치와 추가적 게이트들로 구성되어 있다. 클럭 입력(CK)이 1일 때, D의 값이 첫 번째 S-R 래치(P)에 저장된다. 클럭이 1에서 0으로 바뀌면, P의 값이 출력 래치(Q)로 전파된다. 그래서 동작은 데이터가 저장되는 에지들 외에는, 그림 11-23에 보인 마스터–슬레이브 S-R 플립플롭과 유사하다.

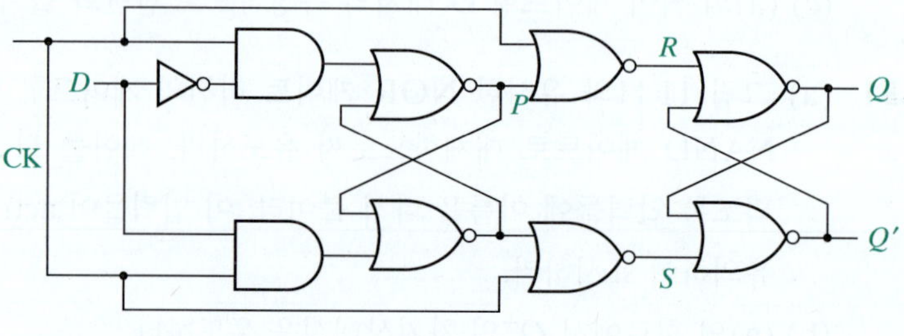

이 연습에서는 매번 입력이 바뀐 뒤의 CK, D, P, S, R 및 Q의 값을 보여주는 표를 채워 넣 음으로써 위에 보인 D 플립플롭의 동작을 분석하게 된다. 신호를 추적해 나가면서 회로 위에 변화들을 표시해가면 도움이 될 것이다. 초기에 신호의 값들은 아래와 같다고 가정한다.

CK	D	P	S	R	Q	
0	0	0	0	1	0	(stable)

회로에서 신호를 추적함으로써 이것은 회로의 안정된 상태임을 검증하라. 즉 P, S, R 혹은 Q에 변화가 없다. 이제 CK가 1로 바뀐다.

	CK	D	P	S	R	Q	
1.	0	0	0	0	1	0	(stable)
2.	1	0	0	0	1	0	?
3.							

P, S 혹은 R에 변화가 일어나는지 회로에서 CK의 변화를 추적해보라. 만약 변화가 일어난다 면, 표의 두 번째 줄(row)에 "불안정(unstable)"이라고 적고, 새로운 값을 세 번째 줄에 적어라.

답

2.	1	0	0	0	1	0	(unstable)
3.	1	0	0	0	0	0	(stable)
4.	1	1	0	0	0	0	(unstable)
5.	1	1					?

세 번째 줄은 안정하다는 것을 확인하라. 즉 신호를 추적하여 P, S, R 및 Q에 더 이상 변화가 일어나지 않는다는 것을 확인한다. 다음에, 그림에 보인 것처럼 D가 1로 바뀐다. 네 번째 줄은 불안정하다는 것을 확인하고, 새로운 값을 다섯 번째 줄에 넣고, 다섯 번째 줄은 안정한지 불안정한지 표시하라.

답

	CK	D	P	S	R	Q	
5.	1	1	1	0	0	0	(stable)
6.	0	1	1	0	0	0	?
7.	0	1					?
8.	0	1					

그리고 CK가 0으로 바뀐다(여섯 번째 줄). 만약 여섯 번째 줄이 불안정하다면, 일곱 번째 줄에 S의 새 값을 표시하라. 일곱 번째 줄이 불안정하다면, 여덟 번째 줄에 Q의 새 값을 표시하라. 그리고 여덟 번째 줄이 안정한지 불안정한지 결정하라.

답

	CK	D	P	S	R	Q	
7.	0	1	1	1	0	0	(unstable)
8.	0	1	1	1	0	1	(stable)
9.	0	0					(stable)
10.	1	0					
11.	1	0					

다음에, D가 0으로 바뀐다(아홉 번째 줄). 아홉 번째 줄에 값들을 채워 넣고, 안정하다는 것을 증하라. 열 번째 줄에서 CK가 1로 바뀐다. 만약 열 번째 줄이 불안정하다면, 열한 번째 줄을 채우고 안정한지 아닌지를 표시하라.

답

9.	0	0	1	1	0	1	(stable)
10.	1	0	1	1	0	1	(unstable)
11.	1	0	0	0	0	1	(stable)
12.	0	0					
13.	0	0					
14.	0	0					

열두 번째 줄에서 CK가 다시 0으로 바뀐다. 표의 나머지를 완성하라.

답

12.	0	0	0	0	0	1	(unstable)
13.	0	0	0	0	1	1	(unstable)
14.	0	0	0	0	1	0	(stable)

앞에서의 결과들을 사용하여 다음의 타이밍도에 P와 Q를 그려라. 이 답이 이 연습문제의 서두에 기술된 플립플롭의 동작과 일치한다는 것을 입증하라.

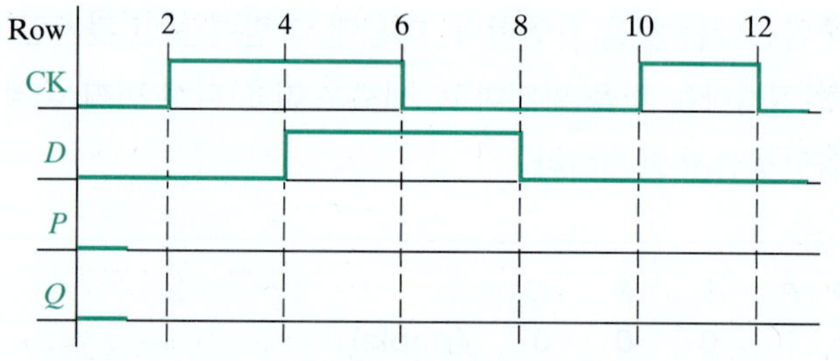

답

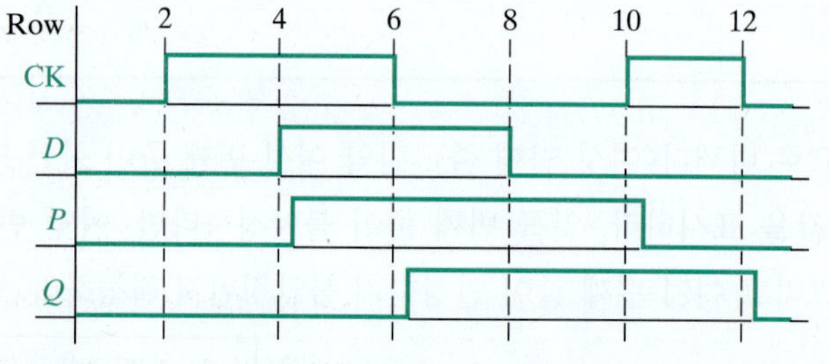

UNIT 12

레지스터와 카운터

Registers and Counters

목표

1. 레지스터의 동작을 설명하라. 3상태(tri-state) 버스를 이용하여 레지스터들 간에 데이터가 어떻게 전송되는지를 보여라.
2. 쉬프트 레지스터들의 동작을 설명하고, 플립플롭을 사용하여 어떻게 구성되는지를 보이고, 동작을 분석하라. 쉬프트 레지스터의 타이밍도를 구성하라.
3. 2진 카운터들의 동작을 설명하고, 플립플롭과 게이트들을 사용하여 어떻게 구성되는지를 보이고, 동작을 분석하라.
4. 플립플롭의 현재 상태와 원하는 차기 상태가 주어졌을 때, 필요한 플립플롭의 입력을 결정하라.
5. 카운터에 대하여 원하는 카운팅 순서가 주어졌을 때, 플립플롭의 입력 방정식들을 유도하라.
6. 플립플롭 입력 방정식들을 유도하기 위해 사용된 과정을 설명하라.
7. 회로를 통해 신호들을 추적하여 카운터의 타이밍도를 구성하라.

학습가이드

1. 12.1절 *레지스터와 레지스터 전송*에 관해 학습하라.

(a) 그림 12-4의 회로도에 대해서, 레지스터 A, B, C, D가 각각 91, 70, 249, 118을 표현하는 8비트 2진수를 가지고 있고, G와 H 모두 초기값이 0이라고 가정하자. 클럭의 상승 에지 후에 G와 H의 값은 얼마인가(10진수로):

(1) 상승 에지에서 $EF = 10$, $LdG = 0$, $LdH = 1$이면?

(2) 다음 상승 에지에서 $EF = 01$, $LdG = 0$, $LdH = 1$이면?

(3) 다음 상승 에지에서 $EF = 11$, $LdG = 1$, $LdH = 1$이면?

(4) 다음 상승 에지에서 $EF = 00$, $LdG = 1$, $LdH = 0$이면?

(5) 다음 상승 에지에서 $EF = 10$, $LdG = 0$, $LdH = 0$이면?

(b) 문제 12.1을 풀어라.

2. 12.2절 *쉬프트 레지스터(shift register)*에 관해 학습하라.

(a) 그림 12-7과 12-10의 쉬프트 레지스터의 블록도를 비교하라. 클럭펄스의 상승 에지에서는 어느 것이 상태를 바꾸나? 하강 에지에서는?

(b) 그림 12-8의 쉬프트 레지스터에 대해 다음 표와 타이밍도(다음 페이지를 보라)를 완성하라.

Clock Cycle Number	Clock = 1일 때 쉬프트 레지스터의 상태 Q_7	Q_6	Q_5	Q_4	Q_3	Q_2	Q_1	Q_0
1	0	0	0	0	0	0	0	0
2								
3								
4								
5								
6								
7								
8								
9								
10								
11								
12								
13								
14								
15								
16								

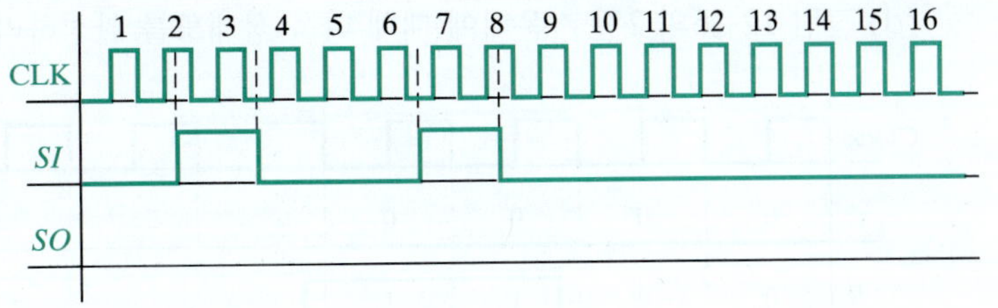

(c) 그림 12-10(b)에 있는 플립플롭 Q_3의 D 입력에 연결되어 있는 MUX의 기능을 말로 설명하라. 식 (12-1)의 첫 식의 의미를 말로 설명하라.

(d) 식 (12-1)이 표 12-1과 일치함을 검증하라.

(e) 문제 12.2를 풀어라.

3. 12.3절 *2진 카운터의 설계*와 12.4절 *임의 순서 카운터*에 관해 학습하라.

(a) 그림 12-14에 대하여, 만일 $CBA = 101$이면, 어느 T 입력이 1인가?

(b) 그림 12-14의 2진 카운터에 대하여 다음 타이밍도를 완성하라. Clock의 초기값은 1이다; 이것은 하나의 상승 에지로 간주하지 않는다.

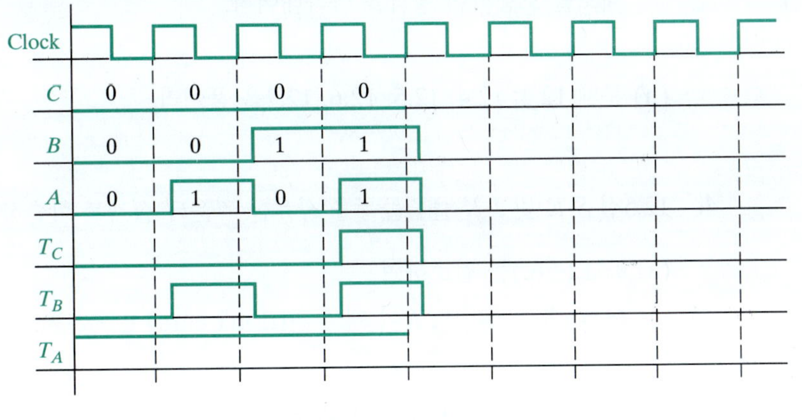

(c) (b)의 결과를 이용하여 이 2진 카운터의 상태도를 그려라(그림 12-22와 유사하게).

(d) 그림 12-16의 2진 카운터에 대해 다음 상태도를 완성하라.

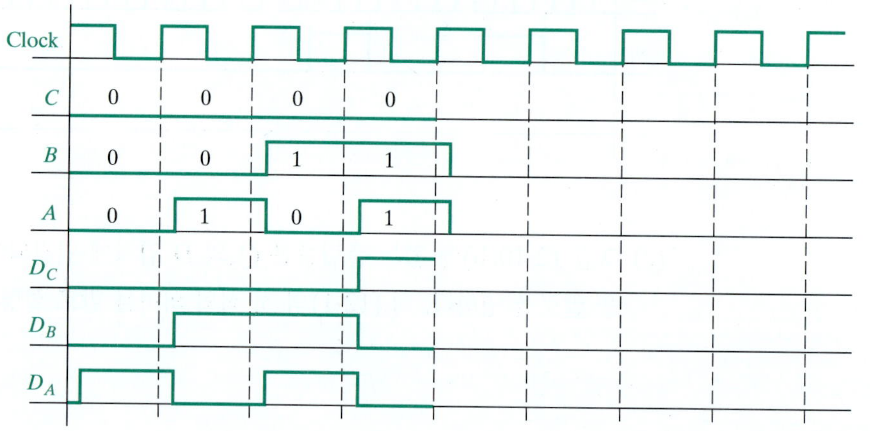

(e) 표 12-4를 사용하여 표 12-2의 T_C, T_B, T_A의 값들이 올바르다는 것을 검증하라.

(f) 그림 12-24의 회로가 무관 상태(don't care state)의 하나에서 시작되어 클럭 펄스가 한 번 발생하면 어떻게 되나? 특히 101과 110 상태에서 시작한 경우, 그림 12-26의 상태도를 보충하여 결과를 나타내어라.

(g) 그림 12-27의 회로가 무관 상태의 하나에서 시작되어 클럭펄스가 한 번 발생하면 어떻게 되나? 특히 001, 101, 110 상태에서 시작한 경우, 그림 12-21의 상태도를 보충하여 결과를 나타내어라.

(h) 문제 12.3, 12.4, 12.5, 12.6, 12.7을 풀어라.

4. 12.5절 *S-R 및 J-K 플립플롭을 사용한 카운터 설계*를 학습하라.

(a) 표 12-5(c)를 참조하여

$Q = Q^+ = 0$이면, R이 왜 무관(don't care)이 되는지 설명하라.

$Q = Q^+ = 1$이면, S가 왜 무관이 되는지 설명하라.

$Q = 0$이고 $Q^+ = 1$이면, S는 어떤 값을 가져야 하는지, 그 이유는?

$Q = 1$이고 $Q^+ = 0$이면, R은 어떤 값을 가져야 하는지, 그 이유는?

(b) 그림 12-30에 대하여, R_B와 S_B맵이 B^+ 맵과 일치하는지 확인하고, R_c와 S_c 맵이 C^+ 맵과 일치하는지 검증하라.

(c) 그림 12-30에서, 게이트 입력(C, B, A 등)들은 어디에서 오는가?

(d) 그림 12-30(c)에 대하여, 만일 CBA = 100이면 어느 플립플롭 입력들이 1인가? 하강 클럭 에지 후에 상태는 어떻게 되나?

(e) 그림 12-30(c)에서 신호들을 추적하여 다음 상태그래프를 완성하라. 그 결과를 그림 12-22과 비교하라. 만일 카운터가 110 상태에 있고 입력펄스가 한 번 발생하면 어떻게 되나?

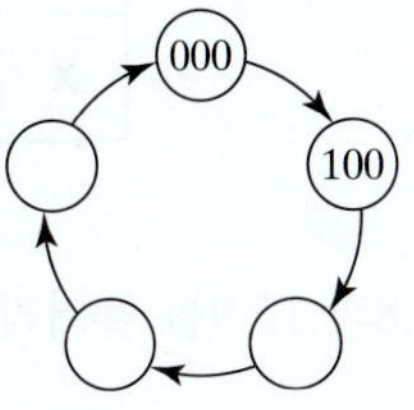

(f) 표 12-7(c)를 참조하라.

$Q = Q^+ = 0$이면, K는 왜 무관이 되는지 설명하라.

$Q = Q^+ = 1$이면, J는 왜 무관이 되는지 설명하라.

$Q = 0$이고, $Q^+ = 1$이면, 왜 $JK = 10$과 $JK = 11$ 모두가 요구된 상태로 변화되는지 설명하라.

$Q = 1$이고, $Q^+ = 0$이면, 요구된 상태로 변화하게 하는 2개의 J와 K 값의 집합을 구하고, 그 답이 왜 유효한지를 설명하라.

(g) 그림 12-31(a)의 맵으로부터 그림 12-28(b)의 맵이 유도될 수 있다는 것을 검증하라.

(h) 그림 12-30과 12-31에 대하여 논리게이트의 수를 비교하라. J-K 맵들이 S-R 맵들보다 더 많은 무관한 값을 가지고 있기 때문에 J-K로 실현하는 것이 S-R로 실현하는 것보다 더 적은 게이트를 필요로 한다.

(i) 그림 12-31(c)의 회로상에 함축된 피드백 연결들을 그려 넣어라.

(j) 회로에서 신호들을 추적함으로써, 그림 12-31(c)에 대한 상태 순서가 올바르다는 것을 확인하라.

(k) F_1과 F_2에 대한 최소 표현식을 구하라(*힌트*: 어느 변수도 필요하지 않다).

BC \ A	0	1
00	X	X
01	1	X
11	X	1
10	X	X

F_1

BC \ A	0	1
00	X	X
01	0	X
11	X	X
10	X	X

F_2

(l) 문제 12.8과 12.9를 풀어라.

5. 12.6절 *플립플롭 입력식 유도—요약*을 학습하라.

(a) 플립플롭의 여러 유형에 대하여 입력 방정식을 어떻게 유도하는지를 확실히 숙지하라. 방정식을 유도하는 절차를 이해하는 것이 중요하며, 단지 법칙을 기억하는 것만으로는 충분하지 않다.

(b) 표 12-9는 주로 참조용으로 제공되었다. 이 표를 외울 필요는 없으나, 대신에 표의 항들에 대한 근거는 이해해야만 한다. 만일, 왜 주어진 맵항이 0, 1, 또는 X가 되는지에 대한 이유를 이해한다면, 표를 참고하지 않고 플립플롭 입력맵들을 유도할 수 있어야 한다.

6. 연습 문제 12.10의 일부를 배정받아 풀어라. 성취도 테스트를 보러 올 때, 문제의 답을 가지고 오라.

레지스터와 카운터

Registers and Counters

레지스터는 공통 클럭 입력을 가진 플립플롭의 그룹으로 구성된다. 레지스터는 일반적으로 2진 데이터를 저장하거나 쉬프트하는 데 사용된다. 카운터는 순서회로의 또 다른 간단한 형태이다. 카운터는 보통 2개 이상의 플립플롭들로 구성되어, 입력펄스를 받으면 미리 정해진 순서대로 상태가 변화한다. 본 장에서는 카운터에 사용되는 플립플롭의 입력식을 유도하는 과정을 배울 것이다. 다음 장들에서는 이 과정들을 보다 더 일반적인 유형의 순서회로에 적용할 것이다.

12.1 레지스터와 레지스터 전송

여러 개의 D 플립플롭을 하나의 공통 클럭으로 함께 묶어 하나의 레지스터가 형성되게 할 수 있다(그림 12-1(a)). 각 플립플롭에는 한 비트의 정보를 저장할 수 있기 때문에, 이 레지스터에는 4비트의 정보를 저장할 수 있다. 이 레지스터는 하나의 로드 신호를 가지고 있고, 이것은 클럭과 AND되어 있다. Load = 0이면, 레지스터는 클럭화되지 않고 현재 값을 그대로 가진다. 데이터를 레지스터로 로드할 때는 Load가 한 주기의 클럭 동안 1로 세트된다. Load = 1일 때 클럭신호(Clk)는 플립플롭의 클럭 입력에 전송되고, D 입력에 인가된 데이터는 클럭의 하강 에지에서 플립플롭으로 로드된다. 예를 들면 Q 출력들이 0000이고($Q_3 = Q_2 = Q_1 = Q_0 = 0$), 데이터 입력들이 1101이면($D_3 = 1$, $D_2 = 1$, $D_1 = 0$, $D_0 = 1$), 하강 에지 후에 Q는 표시된 대로 0000에서 1101로 변화하게 된다(플립플롭 출력에 표기 $0 \rightarrow 1$은 0에서 1로 변화하는 것을 나타낸다).

레지스터 내의 플립플롭에는 공통 클리어 신호선 ClrN에 연결된 비동기 클리어 입력을 가지고 있다. 클리어 입력에 있는 버블(bubble)은 플립플롭을 클리어하는 데 논리값 0이 필요하다는 것을 표시한다. ClrN은 보통 1이나, 일시적으로 0으로 변한다면, 4개 모두의 플립플롭 출력 Q들은 0이 된다.

11.8절에서 논의하였듯이, 클럭을 또 다른 신호와 게이트로 묶는 것은 타이밍 문제를 야기할 수 있다. 클럭 인에이블(enable)을 가진 플립플롭이 이용 가능하면, 레지스터는 그림 12-1(b)와 같이 설계될 수 있다. 로드 신호는 모든 4개의 CE 입력과 연결되어

있다. Load = 0이면 클럭은 디스에이블(disable)되어 레지스터의 데이터는 유지된다. Load가 1이면 클럭이 허용되어 D 입력에 인가된 데이터는 클럭의 하강 에지 후에 플립플롭에 로드된다. 그림 12-1(c)에는 입력 D와 출력 Q에 대한 버스 표기를 사용하여 4비트 레지스터의 심벌을 나타낸다. 공통 기능을 수행하는 선(wire)의 그룹을 버스(bus)라 한다. 굵은 선(line)을 사용하여 버스를 표현하고, 슬래시와 옆의 숫자는 버스의 비트 수를 나타낸다.

레지스터 간의 데이터 전송은 디지털 시스템에는 흔한 동작이다. 그림 12-2는 3상태(tri-state) 버스를 이용하여 두 레지스터 중 하나의 출력에서 제3의 레지스터로 데이터를 어떻게 전송하는가를 보여준다. En = 1이고 Load = 1이면, 레지스터 A의 출력은

그림 12-1 Data, Load, Clear와 클럭 입력을 가진 4비트 D 플립플롭 레지스터

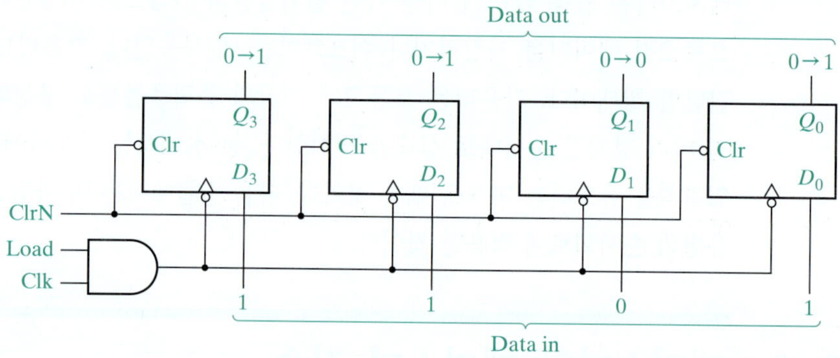

(a) 게이트된 클럭 사용

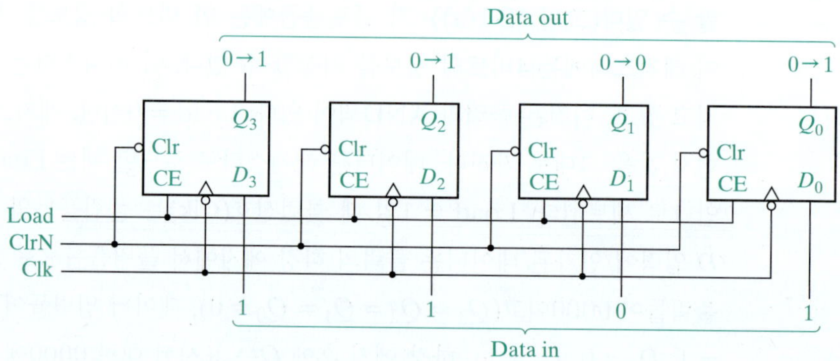

(b) 클럭 인에이블 가짐

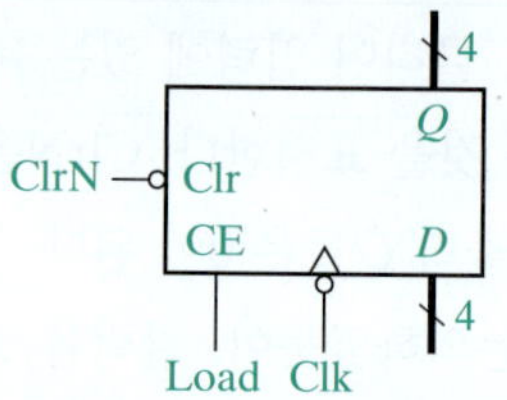

(c) 심벌

그림 12-2
레지스터 간 데이터 전송

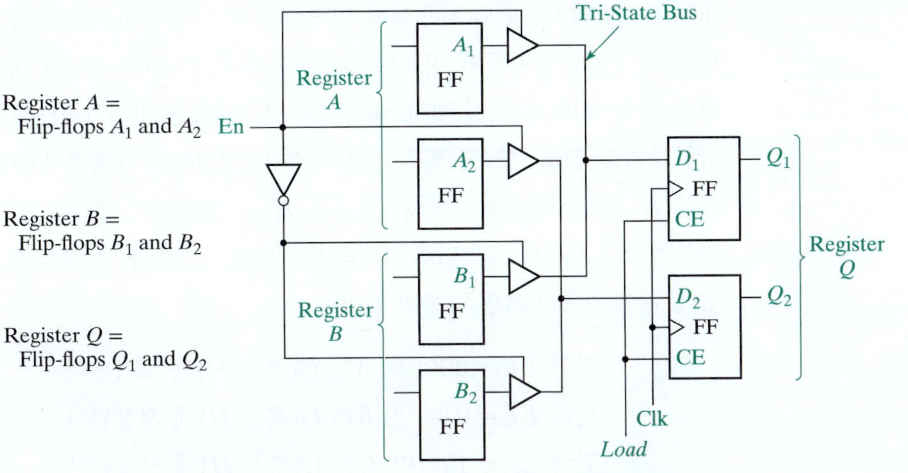

3상태 버스를 통해 인에이블되어, 레지스터 A의 데이터는 클럭의 상승 에지 후에 Q에 저장된다. En = 0이고 Load = 1이면 레지스터 B의 출력이 3상태 버스를 통해 인에이블되어, 클럭의 상승 에지 후에 Q에 저장되게 된다.

그림 12-3(a)는 플립플롭 출력에 3상태 버퍼를 가진 8개의 D 플립플롭을 포함한 집적회로 레지스터를 나타낸다. 이 버퍼들은 $En = 0$일 때 인에이블된다. 8비트 레지스터의 심벌을 그림 12-3(b)에 나타내었다.

그림 12-3
3상 출력을 가진 비트 레지스터의 논리도

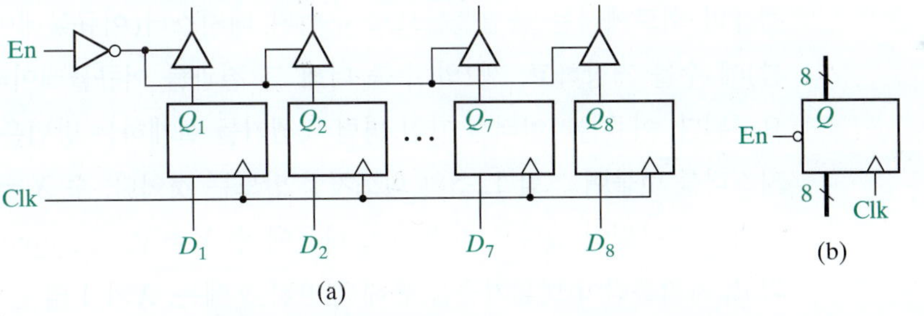

그림 12-4
3상 버스를 사용한 데이터 전송

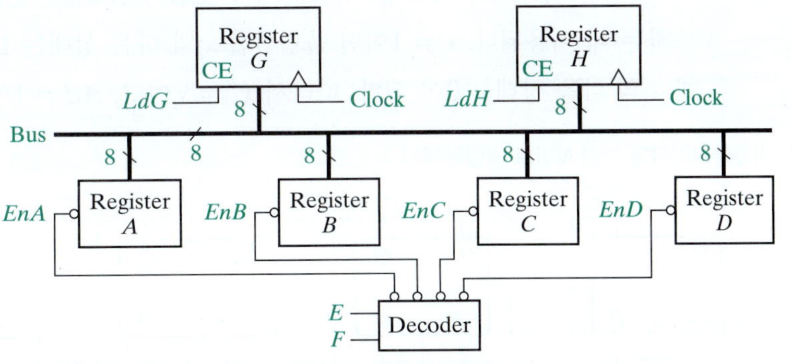

그림 12-4는 4개의 8비트 레지스터 중 하나에서 다른 2개의 레지스터 중 하나로 데이터를 어떻게 전송할 수 있는가를 나타낸다. 레지스터 A, B, C, D는 그림 12-3의 형태이다. 이 레지스터의 출력은 공통 3상태 버스에 모두 병렬로 연결되어 있다. 레지스터 G와 H는 4개 대신 8개의 플립플롭을 가진 것을 제외하고는 그림 12-1 레지스터와 비슷하다.

또한 G, H 레지스터의 플립플롭 입력들은 버스에 연결되어 있다. $EnA = 0$이면 레지스터 A의 3상태 출력들이 버스로 인에이블된다. $LdG = 1$이면 버스 상에 있는 신호들이 상승 클럭 에지 후에 G 레지스터로 로드된다(혹은 만약 $LdH = 1$이면 레지스터 H로). 마찬가지로 EnB, EnC, 혹은 EnD가 0이고 $LdG = 1$(혹은 $LdH = 1$)이면, 각각 B, C, 혹은 D 레지스터의 데이터가 G(혹은 H)로 전송된다. $LdG = LdH = 1$이면, G와 H 모두가 버스로부터 로드된다. 4개의 인에이블 신호들은 하나의 디코더에 의해 생성될 수 있다. 동작을 요약하면 다음과 같다.

만약 $EF = 00$이면, A는 G(혹은 H)에 저장된다.
만약 $EF = 01$이면, B는 G(혹은 H)에 저장된다.
만약 $EF = 10$이면, C는 G(혹은 H)에 저장된다.
만약 $EF = 11$이면, D는 G(혹은 H)에 저장된다.

8비트의 데이터가 A, B, C, 혹은 D 레지스터에서 G 혹은 H 레지스터로 병렬로 전송됨을 유의하라. 3상태 논리를 가진 버스를 사용하는 대안으로 8개의 4-1멀티플렉서를 사용할 수 있으나, 회로 구성은 복잡하게 된다.

어큐뮬레이터를 가진 병렬 덧셈기

컴퓨터 회로에서는 플립플롭으로 구성된 레지스터(어큐뮬레이터(accumulator)라 부름)에 수를 저장하고, 제2의 수를 더해 그 결과를 어큐뮬레이터에 저장하는 것이 종종 요구된다. 어큐뮬레이터를 가진 병렬 덧셈기를 설계하는 방법은 그림 4-2의 덧셈기에 레지스터를 덧붙여 그림 12-5의 회로처럼 만드는 것이다. 수 $X = x_n \ldots x_2x_1$이 어큐뮬레이터에 저장되어 있다고 가정하자. 다음에 수 $Y = y_n \ldots y_2y_1$이 전덧셈기 입력에 인가되고, 자리올림이 덧셈기들을 통해 전파된 후에는, X와 Y의 합이 덧셈기 출력에 나타난다. 덧셈신호(Ad)는 상승 클럭 에지에서 덧셈기 출력을 어큐뮬레이터 플립플롭으로 로드하는 데 이용된다. $s_i = 1$이면 플립플롭 x_i의 다음 상태는 1이 된다. $s_i = 0$이면 플립플롭 x_i의 다음 상태는 0이 된다. 따라서 $x_i^+ = s_i$이고, $Ad = 1$이면 클럭의 상승 에지 후에

그림 12-5 어큐뮬레이터를 가진 N비트 병렬덧셈기

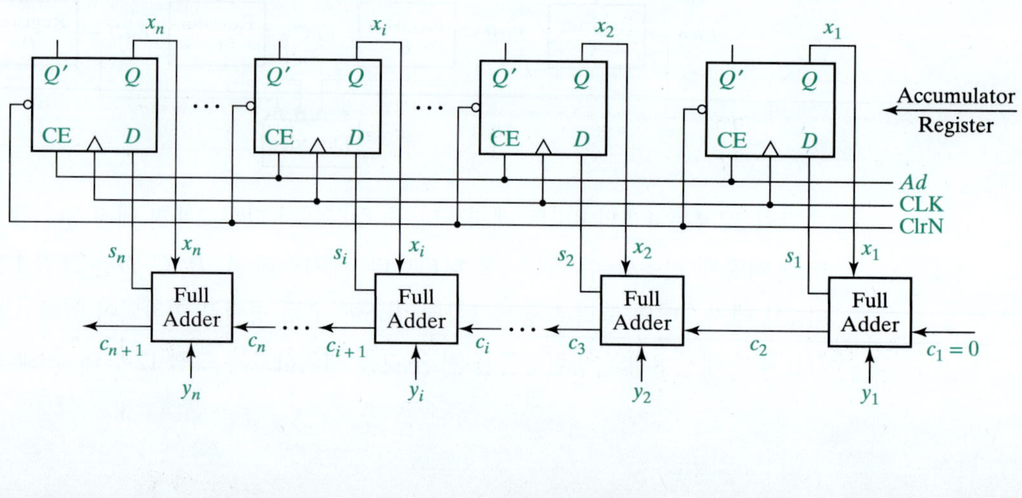

어큐뮬레이터의 수 X는 X와 Y의 합으로 바뀐다.

어큐뮬레이터를 가진 덧셈기를 보면 몇 개의 동일한 셀로 구성된 반복 구조임을 알 수 있다. 각 셀에는 하나의 전덧셈기와 이와 연관된 하나의 어큐뮬레이터 플립플롭으로 이루어져 있다. 셀 i는 입력 c_i와 y_i, 출력 c_{i+1}과 x_i를 갖는 하나의 전형적인 셀이다.

덧셈이 수행되기 전에 어큐뮬레이터는 X로 로드되어야 한다. 이것은 여러 가지 방법으로 구현될 수 있다. 가장 쉬운 방법은 플립플롭에 있는 비동기 클리어 입력 단자를 사용하여 어큐뮬레이터를 먼저 클리어하고, 덧셈기의 Y 입력에 X 데이터를 놓고, 정상적인 방법으로 덧셈하여 어큐뮬레이터에 넣어주면 된다. 또 다른 방법으로는 어큐뮬레이터 입력에 멀티플렉서를 덧붙여, Y 입력 데이터 혹은 덧셈기 출력 중에서 선택하여 어큐뮬레이터에 로드할 수 있게 해주는 것이다. 이것은 어큐뮬레이터를 초기화하는 여분의 단계를 없애는 것이 되나, 하드웨어의 복잡도는 증가된다. 그림 12-6은 덧셈기의 전형적인 셀을 보여주는데, 덧셈기 플립플롭은 y_i에서 직접 로드되거나 혹은 합 출력(s_i)에서 로드될 수 있다. Ld = 1이면 멀티플렉서는 y_i를 선택하고, y_i는 상승 클럭 에지에서 어큐뮬레이터 플립플롭(x_i)으로 로드된다. Ad = 1이고, Ld = 0이면 덧셈기 출력(s_i)은 x_i로 로드된다. Ad와 Ld 신호는 함께 OR되어, 덧셈이나 혹은 로드가 일어나면, 클럭을 인에이블 한다. Ad = Ld = 0이면 클럭이 디스에이블되고, 어큐뮬레이터 출력은 변화하지 않는다.

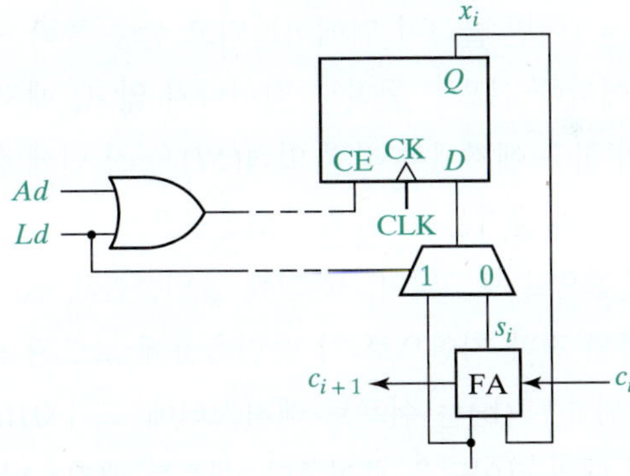

그림 12-6
멀티플렉서를 가진 덧셈기 셀

12.2 쉬프트 레지스터

쉬프트 레지스터는 2진 데이터를 저장하여, 쉬프트 신호가 인가될 때 데이터를 좌방향 혹은 우방향으로 쉬프트할 수 있는 레지스터이다. 레지스터의 한쪽 끝에 쉬프트되어 나온 비트는 잃어버릴 수도 있으나, 쉬프트 레지스터가 순환형(cyclic type)이면 한쪽 끝에서 쉬프트 출력된 비트는 다른 쪽 끝으로 다시 쉬프트될 수 있다. 그림 12-7(a)는 D

그림 12-7
우방향 쉬프트 레지스터

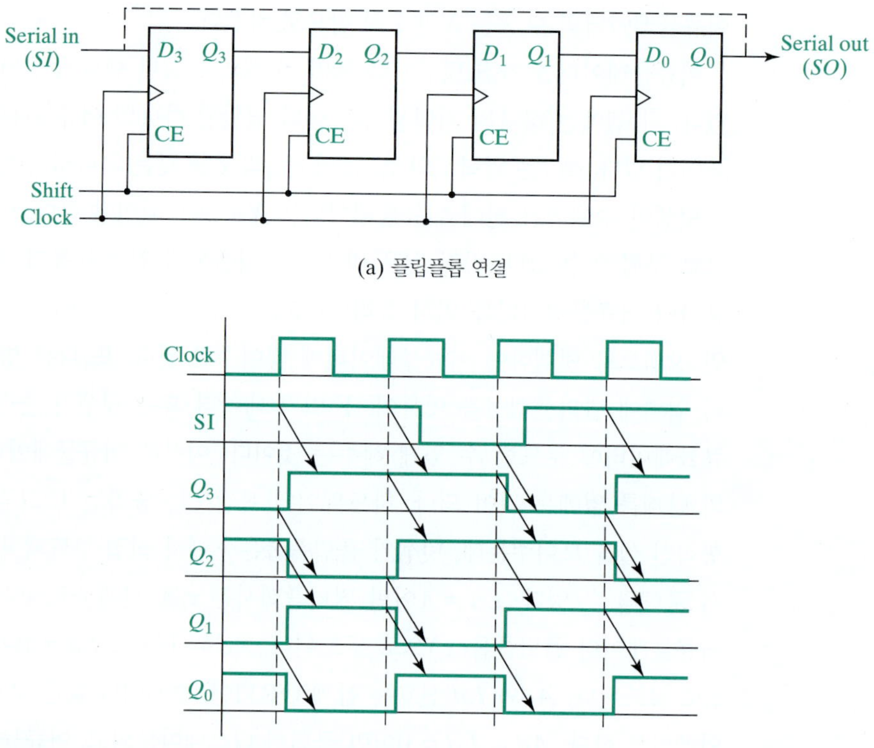

(a) 플립플롭 연결

(b) 타이밍도

플립플롭으로 구성되고 직렬 입출력을 가진 4비트 우방향 쉬프트 레지스터를 나타낸다. Shift = 1이면 클럭이 인에이블되고 상승 클럭 에지에서 쉬프트가 일어난다. Shift = 0이면 어떠한 쉬프트 동작도 일어나지 않고, 레지스터 안에 있는 데이터들은 불변이다. 클럭의 상승 에지에서 직렬 입력(*SI*)은 첫 번째 플립플롭으로 로드된다. 동시에 첫 번째 플립플롭의 출력은 두 번째 플립플롭으로 로드되고, 두 번째 플립플롭의 출력은 세 번째 플립플롭으로 로드되며, 세 번째 플립플롭의 출력은 마지막 플립플롭으로 로드된다. 플립플롭의 전파 지연으로 각 플립플롭에 로드된 출력값은 상승 클럭 에지 이전 값이 된다. 그림 12-7(b)는 쉬프트 레지스터에 초기 0101을 가지고 있고, 직렬 입력열이 1, 1, 0, 1일 때의 타이밍을 보여준다. 쉬프트 레지스터에 상태열은 0101, 1010, 1101, 0110, 1011이 된다.

점선 표시와 같이 직렬 출력과 직렬 입력을 연결하면, 결과적으로 순환형 쉬프트 레지스터가 되어, 끝단돌림(end-around) 쉬프트 역할을 한다. 레지스터의 초기값이 0111이면 클럭 한 주기 후의 값은 1011이다. 두 번째 클럭 후에는 상태가 1101, 그 다음에는 1110, 그리고 4번째 펄스 후에는 레지스터의 초기 상태인 0111로 돌아온다.

4개, 8개, 혹은 그 이상의 플립플롭을 가진 쉬프트 레지스터들은 집적회로 형태로 이용 가능하다. 그림 12-8은 8비트 직렬 입력, 직렬 출력 쉬프트 레지스터를 나타낸다. *직렬 입력*(*serial in*)은 데이터가 한 번에 한 비트씩 첫 번째 플립플롭으로 쉬프트되고, 플립플롭이 병렬로 로드될 수 없다는 것을 의미한다. *직렬 출력*(*serial out*)은 데이터가

그림 12-8
8비트 직렬 입력, 직렬 출력 쉬프트 레지스터

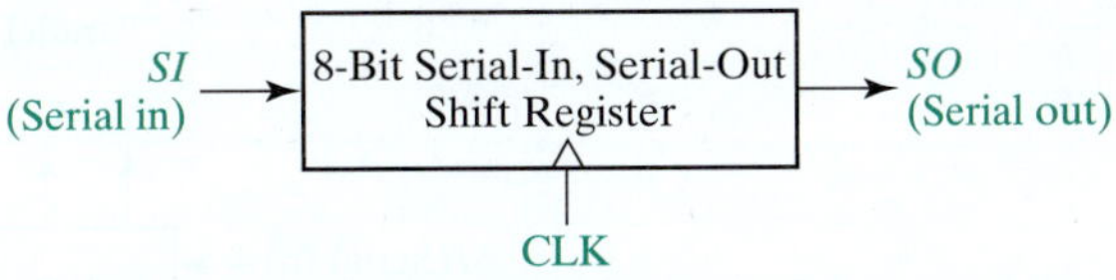

(a) 블록도

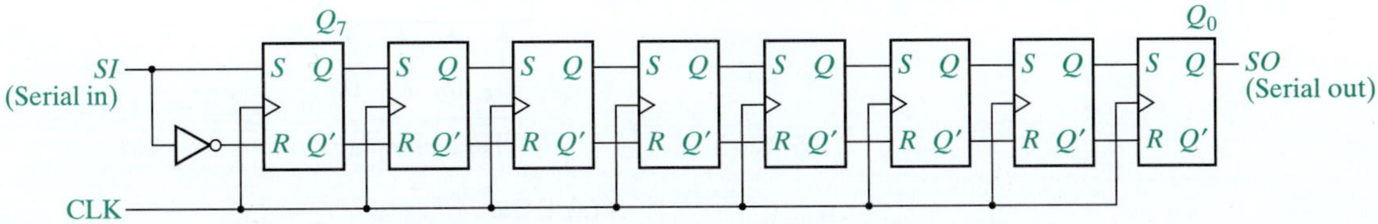

(b) 논리도

그림 12-9
그림 12-8의 쉬프트 레지스터에 대한 전형적인 타이밍도

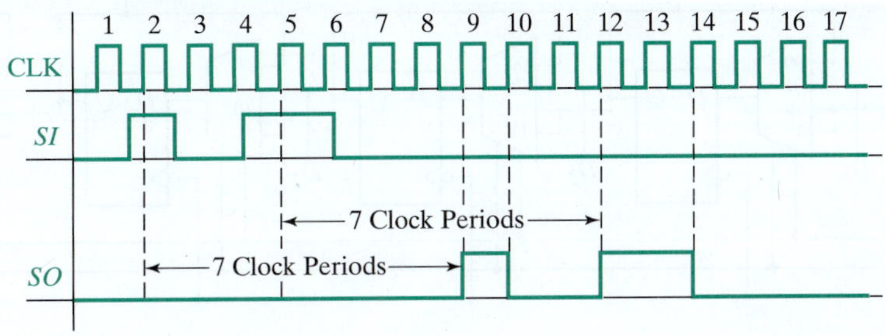

오직 마지막 플립플롭에서 읽혀지고, 다른 플립플롭 출력들은 집적회로 단자에 연결되어 있지 않다는 것을 의미한다. 첫 번째 플립플롭의 입력은 $S = SI$와 $R = SI'$이다. 그러므로 $SI = 1$이면, 클럭이 발생될 때 1이 레지스터로 쉬프트되고, $SI = 0$이면 0이 쉬프트된다. 그림 12-9는 전형적인 타이밍도를 보여준다.

그림 12-10(a)는 4비트 병렬 입력, 병렬 출력 쉬프트 레지스터를 나타낸다. 병렬 입력(parallel-in)은 모든 4개 비트들이 동시에 로드될 수 있다는 것을 뜻하고, 병렬 출력(parallel-out)은 모든 비트들이 동시에 읽혀질 수 있다는 것을 뜻한다. 쉬프트 레지스터에는 2개의 제어 입력인 쉬프트인네이블(shift enable: Sh) 단자와 로드 인에이블(load enable: L) 단자가 있다. $Sh = 1$(그리고 $L = 1$ 혹은 $L = 0$)이면, 레지스터에 클럭이 인가되면 직렬 입력(SI)은 첫 플립플롭으로 쉬프트되는 한편, 플립플롭 Q_3, Q_2, Q_1의 데이터들은 우방향으로 쉬프트된다. $Sh = 0$이고, $L = 1$이면, 쉬프트 레지스터에 클럭이 인가되면 4개의 데이터 입력(D_3, D_2, D_1, D_0)은 병렬로 플립플롭에 로드된다. $Sh = L = 0$일 때, 레지스터에 클럭이 인가되면 상태 변화는 없다. 쉬프트 레지스터의 동작을 요약하면 표 12-1과 같다. 모든 상태 변화는 클럭의 하강 에지 직후에 일어난다.

표 12-1
쉬프트 레지스터 동작

Inputs		Next State				
Sh (Shift)	L (Load)	Q_3^+	Q_2^+	Q_1^+	Q_0^+	Action
0	0	Q_3	Q_2	Q_1	Q_0	No change
0	1	D_3	D_2	D_1	D_0	Load
1	X	SI	Q_3	Q_2	Q_1	Right shift

그림 12-10
병렬 입력, 병렬 출력 우방향 쉬프트 레지스터

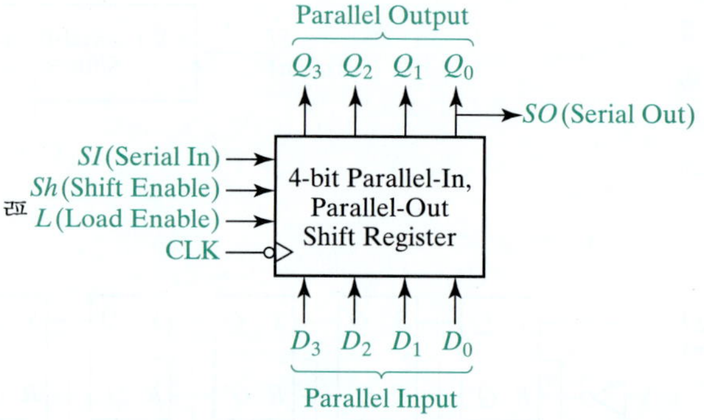

(a) 블록도

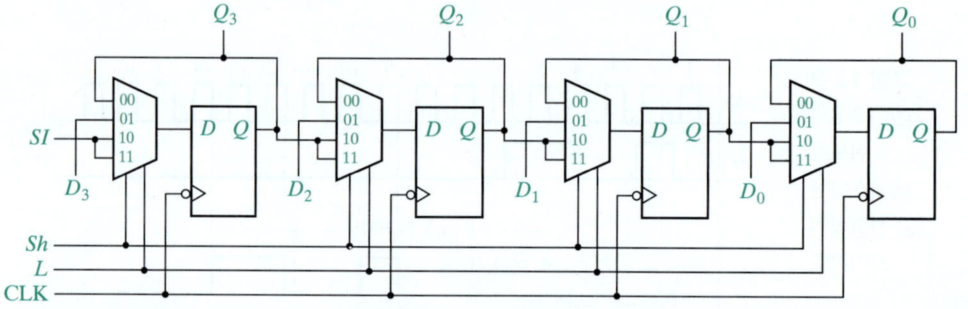

(b) 플립플롭과 *MUX*를 사용한 구현

쉬프트 레지스터는 그림 12-10(b)와 같이 MUX와 D플립플롭을 이용하여 구현될 수 있다. 첫번째 플립플롭에 대해서는, $Sh = L = 0$이면, 플립플롭 Q_3 출력은 MUX에 의해 선택되어, $Q_3^+ = Q_3$으로 어떠한 상태 변화도 없다. $Sh = 0$이고 $L = 1$이면 데이터 입력 D_3가 선택되고, 플립플롭으로 로드된다. $Sh = 1$이고, $L = 0$이나 1이면, SI가 선택되고, 플립플롭으로 로드된다. 두 번째 MUX는 Q_2, D_2, 혹은 Q_3를 선택하고, 이하 동일하다. 플립플롭에 대한 차기 상태 방정식은 다음과 같다.

$$
\begin{aligned}
Q_3^+ &= Sh'\cdot L'\cdot Q_3 + Sh'\cdot L\cdot D_3 + Sh\cdot SI \qquad (12\text{-}1)\\
Q_2^+ &= Sh'\cdot L'\cdot Q_2 + Sh'\cdot L\cdot D_2 + Sh\cdot Q_3\\
Q_1^+ &= Sh'\cdot L'\cdot Q_1 + Sh'\cdot L\cdot D_1 + Sh\cdot Q_2\\
Q_0^+ &= Sh'\cdot L'\cdot Q_0 + Sh'\cdot L\cdot D_0 + Sh\cdot Q_1
\end{aligned}
$$

이 레지스터에 대한 전형적인 응용으로 병렬 데이터를 직렬 데이터로 변환하는 데 이용할 수 있다. 마지막 플립플롭의 출력(Q_0)은 병렬 출력의 하나이면서 직렬 출력도 된다. 그림 12-11은 전형적인 타이밍도이다. 첫 번째 클럭펄스에 의해 데이터는 병렬로 쉬프트 레지스터에 로드된다. 다음의 4개 클럭펄스 동안에는 이 데이터는 직렬 출력에서 이용 가능하다. 레지스터가 초기에 클리어되어 있다고 가정하면($Q_3Q_2Q_1Q_0 = 0000$), 계속 직렬 입력 $SI = 0$이고, 로드 시간 동안(t_0) 데이터 입력 $D_3D_2D_1D_0 = 1011$이면, 결과 파형은 그림과 같다. t_1, t_2, t_3 끝에는 쉬프트 동작이 일어나고, 이 클럭 시간 동안 직렬 출력이 읽혀질 수 있다. t_4 동안에는 $Sh = L = 0$이므로 어떤 상태 변화도 없다.

그림 12-11
쉬프트
레지스터에 대한
타이밍도

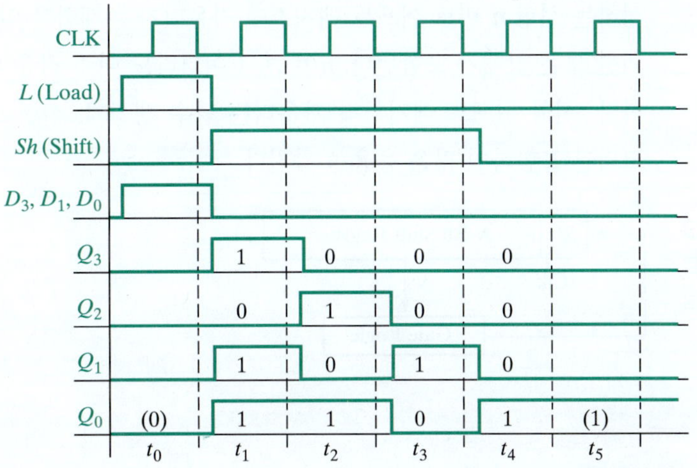

그림 12-12
반전된 피드백을
가진 쉬프트
레지스터

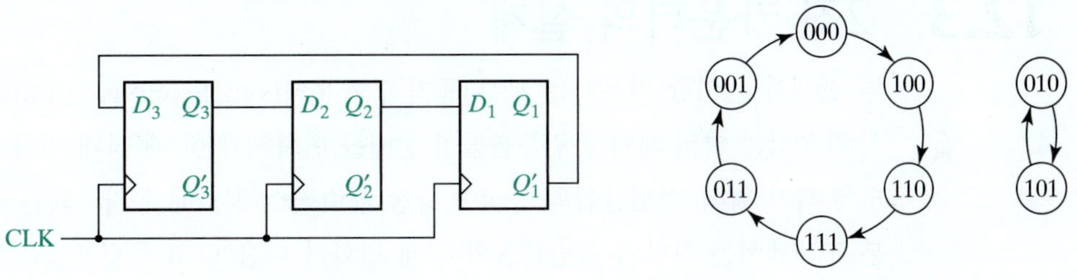

(a) 플립플롭 연결

(b) 상태그래프

그림 12-12(a)는 마지막 플립플롭의 Q_1' 출력이 첫 플립플롭의 D 입력으로 피드백된 3비트 쉬프트 레지스터를 나타낸다. 레지스터의 초기 상태가 000이면 D_3의 초기값은 1이고, 따라서 첫 클럭펄스 후의 레지스터 상태는 100이 된다. 그림 12-12(b)의 상태그래 프 상에 계속적인 상태들을 나타내었다. 레지스터가 001 상태에 있으면 D_3은 0이고, 다음 레지스터 상태는 000이다. 그 다음, 계속적으로 클럭펄스가 인가되면 레지스터는 다시 루프를 돌면서 값을 갖는다. 상태 010과 101은 주(main) 루프 안에 있지 않음을 유의하라. 레지스터가 010 상태에 있고 쉬프트 펄스가 인가되면 101 상태가 되고, 역으로도 성립한다. 그러므로 상태그래프에 있어서는 2차적인 루프를 갖는다.

고정된 상태열을 가지고 순환하는 회로를 *카운터(counter)*라고 부른다. 반전된 피드백을 가진 쉬프트 레지스터(그림 12-12)를 *존슨 카운터(Johnson counter)* 혹은 *트위스트 링 카운터(twisted ring counter)*라 부른다. 피드백이 반전되지 않았다면(예로 그림 12-12에 Q_1이 D_3로 연결된 경우), 그 쉬프트 레지스터 카운터를 *링 카운터(ring counter)*라 한다.

그림 12-13은 일반적인 형태의 쉬프트 레지스터 카운터를 보여주는데, 여기서 최좌측단으로 쉬프트되는 비트는 쉬프트 레지스터 값들의 일반적인 함수로 정해진다. 논리 게이트가 오직 배타적 OR로 주어지게 되면, 그 카운터를 선형(linear, 피드백) 쉬프트 레지스터 카운터라 부른다. 각각의 정수 n에 대하여 $2^n - 1$개의 카운트 사이클 길이를 생

성하는 선형 n 비트 쉬프트 레지스터 카운터가 존재함을 알 수 있다; 모두 0인 상태를 제외한 모든 상태가 포함된다. n이 큰 값이더라도 아주 작은 배타적 OR 게이트 수만 필요하다. 선형 쉬프트 레지스터 카운터는 난수 생성기, 선형 오류정정 코드의 인코더와 디코더를 포함하여 많은 응용을 가진다.

그림 12-13
일반적 쉬프트 레지스터 카운터

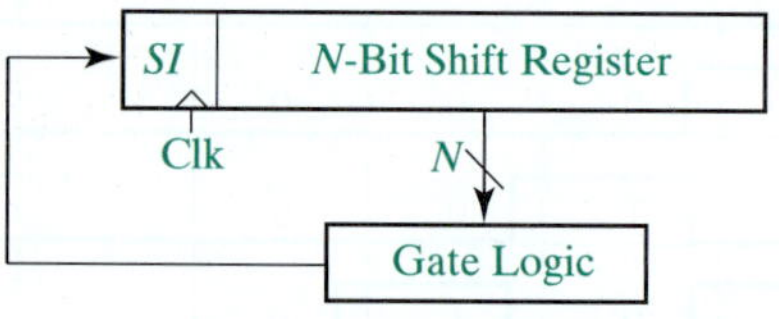

12.3 2진 카운터의 설계

본 장에서 논의할 카운터는 모두 동기식 카운터(synchronous counter)이다. 이 동기식 카운터는 여러 개의 플립플롭들이 상태를 변화해야 할 때 상태 변화가 동시에 일어나도록 하기 위해, 플립플롭의 동작이 공통 입력펄스에 의해 동기화되는 카운터를 뜻한다. 본 교재에서는 하나의 플립플롭의 상태 변화가 다음 단의 플립플롭을 트리거시키는 리플 카운터(ripple counter)에 대해서는 자세히 논의하지 않는다. 예로 연습 문제 11.24와 12.19를 보라.

먼저 3개의 T 플립플롭을 사용하여 클럭펄스를 카운트하는 2진 카운터를 구성해 보자(그림 12-14). 모든 플립플롭의 상태는 입력펄스의 상승 에지 직후에 변한다고 가정하자. 카운터의 상태는 개별 플립플롭 상태에 의해 결정된다. 예를 들어 플립플롭 C가 0, B가 1, A가 1 상태라면 카운터의 상태는 011이 된다. 초기에 모든 플립플롭이 0 상태로 세트되었다고 가정하자. 하나의 클럭펄스를 받으면 카운터는 001로 바뀌고, 두 번째 펄스를 받으면 그 상태는 010으로 바뀌게 되고, 이하 등등. 이 플립플롭 상태의 순서는 CBA = 000, 001, 010, 011, 100, 101, 110, 111, 000, …이 된다. 카운터가 111 상태에 도달했을 때 다음 펄스가 입력되면 000의 초기 상태가 되어, 이 순서는 반복된다는 점에 주목하자.

먼저 계수열을 살펴보고 카운터를 설계하도록 하자; 그 다음 체계적인 방법을 사용하여 다른 형태의 카운터까지 일반화하도록 하자. 문제의 핵심은 플립플롭 입력인 T_C, T_B, T_A를 결정하는 것이다. 위의 계수열로부터 A의 상태는 펄스가 입력될 때마다 변화하는 것을 관찰할 수 있다. A는 모든 상승 클럭 에지에서 상태를 변하기 때문에 T_A는 1이 되어야 한다. 다음에, B는 $A = 1$일 때에만 상태가 변함을 주목하라. 그러므로 $A = 1$이면 상승 클럭 에지가 발생할 때 B의 상태가 변하도록, 그림과 같이 A를 T_B에 연결한다. 마찬가지로, C의 상태는 B와 A가 모두 1이면, 펄스가 발생할 때 변화한다. 그러므로 AND 게이트를 T_C에 연결하여 펄스가 발생될 때, $B = 1$, $A = 1$이면 C가 상태를 변하도록 한다.

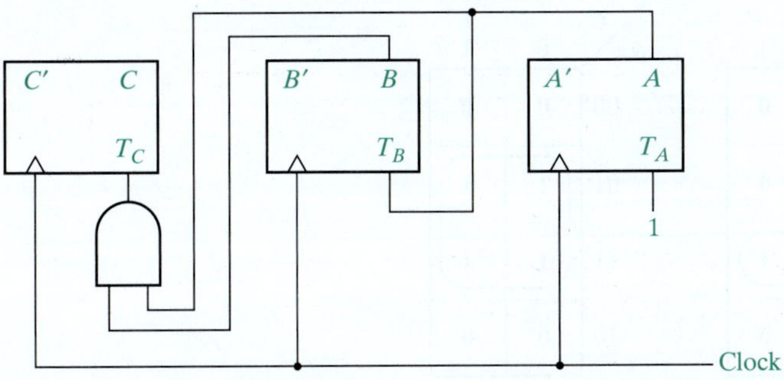

그림 12-14 동기식 2진 카운터

표 12-2 2진 카운터에 대한 상태표

Present State			Next State			Flip-Flop Inputs		
C	B	A	C^+	B^+	A^+	T_C	T_B	T_A
0	0	0	0	0	1	0	0	1
0	0	1	0	1	0	0	1	1
0	1	0	0	1	1	0	0	1
0	1	1	1	0	0	1	1	1
1	0	0	1	0	1	0	0	1
1	0	1	1	1	0	0	1	1
1	1	0	1	1	1	0	0	1
1	1	1	0	0	0	1	1	1

이제는 회로의 신호를 추적하여 그림 12-14의 회로가 정확하게 계수하는지를 확인해 보자. 초기상태 $CBA = 000$이면 T_A만이 1이고, 첫 번째 클럭 에지가 도착하면, 상태는 001로 변화한다. 그러면 $T_B = T_A = 1$이고, 두 번째 펄스가 입력되면 상태는 010으로 변화한다. 이 과정은 최종적으로 111에 도달할 때까지 계속되고, $T_C = T_B = T_A = 1$이 되어 다음 펄스가 도달하면 모든 플립플롭은 0 상태로 되돌아온다.

다음에, 상태표(표 12-2)를 이용하여 2진 카운터를 다시 설계해 보자. 이 표는 플립플롭 상태 C, B, A의 현재 상태(펄스를 받기 전)와 이에 대응되는 차기 상태(펄스를 받은 후)를 나타낸다. 예를 들어 플립플롭이 $CBA = 011$ 상태에 있고, 클럭펄스가 인가되면, 차기 상태는 $C^+B^+A^+ = 100$이 된다. 비록 표에는 클럭이 명시되어 있지는 않지만, 클럭은 카운터를 순서적으로 차기 상태로 이동시키는 입력으로 이해하라. 표의 세 번째 열은 T_C, T_B, T_A의 입력을 유도하기 위해 사용된다. A, A^+열의 값이 다르면 플립플롭 A는 상태를 변화하여야만 하고, 따라서 T_A는 1이 되어야 한다. 마찬가지로 B, B^+ 값이 다르면, B는 상태를 변화하여야만 하고, 따라서 T_B는 1이 되어야만 한다. 예를 들면, $CBA = 011$, $C^+B^+A^+ = 100$이면, 세 개의 모든 플립플롭은 변해야 되므로 $T_CT_BT_A = 111$이 된다.

T_C, T_B, T_A는 C, B, A의 함수로서 표에 의해 유도될 수 있다. 직관에 의해 $T_A = 1$이다. 그림 12-15는 T_C, T_B에 대한 카노맵을 나타내고, 여기서 $T_C = BA$이고 $T_B = A$이다. 이 식들은 앞의 그림 12-14에서 유도된 회로와 동일하다.

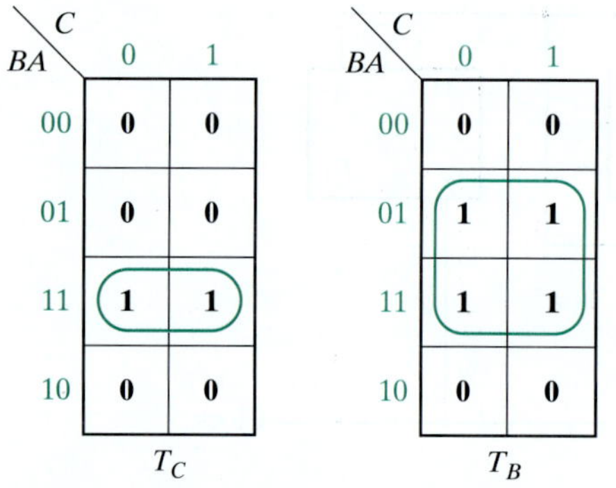

그림 12-15
2진 카운터에 대한 카노맵

다음에는, T 플립플롭 대신 D 플립플롭을 사용하여 2진 카운터를 재설계하도록 하자. 가장 쉬운 방법은 그림 11-28(b)에 나타낸 바와 같이 XOR (exclusive-OR)을 추가하여 T 플립플롭 대신에 D 플립플롭으로 바꾸는 것이다. 그림 12-16는 이 카운터의 회로도를 보여준다. 최우측의 XOR 게이트는 $A \oplus 1 = A'$이기 때문에, 인버터로 대체할 수 있다.

또한 상태표(표 12-2)로부터 시작하여 2진 카운터 설계를 위한 D 플립플롭 입력을 유도할 수 있다. D 플립플롭에 대해서는 $Q^+ = D$이다. 표를 보면 $Q_A{}^+ = A'$로 $D_A = A'$이다. $Q_B{}^+$와 $Q_C{}^+$에 대한 맵을 그림 12-17에 그렸다. 맵으로부터 유도된 D 입력식은 다음과 같다.

$$\begin{aligned} D_A &= A^+ = A' \\ D_B &= B^+ = BA' + B'A = B \oplus A \qquad (12\text{-}2) \\ D_C &= C^+ = C'BA + CB' + CA' = C'BA + C(BA)' = C \oplus BA \end{aligned}$$

이것은 직관에 의해 얻어졌던 논리회로와 동일하다.

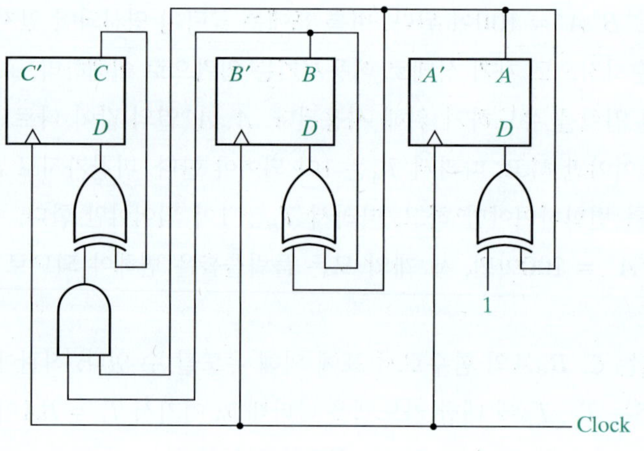

그림 12-6
D 플립플롭을 가진 2진 카운터

그림 12-17
D 플립플롭에 대한 카노맵

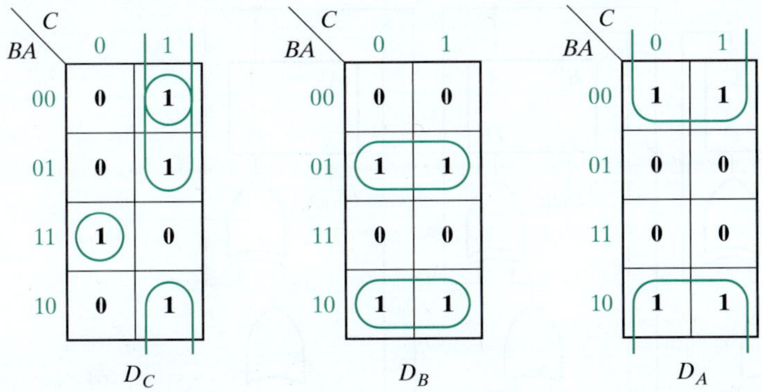

그림 12-18
업-다운 카운터에 대한 상태그래프와 표

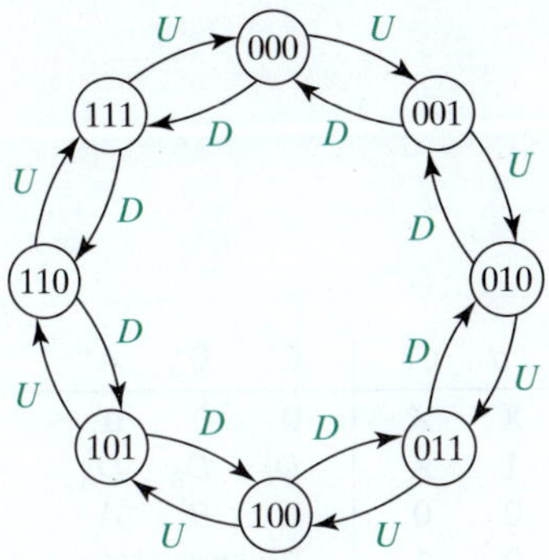

	$C^+B^+A^+$	
CBA	*U*	*D*
000	001	111
001	010	000
010	011	001
011	100	010
100	101	011
101	110	100
110	111	101
111	000	110

다음으로 업-다운(up-down) 카운터를 분석하자. 업-다운 카운터에 대한 상태그래프와 표를 그림 12-18에 나타내었다. $U = 1$이면 카운터는 000, 001, 010, 011, 100, 101, 110, 111, 000, . . . 순서로 상향 카운트된다. $D = 1$이면 카운터는 000, 111, 110, 101, 100, 011, 010, 001, 000, . . . 순서로 하향 카운트된다. $U = D = 0$이면 카운터 상태는 변하지 않고, $U = D = 1$은 허락되지 않는다.

업-다운 카운터는 그림 12-19와 같이 D 플립플롭과 게이트를 사용하여 구현할 수 있다. 해당 논리식은 다음과 같다.

$$D_A = A^+ = A \oplus (U + D)$$
$$D_B = B^+ = B \oplus (UA + DA')$$
$$D_C = C^+ = C \oplus (UBA + DB'A')$$

$U = 1$이고 $D = 0$이면 이 식들은 2진 업 카운터에 대한 식으로 간단화된다[식 (12-2)]. $U = 0$이고 $D = 1$이면 이 식들은 다음과 같이 간단화된다.

$$D_A = A^+ = A \oplus 1 = A' \quad (A\text{는 클럭마다 상태가 변한다})$$
$$D_B = B^+ = B \oplus A' \quad (B\text{는 } A = 0\text{일 때 상태가 변한다})$$
$$D_C = C^+ = C \oplus B'A' \quad (C\text{는 } B = A = 0\text{일 때 상태가 변한다})$$

그림 12-18에 있는 표를 보고서, 다운 카운터에 대한 식이 올바른지 검증할 수 있다. 표의 모든 행에 대해 $A^+ = A'$로 A는 클럭 주기마다 상태가 변한다. $A = 0$인 행에 대해서는 $B^+ = B'$이다. $B = 0$이고 $A = 0$인 행에 대해서는 $C^+ = C'$이다.

그림 12-19 2진 업-다운 카운터

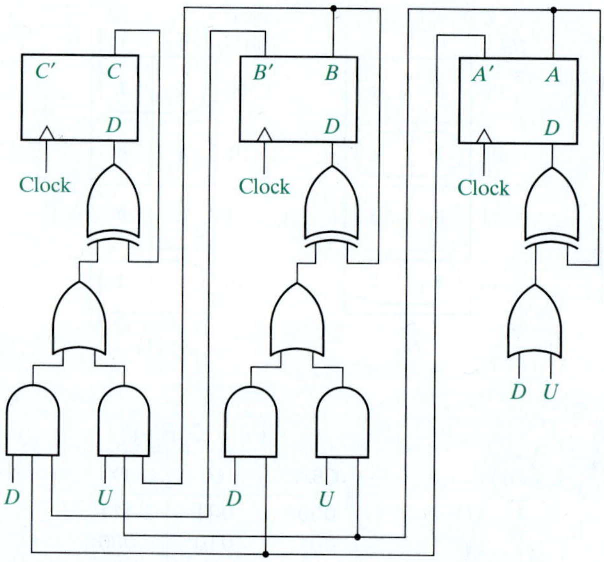

그림 12-20 카운터 허용 단자를 가진 로드 가능한 카운터

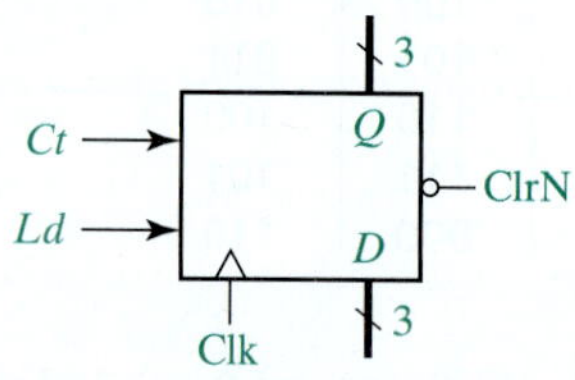

(a)

ClrN	Ld	Ct	C^+	B^+	A^+	
0	X	X	0	0	0	
1	1	X	D_C	D_B	D_A	(load)
1	0	0	C	B	A	(no change)
1	0	1	Present state + 1			

(b)

그림 12-21 그림 12-20에 대한 회로

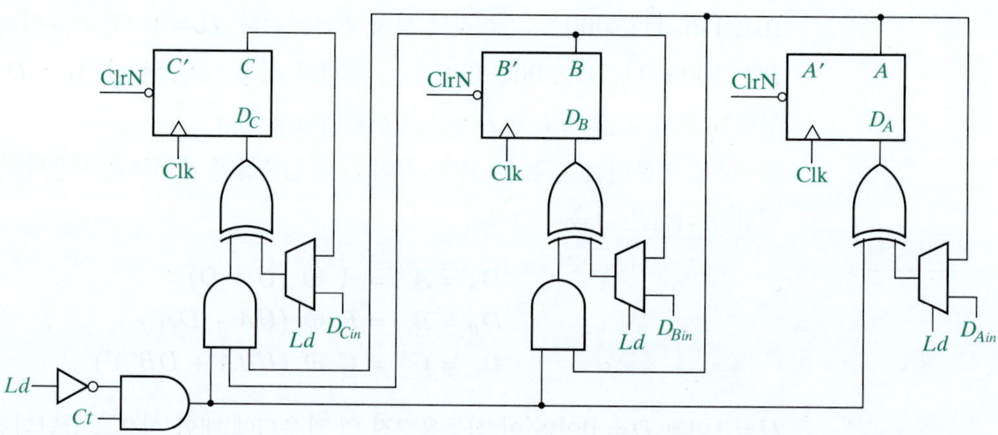

다음으로 로드 가능한 카운터를 설계하자[그림 12-20(a)]. 이 카운터에는 2개의 제어 신호 Ld (load)와 Ct (count)가 있다. $Ld = 1$이면 2진 데이터는 상승 클럭 에지에서 카운터에 로드되고, $Ct = 1$이면 카운터는 상승 클럭 에지에서 1 증가된다. $Ld = Ct = 0$이면 카운터는 현재 값을 유지한다. $Ld = Ct = 1$이면 로드는 카운터에 우선하여, 데이터는 카운터에 로드된다. 또한 카운터는 ClrN이 0일 때 카운터를 클리어하는 비동기 클리어 입력을 가지고 있다. 그림 12-20(b)에 카운터 동작이 정리되어 있다. 모든 상태 변화는 클럭의 상승 에지에서 일어난다(비동기 클리어 단자는 제외).

그림 12-21은 로드 가능한 카운터가 플립플롭, MUX, 게이트를 사용하여 어떻게 구현되는가를 보여준다. $Ld = 1$이면, 각 MUX는 D_i 입력을 선택한다. 각 AND 게이트의 출력은 0이기 때문에, 각 XOR 게이트의 출력은 D_i이고, 이것은 플립플롭에 저장된다. $Ld = 0$이고 $Ct = 1$이면 각 MUX는 플립플롭 출력 중 하나를 선택한다(C, B, 혹은 A). 그러면 회로는 그림 12-16과 동일하고, 카운터는 상승 클럭 에지에서 증가한다.

그림 12-21의 카운터에 대한 차기 상태 식은 다음과 같다.

$$A^+ = D_A = (Ld' \cdot A + Ld \cdot D_{Ain}) \oplus Ld' \cdot Ct$$
$$B^+ = D_B = (Ld' \cdot B + Ld \cdot D_{Bin}) \oplus Ld' \cdot Ct \cdot A$$
$$C^+ = D_C = (Ld' \cdot C + Ld \cdot D_{Cin}) \oplus Ld' \cdot Ct \cdot B \cdot A$$

$Ld = 0$이고 $Ct = 1$일 때, 이 식들은 $A^+ = A'$, $B^+ = B \oplus A$, $C^+ = C \oplus BA$로 간략화되고, 이는 전에 3비트 카운터에 대해 유도되었던 식이다.

12.4 임의 순서 카운터

어떤 응용회로에서는, 카운터의 상태 순서가 단순 2진 순서가 아닐 경우도 있다. 그림 12-22는 그와 같은 카운터에 대한 상태그래프를 나타낸다. 화살표는 상태 순서를 지시한다. 이 카운터가 상태 000에서 출발하면 첫 번째 클럭펄스는 상태 100으로, 다음 펄스는 그림에는 보이지 않았지만 비명시적인 회로의 입력으로 이해하라. 이 카운터에 대해 대응되는 상태표는 표 12-3이다. 현재 상태 001, 101, 110에 대한 차기 상태는 명시되어 있지 않음에 주의하라.

그림 12-22
카운터에 대한 상태그래프

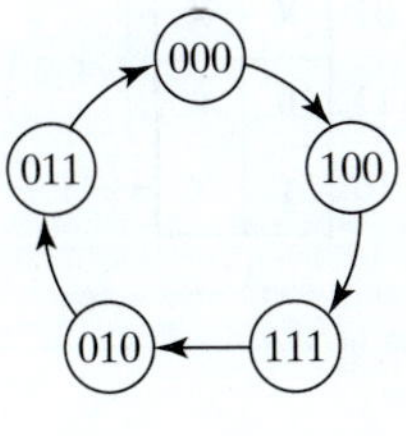

표 12-3
그림 12-22에 대한 상태표

C	B	A	C^+	B^+	A^+
0	0	0	1	0	0
0	0	1	–	–	–
0	1	0	0	1	1
0	1	1	0	0	0
1	0	0	1	1	1
1	0	1	–	–	–
1	1	0	–	–	–
1	1	1	0	1	0

T 플립플롭을 사용하여 표 12-3에 의해 명세화된 카운터를 설계하자. 앞의 예제에서와 같이 이 표로부터 직접 T_C, T_B, T_A를 유도할 수 있다. 그러나 C, B, A 함수로 C^+,

B^+, A^+를 나타내는 차기 상태 맵을, 그리고 맵으로부터 T_C, T_B, T_A를 유도하는 것이 더 편리하다. 그림 12-23(a)에 나타낸 차기 상태 맵은 단지 표 12-3의 관찰로 쉽게 작성된다. 표의 첫 번째 행으로부터 C^+, B^+, A^+ 맵상의 CBA = 000 칸은 각각 1, 0, 0으로 채워진다. 두 번째 행으로부터 3개의 모든 맵상의 CBA = 001 칸은 무관(don't care)으로 채워진다. 세 번째 행으로부터 C^+, B^+, A^+ 맵 상의 CBA = 010 칸은 각각 0, 1, 1로 채워진다. 차기 상태 맵도 이와 같은 식으로 계속함으로써 쉽게 완성될 수 있다.

다음에는, 차기 상태 맵으로부터 T 입력에 대한 맵을 유도해 보자. 다음 설명에서, 일반적인 기호 Q는 고려 중에 있는 플립플롭(C, B, 또는 A)의 현재 상태를 나타내고, Q^+는 같은 플립플롭의 차기 상태(C^+, B^+, 또는 A^+)를 나타낸다. T 플립플롭의 현재 상태(Q)와 희망하는 차기 상태(Q^+)가 주어지면, 상태 변화가 요구될 때마다 T 입력은 1이 되어야 한다. 그러므로 표 12-4에 나타낸 것처럼 $Q^+ \neq Q$일 때마다 $T = 1$이 된다.

일반적으로, 플립플롭 Q에 대한 차기 상태 맵은 Q^+를 Q와 다른 여러 변수들의 함수로 나타낸다. 맵의 각 칸에 쓰여진 값은 Q^+의 값을 나타낸 반면에, Q의 값은 행과 열의 머리칸(heading)으로부터 결정된다. Q^+에 대한 맵이 주어지면, Q와 Q'가 다른 경우에 대하여 단지 T_Q 맵의 해당 칸에 1을 써놓음으로써 T_Q에 대한 맵을 작성할 수 있다. 따라서 그림 12-23(a)에 있는 C^+맵으로부터 그림 12-23(b)에 있는 T_C 맵을 작성하기 위해서는, T_C 맵의 CBA = 000인 칸이 C = 0이고 C^+ = 1이기 때문에, 이 칸에 1을 써넣는다. 또한 T_C 맵의 CBA = 111인 칸이 C = 1이고 C^+ = 0이기 때문에 이 칸에 1을 써넣는다.

그림 12-23

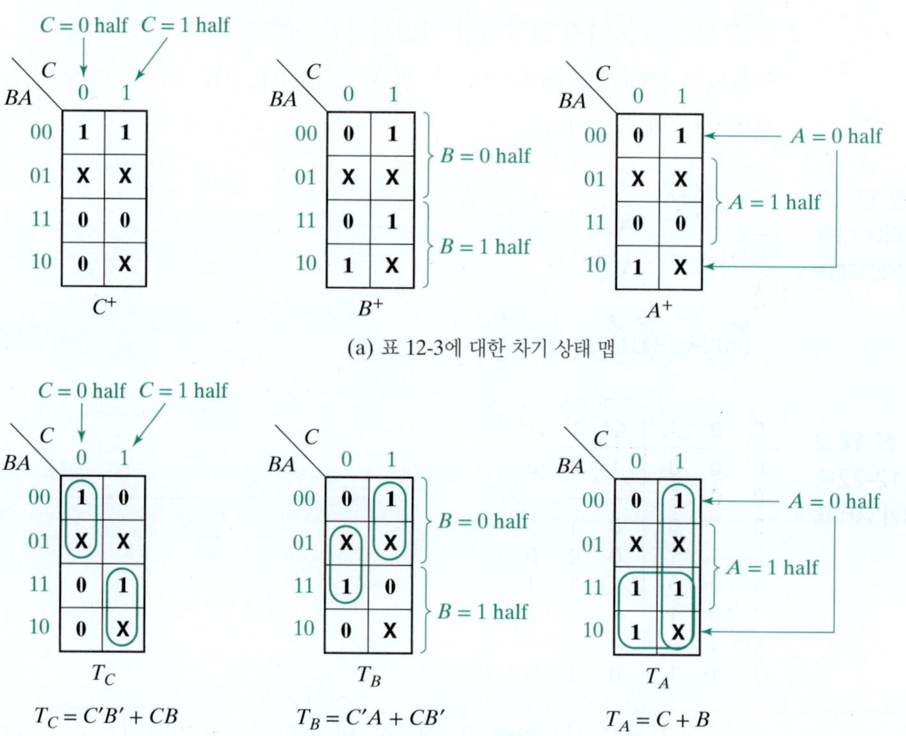

(a) 표 12-3에 대한 차기 상태 맵

(b) T 입력의 유도

만일 플립플롭의 차기 상태가 어떤 변수들의 조합에 대해서도 무관하면, 플립플롭의 입력이 변수들의 조합이 무엇이든 무관하다. 그러므로 Q^+ 맵의 어느 칸에 무관을 가지면 T_Q 맵 상의 해당되는 칸은 무관이 된다. 따라서 C^+는 CBA = 001, 101, 그리고 110에 대하여 무관을 갖기 때문에, T_C 맵은 해당되는 칸에 무관을 갖는다.

Q^+ 맵을 한 번에 한 칸씩 T_Q 맵으로 변환하는 대신에, Q^+ 맵을 Q = 0과 Q = 1에 해당하는 두 개의 반쪽 맵으로 나누어서 맵의 각 반을 변환할 수 있다. 표 12-4로부터 Q = 0일 때마다 $T = Q^+$이고, Q = 1일 때마다 $T = (Q^+)'$가 된다. 그러므로 Q^+ 맵을 T 맵으로 변환하기 위해서는 무관은 그대로 두면서, Q = 0에 대한 것은 그대로 복사하고, Q = 1에 대한 부분은 보수를 취한다.

그림 12-23(a)에 나타낸 카운터에 대해 이 방법을 적용해 C^+, B^+, A^+ 맵을 T 맵으로 변환해 보자. 첫 번째 맵에 대해 C는 Q에 해당된다(C^+는 Q^+에 해당됨). 따라서 C^+ 맵으로부터 T_C 맵을 얻기 위해서는 두 번째 열(여기서 C = 1)을 보수를 취하고 맵의 나머지는 그대로 둔다. 동일한 방법으로 B 맵의 아래쪽 반을 보수를 취하여 B^+ 맵으로부터 T_B를 얻고, 가운데 두 행을 보수를 취하여 A^+ 맵으로부터 T_A를 얻는다. 이것에 의해 그림 12-23(b)의 식과 맵이 유도되고, 그림 12-24의 회로망이 유도된다. 입력 클럭은 각 플립플롭의 클럭(CK) 입력에 연결되므로 플립플롭은 클럭펄스의 응답으로만 상태를 변화시킬 수 있다. 게이트 입력들은 점선으로 표시한 바와 같이 해당하는 플립플롭들의 출력에 직접 연결된다. 이와 같은 회로도를 쉽게 읽을 수 있도록, 교재의 나머지에서는 이러한 연결선을 생략하기로 한다.

표 12-4
T 플립플롭에 대한 입력

Q	Q^+	T
0	0	0
0	1	1
1	0	1
1	1	0

$T = Q^+ \oplus Q$

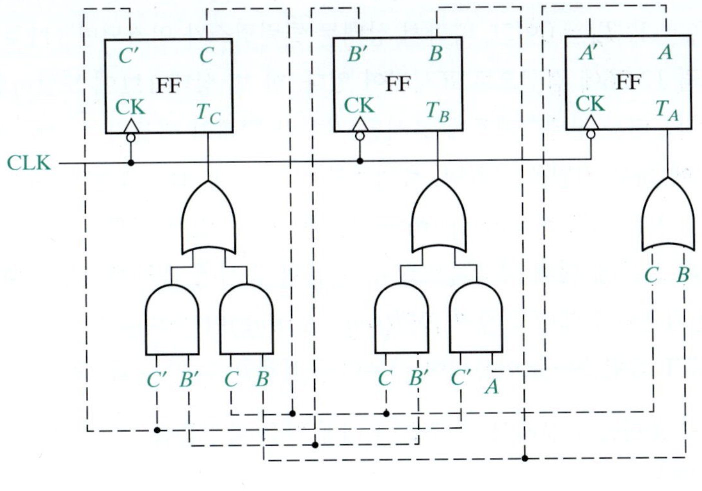

그림 12-24
T 플립플롭을 사용한 카운터

그림 12-25
그림 12-24에 대한 타이밍도

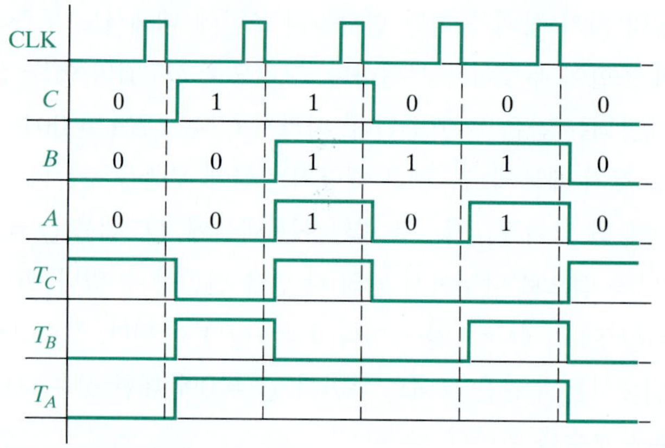

그림 12-26
카운터에 대한 상태그래프

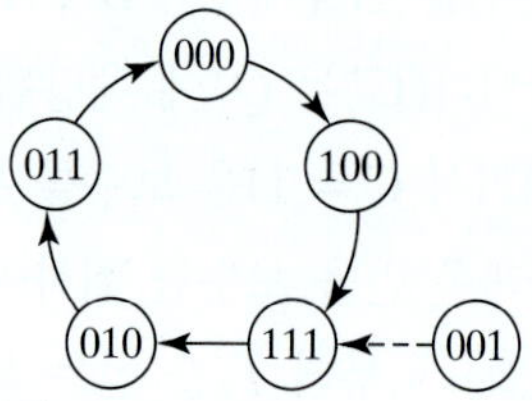

회로의 신호를 추적해서 유도된 그림 12-25의 타이밍도로부터 카운터는 그림 12-22의 상태도에 따라 동작하는지를 검증할 수 있다. 예를 들면 CBA = 000에서 시작하면 $T_C = 1$이고, $T_B = T_A = 0$이다. 그러므로 클럭펄스가 발생하면, 오직 플립플롭 C만 상태를 변화하고 새 상태는 100이다. 그 다음 $T_C = 0$이고 $T_B = T_A = 1$에서, 다음 클럭펄스 등이 발생하면 플립플롭 B와 A의 상태가 변화한다. 플립플롭은 하강 클록에지에 따라 상태를 변화하는 것에 주목하자.

카운터에 대한 원래의 상태표(표 12-3)가 완전 명세되어 있지는 않지만, 상태 001, 101, 110에 대한 차기 상태들은 회로설계를 완성하는 과정에서는 명세되어있다. 예를 들어 플립플롭이 초기에 $C = 0$, $B = 0$, $A = 1$로 세트되면, 회로의 신호를 추적을 하면 $T_C = T_B = 1$, $T_A = 0$이고, 따라서 상태는 클럭펄스가 인가되면 111로 변화한다. 이 동작이 그림 12-26에 점선으로 표시되어 있다. 한 번 상태 111에 도달하면 연속적인 클럭펄스는 카운터를 상태그래프에 표시된 것처럼 원래의 카운터 순서로 진행되게 할 것이다. 회로에 처음 전원을 가하면, 플립플롭의 초기 상태는 예측할 수 없다. 이런 이유로, 전원공급 후 리세트(power-up reset)가 준비되어 있지 않으면, 카운터가 가지고 있는 무관 상태 모두에 대해 궁극적으로 주 카운팅 순서에 속하게 되는지 확인 조사해야 한다. 이런 카운터를 때때로 *자가 출발*(*selp-starting*)이라 부른다.

다음에 T 플립플롭을 이용하여 카운터를 설계할 수 있는 과정을 요약하였다:

1. 현재 플립플롭 상태의 각 조합에 대해 다음 플립플롭 상태를 나타내는 상태표를 작성한다.

2. 상태표로부터 차기 상태 맵을 그린다.
3. 각 플립플롭에 대한 T 입력 맵을 그린다. T_Q 맵을 채울 때 $Q^+ \neq Q$일 때마다 T_Q는 1이 되어야만 한다. 이것은 맵의 $Q = 1$인 반쪽 부분에서는 보수를 취하고, $Q = 0$인 반쪽 부분은 그대로 둠으로써 Q^+ 맵으로부터 T_Q 맵을 구성할 수 있음을 의미한다.
4. 맵으로부터 T 입력식을 구하고 회로를 구현한다.

D 플립플롭을 사용한 카운터 설계

D 플립플롭에 대해 $Q^+ = D$이므로, 따라서 D 입력 맵은 차기 상태 맵과 동일하다. 그러므로 D에 대한 식은 Q^+ 맵으로부터 직접 읽을 수 있다. 그림 12-22의 카운터에 대해, 다음 식들을 그림 12-23(a)에 나타낸 차기 상태 맵으로부터 읽을 수 있다:

$$D_C = C^+ = B' \qquad D_B = B^+ = C + BA'$$
$$D_A = A^+ = CA' + BA' = A'(C + B)$$

이것을 D 플립플롭을 사용해서 나타내면 그림 12-27의 회로가 된다. 플립플롭 출력과 게이트 입력 사이의 연결선들은 회로도를 읽는 데 편리하도록 생략되었음에 주목하자.

그림 12-27 D 플립플롭을 사용한 그림 12-22의 카운터

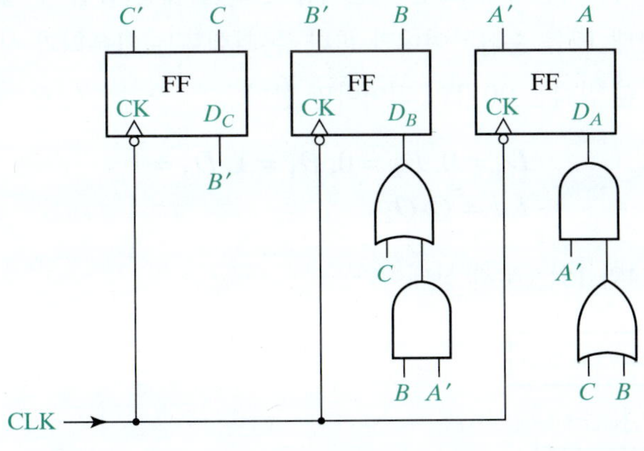

직접적으로 2진이 아닌(non-binary) 순서열 카운터를 설계하는 다른 방법으로는 2진 카운터 혹은 다른 카운터에 디코딩 회로를 부가하여 희망하는 출력을 생성하는 것이다. 이 방법은 전체적으로 간단한 회로로 된다. 예로 그림 12-22의 길이 5의 카운트 주기는 디코딩 논리회로를 가진 5단 링 카운터를 이용하여 얻을 수 있다. 링 카운터의 단을 Q_5, Q_4, . . ., Q_1이라 하면, 출력은 디코딩 식에 의해 얻어진다.

$$O_C = Q_4 + Q_3$$
$$O_B = Q_3 + Q_2 + Q_1$$
$$O_A = Q_3 + Q_1$$

클리어, 프리세트, 혹은 병렬 부하 기능을 가진 카운터와 쉬프트 레지스터를 사용하여 2진이 아닌 카운트 주기를 생성할 수 있다. 그림 12-28과 같은 클리어 입력을 가진 2진

카운터를 생각하자. 만약 게이트 로직회로를 사용하여 카운트 9를 카운트 0(10보다는 오히려)으로 변환하게 하면 2진 카운터($N = 4$)가 BCD 10진 카운터로 변환될 수 있다. 클리어 입력이 동기식 클리어라면, 요구되는 논리식은 $Q_3Q_2Q_1Q_0$가 4개의 출력이라 가정할 때

$$\mathrm{Clr} = Q_3Q_0$$

이다. 카운터가 10에서 15사이의 상태에 결코 들어가지 않는다. 이 상태들은 Clr 함수식에 클리어 입력이 비동기식 입력이라면 요구되는 논리식은

$$\mathrm{Clr} = Q_3Q_1$$

이다. 이 경우에 상태 11부터 15는 Clr에 대하여 무관이다. 클럭의 다음 활성 에지에서 카운터가 상태 9에 있을 때 카운터는 일시적으로 상태 10에 진입하여, Clr이 활성화되고 카운터를 상태 0으로 돌아가게 한다. 그러한 과도 상태는 카운터 출력을 사용하는 다른 논리회로에서는 글리치를 야기시킬 수도 있다.

또 다른 예로, 그림 12-29 ($N = 4$)의 병렬 로드 기능을 가진 2진 카운터를 생각하자. 그것은 초과-3 코드를 사용하여 10진 카운터를 만드는 데 사용할 수 있다. 그 카운터는 상태 3으로부터 상태 12를 순환하여야만 한다. 논리회로는 카운터가 상태 12에 있을 때 Ld를 생성하고 병렬 입력은 0011이 되어야만 한다.

$$D_3 = 0, D_2 = 0, D_1 = 1, D_0 = 1$$
$$Ld = Q_3Q_2$$

상태 0, 1, 2, 13, 14와 15는 무관 상태이다.

그림 12-28
클리어를 가진 2진 카운터

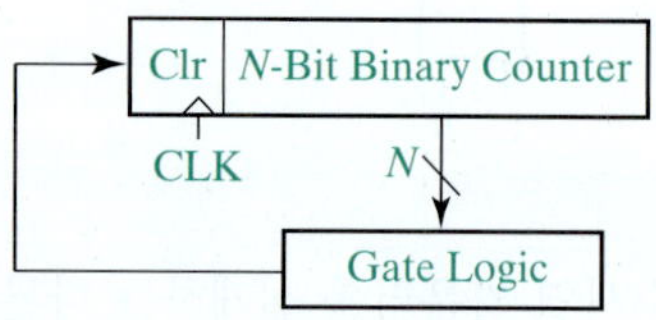

그림 12-29
병렬 로드를 가진 2진 카운터

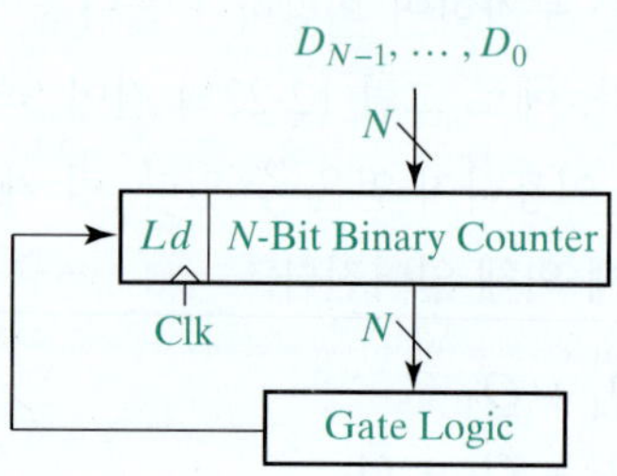

12.5 S-R 및 J-K 플립플롭을 사용한 카운터 설계

S-R 플립플롭으로 카운터를 설계하기 위한 과정은 12.3과 12.4절에서 설명한 과정과 유사하다. 그러나 각 D나 T 플립플롭에 대한 입력식을 유도하는 대신에 S와 R 입력식을 유도하여야 한다. 지금부터는 이들 S와 R 플립플롭 입력식을 유도하는 방법을 설명한다.

표 12-5(a)는 S-R 플립플롭의 동작을 나타낸다. S, R, 그리고 Q가 주어지면 이 표로부터 Q^+를 얻을 수 있다. 그러나 풀어야 할 문제는 현재 상태 Q와 원하는 차기 상태 Q^+가 주어졌을 때 S와 R을 결정하는 것이다. 플립플롭의 현재 상태가 $Q = 0$이고, 원하는 차기 상태가 $Q^+ = 1$이면 플립플롭을 1로 셋하기 위해 S 입력에 1을 인가해야만 한다. 현재 상태가 1이고, 원하는 차기 상태가 0이면 플립플롭을 0으로 리셋하기 위해 R 입력에 1을 인가해야만 한다. 플립플롭 입력의 제한 조건으로 $R = 1$이면 $S = 0$, $S = 1$이면 $R = 0$이 되어야 한다. 그러므로 표 12-5(b)를 작성할 때 $QQ^+ = 01$과 10에 대응되는 행들은 각각 $SR = 10$과 01로 채워지게 된다. 현재 상태와 차기 상태가 모두 0이면 플립플롭이 1로 셋되지 않도록 S는 0이 되어야만 한다. 그러나 $Q = 0$일때 $R = 1$은 아무런 영향도 미치지 못하기 때문에 R은 0 혹은 1 어느 값이나 상관없다. 마찬가지로 현재 상태와 차기 상태가 모두 1이면 R은 플립플롭이 리셋이 되지 않도록 하기 위해 0이 되어야만 하나, S는 0 혹은 1 어느 값이나 상관없다. 필요로 하는 S와 R 입력을 표 12-5(b)에 요약하였다. 표 12-5(c)는 R과 S에 대한 또 다른 선택으로 무관으로 표시한 것을 제외하고는 12-5(b)와 동일하다.

다음에는 S-R 플립플롭을 이용하여 그림 12-22의 카운터를 재설계해 보자. S와 R 플립플롭 입력에 대해 열을 추가하여 표 12-3을 표 12-6에 다시 나타내었다. 이 열들은 표 12-5(c)를 사용하여 채워질 수 있다. $CBA = 000$인 경우, $C = 0$과 $C^+ = 1$이므로, $S_C = 1$, $R_C = 0$이다. $CBA = 010$과 011인 경우, $C = 0$과 $C^+ = 0$, 그래서 $S_C = 0$, $R_C = \text{X}$이다. $CBA = 100$인 경우, $C = 1$과 $C^+ = 1$이므로, $S_C = X$, $R_C = 0$이다. 111행인 경우, $C = 1$과 $C+ = 0$이므로, $S_C = 0$이고, $R_C = 1$이다. $CBA = 001$, 101, 그리고 110인 경우, $C^+ = \text{X}$, 그래서 $S_C = R_C = \text{X}$이다. 마찬가지로 S_B와 R_B의 값들은 B와 B^+의 값으로부터 유도되고 S_A과 R_A는 A와 A^+로부터 유도된다. 그림 12-30(b)에서 맵을 통해 플립플롭 입력함수를 얻는다.

표 12-5 S-R 플립플롭 입력

(a)

S	R	Q	Q^+
0	0	0	0
0	0	1	1
0	1	0	0
0	1	1	0
1	0	0	1
1	0	1	1
1	1	0	– } 허용되지
1	1	1	– } 않는 입력

(b)

Q	Q^+	S	R
0	0	{0	0
		{0	1
0	1	1	0
1	0	0	1
1	1	{0	0
		{1	0

(c)

Q	Q^+	S	R
0	0	0	X
0	1	1	0
1	0	0	1
1	1	X	0

일반적으로 S-R 플립플롭 입력맵은 표 12-6에서처럼 상태표에서 유도하는 것보다는, 차기 상태 맵에서 직접 유도하는 것이 보다 빠르고 쉽다. 각 플립플롭에 대해 S와 R의 값을 결정하기 위해, 표 12-5(c)를 사용하여 차기 상태(Q^+) 맵으로부터 S와 R 입력맵을 유도해 보자. T 플립플롭에서와 같이, S-R 플립플롭 입력식을 유도하기 위한 출발점으로

표 12-6

C	B	A	C^+	B^+	A^+	S_C	R_C	S_B	R_B	S_A	R_A
0	0	0	1	0	0	1	0	0	X	0	X
0	0	1	–	–	–	X	X	X	X	X	X
0	1	0	0	1	1	0	X	X	0	1	0
0	1	1	0	0	0	0	X	0	1	0	1
1	0	0	1	1	1	X	0	1	0	1	0
1	0	1	–	–	–	X	X	X	X	X	X
1	1	0	–	–	–	X	X	X	X	X	X
1	1	1	0	1	0	0	1	X	0	0	1

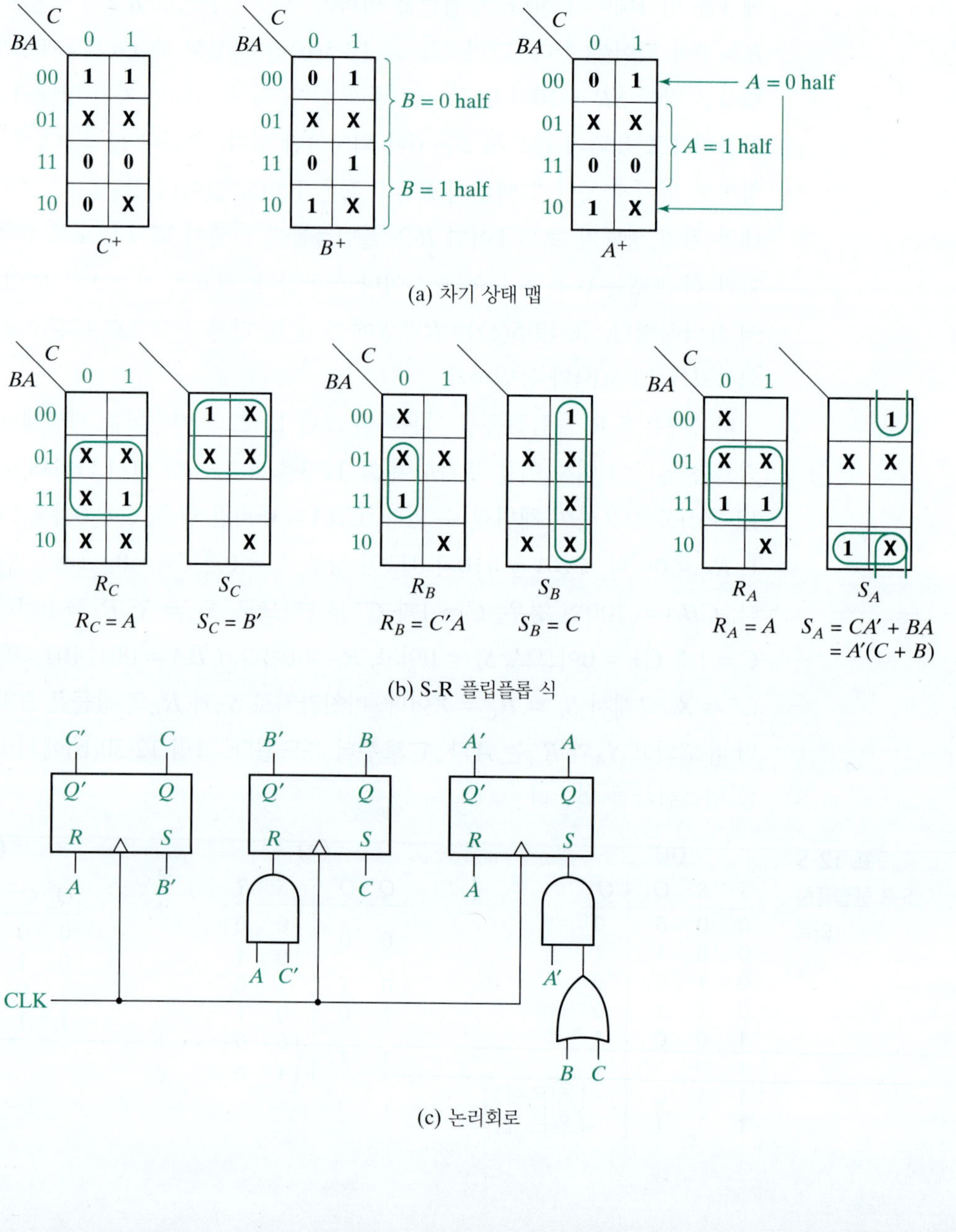

그림 12-30 S-R 플립플롭을 사용한 그림 12-22의 카운터

그림 12-30(a)의 C^+, B^+ 및 A^+에 대한 차기 상태 맵을 사용하도록 한다. 편의상 이 맵들을 그림 12-30(a)에 다시 나타내었다. 입력 맵을 유도할 때 한 번에 각 차기 상태 맵의 절반씩 생각하도록 한다. 먼저 플립플롭 $C(Q = C$이고 $Q^+ = C^+)$에서 시작하여, 맵의 $C = 0$ 열을 생각하자. 표 12-5(c)로부터, $C = 0$이고 $C^+ = 1$이면, $S = 1$과 $R = 0$이다. 그러므로 $C^+ = 1$이 되는 $C = 0$ 열의 모든 칸에 대하여, 입력 맵의 해당 칸에 $S_C = 1$, $R_C = 0$ (혹은 빈칸)을 넣는다. 마찬가지로 $C^+ = 0$이 되는 $C = 0$ 열의 모든 칸에 대하여, 입력 맵에 $S_C = 0$, $R_C =$ X를 넣는다. $C = 1$ 열에 대해서는 $C^+ = 0$이면 $S_C = 0$과 $R_C = 1$을 넣고, $C^+ = 1$이면 $S_C =$ X과 $R_C = 0$을 넣는다. 만약 차기 상태가 무슨 값이든 간에 상관없다면, 입력 또한 무슨 값이든 상관없기 때문에, $C+$ 맵에 있는 무관은 S_C와 R_C 맵에 무관으로 남는다. 비슷한 방법으로, 맵의 $B = 0$ 절반(위쪽)과, 맵의 $B = 1$ 절반(아래쪽)을 다루어, B^+ 맵으로부터 S_B와 R_B 맵을 유도할 수 있다. 앞에서와 같이 플립플롭이 셋, 혹은 리셋되어야 할 때 S와 R 맵에 1을 넣는다. $Q = 1$이고 상태 $R =$ X가 된다. 마지막으로, S_A와 R_A는 A^+ 맵으로부터 유도된다. 그림 12-30(c)는 최종 결과 회로이다.

J-K 플립플롭을 가지고 카운터를 설계에 사용되는 과정은 S-R 플립플롭을 가지고 사용되는 과정과 매우 유사하다. J-K 플립플롭은 J와 K가 동시에 1이 될 수 있고, 이 경우에는 플립플롭은 상태를 바뀌는데, 이 경우를 제외하고는 S-R 플립플롭과 유사하다. 표 12-7(a)에서는 차기 상태(Q^+)가 J, K, 그리고 Q의 함수로 주어진다. 이 표를 이용하여 Q, Q^+가 주어졌을 때 J와 K에 대한 입력 요구 조건을 유도할 수 있다. 따라서, 만약 $Q = 0$부터 $Q^+ = 1$로의 변화가 요구되면, 플립플롭은 $J = 1$(그리고 $K = 0$)을 이용하여 1로 셋될 수 있게 하거나, 혹은 $J = K = 1$을 이용해서 상태가 바뀌게 할 수 있다. 다른 말로 하면 J는 1이 되어야 하지만 K는 무슨 값이든 상관없다. 마찬가지로 1에서 0으로의 상태 변화는 $K = 1$(그리고 $J = 0$)로 플립플롭을 리셋하거나 $J = K = 1$로 플립플롭 상태를 바꿈으로써 얻을 수 있다. 어떤 상태 변화도 요구되지 않을 때, 입력은 *S-R* 플립플롭에 해당하는 입력과 같다. 표 12-7(b)와 (c)에 J-K 플립플롭의 입력 요구조건을 요약하였다.

표 12-7 J-K 플립플롭 입력

(a)

J	K	Q	Q^+
0	0	0	0
0	0	1	1
0	1	0	0
0	1	1	0
1	0	0	1
1	0	1	1
1	1	0	1
1	1	1	0

(b)

Q	Q^+	J	K
0	0	{0	0
		{0	1
0	1	{1	0
		{1	1
1	0	{0	1
		{1	1
1	1	{0	0
		{1	0

(c)

Q	Q^+	J	K
0	0	0	X
0	1	1	X
1	0	X	1
1	1	X	0

표 12-8

C	B	A	C^+	B^+	A^+	J_C	K_C	J_B	K_B	J_A	K_A
0	0	0	1	0	0	1	X	0	X	0	X
0	0	1	–	–	–	X	X	X	X	X	X
0	1	0	0	1	1	0	X	X	0	1	X
0	1	1	0	0	0	0	X	X	1	X	1
1	0	0	1	1	1	X	0	1	X	1	X
1	0	1	–	–	–	X	X	X	X	X	X
1	1	0	–	–	–	X	X	X	X	X	X
1	1	1	0	1	0	X	1	X	0	X	1

J-K 플립플롭을 이용하여 그림 12-22의 카운터를 다시 설계해 보자. J와 K 플립플롭 입력에 대한 열을 추가하여 표 12-3을 표 12-8에 다시 나타내었다. 표 12-7(c)를 이용하여 열을 채우도록 하자. CBA = 000에 대해 C = 0이고 C^+ = 1이므로, J_C = 1이고 K_C = X이다. CBA = 010과 011에 대해 C = 0이고 C^+ = 0이므로, J_C = 0이고 K_C = X이다. 나머지 표 넣음도 비슷하게 채워진다. J-K 플립플롭 입력함수에 대한 결과를 다음 페이지의 그림 12-31(b)에 나타내었다. J-K 맵으로부터 플립플롭 입력식을 유도한 후에 그림 12-31(c)의 논리회로를 그릴 수 있다.

12.6 플립플롭 입력식 유도—요약

순서회로에 있어서 플립플롭에 대한 입력식은 진리표를 사용하거나 카노맵을 사용해서 차기 상태식으로부터 유도될 수 있다. 3~5개의 변수를 가진 회로에 대해 먼저 차기 상태 식에 대한 맵을 그리고, 그 다음 이들 맵을 플립플롭 입력에 대한 맵으로 변환하는 것이 편리하다.

플립플롭의 현재 상태와 희망하는 차기 상태가 주어지면, 표 12-9에서는 여러 형태의 플립플롭에 대해 필요한 입력을 나타낸다. D 플립플롭에 대해서는 입력은 차기 상태와 같다. T 플립플롭에 대해서는 상태 변화가 요구될 때마다 입력이 1이 된;다. S-R 플립플롭에 대해서는 플립플롭이 1로 셋되어야만 할 때는 S가 1이 되고, 0으로 리셋되어야만 할 때는 R은 1이 된다. 플립플롭 상태가 1에서 1로 유지되어야 한다면 S는 무엇이든 상관없다. 플립플롭 상태가 0에서 0으로 유지되어야 한다면 R은 무엇이든 상관없다. J-K 플립플롭에 대해, 한 입력이 1일 때 다른 입력이 X인 것을 제외하고는 J와 K 입력들은 각각 S와 R과 동일하다. 이들 차이는 $S = R = 1$은 허용되지 않으나, $J = K = 1$에서는 상태 변화를 일으키기 때문이다.

표 12-9에서는 차기 상태 맵을 플립플롭 입력맵으로 변환하는 규칙을 요약하였다. 이 규칙을 적용하기 전에, 어떠한 무관들도 차기 상태 맵으로부터 입력맵으로 복사해야만 한다. 그 다음, 차기 상태 맵의 반인 $Q = 0$과 $Q = 1$에 대해 각각 작업을 하여야만 한다. 표 12-9에 주어진 규칙들은 Q^+의 값을 해당하는 입력값과 비교함으로써 쉽게 유도된다.

예를 들어 표의 $Q = 0$ 열에서 J는 Q^+와 동일해서 J 맵의 $Q = 0$ 반은 Q^+ 맵과 동일하다. $Q = 1$열에서는 $J = X$ (Q^+와는 무관)로, J 맵의 $Q = 1$ 반은 X로 넣는다.

그림 12-31 J-K 플립플롭을 이용한 그림 12-21의 카운터

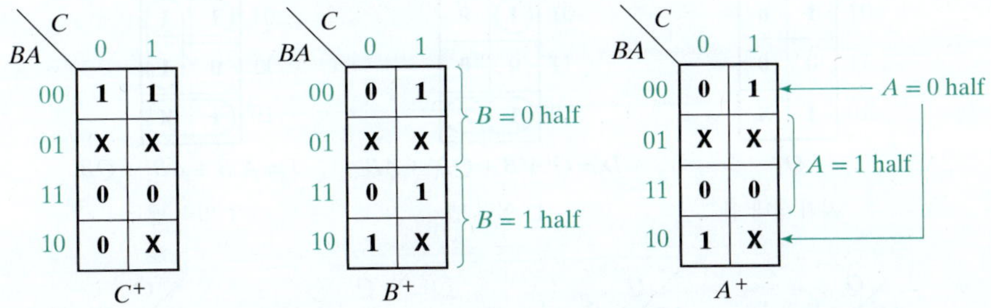

(a) 차기 상태 맵

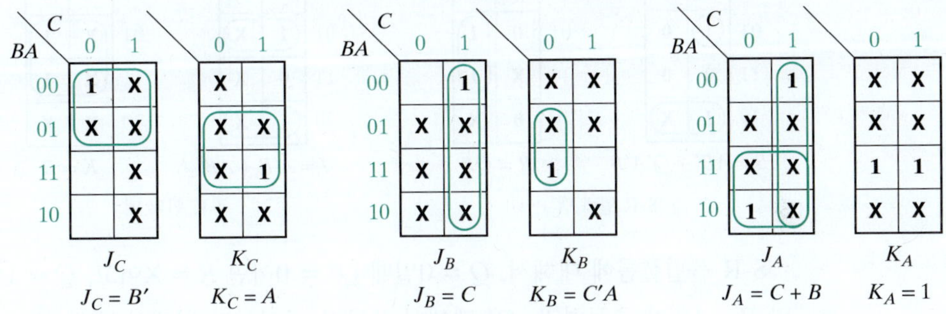

(b) J-K 플립플롭 입력식

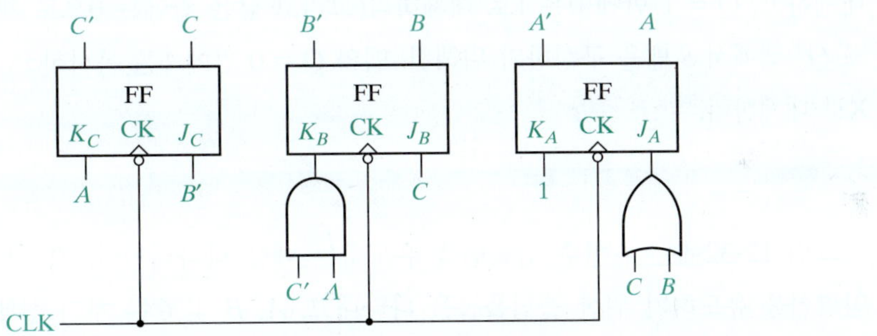

(c) 논리회로(피드백 선은 생략)

표 12-9 카노맵을 이용하여 차기 상태 식으로부터 플립플롭 입력식 결정

Type of Flip-Flop	Input	$Q = 0$		$Q = 1$		차기상태 맵으로부터 입력 맵을 만드는 규칙*	
		$Q^+ = 0$	$Q^+ = 1$	$Q^+ = 0$	$Q^+ = 1$	맵의 $Q = 0$ 반	맵의 $Q = 1$ 반
Delay	D	0	1	0	1	불변	불변
Toggle	T	0	1	1	0	불변	보수
Set-Reset	S	0	1	0	X	불변	1을 X로 치환**
	R	X	0	1	0	0을 X로 치환**	보수
J-K	J	0	1	X	X	불변	X로 채움
	K	X	X	1	0	X로 채움	보수

Q^+는 Q의 차기상태를 의미한다.
X는 무관
*항상 먼저 X를 차기상태 맵으로부터 입력맵으로 먼저 복사
**나머지 칸들은 0들로 채워라.

예제 (표 12-9 이용 설명)

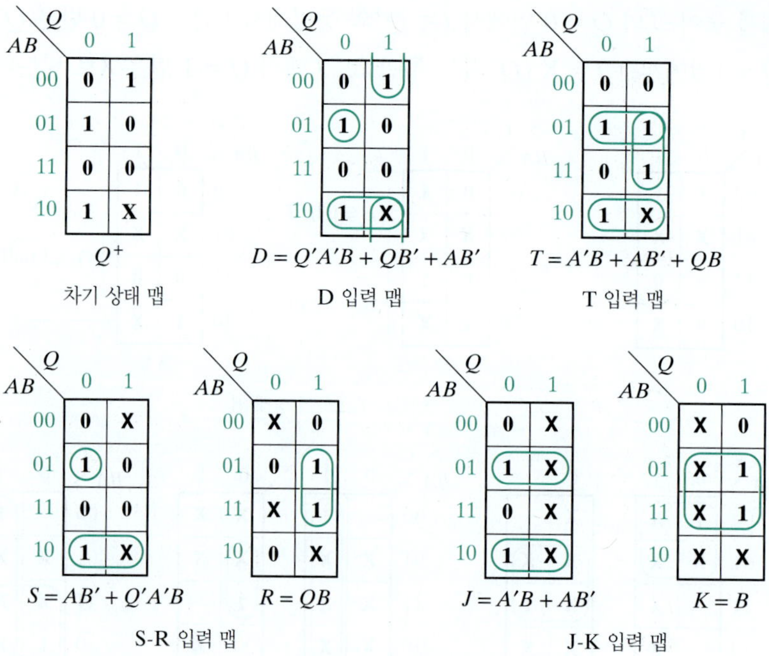

S-R 플립플롭에 대해서, $Q = 0$일때 $Q^+ = 0$이면 $R = \text{X}$이고, $Q = 1$일 때 $Q^+ = 0$이면 $R = 1$임에 주목하라. Q^+ 맵에서 R 맵을 구성하기 위해서 맵의 $Q = 0$ 반에 0은 X로 대체하고, $Q = 1$ 반에 0은 1로 대체하라(그리고 남은 칸에는 0으로 채운다). 마찬가지로 Q^+ 맵에서 S 맵을 구성하기 위해서, 맵의 $Q = 0$ 반에 1은 복사하고, $Q = 1$ 반에 1은 X로 대체하라.

그림 12-32에는 4-변수 입력맵을 유도하는 예를 나타내었다. 각 경우에 있어, Q_i는 입력식을 유도하기 위한 플립플롭을 나타내고, A, B 및 C는 차기 상태에 종속되는 다른 변수들을 나타낸다. 그림 12-32(a)에 나타내었듯이 Q_1의 상태가 변화되어야 할 때마다 T_1 맵상에 1을 넣는다. 그림 12-32(b)에 Q_2가 1로 셋되어야 할 때마다 S_2 맵의 $Q_2 = 0$ 반에 1을 넣고, Q_2가 리셋되어야 할 때마다 R_2 맵의 $Q_2 = 1$ 반에 1을 넣는다. 그림 12-32(c)는 J와 K 맵을 분리하여 사용함으로써 J_3와 K_3 양쪽을 유도하는 방법을 보여주고 있다. 14장에 보이겠지만, 카운터에 대한 플립플롭 입력식을 유도하는 데 사용되는 방법들은 일반적인 순서회로에도 쉽게 확장된다.

이 장에서 논의한 플립플롭 입력식의 유도 과정은 다른 종류의 플립플롭에도 확장할 수 있다. 만일 다른 종류의 플립플롭에 대한 입력식을 유도하려고 하면, 첫 단계에서는 차기 상태(Q^+)를 현재 상태(Q)와 플립플롭 입력의 함수로 나타내는 표를 작성하는 것이다. 이 표로부터 Q와 Q^+의 4가지 가능한 쌍들 각각에 대해 필요한 플립플롭의 입력 조합을 나타내는 또 다른 표를 만들 수 있다. 그 다음, 이 표를 사용하여 각 입력함수에 대한 카노맵을 작성하고 맵으로부터 최소식을 유도할 수 있다.

그림 12-32
4-변수 맵을
사용한 플립플롭
입력식의 유도

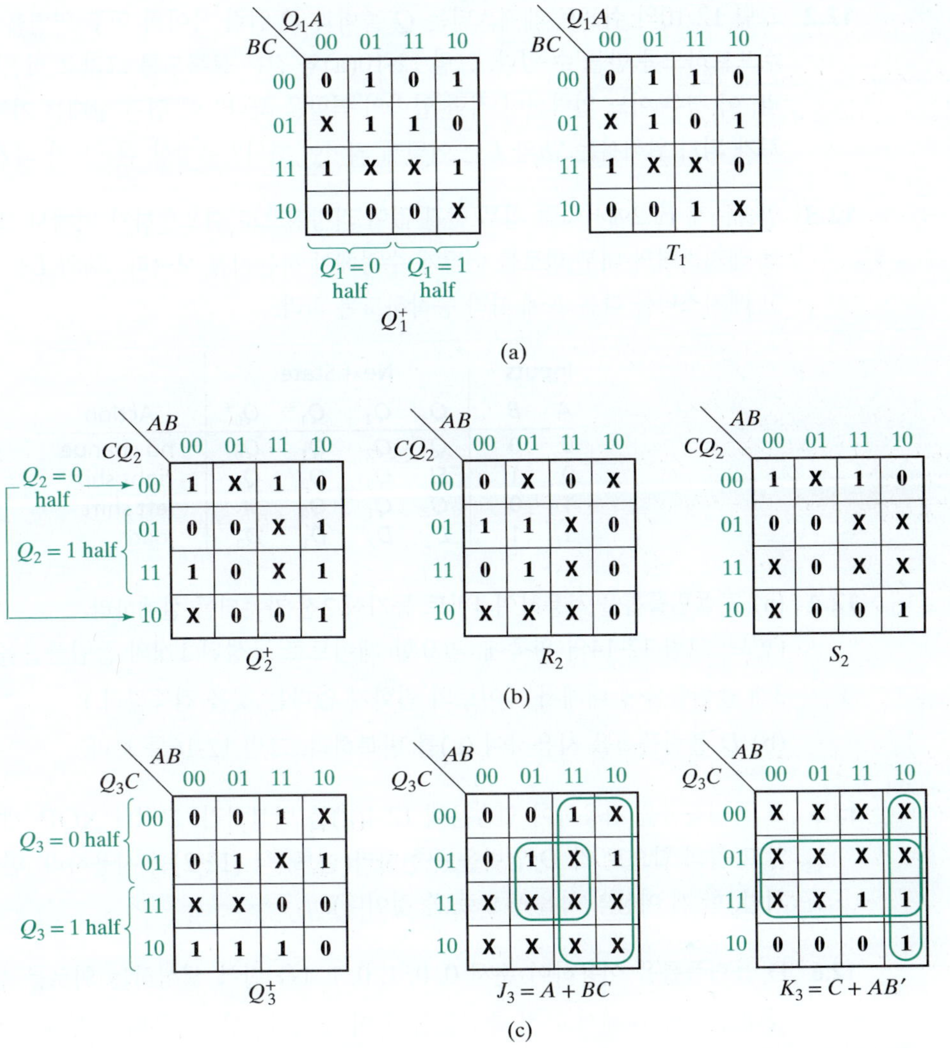

연습문제

12.1 그림 12-5에서처럼 어큐뮬레이터를 가진 6비트 덧셈기를 고려하라. X 레지스터는 전 계산으로부터 어떤 수를 가지고 있다고 가정하라. 우리는 이 숫자를 원하는 것이 아니라, 대신에 X가 $3 \times Y$이기를 원한다($X = x_5x_4x_3x_2x_1x_0$이고 $Y = y_5y_4y_3y_2y_1y_0$). 어큐뮬레이터에 $X = 3 \times Y$를 갖도록 하기 위하여, 타이밍도에 Ad와 ClrN의 값을 주어라.

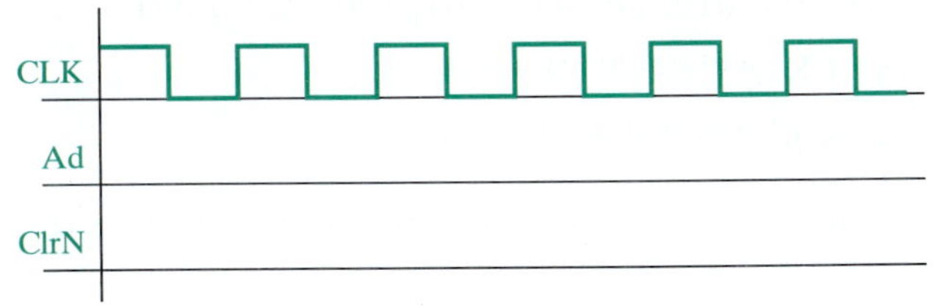

12.2 그림 12-10의 쉬프트 레지스터는 Q 출력과 D 입력 사이의 외부 연결을 통해 좌방향으로 쉬프트하도록 만들 수 있다. 그림 12-10(a)와 같은 블록도를 그리고 적절하게 연결 표시하라. 이 경우 어느 입력선이 직렬 입력의 역할을 하나? 이 연결 상태를 가지고, 좌방향 쉬프트가 되기 위해서는 Sh와 L는 어떻게 되어야 하나? 우방향 쉬프트가 되기 위해서는?

12.3 연습문제 12.2에서처럼 외부 연결 없이 좌방향으로 쉬프트하기 위해서 그림 12-10의 쉬프트 레지스터의 내부 회로를 어떻게 수정해야 하는지를 보여라. Sh와 L을 A와 B로 대체하고 레지스터를 다음 표에 따라 동작하도록 하라:

Inputs		Next State				
A	B	Q_3^+	Q_2^+	Q_1^+	Q_0^+	Action
0	0	Q_3	Q_2	Q_1	Q_0	no change
0	1	SI	Q_3	Q_2	Q_1	right shift
1	0	Q_2	Q_1	Q_0	SI	left shift
1	1	D_3	D_2	D_1	D_0	load

12.4 (a) T 플립플롭을 사용하여 4비트 동기식 2진 카운터를 설계하라.
(*힌트*: 그림 12-14의 왼쪽에, 필요한 게이트로 구성된 1개의 플립플롭을 덧붙여라. 다른 3개 플립플롭에 대해서 게이트의 변화가 없다는 것을 검증하라.)
(b) D 플립플롭을 사용하여 (a)를 반복하라. 그림 12-16를 보라.

12.5 D 플립플롭을 사용하여 연습문제 12.4(a)를 반복하라. 그러나 XOR 게이트를 사용하지 않고 곱의 합으로 각 D 입력을 구현하라(*힌트*: 식 (12-2)를 사용하라. 연습문제 12.4에서처럼, 한 개 이상의 식을 필요로 할 것이다).

12.6 D 플립플롭을 이용하여 순서 0, 0, 1, 0, 1, 1을 반복 생성하는 회로를 설계하라. 어떠한 상태 순서에 대해서도 첫 플립플롭이 이 순서를 갖는 카운터로 설계됨으로써 이를 설계하라. 옳은 답이 많이 있을 수 있으나, 각 상태는 오직 하나의 차기 상태만을 가질 수 있기 때문에 상태들을 중복하지는 말라.

12.7 다음 순서로 카운트하는 3비트 카운터를 설계하라.
001, 011, 010, 110, 111, 101, 100, (반복) 001, . . .
(a) D 플립플롭을 사용하라.
(b) T 플립플롭을 사용하라.
각 경우에 있어서 카운터가 상태 000에서 시작한다면 어떻게 되나?

12.8 다음 순서로 카운트하는 3비트 카운터를 설계하라.
001, 011, 010, 110, 111, 101, 100, (반복) 001, . . .
(a) J-K 플립플롭을 사용하라.
(b) S-R 플립플롭을 사용하라.
각 경우에 있어서 카운터가 상태 000에서 시작한다면 어떻게 되나?

12.9 M-N 플립플롭은 다음과 같이 동작한다:

$MN = 00$이면, 플립플롭의 차기 상태는 0이다.

$MN = 01$이면, 플립플롭의 차기 상태는 현재 상태와 같다.

$MN = 10$이면, 플립플롭의 차기 상태는 현재 상태의 보수값을 가진다.

$MN = 11$이면, 플립플롭의 차기 상태는 1이다.

(a) 다음 표를 완성하라(가능하면 무관을 사용할 것).

Present State Q	Next State Q^+	M N
0	0	
0	1	
1	0	
1	1	

(b) 이 표와 카노맵을 이용하여, 3개의 M-N 플립플롭으로 구성하여 다음 순서로 카운트하는 카운터에 대한 입력식을 유도하고 최소화하라.

CBA = 000, 001, 011, 111, 101, 100, (반복) 000, . . .

12.10 다음 지정된 순서대로 카운트하는 카운터를 설계하라. D 플립플롭과 NAND 게이트를 사용하라. *SimUaid*를 이용하여 시뮬레이션하라.

(a) 000, 001, 011, 101, 111, 010, (반복) 000, . . .

(b) 000, 011, 101, 111, 010, 110, (반복) 000, . . .

(c) 000, 110, 111, 100, 101, 001, (반복) 000, . . .

(d) 000, 100, 001, 110, 101, 111, (반복) 000, . . .

(e) 000, 010, 111, 101, 011, 110, (반복) 000, . . .

(f) 000, 100, 001, 111, 110, 101, (반복) 000, . . .

(g) 000, 010, 111, 101, 001, 110, (반복) 000, . . .

(h) 000, 101, 010, 011, 001, 110, (반복) 000, . . .

(i) 000, 100, 010, 001, 110, 111, (반복) 000, . . .

(j) 000, 001, 111, 010, 110, 011, (반복) 000, . . .

(k) 000, 100, 010, 001, 101, 111, (반복) 000, . . .

(l) 000, 011, 111, 110, 001, 100, (반복) 000, . . .

(m) 000, 100, 111, 110, 010, 011, (반복) 000, . . .

(n) 000, 011, 111, 110, 010, 100, (반복) 000, . . .

12.11 클럭 인에이블을 가진 4개의 D 플립플롭, 4개의 2-to-1 MUX, 1개의 OR 게이트를 이용하여 그림 12-10의 우방향 쉬프트 레지스터를 설계하라.

12.12 그림 12-10과 유사한 우방향 쉬프트 레지스터를 설계하라. 그 레지스터는 $Sh = 1$이면 좌측으로 쉬프트하고, $Sh = 0$이고 $L = 1$이면 로드하고, $Sh = L = 0$이면 상태를 유지하여야 한다.

(a) 4개의 D 플립플롭과 4개의 4-to-1 MUX를 이용하여 회로를 그려라.

(b) 플립플롭에 대한 차기 상태 식을 구하라.

12.13 74178 쉬프트 레지스터가 주어진 표로 기술된다. 모든 상태 변화는 클럭의 1-0 천이에 일어난다. 쉬프트 레지스터가 나타낸 바와 같이 연결되어 있다. 타이밍도를 완성하라.

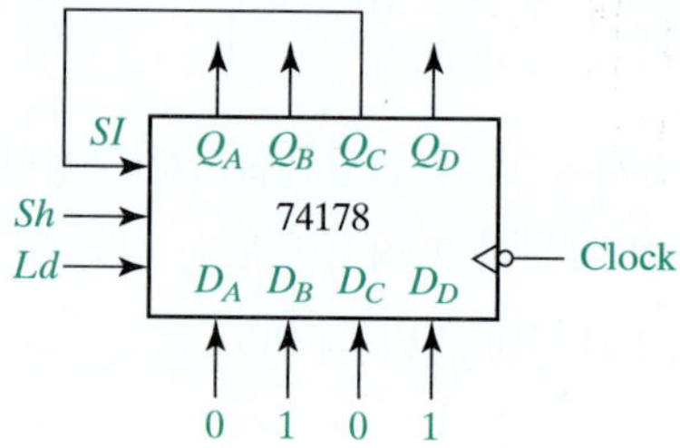

Sh	Ld	Q_A^+	Q_B^+	Q_C^+	Q_D^+
0	0	Q_A	Q_B	Q_C	Q_D
0	1	D_A	D_B	D_C	D_D
1	X	SI	Q_A	Q_B	Q_C

12.14 5비트 동기식 2진 카운터를 설계하라(*힌트*: 문제 12.4를 보라).

(a) T 플립플롭을 사용하라.

(b) D 플립플롭을 사용하라.

12.15 J-K플립플롭을 사용하여 4비트 존슨 카운터를 구성하라(존슨 카운터에 대해서는 그림 12-12를 보라). 상태 0000에서 출발한다면 카운터는 어떤 상태 순서를 거치나? 상태 0110은?

12.16 그림 12-17과 그림 12-18의 업-다운 카운터와 같은 기능을 가진 3비트 2진 업-다운 카운터를 설계하라. D 플립플롭, 3비트 덧셈기, 하나의 OR 게이트를 가진 3비트 레지스터를

사용하라(만약 더 현명하게 설계하면, OR 게이트 없이 설계할 수 있다(*힌트*: 1을 빼기 위해서는 111을 더하라)).

12.17 다음 순서로 카운트하는 10진 카운터를 설계하라:
0000, 0001, 0010, 0011, 0100, 0101, 0110, 0111, 1000, 1001, 0000, ⋯

(a) D 플립플롭을 사용하라.

(b) J-K 플립플롭을 사용하라.

(c) S-R 플립플롭을 사용하라.

(d) T 플립플롭을 사용하라.

(e) (b)의 카운터에 대해 카운터가 사용되지 않은 각 상태에서 시작하면 어떻게 되는지 완전한 상태도를 그려 보여주어라.

12.18 10진 다운 순서로 하여 문제 12.17을 반복하라:
0000, 1001, 1000, 0111, 0110, 0101, 0100, 0011, 0010, 0001, 0000, ⋯

12.19 (a) 아래 리플 카운터에 대한 상태그래프를 구하라. 안정한 상태들 사이에서 발생하는 과도 상태를 나타내어라.

(b) 리플 카운터를 수정하여 동일 상태를 그러나 역순으로 순환하도록 하게 하라. (같은 형의 플립플롭을 사용하라.)(*힌트*: 먼저 수정된 카운터에 대해 안정한 상태들 사이의 과도 상태를 보여주는 상태그래프를 그린다.)

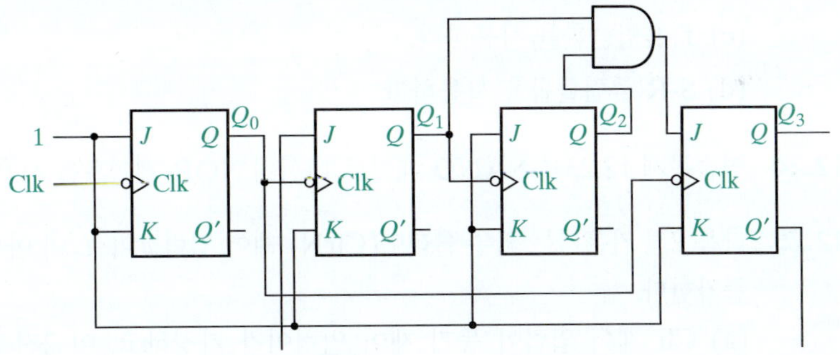

12.20 다음 순서로 카운트하는 3비트 카운터를 설계하라:
001, 100, 101, 111, 110, 010, 011, 001, . . .

(a) D 플립플롭을 사용하라.

(b) J-K 플립플롭을 사용하라.

(c) T 플립플롭을 사용하라.

(d) S-R 플립플롭을 사용하라.

(e) (a)의 카운터가 상태 000에서 시작한다면 어떻게 되나?

12.21 다음의 10진 숫자에 대한 2-4-2-1 가중화 코드를 사용하여 10진 카운터를 설계하라. NAND 게이트와 지시된 플립플롭 타입을 사용하라.

(a) D 플립플롭을 사용하라.

(b) J-K 플립플롭을 사용하라.

(c) T 플립플롭을 사용하라.

(d) S-R 플립플롭을 사용하라.

Digit	*ABCD*
0	0000
1	0001
2	0010
3	0011
4	0100
5	1011
6	1100
7	1101
8	1110
9	1111

12.22 연습문제 12.21을 NAND 게이트 대신에 NOR 게이트를 사용하여 반복하라.

12.23 10진 숫자에 대한 초과-3 코드를 사용하여 10진 카운터를 설계하라. NAND 게이트와 지시된 플립플롭 타입을 사용하라.

(a) D 플립플롭을 사용하라.

(b) J-K 플립플롭을 사용하라.

(c) T 플립플롭을 사용하라.

(d) S-R 플립플롭을 사용하라.

12.24 연습문제 12.23을 NAND 게이트 대신에 NOR 게이트를 사용하여 반복하라.

12.25 다음 2진 카운터는 외부 클리어(ClrN) 제어 입력값이 '*L*'이 아니면 각 상승 클럭 에지에서 증가한다.

(a) Clr 제어 입력이 동기 제어 입력이라 가정하고, 이 2진 카운터를 사용하여 모듈러 12 카운터를 구현하라.

(b) Clr 제어 입력이 비동기 제어 입력이라 가정하고 (a)를 반복하라.

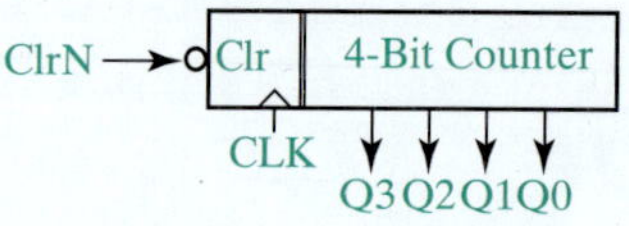

12.26 다음 2진 카운터는 주어진 함수표에 의해서 동작한다. 이 2진 카운터를 사용하여, 10진 숫자를 나타내기 위해 2-4-2-1 가중화 코드를 사용한 10진 카운터를 설계하라. 병렬 로드 입력을 사용하여 카운팅 순서를 단순 2진에서 2-4-2-1 코드로 바꾸기 위한 필요 게이트 논리를 최소화하라.

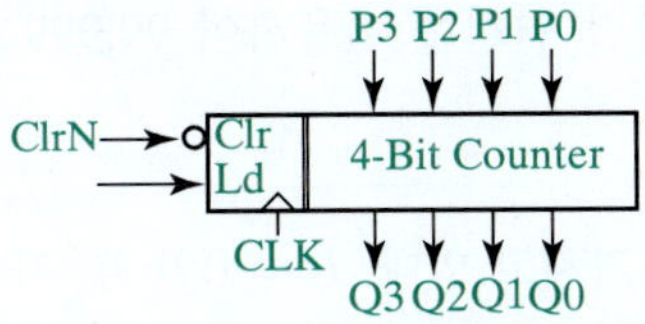

ClrN	Ld	Function
0	—	Clear
1	1	Parallel Load
1	0	Increment

12.27 N의 각 값에 대해 그림 12-13의 선형 쉬프트 레지스터 카운터가 $2^N - 1$ 카운트를 순환하기 위한 하나의 exclusive-OR 회로가 존재한다.

(a) $N = 3$에 대해, $S_{in} = Q_2 \oplus Q_1$이라면 카운터에 대한 상태 천이 그래프를 만들어라(쉬프트 레지스터 단이 좌측으로부터 우측으로 Q_0, Q_1, Q_2 순으로 번호가 매겨져 있다).

(b) $N = 4$에 대해, 카운터가 카운트 15를 순환하기 위한 exclusive-OR 회로를 찾아라.

(c) (b)의 논리를 간단히 수정해 카운터가 16 카운트를 순환하도록 하여라.

12.28 상태 0에서 시작하면 n단 존슨(트위스트된 링) 카운터는 $2n$개의 상태를 순환한다. 카운터가 다른 상태에서 시작되면 주기가 다르게 된다. 다음에 대하여 존슨 카운터의 모든 카운트 주기를 결정하라

(a) $n = 3$

(b) $n = 4$

(c) $n = 5$

12.29 상태 0에서 시작하면 n단 존슨(트위스트된 링) 카운터는 $2n$개의 상태를 순환한다. 카운터를 간단히 수정하면 $2n - 1$의 상태를 순환하게 된다(카운터는 D 플롭플롭으로 구현된다고 가정하자).

(a) $2n$개의 상태를 가진 주기에서 모두 1인 상태를 없애 사이클 길이가 $2n - 1$이 되는 쉬프트 레지스터 입력식을 결정하라.

(b) 모두 0인 상태를 없애게 될 때 (a)를 반복하라.

12.30 카운터가 J-K 플립플롭으로 구현된다고 가정하고 연습 문제 12.29를 반복하라.

12.31 최소 유효단 Q_0는 항상 토글하고, Q_i는 0, . . ., $(i - 1)$단들이 1일 때 항상 토글한다는 것에 주목하여, J-K 플립플롭을 사용하여 2진 업 카운터를 설계할 수 있다. 이 방법을 수정하여, 더 짧은 주기를 가지고 거의 최소식을 얻을 수 있는 카운터를 설계할 수 있다. 최적해가 J와 K에 대하여는 동일 식을 가지지 않을 수도 있다는 데 주목하라.

(a) 2진 업 카운터 설계를 수정하여 J-K 플립플롭을 사용한 BCD 10진 업 카운터를 구하라.

(b) 2진 업 카운터 설계를 수정하여 J-K 플립플롭을 사용한 초과-3 10진 업 카운터를 구하라.

(c) (b)의 설계를 수정하여 카운터들을 직렬 연결을 이용하여 99,999까지 카운트할 수 있는 초과-3 카운터를 구하라.

12.32 3단 2진 업–다운 카운터에 제어 입력 U를 가지고 있다. $U = 0$일 때, 카운터는 업 카운트하고, $U = 1$일 때, 카운터는 다운 카운트한다. 다음을 사용하여 최소의 NAND 게이트 수를 가진 카운터를 설계하여라.

(a) 리셋–도미넌트 S-R 플립플롭

(b) D-CE 플립플롭

12.33 2단 카운터에 2개의 제어 입력선 M과 N을 가지고 있다. 카운트 순서는 다음과 같다:

MN	Sequence
00	0, 1, 2, 3, 0, ...
01	0, 1, 0, 1, 0, 1, . . .
10	2, 0, 2, 0, 2, 0, . . .
11	1, 2, 1, 2, 1, 2, . . .

(a) 출력이 직접 J-K 플립플롭으로부터 얻어진다고 가정하여 카운트를 설계하여라.

(b) 2단 2진 카운터가 J-K 플립플롭 출력을 디코드하여 사용한다고 가정하여 카운트를 설계하라.

12.34 펄스 생성회로는 그림과 같이 8개의 반복 펄스를 생성한다. 제시된 카운터 회로와 최소 논리게이트를 사용하여 펄스 생성회로를 구현하여라. 펄스 주파수의 8배 주파수를 가진 클럭을 가지고 클럭 하강 에지에서 트리거되는 J-K 플립플롭을 사용하여 카운터를 설계하여라. 펄스에는 글리치가 없어야 한다. 펄스가 글리치가 없도록 하기 위한 게이트와 플립플롭의 전파 지연에 대한 제한 조건을 설명하여라.

(a) 링 카운터(링 카운터는 끝에서 끝(end-to-end)의 연결 피드백을 가진 쉬프트 레지스터이다.)

(b) 존슨 카운터

(c) 2진 카운터

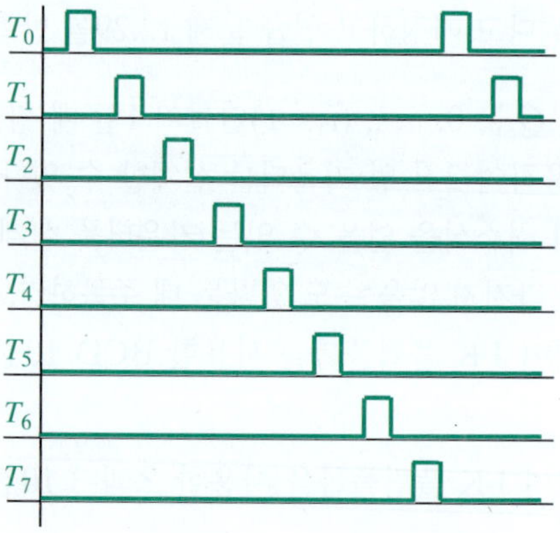

12.35 U-V 플립플롭이 다음과 같이 동작한다;

$UV = 00$이면, 플립플롭은 상태 불변한다.

$UV = 10$이면, 플립플롭은 $Q = 0$으로 셋된다.

$UV = 11$이면, 플립플롭은 상태를 변화한다.

입력 조합 $UV = 01$은 허용되지 않는다.

(a) 플립플롭의 특성(차기 상태) 식을 구하라.

(b) 가능한 무관을 사용하여 다음 표를 완성하라.

Q	Q^+	U	V
0	0		
0	1		
1	0		
1	1		

(c) U-V 플립플롭을 사용하여 Q에 대한 차기 상태 식을 구하라: $Q^+ = A + BQ$. U와 V에 대한 식을 구하라.

12.36 M-F 플립플롭이 다음과 같이 동작한다:

$MF = 01$이면, 플립플롭은 상태를 변화한다. $MF = 11$이면, 플립플롭은 $Q = 0$으로 지정한다. $MF = 00$이면, 플립플롭은 $Q = 1$으로 지정한다. 입력 조합 $MF = 10$은 허용되지 않는다.

(a) 플립플롭의 특성(차기 상태) 식을 구하라.

(b) 가능한 무관을 사용하여 표를 완성하라.

Q	Q^+	M	F
0	0		
0	1		
1	0		
1	1		

(c) MF 플립플롭을 사용하여 Q에 대한 차기 상태 식을 구하라: $Q+ = CQ + DQ'$. M과 F에 대한 식을 구하라.

12.37 L-M 플립플롭이 다음과 같이 동작한다:

$LM = 00$이면, 플립플롭의 차기 상태는 1이다.

$LM = 01$이면, 플립플롭의 차기 상태는 현재 상태와 같다.

$LM = 10$이면, 플립플롭의 차기 상태는 현재 상태의 보수값을 가진다.

$LM = 11$이면, 플립플롭의 차기 상태는 0이다.

(a) 다음 표를 완성하라(가능하면 무관을 사용할 것):

Present State Q	Next State Q^+	L	M
0	0		
0	1		
1	0		
1	1		

(b) 이 표와 카노맵을 이용하여, 3개의 L-M 플립플롭으로 구성하여 다음 순서로 카운트하는 카운터에 대한 입력식을 유도하고 최소화하라:

ABC = 000, 100, 101, 111, 011, 001, 000, . . .

12.38 4개의 플립플롭을 가진 레지스터를 포함한 순서회로가 있다. 플립플롭 초기치로 2진수 $N(0000 \leq N \leq 1100)$이 저장되어 있다. 회로에 한 개의 클럭펄스가 인가된 후 레지스터는 N + 0011을 가져야만 한다. 다른 말로 하면, 순서회로의 기능이 4비트 레지스터의 내용에 3을 더한 것이 된다. J-K 플립플롭을 이용하여 회로를 설계하라.

12.39 아래 그림에 큰 디지털 시스템의 한 부분에 덧셈기가 포함되어 있는 잘 동작하는 회로가 주어졌다. 다음 표에 있는 제어 신호와 입력 데이터에 대하여 매 클럭 사이클 끝(즉 클럭 에지 직전)에서의 피덧셈수, 어큐뮬레이터, 버스의 값을 구하라. 레지스터와 버스 값을 10진으로 나타내라.

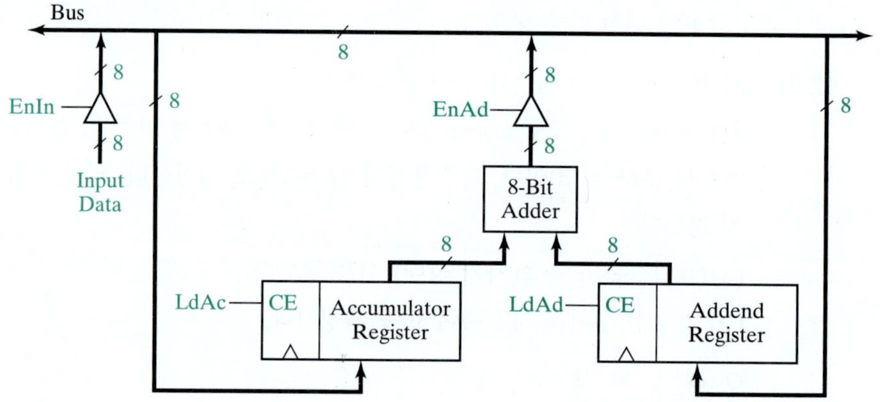

Clock Cycle	Input Data	EnIn	EnAd	LdAc	LdAd	Accumulator Register	Addend Register	Bus
0	18	1	0	1	0	0	0	18
1	13	1	0	0	1			
2	15	0	1	1	0			
3	93	1	0	0	1			
4	47	0	1	1	0			
5	22	1	0	0	1			
6	0	0	1	0	0			

12.40 비트 단위(bitwise) 4변수 논리 함수를 수행할 수 있고 여러 클럭 주기를 취할 수 있는 디지털 시스템이 있다(비트 단위 논리 함수란 각 비트에 대해 동일한 논리 함수를 수행하는 것이다). NAND 동작은 함수적으로 완전하다(functionally complete)는 것을 상기하라(즉 NAND 연산만으로 어떠한 논리 함수도 구현할 수 있다). 다음 8비트 레지스터에서, En은 그림 12-3에서와 같은 3상태 버퍼 인에이블 단자이고, CE는 그림 12-1에서와 같은 클럭 인에이블 단자이다.

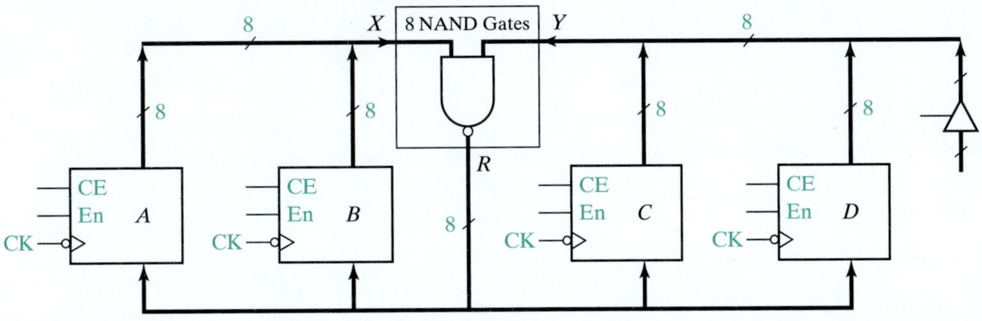

(a) 제어 입력 G_0G_1 = 00, 01, 10, 11에 대해 다음의 클럭 상승 에지에서 결과값을 레지스터 A, B, C, D에 로드하기 위해, 2-to-4 디코더(반전출력을 가짐)를 어떻게 연결하면 되는지를 보여라.

(b) $E_0 = 0$는 A 레지스터 값을 X 버스에 싣고, $E_0 = 1$은 B를 X 버스에, $E_1E_2 = 00$은 C를 Y 버스에, $E_1E_2 = 01$은 D를 Y 버스에, $E_1E_2 = 10$은 00000000을 Y 버스에, $E_1E_2 = 11$은 11111111을 Y 버스에 싣기 위해, 3개의 제어 신호 E_0, E_1, E_2를 레지스터에 어떻게 연결하면 되는지를 보여라. 몇 개의 추가적인 게이트를 사용해도 좋다(*힌트*: E_2를 회로의 우측에 있는 3상태 버퍼에 있는 8개의 데이터 입력으로 연결하라).

(c) C 레지스터 비트가 네 클럭 주기 안에 A 레지스터와 D 레지스터에 대응되는 비트들의 OR로 되게 하려면 어떻게 만들면 되는지 보여라. G_0, G_1, E_0, E_1, E_2는 각 주기에 어떤 값을 가져야 하는지를 말하라(*힌트*: 드모르건 법칙과 $X' = (X \text{ NAND } 1)$을 사용하라).

12.41 그림 12-10의 쉬프트 레지스터를 비트의 순서를 역순으로 하기 위해서(즉 $Q_3^+ = Q_0$, $Q_2^+ = Q_1$, $Q_1^+ = Q_2$, $Q_0^+ = Q_3$), 어떻게 만들면 되는지를 보여라.

(a) Q 출력과 D 입력 사이의 외부 연결을 사용하여라. 역순으로 하기 위해 Sh와 L 값은 어떻게 되어야 하나?

(b) D 입력을 다른 목적으로 사용하기 위해서, 내부 회로를 바꿔 비트 역순을 허용하도록 하라. Sh와 L을 A와 B로 대체하고, 다음 표에 따라 레지스터를 동작하도록 하라.

Inputs		Next State				
A	B	Q_3^+	Q_2^+	Q_1^+	Q_0^+	Action
0	0	Q_3	Q_2	Q_1	Q_0	No change
0	1	SI	Q_3	Q_2	Q_1	Right shift
1	0	D_3	D_2	D_1	D_0	Load
1	1	Q_0	Q_1	Q_2	Q_3	Reverse bits

UNIT 13

클럭형 순서회로의 분석

Analysis of Clocked Sequetial circuits

목표

1. 신호 추적에 의해 순서회로를 분석한다.
2. 주어진 순서회로에 대해, 플립플롭들에 대한 차기상태식을 쓰고, 상태그래프 혹은 상태표를 유도한다. 상태그래프를 이용하여, 주어진 입력열에 대한 상태 순서와 출력열을 결정 한다.
3. 밀리머쉰과 무어머쉰의 차이를 설명한다.
4. 주어진 상태표에서, 그것에 해당하는 상태열 그래프를 작성하고, 또 역으로 작업을 한다.
5. 주어진 순서회로, 혹은 상태표와 입력열에 대해, 회로의 타이밍도를 그린다. 잘못된 출력은 무시하고, 타이밍도로부터 출력열을 결정한다.
6. 클럭형 밀리 혹은 무어머쉰의 일반 모델을 그린다. 이 모델에서 회로의 동작을 설명한다. 회로의 정상적 동작을 위해 왜 클럭이 필요한지 설명한다.

학습가이드

1. 13.1절 *순서 패리티검사기*를 학습하라.

(a) 패리티가 오류검출을 위해 어떻게 사용되는지 설명하라.

(b) 그림 13-4의 패리티검사기는 입력 파형이 그림 13-2와 같이 들어올 때 출력이 그림과 같이 나옴을 입증하라.

2. 13.2절 *타이밍도와 신호 추적을 통한 분석*을 학습하라.

(a) 밀리머쉰과 무어머쉰의 차이는 무엇인가?

(b) 이 절에서 논의된 유형의 클럭형 순서회로들은 정상적인 동작을 위해 입력이 언제 변화해야 하는가?
언제 플립플롭들이 상태를 변화하는가?
무어회로에서 출력은 어느 때에 변화하는가?
밀리회로에서 출력은 어느 때에 변화하는가?

(c) 밀리회로에서(클럭에 기준해서) 언제 출력이 읽혀져야 하는가?

(d) 왜 무어회로에서는 거짓출력이 나타나지 않고 밀리회로에서는 나타나는가?

거짓출력은 어떻게 제거할 수 있는가?

만약 밀리회로의 출력이 같은 클럭에 의해 동기화되는 다른 밀리 회로의 입력으로 사용된다면 거짓출력의 문제를 야기할 것인가? 설명하라.

(e) 그림 13-8의 타이밍도를 검토하라. 상태변화를 일으키는 (활성) 클럭에지의 직전에서 Z는 항상 옳은 값을 갖는다. 거짓출력에는 두 가지 종류가 있다. 거짓 0 출력은 두 개의 연속된 하강 클럭에지 직전에 Z가 1이고 두 클럭에지 사이에서 0이 될 때 생긴다. 거짓 1 출력은 두 개의 연속된 하강 클럭에지 직전에 Z가 0이고 두 클럭에지 사이 에서 1이 될 때 생긴다. 출력이 활성클럭에지 직전에서 0(혹은 1)이고 그 다음 활성클럭에지 직전에서 1(혹은 0)이라면, 활성클럭에지에 이은 상태 변화 후와 다음 입력으로 바뀌기 전 사이에 출력이 올바르지 않은 값을 가질 수 있다. 이 경우에는 출력의 순열은 여전히 올바르므로 거짓출력이라고 말하지 않는다.

3. 13.3절 *상태표와 그래프*를 학습하라.

(a) 식 (13-1)~(13-5)에서 식의 우변은 클럭에 기준해서 언제 얻어지는 값인가?

Q^+의 의미는 무엇인가?

(b) 그림 13-6의 타이밍도를 표 13-2(a)를 사용하여 그려라.

(c) 밀리머쉰과 무어머쉰의 상태그래프 간의 차이는 무엇인가?

(d) 상태표에 대해서, 예로서 표 13-3(b), 활성클럭에지에 기준해서 “*현재*상태”, “*차기*상태”, 그리고 “*현재*출력”은 무엇을 의미하는가?

(e) 무어 상태표는 왜 한 개만의 출력열(column)을 갖는가?

(f) 카노맵으로부터 상태표와 그 역으로 만드는 것을 용이하게 하기 위해, 3개 혹은 4개의 상태를 갖는 상태천이표는 종종 상태를 00, 01, 11, 10의 순으로 할당한다. 그러나 이렇게 할 필요가 없다(사실 5개 이상의 상태를 가지는 순서회로는 이렇게 할 수가 없다). 다음의 표는 그림 13-5의 회로를 표현하므로 표 13-2와 동일하다.

	A^+B^+		
AB	$X=0$	$X=1$	Z
00	10	01	0
01	00	11	1
10	11	01	1
11	01	11	0

4. 다음의 타이밍도는 그림 13-7의 회로로부터 유도되었다.

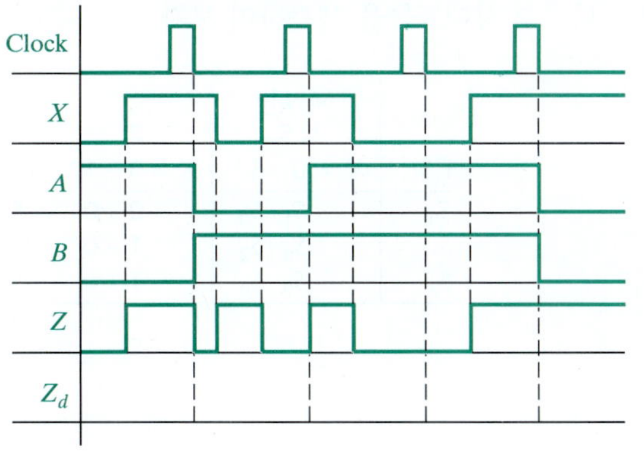

(a) 클럭 펄스들 간에 일어나는 여분의 입력 변화들이 회로의 상태에 영향을 주기 못한다는 것에 유념하여, 이 회로의 플립플롭들이 보게 되는 실질적 입력열을 써라.

(b) 표 13-3을 사용하여 A, B, Z의 파형을 검증하라.

(c) 거짓출력이 있으면 표시하라. 이 회로의 올바른 출력열은 무엇인가?

(d) (a)에서 구해진 실제 입력열에 대해 그림 13-11의 상태그래프로부터 출력열을 결정하라. 이 출력열은 (c)에서 얻어진 것과 같아야 한다.

(e) 이 회로에 사용된 것과 같은 클럭(CK)을 쓰는 클럭형 D 플립플롭에 출력 Z가 입력 된다. Z_d의 파형을 그려라. 이 Z_d는 거짓출력을 가지는가?

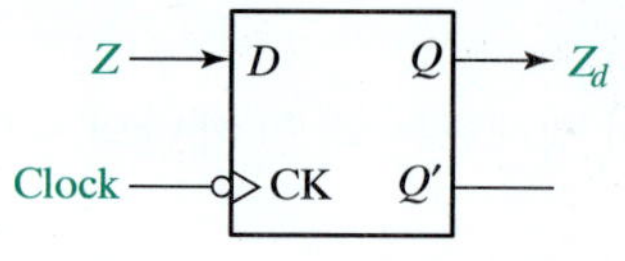

(f) 그림 13-11로 시작해서, 해당 상태표를 작성하라. 이 답이표 13-3(b)와 같다는 것을 확인하라. 그래프의 화살표위의 표기된 출력값은 화살표가 출발한 상태와 결부되어 있다는 것에 유의하라.

(g) 그림 13-7의 플립플롭들이 클럭의 상승에지에서 트리거되는 플립플롭으로 바뀌었다고 하자. 즉 클럭 입력에 있는 반전 표시 방울이 없어졌다고 한다. 또한 그림 13-8의 클럭은 다음과 같이 바뀐다.

입력 파형은 변하지 않고 그대로이다. 타이밍도의 다른 부분에 변화가 있다면 어떤 변화가 있는가? 설명하라.

5. 다음의 상태표들을 생각하여 보자.

Mealy

P.S.	N.S. $X=0$	N.S. $X=1$	Z $X=0$	Z $X=1$
S_0	S_1	S_0	0	0
S_1	S_0	S_2	1	0
S_2	S_0	S_0	1	0

Moore

P.S.	N.S. $X=0$	N.S. $X=1$	Z
S_0	S_1	S_0	0
S_1	S_3	S_2	0
S_2	S_3	S_0	0
S_3	S_3	S_0	1

(a) 각 상태표에 해당하는 상태그래프들을 그려라.

(b) 입력열이 010일 때 두 상태그래프에서 얻어지는 출력열이 같다는 것을 보여라 (무어회로의 초기출력은 무시한다).

(c) 두 회로에 대해서 상태표를 사용해서 다음의 타이밍도를 완성하라. 밀리회로는 거짓 출력을 가지는 데 비해 무어회로는 그렇지 않은 점에 유의하라. 또한 무어회로의 출력은 밀리회로의 출력에 비해 지연되어 나타나는 것을 유의하라.

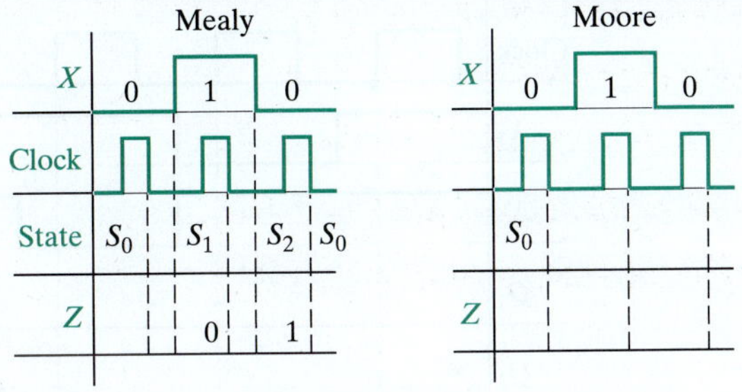

(d) 프로그램화된 예제 13.1을 풀어라.

(e) 문제 13.2와 13.3을 풀어라.

6. 13.4절 *순서회로의 일반화 모델*을 학습하라.

(a) 어떤 밀리 순서회로가 다음과 같은 형태를 가진다. 조합회로는 다음의 식들을 실현하고 있다.

$$Q_1^+ = X_1'Q_1 + X_1Q_1'Q_2' \qquad Z_1 = X_1Q_1$$
$$Q_2^+ = X_1Q_2' + X_2'Q_1 \qquad Z_2 = {}_1'Q_1 + X_2Q_2'$$

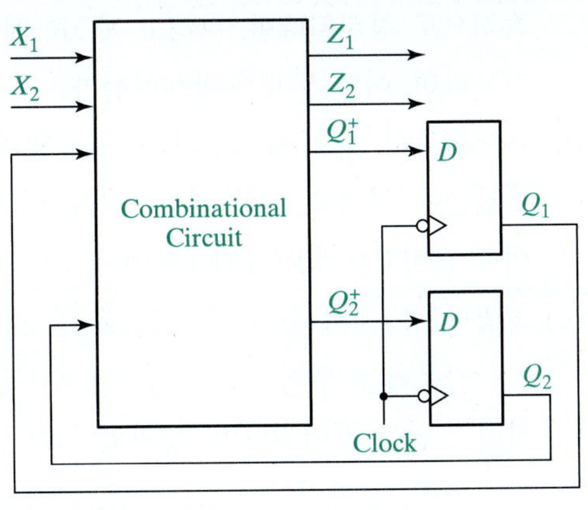

보인 바와 같이 초기에, $X_1 = X_2 = 1$, $Q_1 = Q_2 = 0$이다.

(1) 하강 클럭에지 전에, 조합회로의 4개의 출력을 앞의 그림과 다음의 타이밍도에 보여라.

(2) 하강에지 직후의 신호값들을 회로 위에, 그리고 타이밍도에 보여라.

(3) Q_1과 Q_2가 회로를 지나 전달되면 어떤 추가적인 신호들의 변화가 있는지 보여라.

(4) 다음에 X_1을 0으로 바꾸고 (1), (2), (3)을 반복하라. 각 단계에서 회로와 타이밍도에 값들을 보여라.

(5) 다음에 입력들을 $X_1 = 1$, $X_2 = 0$으로 바꾸고 (1), (2), (3)을 반복하라.

(6) X_2를 1로 바꾸고 반복하라.

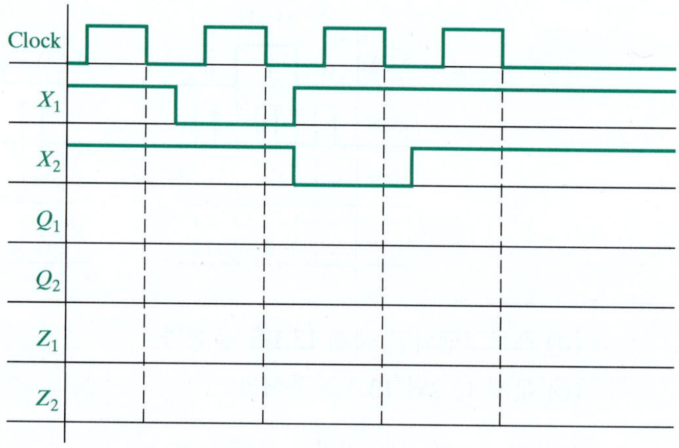

(b) J-K 플립플롭을 메모리 소자로 사용하여 밀리회로 일반화 모델의 블록도를 그려라. 만약 회로가 n개의 출력과 k개의 플립플롭을 가지면, 몇 개의 조합 서브회로를 가지게 되는가?

(c) 만약 그림 13-5의 회로가 클럭을 사용해서 동기화되지 않고, 플립플롭들이 계속적으로 경신된다면, 그리고 XOR 게이트가 OR 게이트보다 긴 전달지연을 갖는다면, 어떤 문제가 발생하는가?

(d) 무어회로의 최소 클럭주기 길이는 밀리회로와 같은 방법으로 결정된다. tc는 플립플롭 입력측 조합 서브회로에 의해 결정되는가 아니면 출력 서브회로에 의해 결정되는가? (그림 13-19 참조)

(e) 그림 12-15에서 출력 Z_1, Z_2, Z_3를 $Z_1 = A$, $Z_2 = B$, $Z_3 = C$라고 하면 이 2진 카운터는 무어회로로 생각할 수 있다(출력을 위한 서브 회로가 게이트가 하나도 없는 것이 되지만 상관없다). 만약 XOR 게이트가 4 ns, AND 게이트가 2 ns의 전파지연을 갖는다면, 플립플롭의 D 입력으로 가는 플립플롭을 위한 조합 서브회로(XOR 및 AND 게이트들)의 최대 전파지연은 얼마인가? 만

약 플립플롭이 $t_{su} = 3$ ns, $t_p = 3$ ns라면 2진 카운터를 위한 최소 클럭 주기는 얼마인가?

(f) 식 (13-6)과 (13-7)에서 심벌 δ와 λ는 무엇을 의미하는가?

식 (13-7)은 밀리회로의 식이다. 이것에 해당하는 무어회로의 식은?

(g) 표 13-5에 대해서,

$\delta(S_3, 1) =$ ______________ $\lambda(S_3, 1) =$ ______________

$\delta(S_1, 2) =$ ______________ $\lambda(S_1, 2) =$ ______________

7. 문제 13.4에서 13.6까지를 풀어라.

8. 이 장의 모든 학습목표를 달성했다고 생각되면, 성취도 테스트를 풀어보라.

클럭형 순서회로의 분석

Analysis of Clocked Sequential Circuits

12장에서 논하였던 순서회로들은 쉬프팅(shifting)이나 카운팅(counting) 등의 단순한 기능을 수행하였다. 설계하였던 카운터들은 정해진 상태열에 따라 천이하고, 상태의변화를 야기하는 클럭펄스 외에는 다른 추가의 입력을 갖지 않았다. 지금 추가적인 입력열들을 갖는 순서회로들을 고려할 것이다. 일반적으로는, 이 회로들의 출력열이나 플립플롭 상태의 순서는 회로에 가해지는 입력들에 의존하게 된다. 순서회로와 입력열이 주어지면, 플립플롭 상태 열과 출력열을 규명하기 위해서 이 회로를 흐르는 0과 1의 신호들을 추적함으로써 회로를 분석할 수 있다. 그러나 신호의 추적은 작은 회로에 대해서는 적합할지 모르나, 큰 회로에 대해서는 그 회로의 동작을 나타내는 상태 그래프나 상태표를 작성하는 것이 좋다. 그리고 그 그래프나 표를 통하여 출력이나 상태열을 구할 수 있다. 이러한 그래프와 표는 순서회로를 설계하는 데에도 또한 유용하다.

이 장에서 타이밍도를 작성함으로써 순서회로에 대한 입력, 클럭 및 출력들 간의 타이밍 관계를 공부할 것이다. 이러한 타이밍 관계는 순서회로가 큰 규모의 디지털시스템의 부분으로서 사용될 때에 매우 중요하다. 먼저 몇 개의 순서회로를 분석해 본 다음에, 메모리 역할을 하는 플립 플롭들과 조합회로로 이루어지는 순서회로의 일반적 모델에 대해 논하기로 한다.

13.1 순서 패리티검사기

2진 데이터를 전송하거나 저장할 때에, 패리티 비트라고 불리는 부가적인 비트가 오류 검출의 목적으로 덧붙는다. 예를 들어 데이터가 7비트씩 한 그룹으로 전송된다면, 8번째의 1비트가 7비트에 추가되어 각 8비트의 블록이 홀수개의 1을 포함하게 한다. 패리티 비트를 포함한 블록 내의 1의 개수가 홀수이면 패리티가 홀수라고 한다. 이와는 달리, 블록내의 총 1의 개수를 짝수개로 하도록 할 수도 있으며, 이 경우는 짝수 패리티라고 한다. 홀수 패리티를 가지는 8비트 워드들의 몇 가지 예를 들면 다음과 같다.

```
7 Data Bits  —Parity Bits
0000000 1
0000001 0
0110110 1
1010101 1
0111000 0
8-Bit Word
```

만약 8-비트 워드 중의 1개의 비트가 0에서 1로, 혹은 1에서 0으로 바뀐다면 패리티는 더 이상 홀수개가 아니게 된다. 따라서 홀수 패리티를 가지는 8-비트 워드의 전송 중에 1개 비트의 오류가 발생한다면, 그 워드 내의 1의 개수는 홀수에서 짝수로 바뀌게 되므로 오류가 생겼음이 쉽게 검출될수 있다.

클럭 외에 1개 입력을 가지는 순서회로의 간단한 예로서, 직렬 데이터에 대한 패리티 검사기를 설계해 보기로 한다(여기서 직렬이란 회로로 입력되는 데이터가 1비트씩 순서적으로 들어온 다는 의미이다). 이 회로는 외형은 그림 13-1과 같다. X 입력에 0과 1들이 순서적으로 들어올 때, 총 수신된 1의 개수가 홀수이면 회로의 출력은 $Z = 1$이 되어야 한다. 즉 입력의 패리티가 홀수이면 출력은 1이 되어야 한다. 그래서 만일 애초에 홀수 패리티를 가진 데이터가 이 회로에 전송되고, 마지막 출력이 $Z = 0$이 된다면 이것은 전송 중에 오류가 발생했다는 것을 의미한다.

그림 13-1 패리티 검사기의 블록도

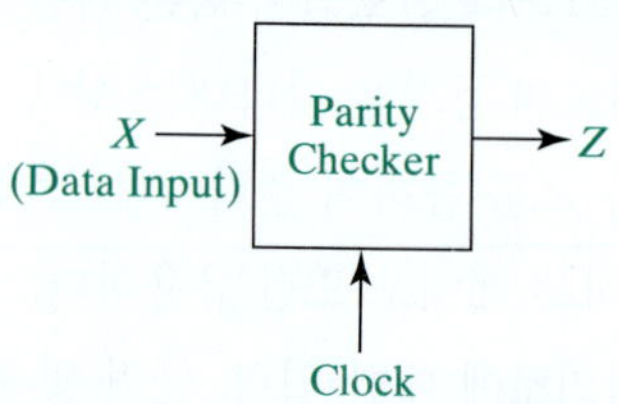

X의 값은 클럭의 활성에지에 읽힌다. X 입력은 매 입력이 클럭의 활성에지 전에 입력될 수 있도록 클럭과 동기화되어야 한다. 연속되는 0이나 1은 클럭에 의해서 분별되어 입력된다. 그림 13-2에 전형적인 입력과 출력의 예를 보였다.

회로의 설계를 위하여 우선 상태그래프를 그린다(그림 13-3). 순서회로는 수신된 총 1의 개수가 짝수인지 홀수인지를 "기억"해야 하므로, 2개의 상태만 있으면 된다. 총 수신된 1의 개수가 짝수인 상태와 홀수인 상태를 각각 S_0와 S_1으로 명명하기로 한다. 초기상태에서 수신된 1의 수는 0이고, 0은 짝수이므로 회로는 S_0로부터 시작한다. 그림 13-3에 보인 바와 같이, 이 회로가 S_0(수신된 1의 개수가 짝수인 상태)에 있을때 $X = 0$이 수신되면 수신된 총 1의 수는 여전히 짝수이므로 이 회로는 S_0에 머물러 있어야 한다. 그러나 $X = 1$이 수신되면 총 수신된 1의 수는홀 수로 바뀌고, 회로의 상태도 S_1으로 바뀌어야 한다. 마찬가지로, 회로가 S_1(수신된 1이 개수가 홀수인 상태)의 상태에 있을 때 0이 입력되면 상태의 변화는 없지만, 1이 들어오면 수신된 1의 개수는 짝수가 되고 상태는 S_0으로 바뀌게 된다. 출력 Z는 회로가 S_1에 있을 때에는 1이 되어야 한다. 출력의 값은 상태그래프에서 상태 이름 아래에 기입되어 있다.

표 13-1(a)는 상태그래프가 보여주는 마찬가지의 정보를 표의 형태로 보여준다. 예를 들면, 현재상태가 S_0일 때 출력은 $Z = 0$이며, 이 때 입력이 $X = 1$이면 차기상태는 S_1으로 바뀐다는 것을 보여 주고 있다.

이 회로는 단지 2개의 상태만을 가지므로, 한 개의 플립플롭(Q)만 있으면 된다. 상태 S_0에 해당하는 플립플롭의 값을 $Q = 0$으로, 상태 S_1에 해당하는 값을 $Q = 1$로 나타내기로 한다. 그러면 플립플롭 Q의 차기상태를 현재 상태와 X의 함수로 나타내는 표를 작성할 수 있다. 만일 T 플립플롭을 사용한다면, T는 Q와 Q^+이 다를 때마다 1이 되어야 한다. 표 13-1(b)로부터 T 입력은 $X = 1$일 때마다 1이 되어야 한다. 그림 13-4에 설계 결과의 회로를 보였다.

그림 13-2에 이 회로의 출력파형을 보였다. $X = 1$일 때 클럭의 하강에지 다음에 플립플롭은 상태가 바뀐다. 수신된 1의 수가 짝수이므로 Z의 마지막 값이 0임을볼수 있다. 수신된 1의 개수가 홀수였다면 Z는 1이 되었을 것이다. 이 경우에는 다음에 올 일련의 입력에 대한 패리티 검사를 위해 올바른 초기상태($Q = 0$)의 리셋이 필요했을 것이다.

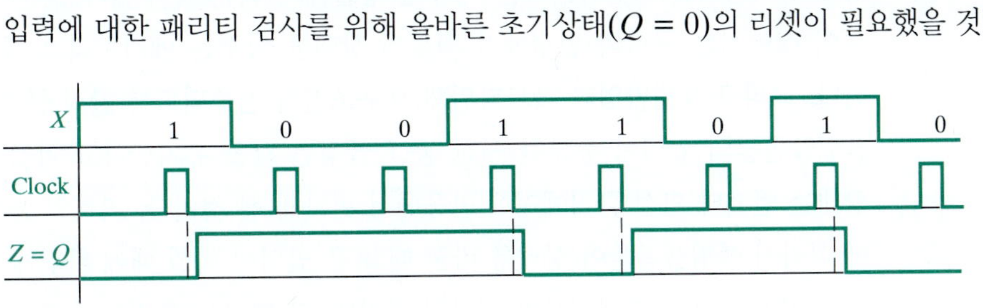

그림 13-2 패리티 검사기의 파형

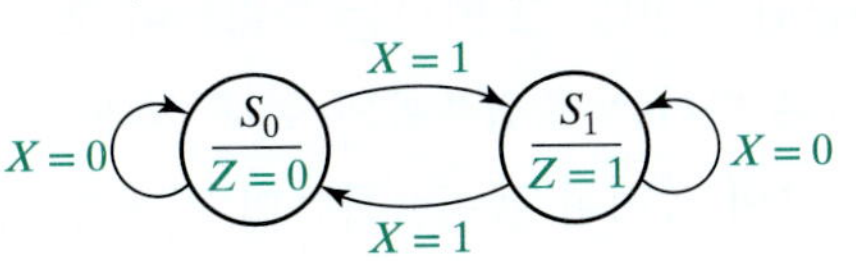

그림 13-3 패리티 검사기의 상태그래프

표 13-1
패리티 검사기의 상태표

(a)

Present State	Next State $X = 0$	Next State $X = 1$	Present Output
S_0	S_0	S_1	0
S_1	S_1	S_0	1

(b)

Q	Q^+ $X = 0$	Q^+ $X = 1$	T $X = 0$	T $X = 1$	Z
0	0	1	0	1	0
1	1	0	0	1	1

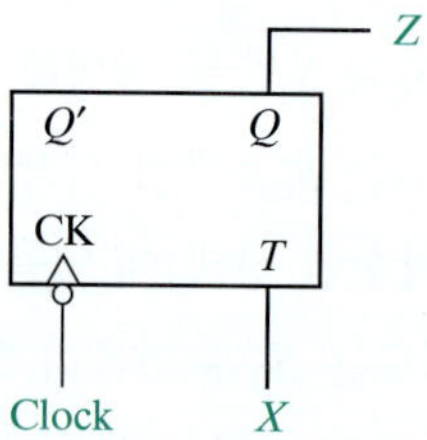

그림 13-4
패리티 검사기

13.2 타이밍도와 신호 추적을 통한 분석

이 장에서는 주어진 일련의 입력에 대한 일련의 해당 출력을 알아내기 위해 회로를 흐르는 0과 1의 신호들을 추적함으로써 클럭형 순서회로를 분석해 본다. 그 기본적 절차는 다음과 같다:

1. 플립플롭들의 초기상태를 가정한다(특별히 달리 지정되지 않는 한 플립플롭들이 0으로 리셋된 것으로 한다).
2. 첫 번째 입력에 대하여 회로의 출력들과 플립플롭의 입력들을 결정한다.
3. 다음 활성 클럭에지 후의 플립플롭 상태들을 결정한다.
4. 새로운 상태들에 대한 출력들을 결정한다.
5. 주어진 일련의 입력들에 대해 2, 3, 4의 과정을 반복한다.

분석을 하는 과정에서, 입력 신호, 클럭, 플립플롭의 상태 및 회로의 출력 간의 관계를 나타내는 타이밍도를 작성할 것이다. 플립플롭들(11장)과 카운터(12장)들에 대해서 어떻게 타이밍도를 작성하는가는 이미 앞 장들에서 해본 적이 있다.

이 장에서는 클럭의 활성에지 직후에 상태를 바꾸는 에지트리거 플립플롭들을 사용한다. 그리고 셋업타임과 홀드타임의 요구조건이 만족되도록 활성 클럭에지의 전후에서 플립플롭들의 입력이 충분한 시간 동안 안정된 값을 유지한다고 가정한다. 순서회로의 상태는 언제나 활성 클럭에지에 반응해서 변하게 될 것이다. 회로의 출력은 회로의 형태에 따라서 플립플롭들이 상태를 바꿀 때 혹은 입력이 바뀔 때에 바뀌게 된다.

두 가지 형태의 순서회로가 취급될 것인데, 그 하나는 출력들이 오직 플립플롭들의 현재 상태에만 의존하는 것이고, 다른 하나는 플립플롭의 현재 상태와 회로 입력들에 모두 의존하는 것이다. 만약 순서회로의 출력이 플립플롭들의 현재상태만의 함수라면(그림 13-4 및 13-5처럼), 그 회로는 *무어머쉰*(*Moore machine*)이라 불린다. 무어머쉰의 상태그래프에서는 출력이 상태 내에 결합되어 표시된다(그림 13-3과 그림 13-9). 만일 출력이 현재 상태와 입력 모두의 함수라면(그림 13-7처럼), 그 회로는 *밀리머쉰*(*Mealy machine*)이라 불린다. 밀리머쉰의 상태그래프에서는 출력이 상태 간을 지나가는 화살선의 위에 표시된다(그림 13-11).

무어회로의 한 예로서, 입력열(sequence) X = 01101에 대해서 그림 13-5를 분석해 보기로 한다. 이 회로에서 초기상태는 $A = B = 0$이고, 그림 13-6에 보인 바와 같이 모든 상태는 클럭의 상승에지에 이어 일어난다. X 입력은 다음 값이 상승에지 다음에 올 수 있도록 동기화되어 있다. Z는 현재상태만의 함수이므로($Z = A \oplus B$), 출력은 상태가 바뀔 때만 바뀌게 된다. 처음에, $X = 0$이고 따라서 $D_A = 1$, $D_B = 0$이고, 첫 번째 상승에지 후에 상태는 $A = 1$, $B = 0$로 바뀐다. 그리고 X가 1로 바뀌면, $D_A = 0$, $D_B = 1$이 되고, 두 번째 상승 클럭에지 후에 상태는 $AB = 01$이 된다. 상태가 바뀐 뒤에 X는 그대로 1이므로 $D_A = D_B = 1$이고, 다음 상승에서 상태는 11이 된다. X가 0으로 바뀌면, $D_A = 0$, $D_B = 1$이고, 네 번째 상승에지에서 상태는 $AB = 01$로 바뀐다. 그리고 $X = 1$이 되면 $D_A = D_B = 1$이고, 다섯 번째 상승에지는 상태를 $AB = 11$로 바꿀 것이다. 그림 13-6의 타이밍도에 입력, 상태 및 출력들이 그려져 있고, 아래에 보여주고 있다.

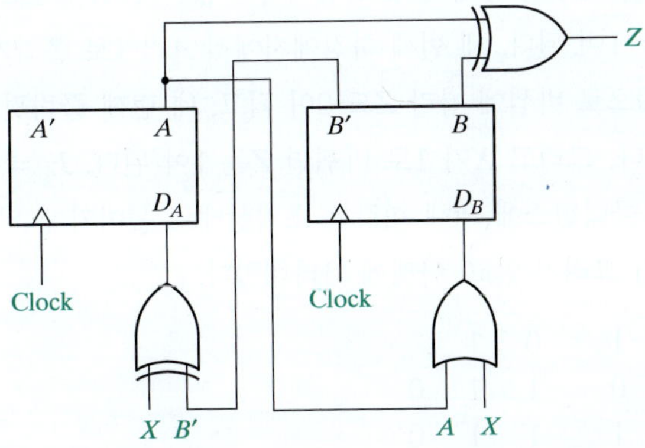

그림 13-5
분석될
무어 순서회로

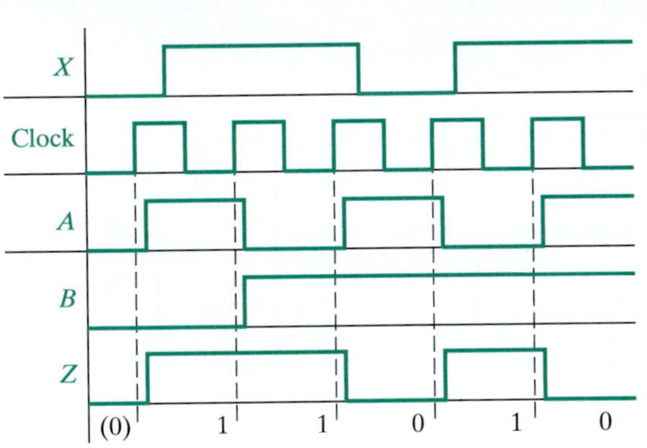

그림 13-6
그림 13-5에
대한 타이밍도

$X =$	0	1	1	0	1	
$A =$	0	1	0	1	0	1
$B =$	0	0	1	1	1	1
$Z =$	(0)	1	1	0	1	0

이 회로가 초기상태로($A = B = 0$) 리셋하면, 초기출력은 $Z = 0$이다. 이 초기출력 0은 X 입력의 결과로 나온 것이 아니므로 무시한다. 결과적으로 출력열은 $Z = 11010$이 된다. *무어회로*에서는 가해진 입력에 대한 결과 출력은 활성 클럭에지 후까지는 나타나지 않는다는 데에 유의해야 한다. 그래서 출력열이 입력의 순열과 시간적으로 어긋나 있음을 볼 수 있다.

밀리회로의 예로서 그림 13-7을 분석하고, 입력열 $X = 10101$에 대해서 타이밍도를 작성해 보기로 한다. 그림 13-8에 보인 바와 같이, 입력은 하강에지 후에 변화가 일어나도록 동기화 한 다. 이 예에서, 출력이 입력(X)과 플립플롭 상태들(A와 B) 모두에 의존하므로, Z는 입력이 변 하거나 혹은 플립플롭의 상태가 바뀔 때 변화할 수 있다. 초기에 플립플롭의 상태는 $A = 0$, $B= 0$라고 가정한다. $X = 1$이면, 출력은 $Z = 1$이고 $J_B = K_A = 1$이다. 첫 번째 클럭펄스의 하강에지 후에 B는 1로 바뀌고 따라서 Z는 0으로 바뀐다. 입력이 $X = 0$으로 되면, Z는 다시 1로 바뀐다. 플립플롭의 입력이 모두 0이므로 두 번째 하강에지에서는 아무런 상태 변화가 일어나지 않는다. X가 1로 바뀌면 Z는 0이 되고 $J_A = K_A = J_B = 1$이 된다. 세 번째 하강에지에서 A가 1로 올라가면, Z도 1로 올라간다. 다음에, X가 0으로 바뀜에 따라 Z도 0이 되고, 네 번째 클럭펄스에서는 아무런 변화도 일어나지 않는다. 그리고 X가 1로 바뀌면 Z는 1이 된다. $J_A = K_A = J_B = K_B = 1$이므로 다섯 번째 클럭펄스에 의해 회로는 초기상태로 돌아가게 된다. 그림 13-8에 입력, 상태 및 출력열이 그려져 있고, 아래에 나타내었다.

$X =$	1	0	1	0	1	
$A =$	0	0	0	1	1	0
$B =$	0	1	1	1	1	0
$Z =$	1(0)	1	0(1)	0	1	

(거짓출력은 괄호 안에 표시한다.)

그림 13-7 분석될 밀리 순서회로

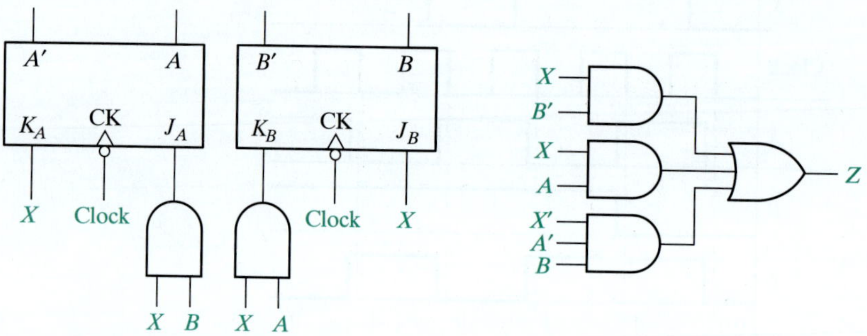

그림 13-8
그림 13-7 회로에 대한 타이밍도

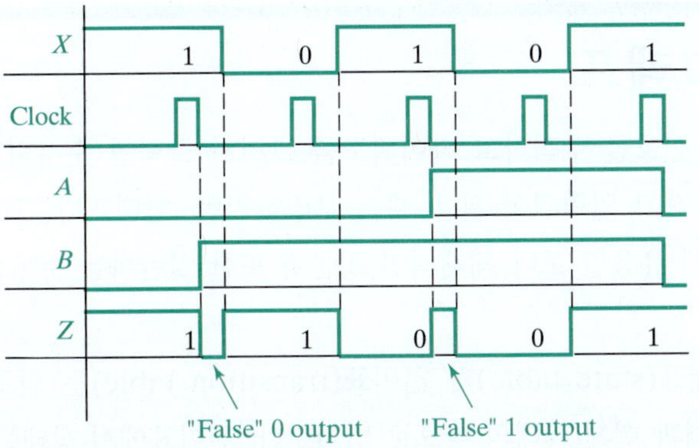

밀리회로의 출력 파형(Z)은 세심한 해석이 필요하다. 회로가 상태를 바꾼 다음에 입력이 들어오기 전에 출력은 일시적으로 올바르지 않은 값을 취할 수 있으며, 이것을 *거짓출력*(*false* output)이라 부른다. 타이밍도에 보인 것처럼, 이 올바르지 않은 값은 회로가 새로운 상태값을 취하고 있지만 이전 상태에서의 입력값이 여전히 남아 있을 때 발생한다.

클럭형 순서회로에서는, 활성 클럭에지 바로 직전의 입력값이 플립플롭의 차기상태를 결정하게 된다. 그 외 활성 클럭에지 사이의 입력의 변화는 플립플롭의 상태에 영향을 주지 못한다. 이와 같은 방식으로 밀리회로의 출력도 활성 클럭에지 직전의 값만 관심사일 뿐, 그외 활성 클럭에지 사이에 일어나는 변화(거짓출력들)는 무시되어야 한다.

그림 13-8에 보인 바와 같이 두 가지 형태의 거짓출력이 있을 수 있다. 한 가지는 Z가 일시적으로 0으로 갔다가 활성 클럭에지 전에 1로 되돌아가는 것이다. 다른 한 가지는 Z가 일시적으로 1로 갔다가 활성 클럭에지 전에 0으로 되돌아가는 것이다. 이러한 거짓출력은 종종 *글리치*(*glitch*) 혹은 *스파이크*(*spike*)라고 불린다. 두 경우 모두 출력이 원치 않은 두 번의 변화가 일어나는 것이다. 거짓출력을 무시하고 하강 클럭에지 직전의 출력을 읽으면, 이 회로의 출력열은 $Z = 11001$이다. 만약 회로지연이 무시된다면 이 거짓출력들은 입력 X를 클럭의 하강에지와 동시에 변화하도록 해야 제거할 수 있다. 이 회로의 출력이 같은 클럭을 사용하는 두 번째 순서회로로 연결되어 들어간다면, 이 거짓출력들은 아무런 문제를 야기하지 않을 것이다. 왜냐하면, 하강 클럭에지에서의 입력만이 상태 변화에 영향을 주기 때문이다. 무어회로의 출력은 플립플롭들의 상태가 바뀌어야 같이 바뀌므로, 무어회로에서는 거짓출력이 일어나지 않는다.

*밀리*회로에서는 가해진 입력에 대응하는 출력값이 입력이 가해지면 바로 나타나게 된다. 올바른 출력값이 활성에지 전에 나타나므로, 출력열은 무어회로에서와는 달리 입력의 순열과 시간적으로 어긋나지 *않는다*. 입력 순열(sequence)에 비해서 그 출력이 지연되지 않는 무어회로들(그 출력이 현재 상태에만 의존하는)의 예들도 있다(예로서 문제 13.17 참조).

13.3 상태표와 그래프

앞 절에서 우리는 신호를 추적하고 타이밍도를 그려서 클럭형 순서회로를 분석하였다. 이 방법은 회로가 작고 입력열이 짧을 때는 무방하지만, 상태표와 그래프의 작성은 큰 회로의 분석을 위해 유용한 보다 체계적인 접근과 또한 일반화된 순서회로의 합성 절차를 제공한다.

순서회로의 상태표(state table)와 천이표(transition table)는 회로의 출력과 다음 상태를 회로의 입력과 현재 상태의 항으로 명시한다. 천이표에서 상태는 그 상태에 해당하는 플립플롭의 출력값으로 명시된다. 상태표의 상태는 심볼로서 표시된다. 순서회로를 분석할 때, 천이표는 아래에 기술되는 것과 같이 회로로부터 도출된다. 주어진 천이표에서, 회로에 대한 상태표는 상태들에 심볼을 붙임으로서 구해진다. 순서회로의 설계 과정에서는 이 과정이 역순이 된다; 보통 상태표가 먼저 정해지고, 상태들에 바이너리 조합을 할당함으로써 천이표가 구해진다.

천이표를 작성하기 위해 아래의 방법이 사용될 수 있다.

1. 회로로부터 회로의 플립플롭 입력식과 출력식을 정한다.

2. 다음 관계식 중의 하나를 사용하여, 입력식으로부터 플립플롭의 차기상태식을 유도한다.

D flip-flop	$Q^+ = D$	(13-1)
D-CE flip-flop	$Q^+ = D{\cdot}CE + Q{\cdot}CE'$	(13-2)
T flip-flop	$Q^+ = T \oplus Q$	(13-3)
S-R flip-flop	$Q^+ = S + \quad 'Q$	(13-4)
J-K flip-flop	$Q^+ = JQ' + K'Q$	(13-5)

3. 각 플립플롭의 차기상태 맵을 그린다.

4. 이 맵들로부터 상태표를 작성한다. 플립플롭들의 차기상태를 현재 상태와 회로의 입력의 함수로 보여주는 이러한 상태표는 종종 천이표라 불린다.

이 절차의 한 예로서, 그림 13-5의 회로에 대한 상태표를 유도해 보기로 한다.

1. 플립플롭 입력식과 출력식은

$$D_A = X \oplus B' \quad D_B = X + \mathrm{A} \quad Z = A \oplus B$$

2. 플립플롭의 차기상태식은

$$A^+ = X \oplus B' \qquad B^+ = X + A$$

3. 이에 해당하는 맵은

AB \ X	0	1
00	1	0
01	0	1
11	0	1
10	1	0

A^+

AB \ X	0	1
00	0	1
01	0	1
11	1	1
10	1	1

B^+

표 13-2 그림 13-5에 대한 무어 상태표

(a)

AB	A^+B^+ $X=0$	A^+B^+ $X=1$	Z
00	10	01	0
01	00	11	1
11	01	11	0
10	11	01	1

(b)

Present State	Next State $X=0$	Next State $X=1$	Present Output (Z)
S_0	S_3	S_1	0
S_1	S_0	S_2	1
S_2	S_1	S_2	0
S_3	S_2	S_1	1

4. 이 맵들을 통합하여 표 13-2(a)을 작성할 수 있고, 이것은 두 플립플롭의 차기상태(A^+B^+)를 현재 상태와 입력의 함수로 나타낸다. 그 다음 출력 Z를 표에 추가한다. 이 예에서 출력은 입력에 의존하지 않고 단지 플립플롭의 현재 상태에만 의존하므로, 하나의 출력열(column)만 필요하다.

표 13-2(a)를 이용하여 그림 13-6의 타이밍도를 작성하거나, 혹은 주어진 초기상태 및 입력열에 대하여 다른 타이밍도를 작성할 수 있다. 초기에 $A_B = 00$, $X = 0$이면, $Z = 0$, $A^+B^+ = 10$이다. 이것은 상승 클럭에지 후에 플립플롭의 상태는 $AB = 10$이 될 것이라는 것을 의미한다. 그러면, $AB = 10$에서 $Z = 1$이 된다. 그 다음 입력은 $X = 1$이므로, $A^+B^+ = 01$이고, 다음 상승 클럭에지 후에 상태는 변할 것이다. 이런 과정을 계속함으로써 타이밍도를 완성할 수 있다.

만약 플립플롭 각각의 상태가 관심사가 아니라면, 각 상태의 플립플롭 값들의 묶음(예로서 AB)을 회로의 상태를 나타내는 하나의 심벌로 대치해 나타낼 수 있다. 00을 S_0로, 01을 S_1로, 11을 S_2로, 10을 S_3로 바꿈으로써 표 13-2(a)는 표 13-2(b)처럼 바뀐다. Z 열(column)은 그것이 현재 상태와 관련된 출력값이므로 "현재출력"이라고 명기되어 있다. 그림 13-9의 상태그래프는 표 13-2(b)를 나타낸다. 그래프의 각 노드는 회로의 한 상태를 나타내고, 그 해당 출력은 원 안의 상태심벌 아래에 기재되어 있다. 두 노드를 잇는 화살표 원호에는 그 사이의 상태 변화를 야기하는 X 값이 기재되어 있다. 그래서 만약 회로가 S_0 상태에 있고 $X = 1$이면 다음 클럭에지에서 상태는 S_1로 천이할 것이다.

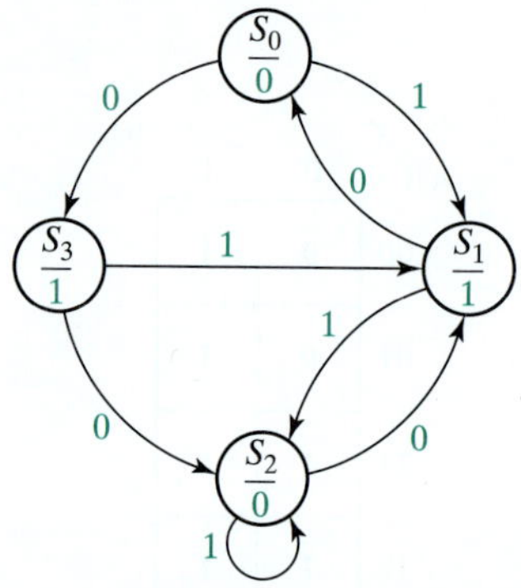

그림 13-9 그림 13-5에 대한 무어 상태그래프

다음으로 그림 13-7의 밀리머쉰에 대해 상태표와 그래프를 작성해보고자 한다. 차기 상태 및 출력식은

$$A^+ = J_A A' + K'_A A = XBA' + X'A$$
$$B^+ = J_B B' + K'_B B = XB' + (AX)'B = XB' + X'B + A'B$$
$$Z = X'A'B + XB' + XA$$

차기상태 및 출력 맵들(그림 13-10)을 종합하면 표 13-3(a)을 작성할수 있다. 주어진 A, B 및 X 값에 대해 출력의 현재 값은 표의 Z 열로부터 결정될 수 있고, 활성 클럭에지 후의 플립플롭들의 상태는 A^+B^+ 열로부터 결정될 수 있다.

표 13-3(a)를 사용하여 그림 13-8의 타이밍도를 작성할 수 있다. 초기에 $A = B = 0$, $X = 1$이면 표로부터 $Z = 1$, $A^+B^+ = 01$임을 알 수 있다. 그러므로 그림 13-8에 보인 바와 같이 하강 클럭에지 다음에 플립플롭 B의 상태는 1로 바뀔 것이다. 그러면 표의 01열로부터, 만약 X가 아직도 1로 남아 있다면, 입력이 $X = 0$으로 바뀌기 전까지는 출력이 0이 될 것임을 알 수 있다. 그리고 $Z = 1$이 되고, 다음 하강 클럭에지에서는 상태 변화가 일어나지 않는다. 이런 방식으로 상태표를 단계적으로 따라가며 A, B, Z가 그림 13-8처럼 됨을 확인해보라.

그림 13-10 그림 13-7에 대한 무어 상태표

A^+:

AB \ X	0	1
00	0	0
01	0	1
11	1	0
10	1	0

B^+:

AB \ X	0	1
00	0	1
01	1	1
11	1	0
10	0	1

Z:

AB \ X	0	1
00	0	1
01	1	0
11	0	1
10	0	1

표 13-3 그림 13-7에 대한 무어 상태표

(a)

AB	A^+B^+ $X=0$	1	Z $X=0$	1
00	00	01	0	1
01	01	11	1	0
11	11	00	0	1
10	10	01	0	1

(b)

Present State	Next State $X=0$	1	Present Output $X=0$	1
S_0	S_0	S_1	0	1
S_1	S_1	S_2	1	0
S_2	S_2	S_0	0	1
S_3	S_3	S_1	0	1

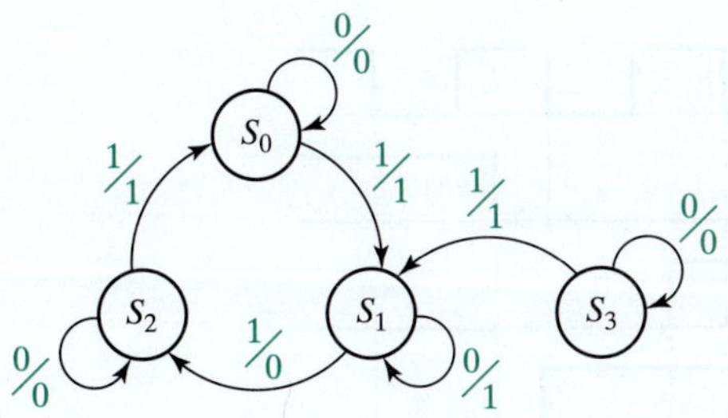

그림 13-11 그림 13-7에 대한 밀리 상태 그래프

$AB = 00$을 회로의 상태 S_0로, 01을 S_1으로, 11을 S_2로, 10을 S_3으로 두면, 표 13-3(b)의 상태표와 그림 13-11의 상태그래프를 작성할 수 있다. 표 13-3(b)에서 현재 출력열은 현재 입력과 현재 상태에 결부된 출력을 보여준다. 그래서 만약 현재상태가 $S0$이고 입력이 0에서 1로 바뀌면 출력은 즉각 0에서 1로 바뀔 것이다. 하지만 상태는 클럭 펄스 후까지는 차기상태(S_1)로 바뀌지 않을 것이다. 그림 13-11에서 상태들 간 화살표 위의 표시는 X/Z 형태로 되어 있고, 사선 앞의 심벌은 입력에 그리고 사선 뒤의 심벌은 출력에 해당한다. 그래서 상태 S_0에서 입력 0은 출력 0을 그리고 입력 1은 출력 1을 발생시킬 것이다. 어떤 주어진 입력열에 대하여서도 이 상태그래프상에서 쉽게 출력값들을 추적해 갈 수 있다. 입력의 순열 $X = 10101$에 대하여, 해당 출력의 순열이 11001임을 확인해보라. 이것은 거짓출력을 무시한다면 그림 13-8과 일치한다. 정상적으로 입력들은 활성 클럭에지에서 읽히게 되므로, 상태그래프상에는 거짓 출력들이 따로 표시되지 않으며, 활성에지 간에 일어나는 추가의 입력 변화들에 대한 별도의 표시는 없다.

다음으로, 두 개 n 비트 수 $X = x_{n-1} \ldots x_1x_0$와 $Y = y_{n-1} \ldots y_1y_0$를 더하는 직렬덧셈기(그림 13-12(a))를 분석해 보기로 한다. 직렬덧셈기의 동작은, 2진수가 한 번에 각 수로부터 한 비트씩 한 쌍씩 직렬로 입력되는 것과 결과가 한 번에 한 비트씩 출력되는 것 외에는, 그림 4-2의 병렬덧셈기와 유사하다. 먼저 x_0와 y_0가 공급되어 들어가고, 합의 디지트 s_0가 발생되며, 캐리 c_1이 저장된다. 다음 클럭 시간에 x_1과 y_1이 공급되어 들어가고, 캐리 c_1과 합해져 합의 디지트 $s1$이 발생되며, 새로운 캐리 c_2가 저장된다. 모든 비트가 더해질 때까지 이 과정은 계속된다. x_i와 y_i 그리고 c_i를 더해 c_{i+1}과 s_i을 산출해내기 위해 전덧셈기가 한 개가 사용된다. 그리고 클럭의 상승에지에서 c_{i+1}를 저장하기 위해 한 개의 D 플립플롭이 사용된다. x_i와 y_i 입력들은 클럭과 동기화되어야 한다.

그림 13-13에 직렬덧셈기의 타이밍도를 보였다. 이 예에서는 10011과 00110을 더해서 11001의 합과 0의 최종 캐리를 얻고 있다. 초기에 캐리 플립플롭은 $c_0 = 0$이 되도록

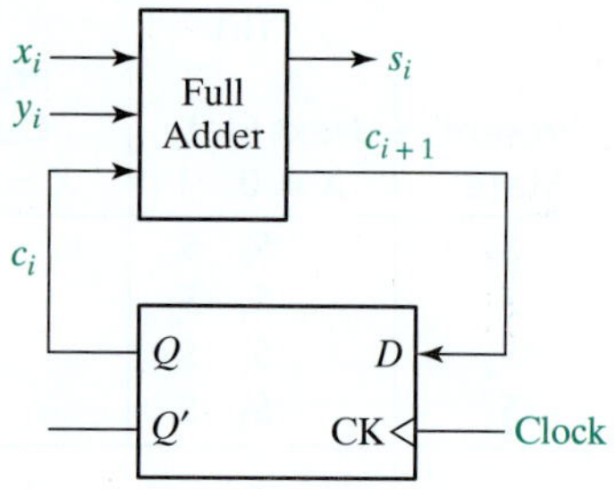

x_i	y_i	c_i	c_{i+1}	s_i
0	0	0	0	0
0	0	1	0	1
0	1	0	0	1
0	1	1	1	0
1	0	0	0	1
1	0	1	1	0
1	1	0	1	0
1	1	1	1	1

그림 13-12 직렬덧셈기

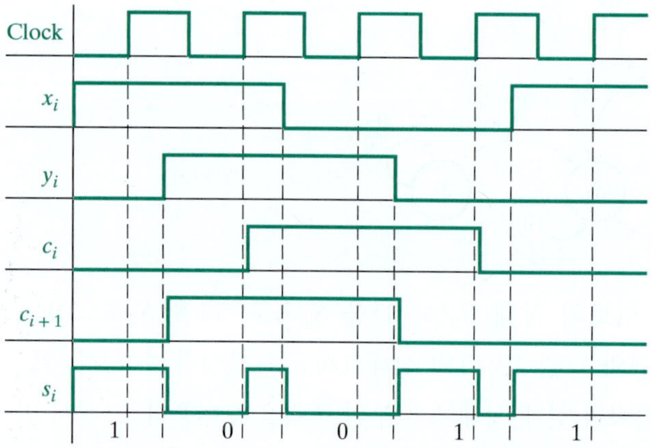

그림 13-13 직렬덧셈기의 타이밍도

클리어되어야 한다. 우선 각 수의 최소유효비트의 더하기부터 시작한다. $1 + 0 + 0$의 합을 하면 $s_0 = 1$이 되고, $c_1 = 1$이 되어 이것은 상승클럭에지에서 플립플롭에 저장된다. y_1이 1이므로, $1 + 1 + 0$의 합을 하면, $s_1 = 0$가 되고, $c_2 = 1$이 되어 이것은 또 상승 클럭에지에서 플립플롭에 저장된다. 이러한 과정이 덧셈이 끝날 때까지 계속된다. 올바른 결과는 상승에지 직전의 합의 출력을 읽음으로써 얻을 수 있다.

전덧셈기의 진리표(표 4-4)를 그림 13-12(b)에 수정된 형태로 다시 보였다. 이 표를 사용하여, 직렬덧셈기의 상태그래프(그림 13-14)를 작성할 수 있다. 이 덧셈기는 입력 x_i, y_i와 출력 s_i를 가지는 밀리머쉰이다. 두 상태는 각각 캐리(c_i)가 0과 1인 상태를 나타낸다. 표에서, c_i는 순서회로의 현재 상태를, 그리고 c_{i+1}은 차기상태를 나타낸다. 만약 S_0로부터 시작해서 $x_iy_i = 11$이라면, 출력 $s_i = 0$이고 차기상태는 S_1이다. 상태 S_0로부터 S_1으로 가는 화살표에 이것이 표기되어 있다.

표 13-4는 두 입력 및 두 출력을 가지는 밀리 순서회로의 상태표를 보여준다. 그림 13-15는 이것에 해당하는 상태그래프이다. 상태 S_3에서 S_2로 가는 화살표 원호 위에 표기된 00, 01/00은 $X_1 = X_2 = 0$ 혹은 $X_1 = 0$, $X_2 = 1$이면, $Z_1 = 0$, $Z_2 = 0$가 된다는 것을 나타낸다.

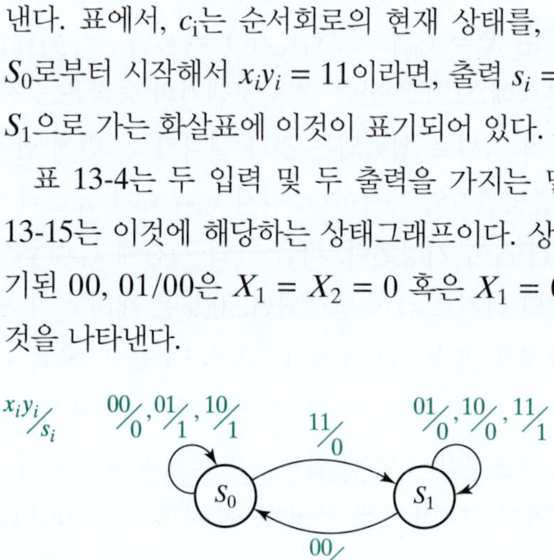

그림 13-14 직렬덧셈기의 상태그래프

표 13-4 복수의 입력과 출력을 가진 상태표

Present State	Next State $X_1X_2 = 00$	01	10	11	Present Output (Z_1Z_2) $X_1X_2 = 00$	01	10	11
S_0	S_3	S_2	S_1	S_0	00	10	11	01
S_1	S_0	S_1	S_2	S_3	10	10	11	11
S_2	S_3	S_0	S_1	S_1	00	10	11	01
S_3	S_2	S_2	S_1	S_0	00	00	01	01

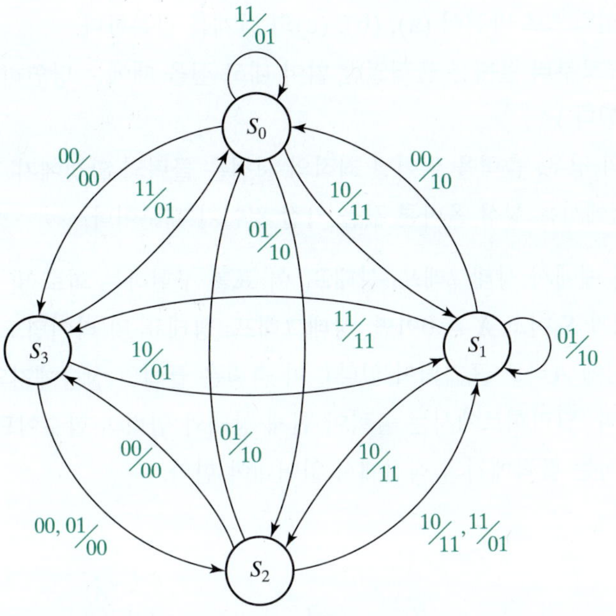

그림 13-15 표 13-4에 대한 상태그래프

타이밍도의 작성과 해석

타이밍도의 작성과 해석에 관한 몇 가지 중요한 핵심을 다음에 요약한다.

1. 타이밍도를 작성할 때, 플립플롭의 종류에 따라 상태의 변화는 단지 클럭의 상승(혹은 하강)에지에서만 일어난다는 것에 유의하라.
2. 입력은 정상적으로는 활성 클럭에지의 전후에서 안정된 값을 가져야 한다.
3. 무어회로에서는 출력의 변화는 상태의 변화가 있을 때만 일어나지만, 밀리회로에서는 상태의 변화가 있을 때뿐만 아니라 입력의 변화가 있을 때에도 출력에 변화가 있다. 상태가 변하는 시점부터 입력이 새로운 값으로 변하는 그 사이에서 거짓출력이 나올 수 있다(다시 말하면, 상태가 다음 값으로 바뀌었지만, 입력이 아직 이전 값을 가지면 출력은 일시적인 올바르지 않은 값을 가질 수 있다).
4. 상태그래프로부터 거짓출력을 판정하기는 쉽지 않으므로, 회로에서 신호를 추적하거나 밀리회로의 타이밍도를 작성할 때에는 상태표를 사용하라.

5. 타이밍도를 작성하기 위해 밀리 상태표를 사용할 때의 절차는 다음과 같다.
   (a) 첫 번째 입력에 대해 현재 출력을 읽고 그것을 그린다.
   (b) 차기상태를 읽고 그것을 그린다(클럭 펄스의 활성에지 다음의).
   (c) 표에서 차기상태에 해당하는 줄(row)로 가서 구(old) 입력열(column)에서 출력값을 읽어서 그린다(이것은 거짓출력일 수 있다).
   (d) 다음 입력으로 바꿔서 (a), (b), (c)의 단계를 반복한다.
   (주: 표로부터 올바른 출력열만 읽어 내고 싶을 때에는 당연히 단계 (c)를 생략하면 된다.)
6. 밀리회로의 경우, 출력을 읽어낼 최적의 시점은 클럭의 활성에지 직전이다. 왜냐하면 이 시점에서는 항상 올바른 값을 가질 것이기 때문이다.

그림 13-16의 예에서 상태그래프, 상태표, 이 표를 구현하는 회로 및 타이밍도를 보여주고 있다. 상태가 S_0이고 $X = 0$이면, 상태그래프, 상태표 및 타이밍도로부터의 출력은 $Z = 1$이다(그림에 A라고 표기되어 있다). 이 출력은 클럭의 상승에지의 *전에* 일어난다는 것에 유의하라. 밀리회로에서는 출력이 현재 상태와 입력의 함수이므로, 출력은 상태의 변화를 야기하는 클럭에지의 직전에서 읽어내야 한다.

그림 13-16

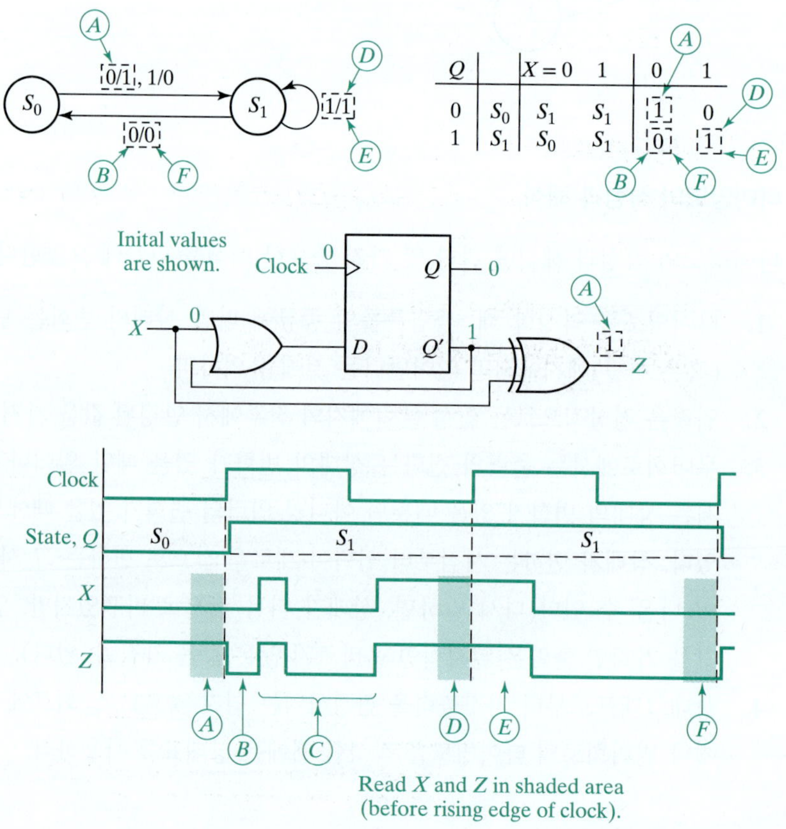

이 예를 공부하면서, 입력 X가 변할 때마다 상태그래프, 상태표, 회로 및 타이밍도의 변화를 추적해 보도록 한다. 클럭의 첫 번째 상승에지 전에 입력 X가 0이므로, 클럭의 첫 번째 상승에 지 후에 상태는 $S1$으로 바뀐다. 상태의 변화에 따라서 출력도 변하게 되지만(타이밍도에서 B), 입력이 아직 새로운 값으로 바뀌지 않았으므로 이 출력값은 올바른 값이 아닐 수 있을 것이다. 이것을 거짓출력 혹은 글리치라고 부른다. 입력이 올바른 값을 취하기 전에 여러 번 바뀐다면 출 력도 따라서 여러 번 바뀌게 될 것이다(C). 클럭의 상승에지 전에 입력은 올바른 값을 취해야 하고 출력은 이 시점에서 읽혀야 한다(D). 지금의 특정 경우에는 상승 에지 클럭 후에 상태와 출력이 그대로 유지되고 있다. 일반적으로 클럭의 상승에지 후에 상태는 바뀌게 되고 이에 따라 출력도 바뀌게 된다. 이때도 역시, 입력이 아직 이전의 값(E)을 가지고 있으므로 출력값은 틀릴 수 있다. 입력이 새로운 값으로 바뀔 때, 출력도 새로운 값(F)으로 바뀌고, 이 값이 다음의 상승 클럭에지 전에 읽혀야 한다.

클럭의 각 상승에지 직전의 값만 취해보면, 다음 열을 구할 수 있다.

$$X = 0\ 1\ 0$$
$$Z = 1\ 1\ 0$$

지금까지의 학습으로 여러분은 상태그래프, 상태표, 혹은 회로도를 보고 이 Z열을 점검할 수 있어야 한다.

14장에서 16장까지 자세히 다루었던 순서회로의 합성 절차는 바로 분석에 사용되었던 절차 의 반대이다. 합성되어야 할 순서회로의 사양으로부터 시작해서 우선 상태그래프를 구성한다. 이 그래프를 상태표로 변환하고 각 상태에 대한 플립플롭 출력값을 할당한다. 그리고 플립플롭의 입력식을 유도하고, 마지막으로 회로의 논리도를 그린다. 예로서, 그림 13-7의 회로를 합성하기 위해, 그림 13-11의 상태그래프로부터 시작한다. 그리고 표 13-3(b)과 표 13-3(a)를 작성하고, 차기상태와 출력식을 유도하고, 마지막으로 그림 13-7의 회로를 그려낸다.

13.4 순서회로의 일반화 모델

순서회로는 편의를 위해 두 개의 부분으로 나눌 수 있는데, 즉 회로의 메모리 역할을 하는 플립플롭 부분과 출력함수와 플립플롭의 입력함수를 실현하는 조합논리 부분이다. 조합논리는 게이트, ROM, 혹은 PLA 등으로 구현될 수 있다. 그림 13-17에 m 입력, n 출력 및 메모리 역할을 하는 k개의 클럭형 D 플립플롭들로 이루어지는 밀리 순서회로의 일반화된 모델을 보였다. 이렇게 모델을 그려보면, 플립플롭의 출력들이 조합 서브회로(subcircuit)로 귀환되어 가는 것을 볼 수 있어 순서회로에서 귀환의 존재를 확연히 볼

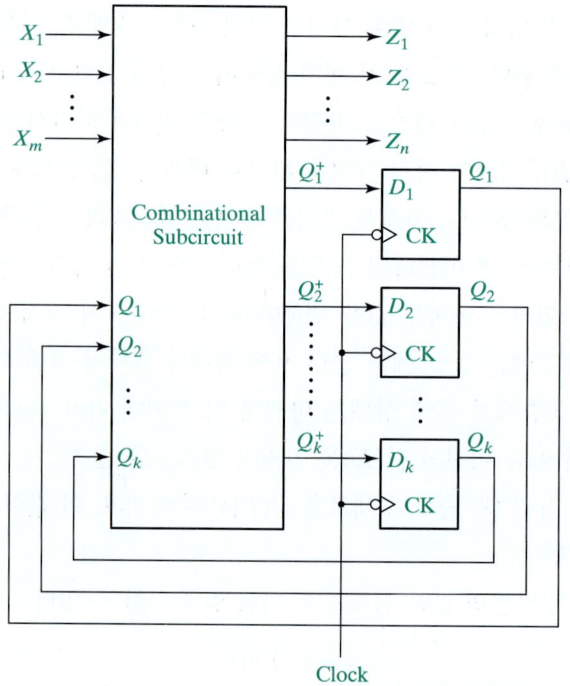

그림 13-17 클럭형 D 플립플롭을 사용한 밀리회로의 일반화 모델

수 있다. 조합 서브회로는 n개의 출력 함수와, D 플립플롭의 입력이 되는 k개의 차기상태 함수를 실현하고 있다.

$$\left.\begin{aligned} Z_1 &= f_1(X_1, X_2, \ldots, X_m, Q_1, Q_2, \ldots, Q_k) \\ Z_2 &= f_2(X_1, X_2, \ldots, X_m, Q_1, Q_2, \ldots, Q_k) \\ &\vdots \\ Z_n &= f_n(X_1, X_2, \ldots, X_m, Q_1, Q_2, \ldots, Q_k) \end{aligned}\right\} n \text{ 출력식}$$

$$\left.\begin{aligned} Q_1^+ &= D_1 = g_1(X_1, X_2, \ldots, X_m, Q_1, Q_2, \ldots, Q_k) \\ Q_2^+ &= D_2 = g_2(X_1, X_2, \ldots, X_m, Q_1, Q_2, \ldots, Q_k) \\ &\vdots \\ Q_k^+ &= D_k = g_k(X_1, X_2, \ldots, X_m, Q_1, Q_2, \ldots, Q_k) \end{aligned}\right\} k \text{ 차기상태 한 수}$$

한 조의 입력들이 회로에 가해지면, 조합 서브회로는 출력들($Z_1, Z_2, \ldots, Z_n$)과 플립플롭입력들($D_1, D_2, \ldots, D_k$)을 발생시킨다. 그리고 클럭 펄스가 가해지면 플립플롭들은 해당 차기 상태로 변화한다. 이 과정은 매 조의 입력에 대해 반복된다. 어떤 특정 시각에서의 플립플롭의 출력은 회로의 현재 상태($Q_1, Q_2, \ldots, Q_k$)를 나타낸다. 이들 Q_i는 조합 회로로 귀환되어 들어가고, 여기에서 Q_i들과 입력 X들을 사용해 플립플롭의 입력을 발생시킨다. D 플립플롭이 사용될 때에는 $D_i = Q_i^+$(차기상태 값)이고, 따라서 조합회로의 출력은 Q_1^+, Q_2^+ 등으로 표기된다. 그림 13-17에서는 D 플립플롭들이 사용되었지만, 다른 종류의 클럭형 플립플롭들에 대해서도 유사한 모델이 사용될 수 있으며, 이때에는 조합회로가, 차기상태 함수가 아니라, 적절한 플립플롭의 입력들을 발생시켜야 한다.

클럭은 플립플롭들의 동작을 동기화하고 타이밍 문제를 방지한다. 조합 서브회로의 게이트들(혹은 다른 논리 소자)은 유한의 전달지연을 가지므로, 회로에 가해지는 입력이 변할 때 플립플 롭의 입력이 최종적으로 제 값에 이르게 되는 데에는 유한의 시간이 필요하다. 게이트 지연들은 다 다르기 때문에 플립플롭의 입력 신호들은 과도기를 가질 수 있고, 이들은 각기 다른 시각에 변할 수 있다. 모든 플립플롭들의 입력 신호들이 최종의 안정된 제 값에 도달할 때까지 다음 활성 클럭에지가 오지 않으면 게이트 지연 시간의 차이는 아무런 타이밍 문제를 일으키지 않을 것이다. 모든 플립플롭들은 클럭의 활성에지에서 동시에 변한다. 플립플롭들이 상태를 바꾸면, 새로운 플립플롭의 출력들은 조합 서브회로의 입력으로 귀화되어 들어간다. 하지만 플립플롭의 상태는 다음 클럭 펄스 때까지는 변화하지 않는다.

그림 13-17의 밀리회로의 일반화 모델로부터 최고 클럭 속도(최소 클럭 주기)를 결정할 수 있다. 최소 클럭 주기의 계산은 X 입력들의 영향을 고려해야 한다는 것 외에는 그림 11-17에서와 유사하다. 그림 13-18은 한 클럭 주기 동안에 일어나는 일련의 사건들을 보여 주고 있다. 클럭의 활성에지에 이어서 플립플롭들의 상태가 바뀌고, 플립플롭의 출력은 전파지연(t_p) 이후에 안정해진다. 그리고 새로운 Q 값들이 조합회로를 통해 전달되어 조합회로의 지연(t_c) 후에는 D값들이 안정해진다. 그리고는 다음 활성에지 클럭 전에 플립플롭의 셋업타임이 경과되어야 한다. 그래서 플립플롭의 전달지연, 조합 서브회로에서의 전달지연, 플립플롭의 셋업타임이 순서 회로가 얼마나 빨리 동작할 수 있는지를 결정하게 되고, 최소 클럭 주기는

$$t_{\text{clk}}(min) = t_p + t_c + t_{su}$$

이와 같은 논의는 X 입력들이 다음 활성 클럭에지의 $t_c + t_{su}$ 이전보다 늦지 않게 안정이 되어 있다는 것을 가정한 것이다. 그렇지 않다면 최소 클럭 주기를 다음과 같이 계산해야 한다.

$$t_{\text{clk}}(min) = t_x + t_c + t_{su}$$

여기에서 t_x는 활성 클럭에지로부터 X 입력들이 안정해질 때까지의 시간이다.

최소클럭주기에 영향을 주는 회로의 또 다른 속성은 클럭 스큐(clock skew)이다. 플립플롭들의 상태의 변화를 촉발하는 클럭의 에지는 모든 플립플롭의 클럭 입력에 반드시 동시에 도착되지는 못한다; 두 플립플롭에 도착하는 클럭에지의 도착 시간의 차이가 그 두 플립플롭에 대한 클럭 스큐이다. 클럭 스큐는 클럭 신호선에서의 전파지연 차이와 클럭 버퍼 전파지연 차이에 의해 발생한다. 그림 13-18에서, 두 플립플롭 간의 클럭 스큐를 t_{sk}라고 하자. (이하 설명에서, 첫 번째 플립플롭의 출력이 두 번째 플립플롭으로 전파된다고 생각하면 이해하기 쉽다.) 그리고, 두 번째 플립플롭이 첫 번째 플립플롭보다 먼저 클럭에지를 받는다고 하자. 그러면, 클럭 주기의 산출에는 클럭 스큐가 셋업타임에 추가하여 더해져야 한다.

$$T_{\text{clk}}(min) = t_p + t_c + t_{su} + t_{sk}$$

두 번째 플립플롭이 클럭 스큐에 의해 클럭에지를 첫 번째 플립플롭보다 뒤에 받을 때에는 또 다른 제약이 적용된다. 이 경우, 회로가 올바르게 동작하기 위해서는 클럭 스큐 시간에 플립플롭의 홀드 시간(hold time)을 더한 시간 이후까지 두 번째 플립플롭으로 들어가는 입력이 변하지 않아야 한다.

$$t_p + t_c \geq t_{sk} + t_h$$

극단의 경우, 두 플립플롭 사이에 아무런 조합회로가 없을 수 있다. (예, 시프트 레지스터의 경우에 플립플롭들 간에 아무 논리회로가 없다.) 이 경우에는,

$$t_p \geq t_{sk} + t_h$$

이 제약을 충족하기 위해서, 두 번째 플립플롭이 첫 번째 플립플롭보다 클럭 신호를 먼저 받을 수 있도록 클럭 선을 배선하는 것이 필요하다.

클럭형 무어회로에 대한 일반화 모델(그림 13-19)은 클럭형 밀리회로의 경우와 유사하다. 무어회로의 출력 서브회로는 분리하여 그리는데, 이것은 출력이 입력들의 함수가 아니고 단지 플립플롭들의 현재상태만의 함수이기 때문이다. 무어회로의 동작은, 한 조(set)의 입력이 가해졌을 때 클럭이 들어와 플립플롭의 상태를 바꿀 때까지는 출력이 나오지 않는다는 것 외에는 밀리 회로의 경우와 유사하다.

그림 13-18 순서회로의 최소 클럭 주기

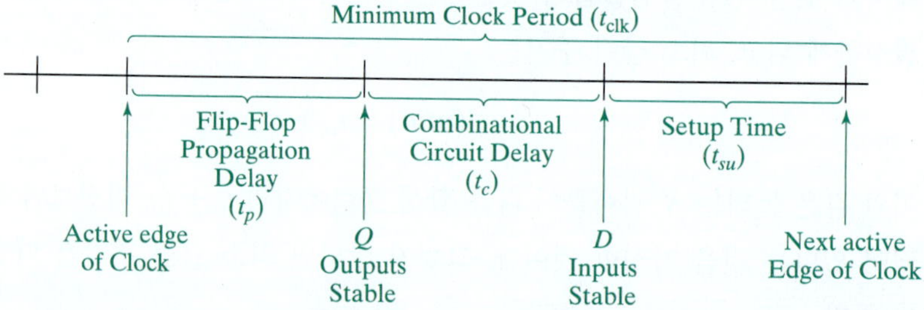

그림 13-19 클럭형 D 플립플롭을 사용한 무어회로의 일반화 모델

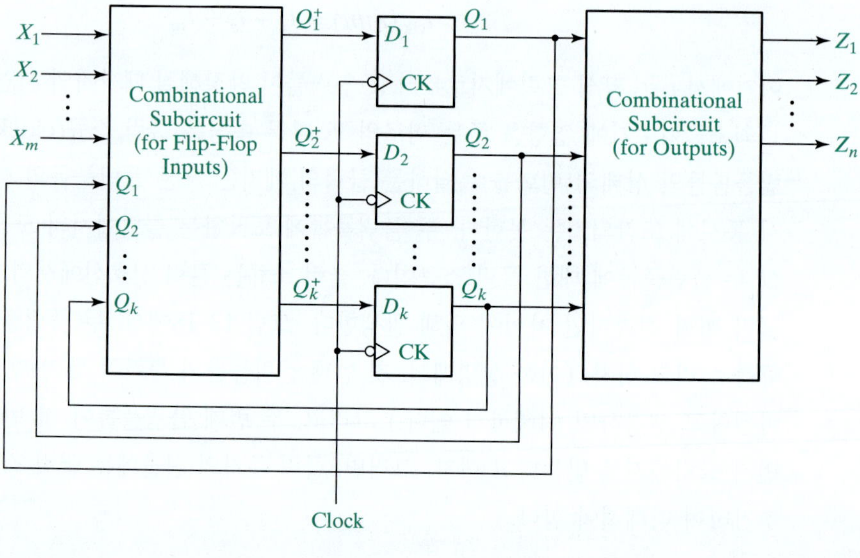

표 13-5 복수의 입력과 출력을 가지는 상태표

Present State	Next State X = 0	1	2	3	Present Output (Z) X = 0	1	2	3
S_0	S_3	S_2	S_1	S_0	0	2	3	1
S_1	S_0	S_1	S_2	S_3	2	2	3	3
S_2	S_3	S_0	S_1	S_1	0	2	3	1
S_3	S_2	S_2	S_1	S_0	0	0	1	1

복수의 입력과 출력들을 가지는 순서회로의 고찰을 용이하게 하기 위해서는 입력값들의 각 조합 및 출력값들의 각 조합을 표현하기 위한 심벌을 할당하는 것이 편리하다. 예로서, $X = 0$은 $X_1X_2 = 00$을, $X = 1$은 $X_1X_2 = 01$을, 등등으로, 그리고 $Z = 0$은 $Z_1Z_2 = 00$을, $Z = 1$은 $Z_1Z_2 = 01$을, 등등으로 나타내기로 한다면, 표 13-4는 표 13-5로 바꿀수 있다. 이렇게 함으로써 어떤 순서회로의 동작도 하나의 입력변수 X와 하나의 출력 변수 Z로서 기술할수 있다.

표 13-5는 두 개의 함수, 즉 차기상태 함수 및 출력 함수를 기술하고 있다. δ로 표기되는 차기 상태 함수는 회로의 차기상태(즉 클럭 펄스 다음의 상태)를 현재 상태(S)와 현재 입력(X)의 함수로 나타낸다.

$$S^+ = \delta(S, X) \tag{13-6}$$

λ로 표기되는 출력함수는 회로의 출력(Z)을 현재상태(S)와 현재입력(X)의 함수로 나타낸다.

$$Z = \lambda(S, X) \tag{13-7}$$

S^+와 Z의 값은 상태표로부터 결정될 수 있다. 표 13-5로부터,

$$\delta(S_0, 1) = S_2 \quad \delta(S_2, 3) = S_1$$
$$\lambda(S_0, 1) = 2 \quad \lambda(S_2, 3) = 1$$

15장에서 등가 순서회로(equivalent sequential circuit)을 논할 때에도 δ와 8의 표기법을 사용할 것이다.

프로그램화된 예제 13.1

아래에 주어진 해답부분을 종이로 가리고 조금씩 내려가면서 본인의 답과 비교해 보라. 정답을 보기 전에 주어진 공란에 답을 먼저 쓰시오.

13.1(a) 이 연습에서는 상태표와 타이밍도를 이용해서 아래의 순서회로를 분석한다. 차기상태 및 출력식을 유도하라.

$A^+ =$ ______________________________

$B^+ =$ ______________________________

$Z =$ ______________________________

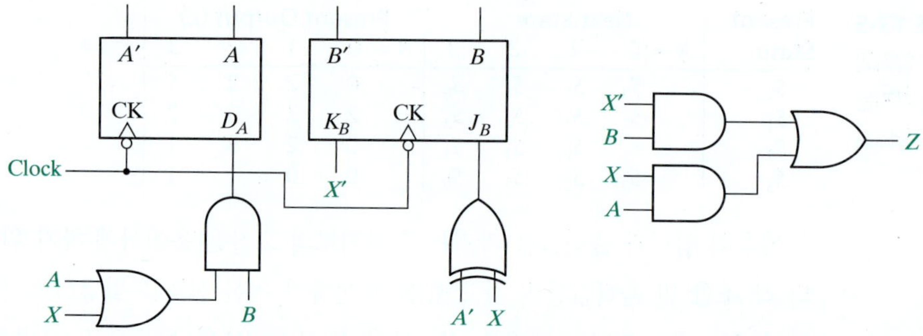

답

$$Z = XA + X'B, \quad B^+ = (A' \oplus X)B' + XB = A'B'X' + AB'X + XB$$
$$A^+ = B(A + X)$$

13.1(b) 이 식들을 맵 위에 그리고, 천이표를 완성하라.

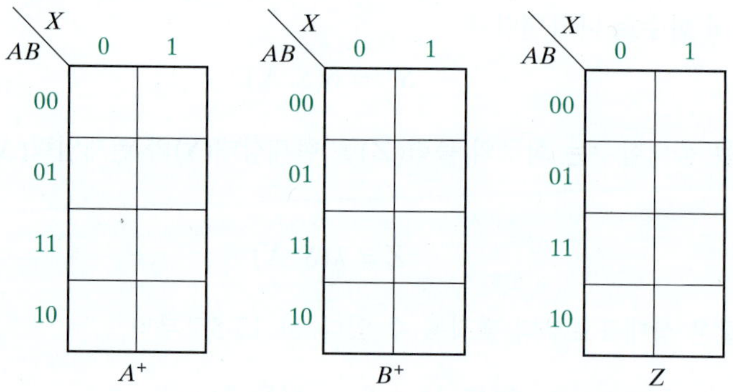

AB	A^+B^+ X = 0	1	Z 0	1
00				
01				
11				
10				

답

	AB	A^+B^+ X = 0	1	Z 0	1
S_0	00	01	00	0	0
S_1	01	00	11	1	0
S_2	11	10	11	1	1
S_3	10	00	01	0	1

13.1(c) 주어진 상태 번호매김을 사용하여 천이표를 상태표로 변환하라.

	Next State X = 0	1	Output 0	1
S_0				
S_1				
S_2				
S_3				

답

	$X=0$	1	0	1
S_0	S_1	S_0	0	0
S_1	S_0	S_2	1	0
S_2	S_3	S_2	1	1
S_3	S_0	S_1	0	1

13.1(d) 해당하는 상태도를 완성하라.

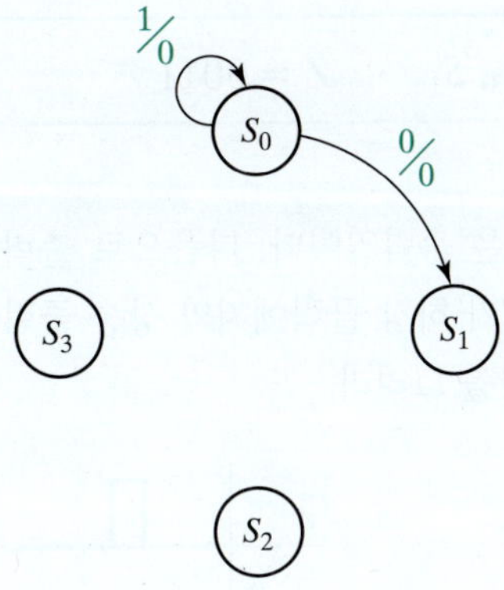

답

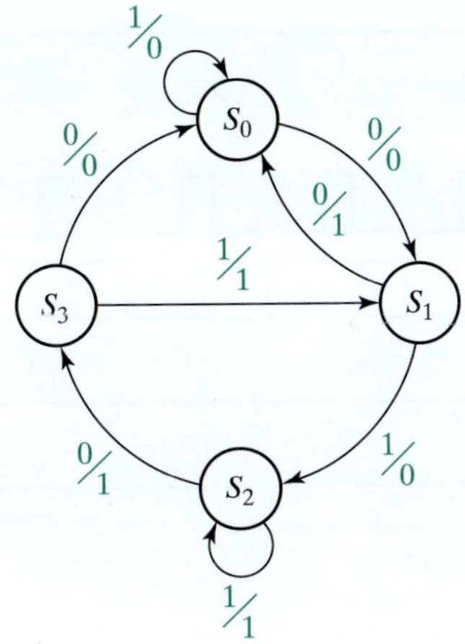

13.1(e) 이 그래프를 사용하여, 초기 상태가 $S0$이고 입력열이 $X = 0, 1, 0, 1$일 때, 상태 및 출력열을 결정하여 나열한다.

(1) 상태 S_0에서의 $X = 0$에 대한 출력은 $Z =$ ________이고 차기상태는 ___.

(2) 다음 입력($X = 1$)이 가해진 상태에서의 출력은 $Z =$ ________이고 차기상태는 __.

(3) 세 번째 입력($X = 0$)이 가해졌을 때 출력은 $Z =$ ______이고 차기상태는 ______.

(4) 마지막 입력이 가해졌을 때, $Z =$ ______이고 마지막 상태는 ___. 요약하면, 상태열은 S_0, ________, ________, ________, ________. 출력열은 $Z =$ ________.

답

S_0, S_1, S_2, S_3, S_1 $\quad Z = 0011$

13.1(f) 이 Z열이 옳은 출력열이다. 다음으로 출력 Z에 대한 거짓출력을 포함한 타이밍도를 그리려고 한다. X가 하강 클럭에지와 상승 클럭에지 사이에서 변한다고 가정하고, $X(X = 0, 1, 0, 1)$ 의 파형을 그려라.

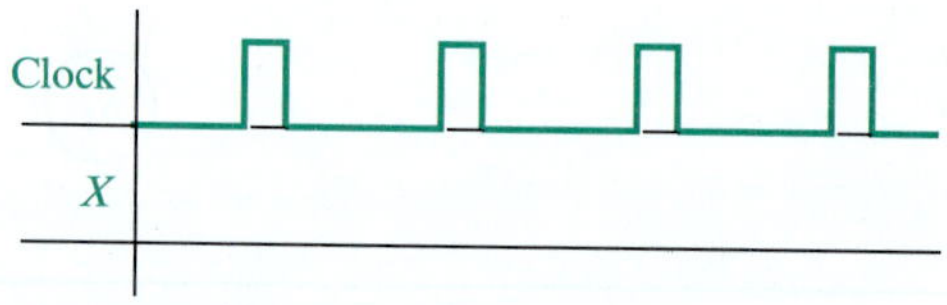

답

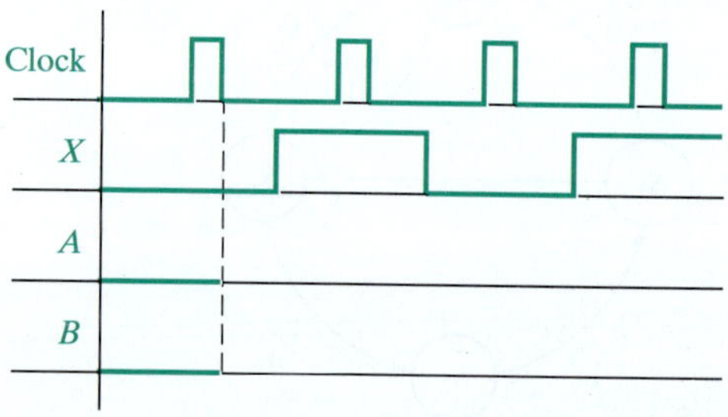

AB	A^+B^+ $X = 0$	1
00	01	00
01	00	11
11	10	11
10	00	01

13.1(g) 천이표를 참조하여 초기에 $A = B = 0$이라고 가정하고 A와 B의 파형을 그려라. 상태열은 $AB = 00$, ________, ________, ________, ________.

답 (A와 B가 하강 클럭에지 다음에 즉각 변화하는 것에 유의하라.)

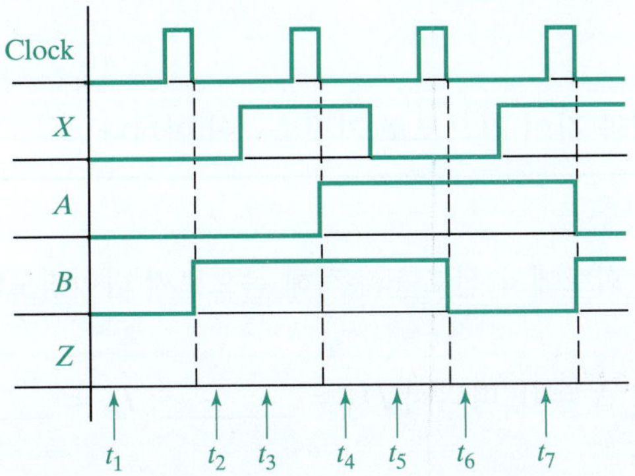

AB	Z: X = 0	1
00	0	0
01	1	0
11	1	1
10	0	1

Check your state sequence against the answer to 13.1(e), noting that $S_0 = 00$, $S_1 = 01$, $S_2 = 11$ and $S_3 = 10$.

13.1(h) 출력표를 사용하여, Z의 파형을 그려라. 시각 t_1에서, $X = A = B = 0$, 따라서 Z = _______. 시각 t_2에서, X = _______ AB = _______, 따라서 Z = _______. 시각 t_3에서, X = _______ AB = _______, 따라서 Z = _______. 시각 t_4, t_5 등등에서 출력을 보이고, Z의 파형을 완성하라.

답 (Z는 X의 변화 혹은 하강 클럭에지 다음에 즉각 변하는 것에 유의하라.)

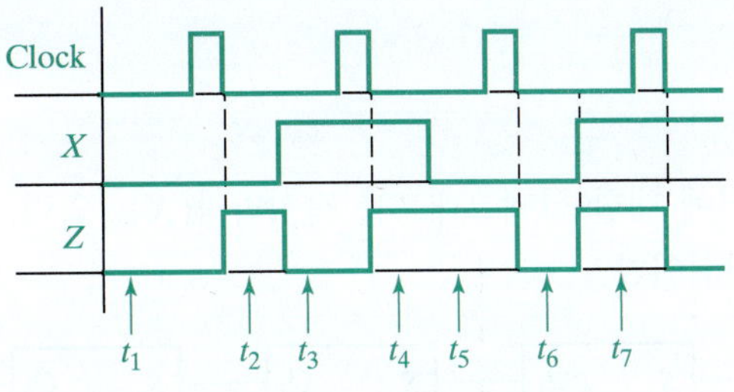

13.1(i) (1) 이것은 밀리회로이므로, 출력을 올바르게 읽을 수 있는 시각들은 t_1, _______, ______ 및 _______.

(2) 그래서 올바른 출력열은 Z =_______.

(3) 거짓출력이 일어날 수 있는 시각들은 _______, _______ 및 _______.

(4) 이들 중 2개의 시각에는 실제로 거짓출력이 일어난다. 그것은 _______ 및 _______.

답

(1) t_1, t_3, t_5 및 t_7

(2) 13.1(e)의 답

(3) t_2, t_4 및 t_6

(4) t_2 및 t_6 (t_4에서는 t_5에서와 값이 같으므로 거짓출력이 아니다)

13.1(j) 마지막으로, 13.1(a)의 원래 회로에서 신호를 추적해 봄으로써 타이밍도의 일부를 확인해 본다.

(1) 초기에, $A = B = 0$이고 $X = 0$, 따라서 $D_A =$ _______, $J_B =$ _______, $K_B =$ _______ 및 $Z =$ _______.

(2) 클럭 펄스 후에 $A =$ _______, $B =$ _______ 및 $Z =$ _______

(3) X가 1로 바뀐 후에, $D_A =$ _______, $J_B =$ _______, $K_B =$ _______ 및 $Z =$ _______.

(4) 클럭 펄스 후에, $A =$ _______, $B =$ _______ 및 $Z =$ _______.

타이밍도를 보고 답을 확인하라. (1)의 답은 t_1, (2)의 답은 t_2, (3)의 답은 t_3, (4)의 답은 t_4에서 의 값에 각각 해당한다.

연습문제

13.2 아래에 보인 쉬프트 레지스터에 대한 상태그래프를 작성하라(X는 입력, Z는 출력). 이것은 밀리머쉰인가 혹은 무어머쉰인가?

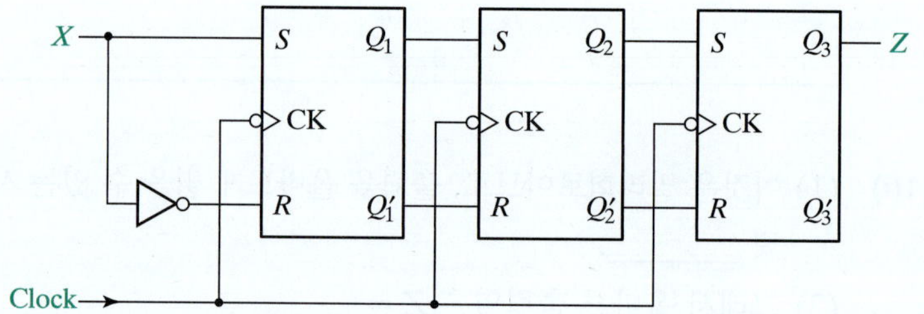

13.3 (a) 다음의 순서회로에 대해서, 각 플립플롭에 대해서 차기상태식 혹은 차기상태 맵을 구하라(이것은 밀리머쉰인가 무어머쉰인가?). 이들 차기상태식 혹은 맵을 사용해서 이 회로의 상태표와 그래프를 작성하라.

(b) 입력열이 $X = 01100$일 때 출력열은?

(c) (b)의 입력열에 대해서 타이밍도를 그려라. 클럭, X, A, B 및 Z를 보여라. 입력은 하강 클럭에지와 상승 클럭에지 사이에서 변한다고 가정하라.

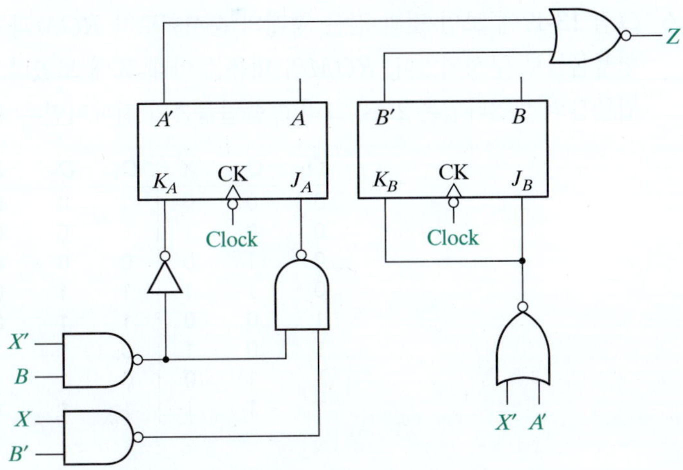

13.4 어떤 순서회로가 그림 13-17과 같은 형태를 가졌고,

$$D_1 = Q_2 Q_3' \qquad D_3 = Q_2' + X$$
$$D_2 = Q_3 \qquad Z = XQ_2' + X'Q_2$$

(a) 이 회로에 대해 상태표와 상태그래프를 작성하라(이것은 밀리머쉰인가 무어머쉰인가?).

(b) 이 회로에 대해서 클럭, X, Q_1, Q_2, Q_3 그리고 Z을 보여주는 타이밍도를 그려라. 입력열 $X = 01011$을 사용하라. X를 클럭에지 사이에서 변화시켜 거짓 출력을 볼 수 있게 하고, 그림에서 거짓출력을 표시하라.

(c) 타이밍도에서 얻어진 출력열을 상태그래프에서 얻어진 것과 비교하라.

(d) 거짓출력을 없애기 위해서는 클럭에 대해서 어떤 시각에 입력이 변해야 하는가?

13.5 아래에 보인 것은 출력이 빠진 상태천이표이다. 출력은 $Z = X'B' + XB$이어야 한다.

(a) 이것은 밀리머쉰인가 혹은 무어머쉰인가?

(b) 상태천이표에 출력을 채워 넣어라.

(c) 상태그래프를 그려라.

(d) 입력열 $X = 10101$에 대해서, 클럭, X, A, B, C 및 Z에 대해서 타이밍도를 그려라. 상태의 변화는 상승 클럭에지에서 일어난다. 출력 Z의 올바른 열을 보여라. 거짓출력을 볼 수 있도록 X를 상승과 하강 클럭에지 사이에서 변화시키고, 그림에서 거짓출력을 표시하라.

	$A^+B^+C^+$		
ABC	$X = 0$	$X = 1$	
000	011	010	
001	000	100	
010	100	100	
011	010	000	
100	100	001	

13.6 그림 13-17에 보인 것과 같은 형태의 순서회로가 *ROM*과 두 개의 상승에지트리거 D 플립플롭들로 구성되었다. *ROM*의 내용은 아래 표에 보였다. *ROM*의 전달지연은 8 ns, 플립플롭의 셋업타임은 2 ns, 그리고 플립플롭의 전파지연은 4 ns라고 가정한다.

Q_1	Q_2	X	D_1	D_2	Z
0	0	0	1	0	0
0	0	1	1	0	0
0	1	0	0	0	0
0	1	1	1	1	0
1	0	0	1	1	0
1	0	1	0	1	1
1	1	0	0	1	1
1	1	1	1	1	1

(a) 이 회로의 최소 클럭 주기의 길이는 얼마인가?

(b) (a)에서 얻은 최소 클럭 주기와 주어진 지연들을 사용하여 이 회로의 타이밍도를 그려라. 클럭, X, D_1, D_2, Q_1, Q_2 및 Z를 보여라. 시작할 때 $Q_1Q_2 = 00$이라 가정하고, 또, 각 상승 에지의 4 ns 후에 X가 새로운 값을 갖는다고 가정하라. 입력열은 $X = 0$, 1, 1, 0을 사용하라. 올바른 출력 Z의 순열을 보여라.

(c) 이 회로의 상태표와 상태그래프를 그려라.

13.7 (a) 보기 회로에 대해 상태표와 그래프를 작성하라.

(b) 입력열 $X = 10111$에 대해 회로의 타이밍도를 그려라(초기에 $Q_1 = Q_2 = 0$이고 X는 상승과 하강 클럭에지 사이에서 변화한다고 가정한다).

(c) 입력열에 의해 생성되는 출력값 리스트를 작성하라.

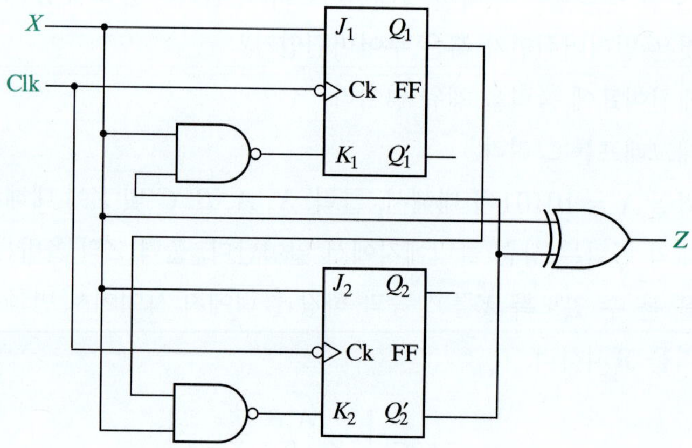

13.8 (a) 보기 회로에 대해 상태표와 그래프를 작성하라.

(b) 입력열 $X = 10101$에 대해 회로의 타이밍도를 그려라(초기에 $Q_1 = Q_2 = 0$이고 X는 상승과 하강 클럭에지 사이에서 변화한다고 가정한다).

(c) 입력열에 의해 생성되는 출력값 리스트를 작성하라.

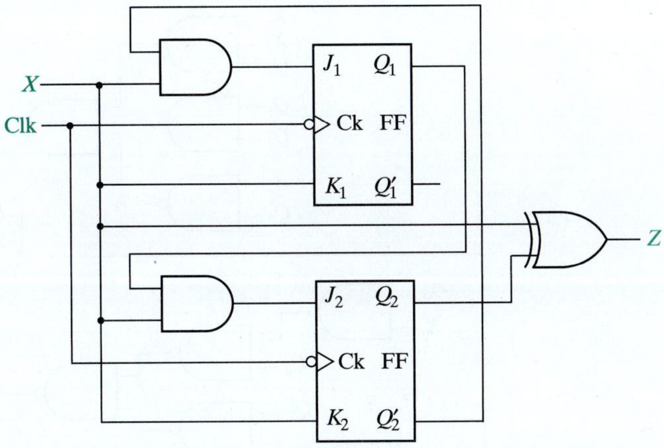

13.9 (a) 보기 회로에 대해 상태표와 그래프를 작성하라.

(b) 입력열 $X_1X_2 = 11, 11, 01, 10, 10, 00$에 대해 회로의 타이밍도를 그려라(초기에 $Q_1 = Q_2 = 0$이고 X_1과 X_2는 상승과 하강 클럭에지 사이에서 변화한다고 가정한다).

(c) 입력열에 의해 생성되는 출력값 리스트를 작성하라.

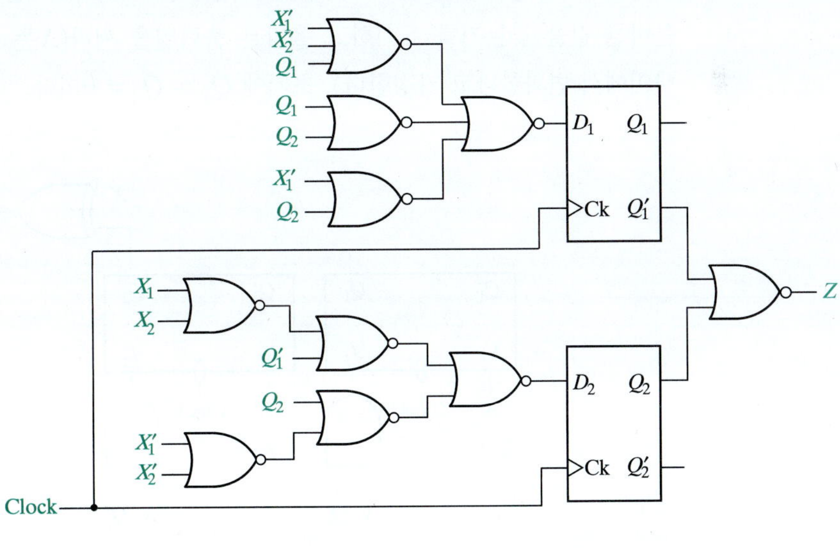

13.10 (a) 보기 회로에 대해 상태표와 그래프를 작성하라.

(b) 입력열 X_1X_2 = 01, 10, 01, 11, 11, 01에 대해 회로의 타이밍도를 그려라(초기에 $Q_1 = Q_2 = 0$이고 X_1과 X_2는 상승과 하강 클럭에지 사이에서 변화한다고 가정한다).

(c) 입력열에 의해 생성되는 출력값 리스트를 작성하라.

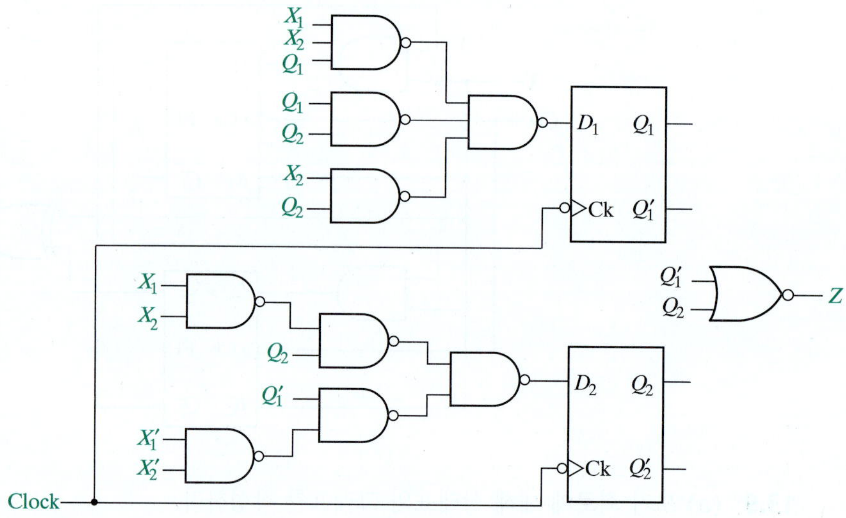

13.11 (a) 주어진 회로에 대해 상태표와 그래프를 작성하라.

(b) 입력열 X = 10011에 대해 회로의 타이밍도를 그려라. 어떤 시간 구간들에서 Z가 올바른 값을 갖는지를 표시하고 올바른 출력열을 써라(X는 하강과 상승 클럭에지 사이에서 변화한다고 가정한다). 초기에 $Q_1 = Q_2 = 0$이다.

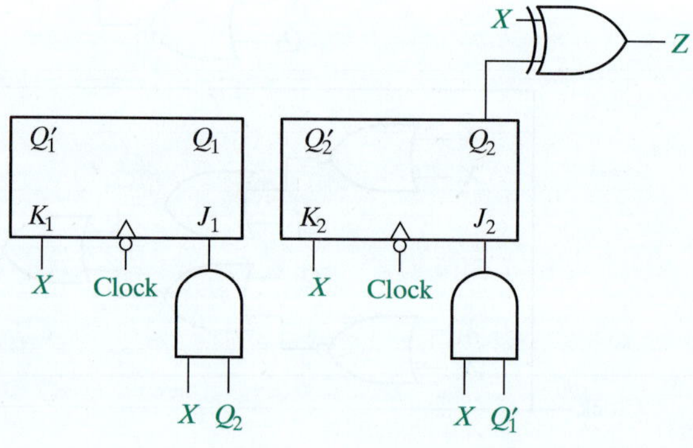

13.12 문제 13.11을 아래의 회로와 $X_1X_2 = 10, 01, 10, 11, 11, 10$에 대해서 반복하라.

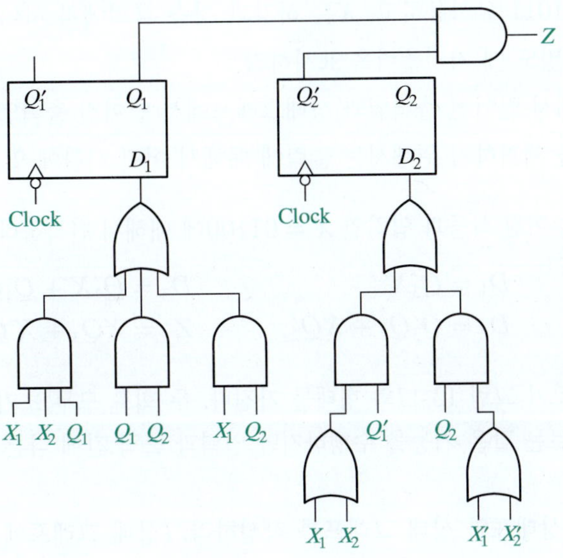

13.13 하나의 입력 X와 하나의 출력 Z 그리고 세 개의 플립플롭 Q_1, Q_2, Q_3를 가지고 있는 형태의 순서회로가 있다. 회로의 천이와 출력표는 다음과 같다.

Present State	Next State $X = 0$	Next State $X = 1$	Output (Z) $X = 0$	Output (Z) $X = 1$
000	100	101	1	0
001	100	101	0	1
010	000	000	1	0
011	000	000	0	1
100	111	110	1	0
101	110	110	0	1
110	011	010	1	0
111	011	011	0	1

(a) 입력열 $X = 0101$과 초기상태 $Q_1Q_2Q_3 = 000$에 대해서 타이밍도를 그려라. 거짓 출력들을 표시해라(플립플롭들은 상승에지트리거 형이고 입력의 변화는 상승 클럭에지와 하강 클럭에지 사이에서 일어난다고 가정하라).

(b) 입력열에 의해 생성되는 출력값 리스트를 작성하라.

13.14 문제 13.13을 입력열 $X = 1001$, 그리고 $Q_1Q_2Q_3 = 000$에 대해서 반복하라.

13.15 순서회로는 그림 13-17의 형태를 가졌고,

$$D_1 = Q_2Q_3' + XQ_1' \qquad D_3 = Q_2' + X$$
$$D_2 = Q_3 + X'Q_2 \qquad Z = XQ_2' + X'Q_2$$

(a) 이 회로의 상태표와 상태그래프를 작성하라.

(b) 이 회로에서 클럭, X, Q_1, Q_2, Q_3 그리고 Z를 보여주는 타이밍도를 그려라. 입력열은 X = 01011을 사용하고, X는 하강과 상승 클럭에지 사이에서 변화한다고 가정하라. 타이밍도 에 거짓출력을 표시하라.

(c) 타이밍도에서 얻어진 출력열과 상태그래프에서 얻어진 출력열 비교하라.

(d) 거짓출력을 제거하기 위해서는 클럭에 대해서 어떤 시간에 입력이 변해야 하는가?

13.16 문제 13.15를 주어진 식들과 입력열 X = 01100에 대해서 반복하라.

$$D_1 = Q_3'X' \qquad D_3 = Q_3'X + Q_1Q_2$$
$$D_2 = Q_3'Q_1 + XQ_2' \qquad Z = XQ_3 + X'Q'$$

13.17 2개의 순서 회로가 그림 13-17의 형태를 가진다. 두 회로 모두 초기 상태는 $Q_2\ Q_1\ Q_0$ = 000이다. 2 회로는 같은 기능을 수행하지만 입력과 출력 간에 다른 타이밍을 가지고 동작한다.

(a) 각 회로의 상태표와 상태 그래프를 작성하라. (상태 그래프에는 초기상태로부터 도달할 수 있는 상태들만 포함하라.)

(b) 언제 각 회로가 Z = 1을 발생하는지 말로 기술하라. (*힌트*: 3개의 연속적인 입력을 3-비트 바이너리 수로 간주하고 최상위 비트가 먼저 입력된다고 생각하라.)

(c) 출력의 입력에 대한 의존성을 생각할 때, 이 회로들은 무어회로인가 밀리회로인가?

(d) 입력과 대조한 Z=1일 때의 타이밍을 생각할 때, 이 회로들의 타이밍은 밀리 형태인가 무어 형태인가?

회로 1	회로 2
$Q_2^+ = Q_2'Q_0$	$Q_2^+ = Q_2'Q_0$
$Q_1^+ = XQ_2'Q_1 + XQ_2'Q_0'$	$Q_1^+ = XQ_1 + XQ_0' + Q_2Q_1$
$Q_0^+ = Q_2'$	$Q_0^+ = Q_2'$
$Z = Q_2Q_1$	$Z = Q_1Q_0'$

13.18 다음의 단계들을 수행함으로써 주어진 클럭 동기 순서회로를 분석하라.

(a) 플립플롭의 입력식 및 출력식을 써라.

(b) 상태천이표와 출력표를 작성하라.

(c) 천이 그래프를 작성하라.

(d) 언제 회로가 0을 출력하는지 한 문장으로 기술하라.

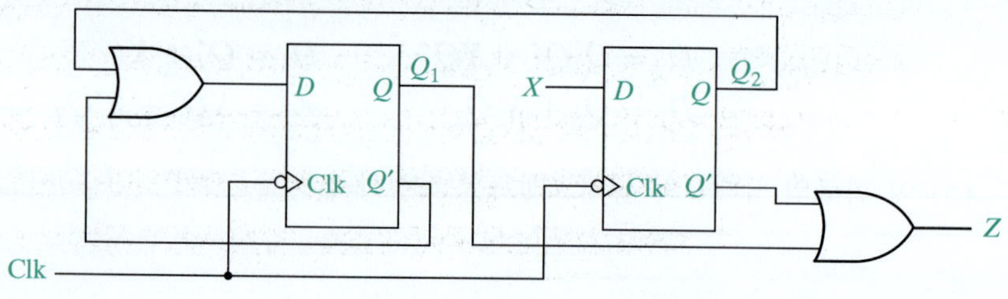

13.19 아래의 회로에 대해서 13.18의 문제들을 반복하라.

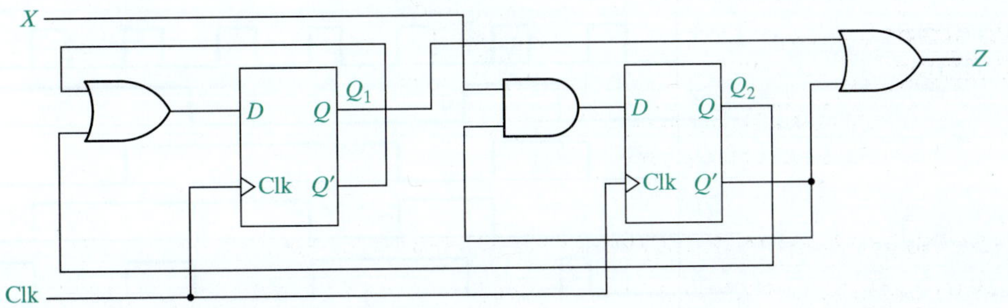

13.20 아래 회로에 대해 생각해보자.

(a) 이 회로의 상태표와 상태그래프를 작성하라. 이것은 밀리머쉰인가 혹은 무어머쉰인가? 회로는 사용하지 않는 상태를 가지고 있는가? 00이 초기상태라고 가정하라.

(b) 입력열 $X = 01100$에 대해 타이밍도를 그려라.

(c) 입력열에 대한 출력열은 무엇인가?

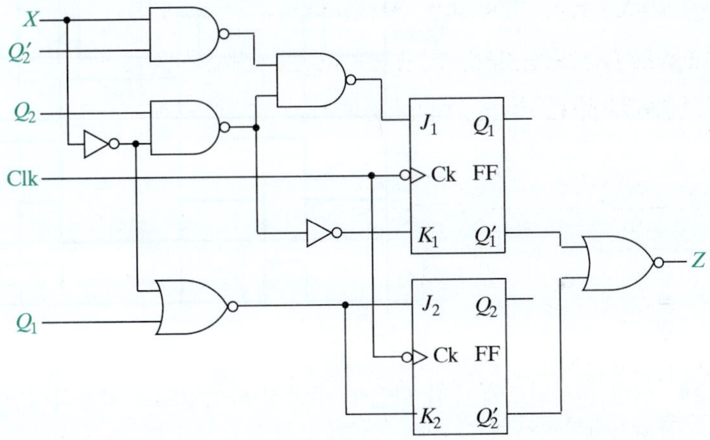

13.21 밀리 순서회로가 한 개의 입력, 한 개의 출력 및 두 개의 플립플롭을 가지고 있다. 회로의 타이밍도는 아래와 같다. 이 회로의 상태표와 상태그래프를 작성하라.

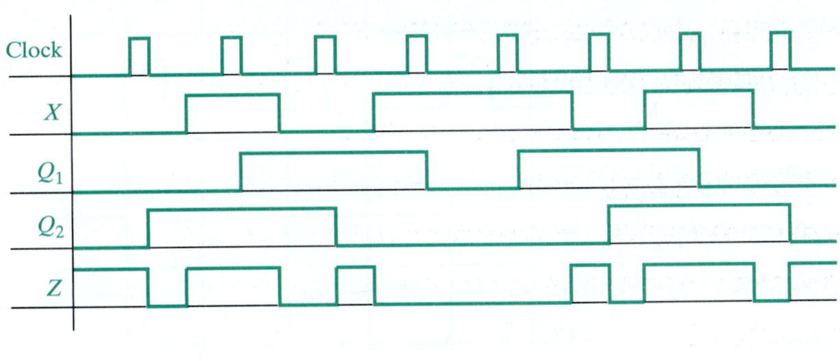

13.22 다음의 타이밍도에 대해서 문제 13.18을 반복하라.

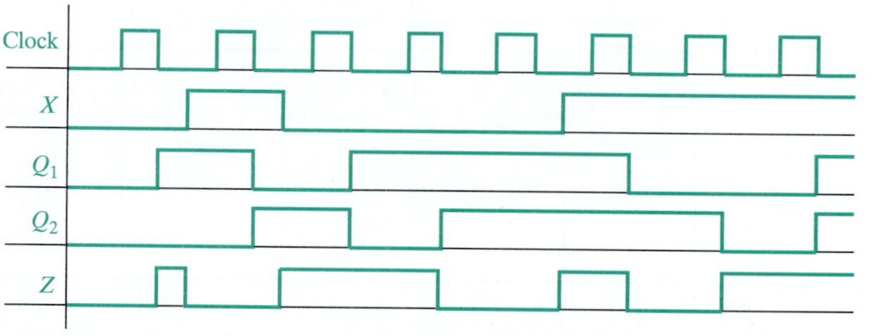

13.23 어떤 순서회로에 대한 다음에 주어진 타이밍도로 사용하여 가능한 한 최대로 상태표를 작성하라. 이것은 밀리회로인가 무어회로인가?

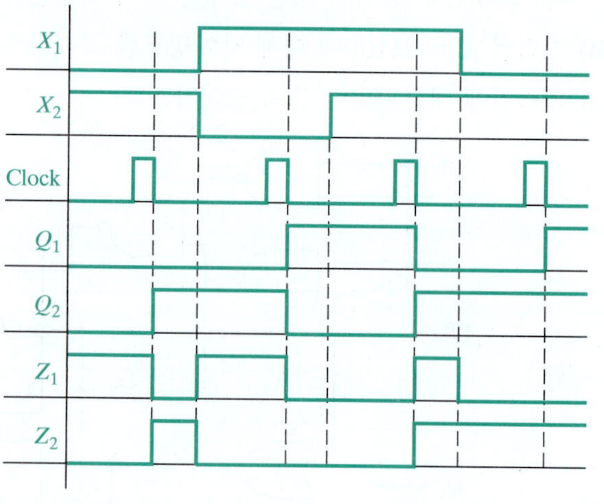

13.24 어떤 순서회로에 대한 다음에 주어진 타이밍도로 사용하여 가능한 한 최대로 상태표를 작성하라.

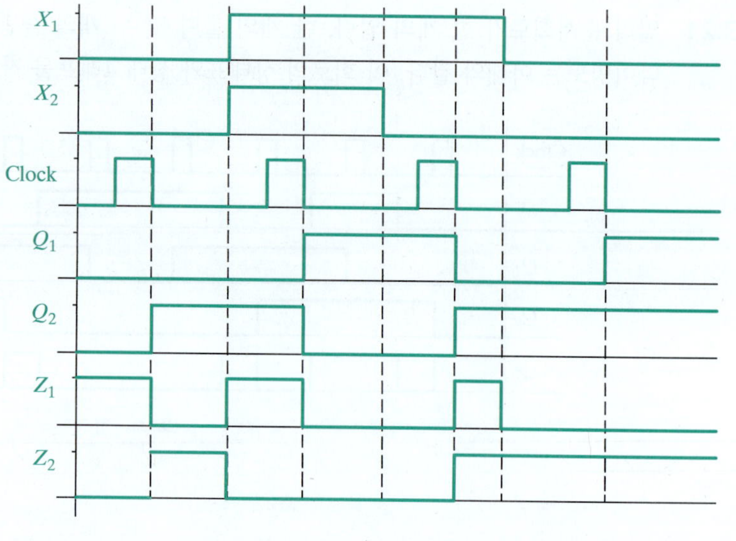

13.25 아래의 순서회로에 대하여 표는 PLA의 입, 출력을 나타낸다(표에 없는 입력 조합에 대한 모든 PLA 출력들은 0이다).

(a) 상태 그래프를 그려라.

(b) 이 회로에서 입력열 $X = 10011$에 대해 클럭, X, Q_1, Q_2, 그리고 Z를 보여주는 타이밍도를 그려라. 초기 $Q_1 = Q_2 = 0$으로 가정하라.

(c) 타이밍도에 거짓출력을 표시하라. Z에 대한 올바른 출력열을 써라.

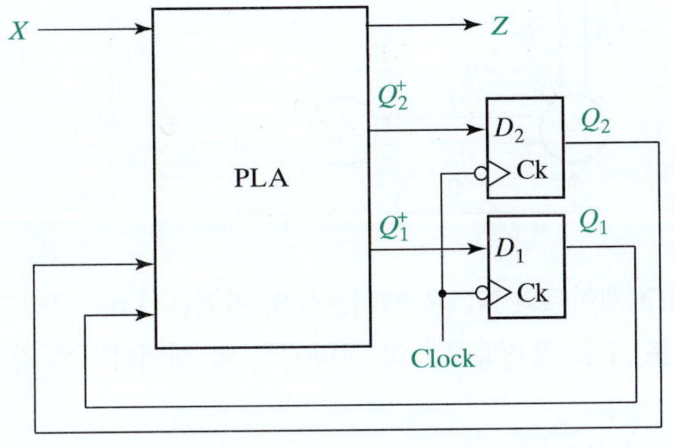

X	Q_1	Q_2	D_1	D_2	Z
0	1	–	1	0	0
1	0	1	1	0	0
0	–	1	0	1	1
1	0	0	0	1	1
1	1	0	0	0	1

13.26 그림 13-17에 보인 것과 같은 형태의 순서회로가 ROM과 두 개의 상승에지트리거 D 플립플롭들로 구성되었다. ROM의 내용은 다음 표에 보였다.

(a) 입력열 $X_1X_2 = 10, 01, 11, 10$에 대해서 이 회로의 타이밍도를 그려라. 입력의 변화는 상승 클럭에지와 하강 클럭에지 사이에서 일어난다고 가정하라. 그림에서 거짓출력을 표시하고, Z_1과 Z_2에 대한 올바른 출력열을 써라.

(b) 이 회로의 상태표와 상태그래프를 작성하라.

Q_1	Q_2	X_1	X_2	D_1	D_2	Z_1	Z_2
0	0	0	0	0	0	1	0
0	0	0	1	0	0	1	0
0	0	1	0	0	1	1	0
0	0	1	1	0	1	1	0
0	1	0	0	1	1	0	0
0	1	0	1	1	1	1	0
0	1	1	0	1	0	0	1
0	1	1	1	1	0	1	1
1	0	0	0	1	1	0	0
1	0	0	1	0	0	0	0
1	0	1	0	1	1	0	1
1	0	1	1	0	0	0	1
1	1	0	0	1	0	0	0
1	1	0	1	0	1	0	0
1	1	1	0	1	0	0	0
1	1	1	1	0	1	0	0

13.27 아래의 상태그래프에 대해서 상태표를 작성하라. 그리고 입력열 $X = 101001$에 대해서 타이밍도를 그려라. X는 하강 클럭에지와 상승 클럭에지 사이에서 변화한다고 가정하고, 플립플롭들은 하강에지트리거 형이다. 올바른 출력열을 써라.

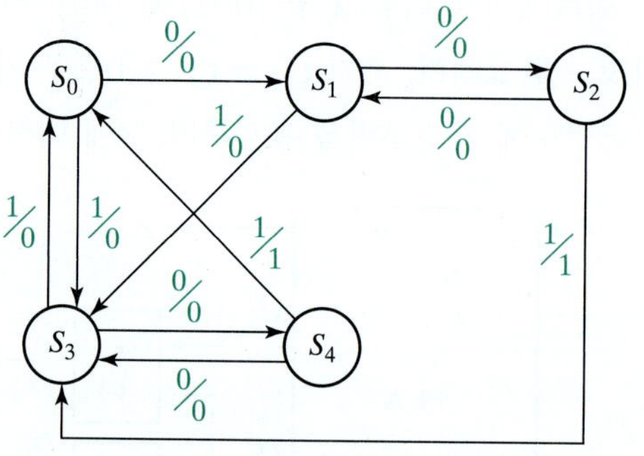

13.28 문제 13.3에서 NAND 게이트와 NOR 게이트들의 지연은 3 ns, 그리고 인버터의 지연은 2 ns라고 가정한다. 또, J-K 플립플롭들의 전파지연 및 셋업타임은 각각 4 ns, 2 ns라고 가정한다.

(a) 주어진 타이밍도를 완성하라. 클럭의 주기는 15 ns이고 클럭에는 1 ns 단위로 눈금이 매겨져 있다. 이 회로는 주어진 시간적 파라미터들 조건에서 올바르게 동작하는가?

(b) X값이 충분히 일찍 바뀐다고 할 때, 이 회로를 위한 최소 클럭 주기는 얼마인가? 이 회로 가 비정상적인 동작을 일으키지 않게 하는 범위에서 X가 최대로 늦게 변할 수 있는 시각은 클럭에 기준해서 언제인가?

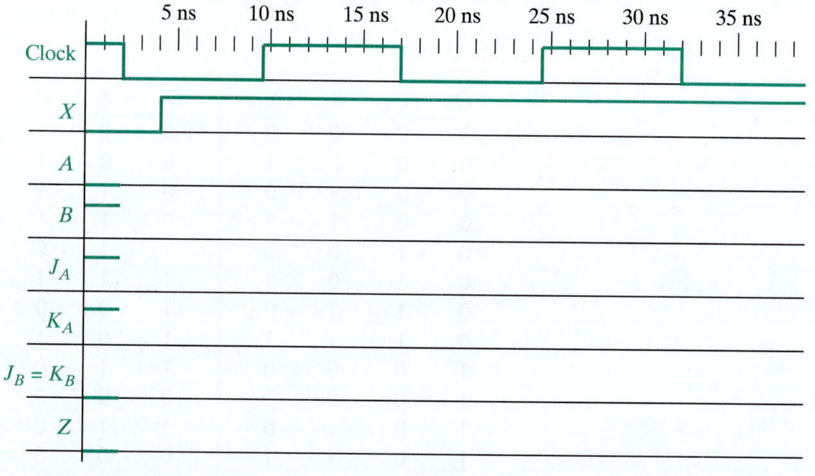

13.29 다음의 회로에 대해서 초기 상태 $ABC = 000$와 입력열 $X = 01010$에 대해서 타이밍도를 그려라. 입력은 하강과 상승 클럭에지 사이에서 변화한다고 가정한다. 출력열을 쓰고, 만약 거짓 출력이 있다면 표시하라. 이 회로의 상태표를 만들어서 이 답이 옳다는 것을 증명하라.

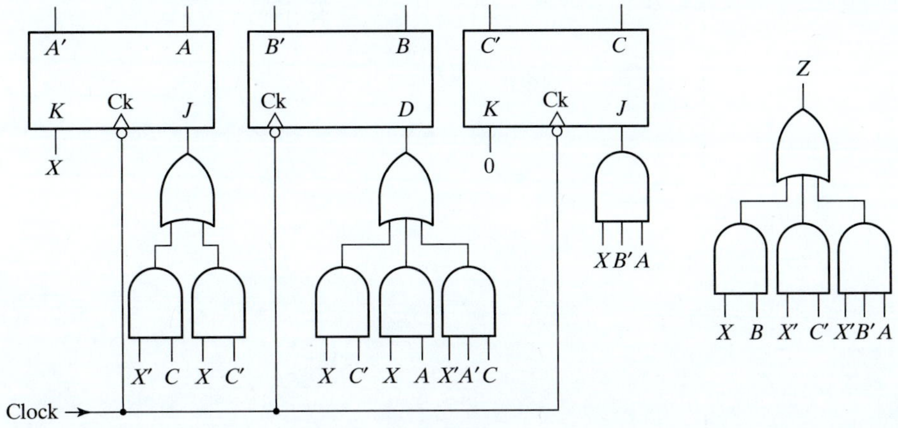

13.30 (a) 다음의 순서회로에 대해서, 플립플롭 A와 B의 차기상태식을 써라.

(b) 이 식들을 사용해서 상태표와 상태그래프를 작성하라.

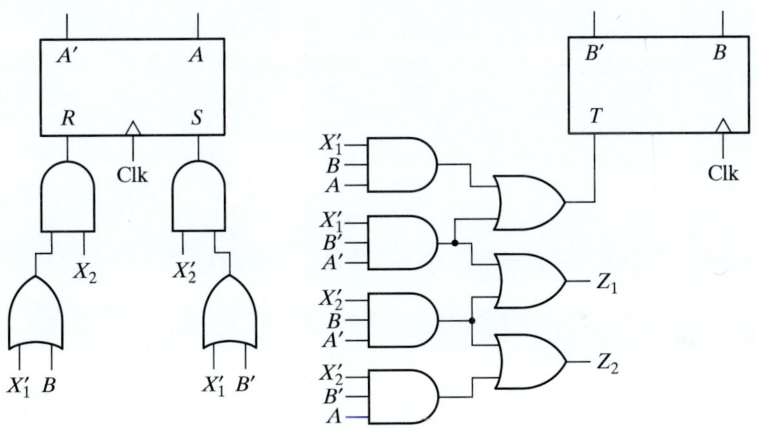

UNIT

14

상태그래프와 상태표

Derivation of State Graphs and Tables

목표

1. 밀리(Mealy) 또는 무어(Moore) 순서회로(sequential circuit) 설계를 위해 주어진 문제에 대한 설명으로부터, 대응되는 상태그래프와 상태표를 찾는다.
2. 상태에 도달하기 위해 요구되는 입력열(sequence) 관점에서 그래프 또는 표 내의 각 상태의 중요성을 설명한다.
3. 적절한 입력열을 이용하여 상태그래프를 검토한다.

학습가이드

1. 14.1절 *순서열 검출기의 설계*를 학습하라.

(a) 그림 14-4의 상태그래프에서 X에 대한 입력열이 식 (14-1)처럼 주어졌을 때 Z를 위한 올바른 출력열을 만들어 내는지 확인하라.

(b) 470쪽의 카노맵으로부터 얻은 식을 이용하여 이 회로를 위한 다음–상태표(next-state table)를 만든다. 회로 설계과정에서 무관항들이 할당되었기 때문에 새로운 상태표가 4개의 상태를 갖는 것을 제외하고는 표 14-2와 같음을 증명한다.

(c) 천이표가 표 14-4처럼 주어졌을 때 무어(moore) 순서회로 설계를 완성하라. A와 B를 위해 클럭 형 J-K 플립플롭을 사용한다.

(d) 입력열 (14-1)이 인가됐을 때, 그림 14-6의 상태그래프는 올바른 출력열을 만드는 것을 증명한다(무어 그래프의 초기 출력은 무시한다).

2. 14.2절 *더 복잡한 설계 문제*를 학습하라.

3. 14.3절 *상태그래프 작성을 위한 가이드라인*을 학습하라. 예제를 주의 깊게 학습하고 몇몇 가이드라인들이 어떻게 적용되는가를 관찰하라.

4. 프로그램된 예제 14.1, 14.2, 14.3을 풀어라.

5. 상태표 또는 상태그래프를 유도하는 것의 매우 중요한 부분은 당신의 해답이 옳을 때(또는 틀릴 때) 어떻게 설명해야 하는지 아는 것이다. 이것을 위한 한 가지 방법은 테스트 순서열에 대한 적절한 목록을 만들어서 상태그래프에 적용시키고, 결과 출력열을 확인하는 것이다.

6. 상태표 또는 그래프의 구성에 능숙하기 위해서는 많은 연습이 요구된다. 문제 14.4, 14.5, 14.6, 14.7, 14.8을 풀어라. 성취도 테스트용 문제는 앞에서 언급한 문제들과 같은 정도의 난이도를 가지기 때문에, 적절한 시간 내에 이 문제들을 풀 수 있도록 하라.

주: 당신이 이 문제들을 풀고 아래의 테스트 열을 이용해 답을 확인하기 전까지 책의 뒷면에 있는 해답을 보지 마라.

14.4 $X =$ 0 1 1 1 0 1 0 1
$Z =$ (0) 0 0 0 0 1 1 1 1

(당신의 해답은 다섯 개의 셀프–루프(self-loop)를 가져야 한다. 셀프–루프는 한 상태에서 시작해서 같은 상태로 되돌아오는 화살표이다.)

14.5 X = 1 0 1 0 1 0 0 1 0 0 0 1 0 0
Z_1 = 0 0 0 1 0 1 0 0 0 0 0 0 0 0
Z_2 = 0 0 0 0 0 0 1 0 0 1 0 0 0 1
(당신의 해답은 네 개의 셀프–루프를 가져야 한다.)

14.6 X_1 = 1 0 0 1 0 1 1 0 0 0
X_2 = 1 0 0 0 0 1 0 0 1 0
Z = (0) 0 1 1 1 0 0 0 1 1 0

(당신의 해답은 적어도 네 개의 셀프–루프를 가져야 한다.)

14.7 (a) X = 0 0 1 1 0 1 0 1 0 1 1
Z = 1 1 0 0 0 1 1 0 0 0 1
(당신의 해답은 적어도 세 개의 셀프–루프를 가져야 한다.)

(b) X = 1 1 1 0 0 1 0 1 0 1
Z = 0 0 0 0 1 0 0 0 0 1

14.8 (a) X_1 = 0 0 1 1 1 1 0 0 1 0 0
X_2 = 0 1 0 1 1 0 1 0 0 1 1
Z_1 = 0 1 1 1 0 0 0 0 1 0 0
Z_2 = 0 0 0 0 0 1 1 1 0 1 0

(b) 초기출력 Z_1Z_2 = 00 이후에는 (a)에서와 동일한 순서를 가져야 한다.

7. 만약 이용할 수 있는 *LogicAid* 프로그램을 가졌다면, 당신의 상태표를 확인하는 데 사용하라. 이것은 이 책의 뒷부분에 있는 해답을 찾는 데 몇 가지 장점을 가진다. 첫째, *LogicAid*는 비록 당신이 작성한 상태가 해답의 상태와 다르게 번호가 매겨져 있거나 상태의 수가 다르더라도 당신의 해답이 올바른지 아닌지 결정할 것이다. 두 번째, 만약 당신의 해답이 틀렸다면, *LogicAid*는 당신의 상태표가 잘못(fail)되는 짧은 입력열을 찾을 것이고, 이 입력열은 해답에서 에러를 찾는 데 사용될 수 있다. 만약 상태그래프를 유도하는 방법을 배우는 데 문제가 있다면, *LogicAid*는 상태그래프 투터 모드(tutor mode)를 갖고 있어서 상태그래프의 일부분을 체크하기 위해 사용할 수 있다. 이 일부분 그래프 검사기를 사용함으로써, 각 상태를 추가한 후 상태 그래프를 확인할 수 있고, 다음 상태로 진행하기 전에 에러가 있다면 정정할 수 있다.

8. 14.4절 *직렬 데이터 코드 변환*(*Serial Data Code Conversion*)을 읽어보라.

(a) NRZ, NRZI, RZ, 맨체스터(Manchester) 부호화 방법에 대한 파형을 보여주는 아래의 타이밍도를 완성하라.

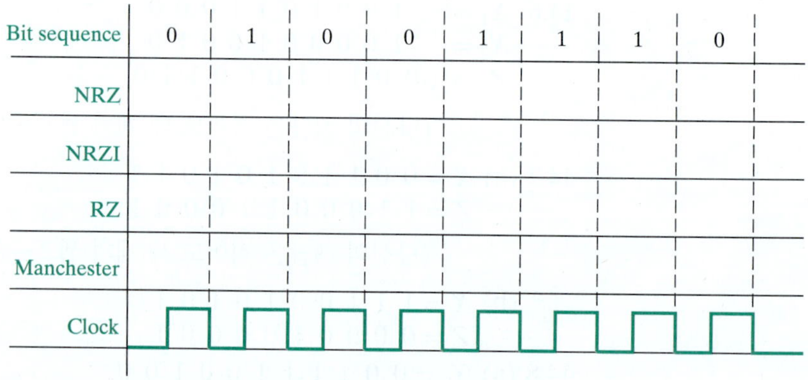

(b) 그림 14-20(b)의 타이밍도는 몇 개의 글리치(glitch)를 보여준다. 상태표를 참조하여, 두 번째 글리치가 존재하는 이유를 설명하라.

(c) 그림 14-21을 검토하기로 하자. 만약 데이터 전송에서 에러가 발생하면, 입력열 $X = 01$ 또는 10이 일어날 수 있다. 상태도에 에러(Error) 상태를 추가하라. 만약 그런 에러가 발생하면, 회로는 이 에러 상태로 가야 한다.

(d) 문제 14.9를 풀어라.

9. 14.5절 *영숫자 상태그래프 표기*(*Alphanumeric State Graph Notation*)를 읽어보라.

(a) 주어진 상태 또는 아크(arc)에 대해 가끔 모든 출력이 0이 된다. 이것은 출력 위치에 0을 둠으로써 표시한다. 예를 들면, 모든 출력이 0이 되는 무어 상태(Moore state)는 $S_3/0$로 표기하고, 모든 출력이 0이 되는 밀리 아크(Mealy arc)는 $X'Y/0$으로 표기될 수 있다.

(b) 아래의 부분 상태그래프에서 상태 S_3을 설명하는 밀리 상태표의 열(row)을 작성하라. $S = N = 1$일 때, 두 모순된 방향 때문에 할 수 없을 것이다. 또한 열은 완전하게 기술되어 있지 않다. S가 X에 대해 우선순위를 갖도록 상태 S_3을 다시 그려라. 따라서 만약 부분 상태그래프에 의해 어떠한 방향도 기술되지 않는다면 회로가 출력 없는 상태 S_3에 머무르게 한다. 그 후, 상태표의 열을 만든다. 만들어진 상태표가 모순을 가지지 않고 완전하게 기술되었다는 것을 보여라.

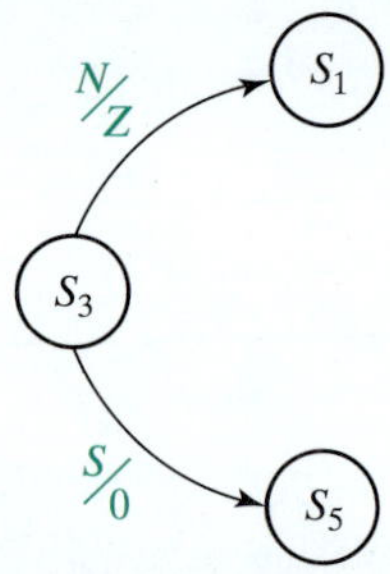

(c) 문제 14.10과 14.11을 풀어라.

10. 14.6절 비완전 명세 상태표(*Incompletely Specified State Table*)를 읽어보라.

다음의 예제를 완성한다.

아래에 보이는 순서회로는 세 부분으로 이루어져 있다. A는 오직 2개의 가능한 출력열, $X = 100$과 $X = 110$을 발생시킬 수 있다고 가정한다. 따라서 순서회로 서브시스템(B)는 단지 두 개의 입력열만 받는다. 입력열의 세 번째 입력이 수신되었을 때, 100이 수신되었다면 B의 출력 $Z = 0$이고, 110이 수신되었다면 $Z = 1$이다. 회로 C는 다른 시간에는 Z의 값을 무시한다고 가정한다. 따라서 X열의 첫 번째 2개 입력 동안에는 Z가 어떤 값이든지 상관하지 않는다.

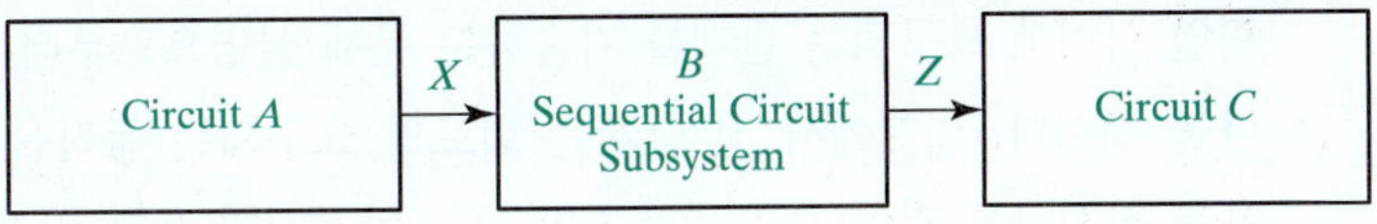

아래 표에 회로 B를 위한 입력–출력열이 나열되어 있다. 여기서 t_0, t_1, t_2는 연속된 클럭 시간을 나타낸다.

	t_0	t_1	t_2		t_0	t_1	t_2
$X =$	1	0	0	$Z =$	–	–	0
	1	1	0		–	–	1

(– is a don't-care output)

B 회로를 위한 다음의 비완전 명세 상태표를 완성하라.

	$X = 0$	1	0	1
S_0	–	S_1	–	–
S_1				
S_2				
S_3				

0은 입력열의 첫 번째에 절대로 일어나지 않으므로 $X = 0$일 때 S_0의 다음 상태는 무관값(don't care)임을 명심하라. 입력열의 세번째 입력이 수신되었을 때, $X = 1$에 대한 다음 상태와 출력은 왜 무관값일까?

11. 당신이 모든 목표를 충족시킬 수 있을 때 성취도 테스트용 문제를 풀어라.

상태그래프와 상태표

Derivation of State Graphs and Tables

13장에서, 타이밍도와 상태그래프를 이용하여 순서회로를 분석했다. 지금, 우리는 입 출력열 사이에 요구되는 관계를 기술하는 문제 설명으로부터 출발해서 순서회로의 설계를 다룰 것이다. 설계에서 첫 단계는 회로의 요구되는 동작을 기술하는 상태표 또는 그래프를 작성하는 것이다. 플립플롭의 입력 방정식과 출력 방정식은 이 표로부터 유도될 수 있다. 순서회로 설계의 가장 중요하고 도전해볼 만한 부분 중 하나인 상태표 또는 그래프의 작성을 이 장에서 상세하게 다룬다.

14.1 순서열 검출기의 설계

클럭형 밀리 순서회로(clocked Mealy sequential circuit)의 설계를 설명하기 위해, 순서열 검출기를 설계한다. 회로는 그림 14-1에서 보이는 형식을 갖는다.

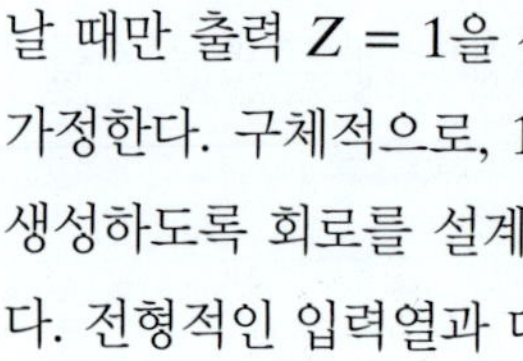

그림 14-1 설계될 순서열 검출기

이 회로는 X 입력에 인가되는 일련의 0과 1을 조사하고, 미리 규정된 입력열이 일어날 때만 출력 $Z = 1$을 생성한다. 입력 X는 오직 클럭 펄스 사이에서만 변할 수 있다고 가정한다. 구체적으로, 101로 끝나는 어떤 입력열의 마지막 1과 동시에 출력 $Z = 1$을 생성하도록 회로를 설계하는 것이다. 회로는 한 개의 1출력이 일어날 때 리셋하지 않는다. 전형적인 입력열과 대응되는 출력열은 다음과 같다.

$X =$	0	0	1	1	0	1	1	0	0	1	0	1	0	1	0	0	
$Z =$	0	0	0	0	0	1	0	0	0	0	0	1	0	1	0	0	(14-1)
(time:	0	1	2	3	4	5	6	7	8	9	10	11	12	13	14	15)	

처음에는 얼마나 많은 플립플롭이 요구되는지 알지 못하므로, S_0, S_1 등으로 회로 상태를 나타내고, 나중에 회로 상태에 대응되는 플립플롭 상태를 할당한다. 서로 다른 입력에 대한 응답으로 발생하는 상태와 출력의 순서를 보여주기 위해 상태그래프를 작성하기로 한다. 초기에는, S_0로 나타낸 리셋 상태에서 회로를 시작한다. 만약 0 입력을 받게 되면, 우리가 찾는 입력열은 0으로 시작하지 않기 때문에 회로는 S_0에 머문다. 하지만 만약 1을 받게 되면, 회로는 원하는 순서에서 첫 입력이 받아진 것을 "기억"하기 위해 새로운 상태(S_1)로 가야 한다(그림 14-2). 그래프상의 라벨은 X/Z 형식이며, 사선(/) 전 기호는 입력이고 사선 후의 기호는 대응되는 출력이다.

상태 S_1에서, 만약 0을 받는다면, 회로는 요구된 순서의 첫 번째 두 입력(10)을 받게 된 것을 기억하기 위해 새로운 상태(S_2)로 바뀌어야 한다. 만약 상태 S_2에서 1이 받아진다면, 요구되는 입력열(101)은 완성되고 출력은 1이 되어야 한다. 회로가 그 후 새로운 상태로 갈지 또는 S_0이나 S_1으로 돌아갈지에 대한 의문이 생긴다. 회로는 하나의 출력이 발생할 때 리셋되지 않는 것으로 했기 때문에, S_0로 돌아갈 수 없다. 하지만 순서열에서 마지막 1이 또한 새로운 순서열의 처음 1이 될 수 있기 때문에, 그림 14-3에 표시된 것처럼, S_1으로 돌아갈 수 있다.

그림 14-2

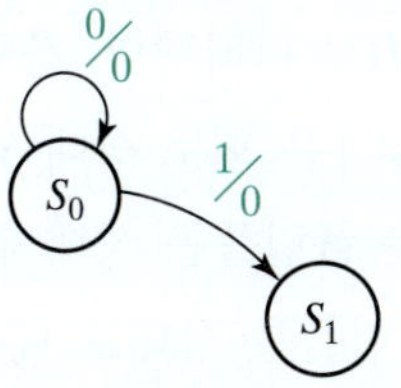

그림 14-3

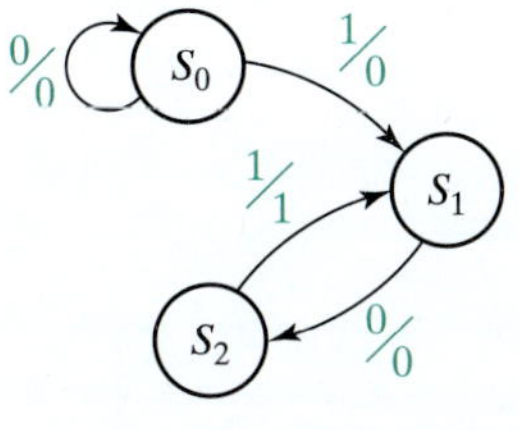

그림 14-3의 그래프는 아직도 미완성이다. 만약 1 입력이 상태 S_1에서 일어나면, 순서가 단순히 재시작되기 때문에 S_1에 머문다. 만약 상태 S_2에서 0 입력이 일어나면, 연속해서 두 개의 0을 받게 된다. 00은 원하는 입력열의 부분이 아니고, 다른 상태 중 하나로 가는 것은 정확하지 않은 출력을 이끌어내기 때문에 회로를 상태 S_0로 리셋시켜야 한다. 최종 상태그래프는 그림 14-4에서와 같다. 한 입력 변수에 대해각 상태는 두 개의 나가는 선(입력 변수 각각의 값에 대해 하나씩)을 가져야 하지만 입력선(entry line)은 회로 규격에 따라 임의의 개수가 될 수 있음을 유의하자. 상태 S_0은 시작 상태이고, 상태 S_1은 1로 종료되는 순서열이 수신되었다는 것을 나타내고, 상태 S_2는 10으로 종료되는 순서열이 수신되었다는 것을 나타낸다. 다른 방법으로 해답을 얻기 위해서는 먼저 이러한 방식으로 상태를 정의한 다음 상태그래프를 작성하는 것이다. 상태그래프를 상태표로 변

그림 14-4 순서열 검출기를 위한 밀리 상태 그래프(Mealy State Graph)

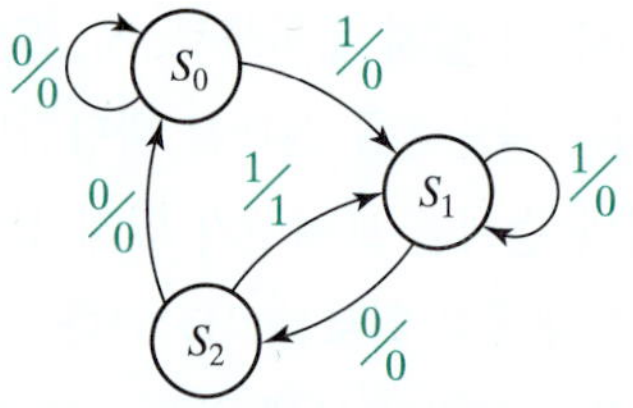

환하면 표 14-1을 얻는다. 예를 들면, S_2로부터 S_1까지의 아크(arc)는 1/1 라벨이 붙어져 있다. 이것 은 현재 상태가 S_2이고 $X = 1$일 때, 현재 출력이 1이 되는 것을 의미한다. 이 출력 1은 X가 1이 되자마자, 즉 상태 변화가 일어나기 *전에* 일어난다. 따라서 이 1은 표의 S_2열에 위치한다.

표 14-1

Present State	Next State $X=0$	Next State $X=1$	Present Output $X=0$	Present Output $X=1$
S_0	S_0	S_1	0	0
S_1	S_2	S_1	0	0
S_2	S_0	S_1	0	1

이 시점에서, 상태표에 의해 설명되는 동작을 갖는 회로를 설계할 수 있다. 한 플립플롭이 단지 두 개의 상태만을 가질 수 있기 때문에, 3개의 상태를 나타내기 위해서는 두 개의 플립플롭이 필요하다. 두 개의 플립플롭을 A와 B로 나타낸다. 플립플롭 상태 $A = 0$과 $B = 0$은 회로 상태 S_0에 대응되고, $A = 0$과 $B = 1$은 회로 상태 S_1에, $A = 1$과 $B = 0$은 회로 상태 S_2에 대응되게 하자. 각 회로 상태는 플립플롭 상태의 조합에 의해 하나로 유일하게 표현된다. 상태표에서 S_0, S_1, S_2를 플립플롭 상태로 대체함으로써 천이표(표 14-2)를 얻는다.

표 14-2

AB	A^+B^+ $X=0$	A^+B^+ $X=1$	Z $X=0$	Z $X=1$
00	00	01	0	0
01	10	01	0	0
10	00	01	0	1

이 표로부터, 플립플롭을 위한 차기 상태 맵과 출력함수 Z를 위한 맵을 구성할 수 있다.

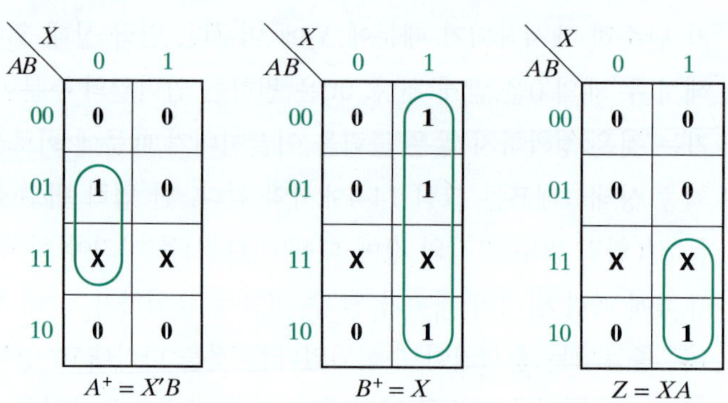

플립플롭 입력은 카운터에서 사용한 것과 같은 방법을 이용하여 차기 상태 맵으로부터 유도된다(12.4절). 만약 D 플립플롭이 사용된다면, $D_A = A^+ = X'B$와 $D_B = B^+ = X$가 되며, 그림 14-5에 나타낸 회로를 얻는다. 초기에는, 두 플립플롭을 "0" 상태로 리셋한다. 회로의 신호를 추적함으로써, 입력열이 101로 끝날 때, 출력 $Z = 1$이 일어난다는 것을 확인할 수 있다. 잘못된 출력을 읽는 것을 피하기 위해, 항상 입력이 변하고 난 후 클럭 펄스의 활성 에지(active edge) 전에 Z값을 읽는다.

그림 14-5

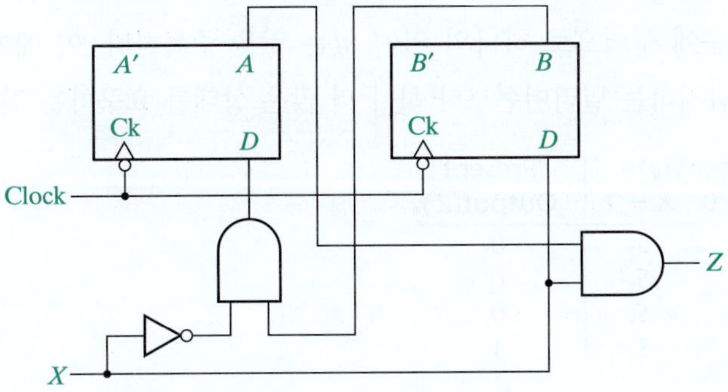

출력이 상태 사이의 천이(transition) 대신 각 상태와 함께 쓰여진 것을 제외하고, 무어 머쉰을 위한 상태그래프를 찾는 과정은 밀리머쉰에서 사용된 과정과 유사하다. 이 과정을 설명하기 위해 앞의 예제를 무어 머쉰으로 수정할 것이다. 101로 끝나는 입력열이 일어날 때만 이 회로는 1의 출력을 내보낸다. "0" 출력이 상태 S_0, S_1, S_2이 할당된 것을 제외하고는, 설계는 입력열이 10이 일어나게 될 때까지 밀리머쉰의 것과 유사하다.

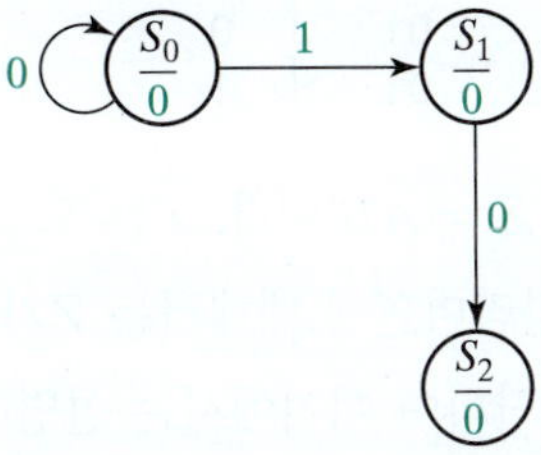

이제, 101 순서를 완성하기 위해 "1" 입력이 일어날 때, 출력은 1이 되어야 한다. 그러므로 상태 S_1에 돌아갈 수 없고 "1" 출력을 갖는 새로운 상태 S_3을 만들어야 한다.

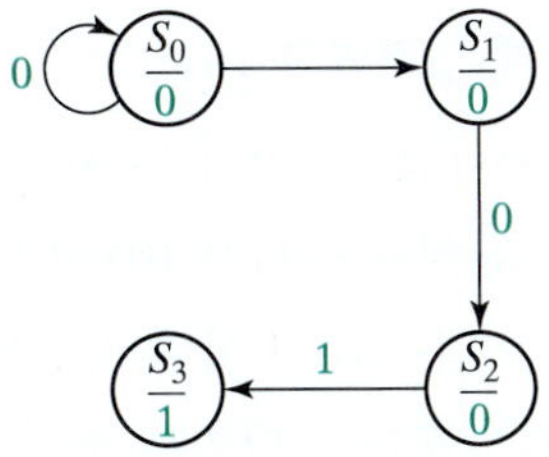

그림 14-6에 보이는 것처럼, 이제 그래프를 완성한다. 순서열 100이 회로를 S_0로 리셋하는 것을 주목하라. 순서열 1010은 다음의 "1" 입력에 의해 Z가 다시 1이 되도록 해야 하기 때문에 회로를 S_2로 되돌리게 한다.

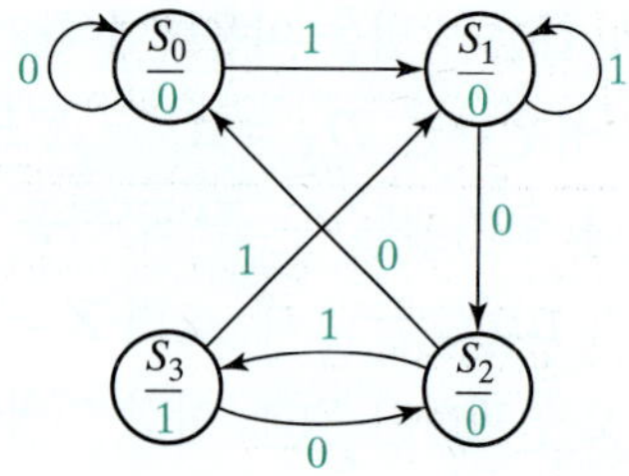

그림 14-6 순서열 검출기를 위한 무어 상태 그래프

회로에 대응하는 상태표는 표 14-3와 같다. 출력이 현재 상태에 의해 결정되고 X에 의존하지 않기 때문에 출력으로 하나의 열이 있는 것을 주목하라. 이 예에서 무어 머쉰은 같은 입력열을 감지하는 밀리머쉰보다 하나 더 많은 상태를 요구하는 것을 주목하라.

표 14-3

Present State	Next State $X = 0$	$X = 1$	Present Output(Z)
S_0	S_0	S_1	0
S_1	S_2	S_1	0
S_2	S_0	S_3	0
S_3	S_2	S_1	1

4개의 상태가 있기 때문에 회로를 구현하기 위해서는 두 개의 플립플롭이 필요하다. S_0를 위해 $AB = 00$, S_1를 위해 $AB = 01$, S_2를 위해 $AB = 11$, S_3를 위해 $AB = 10$인 상태를 할당하여, 플립플롭을 위한 다음 천이표를 만든다(표 14-4).

표 14-4

AB	A^+B^+ $X = 0$	$X = 1$	Z
00	00	01	0
01	11	01	0
11	00	01	0
10	11	01	1

출력 함수는 $Z = AB'$이다. Z는 오직 플립플롭 상태에 의존하고 X에 독립적이다. 반면, 대응하는 밀리머쉰에 대해서는 Z가 X의 함수인 것을 주목하라. 플립플롭 입력방정식의 유도는 간단하여 여기에서는 설명하지 않는다.

앞의 101 순서열 검출기는 *슬라이딩 윈도우*(*sliding window*) 순서열 검출기로 불린다. 왜냐하면 감지되는 순서열이 입력열 어느 곳에서도 일어날 수 있기 때문이다. 윈도우는 서로 겹칠 수도 있고, 겹치지 않도록 제한할 수도 있다. 그림 14-7의 첫 2개의 출력열은 주어진 예제 입력열과 101 순서열 검출기에 대해 겹치는 윈도우와 겹치지 않는 윈도우의 차이를 나타낸다. (그림 14-4와 그림 14-6에 대한 회로는 겹치는 윈도우이다.) 또한 이 예제들은 완성된 순서열 101이 인지되기 위해서는 시각 0 이후에 일어나야만 한다고 가정한다. 이것은 초기 상태 직전에 0 입력이 있었던 것처럼 회로가 작동한다고 가정하는 것과 같다. 또다른 방법은 초기 상태 직전에 1 입력이 있었던 것처럼 회로가 작동한다고 가정하는 것이다. 그림 14-7의 3번째 4번째 출력열이 이 가정에 대한 것이다. 그림 14-4와 그림 16-6에서 초기 상태를 S_1이라고 하면, 회로는 초기 상태 직전에 1 입력이 있었던 것처럼 응답할 것이다.

슬라이딩 윈도우 순서열 검출기와 대조적으로, *디스조인트 윈도우*(*disjoint window*) 순서열 검출기는 입력 순서열을 정해진 크기(일반적으로 감지하고자 하는 순서열의 길이)의 윈도우로 분할한다. 그 다음 윈도우 중 하나에 한정하여 입력열을 인식한다. 그림 14-7의 마지막 출력열이 길이 3인 디스조인트 윈도우를 사용한 101 순서열 검출기이다. (순서열보다 더 긴 윈도우를 만드는 것은 인식되는 순서열을 변경하는 것과 동일하다. 예를 들어, 길이 4의 디스조인트 윈도우에서 101을 탐지하는 것은 0101, 1101, 1010, 1011의 순서열 중 하나를 탐지하는 것과 같다.) 디스조인트 윈도우를 이용한 순서열 감지기는 슬라이딩 윈도우를 이용한 감지기보다 일반적으로 더 복잡하다. 왜냐하면, 순서열을 탐지해야 할 뿐 아니라 윈도우 내 어디에서 비트가 발생하는지를 기록해야만 하기 때문이다.

자연적으로 디스조인트 윈도우는 특별한 경우에 적용된다. 예를 들어 입력 순서열이 연속된 BCD 숫자를 포함하고 있다면, 입력 순서열은 길이 4의 디스조인트 윈도우로 나누어질 수 있다. 순서열 검출기는 각 윈도우를 검사하여 타당한 BCD 값을 포함하고 있는지 검사하거나, 또는 다른 검출기는 각 BCD 숫자의 패리티를 검사할 수 있을 것이다.

그림 14-7 다른 형태의 순서열 검출기

Different 101 Sequence Detectors	*X*	0	1	0	1	0	1	0	1	1	1	0	1	0	1	0	1	0	1
Sliding windows, overlapping	*Z*	0	0	0	1	0	1	0	1	0	0	0	1	0	1	0	1	0	1
Sliding windows, nonoverlapping	*Z*	0	0	0	1	0	0	0	1	0	0	0	1	0	0	0	1	0	0
Sliding windows, overlapping, initial 1	*Z*	0	1	0	1	0	1	0	1	0	0	0	1	0	1	0	1	0	1
Sliding windows, nonoverlapping, initial 1	*Z*	0	1	0	0	0	1	0	0	0	0	0	1	0	0	0	1	0	0
Disjoint windows	*Z*	0	0	0	0	0	1	0	0	0	0	0	1	0	0	0	0	0	1

14.2 복잡한 설계 문제

이 절에서 이전 예제보다 훨씬 더 복잡한 순서회로를 위한 상태그래프를 유도한다. 설계되는 회로는 다시 그림 14-1에서 보여주는 형식을 갖는다. 출력 Z는 만약 입력열이 010이나 1001로 끝난다면 1이 되고, 그렇지 않으면 Z는 0이 되도록 한다. 상태그래프를 그리기 전에, 문제 설명을 명확하게 이해한다는 것을 확실하게 하기 위해 약간의 전형적인 입–출력열을 계산해 보자. 다음의 입력열에 따라 요구되는 출력열을 결정할 것이다.

$$X = 0\,0\,1\;\;0\;\;1\;\;0\;\;0\;\;1\;\;0\;\;0\,0\,1\;\;0\;\;0\;\;1\;\;1\,0$$

$$\uparrow a \quad \uparrow b \quad \uparrow c \quad \uparrow d \quad \uparrow e \quad \uparrow f$$

$$Z = 0\,0\,0\;\;1\;\;0\;\;1\;\;0\;\;1\;\;1\;\;0\,0\,0\;\;1\;\;0\;\;1\;\;0\,0$$

a 지점에서, 입력열은 우리가 찾고 있는 순서 중 하나인 010으로 끝나고, 따라서 출력

은 $Z = 1$이 된다. b 지점에서는 역시 입력이 010으로 끝나서, $Z = 1$이 된다. 출력 1이 일어날 때, 문제 설명이 회로를 리셋하는 것에 관해 아무것도 언급하지 않기 때문에 겹쳐지는 순서가 허락되는 것을 주목하라. c 지점에선 입력열이 1001로 끝나서, Z는 다시 1이 된다. 왜 d, e, f 지점에선 출력 1을 가지는가? 이것은 단지 많은 입력열 중 하나이다. 이 순서열에 대해 올바른 출력을 낳는 상태 머쉰(state machine)이 모든 다른 순서열에 대해 반드시 올바른 출력을 주지는 않을 것이다.

우리는 출력 1을 이끌어내는 두 순서열을 가지고 작업함으로써 상태그래프의 작성을 시작한다. 그 다음, 출력이 다른 경우에 대해서도 정확하다는 것을 확실하게 하기 위해 요구되는 화살표와 상태를 추가할 것이다. 입력이 없는 것에 대응되는 리셋 상태 S_0에서 시작한다. 우리가 찾고 있는 순서열 중 하나의 일부분과 일치하는 입력을 받을 때, 회로는 이 입력을 받은 것을 "기억"하기 위해 새로운 상태로 가야 한다. 그림 14-8은 010 순서에 대해 1 출력을 주는 부분적인 상태그래프를 보여준다. 이 그래프에선, S_1은 0으로 끝나는 순서열, S_2는 01로 끝나는 순서열, S_3은 010으로 끝나는 순서열에 대응한다. 이제, 상태 S_3에서 1 입력이 받아진다면, 우리가 찾고 있는 입력열의 일부분인 01로 끝나는 순서를 다시 갖는다. 그러므로 S_2가 01로 끝나는 순서를 받는 것에 대응되기 때문에 우리는 상태 S_2(화살표 a)로 돌아갈 수 있다. 그 다음, 만약 상태 S_2에서 또 다른 0을 받는다면, 출력 1과 함께 S_3으로 간다. 순서가 다시 010으로 끝나기 때문에 이것은 정확하다.

다음으로, 순서열 1001에 대응하는 그래프의 부분을 만든다. 다시, 리셋 상태 S_0에서 시작하고, 1 입력을 받을 때 순서열 1001에서 첫 번째 1을 받았다는 것을 기억하기 위해 S_4(그림 14-9, 화살표 b)로 간다. 순서열에서 다음 입력은 0이고, 0을 받으면, 다음과 같은 질문을 할 수 있다. 우리는 10으로 끝나는 순서에 대응하는 새로운 상태를 만들 것인가, 아니면 상태그래프상에서 이전 상태 중의 하나로 갈 것인가? S_3이 10으로 끝나는 순서에 대응하기 때문에, S_3(화살표 c)으로 갈 수 있다. 우리가 찾고 있는 순서는 10으로 시작하기 때문에 이번에 초기 0을 갖지 못했다는 사실은 문제가 되지 않는다. 만약 S_3에서 입력 0을 가진다면, 받게 되는 입력열은 S_3으로 가는 경로와 상관없이 100으로 끝날 것이다. 순서 100에 대응되는 상태가 없기 때문에, 100으로 끝나는 순서를 받았다는 것을 나타내기 위해 새로운 상태 S_5를 만든다.

만약 상태 S_5에서 "1" 입력을 받는다면, 이것은 순서 1001을 완성하고, 화살표 e에 의

그림 14-8

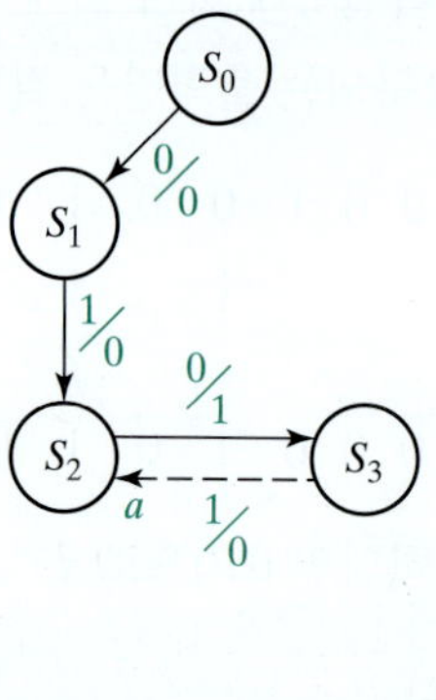

State	Sequence Received
S_0	Reset
S_1	0
S_2	01
S_3	010

그림 14-9

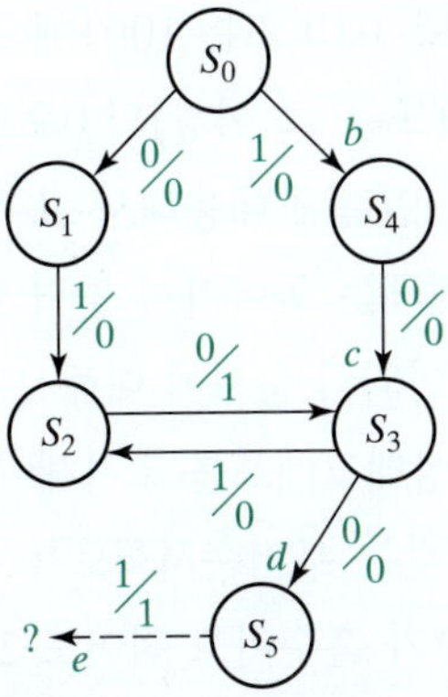

State	Sequence Ends in
S_0	Reset
S_1	0 (but not 10)
S_2	01
S_3	10
S_4	1 (but not 01)
S_5	100

해 표시된 것처럼 1 출력을 주게 된다. 다시, 이러한 질문을 할 수 있다. 이전의 상태 중에 하나로 돌아가거나 또는 새로운 상태를 만들어야 하는가? 순서 1001의 끝단이 01이고, S_2는 01로 끝나는 순서에 대응하기 때문에, 우리는 S_2로 되돌아 갈 수 있다(그림 14-10). 만약 또 다른 001을 얻는다면, 다시 1001 순서를 완성하고 또 다른 1 출력을 얻는다.

순서 010이나 1001이 완성될 때 1을 출력하는 것을 고려해 보았다. 다음으로, 우리는 되돌아 가서, 아직 설명하지 않은 또 다른 입력열을 고려하여 상태그래프를 완성한다. 상태 S_1에서 1 입력에 대해서는 설명했지만, 0 입력에 대해서는 아니다. 만약 S_1에서 0 입력을 갖는다면, 어떤 상태로 가야 하나? 만약 S_1에서 0 입력이 일어나면, 00으로 끝나는 순서를 가진다. 00은 찾고 있는 어떠한 입력열의 일부분도 아니기 때문에, 여분의 0을 무시할 수 있고 S_1에 머무른다(화살표 *f*). 얼마나 많은 여분의 0이 일어나든지 여전히 0으로 끝나는 순서를 가지므로, 1 입력이 일어날 때까지 S_1에 머무른다. S_2에서, 0 입력의 경우는 고려했지만, 1 입력의 경우는 고려하지 않았다. 만약 1이 받아지면, 입력열은 11로 끝난다. 11은 순서열 010나 1001의 일부분이 아니기 때문에, 11로 끝나는 순서에 대응되는 상태는 필요하지 않다. S_2는 01로 끝나는 순서에 대응되기 때문에, S_2에 머무를 수 없다. 따라서 1로 끝나는 순서를 받은 것에 대응되는 S_4로 가야 한다(화살표 *g*). S_3은 이미 0과 1 입력에 대응되는 화살표를 가지고 있으므로, 다음은 S_4를 조사한다. 만약 S_4에서 1이 받아지면, 입력열은 11로 끝난다. 11이 우리가 찾고 있는 순서의 일부분이 아니기 때문에 S_4에서 머물 수 있고 여분의 1(화살표 *h*)을 무시할 수 있다. S_5에서, 만약

그림 14-10

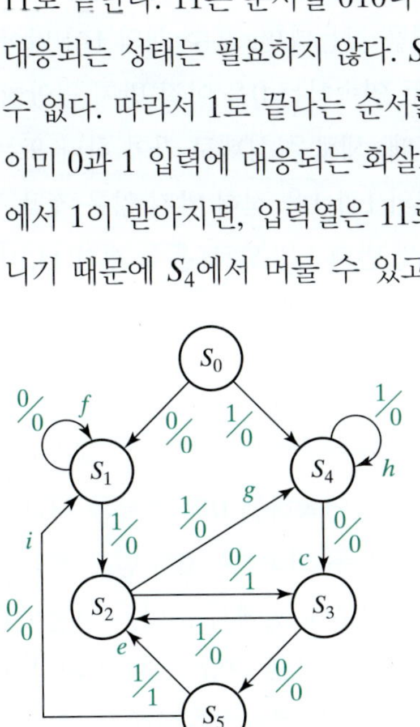

State	Sequence Ends in
S_0	Reset
S_1	0 (but not 10)
S_2	01
S_3	10
S_4	1 (but not 01)
S_5	100

0 입력을 갖는다면, 순서는 000으로 끝난다. 000은 010 또는 1001에 포함되지 않기 때문에, S_1에 돌아갈 수 있다. 그 이유는 S_1이 하나(또는 그 이상)의 0으로 끝나는 순서를 받은 것에 대응되기 때문이다. 모든 상태는 0과 1 입력에 대응해서 그 상태를 떠나는 화살표를 갖기 때문에 상태그래프는 완성되었다. 이제는 돌아가서 출력 1이 항상 010 또는 1001로 끝나는 순서에 대해서만 얻어지고 그 이외의 순서에 대해서는 일어나지 않다는 것을 분명히 하기 위해 원래의 입력열에 대해 상태그래프를 조사해야 한다.

다음으로, 하나의 입력 X와 하나의 출력 Z를 갖는 무어순서회로를 위한 상태그래프를 유도하기로 한다. 만약 받아들여진 1의 전체 수가 홀수이고 적어도 2개의 연속되는 0 값을 받으면 출력 Z는 1이 된다. 전형적인 입출력 순서열은 다음과 같다.

$$
\begin{array}{ll}
X = & 1\ 0\ 1\ 1\ 0\ 0\ 1\ 1 \\
& \uparrow \quad\ \ \uparrow\ \ \uparrow\ \uparrow\ \uparrow \\
& a \quad\ \ \ b\ \ \ c\ d\ e \\
Z = & (0)\ 0\ 0\ 0\ 0\ 0\ 1\ 0\ 1
\end{array}
$$

무어 회로에 대해 입력 변화가 Z에 바로 영향을 미치지 않고 Z는 오직 차기 활성(active) 클럭 에지 이후에 변할 수 있다는 것을 강조하기 위해 Z 순서를 오른쪽으로 이동시켰다. 괄호 안의 초기값 0은 리셋 상태와 관련된 출력이다. a와 b지점에서, 앞선 순서열 내에서 홀수 개의 1을 받았지만, 두 연속하는 0은 받지 않아서, 출력은 0으로 유지된다. c와 e지점에서는 홀수 개의 1과 두 연속하는 0이 받아져서 $Z = 1$이 된다. d지점에선, 1의 개수가 짝수이기 때문에, $Z = 0$이 된다.

리셋 상태 S_0를 갖는 무어 상태그래프(그림 14-11)의 작성을 시작하고, 이 상태와 "0" 출력을 결합시킨다. 먼저, 1의 개수가 짝수 또는 홀수인지를 지속적으로 추적하는 것을 검토하자. 만약 S_0에서 한 개의 1 입력을 갖는다면, 홀수 개의 1이 받아들여졌다는 것을 나타내기 위해 상태 S_1로 갈 것이다. 두 연속하는 0을 아직 받지 않았기 때문에, S_1을 위한 출력은 0이다. 두 번째 1을 받았을 때, 새로운 상태로 가야 하나 또는 S_0로 되돌아 가야 하나? 이 문제에 대해서는, 짝수 개의 1과 1을 전혀 받지 않은 것을 구별할 필요가 없기 때문에, S_0으로 되돌아갈 수 있다. 세 번째 1은 S_1로(홀수 개의 1), 네 번째 1은 S_0(짝수 개의 1)으로 간다.

그림 14-11

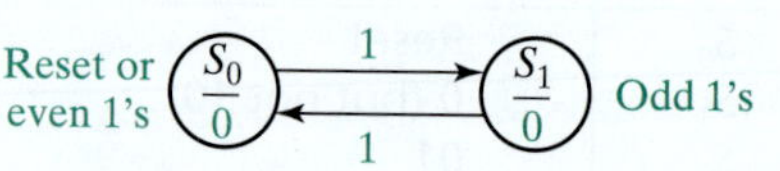

만약 S_0에서 0이 받아진다면, 이것은 두 연속하는 0의 순서를 시작하고, 따라서 그림 14-12에서 S_2(0 출력)로 간다. 또 다른 0은 두 연속하는 0이 받은 것을 나타내기 위해 S_3으로 간다. 받아진 1의 개수가 짝수이기 때문에 S_3에서 출력은 여전히 0이다. 지금 만약 한 개의 1 입력을 갖는다면, 우리는 홀수 개의 1을 받았고, S_4로 간다. (왜 S_1으로 갈 수 없는가?) S_4에서, 우리는 두 연속하는 0과 홀수 개의 1을 받아서, 출력은 1이 된다.

만약 S_4에서 1을 받는다면, 짝수 개의 1과 두 연속하는 0을 가져서, S_3으로 돌아올 수 있다(화살표 *a*). S_3에서 출력은 0이다. 또 다른 1 입력을 가질 때, 1의 개수는 홀수가 되어서, 출력 1을 갖고 다시 S_4로 간다. 이제, S_1에 있고(홀수 개의 1을 받아들임), 한 개의 0을 갖는다고 가정하자. S_2로 갈 수 없어서(왜?) 0이 뒤따라오는 홀수 개의 1에 대응하는 새로운 상태 S_5(그림 14-13, 화살표 *b*)로 간다. 또 다른 0은 두 연속하는 0을 만들고, 1 출력을 주는 S_4(화살표 *c*)로 갈 수 있다.

그림 14-12

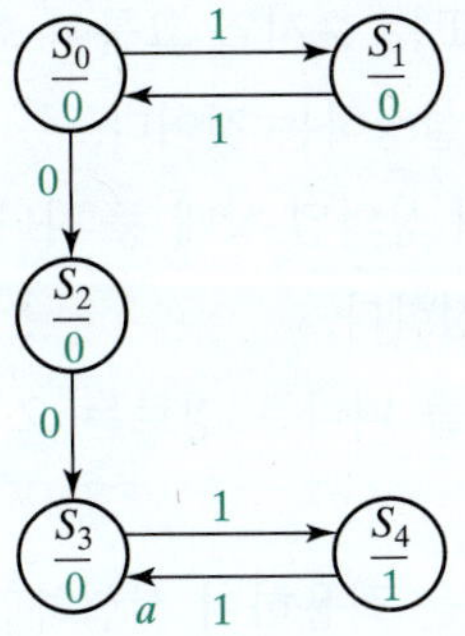

State	Sequence Received
S_0	Reset or even 1's
S_1	Odd 1's
S_2	Even 1's and ends in 0
S_3	Even 1's and 00 has occurred
S_4	00 has occurred and odd 1's

그림 14-13

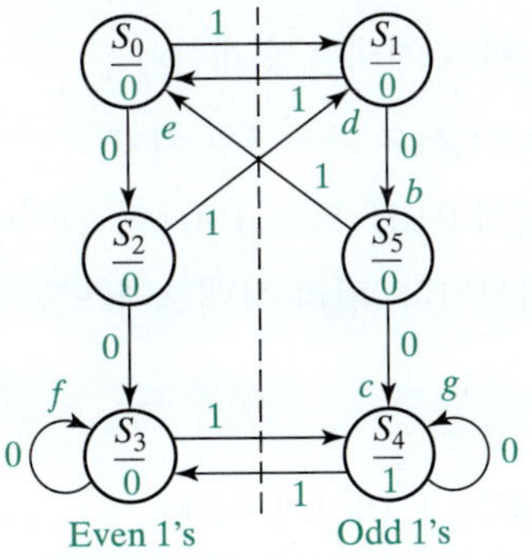

State	Input Sequences
S_0	Reset or even 1's
S_1	Odd 1's
S_2	Even 1's and ends in 0
S_3	Even 1's and 00 has occurred
S_4	Odd 1's and 00 has occurred
S_5	Odd 1's and ends in 0

이제 각 상태를 떠나는 두 화살표가 있는 것을 확인함으로써 상태그래프를 완성해야 한다. S_2에서, 1 입력은 홀수 개의 1을 받는 것을 의미한다. 두 연속하는 0을 받지 않았기 때문에, S_1(화살표 *d*)로 돌아가야 하고 다시 0의 수를 세기 시작해야 한다. 유사하게 만약 S_5에서 1을 받는다면, S_0으로 돌아간다(왜? 지금, 만약 S_3에서 0을 받는다면 무엇이 일어나는가? 원래의 문제 설명을 참조함으로써, 두 개의 연속하는 0을 한 번 받는다면, 부가적인 0은 무시될수 있음을 알 수 있다. 따라서 S_3에 머물 수 있다(화살표 *f*). 유사하게 S_4에서 여분의 0은 무시할 수 있다(화살표 *g*). 이것은 무어상태표를 완성하고, 돌아가서 올바른 출력열이 다양한 입력열에 대해 얻어짐을 확인해야 한다.

14.3 상태그래프의 작성을 위한 가이드라인

비록 모든 문제에 대해 상태그래프나 상태표를 유도하기 위해 이용될 수 있는 한 가지의 구체적인 과정은 없지만, 아래의 가이드라인은 도움이 될 것이다.

1. 먼저, 문제 설명을 이해한다는 것을 확인하기 위해 몇 가지 예시 입출력열을 작성한다.
2. 만약 있다면, 어떤 조건에서 회로가 초기 상태로 리셋해야 하는지 결정한다.
3. 만약 오직 한 개 또는 두 개 순서열만이 0이 아닌 출력을 이끌어낸다면, 좋은 시작 방법은 이 순서열을 위한 부분적인 상태그래프 작성하는 것이다.
4. 시작하기 위한 또 다른 방법은 어떤 순서열 또는 순서열 그룹이 회로에 의해 기억되어야 하는지를 결정하고 그에 따른 상태를 설정하는 것이다.
5. 상태그래프에 화살표를 추가할 때마다 이전에 정의된 상태 중 하나로 갈 수 있는지 또는 새로운 상태가 추가되어야 하는지를 결정한다.
6. 입력 변수 값의 각 조합에 대해 각각의 상태를 떠나는 경로는 오직 하나뿐이라는 것을 확인하기 위해 그래프를 검사한다.
7. 그래프가 완성되면 1단계에서 구성된 입력열을 적용하여 시험하고 출력열이 올바른지 확인한다.

상태그래프 또는 상태표를 유도하는 몇 개의 예제를 소개한다.

예제 1 순서회로가 한 개의 입력(X)과 한 개의 출력(Z)을 갖는다고 하자. 그 회로는 4개의 연속되는 입력의 그룹을 검사하여 만약 입력열에 0101 또는 1001이 일어나면, 출력 $Z = 1$을 만든다. 회로는 4개를 입력할 때마다 리셋된다. 밀리 상태그래프를 구하라.

풀이 전형적인 입출력 열은

$$\begin{array}{rcl|l|l|l} X & = & 0101 & 0010 & 1001 & 0100 \\ Z & = & 0001 & 0000 & 0001 & 0000 \end{array}$$

수직 바(bar)는 회로가 초기 상태로 리셋하는 위치를 나타낸다. 01이 뒤따르는 01 또는 10 입력열은 Z = 1의 출력을 만드는 것을 주목하라. 따라서 01 또는 10을 받는다면, 회로는 같은 상태로 갈 수 있다. 1 출력을 이끌어내는 두 순서열을 위한 부분적인 상태그래프는 그림 14-14에서 보여준다.

그림 14-14 예제 1을 위한 부분적인 상태그래프

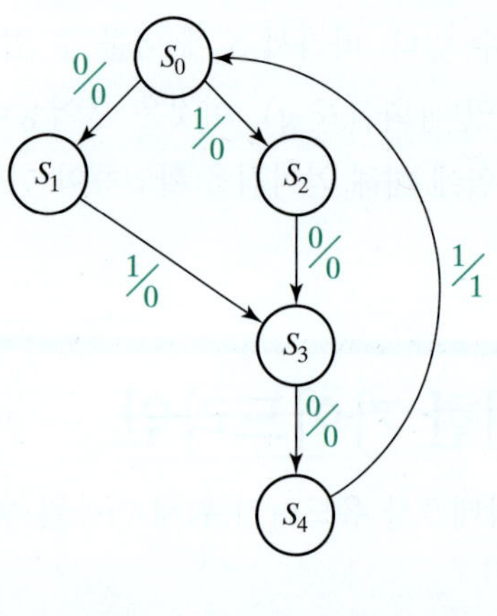

State	Sequence Received
S_0	Reset
S_1	0
S_2	1
S_3	01 or 10
S_4	010 or 100

회로는 네 번째 입력을 받을 때 S_0으로 리셋되는 것을 주목하라. 다음으로, 그림 14-15에서 보여주듯이 1 출력을 주지 않는 열을 해결하기 위해 그래프에 화살표와 라벨을 추가한다.

그림 14-15
예제 1을 위한 완전한 상태그래프

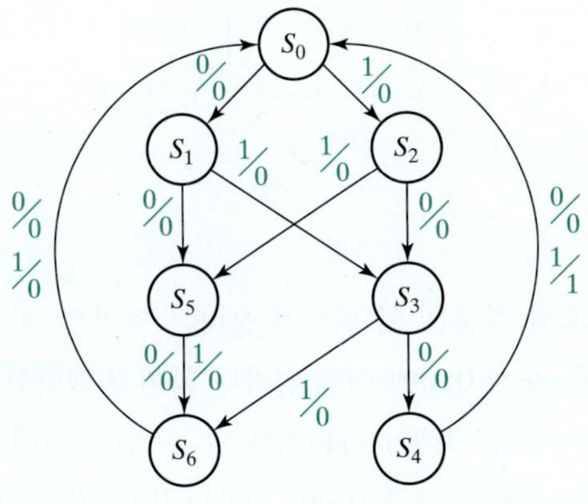

State	Sequence Received
S_0	Reset
S_1	0
S_2	1
S_3	01 or 10
S_4	010 or 100
S_5	Two inputs received, no 1 output is possible
S_6	Three inputs received, no 1 output is possible

회로가 4개의 입력을 받기 전에 S_0으로 리셋되지 않기 위해서 상태 S_5와 S_6의 추가가 필요했다. 00 또는 11 입력열을 한 번 받게 되면(상태 S_5), 회로가 리셋될 때까지는 1을 출력할 수 없다는 것을 주목하라.

예제 2 순서열 회로는 한 개의 입력(X)과 두 개의 출력(Z_1과 Z_2)을 가진다. 순서열 010이 나타나지 않았다면, 출력 $Z_1 = 1$은 순서열 100이 완성될 때마다 일어난다. 출력 $Z_2 = 1$은 입력 순서열 010이 완성될 때마다 일어난다. 출력 $Z_2 = 1$이 한 번 일어나면, $Z_1 = 1$은 결코 일어날 수 없으나, 그 역은 아님을 주목하라. 밀리 상태그래프와 표를 구하라.

풀이 전형적인 입출력 열은:

$$
\begin{array}{l}
X = 1\ 0\ 0\ 1\ 1\ 0\ 0\ 1\ 0\ 1 \;\vdots\; 0\ 1\ 0\ 0\ 1\ 0\ 1\ 1\ 0\ 1\ 0\ 0 \\
Z_1 = 0\ 0\ 1\ 0\ 0\ 0\ 1\ 0\ 0\ 0 \;\vdots\; 0\ 0\ 0\ 0\ 0\ 0\ 0\ 0\ 0\ 0\ 0\ 0 \\
Z_2 = 0\ 0\ 0\ 0\ 0\ 0\ 0\ 0\ 1\ 0 \;\vdots\; 1\ 0\ 1\ 0\ 0\ 1\ 0\ 0\ 0\ 0\ 1\ 0
\end{array}
$$

010이 일어나기 전에 100 열은 두 번 일어나며, 그때마다 $Z_1 = 1$이 되는 것을 주목하라. 그러나 010이 한 번 일어나고, $Z_2 = 1$이면 100이 다시 일어날 때에도 $Z_1 = 0$이다. 010이 다섯 번 일어날 때 모두 $Z_2 = 1$이다. 회로를 리셋하는 것에 대해 언급이 없기 때문에, 01010은 010이 두 번 일어나는 것을 의미한다.

순서열 100과 010에 대해 올바른 출력을 주는 상태그래프의 일부분을 작성함으로써 이 문제를 풀기 시작할 수 있다. 그림 14-16(a)는 상태그래프의 이 부분을 보여준다.

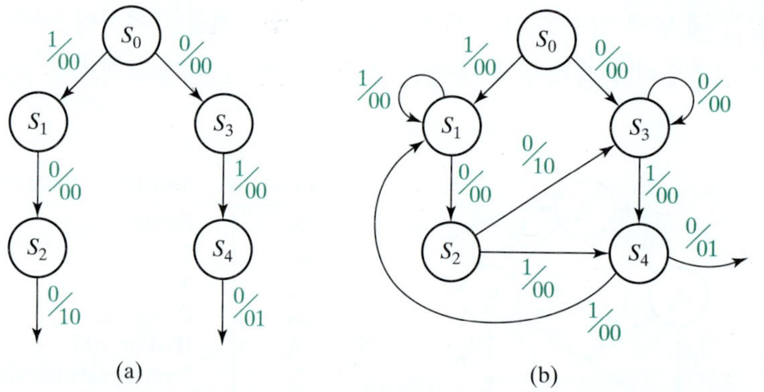

그림 14-16
예제 2를 위한 부분 그래프

이 시점에서 물을 수 있는 중요한 질문은 이 회로가 올바른 출력을 내기 위해 기억해야 하는 것은 무엇인가? 이 회로는 순서 010에 대해 얼마나 많이 진행되었는지를 기억해야 할 것이고, 따라서 언제 $Z_2 = 1$을 출력해야 하는지를 알 수 있을 것이다. 이 회로는 또한 010이 아직 나타나지 않았는지와 순서열 100이 얼마나 많이 진행되었는지를 기억해야 할 것이다. 그래서 언제 $Z_1 = 1$인지 알 수 있을 것이다.

각 상태에 의해 기억되는 것을 계속 추적하는 것은 올바른 상태그래프를 만드는 데 도움이 될 것이다. 표 14-5는 이것을 하는 데 도움을 줄 것이다. 상태 S_0는 회로의 초기 상태여서, 각 열에 대해 진행이 없고, 010은 결코 일어나지 않는다. 상태 S_1은 S_0으로부터 1을 받을 때 가는 상태이어서, S_1에선 1을 얻음으로써 열 100에 대해 진행을 만들었다. 상태 S_2에서는, 10을 얻음으로써 열 100에 대해 진행을 만들었다. 유사하게 상태 S_3과 S_4는 010을 향한 0과 01의 진행을 나타낸다. S_1에서는 열 010을 향해 아무런 진행이 없다. 그리고 S_3에서는 열 100을 향해 아무런 진행이 없다. 그러나 S_2에서는 10을 받았다. 따라서 다음 두 입력이 1과 0이면, 열 010은 완성될 것이다. 따라서 S_2에서는 100을 향해 10의 진행뿐만 아니라, 010을 향한 0의 진행도 만들었다. 유사하게, S_4에서는, 010을 향해 01의 진행뿐만 아니라, 100을 향한 1의 진행도 만들었다.

이 정보를 이용하여, 그림 14-16(b)를 얻기 위해 상태그래프의 더 많은 것을 채워넣을 수 있다. 만약 회로가 상태 S_1에 있고 1이 받아졌다면, 마지막 두 입력은 11이다. 앞의 1은 열 100을 향해서는 소용없다. 하지만 회로는 새로운 1을 기억해야 할 것이고, 열 100을 향한 1의 진행이 있다. 열 010에 대해선 진행이 없고, 010은 결코 일어나지 않지만,

표 14-5
예제 2를 위한 상태 설명

State	Description		
S_0	No progress on 100	No progress on 010	010 has never occurred
S_1	Progress of 1 on 100	No progress on 010	
S_2	Progress of 10 on 100	Progress of 0 on 010	
S_3	No progress on 100	Progress of 0 on 010	
S_4	Progress of 1 on 100	Progress of 01 on 010	
S_5		Progress of 0 on 010	010 has occurred
S_6		Progress of 01 on 010	
S_7		No Progress on 010	

이것은 상태 S_1과 같은 상황이다. 따라서 이 회로는 상태 S_1로 돌아가야 한다. 유사하게, 만약 상태 S_3에서 0이 받아진다면, 마지막 두 입력은 00이다. 열 010을 향한 0의 진행만 있고, 100을 향한 진행은 없으며, 010은 결코 일어나지 않아서, 회로는 상태 S_3으로 돌아가야 한다. 상태 S_2에서, 만약 0이 받아진다면, 열 100이 완성되고, 회로는 $Z_1 = 1$을 출력한다. 그때 100의 또 다른 열에 대해서는 진행이 없고, 010은 여전히 일어나지 않았다. 하지만 마지막 입력이 0이어서, 열 010을 향한 0의 진행이 있다. 우리는 표 14-5로부터 이것은 S_3과 같은 상황이라는 것을 알 수 있고, 따라서 회로는 상태 S_3으로 가야 한다. 상태 S_2에서 1이 받아진다면, 010을 향한 01의 진행과 100을 향한 1의 진행을 만들고, 010은 여전히 일어나지 않는다. 회로는 상태 S_4로 가야 한다는 것을 표 14-5로부터 알 수 있다.

만약 상태 S_4에서 0이 받아진다면, 열 010은 완성되고, $Z_2 = 1$을 출력해야 한다. 이 시점에 서, 010이 받아져서 $Z_1 = 1$은 결코 다시 일어나지 않는다는 것을 기억하기 위해 새로운 상태 (S_5)로 가야 한다. S_5에 도착할 때, 100 찾기를 멈추고 오직 010을 찾는다. 그림 14-17(a)는 입력열이 010으로 끝날 때, $Z_2 = 1$을 출력하는 부분적인 상태그래프를 보여준다. S_5에서, 010을 향한 0의 진행을 가지며, S_5로 되돌아감으로써 부가적인 0들을 무시할 수 있다. S_6에서, 우리는 010을 향한 01의 진행을 가진다. 만약 0이 받아지면, 열은 완성되고, $Z_2 = 1$이 되며, 이 0은 010열을 다시 시작하기 때문에 우리는 S_5로 돌아갈 수 있다.

그림 14-17
예제 2를 위한 상태그래프

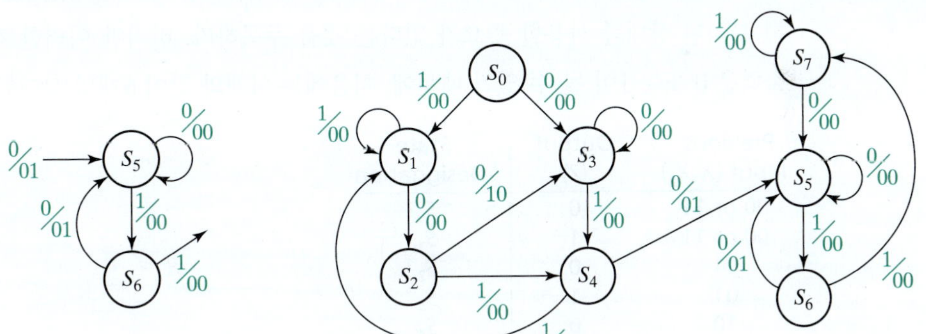

(a) Partial graph for 010 (b) Complete state graph

표 14-6

Present State	Next State $X = 0$	Next State $X = 1$	Output (Z_1Z_2) $X = 0$	Output (Z_1Z_2) $X = 1$
S_0	S_3	S_1	00	00
S_1	S_2	S_1	00	00
S_2	S_3	S_4	10	00
S_3	S_3	S_4	00	00
S_4	S_5	S_1	01	00
S_5	S_5	S_6	00	00
S_6	S_5	S_7	01	00
S_7	S_5	S_7	00	00

만약 상태 S_6에서 1을 받는다면, 010 열은 깨어지고, 다시 010 찾기를 시작하기 위해 새로운 상태(S_7)를 추가해야 한다. 상태 S_7에서는, 부가적인 1들을 무시하고, 0이 받아질 때, 이 0은 010 열을 다시 시작하기 때문에 S_5로 되돌아간다. 그림 14-17(b)는 완전한 상태그래프를 보여 주고, 표 14-6은 대응되는 표이다.

예제 3 순서회로가 두 개의 입력(X_1, X_2)과 한 개의 출력(Z)을 가진다. 출력은 다음 입력열 중 하나가 일어나지 않으면 상수 값으로 남는다.

(a) 입력열 $X_1\ X_2 = 01, 11$은 출력을 0이 되게 한다.

(b) 입력열 $X_1\ X_2 = 10, 11$은 출력을 1이 되게 한다.

(c) 입력열 $X_1\ X_2 = 10, 01$은 출력의 값을 변하게 한다.

($X_1X_2 = 01, 11$의 표기는 $X_1 = 0$, $X_2 = 1$이고 뒤따라오는 $X_1 = 1$, $X_2 = 1$을 의미한다)

그 회로를 위한 무어 상태그래프를 유도하라.

풀이 출력에 영향을 미치는 유일한 입력열쌍은 길이가 2이다. 따라서 이전과 현재 입력이 출력을 결정할 것이고, 회로는 오직 이전 입력쌍만을 기억해야 한다. 처음에는, 받아지는 마지막 입력 $X_1X_2 = 01$, 10과 (00 또는 11)에 대응하는 세 개의 상태가 요구되는 것처럼 보인다. 00과 11은 둘 다 출력 변화를 이끌어내는 열을 시작하지 않기 때문에 00과 11에 대해 분리된 상태를 사용할 필요가 없다는 것을 주목하라. 하지만 이러한 각 상태들에 대해 출력은 0 또는 1이 될 수 있기 때문에, 처음에는 아래와 같이 6개의 상태를 정의할 것이다.

Previous Input (X_1X_2)	Output (Z)	State Designation
00 or 11	0	S_0
00 or 11	1	S_1
01	0	S_2
01	1	S_3
10	0	S_4
10	1	S_5

이러한 상태 명시를 이용하여, 상태표를 완성할 수 있다(표 14-7). 여기서 주어진 6열의 표는 15장에서 주어진 방법을 이용하여 5열로 축소될 수 있다.

표 14-7

Present State	Z	Next State $X_1X_2 = 00$	01	11	10
S_0	0	S_0	S_2	S_0	S_4
S_1	1	S_1	S_3	S_1	S_5
S_2	0	S_0	S_2	S_0	S_4
S_3	1	S_1	S_3	S_0	S_5
S_4	0	S_0	S_3	S_1	S_4
S_5	1	S_1	S_2	S_1	S_5

이 표의 S_4열은 다음처럼 유도된다. 만약 00이 받아진다면, 입력열은 10, 00이 되어서, 출력은 변하지 않고, 받아진 마지막 입력이 00인 것을 기억하기 위해 S_0으로 간다. 만약 01이 받아진다면, 입력열은 10, 01이 되어서, 출력은 1로 변해야 하고, 받아진 마지막 입력이 01인 것을 기억하기 위 해 S_3으로 간다. 만약 11이 받아진다면, 입력열은 10, 11이 되어서, 출력은 1이 되어야 하고, S_1으로 간다. 만약 10이 받아진다면, 입력열은 10, 10이 되어서 출력은 변하지 않고, S_4에 남는다. 표의 다른 열이 정확하다는 것을 당신 스스로 증명하라. 상태그래프는 그림 14-18에 나와 있다.

그림 14-18 예제 3을 위한 상태그래프

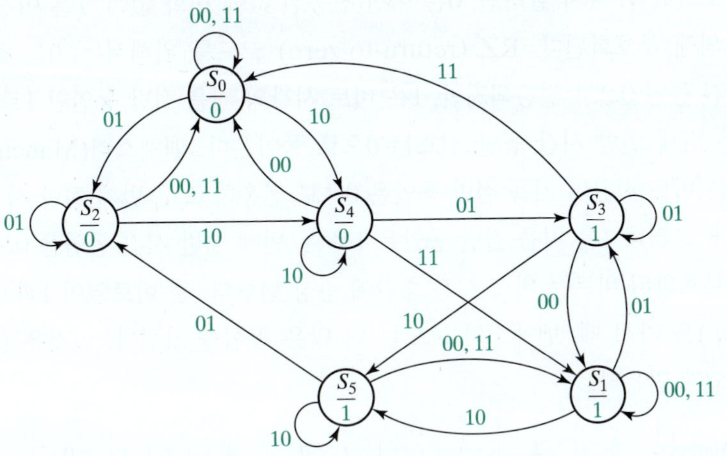

14.4 직렬 데이터 코드 변환

상태그래프 작성의 마지막 예제로서, 직렬 데이터를 위한 변환기를 설계한다. 2진수 데이터는 직렬 비트스트림(bit stream)으로 컴퓨터 간에 빈번하게 전송된다. 그림 14-19(a)에서 보는 것처럼, 클럭신호는 데이터와 함께 자주 전송되며, 따라서 수신기는 적절한 시간에 데이터를 읽을 수 있다. 대안으로(그림 14-19(b)), 직렬 데이터만이 전송되고, 클럭 복구회로(디지털 위상동기 루프(phase-locked loop)라 불림)가 수신기 측에서 클럭을 재생하기 위해 사용된다.

그림 14-19 직렬 데이터 전송

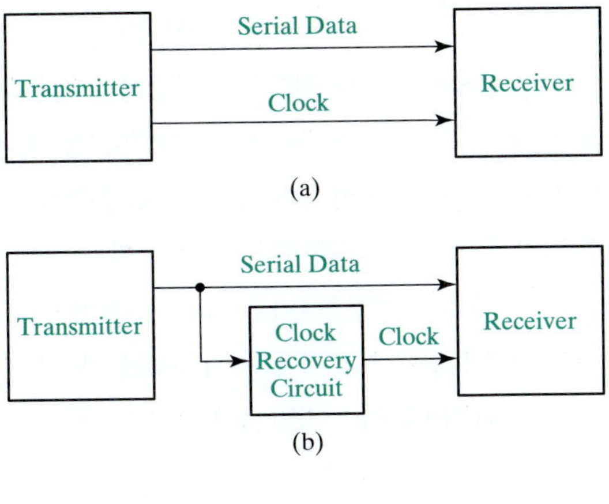

그림 14-20은 데이터 전송을 동기화하는 데 사용되는 직렬 데이터를 위한 4가지의 다른 코드 방법을 클럭과 함께 보여준다. 예는 0, 1, 1, 1, 0, 0, 1, 0 비트열의 전송을 보여준다. NRZ (non-return-to-zero) 코드로는, 각 비트는 어떤 변화 없이 한 비트 시간 동안 전송된다. NRZI (non-return-to-zero-inverted) 코드로는, 데이터는 출력신호에서 천이(transition)가 있는가 또는 없는가에 의해 부호화된다. 원 순서열에서의 0에 대해, 전송되는 비트는 전송된 이전 비트와 같다. 원래 순서열에서의 1에 대해서는, 전송되는 비트는 이전 전송된 비트의 반전값이다. 따라서 이전 열은 0, 1, 0, 1, 1, 1, 0, 0으로 부호화된다. 다시 말하면, 0은 이전 전송된 값에 변화 없이, 1은 이전 전송된 값의 반전에 의해 부호화된다. RZ (return-to-zero) 코드를 위해서는, 0은 하나의 완전한 비트 시간 동안 0으로 전송되지만, 1은 비트 시간의 처음 절반 동안만 1로 전송되고, 그 다음, 두 번째 절반 시간 동안 신호는 0으로 돌아온다. 맨체스터(Manchester) 코드에서는, 0은 비트 시간의 처음 절반 동안은 0으로 전송하고 두 번째 절반 시간 동안은 1로 전송한다. 그러나 1은 처음 절반 동안은 1로 두 번째 절반 시간 동안은 0으로 전송한다. 따라서 부호화된 비트는 비트 시간 중간에 항상 변한다. 원 비트열이 1과 0 값의 긴 스트링(string)을 가질 때, 맨체스터 코드는 더 많은 천이를 가진다. 이것은 클럭 신호를 복구하기 쉽게 만든다.

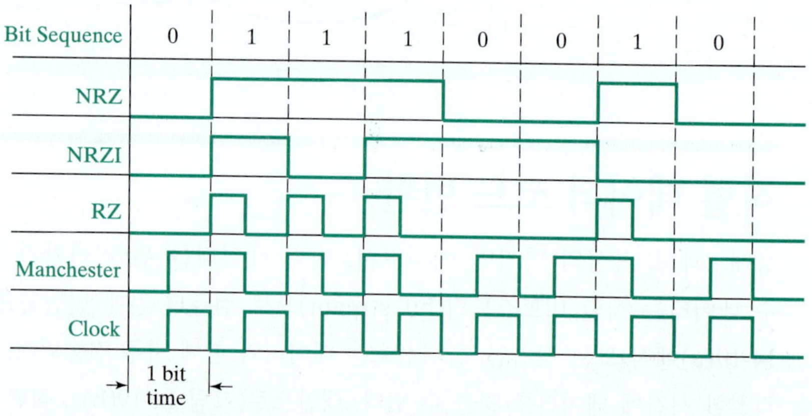

그림 14-20
직렬 데이터 전송을 위한 부호화 방법

우리는 NRZ-부호화된 비트 스크림을 맨체스터–부호화된 비트 스트림으로 변환시키는 순서회로를 설계해 볼 것이다(그림 14-21(a)). 이것을 하기 위해, 기본 클럭 주파수의 2배인 Clock2를 클럭으로 사용할 것이다(그림 14-21(b)). 이 경우에 모든 출력 변화는 Clock2와 같은 에지(edge)에서 일어날 것이고, 이 장에서 사용해온 표준 동기 설계 기술을 이용할 수 있다. 먼저, 코드 변환을 수행하는 밀리회로를 설계할 것이다. 만약 NRZ 비트가 0이라면, 두 Clock2 기간 동안 0이 될 것임을 주목하라. 유사하게 NRZ 비트가 1이면, 두 Clock2 기간 동안 1이 될 것이다. 따라서 리셋 상태(그림 14-21(c)의 S_0)의 시작에서, 오직 가능한 두 개의 입력열은 00과 11이다. 열 00에 대해, 처음 0이 받아질 때, 출력은 0이다. 첫 번째 Clock2 기간의 끝에서 회로는 S_1로 간다. 입력은 여전히 0이어서, 출력은 1이 되고, 하나의 Clock2 기간 동안 1로 남아 있고, 그 뒤 회로는 S_0

으로 리셋된다. 열 11에 대해서는, 처음 1이 받아질 때, 출력은 하나의 Clock2 기간 동안 1이 되고, 그 다음, 회로는 S_2로 간다. 그 뒤, 출력은 하나의 Clock2 기간 동안 0이고, 회로는 S_0으로 리셋된다.

그림 14-21 NRZ에서 맨체스터로의 변환을 위한 밀리 회로

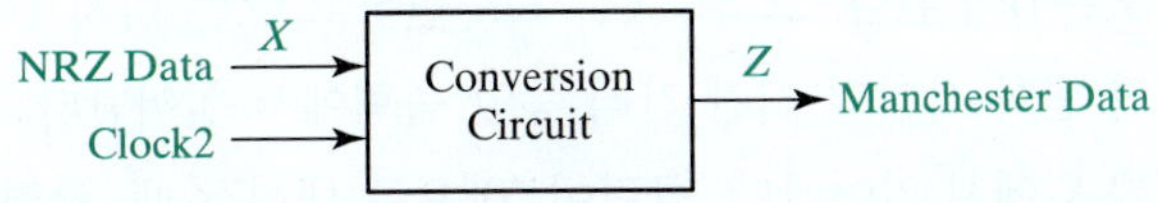

(a) Conversion circuit

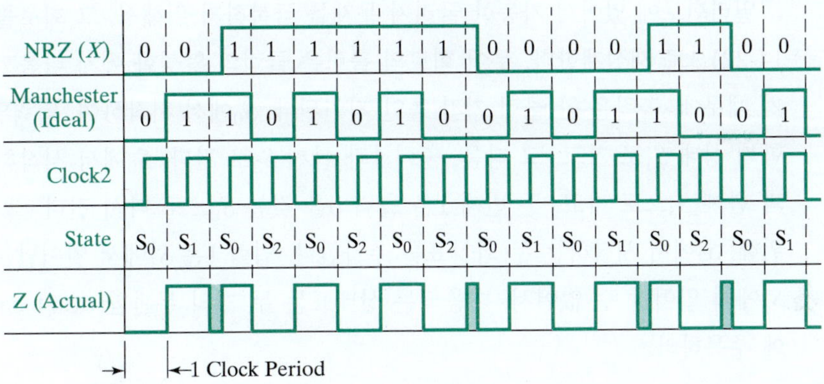

(b) Timing chart

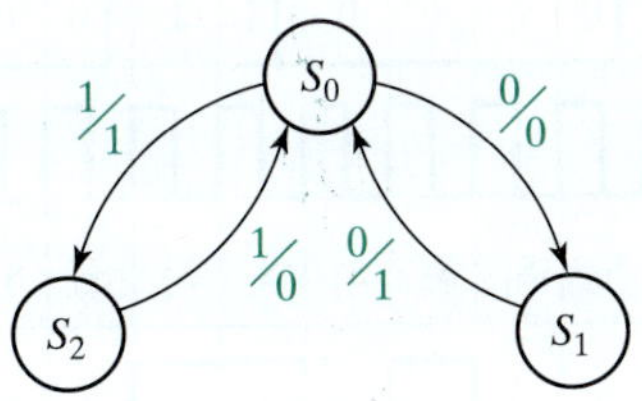

(c) State graph

Present State	Next State		Output (Z)	
	$X = 0$	$X = 1$	$X = 0$	$X = 1$
S_0	S_1	S_2	0	1
S_1	S_0	–	1	–
S_2	–	S_0	–	0

(d) State table

밀리 그래프를 상태표(그림 14-21(d))로 변환할 때, 1 입력일 때의 S_1의 다음 상태는 기술되지 않고 선(−)에 의해 표현된다. 유사하게, 0 입력일 때의 S_2의 다음 상태는 기술되지 않는다. 선(−)은 무관함(don'tcare)과 유사하다. 즉, 대응되는 입력열은 결코 일어나지 않기 때문에, 차기 상태가 무엇이 될지를 신경 쓰지 않는다. 밀리 회로에 대하여 주의 깊게 타이밍 분석을 해보면 출력 파형에서 몇 가지 가능한 글리치(잘못된 출력)가 있음을 볼수 있다(그림 14-21(b)). 입력 파형은 클럭과 정확하게 동기화되지 않을 수 있으며, 입력 파형을 오른쪽으로 이동함으로써 그림에서 이 상황을 과장했다. 따라서 입력 변화는 클럭 에지에 정렬되지 않는다. 이 상황에 대해, Z 출력에서 글리치의 발생을

분석하기 위해 상태표를 사용한다. 타이밍도에서 보여진 첫 번째 글리치는 회로가 입력이 $X = 0$이고 상태 S_1에 있을 때 일어난다. 상태표는 출력이 $Z = 1$이고, 클럭이 “0”으로 내려갈 때, 상태는 S_0으로 변하는 것을 보여준다. 이 시점에서, 입력은 여전히 $X = 0$이고, Z는 0이 된다. 그 뒤, X는 1로 변하고, Z는 다시 1이 되어서, 글리치는 클럭 변화와 입력 변화 사이의 시간 간격 동안 출력에서 일어난다. 다음 글리치는 $X = 1$, $Z = 0$과 함께 S_2에서 일어난다. 클럭이 “0”으로 내려갈 때, 출력은 X가 0으로 변할 때까지 순간적으로 1이 된다.

밀리회로에 있어서 가능한 글리치 문제를 극복하기 위해서, 그 회로를 무어 형식(그림 14-22)으로 재설계한다. 무어 회로의 출력은 클럭의 활성화 에지 다음까지는 변할 수 없기 때문에, 출력은 한 클럭 기간 동안 지연된다. S_0에서 시작하여, 입력열 00은 출력 0과 함께 상태 S_1로 가고, 그 다음, 출력 1과 함께 S_2로 간다. S_0에서 시작하여, 11은 출력 1과 함께 S_3으로 가고, 두 번째 1은 출력 0을 갖는 S_0으로 다시 간다. 그래프를 완성하기 위해, S_2에서 시작하는 두 화살표를 추가한다. 입력 1은 S_1에서 일어날 수 없고 출력 0은 S_3에서 일어날 수 없어서, 대응되는 상태표는 두 개의 무관함(don’t care)을 가지는 것에 주목하라.

그림 14-22 NRZ에서 맨체스터로의 변환을 위한 무어 회로

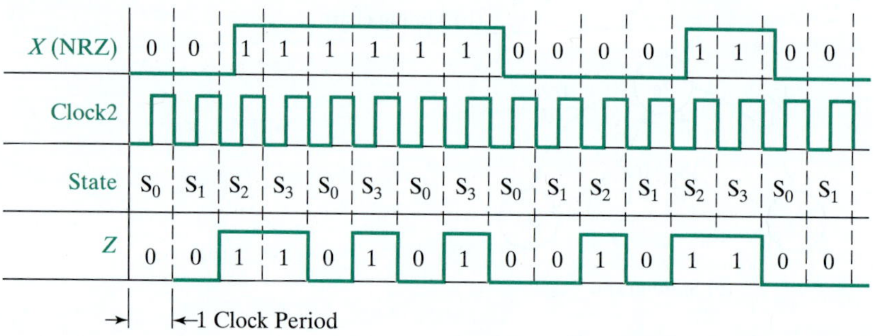

(a) Timing chart

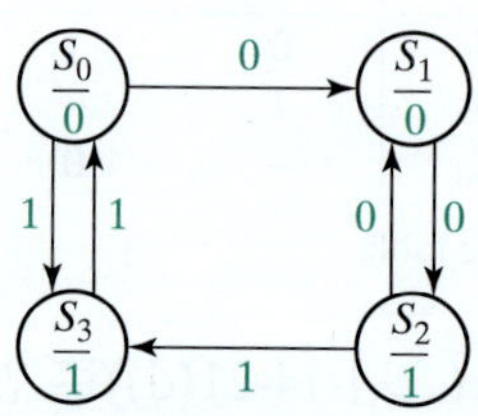

(b) State graph

Present State	Next State $X = 0$	$X = 1$	Present Output (Z)
S_0	S_1	S_3	0
S_1	S_2	–	0
S_2	S_1	S_3	1
S_3	–	S_0	1

(c) State table

14.5 영숫자 상태그래프 표기

상태 순서회로가 몇 개의 입력을 가질 때, 상태그래프 원호(arc)에 0과 1 대신에 영숫자 입력변수 이름을 붙이는 것이 종종 편리하다. 이것은 상태그래프를 이해하기 더 쉽게 만들고 자주 더 간단해진 상태그래프를 이끌어낸다. 다음 예제를 고려하자. 순서회로는 두 입력(F = 앞방향, R = 역방향)과세 출력(Z_1, Z_2, Z_3)을 가진다. 만약 입력열이 모두 F의 값이면, 출력은 $Z_1Z_2Z_3Z_1Z_2Z_3 \ldots$ 이다. 만약 입력열이 모두 R의 값이면 출력열은 $Z_3Z_2Z_1Z_3Z_2Z_1 \ldots$이다. 그림 14-23(a)는 명시된 출력열을 주는 예비 무어 상태그래프를 보여준다. 원호 라벨 F는 $F = 1$일 때 대응하는 상태천이가 일어나는 것을 의미한다. 상태 내에서 Z_1 표기는 출력 Z_1은 1이고, 다른 출력(Z_2와 Z_3)은 0이라는 것을 의미한다. F가 1을 유지하는 동안, 그래프는 출력열 $Z_1Z_2Z_3Z_1 \ldots$ 을 내는 $S_0, S_1, S_2, S_0, \ldots$ 상태로 순환한다. $R = 1$일 때, 상태와 출력열은 역순서로 일어난다.

이 시점에서, 상태그래프는 완전하게 기술되지 않았다. 만약 두 입력이 모두 0이라면 어떤 일이 일어나는가? 만약 동시에 모두 1이 된다면 어떤 일이 일어나는가? 예를 들면 상태 S_0에서, 만약 $F = R = 1$일 때, 회로는 상태 S_1로 가는가 아니면 S_2로 가는가? 회로는 한 시점에 오직 한 상태만 될 수 있기 때문에, 우선권을 할당해야 한다. 입력 F는 입력 R에 대해 우선권을 갖는다고 가정한다. 그러면 이 우선권을 구현하기 위해 상태그래프를 수정할 수 있다. R을 $F'R$로 교체함으로서, 이것은 대응하는 상태천이가 $R = 1$이고 $F = 0$일 때만 일어난다는 것을 의미한다. $F = R = 0$일 때, 출력은 변하지 않는다고 가정한다. 이것은 원호 라벨 $F'R'$을 갖는 셀프-루프(self-loop)를 각각의 상태에 추가함으로써 달성할 수 있다. 이 결과로 상태그래프(그림 14-23(b))는 F와 R의 모든 조합에 대해 완전하게 명시된다. 만약 두 입력이 모두 1이라면, F는 R에 대해 우선권을 갖는다. 그래프를 표로 변환한다면, 결과는 표 14-8과 같다.

그림 14-23
아크 라벨에 변수 이름을 갖는 상태그래프

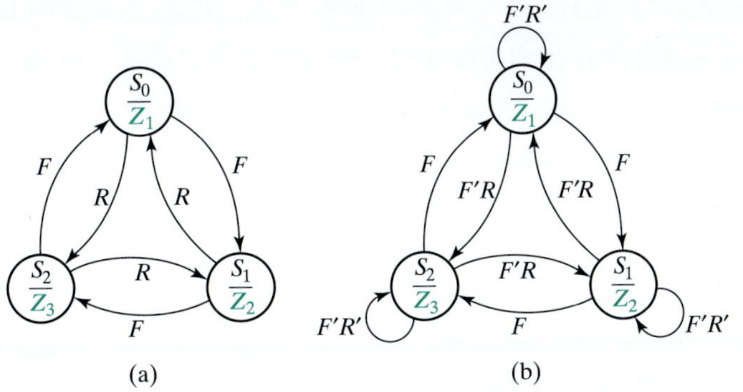

표 14-8
그림 14-23의 상태표

PS	NS FR = 00	01	10	11	Output Z_1 Z_2 Z_3
S_0	S_0	S_2	S_1	S_1	1 0 0
S_1	S_1	S_0	S_2	S_2	0 1 0
S_2	S_2	S_1	S_0	S_0	0 0 1

원호에 입력변수 이름을 사용하여 상태그래프를 구성할 때, 그래프가 적절하게 기술되었는지 확인하는 것에 주의를 기울여야 한다. 이것을 하기 위해, 각 상태로부터 나오는 모든 원호의 라벨을 조사한다. 상태 S_0에 대해, 만약 모든 원호 라벨을 OR하면, 다음의 간략화된 결과를 얻는다.

$$F + F'R + F'R' = F + F' = 1$$

이 결과는 입력 변수 값의 어떠한 조합에 대해서도, 라벨 중 하나는 반드시 1이 되어야 한다는 것을 나타낸다.

만약 S_0으로부터 나오는 원호 라벨의 모든 가능한 쌍을 AND하면

$$F \cdot F'R = 0, \quad F \cdot F'R' = 0, \quad F'R \cdot F'R' = 0$$

을 얻는다. 이 결과는 입력 값의 어떠한 조합에 대해서 오직 한 원호의 라벨이 1의 값을 가질 수 있다는 것을 나타낸다.

일반적으로, 완전하게 기술된 상태그래프는 다음의 속성을 가진다. (1) 한 상태로부터 나오는 원호의 모든 입력 라벨을 함께 OR하면, 결과는 1이다. (2) 한 상태로부터 나오는 원호상의 입력 라벨의 어떠한 쌍도 함께 AND하면, 결과는 0이다. 속성 (1)은 모든 입력 조합에 대해 적어도 한 개의 다음 상태가 정의되는 것을 보장한다. 속성 (2)는 모든 입력 조합에 대해 1개를 초과하여 다음 상태가 정의되지 않는다는 것을 보장한다. 만약 두 속성이 모두 사실이라면, 정확하게 한 개의 다음 상태가 정의되고, 그래프는 적절하게 기술된 것이다. 만약 어떤 입력 조합은 절대 일어날 수 없다는 것을 알 수 있다면, 불완전하게 기술된 그래프도 받아들여질 수 있다.

순서회로를 위한 밀리 상태그래프에 다음의 표기를 사용할 것이다. X_iX_j/Z_pZ_q는 만약 입력 X_i와 X_j가 1이라면(다른 입력의 값이 무엇이든 개의치 않는다), 출력 Z_p과 Z_q는 1(다른 출력은 0이다)이라는 것을 의미한다. 즉, 4개의 입력(X_1, X_2, X_3, X_4)과 4개의 출력(Z_1, Z_2, Z_3, Z_4)을 가진 회로에 대해, X_1X_4'/Z_2Z_3는 1--0/0110과 등가이다. 이러한 형태의 표기법은 많은 입출력이 있는 대규모 순서회로에 대해 매우 유용하다.

모든 입력이 무관함이라는 것을 나타내기 위해 선(−)을 사용할 것이다. 예를 들면, 원호 라벨 $-/Z_1$은 입력값의 어떠한 조합에 대해서도 표시된 상태천이가 일어나고 출력 Z_1은 1이 되는 것을 의미한다.

14.6 비완전 명세 상태표

어떤 환경에서는 특정한 입력열이 순서회로의 입력으로 절대 일어나지 않을 수 있다. 다른 경우에는, 순서 회로의 출력이 매 클럭 시간마다 관측되는 것이 아니라 특정 시간에

만 관측될 수 있다. 이러한 상황은 상태표에서 명시되지 않은 다음 상태 또는 출력의 결과로 이어진다. 이와 같은 무관함(don't care)을 가진 상태표를 *비완전 명세 상태표*라고 불린다. 조합회로를 간략화하기 위해 무관값을 이용하듯이 상태표에서 무관함에서 이용하여 순서회로를 단순화할 수 있다.

제한된 입력열의 예제로서, 각 숫자의 최상위 의미 있는 비트(Most Significant Bit: MSB)가 제일 먼저 나타나면서 연속적인 BDC 숫자를 포함하는 입력열이 있다고 가정하자. 밀리 순서회로 모델은(디스조인트 윈도우 순서열 검출기) 입력열을 검사하고 BCD 숫자의 마지막 비트가 수신되었을 때, 그 숫자의 패리티(parity)가 짝수이면 1을 출력한다(BCD 숫자에 짝수 개의 '1'을, 예를 들어 0개 또는 2개의 '1', 포함하면 패리티는 짝수이다). 그렇지 않으면 순서 회로 출력은 0이다. 이 순서회로에 대한 상태 그래프는 그림 14-24에, 상태표는 표 14-9에 나타내었다.

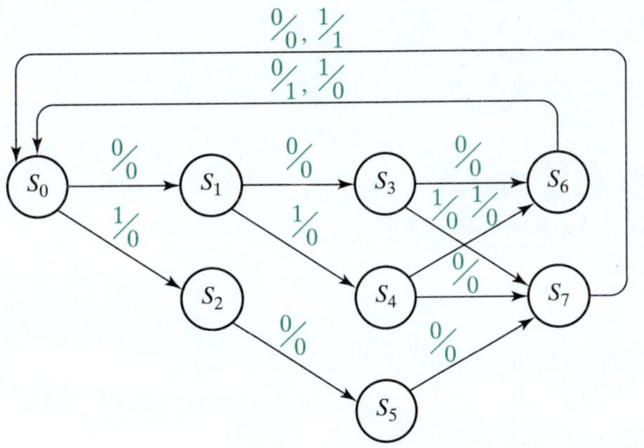

그림 14-24 BCD 패리티 검사기에 대한 상태 그래프

표 14-9 그림 14-24에 대한 상태표

Present State	Next State $X=0$	Next State $X=1$	Output $X=0$	Output $X=1$
S_0	S_1	S_2	0	0
S_1	S_3	S_4	0	0
S_2	S_5	–	0	–
S_3	S_6	S_7	0	0
S_4	S_7	S_6	0	0
S_5	S_7	–	0	–
S_6	S_0	S_0	1	0
S_7	S_0	S_0	0	1

상태 S_0는 회로의 초기 상태이고, 또한 각 BCD 숫자의 시작 상태이다. BCD 숫자의 첫 번째 비트가 0(1)이면 상태 $S_1(S_2)$이다. 두 개 입력 후에 가능한 상태는 S_3, S_4, S_5이고, 3개 입력 후에는 S_6, S_7이 가능한 상태이다. 만약 첫번째 비트(MSB 비트)가 1이면, 다음 두 비트는 0이어야 한다(1로 시작하는 BCD 숫자는 1000과 1001이 유일하다). 결과적으로 입력 1에 대해 상태 S_2와 S_5의 출력과 다음 상태는 기술되지 않는다—그들은 *무관함*이다. 상태 표(그래프)를 간략화하기 위해 무관함을 이용하는 것은 15.5장에서 다룬다.

순서 회로의 출력이 부분적인 시간에서만 관측되는 예제로서 디스조인트 윈도우(disjoint window)를 위한 101 순서열 검출기를 고려하자. 순서열 검출기의 출력은 윈도우의 끝에서만 사용된다고 가정한다(입력이 윈도우의 첫 번째, 두 번째, 세 번째 입력인지 결정하기 위해 별도의 카운터가 사용될 수 있다). 윈도우 내의 첫 번째, 두 번째 입력에 대하여 순서열 검출기의 출력은 기술되지 않고 남겨질 수 있다. 이 회로에 대한 상태 그래프는 그림 14-25에, 대응하는 상태 표는 표 14-10에 나타내었다. 다시 한 번 무관함은 상태 그래프(표)를 단순화하는 것을 가능하게 한다. 이것은 15.5장에서 다룬다.

그림 14-25 디스조인트 윈도우 101 감지기

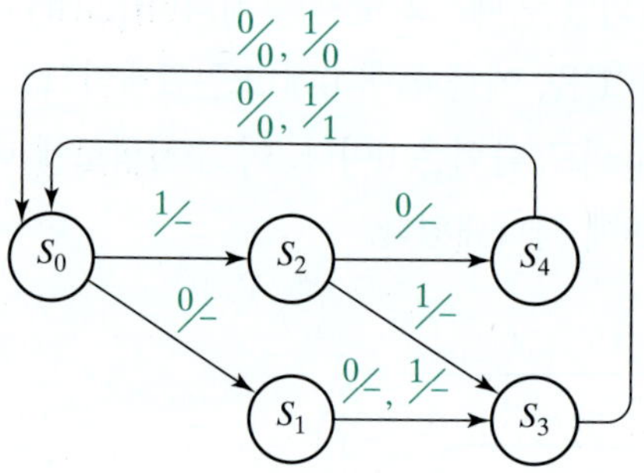

표 14-10 그림 14-25에 대한 상태표

Present State	Next State $X = 0$	Next State $X = 1$	Output $X = 0$	Output $X = 1$
S_0	S_1	S_2	–	–
S_1	S_3	S_3	–	–
S_2	S_4	S_3	–	–
S_3	S_0	S_0	0	0
S_4	S_0	S_0	0	1

프로그램화된 예제 14.1

각 지면의 아래 부분을 종이로 덮고, 당신의 답을 검사하면서 아래로 내려가시오. 정답을 보기 전에 제공된 빈칸에 당신의 답을 쓰시오.

문제: 한 개의 입력(X)과 한 개의 출력(Z)을 갖는 클럭형 밀리 순서회로를 설계한다. 정확히 두 0 입력 뒤에 하나의 1 입력이 뒤따라오는 열을 따르는 입력이 0이 아니면 출력은 0이 된다.

당신이 이 문제 설명을 이해했는지 확인하기 위해, 각각의 아래 입력열에 대한 출력열을 명시하라.

(a) $X = 0010$
$Z =$ __________

(b) $X = \ldots 10010$ (. . .은 00으로 끝나지 않는 어떤 입력열을 의미한다)
$Z = \ldots$ __________

(c) $X = \ldots 00010$ $Z = \ldots$ __________

(d) $X = 00100100010$
$Z =$ ______________
(e) 1 출력이 한 번 일어난 후에 그 회로는 리셋되는가?

답 (a) $Z = 0001$ (b) $Z = \ldots 00001$ (c) $Z = \ldots 00000$
(d) $Z = 00010010000$ (e) 아니다.
세 개의 0 입력이 행에 있기 때문에, 답(c)에서 한 개의 1 출력도 일어나지 않는다는 것을 주목하라.

순서 $X = 0010$이 올바른 출력을 주도록 아래 그래프에 화살표를 추가하라(다른 상태를 추가하지 마시오).

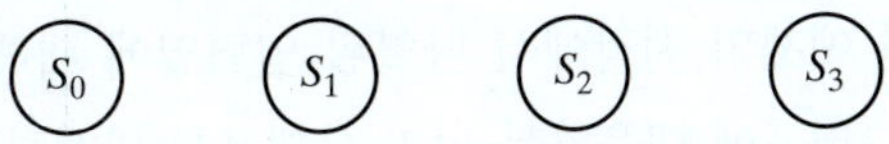

답

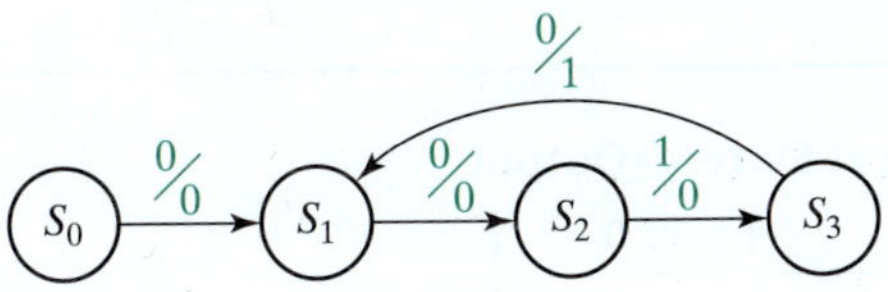

State	Sequence Received
S_0	(Reset)
S_1	0 or 0010
S_2	
S_3	
S_4	

부가적인 010 입력이 또 다른 1 출력을 만들기 위해서 상태 S_3으로부터 화살표가 S_1로 돌아온다는 것을 주목하라.

이전 그래프에 "셋 또는 그 이상의 연속하는 0이 수신되었다"는 것에 대응하는 한 개의 상태를 추가하라. 또한 각 상태에 대응하는 수신된 열을 나타내기 위한 이전의 표를 완성하라.

답

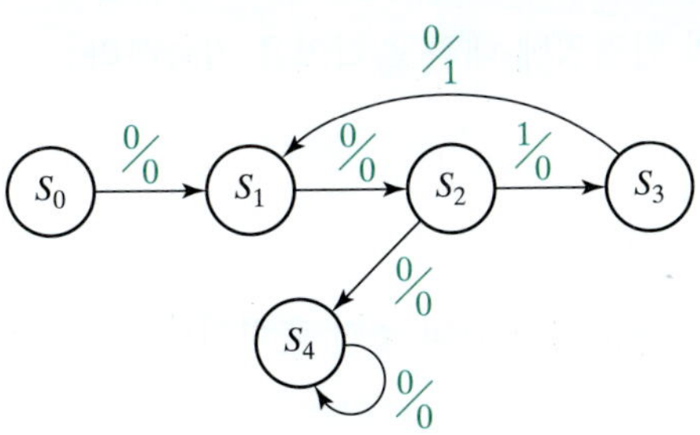

State	Sequence Received
S_0	(Reset)
S_1	0 or 0010
S_2	00
S_3	001
S_4	3 (or more) consecutive 0's

대부분의 상태를 떠나는 오직 하나의 화살표만 있기 때문에 이전 상태그래프는 완전하지 않다. 필요한 화살표를 추가함으로써 그래프를 완성하라. 가능하다면 이전에 사용된 상태 중 하나로 돌아가라.

답

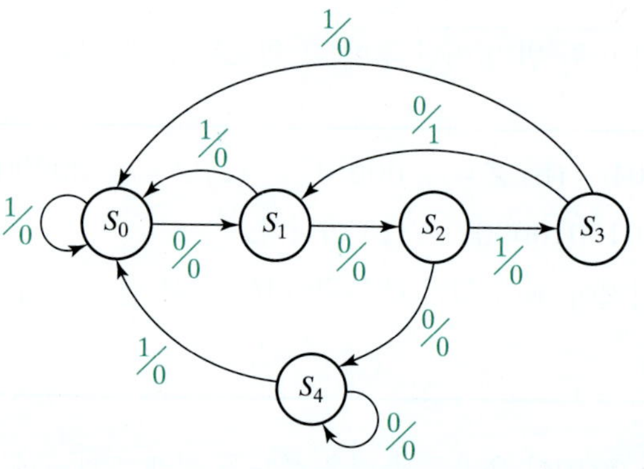

이 상태그래프가 이 예제의 시작에서 나열된 입력열에 대해 적절한 출력열을 만드는 것을 증명하라. 앞선 그래프에 대응하는 밀리 상태표를 완성하라.

답

Present State	Next State 0	Next State 1	Output 0	Output 1
S_0	S_1	S_0	0	0
S_1	S_2	S_0	0	0
S_2	S_4	S_3	0	0
S_3	S_1	S_0	1	0
S_4	S_4	S_0	0	0

프로그램화된 예제 14.2

문제: 만약 수신된 0의 전체 개수가 0보다 큰 짝수이고, 두 개의 연속하는 1이 결코 수신되지 않았다면 클럭형 무어순서회로는 $Z = 1$의 출력을 가져야 한다. 이 문제 설명을 이해했는지 확인하기 위해, 아래의 입력열에 대한 출력열을 기술하라.

$X =$ 0 0 0 0 1 0 1 0 1 1 0 0 0 0
$Z =$ (0)________________

↖— 이 0은 어떤 입력을 수신하기 전의 초기 출력이다.

답 $Z =$ (0)01011001100000

두 연속하는 1의 값이 한 번 수신되면, 출력은 결코 다시 1이 될 수 없음을 주목하라.

상태그래프를 시작하기 위해 오직 0 입력만을 고려하고, 만약 수신된 0의 전체 수가 0보다 큰 짝수이면 1의 출력을 주는 무어상태그래프를 작성하라.

답

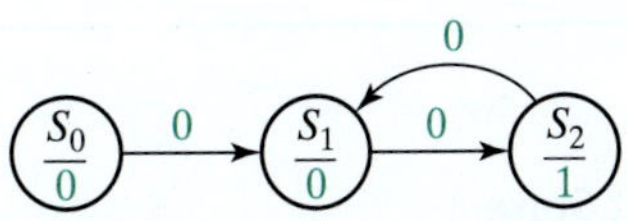

State	Sequence Received
S_0	(Reset)
S_1	Odd number of 0's
S_2	
S_3	
S_4	

S_0에서 시작하여, 만약 두 연속하는 1이 수신되고 그 뒤에 임의의 다른 순서열이 따라오면 출력은 0을 유지하도록 위의 그래프에 상태를 지금 추가하라. 또한, 각 상태에 대응하는 순서열이 수신된 것을 나타내기 위해 이전 표를 완성하라.

답

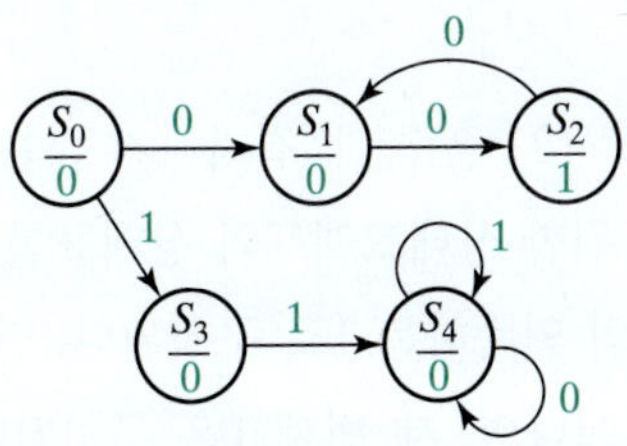

State	Sequence Received
S_0	(Reset)
S_1	Odd number of 0's
S_2	Even number of 0's
S_3	1
S_4	11 (followed by any sequence)
S_5	
S_6	

각 상태로부터 출발해서 나오는 0과 1 화살표 모두를 갖도록 그래프를 완성하라. 여분의 상태는 가능하면 적게 추가하라. 또한, 이전 표를 완성하라.

답

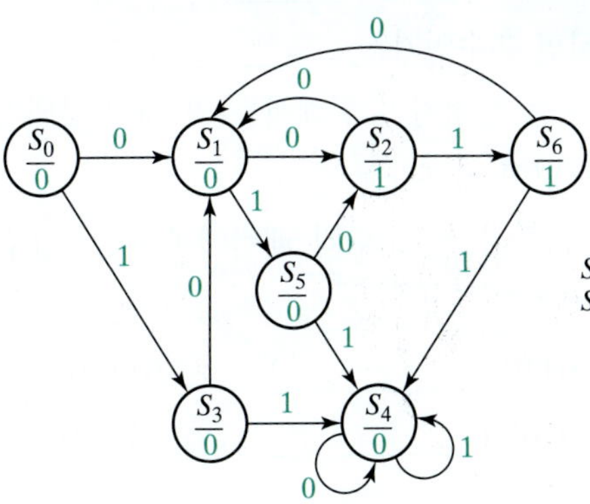

S_5 — odd number of 0's followed by 1.
S_6 — even number of 0's followed by 1.

이 상태그래프는 이 연습문제 시작에서의 각 입력열에 대해 적절한 출력열을 만드는 것을 증명하라. 앞의 그래프에 대응하는 무어 상태표를 완성하라(무어 표는 오직 하나의 출력행만 갖는 것에 주의하라).

답

Present State	Next State 0	1	Output
S_0	S_1	S_3	0
S_1	S_2	S_5	0
S_2	S_1	S_6	1
S_3	S_1	S_4	0
S_4	S_4	S_4	0
S_5	S_2	S_4	0
S_6	S_1	S_4	1

프로그램화된 예제 14.3

(1) 짝수 개 0이 입력으로 일어나고, *그리고* (2) 홀수 개(겹쳐지지 않는) 1의 쌍이 일어날 때만 1의 출력을 갖는 무어 순서회로를 위한 상태그래프와 상태표를 유도하라. 이 문제의 목적을 위해, 한 개의 1의 쌍은 두 개의 연속하는 1로 구성된다. 만약 세 개의 연속하는 1이 일어나고 한 개의 0이 뒤따라 일어나면, 세 번째 1은 무시된다. 만약 네 개의 연속하는 1이 일어난다면, 이것은 두 쌍으로 계산된다.

(a) 첫 번째 단계는 문제를 분석하고 문제를 확실히 이해하는 것이다. 두 조건 (1)과 (2)는 1 출력을 갖기 위해서 만족되어야만 한다는 점을 주의하라. 조건 (1)만을 고려하라. 만약 0이 일어나지 않는다면 조건 (1)이 만족되겠는가?

만약 하나의 0이 일어난다면 두 개의 0은? ______ 세 개의 0은
(*힌트*: 0개는 짝수인가 아니면 홀수인가? __________)

(b) 조건 (1) 자체가 만족되는지를 결정하기 위해서는 몇 개의 상태가 필요하게 되고, 그리고 각 상태의 의미는 무엇이 되는가?

(c) 지금 조건 (2) 자체만을 고려하라. 아래의 각 패턴에 대해, 조건 (2)가 만족되는지를 결정하라.

010 __________ 0110 __________ 01110 __________
011110 ________ 01010 __________ 011010 __________
0110110 ________

지금, (a), (b), (c)에 대한 당신의 해답을 검사하라.

(a) 답　예, 아니요, 예, 아니요, 짝수

(b) 답　두 상태: 짝수 개의 0, 홀수 개의 0

(c) 답　좌측에서 우측으로: 아니요, 예, 예, 아니요, 아니요, 예, 아니요

(d) 조건 (2) 자체만을 고려하고 연속하는 1값의 입력열을 고려하라. 조건 (2)가 만족될 때, 출력 1을 주는 무어 상태도(1 입력만을 가짐)를 그려라. 당신의 다이어그램에서 4개 상태 각각의 의미를 설명하라(예를 들면, 1값의 홀수쌍).

(d) 답

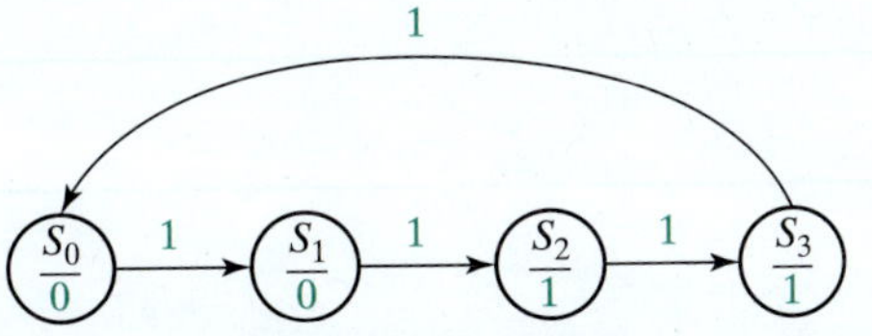

S_0 = 1값의 짝수쌍, S_1 = 1값의 짝수쌍 + 한 개 1,
S_2 = 1값의 홀수쌍, S_3 = 1값의 홀수쌍 + 한 개 1

(e) 답　원래 문제에 대해, 아래의 예제를 위한 순서열 Z를 결정하라.

$X =$ 1 1 0 0 1 1 1 1 1 0 0 0 1 1 1 1 0
$Z =$ 0 ________________

(e) $X =$ 1 1 0 0 1 1 1 1 1 0 0 0 1 1 1 1 0
$Z =$ 0 0 1 0 1 1 0 0 1 1 0 1 0 0 0 0 0 1

(f) 짝수 또는 홀수 개의 "0"과, 짝수 또는 홀수 개의 "1"의 쌍을 놓치지 않고 따라가야 하는 것을 고려할 때, 최종 그래프는 몇 개의 상태를 가져야 하는가? ________

(g) 최종 무어 상태그래프를 완성하라. 짝수 개의 0은 맨 위쪽에, 홀수 개의 0은 밑쪽에 오는 대칭적인 방법으로 그래프를 그려라. S_0 = 짝수 개의 "0" & 짝수 개의 "1"의 쌍 등으로 각 상태들의 의미를 작성하라.

(h) (e)부분의 시험 순서를 이용하여 당신의 해답을 확인하라. 그 다음, 아래에서 당신의 해답을 확인하라.

(f) 답 8 상태

(g) 답 S_0 = 짝수 개의 0 & 1값의 짝수쌍, S_1 = 짝수 개의 0 & 1값의 짝수쌍 + 한 개 1,
S_2 = 짝수 개의 0 & 1값의 홀수쌍, S_3 = 짝수 개의 0 & 1값의 홀수쌍 + 한 개 1,
S_4 = 홀수 개의 0 & 1값의 짝수쌍, S_5 = 홀수 개의 0 & 1값의 짝수쌍 + 한 개 1,
S_6 = 홀수 개의 0 & 1값의 홀수쌍, S_7 = 홀수 개의 0 & 1값의 홀수쌍 + 한 개 1

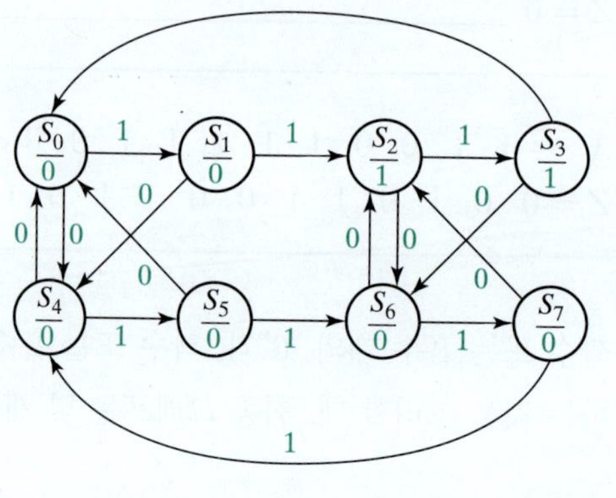

연습문제

14.4 어떤 순서회로는 한 개의 입력과 한 개의 출력을 갖고 있다. 적어도 두 개의 0과 적어도 두 개의 1이 입력으로 일어나게 될 때, 일어나는 순서에 관계없이, 출력은 1이 되고 그 후 1을 유지한다. 이 회로를 위한 상태그래프(무어 형태)를 그려라(9개의 상태로 충분하다). 최종 상태그래프는 교차된 선이 없도록 깔끔하게 그려라.

14.5 어떤 순서회로는 한 개의 입력(X)과 두 개의 출력(Z_1, Z_2)을 가진다. 열 100이 일어나지 않았을 때, 입력열 010이 완성될 때마다 출력 $Z_1 = 1$이 일어난다. 입력 100이 완성될 때마다 출력 $Z_2 = 1$이 일어난다. $Z_2 = 1$이 한 번 일어나면, $Z_1 = 1$은 결코 일어날 수 없으나, 그 역은 성립되지 *않음*을 주목하라. 밀리 상태그래프와 상태표를 구하라(최소 상태 수는 8이다).

14.6 어떤 순서회로는 두 개의 입력(X_1과 X_2)과 한 개의 출력(Z)을 가진다. 출력은 0에서 시작하고, 아래의 입력열 중에 하나가 일어나지 않으면 상수 값을 유지한다.

(a) 입력열 $X_1X_2 = 01$, 00은 출력이 0이 되게 한다.

(b) 입력열 $X_1X_2 = 11$, 00은 출력이 1이 되게 한다.

(c) 입력열 $X_1X_2 = 10$, 00은 출력이 변하게 만든다.

무어 상태표를 유도하라.

14.7 어떤 순서회로는 한 개의 입력(X)과 한 개의 출력(Z)을 가진다.
아래의 각 경우에 대해 밀리 상태그래프를 그려라.

(a) 만약 수신된 1의 전체 숫자가 3으로 나누어지면, 출력은 $Z = 1$이다 (주: 0, 3, 6, 9 등은 3에 의해 나누어진다).

(b) 만약 수신된 1의 전체 숫자가 3으로 나누어지고, 수신된 0의 전체 수가 0보다 큰 짝수일 때, 출력은 $Z = 1$이다(9개의 상태로 충분함).

14.8 어떤 순서회로는 두 개의 입력과 두 개의 출력을 가진다. 입력(X_1과 X_2)은 2비트 2진수 숫자, N을 나타낸다. 만약 N의 현재 값이 이전 값보다 크다면, Z_1은 1이다. 만약 N의 현재 값이 이전 값보다 적다면, Z_2는 1이다. 이들 이외의 경우는 Z_1과 Z_2는 0이다. 입력의 첫 번째 쌍이 받아질 때, N의 이전 값은 없어서, 현재 N이 이전 값보다 큰지 작은지를 결정할 수 없다. 그러므로 "이 외의 경우" 범주를 적용한다.

(a) 이 회로를 위한 밀리 상태표나 상태그래프를 구하라(시작 상태를 포함하여 최소 상태 수는 5이다).

(b) 이 회로를 위한 무어 상태표를 구하라(최소 상태 수는 11이다).

14.9 (a) NRZ 코드로부터 NRZI 코드로 직렬 비트 스트림을 변환하는 밀리 순서회로를 위한 상태 그래프와 상태표를 유도하라. 클럭 주기는 그림 14-20의 비트 시간과 같다고 가정하라.

(b) 무어 순서회로에 대해 (a)를 반복하라.

(c) 당신의 회로에 입력 파형으로 그림 14-20에 있는 NRZ 파형을 이용하여 (a)에 대한 해답을 나타내는 타이밍도를 그려라. 만약 입력 변화가 클럭 에지(edge) 약간 뒤에 일어난다면, 글리치(잘못된 출력)가 일어날 수 있는 위치를 출력 파형 내에 나타내라.

(d) (c)에서와 같은 입력 파형을 이용하여, (b)에 대한 해답을 나타내는 타이밍도를 그려라.

14.10 다음 상태그래프에 대해 상태표를 작성하고, 그것이 완전하게 기술되었는지를 증명하라.

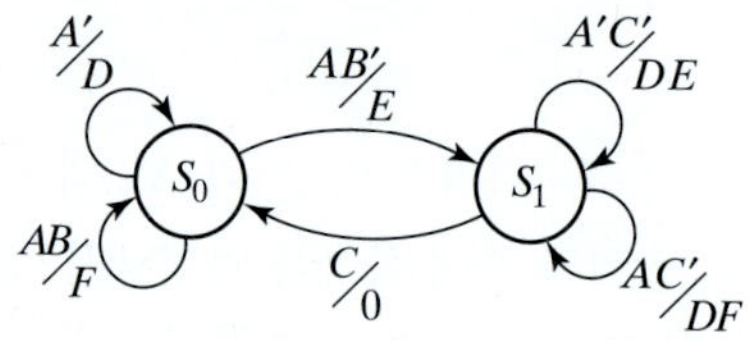

14.11 한 사람이 버튼을 누를 때마다($X = 1$로 설정함) 정확하게 4 클럭 사이클 동안 $Z = 1$을 출력하는 순서회로를 설계하라. 디지털회로를 위한 클럭은 보통 사람의 손가락보다 훨씬 더 빠르다! 사람은 4 클럭 사이클이 지나가는 동안 아마도 누른 버튼을 놓지 않을 것이며, 따라서 4개의 $Z = 1$ 출력이 생성되었음에도, X는 여전히 1일 것이다. 따라서 4 클럭 사이클 동안 Z가 1을 유지한 후, X가 0으로 되돌아오고 다시 Z가 1이 될 때까지 Z는 0이 되어야 한다. 14.5절에서 주어진 영문자 상태그래프 표기를 이용하여 이 회로를 위한 밀리 상태그래프를 설계하라.

14.12 (a) 무어 순서회로기 하나의 입력(x)과 하나의 출력(z)을 가지고 있다. 가장 최근의 입력이 정확하게 두 개의 0을 앞세운 1이었으면 $z = 1$이다. 이 회로에 대한 상태표를 유도하라.

(b) 밀리 회로에 대하여 반복하라(즉 가장 최근의 입력이 정확하게 2개의 0을 앞세운 1이면 $z = 1$이다). 이 회로에 대한 상태표를 유도하라.

14.13 (a) 밀리 순서회로가 하나의 입력(x)와 하나의 출력(z)을 가지고 있다. 4번째, 8번째, 12번째, 등의 입력들이 존재할 때 z는 1이 될 수 있다. 앞선 3개의 입력들과 결합된 가장 최근의 입력이 10진 숫자에 대한 타당한 BCD 인코딩(encoding) 값이 아니면 $z = 1$이고, 그렇지 않으면 $z = 0$이다. BCD 숫자는 *최상위* 비트가 먼저 받아들여지는 것으로 가정한다. 이 회로에 대한 상태표를 유도하라(8개의 상태로 충분하다).

(b) 무어 회로에 대하여 반복하라(즉 4번째, 8번째, 12번째 등의 입력이 받아들여진 후, 앞 4개의 입력이 타당한 BCD 숫자가 아니면 $z = 1$이다). (9개의 상태로 충분하다)

(c) 4번째 입력 비트를 받아들인 후가 아니라 4번째 입력 비트가 존재하는 동안 무어 회로가 올바른 출력을 내보내는 것이 가능할까? 당신의 해답을 설명하라.

14.14 (a) 밀리 순서회로가 하나의 입력(x)과 하나의 출력(z)을 가지고 있다. 앞선 3개의 입력과 결합된 가장 최근의 입력이 10진 숫자에 대한 타당한 BCD 인코딩(encoding) 값이 아니면 $z = 1$이고, 그렇지 않으면 $z = 0$이다. BCD 숫자는 *최상위* 비트가 먼저 수신되는 것으로 가정하라. 이 회로에 대한 상태표를 구하라(7개의 상태로 충분하다).

(b) 무어 회로에 대하여 반복하라(즉 이전의 4개 입력이 타당한 BCD 숫자가 아니었으면 $z = 1$이다). (13개 상태로 충분하다)

(c) 4번째 입력 비트를 받아들여진 후가 아니라 4번째 입력 비트가 존재하는 동안 무어 회로가 올바른 출력을 내보내는 것이 가능할까? 당신의 해답을 설명하라.

14.15 (a) 밀리 순서회로가 하나의 입력(x)과 하나의 출력(z)을 가지고 있다. 4번째, 8번째, 12번째, 등의 입력들이 존재할 때 z는 1이 될 수 있다. 앞선 3개의 입력들과 결합된 가장 최근의 입력이 10진 숫자에 대한 타당한 BCD 인코딩(encoding) 값이 아니면 $z = 1$이고, 그렇지 않으면 z = 0이다. BCD 숫자는 *최하위* 비트가 먼저 수신되는 것으로 가정한다. 이회로에 대한 상태표를 유도하라(6개의 상태로 충분하다).

(b) 무어 회로에 대하여 반복하라(즉 4번째, 8번째, 12번째 등의 입력이 받아들여진 후, 앞의 4개의 입력이 타당한 BCD 숫자가 아니면 $z = 1$이다).

(c) 4번째 입력 비트를 받아들여진 후가 아니라 4번째 입력 비트가 존재하는 동안 무어 회로가 올바른 출력을 내보내는 것이 가능할까? 당신의 해답을 설명하라.

14.16 (a) 밀리 순서회로가 하나의 입력(x)과 하나의 출력(z)을 가지고 있다. 앞선 3개의 입력과 결합된 가장 최근의 입력이 10진 숫자에 대한 타당한 BCD 인코딩(encoding) 값이 아니면 z =1이고, 그렇지 않으면 $z = 0$이다. BCD 숫자는 최하위 비트가 먼저 수신되는 것으로 가정하라. 이 회로에 대한 상태표를 구하라. 리셋(reset) 상태에서는 이전의 모든 입력은 0이었던 것으로 간주한다. (3개의 상태로 충분하다)

(b) 무어 회로에 대하여 반복하라(즉 이전의 4개 입력이 타당한 BCD 숫자가 아니었으면 $z = 1$이다). (4개 상태로 충분하다)

(c) 4번째 입력 비트를 받아들여진 후가 아니라 4번째 입력 비트가 존재하는 동안 무어 회로가 올바른 출력을 내보내는 것이 가능할까? 당신의 해답을 설명하라.

14.17 (a) 밀리 순서회로가 하나의 입력(x)과 하나의 출력(z)을 가지고 있다. 4번째, 8번째, 12번째 등의 입력들이 존재할 때 z는 1이 될 수 있다. 앞선 3개의 입력들과 결합된 4개의 입력이 10진 숫자에 대한 초과-3 코드 값으로 적합하면 z = 1이고, 그렇지 않으면 z = 0이다. 초과-3 코드 숫자는 *최상위* 비트가 먼저 주어지는 것으로 가정한다. 이 회로에 대한 상태표를 유도하라(10개의 상태로 충분하다).

(b) 무어 회로에 대하여 반복하라(즉 4번째, 8번째, 12번째 등의 입력이 받아들여진 후, 앞의 4개의 입력이 타당한 초과-3 숫자가 아니면 z = 1이다). (11개의 상태로 충분하다)

(c) 4번째 입력 비트를 받아들여진 후가 아니라 4번째 입력 비트가 존재하는 동안 무어 회로가 올바른 출력을 내보내는 것이 가능할까? 당신의 해답을 설명하라.

14.18 (a) 밀리 순서회로가 하나의 입력(x)과 하나의 출력(z)을 가지고 있다. 앞선 3개의 입력과 결합된 4개의 입력이 10진 숫자에 대한 초과-3 코드값으로 적합하면 z = 1이고, 그렇지 않으면 z = 0이다. 초과-3 코드 숫자는 *최상위* 비트가 먼저 주어지는 것으로 가정한다. 이 회로에 대한 상태표를 유도하라. 리셋(reset) 상태에서는 이전의 모든 입력은 0이었던 것으로 간주한다. (8개의 상태로 충분하다)

(b) 무어 회로에 대하여 반복하라(즉 이전의 4개 입력이 타당한 초과-3 숫자가 아니었으면 z = 1이다). (14개 상태로 충분하다)

(c) 4번째 입력 비트를 받아들여진 후가 아니라 4번째 입력 비트가 존재하는 동안 무어 회로가 올바른 출력을 내보내는 것이 가능할까? 당신의 해답을 설명하라.

14.19 (a) 밀리 순서회로가 하나의 입력(x)과 하나의 출력(z)을 가지고 있다. 4번째, 8번째, 12번째, 등의 입력들이 존재할 때 z는 1이 될 수 있다. 앞선 3개의 입력들과 결합된 4개의 입력이 10진 숫자에 대한 초과-3 코드 값으로 적합하면 z = 1이고, 그렇지 않으면 z = 0이다. 초과-3 숫자는 *최하위* 비트가 먼저 주어지는 것으로 가정한다. 이 회로에 대한 상태표를 유도하라(9개의 상태로 충분하다).

(b) 무어 회로에 대하여 반복하라(즉 4번째, 8번째, 12번째 등의 입력이 받아들여진 후, 이전의 4개의 입력이 타당한 초과-3 숫자가 아니면 z = 1이다). (10개의 상태로 충분하다)

(c) 4번째 입력 비트를 받아들여진 후가 아니라 4번째 입력 비트가 존재하는 동안 무어 회로가 올바른 출력을 내보내는 것이 가능할까? 당신의 해답을 설명하라.

14.20 (a) 밀리 순서회로가 하나의 입력(x)과 하나의 출력(z)을 가지고 있다. 앞선 3개의 입력과 결합된 4개의 입력이 10진 숫자에 대한 초과-3 코드 값으로 적합하면 z = 1이고, 그렇지 않으면 z = 0이다. 초과-3 숫자는 최하위 비트가 먼저 주어지는 것으로 가정하라. 이 회로에 대한 상태표를 구하라. 리셋(reset) 상태에서는 이전의 모든 입력은 0이었던 것으로

간주한다(6개의 상태로 충분하다).

(b) 무어 회로에 대하여 반복하라(즉 이전의 4개 입력이 타당한 초과-3 숫자가 아니었으면 $z = 1$이다). (8개 상태로 충분하다)

(c) 4번째 입력 비트를 받아들여진 후가 아니라 4번째 입력 비트가 존재하는 동안 무어 회로가 올바른 출력을 내보내는 것이 가능할까? 당신의 해답을 설명하라.

14.21 어떤 순서회로는 한 개의 입력과 한 개의 출력을 가진다. 발생하는 순서에 관계없이 적어도 한 개의 1과 세 개의 0이 입력으로 발생할 때, 출력은 1이 되고 그 이후 1로 유지한다. 이 회로를 위한 상태그래프(무어 형태)를 그려라(8개의 상태로 충분하다). 최종 상태그래프는 교차된 선이 없도록 깨끗하게 그려라.

14.22 어떤 순서회로는 한 개의 입력(X)과 두 개의 출력(Z_1과 Z_2)을 가진다. 순서열 011이 일어나지 않았다면 입력열 100이 완성될 때마다 출력 $Z_1 = 1$이 일어난다. 입력 011이 완성될 때마다 출력 $Z_2 = 1$이 일어난다. $Z_2 = 1$ 출력이 한 번 일어나면, $Z_1 = 1$은 결코 일어날 수 없으나 그 역은 성립되지 *않음*을 주목하라. 밀리 상태그래프와 상태표를 구하라(최소 상태의 수는 8이다).

14.23 어떤 순서회로는 두 개의 입력(X_1과 X_2)과 한 개의 출력(Z)을 가진다. 출력은 0으로 시작하고, 아래의 입력열 중 하나가 일어나지 않으면 상수값을 유지한다.

(a) 입력열 $X_1X_2 = 11, 10$은 출력이 0이 되게 한다.

(b) 입력열 $X_1X_2 = 00, 10$은 출력이 1이 되게 한다.

(c) 입력열 $X_1X_2 = 01, 10$은 출력이 토글(toggle)하게 만든다.

무어 상태표와 상태그래프를 유도하라.

14.24 어떤 순서회로는 한 개의 입력(X)과 한 개의 출력(Z)을 가진다.
다음의 각 경우에 대해 밀리 상태그래프를 그려라.

(a) 수신된 전체 1의 수가 4로 나누어지면, 출력은 $Z = 1$이다(주: 0, 4, 8, 12 등은 4로 나누어진다.)

(b) 수신된 전체 1의 수가 4로 나누어지고, 수신된 전체 0의 수가 홀수일 때, 출력은 $Z = 1$이다(8개의 상태로 충분하다).

14.25 어떤 순서회로는 두 개의 입력과 두 개의 출력을 가진다. 입력(X_1과 X_2)은 2비트 2진수 숫자, N을 나타낸다. 만약 N의 이전 값과 N의 현재 값을 더한 값이 2보다 크다면, Z_1은 1이다. 만약 N의 이전 값과 N의 현재 값을 곱한 값이 2보다 크다면, Z_2는 1이다. 만약 그렇지 않다면, Z_1과 Z_2는 0이다. 입력의 제일 처음 쌍이 받아질 때, N의 이전 값으로 0을 이용한다.

(a) 이 회로를 위한 밀리 상태표나 그래프를 구하라(최소 상태의 수는 4이다).

(b) 이 회로를 위한 무어 상태표를 구하라(최소 상태의 수는 10이다. 하지만 16개 또는 그보다 적은 상태를 가진 올바른 해답도 받아들인다).

14.26 어떤 무어 순서회로는 한 개의 입력과 한 개의 출력을 가진다. 입력열 011이 일어날 때, 출력은 1이 되고 열 011이 다시 일어날 때까지 1로 유지된다. 열 011이 다시 일어나는 시점에 출력은 0으로 되돌아온다. 열 011이 세 번째 일어날 때까지 출력은 0으로 유지된다. 예를 들면, 입력열

$$X = 0\ 1\ 0\ 1\ 1\ 0\ 1\ 0\ 1\ 1\ 0\ 1\ 0\ 0\ 1\ 1\ 1$$

은 아래의 출력을 갖는다.

$$Z = (0)\ 0\ 0\ 0\ 0\ 1\ 1\ 1\ 1\ 1\ 0\ 0\ 0\ 0\ 0\ 0\ 1\ 1$$

상태그래프를 유도하라(최소 6상태).

14.27 만약 입력열 101이 출력상태의 변화를 야기한다면, 문제 14.26을 풀어라. 예를 들면, 입력열

$$X = 0\ 1\ 0\ 1\ 0\ 1\ 0\ 0\ 1\ 0\ 1\ 0\ 1\ 1\ 0\ 1\ 0$$

은 아래의 출력을 갖는다.

$$Z = (0)\ 0\ 0\ 0\ 1\ 1\ 0\ 0\ 0\ 0\ 0\ 0\ 1\ 1\ 0\ 0\ 0\ 1\ 1$$

(최소 6개 상태)

14.28 어떤 밀리 순서회로는 두 개의 입력과 한 개의 출력을 가진다. 만약 수신된 전체 0의 수가 4보다 크거나 같고(≥ 4) 적어도 세 쌍의 입력이 일어난다면, 출력은 순서열에서 마지막 입력쌍이 일어남과 동시에 1이 되어야 한다. 1 출력이 일어날 때마다, 그 회로는 리셋한다. 상태그래프와 상태표를 유도하라. 각 상태의 의미를 기술하라. 예를 들면, S_0은 리셋을 의미하고, S_1은 한 쌍의 입력이 받아진 것을 의미하지만 0의 값은 받아지지 않았다.

예제:

입력열: $X_1 = 1\ 1\ 1\ 0\ 0\ 0\ 1\ 1\ 1\ 0\ 0\ 0\ 1\ 1\ 0\ 0\ 0\ 1\ 0$

$X_2 = 1\ 0\ 0\ 0\ 0\ 0\ 1\ 1\ 1\ 1\ 1\ 1\ 0\ 1\ 0\ 0\ 0\ 1\ 0$

출력열: $Z = 0\ 0\ 0\ 1\ 0\ 0\ 1\ 0\ 0\ 0\ 0\ 0\ 1\ 0\ 0\ 1\ 0\ 0\ 1$

14.29 어떤 무어 순서회로는 한 개의 입력과 한 개의 출력을 가진다. 만약 받은 전체 1의 개수가 홀수이고 받은 전체 0의 개수가 0보다 큰 짝수이면, 출력은 1이 되어야 한다. 상태그래프와 상태표를 유도하라(6개 상태).

14.30 어떤 밀리 순서회로는 한 개의 입력(X)과 두 개의 출력(Z_1과 Z_2)을 가진다. 열 011이 완성될 때마다 그 회로는 $Z_1 = 1$의 출력을, 열 0111이 완성될 때마다 $Z_2 = 1$의 출력을 만든다. 상태그래프와 상태표를 유도하라.

14.31 어떤 무어 순서회로는 두 개의 입력(X_1과 X_2)과 한 개의 출력(Z)을 가진다. Z는 0에서 시작한다. $X_1 = 1$과 $X_2 = 1$이 동시에 또는 하나가 발생한 후 다른 하나가 발생하면(순서에 관계없이) 출력은 1이 된다. $X_1 = X_2 = 0$일 때, Z는 0으로 돌아온다. 아래의 입출력

열은 이 문제를 이해하는 데 도와줄 것이다.

$$X_1 = \quad 0\ 1\ 0\ 0\ 1\ 0\ 0\ 0\ 1\ 1\ 0\ 1\ 1\ 0$$
$$X_2 = \quad 0\ 0\ 1\ 1\ 0\ 0\ 1\ 1\ 0\ 0\ 0\ 1\ 0\ 0$$
$$Z = (0)\ 0\ 0\ 1\ 1\ 1\ 0\ 0\ 0\ 1\ 1\ 0\ 1\ 1\ 0$$

무어 상태그래프와 상태표를 만들어라.

14.32 어떤 밀리 순서회로는 한 개의 입력(X)과 한 개의 출력(Z)을 가진다. 열 00110이 일어나지 않도록 막는 것을 제외하고 그 회로는 입력을 그대로 전송한다. 따라서 만약 입력열 00110이 일어나면 마지막 0이 받아질 때, Z는 0이 아니라 1이 되어서, 열 X = 00110이 Z = 00111로 대치되는 것을 제외하고는 Z는 X와 같아야 한다. 상태그래프와 상태표를 유도하라.

14.33 어떤 무어 순서회로는 한 개의 입력과 한 개의 출력을 가진다. 출력은 아래의 두 조건을 모두 만족할 때만 1이 된다.

(a) 입력열은 정확하게 1값의 두 그룹을 포함한다.

(b) 각각의 그룹은 정확하게 두 개의 1을 포함한다.

1값의 각 그룹은 적어도 한 개의 0에 의해 분리되어야 한다. 한 개의 1은 하나의 1을 포함하고 있는 1값 그룹으로 생각한다. 예를 들면, 열

$$X = 0\ 1\ 1\ 0\ 0\ 0\ 1\ 1\ 0\ 1\ 1\ 1\ 0$$

는 첫 번째 두 쌍의 1의 값 뒤에, 두 조건을 만족한다. 하지만 더 많은 1이 나타날 때, 조건 (a)는 더 이상 만족되지 않는다. 그러므로 출력열은

$$Z = (0)\ 0\ 0\ 0\ 0\ 0\ 0\ 0\ 1\ 1\ 0\ 0\ 0\ 0$$

다른 한편으로, 열

$$X = 1\ 0\ 1\ 1\ 0\ 1\ 1\ 0$$

는 첫 번째 1의 값 그룹이 오직 한 개의 1만 포함하기 때문에, 결코 조건 (b)를 만족하지 않는다. 그 외에, 1값의 두 번째 쌍 다음에, 입력열은 세 그룹의 1값을 포함하기 때문에, (a)는 더 이상 만족되지 않는다. 그러므로 출력은 항상 0이 되어야 한다.

$$Z = (0)\ 0\ 0\ 0\ 0\ 0\ 0\ 0\ 0$$

상태그래프와 표를 유도하라.

14.34 어떤 순서회로는 한 개의 입력 X와 한 개의 출력 Z를 가진다. 출력은 두 클럭 주기 이전의 입력과 같다. 예를 들면,

$$X = 0\ 1\ 0\ 1\ 1\ 0\ 1\ 0\ 1\ 1\ 0\ 1\ 0\ 0\ 0\ 1$$
$$Z = 0\ 0\ 0\ 1\ 0\ 1\ 1\ 0\ 1\ 0\ 1\ 1\ 0\ 1\ 0\ 0$$

Z의 첫 번째 두 값은 0이다. 이 회로를 위한 밀리 상태그래프와 표를 구하라.

14.35 어떤 순서회로는 한 개의 입력 X와 한 개의 출력 Z를 가진다. 출력은 세 클럭 주기 이전의 입력과 같다. 예를 들면,

$$X = 0\ 1\ 0\ 1\ 1\ 0\ 1\ 0\ 1\ 1\ 0\ 1\ 0\ 0\ 0\ 1$$
$$Z = 0\ 0\ 0\ 0\ 1\ 0\ 1\ 1\ 0\ 1\ 0\ 1\ 1\ 0\ 1\ 0$$

Z의 첫 번째 세 값은 0이다. 이 회로를 위한 밀리 상태그래프와 표를 구하라.

14.36 (a) 문제 14.34의 회로에 대한 무어 상태표를 구성하라. 초기 출력들은 0이다.
(b) 문제 14.35의 회로에 대한 무어 상태표에는 얼마나 많은 상태가 요구되는가? 이유를 설명하라.

14.37 어떤 순서회로는 한 개의 입력 X와 두 개의 출력 S, V를 가진다. X는 LSB (least significant bit)가 먼저 오는 입력으로 4-비트 2진수 N을 나타낸다. S는 출력으로 $N + 2$와 동일한 4-비트 2진수를 나타내며, LSB가 먼저 나온다. 4번째 입력이 일어날 때, 만약 $N + 2$가 너무 큰 값이어서 4-비트로 표현할 수 없으면 $V = 1$이고, 그렇지 않으면 $V = 0$이다. X의네 번째 비트가 수신된 후 회로는 항상 초기화(reset)한다. 이 회로를 위한 밀리 상태그래프와 상태표를 구하라.

예제:
$X = 0111$ (LSB가 먼저 오는 2진수 14)
$S = 0000$ ($14 + 2 = 16$이 되고, 16은 5비트를 요구한다.)
$V = 0001$

14.38 어떤 순서회로는 한 개의 입력 X와 두 개의 출력 D와 B를 가진다. X는 LSB가 먼저 오는 입력으로 4-비트 2진수 숫자 N을 나타낸다. D는 LSB가 먼저 나오는 출력으로 $N - 2$와 동일한 4-비트 2진수를 나타낸다. 4번째 입력이 일어날 때, 만약 $N - 2$가 0보다 작다면 $B = 1$이다. 그렇지 않으면, $B = 0$이다. X의 네 번째 비트가 수신된 후, 회로는 항상 리셋한다. 이 회로를 위한 밀리 상태그래프와 상태표를 구하라.

예제:
$X = 0001 \quad 1000 \quad 1100$
$D = 0110 \quad 1111 \quad 1000$
$B = 0000 \quad 0001 \quad 0000$

14.39 어떤 순서회로는 한 개의 입력 X와 두 개의 출력 Y, Z를 가진다. YZ는 입력으로 받아진 1의 수와 동일한 2-비트 2진수를 나타낸다. 그 회로는 받아진 1의 전체 수가 3이거나 받아진 0의 전체 수가 3일 때 리셋한다. 이 회로를 위한 무어 상태그래프와 상태표를 구하라.

14.40 어떤 순서회로는 한 개의 입력 X와 두 개의 출력 Y, Z를 가진다. YZ는 입력으로 받은 이웃한 1값의 쌍의 수와 같은 2-비트 2진수를 나타낸다. 예를 들면, 입력열 0110은 한 쌍을 포함하고, 열 01110은 두 쌍을 포함하고, 열 0110111은 인접한 1값 세 쌍을 포함한다. 이 회로는 받은 1값의 전체 쌍의 수가 4가 되면 리셋한다. 이 회로를 위한 무어 상태그래프와 상태표를 구하라.

예제:

입력열: $X = 0101101110010101011101100 10$
출력열: $Y = 000000011111111111000000011111$
$Z = 000011101111111111000011100000$
입력열: $X = 11111111$
출력열: $Y = 00110001$
$Z = 01010010$
(*힌트*: 예제에서 보여주는 것처럼 회로가 리셋하는 것을 확인하라.)

14.41 한 개의 입력과 한 개의 출력을 가진 순서회로는 아래처럼 4비트 순서열의 처음 두 비트를 확장(stretch)하는 데 사용된다.
매 4비트 이후, 회로는 리셋한다. 이 회로를 위한 밀리 상태그래프와 상태표를 구하라.
입력열의 세 번째와 네 번째 비트는 1 또는 0이 될 수 있다. 따라서 이 회로는 모든 가능한 조합에 대해 동작할 수 있음을 확인하라.

Input	Output
00XX	0000
01XX	0011
10XX	1100
11XX	1111

14.42 순서회로가 $0.25짜리 제품을 배출하는 자동판매기의 작동을 조절하는 데 사용된다. 이 회로는 세 개의 입력 N, D, Q와 두 개의 출력 R, C를 가진다. 자동판매기의 동전감지기 장치는 당신이 설계하는 순서회로와 같은 클럭에 동기화되어 있다. 동전감지기는 고객이 넣은 모든 5센트, 10센트, 25센트 각각에 대해 N, D, Q 입력에 하나의 1을 출력한다. 한 번에 오직한 개의 입력이 1이 될 수 있다. 고객이 5센트, 10센트, 25센트의 조합으로 적어도 $0.25를 넣었을 때, 자동판매기는 잔돈을 주고 제품을 배출한다. 동전 반환 기구는 고객에게 5센트를 되돌려 줌으로써 잔돈을 준다. C에서의 매 1 출력에 대해, 동전 반환 장치는 고객에게 한 개의 5센트 동전을 돌려줄 것이다. 회로가 출력 R에서 한 개의 1을 출력할 때, 제품은 배출될 것이다. 회로는 제품을 배출한 후 리셋해야 한다.

예제: 고객은 5센트, 10센트, 25센트를 넣는다. 회로의 입출력은 다음과 같을 것이다.

입력: $N = 0001000000000000000$
$D = 0000000100000000000$
$Q = 0000000000001000000$
출력: $R = 0000000000000000100$
$C = 0000000000000111000$

1 입력 사이에 임의의 개수 0이 일어날 수 있다는 것에 주의하라.
이 순서회로를 위한 무어 상태표를 유도하라. 그리고 각 상태에 대해 고객이 돈을 얼마나 넣었는지 또는 내주어야 할 잔돈은 얼마인지를 표시하라.

14.43 (a) 맨체스터(Manchester) 코드에서 NRZ 코드로 직렬 비트 스트림을 변환하는 밀리 순서 회로를 위한 상태그래프와 표를 유도하라. 두 배 주파수 클럭(Clock2)을 사용할 수 있다고 가정하라.

(b) 무어 순서회로를 위해 (a)를 반복하라.

(c) 당신의 회로에 입력 파형으로 그림 14-21(b)의 맨체스터 파형을 이용하여 (a)에 대한 당신의 해답으로 그림 14-21(b)와 유사한 타이밍도를 그려라. 만약 입력 변화가 클럭 에지 약간 뒤에서 일어난다면, 글리치(잘못된 출력)가 일어날 수 있는 곳을 출력 파형에 위치를 표시하라. 만약 가능하다면, 글리치들 중 일부를 제거하기 위해 당신의 상태표의 출력 부분에 무관값(don't care)을 할당하라.

(d) (c)와 같은 입력 파형을 이용하여, (b)에 대한 당신의 해답을 위한 타이밍도를 그려라.

14.44 전화(phone) 응답 머쉰을 제어하는 순서회로를 설계하라. 이 회로는 세 개의 입력 R, A, S와 한 개의 출력 Z를 가져야 한다. 각 전화 울림의 끝에서 한 클럭 사이클 동안 $R = 1$이다. 전화에 응답이 있을 때, $A = 1$이다. S는 머쉰이 두 번 울린 후($S = 0$) 또는 4번 울린 후($S = 1$) 전화에 응답해야 하는지를 선택한다. 테이프 레코더가 전화에 응답하도록 하기 위해, 회로는 두 번 울린 뒤($S = 0$) 또는 4번 울린 뒤($S = 1$), 출력 $Z = 1$을 설정하고 레코더 회로가 전화에 응답할 때까지(즉 A가 1로 갈 때) $Z = 1$을 유지한다. 만약 어떤 시점에서든지 사람이 전화에 응답한다면, A는 1이 될 것이고, 그 회로는 리셋해야 한다. 전화가 울림을 세는 동안 S는 변하지 않는다고 가정하라. 14.5절에서 주어진 영문자 상태그래프 표기를 이용하여 이 회로를 위한 무어 상태그래프를 작성하라.

14.45 다음의 상태그래프에 대해 상태표를 구하라.

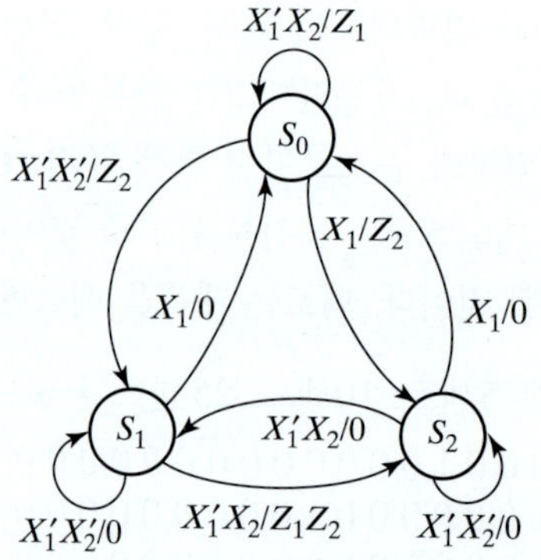

14.46 아래의 상태그래프에는 두 곳에 오류가 있다. 한 상태에서는 하나의 X_1과 X_2의 조합에 대해 완전하게 기술되지 않았다. 또 다른 상태에서는 하나의 X_1과 X_2 조합에 대해 모순이 있다. 두 곳을 조금 변경하여 상태그래프를 올바르게 수정하라. 수정된 상태그래프가 완전하게 기술되었다는 것을 증명하라.

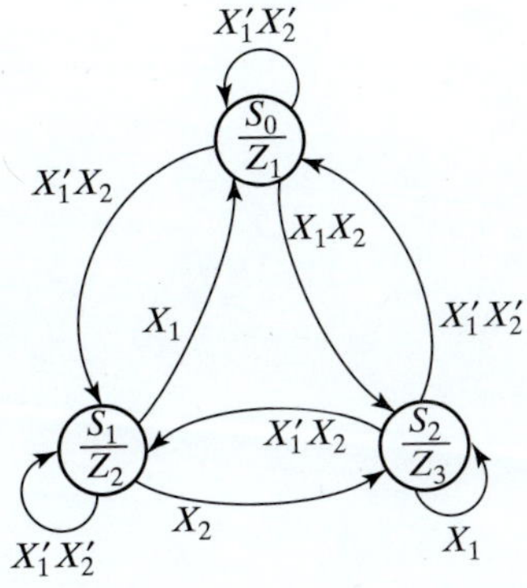

14.47 BCD 숫자의 최하위 비트(LSB)가 제일 먼저 수신된다고 했을 때, 표 14-9의 BCD 패리티 감지기를 수정하라. 비완전 명세 밀리 모델 상태표를 만들어라. (*힌트*: BCD 숫자의 첫 번째 3비트를 기억하기 위한 상태를 기술함으로써 만들 수 있다. 하지만 길이 3인 모든 열을 구별하지 않아도 된다. 많아야 11개 상태를 요구한다)

14.48 표 14-9의 패리티 감지기에서, BCD 대신 초과-3 코드를 사용하여 십진수 숫자가 부호화된다고 가정한다. 이 경우에 대하여 비완전 명세 상태표를 만들어라. (10개 상태가 요구된다)

14.49 표 14-9의 패리티 감지기에서, BCD 대신 Gray 코드를 사용하여 십진수 숫자가 부호화된다고 가정한다. 이 경우에 대하여 비완전 명세 상태표를 만들어라. (11개 상태가 요구된다)

14.50 십진수 숫자 0에서 5까지가 3 비트 2진수로 부호화된다. 이것은 최하위 비트(LSB)가 제일 먼저 나오는 길이 3의 디스조인트 윈도우(disjoint window)로 전송되고, 밀리 모델 회로에 입력된다. 3번째 비트가 수신되었을 때 받아진 3비트가 짝수(홀수) 패리티를 갖는다면 회로는 출력 1(0)을 발생시킨다. 첫 번째 2비트에 대하여서는 회로의 출력은 무관함이다. 이 회로에 대해 비완전 명세 상태표를 만들어라.

14.51 최상위 비트(MSB)가 제일 먼저 나온다고 가정하고 문제 14.50을 풀어라.

UNIT

15 상태표 간략화, 상태할당

Reduction of State Tables State Assigment

목표

1. 등가상태 여부를 테스트하는 여러 가지 방법을 정의하고, 어떤 경우 두 개의 상태가 같은지를 결정한다.
2. 등가순서회로를 정의하고, 두 개의 상태가 같은지를 결정한다.
3. 상태표를 최소개의 열로 간략화한다.
4. 상태표를 위한 적절한 상태할당을 지정하고, 최소의 비용으로 회로를 구현할 수 있는 등 가 상태할당을 규정한다.
5. 상태할당을 완성하는 데 있어 유용한 세 가지 가이드라인을 서술하고, 이것들이 주어진 상태표를 위해 상태할당을 하는 것에 적용한다.
6. 주어진 상태표와 상태할당으로, 플립플롭 입력식을 구하고 천이표를 완성한다.
7. 상태그래프를 one-hot 상태할당으로 만들고, 상태표로부터 차기상태와 출력식을 유도한다.

학습가이드

1. 15.1절 *중복상태의 제거*를 학습하라.

2. 15.2절 *등가상태*를 학습하라.

(a) $\lambda_1(p, \underline{X}) = \lambda_2(q, \underline{X})$.의 의미를 서술하여라.

(b) N_1과 N_2가 다음의 상태그래프를 갖는 동일한 회로라고 가정할 때, 정의 15.1를 사용하여 p와 q가 등가회로가 아님을 보여라($\underline{X} = 0$, $\underline{X} = 1$, $\underline{X} = 00$, $\underline{X} = 0$)에 대하여 $\lambda(p, \underline{X})$와 $\lambda(q, \underline{X})$를 계산하여라).

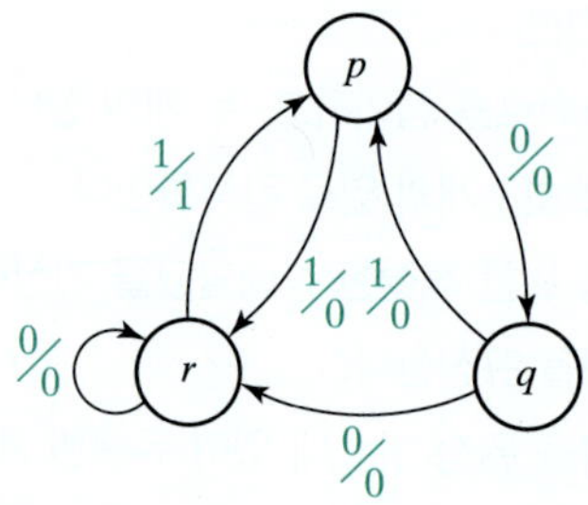

(c) 두 개의 순서회로(N_1, N_2)가 입력과 출력만 표시된 블랙박스 형태로 주어졌다고 가정하자. 각 박스는 리셋버튼이 있다. N_1 회로에서는 상태 p에서 리셋되고 N_2 회로에서는 상태 q에서 리셋된다. 정의 15.1을 사용하여 $p = q$임을 실험적으로 결정할 수 있는가? 설명하라.

(d) 정의 15.1을 적용하여 표 15-9의 $S_2 \not\equiv S_3$.임을 보여라.

(e) 상태등가의 *정의*(정의 15.1)와 정리 15.1의 차이를 인식하라. 정의 15.1은 출력값의 검증이 필요하나 차기상태의 검증은 필요*없다*. 그러나 정리 15.1은 출력값 및 차기상태의 검증이 *모두* 필요하다. 정의와 정리에 대해 확실하게 이해하라. 등가상태의 정의에 대해 서술하라.

상태등가 정리에 대해 서술하라.

답을 체크할 때 같은 출력과 등가인 차기상태가 요구된다. 단순히 *같은 것*(*equal*)과 *등가인 것*(*equivalent*)의 차이는 매우 중요하다. 예를 들어 다음의 상태표에서 어떤 두 개의 상태는 같은 차기상태를 갖지 않는다. 그러나 두 개의 상태로 줄일 수 있는데 이것은 몇 개의 차기상태가 등가이기 때문이다. 상태등가 정리는 만약 S_3 프 S_0이면 S_3 프 S_0임을 말해준다. 이때 S_3 프 S_0라고 말할 수 있다. 그 외 다른 상태들 중 등가인 짝을 찾아라.

Present State	Next State		Z
S_0	S_1	S_0	0
S_1	S_0	S_2	1
S_2	S_3	S_2	1
S_3	S_1	S_3	0

3. 15.3절 *관련항 차트*를 학습하라.

(a) 주어진 표에 대응하는 다음의 관련항 차트를 완성하라.

	Next State		Present Output	
	$X=0$	1	$X=0$	1
a	a	b	0	0
b	d	a	0	1
c	a	b	0	1
d	g	f	0	0
f	d	g	0	1
g	d	f	0	1

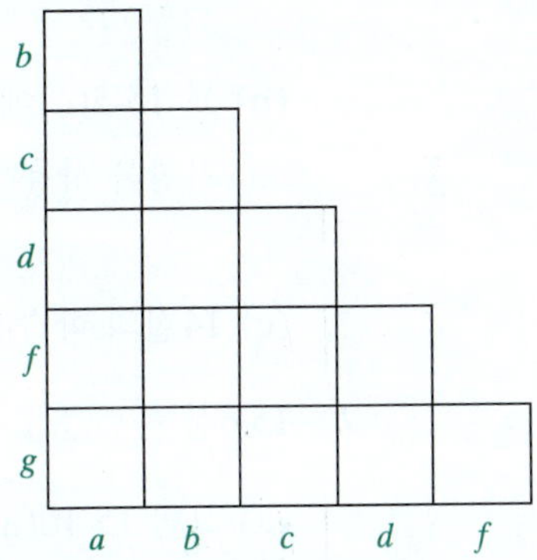

해답 표에는 여덟 개의 칸에 'X'가 들어가야 하고, 두 개의 칸은 하나의 관련항의 쌍이 있고, 네 개의 칸은 2개의 관련항의 쌍이 있다. f-g 칸은 그냥 체크만 하면 되는데 그것은 f-g의 관련항은 f-g 자신이기 때문이다.

(b) 차트로 돌아가서 모든 비등가상태들을 제거하라(여러 번의 시도가 필요할 것이다). 무엇이 유일한 등가상태쌍인가? (a) 상태등가정리에 따르면 왜 $b \not\equiv d$인가, 왜 $a \not\equiv b$인가?

(c) 관련항 차트를 이용하여 다음의 상태표에서 등가인 모든 상태를 찾아라.

	Next State		Present Output	
	$X=0$	1	$X=0$	1
a	b	c	0	1
b	d	b	0	0
c	e	a	0	1
d	d	e	0	0
e	e	e	0	0

(4개의 등가상태쌍을 찾아야 한다. 두 개의 쌍만 찾았으면 15.3절을 다시 읽어라.) 2개의 행만 가지는 표로 줄여라.

4. 15.4절 *등가순서회로*를 학습하라. 등가순서회로를 정의하라(등가*상태*와 등가*회로*의 차이를 확실히 이해하라).

5. 15.3과 15.4절에 사용된 방법으로 15.1, 15.2, 15.3 문제를 풀어라. 상태등가를 위한 관련항 차트를 작성할 때 이 책에서 사용한 방법을 따라서 하라. 예를 들어 차트의 밑에는 처음 상태에서 시작하여 마지막 바로 전 상태들로 라벨링을 하는 것이다. 그런 다음 차트의 왼편에는 맨 위로부터 두 번째 상태에서 시작하여 마지막 상태들로 라벨링한다.

6. 15.5절 *불완전 명세된 상태표*를 학습하라.

(a) 상태표가 불완전하게 명세될 수 있는 두 가지 이유를 써라.

(b) 표 15-5(a)에서 관련항 차트를 만들고 최대 등가 상태항들을 찾아라. 최대 등가항을 사용하여 두 개 상태로 간략화된 상태표를 만들어라.

(c) 14절의 학습가이드 10의 표를 그래프상태표로 줄일 수 있음을 보여라.

7. 15.6절 *플립플롭 입력식의 유도*를 학습하라.

(a) 그림 15-10(a)의 C^+맵으로부터 J_C와 K_C를 유도하라.

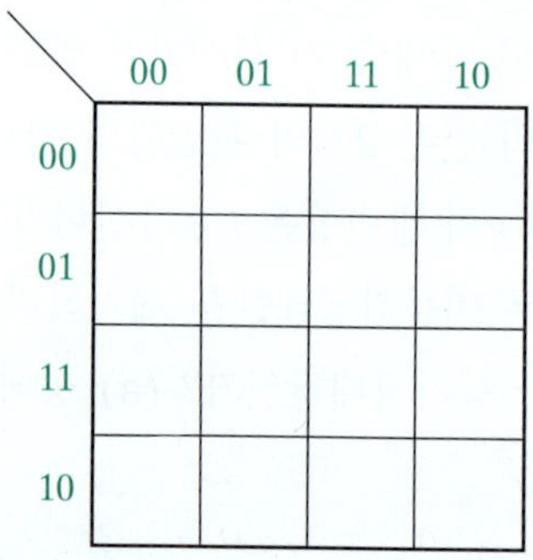

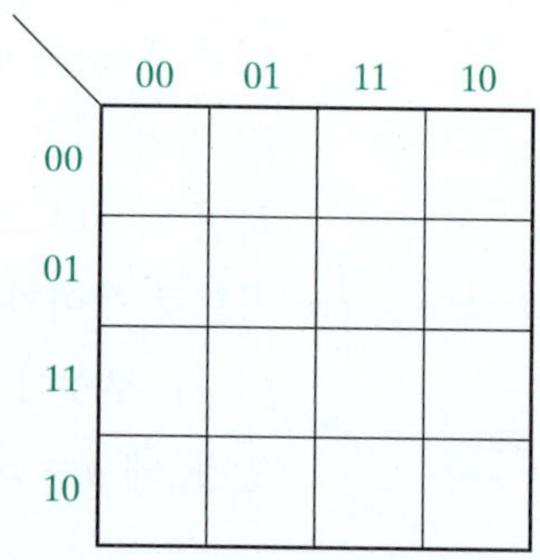

(b) 표 15-9(b)의 상태천이표로부터 출력함수(Z)에 대한 맵을 그리고, Z에 대한 최소식을 유도하라.

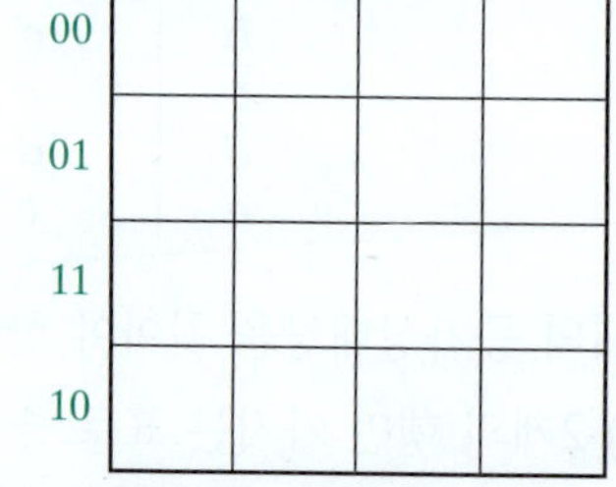

(c) 그림 15-11의 차기상태맵으로부터 플립플롭 A에 대한 J-K 입력식을 유도하라. 답은 $J_A = X_2B$, $K_A = X_2'B'$이다.

(d) 문제 15.4를 풀어라.

8. 15.7절 *등가상태할당*을 학습하라.

(a) 표 15-11의 빠진 상태할당(8~18까지)을 채워라. 먼저 첫 번째 행의 남아 있는 부분의 할당을 '10'으로 하고, 다음에는 첫 번째 행을 '01'로 할당하여 채워라.

(b) 최소비용회로를 찾기 위해 모든 가능한 상태할당을 시도하는 것이 왜 불필요한지 설명하라.

(c) 대칭적인 플립플롭의 경우, 왜 시작상태를 모두 '0'으로 할당할 수 있고 그렇게 하여 또 최소비용회로를 얻을 수 있는지 설명하라.

(d) 할당방식 A를 사용하여 표 15-12에 해당하는 다음의 천이표를 완성하라. 그리고 차기 상태맵과 D_1, D_2의 입력식을 유도하라.

Q_1Q_2	$X = 0$	1
00	00	10
01		
10		

Q_1Q_2 \ X	0	1
00		
01		
11	X	X
10		

$Q_1^+ = D_1$

Q_1Q_2 \ X	0	1
00		
01		
11	X	X
10		

$Q_2^+ = D_2$

할당방식 A를 위한 식으로부터 모든 2를 1로 대체하고 모든 1을 2로 대체하라. 결과는 할당방식 B의 결과와 동일함을 증명하라.

할당방식 A의 J와 K의 입력식으로부터 Q'는 Q로 대체하고 Q는 Q'로 대체하라. 그리고 J의 입력식은 K로 대체하고 K의 입력식은 J의 입력식으로 대체하라(이것은 그림 15-13에 주어진 변환에 해당한다). 결과는 할당방식 C의 결과와 같음을 증명하라.

할당방식 A에 의한 D 입력식을 보수화하라. 그리고 Q와 Q'를 서로 바꿔라(이것은 그림 15-14에 주어진 변환에 해당한다). 결과가 할당방식 C의 결과와 동일함을 증명하라.

(e) 표 15-11의 각 할당은 표 15-13의 할당방법과 같음을 보여라.

(f) 다음의 두 가지 상태할당방법으로 했을 때 비용이 같게 드는 이유는?

A	000	011
B	001	111
C	011	101
D	101	110
E	100	010
F	010	001
G	110	000

(g) 다음의 상태할당이 표 15-13에서 주어진 상태할당값의 열(column)값들을 바꾸거나 값을 반전시켰을 때 만들어지는 것을 보여라.

10	11	01
01	01	11
00	00	00
11	10	10

(h) 시행착오방법의 상태할당법이 썩 효과적이지 못한 이유를 설명하라.

(i) 문제 15.5를 읽고 상태할당에 대한 다음의 질문에 답하라.

(1) 왜 열(column)값들이 모두 '0' 또는 모두 '1'로 할당되면 *안* 되는가?

(2) 왜 두 개의 열값이 같은 값으로 할당되면 *안* 되는가?

(3) 두 개의 열값을 바꾸는 것이 회로구현 비용에 영향을 미치는가?

(4) 두 개의 행(row)값을 바꾸는 것이 회로구현에 영향을 미치는가?

(5) 두 개의 행이 같은 값을 갖는 할당방법은 사용하면 왜 안 되는가?

(6) 다음의 두 개의 할당 방법을 보자(각 열의 맨 위에 있는 숫자는 각 열의 10진수 값이다).

(1)	(3)	(5)		(3)	(1)	(5)
0	0	0		0	0	0
0	0	1		0	0	1
0	1	0		1	0	0
1	1	1		1	1	1

(1)(3)(5)열의 할당을 하면 (3)(1)(5)할당은 불필요한가?
왜 열의 값을 오름순으로 할당하면 바람직한가?

9. 15.8절 *상태할당 가이드라인*을 학습하라.

(a) 상태할당의 가이드라인이 비용이 적게 드는 상태할당에 도움이 되는 이유는?

(b) 가이드라인에 서술한 모든 방법들을 만족하는 할당을 못하면 어떻게 하나?

(c) 그림 15-15(a)의 상태할당 가이드 라인을 다음의 상태들이 인접하게 할당되어야 함을 말한다.

(1) (S_0, S_1, S_3, S_5) (S_3, S_5) (S_4, S_6) (S_0, S_2, S_4, S_6)

(2) (S_1, S_2) (S_2, S_3) (S_1, S_4) $(S_2, S_5)2X$ $(S_1, S_6)2X$

가이드라인(1)이 가장 일반적으로 중요함으로 네 개의 상태를 인접시키는 것으로부터 출발한다.

S_0	
S_1	
S_3	
S_5	

(S_3, S_5)가 인접되게 할당되었다. 비어 있는 곳에 S_2, S_4, S_6을 할당하되 되도록 가이드 라인을 만족시킬 수 있도록 한다. $2X$ 꼬리표가 붙어 있는 그룹들은 꼬리표가 없는 것 들보다 우선권이 주어진다. 결과는 그림 15-15(b)와 비교하라.

(d) 그림 15-17(b)의 상태할당을 사용하여 그림 15-17(a)의 상태표에 대한 상태천이표를 완성하라.

				$Q_1^+Q_2^+Q_3^+$			
	Q_1	Q_2	Q_3	$X = 0$	1	0	1
a	0	0	0	000	100	0	0
b	1	1	1	011	110	0	1
c	1	0	0	100	000	0	0

(e) 차기상태와 출력맵을 완성하라. 또 AND-OR 게이트회로로 입력식을 회로로 구현할 때 각각 13개의 게이트와 35개의 입력이 필요함을 보여라.

(f) Q_1^+ 맵으로부터 J_1과 K_1식을 유도하라.

J_1 = ______________________

K_1 = ______________________

Q_2Q_3 \ XQ_1	00	01	11	10
00	0	1	0	1
01	X			X
11		0	1	
10				

Q_1^+

Q_2Q_3 \ XQ_1	00	01	11	10
00	0	0	0	0
01	X			X
11		1	1	
10				

Q_2^+

Q_2Q_3 \ XQ_1	00	01	11	10
00	0	0	0	0
01	X			X
11		1	0	
10				

Q_3^+

Q_2Q_3 \ XQ_1	00	01	11	10
00	0	0	0	0
01	X			X
11		0	1	
10				

Z

$D_1 =$ ____________________

$D_2 =$ ____________________

$D_3 =$ ____________________

$Z =$ ____________________

10. 문제 15.6, 15.7, 15.8을 풀어라.

11. 15.9절 *one-hot 상태할당 사용*을 학습하라.

(a) one-hot 상태할당은 플립플롭이 더 많이 필요하기 때문에 하드웨어는 더 많이 든다. 그러면 어떤 경우에 one-hot 상태할당이 유리한가?

(b) 주어진 상태표에서 상태천이에 대한 관찰로 one-hot 상태할당을 이용하면 플립플롭 입력식을 쉽게 유도할 수 있다. Q_5의 차기상태식을 적어라. Q_5^+를 유도하기 위한 상태도 일부만 보였다.

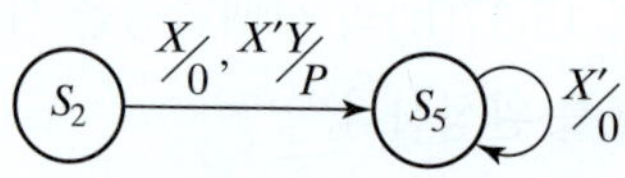

(c) 그림 15-20의 상태도와 one-hot 상태할당방법을 사용할 때, Q_2와 Q_3의 다음 상태 방정식을 적어라.

$Q_2^+ =$ ______________ and $Q_2^+ =$ ________________

(d) 그림 15-19의 상태도와 one-hot 상태할당방법을 사용할 때, 출력 Ad와 Done의 출력 방정식을 적어라.

$Ad =$ _________ and Done = _________

(e) 문제 15.9를 풀어라.

12. 이 절에서의 학습할 목표가 만족되었다고 생각할 때, 성취도 테스트를 진행하라.

상태표 간략화, 상태할당

Reduction of State Tables State Assigment

순서회로의 입출력 동작이 주어졌을 때 회로설계의 첫 단계는 앞 장에서 학습한 것과 같이 상태표를 유도하는 것이다. 상태표를 플립플롭과 논리게이트를 사용하여 회로로 구현하기 전에 상태표를 최소수의 상태개수로 줄이는 상태표 간략화 과정이 필요하다. 일반적으로 상태표에서 상태의 개수를 줄이면 회로구현에 필요한 플립플롭과 논리게이트 수도 줄게 된다. 예를 들어 9개의 상태가 8개로 줄어들면 필요한 플립플롭은 4개에서 3개로 줄고 플립플롭 입력식도 줄일 수 있다. 상태수를 6개로 더욱 줄이면 플립플롭은 여전히 3개가 필요하지만 플립플롭 식에서 무관항이 많아져 필요한 게이트를 더 줄일 수 있다.

간략화된 상태표가 구해지면 다음은 각 상태에 대응하는 2진값을 할당하는 것이다. 상태할당 방법에 따라 회로의 게이트 수가 달라진다. 최소비용의 회로구현을 위한 적절한 상태할당을 찾는 것은 어려운 문제이나, 상태할당의 가이드라인을 통해 해결할 수 있다. 15.7~15.8절에 설명될 것이다.

다음 단계는 플립플롭의 입력식을 유도하는 것이다. 12장 카운터 설계에서 이미 해 보았는데 이제 보다 일반적인 순서회로에 어떻게 적용하는지 보여 줄 것이다.

15.1 중복상태의 제거

14절에서 상태그래프나 상태표를 만들 때 불필요한 상태를 만들지 않도록 주의를 했다. 이번에는 좀 더 다른 방법으로 상태그래프에서 불필요한 상태가 없도록 만들어 보자. 먼저 상태표를 처음 만들 때 여분의 상태가 포함되어도 큰 문제가 되지 않으나 상태표가 만들어지고 나면 중복되는 상태를 제거해야 한다. 앞 장에서는 순서회로의 상태를 나타낼 때 S_0, S_1, S_2, . . . 등으로 표시했다. 이번 장에서는 A, B, C, . . .(또는 a, b, c, . . .) 등으로 자주 표시한다.

14.3절의 예제 1번에 대해 다시 한 번 설명한다. 먼저 가능한 입력시퀀스에 대한 처음 3비트를 기억하는 모든 상태를 만든다. 그 다음 네 번째 비트가 들어오면 적절한 출력을

표 15-1 시퀀스 검출기를 위한 상태표

Input Sequence	Present State	Next State $X=0$	Next State $X=1$	Present Output $X=0$	Present Output $X=1$
reset	*A*	*B*	*C*	0	0
0	*B*	*D*	*E*	0	0
1	*C*	*F*	*G*	0	0
00	*D*	*H*	*I*	0	0
01	*E*	*J*	*K*	0	0
10	*F*	*L*	*M*	0	0
11	*G*	*N*	*P*	0	0
000	*H*	*A*	*A*	0	0
001	*I*	*A*	*A*	0	0
010	*J*	*A*	*A*	0	1
011	*K*	*A*	*A*	0	0
100	*L*	*A*	*A*	0	1
101	*M*	*A*	*A*	0	0
110	*N*	*A*	*A*	0	0
111	*P*	*A*	*A*	0	0

내고 회로를 처음 상태로 되돌린다. 표 15-1에서 알 수 있듯이 상태 *A*를 리셋상태로 정했다. 만약 '0'을 입력으로 받으면 상태 *B*로 가고 '1'을 입력으로 받으면 상태 *C*로 간다. 같은 방법으로 하여 상태 *B*에서는 '0' 입력으로 상태 *D*로 가는데 이것은 입력시퀀스를 '00'로 받았을 때 발생하고, '1' 입력에는 상태 *E*로 가는데 이것은 입력시퀀스 '01'을 받은 경우이다. 나머지 상태들에 대해서도 같은 방법으로 정의하면 된다. 네 번째 입력비트가 들어오면 리셋 상태로 돌아간다. 이때 출력은 상태 *J*와 *L*에서 '1' 입력을 받을 경우에는 1이다. 이것은 입력시퀀스 '0101' 또는 '1001'를 받았을 때 해당된다.

다음은 상태표로부터 중복상태를 제거할 것이다. 입력시퀀스 정보를 가지고 상태표를 만들 수 있다. 상태표를 보면 상태 *H*와 *I*를 구분할 수 없다. 즉 상태 *H*에서는 차기 상태는 *A*이고 출력은 '0'이다. 상태 *I*에서도 차기 상태가 *A*이고 출력도 '0'이다. 따라서 상태 *H*와 *I*는 구별할 수가 없다. 따라서 상태 *I*를 상태 *H*로 대체할 수 있다. 이렇게 하면 상태표에서 *I*를 제거할 수 있다. 이때 상태 *H*는 *I*와 '*등가*'($H \equiv I$)라고 말한다. 비슷한 방법으로 상태 *K*, *L*, *M*, *p* 또한 같은 차기상태(*A*)와 출력('0')를 가지므로 모두 *H*로 대체하면서 줄에서 삭제한다. 그리고 상태 *J*와 *L*도 등가임을 알 수 있다(같은 차기상태, 같은 출력). 따라서 상태 *L*을 제거할 수 있다. 중복 상태를 제거한 후 간략화된 표 15-2에 보였다.

상태표를 바꾼 뒤 상태 *D*와 *G*도 동일하고 *E*와 *F*도 동일함을 알 수 있다. 따라서 $D \equiv G$, $E \equiv F$이므로 *F*와 *G*가 제거된다. 그림 15-1은 최종 상태표와 그에 대응하는 상태그래프를 보여 준다. 이것은 그림 14-15에 보여진 상태그래프와 동일함을 알 수 있다(상태 표시값만 다름). 이와 같이 등가상태를 찾는 방법을 '*행 맞추기*(*row matching*)'라고 한다. 일반적으로 행 맞추기는 등가상태를 찾는 방법으로 충분하지 않다. 회로가 일정한 비트의 입력을 받은 다음 처음 상태로 되돌아가는 특별한 경우에는 행 맞추기 방법으로도 충분하다.

표 15-2 시퀀스 검출기의 상태표

Present State	Next State X = 0	Next State X = 1	Present Output X = 0	Present Output X = 1
A	B	C	0	0
B	D	E	0	0
C	~~F~~ E	~~G~~ D	0	0
D	H	~~I~~ H	0	0
E	J	~~K~~ H	0	0
~~F~~	~~L~~ J	~~M~~ H	~~0~~	~~0~~
~~G~~	~~N~~ H	~~P~~ H	~~0~~	~~0~~
H	A	A	0	0
~~I~~	~~A~~	~~A~~	~~0~~	~~0~~
J	A	A	0	1
~~K~~	~~A~~	~~A~~	~~0~~	~~0~~
~~L~~	~~A~~	~~A~~	~~0~~	~~1~~
~~M~~	~~A~~	~~A~~	~~0~~	~~0~~
~~N~~	~~A~~	~~A~~	~~0~~	~~0~~
~~P~~	~~A~~	~~A~~	~~0~~	~~0~~

그림 15-1 시퀀스 검출기의 간략화된 상태표 및 대응하는 상태그래프

Present State	Next State X = 0	Next State X = 1	Output X = 0	Output X = 1
A	B	C	0	0
B	D	E	0	0
C	E	D	0	0
D	H	H	0	0
E	J	H	0	0
H	A	A	0	0
J	A	A	0	1

(a)

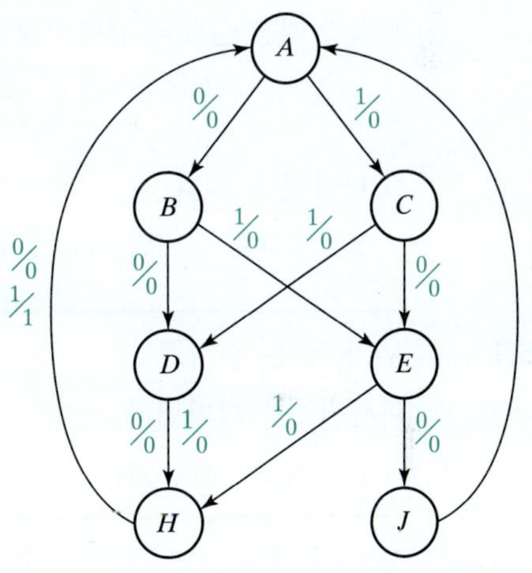

(b)

15.2 등가상태

앞의 예제에서 살펴본 바와 같이 상태표는 등가상태를 제거함으로써 줄일 수 있다. 적은 수의 행을 가진 상태표는 더 작은 개수의 플립플롭과 논리게이트로 회로 구현이 가능해지므로 적은 비용으로 순서회로를 구현하기 위해서는 등가상태의 결정은 매우 중요하다.

그림 15-2

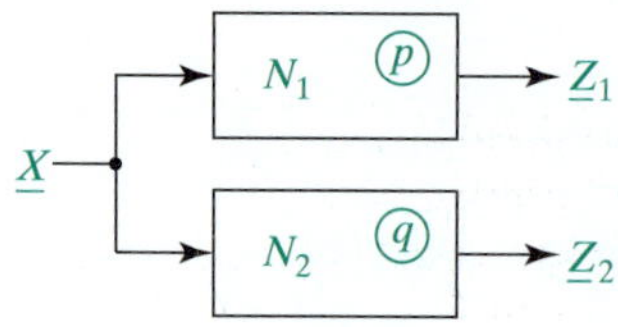

상태의 등가성을 결정하는 데 고려해야 될 문제점을 생각해 보자. 기본적으로 회로의 입력과 출력을 보아서 두 개의 상태를 구분할 수 없을 때, 두 상태는 등가이다. 두 개의 순서회로가 있을 때(다를 수도 있고 똑같은 회로가 두 개일 수도 있다.) 하나는 상태 p에 있고 다른 하나는 상태 q에 있다(그림 15-2). $\underline{X}$는 입력시퀀스$X_1, X_2, \ldots, X_n$을 나타낸다. 같은 입력시퀀스 $\underline{X}$를 두 개의 회로에 넣어서 출력시퀀스 $\underline{Z}_1$과 $\underline{Z}_2$를 같은지 관찰한다. 두 개의 출력시퀀스가 같을 것이다. 그 다음 회로를 상태 p와 q로 리셋하고 다른 입력시퀀스 $\underline{X}$를 넣어서 다시 출력을 비교한다. 만약 모든 가능한 입력시퀀스$\underline{X}$에 대해 출력시퀀스가 같으면 p는 q와 등가라고 말한다($p \equiv q$). 반면에 어떤 입력시퀀스 $\underline{X}$에 대해 출력시퀀스 $\underline{Z}_1$과 $\underline{Z}_2$가 다르면, 상태 p와 q를 구분할 수 있고 등가가 아니다. 출력시퀀스가 처음 상태와 입력시퀀스의 함수이므로

$$\underline{Z}_1 = \lambda_1(p, \underline{X}) \quad \underline{Z}_2 = \lambda_2(q, \underline{X})$$

로 나타낼 수 있다.

상태등가의 정의를 다음과 같이 쓸 수 있다.

정의 15.1 N_1과 N_2를 순서회로라고 하자(반드시 다를 필요는 없다). $\underline{X}$를 임의의 길이를 가진 입력시퀀스를 나타낸다. 만약 모든 입력시퀀스 N_2 iff $\lambda_1(p, \underline{X}) = \lambda_2(q, \underline{X})$이면, N_1의 상태 p는 N_2의 상태 q와 등가라고 한다.

정의 15.1을 직접적으로 적용하기 위해서 먼저 $\underline{X} = 0$와 $\underline{X} = 1$에 대해 회로를 테스트한다. 그 다음 입력시퀀스의 길이가 2인 경우: $\underline{X}$ = 00, 01, 10, 11에 대해 그 다음 입력시퀀스의 길이가 3의 모든 경우의 입력들 즉: $\underline{X}$ = 000, 001, 010, 011, 100, 101, 110, 111에 대해 회로를 테스트한다. 이 과정을 입력의 길이가 5, 6 등등에 대해 계속 테스트한다. 정의 15.1로 두 개의 상태가 등가임을 증명하려면 실제로 모든 경우의 입력시퀀스를 테스트하려면 무한대의 경우가 나오므로 현실적이지 못하다. 보다 현실적인 상태 등가의 검증은 다음의 정리를 사용한다.

정리 15.1[1] 어떤 순서회로의 하나의 입력 X에 대하여 출력이 같고 차기 상태가 등가이면 두 개의 상태 p, q를 등가라고 한다. 즉 $\lambda(p, X) = \lambda(q, X)$, $\delta(p, X) \equiv \delta(q, X)$, 여기서 $\lambda(p, X)$는 현재 상태 p와 입력 X일 때 출력이고, $\delta(p, X)$는 현재 상태 p와 입력

1) 부록 D의 증명을 참조한다.

X에서 만들어지는 차기 상태를 나타낸다. 예를 들어, 표 15-1에서 $D \equiv G$이다. 그러나 다음 상태들($X = 0$에서 H 와 N, $X = 1$에서 I와 P)은 같지 않다.

먼저 서술한 행 맞추기 과정은 정리 15.1의 특수한 경우이다(이 경우 차기 상태는 등가가 아니라 같다). 표 13-4가 등가상태가 없음을 정리 15.1을 사용하여 증명하기로 한다. 상태표의 출력부를 살펴보면 가능한 등가상태의 짝은 S_0과 S_2이다. 표로부터, 만약 $S_3 \equiv S_3$, $S_2 \equiv S_0$, $S_1 \equiv S_1$, $S_0 \equiv S_1$이면 $S_0 \not\equiv S_2$ 그러나 $S_0 \not\equiv S_1$이므로(출력이 다르므로), $S_0 \equiv S_2$이다.

15.3 관련항 차트

이번 절에서는 상태표에서 모든 등가상태들을 찾아내기 위한 절차에 대해 논의할 것이다. 만약 이런 절차에 의해 발견된 등가상태들이 제거된다면, 표의 상태수는 최소로 감소될 수 있다. 등가 가능성에 대한 각각의 상태쌍들을 점검하는 방법으로 관련항 차트를 사용한다. 비등가 쌍들은 규칙적으로 제거하여 등가 쌍들만이 남도록 한다.

관련항 차트 방법을 설명하기 위해 표 15-3의 예제를 사용할 것이다. 첫 번째 단계는 그림 15-3에 나타난 형식의 차트를 만드는 것이다. 이 차트는 모든 상태쌍마다 칸을 가지고 있다. 열 i와 행 j의 칸은 상태쌍 i-j에 해당된다. 그러므로 첫 번째 열 안에 있는 칸들은 상태쌍 a-b, a-c 등에 해당된다. $i \equiv j$ 와 $j \equiv i$인 경우와 i-j와 j-i의 상태쌍들 중에 한 가지 경우만이 필요하기 때문 에 대각선 위 반쪽에 있는 칸들은 차트에 포함시키지 않았다. 또한, a-a, b-b 등에 해당하는 칸들도 생략된다. 차트의 첫 번째 열을 채우기 위해 표 15-3의 a행과 다른 행들을 각각 비교한다. a행의 출력은 c행의 출력과 다르기 때문에 $a \equiv c$를 나타내기 위해 차트의 a-c칸에 **X** 표시를 한다. 이와 유사하게 출력이 다른 $a \not\equiv e$, $a \not\equiv f$ 그리고 $a \not\equiv h$를 나타내기 위해 a-e, b-f 그리고 a-c 칸들에 **X** 표시를 한다. a와 b 상태들은 동일한 출력 가지고 있다. 그러므로 정리 15.1에 의해, 다음과 같이 정리될 수 있다.

$$a \equiv b \qquad \text{iff} \qquad d \equiv f \qquad \text{and} \qquad c \equiv h$$

표 15-3

Present State	Next State $X = 0$	Next State $X = 1$	Present Output
a	d	c	0
b	f	h	0
c	e	d	1
d	a	e	0
e	c	a	1
f	f	b	1
g	b	h	0
h	c	g	1

이것을 표시하기 위해 *a-b* 칸은 *d-f* 와 *c-h*의 *내포된 쌍*으로 표시한다. 이와 유사하게, *a*와 *d*는 동일한 출력들을 가지고 있기 때문에, 아래의 정리를 나타내기 위해 *a-d*칸에 *a-d*와 *c-e*로 표시한다. *a-g* 칸에 있는 *b-d*와 *c-h*는 아래의 정리를 나타낸다.

$$a \equiv d \quad \text{iff} \quad a \equiv d \quad \text{and} \quad c \equiv e$$

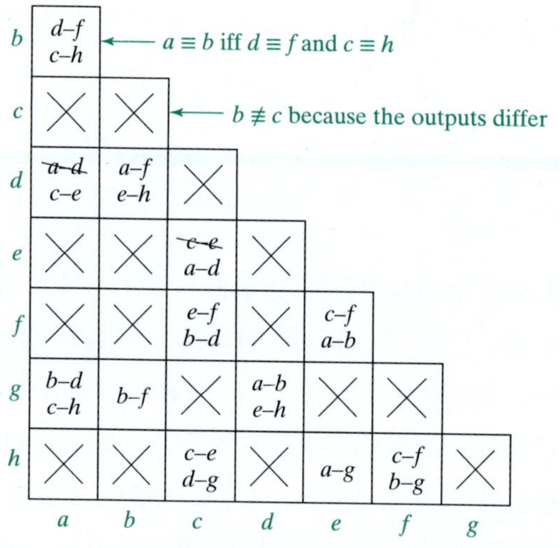

그림 15-3 표 15-3에 대한 관련항 차트

다음으로, 상태표의 *b*행은 표의 나머지 행들과 각각 비교되고 관련항 차트의 *b*열이 채워진다. 이와 유사하게 하여 차트 내의 나머지 열들은 그림 15-3처럼 채워진다. 자기 내포 쌍들은 중복된(redundant) 성분이기 때문에 *a-d*는 *a-d* 칸에서 제거되고 *c-e*는 *c-e* 칸에서 제거될 수 있다.

여기서 관련항 차트에 있는 각각의 칸은 해당 상태쌍이 비등가(출력들이 서로 다르기 때문에)라는 것을 나타내기 위해 X로 채워지거나 내포쌍들로 채워졌다. 이제는 각각의 내포쌍을 체크한다. 만약 *i-j* 칸에 있는 내포쌍들 중에 하나라도 비등가라면, 정리 15.1에 의해 $i \equiv j$가 된다. 그림 15-3의 *a-b* 칸은 두 개의 내포쌍들(*d-f* 와 *c-h*)을 포함하고 있다. $d \equiv f$이기 때문에 $a \equiv b$이다. 따라서 그림 15-4에 보여진 것처럼 *a-b* 칸에 X를 표시한다. 계속해서 첫 번째 열을 점검하면 *a-d*칸은 내포쌍 *c-e*를 포함하고 있다는 것을 주목하게 된다. *c-e* 칸은 X를 포함하고 있지 않기 때문에 여기서 $a \not\equiv d$인지 아닌지 결정할 수가 없다. 유사하게 *b-d*와 *c-h* 칸은 X를 포함하고 있지 않기 때문에 $a \not\equiv g$인지 아닌지 결정할 수가 없다. 두 번째 열로 이동하면, $a \not\equiv f$와 $b \not\equiv f$라는 것은 이미 보여졌기 때문에 *b-d*와 *b-g* 칸에 X를 표시한다. 유사한 방법으로 각각의 남아 있는 열들을 점검하고 *c-f*, *d-g*, *e-f* 그리고 *f-h* 칸들에 X를 표시한다. 그림 15-4는 결과 차트를 보여주고 있다.

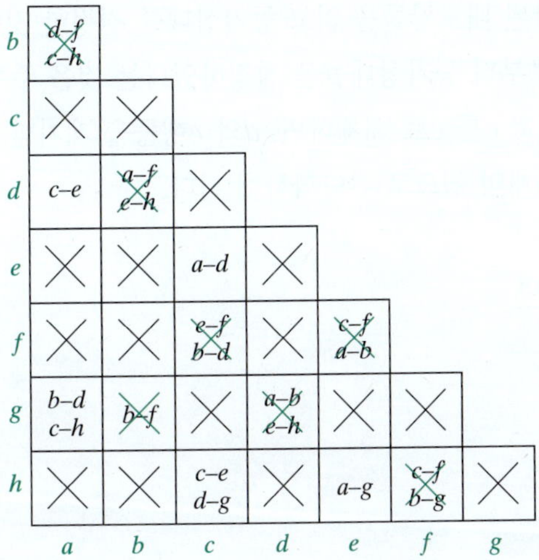

그림 15-4
첫 번째 시도후 관련항 차트

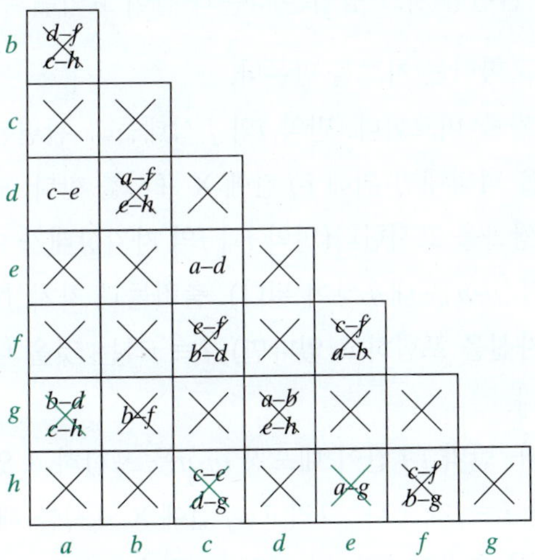

그림 15-5
두 번째 시도후 관련항 차트

그림 15-3에서 그림 15-4로 이동했을 때, 몇 가지 추가적인 비등가 상태쌍들을 발견하였다. 그러므로 추가된 X 표시들이 다른 쌍들을 비등가로 만드는지 아닌지 다시 한 번 차트를 검사해야 한다. *a*열을 재점검하면, *b-d* 칸이 X를 가지고 있기 때문에 *a-g* 칸에 X를 표시할 수 있다는 것을 발견하게 된다. 남아 있는 열들을 점검하면, *d-g*와 *a-g*가 X로 표시되어 있기 때문에 *c-h*와 *e-h* 칸들을 X로 표시한다. 이것으로 그림 15-5에서 보여진 것처럼 관련항 차트에 대한 두 번째 시도를 완료하게 된다. 두 번째 시도에서 몇 가지의 X를 추가하였기 때문에, 세 번째 시도가 필요하게 된다.

차트 전체에 걸쳐 더 이상 새로운 X 표시가 세 번째 시도에서 추가되지는 않는다. 그러므로 비등가 상태쌍들에 해당하는 모든 칸들은 X로 표시되었다. 남아 있는 칸들의 좌표들은 등가상태쌍에 해당되어야 한다. *a-d* 칸(*a*열, *d*행)은 X를 포함하고 있지 않기 때문에 $a \equiv d$라고 결론지을 수 있다. 유사하게, *c-e*칸은 X를 포함하고 있지 않기 때문에 $c \equiv e$가 된다. 다른 모든 칸들은 X를 포함하고 있기 때문에, 더 이상 등가상태쌍이 존재하지 않게 된다. 칸 속에 포함된 내포쌍들을 읽고 등가상태를 결정한 것이 아니라 X표시가 없는 칸들의 행-열 좌표로부터 등가상태들을 결정하였다는 것을 주목해야 한다.

표 15-3에서 d를 a로 그리고 e를 c로 대체하면, d와 e행들을 제거할 수 있고 표 15-4에서 보여지는 것처럼 표는 6개의 행으로 간략화하게 된다.

표 15-4

Present State	Next State $X = 0$	1	Output
a	a	c	0
b	f	h	0
c	c	a	1
f	f	b	1
g	b	h	0
h	c	g	1

등가상태를 결정하기 위한 관련항 차트 방법은 다음과 같이 요약될 수 있다.

1. 각 상태쌍에 위한 칸을 포함하는 차트를 만든다.
2. 상태표에서 각 행들의 쌍을 비교한다. 만약 i와 j 상태들과 관련된 출력들이 서로 다르다면, $i \not\equiv j$라는 것을 나타내기 위해 i-j 칸에 X 표시를 한다. 만약 출력들이 동일하다면, i-j 칸에 내포쌍들을 표시한다(만약 i와 j의 차기상태가 어떤 입력 x에 대해 m과 n이라면, 그러면 m-n은 내포쌍이 된다). 출력들과 차기상태들이 동일하다면(또는 i-j가 단지 그 자신을 포함하고 있다면), $i \equiv j$라는 것을 나타내기 위해 i-j 칸에 체크($\sqrt{}$)표시를 한다.
3. 표를 각 칸마다 점검한다. 만약 i-j 칸이 내포쌍 m-n을 포함하고 있고 m-n 칸이 X 표시를 포함하고 있으면, $i \equiv j$가 된다. 그리고 i-j 칸에 X 표시를 해야 한다.
4. 어느 X 표시든 3단계에서 추가된다면, 더 이상 X 표시가 추가되지 않을 때까지 3단계를 반복한다.
5. X를 포함하지 않는 각 i-j 칸에 대해서는 $i \equiv j$가 성립된다.

가능하면 행 비교는 관련항 차트를 만들기 전에 상태표를 부분적으로 간략화시키기 위해 사용될 수 있다. 비록 무어 상태표에 대해서 이 절차를 설명하였지만, 동일한 절차가 밀리상태표에도 적용될 수 있다.

15.4 등가순서회로

앞 절에서는, 주어진 상태표에서 등가상태들을 찾아내어 상태표의 행의 수를 줄일 수 있었다. 행의 수를 줄이는 것은 좀 더 적은 게이트들과 플립플롭들로 순서회로들을 만들 수 있게 해준다. 이 절에서는, 순서회로들 간의 등가를 살펴보기로 한다. 본질적으로, 두 개의 순서회로들이 같은 일을 할 수 있다면 등가가 된다. 순서회로들 간 등가는 다음과 같이 정의된다.

정의 15.2 만약 N_1에서 각 상태 p에 대해, $p \equiv q$가 되기 위한 N_2의 상태 q가 존재하고, 역으로 N_2에서 각 상태 s에 대해, $s \equiv t$가 되는 N_1의 상태 t가 존재하면 순서회로 N_1은 순서회로 N_2와 등가이다.

그러므로 만약 $N_1 \equiv N_2$라면, N_1에서 모든 시작 상태 p마다 모든 입력시퀀스 $\underline{X}$에 대해 $\lambda_1(p, \underline{X}) \equiv \lambda_2(q, \underline{X})$가 되는 해당 시작 상태 q를 찾아낼 수 있다(즉, 동일한 입력시퀀스는 동일한 출력시퀀스를 가진다). 그러면, N_1은 이것의 등가회로 N_2로 대체될 수도 있다.

그림 15-6 등가회로들에 대한 표와 그래프들

N_1

	$X = 0$	1	$X = 0$	1
A	B	A	0	0
B	C	D	0	1
C	A	C	0	1
D	C	B	0	0

N_2

	$X = 0$	1	$X = 0$	1
S_0	S_3	S_1	0	1
S_1	S_3	S_0	0	0
S_2	S_0	S_2	0	0
S_3	S_2	S_3	0	1

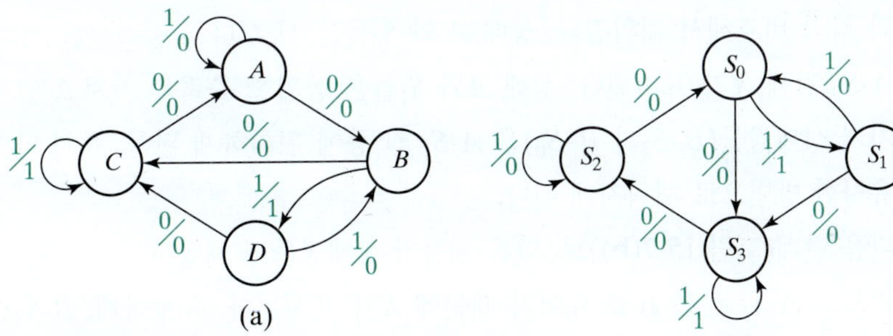

(a) (b)

만약 N_1과 N_2가 단지 몇 개의 상태들만을 가지고 있다면, $N_1 \equiv N_2$라는 것을 보이기 위한 한 가지 방법은 등가상태쌍들을 자세히 비교해보는 것이다. 그리고 나서 정리 15.1이 각각의 등가 상태쌍에 대해 만족되는지를 보라. 만약 N_1과 N_2 둘 다 최소 개수의 상태들을 가지고 있고 $N_1 \equiv N_2$라면, N_1과 N_2는 동일한 개수의 상태들을 가지고 있어야 한다. 만약 그렇지 않으면, 그 회로는 다른 회로의 어떤 상태와도 등가가 아닌 상태를 가지게 될 수도 있다. 따라서 정리 15.2는 만족되지 못하게 된다.

그림 15-6은 두 개의 간략화된 상태표들과 이것들에 해당되는 상태그래프들을 나타내고 있다. 상태그래프들을 자세히 관찰하면, 회로가 같으려면, 상태 S_2 또는 S_3와 등가상태인 A를 가지고 있어야만 한다. 왜냐하면 N_2 회로에서 S_2 또는 S_3만이 자기귀환 – 루프인 상태들이기 때문이다. 상태 A와 S_2의 출력들이 일치하기 때문에, 오직 가능한 경우는 상태 $A \equiv S_2$인 경우이다. 만약 상태 $A \equiv S_2$라면 이것은 상태 $B \equiv S_2$이어야만 한다는 것을 의미하고, 이것은 다시 $D \equiv S_1$이고 $C \equiv S_3$이어야만 한다는 것을 의미하게 된다.

그림 15-7 회로 등가를 결정하기 위한 관련항 차트

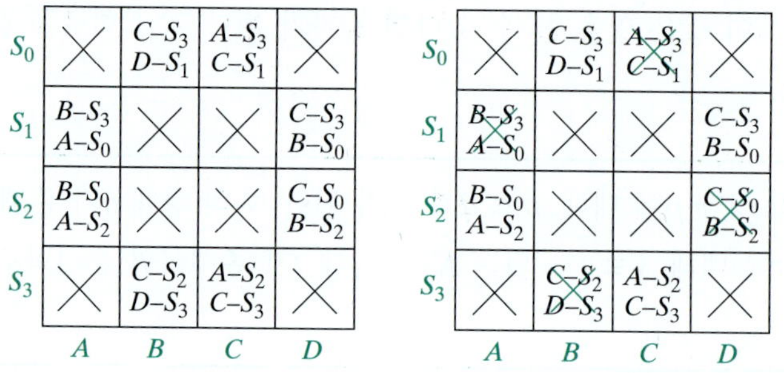

(a) (b)

상태표들을 사용하면 이런 가정들이 올바르다는 것을 확인할 수 있다. 왜냐하면 가정된 모든 등가상태쌍들에 대해 입력이 $X \equiv 0$와 $X \equiv 1$일 때 차기상태들은 등가이고, 출력값들이 동일하기 때문이다. 이것은 $N_1 \equiv N_2$라는 것을 확인하게 해준다.

관련항 차트는 순서회로가 등가인지 결정하기 위해 쉽게 적용될 수 있다. 한 회로의 상상태들이 다른 회로의 상태들과 등가인지 체크해야 하기 때문에, 관련항 차트는 한 회로의 상태들에 해당하는 행(row)들과 다른 회로의 상태들에 해당하는 열(column)들로 일단 만들어진다. 예를 들면, 그림 15-6의 회로들에서, 그림 15-7(a)의 관련항 차트를 만들 수 있다. 그림 15-7(a)의 첫 번째 열은 그림 15-6(a) 상태표의 A열을 그림 15-6(b)의 행들과 각각 비교해서 채워진다. 상태 A 와 S_0들은 서로 다른 출력들을 가지고 있기 때문에, A-S_0 칸에 X가 표시된다. 상태 A와 S_1들은 동일한 출력을 가지고 있기 때문에 내포된 차기 상태쌍들(B–S_3과 B–S_0)은 A-S_1 칸 등에 위치하게 된다. 표의 나머지 칸들도 이와 유사한 방법으로 채워지게 된다.

다음 단계(그림 15-7(b))로, 다른 비등가 상태쌍들에 해당하는 칸들은 X가 표시된다. 그러므로 A-S_1 칸은 $A \not\equiv S_0$이기 때문에 X가 표시된다. 유사하게, B-S_3칸도 $C \not\equiv S_2$이기 때문에 X표 되고, $A \not\equiv S_3$이기 때문에 C-S_0 칸도 X표 되고, 그리고 $B \not\equiv S_2$이기 때문에 D-S_2 칸도 X표 된다. 표에 대한 또 다른 시도에서는 그 외의 비등가쌍들이 나타나지 않는다. 그러므로 남아 있는 등가상태쌍들은 다음과 같다.

$$A \equiv S_2 \qquad B \equiv S_0 \qquad C \equiv S_3 \qquad D \equiv S_1$$

N_1의 각각의 상태는 N_2에 등가상태를 가지고 있고, 그 반대로도 성립하기 때문에, $N_1 \equiv N_2$이 된다.

15.5 불완전 명세된 상태표의 간략화

불완전하게 명시된 상태표를 간략화하는 것은 완전하게 명시된 상태표를 가지고 간략화하는 것보다 좀 더 복잡하다. 여기서는[2] 간단한 개요만 보여주겠다(보다 더 완전한 설명은 아래 책을 참고하라). 처음생각에 don't care에 적절한 다른 값들을 넣어 완전히 명세된 표를 만든 다음 최소상태수 표를 만들면 될 것 같다. 우리는 두 개의 예제를 사용하여 don't care가 많은 표를 사용하는 것이 매우 복잡하고 사실상 자주 최소화된 표를 생성하지 못한다는 것이다. 상태표 15-5(a)는 $-^1$, $-^2$로 표시된 두 개의 don't care항을 갖는데 따라서 우리는 이들 don't care 항의 값을 4개의 조합을 만들어 간략화를 시도해 볼 수 있다. 그림 15-8은 네 가지 조합(DC1 = 0, 1 DC2 = 0 ,1) 의 함축차트(Implication Chart)를 보였다; 표는 두개의 don't care 항이 1일 때 간략화 할 수 있다. 이때 2개 상태 표가 최소 형식의 표가 만들어 진다. 그러나 don't care항이 매우 많은 경우 모든 경우를 다 시도하는 것은 매우 복잡해지고 표 15-5(b)에서 보인 것처럼 항상 최소 상태를 만들어내지는 못한다.

표 15-5 불완전하게 명세된 상태표

Present State	Next State $X=0$	Next State $X=1$	Output $X=0$	Output $X=1$
S_0	S_1	S_3	0	$-^2$
S_1	S_2	S_3	$-^1$	0
S_2	S_1	S_0	1	0
S_3	S_2	S_3	0	1

(a)

Present State	Next State $X=0$	Next State $X=1$	Output $X=0$	Output $X=1$
S_0	S_2	S_1	0	1
S_1	S_1	S_0	–	1
S_2	S_2	S_1	1	1

(b)

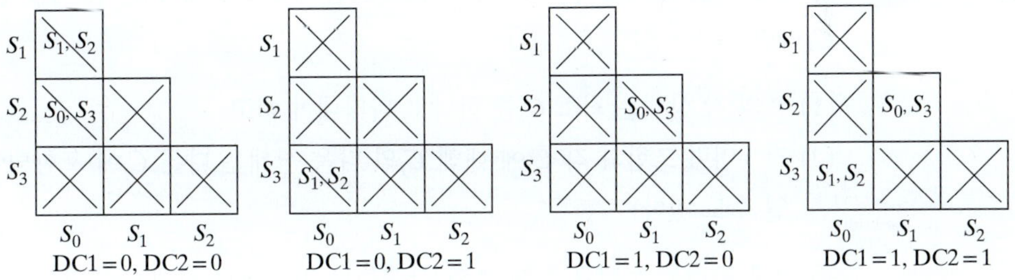

그림 15-8 표 15-5(a)의 관련항 차트

표 15-6 15-5(a)의 수정된 표

Present State	Next State $X=0$	Next State $X=1$	Output $X=0$	Output $X=1$
S_0	S_2	S_1^1	0	1
S_1^1	S_1^2	S_0	0	1
S_1^2	S_1^2	S_0	1	1
S_2	S_2	S_1^1	1	1

2) 보다 완전한 내용은 다음 책을 참조하라. McCluskey, Edward J., *Logic Design Principles* (Upper Saddle River, NJ: Prentice Hall, 1986)

만약 표 15-5(b)의 don't care 항이 '0'으로 대체되면 출력값들에 의해 S_0와 S_2, 그리고 S_1과 S_2를 같은 상태가 아니게 된다. 그러면 S_0과 S_1는 다음상태가 각각 S_1 S_2이기 때문에 등가가 될 수가 없다. 유사하게 don't care 항이 '1'으로 대체되어도 등가상태가 없다. 그러나 주어진 표는 두 개의 상태로 간략화된다. S_1이 S_0와 등가인 것과 겹치면 S_2와 등가인 또 다른 상태가 표 15-6에서 보인 것처럼 만들어지면 S_0는 S^1_1과 등가이고 S_2는 S^2_1과 등가이고 표는 2개의 상태로 간략화된다.

완전하게 명세된 표가 있고 $S_0 \equiv S$이고 $S_1 \equiv S$이면, $S_0 \equiv S$이다. (등가성은 순서를 바꾸어도 만족한다. 이행성(transitivity) 앞의 예제에서 어떤 입력 시퀀스에도 S_0와 S_1은 같은 출력 시퀀스를 만든다. 이때 S_0와 S_1은 서로 바꿀 수 있다.(우리는 호환성을 ~로 표시할 것이다.) 비슷하게 S_0과 S_1도 *서로 바꿀 수 있다*(즉 같은 입력 시퀀스에 같은 출력 시퀀스를 만든다 이때 출력 시퀀스는 정의된 값을 가진다). 그러나 S_0와 S_1는 호환할 수 있다. $x = 0$ 입력에 서로 다른 출력을 만들어낸다. 호환성은 순서를 바꾸어도 등가인 이행성을 만족하지 않는다. 즉 $S_0 \sim S_1$, $S_1 \sim S_2$이지만 $S_0 \sim S_2$가 만족되지는 않는다.

완전하게 명세된 표를 간략화하기 위해 각각 등가인 상태들의 조합을 최대한 많이 찾아내야 한다. 왜냐하면 등가성은 순서를 바꾸어도 성립되므로 최대의 등가 상태를 하나의 간략화된 상태로 표실할 수 있다. 즉 간략화된 상태표를 최대의 등가 상태를 반영한 것이다. 불완전하게 명세된 표를 간략화하는 첫 번째 스텝은 최대한 묶을 수 있는 등가 생태들을 찾는 것이다. 즉 최대 호환 상태들을 찾는 것이다. 그러나 호환상태가 만족하더라도 상태의 순서를 바꿨을 때 항상 만족하지 않을 수 있으므로 하나의 간략화된 상태는 하나 이상의 최대 호환상태를 의미할 수도 있다. 불완전하게 명세된 표를 간략화하기 위해 최대 호환 상태들이 가장 적은 수로 만들어지도록 해야 한다. 예를 들어 $C_1, C_2 \ldots,$ C_k라면

(1) 표의 각 상태는 최소 C_i중 하나로 나타내야 하고

(2) 각 x입력 조합과 각 C_i에 대해 C_i의 다음 상태는 다른 C_j에 포함되어야 한다. ($j = i$ 일 수도 있다)

두 번째 조건은 선택된 최대 호환 상태들로 만들어진 상태표를 만들 수 있도록 하는 조건이다. 즉 간략화된 상태표는 k개 상태들을 가질 것이다(이 과정은 대부분의 불완전하게 명세된 표의 경우 유효하다. 몇몇 케이스의 경우는 간략화된 상태들을 최대 호환 상태들의 부분집합으로 명세된다).

예를 들어, 3비트 길이의 비결합 윈도우에서 10진수 0, 1, 2, 3, 4, 5에 대해 2진 인코딩을 받는 최고를 고려하자. 회로는 최상위비트를 먼저 받고 수신 3비트 값이 짝수(홀수) 패리티를 가지면 세 번째 입력비트에서 출력 1(0)을 발생시킨다. 처음 입력 2비트에 대해서는 don't care를 출력한다. 표 15-7은 입력 시퀀스에 따른 상태를 할당한 회로에 대한 상태표를 보였다. 그림 15-9는 표 15-7에 대한 함축 차트이다. 모든 상태 짝들은

S_1, S_2, S_3, S_4를 제외하고 호환 가능하다. $S_0 \sim S_1$, $S_0 \sim S_3$, $S_1 \sim S_3$는 $(S_0S_1S_3)$는 호환 가능한 셋트이다. 비슷한 방법으로 $(S_0S_2S_3)$, $(S_0S_1S_4)$, $(S_0S_2S_4)$는 호환 가능한 셋트이다. $(S_0S_1S_3)$와 $(S_0S_2S_3)$는 S_1과 S_2가 호환 가능하지 않기 때문에 합칠 수가 없다. 따라서 다른 것들과 합칠 수가 없으므로 $(S_0S_1S_3)$, $(S_0S_2S_3)$, $(S_0S_2S_4)$, $(S_0S_2S_4)$는 최대 호환상태들 셋트이다.

$X = 1$에 대한 $(S_0S_1S_3)$의 다음 상태들은 $(S_0S_2S_4)$이다. 따라서 만약 $(S_0S_1S_3)$가 간략화된 표의 상태들 중 하나이면 $(S_0S_2S_4)$는 다른 상태들 중 하나가 된다. $X = 0$에 대한 $(S_0S_2S_4)$의 다음 상태는 $(S_0S_1S_4)$이다. 따라서 만약 $(S_0S_2S_4)$가 간략화된 표의 상태들중 하나이며 $(S_0S_1S_4)$는 다른 상태들 중 하나가 된다. $X = 0$와 $X = 1$일 때 다음 상태들을 정리하면 $(S_0S_1S_3)$, $(S_0S_1S_4)$, $(S_0S_2S_4)$가 상태표를 만드는 데 사용된다. 표 15-8은 최종결과 표이다. $(S_0S_2S_3)$는 $X = 0$일 때 다음 상태 $(S_0S_1S_4)$를 가진다. 따라서 만약 $(S_0S_2S_3)$가 포함되면 표는 4개의 상태들을 가지며 표 15-8이 표 15-7의 최소화된 표가 된다.

표 15-7 0에서 5까지의 짝수패리티 검출기

	Present State	Next State $X = 0$	Next State $X = 1$	Output $X = 0$	Output $X = 1$
	S_0	S_1	S_2	–	–
0	S_1	S_3	S_4	–	–
1	S_2	S_4	–	–	–
00	S_3	S_0	S_0	1	0
01, 10	S_4	S_0	S_0	0	1

그림 15-9 표 15-7의 관련항 차트

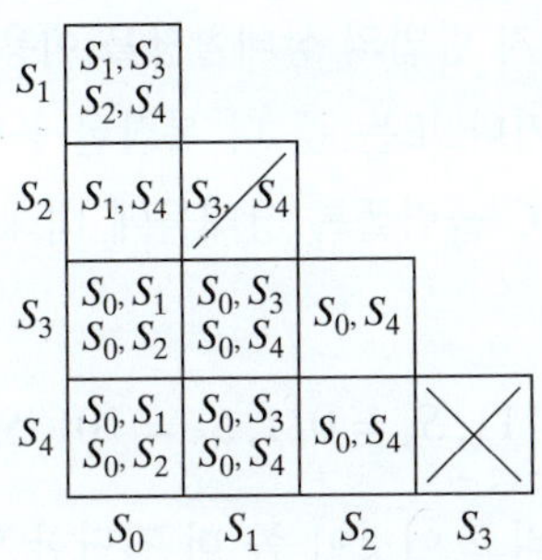

표 15-8 표 15-7의 간략화된 상태표

	Present State	Next State $X = 0$	Next State $X = 1$	Output $X = 0$	Output $X = 1$
$S_0\,S_1\,S_3$	A	A	B	1	0
$S_0\,S_2\,S_4$	B	C	B	0	1
$S_0\,S_1\,S_4$	C	A	B	0	1

15.6 플립플롭 입력식의 유도

상태표의 상태개수가 감소된 후에 플립플롭 입력식을 유도하기 위해 다음과 같은 절차가 사용될 수 있다.

1. 간략화된 표의 상태들에 해당하는 플립플롭 상태값들을 할당한다.
2. 현재상태들과 입력들의 함수로 이루어진 플립플롭의 차기상태들을 나타내는 천이표를 작성한다.
3. 천이표에서 차기상태맵들을 유도한다.
4. 12장에서 배운 방법들을 이용하여 차기상태맵에서 플립플롭 입력맵들을 찾아내고 그 맵에서 플립플롭 입력식들을 유도한다.

한 예제로, 표 15-9(a)를 구현하기 위해 순서회로를 설계할 것이다. 7개의 상태들이 존재하기 때문에 3개의 플립플롭이 필요할 것이다. 그리고 플립플롭 값을 A, B, 그리고 C로 지정할 것이다.

표 15-9

(a) 상태표

	$X=0$	1	0	1
S_0	S_1	S_2	0	0
S_1	S_3	S_2	0	0
S_2	S_1	S_4	0	0
S_3	S_5	S_2	0	0
S_4	S_1	S_6	0	0
S_5	S_5	S_2	1	0
S_6	S_1	S_6	0	1

(b) 천이표

	$A^+B^+C^+$		Z	
ABC	$X=0$	1	0	1
000	110	001	0	0
110	111	001	0	0
001	110	011	0	0
111	101	001	0	0
011	110	010	0	0
101	101	001	1	0
010	110	010	0	1

S_0는 플립플롭 상태 $ABC = 000$로, S_1은 $ABC = 001$로, 그리고 S_2는 $ABC = 010$로 연속적으로 2진 상태할당을 할 수 있다. 그러나 플립플롭 상태들과 상태할당 사이에 대응관계가 임의적이기 때문에, 다른 여러 가지 방법의 상태할당을 이용할 수 있을 것이다. 다른 상태할당을 이용하면 좀 더 단순하거나 또는 좀 더 복잡한 플립플롭 입력식이 만들어질 수도 있다. 한 예로, A, B, 그리고 C 플립플롭 상태들에 대해 다음과 같은 할당을 이용할 것이다.

$$S_0 = 000, S_1 = 110, S_2 = 001, S_3 = 111, S_4 = 011, S_5 = 101, S_6 = 010 \quad (15\text{-}1)$$

이런 상태할당은 15.8절에서 유도된다. 그리고 이것이 좀 더 간단한 입력식으로 도출된 이유는 그 절에서 설명된다. 표 15-9(a)에서, S_0를 000, S_1을 110, S_2을 001로 그리고 나머지들도 이런 식으로 대체하였다. 표 15-9(b)는 그 결과에 의한 천이표를 보여주고 있다. 이 표는 플립플롭 A, B, 그리고 C의 차기상태들을 현재 상태들과 입력 X항들로 나타내고 있다. 이 표에서 바로 그림 15-9(a)와 같은 차기상태맵들을 작성할 수 있다. $XABC = 0000$일 때, 차기상태값이 110이기 때문에 $A^+ = 1$, $B^+ = 1$, 그리고 $C^+ = 0$으로 채운다. $XABC = 1000$인 경우에는 차기상태값이 001이 되고, $A^+ = 0$, $B^+ = 0$, 그리고 $C^+ = 1$로 채운다. 나머지도 이와 같은 방식으로 채우게 된다. 상태할당 $ABC = 100$은 사용되지 않기 때문에 $XABC = 0100$과 1100에 해당하는 맵 칸들은 무관항들로 채워진다.

일단 차기상태맵들을 천이표를 보고 작성하고 나면, 플립플롭 입력식들은 12장에서 배운 방법을 사용하여 유도될 수 있다. 그림 15-10(a)에서 보여지는 것처럼 $D_A = A^+$, $D_B = B^+$, 그리고 $D_C = C^+$가 되기 때문에 D-플립플롭 입력식들은 차기상태 맵을 통해서 바로 유도될 수가 있다. 만약 J-K 플립플롭이 사용된다면, J와 K의 입력식들은 그림 15-10(b)에서 묘사된 것처럼 차기상태 맵들을 통해서 얻을 수 있다. 12.5절에서 보여 진 것처럼, J_A맵의 $A = 0$인 부분은 A^+과 동일하다. 그리고 $A = 1$인 부분은 모두 무관항들이다. K_A맵의 $A = 1$ 부분은 A^+맵의 $A = 1$인 부분의 보수이고, $A = 0$는 모두 무관항들이다. B^+맵의 $B = 0$와 $B = 1$인 부분들을 보고 유사한 방법으로 J_B과 K_B을 작성할 수 있다. C^+맵에서 J_C과 K_C맵을 유도하는 것은 연습문제로 남겨놓는다.

그림 15-10
표 15-9에 대한 차기상태맵

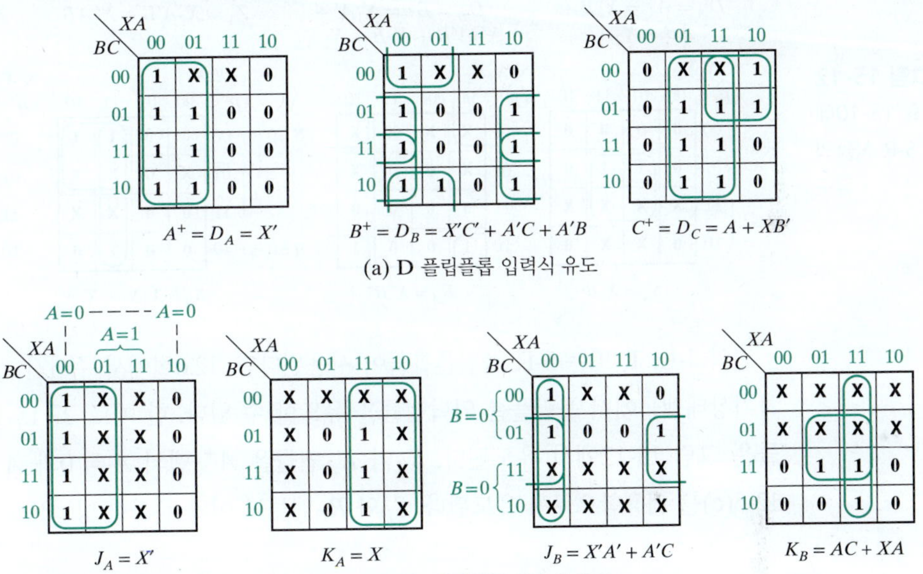

(a) D 플립플롭 입력식 유도

(b) J-K 플립플롭 입력식 유도

표 15-10

(a) State table

P.S.	Next State $X_1X_2 =$ 00	01	11	10	Outputs (Z_1Z_2) $X_1X_2 =$ 00	01	11	10
S_0	S_0	S_0	S_1	S_1	00	00	01	01
S_1	S_1	S_3	S_2	S_1	00	10	10	00
S_2	S_3	S_3	S_2	S_2	11	11	00	00
S_3	S_0	S_3	S_2	S_0	00	00	00	00

(b) Transition table

AB	A^+B^+ $X_1X_2 =$ 00	01	11	10	Outputs (Z_1Z_2) $X_1X_2 =$ 00	01	11	10
00	00	00	01	01	00	00	01	01
01	01	10	11	01	00	10	10	00
11	10	10	11	11	11	11	00	00
10	00	10	11	00	00	00	00	00

표 15-10(a)는 두 입력(X_1과 X_2)과 두 개의 출력(Z_1과 Z_2)들을 가지는 순서회로를 나타내고 있다. 플립플롭 입력식들을 쉽게 유도하기 위해 표의 첫 번째 열들은 카노맵 순으로 나열되어 있다는 것을 유의하라. 표는 네 종류의 상태들을 가지고 있기 때문에 두 개의 플립플롭(A와 B)들이 표를 만들기 위해 필요하다. S_0를 $AB = 00$, S_1을 $AB = 01$, S_2를 $AB = 11$ 그리고 S_3를 $AB = 10$으로 상태할당할 것이다. 상태명칭들을 AB에 관련된 값들로 대체함으로써, 표 15-10(b)와 같은 천이표를 얻게 된다. 그리고

나서 이 천이표를 보고 차기상태맵과 출력맵들(그림 15-11)을 작성할 수 있다. 예를 들어 $X_1X_2AB = 0011$, $A^+B^+ = 10$, 그리고 $Z_1Z_2 = 11$일 때, A^+, B^+, Z_1, 그리고 Z_2맵들의 0011칸들을 각각 1, 0, 1, 그리고 1로 채우게 된다. 그리고 차기상태맵을 보고 바로 D-플립플롭 입력식들을 얻어낼 수 있다.

그림 15-11 표 15-10에 대한 차기상태맵

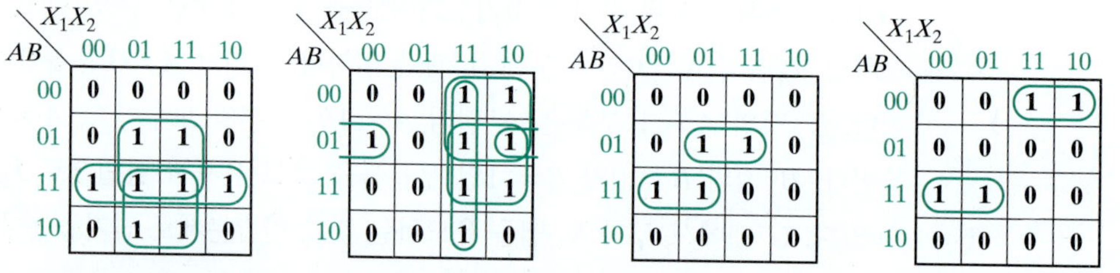

$D_A = A^+ = X_2B + AB + X_2A$　　$D_B = B^+ = X_1A' + X'_2A'B + X_1B + X_1X_2$　　$Z_1 = X_2A'B + X'_1AB$　　$Z_2 = X_1A'B' + X'_1AB$

그림 15-12 표 15-10에 대한 S-R 식들의 유도

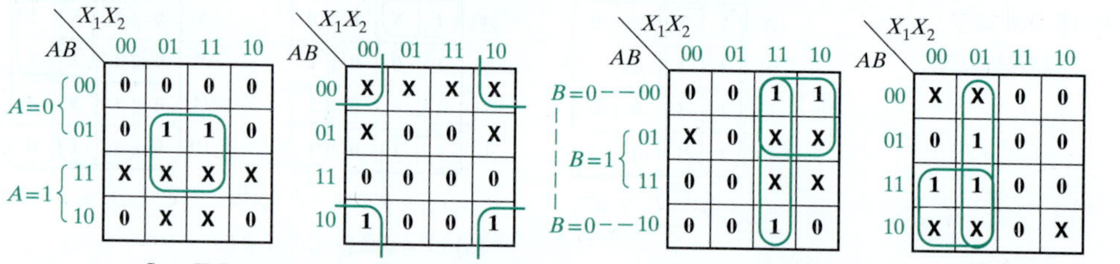

$S_A = X_2B$　　$R_A = X'_2B'$　　$S_B = X_1X_2 + X_1A'$　　$R_B = X'_1X_2 + X'_1A$

만약 J-K, T, 또는 S-R 플립플롭들이 사용된다면, 12.6절에서 주어진 기법들을 사용하여 차기상태맵들에서 플립플롭 입력맵들을 유도할 수 있다. 한 예로, 표 15-10에 대한 *S-R* 식들은 그림 15-12에서 유도된다. S_A와 R_A맵들은 A^+ 맵의 $A = 0$과 $A = 1$부분들에 표 12-5(c)를 적용함으로써 유도된다. S_B와 R_B맵들도 이와 유사한 방법으로 얻을 수 있다.

15.7 등가상태할당

상태표에서 상태의 수를 줄인 후, 다음 단계는 상태표에서 그 상태에 맞는 플립플롭 상태값을 할당하는 것이다. 순서회로를 구현하기 위해서 요구되는 비용은 이러한 상태할당을 만드는 방법에 따라 달라진다. 이번 장에서는, 비용이 적게 드는 회로구현을 위한 상태할당 방법에 대해서 논의한다. 다음에 기술된 시행착오 방법은 작은 상태의 수의 회로에서는 유용하다. 그리고 15.8절에서 논의될 상태할당 방법은 어떤 특정한 경우들에 대한 좋은 해답을 준다, 그러나 다른 경우에 완전히 만족하진 않는다.

만일 상태의 수가 작다면, 모든 가능한 상태할당 방법을 시도하는 것이 가능할 것이고, 각각의 할당에 대한 회로 구현비용을 평가하여, 가장 낮은 비용을 갖는 상태할당을 선택한다. 표 14-1에서처럼 세 개의 상태(S_0, S_1, S_2)를 갖는 상태표를 생각해 보자. 두 개의 플립플롭(A와 B)이 상태표의 회로를 구현하는 데 요구된다. 상태 S_0에 대한 네 가지 가능한 할당은 $AB = 00$, $AB = 01$, $AB = 10$, $AB = 11$이다. 이러한 할당 중 하나

를 선택하면 각각의 상태가 유일한 하나의 상태값을 가져야하기 때문에 S_1에 대해서 세 개의 가능한 할당이 남는다. 다음으로 상태 S_1이 할당되면, 상태 S_2에 대한 두 개의 가능한 상태가 남는다. 따라서 표 15-11에 보인 것처럼 세 개의 상태에 대해 $4 \times 3 \times 2 = 24$의 가능한 상태할당을 갖는다. 예를 들어 7번째의 할당방식은, 상태 S_0행에 있는 01는 플립플롭 A와 B에 각각 0과 1값이 할당되었다는 것을 의미한다.

모든 24개의 상태할당 경우의 각 할당에 대한 모든 시도가 필수적인 것은 아니다. 만일 주어진 할당 중 하나에서 두 개의 열을 서로 바꾸면, 바꾼 열이 플립플롭 변수에 다시 이름 붙이는 것과 동일하기 때문에 구현 비용은 바뀌지 않는다. 예를 들어, 표 15-8에 있는 할당 방식 1을 생각해 보자. 이 할당의 첫 번째 열은 플립플롭 A가 상태 S_0, S_1, S_2에 대하여 각각 0, 0, 1 값이 할당되었다는 것을 볼 수 있다. 비슷하게, 두 번째 열은 B에 0,1,0 값이 할당되었다. 만일 두 열을 바꾼다면, A는 0, 1, 0값을 갖고, B는 0, 0, 1값을 가지므로 세 번째 할당방식과 같다. 우리는 첫 번째 할당방식에서 AB 대신에 플립플롭 변수 BA로 이름을 붙여서 같은 결과를 얻을 수 있었다. 만일 할당방식 2에 대해서 열을 바꾼다면, 할당방식 4와 같은 구현비용이 든다. 비슷하게, 할당방식 5와 할당방식 6도 같은 비용을 갖는다. 그러나 행을 바꾸는 것은 보통 구현 비용이 달라진다. 따라서 할당방식 4와 6은 다른 구현비용을 가질 것이다.

만일 T, J-K, S-R 플립플롭과 같은 대칭적인 플립플롭을 사용한다면, 상태할당의 하나 이상의 열을 보수화하는 것은 회로구현 비용에 영향을 받지 않을 것이다. 그림 15-13(a) 회로에 들어 있는 J-K 플립플롭을 보자. 회로를 바뀌지 않게 남겨두고 J와 K 입력연결과 Q_k와 Q'_k 출력 연결을 서로 바꾸어라(그림 15-13(b)). 만일 회로 A가 $Q_k = p$로 시작되고 회로 B가 $Q_k = p'$로 시작된다면, 첫 번째 회로에서 J가 1일 때마다, K는

표 15-11
3-행으로 구성된 상태표로부터 상태할당

	1	2	3	4	5	6	7		19	20	21	22	23	24
S_0	00	00	00	00	00	00	01	. . .	11	11	11	11	11	11
S_1	01	01	10	10	11	11	00		00	00	01	01	10	10
S_2	10	11	01	11	01	10	10		01	10	00	10	00	01

그림 15-13
Q_k를 보수화하여 얻은 등가회로

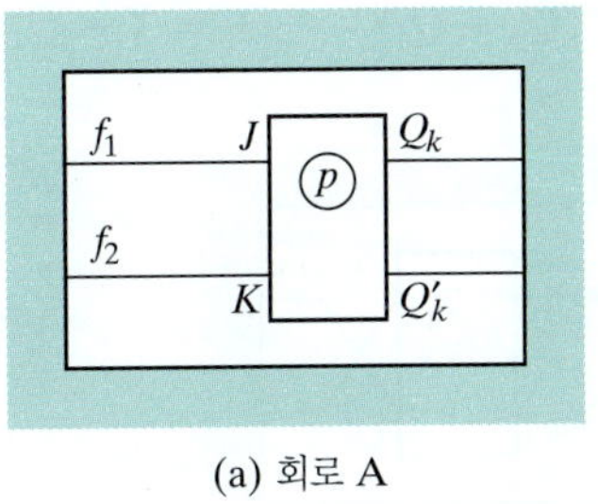

(a) 회로 A

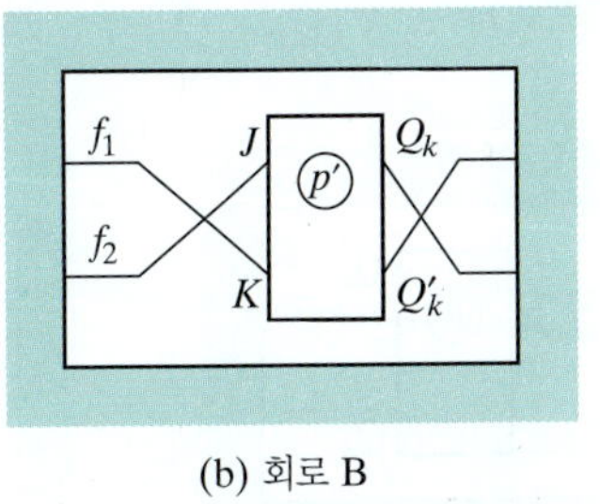

(b) 회로 B
(플립플롭 출력Qk, J, K의
연결 을 제외하고 회로 A와 같다)

두 번째 회로에서 1이 되기(반대의 경우도 같다) 때문에, 두 번째 회로에서 Q_k값이 항상 보수화 된다는 것을 제외하면, 두 회로의 동작은 동일할 것이다. 그래서 두 번째 회로에 대한 상태표는, Q_k값이 두 번째 회로에 보수화된 것을 제외하면, 두 번째 회로와 같다. 이것은 상대 할당에서 하나 또는 그 이상의 열이 보수화되는 것은 J-K 플립플롭을 사용했을 때의 구현 비용에 영향을 주지 않는다는 것을 말한다. 비슷하게, T와 S-R 플립플롭에 대해서도 적용된다. 그래서 표 15-11에서처럼, 할당 2와 7은 같은 비용을 갖고, 할당 6과 19도 마찬가지다.

만일 D 플립플롭과 같은 비대칭 플립플롭이 사용된다면, 여기서도 상태할당에서 열을 바꾸는 것(순서를 재배열하는 것)이 회로 구현비용에 영향을 주지 않는 것은 사실이다. 그러나 열을 보수화하는 것은, 그림 15-14에 보인 것처럼, 회로에 인버터를 추가할 것을 요구한다. 만일 다른 형태의 게이트를 사용할 수 있다면, 회로는 일반적으로 인버터를 제거하기 위해서 재설계될 수 있고 처음의 회로와 같은 수의 게이트를 사용할 수 있다. 만일, 그림 15-14에서 회로 A가 $Q_k = p$에서 그리고 회로 B가 $Q_k = p'$에서 시작된다면, Q_k의 값은 f가 두 회로에서 같고 회로 B에 대해서 $D = f'$이기 때문에 회로 B에서 항상 보수화될 것이라는 것을 제외하면, 두 회로의 동작은 동일할 것이다.

표 15-12는 상태할당 열을 상호교환 또는 보수화했을 때 주어진 상태표를 구현하는데 미치는 영향을 보여주기 위한 것이다.

3가지 할당에 대한 J-K와 D 플립플롭 입력 방정식은 12장과 15.6절에 설명되어 있는 카노맵으로 유도될 수 있다. J와 K 입력 방정식의 결과는 다음과 같다.

Assignment A	Assignment B	Assignment C
$J_1 = XQ_2'$	$J_2 = XQ_1'$	$K_1 = XQ_2$
$K_1 = X'$	$K_2 = X'$	$J_1 = X'$
$J_2 = X'Q_1$	$J_1 = X'Q_2$	$K_2 = X'Q_1'$
$K_2 = X$	$K_1 = X$	$J_2 = X$
$Z = X'Q_1 + XQ_2$	$Z = X'Q_2 + XQ_1$	$Z = X'Q_1' + XQ_2'$
$D_1 = XQ_2'$	$D_2 = XQ_1'$	$D_1 = X' + Q_2'$
$D_2 = X'(Q_1 + Q_2)$	$D_1 = X'(Q_2 + Q_1)$	$D_2 = X + Q_1Q_2$

그림 15-14 Q_k를 보수화하여 얻은 등가회로

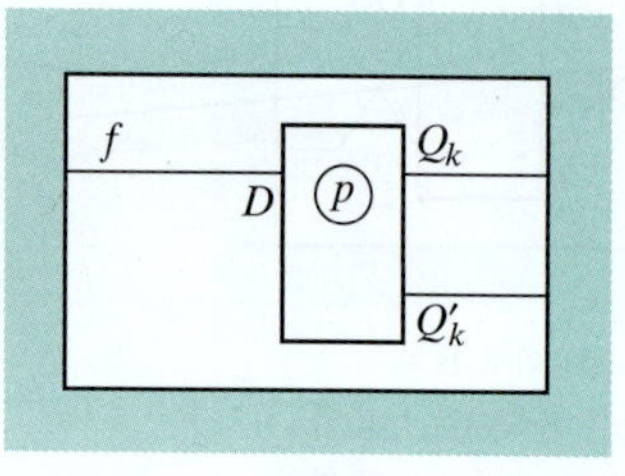

(a) 회로 A

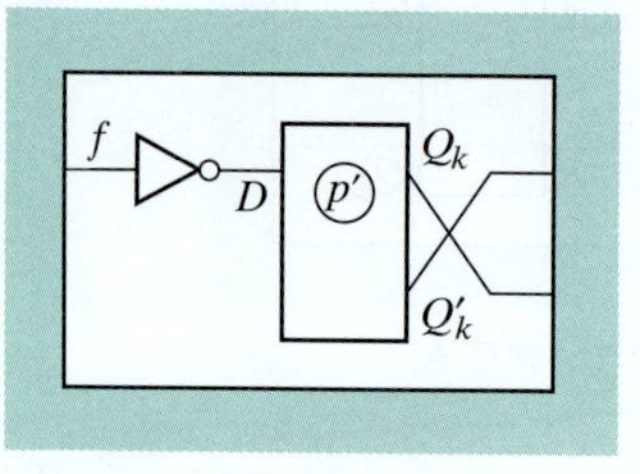

(b) 회로 B
(플립플롭 출력 Q_k,의 연결을 제외하고 회로 A와 같다)

표 15-12

Assignments A_3	B_3	C_3	Present State	Next State $X = 0$	1	Output 0	1
00	00	11	S_1	S_1	S_3	0	0
01	10	10	S_2	S_2	S_1	0	1
10	01	01	S_3	S_3	S_3	1	0

표 15-12에서 할당 B는 A의 열과 서로 바꿔서 얻는다. 할당 B에 대응하는 방정식은 첨자 1과 2를 서로 바꾼 것을 제외하면 A에 대한 것과 같다. 할당 C는 A의 열을 보수화하여 얻어진 다. C에 대한 Z 방정식은 Q_1과 Q_2가 보수화된 것을 제외하면, 할당 A에 대한 것과 같다. 각각에 대해서, C에 대한 K와 J 방정식은 Q의 보수를 갖는 A에 대한 J와 K 방정식과 같다. C에 대한 D 방정식은 A에 대한 것들을 보수화한 다음, Q를 보수화하여 얻어진다. 그래서, J-K 플립플롭과 논리게이트를 사용하는 표 15-12를 구현하는 비용은 모든 세 가지 할당에 대해서 완전하게 같다. 만일 AND와 OR(또는 NAND와 NOR)가 사용된다면, 3가지 D 방정식을 정하는 구현의 비용은 같을 것이다. 단지 NOR 게이트만을 사용할 수 있다면, 할당 C에 대해서 D_1과 D_2를 구현하는 것은 A와 B에 비해 두 개의 인버터가 더 필요하다.

하나 또는 그 이상의 열을 보수화함으로써, 어떤 상태할당은 첫 번째 상태가 모두 0으로 할당될 수 있다. 만일 다른 상태할당의 열을 바꾸거나 보수화하여 얻어진 할당을 제거한다면, 표 15-11은 3할당으로 줄어든다(표 15-13). 그래서 대칭적인 플립플롭을 가진 3-상태 순서회로를 구현 할 때, 최소 구현 비용을 보장하기 위한 3개의 다른 할당방식의 시도가 필수적이다. 비슷하게, 단지 세 개의 다른 할당방식이 4개의 상태에 대해 시도되어야 한다.

표 15-13
3 또는 4 상태에 대한 비등가 할당

States	3-State Assignments 1	2	3	4-State Assignments 1	2	3
a	00	00	00	00	00	00
b	01	01	11	01	01	11
c	10	11	01	10	11	01
d	–	–	–	11	10	10

표 15-14
서로 다른(비등가) 상태 할당 방법의 수

Number of States	Minimum Number of State Variables	Number of Distinct Assignments
2	1	1
3	2	3
4	2	3
5	3	140
6	3	420
7	3	840
8	3	840
9	4	10,810,800
⋮	⋮	⋮
16	4	$\approx 5.5 \times 10^{10}$

만일 열을 바꾸거나, 보수화해서 다른 상태할당이 유도된다면 두 상태할당은 *등가*(*equivalent*) 라고 말할 수 있을 것이다. 같지 않은 두 상태할당은 서로 *구별된다*(*distinct*)고 말한다. 따라서 4행 표는 세 개의 구별된 상태할당을 가지고, 이들과 다른 할당은 세 개 중 하나와 등가이다. 표 15-14에서 보여 진 것처럼 구별되는 할당의 수는 상태의 수가 커지면 급속히 증가한다. 2, 3 또는 4개의상태에 대해서 손으로 값을 구할 수 있다. 컴퓨터로는 5개의 상태에서부터 8개 상태에 대해서도 값을 구할 수 있다. 그러나 9개 상태 이상에 대해서는 빠른 속도의 컴퓨터를 사용하여 모든 할당에 대해서 시도한다는 것은 실용적이지 못하다.

15.8 상태할당 가이드라인

모든 비등가 상태할당 시도는 대부분의 경우에 실용적이지 않기 때문에, 상태할당에 대한 다른 방법이 필요하다. 다음에 논의될 방법은 플립플롭 입력 맵에 1을 인접된 칸에 배치하여 항을 묶을 수 있도록 상태할당을 하는 방법을 설명할 것이다. 이 방법은 모든 문제에 적용할 수는 없고, 적용한다고 해도, 최소 해를 보장하지 않는다.

단지 하나의 변수만 다르다면 2상태에 대한 할당은 인접한다고 말한다. 그래서 010과 011은 인접하지만, 010과 001은 인접하지 않는다. 다음의 *가이드라인*은 차기상태 맵에 1이 함께(또는 0이 함께) 위치하도록 할당을 만드는 데 효과적이다.

1. 주어진 입력에 대해 같은 차기상태를 갖는 상태들은 인접하게 할당한다.

2. 같은 상태의 차기상태를 갖는 상태들은 인접하게 할당한다.

세 번째 가이드라인은 출력 함수를 간단히 하는 데 사용된다.

3. 주어진 입력에 대해 같은 출력을 갖는 상태들은 인접하게 할당한다.

가이드라인 3에 대한 응용은 출력 맵에 1이 인접하게 위치하게 만든다.

상태할당 가이드라인을 사용할 때, 첫 번째 단계는 가이드라인에 따라 인접할당을 할 수 있는 모든 상태들을 써 넣는 것이다. 그런 다음, 카노맵을 이용하여, 가능한 한 이러한 인접상태가 많도록 시도한다. 꽤 많은 시행착오를 거쳐야 기대되는 상태 인접이 최대인 맵을 구할 수 있을 것이다. 맵을 채웠을 때, 다음에 유의하라.

(a) 맵에서 "0"칸에 시작상태(리셋 상태)를 할당하라(이 규정을 제외하기 위해서는, 15.9절에 있는 one hot 할당을 보아라). 시작상태를 어디에 넣든지 같은 수의 인접들이 발견될 수 있기 때문에 맵에서 다른 칸에 시작상태를 넣더라도 별 소득이 없다. 보통, 시작상태에 "0"을 할당하는 것은 플립플롭의 "clear" 입력을 사용하여 회로를 초기화시키는 데 편리하다.

(b) 가이드라인 1에서의 인접조건과 가이드라인 2로부터의 2회 이상 만족하는 인접조

건에 우선 할당되어야 한다.

(c) 가이드라인에 의해 3 또는 4개의 상태가 인접되어야 할 때, 이러한 상태들은 할당 맵에서 네 개의 인접된 칸에 위치되어야 한다.

(d) 만일 출력표가 고려된다면, 가이드라인 3 또한 적용되어야 한다. 만일 단일 출력 함수가 요구된다면, 가이드라인 3으로부터 인접 상태조건은 일반적으로 가이드라인 1과 2에 주어진 인접조건보다 우선권에서 뒤지도록 한다. 만일 둘 또는 더 많은 출력함수들이 요구된다면, 가이드라인 3에 대해 더 높은 우선권이 주어질 수도 있다.

다음의 예는 가이드라인 1과 2를 적용하는 과정을 보여준다. 표 15-9의 상태표는 상태할당의 유도를 보여주기 위하여 그림 15-15(a)에 다시 보였다. 가이드라인 1에 따르면, S_0, S_2, S_4, S_6은 모두가 차기상태(입력 0을 가지고)로 S_1을 가지기 때문에 인접하게 할당되어야 한다. 유사하게, S_0, S_1, S_3, S_5는 모두가 차기상태(입력 1을 가지고)로 S_2를 가지기 때문에 인접 할당되어야 한다. 또한 S_3과 S_5, S_4와 S_6도 인접 할당을 가질 것이다. 가이드라인 2를 적용하면 S_1과 S_2 모두가 차기상태로 S_0를 가지기 때문에 인접하게 할당되어야 한다. 비슷하게 S_2과 S_3 모두가 차기상태로 S_1을 가지기 때문에 인접하게 할당되어야 한다. 더 나아가 가이드라인 2를 적용하면 S_1과 S_4, S_2와 S_5(두 번), S_1과 S_6(두 번)은 인접 할당이 주어져야 함을 나타낸다. 가이드라인 1과 2에의 한 인접 할당셋을 열거하면 다음과 같다.

1. (S_0, S_1, S_3, S_5) (S_3, S_5) (S_4, S_6) (S_0, S_2, S_4, S_6)

2. (S_1, S_2) (S_2, S_3) (S_1, S_4) $(S_2, S_5)2x$ $(S_1, S_6)2x$

가능하면 많은 수의 이러한 인접 상태들이 생길 수 있도록 시도해야 한다. 카노맵을 사용하면 인접 할당을 가지고 있는 상태들이 맵에서 인접 칸에 나타날 것이기 때문에 사용하는 것이다. 만일 가이드라인이 3개 또는 4개가 인접되기를 요구한다면, 이러한 상태들은 할당 맵에서 4개의 인접된 칸의 집단에 위치할 것이다. 할당 맵을 채우기 위한 두 가지 가능한 방법은 그림 15-15(b)에 보였다. 이러한 맵은 가능하면 많은 인접상태들로 시행착오에 의해서 채워진다. 가이드라인 1의 상태들은 가이드라인 2의 상태에 대해서

그림 15-15

ABC		$X = 0$	1	0	1
000	S_0	S_1	S_2	0	0
110	S_1	S_3	S_2	0	0
001	S_2	S_1	S_4	0	0
111	S_3	S_5	S_2	0	0
011	S_4	S_1	S_6	0	0
101	S_5	S_5	S_2	1	0
010	S_6	S_1	S_6	0	1

(a) State table

BC \ *A*	0	1
00	S_0	
01	S_2	S_5
11	S_4	S_3
10	S_6	S_1

BC \ *A*	0	1
00	S_0	
01	S_1	S_6
11	S_3	S_4
10	S_5	S_2

(b) Assignment maps

우선권이 주어진다. 두 번의 인접조건이 요구되는 상태들은 (S_5에 인접한 S_2 그리고 S_6에 인접한 S_1과 같은) 단지 한 번 요구되는(S_2에 인접된 S_1, 그리고 S_3에 인접한 S_2와 같은) 상태들에 비해 우선권이 주어진다.

그림 15-15(b) 왼쪽의 할당 맵은 그림 15-15(a)에 있는 상태표의 왼쪽에 리스트되어 있는 플립플롭 A, B 및 C의 상태에 대한 할당과 같다. 이 할당은 식 (15-1)에 주어진 것과 같다. 15.6절에서 이 할당에 대한 D 플립플롭 입력식과 J와 K 입력식을 유도하였다. 그림 15-10(a)에 주어진 D 플립플롭 입력식을 구현하기 위한 비용은 6개의 게이트와 13개 입력이다. 먼저 2진 할당 ($S_0 = 000$, $S_1 = 001$, $S_2 = 010$, 기타 등등)이 대신 사용된다면, 플립플롭 입력식을 구현하기 위한 비용은 10개의 게이트와 39개의 입력이 될 것이다. 비록 예에서 상태할당 가이드라인을 적용하면 좋은 결과를 줄지라도, 항상 그런 것만은 아니다.

다음으로 그림 15-15(a)의 할당을 사용하여 상태할당 가이드라인을 이용하면 플립플롭 식을 단순화하는 데 도움이 되는 이유를 설명한다. 그림 15-16은 할당을 사용해서 만들어진 차기상태 맵을 보여준다. 만일 $X = 0$이고 $ABC = 000$이면, 차기상태는 S_1이다. 만일 $X = 1$이고 $ABC = 000$이면, 차기상태는 S_2이다. 가이드라인 1이 상태할당하는 데 사용되기 때문에, S_1는 차기상태 맵에서 인접된 4개 칸에 나타나고 S_5는 두 개의 인접된 칸에 나타난다.

그림 15-16
그림 15-15에 대한 차기상태 맵

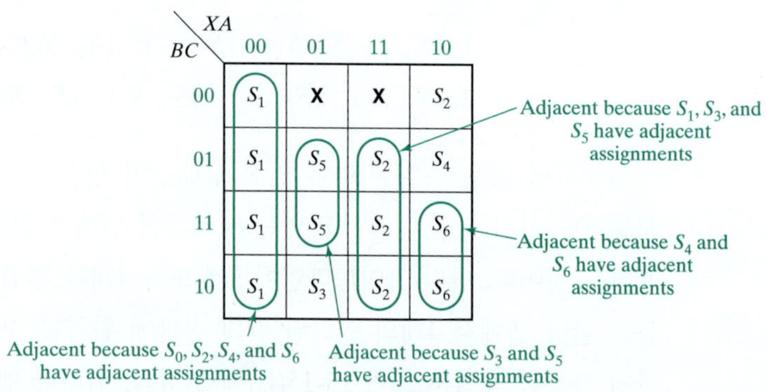

(a) 그림 15-15에 대한 차기상태 맵

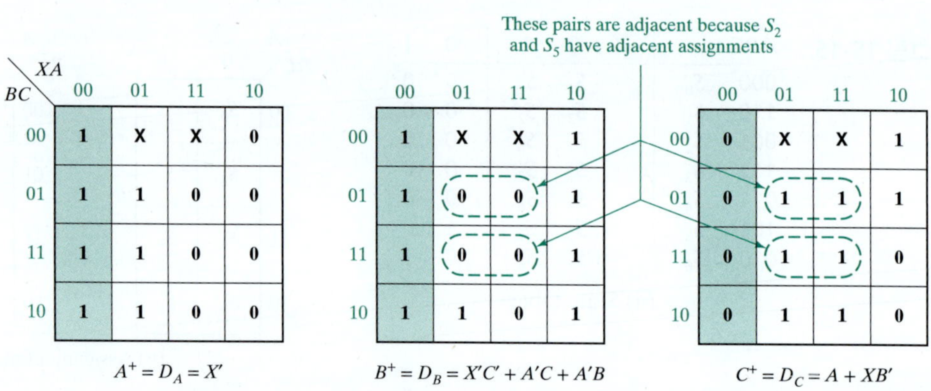

(b) 그림 15-15에 대한 차기상태 맵

그림 15-16(b), 각각의 플립플롭에 대한 차기상태 맵은 천이표로부터 일반적인 방법으로 유도될 수 있고, 또는 그림 15-16(a)로부터 직접적으로 유도될 수 있다. 후자의 접근을 방법에 따라, 그림 15-16(a)에 S_1이 있는 곳마다, 110으로 대체되고, 따라서 A^+, B^+, C^+ 맵의 대응하는 칸에 '1, 1, 0'이 찍히게 된다. 차기상태 맵에 있는 다른 칸도 비슷하게 채워진다.

네 개의 S_1가 그림 15-16(a)에 인접되었기 때문에, A^+, B^+, C^+ 맵에 대응하는 칸은 파란색으로 나타낸 것처럼 네 개의 인접 1을 갖거나 네 개의 인접 0을 갖는다. 이것은 가이드라인 1이 플립플롭 식을 간단하게 만드는 이유를 보였다. 가이드라인 2가 적용될 때마다, 세 개의 차기상태맵 중 두 개는 여분의 인접된 1 또는 인접된 0 쌍을 가질 것이다. 이것은 3 상태변수에서 두 변수는 인접할당에 대해서 같기 때문이다.

다음은, 그림 15-17(a)에 상태할당 가이드라인을 적용해보자. 먼저, 우리는 각각의 가이드라인에 따라 만들어진 인접상태들의 값들의 목록을 만들었다.

1. (b, d) (c, f) (b, e)
2. $(a, c)2x$ (d, f) (b, d) (b, f) (c, e)
3. (a, c) (b, d) (e, f)

다음, 가능하다면 많이 이러한 짝들의 인접이 가능하도록 맵에 상태를 배열한다. 그러나 중복되는 짝 (b, d) 및 (a, c)에 우선권을 준다. 두 개의 가능한 상태할당들은 그림 15-17(b)와 (c)에 주어진다. 그림 15-17(c)에서, (b, f), (c, e) 및 (e, f)를 제외하고 모든 인접들은 만족된다. 이러한 할당에 대한 D 플립플롭 입력식들을 유도해보자. 먼저, a를 100, b를 111, c를 000 등으로 대체한 상태표(그림 15-17(a))로 부터 천이표(표 15-15)를 만든다. 그런 다음, 친이표로부터 차기상태와 출력맵(그림 15-18)을 만든다. 이러한 맵으로부터 D 플립플롭 입력식들이 바로 구해질 수 있다.

$$D_1 = Q_1^+ = X'Q_1Q_2' + XQ_1'$$
$$D_2 = Q_2^+ = Q_3$$
$$D_3 = Q_3^+ = XQ_1'Q_2 + X'Q_3$$

그림 15-17 상태표와 할당

	$X = 0$	1	$X = 0$	1
a	a	c	0	0
b	d	f	0	1
c	c	a	0	0
d	d	b	0	1
e	b	f	1	0
f	c	e	1	0

(a)

Q_2Q_3 \ Q_1	0	1
00	a	c
01		e
11	d	b
10		f

$a = 000$, $b = 111$, $c = 100$, $d = 011$, $e = 101$, $f = 110$

(b)

Q_2Q_3 \ Q_1	0	1
00	c	a
01		e
11	d	b
10	f	

$a = 100$, $b = 111$, $c = 000$, $d = 011$, $e = 101$, $f = 010$

(c)

표 15-15
그림 15-17(a)
에 대한 천이표

$Q_1Q_2Q_3$	$Q_1^+Q_2^+Q_3^+$ $X=0$	1	$X=0$	1
1 0 0	100	000	0	0
1 1 1	011	010	0	1
0 0 0	000	100	0	0
0 1 1	011	111	0	1
1 0 1	111	010	1	0
0 1 0	000	101	1	0

그리고 출력 방정식은

$$Z = XQ_2Q_3 + X'Q_2'Q_3 + XQ_2Q_3'$$

이 된다.

식의 구현 비용은 10개의 게이트와 26개의 게이트 입력이다.

그림 15-18
표 15-12에
대한 차기상태와
출력맵

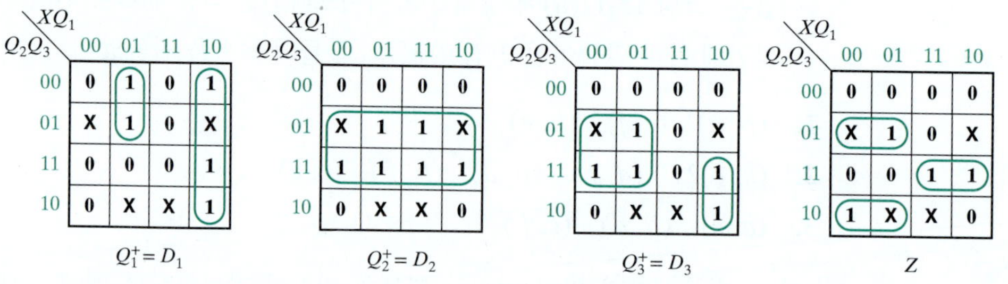

그림 15-17(b)의 할당은 (d, f)와 (e, f)를 제외하고는 가이드라인의 모든 것을 만족한다. 이 할당방법을 사용하면, D 플립플롭 상태표의 구현 비용은 13개의 게이트와 35개의 게이트 입력이다. 이 할당이 가이드라인에 의해서 주어진 인접조건을 하나 더 만족하기 때문에 그림 15-17(c)보다 더 좋은 결과가 나올 것이라 기대했었다. 그러나 기대한 것과는 반대의 결과를 얻었다. 이 예로 비춰볼 때, 많은 가이드라인 조건을 만족하는 상태할당을 하더라도 반드시 가장 좋은 상태할당이 된다고 말할 수 없다. 일반적으로, 대부분의 가이드라인을 만족하는 몇 번의 할당을 시도해보고, 가장 낮은 구현비용의 해법을 선택하는 것이 좋다.

상태할당 가이드라인은 D 플립플롭과 J-K 플립플롭에 대해 잘 만족한다. 그러나 그것이 T와 S-R 플립플롭에는 최적하지는 않다. 일반적으로, 한 형태의 플립플롭에 대한 최적 할당이 다른 형태의 플립플롭에 대해서는 반드시 최적일 수는 없다.

15.9 One-hot 상태할당 사용

CPLD와 FPGA로 설계를 할 때, 각 논리셀은 하나 또는 그 이상의 플립플롭을 포함한다는 것을 기억하자. 이러한 플립플롭은 사용을 하든지 안하든지 그 자리에 있다. 이것은 설계에서 플립플롭을 사용하는 수를 최소화하는 시도가 그렇게 중요하지 않다는 것을 의미한다. 대신에, 사용되는 논리셀의 수를 줄이려고 시도해야 하고, 셀 간의 연결을 줄이려고 시도해야 한다. 그림 9-40(b)처럼 함수를 구현하기 위해서 몇 개의 셀이 직렬로 되어야 할 때, 전달지연은 더 길어지고, 논리동작은 더 느려진다. 논리를 빠르게 설계하기 위해서는, 각 식을 구현하기 위해서 요구되는 셀의 수를 줄이는 것이다. *one-hot* 상태할당법은 셀의 수를 줄이기 위한 것이다.

one-hot 상태할당은 각 상태에 대해서 플립플롭 하나씩 사용한다. 따라서 N개의 상태를 갖는 상태 기계는 N개의 플립플롭을 요구한다. 정확하게 각 상태에서 플립플롭 중 하나만 셋(set)된다. 예를 들면, 네 개의 상태(S_0, S_1, S_2, S_3)를 갖는 시스템은 다음의 상태할당을 갖는 플립플롭(Q_0, Q_1, Q_2, Q_3) 4개를 사용한다.

$$S_0\text{: } Q_0 Q_1 Q_2 Q_3 = 1000,\ \ S_1\text{: } 0100,\ \ S_2\text{: } 0010,\ \ S_3\text{: } 0001 \qquad (15\text{-}2)$$

다른 12개의 조합은 사용되지 않는다.

상태그래프를 조사해서 차기상태와 출력식을 유도할 수 있다. 그림 15-19에 주어진 부분적인 상태그래프를 보자. 네 개의 화살표가 S_3으로 가기 때문에, 차기상태가 S_3인 네 개의 조건이 있다. 이러한 조건들은 다음과 같다. 상태(PS) = S_0와 $X_1 = 1$, PS = S_1과 $X_2 = 1$, PS = S_2 과 $X_3 = 1$, PS = S_3과 $X_4 = 1$. 이러한 네 가지 조건에 대하여 플립플롭 Q_3의 차기상태는 상태는 '1'이다. 그렇지 않다면 '0'이다. 그러므로, Q_3에 대한 차기식은 다음과 같이 쓰일 수 있다.

$$Q_3^+ = X_1(Q_0 Q_1' Q_2' Q_3') + X_2(Q_0' Q_1 Q_2' Q_3') + X_3(Q_0' Q_1' Q_2 Q_3') + X_4(Q_0' Q_1' Q_2' Q_3)$$

그러나 $Q_0 = 1$은 $Q_1 = Q_2 = Q_3 = 0$을 의미하기 때문에, $Q_1 Q_2 Q_3$ 부분은 중복되고 소거할 수 있다. 비슷하게, 모든 첫 번째 상태 변수는 다른 부분으로부터 소거될 수 있고, 그래서 차기 상태방정식은 다음처럼 간단화된다.

$$Q_3^+ = X_1 Q_0 + X_2 Q_1 + X_3 Q_2 + X_4 Q_3$$

일반적으로, one-hot 상태할당이 사용될 때, 각 플립플롭에 대한 차기상태 방정식에서의 각 항은 정확하게 하나의 상태 변수를 포함하고, 간략화 된 방정식은 상태그래프로부터 유도될 수 있다.

그림 15-19
부분 상태그래프

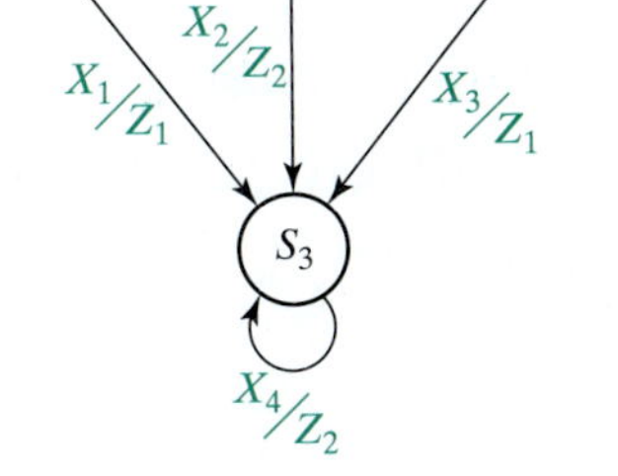

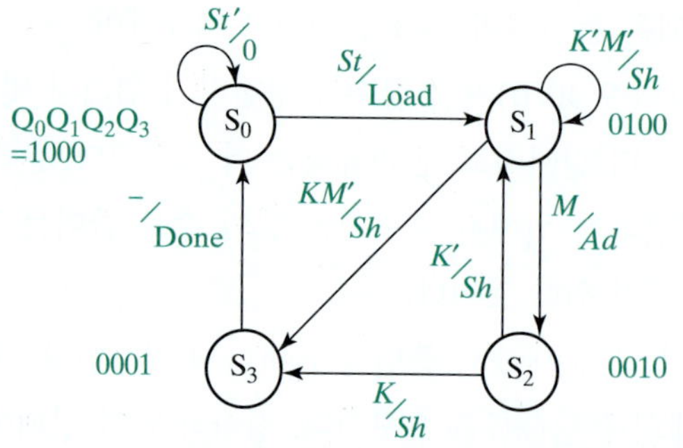

그림 15-20 Multiplier Control State Graph

유사하게, 간략화된 각각의 출력방정식에서 각 항은 명확하게 하나의 상태 변수를 포함한다. PS = S_0이고 $X_1 = 1$일 때와 PS = S_2이고 $X_3 = 1$일 때, $Z_1 = 1$이므로 $Z_1 = X_1Q_0 + X_3Q_2$로 쓸 수 있다. 상태그래프로부터 마찬가지로 하면 $Z_2 = X_2Q_1 + X_4Q_3$이다.

one-hot 상태할당이 사용될 때, 시스템을 리셋하면 모든 플립플롭을 0으로 만드는 대신에 한 개의 플립플롭을 1로 설정할 것을 요구한다. 만일 사용된 플립플롭이 프리셋 입력을 가지고 있지 않다면. Q_0을 Q_0로 바꾸어 one-hot 할당을 수정할 수 있다. 할당 (15-2)에 대한 수정은

$$S_0\text{: } Q_0\,Q_1\,Q_2\,Q_3 = 0000,\quad S_1\text{: } 1100,\quad S_2\text{: } 1010,\quad S_3\text{: } 1001 \qquad (15\text{-}3)$$

이고 수정된 방정식은 다음과 같다.

$$Q_3^+ = X_1Q_0' + X_2Q_1 + X_3Q_2 + X_4Q_3$$
$$Z_1 = X_1Q_0' + X_3Q_2,\ Z_2 = X_2Q_1 + X_4Q_3$$

그림 14-23(b)의 무어 기계에 대해서, 플립플롭 $Q_0Q_1Q_2$에 대한 one-hot 할당을 다음과 같이 만들 수 있을 것이다: $S_0 = 100$, $S_1 = 010$, $S_2 = 001$, $Q_0 = 1$일 때, 상태는 S_0이다. $Q_1 = 1$ 일 때, 상태는 S_1이다. $Q_2 = 1$일 때, 상태는 S_2이다. 조사해보면, 각 상태에 세 개의 화살표가 이끌기 때문에, 차기 상태 방정식은 다음과 같다.

$$Q_0^+ = F'R'Q_0 + FQ_2 + F'RQ_1$$
$$Q_1^+ = F'R'Q_1 + FQ_0 + F'RQ_2$$
$$Q_2^+ = F'R'Q_2 + FQ_1 + F'RQ_0$$

각 출력은 단지 한 상태에서 발생하기 때문에 출력 방정식은 매우 간단하다.

$$Z_1 - Q_0,\ Z_2 - Q_1,\ Z_3 - Q_2$$

또 다른 예제로 2진 곱셈기를 제어하는 순차회로를 나타낸 그림 15-20의 상태도를 보자. 이 회로는 3개의 입력(St, M, K)과 4개의 출력(Load, Ad, Sh, Done)으로 구성된다. S_0 상태에서 시작하여 $S_t = 0$이면 회로는 S_0에 머문다. $St = 1$이면 회로는 Load = 1

출력을 내고(다른 출력들은 0) 다음상태로 S_1 상태로 이동한다. 상태 S_1에서 $M = 1$이면 $Ad = 1$을 내고 다음상태는 S_2이다. S_2에서 $M = 0$, $K = 0$이면 출력 $Sh = 1$이고 다음상태 S_1이 된다. S_2에서 $M = 0$, $K = 1$이면 출력 $Sh = 1$이고 다음상태 S_3이 된다. S_2에서 $K = 0$, $K = 1$이면 출력 $Sh = 1$이 된다. 만약 $K = 0$이면 다음상태는 S_1이고 $K = 1$이면 다음 상태는 S_3이 된다. 상태 S_3에서 출력 Done = 1을 내고 다음상태 S_0이다.

4개의 상태가 있으므로 one-hot 상태할당법은 4개의 플립플롭을 필요로 한다. 각 상태의 one-hot 상태할당은 상태표에 보였다. 상태 S0에서 Q_0만 '1'이고 다른 Q값들은 '0'이다. 유사하게 S_1에서는 Q_1만 '1'이고 다른 Q값들은 '0'이다. S_2, S_3에도 비슷하다. Q_0의 다음상태 방정식을 유도하기 위해 S_0 상태로 2개의 화살표가 들어옴을 알 수 있다. S_0 상태에서 되돌아오는 루프는 $Q^+_0 = 1$과 $St = 0$일 때 $Q^+_0 = 1$임을 나타낸다. 따라서

$$Q_0^+ = Q_0St' + Q_3$$

3개의 화살표가 S_1으로 들어오므로 Q_1는 3개의 합을 가진다.

$$Q_1^+ = Q_0St + Q_1K'M' + Q_2K'$$

상태도로부터 출력 함수로 결정할 수 있다. S_0 상태에서 $St = 1$일 때 Load = 0이다. 따라서 Load = Q_0St가 된다. 상태도에서 출력 Sh는 4군데서 보인다. 상태 S_1에서는 $K'M' = 1$ 또는 $KM' = 1$이면 $Sh = 1$이고 상태 S_2에서는 $K' = 1$ 또는 $K = 1$이면 $Sh = 1$이다. 따라서

$$Sh = Q_1(K'M' + KM') + Q_2(K' + K) = Q_1M' + Q_2$$

CPLD 또는 FPGA로 설계할 때, 최소 상태 변수를 가진 할당과 어떤 것이 가장 적은 논리 셀의 수를 갖는 설계인지 알기 위해서 one-hot 할당을 시도해야 한다. 다른 측면에서, 동작속도가 중요하다면, 가장 빨리 동작하는 논리 설계를 선택해야 한다. one-hot 할당이 사용되면, 더 많은 차기상태 방정식이 요구되지만, 어떤 상태그래프에 대해서는 차기상태 방정식과 출력 방정식은 더 작은 변수를 포함한다. 더 작은 변수를 가지는 방정식은 더 작은 논리 셀이 요구된다. 더 많은 셀들이 직렬로 연결될수록, 더 긴 전송지연을 가지고, 더 느리게 동작한다.

연습문제

15.1 (a) 다음의 상태표를 최소 상태수로 줄여라.

Present State	Next State $X=0$	$X=1$	Present Output $X=0$	$X=1$
A	A	E	1	0
B	C	F	0	0
C	B	H	0	0
D	E	F	0	0
E	D	A	0	0
F	B	F	1	0
G	D	H	0	0
H	H	G	1	0

(b) 주어진 상태표를 구현하는 두 개의 동일한 순서회로가 있다. 하나의 회로는 상태 B에서 초기화되고, 다른 회로는 상태 G에서 초기화된다. 두 회로를 구별하기 위해서 사용할 수 있는 길이 3의 입력 순서를 지정하고, 각 회로로부터 출력순서를 구하라.

15.2 다음의 상태표를 최소 상태수로 줄여라.

Present State	Next State $X=0$	1	Present Output (Z)
a	e	e	1
b	c	e	1
c	i	h	0
d	h	a	1
e	i	f	0
f	e	g	0
g	h	b	1
h	c	d	0
i	f	b	1

15.3 디지털 기술자 B. I. Nary는 다음의 상태표를 갖는 순서회로의 설계를 완성하였다:

Present State	Next State $X=0$	1	Output 0	1
S_0	S_5	S_1	0	0
S_1	S_5	S_6	0	0
S_2	S_2	S_6	0	0
S_3	S_0	S_1	1	0
S_4	S_4	S_3	0	0
S_5	S_0	S_1	0	0
S_6	S_5	S_1	1	0

이 장에 대한 학습을 방금 마친 그의 조수 F. L. Ipflop는 자신의 설계가 Mr. Nary의 회로를 대체할 수 있다고 주장한다. Mr. Ipflop의 설계는 다음의 상태표를 가지고 있다.

	Next State		Output	
	$X = 0$	1	0	1
a	*a*	*b*	0	0
b	*a*	*c*	0	0
c	*a*	*b*	1	0

(a) Mr. Ipflop의 설계는 정확한가? (당신의 의견을 증명하라.)

(b) 만일 Mr. Nary의 회로가 항상 상태 S_0에서 시작된다면, Mr. Ipflop의 것은 정확한가? (등가상태를 보여서 당신의 의견을 증명하라.)

15.4 플립플롭을 갖는 최소의 AND와 OR 게이트를 사용하여 다음의 상태표를 구현하라.

(a) D 플립플롭

(b) S-R 플립플롭

	$X_1X_2X_3$								
	000	001	010	011	100	101	110	111	*Z*
A	*A*	*A*	*B*	*B*	*B*	*B*	*A*	*A*	0
B	*A*	*B*	*B*	*A*	*A*	*B*	*B*	*A*	1

15.5 최소의 플립플롭보다 더 많은 플립플롭을 사용하여 조합논리를 줄이는 것이 때로 가능하다. (a)와 (b)에 대해서, 행으로 할당을 채우고 열의 값을 바꾸는 대신에, 열(column)에 각각의 상태 할당을 채우고, 복제된 열을 점검하여라. 만일 열이 오름차순 순서로 할당되고 첫 번째 행이 모두 0이라면, 등가 할당은 생성되지 않을 것이다. 두 열이 동일하거나 각각 보수 관계이거나, 또는 하나의 열이 모두 0 또는 1인 할당에 대해 유도된 할당을 기록하지 말아라.

(a) 세개의 J-K 플립플롭을 사용하여 구현된 세 개의 상태를 갖는 상태표를 생각하여라. 최소 논리를 얻기 위해서, 얼마나 많이 서로 다른 상태할당이 시도되어야 하는가? 이러한 할당을 열거하라.

(b) 네 개의 상태와 3개의 플립플롭에 대해서, 29개의 상태할당이 시도되어야 한다. 이 중에 10개를 열거하라. 항상 첫 번째 상태에 대해서 000을 할당하라.

15.6 하나의 입력과 하나의 출력을 갖는 순서회로는 다음과 같은 상태표를 갖는다.

Present State	Next State $X = 0$	$X = 1$	Present Output
S_1	S_5	S_4	0
S_2	S_1	S_6	1
S_3	S_7	S_8	1
S_4	S_7	S_1	0
S_5	S_2	S_3	1
S_6	S_4	S_2	0
S_7	S_6	S_8	0
S_8	S_5	S_3	1

(a) 이 문제에 대하여는, 플립플롭 입력식은 고려하지 말아라(이것은 표의 차기상태 부분을 무시할 수 있다는 것을 의미한다). 출력식을 최소화하는 상태할당을 만들고, 만들어진 할당에 대한 최소 출력식을 유도하라.

(b) (a)에 대한 해답을 잊고, 상태할당을 만들기 위해서 가이드라인 1과 2를 적용하고, S_1에 000을 할당하라. 이 할당을 이용하여 D 플립플롭에 대한 입력식을 유도하라.

15.7 다음 표는 D 플립플롭을 사용해서 구현된다.

(a) 세 개의 상태할당 가이드라인을 사용하여 좋은 상태할당을 찾아내라(표를 먼저 줄이지는 말라). 가능한 한 많은 인접 할당이 만족하도록 시도하라.

(b) 이 할당을 사용하여, D 플립플롭 입력식과 출력식을 유도하라.

	$X=0$	1	Z $X=0$	1
A	F	D	0	0
B	D	B	0	0
C	A	C	0	1
D	F	D	0	0
E	A	C	0	1
F	F	B	0	0

15.8 (a) 다음의 상태표에 대하여, 세 개의 가능한 비등가상태할당이 최적의 해답을 주는지 결정하기 위한 세 개의 가이드라인을 사용하라.

	$X_1X_2=00$	01	11	10	Z_1Z_2 $X_1X_2=00$	01	11	10
A	A	C	B	D	00	00	00	00
B	B	B	D	D	00	00	10	10
C	C	A	C	A	01	01	01	01
D	B	B	C	A	01	01	10	10

(b) (a)의 해답을 사용하여, T 플립플롭 입력식과 출력식을 유도하라.

15.9 D 플립플롭과 게이트를 사용하여 주어진 상태표를 구현하라. 상태그래프를 검사하여 one-hot 할당을 사용할 때 논리식을 써 넣어라.

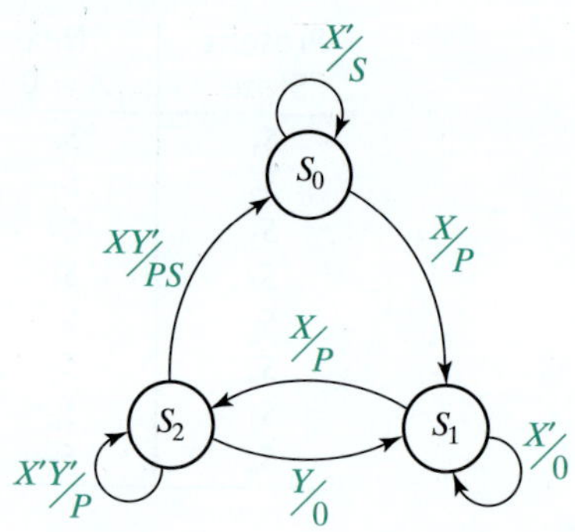

15.10 (a) 최소 상태 수로 다음의 상태표를 줄여라.

Present State	Next State $X = 0$	1	Present Output $X = 0$	1
a	*h*	*c*	1	0
b	*c*	*d*	0	1
c	*h*	*b*	0	0
d	*f*	*h*	0	0
e	*c*	*f*	0	1
f	*f*	*g*	0	0
g	*g*	*c*	1	0
h	*a*	*c*	1	0

(b) 이 상태표를 구현하는 두 개의 동일한 순서회로가 주어진다. 하나의 회로는 상태 *d*에서 초기화되고, 다른 회로는 상태 *c*에서 초기화된다. 두 회로를 구별하기 위해 사용되는 길이 3의 입력 순서를 쓰고, 각 회로의 출력 순서를 적으라.

15.11 다음의 상태표에서

(a) 최소상태수로 각각 다음의 상태표를 줄여라.

(b) 상태등가의 기본 정의를 이용하여 상태 '*a*'가 상태 '*b*'와 등가가 아님을 보여라.

Present State	Next State $X = 0$	$X = 1$	Present Output $X = 0$	$X = 1$
a	*e*	*g*	0	1
b	*d*	*f*	0	1
c	*e*	*c*	1	0
d	*b*	*f*	0	1
e	*g*	*f*	0	1
f	*b*	*d*	1	0
g	*e*	*c*	1	0

15.12 어떤 무어머신 순서회로가 하나의 입력(X)으로 하나의 출력(Z)을 만들어낸다. 만일 가장 최근 에 들어온 네 개의 입력이 2개의 연속 '1' 또는 두 개의 연속 '0'이면 출력 $Z = 1$을 만든다. 예를 들어 입력패턴이 0011, 0010, 1001, 1100, 0110, 0100, 1011, 1101이면 출력 $Z = 1$이다(초기 상태 S_0는 앞의 입력이 모두 '0'일 때로 가정한다). 다음의 상태표는 최근 4개의 입력을 기억하기 위해 충분한 상태수를 할당하였고 출력도 주어진 상태에 따라 생성하는 출력을 고려하여 만들어졌다.

(a) 최소상태수의 상태표를 만들어라(*힌트*: 중복된 상태들을 제거하기 위해 15.1절의 상태등가 예제를 사용하라).

(b) 축소된 상태표에서 각 상태들이 기억하는 입력패턴을 적어라.

(c) (a)에서 구한 최소상태표에서 같은 출력을 생성하는 밀리(Mealy) 상태표로 변환하라.

(d) 밀리상태표를 최소상태수의 상태표로 만들어라.

Input Pattern	Present State	Next State $X=0$	$X=1$	Output Z
0000	S_0	S_0	S_1	0
0001	S_1	S_2	S_3	0
0010	S_2	S_4	S_5	1
0011	S_3	S_6	S_7	1
0100	S_4	S_8	S_9	1
0101	S_5	S_{10}	S_{11}	0
0110	S_6	S_{12}	S_{13}	1
0111	S_7	S_{14}	S_{15}	0
1000	S_8	S_0	S_1	0
1001	S_9	S_2	S_3	1
1010	S_{10}	S_4	S_5	0
1011	S_{11}	S_6	S_7	1
1100	S_{12}	S_8	S_9	1
1101	S_{13}	S_{10}	S_{11}	1
1110	S_{14}	S_{12}	S_{13}	0
1111	S_{15}	S_{14}	S_{15}	0

15.13 어떤 순서회로가 하나의 입력(X)으로 하나의 출력(Z)을 만들어낸다. 회로는 4개의 입력 블록을 체크하여 4비트 입력블록이 10진수를 나타내는 유효한 BCD 표현인지 판단한다. 유효한 BCD 표현이 아니면 $Z = 1$이다. 상태 S_0는 초기상태이고 4개의 입력 후 설정된다. BCD 수는 최상위비트(most significant bit)를 제일 먼저 받는다. 다음 밀리상태표는 최근 3개의 입력과 블록의 4번째 입력비트를 받았을 때 생성되는 출력을 기억하기 위해 충분한 상태수를 할당하여 만들어졌다.

(a) 상태표로부터 만들어지는 회로는 무어 회로인가 밀리 회로인가?

(b) 최소상태수의 상태표를 만들어라(*힌트*: 중복된 상태들을 제거하기 위해 15.1절의 상태등가 예제를 사용하라).

(c) 축소된 상태표에서 각 상태들이 기억하는 입력패턴을 적어라.

Input Pattern	Present State	Next State $X=0$	$X=1$	Present Output Z $X=0$	$X=1$
–	S_1	S_2	S_3	0	0
0	S_2	S_4	S_5	0	0
1	S_3	S_6	S_7	0	0
00	S_4	S_8	S_9	0	0
01	S_5	S_{10}	S_{11}	0	0
10	S_6	S_{12}	S_{13}	0	0
11	S_7	S_{14}	S_{15}	0	0
000	S_8	S_1	S_1	0	0
001	S_9	S_1	S_1	0	0
010	S_{10}	S_1	S_1	0	0
011	S_{11}	S_1	S_1	0	0
100	S_{12}	S_1	S_1	0	0
101	S_{13}	S_1	S_1	1	1
110	S_{14}	S_1	S_1	1	1
111	S_{15}	S_1	S_1	1	1

15.14 어떤 순서회로가 하나의 입력(X)으로 하나의 출력(Z)을 만들어낸다. 회로는 4개의 입력 블록을 체크하여 4비트 입력블록이 10진수를 나타내는 유효한 BCD 표현인지 판단한다. 유효한 BCD 표현이 아니면 $Z = 1$이다. 상태 S_0는 초기상태이고 4개의 입력 후 설정된다. BCD수는 최하위비트(least significant bit)를 제일 먼저 받는다. 다음 밀리상태표는 최근 3개의 입력과 블록의 4번째 입력비트를 받았을 때 생성되는 출력을 기억하기 위해 충분한 상태수를 할당하여 만들어졌다.

(a) 문제 15.13에서 적시된 방법을 사용하여 상태표로부터 만들어라.

(b) 최소상태수의 상태표를 만들어라(*힌트*: 중복된 상태들을 제거하기 위해 15.1절의 상태등가 예제를 사용하라).

(c) 축소된 상태표에서 각 상태들이 기억하는 입력패턴을 적어라.

15.15 최소상태수로 각각 다음의 상태표를 줄여라.

Input Pattern	Present State	Next State $X=0$	Next State $X=1$	Present Output Z $X=0$	Present Output Z $X=1$
–	S_1	S_2	S_3	0	0
0	S_2	S_4	S_5	0	0
1	S_3	S_6	S_7	0	0
00	S_4	S_8	S_9	0	0
01	S_5	S_{10}	S_{11}	0	0
10	S_6	S_{12}	S_{13}	0	0
11	S_7	S_{14}	S_{15}	0	0
000	S_8	S_1	S_1	0	0
001	S_9	S_1	S_1	0	0
010	S_{10}	S_1	S_1	0	0
011	S_{11}	S_1	S_1	0	0
100	S_{12}	S_1	S_1	0	0
101	S_{13}	S_1	S_1	1	1
110	S_{14}	S_1	S_1	1	1
111	S_{15}	S_1	S_1	1	1

15.16 최소상태수로 각각 다음의 상태표를 줄여라.

(a)	$XY = 00$	01	11	10	Z
a	b	i	c	g	0
b	b	c	f	g	0
c	h	d	d	f	1
d	h	c	e	g	1
e	b	c	i	g	0
f	f	i	i	k	0
g	j	k	g	h	0
h	e	f	c	g	0
i	i	i	i	d	0
j	b	f	c	g	0
k	a	c	e	g	1

(b)	XY = 00	01	11	10	XY = 00	01	11	10
a	a	a	g	k	1	0	0	0
b	c	f	g	d	0	0	0	0
c	g	c	a	i	1	0	0	0
d	a	d	g	i	1	0	0	0
e	f	h	g	a	0	0	0	0
f	g	c	d	k	1	0	0	0
g	c	j	g	e	0	1	0	0
h	g	h	d	k	1	0	0	0
i	h	h	g	d	0	0	0	0
j	j	j	g	k	1	0	0	0
k	c	c	g	d	0	0	0	0

15.17 회로 N과 M은 다음의 상태표를 가진다.

(a) 표를 줄이지 말고, 먼저 회로 N과 M이 등가인지를 결정하라.

(b) 최소상태수로 각각의 표를 줄이고, 줄인 표를 조사하여 N과 M이 등가임을 보여라.

M

	X = 0	1	
S_0	S_3	S_1	0
S_1	S_0	S_1	0
S_2	S_0	S_2	1
S_3	S_0	S_3	1

N

	X = 0	1	
A	E	A	1
B	F	B	1
C	E	D	0
D	E	C	0
E	B	D	0
F	B	C	0

15.18 다음은 불완전하게 규정된 상태표이다.

Present State	Next State X = 0	1	Present Output (Z)
S_0	S_1	S_0	0
S_1	S_0	S_2	0
S_2	S_3	S_4	1
S_3	S_0	S_3	0
S_4	S_0	–	0

(a) 여러 방법으로 상태표에 있는 don't care(무관항)을 채워서 두 가지 방법으로 네 개 상태에 있는 상태표를 줄여라.

(b) 그림 15-7과 비슷한 관련항 표(implication table)를 사용하여, (a)에서 구한 두 개의 상태표는 등가가 아님을 보여라.

(c) 두 개의 상태표에 대하여 출력이 다르게 나오는 짧은 입력열을 주어서 (a)에서 구한 두 개의 상태표는 등가가 아님을 보여라.

15.19 다음 상태표에 대해서 문제 15.18을 반복해라(네 개의 상태).

Present State	Next State X = 0	1	Present Output (Z) X = 0	1
S_0	S_1	S_5	0	0
S_1	S_3	S_2	1	1
S_2	S_2	S_4	0	1
S_3	S_4	S_2	1	1
S_4	S_4	S_2	–	1
S_5	S_5	S_2	0	1

15.20 다음은 6개 상태 순서회로에 대한 가능한 상태할당이다.

	(i)	(ii)	(iii)	(iv)	(v)
S_0	000	010	100	110	001
S_1	001	111	101	010	111
S_2	010	001	000	111	101
S_3	011	110	001	011	011
S_4	100	000	111	000	000
S_5	101	100	110	100	010

(a) 어떤 두 가지 상태할당이 등가인가?

(b) 각 할당에 대하여((i)를 제외한), 상태 S_0가 000으로 할당되었을 때 등가인 상태할당을 찾아라.

(c) 다른 어떤 할당과 등가가 아닌 상태할당을 찾아라.

15.21 (a) 세 개의 플립플롭을 사용한 8-상태 순서회로에 대해서, S_0에 000을 할당하고 일반적인 2진 상태할당에 등가가 되는 세 가지 상태할당을 찾아라.

(b) S_0에 111을 할당하고 일반적인 2진 할당 또는 서로의 상태에 대해 등가가 아닌 세 가지 상태할당을 찾아라.

15.22 하나의 입력과 하나의 출력을 갖는 순서회로는 다음 상태표를 갖는다.

Present State	Next State X = 0	X = 1	Present Output
A	D	G	1
B	E	H	0
C	B	F	1
D	F	G	0
E	C	A	1
F	H	C	0
G	E	A	1
H	D	B	0

(a) 이 물음에 대하여는 플립플롭 입력식을 고려하지 말아라(표의 차기상태 부분을 무시할 수 있다는 것을 의미). 출력식을 최소화하는 상태할당을 만들고, 유도한 상태할당에 대한 최소출력식을 유도하라.

(b) (a)에 대한 해법을 잊고, 가이드라인 1과 2를 적용하여 적절한 상태할당을 찾아라. A에 000을 할당하라. 이 상태할당을 사용하여 D 플립플롭의 입력식을 유도하라.

15.23 (a) 다음 상태표에 대하여, 세 가지 상태할당 가이드라인을 사용하여, 세 개의 가능한 비등가 상태할당 중에 어떤 것이 최적 해법인지 결정하라.

	$X_1X_2 = 00$	01	11	10	Z_1Z_2 $X_1X_2 = 00$	01	11	10
A	A	A	C	C	01	01	01	01
B	B	D	B	D	11	11	11	11
C	A	A	B	D	11	11	00	00
D	D	B	A	C	01	01	01	01

(b) (a)에 대한 답을 이용하여, J-K 플립플롭 입력식과 출력식을 유도하라.

15.24 다음 무어 순서회로를 고려하라.

(a) one-hot 상태할당을 이용하여 논리식을 유도하라.

(b) 3-상태 변수를 사용한 "좋은" 상태할당을 위해 상태할당 가이드라인 1, 2를 사용하라. D F/F을 사용했을 때 차기상태 논리식을 유도하라.

Present State	Next State $X = 0$	 $X = 1$	Present Output Z
A	B	A	0
B	C	A	0
C	E	D	0
D	B	A	1
E	E	A	0

15.25 (a) 관련항 차트를 사용하여 다음의 상태표를 최소의 상태수가 되도록 하라.

(b) 간략화된 표에 대하여 가이드라인 방법을 사용하여 적절한 상태할당을 결정하라.

(c) D 플립플롭을 사용하여 표를 구현하라.

(d) J-K 플립플롭을 사용하여 표를 구현하라.

	$X = 0$	1	Z
A	A	B	1
B	C	E	0
C	F	G	1
D	C	A	0
E	I	G	1
F	H	I	1
G	C	F	0
H	F	B	1
I	C	E	0

15.26 다음 표에 대하여 문제 15.25를 반복하라.

	$X=0$	1	Z
A	I	C	1
B	B	I	1
C	C	G	1
D	I	C	0
E	D	E	0
F	I	C	0
G	E	F	0
H	H	A	1
I	A	C	1

15.27 다음을 이용하여 적절한 상태할당을 만들고 그림 14-10의 상태그래프를 회로로 구현하라.
(a) D 플립플롭 (b) S-R 플립플롭

15.28 다음을 이용하여 적절한 상태할당을 만들고 그림 14-13의 상태그래프를 구현하라.
(a) J-K 플립플롭 (b) T 플립플롭

15.29 적절한 상태할당을 만들고 D 플립플롭과 NAND 게이트를 이용하여 문제 14.22의 상태표를 구현하라.

15.30 적절한 상태할당을 만들고 D 플립플롭과 NAND 게이트를 이용하여 문제 14.5의 상태표를 구현하라.

15.31 문제 14.6의 상태표를 최소열로 줄여라. 그리고 적절한 상태할당을 만들고 D 플립플롭을 이용하여 상태표를 구현하라.

15.32 문제 14.23의 상태표를 최소열로 줄여라. 그리고 적절한 상태할당을 만들고 D 플립플롭을 이용하여 상태표를 구현하라.

15.33 이 과목을 배우지 않은 어떤 논리설계자가 세 개의 T 플립플롭 A, B, C와 하나의 입력 W를 사용하여 어떤 순서회로를 설계하였다. 플립플롭들의 입력식은

$$T_A = W'A'B + W'BC' + A'BC' + AB'C + WB'C + WAC$$
$$T_B = W'A'C + W'A'B + A'BC + AB'C' + WB'C' + WAC'$$
$$T_C = W'AC + W'B'C' + WBC + WA'C'$$

이고, 출력식은 $Z = W'BC'$이다. 보다 적은 상태를 가진 등가순서회로를 설계하라. 논리의 양을 최소화되도록 하라.

15.34 주어진 상태그래프를 완전하게 규정되도록 수정하라. $X = Y = 1$이면, X는 우선값을 갖는다.
D 플립플롭과 게이트를 사용하여 상태그래프를 나타내어라. One-hot 할당을 사용하고, 상태그래프에 따라 논리식을 구하라.

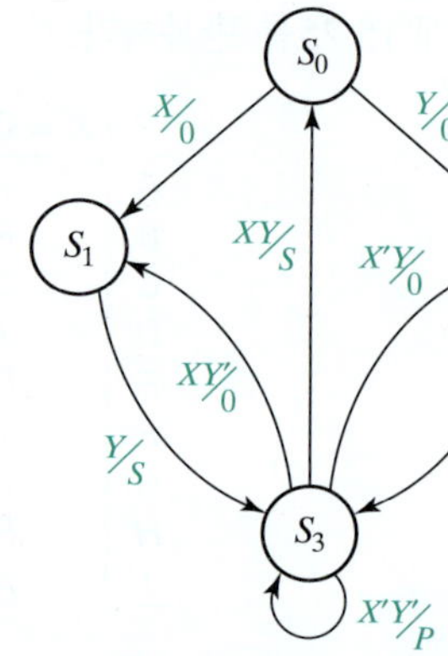

15.35 D 플립플롭과 논리게이트를 사용하여 다음의 상태그래프를 구현하라. One-hot 할당을 사용하고, 상태그래프를 잘 보고 논리식을 구하라.

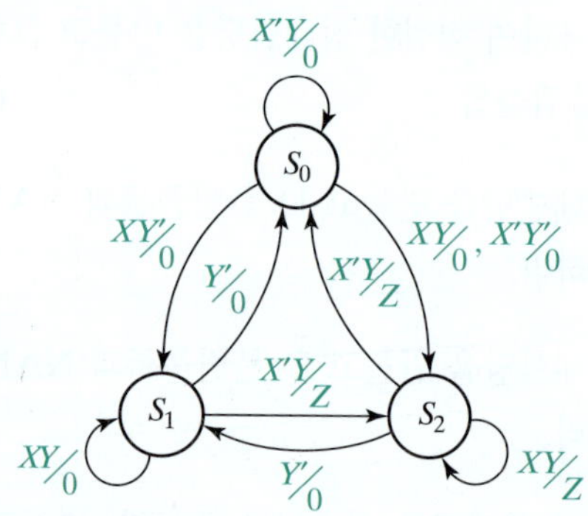

15.36 아래에 단일 입력 순서회로가 주어져 있다. 표에 서술된 동작을 하는 3비트 병렬 카운터를 사용하여 회로를 구현하라. 카운터 출력을 Q_2, Q_1, Q_0로 표시하고(Q_0가 최하위비트), 병렬입력은 P_2, P_1, P_0으로 표시한다(*힌트*: Ld 신호가 Cnt 신호와 관계없이 우선 동작하므로 카운팅 시퀀스는 적절한 시간에 병렬로딩함으로써 변경할 수 있다).

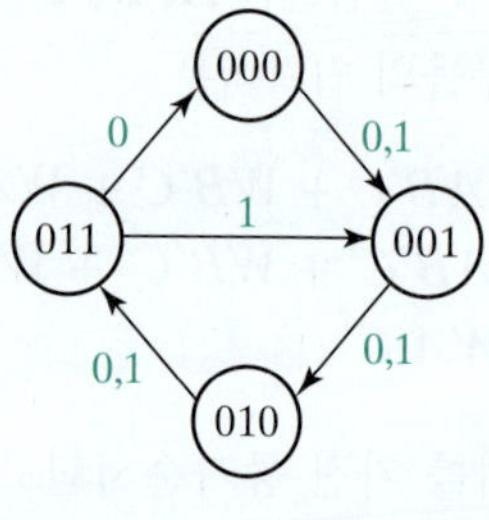

Clr	Ld	Cnt	Function
0	—	—	Clear
1	1	—	Parallel Load
1	0	1	Increment
1	0	0	Hold (No change)

15.37 다음 밀리 순서회로를 고려하라.

Present State	Next State $X=0$	Next State $X=1$	Present Output $X=0$	Present Output $X=1$
A	B	A	0	0
B	C	A	0	0
C	D	A	0	1
D	D	A	0	0

(a) One-hot 할당을 사용하고, D 플립플롭을 사용하여 다음의 상태그래프를 구현하라.

(b) 상태할당 $A = 00$, $B = 01$, $C = 11$, $D = 10$하여 D 플립플롭을 사용하여 회로를 구현하라.

(c) 메모리 기능으로 플립플롭 대신에 4-비트 병렬로딩 카운터를 사용하여 회로를 구현하라. 동기카운터의 제어는 다음과 같다.

s_1	s_0	Function
0	0	Hold
0	1	Increment
1	0	Parallel load
1	1	Clear

$Q_3Q_2Q_1Q_0$ 출력; $P_3P_2P_1P_0$ 병렬입력; Q_0 카운터의 최하위비트(적절한 상태할당을 통해 카운터의 병렬로드 기능을 사용하지 않고도 가능하다)

(d) 메모리 기능으로 플립플롭 대신에 4-비트 병렬로딩 쉬프트 레지스터를 사용하여 회로를 구현하라. 동기 쉬프트 레지스터제어는 다음과 같다.

S_1	S_0	Function
0	0	Hold
0	1	Shift right
1	0	Parallel load
1	1	Clear

S_{in} 쉬프트 입력; $Q_3Q_2Q_1Q_0$ 출력; $P_3P_2P_1P_0$ 병렬입력. $S_{in} \rightarrow Q_3$, $Q_3 \rightarrow Q_2$, $Q_2 \rightarrow Q_1$, $Q_1 \rightarrow Q_0$으로 쉬프팅 동작한다(적절한 상태할당을 통해 쉬프터의 병렬로드 기능을 사용하지 않고도 가능하다).

15.38 어떤 순서회로가 2개의 플립플롭을 가진다. 플립플롭의 여기논리식은 $D_1 = XQ_1 + XQ_2$, $D_2 = XQ_1 + XQ_2'$이다.

(a) D 플립플롭을 T 플립플롭으로 대체해서 회로를 변환하라. 다음상태식을 T 플립플롭식으로 변환하여 진행하라(*힌트*: $MQ + NQ' = (M'Q + N'Q)'Q + (M'Q + NQ')Q'$.).

(b) X, Q_1, Q_2 변수를 사용하여 T_1, T_2에 대한 진리표를 작성하여, T 플립플롭에 대한 상태 여기표를 만들어 (a) 부분문제를 다시 풀어라.

(c) D 플립플롭을 J-K 플립플롭으로 대체해서 회로를 변환하라. 다음상태식을 J-K 플립플롭식으로 변환하여 진행하라.

(d) X, Q_1, Q_2 변수를 사용하여 J, K에 대한 대한 진리표를 작성하여, J-K 플립플롭에 대한 상태 여기표를 만들어 (c) 부분문제를 다시 풀어라.

15.39 어떤 순서회로가 2개의 J-K 플립플롭을 가진다. 플립플롭의 여기논리식은 $J_1 = Q_2$, $K_1 = Q_1$, $J_2 = X + Q_1'$, $K_2 = 1$.

(a) J-K 플립플롭을 T 플립플롭으로 대체해서 회로를 변환하라. 다음상태식을 T 플립플롭식으로 변환하여 진행하라(*힌트*: $MQ + NQ' = (M'Q + N'Q)'Q + (M'Q + NQ')Q'$.

(b) X, Q_1, Q_2 변수를 사용하여 T_1, T_2에 대한 진리표를 작성하여, T 플립플롭에 대한 상태 여 기표를 만들어 (a) 부분문제를 다시 풀어라.

(c) D 플립플롭을 S-R 플립플롭으로 대체해서 회로를 변환하라. 다음상태식을 S-R 플립플롭식으로 변환하여 진행하라.

(d) X, Q_1, Q_2 변수를 사용하여 S, R에 대한 대한 진리표를 작성하여, S-R 플립플롭에 대한 상태 여기표를 만들어 (c) 부분문제를 다시 풀어라.

15.40 다음의 불완전하게 명세된 표가 8개 상태를 가진 표로 간략화 될 수 있음을 보여라. (*힌트* : don't care 매치는 어떤 것이든 가능한 곳에는 행 매칭(row matching)을 적용하여 간략화할 수 있다)

Present State	Next State $X=0$	$X=1$	Output (Z) $X=0$	$X=1$
S_0	S_1	S_2	0	0
S_1	S_3	S_4	0	0
S_2	S_5	S_6	0	0
S_3	S_7	S_8	0	0
S_4	S_8	S_9	0	0
S_5	S_{10}	S_9	0	0
S_6	S_9	S_8	0	0
S_7	S_0	S_0	1	0
S_8	S_0	–	0	–
S_9	S_0	–	1	–
S_{10}	S_0	S_0	0	1

15.41 (a) 표 14-10에서 최대 호환가능상태를 찾아라.

(b) 최소의 상태표를 간략화하라.

(c) 간략화된 표로부터 설계될 회로를 고려해보라.

(d) 회로의 기능을 서술하라.

15.42 (a) 표 14-9로부터 최대 호환 가능한 상태를 찾아라. (7개)

(b) 최소의 상태표를 간략화하라.

15.43 표 14-9의 BCD 패리티 생성기를 수정하여 처음 3입력에 대한 출력은 don't care이다. 새로운 표가 아래에 주어졌다

(a) 최대호환 가능한 상태를 찾아라. (8개)

(b) 최소의 상태표를 간략화하라.

Present State	Next State X = 0	X = 1	Output X = 0	X = 1
S_0	S_1	S_2	–	–
S_1	S_3	S_4	–	–
S_2	S_5	–	–	–
S_3	S_6	S_7	–	–
S_4	S_7	S_6	–	–
S_5	S_7	–	–	–
S_6	S_0	S_0	1	0
S_7	S_0	S_0	0	1

15.44 (a) 최대호환 가능한 상태를 찾아라. (8개)

(b) 최소의 상태표를 간략화하라.

	Present State	Next State X = 0	X = 1	Output X = 0	X = 1
	S_0	S_1	S_2	–	–
0	S_1	S_3	S_4	–	–
1	S_2	S_5	S_6	–	–
00	S_3	S_0	S_0	1	0
01	S_4	S_0	–	0	–
10	S_5	S_0	S_0	0	1
11	S_6	S_0	–	1	–

15.45 (a) 최대호환 가능한 상태를 찾아라. (8개)

(b) 최대호환 가능상태를 이용하며 표를 간략화하려고 한다. 몇 개의 상태가 필요한가?

(c) 호환 가능 상태들을 이용하여 6개의 상태표로 줄일 수 있음을 보여라.(최대 호환 가능 상태로부터는 간략화할 수 있는 예제이다)

Present State	Next State X = 0	X = 1	Output (Z) X = 0	X = 1
S_0	S_1	S_2	–	–
S_1	S_3	S_4	–	–
S_2	S_4	S_3	–	–
S_3	S_5	S_6	–	–
S_4	S_6	S_5	–	–
S_5	S_0	S_0	1	0
S_6	S_0	S_0	0	1

UNIT 16

순서회로설계

Sequential Circuit Design

목표

1. 게이트와 플립플롭을 사용하여 순서회로를 설계한다.
2. 시뮬레이션과 구현된 회로를 통해 회로를 검사한다.
3. 단방향 반복회로를 설계한다. 반복회로와 순서회로의 관계를 설명하고, 서로 변환한다.
4. ROM이나 PLA, 플립플롭을 사용하여 순서회로를 구현하는 방법을 알아본다.
5. CPLD와 FPGA의 동작을 설명하고, 순서회로 구현에 어떻게 사용되는지 알아본다.

학습가이드

1. 16.1절 *순서회로설계 과정의 요약*과 16.2절 *설계 예제-코드 변환기*를 학습하라.
   (a) 왜 표 16-2의 차기상태들은 표 15-1에서의 상태들과 다른 순서로 정렬되는가?

   (b) 8-4-2-1 코드를 6-3-1-1 코드로 변환하는 순서회로설계를 고려하라(표 1-2 참조). 만약 8-4-2-1 코드의 최소유효비트가 t_0에서 회로에 공급되면, 6-3-1-1의 최소유효비트가 즉각 결정될 수 있는지 설명하라. 6-3-1-1 코드 변환기로 8-4-2-1을 설계할 때 위의 두 절에서 설명된 기법이 사용되지 않는 이유는 무엇인가?

2. 16.3절 *반복회로의 설계*를 학습하라.
   (a) 표 16-4의 비교기를 상태표로 그려라. 표 16-4에 나타낸 방법을 사용하여 여러 개의 2진수를 비교하고, 이 방법이 사용된 이유를 이해할 수 있어야 한다. 다섯 개의 셀을 가지는 그림 16-6의 회로와 비슷하게 나타내어라. 만약 $X = 10101$이고 $Y = 10011$일 때 모든 셀의 입력과 출력값을 나타내어라.
   (b) 만일 반복회로의 전형적인 셀의 상태표가 n개의 상태를 갖는다면, 이웃하고 있는 각각의 셀들에 필요한 최소 신호 개수는 얼마인가?
   (c) 문제 16.17을 풀어라.

3. 16.4절 *ROM과 PLA를 이용한 순서회로설계*에 대해 학습하라.
   (a) 9.5절 *ROM* (*Read-Only Memories*)과 9.6절 *PLD* (*Programmable Logic devices*)를 복습하라.
   (b) 두 개의 입력 변수와 세 개의 출력 변수를 갖는 13상태의 상태표를 구현하는 데 필요한 ROM의 크기는 얼마인가?

   (c) 표 16-6(b)에서 16-6(c)로 변환하는 과정에서, $X = 0$, $Q_1Q_2Q_3 = 000$, $Z = 1$이고, $Q_1^+Q_2^+Q_3^+ = D_1D_2D_3 = 001$이다. 따라서 1001은 진리표의 첫째 행에 들어가게 된다. 진리표에서 다른 입력값들도 정확하게 입력되었는지 확인하라.
   (d) 표 16-7 다음에 서술된 코드 변환기의 PLA 구현에 대한 분석을 계속해라. 특히, 만약에 $Q_1Q_2Q_3 = 100$, $X = 1$이면 PLA 출력은 무엇인가? 클럭이 들어간 후의 상태는 어떠한가?
   (e) 문제 16.15와 16.16을 풀어라.

4. 16.5절 *CPLD를 이용한 순서회로설계*와 16.6절 *FPGA를 이용한 순서회로설계*를 학습하라.

(a) 한 개의 입력과 두 개의 출력인 경우에 6개 상태의 무어머쉰으로 구현할 때 얼마나 많은 CoolRunner-II의 마크로 셀이 필요한가? 또, 두 개의 입력일 경우는 어떠한가?

(b) 위의 두 종류의 회로에 대해 무어머쉰으로 구현하기 위한 Virtex/Spartan II의 LUT가 얼마나 필요한가? 또한 얼마나 많은 CLB가 필요한가?

(c) 식 (12-1)의 Q_2^+, Q_1^+, Q_0^+의 식을 식 (16-2)에서 나타낸 것처럼 CE = $Ld + Sh$를 사용하여 LUT의 입력에 맞게 다시 나타내라.

5. 16.7절 *순서회로의 시뮬레이션과 검사*를 학습하라.

(a) 그림 16-23(b)의 출력을 시뮬레이터를 통해 관찰하고, 출력 Z가 바뀌는 시점을 확인하라. 그림 16-22에서 각각의 게이트와 플립플롭의 지연시간은 10 ns라고 가정하고 출력 Z의 파형을 설명하라.

(b) 그림 16-4의 회로를 검사한다고 가정하자. $X = 0$과 $Q_1Q_2Q_3 = 011$이고, 펄스 클럭이 들어갈 때 회로는 000이 아니라 100 상태로 바뀐다. 이러한 오류의 원인을 찾기 위해 무엇을 할 수 있는가?

6. 16.8절 *컴퓨터 이용 설계의 개요*에 대해 학습하라.

7. 할당된 설계 문제를 손으로 설계하라. 그리고 난 후에 상태표를 *LogicAid*를 사용하여 체크하라. 다음으로 논리식이 맞는지 검증하라. 적어도 두 개의 다른 상태할당을 시도하고, 가장 적은 논리게이트가 필요로 하는 것 하나를 선택하라.

8. 회로를 검사하거나 시뮬레이션하기 전에 아래의 물음에 답하라. 다음의 타이밍 중 회로의 출력이 정확한 때는 언제인가? (만약 답에 대해 확신이 없으면, 밀리회로의 타이밍 차트에 주의를 기울이면서 13.2절을 복습하라.)

(a) 상승 클럭 에지 바로 전

(b) 상승 클럭 에지 바로 다음(상태가 바뀐 후지만 입력이 다음 값으로 바뀌기 전)

(c) 입력은 다음 값으로 바뀐 후지만 다음의 상승 에지는 발생하기 전

9. (a) 회로를 정확히 설계하고 적절히 동작하는 데도 잘못된 출력이 나오는 경우를 설명하라.

(b) 만약 회로의 출력이 같은 클럭을 사용한 다른 순서회로에 공급되었을 때, 잘못된 출력이 어떠한 문제를 발생하는가? 설명하라.

10. 회로를 적절하게 구현했을 때, 주어진 검사 순서에 따라 출력순서를 결정하라. 출력순서를 체크하고 회로동작을 조교에게 보여라. 성공적인 회로구성 후에 설계와 검사결과를 제출하라(성취도 테스트는 필요 없다).

순서회로설계

Sequential Circuit Design

우리는 이미 순서회로설계에서 여러 가지 단계를 학습하였다—상태표의 유도(14장), 상태 표 간략화(15장), 상태할당(15장), 플립플롭 입력식의 유도(12와 15장). 이 장에는 설계 과정의 요약과, 다양한 설계예제, 회로의 검사 과정을 포함하고 있다.

16.1 순서회로설계 과정의 요약

1. 문제가 주어졌을 때 입력과 출력순서 사이의 관계를 정하고 상태표를 유도하라. 대부분의 경우, 우선적으로 상태그래프를 완성하는 것이 가장 쉽다.
2. 표를 최소상태수로 간략화하라. 첫 번째로, 행 매칭을 통하여 중복 행을 제거하라. 그리고 난 후, 관련 항표를 구성하고 15.3절의 과정을 따르라.
3. 만약 간략화된 표가 m 상태($2^{n-1} < m \le 2^n$)를 갖는다면, n개의 플립플롭이 필요할 것이다. 간략화된 표에서 각각의 상태에 고유의 플립플롭 상태를 할당하라.
4. 간략화된 상태표에서 할당된 플립플롭 상태를 각 상태에 기입하여 다음 천이표를 작성하라. 천이표의 결과는 플립플롭의 현재상태와 입력에 대하여 플립플롭의 차기상태와 출력식을 명세한다.

5. 각 플립플롭에 대하여 차기상태와 입력 맵을 도시하고 플립플롭 입력식을 유도하라(사용된 게이트의 형태에 따라 달라지고, 맵에서 1로부터 곱의 합 형태의 식이나, 맵의 0으로부터 합의 곱 형태의 식으로 표현될 것이다). 출력함수를 유도하라.
6. 플립플롭 입력식과 출력식을 사용 가능한 논리게이트로 나타내어라.
7. 신호추적, 컴퓨터 시뮬레이션과 검사를 사용하여 설계회로를 체크하라.

16.2 설계 예제–코드 변환기

BCD 코드를 초과-3 코드로 변환하는 순서회로를 설계하기로 한다. 이 회로는 0~9 사이의 범위의 BCD값에 +3을 한다. 입력과 출력은 최소유효 비트와 직렬로 연결될 것이다. 표 16-1은 입력과 출력의 순서를 목록으로 나타낸 것이다.

표 16-1은 시간 t_0, t_1, t_2, t_3에 입력과 출력을 나타낸 것이다. 네 개의 입력을 차례대로 받은 후 에 이 회로는 초기의 상태로 리셋되며 다른 네 개의 입력을 받을 준비를 한다. 그것은 표 16-1에서처럼 출력지연 없이 동작하는 순서회로로 실제로 구현될 수 있을지는 확실하지 않다.

예를 들어 만약 t_0일 때 어떤 열은 $X = 0$일 때 출력 $Z = 0$이 요구되고, 다른 열에서는 $X = 0$일 때 출력 $Z = 1$의 요구되는 순서회로는 출력지연 없이는 설계가 불가능할 것이다. 표 16-1에서 우리는 t_0에서 입력이 0일 때는 출력이 항상 1이며, 입력이 1일 때는 출력이 항상 0인 것을 볼 수 있다. 그러므로 t_0에서 출력값 충돌은 없다. 시간 t_1에서 이 회로는 오직 t_1과 t_0에서 받는 입력만 이용 가능할 것이다. 만약 t_1의 출력이 t_1과 t_0에서 받은 입력만으로 결정된다면 충돌이 일어나지 않을 것이다. 만약 t_1과 t_0에서 입력이 00일 때 표에서와 같이 세 가지 경우 모두 t_1에 1이 출력되고, 01일 때 세 가지 경우 모두 t_1에 0이 출력된다. 10과 11 입력일 때 t_1은 각각 0과 1을 출력한다. 그러므로 t_1에서 출력 충돌이 없다. 유사한 방법으로 t_2와 t_3일 때에도 충돌이 없다는 것을 확인할 수 있고 네 개의 입력 모두 문제없이 사용할 수 있다.

표 16-1

X Input (BCD)				Z Output (excess-3)			
t_3	t_2	t_1	t_0	t_3	t_2	t_1	t_0
0	0	0	0	0	0	1	1
0	0	0	1	0	1	0	0
0	0	1	0	0	1	0	1
0	0	1	1	0	1	1	0
0	1	0	0	0	1	1	1
0	1	0	1	1	0	0	0
0	1	1	0	1	0	0	1
0	1	1	1	1	0	1	0
1	0	0	0	1	0	1	1
1	0	0	1	1	1	0	0

15.1절에서와 같은 과정을 통하여 상태표(표 16-2)를 만들 수 있다. 표 16-2에서 차기 상태의 배열은 표 15-1과는 차이가 있다. 왜냐하면 이번 예는 첫 번째 최소유효비트가 먼저 오면서 순서대로 받지만 표 15-1에서는 첫 번째 입력비트는 열의 첫 번째에 리스트 되어 있다. 무관함기호(−)가 표에 나타나 있다. 왜냐하면 단지 16개 중 10개만이 4비트 코드 변환기의 입력으로써 발생할 수 있기 때문이다. 표의 출력부분은 앞 절에서 논의된 내용을 바탕으로 채워져 있다. 예를 들어, 회로가 t_1에서 B 상태에서 1을 받는다면, 입력열은 10이 되고 출력은 0이 될 것이다.

다음으로, 행 비교를 통해서 표를 간략화한다. 비교하는 행의 값이 대쉬(−)를 포함하면, 어떤 상태 또는 출력값과도 일치시킬 수 있다. 이런 방법의 행 비교에 의해서, $H \equiv I \equiv J \equiv K \equiv L$과 $M \equiv N \equiv P$을 갖는다. I, J, K, L, N과 P를 소거한 후, $E \equiv F \equiv G$가 되고 상태표는 일곱 행으로 줄어든다(표 16-3).

표 16-2를 유도하는 다른 방법은 상태그래프로부터 시작한다. 상태그래프(그림 16-1)는 트리 형태를 가지고 있다. 리셋 상태로부터 나오는 각 경로는 10개의 가능한 입력열 중 하나를 나타낸다. 입력열에 대한 경로들이 만들어진 후, 출력은 각 경로의 반대방향을 따라 동작함으로써 채워질 수 있다. 예를 들면, t_3에서 시작하면, 경로 0 0 0 0은 출력 0 0 1 1을 갖고, 경로 1 0 0 0은 출력 1 0 1 1을 갖는다. 표 16-2는 이 상태그래프가 일치함을 보여준다.

표 16-2
코드 변환기에 대한 상태표

Time	Input Sequence Received (Least Significant Bit First)	Present State	Next State $X=0$	1	Present Output (Z) $X=0$	1
t_0	reset	A	B	C	1	0
t_1	0	B	D	F	1	0
	1	C	E	G	0	1
t_2	00	D	H	L	0	1
	01	E	I	M	1	0
	10	F	J	N	1	0
	11	G	K	P	1	0
t_3	000	H	A	A	0	1
	001	I	A	A	0	1
	010	J	A	–	0	–
	011	K	A	–	0	–
	100	L	A	–	0	–
	101	M	A	–	1	–
	110	N	A	–	1	–
	111	P	A	–	1	–

표 16-3
코드 변환기에 대한 간략화된 상태표

Time	Present State	Next State $X=0$	1	Present Output (Z) $X=0$	1
t_0	A	B	C	1	0
t_1	B	D	E	1	0
	C	E	E	0	1
t_2	D	H	H	0	1
	E	H	M	1	0
t_3	H	A	A	0	1
	M	A	–	1	–

일곱 개의 상태가 있기 때문에 간략화된 표를 구현하기 위해서 세 개의 플립플롭이 요구된다. 각 상태에는 플립플롭의 적절한 조합이 할당되어야 한다. 어떤 상태할당은 더 많은 게이트를 필요로 하는 데 반해, 어떤 상태할당은 단지 몇 개의 게이트를 갖는 경제적인 회로로 만들 수 있다. 15.8절에 주어진 가이드라인을 사용하면, 상태 B와 C, D와 E, 그리고 H와 M은 차기상태 함수를 간단히 하기 위한 인접 할당이 되어야 한다. 출력함수를 단순화하기 위해 상태(A, B, E, M)과 (C, D, H)는 인접한 상태로 할당하여야 한다. 이 예에 대한 적합한 상태할당은 그림 16-2의 맵과 표에 나타내었다. 상태할당이 만들어진 후, 천이표는 상태할당에 따라 채워지고, 차기상태 맵은 그림 16-3에 나타내었다. 그런 다음 D 입력식은 Q^+ 맵에서 유도한다. 그림 16-4에는 설계된 순서회로를 보였다.

그림 16-1
코드 변환기에 대한 상태그래프

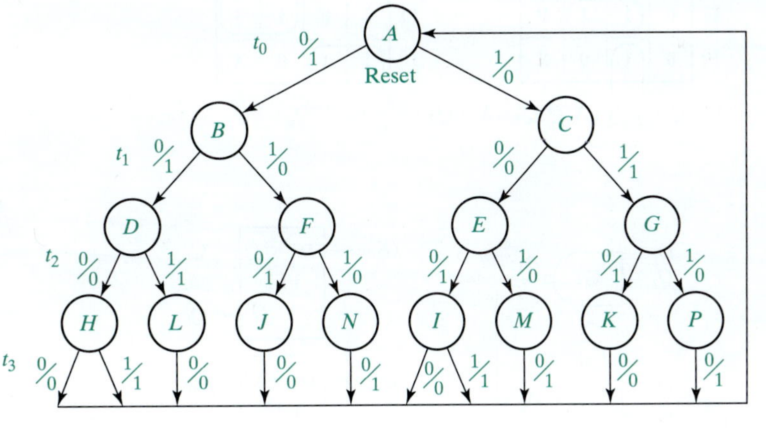

그림 16-2 플립플롭에 대한 할당맵과 천이표

Q_2Q_3 \ Q_1	0	1
00	*A*	*B*
01		*C*
11	*H*	*D*
10	*M*	*E*

(a) Assignment map

	$Q_1Q_2Q_3$	$Q_1^+Q_2^+Q_3^+$ $X=0$	$X=1$	Z $X=0$	$X=1$
A	000	100	101	1	0
B	100	111	110	1	0
C	101	110	110	0	1
D	111	011	011	0	1
E	110	011	010	1	0
H	011	000	000	0	1
M	010	000	xxx	1	x
–	001	xxx	xxx	x	x

(b) Transition table

그림 16-3 코드 변환기 설계를 위한 카노맵

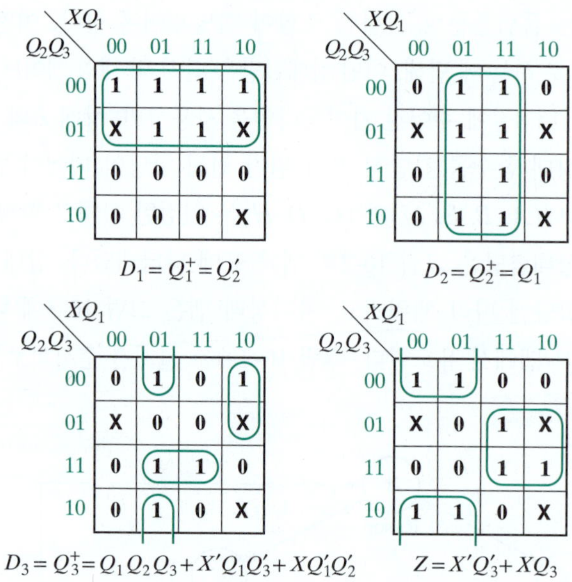

그림 16-4 코드 변환기 회로

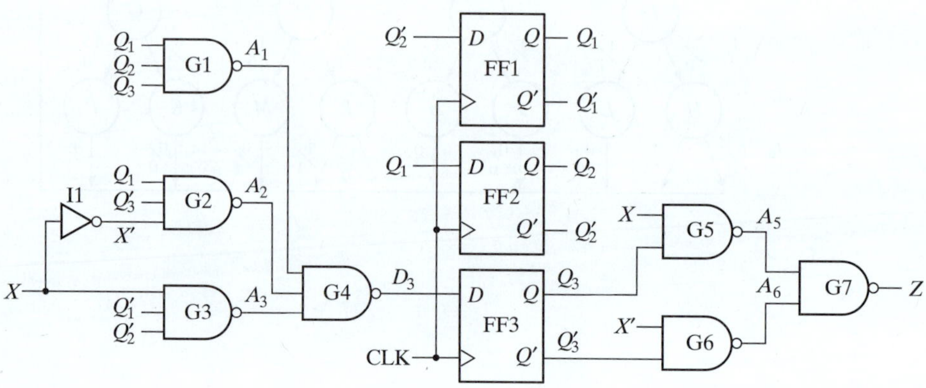

16.3 반복회로의 설계

순서회로의 설계에 이용되는 많은 설계과정들이 반복회로의 설계에 응용될 수 있다. 여러 개의 동일한 셀로 구성된 반복회로는 규칙적인 방법으로 상호연결되어 있다. 2진 덧셈 같은 몇몇 연산들은 반복회로로 구현하기에 적합한데, 각 쌍의 입력비트에 대하여 같은 동작이 수행되기 때문이다. 반복회로의 규칙적인 구조는 불규칙적인 구조의 회로보다 집적회로의 설계를 용이하게 한다. 반복회로의 가장 간단한 구조는 조합 셀들의 선형배열로 구성되며 셀 사이에는 한쪽 방향으로 이동하는 신호가 전달된다(그림 16-5). 각각의 셀은 한 개 이상의 외부입력(x_i)과 한 개 이상의 가능한 기본출력(z_i), 한 개 이상의 2차입력(a_i)과 2차출력(a_{i+1})을 갖는 조합회로이다. a_i 신호는 옆쪽의 셀로 "상태"에 대한 정보를 전달해 준다.

셀($x_1, x_2, \ldots, x_n$)에 외부입력은 병렬로, 즉 모든 신호가 동시에 셀에 인가된다. 그러면 a_i 신호는 셀 라인을 따라 전달되게 된다. 반복회로이므로 회로가 정상상태(steady state)에 도달하는 데 걸리는 시간은 오직 셀 내의 게이트에서의 지연시간에 의해서만 결정되고 정상상태에 도달하면 출력이 나온다. 게다가 반복회로는 입력과 출력이 직렬인 순서회로와는 대조적으로 병렬 입, 출력 소자로 동작할 수 있다. 반복 회로는 시간순으로 입력을 받는 순서회로와는 달리 공간적으로 입력을 받는 회로로 생각할 수 있다. 그림 4-3의 병렬덧셈기는 네 개의 동일 셀을 갖는 반복회로의 예이다. 그림 13-12의 직렬덧셈기는 병렬덧셈기와 같은 전덧셈기 셀을 이용하지만 이는 입력을 셀에서 셀로 전달하는 대신 순차적으로 입력을 받고 캐리를 플립플롭에 저장한다.

비교기의 설계

예로서 두 개의 n비트 2진수를 비교하고 이들이 같은지, 같지 않다면 어느 것이 더 큰지를 결정하는 비교기를 설계하기로 한다. 4나 5보다 큰 n의 $2n$ 입력 조합회로에 대한 설계는 실용적이지 못하므로 반복회로 설계방법을 사용한다. 비교할 두 개의 2진수를 각각

$$X = x_1 x_2 \ldots x_n \quad \text{and} \quad Y = y_1 y_2 \ldots y_n$$

이라 하자. 왼쪽에서 오른쪽으로 비교를 할 것이므로, 최고 비트 x_1에서 시작하여 왼쪽에서 오른쪽으로 번호를 매겼다.

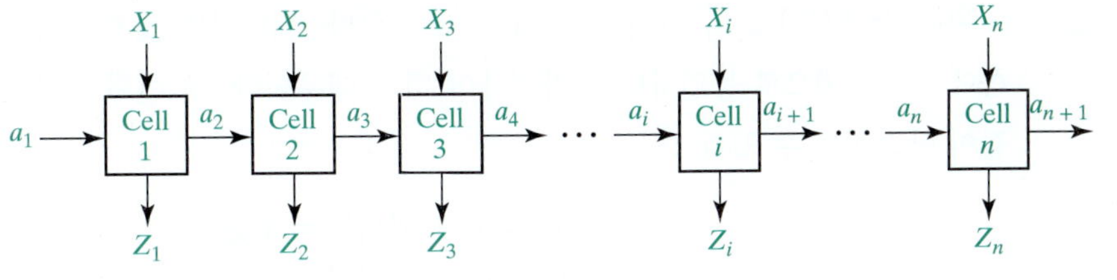

그림 16-5
단방향성의 반복회로

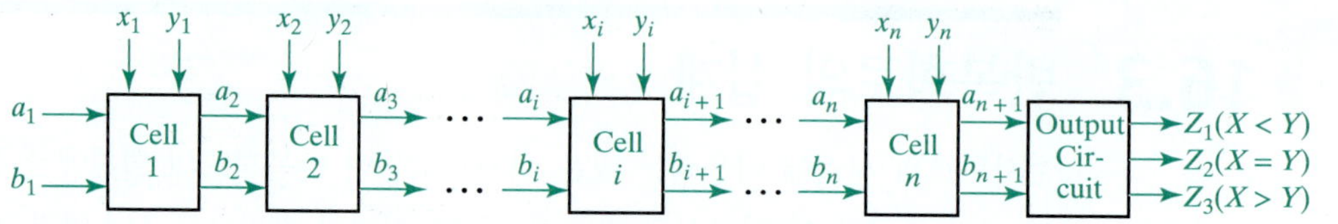

그림 16-6 2진수 비교를 위한 반복회로의 형태

그림 16-6은 비록 각 셀 쌍들 사이의 리드의 수를 알 수 없지만, 반복회로의 한 형태를 보여 주고 있다. 비교는 왼쪽에서 오른쪽으로 진행된다. 첫 번째 셀에서 x_1과 y_1을 비교하고 그 결과를 다음 셀로 넘겨주고 두 번째 셀에서는 x_2, y_2를 비교한다. 다른 셀들도 마찬가지이다. 마지막으로 n-번째 셀에서 x_n, y_n이 비교되고 출력회로는 $X = Y$, $X > Y$, $X < Y$인지를 나타내는 신호를 발생시킨다.

이제 비교기를 위한 전형적인 셀을 설계하기로 한다. i번째 셀의 왼쪽에서는(즉 i번째 셀 이전까지는) 세 가지 상태가 가능하다. 지금까지 $X = Y$ ($x_1 x_2 \ldots x_{i-1} = y_1 y_2 \ldots y_{i-1}$) 혹은 $X > Y$ 그리고 $X < Y$인 경우이다. 우리는 이런 세 가지 입력 상태를 각각 S_0, S_1, S_2라 한다. 표 16-4는 $x_i y_i$ 입력과 셀 왼쪽 입력상태(S_i)로 표현된 셀 오른쪽의 출력상태(S_{i+1})를 보여주고 있다. 비교하는 두 수가 셀 i의 왼쪽까지 동일하고 $x_i = y_i$라면, 두 수는 셀 i를 포함해도 여전히 동일하다. 따라서 $S_{i+1} = S_0$가 된다. 그러나 $S_i = S_0$이고 $x_i y_i = 10$이면 $x_1 x_2 \ldots x_i > y_1 y_2 \ldots y_i$이고 $S_{i+1} = S_1$이 된다. 만약 셀 i의 왼쪽에서 $X > Y$이면, x_i와 y_i에 관계없이, $x_1 x_2 \ldots x_i > y_1 y_2 \ldots yi$이고 $S_{i+1} = S_1$이 된다. 이와 유사하게, 셀 i의 왼쪽에서 $X < Y$이면, 셀 i의 입력을 포함하여도 $X < Y$가 되어서 $S_{i+1} = S_2$가 된다.

표 16-4 비교기에 대한 상태표

	S_i	S_{i+1}: $x_i y_i = 00$	01	11	10	$Z_1 Z_2 Z_3$
$X = Y$	S_0	S_0	S_2	S_0	S_1	0 1 0
$X > Y$	S_1	S_1	S_1	S_1	S_1	0 0 1
$X < Y$	S_2	S_2	S_2	S_2	S_2	1 0 0

전형적인 셀에 대한 논리는 상태표에서 쉽게 얻을 수 있다. 3개의 상태들이 있기 때문에, 두 개의 셀 사이 신호가 필요하게 된다. 15.8절에 있는 가이드라인을 이용해서 S_0에 대해 $a_i b_i = 00$, S_1에 대해 01, S_2에 대해 10의 상태할당을 할 수가 있다. 표 16-5는 상태표를 이런 할당으로 대체한 것이다. 그림 16-7은 카노맵, 차기상태식, 그리고 NAND 게이트를 사용한 전형적인 셀의 구현을 보여주고 있다. a_i와 b_i, 그리고 이것들의 보수들이 셀 간에 이동되기 때문에 셀 안에 인버터가 포함되어야 한다.

왼쪽 끝에서의 $a_1 b_1$ 입력은 00이 되어야 한다. 왜냐하면 숫자들이 최상위 비트의 왼쪽에서 모두 0으로 동일하다고 가정해야 하기 때문이다. 첫 번째 셀에 대한 식은 다음과 같이 단순화될 수 있다.

$$a_2 = a_1 + x_1' y_1 b_1' = x_1' y_1$$
$$b_2 = b_1 + x_1 y_1' a_1' = x_1 y_1'$$

표 16-5 비교기에 대한 천이표

a_ib_i	$a_{i+1}b_{i+1}$ $x_iy_i = 00$	01	11	10	$Z_1Z_2Z_3$
0 0	00	10	00	01	0 1 0
0 1	01	01	01	01	0 0 1
1 0	10	10	10	10	1 0 0

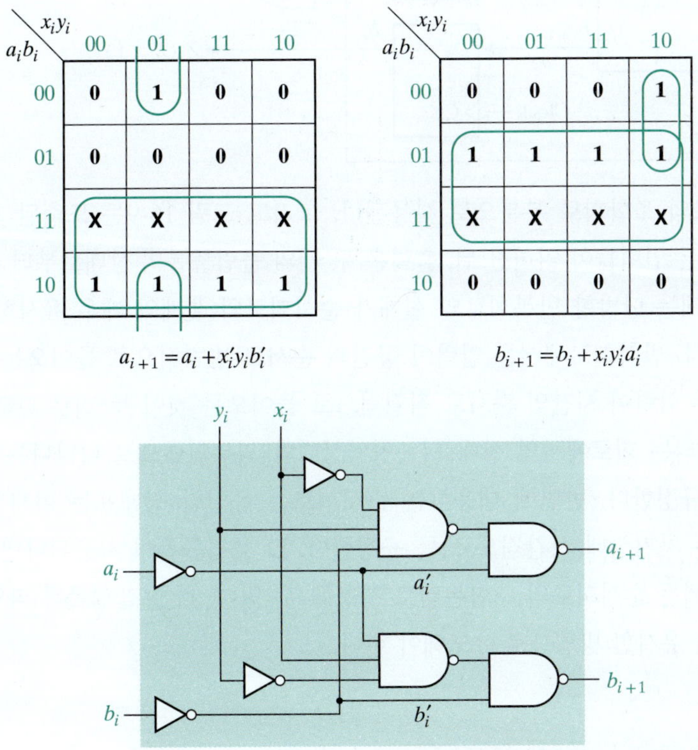

그림 16-7 비교기에 대한 전형적인 셀

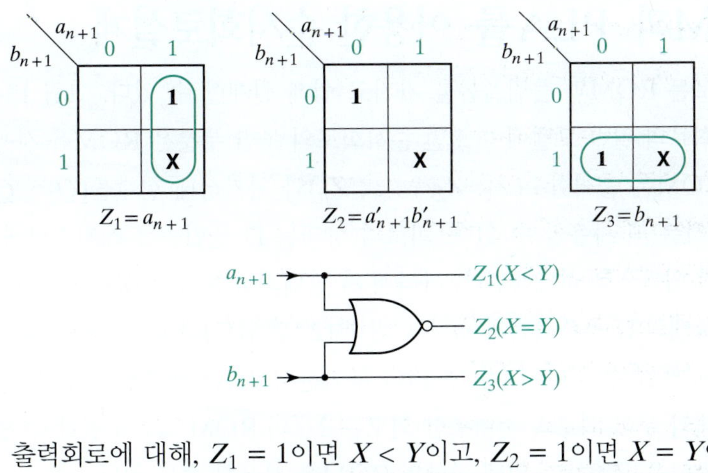

그림 16-8 비교기에 대한 출력회로

출력회로에 대해, $Z_1 = 1$이면 $X < Y$이고, $Z_2 = 1$이면 $X = Y$이고 $Z_3 = 1$이면 $X > Y$라고 하자. 그림 16-8은 출력맵, 식, 그리고 회로를 나타내고 있다.

순서회로로 변환하는 것은 복잡하지 않다. x_i와 y_i에 병렬이 아닌 직렬로 입력된다면, 표 16-4는 순서회로에 대한 상태표로 해석할 수 있다. 그리고 차기상태식은 그림 16-7에 있는 것과 동일하다. 만약 D 플립플롭이 사용된다면, 그림 16-7에 있는 전형적인 셀은

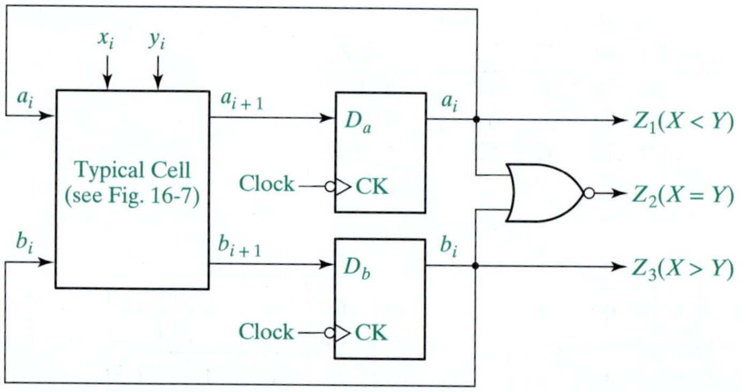

그림 16-9 순서회로로 설계한 2진수 비교기

순서회로의 조합회로 부분으로 사용된다. 그리고 그림 16-9는 도출된 회로를 보여주고 있다. 모든 입력들이 읽혀진 뒤, 출력은 두 개의 플립플롭의 상태로부터 결정된다.

이 예제는 단방향 반복회로의 설계가 순서회로의 설계와 매우 유사하다는 것을 나타내고 있다. 반복회로에서는 입력이 공간의 순서로 병렬적으로 들어오는 데 비해 순서회로에서는 입력이 시간의 순서로 직렬적으로 들어오는 것이 두 회로 간의 주된 차이점이다. 반복되는 회로에서의 상태표는 입력상태와 외부입력으로 나타나는 특정 셀의 출력상태를 규정한다. 반면에 대응하는 순서회로는 동일한 상태표는 현재상태와 입력들로 나타나는 차기상태(시간적으로)를 규정한다. D 플립플롭이 사용된다면, 반복되는 회로는 대응되는 순서회로의 조합논리로 사용될 수 있다. 다른 플립플롭 타입이 사용된다면 입력식을 유사한 방법으로 유도해야 한다.

16.4 ROM과 PLA를 이용한 순서회로설계

순서회로는 ROM과 플립플롭을 가지고 쉽게 설계할 수 있다. 그림 13-17에 나타낸 밀리순서회로의 일반 모델에 따르면 순서회로의 조합 부분은 ROM을 사용하여 구현할 수 있다. ROM은 출력함수($Z_1, Z_2, \ldots, Z_n$)와 차기상태 함수들($Q_1^+, Q_2^+, \ldots, Q_k^+$)을 구현하는 데 사용할 수 있다. 회로의 상태는 D 플립플롭 레지스터에 저장될 수 있고 ROM의 입력으로 피드백된다. 따라서 m 입력과 n 출력, k 상태변수들을 갖는 밀리순서회로는 k개의 D 플립플롭과 $m + k$ 입력 (2^{m+k} 워드)과 $n + k$ 출력을 갖는 ROM을 사용하여 구현할 수 있다. 그림 13-19의 무어순서회로는 비슷한 방법으로 구현할 수 있다. 차기상태와 무어 회로의 출력조합 회로는 2개의 ROM으로 구현할 수 있다. 차기상태와 출력함수들을 구현하기 위해 하나의 ROM을 사용할 수도 있다.

2입력 플립플롭을 사용할 때 ROM 출력의 수가 증가되기 때문에 D 플립플롭을 사용한 것이 J-K 플립플롭을 사용한 것보다 좋다. D 플립플롭 입력식들이 J-K 플립플롭의 식들보다 더 많은 게이트를 요구한다는 사실은 중요하지 않다. ROM의 크기는 입출력의 수에 의존하고 표현된 논리식의 복잡도에 의존하지 않기 때문이다. 이러한 이유로 상태할당 또한 덜 중요하고 일반적으로 상태할당이 2진수 순서이어도 상관없다.

이미 16.2절에서 게이트와 D 플립플롭을 사용하여 코드 변환기를 설계하였다. 여기서는 ROM과 D 플립플롭을 이용하여 코드 변환기를 설계하기로 한다. 변환기를 위한 상태표를 표 16-6(a)에 나타내었다. 연속 2진 상태할당을 사용하면 표 16-6(b) 같은 천이표를 만들 수 있다. 현재상태와 입력의 함수로서 플립플롭의 차기상태가 주어짐을 알 수 있다. 일곱 가지 상태가 있기 때문에 세 개의 D 플립플롭이 필요하다. 따라서 그림 16-10에서 볼수 있듯이 네 개의 입력(2^4 워드)과 네 개의 출력을 갖는 ROM이 필요하다. $D_1 = Q^+_1$, $D_2 = Q^+_2$과 $D_3 = Q^+_3$. 표 16-6(c)의 ROM의 진리표는 천이표로부터 쉽게 만들 수 있다. 이 표는 ROM의 입력(X, Q_1, Q_2, Q_3)의 함수들로서 출력(Z, D_1, D_2, D_3)들을 나타낸다.

순서회로들은 ROM과 플립플롭을 사용한 것과 같이 PLA와 플립플롭으로도 구현할 수 있다. 그러나 PLA의 경우 상태할당을 잘하면 곱의 항 개수를 줄일 수 있고, PLA의 크기를 줄일 수 있으므로 상태할당이 중요하게 된다.

(a) State table

Present State	Next State $X=0$	1	Present Output (Z) $X=0$	1
A	B	C	1	0
B	D	E	1	0
C	E	E	0	1
D	H	H	0	1
E	H	M	1	0
H	A	A	0	1
M	A	–	1	–

(b) Transition table

	$Q_1Q_2Q_3$	$Q_1^+Q_2^+Q_3^+$ $X=0$	$X=1$	Z $X=0$	$X=1$
A	000	001	010	1	0
B	001	011	100	1	0
C	010	100	100	0	1
D	011	101	101	0	1
E	100	101	110	1	0
H	101	000	000	0	1
M	110	000	–	1	–

(c) Truth Table

X	Q_1	Q_2	Q_3	Z	D_1	D_2	D_3
0	0	0	0	1	0	0	1
0	0	0	1	1	0	1	1
0	0	1	0	0	1	0	0
0	0	1	1	0	1	0	1
0	1	0	0	1	1	0	1
0	1	0	1	0	0	0	0
0	1	1	0	1	0	0	0
0	1	1	1	x	x	x	x
1	0	0	0	0	0	1	0
1	0	0	1	0	1	0	0
1	0	1	0	1	1	0	0
1	0	1	1	1	1	0	1
1	1	0	0	0	1	1	0
1	1	0	1	1	0	0	0
1	1	1	0	x	x	x	x
1	1	1	1	x	x	x	x

그림 16-10
ROM을 이용한 표 16-6(a)의 구현

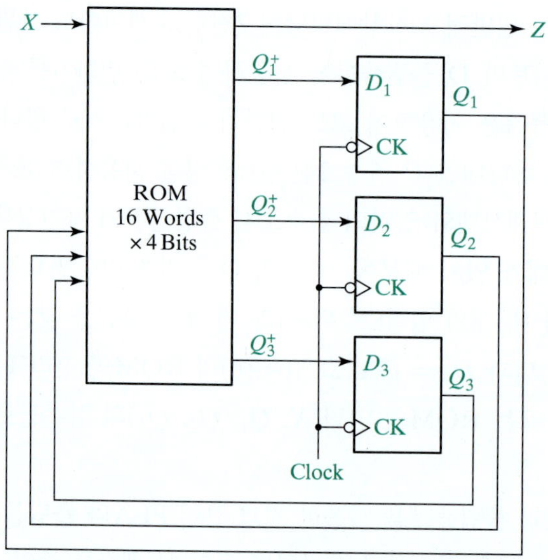

예를 들어 PLA와 3개의 D 플립플롭을 사용하여 표 16-6(a)의 상태표를 구현하는 것을 생각해 보자. 회로 배치는 그림 16-10과 같고, ROM 대신 PLA를 넣으면 된다. 연속 2진 할당을 사용하여 표 16-6(c)에 주어진 진리표를 구한다. 이 표는 네 개의 입출력, 13개의 곱항을 갖는 PLA에 저장될 수 있지만, 16 워드 ROM과 비교할 때 크기가 조금 줄었을 뿐이다.

만약 그림 16-2의 상태할당이 사용된다면, 그림 16-3의 맵으로 유도된 출력식과 D 플립플롭 입력식의 결과는 다음과 같다.

$$\begin{aligned} D_1 &= Q_1^+ = Q_2' \\ D_2 &= Q_2^+ = Q_1 \\ D_3 &= Q_3^+ = Q_1Q_2Q_3 + X'Q_1Q_3' + XQ_1'Q_2' \\ Z &= X'Q_3' + XQ_3 \end{aligned} \tag{16-1}$$

위 식과 일치하는 PLA 표는 표 16-7과 같다. 이 표를 구현하기 위해서 4개의 입출력, 7개의 곱항이 있는 PLA가 필요하다.

다음으로 표 16-7과 대응하는 PLA를 사용한 그림 16-4 회로의 동작을 검증해 보자. 먼저 $X = 0$, $Q_1Q_2Q_3 = 000$이라 가정하면 --0-과 0--0 행을 표에서 선택하고 $Z = 1$, $D_1D_2D_3 = 100$이 된다. 그 뒤에 활성 클럭 에지에서 $Q_1Q_2Q_3 = 100$이 된다. 다음으로

표 16-7

X	Q_1	Q_2	Q_3	Z	D_1	D_2	D_3
–	–	0	–	0	1	0	0
–	1	–	–	0	0	1	0
–	1	1	1	0	0	0	1
0	1	–	0	0	0	0	1
1	0	0	–	0	0	0	1
0	–	–	0	1	0	0	0
1	–	–	1	1	0	0	0

$X=1$일때 --0-, -1-- 행을 표에서 선택하고 $Z=0$, $D_1D_2D_3=110$이 된다. 그 뒤에 활성 클럭 에지에서 $Q_1Q_2Q_3=110$이 된다. 이런 방법으로 나머지 그림 16-2의 천이표를 검증할 수 있다.

PAL은 순서회로를 구현하는 편리한 방법이 될 수 있다. 프로그래머블 어레이 로직으로부터 입력이 주어지는 D 플립플롭을 포함한 PAL도 있다. 그림 16-11은 순서 PAL의 한 부분을 보여준다. D 플립플롭은 2개의 AND 게이트가 연결된 OR 게이트에 의해 드라이브된다. 플립플롭의 출력은 버퍼를 통해 프로그래머블 AND 어레이에 피드백된다. 따라서 AND 게이트 입력은 A, A', B, B', Q, Q'에 연결될 수 있다. 위 그림에서 X 표는 차기상태식을 구현하는 접점을 나타낸다.

$$Q^+ = D = A'BQ' + AB'Q$$

플립플롭의 출력은 3-상태버퍼에 연결되어 있고 En = 1일 때 허용된다.

그림 16-11
순서 PAL의 일부분

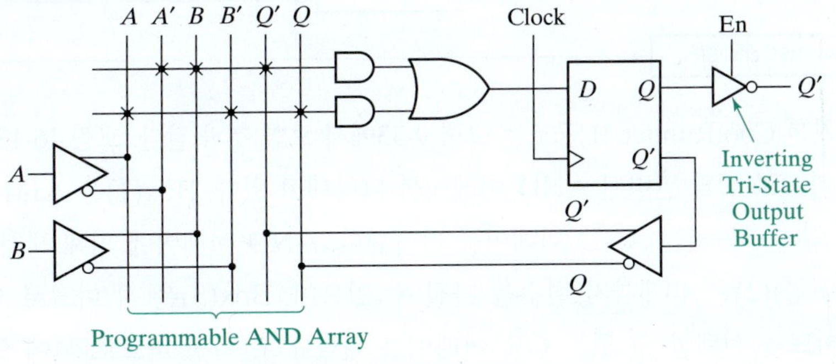

16.5 CPLD를 사용한 순서회로설계

9.7절에서 논의하였듯이 일반적인 CPLD는 함수블록으로 구성된 많은 수의 마크로 셀들을 가지고 있다. 함수블록 사이의 연결은 상호연결 어레이로 만들어져 있다. 각 마크로 셀은 플립플롭과 AND 게이트 어레이와 연결된 OR 게이트를 가지고 있다. 어떤 CPLD는 각 OR 게이트와 AND 게이트의 집합이 OR 게이트들을 갖는 PAL을 기초로 하고 있다. 또 다른 CPLD는 함수블록 내의 AND 게이트 출력이 그 블록 안의 어떤 OR 게이트 입력으로도 연결되는 PAL에 기초로 만들어진 것도 있다.

그림 16-12는 각 함수블록을 PLA를 사용한 Xilinx CoolRunner II CPLD의 구조를 보여주고 있다. 이 CPLD family는 함수블록 크기(32에서 512 마크로 셀)가 2~32까지 가능하다. 각 함수블록은 AIM(새로운 연결 행렬방식)으로부터 16개 입력과 40개 출력까지 가질 수 있다. 각 함수블록 PLA는 56개의 등가 AND 게이트를 포함하고 있다.

그림 16-12 Xilinx CoolRunner II 구조[1](Figure based on figures and text owned by Xilinx, Inc., Courtesy of Xilinx, Inc. © Xilinx, Inc. 1999 – 2003. All rights reserved.)

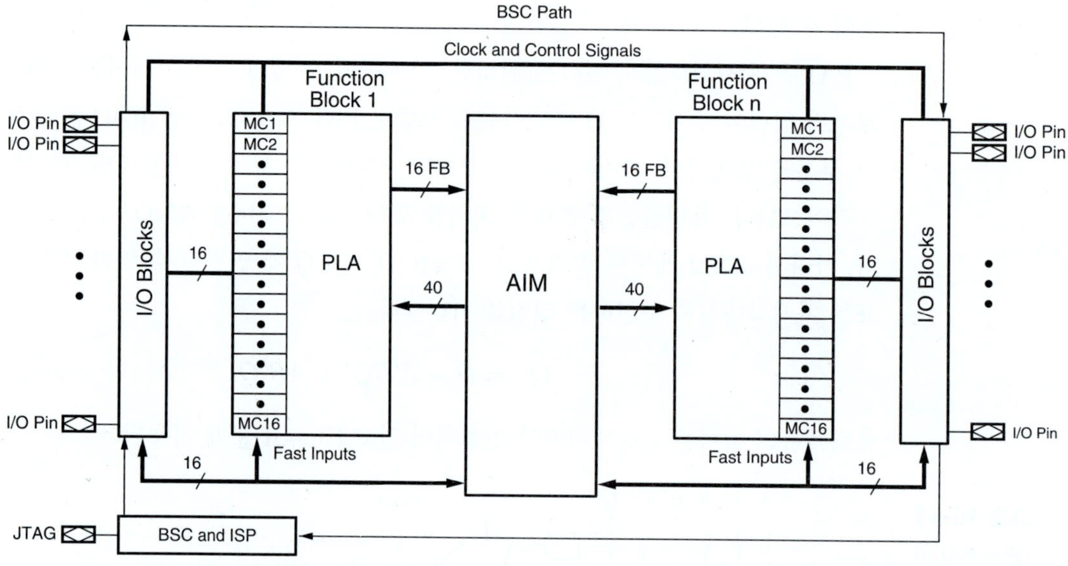

기본 CoolRunner II 구조는 그림 9-33에서 보인 것과 같다. 그림 16-13은 CoolRunner II 마크로 셀과 관련된 AND 어레이를 나타내고 있다. Box(1)은 AIM으로부터의 신호에 의해 구동되는 AND 어레이를 나타낸다. AND 어레이에 의해 생성되는 각 56 곱의 항(P항)(2)은 40개까지 변수를 가질 수 있으며, Box(3)은 각 마크로 셀을 위해 AND 게이트를 선택할 수 있는 OR 어레이를 나타낸다. 특정 마크로 셀에 있는 OR 게이트(4)는 입력으로 P항의 어떤 부분 집합(subset)도 가질 수 있다. 그림의 각 MUX는 그것의 입력들의 하나를 선택하도록 프로그램되어 있다. 따라서 그림의 MUX는 제어 입력들이 없다. 예를 들어 MUX(5)는 곱의 항, 곱항의 보수, 논리 1이나 0을 MUX 출력으로 선택하도록 프로그램할 수 있다. 만약 논리 1이 선택되면 XOR 게이트는 OR 게이트를 보수화한다. 만약 논리 0이 선택되면 XOR 게이트는 OR 게이트 출력을 그대로 통과시킨다. OR 게이트 출력을 보수화 또는 보수화하지 않는 것에 따라 합의 곱 또는 곱의 합으로 구현할 수 있다.

XOR 게이트 출력은 직접 입출력단이나 마크로 셀 플립플롭 입력으로 연결될 수 있다. 플립플롭은 D-CE 플립플롭이나 T 플립플롭으로 프로그램될 수 있다. 플립플롭은 보통의 플립플롭이나 래치, 양쪽 클럭 에지에서 상태가 변하는 양쪽 에지트리거 플립플롭 등으로 프로그램될 수 있다. CK 입력과 비동기 *S*, *R* 입력은 각각 몇 가지 다른 소스에서 오도록 프로그램된다. MUX(6)이 클럭 입력을 그대로 보내거나 반전하여 보낼 수 있기 때문에 플립플롭은 어떤 클럭 에지에서 트리거할 수 있다. MUX(7)은 플립플롭 출력이나 XOR 게이트 출력을 선택하고 입출력 블록으로 보낸다.

1) Xilinx CPLD와 FPGA의 추가적인 데이터는 www.Xilinx.com에서 구할 수 있다.

그림 16-13 CoolRunner II 마크로 셀(Figure based on figures and text owned by Xilinx, Inc., Courtesy of Xilinx, Inc. © Xilinx, Inc. 1999 – 2003. All rights reserved.)

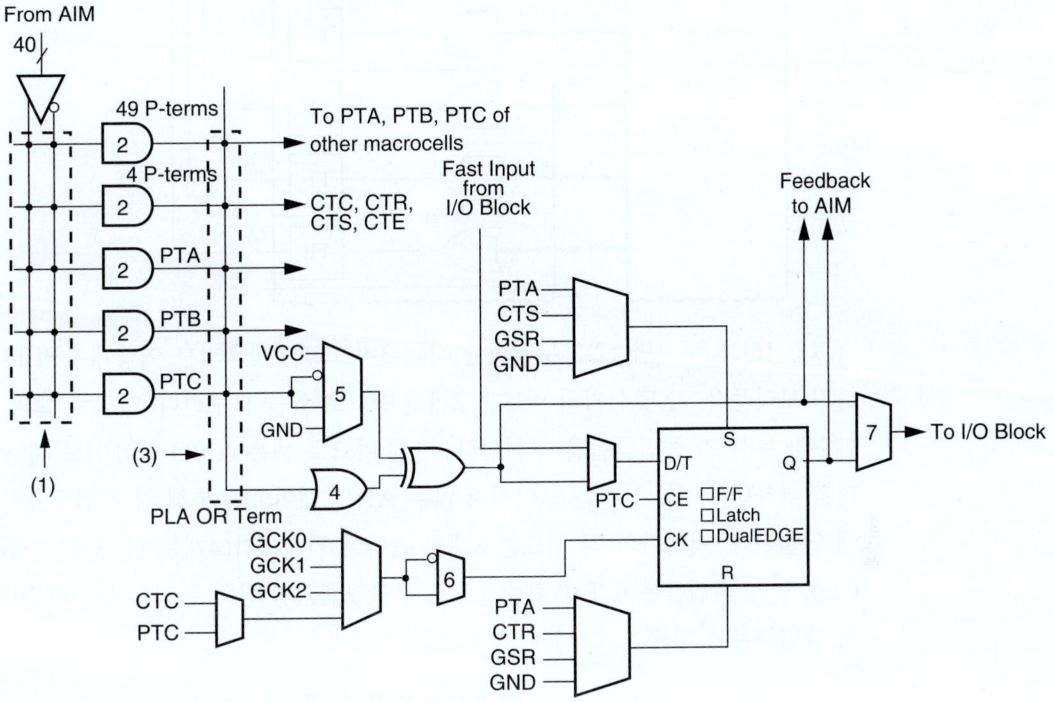

그림 16-14 밀리머쉰의 CPLD 구현

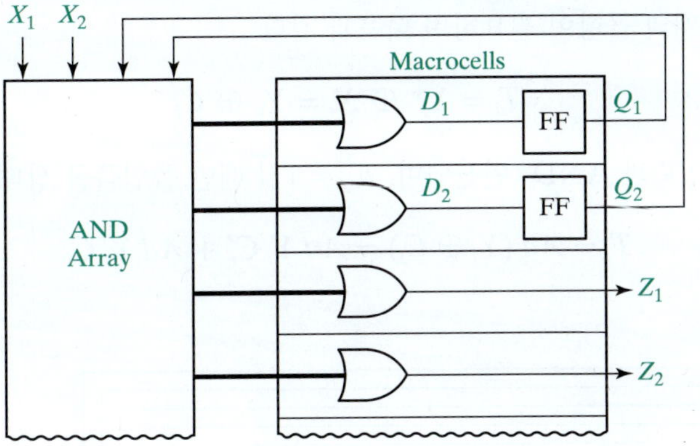

그림 16-14는 어떻게 2개의 입출력과 2개의 플립플롭을 갖는 밀리순서머쉰이 CPLD로 구현되는지를 보여준다. 4개의 마크로 셀이 필요한데 2개는 플립플롭의 D 입력을 생성하는 데, 나머지 2개는 Z 출력을 생성하는 데 필요하다. 플립플롭 출력은 (보여주지 않았지만) 연결 행렬을 통해 AND 어레이 입력으로 피드백된다. 곱의 항의 수는 D와 Z 논리식의 복잡도와 관계된다.

그림 16-15는 어떻게 그림 12-16의 4비트 데이터 로딩 가능한 우측 쉬프트 레지스터를 4개의 CPLD 마크로 셀을 이용하여 구현할 수 있는지 보여준다. 4개의 OR 게이트 출력은 식 (12-1)에 의해 명세된 D 입력을 구현한다. 모두 12곱항이 필요하다. Q 출력은 (보여주지 않은) 연결 행렬을 통해 AND 어레이에 피드백된다.

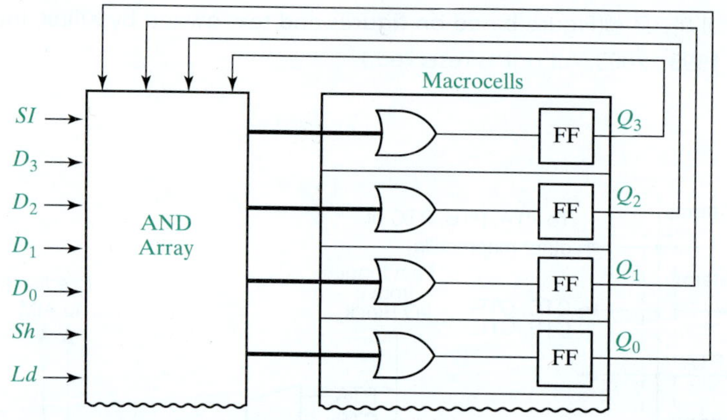

그림 16-15 쉬프트 레지스터의 CPLD 구현

그림 16-16은 그림 12-5 누산기를 갖는 3비트 병렬덧셈기를 어떻게 CPLD로 구현하는지 보여준다. 각 덧셈기의 비트는 2개의 마크로 셀을 요구한다. 마크로 셀의 하나는 합 함수와 누산 기 플립플롭을 구현한다. 다른 마크로 셀은 AND 어레이로 피드백되는 캐리를 나타낸다. *Ad* 신호는 보여지지 않은 AND 게이트를 통해 각 플립플롭의 CE 입력에 연결된다. 덧셈기의 각 비트는 8개의 곱항이 필요하다(4개는 합, 3개는 캐리, 하나는 CE). 만약 플립플롭이 T 플립플롭으로 프로그램되면 합의 논리는 간단해진다. 각 누산기 플립플롭에 대해

$$X_i^+ = X_i \oplus Y_i \oplus C_i$$

T 입력은 오직 2개의 곱항이 필요하며 다음과 같다.

$$T_i = X_i^+ \oplus X_i = Y_i \oplus C_i$$

덧셈 신호는 T_i 입력과 AND 연산되며, $A_d = 1$일 때만 플립플롭 상태가 바뀐다.

$$T_i = Ad\,(Y_i \oplus C_i) = Ad\,Y_i C_i' + Ad\,Y_i' C_i$$

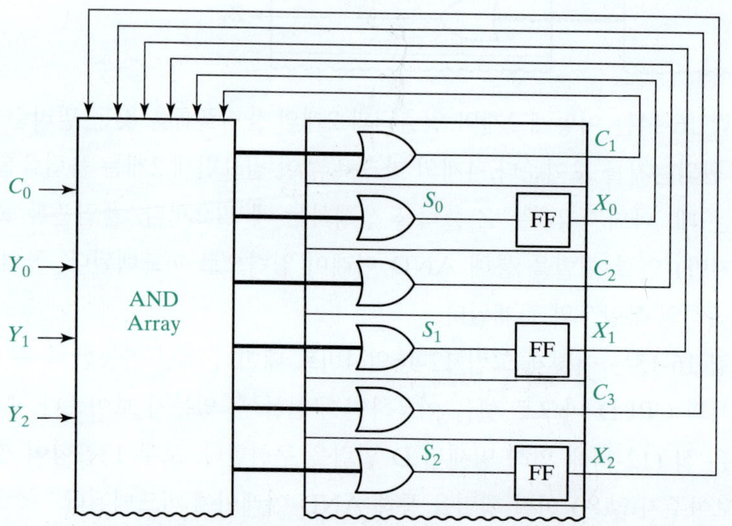

그림 16-16 누산기를 갖는 병렬 덧셈기의 CPLD 구현

16.6 FPGA를 이용한 순서회로설계

9.8절에서 논의하였듯이, FPGA는 보통 입출력 블록으로 둘러싸인 구성 가능한 로직블록(configurable logic block, CLB)의 어레이로 구성된다. FPGA는 메모리, 클럭발생기, 3 상태버퍼 등등 다른 요소도 포함하고 있다. 전형적인 CLB는 2개 이상의 LUT로 된 함수발생기, 프로그램 가능한 곱셈기, D-CE 플립플롭을 포함한다(그림 9-37 참조). 입출력 블록은 보통 입력이나 출력을 저장하기 위한 플립플롭과 입출력 핀을 드라이브하기 위한 3상태버퍼를 포함 하고 있다.

그림 16-17은 Xilinx Virtex와 Spartan II CLB의 블록도를 간단히 표현한 그림이다. 이 CLB는 2개의 동일한 *슬라이스*(*slice*)로 나누어진다. 각 슬라이스는 2개의 4변수 함수발생기, 2개의 D-CE 플립플롭, 캐리와 컨트롤을 위한 여분의 논리를 포함한다. 이 여분의 논리는 플립플롭 입력 선택 및 5개 이상변수로 함수를 만들기 위해 LUT 출력을 다중화하기 위하여 멀티플렉서를 포함한다.

그림 16-18은 2개의 입출력을 갖고 2개의 플립플롭을 갖는 밀리순서머신이 어떻게 FPGA로 구현되는지를 보여준다. 4개의 LUT (FG 또는 함수발생기)가 필요하다. 그 중 2개는 플립플롭의 D 입력을 발생시키고 다른 2개는 Z 출력을 발생시킨다. 플립플롭 출력은 CLB 외부 연결을 통하여 CLB 입력으로 피드백된다. 전체 회로는 하나의 Virtex CLB로 구현이 가능하다. 이 구현은 각 D와 Z가 오직 4개의 변수들의 (X_1, X_2, Q_1, Q_2) 함수이기 때문에 가능하다. 만약 플립플롭이나 입력이 더 필요하다면, D나 Z 함수는 그림 9-40과 같이 여분의 함수발생기를 사용하여 재조정될 것이다.

그림 16-17
Xilinx Virtex/Spartan II CLB(Figure based on figures and text owned by Xilinx, Inc., Courtesy of Xilinx, Inc. © Xilinx, Inc. 1999–2003. 저작권 소유.)

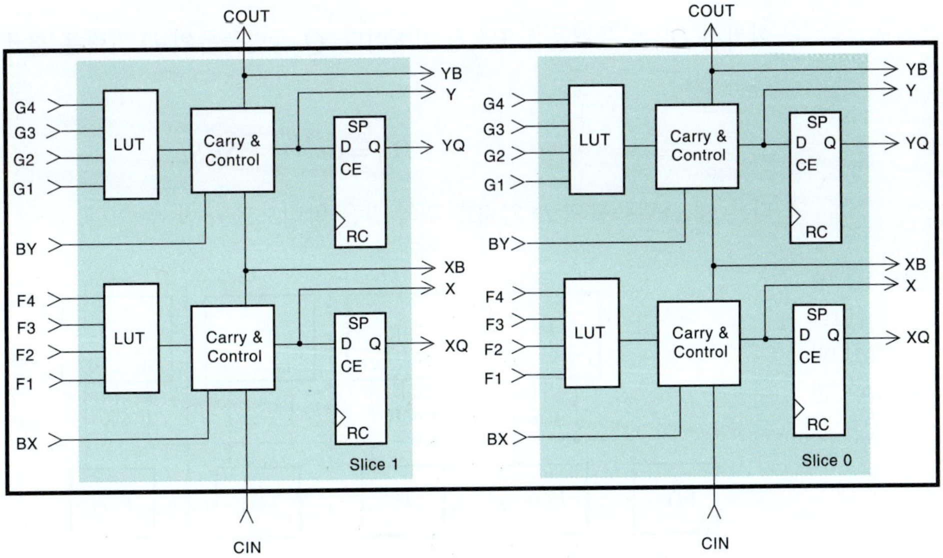

그림 16-18
밀리머신의 FPGA 구현

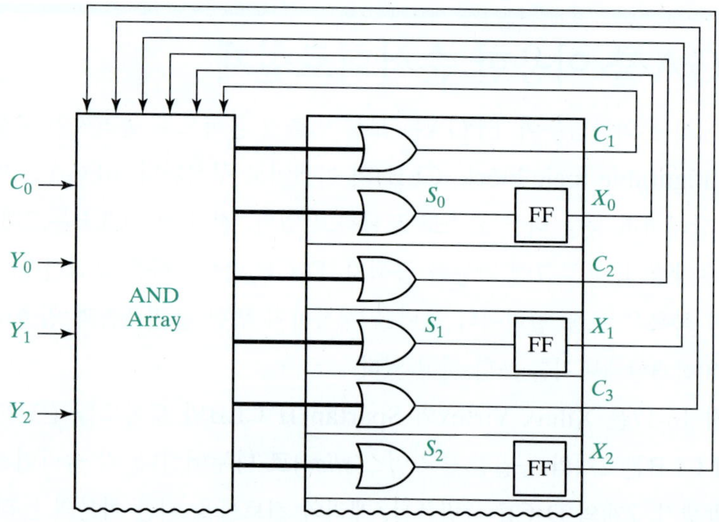

그림 16-19는 그림 12-16의 4비트 로딩 가능한 우측쉬프트 레지스터가 FPGA로 어떻게 구현될 수 있는지를 보여준다. 4개의 LUT는 플립플롭의 D 입력을 발생시키는 데 사용되고, 5번째 LUT는 CE 입력을 발생시킨다. 식 (12-1)을 CE 입력 없이 구현하였다면 4개의 5변수 함수가 필요하였을 것이다. 각 5변수 함수가 2개의 4변수 함수발생기를 필요로 하기 때문에 8개의 LUT가 필요하다[그림 9-36(a) 참조]. 그러나 CE $= Ld + Sh$로 놓으면, $Ld = Sh = 0$일 때 CE = 0이고, 플립플롭은 현재 값을 유지한다. 결국 식 (12-1)의 각 논리식의 첫 항이 필요하지 않고, 플립플롭의 D 입력식은 4변수 함수발생기로 구현할 수 있다. CE 항으로 식 (12-1(a))을 다시 써보면 다음과 같다.

$$Q_3^+ = \text{CE}'Q_3 + \text{CE}\, D_{3\text{f}} = Ld'Sh'Q_3 + (Ld + Sh)(Sh'D_3 + Sh\,SI) \quad (16\text{-}2)$$

여기서 D_{3f}는 플립플롭 3의 D 입력이다. Q_3플립플롭의 D 입력은 결국 3변수 함수인 다음과 같다.

$$D_{3\text{f}} = Sh'D_3 + Sh\,SI$$

다른 세 플립플롭의 D 입력도 위와 같은 방법으로 구할 수 있다.

그림 16-19
쉬프트 레지스터의 FPGA 구현

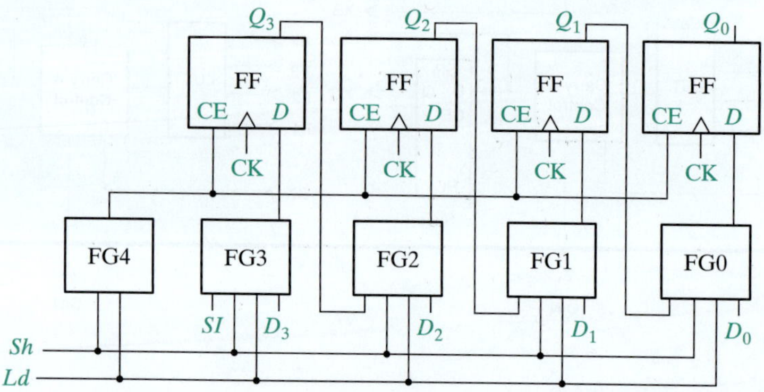

그림 16-20 누산기를 포함한 병렬덧셈기의 FPGA 구현

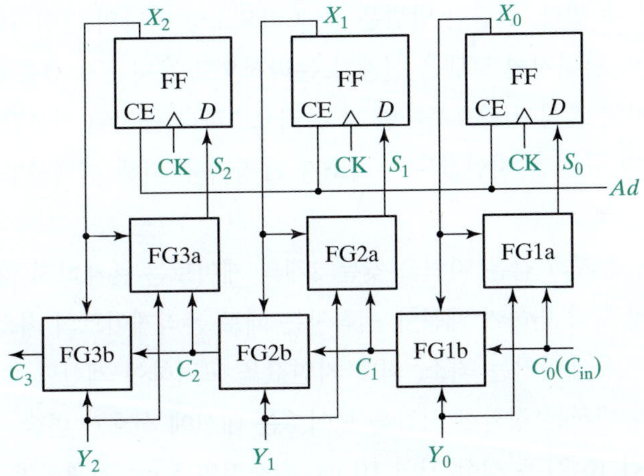

그림 16-20은 그림 12-5의 누산기를 포함한 3비트 병렬덧셈기를 어떻게 FPGA로 구현하는지 보여준다. 덧셈기의 각 비트는 2개의 3변수 함수발생기로 구현될 수 있다. 그 변수 중 하나는 합을 위해 나머지 하나는 캐리를 위한 것이다. Ad 신호는 합이 $Ad = 1$인 상향 클럭 에지에서 로딩되기 위하여 각 플립플롭의 CE 입력에 연결된다. 그림 16-20에서 보여주듯 캐리발생을 위한 구성은 각 비트마다 캐리 신호가 함수발생기와 외부 연결을 통과하여 전달되어야 하기 때문에 더 느리다. 덧셈기는 주로 FPGA로 구현되기 때문에 대부분의 FPGA는 함수발생기뿐 아니라 내장된 빠른 캐리 논리를 가지고 있다. 빠른 캐리 논리가 사용된다면 그림 16-20의 함수 발생기의 아래 행은 필요하지 않을 것이고 누산기를 가지는 병렬덧셈기는 각 비트마다 오직 1개의 함수발생기를 사용하여 구현할 수 있다.

16.7 순서회로의 시뮬레이션과 검사

디지털시스템의 시뮬레이션은 세부적으로 몇 가지 레벨로 나눌 수 있다. 기능적 레벨에서 시스템 동작은 레지스터와 덧셈기, 메모리, 다른 기능집단들 간의 전송들을 순서로 표현할 수 있다. 이 레벨에서의 시뮬레이션은 상위레벨 시스템설계를 검증하기 위해 사용된다. 논리 레벨에서 시스템은 게이트와 플립플롭 및 연결이라는 논리 소자들로 표현할 수 있다. 이 레벨에서의 시뮬레이션은 논리 설계의 정확도와 타이밍 분석을 검증하기 위해 사용된다. 회로 레벨에서 각 게이트는 트랜지스터, 레지스터, 커패시터와 같은 회로 소자를 표현할 수 있다. 회로 레벨 시뮬레이션은 전압 레벨과 스위칭 스피드 같은 정보를 세밀하게 나타낸다. 이 책에서는 VHDL을 이용한 논리레벨과 시스템 레벨 시뮬레이션에 대하여 다룬다.

순서회로의 시뮬레이션은 8.5절에서 다룬 조합회로의 시뮬레이션과 비슷하다. 그러나 순서 회로에서는 논리요소와 관련된 전파지연이 고려되어야 하고, 피드백이 존재하기 때문에 조합 회로보다 복잡하게 된다. 시뮬레이터 출력은 보통 회로의 다른 신호들이 변화되는 시간을 보여 주는 타이밍도를 포함한다. 게이트와 플립플롭의 지연은 몇 가지

방법으로 표현할 수 있다. 간단한 방법은 각 논리요소당 하나의 단위지연을 갖는다고 가정하는 것이다. 이 단위지연 모델은 설계가 논리적으로 올바른지 검증하는 데 유용하다. 더욱 세밀한 타이밍 분석이 필요하다면 각 논리요소마다 규정된 지연값을 갖게 한다. 디바이스(device)의 규정된 지연값은 논리소자 제작자에 의해 설계사양(specifications)으로 제공된다.

실제에 있어서 *정확히* 같은 지연을 갖는 2개의 게이트는 존재하지 않고, 지연값은 온도와 전압 레벨에 따라 변하기 때문에 제작자는 때로 논리게이트의 최소, 최대 지연값을 명세한다. 어떤 시뮬레이터는 최소, 최대 지연값을 고려하여 계산할 수 있다. 시뮬레이터 출력은 신호가 변하는 정확한 시간을 보여주는 대신에 신호가 변할 수 있는 시간범위를 알려준다. 그림 16-21은 정상 지연 10 ns, 최소지연 5 ns, 최대지연 15 ns를 갖는 인버터의 출력을 보여준다. 인버터 출력이 어둡게 칠해진 부분의 시간 간격 안에서 변할 수 있음을 나타낸다. 최소 최대 지연 시뮬레이터는 논리게이트가 명세된 지연 간격 안에서 움직인다면 디지털 시스템이 정확하게 동작하는 것을 검증하는 데 사용할 수 있다.

순서회로를 검사하는 것은 조합회로를 검사하는 것보다 더 어렵다. 플립플롭의 출력을 조사한다면 상태표의 행마다 조사하여 직접 검증할 수 있다. 상태표는 시뮬레이터에 의해 검사되거나 실험실에서 다음과 같이 검사할 수 있다.

1. 직접 셋(set), 클리어 입력을 사용하여 표의 현재상태들 중 하나가 되도록 플립플롭 상태를 셋한다.
2. 무어머쉰에서는 출력이 정확한지 확인한다. 밀리머쉰에서는 각 입력 조합마다 정확하게 출력이 나오는지 조사한다.
3. 각 입력 조합에 대해, 회로에 클럭을 넣어 플립플롭이 정확하게 차기상태를 만드는지 조사한다(각 입력 조합이 주어지기 전에 적당한 상태가 되도록 회로를 리셋한다).
4. 표의 각 현재상태에 대해 1, 2, 3을 반복한다.

순서회로가 집적회로의 부분으로 설계되는 많은 경우 오직 입출력이 집적회로 핀에서 가능하므로 내부 플립플롭의 상태를 조사하는 것은 불가능하다. 이러한 경우 회로에 입력열을 인가함으로써 출력열을 조사할 수 있다. 회로를 완전하게 검사하기 위한 입력열을 찾는 일은 이 책의 범위를 벗어나는 어려운 문제이다. 검사 열은 상태표의 모든 화살표 움직임을 포함하여야 한다. 그러나 그것만으로 충분하지는 않다.

그림 16-21
인버터의 시뮬레이션 출력

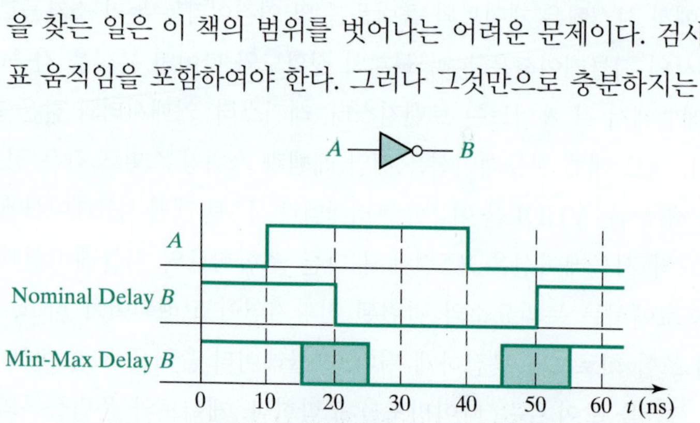

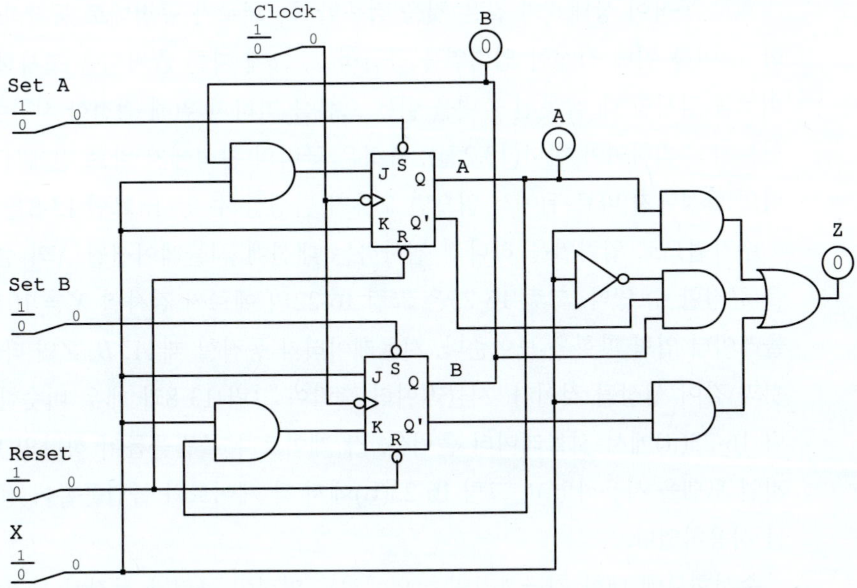

그림 16-22
그림 13-7의 시뮬레이션 도면

그림 16-22에 그림 13-7의 밀리순서회로를 검사하기 위한 시뮬레이터 스크린을 나타냈다. 한순간에 한 입력이 회로에 가하기 위하여 클럭과 *X* 입력에 스위치를 사용하였다. 다른 하나의 스위치는 플립플롭 *A*와 *B*를 리셋하기 위하여 사용되었고, 또 다른 2개의 스위치는 플립플롭 *A*와 *B*를 셋하기 위하여 사용하였다. *Z* 출력과 플립플롭의 상태를 검사하기 위하여 검침기(probe)를 사용하였다. *X*가 원하는 값에 셋된 후, 클럭 스위치(Clk) 값이 1로 만들었다 0으로 되돌리면서 클럭 사이클이 시뮬레이션 된다. 밀리머쉰에서 출력은 클럭의 활성에지 바로 *전에* 읽힌다.

상태표를 검증하는 과정에서 잘못된 *Z* 출력이 발견된다면 출력회로는 8.5절에서 논의한 방법을 가시고 검사한다. 치기상태 중 하나가 잘못됐다면 플립플롭 입력 때문일 것이다. 어떤 플립플롭이 잘못된 상태로 가는지 결정한 후, 회로는 적당한 현재상태로 리셋시키고 다른 클럭펄스가 공급되기 전에 플립플롭 입력을 검사한다.

예제

그림 16-2 상태표를 구현하기 위해 그림 16-4 회로를 만들었다고 가정해 보자. 플립플롭 상태를 100으로, $X = 1$로 만든 다음 클럭을 공급했을 때 회로 상태는 110 대신에 111로 바뀌었다고 가정하자. 이것은 플립플롭 Q_3 상태가 잘못됐다는 것을 나타낸다. 그러면 100 상태로 플립플롭을 리셋하고 플립플롭 Q_3의 입력을 조사해야만 한다. 플립플롭이 0 상태로 있다고 가정했기 때문에, D_3가 0이 되어야 한다. 만약 $D_3 = 1$이라면 D_3이 잘못 유도되었거나 D_3 회로에 문제가 있는 것이다. D_3 맵과 입력식을 조사하여 $X = 1$이고 $Q_1Q_2Q_3 = 100$일 때 $D_3 = 0$인지 확인한다. 맵과 식이 정확하다면 D_3 회로를 8.5절에서 논의한 방법으로 확인해 본다.

회로 동작이 상태표와 같은 것을 검증한 후, 회로가 규정대로 동작하는지 검증하여야 한다. 이를 위해 적절한 입력열을 공급하고, 그에 따른 출력열을 조사하여야 한다. 밀리 회로를 검사할 때 잘못된 출력을 읽는 오류를 피하기 위해 적절한 시간에서 출력을 읽고 있는지 주의하여야 한다(13.2절). 출력은 클럭의 활성에지 바로 전에서 읽어야 한다. 클럭의 활성에지 바로 뒤에서 읽으면 오류가 발생할 수 있다. 그림 13-8을 보라.

수작업으로 입력열을 하나씩 검사하는 대신에 시뮬레이션될 X와 클럭의 입력 파형을 규정할 수 있다. 그림 16-23은 그림 16-22의 예로써 검사열 $X = 10101$를 사용한 시뮬레이터 입력 파형을 보여준다. 시뮬레이터가 동작할 때 A, B, Z의 타이밍도는 보여진 것과 같이 생성될 것이다. 시뮬레이터 출력이 그림 13-8과 매우 비슷함을 확인하라. 그림 16-23(a)에서 시뮬레이터 출력은, 각 게이트나 플립플롭이 하나의 단위지연인 단위지연 모델을 사용하였고, 그림 16-23(b)에서 각 게이트와 플립플롭이 정상 지연값 10 ns를 사용하였다.

순서회로에 대한 지금까지의 논의에서는 입력이 클럭과 적절히 동기되었다고 가정하였다. 이것은 각 클럭 사이클에서 열에서의 하나의 입력이 인가될 때, 모든 입력변화는 셋업과 홀드 시간 명세를 만족시켜주고 있다는 것이다. 활성 클럭 에지 사이에서 수작업으로 클럭하는 실험실에서는 입력을 쉽게 바꿀 수 있기 때문에 동기화는 문제가 되지 않는다. 하지만 회로를 높은 클럭속도로 동작시킬 경우, 동기화는 문제가 된다. 클럭과 동기화된 입력열을 발생시키거나 입력을 클럭과 동기화시키는 특별한 회로를 사용하여야 한다. 클럭과 동기화된 입력열을 발생시키려면, 그림 16-24에서처럼 입력을 쉬프트 레지스터에 넣어 회로클럭에 의해서 순간마다 그것들을 쉬프트시킴으로써 만들어 낼 수 있다.

그림 16-23

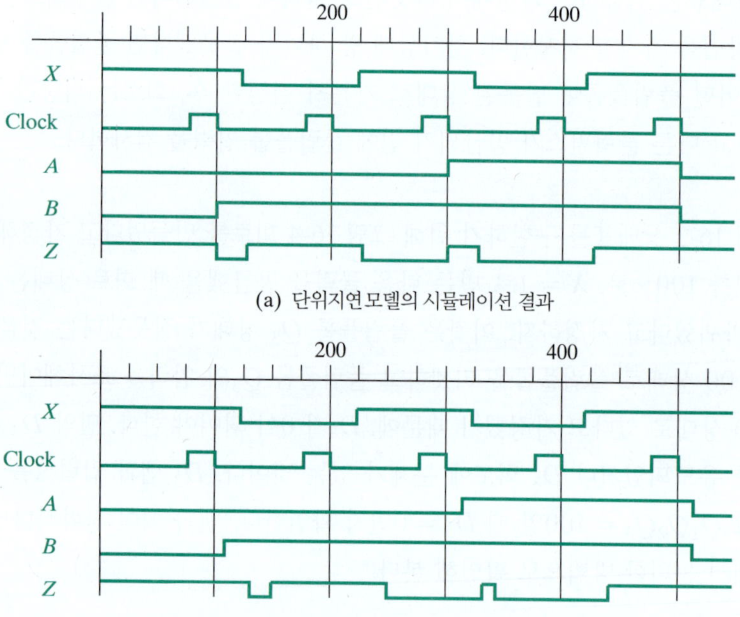

(a) 단위지연모델의 시뮬레이션 결과

(b) 10 ns 지연을 적용한 시뮬레이션

그림 16-24 쉬프트 레지스터를 이용하여 동기화된 입력생성

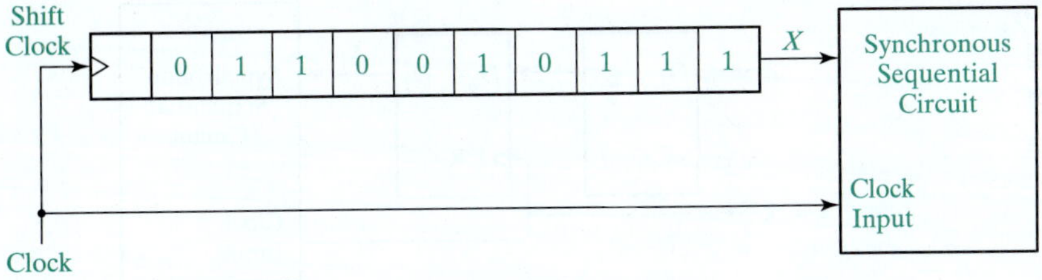

만약 입력변화(input changes)가 클럭과 함께 동기화되지 않는다면, 에지트리거 D 플립플롭을 사용하여 그림 16-25(a)에 나타난 것처럼 동기화시킬 수 있다. 이 그림에서, X_1과 X_2가 클럭에 비해 불규칙하게 변할지라도, X_{1S}와 X_{2S}는 상승 클럭에지 후에 변하며, 그림 16-25(b)에서 보여지듯이 순서회로로 들어가는 입력은 적절히 동기화된다. 그러나 이 설계는 문제점을 가지고 있으며 가끔 동작 시 문제가 발생할 수도 있다. 만약 셋업과 홀드시간이 만족되지 않는 시점인 입력 D가 상승 클럭 edge에 매우 근접하여 변한다면(그림 11-20 참조), 플립플롭들 중 하 나는 잘못된 동작을 하게 될 수도 있다.

그림 16-26은 단일 비동기 입력 X를 동기화시키기는데 두 개의 D 플립플롭을 사용하는 좀 더 안정된 동기화기 회로[2]를 보여주고 있다. 만약 입력 X가 셋업과 홀드의 시간이 만족되지 않는 임계 지역에서 0에서 1로 변한다면, 여러 가지 결과들이 발생할 것이다: 플립플롭의 Q_1 출력은 1로 변할 수도 있고, 0으로 될 수도 있으며, 이것이 1로 변하려고 하다가 다시 되돌아 올 수도 있다. 또는 이것은 짧은 시간 동안 0과 1 사이에서 진동을 하다가 0이나 1로 될 수도 있다. 이 불확실한 Q_1 영역은 파형에서 어둡게 표시하였다. Q_1이 t_2까지는 0 또는 1상태 중에 하나로 설정되도록 클럭 주기가 선택된다고 가정한다. 만약 $Q_1 = 1$이면, Q_2는 t_2 후에 즉시 1로 변할 것이다. 만약 $Q_1 = 0$이면 Q_1은 시간 t_2 후에 즉시 1로 변할 것이며 Q_2는 시간 t_3 후에 즉시 1로 변할 것이다. X는 비동기 입력이기 때문에, 일반적으로 X_{1S}가 하나 또는 2개의 클럭 주기까지 지연되는 것은 중요하지 않다. X_{1S}이 클럭과 동기화가 이루어진 깨끗한 신호인지가 중요하다.

그림 16-25

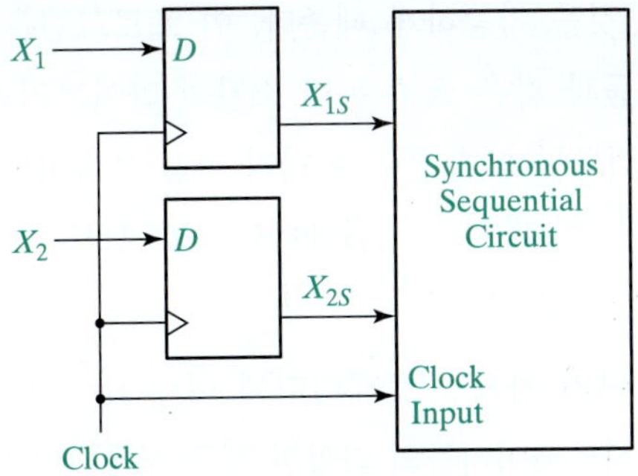

(a) 동기화기 회로

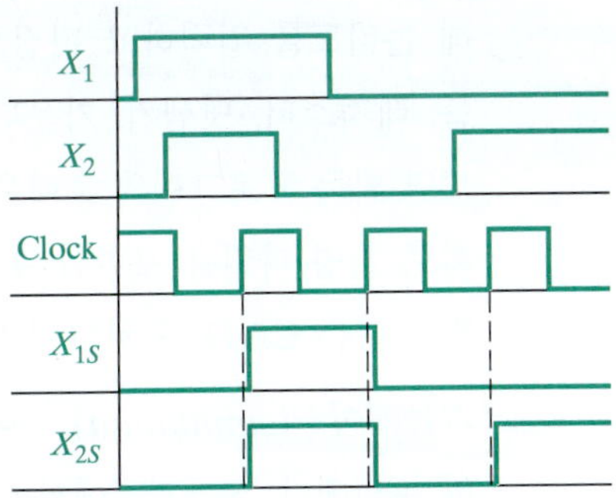

(b) 동기화기 입출력

2) 동기화기 설계의 자세한 것은 다음 서적을 참고하기 바란다. John F.Wakerly, *Digital Design Principles and Practices*, 4th ed. Upper Soddle River, NJ (Prentice-Hall, 2006).

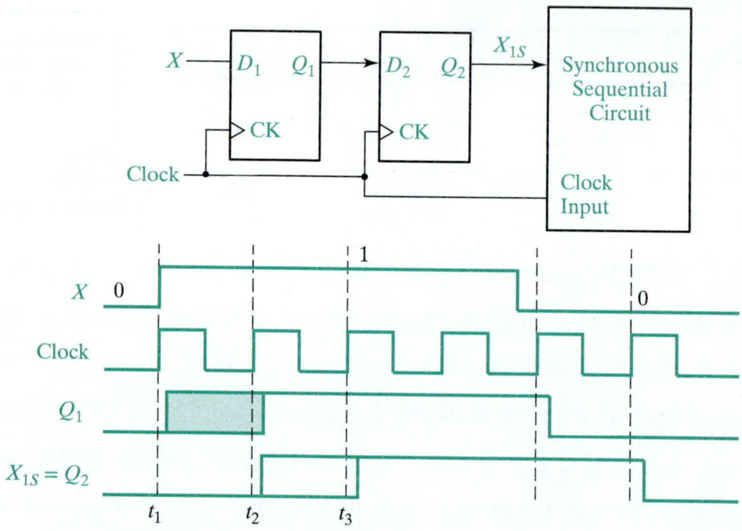

그림 16-26 두 개의 D 플립플롭을 사용한 동기화기 회로

16.8 컴퓨터 이용설계(CAD)의 개요

다양한 컴퓨터 이용설계의 소프트웨어 툴들은 디지털 시스템을 설계할 때 유용하다. 이런 많은 CAD (computer-aided design) 프로그램들은 개인 컴퓨터상에서 작동되지만 몇몇 다른 툴들은 좀 더 강력한 워크스테이션이 필요로 하게 된다. CAD 툴에 의해서 수행되는 여러 가지 기능들을 살펴보기로 하자.

논리식의 생성과 최소화. 이런 형태의 프로그램들은 입력으로 진리표, 상태표 또는 상태도를 이용하고 최소화된 논리식을 생성한다. *LogicAid*는 이런 형태의 프로그램 예이다.

PLD 프로그램하기 위한 비트패턴 생성. 이런 프로그램들은 PLA와 프로그래머블 논리소자를 프로그램하기 위해 PLD 프로그래머로 다운로드 될 수 있는 파일을 생성한다.

도면 획득(schematic capture). 이런 유형의 프로그램은 설계자가 디지털 설계를 위해 논리도를 입력하고 편집하는 것을 가능하게 해준다. 이 프로그램은 게이트, 플립플롭, 레지스터, 덧셈기, 카운터 등등과 같은 표준 논리 소자의 라이브러리들을 제공한다. 도면 획득 프로그램의 출력은 논리도를 그릴 뿐만 아니라 부품 목록, IC 간의 연결 목록, 회로 설명 파일을 포함할 수 있다. 이 파일은 시뮬레이터, PC 보드 레이아웃 프로그램 또는 다른 CAD 프로그램의 입력으로 사용될 수 있다.

시뮬레이션(simulation). 이미 여러 가지 시뮬레이터에 대해 10.3절과 16.5절에서 이미 논의했다. 설계과정에서 이런 시뮬레이터들의 다양한 점을 사용한다면, 설계자들은 어떠한 하드웨어가 실제로 만들어지기 전에 많은 에러들을 수정할 수 있고 중요한 타이밍 문제를 해결할 수 있다. IC를 설계할 때 시뮬레이터를 사용하는 것은 필수적인 것이다. 왜냐하면 IC가 만들어진 이후에 설계의 에러를 수정하는 것은 시간이 많이 소비되며 가격이 더욱 비싸지기 때문이다.

*SimUaid*은 작은 디지털 시스템을 위해 도면획득과 시뮬레이션 기능을 수행한다. 이것은 또한 자동적으로 도면에 대한 구조적 VHDL문을 생성한다.

합성 툴(synthesis tools). 합성 소프트웨어는 VHDL, Verilog, 또는 다른 하드웨어 기술언어로 작성된 디지털시스템의 서술문을 입력으로 받아들인다. HDL 코드는 분석되고 필요한 논리소자와 그 소자들 사이의 연결을 규정하는 회로 서술로 변환된다. 합성기 출력은 FPGA, CPLD 또는 ASIC(특정용도집적회로)과 같은 특정한 요소를 위한 회로를 구현하는 소프트웨어로 입력된다. VHDL 코드의 합성과 구현에 대한 자세한 것은 17.5절에서 다루기로 한다.

IC 설계와 레이아웃(IC design, layout). 디지털 집적회로는 일반적으로 실리콘 칩상에서 제작된 상호 연결된 트랜지스터로 구성되어 있다. 이런 IC는 일반적으로 레이어(layer) 사이의 연결선과 절연체로 분리된 여러 층의 전도체로 만들어진다. 각 계층에서의 신호경로의 패턴은 네거티브 사진현상과 유사하게 마스크를 이용한 제작 공정 동안 레이어로 변형된다. IC 설계를 위한 CAD 툴은 트랜지스터의 기하학적인 배열의 규정, 칩상에서 트랜지스터의 위치선정, 그리고 트랜지스터 간 상호 연결의 라우팅 공정을 용이하게 한다. 표준 모듈의 라이브러리들은 칩 설계 시 포함하는 것이 가능하다. 설계의 자동 검사는 설계 규칙과 일치하는지 확인시켜주는 기능을 제공한다. IC 디자인 프로그램으로부터의 출력은 IC 제작을 위해 필요한 마스크 패턴을 포함한다.

검사 생성(test generation). 디지털 시스템이 복잡해질수록, 완성된 제품의 검사는 점점 어려워진다. 이것은 모든 가능한 조합들 또는 입력열들을 이용한 시스템을 검사하기에는 부적절하다. 자동 검사 생성 프로그램들은 적당한 시간 동안 시스템을 적절하게 검사할 비교적 작은 단위의 입력 패턴들을 생성하는 것이 가능하다.

PC 보드 레이아웃(PC board layout). 대부분의 디지털 시스템은 프린트 배선회로 기판 위에 집적회로 소자를 배치하여 만든 것이다. PC 기판의 배선은 IC를 연결하는 얇은 금속선으로 만들어졌다. 모든 필요한 연결을 만들기 위해 기판은 전형적으로 2개, 3개 또는 그 이상의 배선연결 레이어를 가지고 있다. PC 기판 설계 프로그램은 두 가지 중요한 기능을 수행한다. 그들은 기판 위에 IC의 위치를 결정하고, IC들 사이의 연결경로를 설정한다. 설계 프로그램의 출력은 PC 기판 각 계층 위에 배선을 보여주는 도면을 맞추는 것을 포함한다.

여러분이 논리도를 입력하고, 그것의 동작을 시뮬레이션 하고, 그리고 나서 PC 기판이나 IC로 설계할 수 있도록 하기 위해 많은 CAD 시스템은 하나의 통합 패키지 속에 여러 가지 CAD 툴들이 들어 있다. 크고 복잡한 집적회로와 디지털 시스템의 설계는 적당한 CAD 툴의 사용 없이는 이루어질 수가 없다.

FPGA를 사용하여 디지털시스템을 설계하는 데는 다음 단계를 밟는다.

1. 디지털시스템의 블록도를 그린다. 필요한 제어 신호들을 명시하고, 필요한 동작순

서를 설명하는 상태그래프를 그린다.

2. 게이트, 플립플롭, 레지스터, 카운터, 덧셈기 등을 이용하여 시스템의 세부적인 논리 설계를 수행한다.
3. 도면 획득 프로그램을 이용해서 시스템의 논리도를 구성한다.
4. 논리도를 시뮬레이션하고 디버그한다. 그리고 설계에 필요한 수정을 한다.
5. 디자인을 구현하고자 하는 FPGA에 적합하게 하는 구현 프로그램으로 동작시켜라. 이 프로그램은 다음과 같은 단계를 수행한다.
   (a) 논리도를 구현하고자 하는 FPGA의 CLB들에 맞도록 조각으로 분할한다.
   (b) CLB를 FPGA의 논리소자배열 내에 위치시키고 논리소자들 사이의 결합부를 라우트한다.
   (c) FPGA를 프로그램하기에 필요한 비트패턴을 생성한다.
6. 이것이 요구사양과 부합하는지를 검증하기 위해 완성된 설계의 타이밍 시뮬레이션을 수행한다. 필요한 수정을 하고 시뮬레이션을 반복한다.
7. FPGA 내의 내부구성 메모리 소자들에 비트 패턴을 다운로드하고 FPGA의 동작을 검사한다.

하드웨어 기술 언어가 사용될 때, 단계 2와 단계 3은 HDL 코드 작성으로 대체한다. 그러면 HDL 코드는 스텝 4에서 시뮬레이션되고 디버그된다.

연습문제

다음 문제들은 그림 16-27에서 보인 형식의 밀리 순서회로설계가 필요하다. 회로 검사 목적으로 입력 X는 토글 스위치로부터 나올 것이다. 그리고 클럭 펄스는 push 버튼이나 스위치로부터 수동적으로 공급될 것이다.

그림 16-27

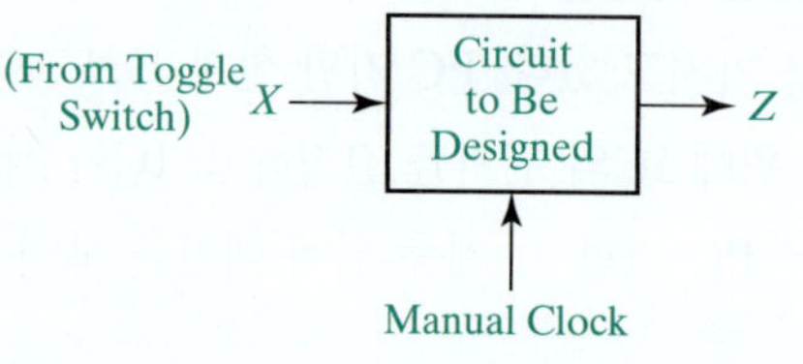

16.1 X를 살펴보고 0010 또는 100로 끝나는 입력열에 대하여 출력 $Z = 1$을 만드는 밀리 순서회로를 설계하여라(그림 16-27).

예:

$X = 1\,1\,0\,0\,1\,0\,0\,1\,0\,1\,0\,0\,1\,0\,1$

$Z = 0\,0\,0\,1\,0\,1\,1\,0\,1\,0\,0\,1\,0\,1\,0$

회로는 출력이 $Z = 1$이 나왔을 때 시작상태로 리셋이 되지 않는다는 것을 주의하라.

그러나 이 회로는 시작상태를 가지고 있어야만 하고 수동으로 플립플롭을 시작상태로 리셋을 할 수 있는 방법을 제공해야만 한다. 최소로 6개의 상태들이 필요하다. NAND 게이트, NOR 게이트와 3개의 D 플립플롭을 이용하여 회로를 설계하라. 할당상태를 최소로 하고, 10개 또는 보다 작은 수의 게이트와 인버터는 사용한 어떤 답도 가능하다(시작상태에서 000을 부여한다).

검사 순서: 먼저 상태표를 각 상태에서 현재상태와 차기상태가 각 입력에 대해서 올바른지 확인하라. 다음 적당한 초기 상태에서 시작했다면 다음 각 입력열에 대해 출력열을 결정하라.

(1) 0 0 1 1 0 1 0 0 1 0 1 0 1 0 0 0 1 0 0 1 0 0 1 0

(2) 1 1 0 0 1 1 0 0 1 0 1 0 1 0 0 1 0 1 0 1 0 0 1 0

16.2 입력열 X를 살펴보고 입력열이 1101 또는 011로 끝나면 출력 $Z = 1$을 만드는 밀리순서 회로(그림 16-27)를 설계하라.

예:

$X = 0\,0\,1\,1\,0\,1\,1\,0\,1\,0\,1\,1\,0\,1\,0$

$Z = 0\,0\,0\,1\,0\,1\,1\,0\,1\,0\,0\,1\,0\,1\,0$

회로는 출력이 $Z = 1$이 나왔을 때는 시작상태로 리셋이 되지 않는다는 것을 주의하라. 그러나 이 회로는 시작상태를 가지고 있어야만 하고 수동으로 플립플롭을 시작상태로 리셋을 할 수 있어야 한다. 최소로 6개의 상태들이 필요하다. NAND 게이트, NOR 게이트와 3개의 D 플립플롭을 이용하여 회로를 설계하라. 할당상태를 최소로 하고, 9개 또는 보다 작은 수의 게이트와 인버터는 사용한 어떤 답도 가능하다(시작상태에서 000을 부여한다).

검사 순서: 먼저 상태표를 각 상태에서 현재상태와 차기상태가 각 입력에 대해서 올바른지 확 인하라. 다음 적당한 초기 상태에서 시작했다면 다음 각 입력열에 대해 출력열을 결정하라.

(1) 1 1 0 0 1 0 1 1 0 1 0 1 0 1 1 1 0 1 1 0 1 1 0 1

(2) 0 0 1 1 0 0 1 1 0 1 0 1 0 1 1 0 1 0 1 0 1 1 0 1

16.3 초과-3코드를 BCD 코드로 바꾸는 순서회로를 설계하라(그림 16-27). 입력과 출력은 최하위 비트가 먼저 들어가고 나오며 직렬형태이다. 입력 X는 초과-3으로 코드화된 10진수로 나타내고, 출력 Z는 대응하는 BCD 코드를 나타낸다. 3개의 D 플립플롭, NAND 게이트와 NOR 게이트를 이용하여 회로를 설계하라. 할당상태를 최소로 하고, 8개 또는 보다 작은 수의 게이트와 인버터는 사용한 어떤 답도 가능하다(시작상태에서 000을 부여한다).

검사 순서: 먼저 상태표를 각 상태에서 현재상태와 차기상태가 각 입력에 대해서 올바른지 확인하라. 다음 적당한 초기 상태에서 시작했다면 열 가지 가능한 입력열에 대해 출력열을 만들고 표를 작성하라.

16.4 0000에서 1001의 범위 안에 있는 2진수에 6을 더한 순서회로를 설계하라(그림 16-27). 입력과 출력은 최하위 비트가 먼저 들어가고 나오며 직렬형태이다. 최소개수의 상태를 가진 상태표를 완성하라. NAND, NOR, 3개의 플립플롭으로 회로를 설계하라. 10개 또는 보다 작은 수의 게이트와 인버터는 사용한 어떤 답도 가능하다(시작상태에서 000을 부여한다).

검사 순서: 먼저 상태표를 각 상태에서 현재출력 차기상태가 각 입력에 대해서 올바른지 확인하라. 다음 적당한 초기 상태에서 시작했다면 열 가지 가능한 입력열에 대해 출력열을 만들고 표를 작성하라.

16.5 입력열 X를 살펴보고 입력열이 0110 또는 101로 끝나면 출력 $Z = 1$을 만드는 밀리순서회로(그림 16-27)를 설계하라.

예:

$$X = 0\ 1\ 0\ 1\ 1\ 0\ 1$$
$$Y = 0\ 0\ 0\ 1\ 0\ 1\ 1$$

회로는 출력이 $Z = 1$이 나왔을 때는 시작상태로 리셋이 되지 않는다는 것을 주의하라. 그러 나 이 회로는 시작상태를 가지고 있어야만 하고 수동으로 플립플롭을 시작상태로 리셋을 할 수 있어야 한다. 최소로 6개의 상태들이 필요하다. NAND 게이트, NOR 게이트와 3개의 D 플립플롭을 이용하여 회로를 설계하라. 할당상태를 최소로 하고, 8개 또는 보다 작은 수의 게이트와 인버터는 사용한 어떤 답도 가능하다(시작상태에서 000을 부여한다).

검사 순서: 먼저 상태표를 각 상태에서 현재출력과 차기상태가 각 입력에 대해서 올바른지 확인하라. 다음 적당한 초기 상태에서 시작했다면 다음 각 입력열에 대해 출력열을 결정하라.

(1) 0 0 1 1 0 1 1 1 1 0 0 1 0 1 0 0

(2) 1 0 1 0 0 0 1 1 1 1 0 1 1 0 0 0

16.6 입력열 X를 살펴보고 입력열이 0101로 끝나면 출력 $Z = 1$을 만드는 밀리 순서 회로를 설계하라. 단 입력열 110는 절대 발생하지 않는다.

예:

$$X = 0\ 1\ 0\ 1\ 0\ 1\ 1\ 0\ 1\ 0\ 1$$
$$Z = 0\ 0\ 0\ 1\ 0\ 1\ 0\ 0\ 0\ 0\ 0$$

회로는 출력이 $Z = 1$이 나왔을 때는 시작상태로 리셋이 되지 않는다는 것을 주의하라. 그러나 이 회로는 시작상태를 가지고 있어야만 하고 수동으로 플립플롭을 시작상태로 리셋을 할 수 있어야 한다. 최소로 6개의 상태들이 필요하다. NAND 게이트, NOR와 그리고 3개의 D 플립플롭을 이용하여 회로를 설계하라. 할당상태를 최소로 하고, 8개 또는 보다 작은 수의 게이트와 인버터는 사용한 어떤 답도 가능하다(시작상태에서

000을 부여한다).

검사 순서: 먼저 상태표를 각 상태에서 현재상태와 차기상태가 각 입력에 대해서 올바른지 확인하라. 다음 적당한 초기 상태에서 시작했다면 다음 각 입력열에 대해 출력열을 결정하라.

(1) $X = 0\ 1\ 0\ 1\ 0\ 0\ 0\ 0\ 1\ 0\ 1\ 1\ 0$

(2) $X = 1\ 0\ 1\ 0\ 1\ 0\ 1\ 1\ 0\ 1\ 0\ 1$

16.7 입력열 X를 살펴보고 만약 받아들여진 1의 모든 개수가 짝수이고(1이 하나도 없어도 1의 개수는 짝수로 해석한다), 열 00은 적어도 한 번은 발생하면 출력 $Z = 1$을 만들어 내는 밀리순서회로를 설계하여라. *주*: 받아들여진 1의 모든 개수는 받기 전과 이후 00의 개수를 다 포함한다.

예:

$$X = 1\ 0\ 1\ 0\ 1\ 0\ 0\ 1\ 1\ 0\ 1$$
$$Y = 0\ 0\ 0\ 0\ 0\ 0\ 0\ 1\ 0\ 0\ 1$$

회로는 출력이 $Z = 1$이 나왔을 때는 시작상태로 리셋이 되지 않는다는 것을 주의하라. 그러나 이 회로는 시작상태를 가지고 있어야만 하고 수동으로 플립플롭을 시작상태와 리셋을 할 수 있어야 한다. 최소로 6개의 상태들이 필요하다. NAND 게이트, NOR 게이트와 3개의 D 플립플롭을 이용하여 회로를 설계하라. 할당상태를 최소로 하고, 12개 또는 보다 작은 수의 게이트와 인버터는 사용한 어떤 답도 가능하다. 최선의 해답은 6개의 게이트를 사용하는 것이다(시작 상태에서 000을 부여한다).

검사 순서: 먼저 상태표를 각 상태에서 현재상태와 차기상태가 각 입력에 대해서 올바른지 확인하라. 다음 적당한 초기 상태에서 시작했다면 다음 각 입력열에 대해 출력열을 결정하라.

(1) $X = 0\ 1\ 1\ 0\ 0\ 1\ 0\ 1\ 0\ 0$

(2) $X = 1\ 0\ 1\ 1\ 1\ 1\ 0\ 0\ 1\ 1\ 1\ 0$

16.8 입력열 X를 살펴보고 입력열이 0011 또는 110으로 끝나면 출력 $Z = 1$을 만드는 밀리순서회로(그림 16-27)를 설계하라.

예:

$$X = 1\ 0\ 1\ 0\ 0\ 1\ 1\ 0\ 0\ 1\ 1$$
$$Z = 0\ 0\ 0\ 0\ 0\ 0\ 1\ 1\ 0\ 0\ 1$$

회로는 출력이 $Z = 1$이 나왔을 때는 시작상태로 리셋이 되지 않는다는 것을 주의하라. 그러나 이 회로는 시작상태를 가지고 있어야만 하고 수동으로 플립플롭을 시작상태로 리셋을 할 수 있어야 한다. NAND 게이트, NOR 게이트와 3개의 D 플립플롭을 이용하여 회로를 설계하라. 할당상태를 최소로 하고, 10개 또는 보다 작은 수의 게이트와 인버터는 사용한 어떤 답도 가능하다. 최적의 해는 6개의 상태를 가진다(시작상태에서 000을 부여한다).

검사 순서: 먼저 상태표를 각 상태에서 현재상태와 차기상태가 각 입력에 대해서 올바른지 확인하라. 다음 적당한 초기 상태에서 시작했다면 다음 각 입력열에 대해 출력열을 결정하라.

(1) $X = 0\ 0\ 0\ 1\ 0\ 0\ 0\ 1\ 1\ 0\ 1\ 0$

(2) $X = 1\ 1\ 1\ 0\ 0\ 1\ 0\ 0\ 0\ 1\ 1\ 0$

16.9 BCD 코드 8, 4, −2, −1은 BCD 코드는 2개의 최하위 비트의 가중치가 음수인 것을 제외하고서는 8-4-2-1과 유사하다. 예를 들어, 8, 4, −2, −1를 0111로 표현하면,

$$8 \times 0 + 4 \times 1 + (-2) \times 1 + (-1) \times 1 = 1$$

리순서회로를 8, 4, −2, −1에서 8-4-2-1로 변환하게 설계하여라. 입력과 출력은 최하위 비트가 먼저 들어가고 나오며 직렬형태이다. 입력 X는 8, 4, −2, −1 코드화된 10진수로 나타내고, 출력 Z는 대응하는 8-4-2-1코드를 나타낸다. 4번의 시간스텝 후 회로는 입력열과 상관없이 출발상태로 리셋된다. 3개의 D 플립플롭, NAND 게이트와 NOR 게이트를 이용하여 회로를 설계하라. 할당상태를 최소로 하고, 8개 또는 보다 작은 수의 게이트와 인버터는 사용한 어떤 답도 가능하다(시작상태에서 000을 부여한다).

검사 순서: 먼저 상태표를 각 상태에서 현재상태와 차기상태가 각 입력에 대해서 올바른지 확 인하라. 다음 적당한 초기상태에서 시작했다면 10가지 가능한 입력열에 대해 출력열을 만들고 표를 작성하라.

16.10 0000부터 1010의 범위 안에서 2진수에 5를 더한 밀리 순서회로를 설계하라. 입력과 출력은 최하위 비트가 먼저 들어가고 나오며 직렬형태이다. 최소상태수를 갖는 상태표를 찾아라. 3개의 D 플립플롭, NAND 게이트와 NOR 게이트를 이용하여 회로를 설계하라. 할당상태를 최소로 하고, 9개 또는 보다 작은 수의 게이트와 인버터는 사용한 어떤 답도 가능하다(시작상태에서 000을 부여한다).

검사 순서: 먼저 상태표를 각 상태에서 현재상태와 차기상태가 각 입력에 대해서 올바른지 확인하라. 다음 적당한 초기상태에서 시작했다면 11가지 가능한 입력열에 대해 출력열을 만들고 표를 작성하라.

16.11 0000부터 1010의 범위의 4-비트 2진수를 그들의 10의 보수로 변환하기 위한 밀리순서 회로를 설계하라(10의 보수인 N은 10 − N으로 정의한다). 입력과 출력은 최하위 비트가 먼저 들어가고 나오며 직렬형태이다. 입력 X는 4-비트 2진수로 나타내고, 출력 Z는 대응하는 10의 보수를 나타낸다. 4번의 시간스텝 후 회로는 입력열과 상관없이 출발상태로 리셋된다. 최소상태수를 갖는 상태표를 찾아라. 3개의 D 플립플롭, NAND 게이트와 NOR 게이트를 이용하여 회로를 설계하라. 할당상태를 최소로 하고, 9개 또는 보다 작은 수의 게이트와 인버터는 사용한 어떤 답도 가능하다(시작상태에서 000을 부여한다).

검사 순서: 먼저 상태표를 현재상태와 차기상태가 각 입력에 대해서 올바른지 확인하시고 각 상태에서 시작했는지 검토하라. 다음 적절한 리셋 상태에서 시작했다면 다음 11개의 가능한 입력열에 대해 출력열을 결정하고 표를 만든다.

16.12 입력열 X를 살펴보고 입력열이 1010으로 끝나면 출력 $Z = 1$를 만드는 밀리순서회로를 설계하라. 단 입력열 001은 적어도 한 번은 발생한다.

예:

$X = 1\,0\,1\,0\,0\,1\,0\,1\,0\,1\,0$

$Z = 0\,0\,0\,0\,0\,0\,0\,0\,1\,0\,1$

회로는 출력이 $Z = 1$이 나왔을 때는 시작상태로 리셋이 되지 않는다는 것을 주의하라. 그러나 이 회로는 시작상태를 가지고 있어야만 하고 수동으로 플립플롭을 시작상태로 리셋을 할 수 있어야 한다. 최소로 6개의 상태들이 필요하다. NAND 게이트, NOR 게이트와 3개의 D 플립플롭을 이용하여 회로를 설계하라. 할당상태를 최소로 하고, 9개 또는 보다 작은 수의 게이트와 인버터는 사용한 어떤 답도 가능하다(시작상태에서 000을 부여한다).

검사 순서: 먼저 상태표를 각 상태에서 현재상태와 차기상태가 각 입력에 대해서 올바른지 확인하라. 다음 적당한 초기 상태에서 시작했다면 다음 각 입력열에 대해 출력열을 결정하라.

(1) $X = 1\,0\,0\,1\,0\,0\,1\,1\,0\,1\,0\,1$

(2) $X = 1\,0\,1\,0\,0\,0\,1\,0\,1\,0\,1\,0$

16.13 입력열 X를 살펴보고 만약 받아들여진 0의 모든 개수가 홀수이면 출력 $Z = 1$을 만들어내는 밀리 순서회로를 설계하여라. 단열 01은 최소 한 번은 발생한다.

예:

$X = 1\,1\,0\,0\,0\,1\,1\,0\,1\,0$

$Z = 0\,0\,0\,0\,0\,1\,1\,0\,0\,1$

최소의 해결책은 5개의 상태가 필요하다. NAND 게이트와 NOR 게이트, 3개의 D 플립플롭을 사용하여 회로를 설계하라. 이 회로는 시작상태를 가지고 있어야만 하고 수동으로 플립플롭을 시작상태로 리셋을 할 수 있어야 한다. 할당상태를 최소로 하고, 11개 또는 보다 작은 수의 게이트와 인버터는 사용한 어떤 답도 가능하다. 최선의 해답은 6개의 게이트를 사용하는 것이다(시작상태에서 000을 부여한다).

검사 순서: 먼저 상태표를 각 상태에서 현재상태와 차기상태가 각 입력에 대해서 올바른지 확인하라. 다음 적당한 초기상태에서 시작했다면 다음 각 입력열에 대해 출력열을 결정하라.

(1) $X = 1\,0\,0\,0\,1\,1\,0\,1\,0\,0\,1$

(2) $X = 0\,0\,0\,0\,1\,0\,1\,0\,0\,0\,1$

추가 문제

16.14 표 13-4를 구현하기 위해 ROM과 D 플립플롭이 어떻게 연결되는지 블록도로 도시하라. 연속된 2진 상태할당을 이용한 ROM의 진리표를 만들어라(천이표가 아닌 진리표를 만들어라).

16.15 PLA와 D 플립플롭을 사용하여 표 15-15(a)의 상태표를 구현하려고 한다.

(a) 블록도를 도시하라.

(b) 그림 15-15(a)의 상태할당을 이용하여 표 형식으로 된 PLA의 표를 완성하라[(*D*식을 위한 그림 15-16(b)를 보아라)].

16.16 반복회로는 그림 16-6과 유사한 형식을 가지고 있다. 만약 입력 *X*의 1의 총 개수가 2보다 큰 홀수라면 출력 *Z*는 1이 될 것이다.

(a) 전형적인 셀에 대한 상태도를 도시하라.

(b) 전형적인 셀과 출력회로에 대한 NAND 게이트 회로와 방정식을 유도하라.

(c) a_1과 b_1을 규정하고, 첫 번째 셀을 단순화하여라.

(d) 전형적인 셀과 출력회로를 사용하여 순서회로가 어떻게 구성될 수 있는지 보여라.

16.17 아래의 반복회로에서 입력 *X*는 2의 보수이고 출력 *Y*는 *X*의 2의 보수이다. (x_0, y_0는 최하위 비트)

(a) 하나의 셀에 대한 상태 천이표를 만들어라.

(b) a_{i+1}과 y_1를 유도하라.

(c) 입력수의 2의 보수를 계산하는 순서회로를 구성하라. (d) 플립플롭을 사용하고, 입력 시퀀스 최초에 모든 플립플롭은 리셋된다고 가정하라)

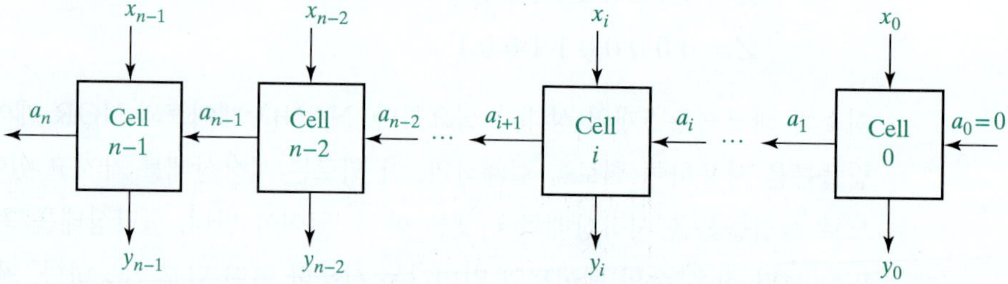

16.18 아래의 반복회로는 두 개의 양수이면서 부호가 없는 2진수 $X = x_n-_1 \cdots x_n a$ 그리고 $Y = y_n-_1 \cdots y_1 y_0$이다. 숫자들은 오른쪽으로부터 시작해서 왼쪽으로 비교된다(즉 최하위 비트부터 최상위 비트로 비교).

(a) 하나의 셀 *i*에 대한 상태천이표를 유도하라(따라서 만약 $X = Y$이면 $a_n b_n = 00$이고 $X > Y$이면 $a_n b_n = 01$, $X > Y$이면 $a_n b_n = 10$)

(b) a_{i+1}과 b_{i+1}최소의 곱의 합 표현 논리식을 유도하라.

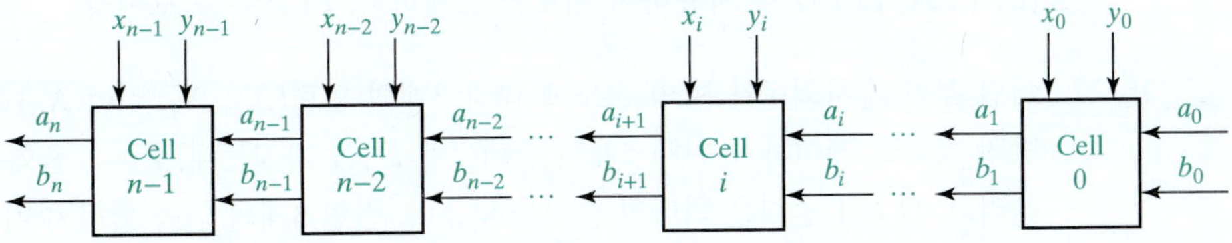

16.19 그림 16-6의 2진 비교기를 수정하여 2의 보수 비교 기능을 하도록 한다. $a_1 = x_1$, $b_1 = y_1$이다. $a_1b_1 = 0$에 대한 모든 4가지 조합이 사용된다: XY가 모두 양수이고 같으면 00, XY가 모두 음수이고 같으면 11, $X > Y$이면 01, $X < Y$이면 10이다(음수의 경우 $-2 > -3$이다).

(a) 위의 기능을 나타내는 상태천이표를 유도하라(표 16-5 참고).

(b) a_{i+1}과 b_{i+1}에 대한 최소의 곱의 합 표현 논리식을 유도하라.

(c) Z_1, Z_2, Z_3의 회로를 유도하라

(d) 2의 보수를 비교하여 출력 Z_1, Z_2, Z_3를 발생시키는 상태표를 문제(a)의 상태천이표를 참고하여 유도하라(회로는 a_1b_1이 x_1y_1에 의존하므로 확실히 구분되는 초기상태가 요구된다).

16.20 하나의 입력과 하나의 출력을 가지면서 두 번째 1이 입력되거나 두 번째 0이 입력될 때 출력이 '1'이 되는 순차회로를 설계하라.

예:

X (input) = 0 1 1 0 1 1 1 0 0 0 0 1 0 1 1 0 0 1 0 1 1 0 1 0

Z (output) = 0 0 1 1 0 1 0 0 1 0 1 1 0 0 1 1 0 0 1 1 0 0 1 1

(a) D F/F을 사용한 밀리순서회로를 설계하라. 최소의 상태도와 D 입력과 출력 논리식을 보여라. 되도록이면 경제적 설계이어야 한다.

(b) J-K F/F을 이용하여 (a) 부분을 다시 하라.

(c) 같은 동작을 하도록 T F/F을 사용한 무어순서회로를 설계하라. 되도록이면 최소의 상태도와 입력 논리식을 보여라.

16.21 어떤 8-4-2-1 2의 부호화 10진수(BCD)에 3을 곱하여 5자리 2진수를 계산하는 순서회로를 설계하라. 예를 들어 입력이 0111일 때 출력은 10101이다. 입력과 출력은 최하위 비트부터 순서대로 입력되고 출력된다. 5번째 클럭에서 입력은 0이 되고 5번째 출력 후 회로는 리셋된다(*힌트*: 각 비트를 3을 곱하면 00 아니면 11이 나온다. 따라서 출력 0와 다음 칸의 캐리 0을 내거나 출력 1과 다음 칸의 캐리 1을 낸다. 다음 칸으로 캐리 1을 보내면 캐리의 합과 다음 곱의 값은 01 또는 100이다 이 경우 출력 1과 캐리 0 또는 출력 0와 다음 칸에 캐리 10(2)이 나온다. 다음 칸에 캐리 10(2)를 주면 어떻게 되나?).

(a) 최소상태수로 상태표를 만들어라(3개의 상태).

(b) J-K F/F, NAND, NOR 게이트를 사용하여 회로를 설계하라.
(c) PLA, D F/F을 사용하여 회로를 설계하라. PLA표를 보여라.

16.22 어떤 무어 순차회로가 방의 온도에 따라 3개의 입력(X_2, X_1, and X_0)을 가진다. 회로는 방의 히터를 제어하기 위해 2개의 출력(I와 D)을 가지는데, $I = 1$ 출력은 히터의 출력을 올리고, $D = 1$ 출력은 히터의 출력을 낮춘다. 만일 3개의 연속 클럭 주기에서 온도 범위가 0, 1, 2 중 하나이면 회로는 $I = 1$ 출력을 내고, 반대로 3개의 연속 클럭 주기에서 온도 범위가 5, 6, 7 중 하나이면 회로는 $D = 1$ 출력을 낸다. 그 외의 경우는 $I = 0$ 또는 $D = 0$를 출력으로 낸다.
(a) 회로의 상태도를 완성하라.
(b) one-hot 상태할당을 이용하여 상태를 인코딩하고 D-F/F을 사용 시 F/F 입력식과 출력 논리식을 유도하라.
(c) 최소 개수의 D-F/F을 사용하고 D-F/F을 사용 시 F/F 입력식과 출력 논리식을 유도하라.

16.23 밀리회로를 이용하여 문제 16.22을 다시 풀어라.

16.24 어떤 무어 순서회로가 두 개의 입력(X, Y)과 3개의 출력(Z_2, Z_1, Z_0)을 가진다. 출력은 1의 보수로 표시되어 입력 X와 Y가 몇 번이나 연속적으로 같거나 같지 않은 것을 다음과 같이 나타낸다: 십진수 표현을 하면 만일 X와 Y가 한 번이 같으면 출력이 1, 두 번 연속 같으면 2, 세 번 연 속으로 같으면 3, 네 번 이상 연속으로 같으면 4를 낸다. 초기에는 출력은 모두 0이다.
(a) 회로의 상태도를 완성하라.
(b) one-hot 상태할당을 이용하여 상태를 인코딩하고 D-F/F을 사용 시 F/F 입력식과 출력 논리식을 유도하라.
(c) 최소 개수의 D-F/F을 사용하고 D-F/F을 사용 시 F/F 입력식과 출력 논리식을 유도하라.

16.25 밀리회로를 이용하여 문제 16.24를 다시 풀어라.

16.26 어떤 무어 순서회로가 두 개의 입력(X, Y)과 3개의 출력(Z_2, Z_1, Z_0)을 가진다. 출력은 2의 보수로 표시되어 입력 X와 Y가 몇 번이나 연속적으로 같거나 같지 않은 것을 다음과 같이 나타낸다: 십진수 표현을 하면 만일 X와 Y가 한 번이 같지 않으면 출력이 1, 두 번 연속 같지 않으면 2, 세 번 연속으로 같지 않으면 3, 네 번 이상 연속으로 같지 않으면 4를 낸다. 초기에는 출력은 모두 0이다.
(a) 회로의 상태도를 완성하라.
(b) one-hot 상태할당을 이용하여 상태를 인코딩하고 D-F/F을 사용 시 F/F 입력식과 출력 논리식을 유도하라.

(c) 최소 개수의 D-F/F을 사용하고 D-F/F을 사용 시 F/F 입력식과 출력 논리식을 유도하라.

16.27 밀리회로를 이용하여 문제 16.26을 다시 풀어라.

16.28 2개 층을 사용하는 엘리베이터 제어를 위한 블록도이다. 누군가가 엘리베이터 안에서 첫 번째 층 또는 두 번째 층 버튼을 각각 눌렀을 때 입력 FB_1과 FB_2은 1이다. 누군가가 첫 번째 층 또는 두 번째 층에서 호출 버튼을 눌렀을 때 입력 $CALL_1$과 $CALL_2$는 1이다. 엘리베이터가 첫 번째 층 또는 두 번째 층에서 내릴 때 입력 FS_1과 FS_2는 1이다. 출력 UP는 엘리베이터가 올라가기 위해 모터가 켜진다. $DOWN$일 때는 엘리베이터가 내려가기 위해 모터가 켜진다. 만약 UP도 $DOWN$도 1이 아니라면, 모터는 움직이지 않을 것이다. R_1과 R_2는 래치를 리셋하고(아래 설명된), DO가 1이 될 때 엘리베이터 문은 열린다. 문이 열리고 적당한 시간 동안 열려 있다가(문 제어장치에 의해 결정된), 문 제어장치는 문을 닫고 $DC = 1$로 정해진다. 모든 입력신호가 시스템 클럭과 함께 동기화된다고 가정한다.

(a) 만약 입력 FB_1, FB_2, $CALL_1$, $CALL_2$, FS_1, FS_2, DC들 모두에 반응하는 제어회로로 구현한다면, 9개 또는 그 이상의 다양한 논리식이 필요하다(7개의 입력과 적어도 2개의 상태변수). 그러나 신호 FB_i와 $CALL_i$을 N_i($i = 1$ 또는 2)로 결합하여 엘리베이터가 지정된 층에 필요하다는 것을 나타내면, 제어 회로의 입력의 수는 줄어들 수 있다. 또한, 신호 N_i($i = 1$ 또는 2)가 저장된다면, FB_i 또는 $CALL_i$의 단 펄스로 N_i을 1로 셋하게 하면(제어회로가 클리어할 때까지) 제어회로는 더 단순해진다. D 플립플롭과 최소 개수가 추가된 게이트를 사용하여, 둘 중(FB_i 또는 $CALL_i$) 하나의 입력이 1이 될 때 출력이 1이 되고, 신호 R_i가 리셋될 때까지 출력이 1로 유지되는 저장 회로(storage circuit)를 설계하라.

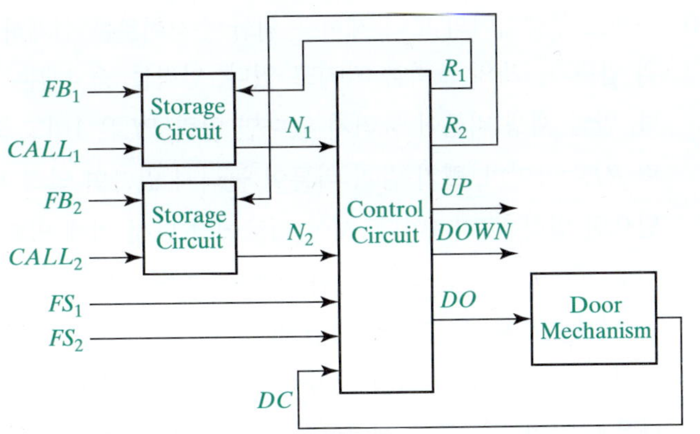

(b) 1층과 2층(승객 한 명 또는 1명 또는 2명을 더 운송하기 위해)에 엘리베이터가 필요하다는 것을 나타내는 신호 N_1와 N_2를 이용하여, 엘리베이터 제어장치를 위한 상태도를 도시하라(오직 4개의 상태가 필요하다).

(c) N_1과 N_2를 위한 저장 회로와 상태도를 구현하라.

16.29 오래된 모델 썬더버드 자동차는 왼쪽에 3개, 오른쪽에 3개의 방향등이 있다. 이 방향등은 왼쪽이나 오른쪽으로 돌 때 특별한 패턴의 빛을 낸다.

LEFT turn pattern:

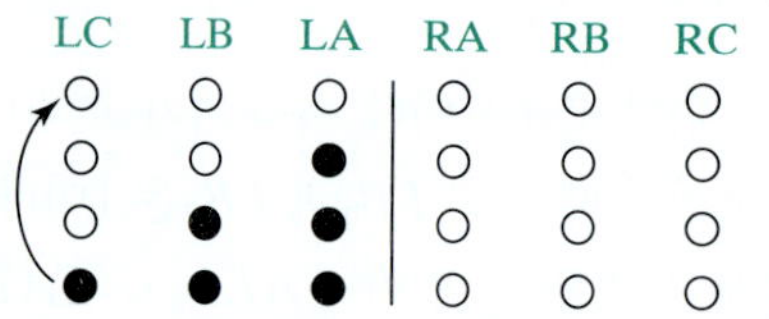

RIGHT turn pattern:

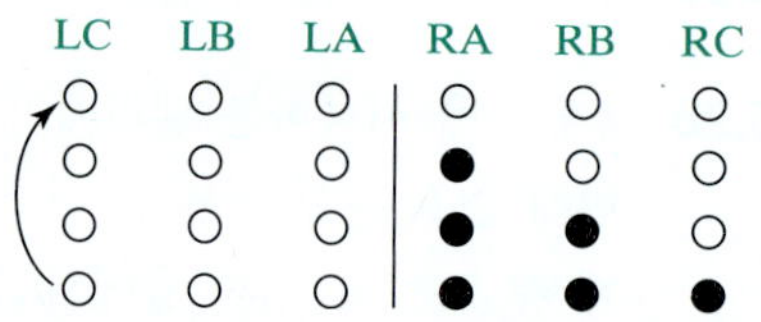

이러한 등을 제어하기 위한 무어순서회로를 설계하라. 회로는 *LEFT*, *RIGHT*, *HAZ* 등의 세 입력을 가진다. *LEFT*와 *RIGHT*는 운전자의 방향신호 스위치에 의해 작동되고, 동시에 1이 될 수 없다. *LEFT* = 1일 때 방향등은 *LA* on, *LA*와 *LB* on, *LA*와 *LB*와 *LC* on되고 나서 모두 off 된다. 이 과정이 반복된다. *RIGHT* = 1일 때도 방향등은 비슷하게 작동한다. 만약 스위치가 *LEFT*에서 *RIGHT*로 바뀌면(반대의 경우에도) 회로는 즉시 *IDLE* (lights off 상태)로 되고 새로운 열을 시작한다. *HAZ* = 1일 때 6개의 등이 모두 같이 깜빡인다. *HAZ*는 *LEFT*나 *RIGHT*가 이미 작동되어 있더라도 항상 우선된다. 클럭신호는 방향등이 깜빡이는 속도와 같은 주파수라고 가정한다.

(a) 상태도를 도시하라(8개의 상태).

(b) 6개의 D 플립플롭을 이용하여 회로를 구현하고, 각각 플립플롭 출력은 6개 방향등 중에서 하나의 라이트를 구동하는 상태할당을 만들어라(*LogicAid* 사용).

(c) 적절한 상태할당을 결정하기 위한 가이드라인을 이용하여, 3개의 D 플립플롭을 사용하여 회로를 구현하시오. (b)와 (c)에서 좀 더 많은 플립플롭과 좀 더 많은 게이트 사이에 상충관계(trade off) 관계가 있다는 것을 알아라.

16.30 카세트 플레이어의 모터 제어를 위한 순서회로를 설계하라. 논리회로는 다음과 같이 5개의 입력과 3개의 출력을 가지고 있다. 입력들 중 4개는 카세트 플레이어의 제어 버튼이다. 만약 재생 버튼이 눌러져 있다면 입력 *PL*은 1이고 되감기 버튼이 눌러져 있다면 입력 *RE*는 1이며, 빨기 감기 버튼이 눌러져 있다면 입력 *FF*가 1이며. 멈춤 버튼이 눌러져 있으면 입력 *ST*가 1이다. 제어 회로에서 다섯 번째 입력은 *M*이다. 만약 특수한 *음악 센서*로 재생되고 있는 테이프 위치에서 음악을 검출하면 하면 *M*은 1이다. 제어 회로의 출력 3개는 *P*, *R* 그리고 *F*는 1일 때 재생, 되감기, 빨리 감기를 각각 만든다. 한 개 이상의 출력이 동시에 on이 되지 말아야 한다. 모든 출력이 off이면 모터가 멈추게 된다. 버튼은 다음과 같이 테이프를 제어한다. 재생 버튼이 눌러져 있다면 테이프 플레이어는 작동을 시작할 것이다(출력 *P* =1). 재생 버튼이 눌러진 상태에서 되감기 버튼을 누르고 떼어 논다면, 테이프 플레이어는 현재 노래의(출력 *R* = 1까지 *M* = 0) 시작부분으로 되감기 될 것이고 그런 다음 재생이 시작될 것이다. 만약 재생버튼이 눌러진 상태에서 빨리 감기 버튼을 누르고 떼어 논다면, 테이프 플레이어는 현재 노래의(출력 *F* = 1까지 *M* = 0) 끝

부분으로 감아진 다음 재생을 시작할 것이다. 재생 버튼을 누르지 않은 상태에서 되감기 또는 빨리 감기가 눌러져 있다면, 테이프 플레이어는 테이프를 되감기 또는 빨리 감기할 것이다. 멈춤 버튼을 누르고 있을 때는 테이프 플레이어 모터는 멈출 것이다.

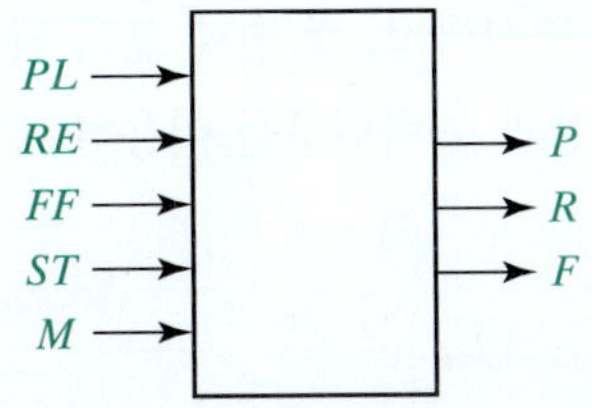

(a) 테이프 플레이어 제어회로를 위한 상태도 차트를 구성하라.

(b) PLA와 D 플립플롭을 이용하는 제어 회로를 구현하라.

16.31 아래의 회로는 양수의 부호가 없는 2진수를 십진 BCD 수로 변환한다. 2진수가 최상위 비트부터 차례로 입력된다. 각 입력비트가 입력되면 레지스터 내의 BCD 수는 곱하기 2를 한 다음 입력 비트를 더한다.

(a) 입력 2진수 110110111이 입력된 후 레지스터에 저장된 값을 보여라

(b) 회로가 오류 없이 BCD로 변환할 수 있는 최대 2진수는 얼마인가?

(c) BCD × 2 출력의 최소의 곱의합 표현 논리식을 유도하라($x_3x_2x_1x$는 입력, $y_3y_2y_1y$는 출력이다).

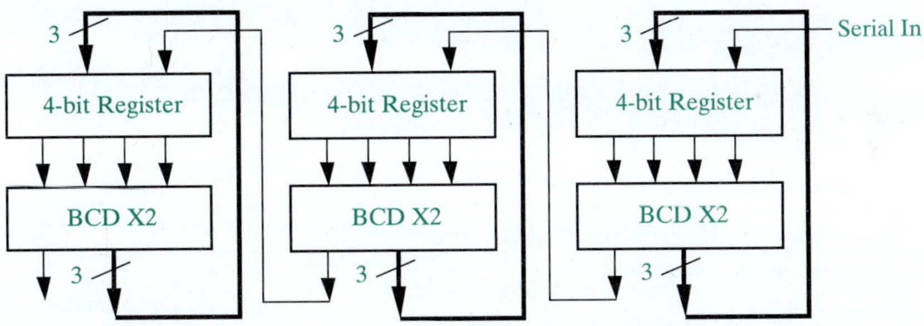

16.32 회로의 인접한 4개의 셀 중 어떤 셀로 입력패턴이 1011과 1101이 입력될 때 주어진 어떤 반복 회로의 바로 앞 셀의 출력이 1이 된다.

(a) 최소상태수를 가지는 무어 상태도 또는 상태표를 만들어라.

(b) 적절한 상태할당을 하라. 그리고 하나의 셀에 대해 논리식을 유도하라.

(c) 출력 논리식을 유도하라.

16.33 반복회로는 그림 16-6과 유사한 형식을 가지고 있다. 만약 최소한으로 입력 X 중에 하나가 1이고, 두 개 또는 그 이상의 연속되는 1의 입력이 없는 경우에 출력 Z는 1이 될 것이다.

예:

0 0 1 0 1 0 0 0 1 0 0 출력 $Z = 1$을 준다.

00101100000 출력 $Z = 0$을 주다.

(a) 전형적인 셀에 맞는 상태도를 그려라.

(b) 전형적인 셀과 출력을 위한 식과 NOR 게이트 회로를 유도하라.

(c) a_1과 b_1를 명시하고, 첫 번째 셀을 단순화시켜라.

(d) 전형적인 셀과 출력회로를 이용하여 어떻게 순서회로가 구성될 수 있는지 보여라.

UNIT 17 순서논리의 VHDL

VHDL for Sequential Logic

목표

1. VHDL 프로세스를 이용해 플립플롭, 쉬프트 레지스터 및 카운터를 표현하라.
2. if-then-else, case 및 wait문을 포함하는 순서 VHDL문(sequential VHDL statements)을 작성하라.
3. 순서문의 실행 순서와 한 프로세스를 실행할 때 갱신되는 신호의 순서를 설명하라.
4. 한 개의 프로세스를 이용하여 조합논리를 표현하라.
5. VHDL 코드로 순서논리회로를 표현하라.
    a. 두 개의 프로세스를 이용하라.
    b. 논리식들과 플립플롭을 갱신하는 하나의 프로세스를 이용하라.
    c. 한 개의 ROM과 플립플롭들을 이용하라.
6. 순서논리를 위한 주어진 VHDL 코드에 대해, 대응되는 논리회로를 그려라.
7. 순서논리 모듈을 컴파일하고, 시뮬레이션하고, 합성하라.

학습가이드

1. 17.1절 *VHDL 프로세스를 이용한 플립플롭 모델화*를 학습하라.

   (a) 어떤 조건에서 CLK'event **and** CLK = '0' 식이 참이 되는가?

   (b) 만약 한 프로세스의 첫 줄이 Process(St, Q1, V)라면, 그 프로세스는 어떤 조건하에서 실행되는가?

   (c) 그림 17-4에서, 만약 C1과 C3이 거짓이고 C2가 참이면, 어떤 문이 실행되는가?

   (d) 다음 VHDL 코드는 어떤 소자를 나타내는가? 만약 ClrN = SetN ='0'이라면 어떻게 되는가?

```
process (CLK, ClrN, SetN)
   if ClrN = '0' then Q <= '0';
   elsif SetN = '0' then Q <= '1';
   elsif CLK'event and CLK = '1' then
      Q <= D;
   end if;
end process;
```

   (e) 그림 17-6에서, 왜 CLK 전에 RN과 SN이 검사되는가? 만약 J ='1', K ='0'이고, RN이 '0'으로 변하고 그리고 CLK이 10 ns 뒤에 '0'으로 변한다면, Q 출력은 무엇이 되는가?

   (f) 그림 17-6에서, 만약 Q <= Qint와 QN <= not Qint문이 프로세스 안의 end-process문 직전으로 이동된다면, Q와 QN는 왜 잘못된 값을 가지는가?

   (g) 플립플롭에 클럭인에이블(CE)을 추가하기 위해 그림 17-3에서 VHDL 코드를 수정하라(*힌트*: **if** CLK' event **and** CLK = '1' **and** ______).

   (h) 문제 17.1을 풀어라.

2. 17.2절 *VHDL 프로세스를 이용한 레지스터와 카운터 모델화*를 학습하라.

   (a) 완전한 VHDL 모듈을 만들기 위해 그림 17-9에 필요한 VHDL 코드를 추가하라.

   (b) 그림 17-10에서, 만약 CLK이 10 ns에서 '1'로 변한다면, Q는 어느 시점에 변하는가? (신호가 갱신되기 위해 Δ시간이 걸린다는 것을 기억하라.)

   (c) 왼쪽으로 쉬프트하는 대신 한 자리 왼쪽으로 회전하는 레지스터를 만들기 위해서는 그림 17-10을 어떻게 변경해야 하는가? (쉬프트 연산자를 이용하지 말라.)

   (d) 그림 17-11에서, 비동기 클리어를 만들기 위해서는 어떤 변화가 필요한가?

(e) 그림 17-12에서, 어떤 조건하에서 Carry2 = 1이 되는가?

(f) 그림 17-11에서, Q가 std_logic 벡터인 것을 주의하라. 만약 Q가 bit_vector라면, 왜 코드를 컴파일할 수 없는가?

(g) 그림 17-14에서, 만약 Qout1 = "1111", Qout2 = "1001", P = T1 = LdN = ClrN = '1'이라면, CLK의 상승 에지가 지난 후 Qout1과 Qout2는 무엇이 되는가?

(h) 만약 그림 17-13에 있는 프로세스를 아래의 것으로 교체한다면,

```
process (CLK)
begin
  if CLK'event and CLK = '1' then
    if Ld = '1' then Q <= D;
    elsif (P and T) = '1' then Q <= Q + 1;
    elsif Clr = '1' then Q <= "0000";
    end if;
  end if;
end process;
```

이에 해당하는 카운터 동작을 적절하게 나타내기 위해 표 17-1을 수정하라.

Control Signals			Next State			
Clr	Ld	PT	Q_3^+	Q_2^+	Q_1^+	Q_0^+

(i) 문제 17.2와 17.3을 풀어라.

3. 17.3절 *VHDL 프로세스를 이용한 조합논리 모델화*를 학습하라.

(a) 그림 17.15의 회로를 하나의 순서문으로 표현한다면, VHDL 코드에 적합한 변경을 하라. AND 게이트 지연은 무시할 수 있고 OR 게이트 지연은 5 ns로 가정하라(*힌트*: 프로세스 감도 리스트는 오직 3개의 신호만을 가진다).

(b) 문제 17.4를 풀어라.

4. 17.4절 *순서머쉰의 모델화*를 학습하라.

(a) 만약 그림 17-16이 표 17-2의 상태표를 구현한 것이라면, State = S2이고 X = '1'일 때, NextState와 Z는 무엇이 되는가?

(b) 그림 17-17의 VHDL 코드에 대해:

(1) 왜 정수 범위는 0~6인가?

(2) 초기에 Clock = '0', State = 0, *X* = '0'이라고 가정하라. 코드를 추적하여 다음에 대답하라.

만약 *X*가 '1'로 변한다면, 어떻게 되는가?

만약 그때 CLK가 '1'로 변한다면, 어떻게 되는가? (*힌트*: 두 프로세스 모두 실행된다.)

문제 17.5를 풀어라.

(c) 그림 17-18의 파형이 표 17-2와 어떻게 연관되는지 설명하라.

왜 다음 상태 0과 2 사이에서 차기 상태 파형에 글리치가 있는가?

왜 이 글리치는 그 상태가 잘못된 값으로 가도록 야기하지 않는가?

(d) 그림 17-19의 VHDL 코드에 대해:

왜 Q1, Q2, Q3는 감도 리스트에 없는가?

만약 CLK가 5 ns에서 0에서 1로 변한다면, 어느 시점에서 Q1, Q2 및 Q3의 새로운 값이 계산되는가? Q1, Q2, Q3가 언제 새로운 값으로 변하는가?

(e) 컴포넌트 사례화문(component instantiaion statement)은 동시문임을 상기하라.

그림 17-20의 VHDL 코드에서, 만약 Q1이 변한다면, 이러한 문 중에서 어느 것이 즉시 실행되는가? 그림 16-4의 회로들과 연관시켜 해답을 생각하라.

(f) 그림 17-22에 대해, X = '1'이고 Q = "010"일 때, ROM으로부터 어떤 값이 읽히는가?

(g) 문제 17.6을 풀어라.

5. 17.5절 *VHDL 코드의 합성*을 학습하라.

(a) 오직 한 개의 D-CE 플립플롭을 이용해 다음 프로세스를 구현하라.

```
process (CLK)
begin
   if CLK'event and CLK = '1' then
      if En = '1' then Q <= A; end if;
   end if;
end process;
```

(b) 클럭 인에이블이 없는 한 개의 D 플립플롭과 한 개의 MUX를 이용하여 같은 코드를 구현하라.

(c) D-CE 플립플롭들을 이용해 다음 VHDL 코드를 구현하라.

```
signal A: bit_vector(3 downto 0)
----------------------------------------
process (CLK)
begin
   if CLK'event and CLK = '1' then
      if ASR = '1' then
      A <= A(3) & A(3 downto 1);
      end if;
   end if;
end process;
```

(d) 문제 17.7을 풀어라.

6. 17.6절 *프로세스와 순서문에 대한 더 많은 것*에 관해 학습하라.

(a) 첫 줄에 감도 리스트를 갖지 않는 동등한 프로세스를 작성하라. 대신 wait문을 이용하라.

```
process (B, C)
begin
   A <= B or C;
end process;
```

(b) 아래의 프로세스에 대해, 만약 B가 2 ns에서 변한다면, 문 (2)는 어느 시점에 실행되는가? (해답은 7 ns가 *아니다*.)

```
process (B, D);
   A <= B after 5 ns;        --(1)
   C <= D;           --(2)
end process;
```

(c) 문제 17.8을 풀어라.

7. 17장에 관해 시험을 치르기 전에 주어진 실험 연습문제를 완성하라.

순서논리의 VHDL

VHDL for Sequential Logic

10장에서 동시 신호 할당문(concurrent signal assignment statements)을 사용함으로써 VHDL에서 조합논리를 표현하는 방법을 알아보았다. 이번 장에서는 VHDL 프로세스를 사용함으로써 순서논리를 표현하는 방법에 대해 알아보기로 한다.

17.1 VHDL 프로세스를 이용한 플립플롭 모델화

플립플롭은 클럭 입력의 상승하는 혹은 하강하는 에지(edge)에서 상태를 변경할 수 있다. 이런 형태의 동작은 프로세스에 의해 VHDL로 모델화된다. CLK의 상승 에지에서 변하는 출력 Q를 가진 간단한 D 플립플롭에 대해 그 상응하는 프로세스가 그림 17-1에 주어져 있다.

process라는 단어 뒤의 괄호 안의 표현은 감도 리스트(sensitivity list)라고 불린다. 그리고 감도 리스트에 있는 어떤 신호가 변할 때마다 프로세스가 실행된다. 예를 들면, 만약 프로세스가 **process**(A, B, C)로 시작한다면, 프로세스는 A, B 혹은 C 중에 어떤 하나가 변할 때마다 실행된다. 프로세스가 실행을 마치면 초기 상태로 되돌아가고 감도 리스트의 신호가 다시 변하기를 기다린다. 그림 17-1에서 CKL가 변할 때마다 프로세스는 전체적으로 한 번 실행하고, 그리고 나서 CLK가 다시 변할 때까지 프로세스의 시작점에서 대기한다. **if**문은 클럭이 상승 에지에 있는지를 검사하고 Q는 상승 에지가 일어날 때 D와 같게 설정된다. CLK'event 표현은(클럭 틱 사건으로 부른다) 신호 CLK가 변할 때마다 TRUE이다. 만약 CLK = '1'이 또한 TRUE이면, 이것은 0에서 1로 CLK의

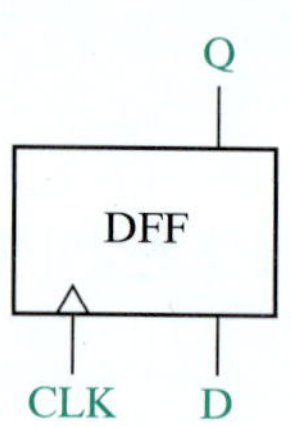


```
process (CLK)
begin
    if CLK'event and CLK = '1' -- rising edge of CLK
        then Q <= D;
    end if;
end process;
```

그림 17-1 간단한 D 플립플롭을 위한 VHDL 코드

변화가 일어났다는 것이며 클럭의 상승 에지를 의미한다. 만약 플립플롭이 클럭의 상승 에지와 출력 Q에서의 변화 사이에 5 ns의 지연을 가진다면, 우리는 그림 17-1의 프로세스에서 Q <= D; 문을 Q <= D **after** 5 ns;로 대체해야 한다.

프로세스에서 **begin**과 **end** 사이의 문을 순서문이라고 부른다. 그림 17-1에 있는 프로세스에서 Q <= D;는 오직 CLK의 상승 에지에 따라서 실행하는 순서문이다. 이와는 대조적으로 동시문(concurrent statement) Q <= D;는 D가 변할 때마다 실행된다. 만약 프로세스를 합성한다면 합성기는 Q가 오직 CLK의 상승 에지에서만 변하기 때문에 Q가 플립플롭이 틀림없다고 추론한다. 만약 동시문 Q <= D;를 합성한다면 합성기는 단순히 전선 또는 버퍼를 가지고 D를 Q에 연결할 것이다.

그림 17-1에서 D가 감도 리스트에 있지 않다는 것을 유념하라. 왜냐하면 D의 변화가 플립플롭 상태의 변화를 야기하지 않기 때문이다. 그림 17-2는 투과성 래치(transparent latch)와 그것의 VHDL 표현을 보여준다. 만약 G = '1'이면 D에서의 변화가 Q를 변경하기 때문에 G와 D는 모두 감도 리스트에 있다. 만약 G가 '0'으로 변하면 프로세스는 실행하지만 Q는 변하지 않는다.

그림 17-2
투과성 래치를 위한 VHDL 코드

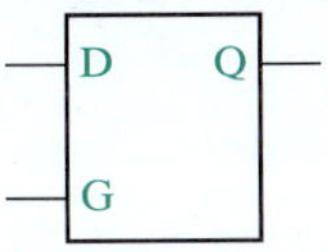


```
process (G,D)
begin
    if G = '1' then Q <= D; end if;
end process;
```

만약 플립플롭이 클럭에 관계없이 플립플롭을 리셋하는 액티브-로우(active-low) 비동기 클리어 입력(ClrN)을 갖는다면, 프로세스가 CLK나 ClrN 둘 중에 하나가 변할 때 실행되게 하기 위해 그림 17-1의 프로세스를 수정해야만 한다. 이것을 구현하기 위해 감도 리스트에 ClrN을 추가한다. 비동기 클리어를 가진 D 플립플롭에 대한 VHDL 코드는 그림 17-3에 있다. 비동기 ClrN 신호는 CLK에 우선하기 때문에 ClrN이 먼저 검사되고, 만약 ClrN이 '0'이면 플립플롭은 클리어된다. 그렇지 않으면 CLK가 검사되고, 만약 상승 에지가 발생하면 Q가 갱신된다.

기본적인 프로세스는 다음과 같은 형식을 가진다.

```
process(sensitivity-list)
begin
   sequential-statements
end process;
```

감도 리스트에 있는 신호 중의 하나가 변할 때마다 프로세스 몸체 부분(body)에 있는 순서문은 한 번 순서대로 실행된다. 그 뒤 프로세스는 초기 상태로 되돌아가고 감도 리스트에 있는 신호가 변하기를 기다린다.

이전 예에서, 두 가지 순서문—신호 할당문과 **if**문—을 사용하였다. 기본 **if**문은 다음과 같은 형식을 가진다.

```
if condition then
      sequential statements1
   else sequential statements2
end if;
```

Condition은 TRUE 혹은 FALSE로 나타나는 부울식이다. 만약 그 값이 TRUE면 sequential statements1이 실행된다. 그렇지 않으면 sequential statements2가 실행된다. VHDL **if** 문은 프로세스 안에서 사용될 수 있는 순서문이며, 프로세스 밖에서 동시문으로 사용될 수 없다.

그림 17-3 비동기 클리어를 가진 D 플립플롭을 위한 VHDL 코드

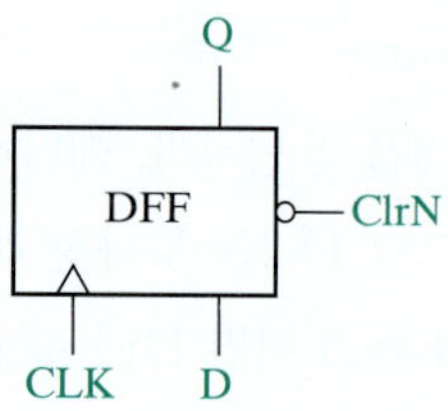


```
process (CLK, ClrN)
begin
   if ClrN = '0' then Q <= '0';
      else if CLK'event and CLK = '1'
         then Q <= D;
         end if;
   end if;
end process;
```

반면, 조건부 신호 할당문은 프로세스 안에서는 사용될 수 없는 동시문이다.

가장 일반적인 형태의 **if**문은 다음과 같다.

```
if condition then
   sequential statements
{elsif condition then
   sequential statements}
   -- 0 or more elsif clauses may be included
[else sequential statements]
end if;
```

그림 17-4 포개진 If와 Elsif를 사용한 흐름도의 등가표현

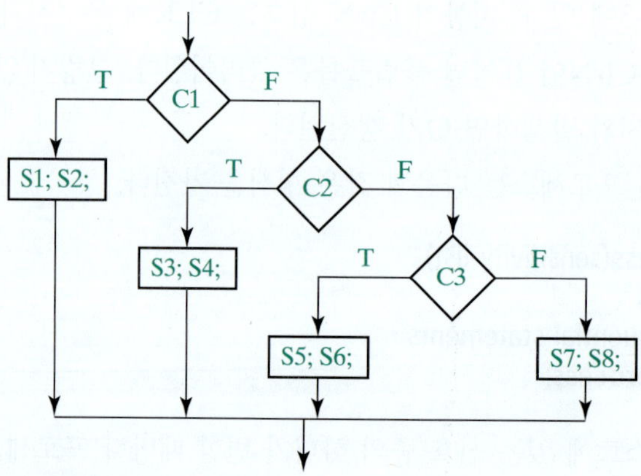


```
if (C1) then S1; S2;
   else if (C2) then S3; S4;
      else if (C3) then S5; S6;
         else S7; S8;
         end if;
      end if;
end if;
```

```
if (C1) then S1; S2;
   elsif (C2) then S3; S4;
   elsif (C3) then S5; S6;
   else S7; S8;
end if;
```

중괄호({ })는 **elsif**절이 얼마든지 포함될 수 있다는 것을 나타내고, 대괄호([ ])는 **else**절이 선택사항이라는 것을 나타낸다. 그림 17-4의 예는 내포된 **if**나 **elsif**를 이용해서 어떻게 흐름도를 표현할 수 있는지 보여준다. 이 예에서 C1, C2 및 C3은 TRUE 혹은 FALSE가 될 수 있는 조건을 나타내고, S1, S2, . . . S8은 순서문을 나타낸다. 각 **if**는 대응하는 **end if**를 요구하지만 **elsif**는 그렇지 않다.

다음으로 J-K 플립플롭을 위한 VHDL 모듈을 작성할 것이다(그림 17-5). 이 플립플롭은 액티브 로우비동기 프리셋(SN)과 클리어(RN) 입력을 가진다. J, K와 관련된 상태 변화는 클럭의 하강 에지에서 일어난다. 이 장에서, 액티브–로우(음논리) 신호를 나타내기 위해 접미사 N을 사용한다. 간단하게 하기 위해, 조건 SN = RN = 0은 일어나지 않는다고 가정한다.

그림 17-5
J-K 플립플롭

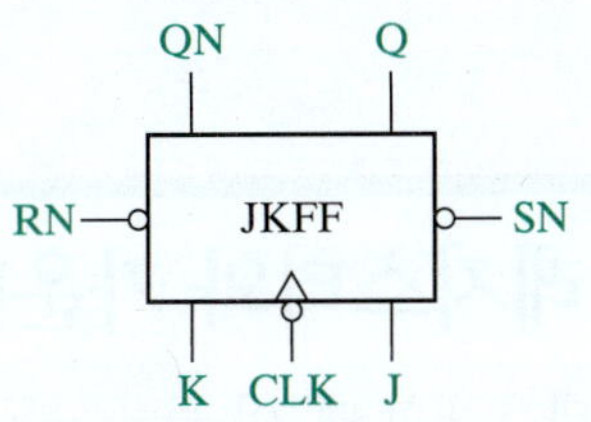

그림 17-6
J-K 플립플롭 모델

```
entity JKFF is
port (SN, RN, J, K, CLK: in bit;                          -- inputs
   Q, QN: out bit);
end JKFF;
architecture JKFF1 of JKFF is
signal Qint: bit;                                         -- internal value of Q
begin
   Q <= Qint;                                             -- output Q and QN to port
   QN <= not Qint;
   process (SN, RN, CLK)
   begin
      if RN = '0' then Qint <= '0' after 8 ns;            -- RN = '0' will clear the FF
      elsif SN = '0' then Qint <= '1' after 8 ns;         -- SN = '0' will set the FF
      elsif CLK'event and CLK = '0' then                  -- falling edge of CLK
         Qint <= (J and not Qint) or (not K and Qint) after 10 ns;
      end if;
   end process;
end JKFF1;
```

J-K 플립플롭에 대한 VHDL 코드가 그림 17-6에 주어져 있다. 개체(enitiy)에서 포트 (port) 선언은 입력과 출력신호를 정의한다. 모듈 내에서 플립플롭 내부의 상태를 나타내는 신호 Qint를 구조(architecture) 안에서 정의한다. **begin** 뒤의 두 동시문은 이 내부 신호를 플립플롭의 출력 Q와 QN으로 보낸다. 이렇게 하는 것은 포트에서 출력신호가 구조 안에 있는 할당문의 오른쪽 편에 나타날 수 없기 때문이다. 플립플롭은 SN,

RN 및 CLK에서의 변화에 대응하여 상태가 변할 수 있다. 따라서 이 세 신호는 프로세스의 감도 리스트에 있다. RN과 SN은 클럭에 독립적으로 플립플롭을 리셋(reset) 및 셋(set)하기 때문에 먼저 검사된다. 만약 RN과 SN이 둘 다 '1'이면 클럭이 하강 에지인지 검사한다. 오직 CLK가 '1'에서 '0'으로 변했을 때만 조건(CLK'event **and** CLK ='0')이 TRUE이다. 플립플롭의 차기 상태는 그것의 특성식(characteristic equation)에 의해 결정된다.

$$Q^+ = JQ' + K'Q$$

8 ns 지연은 SN 혹은 RN이 0으로 변한 후에 플립플롭의 출력을 셋하거나 클리어하는 데 걸리는 시간을 나타낸다. 10 ns 지연은 클럭의 하강 에지 후에 Q가 변하는 데 걸리는 시간을 나타낸다.

17.2 VHDL 프로세스를 이용한 레지스터와 카운터 모델화

여러 개의 플립플롭이 같은 클럭에지에서 상태가 변할 때, 이 플립플롭들을 표현하는 문은 같은 클럭에 동작하는 프로세스 내에 놓일 수 있다. 그림 17-7은 순환형 쉬프트 레지스터(cyclic shift register)로 연결된 세 개의 플립플롭을 보여준다. 이 플립플롭들 모두는 클럭의 상승 에지에 따라 상태가 변한다. 클럭에지와 출력 변화 사이에 5 ns 전파지연을 가정한다. 클럭에지에 따라 프로세스 내에 있는 세 문(statement)들이 지연 없이 순서대로 실행된다. 그리고 나서 Q의 새로운 값들은 5 ns 후에 바뀌도록 하였다. 만약 지연을 무시하고 순서문들을

```
Q1 <= Q3;   Q2 <= Q1;   Q3 <= Q2;
```

로 대체한다면 동작은 기본적으로 같다. 세 문은 제로(0) 시간 내에 순서대로 실행되고, Q값들은 Δ지연 후에 값이 변한다. 두 경우 모두 Q1, Q2와 Q3의 예전 값은 새로운 값을 계산하는 데 사용된다. 처음에 이것은 이상해 보일지도 모르나 그것이 하드웨어 동작 방법이다. 클럭의 상승 에지에서 모든 D 입력이 플립플롭으로 로드(load)된다. 그러나 상태 변화는 전파지연 시간 이후에 일어난다.

이제 D 플립플롭을 컴포넌트(component)로 사용하는 순환형 쉬프트 레지스트에 대한 구조화된 VHDL 코드를 작성한다. 구조화된 VHDL 코드 작성 시 사례화문(instantiation statement)은 구성요소들이 서로 어떻게 연결되는지 명시하는 데 사용된다. 컴포넌트들은 라이브러리(library) 내에서 또는 VHDL 코드의 구조(architecture) 부분 안에서 선언되거나 정의된다. 각 컴포넌트를 사용할 때는 다른 컴포넌트들과 그리고 포트(port) 입력, 출력들과 어떻게 연결되는지를 명시하는 사례화문이 필요하다. 사례화문은 순서문이 아니라 동시문이며, 따라서 프로세서 안에서 사용될 수 없다. 하나

의 컴포넌트는 하나의 게이트만 포함하는 단순한 것부터 많은 내부 신호, 레지스터, 제어회로, 그리고 다른 컴포넌트를 포함하는 하나의 디지털 시스템과 같이 복잡한 것까지 있을 수 있다. 각 사례화문은 하드웨어 컴포넌트의 복제(copy)를 나타낸다.

이 사례화문은 해당 컴포넌트의 입력들과 출력들을 연결하고, 컴포넌트는 입력들 중 하나가 변하면 새로운 출력을 계산한다. 이것이 정확히 실제 하드웨어가 동작하는 방식이다. 컴포넌트를 사례화하는 것은 컴퓨터 프로그램에서 함수를 호출하는 것과는 다르

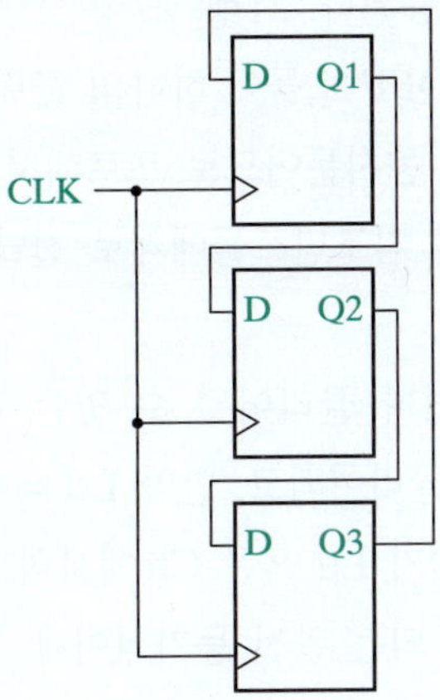


```
process (CLK)
begin
   if CLK'event and CLK = '1' then
      Q1 <= Q3 after 5 ns;
      Q2 <= Q1 after 5 ns;
      Q3 <= Q2 after 5 ns;
   end if;
end process;
```

그림 17-7 순환형 시프트 레지스터

```
entity DFF is                                          --simple DFF
   port (D, CLK: in bit, q: out bit);
end DFF;
architecture DFF_simple of DFF is
begin
process (CLK)
begin
   if CLK'event and CLK = '1' then
      Q <= D after 5 ns; end if;
end process;
end DFF_simple;

entity cyclicSR is                                     -- 3-bit cyclic shift register
   port (CLK: in bit; Qout: out bit_vector(1 to 3) ) ;
end cyclicSR;
architecture cyclicSR3 of cyclicSR is
component DFF
   port (D, CLK: in bit; Q: out bit);
end component;
signal Q1, Q2, Q3: bit;
begin
   FF1: DFF port map (Q3, CLK, Q1);
   FF2: DFF port map (Q1, CLK, Q2);
   FF3: DFF port map (Q2, CLK, Q3);
   Qout <= Q1&Q2&Q3;
end cyclicSR3;
```

그림 17-8 순환형 시프트 레지스터에 대한 구조화된 VHDL 코드

다. 함수는 호출될 때마다 새로운 값을 되돌려주지만 사례화된 컴포넌트는 입력이 변할 때마다 새로운 출력값을 계산한다.

그림 17-8의 VHDL 코드는 두 모듈을 가지고 있다. 첫째 모듈은 단순한 D 플립플롭이다. 두 번째 모듈은 그림 17-7의 순환형 시프트 레지스터를 구성하기 위해 3개의 사례화된 D 플립플롭 컴포넌트 복제물들이다. Qout은 레지스터로부터의 3-비트 출력을 나타낸다. VHDL 구조(architecture) 내에 선언된 내부 신호(Q1, Q2, 그리고 Q3)들은 플립플롭의 입력들과 출력들을 연결하는 데 사용된다. 21행, 22행, 23행은 D 플립플롭 컴포넌트를 사례화하여 3개로 복제한다. 비록 DFF 모듈이 하나의 클럭 입력과 내부 순서문들을 가지고 있지만, 각 사례화문은 여전히 동시문이므로 프로세서 속에 놓일 수 *없다*. 만약 클럭이 변하면, 이 변화는 D 플립플롭 컴포넌트들에게로 전달된다. 그리고 클럭 변화의 영향은 각 컴포넌트 내에서 처리된다.

그림 17-9는 클럭의 상승 에지에서 로드되거나 클리어될 수 있는 간단한 레지스터를 보여준다. 만약 CLR = 1이면 레지스터는 클리어되고, 만약 Ld = 1이면 D 입력들은 레지스터로 로드된다. 이 레지스터는 출력 Q가 Ld 혹은 Clr에서의 변화에 반응하는 것이 아니라 오직 클럭에지에 반응하여 변하게 되는 완전 동기식이다. 레지스터를 위한 VHDL 코드에서 Q와 D는 비트 벡터로서 3 **downto** 0으로 차원화되었다. 레지스터 출력들은 오직 클럭의 상승 에지에서만 변할 수 있기 때문에, CLR은 감도 리스트에 있지 않다. 그것은 그림 17-3에서처럼 먼저 검사되는 대신에 클럭의 상승 에지 후에 검사된다. 만약 Clr = Ld = '0'이면 Q는 변하지 않는다. Clr은 Ld 이전에 검사되기 때문에, 만약 Clr = '1'이면 **elsif**는 Ld가 검사되는 것을 막는다. 따라서 Clr는 Ld에 우선한다.

다음으로, VHDL 프로세스를 이용하여 좌방향 쉬프트 레지스터를 모델링하기로 한다. 그림 17-10에 있는 레지스터는 좌방향 쉬프트 제어입력(LS)을 추가한 것을 제외하고는 그림 17-9에 있는 것과 비슷하다. LS가 '1'일 때, 레지스터의 내용은 왼쪽으로 쉬프트되고 가장 오른쪽 비트는 Rin과 동일하게 설정된다. 쉬프팅(shifting)은 Q, Q(2 **downto** 0)의 가장 오른쪽 세 비트를 가져오고, 그것에 Rin을 붙여 완성된다. 예를 들어 만약 Q = "1101"이고 Rin = '0'이면 Q(2 **downto** 0) & Rin = "1010"이고, 이 값은 CLK의 상승 에지에서 Q 레지스터로 다시 로드된다. 만약 CLR = Ld = LS = '0'이면 Q는 변하지 않고 그대로 유지된다.

그림 17-9
동기 클리어와 로드를 가진 레지스터

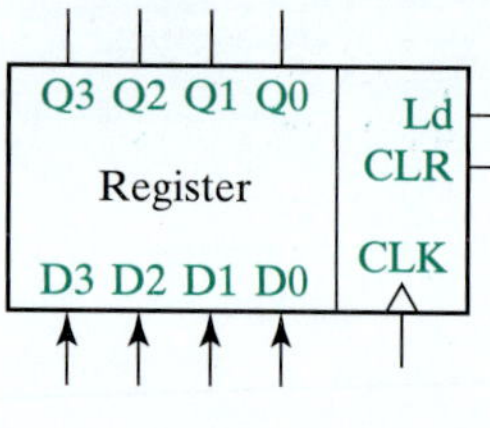


```
process (CLK)
begin
    if CLK'event and CLK = '1' then
        if CLR = '1' then Q <= "0000";
            elsif Ld = '1' then Q <= D;
        end if;
    end if;
end process;
```

그림 17-10 동기 클리어와 로드를 가진 좌방향 쉬프트 레지스터

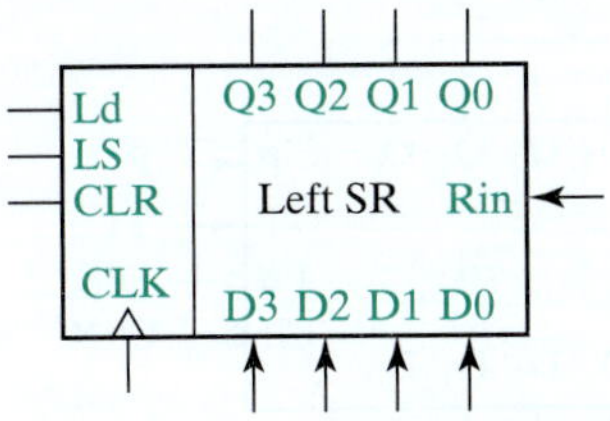


```
process (CLK)
begin
  if CLK'event and CLK = '1' then
    if CLR = '1' then Q <= "0000";
      elsif Ld = '1' then Q <= D;
      elsif LS = '1' then Q <= Q(2 downto 0) & Rin;
    end if;
  end if;
end process;
```

그림 17-11 간단한 동기 카운터를 위한 VHDL 코드

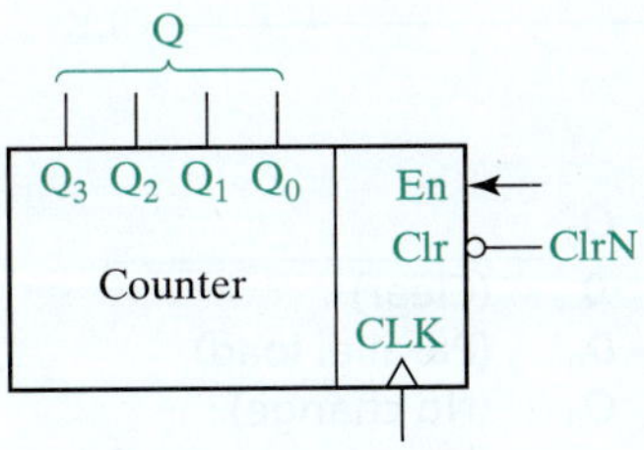


```
signal Q: std_logic_vector(3 downto 0);
------------
process (CLK)
begin
  if CLK'event and CLK = '1' then
      if ClrN = '0' then Q <= "0000";
          elsif En = '1' then Q <= Q + 1;
      end if;
  end if;
end process;
```

그림 17-11은 간단한 동기 카운터를 보여준다. 클럭의 상승 에지에서 카운터는 ClrN = '0'일 때 클리어되고, ClrN = En = '1'일 때 증가된다. 이 예에서 신호 Q는 카운터에 저장된 4비트 값을 나타낸다. 덧셈은 비트_벡터(bit_vector)로 정의되지 않았기 때문에 Q를 std_logic_vector형으로 선언한다. 그런 다음 ieee.std_logic_unsigned 패키지에서 정의한 과부하된 "+" 연산자를 사용하여 카운터를 증가시킬 수 있다. Q <= Q + 1; 문은 카운터를 증가시킨다. 카운터가 "1111" 상태에 있을 때 다음 증가는 그것을 "0000" 상태로 되돌린다.

74163(그림 17-12 참조)은 TTL과 CMOS 로직 군(logic fmailies)에서 이용 가능한 4비트 완전 동기식 2진 카운터이다. 비록 오늘날의 새로운 디자인에서는 드물게 사용될지라도 이것은 많은 CAD 설계 라이브러리에 있는 일반적인 형태의 카운터를 니터낸다. 이것은 카운팅 기능을 수행하는 것뿐만 아니라 클리어되고 병렬로 로드될 수 있다. 모든 동작은 클럭에 의해 동기화되고, 모든 상태 변화는 클럭 입력의 상승 에지에 따라서 일어난다.

이 카운터는 4개의 제어 입력을 갖는다(ClrN, LdN, P 및 T). 입력 P와 T는 카운팅 기능을 활성화하는 데 사용된다. 카운터의 동작은 다음과 같다.

1. 만약 ClrN = 0이면, 모든 플립플롭은 클럭의 상승 에지에 따라 0으로 설정된다.
2. 만약 ClrN = 1이고 LdN = 0이면, 클럭의 상승 에지에 따라 D 입력은 플립플롭에 병렬로 전달된다.
3. 만약 ClrN = LdN = 1이고 P = T = 1이면, 카운트는 활성화되고, 카운터 상태는 클럭의 상승 에지에 따라 1씩 증가될 것이다.

만약 T = 1이면 카운터는 상태 15에서 캐리(C_{out})를 생성하고, 따라서,

$$C_{out} = Q_3\, Q_2\, Q_1\, Q_0\, T$$

그림 17-12
8-비트 카운터 구성을 위해 종속 접속된 두 개의 74163 카운터

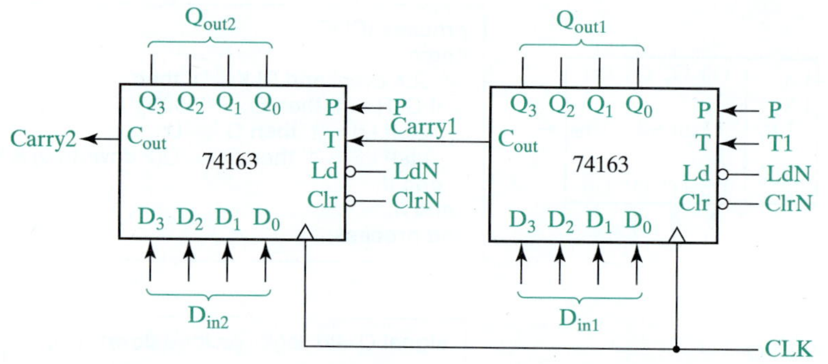

표 17-1
74163 카운터 동작

Control Signals			Next State				
ClrN	LdN	*PT*	Q_3^+	Q_2^+	Q_1^+	Q_0^+	
0	X	X	0	0	0	0	(Clear)
1	0	X	D_3	D_2	D_1	D_0	(Parallel load)
1	1	0	Q_3	Q_2	Q_1	Q_0	(No change)
1	1	1	Present state + 1				(Increment count)

표 17-1은 카운터의 동작을 요약해 놓았다. ClrN = 0일 때 LdN, P 및 T의 값에 관계없이 클리어한다는 의미에서 ClrN은 로드와 카운트 기능보다 우선한다는 것을 유념하라. 비슷하게, LdN은 카운트 기능보다 우선한다. 74163에서 ClrN 입력은 *동기 클리어*

그림 17-13
74163 카운터 모델

```
-- 74163 FULLY SYNCHRONOUS COUNTER
library IEEE;
use IEEE.STD_LOGIC_1164.ALL;
use IEEE.STD_LOGIC_ARITH.ALL;
use IEEE.STD_LOGIC_UNSIGNED.ALL;
entity c74163 is
  port(LdN, ClrN, P, T, CLK: in std_logic;
       D: in std_logic_vector(3 downto 0);
       Cout: out std_logic; Qout: out std_logic_vector(3 downto 0) );
end c74163;

architecture b74163 of c74163 is
signal Q: std_logic_vector(3 downto 0);          -- Q is the counter register
begin
  Qout <= Q;
  Cout <= Q(3) and Q(2) and Q(1) and Q(0) and T;
  process (CLK)
  begin
    if CLK'event and CLK = '1' then              -- change state on rising edge
      if ClrN = '0' then Q <= "0000";
        elsif LdN = '0' then Q <= D;
        elsif (P and T) = '1' then Q <= Q + 1;
      end if;
    end if;
  end process;
end b74163;
```

(*synchronous clear*)입력으로 불린다. 왜냐하면 그것은 클럭과 동기가 되어 카운터를 클리어하고 만약 클럭펄스가 존재하지 않는다면 어떤 클리어 동작도 일어나지 않기 때문이다.

이 카운터의 VHDL 기술을 그림 17-13에서 보였다. Q는 카운터를 구성하는 4개의 플립플롭을 나타낸다. 카운터 출력, Qout는 Q가 변할 때마다 변한다. 캐리 출력은 Q나 T가 변할 때마다 계산된다. 프로세스에서 첫 번째 if문은 Clk의 상승 에지에 대해 검사한다. 클리어는 로드와 카운트에 우선하기 때문에 다음 **if**문에서 먼저 ClrN을 검사한다. 로드는 카운트에 우선하기 때문에 LdN은 그 다음에 검사된다. 마지막으로, 카운터는 P와 T 둘 다 1이면 증가된다. Q는 std_logic_vector형이기 때문에 카운트를 증가시키고자 1을 더하기 위해 ieee_logic_unsigned 라이브러리로부터 오버 로드형 "+" 연산자를 사용할 수 있다. 만약 Q가 비트_벡터(bit_vector)이면 덧셈이 비트_벡터를 위해 정의되지 않았기 때문에 식 Q + 1은 적합하지 않다.

카운터를 검사하기 위해 필요한 8비트 카운터를 구성하도록 두 개의 74163을 종속접속했다(그림 17-12). 오른쪽의 카운터가 상태 1111에 있고 T1 = 1이면, 왼쪽 카운터의 T 입력은 Carry1 =1이 된다. 그때, 만약 P = 1이면 다음 클럭에서 오른쪽 카운터는 0000으로 증가되고 동시에 왼쪽 카운터도 증가된다. 그림 17-14에는 8-비트 카운터에 대한 VHDL 코드를 보여준다. 이 코드에서 우리는 컴포넌트(component)로써 c74163

그림 17-14
8-bit 카운터를 위한 VHDL

```
-- Test module for 74163 counter

library IEEE;
use IEEE.STD_LOGIC_1164.ALL;
use IEEE.STD_LOGIC_ARITH.ALL;
use IEEE.STD_LOGIC_UNSIGNED.ALL;

entity c74163test is
  port(ClrN, LdN, P, T1, CLK: in std_logic;
    Din1, Din2: in std_logic_vector (3 downto 0);
    Count: out integer range 0 to 255;
    Carry2: out std_logic);
end c74163test;

architecture tester of c74163test is
  component c74163
    port(LdN, ClrN, P, T, CLK: in std_logic;
      D: in std_logic_vector(3 downto 0);
    Cout: out std_logic; Qout: out std_logic_vector (3 downto 0) );
  end component;
  signal Carry1: std_logic;
  signal Qout1, Qout2: std_logic_vector (3 downto 0);
begin
  ct1: c74163 port map (LdN, ClrN, P, T1, CLK, Din1, Carry1, Qout1);
  ct2: c74163 port map (LdN, ClrN, P, Carry1, CLK, Din2, Carry2, Qout2);
  Count <= Conv_integer(Qout2 & Qout1);
end tester;
```

을 사용하고 그것의 두 복사본을 사례화했다. 출력을 읽는 데 있어서의 편의를 위해 8-비트 카운터 값에 해당하는 정수값을 갖는 신호 Count를 정의했다. 함수 Conv_integer는 std_logic_vector를 정수로 변환한다.

두 사례문(21행, 22행)은 4비트 카운터 컴포넌트의 두 복사본에 대한 입력과 출력들을 연결한다. 이 동시문들은 카운터 입력들 중의 하나가 변하면 각각 실행되고, 해당하는 카운터 모듈은 새로운 출력값들을 계산한다. 비록 4비트 카운터 모듈이(그림 17-13) 하나의 프로세서와 순서문들을 포함하지만 카운터 모듈을 사례화하는 각 사례문은 동시문이므로 프로세서 내부에 놓일 수 없다.

17.3 VHDL 프로세스를 이용한 조합논리 모델화

비록 프로세스들이 순서논리를 설계하는 데 매우 효과적일지라도 그것들은 또한 조합논리를 설계하는 데도 사용될 수 있다. 그림 10-1의 회로는 그림 17-15의 프로세스에 의해 설계될 수 있다.

조합회로용 프로세스(combinational process)에는 신호 할당을 위해 오른쪽 편에 나타나는 모든 신호가 감도 리스트에 나타나야만 한다. 초기값으로 A = 1 및 B = C = D = E = 0이라고 가정하자. 만약 B가 time = 4 ns에서 1로 변한다면 프로세스가 실행되고, 두 순서 할당문은 순서대로 실행된다. C의 새로운 값은 '1'로 계산되고, C는 5 ns 후에 변하도록 한다. 그동안, E는 C의 예전 값을 사용하여 즉시 계산되지만 C가 아직 변하지 않았기 때문에 변하지는 않는다. 5 ns 후에, C가 변하고, 그것은 감도 리스트에 있기 때문에 프로세스는 다시 실행된다. 그리고 순서문들은 다시 순서대로 실행한다. 이때 C는 변하지 않지만, E는 5 ns 후에 변하게 된다. E는 감도 리스트에 있지 않기 때문에, 더 이상의 프로세스 실행은 일어나지 않는다. 다음 목록은 그 동작을 요약한 것이다.

time	A	B	C	D	E
0	1	0	0	0	0
4	1	1	0	0	0
	프로세스 실행함(C ← 1, 5 ns 후 E ← 0, 변화 없음)				
9	1	1	1	0	0
	프로세스 실행함(C ← 1, 변화 없음 E ← 1, 5 ns 후)				
14	1	1	1	0	1
	A, B, C, 또는 D가 변하기 전까지는 더 이상의 실행이 없음				

그림 17-15
게이트 회로를 위한 VHDL 코드

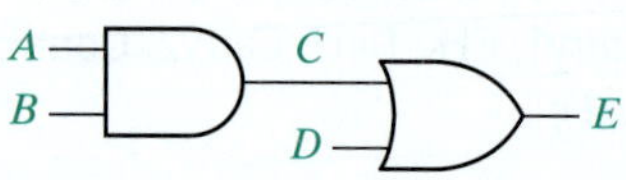


```
process (A, B, C, D)
begin
    C <= A and B after 5 ns;
    E <= C or D after 5 ns;
end process;
```

10.2절에서, 조건 신호 할당문과 선택 신호 할당문을 사용한 MUX를 설계했다. 이것들은 동시문이기 때문에 프로세스 안에서 사용될 수 없다. 그러나 **case**문은 프로세스 안에서 MUX를 설계하는 데 사용할 수 있는 순서문이다. 그림 10-7의 4-to-1 MUX는 다음과 같이 설계될 수 있다.

```
signal sel: bit_vector(0 to 1);
---------------------------------------------------
sel <= A&B;              -- a concurrent statement, outside of the process
process (sel, I0, I1, I2, I3)
begin
  case sel is            -- a sequential statement in the process
    when "00" =>      F <= I0;
    when "01" =>      F <= I1;
    when "10" =>      F <= I2;
    when "11" =>      F <= I3;
    when others => null;            -- required if sel is a std_logic_vector;
                                    -- omit if sel is a bit_vector
  end case;
end process;
```

case문은 다음과 같은 일반적인 형식을 가진다.

```
case expression is
  when choice1 => sequential statements1
  when choice2 => sequential statements2
  . . .
  [when others => sequential statements]
end case;
```

"expression"이 먼저 계산된다. 만약 그것이 "choice1"과 같으면 "sequential statements1"이 실행된다. 만약 그것이"choice2"와 같으면 "sequential statements2"가 실행된다. expression의 모든 가능한 값은 choices에 포함되어야만 한다. 만약 모든 값이 명확하게 주어지지 않는다면, case문에서"**when others**"절이 요구된다. 만약 다른 choice에 대해 어떠한 조치도 명시하지 않는다면 그 절은 다음과 같아야 된다.

```
when others => null;
```

17.4 순서머쉰의 모델화

이 장에서는 순서머쉰(sequential machine)을 위한 VHDL 기술을 작성하는 여러 방법들에 대해 논의하기로 한다. 먼저, 표 17-2의 상태표를 기초로 하여 밀리(Mealy) 순서회로에 대한 동작 모델을 작성한다. 이 표는 상태 이름이 바뀌어 있지만 16-3과 같다. 이것은 LSB를 먼저 입력하고 출력하는 BCD로부터 초과-3 코드로의 변환기(BCD to excess-3 code converter)를 나타낸다.

그림 17-16에서 보이는 것처럼, 밀리머쉰은 조합회로와 상태 레지스터로 구성되어 있다. 그림 17-17의 VHDL 모델은 회로의 이 두 부분을 나타내기 위해 두 개의 프로세스를 사용한다. *X*와 *Z*는 외부 신호이기 때문에 그것들은 포트에서 선언된다. 상태(State)와 차기 상태(Nextstate)는 순서회로의 현재 상태와 차기 상태를 나타내는 내부 신호이다. 따라서 그것들은 구조의 시작 부분에서 선언된다. 동작 레벨에서, 0~6까지 범위의 정수신호를 이용해 회로의 현재 상태와 차기 상태를 표현한다.

첫 번째 프로세스는 그림 17-16의 조합회로를 나타낸다. 회로출력, *Z*와 Nextstate은 State나 *X* 둘 중의 하나가 변할 때 변할 수 있기 때문에, 감도 리스트에는 State와 *X* 둘 다 포함된다. case문은 State의 값을 검사하고 그리고나서 각 상태에 대해 **if**문은 *Z*와 Nextstate의 새로운 값을 결정하기 위해 *X*를 검사한다. 상태 S6을 위해, *Z*와 Nextstate가 *X*에 독립적이 되도록 무관값(don't care)으로 할당한다. 두 번째 프로세스는 상태 레지스터를 나타낸다. 클럭의 상승 에지가 일어날 때마다, State는 Nextstate 값으로 갱신된다. 그래서 CLK는 감도 리스트에 나타난다. 두 프로세스에 대한 전형적인 실행 순서는 다음과 같다.

표 17-2 코드 변환기를 위한 상태표

PS	NS $X=0$	NS $X=1$	Z $X=0$	Z $X=1$
S0	S1	S2	1	0
S1	S3	S4	1	0
S2	S4	S4	0	1
S3	S5	S5	0	1
S4	S5	S6	1	0
S5	S0	S0	0	1
S6	S0	–	1	–

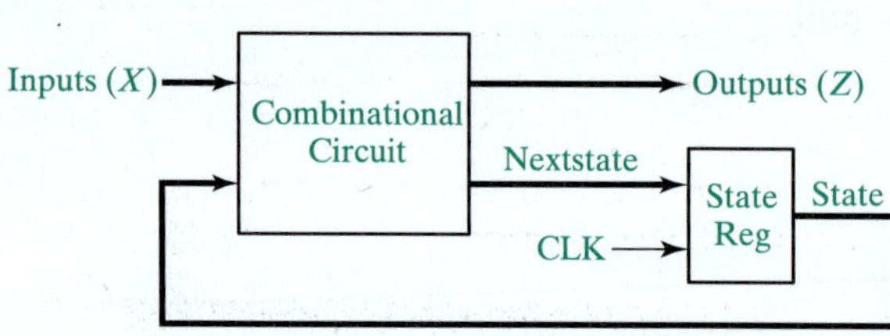

그림 17-16 밀리 순서머쉰의 일반적인 모델

그림 17-17
표 17-2에 대한 동작 모델

```
-- This is a behavioral model of a Mealy state machine (Table 17-2) based on its state
-- table. The output (Z) and next state are computed before the active edge of the clock.
-- The state change occurs on the rising edge of the clock.

entity SM17_2 is
  port (X, CLK: in bit;
    Z: out bit);
end SM17_2;

architecture Table of SM17_2 is
  signal State, Nextstate: integer range 0 to 6 := 0;
begin
  process(State, X)        -- Combinational Circuit
  begin
    case State is
    when 0 = >
      if X = '0' then Z <= '1'; Nextstate <= 1;
      else Z <= '0'; Nextstate <= 2; end if;
    when 1 =>
      if X = '0' then Z <= '1'; Nextstate <= 3;
      else Z <= '0'; Nextstate <= 4; end if;
    when 2 =>
      if X = '0' then Z <= '0'; Nextstate <= 4;
      else Z <= '1'; Nextstate <= 4; end if;
    when 3 =>
      if X = '0' then Z <= '0'; Nextstate <= 5;
      else Z <= '1'; Nextstate <= 5; end if;
    when 4 =>
      if X = '0' then Z <= '1'; Nextstate <= 5;
      else Z <= '0'; Nextstate <= 6; end if;
    when 5 =>
      if X = '0' then Z <= '0'; Nextstate <= 0;
      else Z <= '1'; Nextstate <= 0; end if;
    when 6 =>
      Z <= '1'; Nextstate <= 0;
    end case;
  end process;

  process (CLK)        -- State Register
  begin
    if CLK'event and CLK = '1' then        -- rising edge of clock
      State <= Nextstate;
    end if;
  end process;
end Table;
```

1. *X*가 변하고 첫 번째 프로세스가 실행된다. *Z*와 Nextstate의 새로운 값이 계산된다.
2. 클럭이 떨어지고 두 번째 프로세스가 실행된다. CLK ='0'이기 때문에 아무것도 일어나지 않는다.

3. 클럭이 올라가고 두 번째 프로세스가 다시 실행된다. CLK = '1'이기 때문에 State는 Nextstate 값과 동일하게 설정된다.
4. 만약 State가 변하면, 첫 번째 프로세스는 다시 실행된다. *Z*와 Nextstate의 새로운 값이 계산된다.

그림 17-17을 시험하기 위해 사용될 수 있는 시뮬레이터 명령 파일(command file)은 다음과 같다.

```
add wave CLK X State Nextstate Z
force CLK 0 0, 1 100 -repeat 200
force X 0 0, 1 350, 0 550, 1 750, 0 950, 1 1350
run 1600
```

첫 번째 명령은 출력 파형에 포함되어야 하는 신호를 명시한다. 다음 명령은 200 ns의 주기를 가지는 클럭을 정의한다. 시간 0 ns에서 CLK은 '0', 시간 100 ns에서는 '1'이고, 매 200 ns마다 반복된다. 다음과 같은 형식의 명령에서

```
force signal_name v1 t1, v2 t2, . . .
```

signal_name은 시간 t1에서 값 v1을, 시간 t2에서 값 v2 등등을 갖는다. *X*는 시간 0 ns에서 '0'이고, 시간 350 ns에서 '1'로 변하고, 시간 550 ns에서 '0' 등으로 변한다. *X* 입력은 순서열 0010 1001에 해당하고, 오직 *X*가 변하는 시간만 명시되어 있다. 앞에서 보여준 명령 파일의 실행은 그림 17-18에서 보이는 파형을 만들어낸다.

그림 17-17의 동작(behavioral) VHDL 모델은 상태표에 기초한다. 상태표로부터 차기 상태와 출력식을 유도한 후에, 이 식에 기초한 데이터 흐름 VHDL 모델을 작성할 수 있다. 그림 17-19의 VHDL 모델은 그림 16-2의 상태 할당을 사용하는 그림 16-3에서 유도된 차기 상태와 출력식에 기초로 한 것이다. 플립플롭은 CLK을 감도 리스트로 가지고 있는 프로세스에서 갱신된다. 클럭의 상승 에지가 일어날 때, Q1, Q2 및 Q3은 모두 새로운 값으로 할당된다. 10-ns 지연은 클럭의 활성에지와 플립플롭 출력의 변화 사이의 전파지연을 나타내기 위해 포함되었다. 비록 프로세스에서 할당문이 순서대로 실행되더라도, Q1, Q2 및 Q3은 모두 같은 시간, T + 10 ns에 갱신되도록 하였다. 여기서 T는 클럭의 상승 에지가 일어나는 시간이다. 따라서 Q1의 예전 값은 $Q2^+$를 계산하는 데 사용되고, Q1, Q2 및 Q3의 예전 값은 $Q3^+$를 계산하는 데 사용된다. *Z*를 위한 동시 할당문은 *X*나 Q3에서 변화가 일어날 때마다 *Z*가 갱신되게 한다. 20-ns 지연은 두 게이트 지연을 나타낸다.

그림 17-18
그림 17-17에 대한 파형

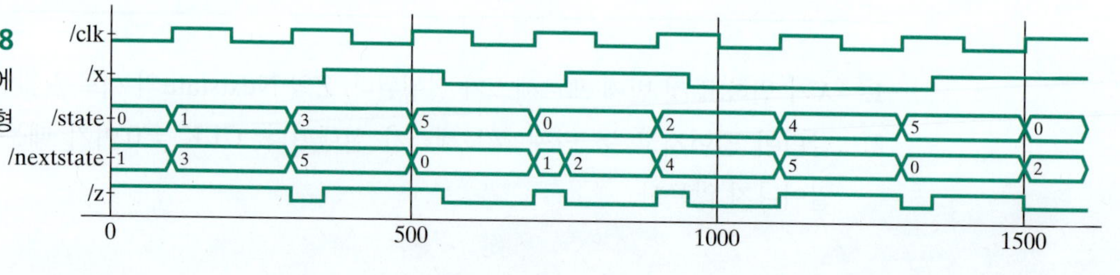

그림 17-19 방정식을 이용한 순서머쉰 모델

```
-- The following is a description of the sequential machine of Table 17-2 in terms
-- of its next-state equations. The following state assignment was used:
-- S0--> 0; S1--> 4; S2--> 5; S3-- > 7; S4-- > 6; S5--> 3; S6--> 2

entity SM17_2 is
  port (X, CLK: in bit;
    Z: out bit);
end SM17_2;

architecture Equations1_4 of SM17_2 is
  signal Q1, Q2, Q3: bit;
begin
  process(CLK)
  begin
    if CLK'event and CLK = '1' then        -- rising edge of clock
      Q1 <= not Q2 after 10 ns;
      Q2 <= Q1 after 10 ns;
      Q3 <= (Q1 and Q2 and Q3) or (not X and Q1 and not Q3) or
                  (X and not Q1 and not Q2) after 10 ns;
    end if;
  end process;
  Z <= (not X and not Q3) or (X and Q3) after 20 ns;
end Equations1_4;
```

게이트와 플립플롭과 같은 구성요소를 사용하여 순서회로를 설계한 후에 이러한 구성요소들의 실제적인 상호 연결에 기초한 구조적인 VHDL 모델을 작성할 수 있다. 그림 17-20은 그림 16-4의 회로에 대한 구조적인 VHDL 표현을 보여준다. 7개의 NAND 게이트, 3개의 D 플립플롭 및 한 개의 인버터가 사용된다. 이 모든 컴포넌트(component)들은 BITLIB라고 명명된 라이브러리에서 정의된다. 컴포넌트 선언과 정의는 bit_pack이라 불리는 패키지에 포함된다. **library**와 **use**문은 10.7절에서 설명된다. NAND 게이트와 D 플립플롭은 bit_pack에서 컴포넌트로써 선언되기 때문에 그것들은 VHDL 코드에서 명시적으로 선언되지 않는다. Q1, Q2 및 Q3는 '0'으로 초기화되기 때문에 플립플롭의 보수 출력(Q1N, Q2N 및 Q3N)은 '1'로 초기화된다. G1은 입력 Q1, Q2, Q3 및 출력 A1을 가지는 3-입력 NAND 게이트이다. FF1은 Q2N에 연결된 D 입력을 가지는 D 플립플롭(그림 17-1 참조)이다. Bit_pack에 있는 모든 게이트와 플립플롭은 10 ns의 기본적인 지연을 가진다. 다음의 시뮬레이터 명령 파일을 실행함으로써 그림 17-21의 파형을 얻게 된다.

그림 17-20 순서머신의 구조적인 모델

```
-- The following is a STRUCTURAL VHDL description of the circuit of Figure 16-4.

library BITLIB;
use BITLIB.bit_pack.all;

entity SM16_4 is
   port (X, CLK: in bit;
      Z: out bit);
end SM16_4;

architecture Structure of SM16_4 is
   signal A1, A2, A3, A5, A6, D3: bit: = '0';
   signal Q1, Q2, Q3: bit: = '0';
   signal Q1N, Q2N, Q3N, XN: bit: = '1';
begin
   I1: Inverter port map (X, XN);
   G1: Nand3 port map (Q1, Q2, Q3, A1);
   G2: Nand3 port map (Q1, Q3N, XN, A2);
   G3: Nand3 port map (X, Q1N, Q2N, A3);
   G4: Nand3 port map (A1, A2, A3, D3);
   FF1: DFF port map (Q2N, CLK, Q1, Q1N);
   FF2: DFF port map (Q1, CLK, Q2, Q2N);
   FF3: DFF port map (D3, CLK, Q3, Q3N);
   G5: Nand2 port map (X, Q3, A5);
   G6: Nand2 port map (XN, Q3N, A6);
   G7: Nand2 port map (A5, A6, Z);
end Structure;
```

그림 17-21 그림 16-4에 대한 파형

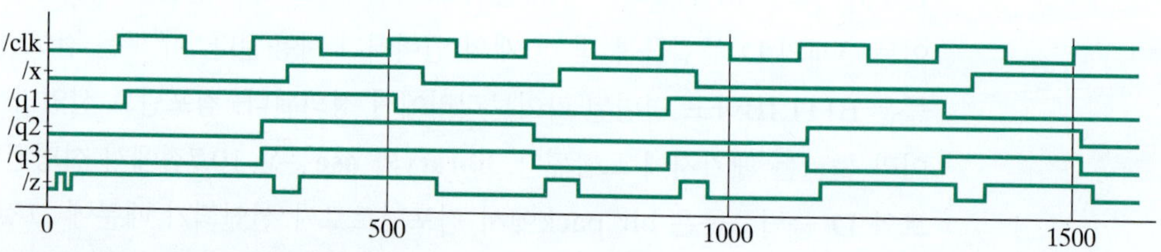


```
add wave CLK X Q1 Q2 Q3 Z
force CLK 0 0, 1 100 –repeat 200
force X 0 0, 1 350, 0 550, 1 750, 0 950, 1 1350
run 1600
```

다음으로, 그림 16-10에서 보이는 것처럼 ROM을 사용하여 표 16-6(a)의 상태 머신을 구현하기로 한다. VHDL 코드(그림 17-22)에서, 우리는 IEEE library와 IEEE standard Logic으로부터 패키지를 사용한다. 왜냐하면 합성툴(synthesis tools)은 종종 기본형으로써 std_logic과 std_logic_vector를 사용하기 때문이다. 상수 배열 ROM1은 ROM에 저장된 표 16-6(c)의 진리표를 나타낸다. ROM으로부터 데이터를 읽는 것은 4개의 동시문에 의해 이루어진다. 처음에, 배열의 인덱스인 ROM 주소는 4-비트 벡터를 구성하기 위해 *X*와 Q를 연결시킴으로써 형성된다. 인덱스는 conv_integer 함수를 호출함으로써 std_logic_vector에서 정수로 변환된다. ROM1 출력은 *Z* 출력과 차기 상태를 나타내는 D 벡터로 나누어진다. 프로세스는 클럭의 상승 에지에서 상태 레지스터를 갱신한다.

그림 17-22
ROM을 사용한 순서머신

```
library IEEE;
use IEEE.STD_LOGIC_1164.ALL;
use IEEE.STD_LOGIC_ARITH.ALL;
use IEEE.STD_LOGIC_UNSIGNED.ALL;

entity SM16_6 is
  Port ( X : in std_logic;
    CLK : in std_logic;
    Z : out std_logic);
end SM16_6;

architecture ROM of SM16_6 is
type ROM16X4 is array (0 to 15) of std_logic_vector (0 to 3);
constant ROM1: ROM16X4 : = ("1001", "1011", "0100", "0101",
                            "1101", "0000", "1000", "0000",
                            "0010", "0100", "1100", "1101",
                            "0110", "1000", "0000", "0000");
signal Q, D: std_logic_vector (1 to 3) := "000";
signal Index, Romout: std_logic_vector (0 to 3);
begin
Index <= X&Q; -- X&Q is a 4-bit vector: X Q1 Q2 Q3
Romout <= ROM1 (conv_integer(Index));
          -- this statement reads the output from the ROM
          -- conv_integer converts Index to an Integer
Z <= Romout(0);
D <= Romout(1 to 3);

process (CLK)
  begin
    if CLK'event and CLK = '1' then Q <= D; end if;
  end process;
end ROM;
```

다음으로, 표 13-4에 주어진 상태표에 대한 동작 VHDL 코드를 작성한다. 그림 17-17에서 한 것처럼 두–프로세스 모델을 사용하기로 한다. 상태표는 더 많은 열을 가지기 때문에 if-then-else를 사용하는 대신에 내포된 case문을 사용할 것이다. 그림 17-23은 조합회로 부분에 대한 VHDL 코드의 일부분을 보여준다. 첫 번째 case문은 현재 상태(State)에서 분기하고, 각 상태를 위한 내포된 case문은 X12(= X1&X2)에서 분기함으로써 Nextstate와 출력을 정의한다. 상태 레지스터를 갱신하는 두 번째 프로세스(보여주진 않았지만)는 그림 17-17에 있는 것과 동일하다. 무어머신(Moore machine)은 밀리머쉰과 같이 두 개의 프로세스를 사용하여 설계할 수 있다. 예를 들면, 표 14-3의 무어 표의 첫 번째 행은 다음과 같은 조합 프로세스 안에서 설계할 수 있다.

```
case state is
  when 0 =>
    Z <= '0';
    if X = '0' then Nextstate <= 0; else Nextstate <= 1; end if;
  . . .
```

Z 출력은 *X*가 검사되기 전에 명시화된다는 것을 유념하라. 왜냐하면 무어 출력은 입력이 아니라 상태에만 의존하기 때문이다.

그림 17-23 그림 13-4의 표에 대한 부분적인 VHDL 코드

```
entity Table_13_4 is
  port(X1, X2, CLK: in bit; Z1, Z2: out bit);
end Table_13_4;

architecture T1 of Table_13_4 is
signal State, Nextstate: integer range 0 to 3: = 0;
signal X12: bit_vector(0 to 1);
begin
  X12 < = X1&X2;
  process(State, X12)
  begin
    case State is
    when 0 =>
      case X12 is
        when "00" => Nextstate <= 3; Z1 <= '0'; Z2 <= '0';
        when "01" => Nextstate <= 2; Z1 <= '1'; Z2 <= '0';
        when "10" => Nextstate <= 1; Z1 <= '1'; Z2 <= '1';
        when "11" => Nextstate <= 0; Z1 <= '0'; Z2 <= '1';
        when others => null;                  -- not required since X is a bit_vector
      end case;
    when 1 = >                                -- code for state 1 goes here, etc.
```

17.5 VHDL 코드의 합성

VHDL을 위한 합성 소프트웨어는 VHDL 코드를 필요한 구성요소(component)와 구성요소들 간의 연결을 규정하는 회로 서술(circuit description)로 변환한다. VHDL 코드를 작성할 때, 단지 컴퓨터 프로그램을 작성하는 것이 아니라 하드웨어를 설계한다는 것을 항상 명심해야 한다. 각 VHDL문은 어떤 하드웨어의 요구사항을 의미한다. 그래서 서툴게 작성된 VHDL 코드는 서툴게 설계된 하드웨어를 도출할지도 모른다. 비록 모의실험될 때 VHDL 코드가 올바른 결과를 가져올지라도, 합성될 때 올바르게 동작하는 하드웨어를 도출하지 못할지도 모른다. 비록 모의실험 결과가 정확하더라도 타이밍

문제가 하드웨어를 적절하게 동작하지 못하게 할지도 모른다.

합성 소프트웨어는 VHDL 코드를 “탐색”하여 필요한 구성요소를 추론하려고 노력한다. 코드를 올바르게 합성하기 위해, 어떤 규칙을 따라야 한다. 클럭 신호의 상승 에지에서 상태가 변하는 플립플롭이나 레지스터를 추론하기 위해 다음과 같은 형식의 **if**절이 대부분의 합성기에 의해 요구된다.

```
if clock'event and clock = '1' then . . . end if;
```

앞의 문에서 **then**과 **end if** 사이의 모든 할당문에 대해, 할당의 왼쪽 편에 있는 신호는 레지스터나 플립플롭을 생성한다. 여기서 교훈은 만약 불필요한 플립플롭의 생성을 원하지 않는다면, 클럭형 프로세스(clocked process)에 신호 할당을 넣지 말라는 것이다. 만약 clock’event가 빠지면, 합성기는 플립플롭 대신에 래치를 만들지도 모른다.

합성이 시작되기 전에, 합성기가 어떤 구성요소를 사용할 수 있는지 알게 하기 위해 목표 소자(target device)를 명시화해야만 한다. 여기서 목표 소자는 클럭 인에이블(clock enable)이 있는 D 플립플롭(D-CE 플립플롭)을 갖는 CPLD나 FPGA라고 가정한다. 우리는 좌방향 쉬프트 레지스터(그림 17-10)에 대한 VHDL 코드를 합성하기로 한다. Q와 D는 4-비트 벡터이다. Q에 대한 갱신은 “CLK’event and CLK = ‘1’ then” 에 따르기 때문에 이것은 Q가 Q3, Q2, Q1 및 Q0이라고 라벨을 붙인 4개의 플립플롭으로 구성된 레지스터가 틀림없다고 추론한다. 플립플롭은 Clr, Ld 혹은 Ls가 ‘1’일 때 상태가 변할 수 있기 때문에 클럭 인에이블을 출력이 Clr + Ld + Ls인 OR 게이트에 연결한다. 그리고 나서 플립플롭으로 로드될 데이터를 선택하기 위해 게이트를 D 입력에 연결한다. 만약 Clr = 0이고 Ld = 1이면, D는 클럭 상승 에지에서 레지스터로 로드된다. 만약 Clr = Ld = 0이고 Ls =1이면, Q2는 Q3으로 로드되고, Q1은 Q2로 로드된다. 그림 17-24는 처음 두 플립플롭을 위한 논리회로를 보여준다. 만약 Clr = 1이면, D 플립플롭 입력은 0이고 레지스터는 클리어된다.

VHDL 합성기는 지연을 합성하지 못한다. “**after** time-expression” 형식의 절은 대부분의 합성기에 의해 무시될 것이지만, 몇몇 합성기는 **after**절의 제거를 요구한다. 비록 신호의 초기 값들이 포트와 신호 선언에서 명시화될지라도, 이 초기 값들은 합성기에 의해 무시된다. 만약 하드웨어가 특정한 초기 값으로 설정되어야 한다면, 리셋 신호가 있어야 한다. 그렇지 않으면 하드웨어의 초기 상태는 알 수 없으며 하드웨어는 제대로 작동하지 않을지도 모른다. 정수 신호가 합성될 때, 정수는 그것의 2진수 등가값으로 하드웨어에서 표현된다. 만약 정수의 범위가 명시화되지 않으면, 합성기는 최대 비트 수, 보통 32를 가정할 것이다. 따라서

```
signal count: integer range 0 to 7;
```

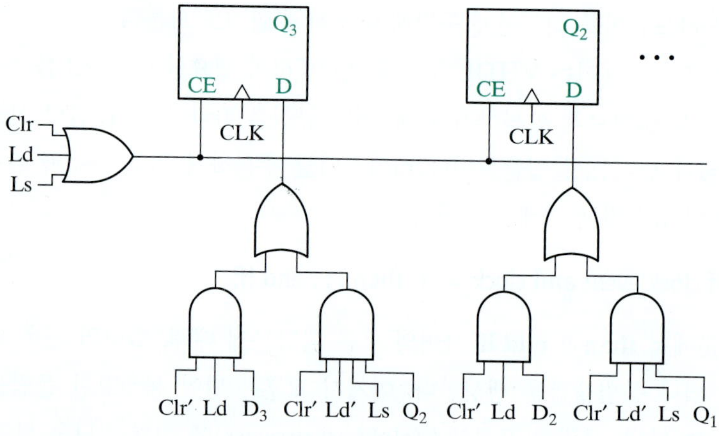

그림 17-24 그림 17-10의 VHDL 코드에 대한 합성

은 3-비트 카운터를 결과로 도출하지만,

```
signal count: integer;
```

은 32-비트 카운터를 결과로 도출할 것이다.

VHDL 신호는 그 값이 변할 때까지 현재 값을 계속 유지한다. 이것은 코드가 합성될 때 불필요한 래치(latch)의 생성을 가져올 수 있다. 예를 들면, 조합 프로세스에서 다음 문은 X가 '0'으로 변할 때 B의 값을 유지하기 위해 래치를 생성할 것이다.

```
if X = '1' then B <= 1; end if;
```

조합 프로세스에서 불필요한 래치의 생성을 피하기 위해 모든 if문에서는 항상 **else**절을 포함하도록 하라. 예를 들면, 다음은 B의 값을 1에서 2로 바꾸는 MUX를 생성할 것이다.

```
if X = '1' then B <= 1 else B <= 2; end if;
```

그림 17-25는 어큐뮬레이터를 가진 4-비트 덧셈기에 대한 VHDL 코드를 보여준다. 합성기가 이 코드를 분석할 때 그것은 14행으로부터 캐리 인(carry in)과 캐리 아웃(carry out)을 가진 4-비트 덧셈기의 존재를 추측한다. 클럭형 프로세스를 분석할 때 A가 클럭의 상승 에지에서 상태가 변하는 4-비트 레지스터라는 것을 11행, 19행 그리고 20행으로부터 추측한다. 또한 A로 로드될 B나 덧셈기 출력 둘 중 하나를 선택하기 위해 4-wide 2-to-1멀티플렉서의 존재를 추측한다. $Ld = 1$이거나 $Ad = 1$일 때 A가 로드되기 때문에 레지스터로의 CE 입력은 $Ld + Ad$이다. 이 시점에서, 합성된 코드에 대한 블록도는 그림 17-25에서 보이는 것과 비슷하다. 그리고 나서 합성기 출력은 최적화되고 특정한 목표 소자에 맞춰진다.

그림 17-25 어큐뮬레이터를 가진 4-비트 덧셈기에 대한 VHDL 코드와 합성 결과

```
library IEEE;
use IEEE.STD_LOGIC_1164.ALL;
use IEEE.STD_LOGIC_UNSIGNED.ALL;

entity adder is
   Port (B: in std_logic_vector(3 downto 0);
      Ld, Ad, Cin, CLK : in std_logic;
      Aout : out std_logic_vector(3 downto 0);
      Cout : out std_logic);
end adder;

architecture Behavioral of adder is
signal A : std_logic_vector(3 downto 0);
signal Addout : std_logic_vector(4 downto 0);
begin
   Addout  <= ('0' & A) + B + Cin;
   Cout <= Addout(4);
   Aout <= A;
process(CLK)
begin
   if CLK'event and CLK  = '1' then
      if Ld = '1' then A <= B;
      elsif Ad = '1'
         then A<= Addout(3 downto 0);
      end if;
   end if;
end process;
end Behavioral;
```

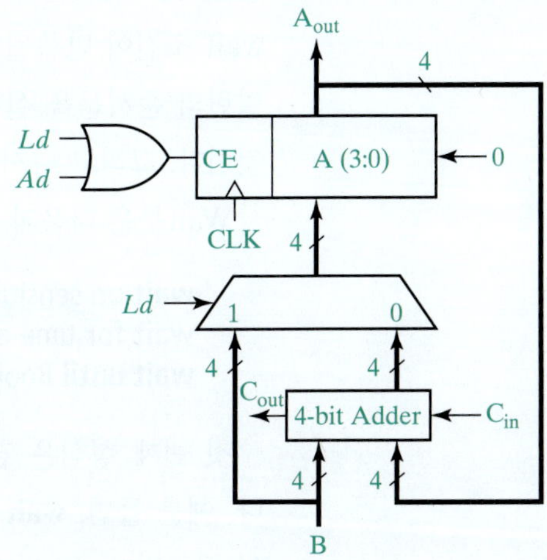

17.6 프로세스와 순서문에 대한 더 많은 것

프로세스에 대한 다른 형식은 감도 리스트 대신에 wait문을 사용한다. 프로세스는 wait문과 감도 리스트 둘 다를 가질 수는 없다. wait문을 가진 프로세스는 다음과 같은 형식을 가질 것이다.

```
process
begin
   sequential-statements
   wait-statement
   sequential-statements
   wait-statement
   . . .
end process;
```

이 프로세스는 wait문을 만날 때까지 순서문을 실행할 것이다. 그리고 나서 명시된 wait 조건이 만족될 때까지 기다릴 것이다. 그 후에 또 다른 wait문을 만날 때까지 다음 일련의 순서문을 실행할 것이고, 프로세스의 끝에 도달할 때까지 이런 방식으로 계속할 것이다. 그리고 나서 프로세스의 시작에서 다시 시작할 것이다.

Wait문은 다음과 같은 세 가지의 다른 형식이 될 수 있다.

```
wait on sensitivity-list;
wait for time-expression;
wait until Boolean-expression;
```

첫 번째 형식은 감도 리스트(sensitivity-list) 신호 중의 하나가 변할 때까지 기다린다. 예를 들면, **wait on** A, B, C;는 A, B, 혹은 C가 변할 때까지 기다리고, 그 뒤 실행이 진행된다. 두 번째 형식은 시간 식(time-expression)에 의해 명시된 시간이 다 지나갈 때까지 기다린다. 만약 **wait for** 5 ns;가 사용되면 프로세스는 계속하기 전에 5 ns 동안 기다린다. 만약 **wait for** 0 ns;가 사용되면 기다리는 시간은 하나의 Δ시간 동안이다. **wait for** xx ns 형식의 wait문은 시뮬레이션을 위한 VHDL 코드 작성에는 유용하다. 그러나 그것들은 합성이 불가능하기 때문에 합성을 위한 VHDL 코드를 작성할 때는 사용해서는 안 된다. 세 번째 형식의 wait문에 대해서, 부울식은 신호 중의 하나가 변할 때마다 계산되고, 프로세스는 식이 TRUE로 평가될 때 실행을 계속한다. 예를 들면

```
wait until A = B;
```

위의 문은 A나 B 둘 중 하나가 변할 때까지 기다릴 것이다. 그리고나서 A = B가 계산되고 만약 결과가 TRUE이면 프로세스는 계속 실행될 것이고, 아니면 프로세스는 A나 B가 다시 변하고 A = B가 TRUE가 될 때까지 계속 기다릴 것이다.

VHDL 시뮬레이터가 초기화된 후에, 감도 리스트를 가진 각 프로세스를 전체적으로 한 번실행한다. 그리고 나서 감도 리스트에 있는 신호 중의 하나가 변할 때까지 프로세스의 초기에서 기다린다. 만약 프로세스가 wait문을 갖는다면 초기에 wait문을 만날 때까지 실행할 것이다. 따라서 다음의 프로세스는 그림 17-15에 있는 것과 동등하다.

```
process
begin
   C <= A and B after 5 ns;
   E <= C or D after 5 ns;
   wait on A, B, C, D;
end process;
```

프로세스의 끝에 있는 wait문은 시작에서 감도 리스트를 대체한다. 두 프로세스 모두는 이런 방식으로 순서문을 처음으로 한 번 실행하고, 그 뒤 A, B, C 또는 D가 변할 때까지 기다린다.

프로세스에서 순서문이 실행되는 순서는 반드시 신호가 갱신되는 순서는 아니다. 다

음 예를 생각해 보자.

```
process
begin
   wait until CLK'event and CLK = '1';
   A <= E after 10 ns;        -- (1)
   B <= F after 5 ns;         -- (2)
   C <= G;                    -- (3)
   D <= H after 5 ns;         -- (4)
end process;
```

이 프로세스는 상승 클럭에지를 기다린다. 클럭이 시간 = 20 ns에서 상승한다고 가정해 보라. 문 (1), (2), (3), (4)는 즉시 순서대로 실행한다. A는 시간 = 30 ns에서 E로 변하도록 계획되어 있다. B는 시간 = 25 ns에서 F로 변하도록 예정된다. C는 시간 = 20 + ns에서 G로 변하도록 계획된다. 그리고 D는 시간 = 25 ns에서 H로 변하도록 예정된다. 시뮬레이션 시간이 진행됨에 따라 처음에 G가 변한다. 그리고 나서 B와 D가 시간 = 25 Δ ns에서 변하고 마지막으로 A가 30 ns에서 변한다. Clk가 '0'으로 변할 때, wait 문은 다시 계산된다. 그러나 clk가 1로 변할 때까지 계속 기다린 다음 남은 문들이 다시 실행된다.

만약 프로세스에서 여러 VHDL문이 주어진 시간에 같은 신호를 갱신한다면, 마지막 값이 우선한다. 예를 들면,

```
process (CLK)
begin
   if CLK'event and CLK = '0' then
      Q <= A; Q <= B; Q <= C;
   end if;
end process;
```

CLK가 '1'에서 '0'으로 변할 때마다, 시간이 지나면, Q는 C로 변할 것이다.

이 장에서는 감도 리스트를 가진 프로세스와 wait문을 가진 프로세스를 소개하였다. 프로세스 내에 있는 문들은 오직 오른쪽 편에 있는 신호가 변할 때에만 실행하는 동시문과 대조적으로 순서대로 실행되기 때문에 순서문이라고 불린다. 신호 할당문은 동시 혹은 순서 둘 중에 하나일 수 있다. 그러나 **if**와 **case**문은 항상 순서적이다. 그러나 조건적 신호 할당문과 선택 신호 할당문은 항상 동시적이다.

연습문제

17.1 액티브-로우(active-low) 비동기 클리어를 가진 T 플립플롭을 위한 VHDL 코드를 작성하라.

17.2 동기 클리어를 가진 아래의 우방향 쉬프트 레지스터를 위한 VHDL 코드를 작성하라.

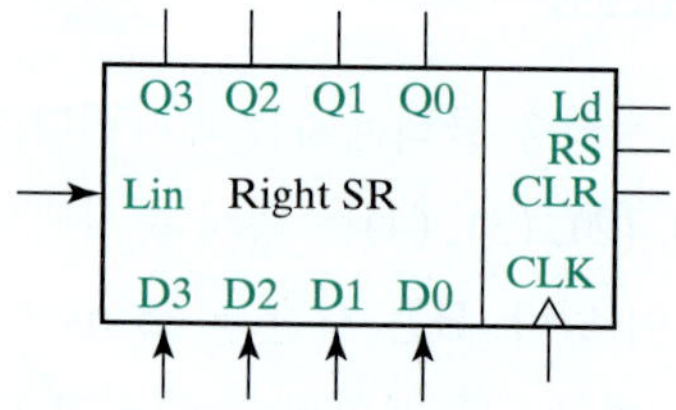

17.3 출력 Q를 가진 4-비트 업-다운 2진 카운터는 다음과 같이 동작한다. 모든 상태 변화는 비동기 클리어(ClrN)를 제외하고, CLK 입력의 상승 에지에서 일어난다. ClrN = 0일 때 카운터는 다른 입력의 값에 관계없이 리셋된다.

만약 LOAD 입력이 0이면, 데이터 입력 D는 카운터로 로드된다.
만약 LOAD = ENT = ENP = UP = 1이면, 카운터는 증가된다.
만약 LOAD = ENT = ENP = 1이고 UP = 0이면 카운터는 감소된다.
만약 ENT = UP = 1이면 카운터가 상태 15에 있을 때 캐리 출력 (CO) = 1이다.
만약 ENT = 1이고 UP = 0이면 카운터가 상태 0에 있을 때 캐리 출력 (CO) = 1이다.

(a) 카운터를 VHDL로 기술하라.

(b) 이들 4-비트 카운터 2개를 사용한 8-비트 2진 업-다운 카운터의 블록도를 그리고 VHDL 코드를 작성하라.

17.4 case문을 가진 프로세스를 사용하여 주어진 회로를 표현하라.

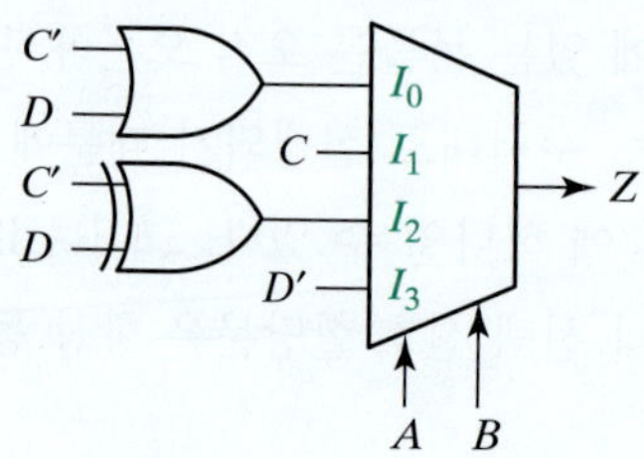

17.5 표 14-1의 순서머쉰에 대한 VHDL 모듈을 작성하라. 그림 17-17에서와 같이 두 개의 프로세스를 사용하라.

17.6 (a) 표 13-4가 어떻게 한 개의 ROM과 D 플립플롭(상승 에지 트리거)들을 사용하여 구현 될 수 있는지를 보여주는 블록도를 그려라.

(b) (a) 부분의 회로를 위한 VHDL 코드를 작성하라. 2진 상태 할당을 이용하고 X1& X2 & Q1&Q2로써 ROM 주소를 구성하라.

17.7 (a) 게이트와 D-CE 플립플롭을 사용하여 다음의 VHDL 코드를 구현하는 회로를 그려라.

```
signal A,B,Q: bit_vector(1 to 2);
-------------------------------
process(CLK)
  if CLK'event and CLK = '0' then
    if LdA = '1' then Q <= A;
      elsif LdB = '1' then Q <= B;
    end if;
  end if;
end process;
```

(b) 만약 LdA = LdB = '1'이 결코 일어나지 않는다면 여러분의 회로는 어떻게 간략화 될 수 있는지를 보여라. 당신의 간략화된 회로에 MUX들과 D-CE 플립플롭들을 사용하라.

17.8 아래의 VHDL 프로세스에서 A, B, C, 그리고 D는 모두 시간 = 10 ns에서 0의 값을 가지는 정수들이다. 만약 시간 20 ns에서 E가 '0'에서 '1'로 변하면 각 신호가 변할 시간과 변할 값을 기술하라.

```
p1: process
  wait on E;
  A <= 1 after 15 ns;
  B <= A + 1;
  C <= B + 1 after 10 ns;
  D <= B + 2 after 3 ns;
  A <= A + 5 after 15 ns;
  B <= B + 7;
end process p1;
```

17.9 상승 에지 클럭을 가진 S-R 플립플롭을 위한 VHDL 코드를 작성하라. 표준 로직을 사용하고, 그리고 만약 클럭 상승 에지에서 $S = R =$ '1'이면 출력은 'X'이다.

17.10 그림 17-2의 코드를 사용하여 D-G 래치를 위한 VHDL 모듈을 작성하라. 그 뒤, 여러분이 작성한 D-G 래치 모듈의 두 실례를 이용하여 그림 11-19에서 보여진 D 플립플롭을 구현하기 위한 VHDL 모듈을 작성하라.

17.11 다음의 VHDL 코드에 의해 설명되는 소자는 어떤 것인가?

```
process(CLK, CLR, PRE)
  if CLR = '1' then Q <= '0';
    elsif PRE = '1' then Q <= '1';
    elsif CLK'event and CLK = '1' and CE = '1' then Q <= D;
  end if;
end process;
```

17.12 데이터 입력과 3-상태(tri-state) 출력을 가진 8-비트 레지스터를 위한 VHDL 코드를 작성하라. 제어입력 Ld(로드)와 En(3-상태 출력 인에이블)을 사용하라.

17.13 **if**와 **elsif**문을 사용하여 4-to-2 우선순위 인코더(priority encoder)를 구현하라.

17.14 4-비트 비교기를 위한 VHDL 모듈을 작성하라. 비교기는 4-비트 std_logic 벡터인 A, B 두 입력과 세 std_logic 출력, AGB, ALB 및 AEB를 가진다. 만약 A가 B보다 더 크면 AGB = '1'이고, 만약 A가 B보다 작으면 ALB = '1'이다. 그리고 A와 B가 같으면 AEB = '1'이다.

17.15 3-비트 제어 입력 A를 가진 6-비트 슈퍼-레지스터(Super-Register)를 위한 VHDL 코드를 작성하라. 레지스터는 다음 표에 따라 동작한다.

A	Action
000	Hold State
001	Shift Left
010	Shift Right
011	Synchronous Clear
100	Synchronous Preset
101	Count Up
110	Count Down
111	Load

레지스터는 또한 6-비트 출력 Q, 6-비트 입력 D, 우방향-쉬프트-인(Right-Shift-In) 입력 RSI 및 좌방향-쉬프트-인(Left-Shift-In) 입력 LSI를 가진다. **case**문을 사용하라.

17.16 7-세그먼트 표시(seven-segment display)에 BCD 입력값을 보여줄 VHDL 코드를 작성하 라. 이 조합회로를 설계하기 위해 한 개의 **case**문을 가진 단일 프로세스를 사용하라. 7-세그먼트 표시의 블록도는 그림 8-15를 참조하라.

17.17 다음에 보여진 밀리머쉰(Mealy machine)과 무어머쉰(Moore machine)은 둘 다 연속된 입력들을 exclusive-OR하여 출력으로 내보낸다. 각 플립플롭은 클럭에지와 ClrN으로부터 10 ns의 지연 시간을 가지고 있으며, exclusive-OR 게이트는 10 ns의 지연 시간을 갖는 것으로 가정하라. ClrN은 비동기 클리어 신호이다.

(a) 밀리회로에 대한 데이터 흐름 표현(dataflow description) 방식으로 VHDL 모델을 작성하라. 모든 신호에 대하여 std_logic형을 할당한다.

(b) 여러분이 작성한 코드를 400 ns 동안 시뮬레이션하라. 그리고 다음의 입력 패턴에 대하여 파형을 기록하라.

ClrN 0 at 0 ns, 1 at 20 ns
x 1 at 0 ns, 0 at 60 ns, 1 at 140 ns, 0 at 220 ns
CLK symmetrical 80 ns period starting at 0

(c) 무어회로에 대하여 (a)를 반복하라.

(d) 무어회로에 대하여 (b)를 반복하라.

(e) 두 회로로부터 나오는 출력의 차이점을 설명하라. 두 회로에 대하여 파형에서 입력과 출력들의 순서열을 보여라.

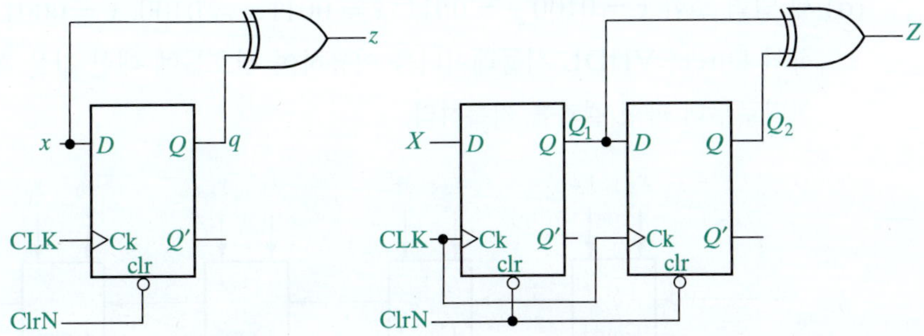

17.18 Modulo 8 카운터는 상태 $Q_0Q_1Q_2Q_3$ = 1000, 1100, 0100, 0110, 0010, 0011, 0001, 1001를 순환한다. 이 카운터는 8개의 출력이 있다. 카운터 상태가 1000이고 CLK이 0일 때 Z_0 =1이고 나머지 경우는 $Z_0 = 0$; 카운터 상태가 1100이고 CLK이 0일 때 $Z_1 = 1$이고 나머지 경우는 $Z_1 = 0$; ... . 카운터 상태가 1001이고 CLK이 0일때 Z_7 =1이고 나머지 경우는 $Z_7 = 0$. 이 카운터는 액티브-로우(active-low) 리셋(reset) 입력 ClrN을 가지고 있다.

(a) 카운터 출력들에 대한 *최소* 방정식(<u>minimum</u> equation)을 유도하라.

(b) 이 카운터가 D 플립플롭으로 구현된다고 가정하고, 플립플롭들을 위한 <u>최소</u> 입력 방정식(<u>minimum</u> input equation)을 구하라.

(c) 이 카운터가 D-CE 플립플롭으로 구현된다고 가정하고, 플립플롭들을 위한 <u>최소</u> 입력 방정식(<u>minimum</u> input equation)을 구하라.

(d) 플립플롭들이 상승 에지에서 동작한다고 가정하고 카운터에 대한 동작적 표현(behavioral description)으로 VHDL 코드를 작성하라.

(e) (b) 부분의 방정식을 사용하여 카운터에 대한 VHDL 코드를 작성하라(데이터 흐름 표현). 당신의 코드를 검증하기 위해 한 사이클 동안 카운터를 시뮬레이션 하라.

(f) (c) 부분의 방정식을 사용하여 카운터에 대한 VHDL 코드를 작성하라(데이터 흐름 표현). 당신의 코드를 검증하기 위해 한 사이클 동안 카운터를 시뮬레이션 하라.

17.19 $Q_0Q_1Q_2Q_3$ = 1000, 1100, 1110, 0110, 0010, 0011, 1011, 1001로 순환하는 modulo 8 카운터에 대하여 문제 17.18을 반복하라.

17.20 다음은 두 4-비트 양수를 비교하기 위한 반복 회로이다. 이 회로의 Cmp 모듈들은 모두 동일하다. ig와 ie가 적절한 입력들일 때, x가 y보다 크면 출력은 og = 1, oe = 0이고, x와 y가 같으면 출력은 og = 0, oe = 1이며, y가 x보다 크면 og = 0, oe = 0이다.

(a) Cmp 모듈을 기술하기 위한 로직 방정식(logic equation)을 유도하라.

(b) (a) 부분에서의 방정식을 사용하여 데이터흐름 표현(dataflow description)으로 Cmp 모듈에 대한 VHDL 코드를 작성하라.

(c) (b) 부분에 정의된 VHDL 모듈을 이용하여 4-비트 비교기에 대한 구조적(structural) VHDL 코드를 작성하라.

(d) 세 입력 조합 $x = 0100$ $y = 0011$, $x = 0011$ $y = 0100$, $x = 0001$ $y = 0001$에 대하여 Direct VHDL 시뮬레이터를 이용하여 신호들에 대한 값을 획득하라. 시뮬레이터로부터 파형 결과를 기록하라.

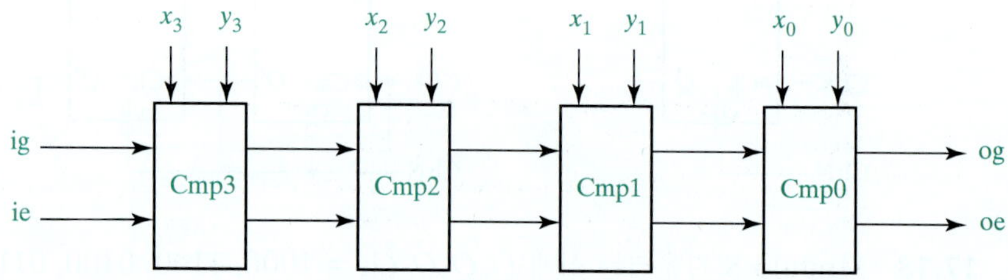

17.21 다음의 반복회로는 우선순위 선택(priority selection) 회로이다. 입력들 중 한 개 이상이 1이면 osel = 0이고 y_i =1이다. 여기서 i 는 x_i = 1인 가장 큰 인덱스 값이다. 입력들 중 1이 하나도 없으면 모든 출력값은 0이고 osel = 1이다. 아래 회로의 네 모듈은 서로 동일하다.

(a) Pr 모듈을 기술하는 로직 방정식을 유도하라.

(b) (a) 부분에서의 방정식을 이용하여 데이터흐름 표현(dataflow description)으로 Pr 모듈에 대한 VHDL 코드를 작성하라.

(c) (b) 부분에서 정의된 VHDL 모듈을 이용하여 4-비트 우선순위 선택기에 대한 구조적 VHDL 코드를 작성하라.

(d) 세 입력 조합 $x = 1000$, $x = 0111$, $x = 0000$에 대하여 Direct VHDL 시뮬레이터를 이용하여 신호들에 대한 값을 획득하라. 시뮬레이터로부터 파형 결과를 기록하라.

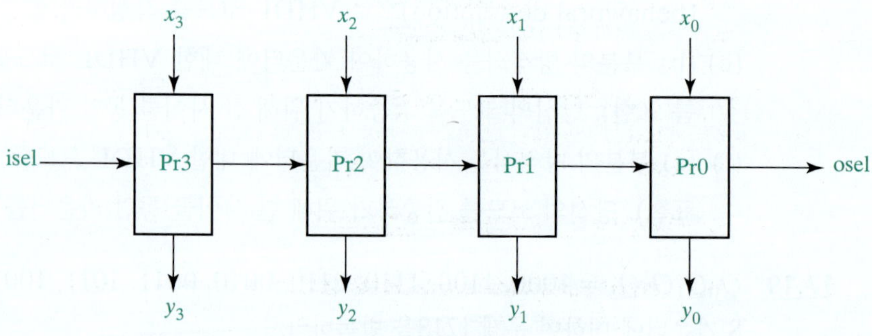

17.22 한 개의 입력 X와 한 개의 출력 Z를 가진 밀리 순서머신은 다음의 상태표를 가진다. 한 개의 ROM(그림 17-22에 있는 것처럼)과 직접적인 2진 할당(straight binary assignment)을 사용하여 이 순서머신을 위한 VHDL 코드를 작성하라.

Present State	Next State $X=0$	$X=1$	Z $X=0$	$X=1$
S0	S1	S0	0	0
S1	S0	S2	1	0
S2	S3	S2	1	1
S3	S0	S1	0	1

17.23 그림 17-19에 있는 것과 같은 방정식과 one-hot 상태 할당을 사용하여 문제 17.22을 반복하라(*힌트*: 만약 상태 그래프를 먼저 그린다면 one-hot 상태 할당을 적절하게 하는 것이 더 쉬울지도 모른다).

17.24 다음은 2-to-1 MUX에 대한 VHDL 코드이다. 하지만 코드 속에는 오류가 있다. 어떤 오류가 있는가?

```
library IEEE;
use IEEE.STD_LOGIC_1164.ALL;
entity mux2 is
   port (d0, d1 : in bit;
   sel : in Boolean;
   z : out bit);
end mux2;

architecture bvhr of mux2 is
   signal muxsel : integer range 0 to 1;
begin
  process(d0, d1, select)
  begin
    muxsel <= 0;
    if sel then muxsel <= muxsel + 1; end if;
    case muxsel is
      when 0 => z <= d0 after 2ns;
      when 1 => z <= d1 after 2ns;
    end case;
  end process;
end bvhr;
```

17.25 다음의 VHDL 코드로 구현되는 상태표를 구하라.

```
entity Problem17_25 is
   port(X, CLK: in bit;
   Z1, Z2: out bit);
end Problem17_25;

architecture Table of Problem17_25 is
   signal State, Nextstate: integer range 0 to 3 : = 0;
begin
   process(State, X)        --Combinational Circuit
   begin
      case State is
      when 0 =>
```

```
        if X = '0' then Z1 <= '1'; Z2 <= '0'; Nextstate <= 0;
        else Z1 <= '0'; Z2 <= '0'; Nextstate <= 1; end if;
      when 1 =>
        if X = '0' then Z1 <= '0'; Z2 <= '1'; Nextstate <= 1;
        else Z1 <= '0'; Z2 <= '1'; Nextstate <= 2; end if;
      when 2 =>
        if X = '0' then Z1 <= '0'; Z2 <= '1'; Nextstate <= 2;
        else Z1 <= '0'; Z2 <= '1'; Nextstate <= 3; end if;
      when 3 =>
        if X = '0' then Z1 <= '0'; Z2 <= '0'; Nextstate <= 0;
        else Z1 <= '1'; Z2 <= '0'; Nextstate <= 0; end if;
      end case;
    end process;
    process(CLK)        -- State Register
      begin
        if CLK'event and CLK = '1' then        -- rising edge of clock
        State <= Nextstate;
      end if;
    end process;
end Table;
```

17.26 다음의 VHDL 코드로 구현되는 상태표를 구하라.

```
entity Problem17_26 is
   port(X, CLK: in bit;
      Z: out bit);
end Problem17_26;
architecture Table of Problem17_26 is
   signal State, Nextstate: integer range 0 to 3 : = 0;
begin
   process(State, X)        --Combinational Circuit
   begin
      case State is
      when 0 => Z <= '1';
         if X = '0' then Nextstate <= 1;
         else Nextstate <= 2; end if;
      when 1 => Z <= '0'
         if X = '0' then Nextstate <= 3;
         else Nextstate <= 2; end if;
      when 2 => Z <= '0';
         if X = '0' then Nextstate <= 1;
         else Nextstate <= 0; end if;
      when 3 => Z <= '0';
         if X = '0' then Nextstate <= 0;
         else Nextstate <= 1; end if;
```

```
      end case;
   end process;
-- the clocked process goes here, same as in Problem 17.25
end Table;
```

17.27 다음의 VHDL 코드로 구현되는 상태표를 구하라.

```
entity Problem17_27 is
   port(X1, X2, CLK: in bit;
      Z: out bit);
end Problem17_27;

architecture Table of Problem17_27 is
   signal State, Nextstate: integer range 0 to 2 : = 0;
   signal X12: bit_vector(0 to 1);
begin
   X12 <= X1&X2;
   process(State, X12)      --Combinational Circuit
   begin
      case State is
      when 0 => Z <= '0';
         case X12 is
            when "00" => Nextstate <= 0;
            when "01" => Nextstate <= 1;
            when "10" => Nextstate <= 2;
            when "11" => Nextstate <= 0;
         end case;
      when 1 => Z <= '0';
         case X12 is
            when "00" => Nextstate <= 0;
            when "01" => Nextstate <= 1;
            when "10" => Nextstate <= 2;
            when "11" => Nextstate <= 1;
         endcase;
      when 2 => Z <= '1';
         caseX12is
            when "00" => Nextstate <= 0;
            when "01" => Nextstate <= 1;
            when "10" => Nextstate <= 2;
            when "11" => Nextstate <= 2;
         end case;
      end case;
   end process;
-- the clocked process goes here, same as in Problem 17.25.
end Table;
```

17.28 상태 머쉰에 대한 VHDL 세부 코드는 다음과 같다. 이 머쉰은 하나의 2진 입력(클럭과 리셋 입력이 추가로 포함됨)과 하나의 2진 출력을 가지고 있다.

(a) 이 상태 머신에 대한 상태표를 구하라.

(b) 입력열 xin = 0101110111에 대하여 이 회로를 시뮬레이션하라. 파형을 기록하고 발생한 출력열을 나열하라. xin에서의 변화는 CLK의 상승 에지 후 1/4 클럭 주기에 일어난다고 가정하라.

(c) 이 상태 머신을 기술하는 최소 행 상태표(minimum row state table)를 구하라.

(d) 어떤 입력열이 출력을 1이 되게 하는가?(힌트: 이 머신은 두 가지 다른 패턴으로 끝나는 열을 인식한다)

```
library IEEE;
use IEEE.STD_LOGIC_1164.ALL;
entity pttrnrcg is
  port (CLK, rst, xin : in std_logic;
  zout : out std_logic);
end pttrnrcg;

architecture sttmchn of pttrnrcg is
  type mchnstate is (s1, s2, s3, s4, s5, s6, s7, s8, s9, s10);
  signal state, nextstate: mchnstate;
begin

 cmb_lgc: process(state, xin)
 begin
   case state is
    when s1 =>
     zout <= '0';
     if xin = '0' then nextstate <= s2; else nextstate <= s10; end if;
    when s2 =>
     zout <= '0';
     if xin = '0' then nextstate <= s2; else nextstate  <= s3; end if;
    when s3 =>
     zout <= '1';
     if xin = '0' then nextstate <= s4; else nextstate <= s6; end if;
    when s4 =>
     zout <= '0';
     if xin = '0' then nextstate <= s7; else nextstate <= s8; end if;
    when s5 =>
     zout <= '1';
     if xin = '0' then nextstate <= s9; else nextstate <= s10; end if;
    when s6 =>
     zout <= '0';
     if xin = '0' then nextstate <= s9; else nextstate <= s10; end if;
    when s7 =>
     zout <= '0';
     if xin = '0' then nextstate <= s2; else nextstate <= s3; end if;
    when s8 =>
```

```
    zout <= '1';
    if xin = '0' then nextstate <= s4; else nextstate <= s5; end if;
  when s9 =>
    zout <= '0';
    if xin = '0' then nextstate <= s7; else nextstate <= s8; end if;
  when s10 =>
    zout <= '0';
    if xin = '0' then nextstate <= s9; else nextstate <= s10; end if;
 end case;
end process cmb_lgc;

stt_trnstn: process(CLK,rst)
begin
 if rst = '1' then
  state <= s1;
  elsif Rising_Edge (CLK) then
  state <= nextstate;
 end if;
end process stt_trnstn;
end sttmchn;
```

17.29 다음은 순서 회로에 대한 VHDL 세부 코드이다. 이 회로는 하나의 2진 입력(클럭과 리셋 입력이 추가로 포함됨)과 하나의 2진 출력을 가지고 있다. 이 순서회로에 대한 네 개의 아키텍처(architecture)가 주어져 있다.

(a) 각각 아키텍처들에 대하여 이것에 의하여 기술되는 회로도를 그려라. D 플립플롭, AND, OR, NOT 게이트를 사용하라.

(b) 이 아키텍처들에 의해 만들어지는 출력들에는 어떤 차이점들이 있는가?

```
library IEEE;
use IEEE.STD_LOGIC_1164.ALL;
entity diff1 is
 port (CLK, rst, xin : in std_logic;
 zout : out std_logic);
end diff1;

architecture df1 of diff1 is
  signal y0,y1,nxty0,nxty1 : std_logic;
begin
 process(y0,y1,xin)
 begin
  zout <= y0 AND (xin XOR y1); nxty0 <= NOT y0; nxty1 <= xin;
 end process;
 process(CLK,rst)
 begin
  if rst = '1' then
   y0 <= '0'; y1 <= '0';
   elsif Rising_Edge (CLK) then
```

```
      y0 <= nxty0; y1 <= nxty1;
    end if;
  end process;
end df1;

architecture df2 of diff1 is
   signal y0,y1,nxty0,nxty1 : std_logic;
begin
   zout <= y0 AND (xin XOR y1); nxty0 <= NOT y0; nxty1 <= xin;
  process(CLK,rst)
  begin
    if rst = '1' then
     y0 <= '0'; y1 <= '0';
     elsif Rising_Edge (CLK) then
     y0 <= nxty0; y1 <= nxty1;
    end if;
  end process;
end df2;

architecture df3 of diff1 is
   signal y0,y1 : std_logic;
begin
   zout <= y0 AND (xin XOR y1);
  process(CLK,rst)
  begin
    if rst = '1' then
     y0 <= '0';y1 <= '0';
     elsif Rising_Edge (CLK) then
     y0 <= NOT y0;y1 <= xin;
    end if;
  end process;
end df3;

architecture df4 of diff1 is
   signal y0,y1 : std_logic;
begin
  process(CLK,rst)
  begin
    if rst = '1' then
     y0 <= '0'; y1 <= '0'; zout <= '0';
     elsif Rising_Edge (CLK) then
     y0 <= NOT y0; y1 <= xin; zout <= y0 AND (xin XOR y1);
    end if;
  end process;
end df4;
```

17.30 8-비트 마스크(mask) 회로를 위한 VHDL 모듈을 작성하라. 신호 Store = 1일 때, 8-비트 입력 X는 8-비트 마스크 레지스터 M에 저장된다. 마스크 회로의 8-비트 출력 Z는 항상 M의 비트들과 대응되는 X의 비트들의 AND이다. 회로는 또한 M의 모든 비트들을 1로 설정하는 비동기 액티브-하이(active-high) 신호 Set를 가진다.

17.31 표 14-3의 순서머쉰을 위한 VHDL 모듈을 작성하라. 그림 17-17에서처럼 두 개의 프로세스를 사용하라.

시뮬레이션 문제

17.A 그림 12-8의 8-비트 쉬프트 레지스터를 구현하는 동작적 VHDL 모듈을 작성하라. 당신의 코드에서 개별적인 플립플롭을 사용하지 마라. 액티브-로우 비동기 리셋 입력, ClrN을 추가하라. 그림 12-9와 비슷한 타이밍도를 얻기 위해 모듈을 시뮬레이션하라. 그리고 나서 이 모듈 두 개를 이용하여 16-비트 직렬-인, 직렬-아웃(serial-in, serial-out) 쉬프트 레지스터를 위한 VHDL 코드를 작성하라.

17.B 인에이블을 가지고 있고 제어 입력 C에 따라 다른 양을 증가시키는 4-비트 카운터를 위한 VHDL 모듈을 작성하라. 만약 En = 0이면, 카운터는 그것의 상태를 유지한다. 만약 C = 0이면 카운터는 매 클럭의 상승 에지마다 1 증가하고, C = 1이면 매 상승 클럭에지마다 3 증가한다. 카운터는 또한 액티브-로우 비동기 프리셋 신호, PreN을 가진다.

17.C 다음의 순서로 카운트하는 카운터를 구현하기 위한 VHDL 모듈을 작성하라: 000, 010, 100, 110, 001, 011, 101, 111, (반복) 000, 등등. 한 개의 ROM과 D 플립플롭들을 사용하라.

17.D 시간 주기가 입력 클럭의 배수인 클럭 신호를 발생할 수 있는 회로를 구현하기 위한 VHDL 모듈을 작성하라. 제어 신호 F는 곱하는 인수를 결정한다. 만약 F = 0이면, 출력 신호는 입력 클럭의 두 배의 시간 주기를 가진다. 만약 F = 1이면 출력 신호는 입력 클럭의 세 배의 시간 주기를 가진다. 클럭 사이클에서 클럭이 1인 부분은 그것이 0인 부분보다 더 길 수 있다. 또는 그 역도 마찬가지다. 액티브-하이 동기 클리어 입력을 갖는 카운터를 사용하라.

17.E 입력 RSI, LSI, En, R, CLK을 가진 8-비트 직렬-인, 직렬-아웃 좌우 방향 쉬프트 레지스터(serial-in serial-out right-left shift register)를 구현하기 위한 VHDL 모듈을 작성하라. RSO와 LSO는 직렬 출력이다. 그래서 그것들은 레지스터의 오른쪽과 왼쪽 최상위 비트일 것이다. 그러나 레지스터 안의 다른 플립플롭의 값은 출력에 나타나지 않아야 한다. 클럭의 상승 에지에서, En = 1일 때 레지스터는 R = 1이면 오른쪽으로, R = 0이면 왼쪽으로 쉬프트한다. RSI는 R = 1이면 쉬프트-인 입력이고, LSI는 R = 0이면 쉬프

트-인 입력이어야 한다. En = 0일 때 레지스터는 그것의 상태를 유지한다. 또한 비동기 액티브-로우 클리어 입력 ClrN가 있어야한다.

17.F 문제 17.E를 다시 풀어라. 그러나 레지스터는 6-비트로 바꾸고, 입력 En은 제거하고 입력 L을 추가하라. 클럭의 상승 에지에서, 만약 R = 1이고 L = 0이면 레지스터는 오른쪽으로 쉬프트한다. 만약 R = 0이고 L = 1이면 레지스터는 왼쪽으로 쉬프트한다. 만약 R = L = 0이거나 R = L = 1이면 레지스터는 그것의 상태를 유지한다.

17.G 캐리-인(CI)과 캐리-아웃(CO)을 가진 6-비트 어큐뮬레이터를 위한 VHDL 모듈을 작성하라.

Ad = 0일 때, 어큐뮬레이터는 그것의 상태를 유지해야 한다. Ad = 1일 때 어큐뮬레이터는 이미 어큐뮬레이터에 있는 값에 데이터 입력 D (plus CI)의 값을 더해야 한다. 어큐뮬레이터는 또한 액티브-로우 비동기 클리어 신호 ClrN을 가져야 한다.

17.H 4-비트 업-다운 카운터를 위한 VHDL 모듈을 작성하라. 만약 En = 0이면 카운터는 그것의 상태를 유지할 것이다. 만약 En = 1이면, 카운터는 U = 1이면 카운터를 증가시키고, U = 0이면 감소시킬 것이다. 카운터는 또한 비동기 액티브-로우 클리어 신호 ClrN을 가져야 한다.

17.I 6-비트 업-다운 카운터를 위한 VHDL 모듈을 작성하라. 만약 U = 1이고 D = 0이면 카운터는 값이 증가하며, 만약 U = 0이고 D = 1이면 카운터는 값이 감소한다. 만약 U = D = 0이거나 U = D = 1이면, 카운터는 그것의 상태를 유지할 것이다. 카운터는 또한 모든 플립 플롭을 1로 설정하는 비동기 액티브-로우 프리셋 신호 PreN을 가져야 한다.

17.J 메모리 회로를 위한 VHDL 모듈을 작성하라. 메모리는 레지스터에 4개의 6-비트 워드를 저장한다. 출력 Memout은 항상 2-비트 선택 신호 Sel에 의해 선택된 메모리 레지스터의 값이다. 레지스터 출력을 연결하기 위해 3-상태 버퍼를 사용하라. 만약 Ld = 1이면, Sel에 의해 명시된 레지스터는 다음 클럭 상승 에지에서 6-비트 입력 신호 Memin의 값을 로드할 것이다.

17.K 그림 12-10의 병렬-인, 병렬-아웃(Parallel-in, Parallel-out) 우방향 쉬프트 레지스터를 위한 VHDL 모듈을 작성하라. 그러나 액티브-로우 비동기 클리어 신호 ClrN을 추가하라. 여러분의 코드에 개별적인 플립플롭을 사용하지 말라. 그림 12-11과 비슷한 타이밍도를 얻기 위해 모듈을 시뮬레이션하라.

17.L 어큐뮬레이터 레지스터에서 비트들을 왼쪽으로 쉬프트할 수 있는 8-비트 어큐뮬레이터를 위한 VHDL 모듈을 작성하라. 만약 Ad = 1이면 어큐뮬레이터는 어큐뮬레이터에 이미 있는 값에 데이터 입력 D의 값을 더해야 한다. 만약 Ad = 0이고 Sh = 1이면, 어큐뮬레이터에 있는 비트들은 왼쪽으로 쉬프트해야 한다(즉, 2를 곱하는 것과 같다). 만약 Ad = Sh = 0이면 어큐뮬레이터는 그것의 상태를 유지해야 한다. 어큐뮬레이터는 또한 액티브-로우 비동기 클리어 신호 ClrN을 가져야 한다. 이 예제에서는 캐리-인 그리고 캐리-아웃

신호는 필요하지 않다고 가정하자. 덧셈을 위해 과부하된 "+" 연산자를 사용하라.

17.M 어큐뮬레이터 비트들을 오른쪽으로 쉬프트할 수 있으면서 뺄셈을 수행하는 8-비트 어큐뮬레이터를 위한 VHDL 모듈을 작성하라. 두 개의 제어 입력, A와 B가 있다. 만약 A = B = 1이면 데이터 입력 D의 값만큼 어큐뮬레이터로부터 뺄셈된다. 만약 A = 1이고 B = 0이면, 데이터 입력 D의 값은 레지스터로 직접 로드된다. 만약 A = 0이고 B = 1이면, 어큐뮬레이터는 오른쪽으로 쉬프트해야 한다. 이때 제일 왼쪽 비트는 0으로 채운다. 만약 A = B = 0이면, 어큐 뮬레이터는 그것의 상태를 유지해야 한다. 감산을 위해 과부하된 연산자 "–"를 사용하라.

UNIT 18

산술연산회로

Circuits for Arithmetic Operations

목표

1. 2진수의 덧셈, 뺄셈, 곱셈, 나눗셈 등 기타 연산을 위한 다양한 회로의 동작을 분석하고 설명한다.
2. 2진수의 덧셈, 뺄셈, 곱셈, 나눗셈 등 기타 연산을 위한 다양한 회로를 위한 제어회로를 설계하고 블록도를 그린다.

학습가이드

1. 18.1절 *어큐뮬레이터를 가진 직렬덧셈기*를 학습하라.

(a) 그림 18-2를 주의 깊게 공부하여 이런 종류의 덧셈기의 동작을 충분히 이해하도록 하라. $X = 6$, $Y = 3$으로 시작하여 표 18-1과 같은 표를 작성해보라.

	X	Y	c_i	s_i	c_i^+
t_0	0110	0011			
t_1					
t_2					
t_3					
t_4					

(b) 더하는 수(addend) 레지스터의 SI 입력에 y_0 대신에 0이 연결되어 있다면, 이 표에서 어떤 수정이 있어야 하는가?

(c) 표 18-1에서 보면, 덧셈이 끝난 뒤에도 전덧셈기는 여전히 합과 캐리 출력을 발생한다. 전덧셈기는 조합회로이므로, 출력이 필요하지 않을 때에도, 자동으로 계산하여 출력을 낸다. s_i와 c_i^+의 마지막 값을 계산하는 데는 어떤 비트들이 더해지는가(그림 18-2(e) 참조)? 이 마지막 s_i와 c_i^+의 값들은 어딘가 쓸모가 있는 값인가?

(d) 문제 18.3을 풀어라.

2. 18.2절 *2진 곱셈기*의 설계를 학습하라.

(a) 그림 18-7의 2진 곱셈기에 대해서, 만일 초기 어큐뮬레이터의 내용이 000001101이고 곱해지는 수가 1111이라면, 각 단계별로 발생하는 어큐뮬레이션 및 쉬프트 신호들과 어큐뮬레이터의 내용을 순서대로 보여라.

(b) 그림 18-8의 상태도에 대해서, 곱셈을 완성하기 위해 필요한 최대 클럭주기의 수는 얼마인가? 또한 최소 주기 수는?

(c) 그림 18-9(c)의 상태도에 대해서, 카운터가 상태 $3(11_2)$에 있을때 $K = 1$을 세트한다면, 곱셈을 완성하기 위한 최대 클럭주기의 수는 얼마인가? 최소 클럭주기 수는?

(d) 그림 18-7에서 곱하는 수가 6비트이고 곱해지는 수가 8비트라면 곱 레지스터에 필요한 비트 수는 얼마인가?

(e) 문제 18.4와 18.5를 풀어라.

(f) 8비트와 8비트를 곱해서 16-비트의 곱을 구하는 2진 곱셈기의 설계를 생각해보자. 그림 18-7에서 어떤 수정이 필요한가?

만약 그림 18-8에 보인 유형의 곱셈기 제어가 사용된다면, 필요한 상태수는 얼마인가?

만약 그림 18-9와 같은 유형의 제어를 사용한다면, 카운터는 몇 비트를 가져야 하는가? 카운터의 어느 상태에서 K는 1이 되어야 하는가? 제어 상태그래프는 몇 개의 상태를 가지는가?

(g) 프로그램화된 예제 18.1을 풀어라.

3. 18.3절 *2진 나눗셈기의 설계*를 학습하라.

(a) 언제 쉬프트를 하고 빼셈을 할지 결정하기 위해 그림 18-11의 상태도를 사용하여, 이 절의 서두에 보인 나눗셈 예를 연습해보라.

(b) 만약 빼셈이 전빼셈기 대신에 전덧셈기를 사용한다면 그림 18-12에서 어떤 수정이 필요한가?

(c) 그림 18-10의 블록도에서, 어떤 조건에서 오버플로가 생기며, 왜 생기는가?

(d) 프로그램화된 예제 18.2를 풀어라.

(e) 제어회로식, 식 (18-1)을 유도하라.

(f) 그림 18-13에서, MUX의 0번 입력으로 들어가는 버스합류기의 입력 중의 하나를 왜 1로 세트하는가?

(g) 18.2절에서 기술된 타입의 2진 곱셈기에서 덧셈은 쉬프트 전에 완료된다. 나눗셈은 일련의 쉬프트와 빼셈 동작을 필요로 한다. 나눗셈은 곱셈의 역이므로 빼셈과 쉬프트 중에 어느 동작이 먼저 완료되어야 하는가?

(h) 문제 18.6, 18.7 및 18.8을 풀어라.

4. 선택 시뮬레이션 연습

(a) 그림 13-12의 직렬덧셈기를 시뮬레이션하고 검사하라.

(b) (a)에서 시뮬레이션을 한 덧셈기의 입력들에 두 개의 4-비트 쉬프트 레지스터를 연결하여 그림 18-1에 보인 것과 같은 어큐뮬레이터를 가진 직렬덧셈기를 구성하라. 제어 회로가 필요하지 않도록 쉬프트와 클럭 신호는 스위치들로 공급하라. 다음 두 가지의 2진수의 짝들로 덧셈기의 동작을 검사하라.

0101 + 0110, 1011 + 1101

(c) (b)에서 구성한 회로에 그림 18-4의 식들의 제어회로를 연결하고, 검사해보라.

5. 이 장의 모든 학습목표를 달성했다고 생각되면, 성취도 테스트를 풀어보라.

산술연산회로

Circuits for Arithmetic Operations

이 장에서는 디지털 시스템에서 일련의 동작들을 제어하기 위해 순서회로를 사용하는 개념을 소개한다. 이러한 제어회로는 일련의 제어신호들을 출력함으로써 덧셈, 쉬프팅(shifting) 등의 동작들이 각각 적합한 시간에 일어나도록 해준다. 이 장에서는 직렬덧셈기(serial adder), 곱셈기, 나눗셈기 등을 설계함으로써 제어회로의 사용을 기술하기로 한다.

18.1 어큐뮬레이터를 가진 직렬덧셈기

본 절에서는 어큐뮬레이터(accumulator)를 가지는 직렬덧셈기를 위한 제어회로를 설계해 보기로 한다. 그림 18-1에 덧셈기의 블록도를 보였다. 2개의 쉬프트 레지스터가 덧셈할 두 수 X와 Y를 저장하기 위해 사용된다. X 레지스터는 축적기로 사용되며 Y는 더하는 수(addend)를 위해 사용된다. 덧셈을 마치고 나면, X 레지스터의 내용은 X와 Y

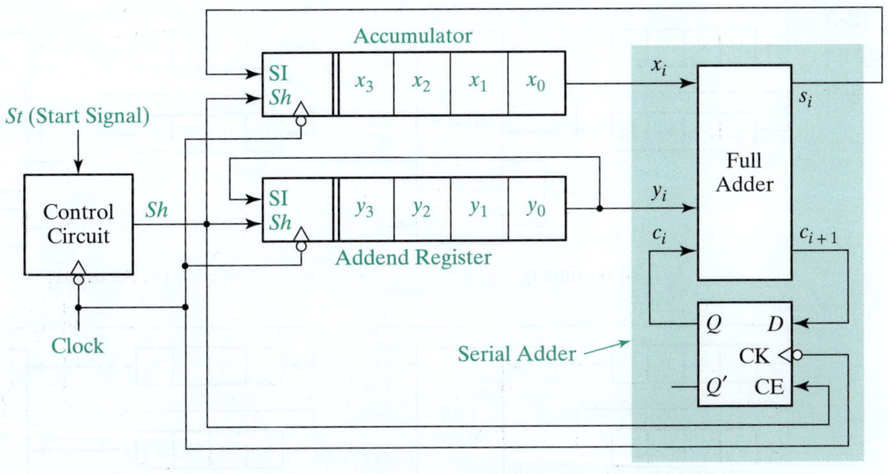

그림 18-1 축적기를 가진 직렬덧셈기의 블록도

의 합으로 대체된다. 더하는 수레지스터는 순환형 쉬프트 레지스터 형태로 연결되어 4번의 쉬프트 후에는 원래의 자리로 돌아오게 되어 있어서, *Y*값은 소실되지 않는다. 각 쉬프트 레지스터의 왼쪽 끝에 있는 상자는 *Sh*(쉬프트 신호), *SI*(직렬 입력) 및 *클럭* 등의 입력들을 보여준다. $Sh = 1$일 때 활성 클럭 에지가 들어오면, 레지스터의 모든 내용이 한 자리씩 오른쪽으로 쉬프트함과 동시에 *SI*가 x_3자리로 입력된다. 캐리 플립플롭을 일소(clear)하고, *X*와 *Y* 레지스터를 초기치로 적재(load)하는 등에 필요한 추가적 연결들은 블록도에 생략되어 있다.

블록도에 푸르게 칠해진 직렬덧셈기는, D 플립플롭이 클럭인에이블이 있는 D 플립플롭으로 교체된 것 외에는, 그림 13-12의 것과 마찬가지이다. 각 클럭 시간마다 두 비트씩이 더해진다. 전덧셈기는 조합회로이므로 합과 캐리는 전파지연 후에 전덧셈기 출력에 나타난다. $Sh = 1$이면, 하향클럭에지에서 합의 비트는 어큐뮬레이터로 쉬프트되어 들어가고, 캐리 비트는 캐리 플립플롭에 저장되고, 더하는 수 레지스터는 오른쪽으로 순환된다. *Sh*가 플립플롭의 CE에 연결되어 있으므로, 캐리는 쉬프팅이 일어날 때만 경신(update)된다.

덧셈기의 동작을 그림 18-2에 설명하였다. 쉬프팅은 $Sh = 1$일 때 하향클럭에지에서 일어난다. 이 그림에서, t_0는 첫 번째 쉬프트 이전의 시각이고, t_1은 첫 번째 쉬프트 후의 시각이고, t_2는 두 번째 시프트 후의 시각 등이다. 초기에 t_0에서, 어큐뮬레이터는 *X*를 그리고 더하는 수 레지스터는 *Y*를 저장하고 있다. 전덧셈기는 조합회로이므로, x_0, y_0 및 c_0는 클럭과 상관없이 더해져서 합 s_0와 캐리 c_1를 발생시키고 있다. 첫 번째 하향 클럭 에지가 들어오면 s_0는 어큐뮬레이터로 쉬프트되어 들어가고, 어큐뮬레이터의 남은 자리들은 한 자리씩 우측으로 쉬프트한다. 같은 클럭 에지에서 c_1는 캐리 플립플롭에 저장되고 더하는 수 레지스터는 오른쪽으로 순환한다. 이제 다음의 비트 쌍(pair) x_1과 y_1이 전덧셈기에 입력되고, 덧셈기는 그림 18-2(b)에 보인 것처럼 합과 캐리, s_1과 c_2를 출력하게 된다. 두 번째 하향에지는 s_1을 어큐뮬레이터로 쉬프트시키고, 캐리 플립플롭에 c_2를

그림 18-2 직렬덧셈기의 동작

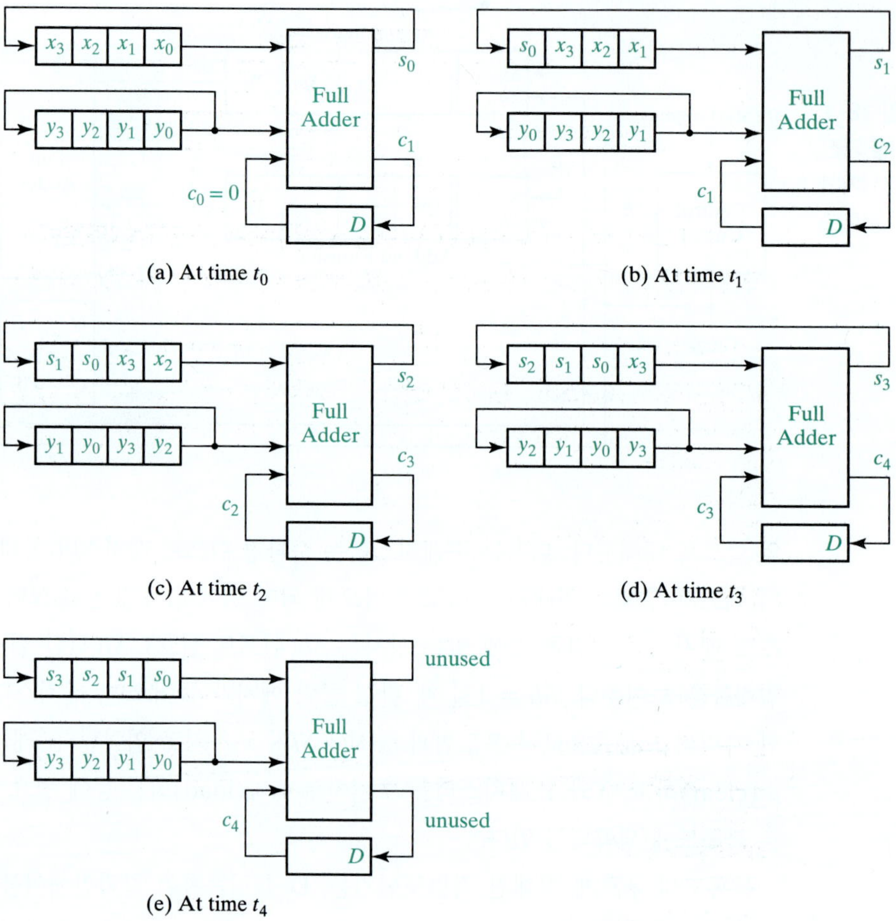

저장시키고, 더하는 수 레지스터를 우측으로 순환시킨다. 이제 비트 x_2와 y_2가 그림 18-2(c)에 보인 바와 같이, 덧셈기의 입력에 가해지고, 이 과정은 그림 18-2(e)에 보인바와 같이 모든 쌍의 비트들이 다 처리될 때까지 계속된다.

표 18-1에 실제로 수를 사용한 직렬덧셈기의 동작을 보였다. 초기에 어큐뮬레이터는 0101을, 그리고 더하는 수 레지스터는 0111을 가지고 있다. 시각 t_0에서 전덧셈기는 $1 + 1 + 0 = 10$을 계산하고, 따라서 $s_i = 0$ 과 $c_i^+ = 1$이 된다. 첫 번째 하향 클럭 에지 후(시각 t_1)에첫 번째 비트합이 어큐뮬레이터에 들어갔고, 캐리는 캐리 플립플롭에 저장되고, 더하는 수는 우측으로 순환되었다. 4개의 하향클럭에지 후(시각 t_4)에 X와 Y의 합은 어큐뮬레이터에 저장되어 있고, 더하는 수 레지스터는 처음의 상태로 되돌아간다.

표 18-1 직렬덧셈기의 동작

	X	Y	C_i	S_i	C_i^+
t_0	0101	0111	0	0	1
t_1	0010	1011	1	0	1
t_2	0001	1101	1	1	1
t_3	1000	1110	1	1	0
t_4	1100	0111	0	(1)	(0)

이제, start 신호를 받으면 4개의 쉬프트 신호를 출력한 다음 정지하는, 덧셈기를 위한 제어 회로를 설계하려고 한다. 그림 18-3에 이 제어회로를 위한 상태그래프와 표를 보였다. 이 회로는 start신호를 받을 때까지는 S_0에 남아 있다가, 신호를 받으면 $Sh = 1$를 출력하고 S_1으로 간다. 그리고 잇따르는 클럭 시간에 3개의 쉬프트 신호를 더 발생한다. start 신호는, 그 다음의 start 신호가 들어오기까지는 더 이상의 출력이 발생되지 않도록, 이 회로가 S_0로 돌아가기 전에 종료되는 것으로 가정한다. 일단 S_1에 이르면 회로의 동작은 St의 값과 상관없이 계속되므로, 그래프에는 대쉬(dash)로 표시되어 있다. 그림 18-3의 상태표와 있는 순서대로 바로 2진 상태를 할당하면, 제어회로의 식들은 그림 18-4와 같이 유도될 수 있다.

어큐뮬레이터를 가진 직렬덧셈기와 같은 직렬 장치는 한 번에 한 비트씩 데이터를 처리한다. 전형적인 직렬 처리장치(그림 18-5)는 두 개의 쉬프트 레지스터를 갖는다. 쉬프트 레지스터로부터의 출력 비트들이 조합회로의 입력으로 들어간다. 조합회로는 적어도 한 비트의 출력을 발생한다. 이 출력은 쉬프트 레지스터의 입력으로 되돌아 들어간다. 활성 클럭 에지가 들어오면, 이 비트는 쉬프트 레지스터의 첫 번째 비트에 저장되고 동시에 다른 레지스터 비트들은 오른쪽으로 쉬프트한다.

그림 18-3 직렬덧셈기 제어를 위한 상태그래프

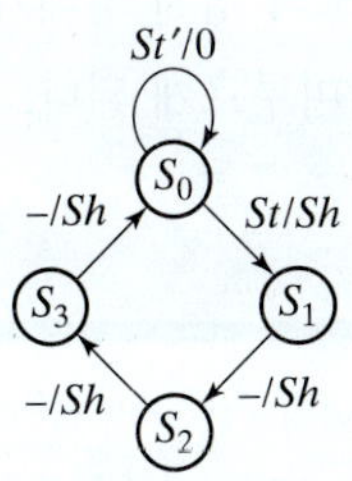

	Next State		Sh	
	$St = 0$	1	0	1
S_0	S_0	S_1	0	1
S_1	S_2	S_2	1	1
S_2	S_3	S_3	1	1
S_3	S_0	S_0	1	1

그림 18-4 제어회로 식들의 유도

	AB	A^+B^+	
		0	1
S_0	00	00	01
S_1	01	10	10
S_2	10	11	11
S_3	11	00	00

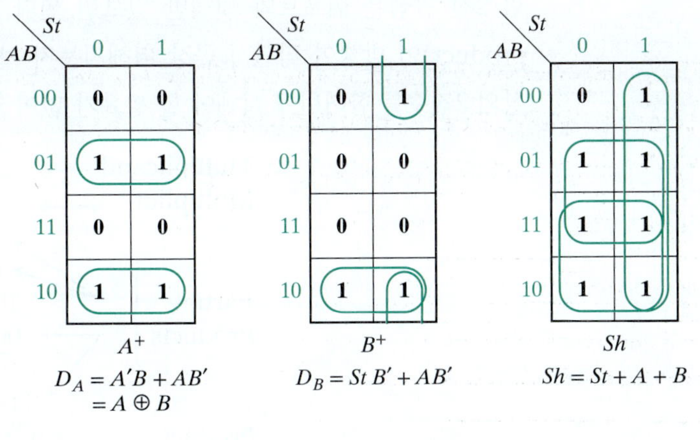

그림 18-5
전형적
직렬 처리장치

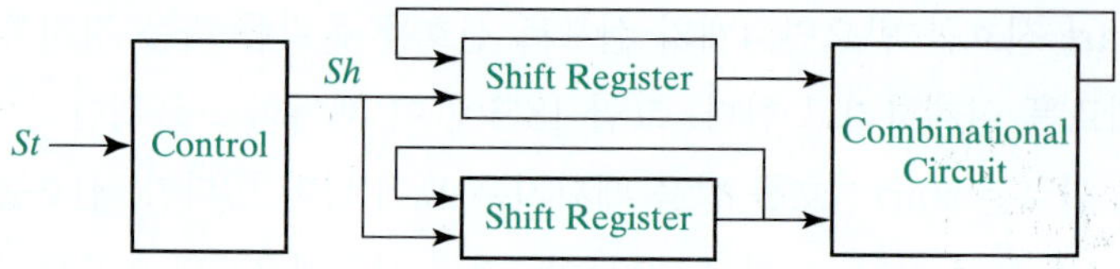

그림 18-6
직렬 처리장치의
상태그래프

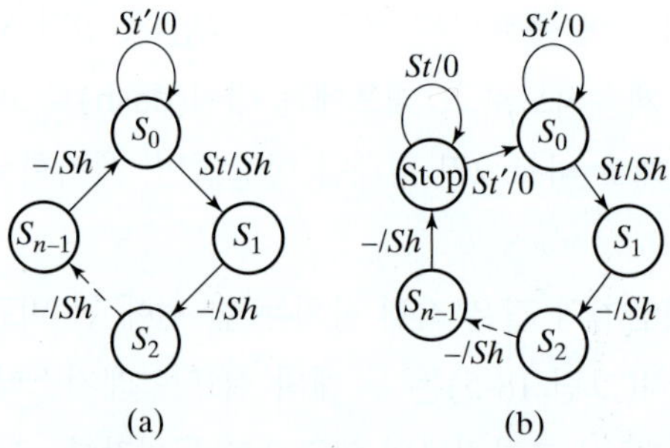

직렬 처리장치의 제어부는 일련의 쉬프트 신호들을 발생시킨다. 시작 신호(St)가 1이면 첫번째 쉬프트 신호(Sh)가 발생된다. 쉬프트 레지스터가 n 비트를 가진다면, 총 n개의 쉬프트 신호가 발생되어야 한다. 만일, St가한 클럭 시간 동안만 1이라면 그림 18-6(a)의 제어 상태그래프는 상태 S_0로 되돌아왔을 때 멈춘다. 그러나, St가 쉬프트가 끝난 후에도 1로 남아 있다면, 그림 18-6(b)와 같이, 별도의 정지 상태가 필요하게 된다. 제어부는 St가 0으로 되돌아가기 전까지는 정지 상태에 머무르게 된다.

18.2 2진 곱셈기의 설계

다음으로 양수인 2진수들의 2진 곱셈기를 설계해 보고자 한다. 1.3절에서 기술된 것처럼 2진 곱셈은 쉬프트와 덧셈만 있으면 된다. 다음의 예가 어떻게 각 부분곱(partial product)이 발생이 되면서 곧장 더해지는지 보여주고 있다. 이렇게 함으로써 두 개 이상의 2진수를 한꺼번에 더해야 할 필요가 없어진다.

```
Multiplicand ⟶        1101    (13)
Multiplier   ⟶        1011    (11)
                      ----
                      1101
                     1101
Partial              ------
Products            100111
                    0000
                    ------
                    100111
                   1101
                  --------
Product      ⟶    10001111   (143)
```

두 4-비트 수의 곱셈에는 한 개의 4-비트 곱해지는 수(multiplicand) 레지스터와 한 개의 곱하는 수(multiplier) 레지스터 그리고 한 개의 8-비트 곱(product) 레지스터가 필요하다. 곱 레지스터는 부분 곱(partial product)들을 어큐뮬레이션하기 위한 어큐뮬레이터로 사용된다. 앞에서 했었던 예에서와 같이 매번 더하기 전에 곱해지는 수를 왼쪽으로 쉬프트하는 대신에 매번 곱 레지스터를 오른쪽으로 쉬프트하는 것이 더 편리하다. 그림 18-7에 이러한 2진 곱셈기의 블록도를 보였다. 그림에 화살표로 표시된 바와 같이 어큐뮬레이터로부터의 4비트와 곱해지는 수 레지스터로부터의 4비트가 덧셈기의 입력으로 연결되고, 4비트 합과 캐리가 덧셈기로부터 출력되어 어큐뮬레이터에 연결된다(실제의 연결들은 그림 12-5의 어큐뮬레이터를 가진 병렬덧셈기와 유사하다). 덧셈기는 입력들의 합을 계산하고, 덧셈신호(Ad)가 발생되면 다음 상승 클럭 에지에서 어큐뮬레이터에 덧셈기의 출력이 저장되어, 곱해지는 수가 어큐뮬레이터에 더해지게 된다. 곱해지는 수를 어큐뮬레이터에 더할 때 발생하는 캐리(C_4)는 곱 레지스터의 왼쪽 끝에 있는 여분의 1비트에 임시로 저장된다.

곱 레지스터의 하위 4비트는 초기에 사용되지 않으므로, 곱하는 수를 별도의 레지스터 대신 에 이곳에 저장한다. 각 곱하는 수 비트가 사용될 때마다 그 비트는 오른쪽 끝으로 쉬프트되어 나가므로 추가의 곱을 위한 비트를 위한 자리를 마련된다.

Load 신호는 곱하는 수를 ACC의 하위 4비트에 적재하고 동시에 상위 5비트를 지운다. 쉬프트 신호(Sh)가 들어오면 다음 상승 클럭에지에서 곱 레지스터(곱하는 수를 포함한)를 오른쪽으로 한 자리 쉬프트하게 된다. 제어회로는 시작 신호가 들어오면(St = 1) 적절한 순서로 덧셈과 쉬프트 신호를 내보낸다. 만약 현재의 곱하는 수 비트(M)가 1이면, 곱해지는 수가 어큐뮬레이터에 더해지고 이어서 오른쪽으로 쉬프트가 일어난다. 만약 곱하는 수 비트가 0이면, 덧셈은 생략되고 오른쪽으로의 쉬프트만 일어난다. 본 절의 서두에서 예로 들었던 곱셈(13×11)을 각 클럭 시간에 레지스터 내에서의 비트들의 위치를 보여주기 위해 다시 보기로 한다.

그림 18-7
2진 병렬
곱셈기의 블록도

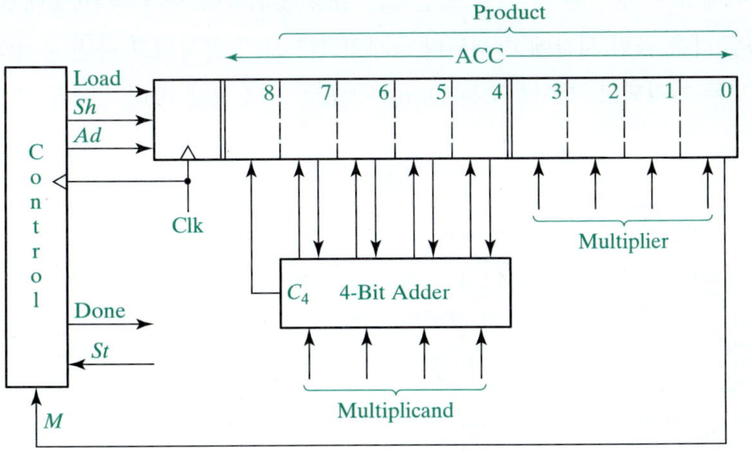

initial contents of product register	0 0 0 0 0 1 0 1 1	← M	(11)
(add multiplicand because $M = 1$)	1 1 0 1		(13)
after addition	0 1 1 0 1 1 0 1 1		
after shift	0 0 1 1 0 1 1 0 1	← M	
(add multiplicand because $M = 1$)	1 1 0 1		
after addition	1 0 0 1 1 1 1 0 1		
after shift	0 1 0 0 1 1 1 1 0	← M	
(skip addition because $M = 0$)			
after shift	0 0 1 0 0 1 1 1 1	← M	
(add multiplicand because $M = 1$)	1 1 0 1		
after addition	1 0 0 0 1 1 1 1 1		
after shift (final answer)	0 1 0 0 0 1 1 1 1		(143)
dividing line between product and multiplier →			

제어회로는 덧셈과 쉬프트의 신호가 적절한 순서로 출력될 수 있도록 설계되어야 한다. 18-8에 제어회로의 상태그래프를 보였다. 이 그래프에 사용된 표기법은 14.5절에 정의되어 있 다. M/Ad는 만약 $M = 1$이면 출력 Ad는 1이 된다는 것을 의미한다(다른 출력들은 0). M'/Sh는 만약 $M' = 1(M = 0)$이면 출력 Sh가 1이라는 것을 의미한다(다른 출력들은 0). 그림 18-8에서, S_0는 리셋 상태이며, 회로는 시작 신호($St = 1$)가 들어올 때까지는 S_0에 머문다. 시작 신호가 들어오면 Load 신호가 발생되고, 이것은 다음 상승 클럭 에지에서 곱하는 수가 ACC의하위 4 비트에 적재되고, 또한 ACC의 상위 5비트가 클리어된다. S_1 상태에서, 곱하는 수의 하위 비트(M)가 검사된다. 만약 $M = 1$이면 덧셈 신호가 발생되고, S_2에서 쉬프트 신호가 발생된다. 만약 S_1에서 $M = 0$이면, 0을 더하는 것은 생략될 수 있으므로 쉬프트 신호가 발생된다. 마찬가지로, 상태 S_3, S_5, S_7에서도 덧셈 신호에 이어 쉬프트를 발생시킬 것인지 혹은 쉬프트만 발생할 것인지를 결정하기 위해 M이 검사된다. 쉬프트 신호는 항상 덧셈 신호가 발생된(상태 S_2, S_4, S_6, 그리고 S_8)후 다음 클럭 시간에 발생된다. 4개의 쉬프트가 발생되고 나면, 4개의 곱하는 수 비트는 모두 처리되고, 제어회로는 Done 상태로 가고 곱셈 처리가 모두 종료되게 된다.

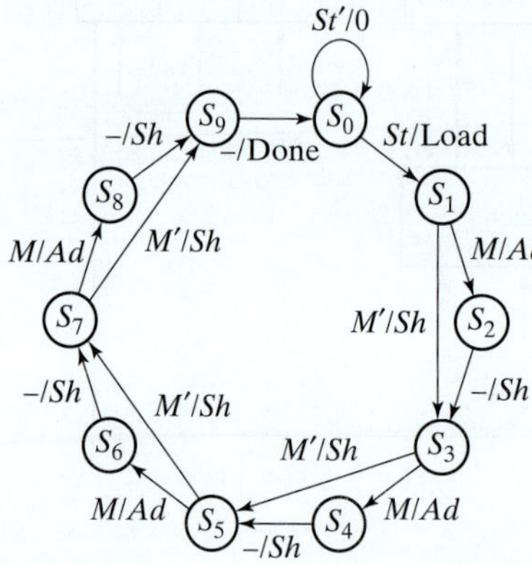

그림 18-8
곱셈기 제어부의 상태그래프

마지막 쉬프트는 다음 활성 에지 때까지는 일어나지 않으므로 *Done* 신호는 S_7이나 S_8에서는 발생되지 않는다. 마지막 쉬프트는 S_9로의 천이가 일어날 때 동시에 일어난다. 제어신호 *Sh*는 다음의 상승 클럭에지에서 쉬프트가 일어나도록 해주지만, 그 신호 자체가 쉬프트가 일어나게 하는 것은 아니다. 일반적으로, 제어신호가 상태 S_n에서 켜져 있다면, 그 결과 동작은 그 다음 활성 클럭에지가 그 회로를 다음 상태로 가져갈 때까지는 일어나지 않는다. 만약 상태 S_0에서 $St = 0$일 때 *Done*이 발생되어도 무방하다면 S_9는 제거되어도 될 것이다.

상태그래프에 보인 것처럼, 제어부는 크게 두 가지의 기능—즉 필요에 따라 덧셈 혹은 쉬프 트 신호를 발생시키는 것과 쉬프트의 수를 세는 것—을 한다. 만약 비트의 수가 많다면, 그림 18-9(a)와 같이, add-shift 제어와 카운터의 두 부분으로 나누는 것이 편리하다. 먼저, *M*과 *St* 를 검사하여 적절한 순서로 덧셈과 쉬프트 신호를 발생하는 add-shift 제어부의 상태그래프를 유도한다(그림 18-9(b)). 그리고, 적합한 수의 쉬프트가 완료되면 곱셈기를 정지시키는 카운터로부터의 종료 신호(*K*)를 추가한다. 그림 18-9(b)에서 상태 S_0에서 시작해서, 시작 신호($St = 1$)가 수신되면, Load 신호가 발생된다. 상태 S_1에서, 만약 $M = 0$이면, 쉬프트 신호가 발생되고 회로는 S_1에 그대로 머문다. 만약 $M = 1$이면, 덧셈 신호가 발생되고 회로는 상태 S_2로 간다. 덧셈 다음에는 항상 쉬프트가 뒤따르므로, 상태 S_2에서는 쉬프트 신호가 발생된다. 다시 S_1에서, 쉬프트를 할지 덧셈을 하고 쉬프트를 할지를 결정하기 위하여 다음 곱하는 수 비트(*M*)가 검사된다. 그림 18-9(b)의 그래프는 덧셈과 쉬프트의 신호를 적절한 순서로 발생시키겠지만, 곱셈기를 정지시키는 대책이 마련되어 있지 않다.

곱셈기가 언제 종료되는지를 결정하기 위하여, 매번 쉬프트가 발생될 때마다 활성 클럭 에지에서 카운터를 증가시킨다. 곱셈기가 n 비트라면 총 n번의 쉬프트가 필요하다. 그래서 $n - 1$번의 쉬프트가 일어난 후에 종료 신호(*K*)가 발생되도록 카운터를 설계하려고 한다. $K = 1$이면, 회로는 필요한 경우에는 덧셈을 하고, 그리고 마지막 쉬프트를 하게 된다. 그림 18-9(c)의 제어 동작은 $K = 0$이면 그림 18-9(b)와 똑같다. 상태 S_1에서, 만약 $K = 1$이면, 평소처럼 *M*을 검사한다. $M = 0$이면 마지막 쉬프트 신호를 출력시키고 종료하지만, 만약 $M = 1$일 때에는 쉬프트를 하기 전에 덧셈 을 하고 상태 S_2로 간다. 상태 S_2에서, 만약 $K = 1$이면 쉬프트를 하나 더 출력한 후 S_3로 간다. 마지막 쉬프트 신호는 카운터를 0으로 리셋하고, 동시에 add-shift 제어부는 Done 상태로 간다.

예로서, 그림 18-7에서 제어부를 그림 18-9(a)로 교체한 곱셈기를 생각해본다. $n = 4$이므로 2-비트 카운터가 필요하고, 카운터가 3상태(11_2)에 있을때 $K = 1$이 된다. 표 18-2에 1101이 1011로 곱해질 때의 곱셈기 동작을 보였다. S_0, S_1, 그리고 S_2는 제어부의 상태를 나타낸다(그림 18-9(c)). 각 단계에서의 곱 레지스터의 내용은 652쪽과 같다.

그림 18-9

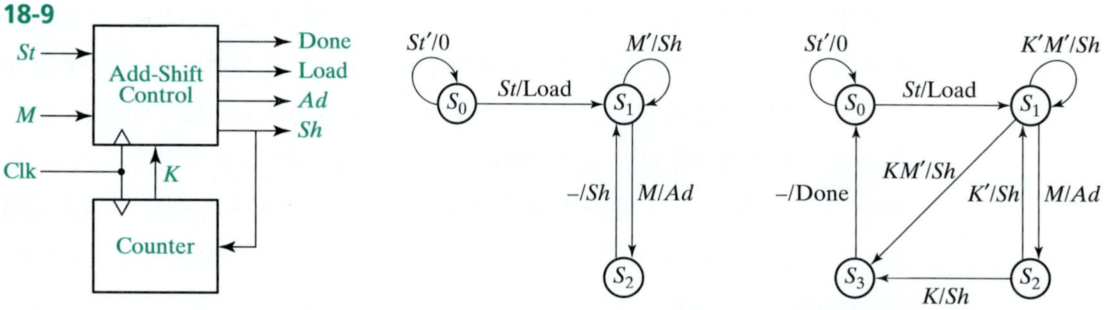

(a) Multiplier control

(b) State graph for add-shift control

(c) Final state graph for add-shift control

표 18-2 카운터를 사용한 곱셈기의 동작

Time	State	Counter	Product Register	*St*	*M*	*K*	Load	*Ad*	*Sh*	Done
t_0	S_0	00	000000000	0	0	0	0	0	0	0
t_1	S_0	00	000000000	1	0	0	1	0	0	0
t_2	S_1	00	000001011	0	1	0	0	1	0	0
t_3	S_2	00	011011011	0	1	0	0	0	1	0
t_4	S_1	01	001101101	0	1	0	0	1	0	0
t_5	S_2	01	100111101	0	1	0	0	0	1	0
t_6	S_1	10	010011110	0	0	0	0	0	1	0
t_7	S_1	11	001001111	0	1	1	0	1	0	0
t_8	S_2	11	100011111	0	1	1	0	0	1	0
t_9	S_3	00	010001111	0	1	0	0	0	0	1

시각 t_0에서 제어부는 리셋되어 시작 신호를 기다리고 있다. 시각 t_1에서 시작 신호 $St = 1$이고 Load 신호가 발생된다. 시각 t_2에서 $M = 1$이고, 따라서 Ad 신호가 발생된다. 다음 클럭이 들어오 면, 덧셈기의 출력은 어큐뮬레이터에 적재되고, 제어부는 S_2로 간다. 시각 t_3에서 Sh 신호가 발생되어 쉬프트가 일어나고 카운터는 다음 클럭에서 증가된다. t_4에서 $M = 1$이고 따라서 $Ad = 1$이고, 덧셈기의 출력이 다음 클럭에서 어큐뮬레이터에 적재된다. t_5와 t_6에서 쉬프트와 카운터의 증가가 일어난다. t_7에서 이 때까지 총 세 번의 시프트가 일어났고, 카운터는 11의 상태에 있으므로, $K = 1$이 된다. $M = 1$이므로 덧셈을 하고 S_2로 간다. t_8에서 $Sh = K = 1$이므로, 다음 클럭에서 마지막 쉬프트가 일어나고, 카운터는 다시 00의 상태로 돌아간다. t_9에서 Done 신호가 발생된다.

여기에서 보여준 곱셈기는 단지 카운터의 비트수와 레지스터의 크기만 증가시킴으로써 8, 16 혹은 그 이상 크기로 확장시킬 수 있다. add-shift제어부는 변화 없이 그대로 사용될 수 있다.

18.3 2진 나눗셈기의 설계

본 절에서는 양의 2진수에 대한 2진 나눗셈기(binary divider)의 설계에 대해 생각해 보기로 한다. 예로서 4-비트 몫(quotient)을 구하기 위해 8-비트의 나누어지는 수(dividend)를 4-비트의 나누는 수(divisor)로 나누는 회로를 설계하고자 한다. 다음의 예가 나눗셈 과정을 보여주고 있다.

```
                        1010   quotient
divisor           1101/10000111   dividend
                     1101
                      0111
                      0000
                       1111
(135 ÷ 13 = 10 with    1101
a remainder of 5)       0101
                        0000
                        0101   remainder
```

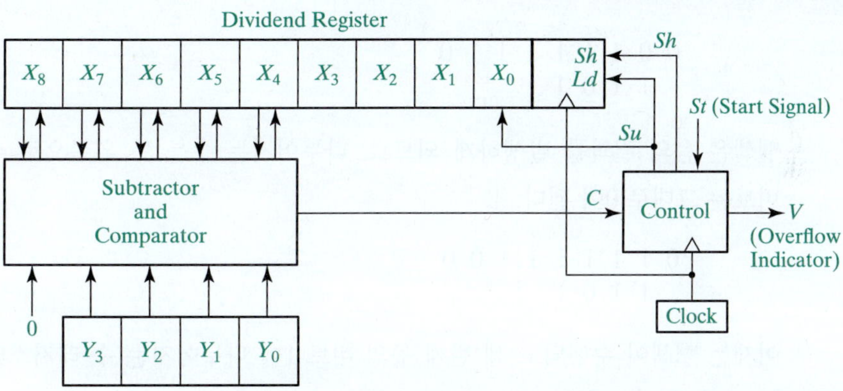

그림 18-10 병렬 2진 나눗셈기의 블록도

2진 곱셈이 일련의 덧셈과 쉬프트 연산들로서 수행될 수 있었던 것처럼, 나눗셈은 일련의 뺄셈과 쉬프트 연산들로 수행될 수 있다. 나눗셈기를 구성하기 위해, 그림 18-10에 보인 바와 같이 9-비트 나누어지는 수 레지스터와 4-비트 나누는 수 레지스터를 사용하고자 한다. 나눗셈의 과 정에서, 앞에서 했던 예에서 매 뺄셈 전에 나누는 수를 오른쪽으로 시프트했던 것과는 달리, 여기서는 나누어지는 수를 왼쪽으로 시프트한다. 나누어지는 수 레지스터가 왼쪽으로 시프트할 때 한 비트가 유실되지 않도록 나누어지는 수 레지스터의 왼쪽 끝에 여분의 1비트가 더 필요하다. 별도의 몫을 저장하는 레지스터를 사용하는 대신에, 몫을 한 비트씩 나누어지는 수가 왼쪽으로 쉬프트되어 갈 때, 나누어지는 수 레지스터의 오른쪽 끝으로 들어가게 한다. 나누어지는 수를 레지스터에 초기에 적재하는 회로는 나중에 추가할 것이다.

앞에서의 나눗셈 예(135 나누기 13)를 각 클럭 시간에 레지스터 내에서의 비트의 위치를 보 여주기 위해 다시 생각해본다. 초기에 나누어지는 수와 나누는 수는 다음과 같이 들어간다.

```
0 1 0 0 0 0 1 1 1
  1 1 0 1
```

뺄셈을 하면 음수 결과가 나오게 되므로, 뺄셈을 하기 전에 먼저 쉬프트를 한다. 나누는 수를 한자리 오른쪽으로 쉬프트하는 대신에, 여기서는 나누어지는 수를 왼쪽으로 한 자리 쉬프트한다.

```
1 0 0 0 0 1 1 1 | 0   ←── 나누어지는 수와 몫 사이를 나누는 선
  1 1 0 1       |     ↖ 쉬프트 후에 나누어지는 수의 레지스터에서
                        가장 오른쪽 자리는 "비워짐을" 주의하라.
```

이제 뺄셈이 수행되고, 첫 번째 몫 비트 1이 나누어지는 수 레지스터의 사용되지 않는 자리에 저장된다.

```
0 0 0 1 1 1 1 1 | 1 ←──── 첫 번째 몫 비트
```

다음, 나누어지는 수를 왼쪽으로 한 자리 쉬프트한다.

```
0 0 1 1 1 1 1 | 1 0
  1 1 0 1     |
```

뺄셈은 음의 결과를 발생하게 되므로, 나누어지는 수를 또 왼쪽으로 쉬프트하고, 몫의 비트는 그대로 0이 된다.

```
0 1 1 1 1 1 | 1 0 0
  1 1 0 1   |
```

이제는 뺄셈이 수행되고 세 번째 몫의 비트 1이 나누어지는 수 레지스터의 사용되지 않는 자리 에 저장된다.

```
0 0 0 1 0 1 | 1 0 1 ←──── 첫 번째몫 비트
```

마지막 쉬프트가 수행되고, 네 번째 몫의 비트는 0으로 세트된다.

```
0 0 1 0 1  |  1 0 1 0
 나머지    |    몫
```

마지막 결과는 첫 번째 예에서의 결과와 일치한다. 첫 번째 단계에서 나누어지는 수의 맨 왼쪽 비트가 X 레지스터의 맨 왼쪽 위치(X_8)로 왼쪽으로 쉬프트되어 가는 것에 주목하라. 만일 이 자리가 없다면, $0000 < 1101$이므로 이단계에서 나눗셈 연산이 실패하였을 것이다. 그러나 맨 왼쪽 비트를 X_8에 가지고 있으므로, $10000 \geq 1101$이고, 뺄셈이 수행될 수 있다.

만약 나눗셈 연산의 결과로서, 몫을 저장할 수 있는 비트 수보다 더많은 비트의 몫이 나올 경우, 이것을 오버플로(overflow)라고 부른다. 그림 18-10의 경우에서, 몫의 저장을 위해 4비트가 마련되어 있으므로, 몫이 15보다 크면 오버플로가 발생한다. 처음에 나누어지는 수와 나누는 수를 비교해보면 너무 큰 몫이 나올지를 알 수 있기 때문에, 실제로는 오버플로가 발생할 것인지를 결정하기 위해 나눗셈을 수행해볼 필요는 없다. 예로

서 135 나누기 7을 해보면, 레지스터들의 초기의 내용은:

0 1 0 0 0 0 1 1 1
0 1 1 1

음의 결과가 나오지 않으므로 뺄셈을 할 수 있고, 나누어지는 수로부터 나누는 수를 빼고 나누어지 는 수레지스터의 맨 우측 자리에 몫의 비트 1을 입력해야 한다. 그러나 맨 우측 자리에는 나누어지는 수의 최하위 비트가 위치하여 있으므로 몫의 비트를 입력할 수가 없다. 그러므로 우리가 할당해 놓은 4비트에는 몫을 저장할 수가 없을 것이며, 이미 오버플로 상황이 감지되었다. 일반적으로 그림 18-10에서 초기에 $X_8X_7X_6X_5X_4 \geq Y_3Y_2Y_1Y_0$이면(즉 나누어지는 수 레지스터의 왼쪽 5비트가 나누는 수보다 크거나 같으면), 몫은 15보다 클 것이고 오버플로가 난다. $X_8X_7X_6X_5X_4 \geq Y_3Y_2Y_1Y_0$이면 몫은

$$\frac{X_8X_7X_6X_5X_4X_3X_2X_1X_0}{Y_3Y_2Y_1Y_0} \geq \frac{X_8X_7X_6X_5X_4\,0000}{Y_3Y_2Y_1Y_0} = \frac{X_8X_7X_6X_5X_4 \times 16}{Y_3Y_2Y_1Y_0} \geq 16$$

이 됨을 간파할 수있을 것이다.

나눗셈기의 동작은 그림 18-10의 블록도를 사용하여 설명할 수 있다. 쉬프트 신호(Sh)에 의해 다음 상승 클럭 에지에서 나누어지는 수가 한 자리 왼쪽으로 쉬프트될 것이다. 뺄셈기는 조합 회로이므로 전파지연 후에 $X_8X_7X_6X_5X_4 - Y_3Y_2Y_1Y_0$이 계산되어 그 차(difference)가 뺄셈기의 출력에 나타날 것이다. 뺄셈 신호(Su)에 의해 다음의 상승 클럭에지에서 뺄셈기 출력이 $X_8X_7X_6X_5X_4$에 적재되고 몫비트(나누어지는 수 레지스터의 맨 우측 비트)가 1로 세트된다. 이것을 수행하기 위해 Su는 쉬프트 레지스터의 Ld 입력뿐 아니라 플립플롭 X_0의 데이터 입력에도 연결되어야 한다. 만약 나누는 수가 나누어지는 수보다 크면 비교기(comparator)의 출력은 $C = 0$가 되고, 아니면 $C = 1$이 된다. 제어회로는 필요한 일련의 쉬프트와 뺄셈 신호를 발생시킨다. $C = 0$이면, 뺄셈의 결과는 음이 될 것이므로, 쉬프트 신호가 발생된다. $C = 1$이면, 뺄셈 신호가 발생되고, 몫 비트는 1로 세트된다.

그림 18-11에 제어회로의 상태도를 보였다. 시작 신호(St)가 들어오면, 8-비트 나누어지는 수와 4-비트 나누는 수는 각 해당 레지스터에 적재된다. 만일 C가 1이면 몫은 5비트 혹은 그 이상이 필요할 것이다. 4-비트만이 몫을 위해 준비되어 있으므로 이것은 오버플로의 조건이 되고, 따라서 나눗셈은 중지되며, V 출력을 세트함으로써 오버플로가 표시된다. 정상적으로는 처음 C의 값은 0이고, 쉬프트가 먼저 일어날 것이고, 제어회로는 S_2 상태로 간다. 그리고 만일 $C = 1$이면 뺄셈이 수행된다. 뺄셈이 일어난 후에는 항상 C는 0이 될 것이므로 다음 활성 클럭에지에는 쉬프트가 발생되게 된다. 이 과정은 4번의 쉬프트가 일어날 때까지 계속되고, 제어회로는 S_5 상태에 있게 된다. 그리고, $C = 1$이면 마지막 뺄셈이 수행되고, $C = 0$이면 뺄셈이 수행되지 않는다. 더 이상의 쉬프트는 필요하지 않고 제어회로는 정지 상태로 간다. 이 예에서 시작 신호(St)가 들어오면 이

신호는 한 클럭 시간 동안 1상태로 있을 것이며, 그 후에는 제어회로가 S_0로 돌아올때까지 0으로 유지된다고 가정한다. 따라서 St는 S_1에서 S_5까지는 항상 0으로 유지될 것이다.

이제 상태그래프를 구현하기 위해 one-hot 할당(15.9절)을 이용한 제어회로를 설계해보려고 한다. S_0에서는 $Q_0 = 1$, S_1에서는 $Q_1 = 1$, S_2에서는 $Q_2 = 1$ 등으로, 각 상태에

$$
\begin{aligned}
&Q_0^+ = St'Q_0 + CQ_1 + Q_5 && Q_1^+ = StQ_0 \\
&Q_2^+ = C'Q_1 + CQ_2 && Q_3^+ = C'Q_2 + CQ_3 \\
&Q_4^+ = C'Q_3 + CQ_4 && Q_5^+ = C'Q_4 \\
&Load = St\,Q_0 && V = CQ_1 \\
&Sh = C'(Q_1 + Q_2 + Q_3 + Q_4) = C'(Q_0 + Q_5)' \\
&Su = C(Q_2 + Q_3 + Q_4 + Q_5) = C(Q_0 + Q_1)'
\end{aligned}
\tag{18-1}
$$

그림 18-11
나눗셈기 제어회로의 상태그래프

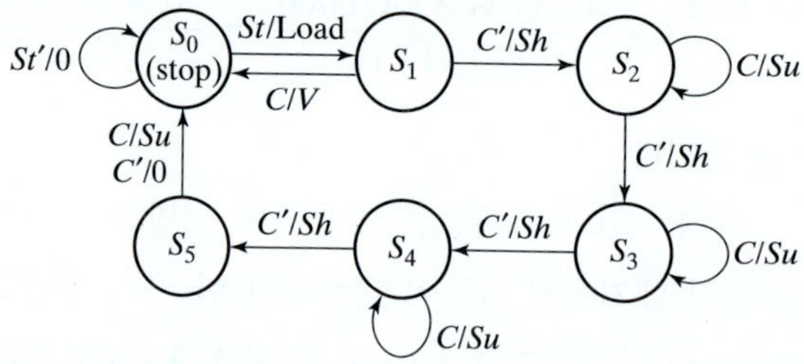

대해서 한 개씩의 플립플롭이 사용된다. 면밀히 살펴보면, 차기상태와 출력식들은 S_0로 들어가는 화살표가 3개이므로 Q^+는 세 개의 항을 가지게 된다. Sh 신호는 회로가 S, S, S_3, S_4 상태에 있는 것은 S_0, S_5에 있지 않는 것이라는 사실로 간략화하였다.

그림 18-10의 뺄셈기는 그림 18-12에 보인 것과 같이, 5개의 전뺄셈기(full subtracter)로 구성할 수 있다. 뺄셈기는 조합회로이므로, 나누는 수 및 나누어지는 수 레지스터의 값이 변할 때마다 이 변화는 뺄셈기의 출력으로 전파될 것이다. 자리내림(borrow)신호는 뺄셈기의 출력이 나누어지는 수 레지스터에 전파되기 전에 전뺄셈기들을 통해 전파되어 흘러가야 한다. 만약 마지막 자리내림 신호(b_9)가 1이면, 이것은 결과가 음(negative)이라는 것을 의미한다. 그러므로 만약 b_9이 1이면 나누는 수($Y_3Y_2Y_1Y_0$)는 $X_8X_7X_6X_5X_4$보다 크고 $C = 0$이다. 그러므로 $C = b_9'$이고, 별도의 비교기 회로가 필요 없다. 또한 이 나눗셈기에서 오버플로가 없는 정상적인 동작 상황에서는 $C = d_8'$임을 보일 수 있다. 어떤 뺄셈 과정에서도 나누는 수는 4비트밖에 되지 않으므로 $d_8' = 1$이라는 것은 쉬프트 없이 또 한 번 뺄셈을 할 수 있다는 것을 의미한다. 그러나 몫이 1보다 클 수 없으므로, 이런 일은 있을 수 없다. 그러므로 뺄셈이 가능하다면, 뺄셈 후에 d_8는 항상 0이 되며, $d_8 = 0$이란 것은 $X_8X_7X_6X_5X_4$가 $Y_3Y_2Y_1Y_0$보다 크다는 것을 의미하고 $C = d_8$이다. 그림 18-10의 블록도에는 나누어지는 수가 초기에 어떻게 X 레지스터에 적재되느냐는 나타나 있지 않다. 이것은 그림 18-13에 보인 것처럼, X 레지스터의 입력에 MUX를 추가함으로써 완성시킬 수 있다. 이 그림은 여러 개의 연

결선을 그리는 번거로움을 피하기 위해 버스(bus) 표기법을 사용하고 있다. 여러 개의 버스가 하나의 버스로 합쳐질 때 *버스합류기*(*bus merger*)가 사용된다. 예로서, 심벌은

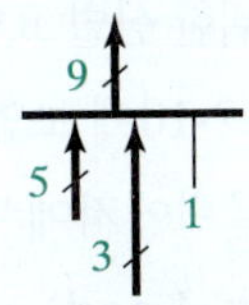

5-비트 빨셈기 출력이 비트 $X_3X_2X_1$과 논리 1과 합쳐져서 9-비트의 버스를 만든다는 것을 의미한다. 그러므로 Load = 0일때 MUX의 출력은 $d_8d_7d_6d_5d_4X_3X_2X_1$이 될 것이다.

마찬가지로, 심벌

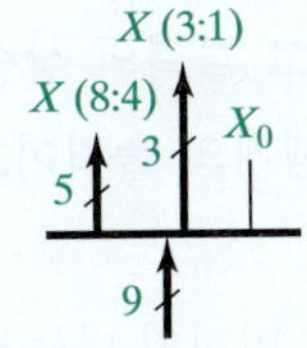

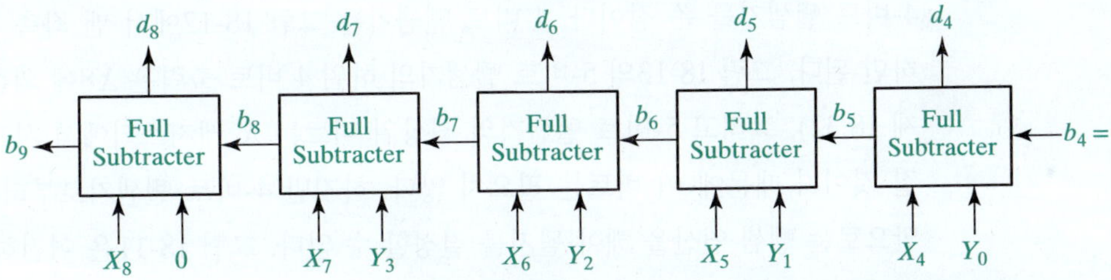

그림 18-12
5-비트 빨셈기의 논리도

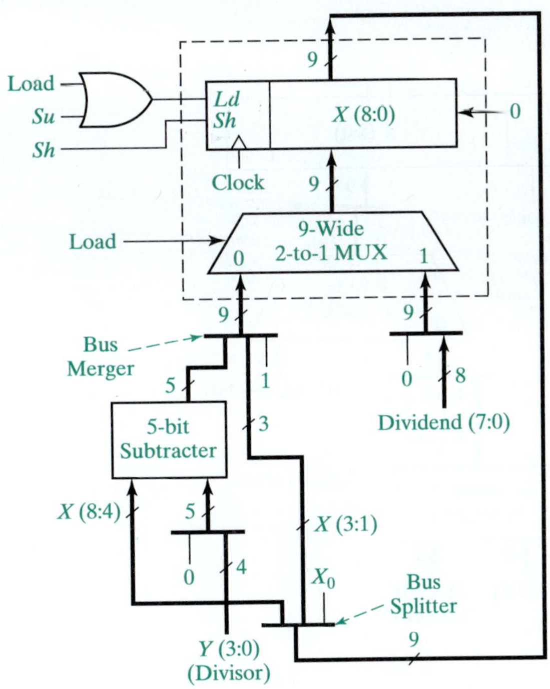

그림 18-13
버스 표기법을 사용한 나눗셈기의 블록도

은 X 레지스터로부터의 9비트를 $X_8X_7X_6X_5X_4$와 $X_3X_2X_1$로 분리하는 *버스분배기*(*bus splitter*)를 나타낸다. 버스합류기 및 분배기는 특별한 하드웨어를 필요로 하는 것이 아니라, 버스 연결을 보여주기 위한 심벌 표현법이다.

X 레지스터는 그림 12-10에 보인 레지스터와 유사한 병렬적재 기능을 가진 좌방향 쉬프트 레지스터이다. 상승 클럭에지에서, Ld = 1이면 적재되고, Sh = 1이면 좌측으로 쉬프트된다. 이 레지스터는 Load = 1이면 나누어지는 수가 적재되어야 하고, Su = 1이면 뺄셈기 출력이 적재되어야 하므로, Load와 Su는 OR되어서 Ld 입력에 함께 연결되어 있다. MUX는 Load = 1일 때에는 나누어지는 수(앞에 0을 붙인)를 선택한다. Load = 0일 때에는 뺄셈기의 출력 $X_3X_2X_1$와 논리 1이 합쳐진 버스합류기의 출력을 선택한다. Su = 1이고 클럭의 상승에지일 때, MUX 출력이 X로 적재된다. 총 결과는 $X_8X_7X_6X_5X_4$에 뺄셈기의 출력이, $X_3X_2X_1$는 그대로, 그리고 X_0에는 1이 들어가는 것이 된다.

그림 18-14는 다른 버전의 나눗셈기를 보여준다. 주요한 차이는 5-비트 뺄셈기 대신에 4-비트 뺄셈기를 쓴 점이다. 4-비트 뺄셈기는 그림 18-12에서 맨 좌측 전뺄셈기를 제외하면 된다. 그림 18-13의 5-비트 뺄셈기의 하위 4 비트 출력은 X8에 의존하지 않는다(문제 18.32). 그리고 5-비트 뺄셈기의 최상위 비트는 X 레지스터에서 시프트를 통해 버려질 것이기 때문에 이 비트는 필요치 않다. 하지만 4-비트 뺄셈기로부터의 borrow인 b_8만으로는 뺄셈 연산을 해야 될지를 결정할 수 없다. 그림 18-11은 여전히 적용되지만, 이제 C는 X_8과 b_8의 두 값에 의존한다.

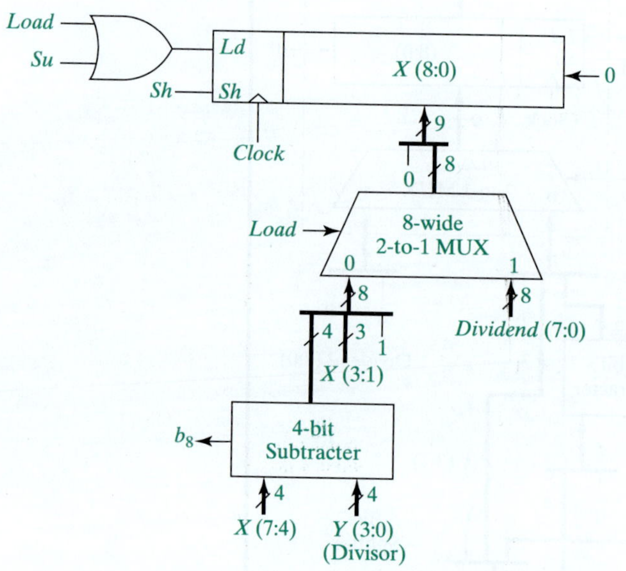

그림 18-14
나눗셈기의 대안 블록 다이어그램

그림 18-15는 두 번째 대안적 나눗셈기를 보여준다. 이 버전에서는 뺄셈 연산이 필요한 경우에 X 레지스터의 상위부분에만 load한다. 그러고, 이어지는 시프트 동작에서 몫 비트인 $Q = 1$이 X_0에 시프트되어 들어간다. 만약 뺄셈 연산이 필요 없는 경우에는 몫 비트 $Q = 0$ 이 X_0에 시프트되어 들어간다. 이렇게하면 4-비트 멀티플랙서만 필요하므로 회로가 간단해진다. 이 회로는 문제 18.33에서 분석된다.

그림 18-15
나눗셈기의
또 다른 대안

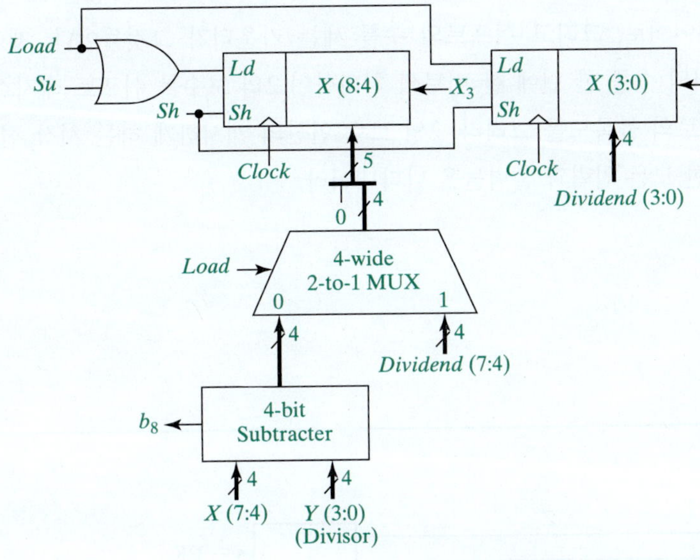

프로그램화된 예제 18.1

아래에 주어진 해답부분을 종이로 가리고 조금씩 내려가면서 본인의 답과 비교해 보라. 정답을 보기전에 주어진 공란에 답을 먼저 쓰시오.

이 연습은 16-비트 2진수의 2의 보수를 만드는 회로에 대한 것이다. 회로는 세 개의 주요 부분으로 이루어져 있는데, 보수를 구할 수를 초기에 저장할 16-비트 쉬프트 레지스터, 제어회로, 그리고 쉬프트의 수를 세는 카운터가 그것들이다. 제어회로는 쉬프트 레지스터의 수를 한 번에 한 비트씩 처리하여 2의 보수를 쉬프트 레지스터에 도로 저장한다. 회로의 블록도를 그려라. 2의 보수 연산의 개시하게 하는 시작 신호(N)를 포함하여 필요한 모든 입력과 출력들을 나타내어라.

답

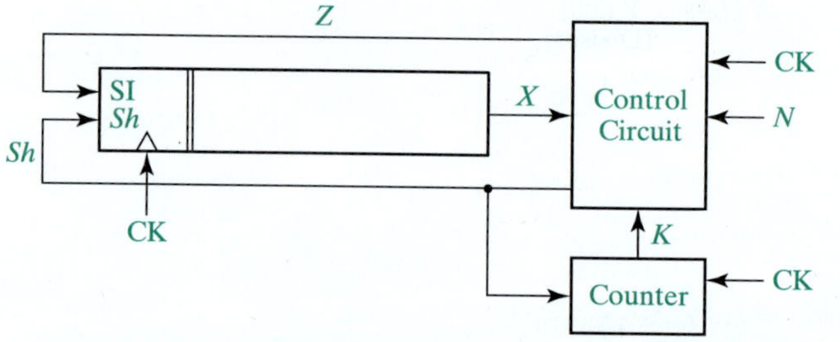

앞의 블록도에 적합한 2의 보수를 형성하는 규칙을 기술하라.

답

최소유효(least-significant) 비트로부터 시작해서 첫 번째 1의 왼쪽에 있는 모든 비트를 보수화한다.

앞의 규칙을 구현하는 제어회로(3 상태)의 상태그래프를 그려라. 2의 보수 연산은 $N = 1$일때 개시되어야 한다(N은 한 클럭 시간 동안 1이라고 가정한다). 그래프를 그릴 때, 회로를 중지시킬 방안은 포함시키지 말라(다음 단계에서 16 쉬프트 다음에 회로가 중지될 수 있도록 K 신호를 상태그래프에 넣도록 요구할 것이다). 그래프에서 각 상태의 의미를 설명하라.

답

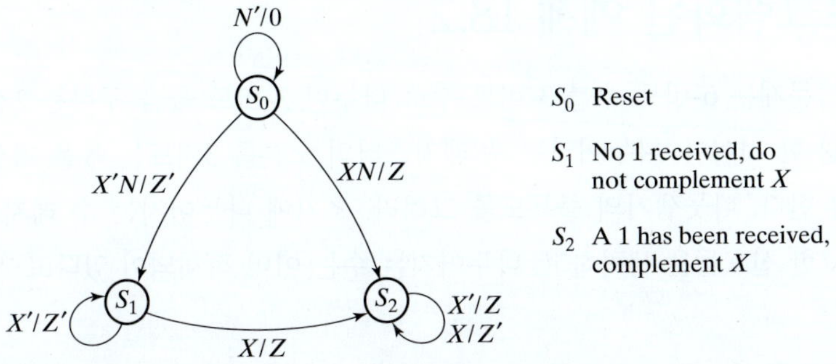

카운터는 상태 15에 이르면 완료 신호 K를 발생시킨다. $K = 1$이면 회로가 2의 보수 연산을 완료하고 초기상태로 돌아가도록 상태그래프를 수정하라. 또한 적절한 곳에 Sh 출력을 추가하라.

답 그래프의 각 상태를 떠나는 화살표상의 라벨을 확인하라. 한 상태에서 떠나는 화살표상의 두 라벨 이상이 동시에 1의 값을 갖지 않도록 확인하라. 그래프에 필요한 수정을 한 뒤, 최종 답을 확인해보라.

최종 해답

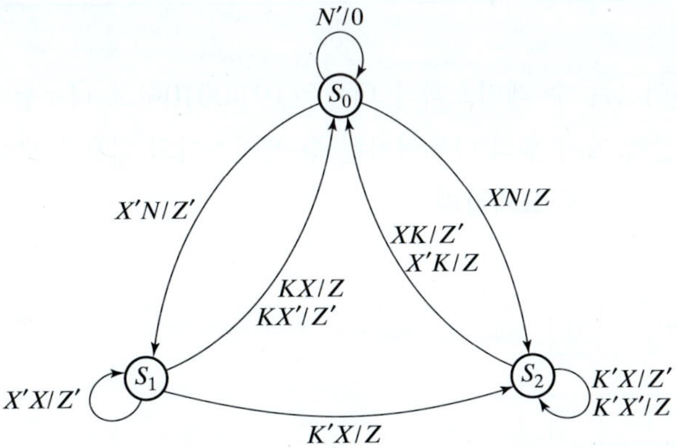

(주: Z 혹은 Z'가 있는 모든 곳에 Sh가 추가되어야 한다.)

프로그램화된 예제 18.2

이 연습문제는 6-비트 수를 3-비트 수로 나누어 3-비트 몫을 구하는 2진 나눗셈기의 설계에 관 한 것이다. 나누어지는 수 레지스터의 오른쪽 3비트는 몫을 저장하는 데에 사용되어야 한다. 나눗셈기의 블록도를 그려라. 초기에 나누어지는 수 레지스터에 적재하는 데 필요한 신호들은 생략하고, 나누어지는 수는 이미 적재되어 있다고 가정하라.

답

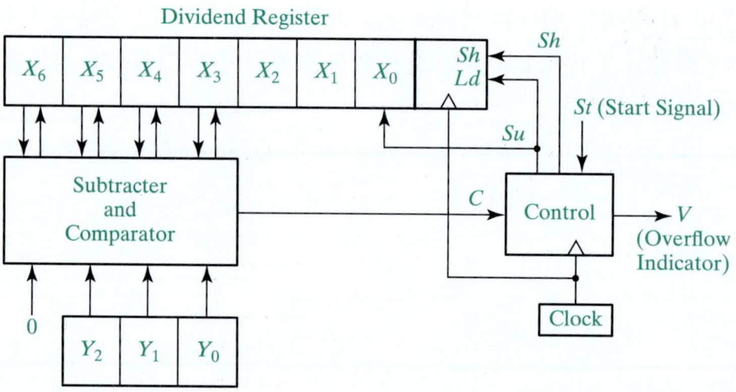

만약 초기에 나누어지는 수 레지스터의 내용은 0100010이고 나누는 수는 110이라면, 처음 3개의 상승 클럭 에지 후의 나누어지는 수 레지스터의 내용을 보여라. 또한 쉬프트 혹은 뺄셈이 있어야 하는지 표기하라.

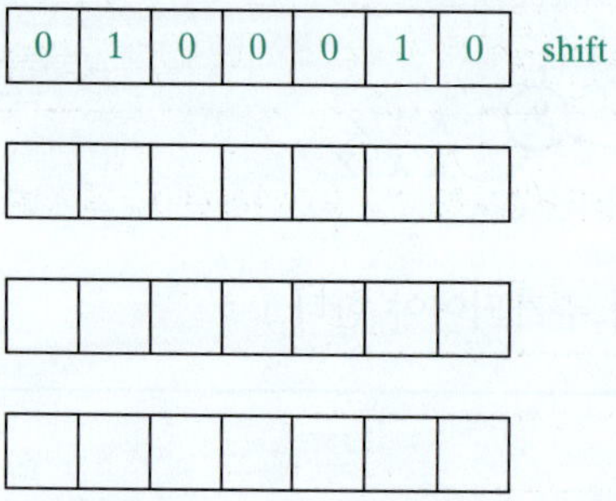

답

```
0 1 0 0 0 1 0 ¦ shift
1 0 0 0 1 0 ¦ 0 subtract
0 0 1 0 1 0 ¦ 1 shift
0 1 0 1 0 ¦ 1 0 shift
```

이제 계산의 나머지 단계들을 모두 보이고, 10진수로 변환하여 확인하라.

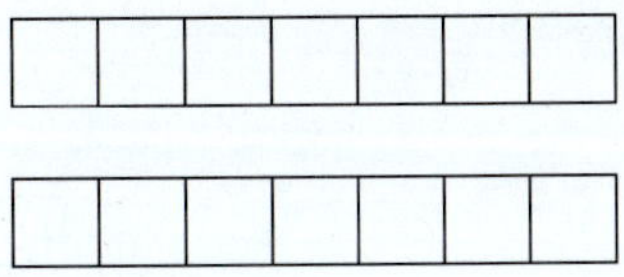

답

```
1 0 1 0 ¦ 1 0 0 subtract
0 1 0 0 ¦ 1 0 1 (finished)
```

초기에 나누어지는 수 레지스터가 0011001이었고 나누는 수가 010이었다면, 나눗셈이 일어날 수 있는가? 설명하라.

답 아니오. 011 > 010이므로 뺄셈이 일어나야 하지만 몫을 저장할 공간이 없다. 다시 말하면, 몫은 3비트 이상이 될 것이고 오버플로가 일어난다.

필요한 일련의 *Su*와 *Sh* 신호를 발생시킬 나눗셈기의 상태그래프를 그려라. 나누어지는 수 레지스터의 상위 4비트가 나누는 수보다 크면 비교기의 출력은 $C = 1$이 된다고 가정하라. 그래프에 리셋 상태와는 다른 중지 상태를 포함시켜라. 시작 신호(St)는 나눗셈이 끝날 때까지 1로 남아 있다고 가정하라. 회로는 나눗셈이 끝나거나 오버플로가 검출되면 중지 상태로 가야 한다. $St = 0$이면 회로는 리셋되어야 한다.

답

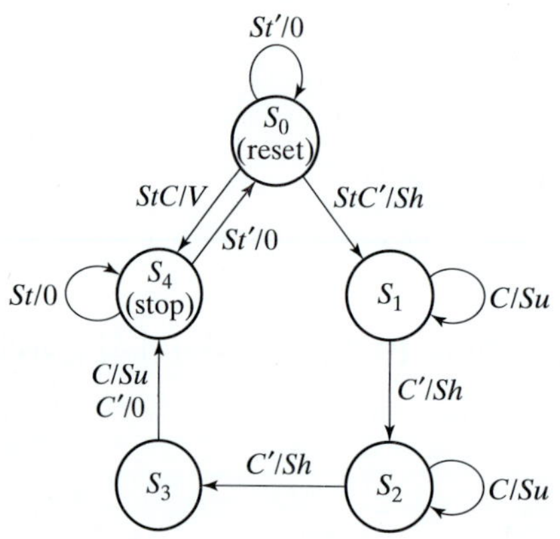

연습문제

18.3 5-비트 2진수를 위한 어큐뮬레이터를 가진 직렬뺄셈기를 설계하라. 음수는 2의 보수(2's complement)로 표현된다고 가정하라. 그림 18-1 형태의 회로를 사용하되, 직렬뺄셈기를 D-CE 플립플롭 및 게이트들을 사용하여 구현하라. 제어회로의 상태그래프를 그려라. 뺄셈이 끝날 때까지 *St*는 1로 남아 있고, *St*가 0으로 돌아갈 때까지 회로는 리셋되지 않는다고 가정한다.

18.4 두 개의 3-비트 2진수를 곱해서 6-비트 곱을 산출하는 병렬 2진 곱셈기를 설계하라. 이 곱셈기 는 전덧셈기의 배열(array)과 AND 게이트들로 구성되는 조합회로가 될 것이다(플립플롭이 사용되지 않음). 111이 111과 곱해질 때의 모든 신호들을 보임으로써 회로가 제대로 동작함을 보여라(*힌트*: AND 게이트는 0 혹은 1을 곱하는 데 사용될수 있고, 전덧셈기는 2비트와 한개의 캐리를 더하는 데 사용될 수 있다. 6개의 전덧셈기가 필요하다).

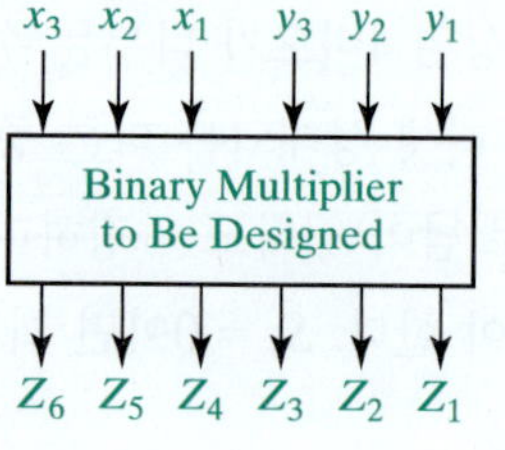

18.5 그림 18-7의 2진 곱셈기가 덧셈(addition)이 일어날 때마다 곱셈 비트(M)이 0으로 셋되도록 다시 설계되었다. 구체적으로 말하면, *Ad* 신호는 그림 18-7의 곱 레지스터의 맨 우측 비트 플립플롭의 clear 입력에 연결된다. 그래서 주어진 클럭 시간에 M이 1이면 덧셈이 일어나고, 다음 클럭 시간에 $M = 0$이 된다. 이제 $M = 1$이면 항상 덧셈을 하고 $M = 0$이

면 항상 쉬프트하면 된다. 이것은 $M = 1$일 때에는 회로가 상태를 바꾸지 않아도 됨을 의미하고, 상태의 수는 10에서 6으로 줄어든다. 이렇게 바뀐 6개의 상태를 가지는 곱셈기 제어부의 상태그래프를 그려라.

18.6 그림 18-10의 2진 나눗셈기의 제어회로를, 비트 수가 많은 경우가 허용되도록, 그림 18-9(a)와 유사하게 카운터와 뺄셈-쉬프트 제어를 분리되게 다시 설계한다. 뺄셈-쉬프트 제어의 상태그래프를 그려라.

18.7 다음은 5-비트 2진수 $X_4X_3X_2X_1X_0$을 $Y_4Y_3Y_2Y_1Y_0$로 나눌 나눗셈기의 블록도이다. 초기에 5-비트 나누어지는 수가 X_4에서 X_0에 적재되고, X_9에서 X_5까지는 0이 적재된다. 이 설계에서는 나누는 수가 0일 경우에만 오버플로가 생긴다. 이 나눗셈기는 그림 18-10과 그림 18-11에 보인 것과 유사하게 동작하지만, 초기 나누어지는 수의 적재 위치가 다르다.

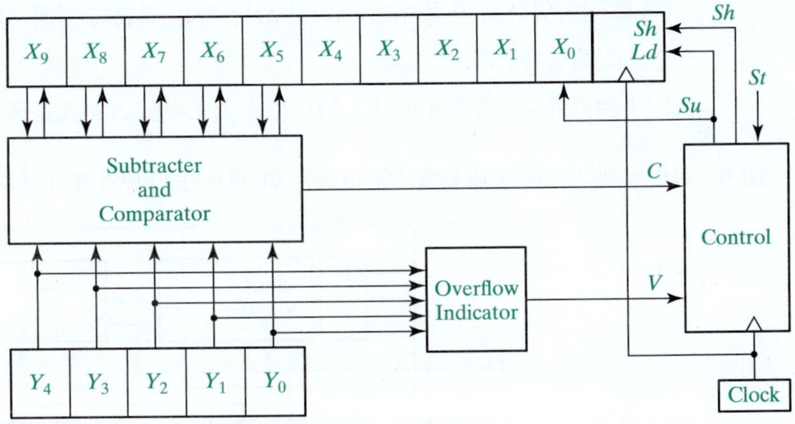

(a) 오버플로 표시기에 의해 발생되는 오버플로 신호 V의 식을 구하라.

(b) 26이 5로 나누어질 때의 동작을 설명하라. Su와 Sh 출력과 나누어지는 수 레지스터 내용의 발생 순서를 나열하고, 몫과 나머지를 명기하라.

(c) 제어회로의 상태그래프를 그려라. 만약 오버플로가 있으면, 회로는 시작 상태에 머물러 있어야 한다. 그렇지 않으면 $St = 1$일 때 회로는 동작을 시작해야 한다. St는 한 클럭 시간 동안만 1이 된다고 가정하라.

(d) 그림 18-10에서, 뺄셈 - 비교기와 나누어지는 수 레지스터는 나누는 수 레지스터보다 왼쪽에 한 비트를 더 가지고 있다. 여기서는 왜 그럴 필요가 없는가?

18.8 다음 그림에 보인 것처럼, 어떤 직렬 논리장치가 X와 Y, 두 개의 8-비트 쉬프트 레지스터를 가지고 있다. 입력 K_1과 K_2가 X와 Y에 어떤 연산을 할 것인지를 결정한다. $St = 1$일 때, X와 Y는 한 번에 한 비트씩 쉬프트되어 들어가서 새로운 값으로 교체된다. 만약 $K_1K_2 = 00$, X가 보수화되고 Y는 변하지 않는다. 만약 $K_1K_2 = 01$이면 X와 Y가 교환된다. $K_1K_2 = 10$이면, Y는 0으로 셋되고, X는 Y와 비트별로 XOR된 값으로 교체된다. 즉 새로운 x_i 값은 $x_i \oplus y_i$가 된다. 만약 $K_1K_2 = 11$이면, X는 변하지 않고, Y는 모두 1로 셋된다.

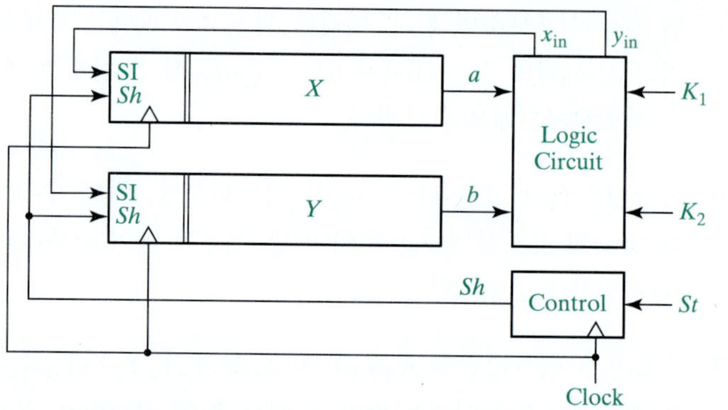

(a) x_{in}와 y_{in}의 논리식을 유도하라.

(b) 제어회로의 상태그래프를 그려라. *St*가 일단 1이 되면 8비트가 모두 처리될 때까지 1로 남아있다고 가정하라. 그리고 *St*는 다음 계산 주기의 시작 전에 어느 시각에서 0으로 되돌아간다.

(c) 이 논리회로를 2개의 4 대 1 MUX와 최소수의 게이트들을 사용하여 실현하라.

18.9 쉬프트 레지스터의 내용에 1을 더하는 한 회로가 다음의 형태를 가진다.

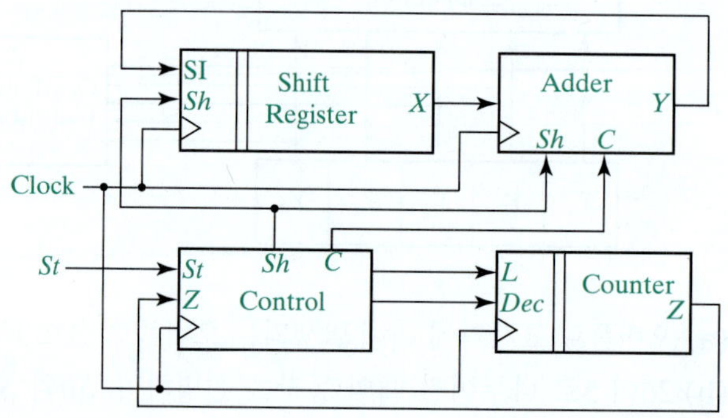

덧셈기 회로는 덧셈기 동작으로부터의 캐리를 저장하는 데 사용하는 플립플롭을 내부에 가지고 있다. 제어부는 덧셈 동작이 완료되었을 때를 결정할 수 있는 카운터를 가지고 있다. 카운터 입력 *L*은 쉬프트 레지스터의 길이를 가지는 카운터의 병렬적재를 가능하게 한다. 카운터 입력 *Dec*는 카운터가 감소하게 한다. 카운터 출력 *Z*는 카운터 값이 0일때 1이 된다. *St*가 1이 되었을 때, 제어부는 쉬프트 레지스터에 더하기 위한 1이 되도록 하는 횟수를 요구하는 *Sh*와 *C*를 생성한다. 또한 제어부는 카운터를 제어하기 위한 신호 *L*과 *Dec*를 생성한다.

D 플립플롭과 NOR 게이트를 사용하여 덧셈기와 제어부를 설계하라.

18.10 쉬프트 레지스터 내용에 1 대신 2가 더해지도록 18.9를 반복하라.

18.11 쉬프트 레지스터 내용에 1 대신 3이 더해지도록 18.9를 반복하라.

18.12 순서회로는 최하위 자리에서부터 한 번에 BCD 한 자리(4 bits)로 인코딩된 십진수를 받는다. 회로 출력은 입력 숫자의 10의 보수이고, BCD 최하위 자리가 먼저 인코딩되었다. 입력 십진수는 회로 출력이 모두 1인 동안에 모두 1인 하나 또는 그 이상의 입력에 의해 분리된다. 새로운 숫자의 유효한 BCD 자리가 시작하면 회로는 새로운 숫자의 10의 보수의 계산과 출력을 다시 시작한다.

(a) 회로의 상태표와 출력표를 구성하라(두 개의 상태로 충분하다).

(b) 최소 숫자의 플립플롭을 사용하여 회로를 실현하라.

18.13 십진수는 초과-3 코드로 인코딩되었고 10진수 사이의 분리기는 모두 0이고 이것은 출력에서 모두 0을 생성한다는 가정하에 문제 18.12를 반복하라.

18.14 쉬프트 레지스터의 내용에 1을 더하는 한 회로가 다음의 형태를 가진다.

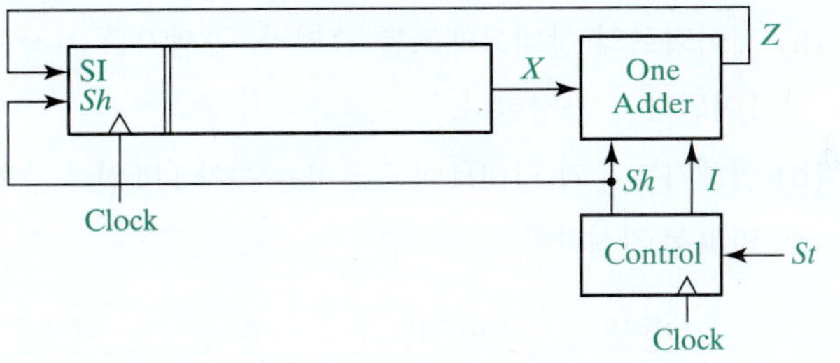

제어회로는 ONE ADDER를 적절한 초기상태로 세트하는 I를 출력하고, 그리고 Sh를 필요한 수만큼 쉬프트 레지스터로 출력한다. "ONE ADDER"로 표기된 상자를 NOR 게이트들과 preset과 clear를 가지는 D 플립플롭 한 개로 설계하라.

예:

이전의 쉬프트 레지스터 값:	000001011
I와 9개의 Sh 후의 쉬프트 레지스터 값:	000001100

18.15 (a) 곱하는 수가 3비트이고 곱해지는 수가 4비트인, 두 2진수를 곱할 수 있는 2진 곱셈기의 블도를 그려라. 8-비트 쉬프트 레지스터와 다른 필요한 블록들을 사용하라.

(b) 곱셈기 제어부의 상태그래프를 그려라.

(c) 11이 5로 곱해질 때 곱셈기의 동작을 설명하라. 제어회로에 의해 발생되는 일련의 add와 shift 신호를 명기하고, 각 클럭 시간에서의 8-비트 레지스터의 값을 명기하라.

(d) 그림 12-10 형태의 8-비트 쉬프트 레지스터와 한 개의 4-비트 덧셈기, 3개의 J-K 플립플롭 그리고 기타 필요한 게이트들을 사용한 곱셈기의 논리도를 그려라.

18.16 문제 18.15을 곱하는 수가 3비트, 곱해지는 수가 5비트인 경우에 대하여 풀고, 20을 6으로 곱할 경우에 대해 설명하라. (d)에 대해서는 한 개의 그림 12-10과 유사한 9-비트 쉬프트 레지스터, 5개의 전덧셈기, 3개 D 플립플롭, 한 개의 PLA를 사용하라. PLA 표를 보여라.

18.17 양의 2진수들을 위한 2진 곱셈기의 블록도를 아래에 보였다. 카운터는 쉬프트의 수를 세고 2개의 쉬프트 후에 신호 $K = 1$을 출력한다.

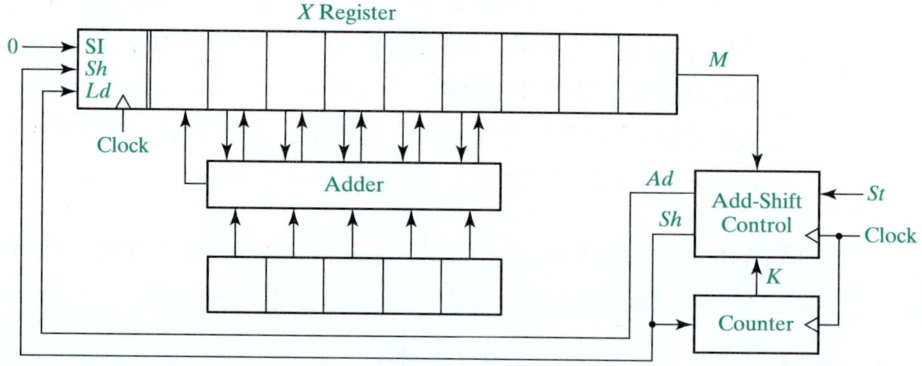

(a) 제어회로의 상태그래프를 그려라. 곱셈기를 시작시키기 위해 *St*는 한 클럭주기 동안 1이된다고 가정한다.

(b) 곱해지는 수가 11001이고 곱하는 수가 111인 경우의 회로의 동작을 보여주기 위한 아래의 표를 완성하라.

State	Counter	X	St	M	K	Ad	Sh
S_0	00	000000111	1	1	0		

18.18 7-비트 나누어지는 수를 2-비트 나누는 수로 나누어 5-비트 몫을 구하는 2진 나눗셈기를 설계하라. 이 시스템은 나눗셈 처리를 시작시키기 위한 *St* 입력을 갖는다.

(a) 뺄셈-비교기의 블록도를 그려라. 전덧셈기 혹은 전뺄셈기를 사용할 수 있다.

(b) 시스템의 나머지 부분의 블록도를 그려라(덧셈기나 뺄셈기를 뺄셈-비교기 블록 내에 그리 지말 것).

(c) 제어회로의 상태그래프를 그려라. 시작 신호(*St*)는 한 클럭주기 동안 1이라고 가정하라.

(d) 초기에 나누어지는 수가 01010011이고 나누는 수가 11이라면 각 단계에서의 나누어지는 수 레지스터의 내용과 *C*의 값을 보여라.

18.19 (a) 양의 6-비트 2진수를 양의 4-비트 2진수로 나누어 2-비트 몫을 구하는 2진 나눗셈기 블록도를 그려라. 1개의 나누어지는 수 레지스터, 1개의 나누는 수 레지스터, 뺄셈-비교기 블록, 그리고 제어 블록을 사용하라.

(b) 제어회로의 상태그래프를 그려라. 나눗셈이 완료된 후 하나 이상의 클럭 시간 동안 시작 신호 *St*가 1로 남아 있다고 가정하고, 회로를 리셋하기 위해 *St*는 0으로 셋되어야 한다.

(c) 뺄셈−비교기가 전덧셈기들과 인버터들을 사용하여 어떻게 실현될 수 있는지 보여라.

(d) 나누어지는 수가 101101이고 나누는 수가 1101일 때 각 시간 단계 후에 레지스터의 내용 과 C의 값을 보여라.

18.20 홀수 패리티 발생기를 위한 제어회로를 설계하라. 이 회로는 쉬프트 레지스터로부터 출력 *X*로 7비트를 전송해야 한다. 그리고 다음 클럭주기에서 여덟 번째 *X*의 값은총 1의 수가 홀수가 되 게끔 선택되어야 한다. 다시 말하면 쉬프트 레지스터에 짝수개의 1이 있었다면, 8-비트 출력이 홀수 패리티를 갖도록, *X*는 1이 되어야 한다(패리티에 대해서는 13.1절에서 논의되었다). 이 회로를 보였다. *K*는 카운터가 111에 이르면 1이 된다.

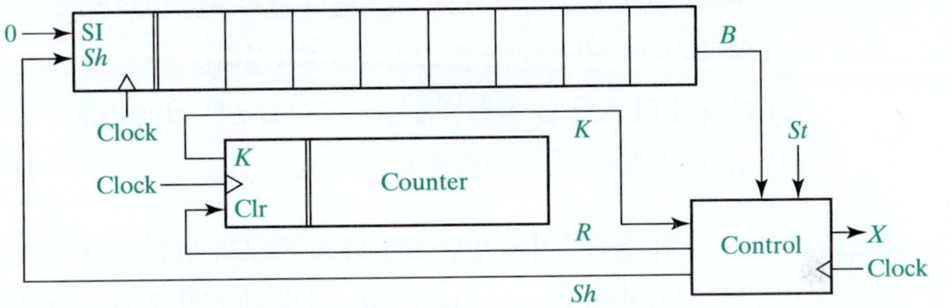

(a) 제어회로의 상태그래프를 보여라(3개의 상태). *St*는 1 클럭주기 동안 1이라고 가정하라.

(b) 이 제어회로를 D 플립플롭들과 필요한 게이트들을 사용하여 구현하라. one-hot 상태할당을 사용하라.

18.21 6-비트 수 *X*에 −1을 곱하는 직렬 논리장치를 설계하라. 음수는 2의 보수 표현법으로 나타낸다고 가정하라. 2의 보수를 구하는 한 가지 방법으로 우측 맨 끝의 1보다 좌측에 있는 모든 비트를 보수화하는 것이 있다는 것을 상기하라. 만일 수가 −32 = 100000이라면, +32는 6-비트로 2의 보수 표현으로 나타낼 수 없으므로, 오류 신호 *Er*이 발생되어야 한다.

(a) 한 개의 제어블록, 하나의 6-비트 우방향 쉬프트 레지스터, 한개의 3-비트 카운터를 사용하여 블록도를 그려라. 제어부는 *St*, *K*, S_0의 입력과 *Er*, *Clr*, *Sh*, *SI*의 출력을 갖는다. 쉬프트 레지스터는 그림 12-7의 레지스터와 같지만 6-비트를 가진다. 카운터는 *Clr*을 입력으로 가지고 *K*를 출력으로 가지며 6에 도달하면 1이 된다. 쉬프트 레지스터는 동작이 시작될 때 *X*를 가지고 있다고 가정하고 동작이 완료될 때는 −*X*를 가져야 한다.

(b) 제어회로의 상태도를 그려라. 0의 2의 보수를 취할 때 회로가 제대로 동작해야 함을 명심하 라(0 × −1 = 0).

(c) 제어부를 one-hot 상태할당과 D 플립플롭들을 사용하여 구현하라.

18.22 한 직렬 부울 논리장치가 두 개의 16-비트 쉬프트 레지스터, A와 B를 가지고 있다. 제어 신호(C)는 수행될 부울 연산을 선택하는 데 사용된다. 만약 $C = 0$이면 A의 내용은 A와 B 간의 비트단위의 부울 AND 결과값으로 바뀐다. 만약 $C = 1$이면 A의 내용은 A와 B 간의 비트단위의 XOR 결과값으로 바뀐다. A와 B에 수들이 적재된 후에 C는 0 혹은 1로 셋되고, 시작 신호(St)가 회로의 동작을 설정한다. 카운터는 쉬프트의 수를 세기 위해 사용된다. 카운터가 15에 이르면 카운터는 신호 $K = 1$을 출력하고, 이 신호에 의해 제어회로가 쉬프트를 한 번 더한 후에 정지하게 된다. 연산이 끝날 때까지, St는 1로 남아 있고 C는 바뀌지 않는다고 가정한다. 그리고 제어부는 St가 0이 될 때까지 정지 상태에 머무른다.

(a) 쉬프트 레지스터들, 카운터, 제어회로, A 레지스터에 SI(serial input)를 발생하는 논리회로로 이루어지는 이 시스템의 블록도를 그려라.

(b) 제어회로의 상태그래프를 그려라(3개의 상태).

(c) 하나의 PLA와 D 플립플롭들로 제어회로를 설계하라.

(d) SI를 발생하는 논리회로를 설계하라.

18.23 신호 St가 한 클럭주기 동안만 1이 되고, 회로의 연산 중에 C가 바뀔 수 있다고 가정하고 18.22을 반복하라. 그래서 회로는 $St = 1$일 때 C가 어떤 값을 가졌나에 따라 연산을 해야 한다. (c)에 대해서는 one-hot 상태할당을 사용하라(*힌트*: C가 제어회로의 입력이 되어야 하고, 18.22(d)의 논리회로에서의 C를 대신할 새로운 제어회로로부터의 출력이 필요할 것이다).

18.24 어떤 직렬장치가 4-비트 쉬프트 레지스터 X와 제어부로 이루어져 있다. 제어부는 시작 신호(St), 쉬프트 출력(Sh), 그리고 쉬프트 레지스터의 직렬 입력이 되는 출력 M을 가진다. 그리고 신호 C_1과 C_2가 쉬프트 레지스터에 수행될 논리 연산을 선택한다. $St = 1$일 때,

만약 $C_1C_2 = 00$, 레지스터 X의 내용은 순차적으로 모두 0으로 교체된다.

만약 $C_1C_2 = 01$, 레지스터 X의 내용은 순차적으로 모두 1으로 교체된다.

만약 $C_1C_2 = 11$, 레지스터 X의 내용은 순차적으로 비트단위 보수로 교체된다. C_1C_2는 선택된 연산이 끝날 때까지 변화하지 않는다고 가정한다.

(a) 이 시스템의 블록도를 그려라.

(b) 제어부의 상태그래프를 명기하라. St는 한 클럭주기 동안 1이라고 가정한다.

(c) J-K 플립플롭들과 게이트들을 사용하여 제어부를 설계하라. 또한, 쉬프트 레지스터로 M(serial input)을 발생해 보내는 제어부 내의 논리회로를 설계하라(*힌트*: M은 단지 C_1, C_2와 X에만 의존한다).

18.25 지정된 수만큼 쉬프트 레지스터의 오른쪽 비트들을 0으로 세트하는 회로를 설계하라. 0으로 세트할 비트의 수는 동작의 시작 전에 레지스터 N 안에 들어 있다. $St = 1$일 때, 제어부는 우측으로 쉬프트 N번을 하고 나서 좌측으로 쉬프트 N번을 시킨다. 카운터는 거꾸로만 세며 000에 이르면 $K = 1$이 된다.

(a) 회로를 보여라. 제어블록, 한 개의 3-비트 N 레지스터, 적재 입력(Ld)과 (카운터가

000이 되면 1이 되는) 출력 K를 가지는 한 개의 3-비트 다운카운터(down-counter), (8 비트라는 것을 제외하고는) 문제 12-3의 표와 같이 동작하는 한 개의 8-비트 우/좌방향 쉬프트 레지스터를 사용하라. 카운터는 업카운트(count up) 않으므로, N을 카운터에 두 번 적재해야 할 것이다. 제어부는 입력 St, K와 출력 A, B, 그리고 Ld를 가진다.

(b) 제어회로의 상태그래프를 보여라. St는 한 클럭주기 동안 1이 된다고 가정하라.

(c) 두 개의 D 플립플롭을 사용하여 제어부를 구현하라. 상태에 대한 2진 할당은 있는 순서대로 그대로 할당한다.

18.26 세 개의 수를 더하는 문제 12.35의 회로의 제어부를 설계하라. 각 수는(첫 번째를 포함하여) 두 개의 연속적 클럭주기에 8-비트 입력 데이터 선에 나타난다. 레지스터들의 값이 0으로 시작한다고 가정해서는 *안 된다*. St = 1일 때, 그 클럭주기에서 첫 번째 입력이 입력 데이터 선에 나타나고, 그 다음 클럭주기에 그 다음 입력이 나타난다. 회로는 결과가 어큐뮬레이터에 들어갈 때 중지되어야 하고, 신호 Done = 1을 출력한다. Done은 St가 0이 될 때까지 1로 남아 있어야 한다. St는 동작을 완료할 때까지 충분한 시간 동안 1로 지속된다고 가정해도 된다. 블록도와 상태 그래프(7 상태)를 보여라(상태그래프를 구현할 필요는 없음).

18.27 다음에 보인 곱셈기는 4-비트 곱해지는 수와 4-비트 곱하는 수를 곱해서 8-비트 곱을 얻기 위해 카운터들만 사용한다. 이 초저속의 곱셈기는 곱셈은 반복된 덧셈이고 덧셈은 반복된 증가 (increment)라는 원리에 입각하고 있다. 이 곱셈기는 다음과 같이 동작한다. 신호 St가 들어오 면, 8-비트 업카운터(up counter)가 일소되고, N_1이 4-비트 카운터 A에 적재되며, N_2는 4-비트 카운터 B에 적재된다. 그리고 제어부는 A가 0에 이를 때까지 A를 감소시키면서 업카운터를 증가시킨다. A가 0에 이르면, B를 감소시키고 A에는 다시 N_1를 적재시킨다. 이 과정은 B가 0에 이를 때까지 반복된다. B가 0에 이르면 8-비트 업카운터는 결과된 곱을 가지게 된다.

(a) 제어부의 상태그래프를 그려라. St = 1은 한 클럭주기 동안 지속된다고 가정하라.

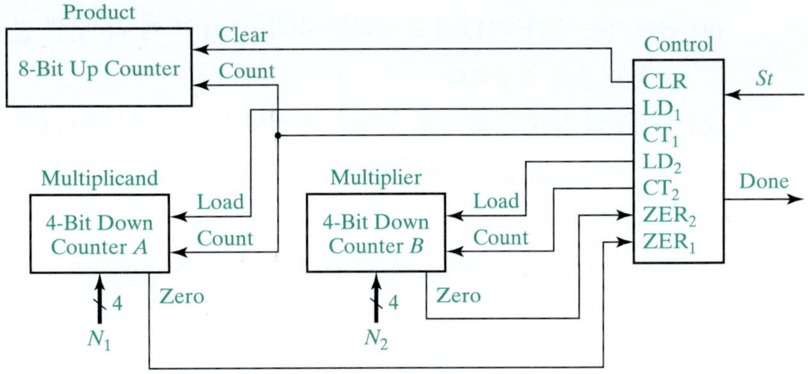

Ultra-Slow Multiplier

(b) 상태그래프를 한 개 혹은 두 개의 J-K 플립플롭과 최소 수의 게이트로 실현하라.

(c) 곱하는 수가 N_1 그리고 곱해지는 수가 N_2라면, 초저속 곱셈기가 곱을 계산하는 데 몇 클럭 주기가 필요한가?

18.28 다음의 회로는 4비트 양수 곱셈기 회로이다. 곱셈은 곱하는 수(multiplier)가 감소되는 동안에 부분 곱(partial product)에 곱해지는 수(multiplicand)를 더함으로써 실행된다. 이 동작은 곱 하는 수(multiplier)가 0으로 감소될 때까지 계속된다(곱하는 수가 원래 0이라면, 덧셈은 하지 않는다). 시작 입력(S)이 1로 바뀌었을 때, 곱해지는 수와 곱하는 수는 사용될 수 있고, 곱셈기 회로는 그들을 A Reg와 B 카운터에 각각 적재한다. 두 부분(PU와 PL)으로 구현된 부분곱 레지스터는 덧셈기(C FF)의 carry-out FF처럼 일소된다. 덧셈기의 두 배만큼 긴 피연산자를 가지는 것을 피하기 위하여 곱해지는 수의 덧셈은 두 단계로 완료된다. 먼저 곱해지는 수는 부분 곱의 절반의 하위에 더해진다. 그 후 첫 덧셈의 캐리를 부분 곱의 절반의 상위에 더한다. B 카운터의 곱하는 수는 각 덧셈마다 감소되고, 덧셈은 곱해지는 수가 0이 될 때까지 계속된다. 그리고 완료 신호(D)는 부분곱 레지스터에서 곱이 가능한 상태로 생성되고 D는 S가 0으로 돌아갈 때까지 확정되고 곱이 가능한 상태로 머무른다.

제어부가 반드시 생성하는 제어 신호는

LB	Load B Counter
DB	Decrement B Counter
CP	Clear PU and PL
LPU	Load PU
LPL	Load PL
LA	Load A Reg
MS	MUX Select Signal
EA	Signal ANDed with A Reg output
CC	Clear C FF
D	DONE

제어부로 보내지는 입력신호는 시작, S와 BZ가 있고, B 카운터가 0일 때 BZ는 0이다.

(a) 곱해지는 수가 1011이고 곱하는 수가 0101일 때 각 덧셈 단계에서 부분 곱 레지스터의 내용을 결정하라.

(b) 제어부의 상태 그래프를 그려라(네 개의 상태로 충분하다).

(c) D 플립플롭과 one-hot 상태할당을 사용하여 제어부 실현하라. 차기상태 식과 제어부 출력 식을 구하라.

(d) 최소 숫자의 D 플립플롭을 사용하여 제어부를 실현하라.

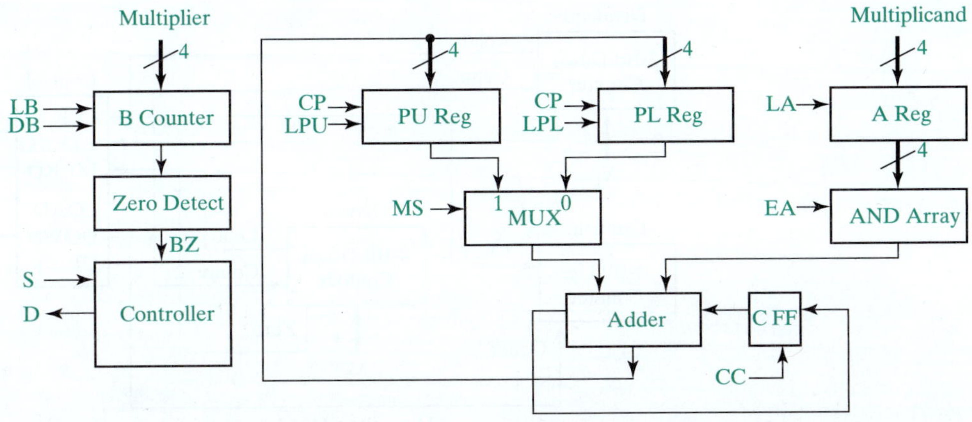

18.29 2의 보수 숫자들의 곱을 위해서 문제 18.28의 회로는 어느 정도 수정이 필요하다. 예를 들어 제어부는 곱하는 수와 곱해지는 수의 부호 비트인 입력을 가져야만 하고, B 카운터는 곱하는 수가 음수에서 0까지 증가할 수 있어야만 하고, AND Array는 출력이 모두 0이거나 1인 곱해지는 수가 되기 위하여 바뀌어야만 한다.

(a) 위에 제안된 수정사항들을 사용하여 2의 보수 숫자 곱셈을 할 수 있는 곱셈기를 다시 설계 하라.

(b) 곱해지는 수가 1011이고 곱하는 수가 0101일 때 각 덧셈 단계에서 부분 곱 레지스터의 내용을 결정하라. 곱해지는 수가 0101이고 곱하는 수가 1011일 때 위 내용을 반복하라.

(c) 제어부의 상태 그래프를 그려라(5개의 상태가 필요하다).

(d) D 플립플롭과 one-hot 상태할당을 사용하여 제어부 실현하라. 차기상태 식과 제어부 출력 식을 구하라.

(e) 최소 숫자의 D 플립플롭을 사용하여 제어부를 실현하라.

18.30 다음의 블록도에 보인 초저속 나눗셈기는 문제 18.27와 유사한 원리로 동작한다. *St* 신호가 들어오면, 8-비트 다운 카운터에는 나누어지는 수(N_1)가 적재되고, 4-비트 다운 카운터에는 나누는 수(N_2)가 적재되고, 4-비트 몫 업 카운터는 일소된다. 나누어지는 수 카운터와 나누는 수 카운터는 함께 감소되고, 4-비트 나누는 수 카운터가 0이 될 때마다 다시 나누는 수가 적재되면서 몫 업 카운터는 증가된다. 나누어지는 수 카운터가 0에 이르면 이 과정은 종료되고, 몫 카운터에는 결과가 남게 된다.

(a) 제어부의 상태그래프를 그려라.

(b) 하나 혹은 두 개의 D 플립플롭과 최소수의 게이트를 사용하여 상태그래프를 실현하라.

(c) 나누어지는 수가 N_1이고, 나누는 수가 N_2이면, 몫을 계산하기 위해 몇 개의 클럭주기가 필요한가?

(d) 나눗셈 도중에 오버플로가 생기는 것을 어떻게 알 수 있는가?

(e) 설계한 회로에서 나누는 수가 0이면 어떻게 되는가?

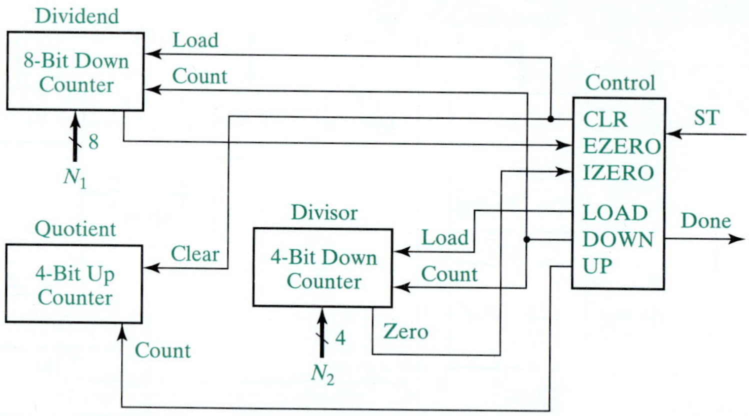

Ultra-Slow Divider

18.31 문제 1.42에서 n-비트 2의 보수 정수 $B = b_{n-1}b_{n-2n} \cdots b_1b_0$는 십진수 값 $-b_{n-1}2^{n-1} + b_{n-2}2_{n-2} + b_{n-3}2_{n-3} + \cdots + b_12 + b_0$를 가진다. 이 표현에 기반하여, 2의 보수 $B \times A$은 $I = 0$에서 $n - 2$까지 $b_i(A2^i)$를 부분곱(partial product)에 더하고 $b_{n-1}(A2^{n-1})$를 부분곱으로부터 뺌으로써 구할 수 있다.

(a) 이 알고리듬에 입각하여, 피승수(multiplicand) $A = 1101(-8)$과 승수 $B = 1010(-6)$에 대해서 이 알고리듬의 각 단계에서의 그림 18-7의 ACC의 내용 값을 보여라.) 피연산자(operand) A=1000(−8)과 B=1010(−6)에 대해서 반복하라. ACC의 비트 7로 시프트되어 들어가는 값은 더 이상 그림 18-7과 같은 덧셈기로부터의 캐리(carry-out)가 아님에 유의하라(즉, ACC의 비트 8은 ACC로 시프트 되어 들어갈 적절한 값을 제공하는 회로로 바뀌어야 한다).

(b) 시프트 동작에서 ACC의 비트 7에는 어떤 값이 시프트되어 들어가야 하는지 말로서 설명하라.

(c) 이 알고리듬으로 2의 보수 수들이 곱해질 수 있도록 그림 18-7을 수정하라. ACC의 비트 8을, 시프트 동작 시에 ACC의 비트 7에 들어가 값을 제공하는 회로로 대체하라. M_3을 피승수의 부호, S_u를 뺄셈 연산이 필요할 시에 제어기로부터 발생되는 제어 신호로 명명한다.

(d) (c)에서 수정된 회로를 사용하여, 그림 18-8의 상태 그래프를 2의 보수 곱셈을 할 수 있도록 수정하라.

(e) (c)에서 수정된 회로를 사용하여, 그림 18-9의 상태 그래프를 2의 보수 곱셈을 할 수 있도록 수정하라.

18.32 (a) 그림 18-13의 5-비트 뺄셈기를 생각해보자. 이 뺄셈기로부터의 하위 4 비트 출력은 X_8에 의존하지 않음을, $X_8 = 0, 1$, 그리고 $X(7{:}4)$가 $Y(3{:}0)$보다 크거나 같은, 또 $Y(3{:}0)$보다 작은, 경우들의 조합인 4가지의 가능한 예들을 들어서 증명하라.

(b) (a)에서의 가능한 4가지 경우 중에서 3가지만 일어날 수 있다. 일어날 수 없는 경우를 설명하라.

(c) 만약 그림 18-11의 상태 그래프가 그림 18-14 회로의 동작을 기술한다면, *C*의 표현은 어떻게 나타낼 수 있는가?

(d) 그림 18-13과 그림 18-14의 나눗셈기들의 동작 속도와 회로 복잡도(complexity)를 비교하라.

18.33 (a) 그림 18-15의 나눗셈기의 상태 그래프를 작성하라.

(b) 그림 18-13과 그림 18-15의 나눗셈기들의 동작 속도와 회로 복잡도(complexity)를 비교하라.

18.34 이 문제에서는 홀수 자연수를 뺄셈해가는 방법에 의해 8-비트 무부호(unsigned) 2진수 N의 제곱근의 자연수 부분을 구하는 회로를 설계한다. N의 제곱근을 구하기 위해, 음수 결과가 되지 않고는 더 이상 뺄셈할 수 없을 때까지, 1, 3, 5, 등등 순으로 뺄셈해 나간다. 뺄셈을 수행한 수가 N의 제곱근의 자연수 부분이 된다. 예로서 $\sqrt{27}$:을 계산하기 위해: 27 − 1 = 26; 26 − 3 = 23;23 − 5 = 18; 18 − 7 = 11; 11 − 9 = 2; 2 − 11(뺄셈할 수 없음). 다섯 번의 뺄셈이 가능했으므로 $\sqrt{27}$:의 자연수 부분은 5이다. 마지막의 홀수 자연수는 $11_{10} = 1011_2$이고, 이것은 제곱근 ($101_2 = 5_{10}$)에 1이 뒤에 붙은 것임에 주목하라.

UNIT 19

SM 차트와 상태머쉰 설계

State Machine Design with SM Charts

목표

1. SM 차트의 각 부분을 설명하라.
2. 주어진 상태머쉰의 입력열에 대하여 SM 차트로부터 출력을 결정하고 타이밍도를 완성하라.
3. 상태그래프를 SM 차트로 변환하라.
4. 곱셈기, 나눗셈기 및 다른 간단한 디지털시스템의 제어를 위한 SM 차트를 만들어라.
5. SM 차트상의 연결 경로를 추적하여 상태머쉰의 차기상태식과 출력식을 결정하라.
6. PLA 또는 ROM과 플립플롭을 사용하여 SM 차트를 구현하라.

학습가이드

1. 19.1절 *상태머쉰 차트*를 학습하라.

(a) 그림 19-2의 예에서 상태머쉰이 S_1의 상태이고 $X_1 = 0$, $X_2 = 1$일 때 모든 출력 값과 출구경로의 번호를 명시하라.

(b) 그림 19-6(a)와 (b)에서 연결경로를 추적하여 $X_1 = X_3 = 1$일 때 출력을 결정하라.

(c) 그림 19-7의 SM 차트와 상태그래프가 등가하다는 것을 증명하라.

(d) 입력열 X가 0, 1, 1, 0일 때 그림 19-7(b)의 타이밍도를 구성하라.

(e) 문제 19.1, 19.2, 19.3을 풀어라.

2. 19.2절 *SM 차트의 유도*에 대해 학습하라.

(a) 그림 18-10의 2진 나눗셈기에서 언제 뺄셈을 할 것인지 쉬프트 동작을 할 것인지 결정하기 위해 그림 19-9의 SM 차트를 사용하여 28을 5로 나누는 연산의 각 단계마다 피제수 레지스터에 저장되는 값을 구하라.

(b) 그림 18-9(c)의 상태그래프와 그림 19-10의 SM 차트를 비교하고 각 상태마다 같은 입력에 대해서 같은 출력을 생성하는가를 증명하라.

(c) 그림 19-12의 주사위 게임 흐름표와 그림 19-13의 SM 차트를 비교하라. 흐름도의 주사위 굴림 상자를 SM 차트 상에서 구현하기 위해서 2개의 상태가 필요하다는 것을 주목하라. 첫 번째 상태에서는 굴리기(roll) 버튼이 눌러지기를 기다리고 있고 두 번째 상태에서는 굴리기 버튼을 놓을 때까지 지속되는 굴리기 신호가 생성된다. 상태 S_1에서 3개의 변수가 검사되고 모두 0이면 S_1에 S_4로 천이가 일어날 때 Sp가 생성되어서 합계가 점수 레지스터에 저장된다.

(d) 문제 19.4, 19.5, 19.6을 풀어라.

3. 19.3절 *SM 차트의 구현*을 학습하라.

(a) 그림 19-7(b)에서 A^+과 B^+의 간략식을 구하라.

(b) 표 19-1과 19-2를 증명하라. 표 19-2에서 4행에서 Sp만이 1이고 7행과 8행에서 Win이 1인 이유는?

(c) 표 19-2의 16행을 ROM표의 해당 행에 맞게 전개하라.

(d) 문제 19.7, 19.8, 19.9, 19.10을 풀어라.

SM 차트와 상태머쉰 설계

State Machine Design with SM Charts

순서회로는 알고리즘 상태머쉰 또는 단순히 상태머쉰이라는 다른 이름을 가진다. 단계적인 절차를 수행하는 디지털 시스템을 제어하는 데 사용될 때 순서회로를 그렇게 부른다. 그림 18-3, 18-8, 18-9, 18-11의 상태그래프는 덧셈기, 곱셈기, 나눗셈기의 제어를 위한 상태머쉰을 정의한다. 상태그래프를 대신하는 방법으로 상태머쉰 흐름, 또는 SM 차트로 불리는 특별한 종류의 흐름표가 상태머쉰의 동작을 표현하는 데 사용된다. 이 장은 SM 차트의 특성과 이것이 상태머쉰 설계에 어떻게 사용되는지를 기술한다.

19.1 상태머쉰 차트

흐름표가 소프트웨어 설계에 유용한 것처럼 디지털 시스템의 하드웨어 설계에도 유용하다. 이 절에서는 상태머쉰 흐름차트 또는 SM 차트로 불리는 특별한 종류의 흐름표를 소개한다. SM 차트는 알고리즘 상태머쉰 차트라고도 부른다. SM 차트가 여러 가지 장점을 제공하는 것을 보게 될 것이다. 등가인 기능의 상태그래프 대신에 SM 차트를 검사함으로써 디지털 시스템의 동작을 좀 더 쉽게 이해할 수 있다. SM 차트는 여러 등가인 형태로 변환할 수 있고 각 형태는 하드웨어 구현으로 직접 관련된다.

SM 차트를 구성하기 위해서 특정한 규칙들을 따라야 한다는 면에서 SM 차트는 일반적인 흐름표와는 차이가 있다. 이 규칙들을 따를 때 SM 차트는 상태그래프와 등가하게 하드웨어로 구현할 수 있다. 그림 19-1은 SM 차트의 3가지 주요 구성 요소를 나타낸다. 시스템의 상태는 *상태상자*(*state box*)에 의해 표현된다. 상태상자는 상태 이름과 *출력 리스트*를 포함한다. *상태 코드*는 상자 바깥의 상단에 위치한다. *결정상자*(*decision box*)는 참 분기와 거짓 분기를 가지는 다이아몬드 모양의 심벌로 표현된다. 이 상자에 놓인 *조건*은 어느 분기를 선택한 것인지를 결정하기 위한 부울식이다. 양 끝이 둥근 모양인 *조건출력상자*(*conditional output box*)는 *조건출력 리스트*를 포함한다. 조건출력은 시스템의 상태와 입력에 의해 결정된다.

그림 19-1
SM 차트의 구성 요소

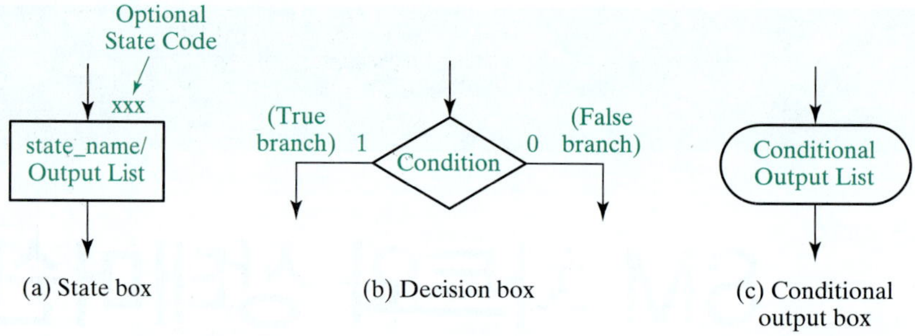

SM 차트는 *SM 블록*으로부터 구성된다. 각 SM 블록은(그림 19-2) 그 상태와 연관된 결정상자와 조건출력상자와 함께 정확히 하나의 상태상자를 가진다. SM 블록은 정확히 하나의 *입구경로*(*entrance path*)와 하나 이상의 *출구경로*(*exit path*)를 갖는다. 각 SM 블록은 기계가 하나의 상태에 머무르고 있는 동안 기계의 동작을 표현한다. 디지털 시스템이 SM 블록과 연관된 상태로 들어갈 때 상태상자의 출력 리스트의 출력이 참이 된다. 결정상자에 있는 조건을 만족하는 결과에 따라서 SM 블록의 어느 경로를 택할 것인지를 결정된다. 이 경로에서 조건출력상자를 만나면 해당 조건의 출력이 참이 된다. 입구로부터 출구까지의 SM 블록 내의 경로를 *연결경로*라 한다.

그림 19-2의 예제에서 시스템이 S_1의 상태로 들어가면 출력 Z_1과 Z_2는 1이 된다. 입력 X_1과 X_2가 둘 다 0이면 Z_3과 Z_4가 1이 되고 상태시간이 끝날 때 기계는 출구경로 1을 통해서 초기 상태로 간다. 반면에 $X_1 = 1$이고 $X_3 = 0$이면 출력 Z_5가 1이 되고 출구경로 3을 통해서 차기상태로 들어간다.

일반적으로 주어진 SM 블록은 여러 가지 다른 형태로 그려질 수 있다. 그림 19-3은 2개의 등가인 SM 블록을 나타낸다. 두 그림 19-3(a)와 (b)에서 $X_1 = 0$이면 출력 $Z_2 = 1$이고 $X_2 = 0$이면 차기상태가 S_2이고, $X_2 = 1$이면 S_3이다.

그림 19-2
SM 블록의 예

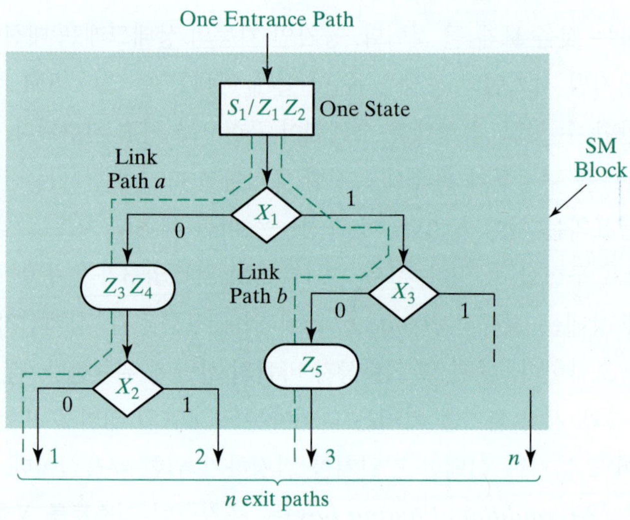

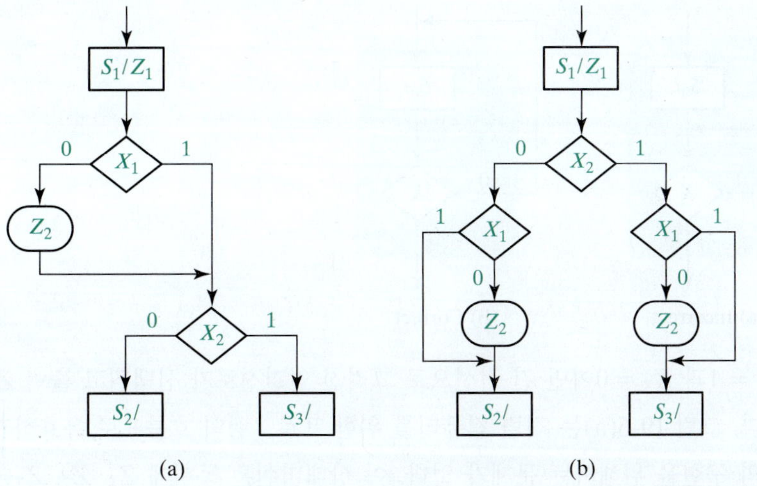

그림 19-3
등가 SM 블록들

그림 19-4(a)의 SM 차트는 하나의 상태를 나타내고 상태변화가 없기 때문에 조합회로를 나타낸다. $A + BC = 1$이면 출력 $Z_1 = 1$이고 다른 경우에는 $Z_1 = 0$이다. 그림 19-4(b)는 19-4(a)와 등가인 것으로 입력 변수를 개별적으로 검사한다. $A = 1$ 또는 $A = 0$, $B = 1$, $C = 1$이면 출력 $Z1 = 1$이다.

$$Z_1 = A + A'BC = A + BC$$

이므로 그림 19-4(a)의 SM 차트를 구현하는 것과 같은 출력 함수이다.

SM 블록을 구성할 때 특정한 규칙을 따라야 한다. 첫째, 입력 변수의 모든 가능한 조합에 대해 정확히 하나의 경로가 정의되어야 한다. 각각의 허용된 입력 조합에 대해 하나의 차기상태로 천이해야 하기 때문에 이 규칙이 필요하다. 둘째, SM 블록 내에는 내부 피드백을 허용하지 않는다. 그림 19-5는 오류가 있는 SM 블록과 피드백이 올바르게 표현된 SM 블록을 나타낸다.

그림 19-6(a)에 나타낸 것과 같이 SM 블록은 같은 출구경로로 가는 여러 개의 평행경로가 있을 수 있고 이 경로 중 하나 이상이 동시에 선택될 수 있다. 예를 들면 $X_1 =$

그림 19-4
등가 조합회로의 SM 블록들

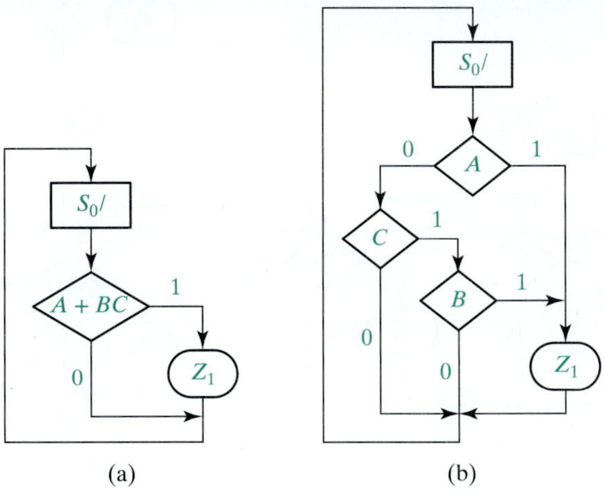

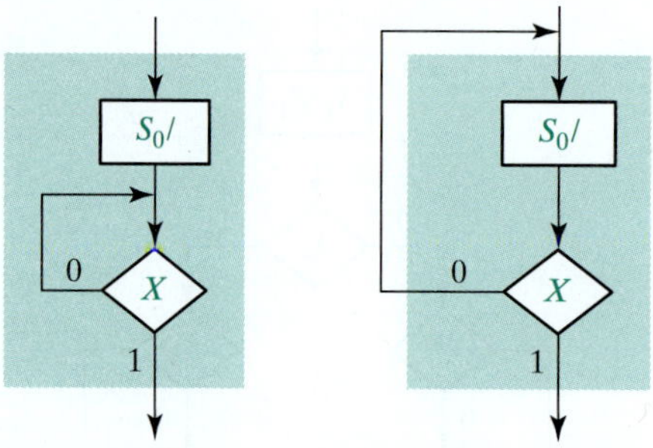

그림 19-5 피드백을 가진 SM 블록

(a) Incorrect (b) Correct

$X_2 = 1$과 $X_3 = 0$이면 긴 점선으로 그려진 연결경로가 선택되고 출력 Z_1, Z_2, Z_3은 1이 된다. 그림 19-6(a)는 직렬 컴퓨터를 위한 프로그램의 흐름표로 유효하지 않지만 상태머쉰의 구현을 위해서는 문제가 없다. 이 상태머쉰은 동시에 Z_1, Z_2, Z_3를 생성하는 다중 출력을 가질 수 있다. 그림 19-6(b)는 그림 19-6(a)와 등가인 직렬 SM 블록을 나타낸다. 이 직렬 SM 블록의 입구경로와 출구경로 사이에 단지 하나의 연결경로만을 선택할 수 있다.

입력값의 어느 조합에 대해서도 출력 값은 등가 병렬형의 것과 같게 될 것이다. $X_1 = X_2 = 1$과 $X_3 = 0$인 연결 경로는 긴 점선으로 표현되고 이 경로에서 만나는 출력은 Z_1, Z_2, Z_3이다. SM 블록이 직렬형 또는 병렬형인가에 상관없이 모든 검사는 하나의 클록 시간 안에 진행된다.

순서기계를 위한 상태그래프는 등가 SM 차트로 쉽게 변환된다. 그림 19-7(a)의 상태그래프는 무어 및 밀리 출력을 나타낸다. 등가 SM 차트는 각 상태당 하나씩 3개의 SM 블록을 가진다. 무어 출력(Z_a, Z_b, Z_c)은 입력에 의존하지 않기 때문에 상태상자 안에

그림 19-6 등가 SM 블록들

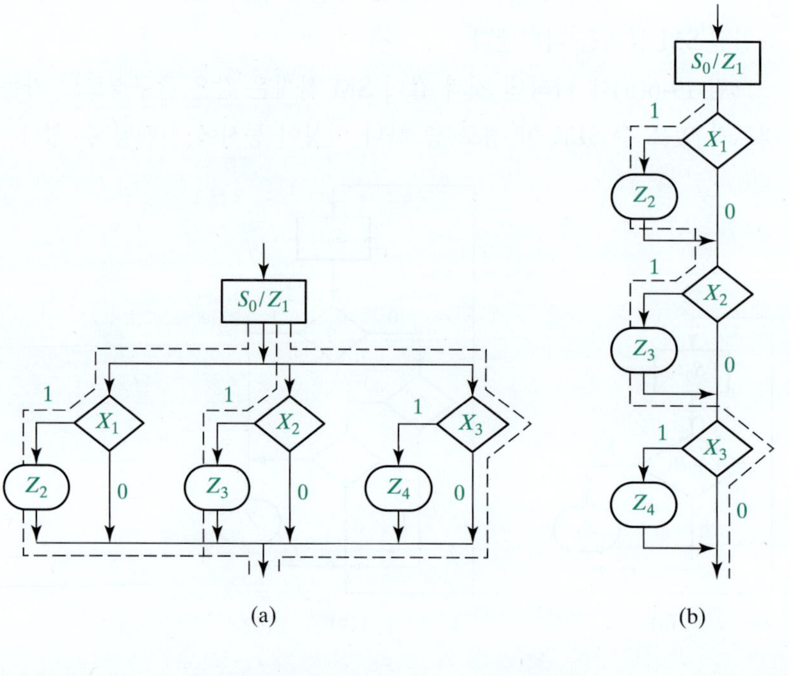

(a) (b)

그림 19-7 상태그래프를 SM 차트로 변환

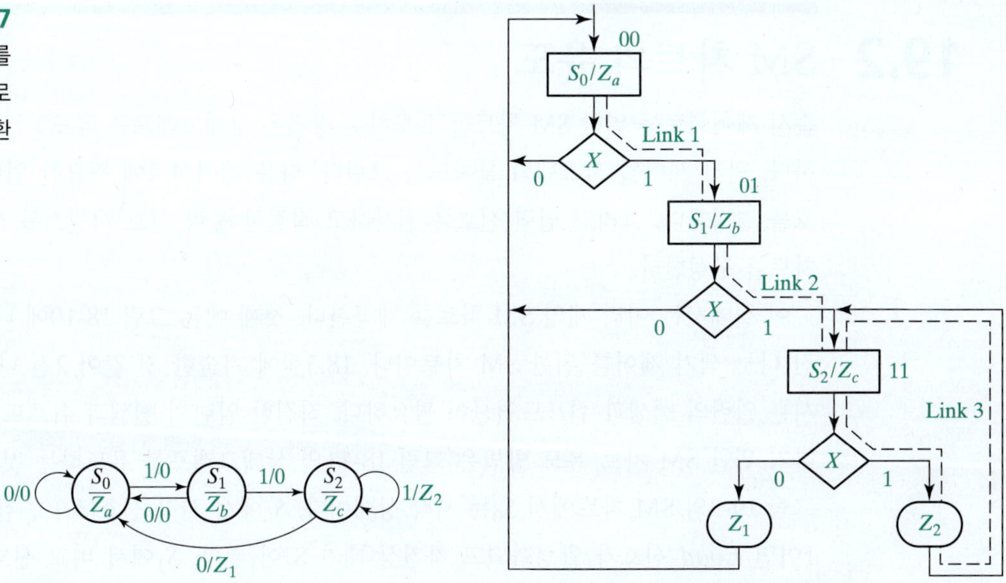

(a) State graph (b) Equivalent SM chart

위치한다. 밀리 출력(*Z*1, *Z*2)은 상태와 입력에 의존하기 때문에 조건출력상자 안에 나타난다. 이 예에서 각 SM 블록은 단지 하나의 입력변수만을 검사하기 때문에 하나의 결정상자만을 가진다. 상태그래프와 SM 차트에서 상태가 S_2일때 Z_c는 항상 1이다. 상태 S_2에서 $X = 0$이면 $Z_1 = 1$이고 초기 상태는 S_0이다. $X = 1$이고 $Z_2 = 1$이면 차기상태는 S_2이다.

그림 19-8은 그림 19-7의 SM 차트에 대해 입력열 *X*가 1, 1, 1, 0, 0, 0일 때의 타이밍도를 나타낸다. 이 예에서 모든 상태변화는 클럭의 상승에지 후에 즉시 일어난다. 무어 출력(Z_a, Z_b, Z_c)는 상태에 의존하기 때문에 상태 변화가 일어난 직후 값이 변한다. 밀리 출력(Z_1, Z_2)은 상태 변화나 입력 변화 직후에 값이 변할 수 있다. 어떤 경우에도 모든 출력은 클럭의 활성에지에서 정확한 값을 갖게 된다.

그림 19-8 그림 19-7의 타이밍도

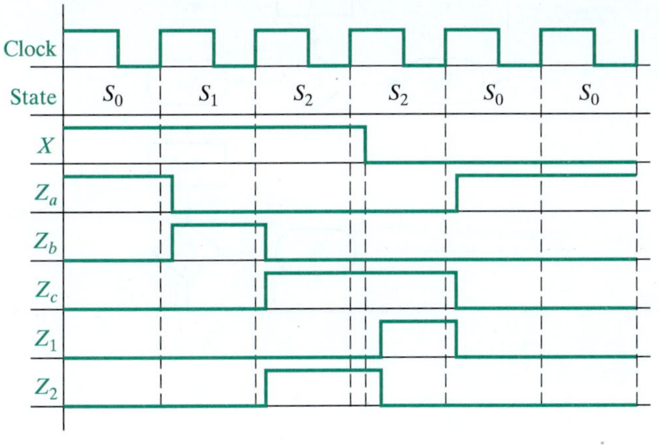

19.2 SM 차트의 유도

순서 제어회로를 위한 SM 차트를 유도하는 방법은 상태그래프를 유도하는 방법과 유사하다. 먼저 제어될 시스템의 블록도를 그린다. 다음 제어회로에 필요한 입력과 출력 신호를 결정한다. 그리고 입력 신호를 검사하고 적절한 출력 신호 시퀀스를 생성하는 SM 차트를 구성한다.

이 절에서는 여러 개의 SM 차트를 제공한다. 첫째 예는 그림 18-10에 나타낸 병렬 2진 나눗 셈기 제어를 위한 SM 차트이다. 18.3절에 기술한 것 같이 2진 나눗셈 연산에서는 일련의 뺄셈과 쉬프트연산이 필요하다. 적절한 일련의 뺄셈과 쉬프트 신호를 생성하기 위한 SM 차트 유도 방법은 그림 18-11의 상태그래프를 유도하는 것과 유사하다. 그림 19-9의 SM 차트에서 S_0는 시작 상태이다. S_0에서 시작 신호(St)가 검사되고 St = 1이면 *Load* 신호가 활성화되고 차기상 태가 S_1이 된다. S_1에서 비교 신호(C)가 검사된다.

그림 19-9
2진 나눗셈기의 SM 차트

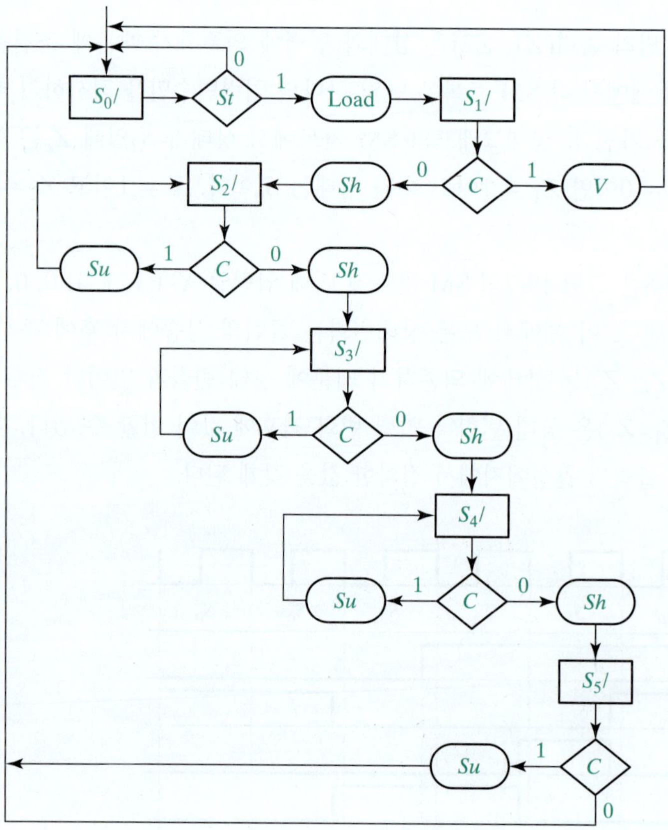

$C = 1$이면 지수가 4비트보다 크기 때문에 오버플로 신호($V = 1$)가 생성되고 상태 $S0$로 돌아간다. $C = 0$이면 Sh가 1이 되고 다음 클럭에서 나누어지는 수가 왼쪽으로 쉬프트하고 상태는 S_2로 변한다. 상태 S_2에서 다시 C가 검사된다. $C = 1$이면 뺄셈이 가능하며 Su가 1이 되고 상태는 변하지 않는다. $C = 0$이면 $Sh = 1$이 되고 나누어지는 수가 쉬프트되고 상태는 S_3로 변한다. 상태 S_3와 S_4에서의 행동은 상태 S_2의 것과 동일하다. 상태 S_5에서 차기상태는 항상 S_0이고 $C = 1$일 때 뺄셈이 일어난다.

다음은 그림 18-9(a)의 곱셈기 제어를 위한 SM 차트를 유도한다. 그림 18-7에 나타낸 종류의 2진 곱셈기의 제어를 위해 필요한 일련의 가산과 쉬프트 신호를 생성한다. 카운터는 쉬프트의 횟수를 세고 마지막 쉬프트가 일어나기 바로 전에 $K = 1$을 출력한다. 곱셈기 제어를 위한 SM 차트(그림 19-10)는 그림 18-9(c)의 상태그래프와 밀접하게 대응한다. 상태 $S0$에서 시작 신호 St가 1일때 $Load$ 신호가 활성화되고 차기상태는 $S1$이 된다. 상태 $S1$에서 덧셈을 할 것인지 쉬프트를 할 것인가를 결정하기 위해 곱하는 수 비트 M을 검사한다. $M = 1$이면 덧셈 신호가 생성되고 차기상태는 S_2이다. $M = 0$이면 덧셈은 일어나지 않고 쉬프트 신호가 생성되며 K가 검사된다. $K = 1$이면 마지막 쉬프트할 때 회로는 완료(done)상태 S_3로 진행된다. 그렇지 않은 경우 차기상태는 $S1$이다. 상태 S_2에서 쉬프트 연산은 덧셈 후에 항상 일어나야 하기 때문에 쉬프트 신호가 생성되고 차기상태를 결정하기 위해 K가 검사된다.

SM 차트 구성의 셋째 예로 전자 주사위 게임을 설계한다. 그림 19-11은 주사위 게임의 블록도를 나타낸다. 2개의 카운터가 주사위를 굴리는 것을 시뮬레이션하기 위해 사용된다. 각 카운터는 1, 2, 3, 4, 5, 6, 1, 2, . . . 의 순서로 카운트한다. 그러므로 주사위 "굴리기" 이후의 두 카운터의 값의 합은 2에서 12까지의 범위 안에 있다.

그림 19-10
2진 곱셈기의 SM 차트

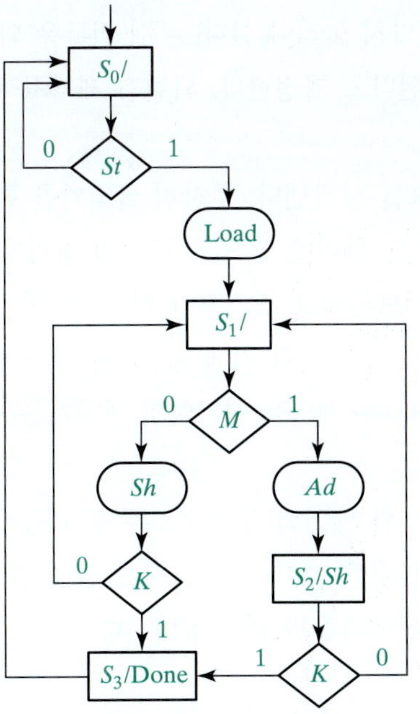

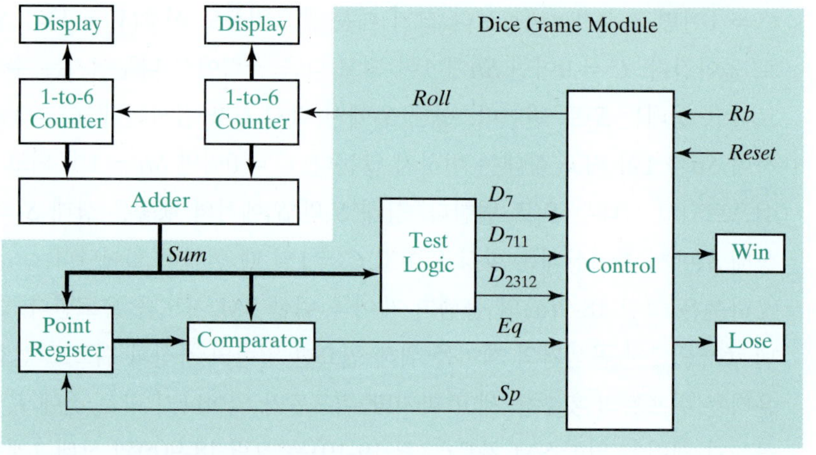

그림 19-11 주사위 게임의 블록도

게임의 규칙은 다음과 같다.

1. 첫 번째 주사위를 굴린 후에 합이 7 또는 11이면 경기자가 이긴다. 합이 2, 3, 또는 12이면 경기자가 지게 된다. 이 외의 경우에는 첫 번째 굴리기에서 얻은 합이 경기자의 점수가 되고 다시 한 번 주사위 굴리기를 한다.
2. 두 번째 이후의 주사위 굴리기에서 합이 경기자의 점수와 같으면 경기자가 이기고 합이 7이면 지게 된다. 이 외의 경우에는 승부가 날 때까지 주사위 굴리기를 계속한다.

주사위 게임의 2개의 입력은 푸쉬 버튼 *Rb*(굴리기 버튼)와 리셋 버튼으로부터 들어온다. 리셋은 새로운 게임을 시작하기 위해서 사용된다. 굴리기 버튼이 눌러질 때 주사위 카운터는 빠른 속도로 카운트하여서 디스플레이에서 값을 읽을 수 있다. 굴리기 버튼을 놓으면 2개의 카운터 값이 표시되고 게임이 진행된다. 버튼이 무작위적으로 놓여지기 때문에 무작위적인 주사위 굴리기를 시뮬레이션할 수 있다. 승리와 패배 전구의 불이 들어오지 않으면 경기자는 굴리기 버튼을 다시 눌러야 한다. 푸쉬 버튼은 되튀김이 제거처리되어 있고 *Rb*의 변화는 클록과 동기된다고 가정한다. 되튀김 제거처리 방법과 동기 방법은 전 장에서 이미 논의되었다.

그림 19-12는 주사위 게임의 흐름표를 나타낸다. 주사위 굴리기를 한 후 합이 검사된다. 합이 7이나 11이면 경기자가 이긴다. 합이 2, 3 또는 12이면 경기자가 지게 된다. 이 외의 경우에는 합이 점수 레지스터에 보존되고 경기자가 다시 한 번 주사위를 굴린다. 새로운 합이 저장된 점수와 같으면 이기고 7이면 지게 된다. 이 외의 경우에는 다시 주사위를 굴린다. 승패가 결정된 후에 새로운 게임을 시작하기 위해서는 리셋 버튼을 눌러줘야 한다.

그림 19-11의 블록도에 나타난 주사위 게임의 구성요소는 두 카운터의 출력의 합을 구하기 위한 덧셈기, 점수를 저장하기 위한 레지스터, 승패 조건을 결정하는 검사로직, 제어회로들이다. 제어회로의 입력 신호는 다음과 같이 정의된다.

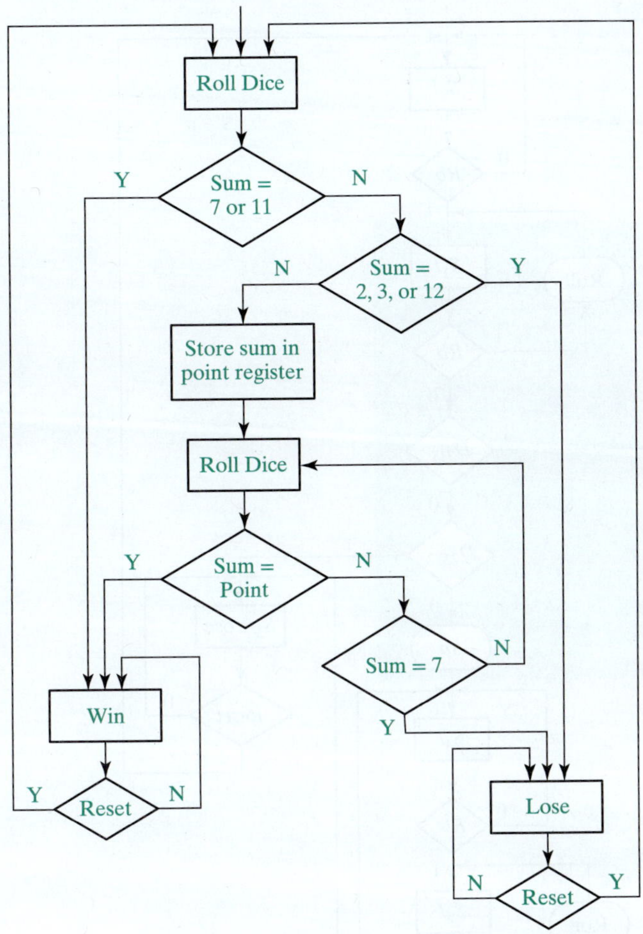

그림 19-12
주사위 게임의 흐름표

주사위의 합이 7이면 $D_7 = 1$

주사위의 합이 7 또는 11이면 $D_{711} = 1$

주사위의 합이 2, 3 또는 12이면 $D_{2312} = 1$

주사위의 합이 점수 레지스터에 저장된 점수와 같으면 $Eq = 1$

굴리기 버튼이 눌러졌으면 $Rb = 1$

리셋 버튼이 눌러졌으면 $Reset = 1$

제어회로의 출력은 다음과 같이 정의된다.

$Roll = 1$은 주사위 카운터를 동작 가능하게 한다.

$S_p = 1$은 합이 점수 레지스터에 저장되게 한다.

$Win = 1$은 승리의 불이 켜지게 한다.

$Lose = 1$은 패배의 불이 켜지게 한다.

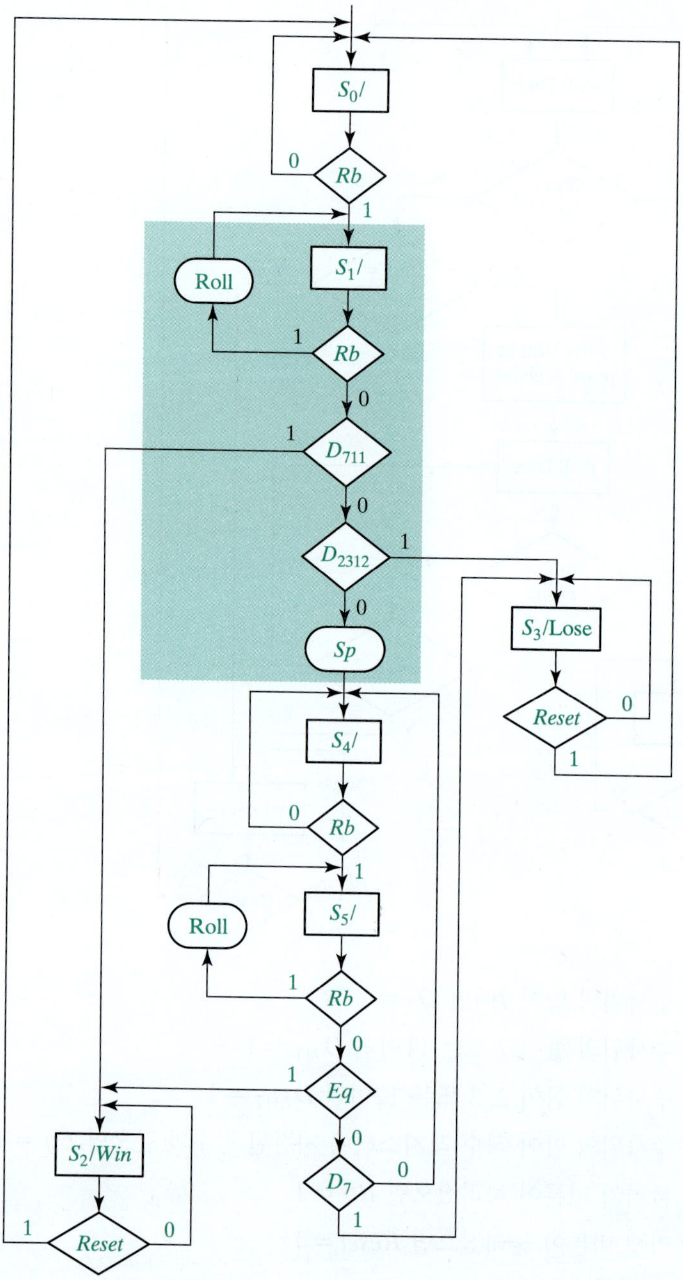

그림 19-13 주사위 게임의 SM 차트

이제 정의된 제어신호를 사용하여 주사위 게임의 흐름표를 제어회로를 위한 SM 차트로 변환한다. 그림 19-13은 변환된 SM 차트를 나타낸다. 제어회로는 굴리기 버튼이 눌러질($Rb = 1$) 때까지 상태 S_0에서 기다린다. 다음, 상태 S_1으로 천이되고 $Rb = 1$인 동안 굴리기 카운터는 동작가능상태에 있게 된다. 굴리기 버튼을 놓자마자($Rb = 0$) D_{711}이 검사된다. 합이 7 또는 11이면 회로는 상태 S_2로 변하고 승리의 불을 켠다. 그렇지 않으면 D_{2312}가 검사된다. 합이 2, 3 또는 12이면 상태 $S3$로 가고 패배의 불을 켠다. 이외의 경우는 신호 Sp가 1이 되고 합이 점수레지스터에 저장된다. 상태 S_5에서 굴리기 버튼이 놓여진 다음 $Eq = 1$이면 합이 점수와 같고 승리를 나타내기 위해 상태 S_2로 들어간다. $D_7 = 1$이면 합이 7이고 패배를 나타내기 위해 상태 S_3로 들어간다. 그렇지 않으면 상태 S_4로 돌아가고 경기자는 다시 굴리기를 한다. 상태 S_2 또는 S_3에 있을 때 리셋 버튼이 눌러지면 게임은 상태 S_0으로 리셋된다.

SM 차트를 사용하는 대신에 흐름표로부터 등가 상태그래프를 구성할 수 있다. 그림 19-14는 주사위 게임 제어기의 상태그래프를 나타낸다. 상태그래프는 SM 차트와 같은 상태와 입력과 출력을 갖는다. 화살표(arc)들은 14.5절에 기술된 것처럼 상태그래프를 위한 규칙에 따라 일관성 있게 이름이 붙여진다. 상태 S_1으로부터 나오는 화살표들은 Rb, $Rb'D_{711}$, $R_b'D'_{711}D_{2312}$, $Rb'D'_{711}D'_{2312}$의 이름이 붙여지며 입력값의 각 조합에 대해 하나의 차기상태가 정해진다. SM 차트의 구조는 입력값의 각 조합에 대해 하나의 차기상태만이 자동적으로 정의되는 것을 주목하라.

그림 19-14
주사위 게임의 제어기의 상태그래프

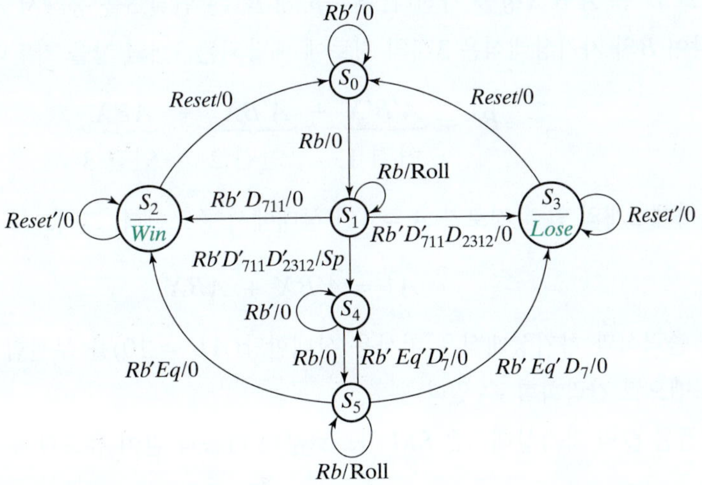

19.3 SM 차트의 구현

SM 차트의 구현 방법은 상태그래프를 표현하는 방법과 유사하다. 순서회로의 경우 SM 차트의 구현은 회로의 상태를 저장하는 플립플롭과 함께 조합회로로 구성될 것이다(그림 13-17 참조). 어떤 경우에는 SM 차트에서 등가상태들을 발견할 수 있어서 상태표를 축소하는 방법을 사용하여 여분상태를 제거할 수 있다. 하지만 SM 차트는 일반적으로 모든 상태의 모든 입력들이 검사되지 않는다는 면에서 불완전하게 표현되는데 이 점이 간략화 과정을 더 어렵게 한다. SM 차트에서 상태의 수를 줄일 수 있다 하더라도 상태 결합이 SM 차트의 해석을 더 어렵게 할 수 있기 때문에 항상 바람직한 것은 아니다.

SM 차트로부터 차기상태식과 출력식을 유도하기 전에 상태할당이 수행되어야 한다. 최선의 상태할당은 어떻게 SM 차트를 구현할 수 있는가에 달려 있다. 게이트와 플립플롭(또는 등가인 PLD로 구현)이 사용된다면 15.8절에 기술된 상태할당을 위한 지침이 유용할 것이다.

SM 차트를 구현하는 예로써 그림 19-7(b)를 고려한다. 상태 S_0에서 $AB = 00$, 상태 S_1에 $AB = 01$, 상태 S_2에 $AB = 11$을 할당한다. 상태할당 후에 출력식과 차기상태식을 SM 차트로부터 직접적으로 구할 수 있다. 무어 출력 Z_a가 상태 00에서만 1이므로 $Z_a = A'B'$이다. 유사하게 $Z_b = A'B$이고 $Z_c = AB$이다. Z_1을 경유하는 유일한 연결 경로가 $AB = 11$과 함께 시작되고 $X = 0$ 분기를 택하므로 조건 출력 $Z_1 = ABX'$이다. 유사하게 $Z_2 = ABX$이다. 3개의 연결 경로(연결 1, 연결 2, 연결 3이라 불림)가 존재하는데 $B = 1$인 상태에서 종료한다. 연결 1은 $AB = 00$ 상태에서 시작하여 $X = 1$인 분기를 택하고 $B = 1$인 상태에서 종료한다. 그러므로 $A'BX = 1$일때 B의 차기상태(B^+)는 1과 같다. 연결 2는 01 상태에서 시작하고 $X = 1$인 분기를 택하며 11상태에서 종료한다. 그러므로 B^+는 $A'B'X$항을 가진다. 유사하게 B^+는 연결 3을 통해서 ABX항을 가진다. 이와 같이 B의 차기상태식은 3개의 경로에 해당되는 3개의 항을 가진다.

$$B^+ = \underbrace{A'B'X}_{\text{연결 1}} + \underbrace{A'BX}_{\text{연결 2}} + \underbrace{ABX}_{\text{연결 3}}$$

유사하게 2개의 연결 경로가 $A = 1$인 상태에서 종료한다. 그러므로

$$A^+ = A'BX + ABX$$

이러한 출력식과 차기상태식은 미사용 상태할당($AB = 10$)을 무관함 조건으로 사용하여 카노맵으로 간략화할 수 있다.

플립플롭 Q의 차기상태식은 SM 차트로부터 다음과 같이 유도할 수 있다.

1. $Q = 1$이 되는 모든 상태를 찾는다.

2. 발견된 상태들에 대해 해당 상태로 이끄는 연결 경로를 모두 찾는다.

3. 발견된 연결 경로에 대해 연결 경로를 따라갈 때 1이 되는 항을 찾는다. 즉 S_i로부터 S_j로 연결되는 경로에서 기계가 S_i 상태에 있고 S_j로 나가는 조건이 만족하면 해당 항이 1이 된다.

4. Q^+(Q의 차기상태)의 표현식은 3단계에서 발견된 항들을 서로 OR함으로써 형성된다.

다음은 그림 19-15에 나타난 것과 같이 PLA와 2개의 D 플립플롭을 사용하여 그림 19-10의 곱셈기 제어를 위한 SM 차트를 구현한다. PLA는 5개의 입력과 6개의 출력을 가진다. 연속적인(straight) 2진 상태할당($S_0 = 00$, $S_1 = 01$)을 사용한다. PLA 표(표 19-1)의 각 행은 SM 차트의 연결경로 중 하나에 대응한다. S_0는 2개의 출구경로가 있기 때문에 표는 현재상태 S_0를 위해 2개의 행을 가진다. S_0에서 St만이 검사되므로 M과 K는 −로 나타내는 무관함 값을 가진다. 첫 번째 행은 $St = 0$인 출구경로에 해당되므로 차기상태가 00이고 모든 출력은 0이다. 두 번째 행에서는 $St = 1$이므로 차기상태가

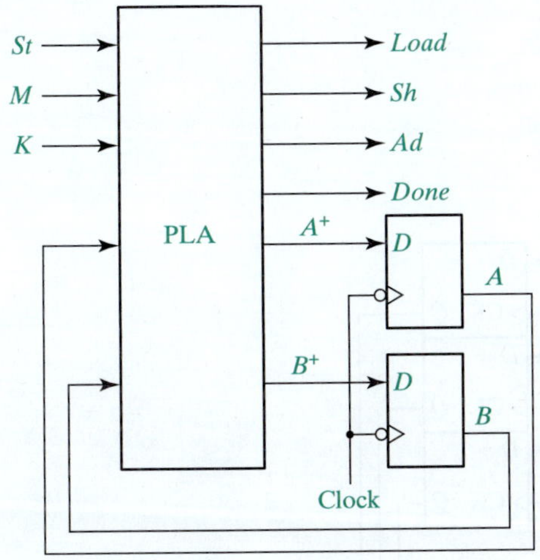

그림 19-15 PLA와 플립플롭을 사용한 2진 곱셈기 (그림 19-10)의 구현

01이고 PLA의 다른 출력은 1000이다. St는 상태 S_1, S_2, S_3 에서 검사하지 않기 때문에 해당 행에서 S_t는 무관함 값을 가진다. 각 행의 출력은 SM 차트에 해당 연결경로를 추적함으로써 구할 수 있다. 예를 들면, S_1에서 S_2로 가는 연결경로는 $M = 1$일 때 조건 출력 Ad를 지나가므로 이 행에서 $Ad = 1$이다. S_2는 무어 출력의 값을 가지기 때문에 $AB = 10$인 2행에서 $Sh = 1$이다.

주사위 게임 제어기를 위한 SM 차트는 그림 19-16에 나타난 것과 같이 하나의 PLA와 3개 D 플립플롭을 사용하여 구현할 수 있다. PLA는표 19-2의 상단에 나열한 9개의 입력과 7개의 출력을 가진다. 상태 $ABC = 000$의 차기상태는 Rb 값에 따라 $A^+B^+C^+ = 000$ 또는 001이다. 상태 001은 4개의 출구경로를 가지므로 PLA 표는 4개의 대응하는 행을 가진다. Rb가 1일때 *굴리기*가 1이고 상태변화는 없다. $Rb = 0$이고 $D_{2312} = 1$일 때 차기상태는 011이다. 상태 001에서 100으로 가는 경로에서 Rb, D_{711}, D_{2312}는 모두 0이고 Sp는 조건 출력이다. 이 경로는 $Sp = 1$이고 $A^+B^+C^+ = 100$인 4번째 행에 해당한다. 상태 010에서 *승리* 신호는 항상 유지되고 *리셋* 값에 따라 차기상태는 010 또는 000이다. 유사하게 *패배* 신호는 상태 011에서 계속 유지된다. 상태 101에서 $Eq = 1$이면 $A+B+C+ = 010$이고 이외의 경우에는 D_7의 값에 따라 $A^+B^+C^+ = 011$ 또는 100이 된다. 상태 110과 111은 사용하지 않으므로 이 상태에서 모든 입력과 출력은 무관함 값을 가진다.

표 19-1 곱셈기 제어를 위한 PLA 표

Present State	PLA Inputs					PLA Outputs					
	A	B	St	M	K	A^+	B^+	$Load$	Sh	Ad	$Done$
S_0	0	0	0	-	-	0	0	0	0	0	0
	0	0	1	-	-	0	1	1	0	0	0
S_1	0	1	-	0	0	0	1	0	1	0	0
	0	1	-	0	1	1	1	0	1	0	0
	0	1	-	1	-	1	0	0	0	1	0
S_2	1	0	-	-	0	0	1	0	1	0	0
	1	0	-	-	1	1	1	0	1	0	0
S_3	1	1	-	-	-	0	0	0	0	0	1

그림 19-16 주사위 게임 제어기의 PLA 구현

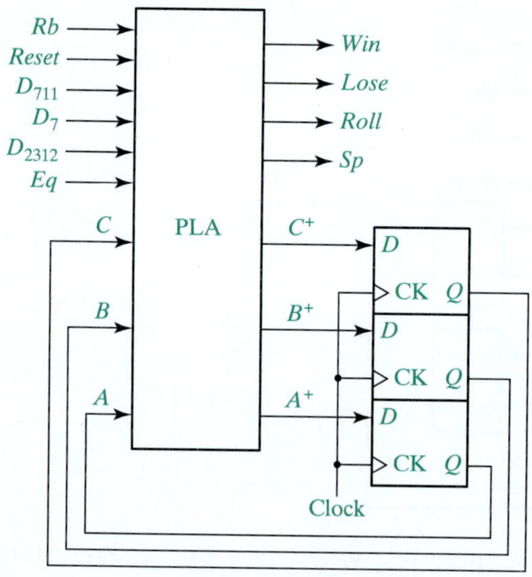

표 19-2 주사위 게임을 위한 PLA 표

	ABC	Rb	Reset	D_7	D_{711}	D_{2312}	Eq	$A^+B^+C^+$	Win	Lose	Roll	Sp
1	000	0	–	–	–	–	–	000	0	0	0	0
2	000	1	–	–	–	–	–	001	0	0	0	0
3	001	1	–	–	–	–	–	001	0	0	1	0
4	001	0	–	–	0	0	–	100	0	0	0	1
5	001	0	–	–	0	1	–	011	0	0	0	0
6	001	0	–	–	1	–	–	010	0	0	0	0
7	010	–	0	–	–	–	–	010	1	0	0	0
8	010	–	1	–	–	–	–	000	1	0	0	0
9	011	–	1	–	–	–	–	000	0	1	0	0
10	011	–	0	–	–	–	–	011	0	1	0	0
11	100	0	–	–	–	–	–	100	0	0	0	0
12	100	1	–	–	–	–	–	101	0	0	0	0
13	101	0	–	0	–	–	0	100	0	0	0	0
14	101	0	–	1	–	–	0	011	0	0	0	0
15	101	0	–	–	–	–	1	010	0	0	0	0
16	101	1	–	–	–	–	–	101	0	0	1	0
17	110	–	–	–	–	–	–	---	–	–	–	–
18	111	–	–	–	–	–	–	---	–	–	–	–

PLA 대신에 ROM을 사용한다면 PLA 표는 $2^9 = 512$개의 행으로 확장되어야 한다. 이표 를 전개하기 위해서 각 행의 대시(–)는 0과 1의 모든 가능한 조합으로 대체되어야 한다. 예를 들면 다섯 번째 행은 다음의 8개의 행으로 대체되어야 한다. 추가되는 것들은 진하게 표시한다.

주사위 게임 제어기는 PAL을 사용하여 구현할 수도 있다. 필요한 PAL식은 변수가 있는 맵 방식을 이용하거나 *LogicAid*와 같은 컴퓨터 이용 설계 프로그램을 사용하여 표 19-2로부터 유도할 수 있다. 그림 19-17은 A^+, B^+, *Win*을 위한 맵을 나타낸다. A^+, B^+, C^+, *Rb*가 표에서 대부분의 행에 값이 부여되어 있기 때문에 이 4개의 변수가 맵의

001	0	0	0	0	1	0	0	1	1	0	0	0	0
001	0	0	0	0	1	1	0	1	1	0	0	0	0
001	0	0	1	0	1	0	0	1	1	0	0	0	0
001	0	0	1	0	1	1	0	1	1	0	0	0	0
001	0	1	0	0	1	0	0	1	1	0	0	0	0
001	0	1	0	0	1	1	0	1	1	0	0	0	0
001	0	1	1	0	1	0	0	1	1	0	0	0	0
001	0	1	1	0	1	1	0	1	1	0	0	0	0

가장자리에 위치하고 나머지 변수가 맵 안으로 들어간다. 맵 상의 E_1, E_2, E_3, E_4는 맵 아래 표현된 식을 나타낸다.

결과 식은 식 (19-1)과 같다.

$$\begin{aligned}
A^+ &= A'B'C \cdot Rb'D'_{711}D'_{2312} + AC' + A \cdot Rb + A \cdot D'_7Eq' \\
B^+ &= A'B'C \cdot Rb'(D_{711} + D_{2312}) + B \cdot Reset' + AC \cdot Rb'(Eq + D_7) \\
C^+ &= B' \cdot Rb + A'B'C \cdot D'_{711}D_{2312} + BC \cdot Reset' + AC \cdot D_7Eq' \\
Win &= BC' \\
Lose &= BC \\
Roll &= B'C \cdot Rb \\
Sp &= A'B'C \cdot Rb'D'_{711}D'_{2312}
\end{aligned} \tag{19-1}$$

이 식들은 *LogicAid* 또는 다른 컴퓨터 이용 설계프로그램을 이용하여 유도할 수 있다. 제어회로를 포함한 전체 주사위 게임은 작은 CPLD나 FPGA를 사용하여 구현할 수 있다. VHDL을 이용한 구현은 20.4절에서 기술할 것이다.

이 장에서는 PLA 또는 ROM을 사용하여 SM 차트를 구현하는 한 방법을 설명했다. 회로에 다른 부품을 추가함으로써 PLA나 ROM의 크기를 줄일 수 있는 다른 방법도 있다. 일반적으로 이 방법은 SM 차트를 다른 형태로 변환시키고 회로의 입력과 출력을 인코딩하는 것에 기반을 둔 것이다.

그림 19-17 표 19-2로부터 유도된 카노맵

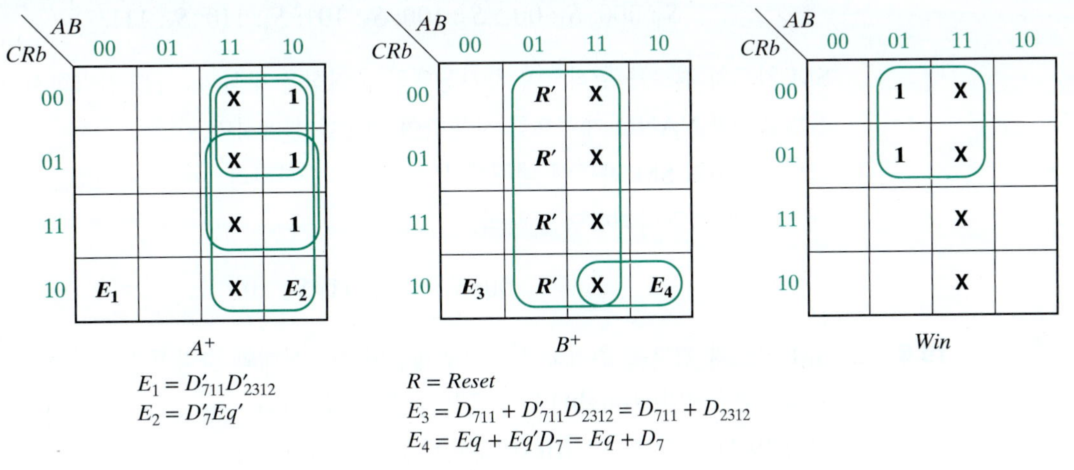

연습문제

19.1 3개의 입력 변수(D, E, F)와 4개의 출력 변수(P, Q, R, S), 2개의 출구경로를 갖는 SM 블록을 도시하라. 이 블록에서 P는 항상 1이고 $D = 1$일 때 Q는 1이다. D와 F가 1이거나 D와 E가 0 일때 $R = 1$이고 출구경로 2가 선택된다. $D = 0$이고 $E = 1$일 때나 $D = 1$이고 $F = 0$일때 $S = 1$이고 출구경로 1이 선택된다.

19.2 그림 13-11의 상태도를 SM 차트로 변환하라.

19.3 그림 19-10의 SM 차트를 보고 다음 타이밍도를 완성하라. $St = 1$로 가정한다.

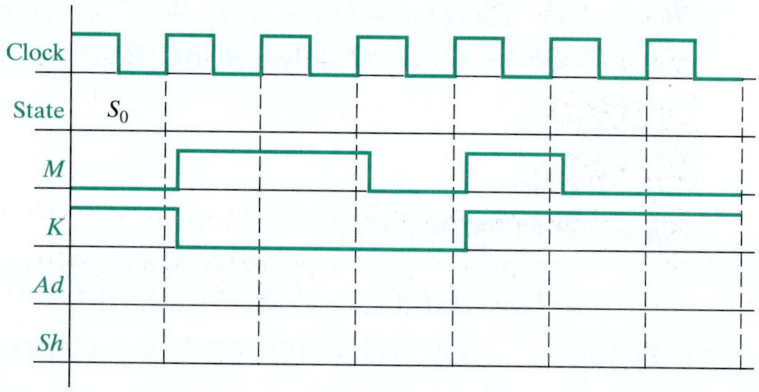

19.4 상태도 대신 SM 차트를 이용하여 문제 18.5를 풀어라.

19.5 상태도 대신 SM 차트를 이용하여 프로그램 연습문제 18.1을 풀어라.

19.6 상태도 대신 SM 차트를 이용하여 문제 18.6을 풀어라.

19.7 (a) 그림 19-9의 SM 차트에서 플립플롭 $Q0$, $Q1$, $Q2$에 다음과 같은 상태할당을 하라.

$$S_0: 000;\ S_1: 00_1;\ S_2: 100;\ S_3: 101;\ S_4: 110;\ S_5: 111.$$

SM 차트의 경로를 추적하여 차기상태와 출력식을 구하라. 식을 간략화시킨 다음 D 플립플롭과 NAND 게이트를 사용하여 회로를 설계하라.

(b) 그림 19-10의 SM 차트에 대해서 문제 (a)를 반복하라. 여기서는 플립플롭 Q_0, Q_1에 다음과 같은 상태할당을 하라.

$$S_0: 00;\ S_1: 0_1;\ S_2{:}11;\ S_3: 10.$$

19.8 (a) SM 차트의 경로를 추적하여 주사위게임의 차기상태와 출력식을 구하라(그림 19-13 참조). 연속적인(straight) 단순 2진 상태할당을 하라.

(b) 그림 19-11의 "검사 로직(test logic)" 블록을 설계하라.

19.9 1개의 PLA와 2개의 D 플립플롭을 사용하여 그림 19-7(b)의 SM 차트를 구현하라. 블록도를 도시하고 PLA 표를 작성하라.

19.10 다음 SM 차트에 대해서

(a) 클럭과 상태(S_0, S_1, S_2) 그리고 2개의 입력(X_1, X_2)과 출력에 대한 타이밍도를 그려라. $X_3 = 0$이고 X_1X_2의 입력 순서는 01, 00, 10, 11, 01, 10이라고 가정하라. 상태변화는 클럭의 상승에지에서 일어나고, 입력변화는 클럭펄스 사이에서 일어난다.

(b) 연속적인 2진 상태할당을 사용하고 SM 차트의 경로를 추적하여 차기상태와 출력식을 구하라. 무관함 상태(AB = 11)를 이용하여 식들을 간략화하고 해당 회로를 도시하라.

(c) 1개의 PLA와 2개의 D 플립플롭을 사용하여 회로를 설계하라. PLA 표를 작성하라.

(d) PLA 대신 ROM을 사용한다면 필요한 ROM의 크기는 얼마인가? ROM 표의 처음 5줄까지를 기술하라.

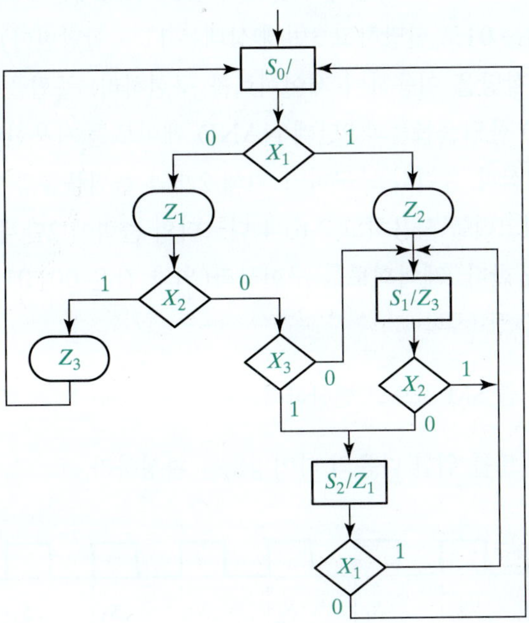

19.11 3개의 입력(A, B, C)과 4개의 출력(W, X, Y, Z) 그리고 2개의 출구경로를 갖는 SM 블록을 구성하라. 이 블록에서 출력 Z는 항상 1이고 A와 B가 모두 1이면 W는 1이다. 만약 C = 1이고 A= 0이면 Y = 1이고 출구경로 1이 선택된다. C = 0 또는 A = 1이면 X = 1이 되고 출구경로 2가 선택된다.

19.12 그림 14-4와 14-6의 상태도를 SM 차트로 변환하라. 그림 14-4에 대해서는 조건부 출력을 사용하라.

19.13 그림 13-15의 상태도를 SM 차트로 변환하라. 각 결정상자에서 1개의 변수만을 검사하라. 결정상자의 수를 최소화하라.

19.14 (a) 다음의 기능을 하는 1개 입력과 1개의 출력을 갖는 무어 순서회로를 위한 SM 차트를 구성하라. 3개 이상의 연속적인 클럭 주기 동안 입력이 1을 유지하는 경우에만 출력이 1이 된다.

(b) 순서회로를 위한 one-hot 상태할당을 사용하고 차기상태식과 출력식을 구하라.

(c) 최소 수의 상태 변수를 사용하여 순서회로의 상태를 할당하고 one-hot 상태할당을 적용한 식들로부터 차기상태식과 출력식을 직접 구하라.

(d) (c)에서 구한 차기상태식을 간략화하라.

19.15 (a) 문제 18.21의 제어회로를 위한 SM 차트를 구성하라.

(b) 2개의 D 플립플롭을 사용하여 제어회로를 구현하고 플립플롭 입력식을 최소 개의 2단계 NAND 게이트를 사용하여 유도하라(초기 상태는 00으로, 초기 상태로부터 천이하는 상태는 01로 할당하고 3번째 상태는 11로 할당한다).

(c) one-hot 상태할당을 이용하여 제어회로를 구현하라. 플립플롭 입력식과 출력식을 구하기 위해 D 플립플롭들과 2단계 NAND 게이트를 사용한다.

(d) 플립플롭 입력식과 출력식을 구하기 위해 2개의 플립플롭과 플립플롭의 출력에 연결된 2-to-4 디코더를 사용하고 2-to-4 디코더의 출력에 2단계 NAND 게이트가 연결되는 구성을 한다. 제어회로를 구현하라(위와 같은 00, 01, 11 상태할당을 사용하라).

19.16 그림 18-8의 상태도를 SM 차트로 변환하라.

19.17 그림 19-9의 SM 차트를 위한 다음의 타이밍도를 완성하라.

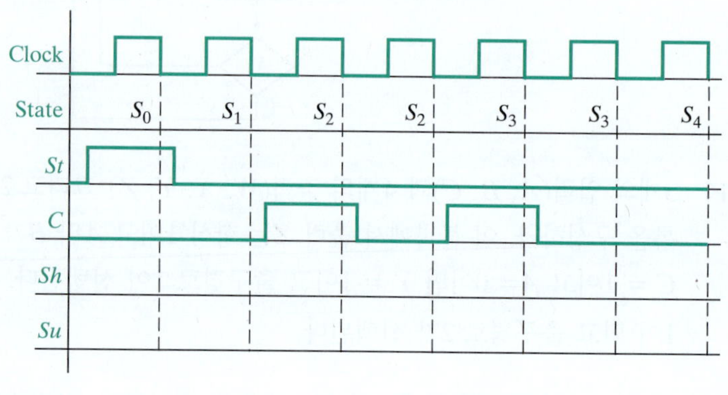

19.18 1개의 PLA와 2개의 D 플립플롭을 사용하여 그림 19-10의 SM 차트를 구현하라. 블록도를 도 시하고 PLA표를 작성하라. 19.7(b)에서와 같은 상태할당을 사용하라.

19.19 다음의 SM 차트에서 입력열 $X_1X_2X_3$ = 011, 101, 111, 010, 110, 101, 001일 때 문제 19.10을 반복하라.

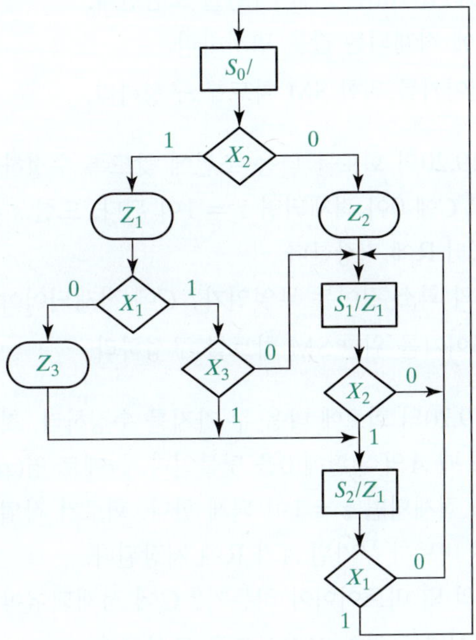

19.20 다음 그림은 입력 A가 가진 1의 개수를 세는 회로이다. 시작신호 s가 1이 될 때 A가 사용 가능하고 A는 쉬프트 레지스터에 병렬로 적재된다고 가정한다. 동시에 어떤 값이 카운터 C에 적재된다. 1의 개수를 다 센 후에 제어기는 s가 0으로 다시 돌아갈 때까지 *Done* 신호를 생성한다(레지스터 R의 직렬입력 a_i는 상수일 수 있다).

(a) C에 적재되는 값을 명시하라.

(b) 제어기를 위한 SM 차트를 구성하라.

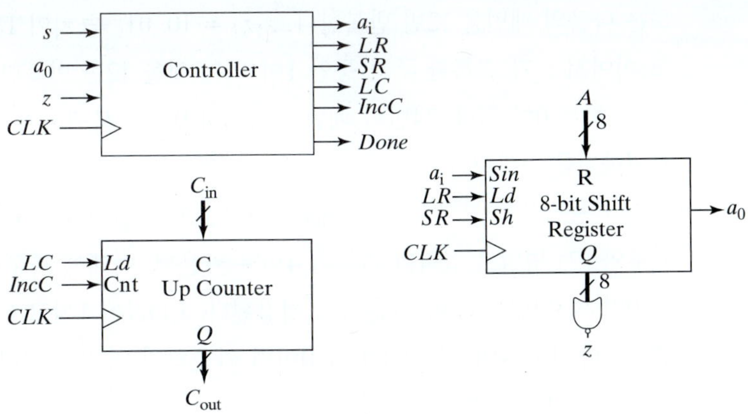

19.21 문제 19.20의 제어기를 1의 개수를 세는 대신에 1런(run)의 수를 셀 수 있도록 재설계하라. 1런은 하나의 1 또는 연속적인 1을 의미한다. 예를 들면 11001011에는 3개의 1런이 있고 01110100은 2개의 1런을 포함한다.

(a) C에 적재되는 값을 명시하라.

(b) 제어기를 위한 SM 차트를 구성하라.

19.22 문제 19.20의 회로를 다음 조건에 맞도록 수정하라. 영(zero)감지회로가 R 대신 C에 연결되고 C에 0이 적재되면 $z = 1$이 된다. 또한 $s = 1$이면 회로는 A의 2의 보수 계산하고 레지스터 R에 저장한다.

(a) C의 최소 길이는 무엇인가? C에 적재되어야 하는 초기 값은 무엇인가?

(b) 제어기를 위한 SM 차트를 구성하라.

19.23 문제 19.20의 회로에 다음 두 가지를 수정하라. 첫째로 R을 9비트 레지스터로 만들고 A가 적재될 때 A의 왼편에 0을 덧붙인다. 둘째로 영(zero)감지회로를 C의 출력으로 옮겨서 C에 0이 적재되면 $z = 1$이 되게 한다. 회로가 작업을 완료할 때 왼쪽 마지막에 9비트 홀수 패러티 비트가 부가된 A가 R에 저장된다.

(a) C의 몇 비트이어야 하는가? C에 적재되어야 하는 값은 무엇인가?

(b) 제어기를 위한 SM 차트를 구성하라.

19.24 문제 19.20의 회로에 다음 두 가지를 수정하라. 첫째로 영(zero)감지회로를 C의 출력으로 옮겨서 C에 0이 적재되면 $z = 1$이 되게 한다. 둘째로 제어기에 ov 출력을 더하라. A를 R에 적재한 후 회로는 A에 3을 더하고 합을 R에 저장한다. 합에 오류가 있고 오버플로우가 발생하면 제어기는 ov=1이 되게한다.

(a) C의 몇 비트이어야 하는가? C에 적재되어야 하는 값은 무엇인가?

(b) 제어기를 위한 SM 차트를 구성하라.

19.25 순서회로가 1개의 입력(s)와 2개의 출력(z_1과 z_2)를 가지고 있다. s가 0에서 1로 변하면 회로는 다음의 패턴을 12번 반복한다. $z_1z_2 = 10, 01$, 즉 z_1이 1개의 클록 주기동안 1이 되고 이어서 z_2가 클록한 주기 동안 1이 되는 것을 12번 반복한다: 그렇지 않은 경우는 z_1과 z_2 모두 0이 된다. 24번의 패턴 후에 s가 0으로 복귀하지 않았다면 회로는 s가 0으로 복귀하기를 기다린다.

그리고 동작을 반복한다. 순서회로는 2부분으로 설계한다: (1) 4개의 상태를 가진 제어회로와 (2) 병렬로 입력이 가능한 4비트 카운터. 아래에 카운터의 블록도가 있다. LDN이 0일 때 병렬 입력이 카운터로 저장된다. LDN에 1이고 CE가 1이면 카운터의 값은 증가한다. LDN이 1이고 CE가 0이면 카운터의 상태는 변하지 않는다. 카운터의 값이 15가 되면 TC 출력이 1이 된다.

(a) 제어회로를 위한 SM 차트를 구성하라. 제어회로와 카운터 사이의 신호들을 명기하라.

(b) one-hot 상태할당을 사용하여 제어회로를 위한 차기상태식과 출력식을 구하라.

(c) 제어회로를 위해 2개의 상태 변수를 사용하여 상태할당을 하라. 초기 상태는 00으로 하고 상태 천이할 때마다 단지 하나의 변수 값이 변하도록 상태할당을 하라. 제어회로를 위한 차기상태식과 출력식을 유도하라.

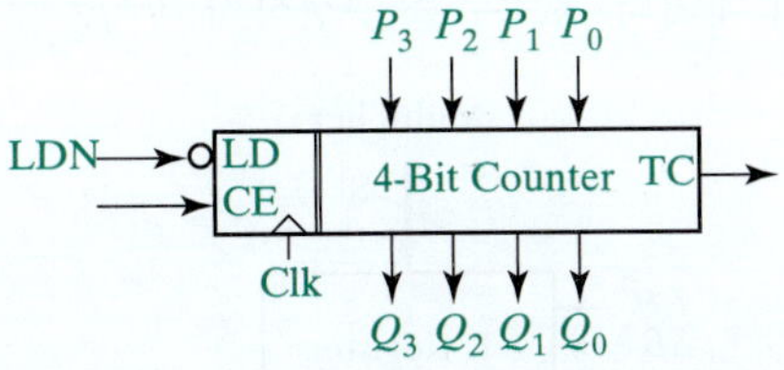

19.26 문제 18.28의 (a), (b), (c)를 풀어라. 단 상태도 대신에 SM 차트를 사용하라. (d)는 최소 개의 D 플립플롭과 1개의 디코더, NAND 게이트들을 사용하여 설계하라.

19.27 다음 회로는 부호가 없는 8비트 2진수의 곱셈기이다. 시작 입력(S)가 1로 변할 때 승수와 피승수가 입력선에 제공되고 곱셈 연산의 시작을 제어회로에 알린다. 연산 수행 후 곱은 8비트 PL 레지스터와 결합된 9비트 PU 레지스터의 하위 8비트에 저장된다. D 신호가 생성될 때까지 S가 1의 값을 유지한다고 가정한다. 그 다음 S가 0으로 복귀할 때까지 회로는 D와 곱의 값을 유지한다.

회로의 데이터 경로부는 다음과 같은 소자들로 구성된다.

(a) 피승수를 저장하기 위한 8비트 A 레지스터

(b) 승수를 저장하기 위한 8비트 B 레지스터

(c) 곱의 상위 자리 부분을 저장하는 9비트 PU 레지스터

(d) 곱의 하위 자리 부분을 저장하는 8비트 PL 레지스터

(e) A 레지스터와 PU 레지스터로부터 8비트가 입력되는 8비트 덧셈기; 합과 자리 올림 출력은 PU 레지스터에 입력되고; 자리 올림 입력은 0이다.

제어부는 출력 값이 모두 1인지 탐지하는 회로와 연결된 3비트 카운터(C)를 포함한다. 제어 회로의 입력은 S와 B의 최하위 비트($B0$), 모두 1인지 탐지하는 회로($C1$)의 출력이다. 제어회로의 출력은 D와 레지스터를 제어하기 위한 모든 신호들이다. 레지스터를 위한 제어 신호는 다음과 같다.

(a) LA, A에 적재

(b) LB, B에 적재

(c) SB, 쉬프트 데이터 입력 비트와 연결된 B0와 함께 B 레지스터를 오른쪽으로 쉬프트

(d) CC, C값 제거

(e) IC, C값 증가

(f) CP, PU와 PL값 제거

(g) LPU, PU에 적재

(h) *SP*, PU와 PL 오른쪽으로 쉬프트; PU의 쉬프트 데이터 입력은 0이고 PL의 쉬프트 데이터 입력은 PU의 최하위 비트이다.

최소 수의 상태를 사용하여 제어회로의 SM 차트를 구성하라.

회로의 데이터 경로부를 수정하지 *마라*.

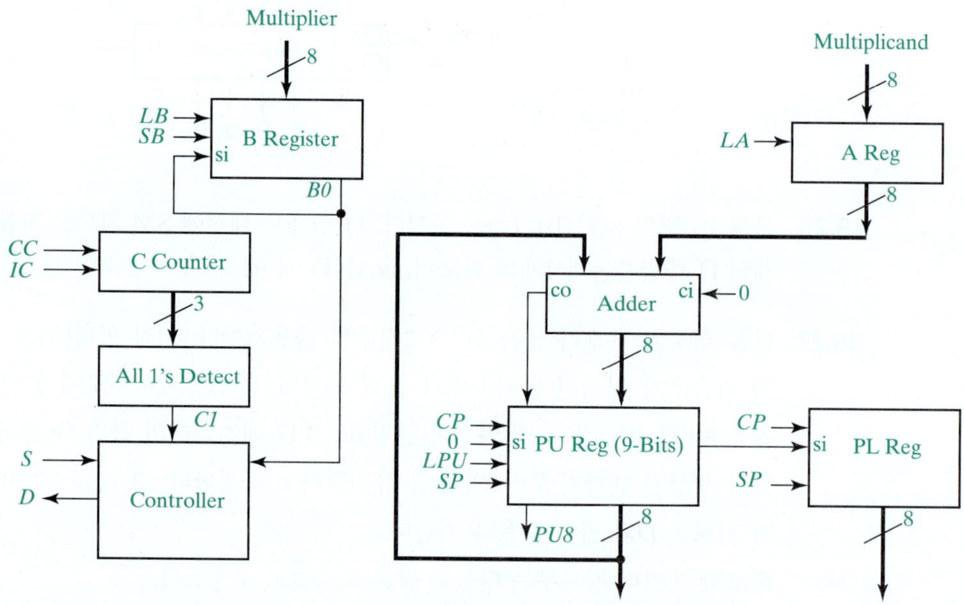

19.28 (a) 문제 18.30의 초저속 나눗셈기를 위한 SM 차트를 도시하라.
(b) PLA와 D 플립플롭을 사용하여 (a)의 SM 차트를 구현하라.

19.29 (a) 문제 16.29의 엘리베이터 제어기를 위한 SM 차트를 도시하라.
(b) PLA와 D 플립플롭을 사용하여 (a)의 SM 차트를 구현하라.

19.30 문제 16.30의 자동차 미등(taillight) 제어기를 위한 SM 차트를 기술하라.

19.31 (a) 문제 16.31의 녹음기 제어기를 위한 SM 차트를 도시하라.
(b) PLA와 D 플립플롭을 사용하여 제어회로를 구현하라.

19.32 그림 13-9의 상태도를 SM 차트로 변환하라.

UNIT 20

디지털시스템 설계와 VHDL

VHDL for Digital System Design

목표

1. 18장에서 논의한 디지털 시스템 제어기 형태에 대한 블록도와 상태그래프가 주어졌을 때, 그 시스템에 대한 동작적(behavioral) VHDL 코드를 작성하라. 단일 클럭형 프로세스를 사용하라.
2. 목표 1에서 기술한 VHDL 코드를 컴파일하고 시뮬레이션하라.
3. 제어신호를 사용해서 시스템용 합성 가능한 VHDL 코드를 작성하라. 2개의 프로세스, 즉 하나는 조합논리에 대한 프로세스와 레지스터를 갱신하기 위한 프로세스를 사용하라.
4. 목표 3에서 작성한 VHDL 코드를 컴파일하고, 시뮬레이션하고, 합성하라.
5. VHDL 모듈을 테스트하기 위한 VHDL 테스트 벤치를 작성하라.

학습가이드

1. 20.1절 *직렬 덧셈기에 대한 VHDL* 코드를 학습하라.

(a) 그림 20-1에서:
전덧셈기를 표현한 문은 어느 것인가?

전덧셈기를 표현하기 위해 왜 클럭형 프로세스(clocked process) 대신에 동시문들이 사용되었는가?

X, Y 레지스터를 쉬프트하기 위해 사용된 VHDL문은 어느 것인가? 왜 이들 문이 클럭형 프로세스 안에 있는가?

(b) 모든 레지스터 갱신이 클럭의 하강 에지 대신에 상승 에지에서 일어나게 하려면, VHDL코드를 어떻게 바꾸면 되나?

2. 20.2절 *2진 곱셈기에 대한 VHDL* 코드를 학습하라.

(a) 그림 20-2에서 Mplier, Mcand, ACC는 왜 bit_vector 대신에 std_logic_vector형으로 선언되었나?

어떤 상태 변화가 있은 후에 Done이 1에서 0으로 변화하나?

Mcand를 ACC(7 **downto** 4)에 더할 때, 왜 ACC(7 **downto** 4)에 0이 접합되나(concatenated)? (29라인)

표기 **when** 2|4|6|8은 무엇을 의미하나? (34라인)

(b) 그림 20-3에서:
왜 ACC의 초기값은 "UUUUUUUUU"인가?

언제 곱셈 결과를 읽어야 하나?

(c) std_logic_vector(8 **downto** 0)형을 가진 신호 X의 초기값이 "111001101"이라면, 다음 for loop를 실행하면 X의 값은 얼마가 되나? 시간은 얼마나 걸리나?

```
for i in 5 downto 0 loop
   X <= X(7 downto 0) & X(8);
   wait for 10 ns;
end loop;
```

(d) 그림 20-5의 29 및 30 라인에서, i = 2이고, Done = '1'일 때 Mcand와 Mplier의 값은 얼마인가? 만약 곱셈기가 제대로 동작한다면, Product의 값은 얼마가 되나?

(e) 그림 20–7에서:
덧셈기를 표현한 문은 어느 것인가?

왜 case문 전에 Load, Ad, Sh, Done 값을 '0'으로 세트하였나? (22라인)

39 및 40 라인을 단일 라인으로 대체할 수 있도록, ACC(8 **downto** 4)를 클리어하고 Mplier를 ACC(3 **downto** 0)에 로드하는 단일 VHDL문을 작성하라.

왜 첫 번째 프로세스 대신에 두 번째 프로세스에서 addout를 ACC에 로드하였나?

그림 20-2에서 동시문(42라인) 안에서 Done <= '1'문을 세트하였으나, 프로세스 안의 37라인의 when 9 => 후에는 그렇게 하지 않았다. 왜?

그림 20-7의 33라인에서는 그림 20-2에서와는 달리, when 9 => 다음에 Done <= '1'을 세트하였다. 이 경우에는 왜 이것이 옳은가?

(f) 그림 20-9에서:
22라인에 있는 문은 언제 실행되나?

Sh = '1'이면, 상승 클럭 에지 후에는 어느 문들이 수행되나?

만약 t = 10 ns에서 클럭상승이 발생하면, A, B, Count, State는 어느 시간에서 갱신되나? A, B를 갱신하는 문이 순차적으로 실행된다 하더라도(51라인), 왜 A, B는 하나의 유닛으로 쉬프트되는지 설명하라.

(g) 그림 20-10의 time = 60 ns에서 상승 클럭 에지 발생 후 레지스터의 내용을 말하라(*힌트*: 그림 18-9(c)를 참조하여 state 2에서 K = '0'일 때 무엇이 일어나는지 설명하라. 16진을 2진으로 변환하고, 2진을 쉬프트하고 다시 16진으로 변환하라). time = 140 ns에서, 상승 클럭 에지 전에는 M = '1'인 것에 주목하면서 반복하여 답하라.

(h) 부록 C의 *합성 가능한 VHDL 코드 작성 요령*을 읽어라.

(i) 문제 20.1, 20.2, 20.3, 그리고 20.4에 답하라.

3. 20.3절의 *2진 나눗셈기에 대한 VHDL 코드*를 읽어라.

(a) 그림 20-11에서:

Dividend(8 **downto** 4) >= Divisor이면, Subout(4)의 값은 얼마인가?

Dividend(8 **downto** 4) < Divisor이면, Subout(4)의 값은 얼마인가?

왜 C는 Subout(4)와 같지 않나?

(b) 문제 20.5, 20.6, 그리고 20.7에 답하라.

4. 20.4절 *주사위 게임 시뮬레이터에 대한* VHDL 코드를 읽어라.

문제 20.8에 답하라.

5. 20.5절 *맺음말*을 읽어라.

주사위 게임에 대한 VHDL 코드를 보고서, 필요한 최소 플립플롭의 수를 정하라. 표 20-1에 주어진 값과 일치하는지 확인하라.

디지털시스템 설계와 VHDL

VHDL for Digital System Design

이 장에서는 디지털 시스템을 설계함에 있어서 VHDL를 사용하는 것에 대해 설명하기로 한다. 18장에서 설계한 곱셈기와 나눗셈기를 토대로 여러 예제들을 다룬다. VHDL을 사용하여 동작적 레벨에서의 디지털 시스템을 기술하고, 시스템을 시뮬레이션하여 알고리즘을 확인하고, 일련의 연산들이 올바른지를 확인할 수 있다. 그 다음에 필요로 하는 제어신호와 이들 신호들에 의해 수행되는 동작들에 대해 정의할 수 있다. 다음에, 그 제어신호들을 이용하여 시스템에 대한 VHDL문을 작성하고, 시뮬레이션을 통해 동작의 올바름을 확인한다. 그 다음, 설계를 합성하고, CPLD 혹은 FPGA로 다운로드하여 최종 테스트를 할 수 있다.

20.1 직렬덧셈기용 VHDL 코드

먼저 그림 18-1에 나타낸 어큐뮬레이터를 가진 직렬덧셈기를 표현하는 VHDL 코드를 작성하도록 하자. 덧셈기의 동작은 18.1절에 설명되어 있다. 그림 18-1에서 $Sh = 1$이면, 클럭의 하강 에지에서 레지스터가 쉬프트됨과 동시에, 전덧셈기에서 발생된 자리올림은 플립플롭에 저장된다.

그림 20-1은 직렬덧셈기용 VHDL 코드를 나타낸다. 이 코드에는 X와 Y 레지스터에 로드하고 자리올림 플립플롭을 클리어하는 예비 과정이 포함되어 있지는 않다. 그러나 코드를 테스트하기 위해서는 VHDL 시뮬레이터가 X, Y, Ci를 초기화하는 데 사용될 수 있다. 코드는 그림 18-3에 나타낸 제어용 상태그래프를 토대로 하고 있다. 2개의 프로세스를 사용해서 그림 17-17의 상태 기계 모델과 유사한 방식으로 상태 기계를 표현하였다. 첫 번째 프로세스(18 ~ 28라인)는 State 혹은 St가 변할 때마다 실행되고, NextState와 Sh 신호를 생성한다. 두 번째 프로세스(29 ~ 38라인)는 클럭의 하강 에지 후에 상태를 갱신한다. 동시에, Sh = '1'이면 레지스터는 쉬프트되고 자리올림은 플립플롭에 저장된다(33~36라인). 전덧셈기는 합과 자리올림에 대해 동시문을 사용하여 구현된다(15~16라인). 이것은 전덧셈기가 클럭을 필요로 하지 않는 조합논리를 사용하기 때문에 적절하다. 코드에서는 std_logic과 std_logic vectors를 사용하기 때문에 library와 use문(1과 2라인)이 필요하다. bits와 bit_vectors를 대신 사용한다면 이들 문은 생략될 수 있다.

그림 20-1
그림 18-1에 대한 VHDL 코드

```
library IEEE;
use IEEE.STD_LOGIC_1164.all;
entity serial is
   Port (St: in std_logic;
      Clk: in std_logic;
      Xout: out std_logic_vector(3 downto 0));
end serial;
architecture Behavioral of serial is
   signal X, Y: std_logic_vector(3 downto 0);
   signal Sh: std_logic;
   signal Ci, Ciplus: std_logic;
   signal Sumi: std_logic;
   signal State, NextState: integer range 0 to 3;        -- 4 states
   begin
      Sumi <= X(0) xor Y(0) xor Ci;                      -- full adder
      Ciplus <= (Ci and X(0)) or (Ci and Y(0)) or (X(0) and Y(0));
      Xout <= X;
   process (State, St)
   begin
      case State is
         when 0 =>
            if St = ‘1’ then Sh <= ‘1’; NextState <= 1;
            else Sh <= ‘0’; NextState <= 0; end if;
         when 1 =>    Sh <= ‘1’; NextState <= 2;
         when 2 =>    Sh <= ‘1’; NextState <= 3;
         when 3 =>    Sh <= ‘1’; NextState <= 0;
         end case;
   end process;
   process (clk)
      begin
      if clk’event and clk = ‘0’ then
      State <= NextState;                               -- update state register
         if Sh = ‘1’ then
            X <= Sumi & X(3 downto 1);                  -- shift Sumi into X register
            Y <= Y (0) & Y(3 downto 1);                 -- rotate right Y register
            Ci <= Ciplus; end if;                       -- store next carry
         end if;
   end process;
end Behavioral;
```

20.2 2진 곱셈기용 VHDL 코드

18.2절에서는 무부호 2진수용 곱셈기를 설계하였다. 본 절에서는 곱셈기 연산을 기술하기 위한 여러 가지 VHDL 코드 작성 방법을 살펴보기로 한다. 그림 18-7에 나타내었듯이, 덧셈기 입력에는 어큐뮬레이터(ACC)에서 나오는 4비트와 피승수(multipliand) 레지스터에서 나오는 4비트가 연결되어 있고, 덧셈기로부터 나오는 4개의 sum 비트와 carry 출력은 어큐뮬레이터에 다시 연결되어 있다. 덧셈 신호(*Ad*)가 발생하면, 다음 클럭펄스에 의해 덧셈기 출력이 어큐뮬레이터에 로드되어, 이것은 피승수가 어큐뮬레이터에 더해지는 결과가 된다. 곱 레지스터(product register)의 좌측 끝에 있는 추가 비트에는 어큐뮬레이터에 피승수가 더해질 때 생성된 자리올림이 일시적으로 저장된다. 쉬프트 신호(*Sh*)가 발생하면, ACC의 9비트 모두는 다음 클럭펄스에 의해 오른쪽으로 쉬프트된다. 곱셈 연산에 대한 자세한 설명은 18.2절을 보라.

그림 18-7의 블록도와 그림 18-8의 상태그래프를 토대로 곱셈기에 대한 동작적 VHDL 모델(그림 20-2)을 작성하자. 이 모델을 통해 구체적인 설계를 하기 전에 곱셈기에 대한 기본적인 설계와 곱셈 알고리즘을 확인할 수 있을 것이다. 제어회로에는 10개의 상태를 가지고 있기 때문에 상태 신호를 나타내기 위해 0에서 9 범위의 정수로 선언하였다(12라인). ACC signal은 9비트 어큐뮬레이터 출력을 표현한다(13라인).

그림 20-2 그림 18-7의 곱셈기용 동작 코드

```
-- This is a behavioral model of a multiplier for unsigned binary numbers. It multiplies a 4-bit
-- multiplicand by a 4-bit multiplier to give an 8-bit product. The maximum number of clock
-- cycles needed for a multiply is 10.
1     library IEEE;
2     use IEEE.STD_LOGIC_1164. ALL;
3     use IEEE.STD_LOGIC_ARITH. ALL;
4     use IEEE.STD_LOGIC_UNSIGNED. ALL;

5     entity mult4X4 is
6        port (Clk, St: in std_logic;
7        Mplier, Mcand : in std_logic_vector(3 downto 0);
8        Done: out std_logic;
9        Product: out std_logic_vector (7 downto 0));
10    end mult4X4;

11    architecture behave1 of mult4X4 is
12       signal State: integer range 0 to 9;
13       signal ACC: std_logic_vector(8 downto 0);          -- accumulator
14       alias M: std_logic is ACC(0);                       -- M is bit 0 of ACC
15       begin
16          Product <= ACC (7 downto 0);
17          process (Clk)
18          begin
19             if Clk'event and Clk = '1' then               -- executes on rising edge of clock
```

그림 20-2 (계속)

```
20          case State is
21          when 0 =>                                       --initial State
22            if St = '1' then
23              ACC(8 downto 4) <= "00000";                 -- clear upper ACC
24              ACC(3 downto 0) <= Mplier;                  -- load the multiplier
25              State <= 1;
26            end if;
27          when 1 | 3 | 5 | 7 =>                           -- "add/shift" State
28            if M = '1' then                               -- Add multiplicand to ACC
29              ACC(8 downto 4) <= ('0'& ACC(7 downto 4)) + Mcand;
30              State <= State + 1;
31            else ACC <= '0' & ACC(8 downto 1);            -- Shift accumulator right
32              State <= State + 2;
33            end if;
34          when 2 | 4 | 6 | 8 =>                           -- "shift" State
35              ACC <= '0' & ACC(8 downto 1);               -- Right shift
36              State <= State + 1;
37          when 9 =>                                       -- end of cycle
38              State <= 0;
39          end case;
40          end if;
41        end process;
42        Done <= '1' when State = 9 else '0';
43      end behave1;
```

ACC, Mcand, Mplier signal들은 오버로드(overloaded) "+" 연산자가 덧셈에 사용될 수 있도록 std_logic_vector 타입으로 선언되어 있다. 문 "alias M: std_logic is ACC(0);"을 이용하면 ACC(0) 대신에 이름 M을 사용할 수 있다. Product는 동시문으로 ACC의 하위 8비트에 해당되도록 설정된다(16라인).

모든 레지스터 연산과 상태(State) 변화는 클럭의 상승 에지에서 일어나기 때문에, Clk이 변할 때 실행하는 프로세스를 사용한다. case문에서는 각 State에서 행할 동작들을 명기한다. State 0에서는, St = '1'이면 승수가 어큐뮬레이터에 로드되고, 동시에 State는 1로 바뀐다(21~26라인). 상태그래프를 보면, 상태 1, 3, 5, 7에서는 동일 연산이 수행된다는 것을 알 수 있다. 표기 "**when** 1|3|5|7 =>"는 State가 1이나 3이나 5나 7이 되면, 뒤에 오는 문이 실행된다는 것을 의미한다. M = '1'이면 식

'0' & ACC(7 **downto** 4) + Mcand

로 덧셈기 출력을 계산하고, 이를 ACC에 로드한다(28~29라인). 동시에 회로는 순서적으로 다음 State(2, 4, 6 혹은 8)로 이동한다. M = '0'이면 ACC를 오른쪽으로 쉬프트하고 '0'을 ACC의 상위 8 비트와 접합시켜(concatenation) 로드시킨다(31라인). 동시에 State는 3, 5, 7 혹은 9(현재 State + 2)로 바뀐다. State 2, 4, 6, 8에서는 ACC가 오른쪽으로 쉬프트되고, State는 순차적으로 다음 상태로 변한다(34~36라인).

Done signal은 오직 State 9에 있을 때만 온(on) 될 필요가 있다. 만약 문을 "when

9 => State <= 0; Done <= '1'로 사용하였다면, Done은 State가 0으로 바뀜과 동시에 온이 될 것이다. 이것은 State가 9로 될 때 Done이 온 되기를 원하기 때문에 너무 늦다. 더욱이 만약 Done <= '1'이 클럭형 프로세스에 포함된다면, 합성기는 하나의 플립플롭에 Done을 저장하기를 원한다고 추론할 것이다. 이것은 원하는 바가 아니기 때문에, 독립적인 동시 할당문(concurrent assignment statement)을 사용한다. 이 문은 Done이 State가 변할 때마다 갱신되도록 하기 위해 프로세스 외부에 놓는다.

설계를 계속 진행하기 전에, 알고리즘이 올바른지, 또한 하드웨어의 블록도와 일관성이 있는지를 확인하기 위해, 동작적 수준의 VHDL 코드를 테스트하기로 한다. 테스팅의 초기 단계에서는 곱셈기의 내부 동작을 확인하고, 필요하다면 디버깅에 도움을 주기 위해 한 단계 한 단계(step-by-step) 프린트 출력을 원할 것이다. 곱셈기가 적절히 동작하고 있다고 생각되면, 많은 경우에 빨리 테스팅할 수 있도록 하기 위해서 최종 곱 출력만 보기를 원할 것이다.

그림 20-3은 13 × 11의 곱셈에 대한 명령 파일과 테스트 결과를 보여준다. 클럭은 20 ns 주기를 가지고 있다. St signal이 2 ns에서 온이 되고 한 클럭 주기 후에 오프된다. 상태그

그림 20-3 (13 × 11)에 대한 명령 파일과 시뮬레이션 결과

```
-- command file to test multiplier
view list
add list Clk St State ACC Done Product
force St 1 2, 0 22
force Clk 1 0, 0 10 –repeat 20
force Mcand 1101
force Mplier 1011
run 200
```

ns	delta	Clk	St	State	ACC	done	product
0	+1	1	U	0	UUUUUUUUU	0	UUUUUUUU
2	+0	1	1	0	UUUUUUUUU	0	UUUUUUUU
10	+0	0	1	0	UUUUUUUUU	0	UUUUUUUU
20	+2	1	1	1	000001011	0	00001011
22	+0	1	0	1	000001011	0	00001011
30	+0	0	0	1	000001011	0	00001011
40	+2	1	0	2	011011011	0	11011011
50	+0	0	0	2	011011011	0	11011011
60	+2	1	0	3	001101101	0	01101101
70	+0	0	0	3	001101101	0	01101101
80	+2	1	0	4	100111101	0	00111101
90	+0	0	0	4	100111101	0	00111101
100	+2	1	0	5	010011110	0	10011110
110	+0	0	0	5	010011110	0	10011110
120	+2	1	0	7	001001111	0	01001111
130	+0	0	0	7	001001111	0	01001111
140	+2	1	0	8	100001111	0	00011111
150	+0	0	0	8	100001111	0	00011111
160	+2	1	0	9	010001111	1	10001111
170	+0	0	0	9	010001111	1	10001111
180	+0	1	0	0	010001111	0	10001111
190	+0	0	0	0	010001111	0	10001111
200	+0	1	0	0	010001111	0	10001111

래프를 보면, 곱셈은 기껏해야 10개의 클럭을 필요로 하므로 실행 시간은 200 ns로 설정된다. 시뮬레이터 출력은 615쪽에 주어진 예제에 대응된다. Done = '1'일 때, 최종 곱은 $10001111_2 = 143$인 것에 주목하라.

곱셈기를 철저히 테스트하기 위해 특별한 경우와 제한된 경우를 포함하여 추가 테스트를 할 필요가 있다. 피승수와 승수에 대한 테스트 값에는 0, 최대값, 그리고 0이 아닌 가장 작은 값이 포함되어야 한다. 일련의 피승수와 승수 값을 주어 곱셈기를 테스트하는 VHDL 코드를 기술하자. 또 다른 VHDL 모듈을 테스트하기 위해 작성된 VHDL 코드를 *테스트벤치*(*test bench*)라 한다. 그림 20-4에는 어떻게 테스트벤치가 곱셈기 모듈과 연결되는지를 보여준다. 테스트벤치에는 Multiplier 모듈에 Mplier와 Mcand 값을 줄 뿐만 아니라, Clk와 St signal을 생성한다. Multiplier 모듈에서는 차례로 Done 신호와 Product 값을 다시 테스트벤치로 보낸다. VHDL 테스트벤치를 사용하는 것은 하드웨어 테스터를 가지고 테스트하기 위해 작업대에 앉아 곱셈기 모듈을 테스트 소켓에 연결하는 것과 유사하다.

그림 20-4
곱셈기에 대한 테스트벤치

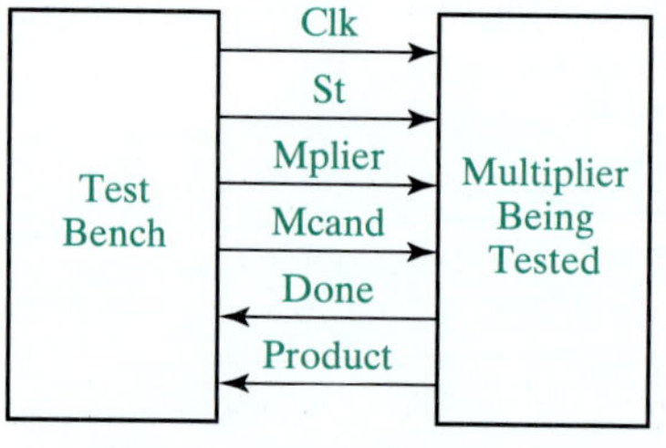

테스트벤치 코드 내에 **for loop**를 사용하자. 루프(loop) 문에 대한 VHDL 구문은 다음과 같다.

```
[loop-label:] for index in range loop
    sequential statements
end loop [loop-label];
```

인덱스는 루프 안에서만 정의되는 정수 변수이다. 이 변수는 컴파일러에 의해 자동적으로 선언되기 때문에, 명시적으로 선언될 필요는 *없다*. 루프 안으로 들어가면, 인덱스는 범위 안에 있는 처음 값으로 초기화되고, 루프 안에 있는 순서문이 실행된다. 다음에, 인덱스는 다음 값으로 증가(혹은 감소)되고 다시 문들이 실행된다. 인덱스가 범위 안의 마지막 값과 같아질 때까지 계속 실행되고, 이 지점에서 마지막으로 문을 실행하고 루프를 빠져 나온다. for loop 문은 프로세스 안에서 사용될 수 있는 순서문이다.

그림 20-5에 테스트벤치에 대한 VHDL 코드 리스트를 나타내었다. 테스트벤치 코드는 오직 시뮬레이션 목적이며, 합성할 필요는 없다. 내부 signal들을 사용하여 곱셈기와 테스트벤치를 연결할 예정이므로, entity에서는 port 선언이 생략되어 있다(5~6라인). Multiplier 모듈(mult4×4)은 아키텍처 안에 component로 선언되어 있다.

테스트할 피승수와 승수 값들은 1부터 N까지 차원화되어 상수 어레이(constant array)

그림 20-5
곱셈기에 대한 테스트벤치

```
1  library IEEE;
2  use IEEE.STD_LOGIC_1164. ALL;
3  use IEEE.STD_LOGIC_ARITH. ALL;
4  use IEEE.STD_LOGIC_UNSIGNED. ALL;
5  entity testmult is
6  end testmult;
7  architecture test1 of testmult is
8  component mult4X4
9  port (Clk: in std_logic;
10    St: in std_logic;
11    Mplier, Mcand: in std_logic_vector(3 downto 0);
12    Product: out std_logic_vector(7 downto 0);
13    Done: out std_logic);
14 end component;
15 constant N: integer:= 6;
16 type arr is array(1 to N) of std_logic_vector(3 downto 0);
17 constant Mcandarr: arr:= ("1011", "1101", "0001", "1000", "1111", "1101");
18 constant Mplierarr: arr:= ("1101", "1011", "0001", "1000", "1111","0000");
19 signal Clk: std_logic = '0';
20 signal St, Done: std_logic;
21 signal Mplier, Mcand: std_logic_vector(3 downto 0);
22 signal Product: std_logic_vector(7 downto 0);
23 begin
24    mult1: mult4X4 port map(Clk, St, Mplier, Mcand, Product, Done);
25    Clk <= not Clk after 10 ns;    -- clock has 20 ns period
26    process
27    begin
28       for i in 1 to N loop
29          Mcand <= Mcandarr(i);
30          Mplier <= Mplierarr(i);
31          St <= '1';
32          wait until Clk = '1' and Clk'event;
33          St <= '0';
34          wait until Done = '1' ;
35          wait until Clk = '1' and Clk'event;
36       end loop;
37    end process;
38 end test1;
```

로 주어졌다(16~18라인). 여섯 쌍의 값들을 사용하기 때문에, 상수 N은 6으로 설정되었다(15라인). 테스트벤치 안에 있는 내부 signal들은 19~22라인에 선언되어 있다. 비록 component 선언 안에 사용된 signal명과 같은 이름을 사용할 필요는 없지만, 편의상 같게 하였다. 아키텍처 몸체(body) 시작 부분에는, Multiplier 모듈과 테스트벤치 신호를 연결하기 위해 컴포넌트 사용하기문(instantiation statement)을 사용한다(24라인). Port map에는 component port와 동일한 순서로 테스트 신호가 리스트되어 있다.

다음 문에서는 반 주기가 10 ns인 CLK 신호가 생성된다.

프로세스에는 for loop 문을 포함하여 피승수와 승수 어레이로부터 값을 읽고 시작 신호(St)를 '1'로 세트하고 있다(29~31라인). 다음 상승 클럭 에지 후에는 시작 신호는 오프가 된다. 이 동안 곱셈은 Multiplier 모듈 안에서 수행된다. 곱셈이 완료되면 곱셈기는 Done 신호를 온 시킨다. Done은 곱셈기 제어가 S_0로 되는 동시에 오프된다. 테스트벤치 프로세스는 Done = '1'이 될 때까지 기다리고, 그 다음에 다음 상승 클럭 에지가 발생하면 루프를 돌아 Mcand와 Mplier의 새 값을 읽어 곱셈을 다시 시작한다. 루프를 N번 실행하면 테스트는 완료된다.

그림 20-6에는 테스트벤치 코드를 실행하기 위한 명령 파일과 시뮬레이터 출력을 나타내었다. Add list 명령 라인에는 "–Trigger done"과 함께 "–NOtrigger Mplier Mcand product"가 있어 Done 신호가 변화할 때에만 출력이 표시되도록 되어 있다. –NOtrigger와 –Trigger가 없으면 출력은 목록에 있는 어떤 signal이라도 변하기만 하면 표시된다. 시뮬레이터 출력을 명기하여 테스트 결과를 해석하도록 하였다.

다음에 2개의 프로세스를 사용해서 동일한 곱셈기를 모델링하자(그림 20-7). 이 모델은 그림 17-16과 17-17을 토대로 하고 있다. 첫 번째 프로세스에서는 제어신호와 차기 상태

그림 20-6 곱셈기의 명령 파일과 시뮬레이션

```
-- Command file to test multiplier
view list
add list –NOtrigger Mplier Mcand product – Trigger done
run 1320 ns
```

ns	+delta	mcand	mplier	product	done	
0	+0	UUUU	UUUU	UUUUUUUU	U	
0	+1	1011	1101	UUUUUUUU	0	
150	+2	1011	1101	10001111	1	11 × 13 = 143
170	+2	1011	1101	10001111	0	
330	+2	1101	1011	10001111	1	13 × 11 = 143
350	+2	1101	1011	10001111	0	
470	+2	0001	0001	00000001	1	1 × 1 = 1
490	+2	0001	0001	00000001	0	
610	+2	1000	1000	01000000	1	8 × 8 = 64
630	+2	1000	1000	01000000	0	
810	+2	1111	1111	11100001	1	15 × 15 = 225
830	+2	1111	1111	11100001	0	
930	+2	1101	0000	00000000	1	13 × 0 = 0

그림 20-7 곱셈기용 2개 프로세스 VHDL 모델

```
-- This is a behavioral model of a multiplier for unsigned binary numbers. It multiplies a 4-bit
-- multiplicand by a 4-bit multiplier to give an 8-bit product. The maximum number of clock cycles
-- needed for a multiply is 10.

library IEEE;
use IEEE.STD_LOGIC_1164.all;
use IEEE.STD_LOGIC_ARITH.all;
use IEEE.STD_LOGIC_UNSIGNED.all;
```

그림 20-7 (계속)

```
entity mult4X4 is
  port (Clk, St: in std_logic;
    Mplier, Mcand: in std_logic_vector(3 downto 0);
    Product: out std_logic_vector(7 downto 0);
    Done: out std_logic);
end mult4X4;

architecture control_signals of mult4X4 is
  signal State, Nextstate: integer range 0 to 9;
  signal ACC: std_logic_vector(8 downto 0);        -- accumulator
  alias M: std_logic is ACC(0);                    -- M is bit 0 of ACC
  signal addout: std_logic_vector(4 downto 0);     -- adder output including carry
  signal Load, Ad, Sh: std_logic;
  begin
    Product <= ACC(7 downto 0);
    addout <= ('0' & ACC(7 downto 4)) + Mcand;
        -- uses "+" operator from the ieee._std_logic_unsigned package
    process(State, St, M)
    begin
      Load <= '0'; Ad <= '0'; Sh <= '0'; Done <= '0';
      case State is
      when 0 =>
        if St = '1' then Load <= '1'; Nextstate <= 1;
        else Nextstate <= 0; end if;
      when 1 | 3 | 5 | 7 =>                        -- "add/shift" State
        if M = '1' then Ad <= '1';                 -- Add multiplicand
        Nextstate <= State + 1;
        else Sh <= '1'; Nextstate <= State + 2; end if;
      when 2 | 4 | 6 | 8 =>                        -- "shift" State
        Sh <= '1'; Nextstate <= State + 1;
      when 9 => Done <= '1'; Nextstate <= 0;
      end case;
    end process;

    process (Clk)                                  -- Register update process
    begin
      if Clk'event and Clk = '1' then              -- executes on rising edge of clock
        if Load = '1' then ACC(8 downto 4) <= "00000";
          ACC(3 downto 0) <= Mplier; end if; -- load the multiplier
        if Ad = '1' then ACC(8 downto 4) <= addout; end if;
        if Sh = '1' then ACC <= '0' & ACC(8 downto 1); end if;
                        --Shift accumulator right
        State <= Nextstate;
      end if;
    end process;
  end control_signals;
```

정보를 생성하는 조합회로를 표현하고 있다. 두 번째 프로세스에서는 클럭의 상승 에지에서 모든 레지스터를 갱신하고 있다. 이 모델은 그림 20-2의 하나의 프로세스를 가진 모델보다도 실제 하드웨어에 더 가깝게 대응되어, 코드에는 덧셈기 출력을 비롯한 제어 signal Ld, Sh, Ad들이 명시적으로 나타나 있다. 2개 모델에 대해 port 선언은 동일하나 아키텍처는 다르다.

덧셈기는 조합회로이기 때문에 하나의 동시문으로 덧셈기 출력을 정의할 수 있다(19라인). 그 5개의 출력은 4개의 합 비트와 하나의 자리올림 비트로 구성된다. 순서 제어회로의 조합부를 표현하기 위해서는 case문을 가진 하나의 프로세스를 이용하는 것이 효율적이다(20~35라인). 이 프로세스는 State, st 혹은 M이 변화할 때마다 실행되고, Nextstate, Load, Sh, Ad, Done 값들을 계산한다. 22라인에서는 4개의 제어 signal들이 '0'으로 세트되고, case문에서 필요에 따라 '1'로 세트된다. 이 방법을 통해, 각 state와 '1'로 세트되지 않은 각 else문에서 이런 신호들을 '0'으로 세트하지 않아도 되게 한다. 언뜻 보면 동일 시점에서 한 signal에 '0' 과 '1'로 세트하는 것이 모순되는 것처럼 보인다. 그러나 한 프로세스 안에 있는 2개의 순서문에 동시에 같은 signal이 변화하면, 두 번째 문에 의해 지정된 값은 첫 번째 문에 의해 지정된 값보다 우선된다. case문에서는 Nextstate와 제어 signal 값들이 결정된다. 예를 들면 state가 1, 3, 5, 7 일 때, M = '1'이면 Ad signal이 온 되고 Nextstate는 현재 상태값 +1이 된다. 그러나 어느 레지스터도 다음 클럭 에지가 활성화될 때까지는 변화되지 않는다.

모든 레지스터는 두 번째 프로세스에서 Clk의 상승 에지 후에 갱신된다. Load = '1'이면, 하위 Mplier는 ACC에 로드되고, 상위 ACC는 클리어된다(38~40라인). Ad = '1'이면, 덧셈기 출력이 상위 ACC에 로드된다(41라인). Sh = '1'이면 ACC는 우방향으로 쉬프트된다(42라인). 상태 레지스터는 항상 갱신된다(43라인).

Entity는 양쪽 곱셈기에 대해 동일하기 때문에, 첫 번째 곱셈기에서와 마찬가지로 두 번째 곱셈기를 테스트하기 위해 동일한 테스트벤치를 사용할 수 있고, 또한 동일한 테스트 결과를 얻어야만 한다.

다음에는 두 개의 8-비트 수를 곱해 16-비트 곱셈 결과를 주는 2진 곱셈기용 VHDL 코드를 기술하자. 제어회로로서는 상태를 더 많이 가진 상태그래프를 사용하지 않고 그

그림 20-8 8 × 8 2진 곱셈기용 블록도

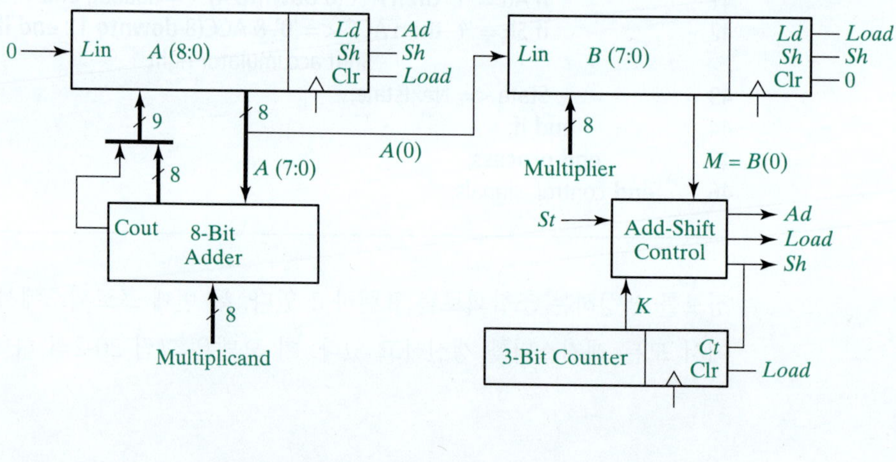

림 18-9와 같은 카운터를 가진 add-shift 제어를 사용한다. 그림 20-8은 8 × 8 곱셈기에 대한 블록도를 보여준다. 이것은 ACC 레지스터가 2개의 레지스터 A와 B로 분리된 것을 제외하고는 그림 18-7과 동일한 형태가 된다. A는 9-비트 어큐뮬레이터 레지스터이고, B는 초기에는 8-비트 승수를 가진다. 곱셈이 완료되면 16-비트 곱셈 결과값은 A(7 **downto** 0)& B로 주어진다. 제어기는 *Load, Sh, Ad* 신호들을 생성한다. *Load* 신호는 *A*를 클리어하고, 승수를 *B*에 로드한 다음, 쉬프트 카운터를 클리어한다. *Sh* 신호는 *A*와 *B*를 함께 쉬프트하고 카운터 값을 1 증가시킨다. *Ad* 신호는 덧셈기 출력을 *A*로 로드한다.

8 × 8 곱셈기에 대한 VHDL 코드(그림 20-9)는 그림 20-8의 블록도와 그림 18-9(c)의 상태그래프를 토대로 한다. Entity와 signal 선언은 비트 수를 제외하고는 종전 예에 사용되었던 것과 유사하다. 13라인에 있는 count signal은 3비트 카운터를 표현한다.

그림 20-9 쉬프트 카운터를 가진 곱셈기용 VHDL 코드

```
1   library IEEE;
2   use IEEE.STD_LOGIC_1164. all;
3   use IEEE.STD_LOGIC_ARITH. all;
4   use IEEE.STD_LOGIC_UNSIGNED. all;

5   entity mult8X8 is
6     Port (Clk, St: in std_logic;
7     Mplier, Mcand: in std_logic_vector(7 downto 0);
8     Done: out std_logic;
9     Product: out std_logic_vector(15 downto 0));
10  end mult8X8;

11  architecture Behavioral of mult8X8 is
12      signal State, NextState: integer range 0 to 3;
13      signal count: std_logic_vector(2 downto 0) := "000";     -- 3-bit counter
14      signal A: std_logic_vector(8 downto 0);                  -- accumulator
15      signal B: std_logic_vector(7 downto 0);
16      alias M: std_logic is B(0);                              -- M is bit 0 of B
17      signal addout: std_logic_vector(8 downto 0);
18      signal K, Load, Ad, Sh: std_logic;
19      begin
20        Product <= A(7 downto 0) & B;                 -- 16-bit product is in A and B
21        addout <= '0' & A(7 downto 0) + Mcand;   -- adder output is 9 bits including carry
22        K <= '1' when count = 7 else '0';
23        process (St, State, K, M)
24        begin
25          Load <= '0'; Sh <= '0'; Ad <= '0'; Done <= '0';
                -- control signals are '0' by default
26          case State is
27          when 0 =>
28            if St = '1' then Load <= '1'; NextState <= 1;
29            else NextState <= 0; end if;
30          when 1 =>
31            if M = '1' then Ad <= '1'; NextState <= 2;
32            else if K = '0' then Sh <= '1'; NextState <= 1;
33              else Sh <= '1'; NextState <= 3; end if;
```

그림 20-9 (계속)

```
34              end if;
35           when 2 =>
36              if K = '0' then Sh <= '1'; NextState <= 1;
37              else Sh <= '1'; NextState <= 3; end if;
38           when 3 =>
39              Done <= '1'; NextState <= 0;
40           end case;
41     end process;
42        process (Clk)
43        begin
44           if Clk'event and Clk = '1' then          -- update registers on rising edge of Clk
45              if Load = '1' then
46                 A <= "000000000"; Count <= "000";           -- clear A and counter
47                 B <= Mplier;
48              end if;                                        -- load multiplier
49              if Ad = '1' then A <= addout; end if;
50              if Sh = '1' then
51                 A <= '0' & A(8 downto 1); B <= A(0)& B(7 downto 1);
                        -- right shift A and B
52                 count <= count + 1;                         -- increment counter
53                          -- uses "+" operator from ieee_std_logic_unsigned package
54              end if;
55              State <= NextState;
56           end if;
57        end process;
58  end Behavioral;
```

21라인에는 동시문을 이용하여 8비트 덧셈기가 구현되고, 22라인에는 count가 7일 때 K가 1로 세트되어 있다. 첫 번째 프로세스(23~40라인)는 상태 기계의 조합부를 표현하고 있다. 그것은 입력 상태 St, M, K가 변할 때마다 제어 signal Ad, Load, Sh를 생성한다.

코드가 올바로 합성되도록 하기 위하여, 각 **if**문 내에 else절을 포함시켜 조건이 TRUE나 FALSE에 상관없이 NextState가 잘 정의되도록 하였다. 예를 들면 28~29라인에 St의 값에 따라 NextState는 1 또는 0이 된다. 시뮬레이션을 목적으로 할 때에는, 하나의 VHDL signal은 명시적으로 변할 때까지 값을 유지하기 때문에 else절을 생략할 수 있다. 그러나 만약 else절을 생략한다면 대부분의 합성기는 불필요한 래치를 생성할 것이다. 두 번째 프로세스는 Clk의 상승 에지에서 레지스터를 갱신한다. 45~48라인에서, Load = '1'이면 카운터는 승수가 로드될 때 클리어되고, 50~53라인에서 Sh = '1'이면 카운터는 A-B 레지스터가 쉬프트될 때 1 증가한다. 클럭형 프로세스에서는 **if**문들은 모든 레지스터가 변화될 때까지는 현재 값을 유지하기 때문에 else절을 필요로 하지 않는다.

그림 20-10 8 × 8 곱셈기의 명령어 파일과 시뮬레이션

```
add wave clk st state count a b done product
force st 1 2, 0 22
force clk 1 0, 0 10 -repeat 20
force mcand 00001011
force mplier 00001101
run 280
```

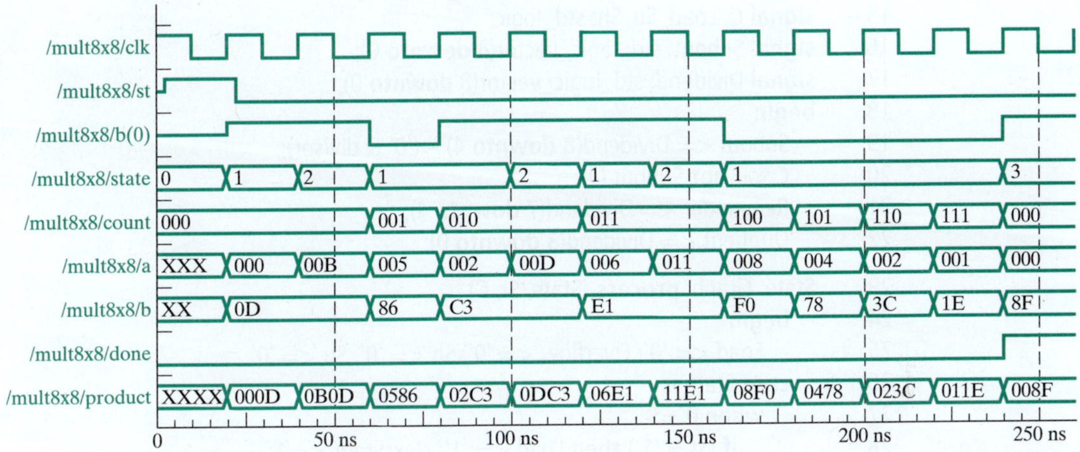

그림 20-10은 입력 11 × 13을 가지고 곱셈기를 테스트하기 위한 시뮬레이터 명령 파일을 나타낸다. A와 B 레지스터 값과 곱셈 결과는 결과 파형상에 16진으로 나타낸다. 현재의 곱셈 비트(M)는 b(0)와 동일하다. Time = 240 ns에서 state는 3으로 바뀌고, Done signal은 온 되고, 최종 곱은 정답 $8F_{16} = 143_{10}$인 것에 주목하라.

20.3 2진 나눗셈기용 VHDL 코드

18.3절에서는 8비트 피제수(dividend)를 4비트 제수(divisor)로 나누어 4비트 몫을 얻는 양의 2진수에 대한 2진 나눗셈기를 설계하였다. 그림 20-11은 그림 18-10의 블록도와 그림 18-11의 상태그래프를 토대로 하여 나눗셈기용 VHDL 코드를 나타낸다.

그림 20-11 나눗셈기에 대한 VHDL 코드

```
library IEEE;
use IEEE.STD_LOGIC_1164. all;
use IEEE.STD_LOGIC_ARITH. all;
use IEEE.STD_LOGIC_UNSIGNED. all;

entity Divider is
Port (Dividend_in: in std_logic_vector(7 downto 0);
   Divisor: in std_logic_vector(3 downto 0);
```

그림 20-11 (계속)

```
8          St, Clk: in std_logic;
9          Quotient: out std_logic_vector(3 downto 0);
10         Remainder: out std_logic_vector(3 downto 0);
11         Overflow: out std_logic);
12     end Divider;
13     architecture Behavioral of Divider is
14     signal State, NextState: integer range 0 to 5;
15     signal C, Load, Su, Sh: std_logic;
16     signal Subout: std_logic_vector(4 downto 0);
17     signal Dividend: std_logic_vector(8 downto 0);
18     begin
19        Subout <= Dividend(8 downto 4) - ('0' & divisor);
20        C <= not Subout (4);
21        Remainder <= Dividend(7 downto 4);
22        Quotient <= Dividend(3 downto 0);
23     State_Graph: process (State, St, C)
24        begin
25           Load <= '0'; Overflow <= '0'; Sh <= '0'; Su <= '0';
26        case State is
27           when 0 =>
28              if (St = '1') then Load <= '1'; NextState <= 1;
29              else NextState <= 0; end if;
30           when 1 =>
31              if (C = '1') then Overflow <= '1'; NextState <= 0;
32              else Sh <= '1'; NextState <= 2; end if;
33           when 2 | 3 | 4 =>
34              if (C = '1') then Su <= '1'; NextState <= State;
35              else Sh <= '1'; NextState <= State + 1; end if;
36           when 5 =>
37              if (C = '1') then Su <= '1'; end if;
38              NextState <= 0;
39        end case;
40     end process State_Graph;
41     Update: process (Clk)
42        begin
43        if Clk'event and Clk = '1' then    -- rising edge of Clk
44           State <= NextState;
45           if Load = '1' then Dividend <= '0' & Dividend_in; end if;
46           if Su = '1' then Dividend(8 downto 4) <= Subout; Dividend(0) <= '1'; end if;
47           if Sh = '1' then Dividend <= Dividend(7 downto 0) & '0'; end if;
48        end if;
49     end process update;
50     end Behavioral;
```

동시문(19라인)에서는 오버로드된 "−" 연산자를 사용하여 뺄셈기 출력, Subout를 계산한다. 다음에, 20라인에서는 뺄셈기 출력의 상위 비트의 보수로 C가 계산된다(확인을 위해서는 18.3절 참조).

첫 번째 프로세스(23~40라인)에는 순서회로의 조합회로부가 표현되어 있다. 그것은 State, St, C가 변할 때마다 NextState와 제어 signal들의 값을 계산한다. 다른 예제에서와 마찬가지로, 24라인에는 제어 signal들은 '0'으로 세트되고, 이 signal들은 case문 내에서 필요에 따라 '1'로 세트된다. 두 번째 프로세스는(41~49라인) 클럭의 상승 에지에서, state와 피제수 레지스터를 갱신한다. Ld = '1'이면, 9비트 피제수 레지스터는 '0' 뒤에 8비트 피제수가 접합되어 로드된다(45라인). Su = '1'이면 뺄셈기 출력은 피제수 레지스터의 상위 부분에 로드되고, 몫 비트는 '1'로 세트된다(46라인). Sh = '1'이면 피제수 레지스터는 좌방향으로 쉬프트된다(47라인).

20.4 주사위 게임 시뮬레이터용 VHDL 코드

본 절에서는 19.2절에서 기술한 주사위 게임(dice game)용 동작적 VHDL 코드를 기술한다. 그림 20-12에 있는 코드는 그림 19-11에 있는 DiceGame 모듈에 대한 블록도와 그림 19-13의 SM 차트에 기반을 두고 있다. 2개 카운터와 덧셈기가 별도의 모듈로 배치되어 있고, 이 모듈 입력으로는 주사위 굴림 값을 표현한 2개 카운터의 합이 된다. 이 합은 3라인에서 선언되었듯이 2에서 12의 범위에 있어야만 한다. Point 레지스터도 같은 범위를 가진 signal이다(8라인). 우리는 주사위 게임에 대해 2개의 프로세스 모델을 사용할 것이다. 첫 번째 프로세스는 제어기에 대한 조합논리를 표현하고 있다. Rb, Reset, Sum, 혹은 State 입력들이 변할 때마다, 이 프로세스에서는 NextState, 제어 signal (Sp와 Roll), 출력(Win과 Lose)의 새로운 값을 계산한다. case문은 state를 테스트하고, 각 state에서는 중첩(nested) if-then-else(혹은 elsif) 문을 이용해 조건적으로 테스트한다. State 1에서는 Rb가 1이면 Roll signal이 온 된다. 모든 조건들이 FALSE로 테스트되면, Sp는 1로 세트되고, 다음 상태는 4로 된다. 두 번째 프로세스에서는 state가 클럭 상승 에지 후에 갱신되고(38라인), Sp = 1이면, sum은 포인트 레지스터에 저장된다(39라인).

그림 20-12 주사위게임 제어기용 VHDL 코드

```
1   entity DiceGame is
2      port (Rb, Reset, Clk: in bit;
3         Sum: in integer range 2 to 12;
4         Roll, Win, Lose: out bit);
5   end DiceGame;
6   architecture DiceBehave of DiceGame is
7      signal State, NextState: integer range 0 to 5;
8      signal Point: integer range 2 to 12;
9      signal Sp: bit;
10  begin
```

그림 20-12 (계속)

```
      process(Rb, Reset, Sum, State)
        begin
          Sp <= '0'; Roll <= '0'; Win <= '0'; Lose <= '0';
          case State is
            when 0 => if Rb = '1' then NextState <= 1; else NextState <= 0; end if;
            when 1 =>
              if Rb = '1' then Roll <= '1'; NextState <= 1;
              elsif Sum = 7 or Sum = 11 then NextState <= 2;
              elsif Sum = 2 or Sum = 3 or Sum = 12 then NextState <= 3;
              else Sp <= '1'; NextState <= 4;
              end if;
            when 2 => Win <= '1';
              if Reset = '1' then NextState <= 0; else NextState <= 2; end if;
            when 3 => Lose <= '1';
              if Reset = '1' then NextState <= 0; else NextState <= 3; end if;
            when 4 => if Rb = '1' then NextState <= 5; else NextState <= 4; end if;
            when 5 =>
              if Rb = '1' then Roll <= '1'; NextState <= 5;
                elsif Sum = Point then NextState <= 2;
                elsif Sum = 7 then NextState <= 3;
                else NextState <= 4;
              end if;
          end case;
        end process;
        process(Clk)
        begin
          if Clk' event and Clk = '1' then
            State <= NextState;
            if Sp = '1' then Point <= Sum; end if;
          end if;
        end process;
    end DiceBehave;
```

주사위 게임용 VHDL을 완전히 구현하기 위해 그림 20-13에 보인 바와 같이 1~6까지 카운트하는 2개 카운터를 가진 모듈과 한 개의 덧셈기를 추가하도록 하자. 카운터는 1로 초기화하여 두 주사위의 합이 항상 2~12의 범위에 있도록 한다. Cnt1은 state 6에 있을 때, 다음 클럭에서 state 1로 세트되고, Cnt2는 1 증가된다(혹은 Cnt2가 state 6에 있으면 1로 세트된다). 19라인에 있는 동시문은 덧셈기를 구현하고 있다.

그림 20-14는 메인 모듈로 DiceGame과 Counter 모듈이 함께 연결되어 있다. 아키텍처는 2개의 component 선언으로 시작한다(6~14라인). 2개의 모듈을 연결하는 내부 signal인 roll1과 sum1은 15와 16라인에 선언되어 있다. 18, 19라인에서는 2개의 component를 불러서 사용하고 있다. 이 문은 2개의 component를 서로서로 연결하고, port signal에 연결되어 있다.

그림 20-13 주사위 게임용 카운터 모듈

```
entity Counter is
port(Clk, Roll: in bit;
   Sum: out integer range 2 to 12);
end Counter;

architecture Count of Counter is
signal Cnt1,Cnt2: integer range 1 to 6 := 1;
begin
   process (Clk)
   begin
      if Clk'event and Clk = '1' then
         if Roll = '1' then
            if Cnt1 = 6 then Cnt1 <= 1; else Cnt1 <= Cnt1 + 1; end if;
            if Cnt1 = 6 then
               if Cnt2 = 6 then Cnt2 <= 1; else Cnt2 <= Cnt2 + 1; end if;
            end if;
         end if;
      end if;
end process;
Sum <= Cnt1 + Cnt2;
end Count;
```

그림 20-14 주사위게임용 메인 모듈

```
entity Game is
   port (Rb, Reset, Clk: in bit;
      Win, Lose: out bit);
end Game;

architecture Play1 of Game is
   component Counter
      port(Clk, Roll: in bit;
         Sum: out integer range 2 to 12);
   end component;
   component DiceGame
      port (Rb, Reset, Clk: in bit;
         Sum: in integer range 2 to 12;
         Roll, Win, Lose: out bit);
   end component;
signal roll1: bit;
signal sum1: integer range 2 to 12;
begin
   Dice: Dicegame port map(Rb, Reset, Clk, sum1, roll1, Win, Lose);
   Count: Counter port map(Clk, roll1, sum1);
end Play1;
```

20.5 맺음말

이 장에 있는 모든 VHDL 코드는 테스트벤치를 제외하고 합성 가능하다. 합성 결과는 타겟 소자와 사용되는 합성기에 따라 다르다. 대부분의 합성기들에서는 면적, 스피드, 혹은 이 둘 사이 것에 대한 최적화 옵션들이 제공된다. 면적에 대한 최적화는 보다 작은 수의 마크로셀이나 함수 생성기를 사용하여, IC칩에 작은 면적이 사용되도록 하는 것을 의미한다. 스피드에 대한 최적화는 보다 높은 클럭 주파수를 사용할 수 있도록 여러 경로에 따른 지연 시간을 줄인다는 것을 의미한다. 이것은 종종 더 많은 소자가 사용되어 칩 면적을 더 크게 나타내기도 한다.

표 20-1은 최적화로 면적 옵션이 선택되었을 때, 본 장에 있는 5개의 VHDL 코드 예에 대한 전형적인 결과를 보여준다. Xilinx CoolRunner CPLD, Xilinx Spartan과 Spartan II FPGA를 사용한 결과를 보여주고 있다. Xilinx XST 합성기에는 CoolRunner가, FPGA Express 합성기에는 Spartan이 사용되었다. 모든 경우에 대해 플립플롭 수는 최소로 하고, 다른 소자에 대해서는 동일하게 한다. CPLD에 대해서는 소요 칩 면적을 결정하는 가장 중요한 요소는 마크로셀의 수와 곱항(product term)의 수가 되고, 최적화기(optimizer)를 사용하면 이를 최소화할 수 있다. FPGA에 대해서는 최적화기를 통해 소요되는 논리셀(CLB 혹은 슬라이스(slice))을 최소화하여 칩 면적을 줄인다. 각 CLB 혹은 슬라이스에는 2개의 4 입력 함수 생성기(또한 룩업테이블(lookup table) 혹은 LUT라 함)와 2개의 플립플롭이 포함되어 있다. 대부분 설계에서는 플립플롭보다는 함수 생성기를 더 많이 필요하기 때문에 면적에 대한 최적화에 있어서 중요한 열쇠는 4 입력 함수 생성기(LUT) 수를 줄이는 것이다.

본 교재에서는 합성 가능한 코드 작성에 필요한 기본적인 VHDL 특징들을 소개하였다. 예제 대부분에서는 VHDL 코드와 그것으로 표현되는 실제 하드웨어를 연관지었다. 10장에서는 동시문을 사용하여 조합논리를 표현하였다. 17장에서는 프로세스 내에 순서문을 사용하여 순서논리를 표현하고 또한 조합논리를 표현하였다. 본 장에서는 VHDL 코드를 사용하여 블록도와 상태그래프에 기초하여 소규모의 동기식 디지털 시스템에 대해 기술하였다.

그림 20-2의 예에서는, 단일 프로세스를 사용하여 상승 클럭 에지에서 상태와 레지스

표 20-1
합성 결과(면적에 대한 최적화)

Device		Multiplier Fig. 20-2	Multiplier Fig. 20-7	Multiplier Fig. 20-9	Divider Fig. 20-11	Dice Game Fig. 20-12 +
	Flip-Flops	13	13	22	12	13
CoolRunner CPLD	Macrocells	18	19	32	18	24
	Product terms	63	61	108	70	72
Spartan FPGA	4-Input LUTs	38	32	36	23	31
	CLBs	20	18	19	14	16
Spartan II FPGA	4-Input LUTs	30	30	35	30	30
	Slices	16	15	19	16	19

터를 갱신하도록 하는 곱셈기용 동작적 모델을 기술하였다. 단일 프로세스가 사용될 때에는, 적절한 타이밍을 보장하기 위해서 조합출력(예를 들면 Done 신호)을 위한 동시문을 사용하는 것이 종종 필요하다. 그림 20-7 예에서 사용된 2개 프로세스 모델은 실제 하드웨어에 더 가까워, 조합 프로세스에서는 제어 signal들을 명시적으로 생성하고, 클럭형 프로세스에서는 이 signal들을 사용하여 레지스터 갱신을 제어하는 데 사용한다. 일반적으로는 2개 프로세스 모델이 선호되는데, 이는 타이밍 문제가 적게 포함되기 때문이다. 이는 많은 모듈 동작이 적절하게 통합되어야 하는 대규모 시스템에서 특히 중요하다.

합성을 위한 VHDL 코드 작성 시에는, 단지 컴퓨터 프로그램을 작성하는 것이 아니라 하드웨어를 설계한다는 것을 명심해야 한다. 작성된 모든 VHDL문은 어떤 하드웨어를 내포하고 있다. 제대로 VHDL 코드가 기술되지 않으면 합성될 때 과도한 하드웨어 양이 생기게 되어, 하드웨어는 타이밍 문제로 오동작을 일으킬 수도 있다. 시뮬레이션은 VHDL을 이용한 디지털 설계를 할 때 중요한 역할을 한다. 합성 전 기능 시뮬레이션은 하드웨어가 의도된 기능을 수행하고 있고, 그래서 기본 설계가 잘 되어 있다는 것을 확인하기 위해서 중요하다. 그러나 코드가 올바로 시뮬레이션되었다고 해서 그 코드가 올바로 합성되고 구현된다는 것을 의미하지는 않는다. 합성기에 의해 생성된 리포트를 보면, 의도하지 않은 래치가 생성되는 것과 같은 문제가 야기될 수도 있다. 코드를 구현한 후에 실제 하드웨어에 대한 타이밍 시뮬레이션을 하는 것이 바람직하다. 이런 형태의 시뮬레이션은 설계하는 데 있어 타이밍 문제를 노출시켜, 최대 클럭 속도를 결정하는 데 도움을 줄 것이다. 일반적으로 하드웨어를 사용하는 것보다 시뮬레이터를 사용하여 디버깅(debugging)하는 것이 훨씬 쉬운데, 이는 하드웨어 내에 있는 내부 신호들이 일반적으로 관측이 용이하기 않기 때문이다.

부록 B에서는 교재에 사용된 모든 VHDL문들에 대한 구문을 요약하였다. VHDL은 본 교재에서 논의되지 않았지만 다른 많은 특징들을 가지고 있다. Signal과 구별이 되는 VHDL variable은 다루지는 않았는데, 이는 variable을 사용하여 VHDL 코딩을 하면 합성할 때 타이밍 문제가 있을 수 있기 때문이다. 다른 유용한 VHDL 특징들 중에는 프로시듀어(procedure), 함수(function), 속성(attribute), 제네릭(generic), 제네레이트(generate) 등이 있다. 이 특징들은 참고문헌 [1], [2], [3], [13]과 [14]에 기술되어 있다.

연습문제

20.1 그림 20-7에 있어서 St가 시간 2 ns에서 '0'에서 '1'로 변하고, 10 ns에서 Clk의 상승 에지가 발생된다면, VHDL문은 어떤 순서로 실행되는가? (*힌트*: 첫 프로세스는 한 번 이상 실행된다.)

20.2 프로그램화된 예제 18.1에 기술된 16비트 2진 보수기에 대한 VHDL을 기술하라. 2개의 프로세스를 사용하라.

20.3 그림 20-7의 VHDL 코드를 수정하여 문제 18.5의 곱셈기를 구현하라. 제어유닛의 상태 그래프에 대해서는 문제 18.5의 답을 참조하여도 좋다.

20.4 표 17-2의 BCD로부터 초과-3 코드로의 변환기를 테스트하기 위한 테스트벤치를 작성하라. 단일 상수벡터(single constant vector)로 구성된 입력 스트림(stream)을 이용하여 BCD 숫자 10개 모두에 대해 차례로 테스트하라(이것은 "000010000100 . . ."로 시작해야 함). 16.2절에서처럼 비트들의 순서는 LSB가 맨 처음이라는 것을 유의하라(표 16-3은 표 17-2와 동일하나, 상태의 이름만 다르다). 예상되는 출력 벡터를 정의하라("110000101010 . . ."). 만약 실제 출력이 예상 출력과 일치하지 않는다면 에러 플래그(error flag)를 '1'로 세트하라.

20.5 다음 VHDL 코드에 대해, 대응되는 하드웨어의 블록도와 제어용 상태그래프를 그려라. Start가 1일 때 첫 클럭 에지에서 MplierData는 0101이고 McandData는 1001이라면, Done이 1로 되는 데 얼마나 많은 클럭 주기가 필요하고, Done이 1일 때 Product의 값은 얼마인가?

```
library IEEE;
use IEEE.STD_LOGIC_1164.ALL;
use IEEE.STD_LOGIC_ARITH.ALL;
use IEEE.STD_LOGIC_UNSIGNED.ALL;
entity olorin is
   Port ( Clk, Start: in std_logic;
      McandData, MplierData: in std_logic_vector(3 downto 0);
      Done: out std_logic;
      Product: out std_logic_vector(7 downto 0));
end olorin;
```

```
architecture Behavioral of olorin is
   signal Init, K, Add: std_logic;
   signal Sum, Accumulator: std_logic_vector(7 downto 0);
   signal Mcand, Mplier: std_logic_vector(3 downto 0);
   signal State, NextState: integer range 0 to 2;
begin
   Sum <= Accumulator + Mcand;
   K <= not Mplier(3) and not Mplier(2) and not Mplier(1) and not Mplier(0);
   Product <= Accumulator;

process(State, Start, K)
begin
   Init <= '0'; Add <= '0'; Done <= '0';
   case state is
   when 0 =>
      if Start = '1' then Init <= '1'; NextState <= 1;
      else NextState <= 0; end if;
   when 1 =>
      if K = '1' then Done <= '1'; NextState <= 2;
      else Add <= '1'; NextState <= 1; end if;
   when 2 =>
      if Start = '1' then Done <= '1'; NextState <= 2;
      else NextState <= 0; end if;
   end case;
end process;
Process(Clk)
begin
   if Clk'event and Clk = '1' then
      State <= NextState;
      If Init = '1' then Mcand <= McandData; Mplier <= MplierData;
                  Accumulator <= "00000000"; end if;
      If Add = '1' then Accumulator <= Sum; Mplier <= Mplier - 1; end if;
   end if;
end process;
end Behavioral;
```

20.6 다음 그림에 나타낸 바와 같이 3개의 레지스터와 2개의 덧셈기로 구성된 디지털 시스템이 있다. 순차적으로 *A, B, C* 레지스터를 로드하기 위해 하나의 입력 버스를 사용한다. 다음에 *A, B, C*의 합을 *A*에 로드한다. 이 시스템을 기술하는 VHDL 코드를 작성하라.

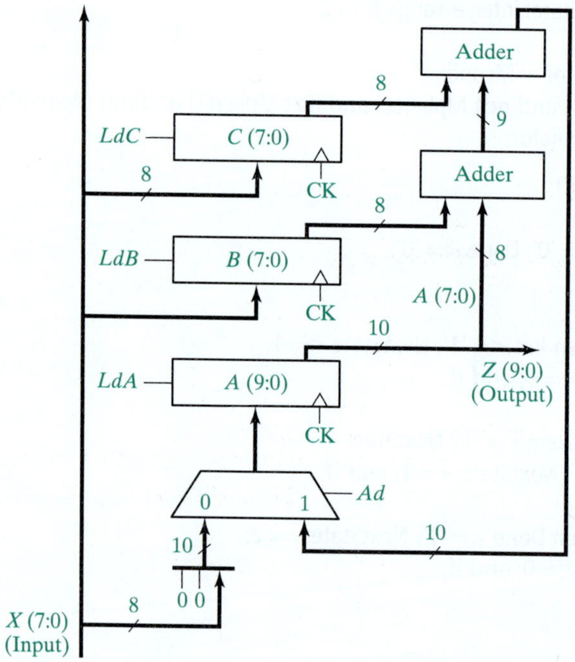

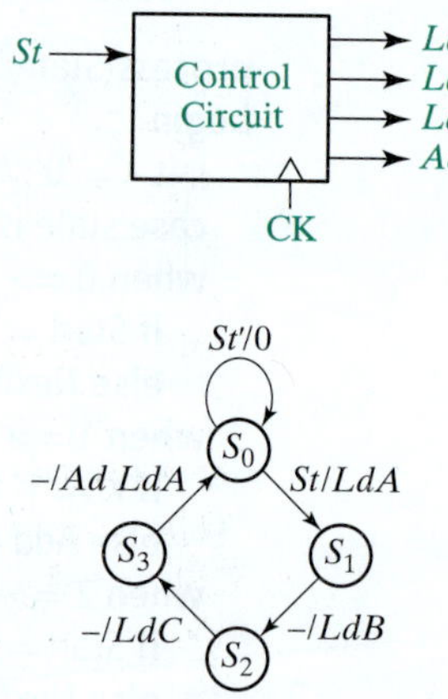

20.7 그림 20-9에서와 같은 카운터를 사용하도록 그림 20-11의 VHDL 코드를 수정하라. 제어 유닛의 상태그래프에 대해서는 문제 18.6의 답을 참조하여도 좋다.

20.8 그림 20-12의 DiceGame 제어기를 위한 테스트벤치를 작성하라. 합에 대해서는 다음 테스트 순서열을 사용하라. 7, 11, 2, 4, 7, 5, 6, 7, 6, 8, 9, 6.

20.9 그림 20-11의 VHDL 코드를 수정하여 문제 18.7의 나눗셈기를 구현하라.

20.10 문제 18.28의 곱셈기를 고려하라.

(a) 곱셈기를 기술하는 VHDL 코드를 작성하라.

(b) (a)의 코드를 테스트하는 테스트 벤치를 작성하라. 적어도 다음과 같은 테스트 경우를 포함하여야 한다: 승수 0, 최대 승수와 최대 피승수, 그리고 최대 승수와 0 피승수.

20.11 문제 18.29의 곱셈기에 대해 문제 20.10을 반복하라. 문제 20.10에 나열된 테스트 경우에 덧붙여서, 테스트 경우로 피승수와 승수의 최대와 최소(부호 포함)값의 조합들을 포함하여야 한다.

실험실 설계 문제

각 문제에서는 최소 8개의 입력 스위치, 2개의 푸쉬 버튼과 8개의 LED를 갖는 소형 CPLD 혹은 FPGA 회로 보드에 맞도록 설계되도록 한다. 지정된 디지털 시스템 설계 문제에 대해 다음 스텝들을 실행하라.

1. 레지스터, 덧셈기, MUX, 다른 소자들을 나타내는 시스템 블록도를 그려라. 필요한 제어신호들을 정의하라. 레지스터, 덧셈기 등의 크기를 기입하라. 설계 시 active-high 비동기 리셋 단자를 제공하라.
2. 제어회로에 대한 상태그래프를 그려라.
3. 스텝 1과 2의 결과를 토대로, 시스템의 동작적 VHDL 기술을 작성하라. 그림 20-2에서처럼 상태와 레지스터를 갱신하기 위해 하나의 클럭형 프로세스를 사용하라. 작성된 코드를 컴파일하고 시뮬레이션하라.
4. 스텝 1과 2의 결과를 토대로, 그림 20-7에서처럼 제어신호와 2개의 프로세스를 사용하여 시스템에 대한 VHDL 기술을 작성하라. 차기 상태와 제어신호를 생성하기 위해 하나의 조합 프로세스를 사용하라. 하나의 클럭형 프로세스를 사용하여 상태와 다른 레지스터를 갱신하라. 작성된 코드를 컴파일하고 시뮬레이션하라.
5. 스텝 4로부터 VHDL 코드를 합성하고, 그것을 CPLD 보드로 다운로드하고, 테스트하고, 그리고 동작을 시현하라.

20.A 7비트 피제수를 4비트 제수로 나누어 3비트 몫을 주는 무부호 2진수에 대한 나눗셈기를 설계하라. 시작 신호(St)는 정확히 한 클럭 시간 동안만 1이라 가정하라. St = 1이면, 피제수 레지스터가 입력 버스로부터 로드되어야만 한다. 다음 클럭 사이클에는 제수 레지스터가 입력 버스로부터 로드되어야만 한다. 그 다음, 만약 몫이 3비트 이상 필요하다면, 오버플로가 발생하고, 따라서 V가 1로 세트되고, 제어기는 다시 리셋 상태로 되돌아가야만 한다. 그렇지 않으면 제어기는 적절한 순서의 쉬프트와 뺄셈 신호들을 생성하고, 나눗셈이 끝나면 done 신호를 온 시켜야 한다. 8비트 피제수 레지스터를 사용하고, 몫을 레지스터의 하위 3비트에 저장하라.

20.B 3비트 제수와 4비트 몫을 사용한 것을 제외하고는 20.A와 동일(몫이 4비트보다 많이 요구된다면, 오버플로가 발생할 것이다)

20.C 8비트 피제수, 3비트 제수와 5비트 몫, 9비트 피제수 레지스터를 사용한 것을 제외하고는 20.A와 동일(몫이 5비트보다 많이 요구된다면, 오버플로가 발생할 것이다)

20.D 8비트 피제수, 5비트 제수와 3비트 몫, 9비트 피제수 레지스터를 사용한 것을 제외하고는 20.A와 동일(몫이 3비트보다 많이 요구된다면, 오버플로가 발생할 것이다)

20.E 3비트 피승수와 4비트 승수를 곱해 7비트 곱셈 결과를 주는 무부호 2진수에 대한 곱셈기를 설계하라. 시작 신호(St)는 정확히 한 클럭 시간 동안만 1이라 가정하라. St = 1이면, 곱셈기 레지스터는 로드되어야만 한다. 승수를 로드한 후에, 다음 클럭에는 피승수를 별도 레지스터에 로드하고, 그 다음에 곱셈을 진행하라. 승수와 피승수 양쪽 모두 동일 입력 버스로부터 와야 한다. 이 버스 입력들은 FPGA 보드상의 스위치로부터 와야 한다. 하나의 8비트 어큐뮬레이터 레지스터를 사용하라. 제어기는 적절한 add 및 shift 신호의 순서열을 생성하여야 하고, 곱셈이 끝났을 때에 done 신호를 on 시켜야 한다.

20.F 4비트 피승수, 3비트 승수, 7비트 곱셈 결과를 사용하는 것 이 외에는 20.E와 동일

20.G 5비트 피승수, 3비트 승수, 8비트 곱셈 결과, 9비트 어큐뮬레이터를 사용하는 것 이외에는 20.E와 동일

20.H 3비트 피승수, 5비트 승수, 8비트 곱셈 결과, 9비트 어큐뮬레이터를 사용하는 것 이외에는 20.E와 동일

20.I 레지스터에 로드하고, 자리올림 플립플롭을 클리어하는 것을 제외하고는 그림 18-1과 비슷하게, 어큐뮬레이터가 포함된 부호 2진수에 대한 8비트 직렬덧셈기(serial adder)를 설계하라. 부호화 음수를 2의 보수로 표현하라. 시작 신호(St)는 정확히 한 클럭 시간 동안만 1이라 가정하라. St = 1이면 어큐뮬레이터 레지스터는 버스로부터 병렬로 로드되어야 한다. 다음에, 다음 클럭에서 피가수(addend) 레지스터가 동일 버스로부터 로드되어야만 한다. 덧셈이 완료되면 하나의 클럭 시간 동안 하나의 Done 신호를 출력하라. 만약 2의 보수 오버플로가 발생하면 오버플로 신호를 출력하라. 3비트 카운터와 4개의 상태를 가진 상태그래프를 사용하여 제어회로를 설계하라.

20.J 8비트를 7비트로 변경하는 것 이외에는 20.I와 동일

20.K 덧셈기 대신에 직렬 뺄셈기(serial subtracter)를 설계하는 것 이외에는 20.I와 동일

20.L 덧셈기 대신에 직렬 뺄셈기를 설계하고, 8비트를 7비트로 변경하는 것 이외에는 20.I와 동일

20.M 16비트 피제수(dividend)를 8비트 제수(divisor)로 나누어 8비트 몫을 내는 무부호 2진수용 나눗셈기를 설계하라. 17비트 피제수 레지스터를 사용하고, 하위 8비트 레지스터에 몫을 저장하라. 또한 쉬프트 회수를 카운트 하기 위하여 감산–쉬프트(substract-shift) 제어기와 함께 4비트 카운터를 사용하라. 다음 명령어들은 오직 20.N, 20.O, 20.P, 그리고 20.Q에만 해당된다.

1. Active-high 비동기 리셋 단자를 사용하여 어느 때라도 회로를 리셋하라.
2. Start 단자를 누른 다음 회로를 clock하면, 피승수가 내부 레지스터에 로드되어야 한다.
3. 다음 클럭 사이클에는 승수가 또 다른 내부 레지스터에 로드되어야 한다.
4. 피승수와 승수 모두는 보드상에 있는 *동일* 8개의 스위치로부터 로드되어야 한다. 8

개의 스위치의 LSB(최소유효비트)를 사용하여 피승수와 승수값을 넣어라.

5. 일단 그것들이 로드되면, 회로는 마지막 답이 계산될 때까지 상태를 순환하게 하여야 한다.

6. 일단 곱셈 결과가 계산되면, 상태가 변화되어서는 안 되고, done 신호가 하이로 셋되어야 한다(그리고 하이로 유지).

20.N 6비트 피승수와 7비트 승수를 곱해 13비트 곱셈 결과를 주는 무부호 2진수에 대한 곱셈기를 설계하라. 시작 신호(St)는 정확히 한 클럭 시간 동안만 1이라 가정하라. St = 1이면, 피승수와 승수는 순차적으로 로드되어야 한다. 하나의 14비트 어큐뮬레이터 레지스터를 사용하라. 제어기는 적절한 add 및 shift 신호의 순서열을 생성하여야 한다.

20.O 7비트 피승수, 6비트 승수를 사용하는 것을 제외하고 문제 20.N을 설계하라.

20. P 8비트 피승수, 5비트 승수를 사용하는 것을 제외하고 문제 20.N을 설계하라.

20.Q 5비트 피승수, 8비트 승수를 사용하는 것을 제외하고 문제 20.N을 설계하라.

20. R 6비트 피제수를 4비트 제수로 나누어 6비트 몫을 주는 무부호 2진수에 대한 나눗셈기를 설계하라. 회로를 리셋하기 위해서는 비동기 리셋이 사용되어야 한다. 시작 신호(St)는 정확히 한 클럭 시간 동안만 1이라 가정하라. St = 1이면, 피제수 레지스터가 입력 버스로부터 로드되어야만 한다. 다음 클럭 사이클에는 제수 레지스터가 동일 입력 버스로부터 로드되어야만 한다. 그 다음 제수가 0이면, 오버플로가 발생하고, V 신호가 세트되고, 제어기는 리셋 상태로 돌아가야 한다. 그렇지 않으면, 제어기는 적절한 순서의 shift와 subtract 신호를 생성하고, 그 다음 done 신호를 온 시켜야 한다. *11비트* 피제수 레지스터를 사용하고 하위 비트에 몫을 저장하라. 문제 18.7을 참조해도 좋다. 오직 몫만이라도 FPGA LED상에 보여줄 필요가 있다.

20.S 7비트 피제수와 3비트 제수를 사용하여 7비트 몫을 주는 것을 제외하고 문제 20.R을 설계하라.

20.T $W = X*Y + Z$를 계산하는 산술 유닛을 설계하라. 여기서 X, Y와 Z는 모두 4비트 무부호 수이다. X, Y와 Z는 동일 입력 버스로부터 순차적으로 읽어들여야 한다. 시작 신호(St)는 정확히 한 클럭 시간 동안만 1이라 가정하라. 첫 번째 클럭 사이클에는 St가 '1'일 때, Multiplier (X)는 버스로부터 로드되어야만 한다. 두 번째 클럭 사이클에는 Multiplicand (Y)가 동일 입력 버스로부터 로드되어야만 한다. 마지막으로, 세 번째 클럭 사이클에는, Z(가산될 항)이 로드되어야 한다. 그 다음 그 상태 기계는 X와 Y를 곱하여야 한다. 9비트 어큐뮬레이터를 사용하고, 카운터는 사용하지 않고 곱셈기를 설계하라. 오버로드된 덧셈 연산자를 사용하여 가산하라. 두 번째 가산기를 사용하여 $X*Y$에 Z를 더하고, 네 번째 로드 신호를 사용하여 결과를 어큐뮬레이터에 저장하라.

20.U X는 5비트 수, Y는 3비트 수, Z는 5비트 수 이외에는 20.T와 동일. 9비트 어큐뮬레이터를 사용하라.

20.V X는 3비트 수, Y는 5비트 수, Z는 5비트 수 이외에는 20.T와 동일. 9비트 어큐뮬레이터를 사용하라.

20.W X는 6비트 수, Y는 2비트 수, Z는 6비트 수 이외에는 20.T와 동일. 9비트 어큐뮬레이터를 사용하라.

APPENDIX A

MOS와 CMOS 로직

MOS and CMOS Logic

현재 집적회로는 MOS나 CMOS 로직을 사용하여 설계된다. MOS 로직은 MOSFET (metal-oxide-semiconductor filed-effect transistors)을 스위칭 소자로 사용한다. 그림 A-1은 MOSFET을 나타내는 데 사용하는 심벌이다. 기판은 얇게 자른 실리콘을 이용한다. 게이트(gate)는 기판에 얇은 금속층을 증착시키고 절연층으로 실리콘 산화막을 사용한다. 게이트에 인가된 전압은 드레인과 소스 사이에 전류의 흐름을 제어한다.

그림 A-1(a)에 나타낸 것처럼 *n*-채널 MOSFET이 정상동작할 때는 드레인과 소스 사이에 양의 전압(V_{DS})이 걸린다. 만약 게이트 전압(V_{GS})이 '0'이면 드레인과 소스 사이에 채널이 형성되지 않고, 따라서 전류가 흐르지 않는다. V_{GS}가 양의 값을 가지면서 일정 문턱전압값 이상이면 *n*-형 채널이 형성되어 드레인(D)에서 소스(S)로 전류가 흐른다. *p*-채널 MOSFET 동작은 V_{DS}와 V_{GS}가 음의 전압인 것을 제외하면 *n*-채널 동작과 동일하다. V_{GS}가 어떤 문턱값 이하의 음의 값이면 채널이 형성되고, 전류는 소스(S)에서 드레인(D)으로 흐른다.

그림 A-1(c)의 심벌 역시 *p*-채널, *n*-채널 MOSFET을 나타내는 데 사용한다. 이 심벌이 사용될 때는 *p*-채널의 경우 기판은 가장 높은 전압과 연결된다(*n*-채널의 경우 가장 낮은 전압에 기판연결). 공급전압이 V_{DD}이면 *n*-채널 MOS 회로는 양의 로직('0' 볼트 = 로직 '0', V_{DD} 볼트 = 로직 '1')이 되고 *p*-채널 MOS 회로는 음의 로직('V_{DD}' = 로직 '0', '0' 볼트 = 로직 '1')이 된다. 이에 따르면 로직 '1'이 게이트에 인가되면 MOSFET은

그림 A-1 MOSFET 심벌들

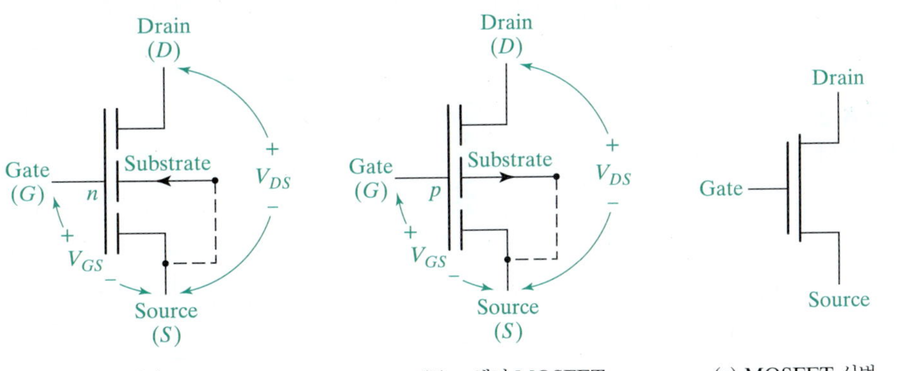

(a) *n*-채널 MOSFET (b) *p*-채널 MOSFET (c) MOSFET 심벌

'ON' 상태로 되고(드레인과 소스 사이에 낮은 저항상태로 연결), 로직 '0'는 'OFF' 상태로 된다(드레인과 소스 사이에 높은 저항상태로 연결).

그림 A-2(a)는 MOS인버터(inverter)를 보였다. 게이트에 로직 '0'가 인가되면 MOSFET은 높은 저항 상태, 즉 'OFF' 상태가 되고 따라서 출력은 V_{DD}에 가까운 값이 된다. 게이트에 로직 '1'이 인가되면 MOSFET는 낮은 저항상태로 바뀌고 출력은 Ground와 연결되어 출력 값은 '0'에 가까운 값이 된다.

따라서 그림 A-2(b)에 나타낸 것처럼 MOSFET 동작은 스위치 동작과 흡사하고 V_{in}이 '0'이면 오픈(연결 끊김) 상태, V_{in}이 '1'이면 닫힌(연결됨) 상태가 된다. 그림 A-2(d)에서 V_{DD}와 가까운 위쪽의 MOSFET은 로드저항으로 동작한다. 이 MOSFET의 구조 및 게이트 전압 V_{GG}값은 아래쪽의 MOSFET의 'ON' 저항에 비교해서 높은 저항이 만들어지도록 결정되어 그림 A-2(d)의 스위칭동작이 그림 A-2(a)와 근본적으로 같도록 한다.

그림 A-3에서 보인 것처럼, MOSFET들은 NOR나 NAND 게이트를 만들기 위해 병렬 또는 직렬로 연결할 수 있다. 그림 A-3(a)에 보인 것처럼 로직 '1'이 A 또는 B에 인가되면 트랜지스터가 켜지고 F는 '0'가 된다. 따라서, $F' = A + B$ 또는 $F = (A + B)'$가 되어 NOR 동작을 한다. 그림 A-3(c)에서는 A'와 B'입력 모두 '1'이 인가되면 두 개 트랜지스터 모두를 켜고 $F = 0$가 된다. 따라서 $F' = AB$ 또는 $F = (AB)'$가 되어 NAND 동작을 한다. 더 복잡한 기능도 MOSFET을 잘 조합하면 만들 수 있다. 예를 들어 그림 A-3(e)는 exclusive-OR 기능을 한다. 이 회로의 출력은 $A = B = 1$ 또는 $A' = B' = 1$일때 $F = 0$가 된다. 즉 $F' = AB + A'B'$, 즉 $F = A'B + AB' = A \oplus \mathrm{B}$이다. A'와 B'는 그림 A-2(d)의 인버터를 사용하면 만들 수 있다.

CMOS (complementary MOS)는 p-채널, n-채널 MOSFET을 사용하여 로직을 만들어 낸다. TTL이나 다른 바이폴라 트랜지스터 기술과 비교했을 때 CMOS는 전력소모가 낮은 로직을 만들 수 있는 장점이 있다. 그림 A-4(a)는 p-채널, n-채널 MOSFET으로 인버터를 만든 것을 보인다. '0' 볼트(로직 '0')가 게이트에 인가되면 p-채널 트랜지스터(Q_1)는 켜지고 n-채널 트랜지스터(Q_2)는 꺼진다. 따라서 출력은 $+V$(로직 '1')이 된다. 반대로 $+V$(로직 '1')이 게이트에 인가되면 Q_1은 꺼지고 Q_2는 켜져서 출력은 0볼트(로직 '0')가 된다.

그림 A-2
MOS 인버터

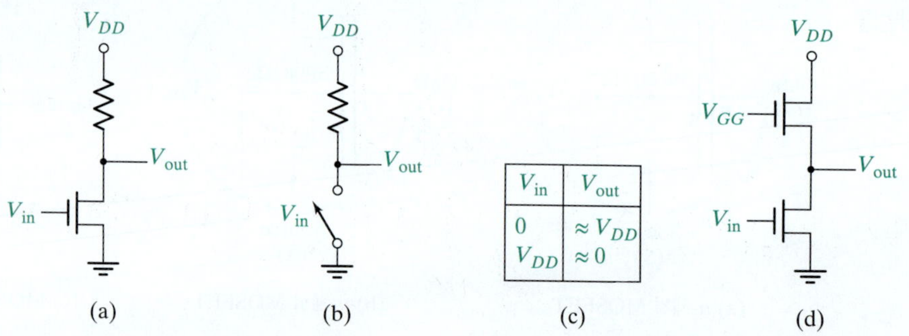

그림 A-3
MOS 게이트

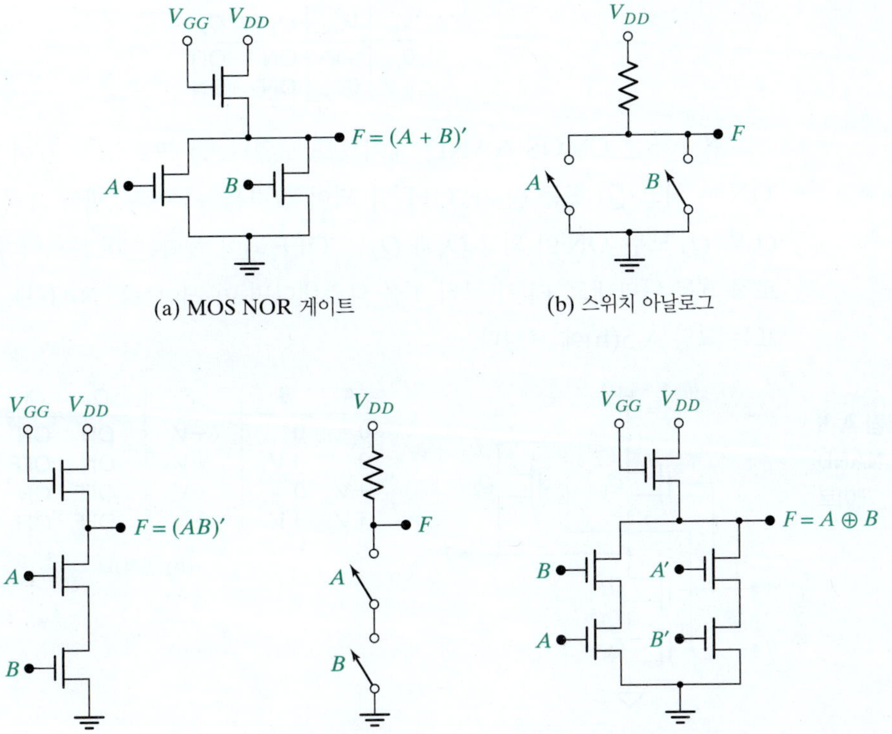

(a) MOS NOR 게이트 (b) 스위치 아날로그

(c) MOS NAD 게이트 (d) 스위치 아날로그 (e) MOS 배타적-OR 게이트

그림 A-4
CMOS 인버터

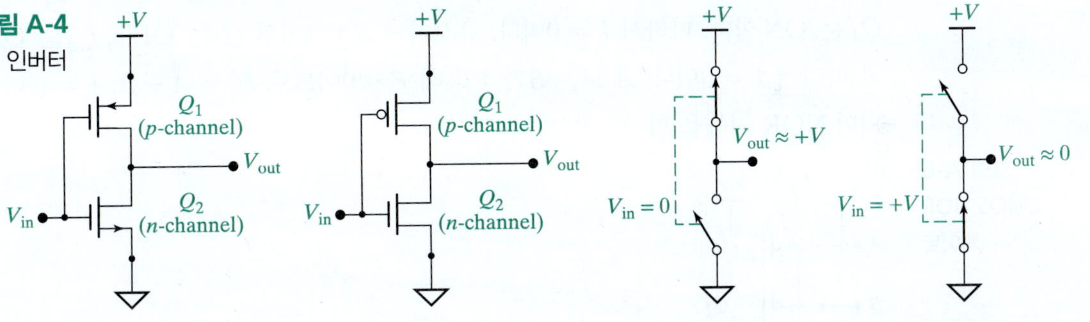

(a) (b) (c) (d)

앞으로 p-채널 트랜지스터를 나타내기 위해 MOSFET 게이트 입력에 버블표시(작은 동그라미)를 하는데, 이것은 로직 '0'에서 트랜지스터가 켜진다는 의미다. n-채널의 경우는 버블이 없이 표시되는데 로직 '1'에서 켜진다는 의미다. 그림 A-4(b)는 버블표시가 포함된 CMOS인 버터를 보였다. 그림 A-4(c)의 스위치회로는 인버터 회로의 입력이 '0'일 때를 표시한다. Q_1은 'ON'이고 Q_2는 'OFF'가 된다. 입력이 $+V$(로직 '1')일 때는 Q_1은 'OFF'이고 Q_2는 'ON'이 되어 그림 A-4(d)처럼 표시할 수 있다. 다음 표에서 동작을 요약했다.

V_{in}	V_{out}	Q_1	Q_2
0	$+V$	ON	OFF
$+V$	0	OFF	ON

그림 A-5는 CMOS NAND 게이트를 보였다. A 또는 B가 '0'이면 Q_1 또는 Q_2가 'ON'이 되고 Q_3 또는 Q_4가 'OFF'가 되어 출력은 $+V$이다. 만약 A와 B 모두 $+V$이면 Q_3와 Q_4 모두 'ON'이 되고 Q_1과 Q_2는 'OFF'되어 출력은 '0' 볼트이다. 만약 '0' 볼트가 로직 '0'를 나타내고 $+V$가 로직 '1'을 나타낸다면 이 게이트는 NAND 기능을 하고 진리표는 그림 A-5(b)에 보였다.

그림 A-5
CMOS NAND 게이트

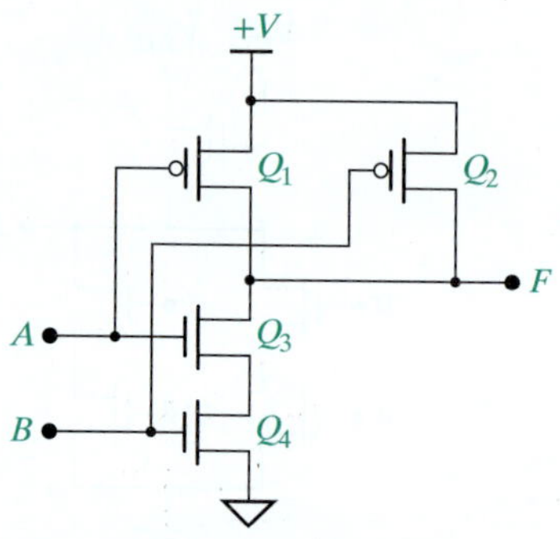

(a) 회로도

A	B	F	Q_1	Q_2	Q_3	Q_4
0	0	$+V$	ON	ON	OFF	OFF
0	$+V$	$+V$	ON	OFF	OFF	ON
$+V$	0	$+V$	OFF	ON	ON	OFF
$+V$	$+V$	0	OFF	OFF	ON	ON

(b) 진리표

그림 A-6은 CMOS NOR 게이트를 나타냈다. 만약 $A = 1$ $(+V)$이면 Q_1은 'OFF', Q_4'는 'ON'이다. 따라서 $F = 0$이다. 유사하게 $B = 1$이면 Q_2는 'OFF', Q_3는 'ON'이 되고 따라서 $F = 0$이다. A 또는 B가 1일 때 $F = 0$이므로 $F' = A + B$, $F = (A + B)'$가 되어 NOR 기능을 한다.

그림 A-6
CMOS NOR 게이트

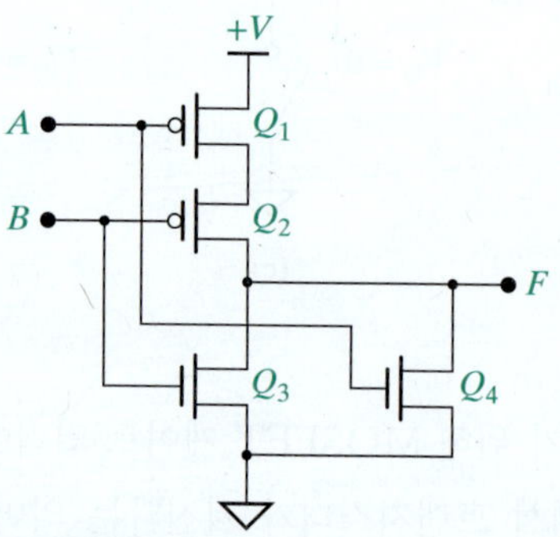

p-채널과 n-채널이 짝이 되어 CMOS 전송게이트(transmission gate, TG)를 만들 수 있다(그림 A-7). 두 개의 Enable 입력신호는 보통 서로 반대값을 가지며, 따라서 $En = 1$일 때 두 개 트랜지스터 모두 켜지고 A와 B 사이에 낮은 저항으로 연결된다. $En = 0$일 때는 A와 B 사이가 연결되지 못한다. 즉 전송 게이트는 $En = 1$일 때 닫힌 스위치, $En = 0$일 때 열린 스위치처럼 작동한다. 두 개의 트랜지스터가 사용된 이유는 p-ch 트랜지스터는 로직 '1'을 잘 통과시키고 n-ch 트랜지스터는 로직 '0'를 잘 보내기 때문이다.

그림 9-1의 2:1 멀티플렉서는 두 개의 TG와 하나의 인버터로 만들 수 있다(그림 A-8). $A = 0$일 때 위쪽의 TG가 켜지고 I_0는 F와 연결된다. $A = 1$일 때 낮은 쪽의 TG가 켜지고 I_1이 출력과 연결된다.

CMOS를 사용한 D-래치회로는 그림 A-9(a)에 보였는데 이 회로 역시 두 개의 TG와 두 개의 인버터로 쉽게 구현할 수 있다. 그림 A-9(b)와 (c)에서처럼 TG들은 스위치로 동작한다. $G = 1$, CK = 1이면 TG_1은 닫힌다. 따라서 래치는 데이터를 받을 수 있고(transparent), D는 인버터를 통과하여 Q 출력에 이른다. $G = 0$이면 TG_2는 닫히고 래치 안의 데이터는 2개의 인버터의 루프에 의해 저장된다. 즉 만약 $Q = 0$이면 '0' 값이 계속 유지되고 $Q = 1$이면 2개의 인버터를 거쳐 '1'의 값이 계속 유지된다. TG_1이 오픈되어 있으므로 입력이 변하더라도 출력에는 영향을 주지 못한다.

그림 A-7 CMOS 전송게이트 및 스위치회로

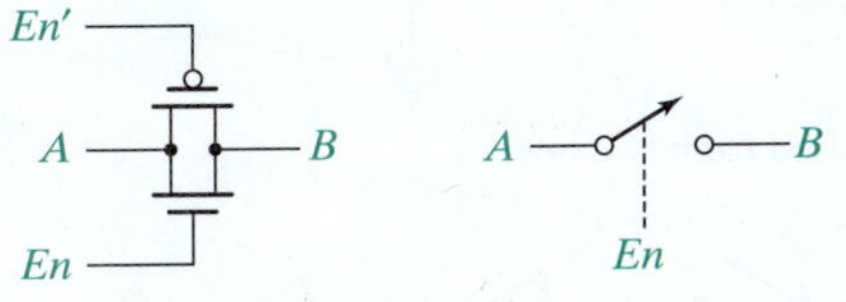

그림 A-8 CMOS 멀티플렉서

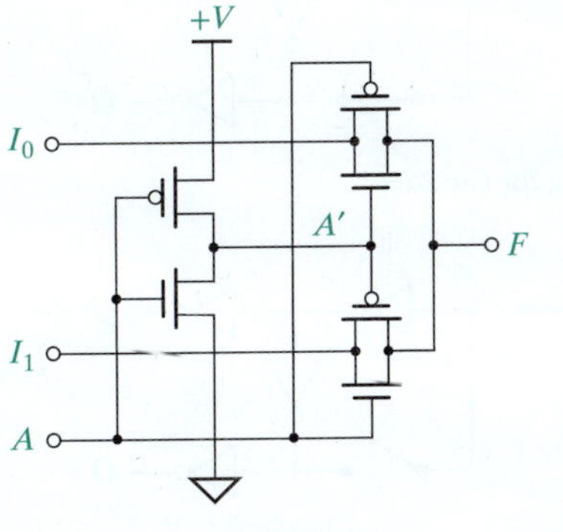

그림 A-9 CMOS 래치와 스위치회로

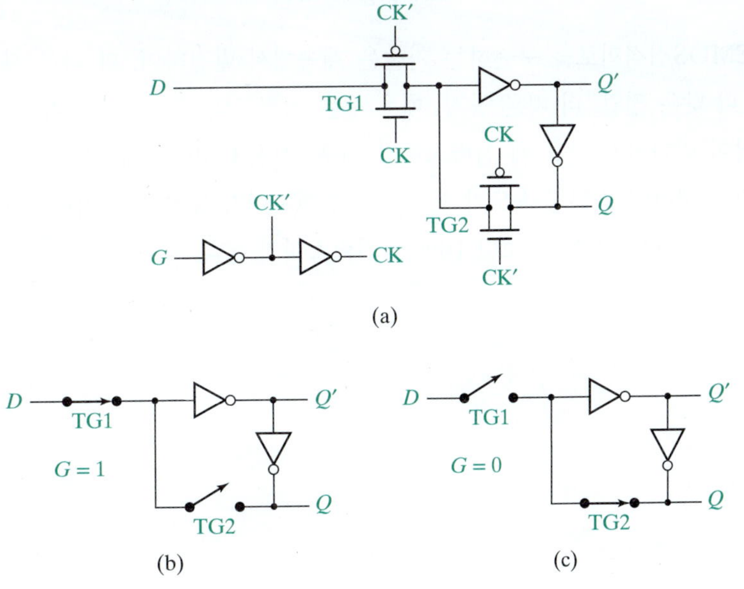

CMOS 하강에지트리거드 D플립플롭은 그림 11-15에 보인 것과 유사한 기능의 2개의 CMOS 래치를 사용하여 만들 수 있다(그림 A-10(a)). 그림 A-10(b)와 (c)는 스위치등가회로를 나타내었다. Clock = 1이면 입력래치는 입력 레이저를 받을 수 있고 출력래치는 현재 값 Q를 가지고 있다. Clock = 0가 되면 입력래치는 출력래치를 통해 Q까지 전달된 값을 'hold'한다. 따라서 Q값은 Clock 신호의 하강에지 다음에 값이 바뀐다.

그림 A-10
하강에지 트리거 D플립플롭

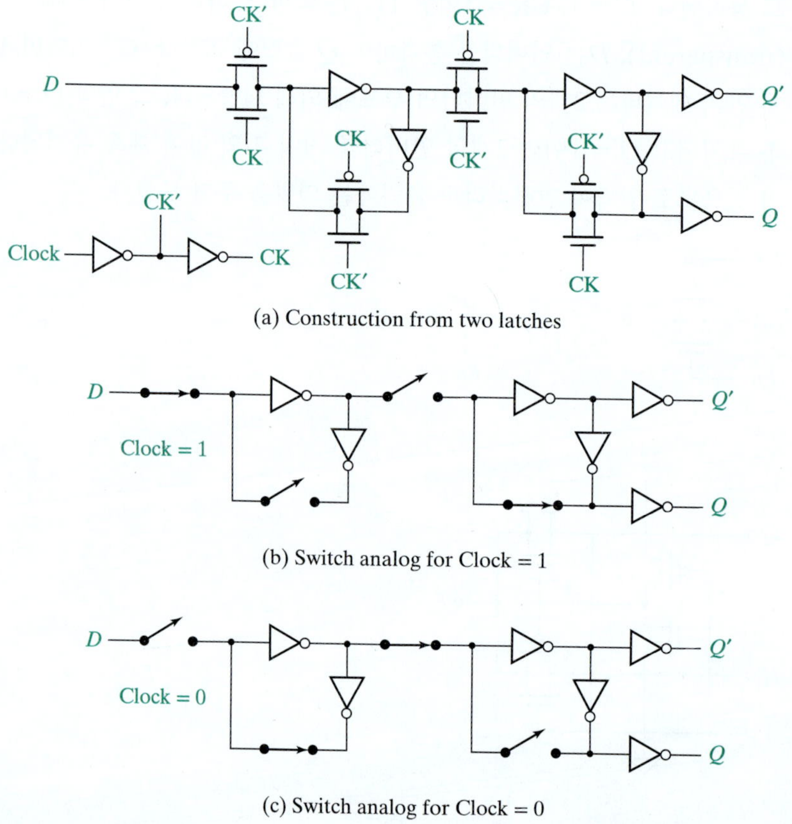

(a) Construction from two latches

(b) Switch analog for Clock = 1

(c) Switch analog for Clock = 0

CMOS집적회로를 구현하는 기술은 계속해서 발전하여, 더 작은 사이즈의 트랜지스터, 더 낮은 전압, 더 빠른 동작, 매우 높은 집적도의 조직구현이 가능하게 되었다. 입력전압이 변화하지 않을 때 전력소비가 매우 낮다. CMOS 게이트가 스위칭할 때 전력소비가 발생하여 스위칭 속도가 높을수록 전력소비가 높아진다. 따라서 100 MHz 동작회로는 10 MHz 동작회로보다 10배의 전력소비가 든다.

APPENDIX B

VHDL 언어 요약

VHDL Language Summary

VHDL에서 예약된 단어는 진하게 쓰였다. 선택사항들은 각진 큰 괄호 안에 표시한다. 꼬부라진 큰 괄호는 몇 번이고 반복할 수 있는 표현식이 들어갈 수 있다. 수직선 '|'는 or 기능을 표시한다.

주: 이 요약은 완전하지 못하며 몇 가지 특수한 경우가 포함되어 있다. 이 책에 사용된 VHDL 구문만 리스트했다. 완전한 VHDL 구문 사용법은 참고문헌 [1]과 [2]를 참조하라.

entity 선언

entity entity-name **is**
  port(interface-signal-declaration);
end [entity] [end entity-name];

interface-signal 선언

list-of-interface-signals: mode type [: = initial-value]
{; **list**-of-interface-signals: mode type [: = initial-value]}

주: signal은 **in, out, inout, buffer** 등의 모드를 가진다.

architecture 선언

architecture architecture-name **of** entity-name **is**
[declarations] -- declare internal signals here
begin
  architecture-body
end [architecture] [architecture-name];

주: architeture구문은 component-예시문, process, assignment, process cell 등을 포함한다.

정수형 선언

type type_name is **range** integer_range;

signal 선언

signal list-of-signal-names : type_name [: = initial_value];

constant 선언

constant constant_name: type_name := constant_value;

alias 선언

alias identifier [: identifier-type] **is** item-name;

주: 변수이름은 constant, signal, variable, file, type 이름 등이 될 수 있다.

array형과 object 선언

type array_type_name **is array** index_range **of** element_type;
signal | **constant** array_name: array_type_name[: = initial_values];

component 선언

```
component component-name
   [generic (list-of-generics-and-their types);]
   port (list-of-interface-signals-and-their-types);
end component;
```

component 예시 (동시진행문)

```
label: component-name
   [generic map (generic-association-list;)]
   port map (list-of-actual-signals);
```

주: component의 출력이 아무 곳에도 연결되지 않으면 **open**을 사용하라.

signal assignment문 (순서, 동시진행문)

signal < = [**transport**] expression [**after** delay_time];

주: 동시진행문이면 signal값은 오른쪽 변수값이 변할 때마다 다시 계산된다. 'after 지연시간'이 생략되면 signal은 Δ 이후 업데이트된다.

조건 assignment문 (동시진행문)

```
signal < = expression1 when condition1
        else expression2 when condition2
        ...
        [else expression];
```

select signal assignment문 (동시진행문)

```
with expression select
        signal < = expression1 [after delay_time1] when choice1,
        expression2 [after delay_time2] when choice2,
        ...
        [expression [after delay_time] when others];
```

process문(sensitivity 리스트)

```
[process-label:] process (sensitivity-list)
   [declarations]                --signal declarations not allowed
begin
   sequential statements
end process [process-label];
```

주: process구문은 처음 한 번 수행되고 sensitivity 리스트 내의 변수가 변할 때마다 수행된다. sensitivity 리스트에는 신호의 리스트가 들어 있다. 이런 형식의 경우 wait문 사용은 허용되지 않는다.

process문(sensitivity list 없는 경우)

```
[process-label:] process
   [declarations]                   --signal declarations not allowed
begin
   sequential statements
end process [process-label];
```

주: 이런 형태의 process문은 하나 또는 그 이상이 wait문을 포함한다. 이런 형식의 경우에는 wait문을 만날 때까지 process문 내의 명령문들이 동작한다.

wait문

```
wait on sensitivity-list;
wait until Boolean-expression;
wait for time-expression;
```

if문 (순차형 명령문에만 쓸 수 있다)

```
if condition then
      sequential statements
{elsif condition then
      sequential statements }     -- 0 or more elsif clauses may be included
[else sequential statements]
end if;
```

case문 (순차형 명령문에만 쓸 수 있다)

```
case expression is
     when choice1 = > sequential statements
     when choice2 = > sequential statements
     ...
     [when others = > sequential statements]
end case;
```

for loop문 (순차형 명령문에만 쓸 수 있다)

```
[loop-label:] for index in range loop
      sequential statements
end loop [loop-label];
```

주: '**exit**'문을 사용하여 loop를 빠져 나올 수 있다

report 선언

```
report string-expression
   [severity severity-level];
```

VHDL Library 및 Package

VHDL의 Library와 Package는 데이터형(type), 함수(function), component, 오버로딩 연산자 등을 정의하여 VHDL의 기능을 확장시키는 데 사용한다. Library와 Package의 사용법은 다음과 같다.

library 선언

```
library list-of-library names;
```

use문

```
use library_name.package_name.item;          (.item은 .all로 쓸 수 있다)
```

package 선언

```
package package-name is
   package declarations
end [package][package-name];
```

package body

```
package body package-name is
   package body declarations
end [package body][package name];
```

bits나 bit_vectors형을 사용할 때 다음의 명령문을 쓸 수 있다.

```
library BITLIB;
use BITLIB.bit_pack.all;
```

bit_pack package는 bit나 bit_vector형의 signal을 사용하는 함수(function); component 등을 포함하고 있다. 예를 들어 function call vec2int(A)는 bit_vector A를 정수로 바꾼다. 책에 포함된 CD에는 bit_pack의 모든 리스팅이 들어 있다.

std_logic이나 std_logic_vetor를 사용할 경우는 다음 선언문이 필요하다.

```
library IEEE;
use IEEE.std_logic_1164.all;
```

std_logic_1164 package는 std_logic, std_logic_vector, 결정함수, 변환함수, 오버로딩 연산자 등을 정의한다. 산술연산에는 오버로딩 연산자가 정의되지 않았다.

std_logic_vector의 산술연산을 수행하기 위해서는 다음의 선언문을 쓸 수 있다.

```
use IEEE.std_logic_unsigned.all;
```

IEEE Library에 위의 package가 있지만 Synopsys사에서 만들었다. package는 std_logic_vertor를 부호 없는 숫자(unsigned number)로 취급하며, 오버로딩 산술연산자 + , –, *, =, /=, >, >=, <, <= 등을 제공한다. "+"와 "–"의 경우 왼쪽 항의 값이 std_logic_vector형이면 오른쪽 항의 연산값이 같은 std_logic_vector형, 정수형, std_logic형이 될 수 있다. 비교연산자의 경우 오른쪽 항의 연산값은 std_logic_vector형 또는 정수형이 될 수 있다. CONV_INTEGER(A) function은 std_logic_vector A를 정수형으로 바꾼다.

std_logic_unsigned package에 정의된 std_logic_vector형이나 오버로딩 연산자를 사용하는 대신에 unsigned형이 사용되기도 한다.

```
use IEEE.std_logic_arith.all;
```

unsigned형의 vector형태는 std_logic 비트들이 배열형태로 된다는 점에서 std_logic_vector 형과 유사한데, 그들만의 오버로딩 산술연산을 가지고 있다. 연산자 +, –, *, =, /=, >, > =, <, <=는 std_logic_arith package에서 왼쪽 항, 오른쪽 항의 형태가 여

러 가지의 조합에 정의가 되어 있다. 그러나 논리연산 AND, OR, NOT은 이 package 내의 unsigned vector형에 대해 정의되어 있지 않으므로 C <= A + B는 unsigned vector에서는 잘 작동하나, C <= A **and** B는 형 변환 function을 사용하지 않고서는 허용되지 않는 동작이다. 몇몇 형 변환 function들은 이 package에서 사용될 수 있는데 다음과 같다.

```
conv_integer(A): unsigned vector를 정수형으로 변환
conv_std_logic_vector(A): unsigned vector를 std_logic_vector형으로 변환
conv_unsigned(B, N): 정수형 B를 N-bit의 unsigned vector형으로 변환
```

std_logic_vector를 unsigned형으로 변환하는 것은 정의되어 있지 않다.

IEEE표준인 IEEE numeric_std.package는 std_logic_arith package의 부족한 점을 보완하였다.

```
use IEEE.numeric_std.all;
```

산술연산과 비교연산 사용 시 std_logic_arith package와 비슷한 방법으로 unsigned형과 오버로딩 연산자를 정의해 놓았다. 그리고 unsigned vector의 조직연산에 대한 연산자 오버로딩이 정의되어 있다. package에 포함된 유용한 형 변환 function은 다음과 같다.

```
TO_INTEGER(A); unsigned vector A를 정수로 변환
TO_UNSIGNED(B, N); 정수형을 N비트의 unsigned vector로 변환
```

numeric_std package의 유일한 단점은 std_logic 비트형과 unsigned형 사이의 덧셈에 대한 오버로딩 연산이 정의되어 있지 않다는 것이다. 따라서

```
sum < = A + B + carry;
```

문은 carry가 std_logic이면 사용할 수 없다. carry는 unsigned vector A + B로 더해지기 전에 정수형으로 변환되어야 한다.

우리는 이 책에서 std_logic_unsigned package를 여러 예제에서 사용하였는데 이것은 사용하기 쉽기 때문이다. 복잡한 VHDL프로젝트에서는 numeric_std package 사용을 권고한다. 위의 두 개 package 모두 대부분의 VHDL 시뮬레이터와 로직 합성기에서 잘 작동한다.

APPENDIX C

합성 가능한 VHDL 코드 작성요령

Tips for Writing Synthesizable VHDL Code

본 교과서의 목적은 단순히 시뮬레이션을 통한 동작검증을 위한 VHDL 작성뿐 아니라 합성된 코드가 하드웨어에 구현되었을 때도 정상적으로 동작하도록 제대로 합성이 되어야 한다. 명심해야 할 가장 중요한 것은 VHDL 코드를 작성한다는 것은 컴퓨터프로그램을 작성하는 것이 아니라 설계하고자 하는 하드웨어를 서술하는 것이다. 만약 2진수 곱셈기를 설계한다면 2진 곱셈을 하는 프로그램을 작성하는 것이 아니라, 어떤 종류의 레지스터가 필요한지 각 레지스터의 동작이 어떤 시퀀스 동작에 의해 원하는 결과를 만들어낼지 고민해야 한다.

VHDL 코드가 시뮬레이션 결과가 정상이라고 해서 반드시 합성한 하드웨어가 제대로 동작하지 않는다. 이 경우 가장 자주 발생하는 문제는 합성될 때 의도하지 않은 래치(unintended latch)가 생성되는 것이다. 코드가 정상적으로 시뮬레이션되어도 코드가 실제 하드웨어로 구현될 때 의도하지 않게 생성된 래치 때문에 타이밍문제가 발생할 수 있다. 코드 합성 후 의도하지 않은 래치가 만들어지지 않았는지 합성결과 리포트를 반드시 체크해야 한다. 만약 그러한 래치가 존재하면 다음의 절차로 VHDL 코드를 체크하라.

1. 클럭 에지에 반응하여 상태(출력)를 바꾸는 카운터, 쉬프트 레지스터, 플립플롭 등의 논리소자들은 반드시 clocked process 안에서 새로운 값을 업데이트해야 한다. 이러한 논리소자들의 상태는 combinational process나 concurrent문에 의해 바뀌면 안 된다. 이러한 소자들의 상태변화는 반드시 같은 process 안에서 규정되어야 한다.

   예: count <= count + 1; 명령문은 combinational process에서 쓰면 안 된다. 카운터값을 증가시키는 이 명령문이 clocked process 안에 있으면 카운터값을 clear하는 명령문도 반드시 같은 process 안에 있어야 한다.

2. combinational process가 case문 내부의 여러 곳에서 제어신호들을 모두 '1'로 만들려면 모든 신호들은 case문 시작 *전*에 반드시 '0'으로 만들어 주어야 한다.

3. combinational process 안의 각 **if**문의 경우 **then** 구절에서 각 신호가 어떤 값으로 할당되었는지 확인해야 한다. 이러한 신호가 step 2에서 어떤 값으로 할당이 안 되면 **else** 구절에서 값할당이 되었는지 확인해야 한다.

예: **if** St = '1' **then** nextstate <= 1; load <= '1'; **end if**; 문장은 St = '0'에서 nextstate 값규정이 없어 의도하지 않게 래치가 생성된다. 이 경우를 막기 위해 명령문을 아래와 같이 고쳐야 한다. **if** St = '1' **then** nextstate <= 1; load <= '1'; **else** nextstate <= 0; **end if**; 이때 step 2에서 load는 '0'으로 세팅되도록 해야 한다.

같은 신호를 두 개의 다른 process, 같은 하나의 process에서 또는 하나의 concurrent문장에서 다른 두 값으로 세팅하면 안 된다.

예제

A <= '0'; 문은 하나의 concurrent문이고 A <= B; 문은 또 다른 concurrent문이거나 어떤 process에서 sequential문이다. 위의 명령문들은 동시에 A를 두 개의 값으로 세팅할 수 있는 명령문이다. A와 B를 bit 신호로 시뮬레이션하면 a signal has multiple drivers라는 에러 메시지를 받게 된다. 이것은 A가 동시에 '0'와 '1'로 구동하라는 신호충돌을 의미한다. 만일 A와 B가 std_logic이면 신호충돌은 여전히 존재하지만 에러메시지는 받지 않는다. 대신에 시뮬레이션 동안 시뮬에이터가 A를 '0'와 '1'로 동시에 만들려 하기 때문에 A는 'X'(unknown)값으로 받아들인다. 두 경우 모두 실제 하드웨어에 적용될 수 없으므로 제대로 합성이 안 된다.

다음 예를 살펴보자:

```
-- 코드 작성 시 하지 말아야 할 것:
-- 출력 A가 concurrent문과 processes에 각각 규정됨

entity two_drivers is
   port (B,clk,reset : in bit; A : out bit);
end two_drivers;
architecture arch of two_drivers is
begin
   A < = '0' when reset = '0';
   process (clk)
   begin
      if clk'event and clk = '0' then
         A < = B; end if;
   end process;
end arch;
```

이 경우 A가 플립플롭을 나타내는데 reset신호가 '0'으로 세팅되면 플립플롭은 리셋되고, process문을 통해 클럭의 하강에지에서 A는 B로 변한다. 비록 코드 자체는 문제가 없으나 A 값변화가 concurrent문과 process내의 sequential문에서 동시에 규정되어 있으므로 A는 결국 두 개의 드라이버를 가지게 되어 제대로 시뮬레이션되지 않는다. 만일 신호가 bit가 아니라 std_logic이면 A는 시뮬레이션 동안 'X' 값을 가진다. 플립플롭 A의 출력을 바꾸는 모든 명령문은 같은 processs 내에 있어야 하기 때문에 코드는 합성

되지 않는다. 이는 A가 레지스터 또는 카운터일 경우도 그대로 적용된다.

연습

앞의 코드를 reset 신호가 제대로 동작하도록 고쳐라.

산술동작을 수행하는 합성 가능한 VHDL 코드를 작성하는 쉬운 방법은 2진수를 std_logic_vector로 나타내 오버로드 연산자가 사용되도록 하는 것이다. 이것은 324~325쪽 에 설명되어 있다.

오버로드 연산자 + , −는 bit vector와 사용할 수 없다. 당신이 작성한 코드에 오버로드 연산자가 std_logic_vector와 같이 사용하면 코드의 첫 부분에 다음의 선언문을 넣어야 한다.

```
library IEEE;                          -- 이 라이브러리는 유용한 여러 패키지를
                                       -- 가지고 있음
use IEEE.std_logic_1164.all;           -- 이 패키지는 std_logic,
                                       -- std_logic_vector형의 로직 동작을 규정함
use IEEE.std_logic_unsigned.all;       -- 이 패키지는 std_logic_vector의
                                       -- overload 연산자를 규정함
```

VHDL operators + , −, &는 같은 연산우선순위를 가지며 VHDL문에서 왼쪽에서 오른쪽으로 동작이 진행됨을 기억하라.

따라서 A <= B + C&D; 문장은 A<= (B + C)&D; 명령문과 같다.

만약 & 동작을 먼저 하고 싶으면 아래처럼 괄호를 사용해야 한다.

A <= B + (C&D);

APPENDIX D

정리(定理)의 증명

Proofs of Theorems

필수주항(essential prime implicant)을 찾는 법

5.4절에서 카노맵에서 인접한 1을 찾는 과정을 바탕으로 필수주항을 찾는 방법을 제시하였다. 그 방법에 대한 유효성은 다음의 정리를 기초로 한다.

> F의 최소항 m_j와 인접한 최소항들이 하나의 항 p_j에 의해 커버된다면, p_j는 F의 필수주항이다.
>
> *증명:*
>
> **1.** p_j가 *주항*이 *아니라고* 가정하자. 그러면 변수 x_i를 제거하기 위해 x_i가 포함 안 된 다른 항을 만들기 위해 다른 항 p_k는 m_j항과는 변수 x_i만 다른 최소항 m_k를 커버한다. 즉 m_k가 m_j와 인접해 있으나, m_k는 p_j에 의해 커버되지 않는다는 것을 의미한다. 이것은 m_j에 인접한 모 든 최소항들이 p_j에 의해 커버되지 않는다는 원래 가정에 위배된다. 따라서 p_j는 주항이다.
>
> **2.** p_j가 *주항이라고* 가정하자. 그러면 m_j를 커버하는 또 다른 주항 p_h가 존재하게 된다. p_h는 p_j에 포함되지 않으므로 p_h는 적어도 m_j에 인접하고 p_j에 커버되지 않는 하나의 항을 포함한다. 이것은 처음 가정에 위배된다. 따라서 p_j는 필수주항이 되어야 한다.

상태등가정리

15장에서 제시된 상태등가를 결정하는 방법은 정리 15.1을 기초로 한다.

> 어떤 순서회로의 두 개의 상태 p와 q가 등가일 조건은 모든 입력에 대해 출력이 같고 다음 상태의 등가이어야 한다.
>
> *증명*: 두 개의 상태등가조건(동일 출력, 등가의 다음 상태)에 대해 증명해보자.

1. 모든 입력 x에 대해서 $\lambda(p, x) = \lambda(q, x)$, $\delta(p, x) \equiv \delta(q, x)$라고 가정하자. 그러면 정의 15.1에 의해 모든 입력 시퀀스에 $\underline{X}$에 대해

$$\lambda[\delta(p, x), \underline{X}] = \lambda[\delta(q, x), \underline{X}]$$

이다.

$\underline{X}$ 다음에 오는 입력 시퀀스 $\underline{Y} = x$에 대해서도

$$\lambda(p, \underline{Y}) = \lambda(p, x) \text{ 다음의 } \lambda[\delta(p, x), \underline{X})]$$
$$\lambda(q, \underline{Y}) = \lambda(q, x) \text{ 다음의 } \lambda[\delta(q, x), \underline{X})]$$

따라서 모든 입력 시퀀스 $\underline{Y}$에 대해 $\lambda(p, \underline{Y}) = \lambda(q, \underline{Y})$이고, 정의 15.1에 의해 $p \equiv q$이다.

2. $p \equiv q$라고 가정하자. 그리고 정의 15.1에 의해 모든 입력 시퀀스 $\underline{Y}$에 대해 $\lambda(p, \underline{Y}) = \lambda(q, \underline{Y})$이다. $\underline{Y} = x$가 다음의 입력 시퀀스 $\underline{X}$일 때, 모든 시퀀스 $\underline{X}$에 대해

$$\lambda(p, x) = \lambda(q, x) \text{ and } \lambda[\delta(p, x), \underline{X}] = \lambda[\delta(q, x), \underline{X}]$$

따라서 정의 15.1에 의해 $\delta(p, x) \equiv \delta(q, x)$이다.

APPENDIX **E**

학습가이드 · 질문 및 연습문제

Answers to Selected Study Guide Questions and Problems

1장 학습가이드 해답

2. (e) 두 가지 경우의 해답

1110	16	14	*E*
1111	17	15	*F*

3. (b)

$$
\begin{aligned}
1100_2 - 101_2 &= [1 \times 2^3 + 1 \times 2^2 + 0 \times 2^1 + 0 \times 2^0] \\
&\quad - [\quad 1 \times 2^2 + 0 \times 2^1 + 1 \times 2^0] \quad \text{열 1로부터 빌림(borrow)} \\
&= [1 \times 2^3 + 1 \times 2^2 + (0 - 1) \times 2^1 + (10 + 0) \times 2^0] \\
&\quad - [\quad 1 \times 2^2 + \quad 0 \times 2^1 + \quad 1 \times 2^0] \quad \text{열 2로부터 빌림(borrow)} \\
&= [1 \times 2^3 + (1 - 1) \times 2^2 + (10 - 1) \times 2^1 + 10 \times 2^0] \\
&\quad - [\quad 1 \times 2^2 + \quad 0 \times 2^1 + \quad 1 \times 2^0] \quad \text{열 3으로부터 빌림(borrow)} \\
&= [(1 - 1) \times 2^3 + (10 - 0) \times 2^2 + 1 \times 2^1 + 10 \times 2^0] \\
&\quad - [\quad 1 \times 2^2 + 0 \times 2^1 + \quad 1 \times 2^0] \\
&= [\quad 0 \times 2^3 + \quad 1 \times 2^2 + 1 \times 2^1 + \quad 1 \times 2^0] = 111_2
\end{aligned}
$$

5. (f) 부호와 크기: −0, 2의 보수: −32, 1의 보수: −31

   (g) *n*-비트 수를 더할 경우 overflow(오버플로우) 발생하고 결과적으로 제대로 표현하려면 *n* + 1비트가 요구된다. 두 양수를 더한 합의 값이 음수가 되거나 두 음수를 합한 값이 양수가 되면 오버플로우가 발생했음을 알 수 있다.

   최상위 비트의 캐리 값은 오버플로우 발생 여부를 표시하지 않는다.

6. (a)

BCD:	0001	1000	0111
excess-3:	0100	1011	1010
6-3-1-1:	0001	1011	1001
2-out-of-5:	00101	10100	10010

1장 문제 해답

1.1 (a) $2F5.40_{16} = 001011110101.01000000_2$
(b) $7B.2B_{16} = 01111011.00101011_2$
(c) $164.E3_{16} = 000101100100.11100011_2$
(d) $427.8_{16} = 010000100111.1000_2$

1.2 (a) $7261.3_8 = 3761.4_{10}$, $EB1.6_{16} = 3761.4_{10}$
(b) $2635.6_8 = 1437.8_{10}$, $59D.C_{16} = 1437.8_{10}$

1.3 3252.1002_6

1.4 (a) $5B1.1C_{16}$ (b) $010110110001.00011100_2 = 2661.070_8$
(c) 112301.0130_4 (d) 3564.6_{10}

1.5 (a) 더하기: 11001. 빼기: 0101. 곱하기: 10010110.
(b) 더하기: 1010011. 빼기: 011001. 곱하기: 11000011110.
(c) 더하기: 111010. 빼기: 001110. 곱하기: 1100011000.

1.6 (a)
$$\begin{array}{r} 1111 \\ 11110100 \\ -\ 1000111 \\ \hline 10101101 \end{array}$$
(b)
$$\begin{array}{r} 111\ \ 1 \\ 1110110 \\ -\ 111101 \\ \hline 0111001 \end{array}$$
(c)
$$\begin{array}{r} 11111\ 1 \\ 10110010 \\ -\ \ 111101 \\ \hline 01110101 \end{array}$$

1.7 2의 보수

(a)
$$\begin{array}{r} 010101 \\ +\ 001011 \\ \hline 100000 \end{array}$$
오버플로우

(b)
$$\begin{array}{r} 110010 \\ +\ 100000 \\ \hline (1)\,010010 \end{array}$$
오버플로우

(c)
$$\begin{array}{r} 100111 \\ +\ 010010 \\ \hline 111001 \end{array}$$

(d)
$$\begin{array}{r} 110100 \\ +\ 001101 \\ \hline (1)\,000001 \end{array}$$

(e)
$$\begin{array}{r} 110101 \\ +\ 101011 \\ \hline (1)\,100000 \end{array}$$

1의 보수

(a)
$$\begin{array}{r} 010101 \\ +\ 001011 \\ \hline 100000 \end{array}$$
오버플로우

(b) not assigned because −32 cannot be represented in 6 bits

(c)
$$\begin{array}{r} 100110 \\ +\ 010010 \\ \hline 111000 \end{array}$$

(d)
$$\begin{array}{r} 110011 \\ +\,001101 \\ \hline (1)\ 000000 \\ +\qquad\ 1 \\ \hline 000001 \end{array}$$

(e)
$$\begin{array}{r} 110100 \\ +\,101010 \\ \hline (1)\ 011110 \\ +\qquad\ 1 \\ \hline 011111 \end{array}$$
오버플로우

1.8 워드 길이 N의 경우 표현 가능한 2의 보수의 범위는 -2^{N-1}부터 $-2^{N-1} - 1$이다. 따라서 워드 길이 8의 경우 표현 가능한 2의 보수의 범위는 -2^7부터 $2^7 - 1$ 또는 -128부터 127이다. 1의 보수는 "음의 제로"(11111111)와 그냥 제로(00000000)를 가지므로 표현 가능한 범위는 $-(2^7 - 1)$부터 $2^7 - 1$ 또는 -127부터 127이다.

1.9

Dec.	7-3-2-1		3	6	5	9
0	0000		0011	0111	0110	1010
1	0001		or			
2	0010		0100			
3	0011 or 0100					
4	0101					
5	0110					
6	0111					
7	1000					
8	1001					
9	1010					

2장 학습가이드 해답

2. (d) 1; 0; 1; 1 (e) 1, 1; 0, 0; 0; 1
3. (a) 4변수, 10리터럴 (d) $F = (A'B)'$ (e) $F = (A + B')C$

   (f) *회로*는 2개의 OR 게이트, 세 개의 AND 게이트, 세 개의 인버터가 필요하다.
4. (b) $A, 0, 0, A; A, 1, A, 1$
6. (c) $Z = ABC$
7. (a) 곱의 합

   둘 다 아님

   합의 곱(여기서는 A와 B′는 곱의 표현에서 별도의 항으로 취급)

   둘 다 아님

   (b) 더 적은 항이 만들어짐

   (c) $D[A + B'(C + E)] = D(A + B')(A + C + E)$
8. (a) $AE + B'C' + C'D$ (b) $C'DE + AB'CD'E$
10. (a) $a' + b + c$ (b) $ab'c'd$ (c) $a(b' + c')$
    (d) $(a + b)(c' + d')$ (e) $a' + b(c + d')$

2장 연습문제 해답

2.1 (a) $X(X' + Y) = XX' + XY = 0 + XY = XY$
(b) $X + XY = X(1 + Y) = X(1) = X$
(c) $XY + XY' = X(Y + Y') = X(1) = X$
(d) $(A + B)(A + B') = AA + AB' + AB + BB' = A + AB' + AB + BB'$
$= A(1 + B + B') + 0 = A(1) = A$

2.2

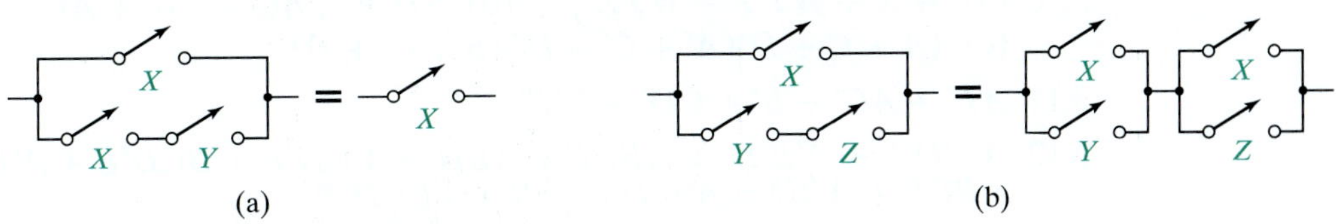

(a) (b)

2.3 (a) 1(법칙 5)

(b) $CD + AB'E$(법칙 8D)(기술적으로는 법칙 3D를 사용해도 됨)

(c) $AF(C + C') = AF \cdot (1)$

(d) $A(C + D'B) + A' = (A + A')(C + D'B + A') = (1) \cdot (C + D'B + A')$

(e) $A'B + D$[항의 흡수(2)]

(f) $A + BC + DE + F$[항의 제거(3)]

2.4 (a) $F = A + E + BCD$(하나의 AND 게이트와 하나의 3입력 OR 게이트 필요)

(b) $Y = A + B$

2.5 (a) $ACD' + BE$ (b) $A'B' + A'D' + C'B' + C'D'$

2.6 (a) $(A + C')(A + D')(B + C')(B + D')$ (b) $X(W + Z)(W + Y)$
(c) $(A' + E)(B + E)(C + E)(A' + D + F)(B + D + F)(C + D + F)$
(d) $Z(W' + X)(Q' + W' + Y)$ (e) $(A' + D')(C + D')$
(f) $(A + B + D)(A + C + D)(A + B + E)(A + C + E)$

2.7

(a) (b)

2.8 (a) $ABC + ABD'$ (b) $A'B' + A'CD'$ (c) $A'BC'$

2.9 (a) $F = A\,B$ (b) $G = T$

3장 학습가이드 해답

1. (b) $(b' + d)(b + a)(b + c)$ $(a + d)(b + d)(a' + b' + c)$
(c) $w'y' + x'y'z' + xy + wyz$

5. (b) $A'B'C + BC'D' + AB'D' + BCD$

(c) BCD항을 더하고, $A'BD$와 ABC를 제거

3장 문제 해답

3.6 (a) $WY'X + WY'Z' + W'X'Y + W'X'Z$ (b) $A'D + AC$

3.7 (a) $(C' + D)(C + D' + B')$
(b) $(D' + A' + B')(D' + C + B')(D + A + C')(D + A' + B)$

3.8 $F = (AB) \oplus [(A \equiv D) + D] = A' + BD' + B'D$

3.9 아님. $A = 1, B = 1, C = 0$ or $A = 1, B = 0, C = 1$을 고려해보라.

3.10 (a) $W'X + WY'Z + WYZ'$ (b) $BD + A'BC + AB' + AC'$
(c) $(A + C + D)(A' + C' + D')(B + C' + D)$

3.11 $AE' + AC' + B' + CD' + D'E'$

3.12 $A'CD'E + A'B'D' + ABCE + ABD = A'CD'E + BCD'E + A'B'D' + ABCE + ABD = A'B'D' + ABD + BCD'E$

4장 학습가이드 해답

2. (d) $ab'c'd$ (e) $a + b + c' + d'$
   (g) $(a + b' + c)(a' + b + c')(a' + b' + c)(a' + b' + c')$
3. (c) $m_0 + m_1 + m_3 + m_4 = \Sigma m(0, 1, 3, 4)$ $M_2M_5M_6M_7 = \Pi M(2, 5, 6, 7)$
4. (b) m_{19} (c) $A'BCD'E$
   (e) M_{19} (f) $(A + B' + C' + D + E')$
5. (a) 65536
   (d) $(a_0m_0 + a_1m_1 + a_2m_2 + a_3m_3)(b_0m_0 + b_1m_1 + b_2m_2 + b_3m_3) = \ldots =$ $a_0b_0m_0 + a_1b_1m_1 + a_2b_2m_2 + a_3b_3m_3$
   (f) $f = \Pi M(2, 5, 6)$ $f' = \Sigma m(2, 5, 6) = \Pi M(0, 1, 3, 4, 7)$
6. (b) $\Sigma m(0, 5) + \Sigma d(1, 3, 4)$

4장 문제 해답

4.1 (a) U: 금고 잠기지 않음, J: Mr. Jones 있음, E: Mr. Evans 있음, B: 정상 근무시간, S: 수위 있음

$$U = (J + E)BS$$

(b) O: 방수 덧신 착용, A: 실외에 있음, R: 비가 많이 오고 있음, S: 스웨이드 가죽신 착용, M: 어머니가 방수 덧신 착용하라고 함

$$O = ARS + M$$

(c) L: 조크에 웃음, F: 조크가 재미있음, G: 고상한 조크, O: 상처를 주는 조크, P: 교수가 한 조크

$$L = FGO' + PO'$$

(d) D: 엘리베이터 문 열림, S: 엘리베이터 정지, F: 층 도착, T: 타이머 종료, B: 버튼 눌러짐

$$D = SFT' + SFB$$

4.2 (a) $Y = A'B'C'D'E' + AB'C'D'E' + ABC'D'E'$ or $Y = C'$
(b) $Z = ABC'D'E' + ABCD'E' + ABCDE'$ or $Z = BE'$

4.3 $F_1 + F_2 = \Sigma m(0, 3, 4, 5, 6, 7)$; 일반적인 룰: $F_1 + F_2$ 는 F_1 또는 F_2에 있는 모든 minterm(최소항)들의 합이다. 왜냐하면 $F_1 + F_2 = \Sigma\, a_i m_i + \Sigma\, b_i m_i = \Sigma\, (a_i + b_i)m_i$

4.4 (a) 16
(b) $F(x,y) = 0, x'y', x'y, x', xy', y', x'y + xy', x' + y', xy, x'y' + xy, y, x' + y,$ $x\ \ x + y'\ \ x + y\ \ 1$

4.5

A	B	C	D	E	F	
0	0	0	1	1	X	
0	0	1	X	X	1	
0	1	0	X	X	X	
0	1	1	X	X	1	or 1 1 X
1	0	0	X	0	0	
1	0	1	X	X	1	
1	1	0	X	X	X	
1	1	1	X	0	0	or 0 X 0

4.6 (a) $F = A'B' + AB(d_1 = 1, d_5 = 0)$ (b) $G = C(d_2 = 0, d_6 = 0)$

4.7 (a) $\Sigma\, m\,(1, 2, 4)$ (b) $\Pi\, M\,(0, 3, 5, 6, 7)$

4.8 (a) $F = A'B'C'D' + A'B'C'D + A'B'CD' + A'B'CD + A'BC'D' + A'BC'D + A'BCD' + AB'C'D' + AB'C'D + ABC'D'$
$F = \Sigma\, m(0, 1, 2, 3, 4, 5, 6, 8, 9, 12)$
(b) $F = (A + B + C + D)(A + B + C + D)(A + B + C + D)$
$(A' + B' + C + D')\,(A' + B' + C' + D)(A' + B' + C' + D')$
$F = \Pi\, M(7, 10, 11, 13, 14, 15)$

4.9 (a) $F = \Sigma\, m(0, 1, 4, 5, 6)$ (b) $F = \Pi M(2, 3, 7)$
(c) $F' = \Sigma\, m(2, 3, 7)$ (d) $F' = \Pi M(0, 1, 4, 5, 6)$

4.10 (a) $F = \Sigma\, m(1, 4, 5, 6, 7, 10, 11)$
(b) $F = \Pi\, M(0, 2, 3, 8, 9, 12, 13, 14, 15)$
(c) $F' = \Sigma\, m(0, 2, 3, 8, 9, 12, 13, 14, 15)$
(d) $F' = \Pi\, M(1, 4, 5, 6, 7, 10, 11)$

4.11 (a) $d_i = x_i \oplus y_i \oplus b_i$
$b_{i+1} = b_i x_i' + x_i' y_i + b_i y_i$

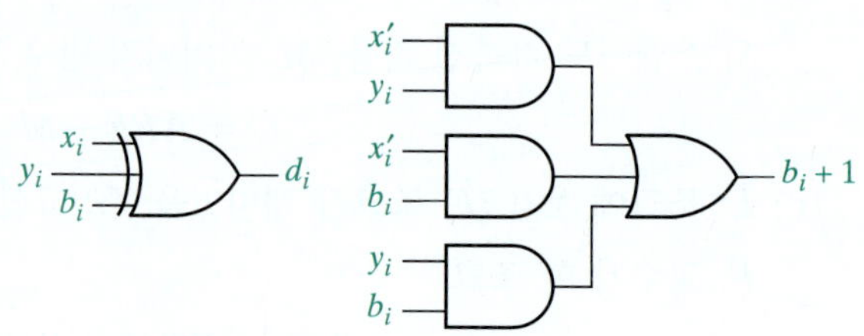

(b) $d_i = s_i$, $b_i + 1$ is the same as $c_i + 1$ with x_i replaced by x_i'

4.12

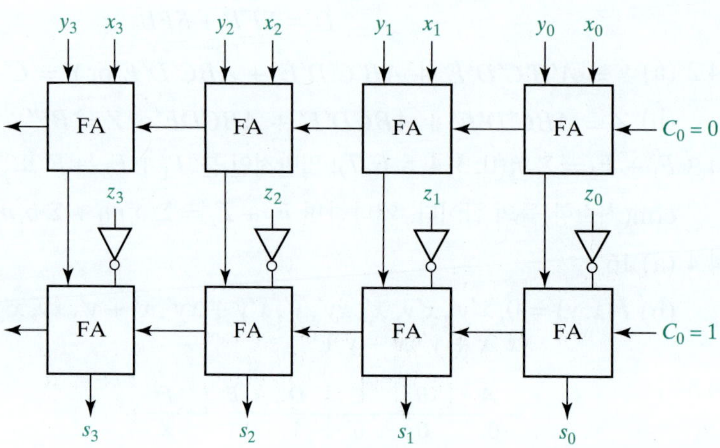

5장 학습가이드 해답

3. (d) 6, 10, 12, 15; 0, 12, 9, 10

   (g) $f_1 = a'b + bc' + a'cd + ac'd \quad f_2 = b'c + cd + a'bd + ab'd'$

4. (a) $a'b'd'$, $b'c'd'$, $ac'd'$, $a'b'cd$, 그리고 다른 모든 최소항들

   (b) $AB'C'$, $AC'D$는 prime implicants

5. (a) 4 (b) $B'C'$가 essential이면 결정할 수 없다.

   (c) 예 (d) $A'D'$ 왜냐하면 m_4 때문에, $B'D'$ 왜냐하면 m_{10} 때문에

6. $A'D'$는 essential이 아니다. 왜냐하면 $A'D'$의 모든 최소항들은 다른 주항들에 의해 포함된다. BC'는 essential이다. 왜냐하면 m_{11}항 때문이다.

   최소합 $= B'CD + BC' + BD' + A'B'$

   (d) $A'C' + ACD + \{AB \text{ or } BC'\}$

8. (a) $F = AB'D' + B'D'E' + A'BDE$ (b) 8, 16, 25, 26, 28

   (d) $P_1 + P_2 + P_3 + P_4 + BCDE + AC'E$

   (f) $AC'E' + A'DE + ACE + B'CE + (AB'C \text{ or } ADE' \text{ or } ACD \text{ or } AB'E')$

5장 문제 해답

5.3 (a) $f = bc' + a'c' + ab'c$ (b) $f = e'f' + d'e' + d'f'$

(c) $f = r' + t'$ (d) $f = y + x'z + xz'$

5.4 (a)

CD \ AB	00	01	11	10
00	1 $_{0}$	1 $_{4}$	1 $_{12}$	1 $_{8}$
01	0 $_{1}$	0 $_{5}$	1 $_{13}$	0 $_{9}$
11	1 $_{3}$	0 $_{7}$	1 $_{15}$	1 $_{11}$
10	1 $_{2}$	1 $_{6}$	1 $_{14}$	1 $_{10}$

(b) $F = D' + B'C + AB$

(c) $F = (A + B' + D')(B + C + D')$

5.5 (a)

C_1	C_2	X_1	X_2	Z
0	0	0	0	0
0	0	0	1	1
0	0	1	0	1
0	0	1	1	1
0	1	0	0	0
0	1	0	1	1
0	1	1	0	1
0	1	1	1	0
1	0	0	0	0
1	0	0	1	0
1	0	1	0	0
1	0	1	1	1
1	1	0	0	1
1	1	0	1	0
1	1	1	0	0
1	1	1	1	1

(b) $Z = C_1'X_1'X_2 + C_1'X_1X_1' + C_1X_1X_2 + C_1C_2X_1'X_2' + \{C_1'C_2'X_2$ **or** $C_1'C_2'X_1$ **or** $C_2'X_1X_2\}$

5.6 (a) $f = \underline{a'd} + \underline{a'b'c'} + \underline{b'cd} + \underline{abd'} + \{a'bc$ **or** $bcd'\}$
$a'd \rightarrow m_5; a'b'c' \rightarrow m_0; b'cd \rightarrow m_{11}; abd' \rightarrow m_{12}$

(b) $f = \underline{bd} + \underline{a'c} + \underline{b'd'} + \{a'b$ **or** $a'd'\}$
$bd \rightarrow m_{13}, m_{15}; a'c \rightarrow m_3; b'd' \rightarrow m_8, m_{10}$

(c) $f = \underline{c'd'} + \underline{a'd'} + \underline{b'}$
$c'd' \rightarrow m_{12}; a'd' \rightarrow m_6; b' \rightarrow m_{10}, m_{11}$

5.8 (a) $f = a'bc' + ac'd + b'cd'; f = (b' + c')(c' + d')(a + b + c)(a' + c + d)$

(b) $f = a'b'd + bc'd' + cd; f = (b + d)(b' + d')(a' + c)\{(b' + c')$ **or** $(c' + d)\}$

5.10 (a) $C'D'E' \rightarrow m_{16}, m_{24}; A'CE' \rightarrow m_{14}; ACE \rightarrow m_{31}; A'B'DE \rightarrow m_3$

(b) $A'B'DE, A'D'E', CD'E, A'CE', ACE, A'B'C, B'CE, C'D'E', A'CD'$

5.11 $f = (\underline{a + b + c + d})(\underline{a + b' + e'})(\underline{a' + d' + e})(\underline{a' + b + c'})(\underline{a + c + e'})$
$(c + d + e')\{(a' + b' + c + d)$ **or** $(a' + b' + c + e)\}$

5.12 (a) $F = \Pi M(0, 1, 9, 12, 13, 14)$
$F = (A + B + C + D)(A + B + C + D')(A' + B' + C + D)$
$(A' + B' + C + D')(A' + B' + C' + D)(A' + B + C + D')$

(b) $F' = A'B'C' + ABD' + AC'D$

(c) $F = (A + B + C)(A' + B' + D)(A' + C + D')$

5.13 $F = A'C' + B'C + ACD' + BC'D$
최소항 $m_0, m_1, m_2, m_3, m_4, m_5, m_7, m_8, m_{10}, m_{11}$은 don't care 항들로 각각 만들어지고, 주어진 표현식은 바뀌지 않는다.

6장 학습가이드 해답

2. (f) (2, 6)

3. (a) $m_0 - a'b'c'$ $(m_0,m_1) - a'b'$
$m_1 - a'b'c$ $(m_1,m_5) - b'c$ 주항
$m_5 - ab'c$ $(m_5,m_7) - ac$
$m_7 - abc$

(d) $A'B'C'$와 ABC는 주항이 아니다.

4. (b) $a'c'd'$, bc', $ab'c$

5. (b) $F = bd + a'b, F = bd + bc', F = bc' + a'b, F = a'b + c'd$

6장 문제 해답

6.2 (a)

$a'c'd$	(1,5)
$b'c'd$	(1,9)
$a'bd$	(5,7)
$ab'd$	(9,11)
abd'	(12,14)
bcd	(7,15)
acd	(11,15)
abc	(14,15)

(b)

$a'b'c'$	(0,1)
$b'c'd'$	(0,8)
$ab'd'$	(8,10)
acd'	(10,14)
$a'd$	(1,3,5,7)
bc	(6,7,14,15)

6.3 (a) $f = a'c'd + ab'd + abd' + bcd$ **or** $f = b'c'd + a'bd + abd' + acd$

(b) $$f = a'd + bc + \begin{Bmatrix} a'b'c' + ab'd' \\ \text{OR} \\ b'c'd' + acd' \\ \text{OR} \\ b'c'd' + ab'd' \end{Bmatrix}$$

6.4 $f = b'cd' + bc' + a'd + (a'b \text{ OR } a'c)$ (다른 해법도 하나 있음)

6.5 주항: ab, $c'd$, ac', bc', ad, bd

$F = ab + c'd$ **or** $F = ab + ac'$ **or** $F = ab + ad$ **or** $F = ac' + ad$ **or**
$F = ac' + bd$ **or** $F = ad + bc'$

6.6 (a) $F = A'B + A'C'D' + AB'D + A'C'E + BCDE$

(b) $Z = A'B' + ABD + EB'C' + EA'C + FAB + GBD$ (다른 해법 여러 개 있음)

7장 학습가이드 해답

1. (b) Z_1: 6개 게이트, 13입력, 4레벨 Z_2 : 5개 게이트, 11입력, 5레벨

(d)

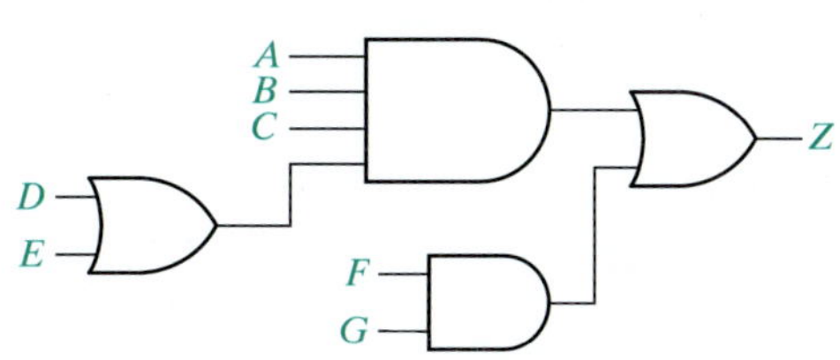

2. (a) 0; 1; 1,1,1: 0,0,0

6. (a) (1) 아니오 (2)예 (3)아니오 (b) C는 게이트 필요 없음

   (c) 5개 게이트, 10개 입력, 공통게이트 사용 시: 4개 게이트, 9개 입력

   (d) $F_1 = \underline{a'cd} + \underline{acd} + ab'c'$; $F_2 = \underline{a'cd} + \underline{bcd} + a'bc' + acd'$;
   $F_3 = \underline{bcd} + \underline{acd} + a'c'd$

7장 문제 해답

7.1 (a) $f = (a + b)(a' + b')(a + c + d')(a' + c' + d')$
OR $f = (a + b)(a' + b')(a + c + d')(b + c' + d')$
OR $f = (a + b)(a' + b')(b' + c + d')(a' + c' + d')$
OR $f = (a + b)(a' + b')(b' + c + d')(b + c' + d')$

(b) $f = a'b(c + d') + ab'(c' + d')$

7.2 (a) $Z = (C' + E')(AD + B) + A'D'E'$ (4개의 레벨, 13 입력)

(b) $Z = (B(C + D) + A)(E + FG)$ (4개의 레벨, 12입력)

7.3 AND-OR: $F = a'bd + ac'd$; OR-AND: $F = d(a' + c')(a + b)$

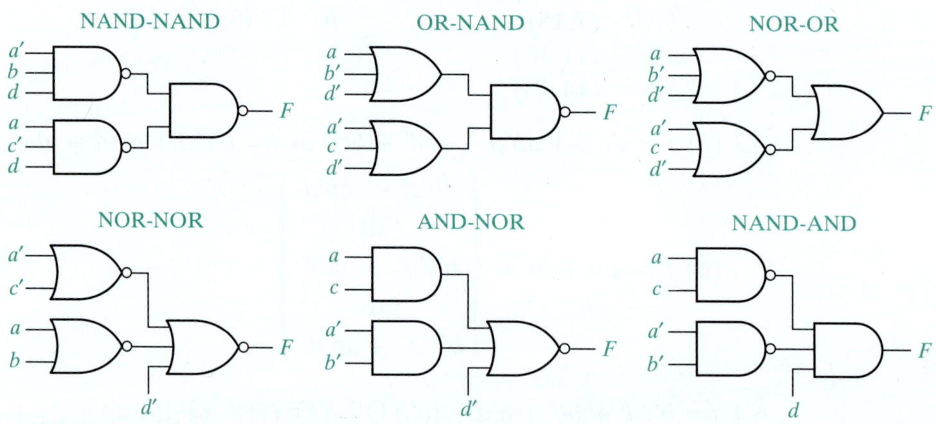

7.4 $F = BC'(A + D) + AB'C$ (3개의 레벨, 4개 게이트, 10개 입력)

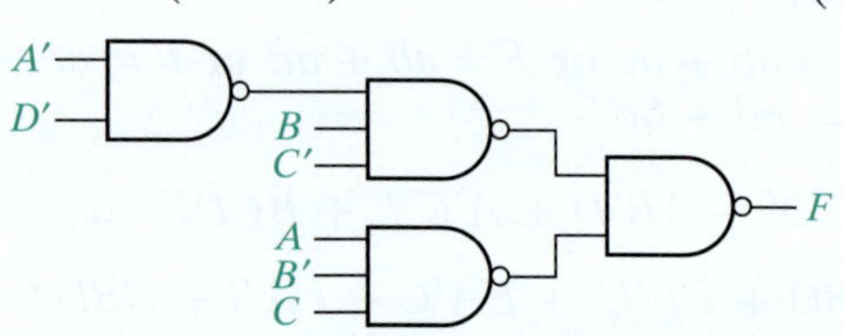

7.5 $Z = (A + C + D)(A' + B'C'D')$ (회로는 4개의 NOR 게이트로 변환)

7.6 $Z = A(BC + D) + C'D$ (회로는 5개의 NAND 게이트로 변환)

7.7 $Z = E(A + B(D + CF))$ (회로는 5개의 NOR 게이트로 변환)

7.8 (a)

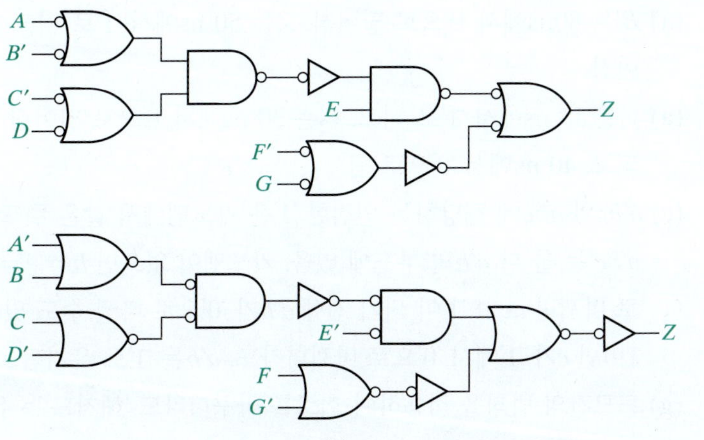

(b)

7.9 $f_1 = \underline{acd'} + ad + \underline{a'b'd}$; $f_2 = a'd' + \underline{a'b'd} + \underline{acd'}$ (6개 게이트, 16개 입력)

7.10 $f_1 = ab'd + \underline{b'cd} + a'bd'$ $f_2 = \underline{ab'c} + b'cd' + bc'd' + \{ac'd'$ **or** $ab'd'\}$
$f_3 = \underline{ab'c} + \underline{b'cd} + a'bc$ (11개 게이트, 34개 입력)

7.11 $F_1 = (a + c)(a + b')(\underline{a' + b' + c})(\underline{a' + b + c'})$
$F_2 = (a + c')(b' + c + d)(\underline{a' + b' + c})(\underline{a' + b + c'})$ **or**
$(a + c')(a + b' + d)(\underline{a' + b' + c})(\underline{a' + b + c'})$
(최소 8개 게이트, 23개 입력)

7.12 $f_1 = (\underline{a + b + c})(b' + d)$ $f_2 = (\underline{a + b + c})(\underline{b' + c + d})(a' + c)$
$f_3 = (\underline{b' + c + d})(a + c)(b + c')$

7.13 (a) 식 (7-25(b))에 해당하는 회로를 NAND 게이트로만 구성된 AND-OR *회*로로 교체 f_2 출력의 c 입력을 반전

(b) 문제 7.12의 결과식들을 NOR 게이트 회로로 구성

8장 학습가이드 해답

3.

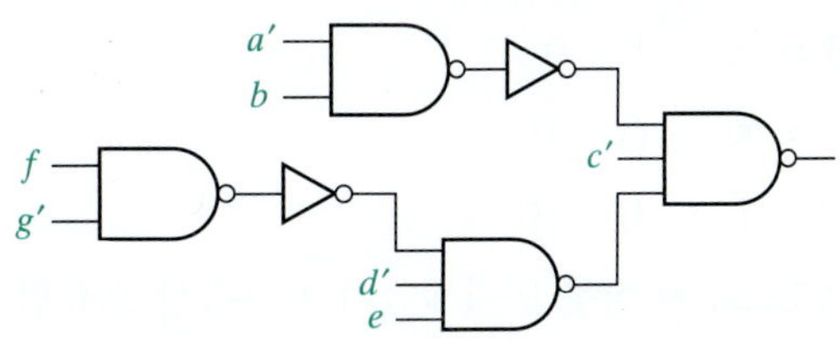

4. (a) 최대 허용된 각 게이트의 입력 개수 이하가 되도록 공통 인수를 추출. 이 방식은 로직 레벨의 증가를 가져올 수도 있다.

(b) 예.

(c) 2단 로직 레벨의 표현식이 공통항을 가지더라도, 대부분의 공통항은 인수를 추출할 경우 사라진다.

5. (a) B'는 80ns에서 '0'으로 떨어짐. Z는 50 ns에서 '1'로 되고 110 ns에서 '0'으로 떨어짐

6. (a) y_1은 15 ns에서 '1'로 되고, y_2는 30 ns에서 '0'으로 떨어짐. Z_1은 25 ns에서 '1'로 되고, 40 ns에서 '0'으로 됨

   (c) $a'bc$와 abc에 해당하는 인접한 '1'은 카노맵에서 같은 루프에 있지 않으나, $a'bc$, $a'bc'$는 둘 다 $a'b$의 루프에 있음. 카노맵이 없으면 $b = c = 1$일 때 a가 '0'에서 '1'로 바뀌면 ac가 '1'이 되기 전에 $a'b$가 '0'으로 바뀔 수도 있음. 그러나 $a = 0$, $b = 1$이면 c가 '1'에서 '0'으로 바뀌더라도, $a'b$는 '1'로 유지됨

   (g) 드모간의 법칙을 적용하여 회로를 바꾸더라도 '해저드'는 유발하지 않음

7. (b) 만일 $G = 0$ 이면, 게이트4는 오류임 만일 $G = 1$ 이면, 게이트1이 오류임

8장 문제 해답

8.1

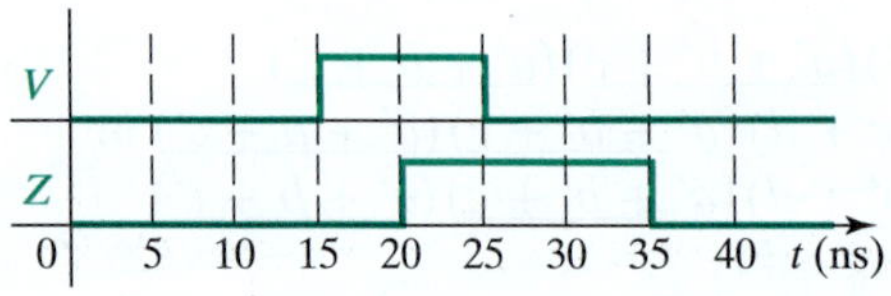

8.2 (a) $F = A'C'D' + BC'D + AC$

[해저드는 1101 ↔ 1111, 0100 ↔ 0101 (정적해저드 '1')]

또는 $F = (A' + C + D)(B + C + D')(A + C')$

[해저드는 0001↔0011, 1000↔1001 (정적해저드 '0')]

(b) $F^t = A'C'D' + BC'D + AC + \underline{A'BC'} + \underline{ABD}$

(c) $F^t = (A' + C + D)(B + C + D')(A + C')\underline{(A' + B + C)}\underline{(A + B + D')}$

8.3 (a) 출력 G의 글리치는 6 ns와 7 ns 사이 발생(정적 1 해저드)

(b) 해저드를 피하는 수정식: $G = A'C'D + BC + A'BD$

8.4 $A = 1$ $E = X$

$B = Z$ $F = 0$

$C = X$ $G = 0$

$D = 1$ $H = X$

8.5 게이트 3은 잘못 연결되었거나 동작상 오류임

9장 학습가이드 해답

2. (a)

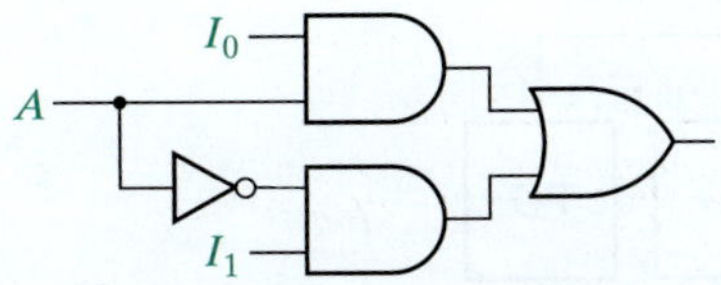

(b) $Z = A'C'I_0 + A'CI_1 + AC'I_2 + ACI_3$

(c) C가 바뀌기 전에 $Z = I_4$, C가 변화된 후 $Z = I_5$

(d)

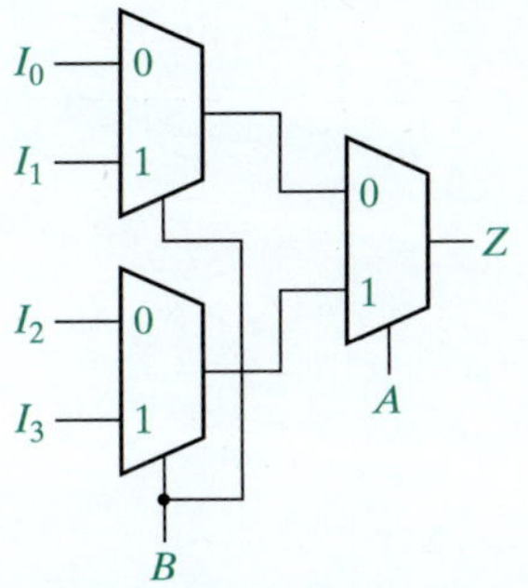

(e) MUX 입력: $I_0 = B$, $I_0 = B'$, 제어 $= A$

3. (f) AND 게이트 입력들은 $A'B'$, $A'B$, AB', AB

4. (a) BCD 입력; $A = 0$

5. (b) 32워드 × 4비트: 1024 × 8　　(c) 16워드 × 5비트: 16 × 10

6. (a) 4개 입력, 7개항, 3개 출력

(b) 4개 입력, 4개항, 3개 출력

(c)

A	B	C	D	F_1	F_2	F_3
1	1	-	-	1	0	1
1	-	1	1	1	1	0
1	1	0	-	0	1	0
0	-	1	1	0	1	1

(f) $ABC = 010$일 때 $F_0F_1F_2F_3 = 0111$

8. (c) $f = c'(d' + a) + c(a'b' + bd)$

(d)

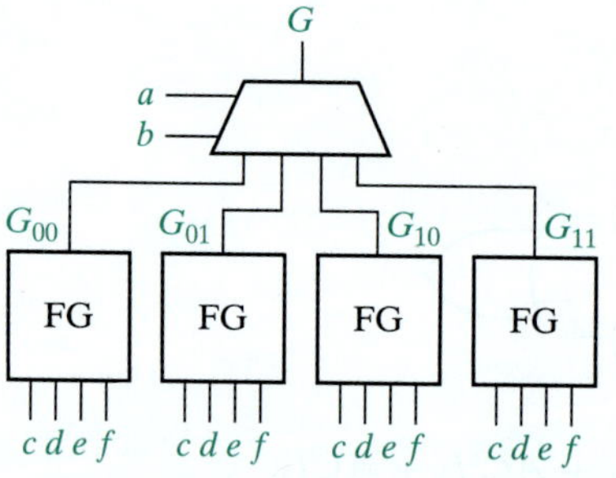

9장 문제 해답

9.1 (a)

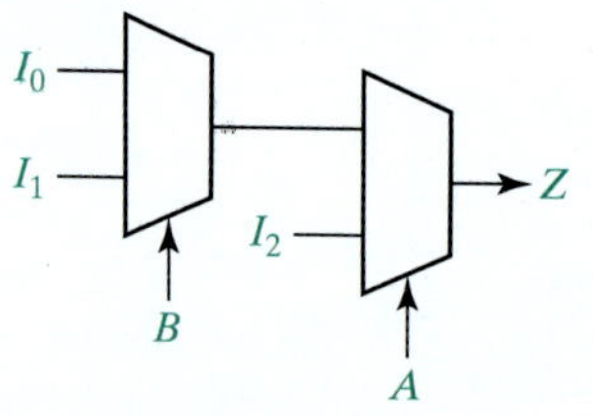

(b)

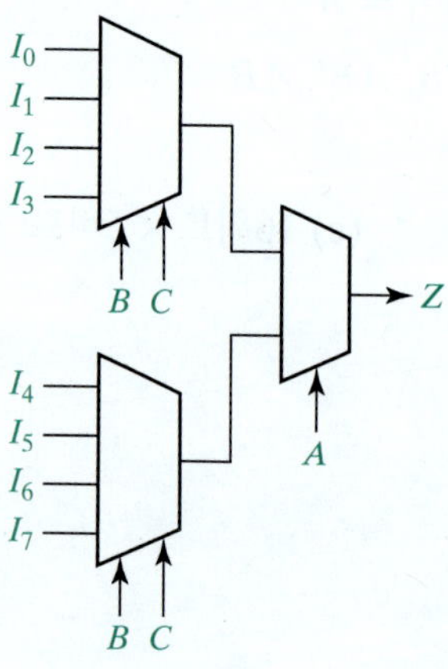

(c)

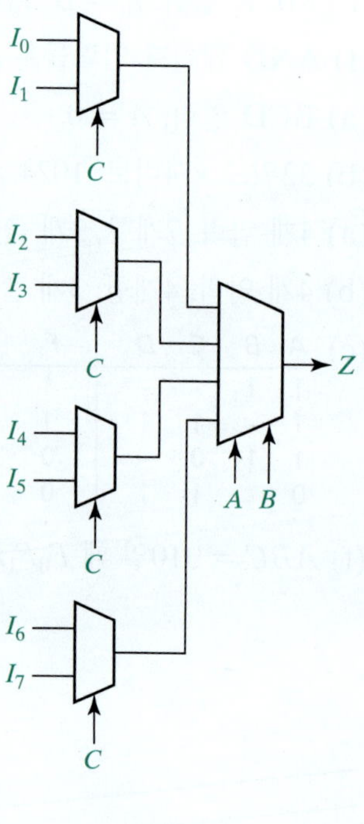

9.2

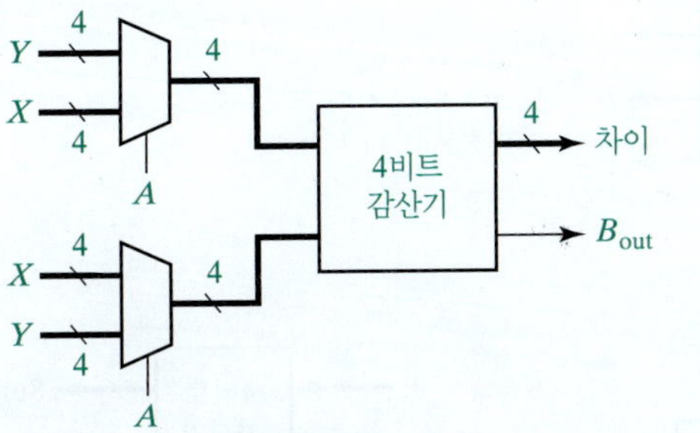
Y
X
X
Y
A
A
4
4비트
감산기
차이
B_{out}

9.3

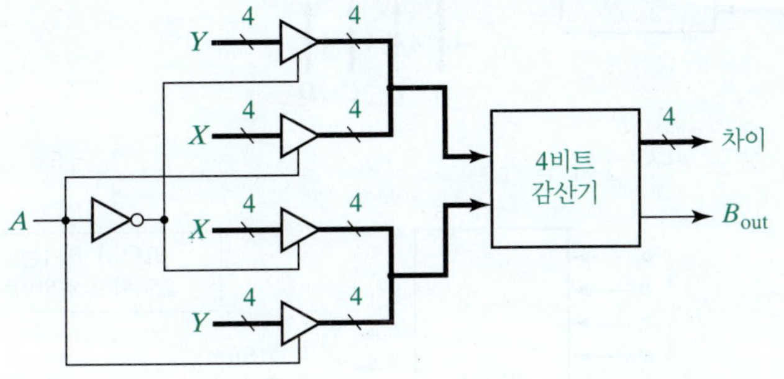
Y
X
A
X
Y
4
4비트
감산기
차이
B_{out}

9.4 (a)

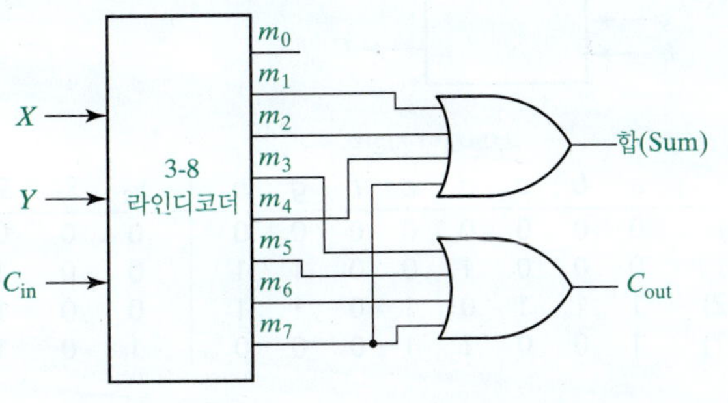
X
Y
C_{in}
3-8
라인디코더
m_0
m_1
m_2
m_3
m_4
m_5
m_6
m_7
합(Sum)
C_{out}

(b)

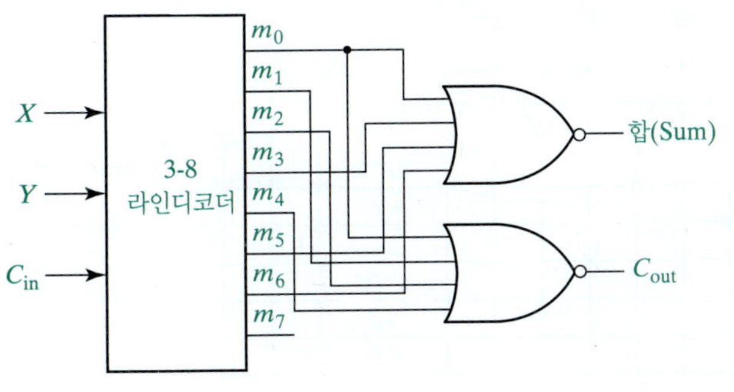
X
Y
C_{in}
3-8
라인디코더
m_0
m_1
m_2
m_3
m_4
m_5
m_6
m_7
합(Sum)
C_{out}

9.5

$$a = y_2 + y_3$$
$$b = y_1 y_2' + y_3$$
$$c = y_0 + y_1 + y_2 + y_3$$

9.6

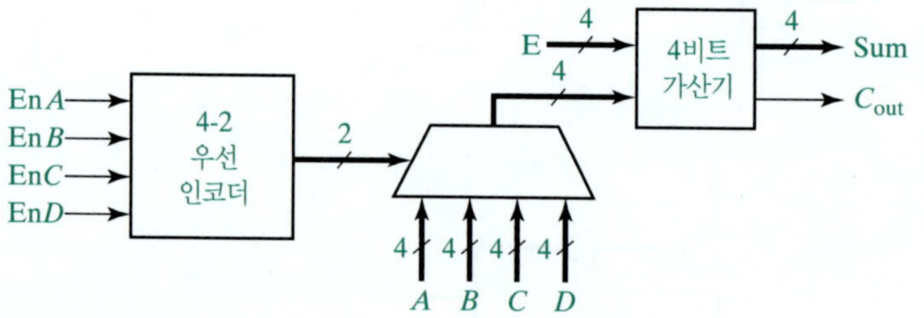

9.7 Gray 코드 가산기의 블록도

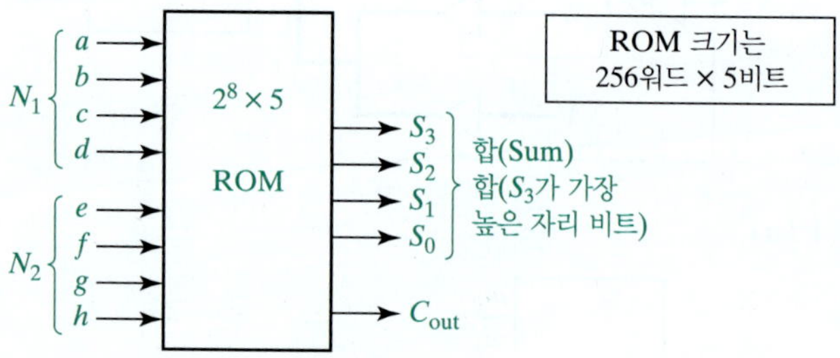

부분적인 진리표

	a	b	c	d	e	f	g	h	S_3	S_2	S_1	S_0	C_{out}
(0 + 0 = 0)	0	0	0	0	0	0	0	0	0	0	0	0	0
(1 + 2 = 3)	0	0	0	1	0	0	1	1	0	0	1	0	0
(5 + 7 = 12)	1	1	1	0	1	0	1	1	0	0	1	1	1
(8 + 9 = 17)	1	0	0	1	1	0	0	0	1	0	1	1	1

9.8 (a)

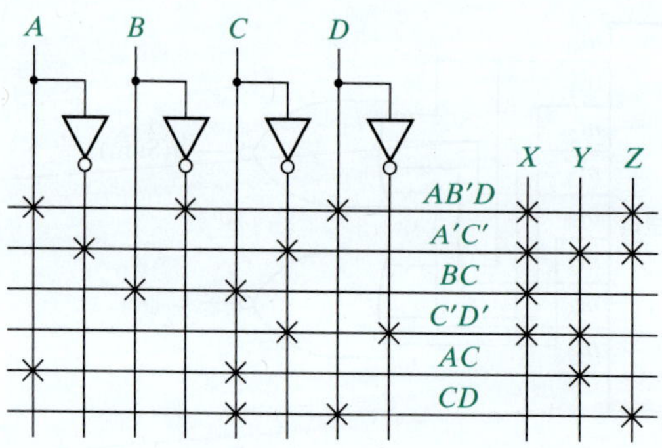

(b) ROM에 대한 진리표

A	*B*	*C*	*D*	*X*	*Y*	*Z*
0	0	0	0	1	1	1
0	0	0	1	1	1	1
0	0	1	0	0	0	0
0	0	1	1	0	0	1
0	1	0	0	1	1	1
0	1	0	1	1	1	1
0	1	1	0	1	0	0
0	1	1	1	1	0	1
1	0	0	0	1	1	0
1	0	0	1	1	0	1
1	0	1	0	0	1	0
1	0	1	1	1	1	1
1	1	0	0	1	1	0
1	1	0	1	0	0	0
1	1	1	0	1	1	0
1	1	1	1	1	1	1

9.9

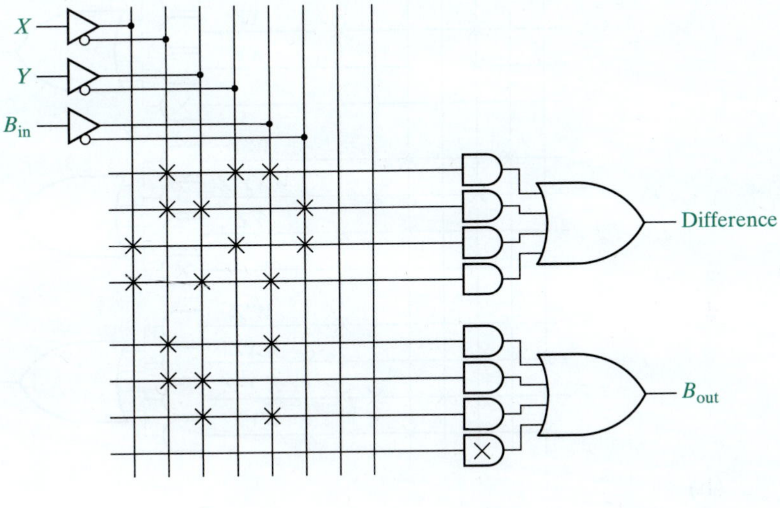

9.10 (a) $A_4 = W' + X'Y' \quad A_3 = WX'Y' \quad A_2 = W'X + XZ + XY$
$A_1 = W'Y + WXY'Z' + YZ \quad A_0 = W'Z + WXZ' + X'Y'Z + WYZ'$

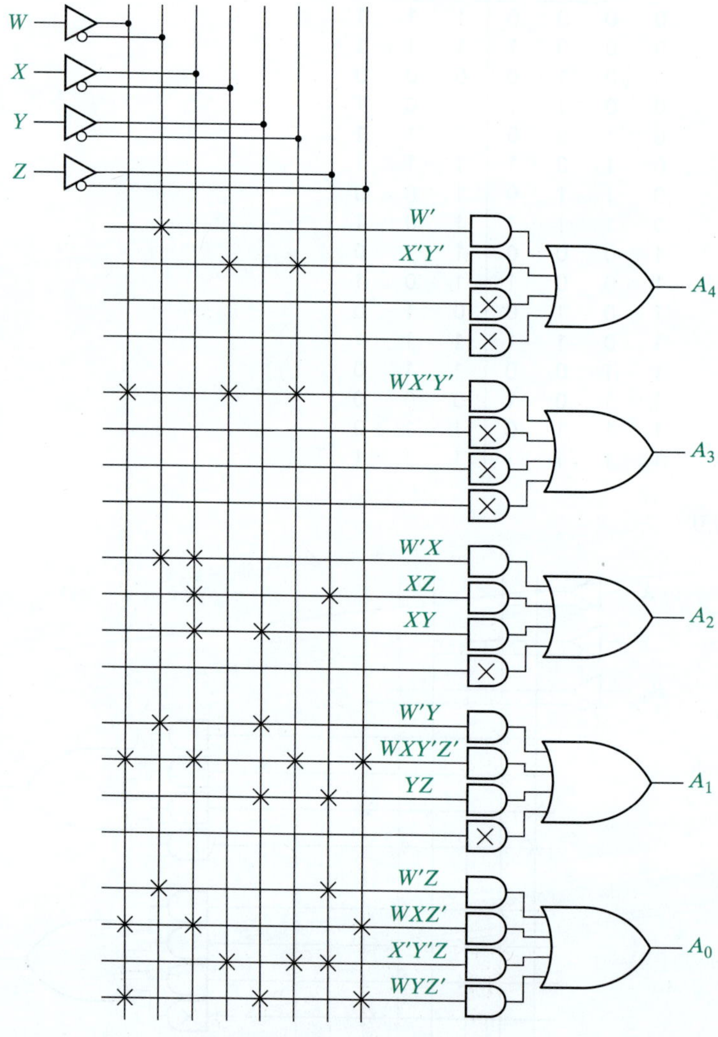

(b)

W	X	Y	Z	A_4	A_3	A_2	A_1	A_0
0	-	-	-	1	0	0	0	0
-	0	0	-	1	0	0	0	0
1	0	0	-	0	1	0	0	0
0	1	-	-	0	0	1	0	0
-	1	-	1	0	0	1	0	0
-	1	1	-	0	0	1	0	0
0	-	1	-	0	0	0	1	0
1	1	0	0	0	0	0	1	0
-	-	1	1	0	0	0	1	0
0	-	-	1	0	0	0	0	1
1	1	-	0	0	0	0	0	1
-	0	0	1	0	0	0	0	1
1	-	1	0	0	0	0	0	1

9.11 (a) 반전 없을 경우 3개의 AND 게이트

반전 있을 경우 $F = ac + b'c'd$이고 2개의 AND 게이트

(b) 반전 없을 경우 2개의 AND 게이트

반전 있을 경우 $F = ad + ac + bd + bc$, 4개의 AND 게이트

9.12 (b)

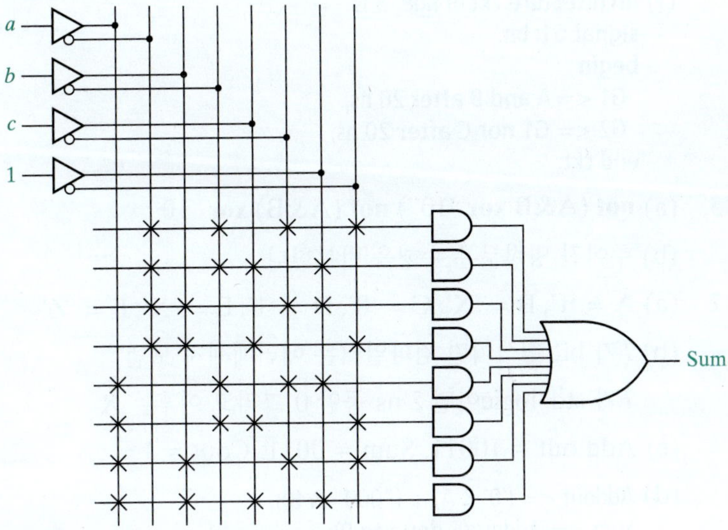

9.13 $F = b'(ade' + a'cd'e) + b((c'd'e + a'cd'e) + ac'de')$

10장 학습가이드 해답

1. (b) 두 개의 명령문은 5 ns에 실행된다. C와 D는 5 + Δ ns에 업데이트됨

   (c) M <= **not** M **after** 5 ns;

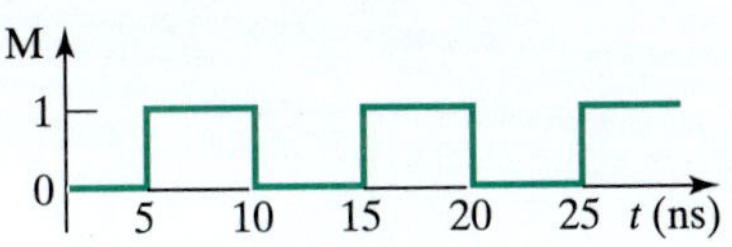

   (d) A <= (**not** B **and** C) **or** (B **and not** C);

2. (a)

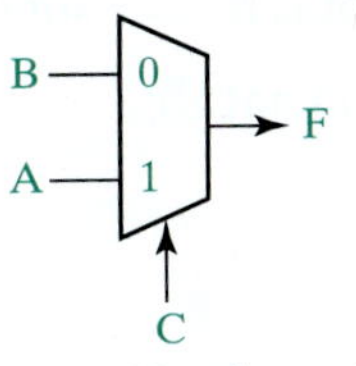

   (b) F <= '1' **when** A&B = "00" **else** '0' **when** A&B = "01" **elsc** C:

   (c)
```
AB <= A&B;
with AB select
   F <= '1' when "00", '0' when "01", C when "10", C when "11";
```

3. (c) 모든 (3 **downto** 0)를 (4 **downto** 0)로 바꿈

   (3 **downto** 1)을 (4 **downto** 1)로 바꿈

   Full adder를 하나 추가하라. FA4: FullAdder **port map** (A(4), B(4), C(4), Co, S(4));

   FA3의 Co를 C(4)로 바꿀 것

   (f)
```
architecture ckt of fig8_5 is
signal G1: bit;
begin
  G1 <= A and B after 20 ns;
  G2 <= G1 nor C after 20 ns;
end ckt;
```

5. (a) **not** (A&B **xor** "10") **not** (A&B) **xor** "10"

   (b) 주어진 명령문은 수행을 반복한다.

7. (a) A = '1', B = 'X', C = '0', D = '1', E = 'X', F = 'Z'

   (b) *F*가 bit 형식이면 컴파일러는 에러메세지 보냄

   *F*가 std_logic이면 2 ns 동안 0 그리고 이후는 X

   (c) Add out = 10011, Sum = 0011, Cout = 1

   (d)
```
Addout <= ('0' & A) + ("000" & B);
Sum <= Addout(5 downto 0);
Cout <= Addout(6);
```

   (e)

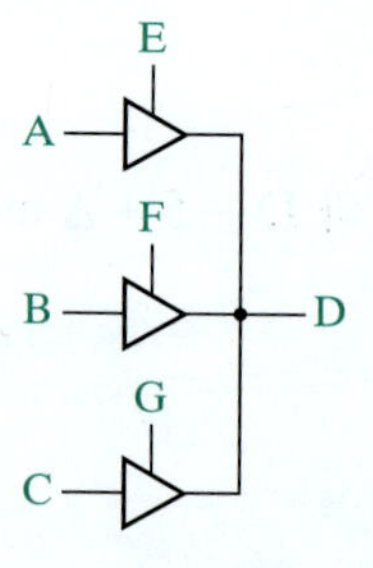

10장 문제 해답

10.1 (a) F <= **not** A **and** B **and** C; G <= D **and not** E; N <= F **xor** G; I <= **not** N;

(b) I <= **not** ((**not** A **and** B **and** C) **xor** (D **and not** E));

10.2

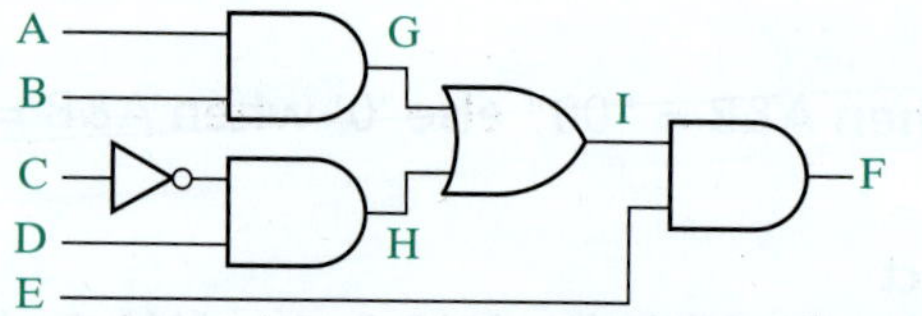

10.3 (a)

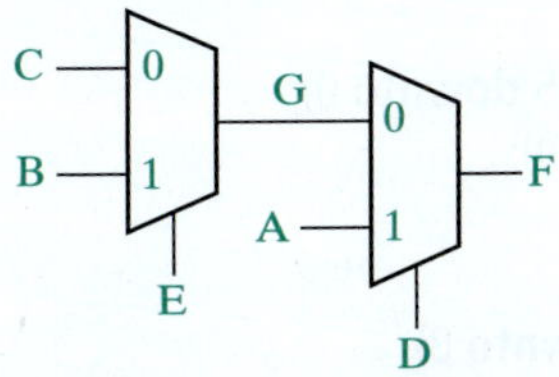

(b)

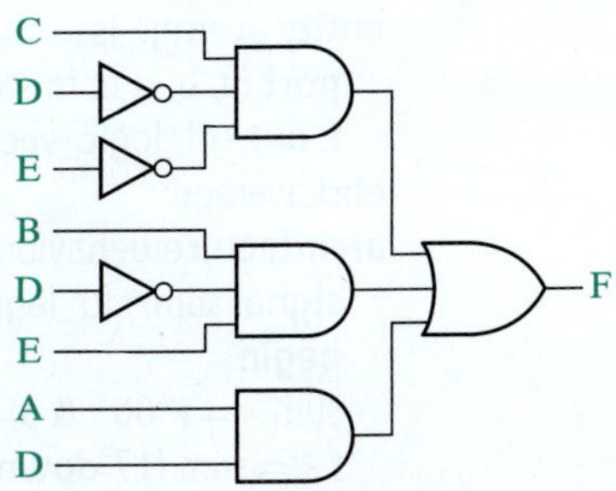

10.4

```
entity quad_mux is
   port (X, Y: in bit_vector(3 downto 0);
      A: in bit;
      Z: out bit_vector(3 downto 0));
end quad_mux;
architecture equations of quad_mux is
begin
   Z <= X when A = '0' else Y;
end equations;
```

10.5

```
entity ROM is
   port (A, B, Cin: in bit;
      Sum, Cout: out bit);
end ROM;
architecture table of ROM is
   type ROM8_2 is array(0 to 7) of bit_vector(1 downto 0);
   constant ROM1: ROM8_2 := ("00", "01", "01", "10", "01", "10", "10","11");
   signal index: integer range 0 to 7;
   signal S: bit_vector(1 downto 0);
   begin
      index <= vec2int(A&B&Cin);
      S <= ROM1(index);
      Sum <= S(0);
      Cout <= S(1);
end table;
```

10.6 (a) $F = 000001101$

(b) 표현식은 TRUE로 연산됨

10.7

```
entity average is
   port (a, b, c, d: in std_logic_vector(15 downto 0);
   f: out std_logic_vector(15 downto 0));
end average;
architecture behavioral of average is
   signal sum: std_logic_vector(17 downto 0);
   begin
   sum <= ("00" & a) + b + c + d;
   f <= sum (17 downto 2) + sum (1);
end behavioral;
```

10.8

```
Bus <= A when EnA = '1' else "ZZZZ";
Bus <= B when EnB = '1' else "ZZZZ";
Bus <= C when EnC = '1' else "ZZZZ";
Bus <= D when EnD = '1' else "ZZZZ";
Addout <= '0' & E + Bus;
Sum <= Addout(3 down to 0);
Cout <= Addout(4);
```

10.9 (a)

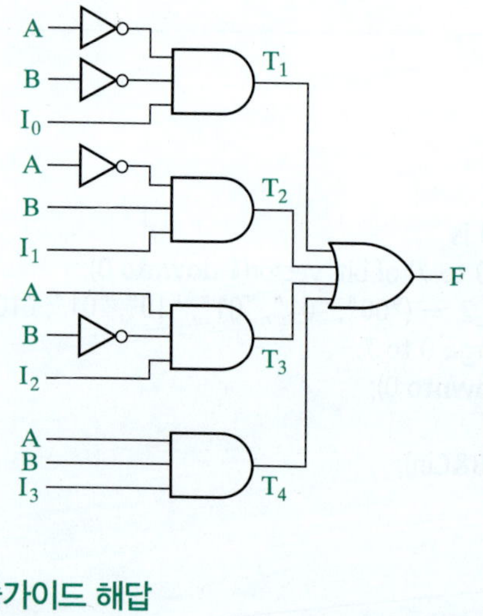

(b)

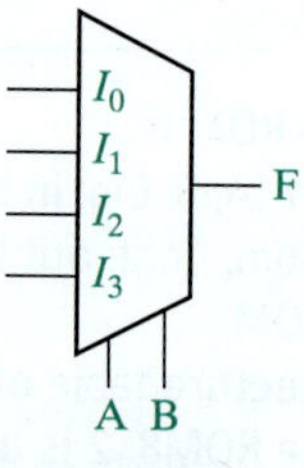


```
sel <= A&B;
with sel select
F <= I0 when "00", I1 when "01",
     I2 when "10", I3 when "11";
```

11장 학습가이드 해답

1. 왼쪽의 인버터는 1 출력을 가지고 오른쪽 인버터는 0 출력을 가짐
2. (b) $P = Q = 0$ (c) S와 R은 동시에 1이 될 수 없다.
3. (c)

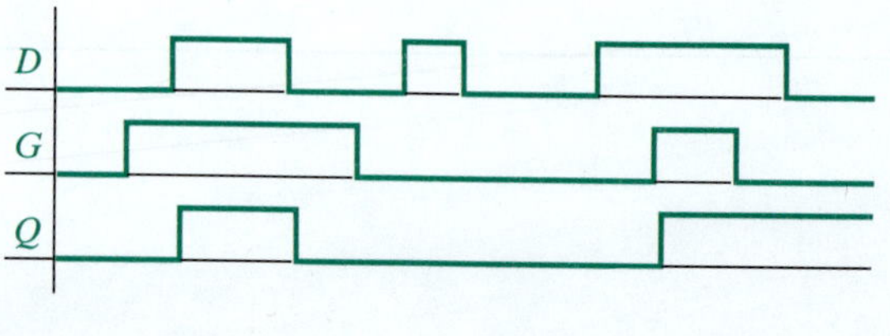

4. (b) Q는 처음 클럭의 상승에지에서 1로 바뀌고 3번째 클럭의 상승에지에서 0으로 돌아간다.

(d) 홀드타임 위반(D는 두 번째 하강에지 2 ns 후 안정되지 않는다)

(e) = 7ns

5. (c) 상승에지트리거 플립플롭에서 입력 값은 클럭의 상승에지에서 감지되고 클럭이 Low 구간에서 입력이 바뀔 수 있다. 마스터-슬레이브 플립플롭에서는 클럭이 Low 구간에서 입력이 바뀌면 플립플롭 출력이 오류일 수 있다.

6. (c)

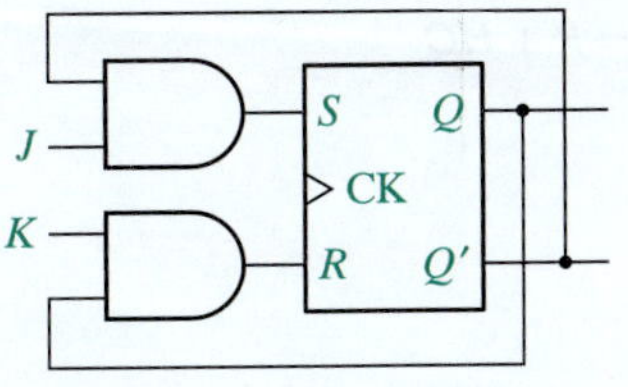

7. (b) Q는 시점 1과 2에서 값이 바뀐다.

8. (b)

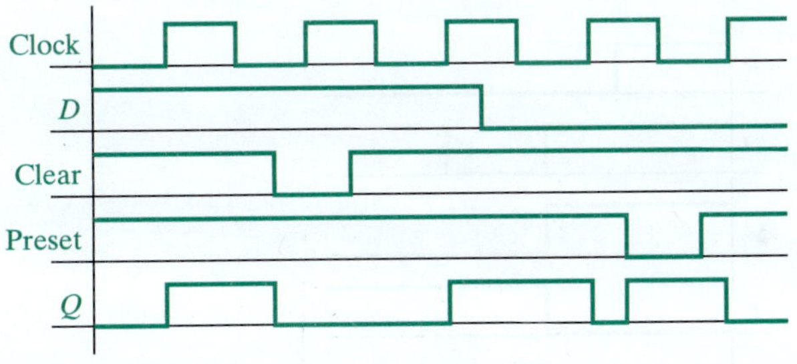

(c) CLK = 1이면, D 플립플롭의 클럭 입력에서 하강에지를 만들면서 출력을 변화시킨다. CLK = 0이면, 상승에지만 영향을 받고, 출력은 잘못된 타이밍에 변하지 않는다. CLK = 1이면 En은 변하지 않는다.

그림 11-31(b)와 (c)의 플립플롭은 클럭의 하강에지에서만 변할 수 있다.

(d)

CK	D	CE	ClrN	Q^+
x	x	x	0	0
x	x	0	1	Q (no change)
↓	0	1	1	0
↓	1	1	1	1
0,1,↑	x	1	1	Q (no change)

9. (b) $S = Q'T$, $R = QT$

T 대신 J, K로 연결된 것 빼고는 학습가이드 6(c)와 같은 결과이다.

11장 문제 해답

11.1

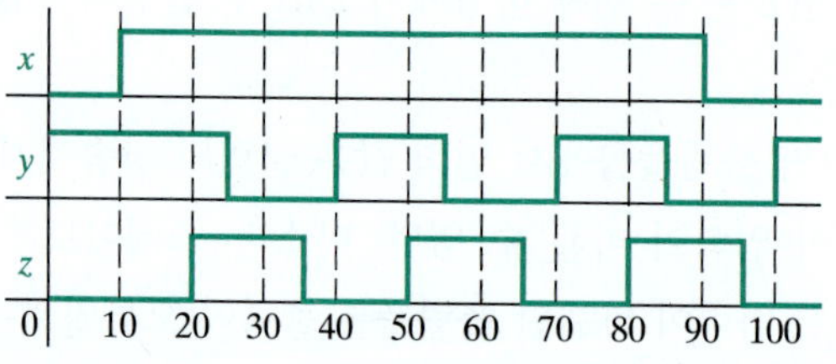

11.2 (a) $R = 1$, $H = 0$은 동시에 발생할 수 없다.

(b) $Q^+ = R + HQ$

R	H	Q	Q^+
0	0	0	0
0	0	1	0
0	1	0	0
0	1	1	1
1	0	0	X
1	0	1	X
1	1	0	1
1	1	1	1

(c)

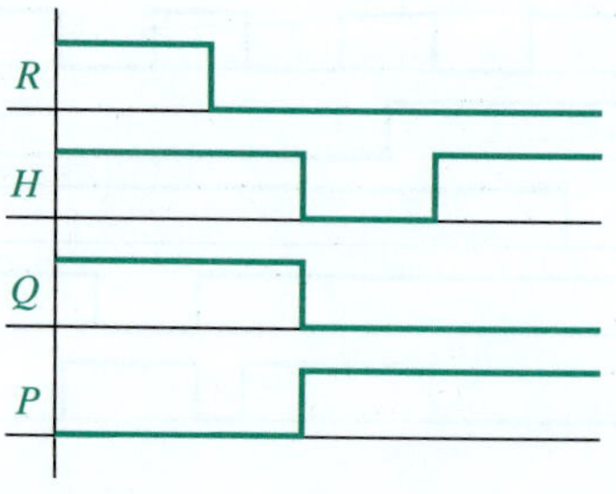

11.3

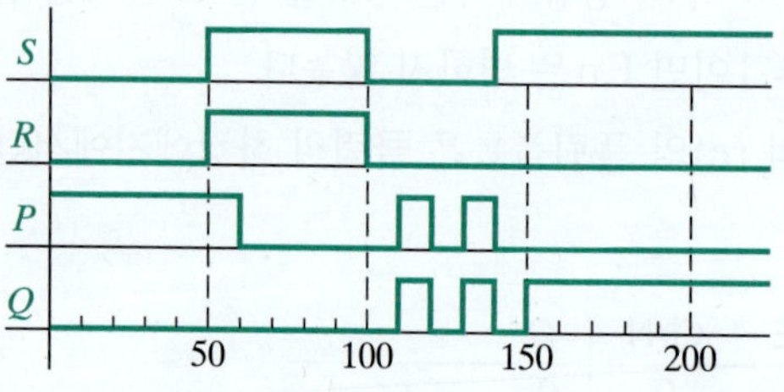

11.4

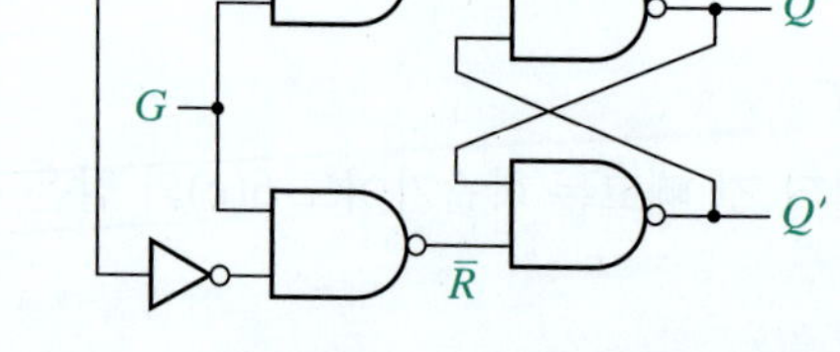

11.5 입력 G_1에 클럭을 직접 연결하고 인버터를 통해 클럭을 G_2에 연결한다.

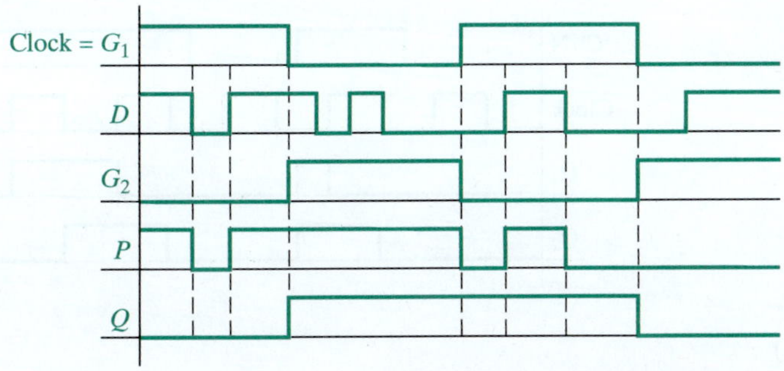

11.6 (a) $Q^+ = S'R + R'Q$ (b)

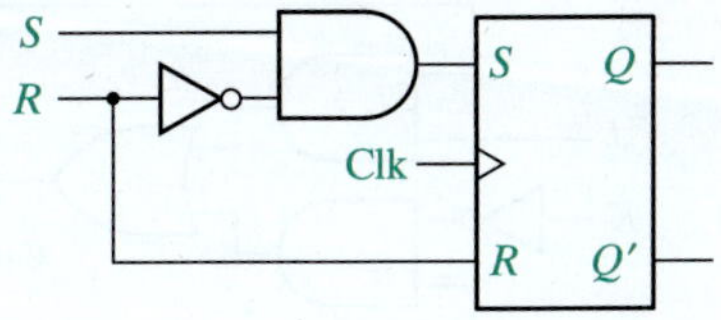

11.7

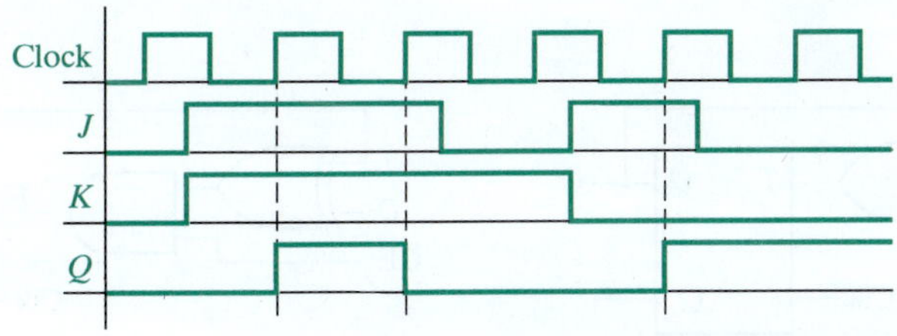

11.8

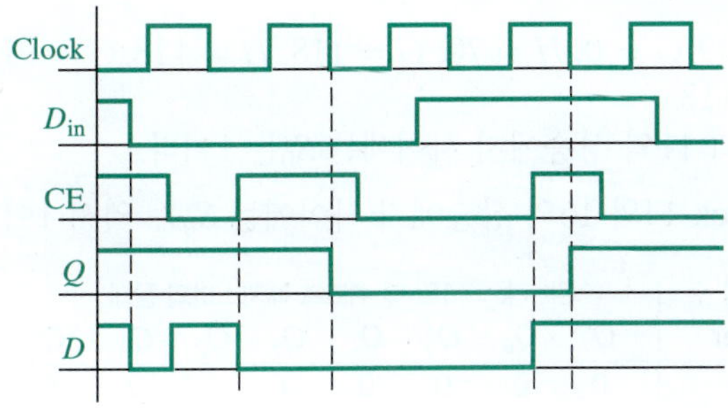

11.9 (a)

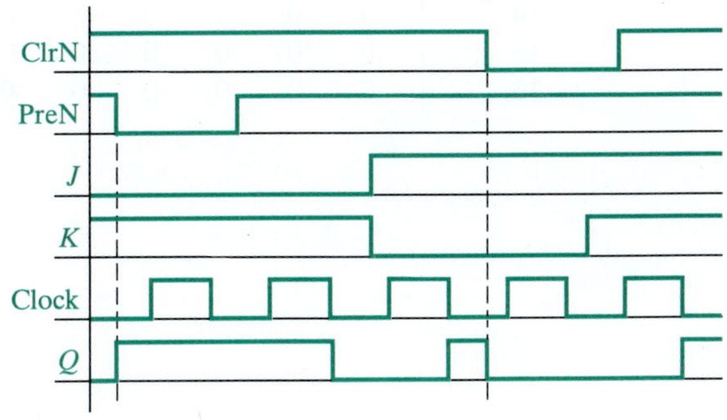

(b)

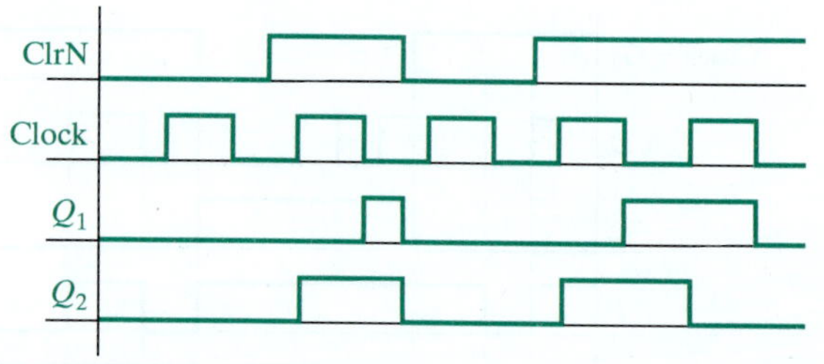

11.10 (a)

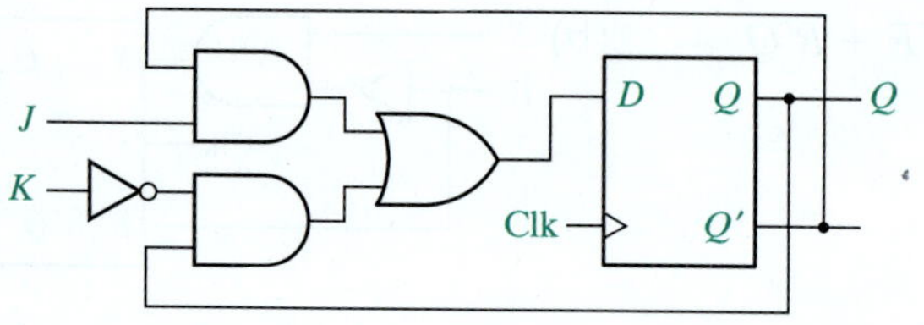

(b)

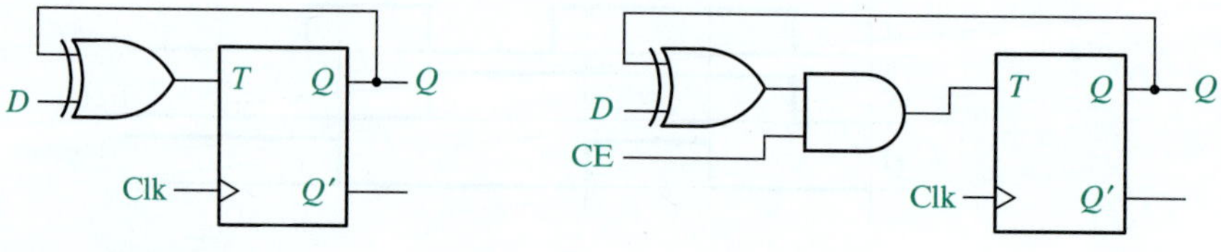

12장 학습가이드 해답

1. $G = 0, H = 249; G = 0, H = 70; G = 118, H = 118; G = 91, H = 118;$ $G = 91, H = 118$
2. (b) Clock 10과 11의 상승에지 사이에는 S_0는 1이다.

   그리고 clock 14와 16의 상승에지 사이에는 S_0는 역시 1이다.

클럭 사이클 수	Clock = 1일 때 쉬프트 레지스터의 상태							
Number	Q_7	Q_6	Q_5	Q_4	Q_3	Q_2	Q_1	Q_0
1	0	0	0	0	0	0	0	0
2	0	0	0	0	0	0	0	0
3	1	0	0	0	0	0	0	0
-	-	-	-	-	-	-	-	-
14	0	0	0	0	0	0	1	1
15	0	0	0	0	0	0	0	1
16	0	0	0	0	0	0	0	0

3. (b)

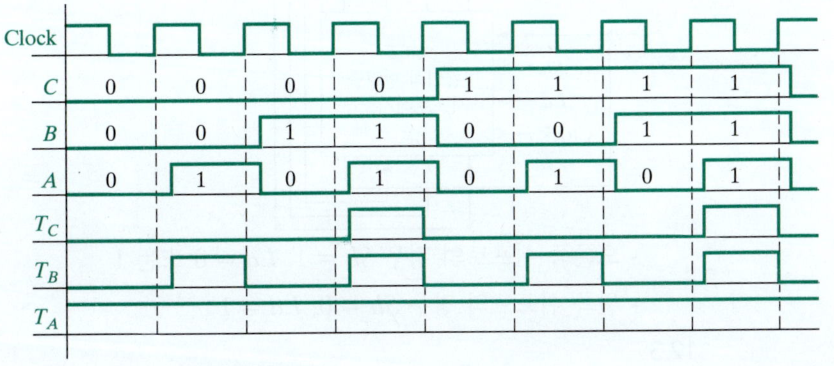

(d)

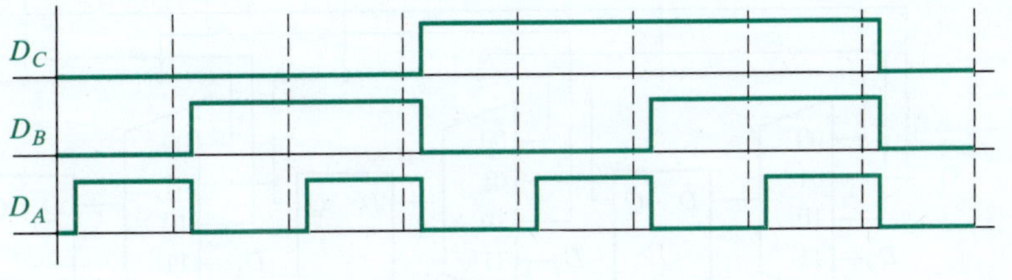

(f) 상태 101은 110으로 바뀌고, 110는 011로 바뀐다.

(g) 상태 001은 100으로 바뀌고, 101은 110로 바뀌고, 110은 011로 바뀐다.

4. (e)

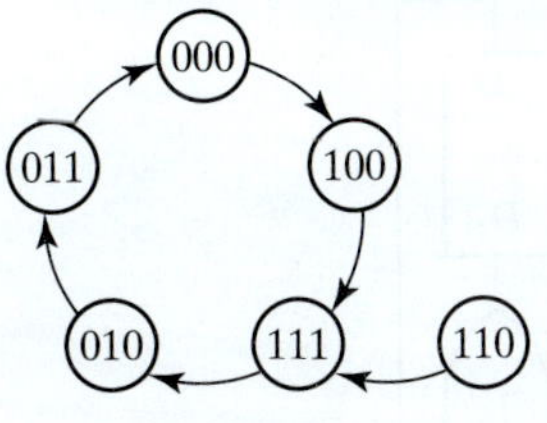

(k) $F_1 = 1 \quad F_2 = 0$

12장 문재 해답

12.1

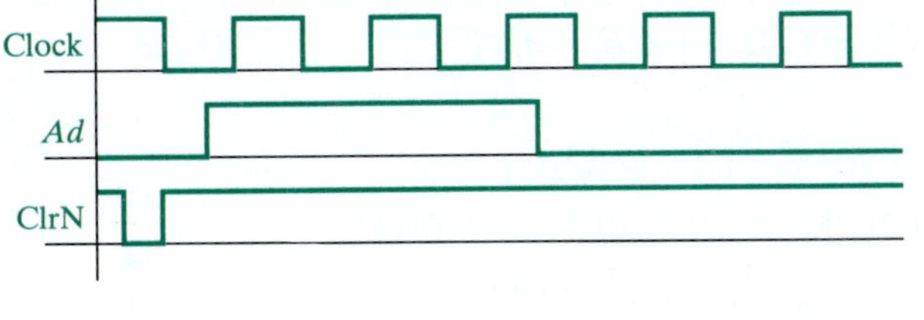

12.2

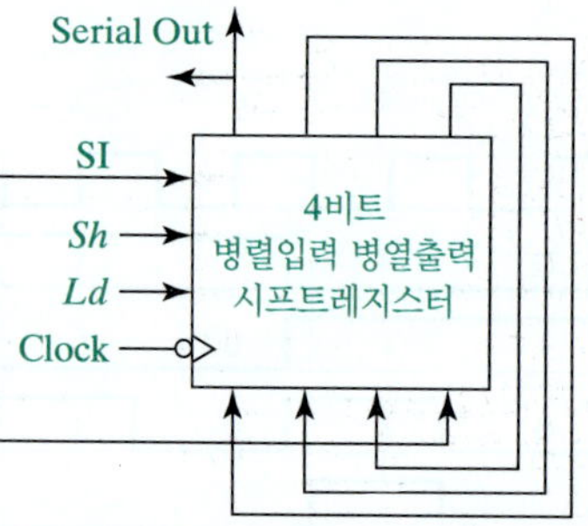

- 오른쪽 쉬프트의 경우 $Sh = 1$, $Ld = 0$ 또는 1
- 왼쪽 쉬프트의 경우 $Sh = 0$, $Ld = 1$

12.3

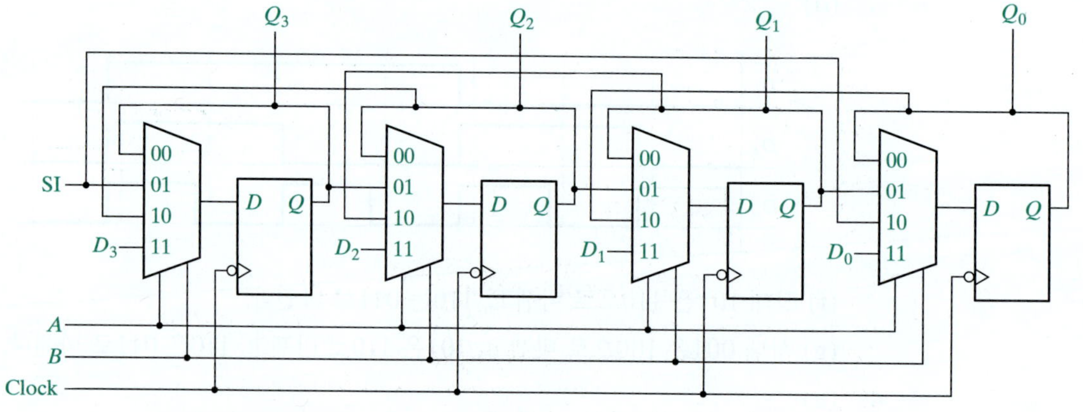

12.4 (a)

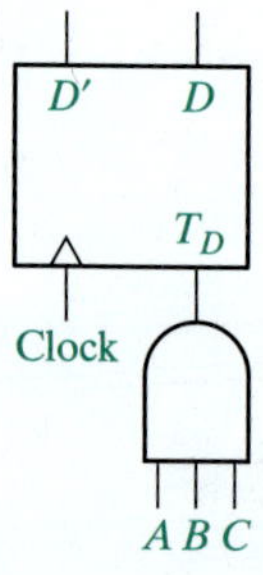

(b)

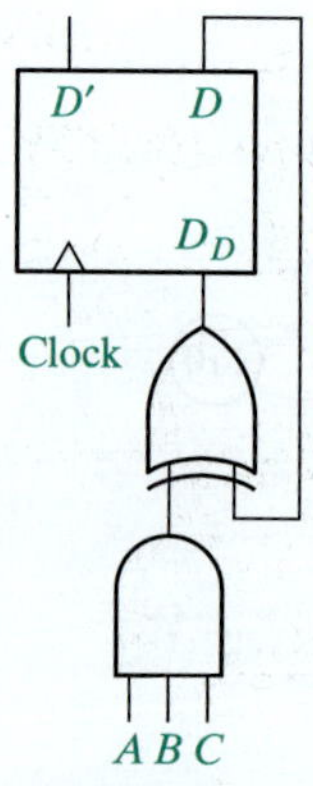

12.5 $D_D = D^+ = D'CBA + DC' + DB' + DA'$ $\quad D_B = B^+ = B'A + BA'$

$D_C = C^+ = C'BA + CB' + CA'$ $\quad D_A = A^+ = A'$

12.6 3개의 플립플롭 사용 : $Q_3Q_2Q_1$

여러 개의 답이 나올 수 있음. 그중 하나는;

$D_3 = Q_1 + Q_2Q_3'$ $\quad D_2 = Q_2'Q_3$

$D_1 = Q_1'Q_3'$

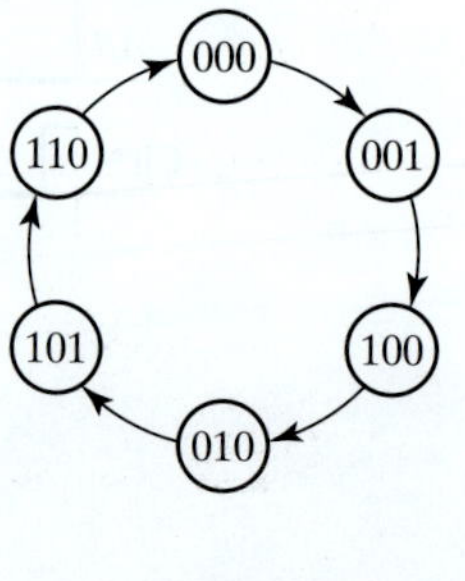

12.7 (a) $D_C = CA + BA'$ $\quad D_B = C' + BA'$
$D_A = B'A' + CB + C'B'$

만일 $CBA = 000$이면 다음 상태는 011

(b) $T_C = B'A' + C'A'$ $\quad T_B = C'B' + CBA$
$T_A = CB' + CA' + C'BA$

만일 $CBA = 000$이면 다음 상태는 110

12.8 (a) $J_C = A'$ $\quad J_B = C'$ $\quad J_A = C$
$K_C = B'A'$ $\quad K_B = CA$ $\quad K_A = CB' + C'B$

만일 $CBA = 000$이면 다음 상태는 110

(b) $S_C = BA'$ $\quad S_B = C'$ $\quad S_A = CA'$
$R_C = B'A'$ $\quad R_B = CA$ $\quad R_A = CB'A + C'B$

만일 $CBA = 000$이면 다음 상태는 010

12.9 (a)

Q	Q^+	M	N
0	0	0	X
0	1	1	X
1	0	X	0
1	1	X	1

(b) $M_C = B$ $\quad M_B = C'A$ $\quad M_A = C'$
$N_C = A$ $\quad N_B = C'$ $\quad N_A = C' + B$

13장 학습가이드 해답

2. (a) Mealy: 출력은 입력과 상태의 함수

Moore: 출력은 상태만의 함수

(b) 활성 클럭 에지 전

활성 클럭 에지 후

플립플롭 상태가 변화할 때

플립플롭 상태가 변화할 때 또는 입력이 변화할 때

(c) 활성 클럭 에지 바로 앞서

(d) Mealy: 상태가 다음 값으로 변화되었으나 입력이 아직 바뀌지 않은 경우 잘못된 출력이 나올 수 있다.

Moore: 출력이 입력의 함수가 아니므로 잘못된 출력이 나올 수 없다. 상태와 입력이 동시에 변화하면 출력오류를 제거할 수 있다.

아니오. 왜냐하면 처음 Mealy 회로의 출력은 활성 클럭 에지 전에 최종값으로 변할 수 있기 때문이다.

3. (a) 클럭 펄스 전

Q^+는 활성 클럭 에지 후의 플립플롭 Q의 상태를 의미[(즉, Q의 다음 상태(차기 상태)]

(c) Mealy: 출력은 상태들 간의 전이와 관련 있음

Moore: 출력 현재 상태와 관련 있음

(d) 현재: 활성 클럭 에지 동작 전

다음(차기): 클럭 펄스 후

(e) 출력은 상태에만 의존하고 입력과는 무관

4. (a) 1101 (c) 1001

(e)

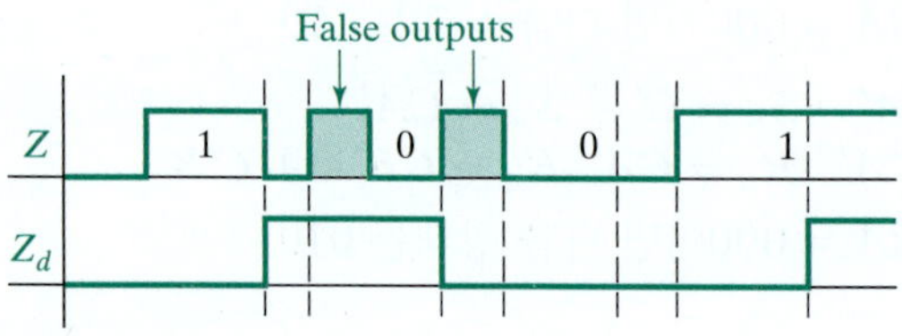

5. (a)

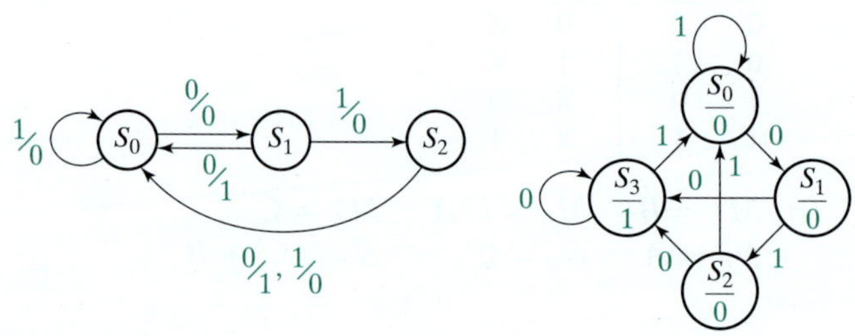

(c)

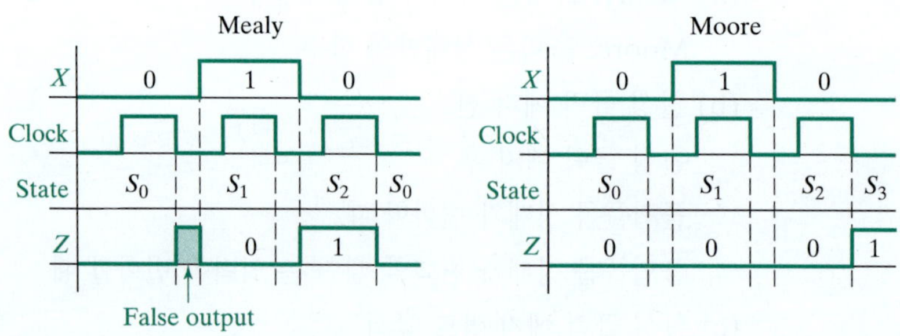

6. (a)

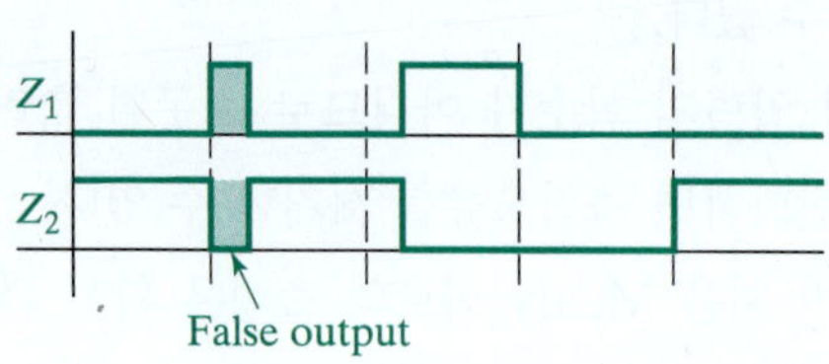

(g) $\delta(S_3, 1) = S_2$, $\lambda(S_3, 1) = 0$, $\delta(S_1, 2) = S_2$, $\lambda(S_1, 2) = 3$

13장 문제 해답

13.2

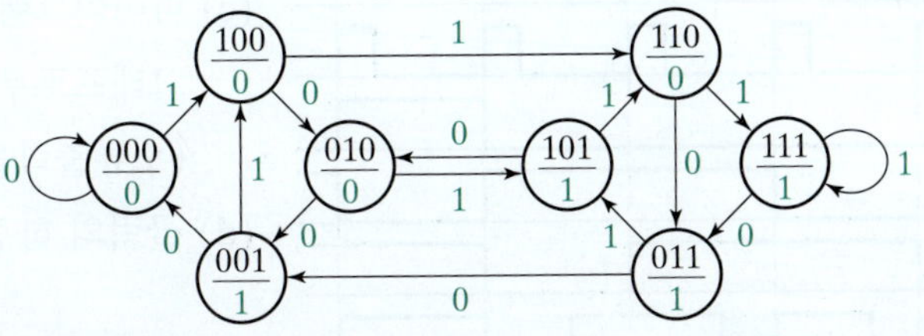

13.3 (a) $A^+ = A(B' + X) + A'(BX' + B'X)$ $B^+ = AB'X + B(A' + X')$

현재 상태 AB	다음 상태 (A^+B^+) $x = 0$	$x = 1$	Z
00	00	10	0
01	11	01	0
11	01	10	1
10	10	11	0

Moore 머신

(b) $Z = (0)00101$

(c)

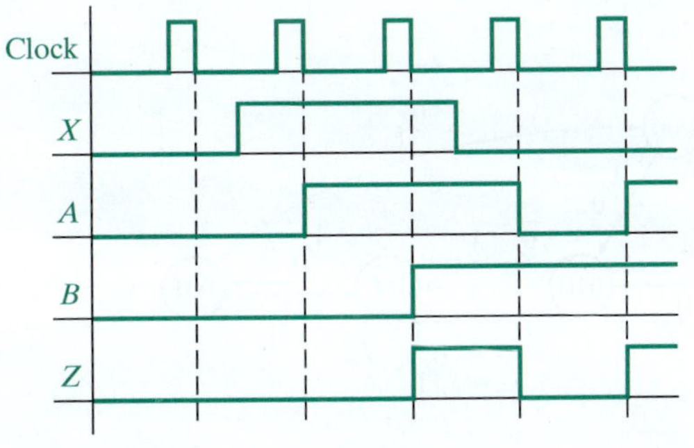

13.4 (a)

	$Q_1Q_2Q_3$	$Q_1^+Q_2^+Q_3^+$ $X = 0$	1	Z 0	1
S_0	0 0 0	001	001	0	1
S_1	0 0 1	011	011	0	1
S_2	0 1 0	100	101	1	0
S_3	0 1 1	010	011	1	0
S_4	1 0 0	001	001	0	1
S_5	1 0 1	011	011	0	1
S_6	1 1 0	100	101	1	0
S_7	1 1 1	010	011	1	0

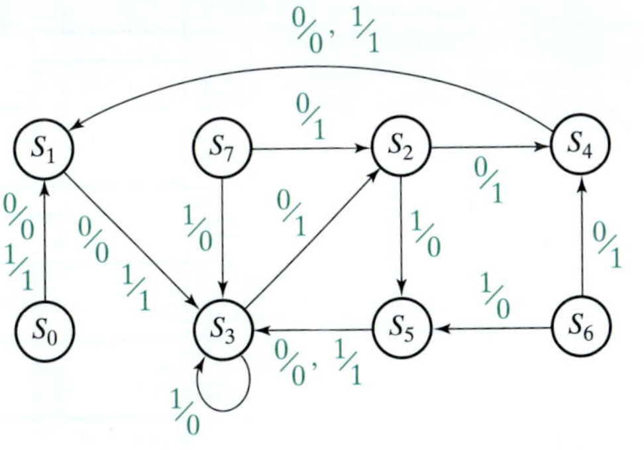

(b)

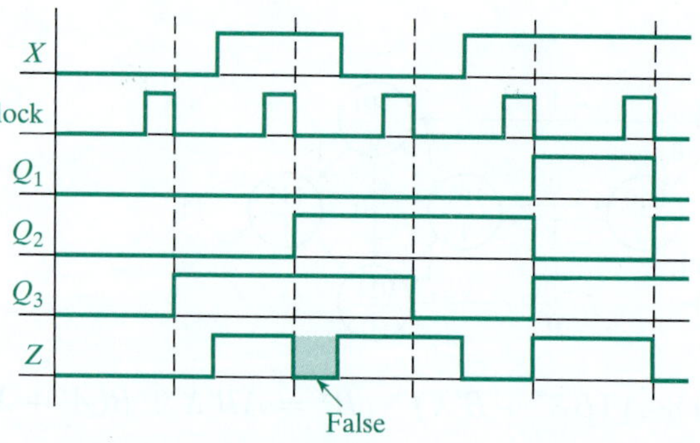

(c) 다이어그램으로부터: 0 1(0) 1 0 1
그래프로부터: 0 1 1 0 1
(오류출력을 제외하고 동일한 결과)

(d) 클럭의 하강에지에서 입력 변화

13.5 (a) Mealy 머신

(b)

	$A^+B^+C^+$		Z	
ABC	$X=0$	$X=1$	$X=0$	$X=1$
000	011	010	1	0
001	000	100	1	0
010	100	100	0	1
011	010	000	0	1
100	100	001	1	0

(c)

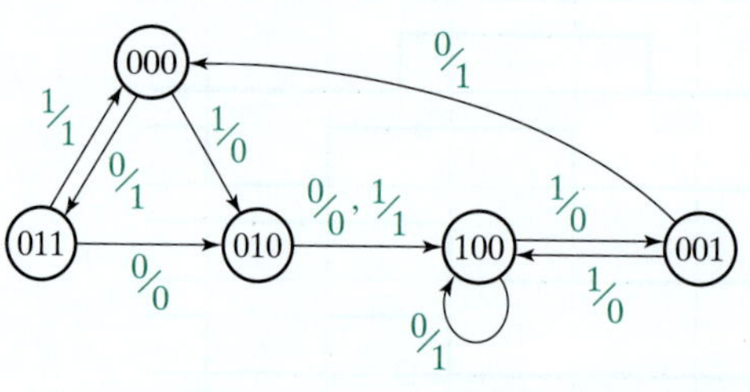

(d)

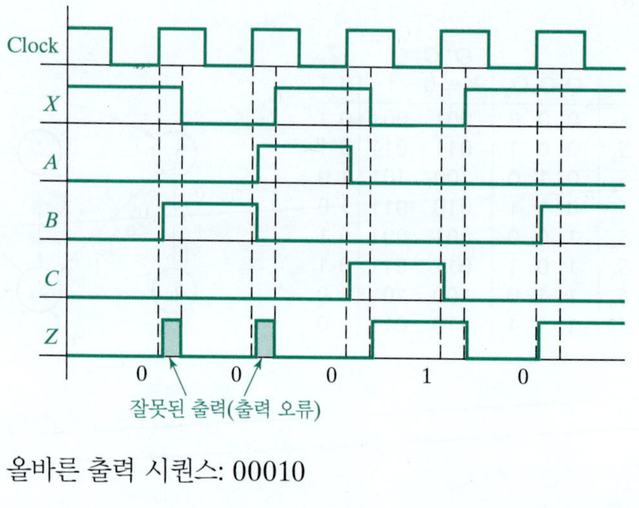

- 올바른 출력 시퀀스: 00010

13.6 (a) 14 ns

(b)

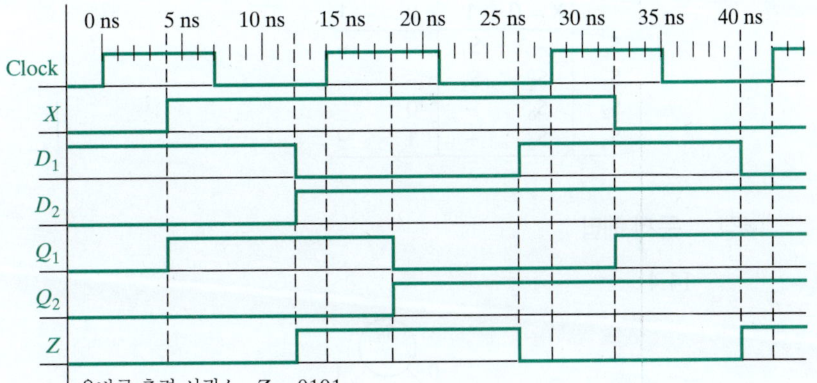

올바른 출력 시퀀스 : $Z = 0101$

(c)

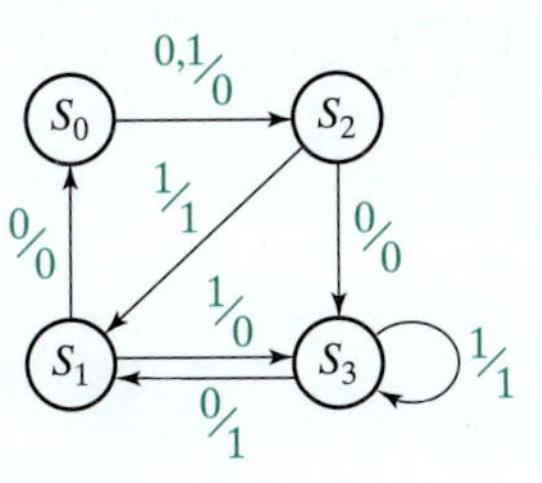

	다음 상태		Z	
	$X = 0$	$X = 1$	$X = 0$	$X = 1$
S_0	S_2	S_2	0	0
S_1	S_0	S_3	0	0
S_2	S_3	S_1	0	1
S_3	S_1	S_3	1	1

14장 학습가이드 해답

1. (b) 맨 아래 행 : 11 10 01 01

   (c) $J_A = BX'$ $K_A = X \oplus B$ $J_B = A + X$ $K_B = A$ $Z = AB'$

8. (a)

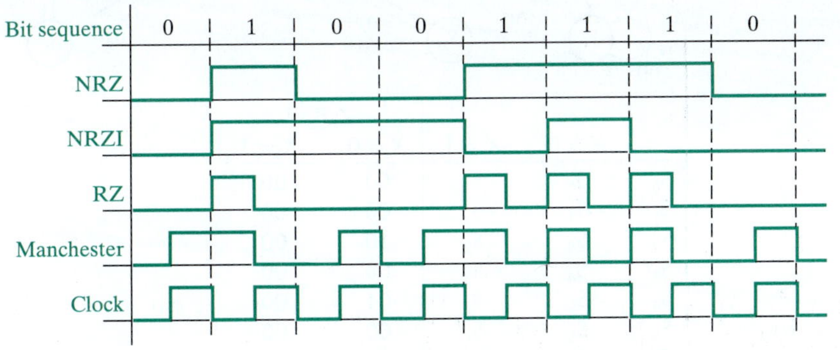

9. (b) N을 NS'로 변화시키고, S_3로 가는 루프 추가 : $S'N'/0$

	$NS =$ 00	01	10	11	Z 00	01	10	11
S_3	S_3	S_5	S_1	S_5	0	0	1	0

10. 세 번째 입력에 대한 출력은 'don't care'이다. 왜냐하면 3번째 입력은 오로지 '0'이기 때문이다.

	X = 0	1	0	1
S_0	–	S_1	–	–
S_1	S_2	S_3	–	–
S_2	S_0	–	0	–
S_3	S_0	–	1	–

14장 문제 해답

14.4

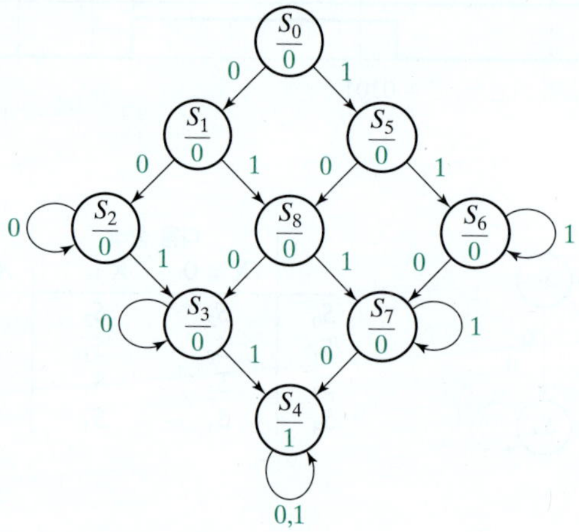

14.5

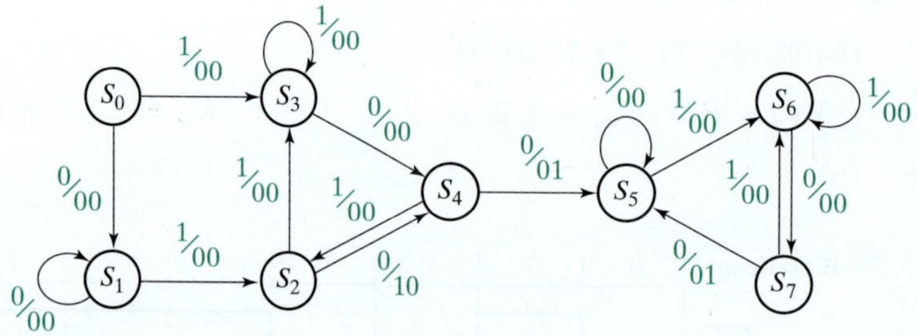

	X = 0	X = 1	Z_1Z_2 X = 0	Z_1Z_2 X = 1
S_0	S_1	S_3	00	00
S_1	S_1	S_2	00	00
S_2	S_4	S_3	10	00
S_3	S_4	S_3	00	00
S_4	S_5	S_2	01	00
S_5	S_5	S_6	00	00
S_6	S_7	S_6	00	00
S_7	S_5	S_6	01	00

14.6

	X_1X_2 = 00	01	10	11	Z
S_0	S_0	S_1	S_3	S_2	0
S_1	S_0	S_1	S_3	S_2	0
S_2	S_4	S_1	S_3	S_2	0
S_3	S_4	S_1	S_3	S_2	0
S_4	S_4	S_5	S_7	S_6	1
S_5	S_0	S_5	S_7	S_6	1
S_6	S_4	S_5	S_7	S_6	1
S_7	S_0	S_5	S_7	S_6	1

(4상태 해법도 가능하다.)

14.7

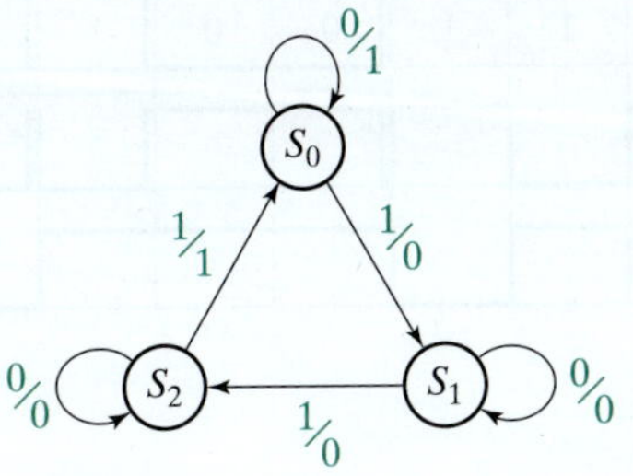

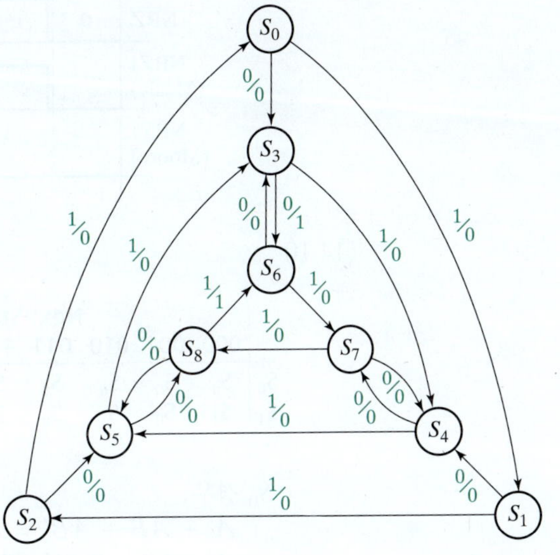

14.8 (a)

	X_1X_2 = 00	01	10	11	Z_1Z_2 00	01	10	11
S_0	S_1	S_2	S_3	S_4	00	00	00	00
S_1	S_1	S_2	S_3	S_4	00	10	10	10
S_2	S_1	S_2	S_3	S_4	01	00	10	10
S_3	S_1	S_2	S_3	S_4	01	01	00	10
S_4	S_1	S_2	S_3	S_4	01	01	01	00

(b)

	X_1X_2 = 00	01	10	11	Z_1Z_2
S_0	S_1	S_4	S_7	S_{10}	00
S_1	S_1	S_3	S_6	S_9	00
S_2	S_1	S_3	S_6	S_9	01
S_3	S_2	S_4	S_6	S_9	10
S_4	S_2	S_4	S_6	S_9	00
S_5	S_2	S_4	S_6	S_9	01
S_6	S_2	S_5	S_7	S_9	10
S_7	S_2	S_5	S_7	S_9	00
S_8	S_2	S_5	S_7	S_9	01
S_9	S_2	S_5	S_8	S_{10}	10
S_{10}	S_2	S_5	S_8	S_{10}	00

14.9 (a)

	$X = 0$	1	$X = 0$	1
S_0	S_0	S_1	0	1
S_1	S_1	S_0	1	0

(b)

	$X = 0$	1	
S_0	S_0	S_1	0
S_1	S_1	S_0	1

(c, d)

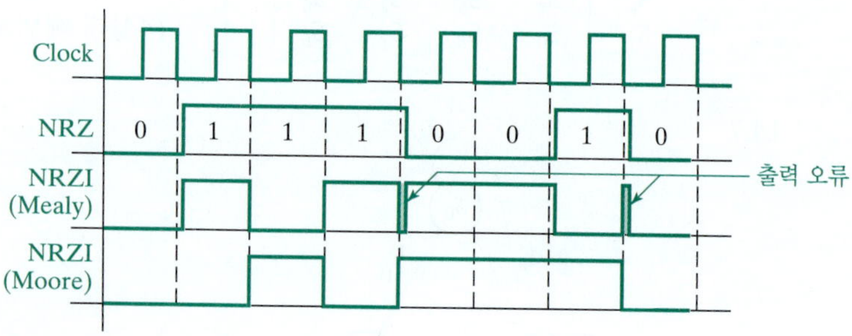

14.10

	Next State								Output (*DEF*)							
	000	001	010	011	100	101	110	111	000	001	010	011	100	101	110	111
S_0	S_0	S_0	S_0	S_0	S_1	S_1	S_0	S_0	100	100	100	100	010	010	001	001
S_1	S_1	S_0	S_1	S_0	S_1	S_0	S_1	S_0	110	000	110	000	101	000	101	000

S_0 경우:

$A' + AB + AB' = A' + A = 1$
$A' \cdot AB = 0; A' \cdot AB' = 0;$
$AB \cdot AB' = 0$

S_1 경우:

$A'C' + AC' + C = C' + C = 1$
$A'C' \cdot AC' = 0;$
$A'C' \cdot C = 0; AC' \cdot C = 0$

14.11

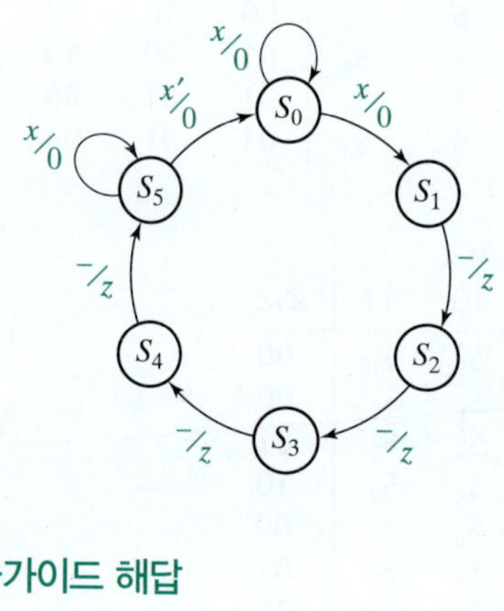

15장 학습가이드 해답

2. (b) $\lambda(p, 01) = 00$ 그리고 $\lambda(q, 01) = 01$ 따라서 $p \not\equiv q$

(c) 아니오. 회로들이 등가임을 알리기 위해서는 무한대의 테스트 시컨스를 시도해야 함.

(d) $S_2 \equiv S_3$ iff $S_1 \equiv S_5$이면 $S_4 \equiv S_2$이다. 그러나 출력이 다르므로 $S_1 \not\equiv S_5$이다. 따라서 $S_2 \not\equiv S_3$이다.

3. (a)

b	X				
c	X	a-d a-b			
d	a-g b-f	X	X		
f	X	a-g	a-d b-g	X	
g	X	a-f	a-d b-f	X	✓
	a	b	c	d	f

(b) $f \equiv g$

(c) $a \equiv c, b \equiv d, b \equiv e, d \equiv e$

	0	1	0	1
a	b	a	0	1
b	b	b	0	0

6. (a) 1) 회로에 대해 어떤 입력 시컨스는 일어나지 않음.

2) 오직 일정 구간에서만 출력을 관찰할 수 있음.

(b)

S_1	S_1, S_2		
S_2	X	S_0, S_3	
S_3	S_1, S_2	X	X
	S_0	S_1	S_2

최대 등가 상태들 : $(S_0, S_1), (S_1, S_2), (S_0, S_3)$. (S_0, S_3)와 (S_1, S_2)는 2상태 축소 표를 만들 수 있다.

	$X = 0$	1	0	1
$(S_0, S_3) = S_0$	S_1	S_0	0	1
$(S_1, S_2) = S_1$	S_1	S_0	1	0

(c)

	$X = 0$	1	0	1
S_0	–	S_1	–	–
S_1	S_2	S_3	–	–
S_2	S_0	–	0	–
S_3	S_0	–	1	–

	$X = 0$	1	0	1
$(S_0, S_1, S_2) = S_0$	S_0	S_1	0	–
$(S_0, S_1, S_3) = S_1$	S_0	S_1	1	–

S_1	S_1, S_3		
S_2	✓	S_0, S_2	
S_3	✓	S_0, S_2	X
	S_0	S_1	S_2

최대 등가 상태들: (S_0, S_1, S_2), (S_0, S_1, S_3)

7. (b) $Z = X'AB' + XA'BC'$

8. (b) 열을 교체하거나 열값을 반전한다고 해도 대칭 플립플롭에서는 회로의 비용에는 영향이 없음.

(c) 열값들을 반전(처음 행 값을 모두 0으로 만듦)한다고 회로의 비용에는 변화 없음.

(f) 열들을 왼쪽에서 오른쪽으로 번호를 붙이면, 열 3과 열 4는 같고, 열 2는 열 5를 반전시킨 것이고, 열 1은 열 6을 반전시킨 것이다.

9. (e)

$D_1 = XQ_1' + XQ_3 + Q_2Q_3' + X'Q_1Q_2'$ or $D_1 = XQ_1' + XQ_2 + Q_2'Q_3 + X'Q_1Q_3'$,
$D_2 = Q_3, D_3 = X'Q_3 + XQ_2Q_3' + (Q_1'Q_3 \text{ or } Q_1'Q_2)$
$Z = XQ_2Q_3 + X'Q_2'Q_3 + X'Q_2Q_3'$

(f) $J_1 = X, K_1 = X'Q_2Q_3 + XQ_2'Q_3'$

11. (b) $Q_5^+ = XQ_2 + X'YQ_2 + X'Q_5$

(c) $Q_2^+ = Q_1M$
$Q_3^+ = Q_2K + Q_1KM'$

(d) $Ad = Q_1M$
$Done = Q_3$

15장 문제 해답

15.1 (a)

Present State	Next State $X = 0$	$X = 1$	Output $X = 0$	$X = 1$
A	A	C	1	0
B	C	F	0	0
C	B	A	0	0
F	B	F	1	0

(b)

Input	1	0	0
Output (from B)	0	1	0
Output (from G)	0	1	1

15.2

Present State	Next State $X = 0$	$X = 1$	Output
a	c	c	1
c	d	f	0
d	f	a	1
f	c	d	0

15.3 (a) 아니오. 상태 S_2와 S_4는 Mr. 1pflop의 설계에서 해당되는 상태가 없음

(b) 상태 S_0에서 출발하여 S_2, S_4에 도달할 방법이 없으므로, 두 개의 *회로*는 같은 기능을 수행함

15.4 (a) $D = X_1'X_2Q' + X_1X_2'Q' + X_2'X_3Q + X_2X_3'Q$

(b) $S = X_1'X_2Q' + X_1X_2'Q'$
$R = X_2'X_3'Q + X_2X_3Q$

15.5 (a) 오직 *하나*의 상태할당 —000 011 101 또는 001 010 100 등등

(b)

000	000	000	000	000	000	000	000	000	000	
001	001	001	001	001	001	001	001	001	001	등등
010	010	010	010	011	011	011	011	110	110	
100	101	110	111	100	101	110	111	010	011	

15.6 (a)

BC \ A	0	1
00	**S_1**	**S_2**
01	**S_4**	**S_3**
11	**S_6**	**S_5**
10	**S_7**	**S_8**

$Z = A$

(b)

BC \ A	0	1
00	**S_1**	**S_8**
01	**S_7**	**S_5**
11	**S_3**	**S_4**
10	**S_2**	**S_6**

$D_A = A^+ = A'B' + XA' + X'AC'$
$D_B = B^+ =$ etc.
$D_C = C^+ =$ etc.

15.7 (a)

Q_2Q_3 \ Q_1	0	1
00	***A***	***C***
01	***B***	***E***
11	***F***	
10	***D***	

(b) $D_1 = XQ_1$
$D_2 = Q_1'Q_3' + X'Q_1'$
$D_3 = X'Q_1'Q_3' + XQ_1'Q_3 + \{XQ_2' \text{ or } Q_2Q_3\}$
$Z = XQ_1$

15.8 (a) $A = 00,\ B = 01,\ C = 10,\ D = 11$

(b) $T_1 = X_1'X_2Q_2' + X_1'Q_1Q_2 + X_1Q_1'Q_2 + X_1X_2'$
$T_2 = X_1Q_1'Q_2' + X_1Q_1Q_2$
$Z_1 = X_1Q_2,\ Z_2 = X_1'Q_1 + Q_1Q_2'$

15.9

		Q_1	Q_2	Q_3
할당	S_0	1	0	0
	S_1	0	1	0

$D_1 = X'Q_1 + XY'Q_3$
$D_2 = XQ_1 + YQ_3 + X'Q_2$
$D_3 = XQ_2 + X'Y'Q_3$
$P = XQ_1 + Y'Q_3 + XQ_2$
$S = X'Q_1 + XY'Q_3$

16장 학습가이드 해답

1. (a) 입력시컨스가 거꾸로 된 순서로 리스팅 됨.
2. (b) m개의 입력신호 필요. $2^{m-1} < n \le 2^m$
3. (b) 64워드 × 7 비트
   (d) $Z = 0,\ D_1 = 1,\ D_2 = 1,\ D_3 = 0;$ $Q_1Q_2Q_3 = 110$
8. (a) 예
   (c) 예

9. (a) 클럭 후(상태가 막 변화되었을 때) 그리고 입력이 새로운 값으로 세팅되었을 때 출력이 오류가 날 수 있다(출력 오류).

   (b) 아니오. 활성 클럭 에지 전에는 출력은 항상 올바르다.

16장 문제 해답

16.14

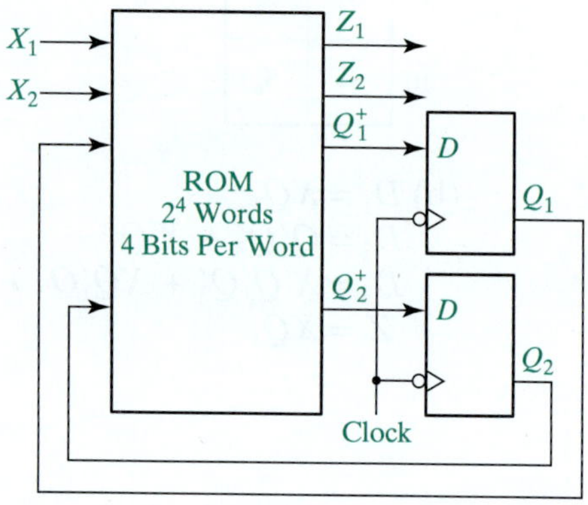

X_1	X_2	Q_1	Q_2	Q_1^+	Q_2^+	Z_1	Z_2
0	0	0	0	1	1	0	0
0	0	0	1	0	0	1	0
0	0	1	0	1	1	0	0
0	0	1	1	1	0	0	0
0	1	0	0	1	0	1	0
0	1	0	1	0	1	1	0
0	1	1	0	0	0	1	0
0	1	1	1	1	0	0	0
1	0	0	0	0	1	1	1
1	0	0	1	1	0	1	1
1	0	1	0	0	1	1	1
1	0	1	1	0	1	0	1
1	1	0	0	0	0	0	1
1	1	0	1	1	1	1	1
1	1	1	0	0	1	0	1
1	1	1	1	0	0	0	1

16.15 (a) 그림 16-10과 같고, ROM은 PLA로 대체됨.

(b)

X	A	B	C	Z	D_A	D_B	D_C
0	－	－	－	0	1	0	0
0	－	－	0	0	0	1	0
－	0	－	1	0	0	1	0
－	0	1	－	0	0	1	0
－	1	－	－	0	0	0	1
1	－	0	－	0	0	0	1
0	1	0	1	1	0	0	0
1	0	1	0	1	0	0	0

16.16 (a)

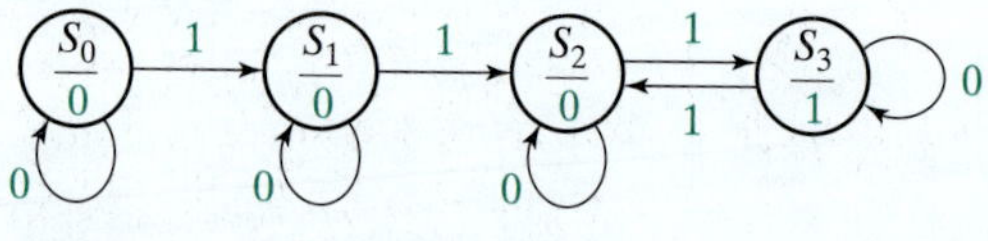

(b) $a_{i+1} = a_i + x_i b_i = [a_i'(x_i b_i)']'$ $\quad b_{i+1} = x_i b_i' + x_i' b_i = [(x_i b_i')'(x_i' b_i)']'$
$z = a_{n+1} b_{n+1}$

(c) $a_1 = b_1 = 0, a_2 = 0, b_2 = x_1$

(d) 한 개의 출력을 가진 그림 16-9와 비슷하다.

17장 학습가이드 해답

1. (a) CLK의 하강에지 발생 시

(b) St, Q_1 또는 V의 변화가 있을 때마다

(c) S_3, S_4 명령을 수행

(d) 코드는 비동기, low 활성, clear, preset을 가진 상승에지 동작 D 플립플롭을 나타낸다. ClrN이 더 높은 우선순위를 가지므로 ClrN과 SetN이 '0'이면 Q는 '0'으로 셋팅된다.

(e) SN과 RN신호는 J, K, 클럭 에지를 할 수 있다. 이때 Q는 '0'가 된다. (동작 무시)

(f) 8 ns의 지연시간 때문에 Q_{int}의 옛날 값을 가진다.

2. (a)
```
entity register is
port (CLK, CLR, Ld: in bit; D: in bit_vector (3 downto 0);
   Q: out bit_vector (3 downto 0));
end register;

architecture eqn of register is
begin
   -- Given code here
end eqn;
```

(b) Q는 $10 + \Delta$ ns에 바뀐다.

(c) VHDL 코드의 6번째 라인을 다음과 같이 바꿔라.

```
elsif LS = '1' then Q <= Q (2 downto 0) & Q (3);
```

(d) 표시된 라인의 코드를 다음과 같이 바꿔라.

```
line 3: process (ClrN, CLK)
lines 5 to 7: if ClrN = '0' then Q <= "0000";
              elsif CLK'event and CLK = '1' then
                 if En = '1' then Q <= Q + 1;
```

(e) Carry1 = '1'일 때, 그리고 Q_{out1} = '0000', Qout2 = '1111'

(f) 오버로드 '+' 동작자가 bit-vector로 정의되지 않음

(g) 상승에지 후, Qout1 = '0000', Qout2 = '1010'

(h)

Control Signals			Next State			
ClrN	LdN	PT	Q_3^+	Q_2^+	Q_1^+	Q_0^+
X	0	X	D_3	D_2	D_1	D_0
X	1	1	Present state + 1			
0	1	0	0	0	0	0
1	1	0	Q_3	Q_2	Q_1	Q_0

3. (a)
```
process (A, B, D)
begin
   E <= (A and B) or D after 5 ns;
end process;
```

4. (a) 다음상태 = $S4$, $Z = 1$

(b) 7개의 상태가 있다. 그리고 정수를 표현하는 데 사용된 비트 수는 범위를 정의한다. X가 '1'로 바뀌면, Next state = 2, Z = 0이다. 그 다음 CLK가 '1'로 바뀌면 State = 2, Next state = 4, Z = 1이 된다.

(c) 상태 변화 시점이 X값 변화 시점의 차이로 process (State, X)가 두 번 수행되어 글리치가 발생되고, 따라서 Next state가 두 번 업데이트 된다. 이 글리치는 상태에 영향이 없다. 왜냐하면 다음 상승 클럭 에지가 올 때까지 상태가 업데이트 되지 않기 때문이다.

(d) CLK에지에서 Q_1, Q_2, Q_3가 업데이트되어야 하므로, 다른 신호들은 sensitivity list에 들어가면 안 된다. 새로운 값은 5 ns에 계산되고 15 ns에 업데이트 된다.

(e) 명령은 13, 14, 18이 수행된다.

(f) ROM 출력 = 1100

5. (a) En을 CE와 연결하고 A를 D와 연결하라.

(b) 그림 11-31(c)를 보라(상승에지트리거로 바꿔라).

(c) 4개의 D-CE 플립플롭을 사용하라. ASR을 모든 CE 입력에 연결하고 D3는 Q3, D2는 Q3, D1은 Q2, D0는 Q1에 연결하라. Q3...Q0를 A(3)...A(0)로 레이블하라.

6. (a)
```
process
begin
  A <= B or C;
  wait on B, C;
end process;
```

(b) 2ns(지연시간 없이 두 개의 순서회로만이 수행된다.)

17장 문제 해답

17.1 T 플립플롭 구현하는 코드

```
entity tff is
  port (t, clk, clrn: in bit;
           q, qn: out bit);
end tff;
architecture eqn of tff is
signal qint: bit; -- Internal value of q
begin
q <= qint;
qn <= not qint;
process (clk, clrn)
begin
  if clrn = '0' then qint <= '0';
  elsif clk'event and clk = '1' then
    qint <= (t and not qint) or (not t and qint);
  end if;
end process;
end eqn;
```

17.2 동기 리셋 동작의 오른쪽 쉬프트레지스터 구현하는 코드

```
entity rsr is
   Port (clk, clr, ld, rs, lin: in bit;
         d: in bit_vector(3 downto 0);
         q: out bit_vector(3 downto 0));
end rsr;
architecture eqn of rsr is
signal qint: bit_vector(3 downto 0);
begin
q <= qint;
process (clk)
begin
   if clk'event and clk = '1' then
      if clr = '1' then qint <= "0000";
      elsif ld = '1' then qint <= d;
      elsif rs = '1' then qint <= lin & qint(3 downto 1);
      end if;
   end if;
end process;
end eqn;
```

17.3 (a) 4비트 2진 업-다운 카운터

```
entity updown is
   Port (clrn, clk, load, ent, enp, up: in std_logic;
         d: in std_logic_vector(3 downto 0);
         q: out std_logic_vector(3 downto 0);
         co: out std_logic);
end updown;
architecture eqn of updown is
signal qint: std_logic_vector(3 downto 0) := "0000";
begin
q <= qint;
co <= (qint(3) and qint(2) and qint(1) and qint(0) and ent and up)
         or (not qint(3) and not qint(2) and not qint(1) and not qint(0)
         and ent and not up);
process (clrn, clk)
begin
   if clrn = '0' then qint <= "0000";
   elsif clk'event and clk = '1' then
   if load = '0' then qint <= d;
      elsif (ent and enp and up) = '1' then qint <= qint + 1;
      elsif (ent and enp and not up) = '1' then qint <= qint - 1;
      end if;
   end if;
end process;
end eqn;
```

(b) 8비트 2진 업-다운 카운터(블록도는 첫 번째 카운터의 carry-out을 두 번째 카운터의 ENT에 연결)

```
entity updown8bit is
Port (clrn, clk, load, ent, enp, up: in std_logic;
            d: in std_logic_vector(7 downto 0);
            q: out std_logic_vector(7 downto 0);
            co: out std_logic);
end updown8bit;
architecture structure of updown8bit is
component updown is
Port (clrn, clk, load, ent, enp, up: in std_logic;
            d: in std_logic_vector(3 downto 0);
            q: out std_logic_vector(3 downto 0);
            co: out std_logic);
end component;
signal co1: std_logic;
signal q1,q2: std_logic_vector(3 downto 0);

begin
   c1: updown port map (clrn, clk, load, ent, enp, up, d(3 downto 0),q1,co1);
   c2: updown port map (clrn, clk, load, co1, enp, up, d(7 downto 4),q2, co);
   q <= q2 & q1;
end structure;
```

17.4 a,b를 제어 입력으로 사용한 MUX구현

```
entity mymux is
Port (a, b, c, d: in bit;
        z: out bit);
end mymux;
architecture eqn of mymux is
signal sel: bit_vector(1 downto 0);
begin
sel <= a & b;
process (a, b, c, d)
begin
   case sel is
      when "00" => z <= not c or d;
      when "01" => z <= c;
      when "10" => z <= not c xor d;
      when "11" => z <= not d;
   end case;
end process;
end eqn;
```

17.5 표 14-1의 상태머신 구현

```
entity sm1 is
Port (x, clk: in bit;
        z: out bit);
end sm1;
architecture table of sm1 is
signal State, Nextstate: integer range 0 to 2 := 0;
begin
process (State, x)
begin
   case State is
   when 0 =>
      if x = '0' then Nextstate <= 0; else Nextstate <= 1; end if;
      z <= '0';
   when 1 =>
      if x = '0' then Nextstate <= 2; else Nextstate <= 1; end if;
      z <= '0';
   when 2 =>
      if x = '0' then Nextstate <= 0; z <= '0';
      else Nextstate <= 1; z <= '1'; end if;
   end case;
end process;
process (clk)
begin
if clk'event and clk = '0' then
   State <= Nextstate;
end if;
end process;
end table;
```

17.6 (a) 그림 13-17을 보라($m = 2$, $n = 2$, $k = 2$).

(b) 표 13-4의 상태 구현

```
library BITLIB;
use BITLIB.bit_pack.all;
entity sm is
Port (x1, x2, clk: in bit;
   z1,z2: out bit);
end sm;
architecture Behavioral of sm is
type rom16_4 is array (0 to 15) of bit_vector(3 downto 0);
-- Input is in the order X1 X2 Q1 Q2
-- Output in order Q1 Q2 Z1 Z2
constant myrom: rom16_4 := ("1100", "0010", "1100", "1000", "1010", "0110","0010",
          "1000", "0111", "1011", "0111", "0101", "0001", "1111", "0101", "0001");
signal index: integer range 0 to 15;
signal q1,q2: bit;
signal rom_out: bit_vector(3 downto 0);
begin
index <= vec2int(x1&x2&q1&q2);
```

```
rom_out <= myrom(index);
z1 <= rom_out(1);
z2 <= rom_out(0);
process(clk)
begin
   if clk'event and clk = '1' then
      q1 <= rom_out(3);
      q2 <= rom_out(2);
   end if;
end process;
end Behavioral;
```

17.7 (a) 두 개의 D-CE 플립플롭 각각 CE = LdA + LdB

D1 = LdA A1 + LdA′LdB B1, D2 = LdA A2 + LdA′LdB B2.

(b) CE는 변하지 않음. 각 D입력에 대해 게이트들을 2:1 MUX로 대체하라. 이때 LdA는 제어입력으로 B와 A는 데이터입력 '0'과 '1'로 각각 사용하라.(대안으로 LdB를 제어입력으로 사용하고 데이터 입력인 A와 B를 교체하라.)

17.8 모든 명령문은 20 ns에 수행된다.

A는 35 ns에 '1'이 된다(최종 값은 아님).

B는 20 ns + Δ에 '1'이 된다(최종 값은 아님).

C는 30 ns에 '1'이 된다.

D는 23 ns에 '2'이 된다.

A는 35 ns에 '5'이 된다(그전 값을 덮어씀).

B는 20 ns + Δ에 '7'이 된다(그전 값을 덮어씀).

18장 학습가이드 해답

1. (a)

	X	Y	c_i	s_i	c_i^+
t_0	0110	0011	0	1	0
t_1	1011	1001	0	0	1
t_2	0101	1100	1	0	1
t_3	0010	0110	1	1	0
t_4	1001	0011	0	(0)	(1)

(b) Y는 왼쪽으로부터 '0'을 채워 나간다: 0011, 0001, 0000, 0000, 0000

(c) S_0와 Y_0, 아니오.

2. (a)

더하기	0	0	0	0	0	1	1	0	1
		1	1	1	1				
쉬프트	0	1	1	1	1	1	1	0	1
쉬프트	0	0	1	1	1	1	1	1	0
더하기	0	0	0	1	1	1	1	1	1
		1	1	1	1				
쉬프트	1	0	0	1	0	1	1	1	1
더하기	0	1	0	0	1	0	1	1	1
		1	1	1	1				
쉬프트	1	1	0	0	0	0	1	1	1
	0	1	1	0	0	0	0	1	1

(b) 10, 6. (c) 10, 6. (d) 15 bits

(f) 곱셈레지스터는 17비트를 가지고 있다. 덧셈기는 8비트, 피승수는 8비트, 18개의 상태를 가진다. 3비트 카운터, 카운터가 상태 $7(111_2)$일 때 $K = 1$이 된다. 제어 그래프는 변하지 않는다.

3. (a) 각 비트를 반전한 다음 '1'을 더하여(첫 번째 전 가산기의 carry 입력을 1로 세팅한다.) Y의 2의 보수를 취한다. C를 변화시켜 최종 전가산기의 carry 출력과 같게 한다.

(c) 만약 $X_8X_7X_6X_5 \geq Y_3Y_2Y_1Y_0$이면 오버플로우가 발생한다. 왜냐하면 뺄셈이 가능 하지만 몫은 4비트로 저장되므로 이 경우 몫은 저장할 장소가 없다.

(f) 몫의 비트를 '1'로 세팅하기 위해

18장 문제 해답

18.3

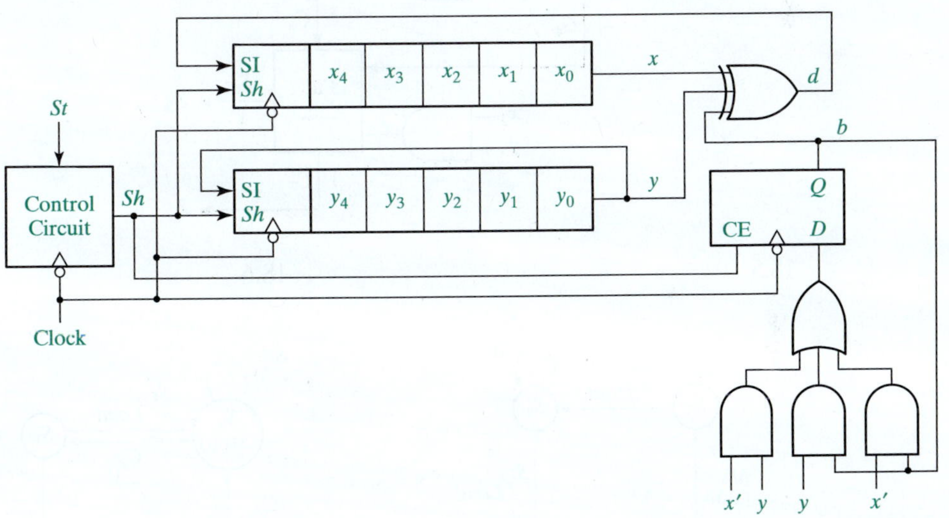

18.4

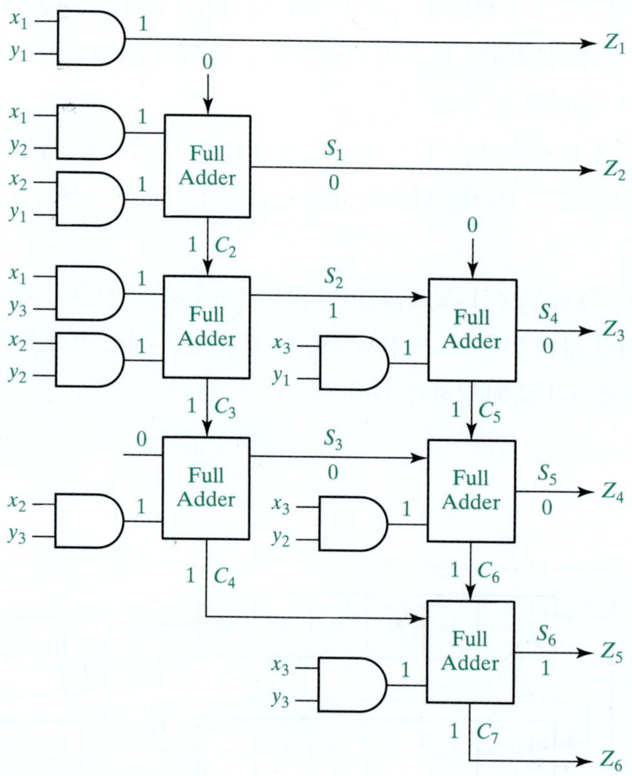
x1
y1
1
Z1
0
x1
y2
1
Full Adder
S1
0
Z2
x2
y1
1
1 C2
0
x1
y3
Full Adder
S2
1
Full Adder
S4
0
Z3
x2
y2
x3
y1
1 C3
1 C5
0
Full Adder
S3
0
Full Adder
S5
0
Z4
x2
y3
x3
y2
1 C4
1 C6
Full Adder
S6
1
Z5
x3
y3
1 C7
Z6

18.5

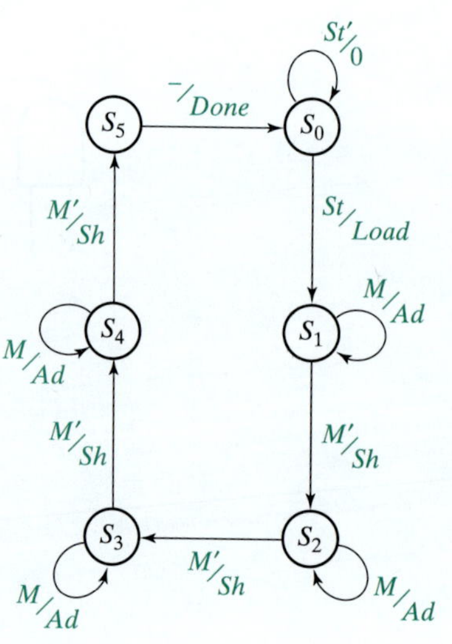
St′/0
–/Done
S5
S0
St/Load
M′/Sh
M/Ad
S4
S1
M/Ad
M′/Sh
M′/Sh
S3
S2
M′/Sh
M/Ad
M/Ad

18.6

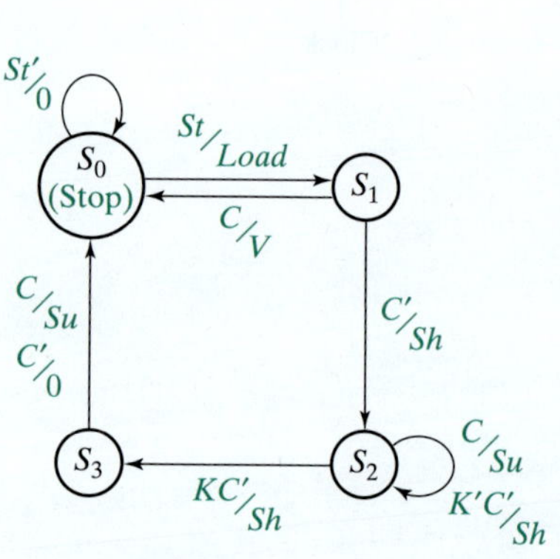
St′/0
St/Load
S0 (Stop)
S1
C/V
C/Su
C′/0
C′/Sh
S3
S2
C/Su
KC′/Sh
K′C′/Sh

18.7 (a) $V = y_0'y_1'y_2'y_3'y_4' = (y_0 + y_1 + y_2 + y_3 + y_4)'$

(b)

(0	0	1	0	1)						*Sh*	*Su*
0	0	0	0	0	1	1	0	1	0	1	0
0	0	0	0	1	1	0	1	0	0	1	0
0	0	0	1	1	0	1	0	0	0	1	0
0	0	1	1	0	1	0	0	0	0	0	1
0	0	0	0	1	1	0	0	0	1	1	0
0	0	0	1	1	0	0	0	1	0	1	0
0	0	1	1	0	0	0	1	0	0	0	1
0	0	0	0	1	0	0	1	0	1		

나머지 = 1　　　몫 = 5

(c)

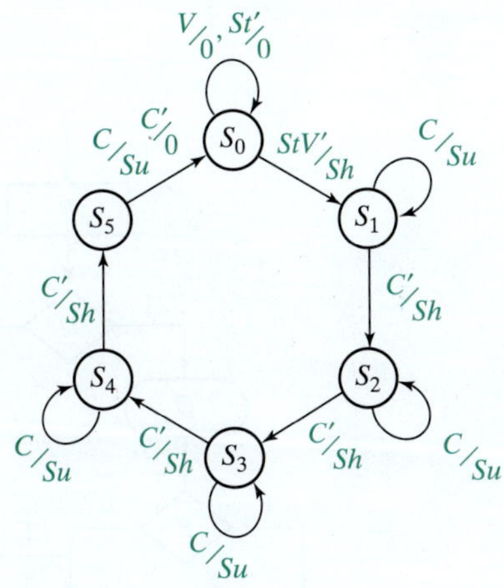

(d) 5번 쉬프트 후, 나눗셈은 완료된다.

18.8 (a) $x_{in} = K_1'K_2'a' + K_1'K_2b + K_1K_2'(a \oplus b) + K_1K_2a$

$y_{in} = K_1'K_2'b + K_1'K_2a + K_1K_2' \cdot 0 + K_1K_2 \cdot 1$

(b) 그림 18-6(b)의 상태 그래프를 사용하라(9개의 상태).

(c)

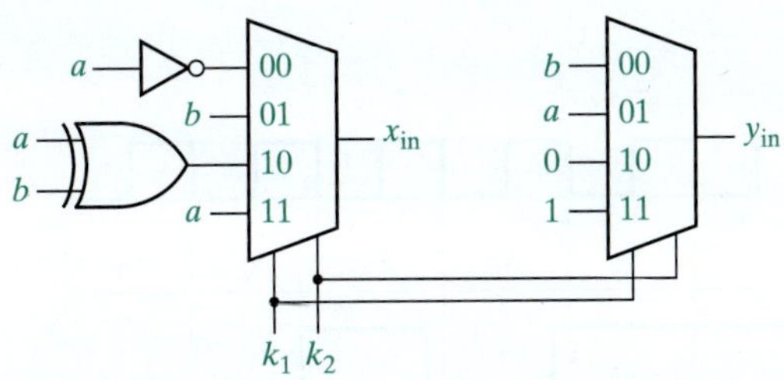

19장 학습가이드 해답

1. (b) Z_1, Z_2, Z_4 (양쪽 차트)　　(d)

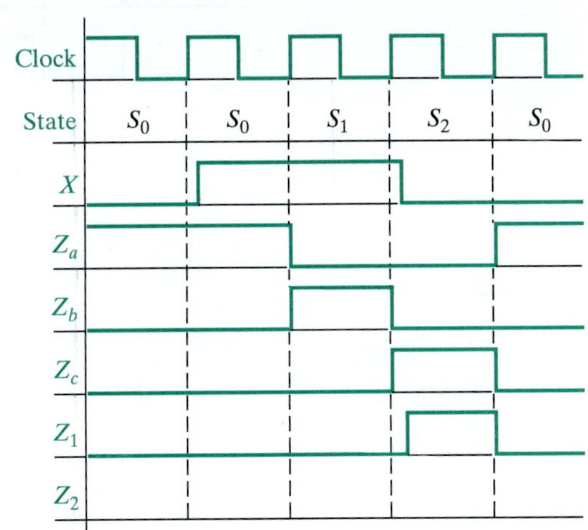

2. (a)

0	0	0	0	1	1	1	0	0	*C* = 0, *Sh*
0	0	0	1	1	1	0	0	0	*C* = 0, *Sh*
0	0	1	1	1	0	0	0	0	*C* = 1, *Su*
0	0	0	1	0	0	0	0	1	*C* = 0, *Sh*
0	0	1	0	0	0	0	1	0	*C* = 0, *Sh*
0	1	0	0	0	0	1	0	0	*C* = 1, *Su*
0	0	0	1	1	0	1	0	1	(결과)

3. (a) $A^+ = BX \quad B^+ = A'X + BX$

19장 문제 해답

19.1

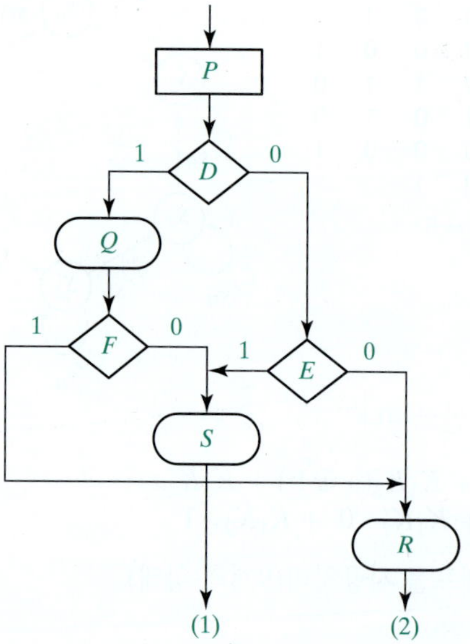

19.2

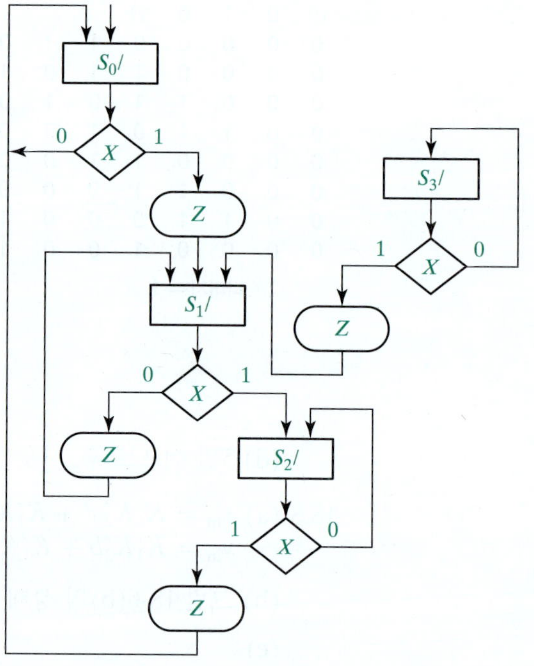

19.3

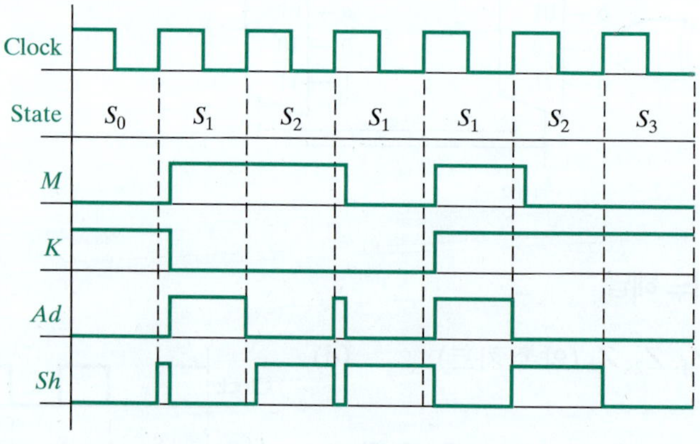

19.4

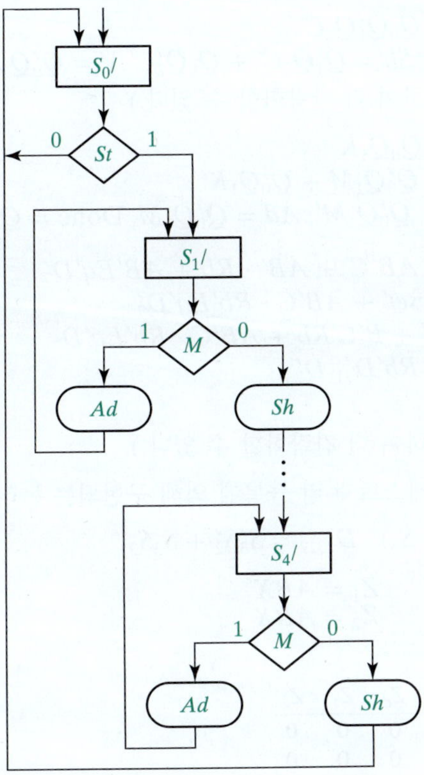
S0/
St
0
1
S1/
M
1
0
Ad
Sh
S4/
M
1
0
Ad
Sh

19.5

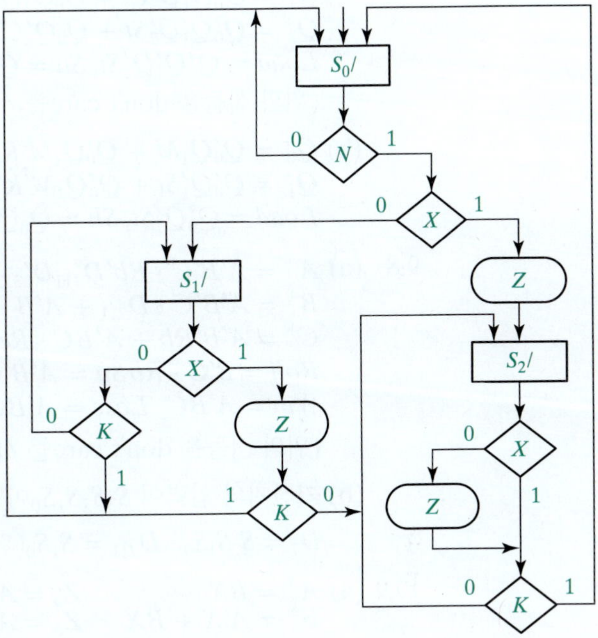
S0/
N
0
1
X
0
1
Z
S1/
X
0
1
K
0
1
Z
K
1
0
S2/
X
0
1
Z
K
0
1

19.6

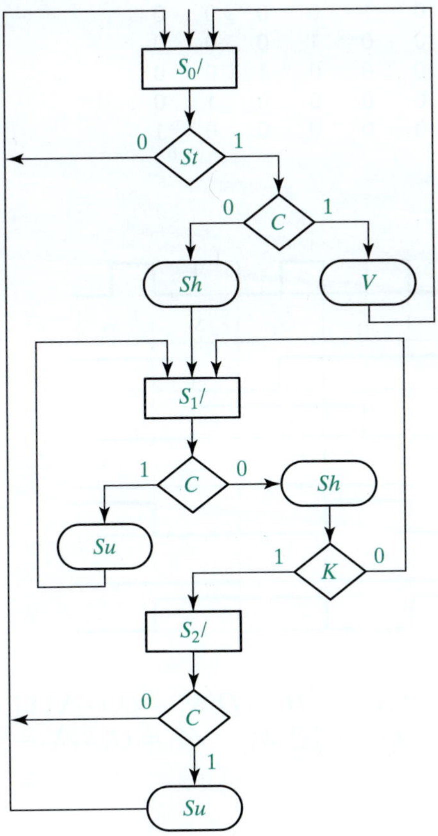
S0/
St
0
1
C
0
1
Sh
V
S1/
C
1
0
Sh
Su
K
1
0
S2/
C
0
1
Su

19.7 (a) $Q_0^+ = Q_0'Q_1'Q_2C' + Q_0Q_1' + Q_0Q_2'$
$Q_1^+ = Q_0Q_1'Q_2C' + Q_0Q_1Q_2'$
$Q_2^+ = Q_0'Q_1'Q_2'St + Q_0Q_2'C' + Q_0Q_1'Q_2C$
$Load = Q_0'Q_1'Q_2'St,\ Su = Q_0C,\ Sh = Q_1'Q_2C' + Q_0Q_2'C',\ V = Q_0'Q_1'Q_2C$
(위의 식들을 don't care를 사용하여 더 간략화할 수 있다.)

(b) $Q_0^+ = Q_0'Q_1M + Q_0'Q_1M'K + Q_0Q_1K$
$Q_1^+ = Q_0'Q_1'St + Q_0'Q_1M'K' + Q_0'Q_1M + Q_0Q_1K'$
$Load = Q_0'Q_1'St,\ Sh = Q_0Q_1 + Q_0'Q_1M',\ Ad = Q_0'Q_1M,\ \text{Done} = Q_0Q_1'$

9.8 (a) $A^+ = A'B'C \cdot Rb'D_{711}'D_{2312}' + AB'C' + AB' \cdot Rb + AB'Eq'D_7'$
$B^+ = A'B'C \cdot D_{711} + A'B \cdot Reset' + AB'C \cdot Rb'Eq'D_7'$
$C^+ = A'B'Rb + A'BC \cdot Reset' + B'C'Rb + AB'C \cdot Rb'Eq'D_7$
$Roll = B'C \cdot Rb\ Sp = A'B'C \cdot Rb'D_{711}'D_{2312}'$
$Win = A'BC'\ \ Lose = A'BC$
(위의 식들을 don't care를 사용하여 더 간략화할 수 있다.)

(b) 가산기의 입력이 $S_3S_2S_1S_0$이면 테스트 논리 블록에 의해 구현되는 논리식은
$D_7 = S_2S_1S_0\quad D_{711} = S_1S_0(S_2 + S_3)\quad D_{2312} = S_3'S_2' + S_3S_2$

19.9 (a) $A^+ = BX\qquad Z_a = A'B'\qquad Z_1 = ABX'$
$B^+ = A'X + BX\qquad Z_b = A'B\qquad Z_2 = ABX$
$Z_c = AB$

X	A	B	A^+	B^+	Z_a	Z_b	Z_c	Z_1	Z_2
1	–	1	1	1	0	0	0	0	0
1	0	–	0	1	0	0	0	0	0
–	0	0	0	0	1	0	0	0	0
–	0	1	0	0	0	1	0	0	0
–	1	1	0	0	0	0	1	0	0
0	1	1	0	0	0	0	0	1	0
1	1	1	0	0	0	0	0	0	1

19.10 (a)

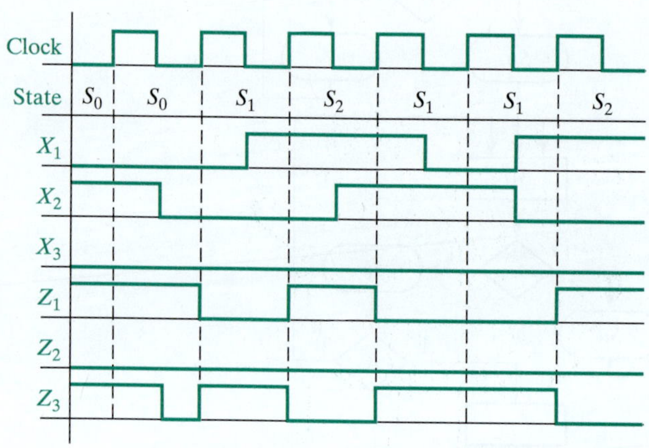

(b) $D_1 = Q_1'X_1'X_2'X_3 + Q_2X_2'\qquad D_2 = Q_2'X_1 + Q_1'Q_2'X_2'X_3' + Q_2X_2$
$Z_1 = Q_2'X_1' + Q_1\qquad Z_2 = Q_1'Q_2'X_1\qquad Z_3 = Q_1'X_1'X_2 + Q_2$

(c)

Q_1	Q_2	X_1	X_2	X_3	D_1	D_2	Z_1	Z_2	Z_3
0	0	1	–	–	0	1	0	1	0
0	0	0	1	–	0	0	1	0	1
0	0	0	0	1	1	0	1	0	0
0	0	0	0	0	0	1	1	0	0
0	1	–	0	–	1	0	0	0	1
0	1	–	1	–	0	1	0	0	1
1	0	0	–	–	0	0	1	0	0
1	0	1	–	–	0	1	1	0	0

(d) $2^5 \times 5$ ROM

Q_1	Q_2	X_1	X_2	X_3	D_1	D_2	Z_1	Z_2	Z_3
0	0	0	0	0	0	1	1	0	0
0	0	0	0	1	1	0	1	0	0
0	0	0	1	0	0	0	1	0	1
0	0	0	1	1	0	0	1	0	1
0	0	1	0	0	0	1	0	1	0

20장 학습가이드 해답

1. (a) 라인 15, 16

   전 가산기는 조합논리이다.

   라인 34, 35: 클럭이 있는 레지스터이므로 클럭에 사용된 process문이다.

   (b) 라인 31, clk = '0'를 clk = '1'로 바꿔라.

2. (a) 따라서 오버로드 연산과 '+'를 사용할 수 있다.

   state 9에서 state 0으로 바뀜

   5bit결과를 만들기 위해

   라인 35, 36은 상태가 2, 4, 6, 8일 때 수행됨.

   (b) ACC는 초기화되지 않고 St = '1'이고 클럭 상승 에지가 올 때까지 어떤 값도 로딩도 되지 않음

   Done = '1'일 때, 즉 상태 9일 때, 160–180 ns

   (c) X = 101111001, 60 ns

   (d) Mcand = 1101, Mplier = 1011, product = 10001111 = 143

   (e) 라인 19

   각 case 문에서 신호들이 '1'이 아닌 경우에 신호들이 '0'으로 세팅되는 것을 피하기 위해서이다.

   신호들이 '1'로 세팅되면 라인22 동작을 무시하게 되는데 이것은 이들 명령문이 순서명령문이기 때문이다.

   ACC <= "0000" & Mplier

   이것은 클럭이 있는 레지스터이므로 클럭 상승 에지에서 업데이트된다.

Process는 클럭 상승 에지에서 수행하고 그때 상태(state)가 9이면 너무 늦다. 상태는 0으로 막 바뀔려고 한다.

라인 20−34의 process는 클럭 동작이 없다. 상태가 9로 바뀔 때 수행된다.

(f) 카운터 값이 변할 때마다

라인 51과 52

10 ns + Δ

순차 명령문은 0 타임에 수행된다. 따라서 A와 B는 동시에 업데이트된다.

(g) 60 ns 시간에 K = 0일 때 상태 '2'에 있다. 따라서 Sh = 1이다. 따라서 $A = 00B_{16} = 000001011_2$ 오른쪽으로 쉬프트하여 $005_{16} = 0000100001_2$이 된다. 140 ns 시간에는 상태 1에 있고 $M = 1$이다. 따라서 Ad = 1이다. 따라서 피승수 000001011_2를 $A(006_{16} = 000000110)_2$에 더하여 $011_{16} = 000010001_2$를 얻는다.

3. (a) 0:1

빼셈이 가능할 때만, 즉 피제수(8 **down to** 4) > 제수일 때만 C는 1이 된다.

20장 문제 해답

20.1 첫 번째 process는 t = 2 ns에서 수행된다. 라인 22−25 수행.

두 번째 process는 t = 10 ns에서 수행된다. 라인 38−40, 43 수행

상태가 변하기 때문에 첫 번째 process는 10 + Δ ns에 다시 수행된다. 라인 22-23과 라인 27−30이 수행

20.2

```
entity complementer is
   Port (clk, n: in std_logic;
   Regout: out std_logic_vector(15 downto 0));
end complementer;
architecture Behavioral of complementer is
signal State, NextState: integer range 0 to 2 := 0;
signal count: std_logic_vector(3 downto 0) := "0000"; --4-
signal X, Z, Sh: std_logic;
signal K: std_logic := '0';
signal Reg: std_logic_vector(15 downto 0);
begin
      Regout <= Reg;
      X <= Reg(0);
      K <= '1' when count = "1111" else '0';
      process (State, X, N, K)
      begin
            case State is
            when 0 =>
                  if N = '0' then NextState <= 0; Sh <= '0'; Z
                  elsif X = '1' then NextState <= 2; Sh <= '1';
```

```
        else NextState <= 1; Sh <= '1'; Z <= '0'; end if;
      when 1 => Sh <= '1';
        if K = '1' then NextState <= 0;
            if X = '1' then Z <= '1';
            else Z <= '0'; end if;
        elsif X = '0' then NextState <= 1; Z <= '0';
        else NextState <= 2; Z <= '1'; end if;
      when 2 => Sh <= '1';
         if K = '1' then NextState <= 0;
            if X = '1' then Z <= '0';
            else Z <= '1'; end if;
         elsif X = '0' then NextState <= 2; Z <= '1';
         else NextState <= 2; Z <= '0'; end if;
      end case;
    end process;
    process (clk)
    begin
       if clk'event and clk = '1' then
          if Sh = '1' then Reg <= Z & Reg(15 downto 1);
          count <= count + 1; end if;
          State <= NextState;
       end if;
    end process;
end Behavioral;
```

20.4

```
entity test is
end test;
architecture Behavioral of test is
component sm17_2 is
  Port (x,clk: in std_logic;
        z: out std_logic);
end component;
constant N: integer:= 40;
signal flag: std_logic:= '0';
signal clk: std_logic:= '1';
signal x,z: std_logic;
constant x_seq: std_logic_vector(1 to 40) :=
                          ("0000100001001100001010100110111000011001");
constant z_seq: std_logic_vector(1 to 40) :=
                          ("1100001010100110111000011001010111010011");
begin
  sm1: sm17_2 port map(x,clk,z);
  clk <= not clk after 10 ns;   -- clock has 20 ns period
  process
  begin
    for i in 1 to N loop
      x <= x_seq(i);
      wait for 5 ns;   -- wait for z to become stable
      if z = z_seq(i) then flag <= '0'; else flag <= '1'; end if;
```

```
            wait until clk'event and clk = '1';
            wait for 5 ns;
        end loop;
    end process;
end Behavioral;
```

20.5

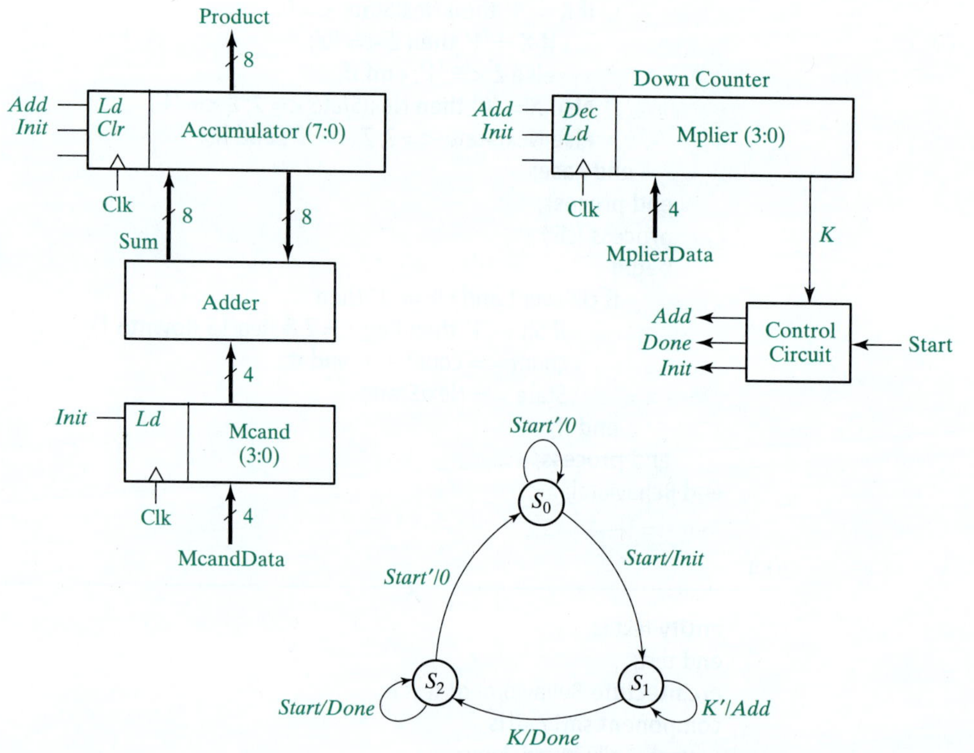

20.6

```
entity prob20_6 is
    Port (st, clk: in std_logic;
          X: in std_logic_vector(7 downto 0);
          Z: out std_logic_vector(9 downto 0));
end prob20_6;
architecture Behavioral of prob20_6 is
    signal State, NextState: integer range 0 to 3 := 0;
    signal lda, ldb, ldc, ad: std_logic;
    signal B, C: std_logic_vector(7 downto 0);
    signal A: std_logic_vector(9 downto 0);
    signal sumAB: std_logic_vector(8 downto 0);
    signal sumABC: std_logic_vector(9 downto 0);
begin
    sumAB <= ("0"&A(7 downto 0)) + B;
    sumABC <= ("0"&sumAB) + C;
    Z <= A;
```

```
process (st, State)
begin
   lda <= '0'; ldb <= '0'; ldc <= '0'; ad <= '0';
   case State is
      when 0 =>
         if st = '1' then lda <= '1'; NextState <= 1;
         else NextState <= 0; end if;
      when 1 =>
         ldb <= '1'; NextState <= 2;
      when 2 =>
         ldc <= '1'; NextState <= 3;
      when 3 =>
         ad <= '1'; lda <= '1'; NextState <= 0;
   end case;
end process;
process(clk)
begin
   if clk'event and clk = '1' then
      if lda = '1' then
         if ad = '1' then A <= sumABC;
         else A <= ("00" & X); end if;
      elsif ldb = '1' then B <= X;
      elsif ldc = '1' then C <= X;
      end if;
      State <= NextState;
   end if;
end process;
end Behavioral;
```

참고문헌

1. Ashenden Peter J. *The Designer's Guide to VHDL*, 3rd ed. San Francisco: Morgan Kaufmann Publishers, 2008.
2. Bhasker, J. A *Guide to VHDL Syntax*. Upper Saddle River, NJ: Prentice-Hall, 1995.
3. Bhasker, J. *VHDL Primer*, 3rd ed. Upper Saddle River, NJ: Prentice-Hall, 1999.
4. Brayton, Robert, et al. *Logic Minimization Algorithms for VLSI Synthesis*. Secaucus, NJ: Springer, 1984.
5. Givone, Donald D. *Digital Principles and Design*. New York: McGraw-Hill, 2003.
6. Katz, Randy H. and Gaetano Borriello. *Contemporary Logic Design*, 2nd ed. Upper Saddle River, NJ: Prentice Hall, 2004.
7. Mano, M. Morris and Michael D. Ciletti, *Digital Design*, 5th ed. Upper Saddle River, NJ: Prentice Hall, 2012.
8. Mano, M. Morris and Charles R. Kime. *Logic and Computer Design Fundamentals*, 4th ed. Old Tappan, NJ: Pearson Prentice Hall, 2008.
9. Marcovitz, Alan B. *Introduction to Logic Design*, 3rd ed. New York: McGraw-Hill, 2009.
10. McCluskey, Edward J. *Logic Design Principles*. Upper Saddle River, NJ: Prentice Hall, 1986.
11. Miczo, Alexander. *Digital Logic Testing and Simulation*, 2nd ed. New York: John Wiley & Sons, Ltd West Sussex, England, 2003.
12. Patt, Yale N. and Sanjay J. Patel. *Introduction to Computing Systems: From Bits and Gates to C and Beyond*, 3rd ed. New York: McGraw-Hill, 2013.
13. Roth, Charles H. Jr. and Lizy Kurian John. *Digital Systems Design Using VHDL*, 2nd ed. Toronto, Ontario: Cengage Learning, 2008.
14. Rushton, Andrew. *VHDL for Logic Synthesis*, 3rd ed. West Sussex, England: John Wiley & Sons, Ltd, 2011.
15. Wakerly, John F. *Digital Design Principles & Practices*, 4th ed. Upper Saddle River, NJ: Prentice Hall, 2006.
16. Weste, Neil and David Harris. *CMOS VLSI Design: A Circuits and Systems Perspective*, 4th ed. Boston: Addison-Wesley, 2010.

찾아보기

| 숫자 |

1의 보수 19
2단 회로 206
2변수 카노맵 136
2진 곱셈기 650, 709
2진 나눗셈기 654, 719
2의 보수 16
2진 부호화 10진수 21
2진 산술연산 12
2진 카운터 392
3변수 카노맵 138
3-상태 버퍼 267
4변수 카노맵 141
5변수 카노맵 149
7-세그먼트 표시기 247
8-4-2-1 BCD 21
8-4-2-1 BCD 코드 변환기 247

| ㄱ |

가중치 코드 22
간략화 정리 46
감도 리스트 604
객체화 309
거짓출력 433
게이트의 단 수 199
게이트 지연 232
게이트 팬-인 230
게이트형 래치 348
결정상자 681
결정함수 321
결합법칙 43
곱셈전개와 인수화 정리 48
곱의합 48
과부하된 연산자 322
관련항 144, 176
관련항 차트 521
관성 지연 235
교환법칙 42
구조 선언 307
구현화 324
그레이 코드 22
글리치 235, 433
기본 연산 36
기저 9
끝단돌림 19

| ㄴ |

나무 도해 201
내포적 OR 38
논리 게이트 39

논리설계 6
높은 임피던스 241

| ㄷ |

다단 게이트 회로 199
다이오드 8
다중 출력회로 214
대규모집적회로 261
대수적 간략화 71
대합 법칙 41
데이터선택기 262
델타 지연 시간 324
도면 획득 584
드모르간의 법칙 44
동기화기 회로 583, 584
동시문 301
동적 해저드 234
등가 게이트 68
등가연산 68
등가상태 519
등가상태할당 532
등가순서회로 524
등식의 유효성 73
디스조인트 윈도우 순서열 검출기 473
디지털시스템 6
디코더 269

| ㄹ |

라이브러리 319
래치 344
레이스 상태 349
레지스터 383, 384
로드 가능한 카운터 396
리터럴 39
리플 카운터 413
릴레이 8
링 카운터 391

| ㅁ |

마스크 프로그래머블 ROM 274
마스터-슬레이브 플립플롭 351
맨체스터 코드 484
멀티플렉서 262
멱등 법칙 41
무관항 103
무어머쉰 431
문자들 소거 72
미러 이미지 154
밀리머쉰 431

| ㅂ |

바이치 다이어그램 153
반덧셈기 121
반복회로 567
반전 37
배치가능 논리 블록 283
배타적 OR 67
버스분배기 660
버스합류기 645, 659, 660
버퍼 266
변수가 있는 맵 182
병렬덧셈기 108
보수 법칙 41
보수화 37
복합 프로그래머블 논리소자 281
부울 대수 36
부울 변수 36
부울식 39

부호와 크기 16
분배법칙 44
비교기 567
비동기 순서회로 360
비동기 클리어 및 프리셋 359
비완전 명세 상태표 489
비완전 명세함수 103
비완전 명세화 103

| ㅅ |

사선 265
상승에지 352
상태그래프 429
상태등가 520
상태머쉰 흐름차트 681
상태상자 681
상태 코드 681
상태표 434
상태표 간략화 517
상태할당 517
새넌의 전개정리 285
셋-리셋 래치 344
셋업타임 353
소거 법칙 75
소거 정리 48
소규모집적회로 261
수 체계 8
순서열 검출기 468
순서회로 7
순환형 쉬프트 레지스터 388, 608
쉬프트 레지스터 387
스위칭 대수 36
스위칭소자 8
스위칭 회로 7
스파이크 433
슬라이딩 윈도우 순서열 검출기 472
시뮬레이션 240
시스템설계 6
쌍대 45, 48

| ㅇ |

알고리즘 상태머쉰 681
알고리즘 상태머쉰 차트 681
어큐뮬레이터 386
업-다운 카운터 395
에지트리거형 351
엔터티 선언 307
연결경로 682
연관항 149
연합 정리 48
오버플로 16
와이어드 OR 208
우방향 쉬프트 레지스터 388
우선순위 인코더 271
운송 지연 235
원스캐칭 문제 350
음수의 표현 16
이상적 235
이센셜해저드 362
인버터 37, 210
인스턴스 구문 301
인에이블 265
인코더 271
읽기전용 메모리 272
입구경로 682

| ㅈ |

자가 출발 400

자리내림 13
자리올림 12, 19
자리올림 미리보기 덧셈기 111
저레벨활성 358
전기적소거 가능한 프로그래머블 읽기전용 메모리 274
전덧셈기 108
전뺄셈기 110
전송 384
전파지연 232
정적 0-해저드 234
정적 1-해저드 234
제로스캐칭 문제 350
조건부 할당문 306
조건출력상자 681
조합논리설계 96
조합회로 7
존슨 카운터 391
주사위 게임 시뮬레이터 721
주연관항 149
주항 144, 176
주항 차트 176
준안정 상태 345
중규모집적회로 261
중복상태 518
중복항 추가 72
직렬덧셈기 707
직렬 데이터 코드 변환 483
직렬 입력 388
직렬 출력 388
진리표 39
집적회로 261

| ㅊ |

차기상태 346
차기상태식 347
천이표 434
초과-2 코드 249
초과-3 코드 22
초대규모집적회로 261
최대항 98
최대항 전개 98
최소 곱의합 134
최소의 클럭 주기 354
최소 합의곱 135
최소항 97
최소항 전개 98
출구경로 682
출력 리스트 681

| ㅋ |

카노맵 134
카운터 383, 391
컴퓨터 이용설계 584
코드 변환기 563
퀸-맥클러스키 방법 172
크리티칼 레이스 363
클럭 스큐 443
클럭인에이블 360
클럭형 순서회로 427

| ㅌ |

타이밍도 232
테스트벤치 712
투명래치 350
트랜지스터 8
특성식 347

| ㅍ |

패리티 검사기 428

패리티 비트 428
패키지 319
패트릭 방법 179
표준 논리곱의 합 98
표준 논리합의 곱 98
프로그래머블 논리소자 276
프로그래머블 로직어레이 276
프로그래머블 어레이로직 279
프로그래머블 읽기전용 메모리 274
플립플롭 351
피드백 연결 342
필드 프로그래머블 게이트어레이 283
필수 주연관항 149
필수주항 146, 177

| ㅎ |

하강에지 352
하드웨어 기술 언어 299
할당문 301
할당 연산자 300
함수적으로 완전하다 205
합성 툴 585
합의곱 49
합의 정리 48
합의항 69
항들의 소거 72
항들의 조합 71
해저드 234
행 맞추기 518
현재상태 346
홀드타임 353
활성에지 352
회로설계 7
흡수 정리 48

| A–Z |

AND 연산 38
AND-OR 회로 200
ASCII 코드 23
BCD로부터 초과-3 코드로의 변환기 616, 726
CMOS 로직 734
CMOS 전송게이트 736
CPLD 281, 573
D 플립플롭 352
EEPROM 274
Espresso-II 방법 184
FPGA 577
IEEE 표준 논리 321
J-K 플립플롭 356
LogicAid 131, 171, 228, 465, 561, 584
MOS 로직 733
MUX 262
NAND 게이트 204
NAND-NAND 회로 208
NC 접촉 37
NO 접촉 37
NOR 게이트 204
NOR-NOR 회로 209
NRZ 코드 484
NRZI 코드 484
OR연산 38
OR-AND 회로 200
OR-AND-OR 회로 200
PC 보드 레이아웃 585
PROM 274
RZ 코드 484
SimUaid 338, 411, 585
SM 블록 682
SM 차트 681

S-R 래치 344
$\overline{S}$-$\overline{R}$ 래치 348
S-R 플립플롭 355
T 플립플롭 357
VHDL 300
VHDL 모듈 307
VHDL 신호 300
VHDL 연산자 317
VHDL 프로세스 604

〈CD 사용법〉

이 교재에 첨부된 CD에는 LogicAid, SimUaid, DirectVHDL-PE 프로그램이 저장되어 있고, 컴퓨터이용설계와 디지털논리의 시뮬레이션에 활용할 수 있다. LogicAid, SimUaid, DirectVHDL-PE의 주요 특징은 다음과 같다. LogicAid와 SimUaid에 대한 사용자 매뉴얼은 CD 내에 PDF 파일로 제공된다. DirectVHDL에 대한 사용자 매뉴얼은 HTML help 파일로 제공되며 DirectVHDL 디렉토리에서 setup 프로그램을 실행하면 설치할 수 있다. CD에는 또한 이 교재의 10, 17, 20장에서 사용한 VHDL 코드도 수록되어 있다. CD에 포함된 소프트웨어는 Windows XP, Vista, Windows 7, Windows 8과 호환성을 갖는다.

본 교재인 논리설계기초가 교재로 지정되어 있는 학교에서는 컴퓨터실습실에서 이 소프트웨어들을 설치해서 사용할 수 있다.

LogicAid 특징

- 논리함수를 곱의 합, 합의 곱, 진리표, PLA 표, 카노맵, 최소 혹은 최대항의 형식으로 입력할 수 있다.
- 빠르고, 모든 최소 해들을 찾기 위해 논리 간략화 알고리즘을 선택한다.
- 순서회로의 입력은 밀리, 무어 상태표,(2진 혹은 영숫자 입력/출력으로 표기된) 상태그래프, SM 차트가 될 수 있다.
- 상태표를 최소 행으로 축소하고 D, T, J-K, S-R 플립플롭에 대한 입력식을 유도한다.
- 22V10 PAL을 프로그램하기 위한 JEDEC 파일을 생성한다.
- 카노맵 튜터, 상태표 검사기, 부분그래프 검사기에 대한 튜토리얼을 포함한다.

SimUaid 특징

- 편리한 사용자 인터페이스를 통하여 소자들을 쉽게 배치하고, 연결할 수 있다.
- 사용 가능한 소자들은 게이트, 플립플롭, 스위치, 프로브, 레지스터, 카운터, 덧셈기, 멀티플렉서, 디코더, 7-세그먼트 표시기, 클럭, 3-상태 버퍼 및 상태머쉰이다.
- 4개의 값을 갖는 논리 시뮬레이션(0, 1, X, Z)
- 모든 소자의 입력과 출력들을 표시함으로써 신호추적과 디버깅이 용이하다.
- 프로브를 찍으면 자동으로 파형이 나타난다.
- 즉석 시뮬레이션 모드를 통해 입력 스위치가 변함에 따라 즉시 관찰할 수 있다.
- 동기식 시뮬레이션은 한 클럭 단위로 단계적으로 수행할 수 있다.
- 비동기식 시뮬레이션은 신호 변화시까지 단계적으로 진행할 수 있다.
- 회로도를 VHDL 코드로 합성한다.

Direct VHDL 특징

- VHDL코드를 편집, 컴파일 및 시뮬레이션을 수행한다.
- 사용자 인터페이스를 습득하는 데 용이하다.
- VHDL 편집기는 입력시의 구문 오류를 표시하는 기능을 제공한다.
- 시뮬레이터는 파형과 출력리스트를 표시한다.
- 커멘드 인터페이스는 대화형식 혹은 커멘드 파일형식을 모두 허용한다.
- IEEE 표준 1076-1993 VHDL과 호환성을 갖는다.